Neukirch
Algebraische Zahlentheorie

Jürgen Neukirch

Algebraische Zahlentheorie

Mit 16 Abbildungen

Springer

Jürgen Neukirch †

Unveränderter Nachdruck der ersten Auflage, die 1992 im Springer-Verlag Berlin Heidelberg unter dem Titel *Algebraische Zahlentheorie*, ISBN 3-540-54273-5, erschien.

Bibliografische Information der Deutschen Nationalbibliothek

Die Deutsche Nationalbibliothek verzeichnet diese Publikation in der Deutschen Nationalbibliografie; detaillierte bibliografische Daten sind im Internet über http://dnb.d-nb.de abrufbar.

Mathematics Subject Classification (1991): 11-XX, 14-XX

ISBN-13 978-3-540-37547-0 Springer Berlin Heidelberg New York

Springer ist ein Unternehmen von Springer Science+Business Media

springer.de

Umschlaggestaltung: WMXDesign GmbH, Heidelberg
Herstellung: LE-TEX Jelonek, Schmidt & Vöckler GbR, Leipzig
Gedruckt auf säurefreiem Papier 175/3100YL - 5 4 3 2 1 0

Vorwort

Die Zahlentheorie nimmt unter den mathematischen Disziplinen eine ähnlich idealisierte Stellung ein wie die Mathematik selbst unter den anderen Naturwissenschaften. Frei von der Pflicht, von außen kommenden Gegebenheiten dienlich sein zu müssen, schöpft sie ihre Zielsetzungen weitgehend aus sich selbst heraus und erhält sich dadurch eine ungestörte Harmonie. Die Unmittelbarkeit ihrer Problemstellungen, die eigenartige Klarheit ihrer Aussagen, der Hauch des Geheimnisvollen in ihren entdeckten wie unentdeckten, d.h. nur erahnten Gesetzmäßigkeiten, nicht zuletzt aber auch der Reiz ihrer eigentümlich befriedigenden Schlußweisen haben ihr zu allen Zeiten eine hingebungsvolle Anhängerschaft zugetragen.

In der Zuwendung der Zahlentheoretiker zu ihrer Wissenschaft läßt sich nun ein unterschiedliches Verhalten ausmachen. Während die einen einen theoretischen Aufbau nur so weit treiben wollen, als er für das einzelne, ins Auge gefaßte konkrete Resultat nötig ist, streben die anderen nach einer umfassenderen, konzeptionellen Klarheit, die hinter der Vielfalt der zahlentheoretischen Erscheinungen stets den Vater des Gedankens sucht. Beide Neigungen haben ihre Berechtigung und erhalten eine besondere Wirkung durch den gegenseitigen Einfluß, den sie mit vielen Anregungen aufeinander ausüben. Vom Erfolg der ersten Haltung, die sich stets am konkret gestellten Problem orientiert, gibt manches schöne Lehrbuch überzeugende Auskunft. Unter diesen sei namentlich das überaus lehrreiche und leicht lesbare Werk „Zahlentheorie" von *S.I. Borevicz* und *I.R. Šafarevič* [14] hervorgehoben, dessen Lektüre dem Leser mit besonderer Empfehlung ans Herz gelegt werden soll.

Das vorliegende Buch ist von einer anderen Absicht getragen. Wohl soll es als echtes, zunächst nur die Grundlagen der Algebra voraussetzendes Lehrbuch den Studenten in die Theorie der algebraischen Zahlkörper einführen (es beginnt mit der Gleichung $2 = 1 + 1$). Anders aber als die oben angesprochenen Bücher stellt es im Verlauf die auf moderner Begrifflichkeit fußenden theoretischen Aspekte heraus, wobei es sich allerdings bemüht, die Abstraktion in engen Grenzen zu halten und den Blick auf die konkreten und eigentlichen Zielsetzungen der Zahlentheorie nicht zu verstellen. Das Anliegen, die algebraische Zahlentheorie so weit wie möglich einer theoretischen Einheitlichkeit unterzuordnen, erscheint heute als ein Gebot, das sich durch die revolutionäre Entwicklung aufdrängt, die die Zahlentheorie in den letzten Jahrzehnten mit der „arithmetischen algebraischen Geometrie“ genommen hat. Die enormen Erfolge, die diese neue geometrische Sicht der Dinge etwa im Bereich der Weil-Vermutungen, der Mordell-Vermutung, in dem Problemkreis um die Birch-Swinnterton-Dyer-Vermutung etc. gezeitigt hat, beruhen ganz wesentlich auf dem Entschluß, der konzeptionellen Denkweise eine unumschränkte Geltung einzuräumen.

Nun können zwar diese beeindruckenden Ergebnisse ihres großen höherdimensionalen Aufwandes wegen in diesem Buch kaum angesprochen werden, das sich ganz bewußt auf die Theorie der algebraischen Zahlkörper allein, also auf den eindimensionalen Fall beschränkt. Jedoch schien mir eine Darstellung der Theorie nötig zu sein, die diesen Fortentwicklungen mit vorwärts gerichtetem Blick Rechnung trägt, die ihre Akzente und Argumente der höheren Einsicht unterwirft und die Theorie der algebraischen Zahlkörper in die höherdimensionale Theorie einzupassen vermag oder sich wenigstens einer solchen Eingliederung nicht entgegenstellt. Aus diesem Grund habe ich mich bemüht, dem funktoriellen Gesichtspunkt und dem weitertragenden Argument nach Möglichkeit den Vorzug über den schnellen Kunstgriff zu geben, und habe besonderen Wert darauf gelegt, die geometrische, sich an der Theorie der algebraischen Kurven orientierende Interpretation der Dinge in den Vordergrund zu rücken.

Auf die weithin geübte Gewohnheit, den Inhalt der einzelnen Kapitel im Vorwort zusammenfassend vorzustellen, will ich verzichten. Ein einfaches Durchblättern derselben liefert die gleiche Information auf unterhaltsamere Weise. Es mögen aber einige prinzipielle Erwägungen hervorgehoben werden, die mich bei der Abfassung des Buches besonders bewegt haben. Das erste Kapitel legt die globalen und das zweite die lokalen Grundlagen der Theorie der algebraischen Zahlkörper. Diese Grundlagen finden einen abrundenden Abschluß in den ersten drei Paragraphen des dritten Kapitels, der von dem Bestreben beherrscht ist, die klassischen Begriffsbildungen und Resultate in eine vollständige Analogie zur Theorie der algebraischen Kurven zu setzen und der Thematik des Riemann-Rochschen Satzes zu unterwerfen. Dabei steht der in jüngerer Zeit so wichtig gewordene „Arakelovsche Standpunkt“ im Vordergrund der Betrachtungen, der mit vielen ineinandergreifenden Normierungen wohl zum ersten Mal in einem Lehrbuch eine ausführliche Darstellung findet. Ich habe mich allerdings nicht entschließen können, den inzwischen vielfach benutzten Terminus „Arakelov-Divisor“ zu verwenden. Dies hätte den Namen *Arakelov* auf viele weitere Begriffe fortsetzen müssen und zu einer hypertrophen Bezeichnungsweise geführt, die der elementaren Sachlage nicht angemessen erscheint. Dieser Entschluß schien um so mehr gerechtfertigt, als *Arakelov* selbst seine Divisoren nur für arithmetische Flächen eingeführt hat, während der entsprechende Gedanke bei den algebraischen Zahlkörpern schon auf *Hasse* zurückgeht und in dem Lehrbuch [94] von *S. Lang* etwa eine deutliche Herausstellung gefunden hat.

Zur Aufnahme der *Klassenkörpertheorie* in den Kapiteln IV–VI habe ich mich nicht ohne Skrupel entschlossen. Da mein Buch [107] über dieses Gebiet vor noch nicht langer Zeit erschienen ist, mußte eine abermalige Abhandlung dieser Theorie fragwürdig erscheinen. Es gab aber nach langem Bedenken schließlich doch keinen anderen Ausweg. Ein Lehrbuch über die algebraischen Zahlkörper ohne den krönenden Abschluß der Klassenkörpertheorie mit ihrer wichtigen Auswirkung auf die Theorie der L-Reihen mußte wie ein Torso erscheinen und hätte unter einem unvertretbaren Mangel an Vollständigkeit gelitten. Überdies war hier die Gelegenheit zu mehreren Veränderungen und Korrekturen gegeben und die Möglichkeit, den dort etwas karg behandelten Stoff mit manchen illustrativen Ergänzungen, weiterweisenden Anmerkungen und lehrreichen Aufgaben zu versehen.

Eine große Mühe habe ich auf das letzte Kapitel über die Zetafunktionen und L-Reihen gewandt, denen in den letzten Jahrzehnten eine zentrale Bedeutung zugewachsen ist, ohne daß dies in den Lehrbüchern eine ausreichende Berücksichtigung gefunden hat. Ich habe aber darauf verzichtet, bei den Heckeschen L-Reihen den auf der harmonischen Analysis basierenden *Tate*schen Zugang zu wählen, obgleich gerade dieser seines konzeptionellen Charakters wegen dem Anliegen dieses Buches genau entsprochen hätte. Der Grund lag in der kaum zu verbessernden Klarheit der *Tate*schen Darstellung, die ihre Wiederholung in hinreichender Weise anderswo erfahren hat. Statt dessen habe ich es vorgezogen, mich der ursprünglichen *Hecke*schen Vorgehensweise zuzuwenden, die in der originalen Fassung dem direkten Verständnis nur schwer zugänglich ist, aber mit ihren vielen Vorteilen nach einer modernen Darstellung rief. Im Anschluß daran war die Gelegenheit gegeben, den *Artin*schen L-Reihen mit ihrer Funktionalgleichung einen ausreichenden Platz einzuräumen, den sie erstaunlicherweise in den bisherigen Lehrbüchern nicht gefunden haben.

Schwer ist mir der Entschluß gefallen, die *Iwasawa-Theorie* auszuschließen, eine vergleichsweise junge Theorie, die ganz und gar den algebraischen Zahlkörpern zugeschrieben ist, also dem eigentlichen Gegenstand dieses Buches. Sie wäre als Abbild eines wichtigen, bei den algebraischen Kurven anzutreffenden geometrischen Sachverhalts eine besonders schöne Bestätigung der ständig herausgekehrten Auffassung gewesen, daß Zahlentheorie Geometrie sei. Ich glaube aber, daß der geometrische Aspekt in diesem Fall seine wahre Überzeugungskraft erst durch den Einsatz der *Etalkohomologie* gewinnt, die weder vorausgesetzt noch hier in vernünftigen Grenzen entwickelt werden konnte. Möge das Unbehagen über diesen Mangel stark genug sein, den Entschluß hervorzurufen, den vorliegenden Band mit einem zweiten über die Kohomologie der algebraischen Zahlkörper fortzusetzen.

Das Buch hat von Anfang an nicht nur ein modernes Lesebuch über die algebraische Zahlentheorie werden sollen, sondern auch eine handliche Vorlage für eine Kursvorlesung. Diese Absicht wurde im Verlauf durch den überraschend anwachsenden Stoff bedrängt, dessen Aufnahme sich durch eine in der Theorie angelegte innere Notwendigkeit ergab. Gleichwohl hat das Buch, wie ich denke, diesen Charakter nicht verloren und hat eine erste Probe darauf schon bestanden. Mit dem Wintersemester beginnend läßt sich der grundlegende Inhalt der ersten drei Kapitel in zwei Semestern bei kluger Beschränkung (aber womöglich unter Einbeziehung der unendlichen Galoistheorie) in bequemer Weise darbringen, so daß im darauffolgenden Wintersemester die in Kapitel IV–VI ausgeführte Klassenkörpertheorie einen etwas knappen, aber doch hinreichenden Platz finden kann.

Im Kapitel I sind die §§ 11–14 für eine einführende Vorlesung weitgehend entbehrlich. Die Aufnahme des § 12 in das Buch über die *Ordnungen* schien mir dennoch besonders wichtig, obgleich seine Resultate auf den weiteren Gang der Dinge keinen Einfluß nehmen. Mit den Ordnungen treten nämlich nicht nur die für viele diophantische Probleme wesentlichen Multiplikatorenringe ins Blickfeld, sondern vor allem die Analoga zu den *singulären* Kurven. Bei der wachsenden Bedeutung, die die Kohomologietheorie für die algebraischen Zahlkörper erfährt, mehr aber noch die *algebraische K-Theorie*, für deren Aufbau die Einbeziehung der singulären Schemata ganz unerläßlich ist, ist es an der Zeit, den Ordnungen eine angemessene Darstellung einzuräumen.

Im Kapitel II kann die besondere Behandlung der henselschen Körper in § 6 auf die vollständig bewerteten Körper beschränkt und dem § 4 zugeschlagen werden. Der § 10 über die höheren Verzweigungsgruppen darf bei knapper Zeit ganz entfallen.

Vom Kapitel III sollten die ersten drei Paragraphen in den Vorlesungsstoff einbezogen sein, die eine neue Begründung klassischer Ergebnisse der algebraischen Zahlentheorie herausstellen. Die sich daran anschließende Theorie um den Grothendieck-Riemann-Roch ist ein günstiges Thema eher für ein Seminar als für eine einführende Vorlesung.

Bei der Darstellung der Klassenkörpertheorie schließlich ist es sehr zeitsparend, wenn die Hörer mit den pro-endlichen Gruppen und der unendlichen Galoistheorie schon vorher vertraut gemacht worden sind. Vom Kapitel V müssen die §§ 4–7 über die formalen Gruppen, die Lubin-Tate-Theorie und die höhere Verzweigungstheorie nicht unbedingt gebracht werden. Will man es ganz kurz machen, so erhält man selbst durch das Fortlassen von V, § 3 über die Hilbertsymbole und VI, § 7 und § 8 eine abgeschlossene Theorie, die allerdings dann etwas unbefriedigend ist, weil sie zu sehr im Abstrakten haften bleibt und zu den klassischen Problemstellungen nicht mehr zurückführt.

Ein Wort noch zu den Aufgaben am Schluß der einzelnen Paragraphen. Manche von ihnen sind im eigentlichen nicht als Übungsaufgaben gemeint, sondern als zusätzliche Hinweise, die im Text keinen passenden Platz finden konnten. Der Leser ist hier aufgerufen, seine Findigkeit im Aufspüren der einschlägigen Literatur zu beweisen. Auch habe ich nicht alle Aufgaben selbst durchgerechnet, und man muß auf die Möglichkeit gefaßt sein, daß die eine oder andere nicht richtig gestellt ist. Es ist dem Leser damit die zusätzliche Aufgabe gegeben, in solchem Fall die korrekte Formulierung selbst zu finden. Er wird gebeten, ein eventuelles Versehen des Autors unter das Goethesche Wort zu stellen:

„Irrtum verläßt uns nie, doch ziehet ein höher Bedürfnis
Immer den strebenden Geist leise zur Wahrheit hinan.“

Für die Fertigstellung des Buches ist mir mannigfache Hilfe zuteil geworden. Ich danke dem Springer-Verlag für das zuvorkommende Eingehen auf meine Wünsche. Meine Schüler *I. Kauzs*, *B. Köck*, *P. Kölcze*, *Th. Moser*, *M. Spiess* haben größere und kleinere Teile einer kritischen Durchsicht unterzogen, was zu zahlreichen Verbesserungen und zur Vermeidung von Fehlern und Unklarheiten geführt hat. Meinen Freunden *W.-D. Geyer*, *G. Tamme* und *K. Wingberg* verdanke ich viele wertvolle Ratschläge, die dem Buche zugute gekommen sind, und *C. Deninger* und *U. Jannsen* die Anregung, der Heckeschen Theorie der Theta-Reihen und L-Reihen eine neue Darstellung angedeihen zu lassen. Ein großes Verdienst hat sich Frau *Eva-Maria Strobel* um das Buch erworben. Sie hat die Bilder hergestellt und hat mich in unermüdlicher, ins letzte Detail hineinreichender Arbeit beim Korrekturlesen und bei der äußeren Gestaltung des Textes unterstützt. Allen Helfern, auch den nicht genannten, sei an dieser Stelle herzlich gedankt. Einen besonders großen Dank bringe ich schließlich Frau *Martina Hertl* entgegen, die das Manuskript in TEX gesetzt hat. Ihrer verständigen Umsicht, ihrer unerschütterlichen und freundlichen Bereitschaft, bei der Bewältigung des langen handgeschriebenen Textes, der vielen Veränderungen, Ergänzungen, Korrekturen stets das beste zu leisten, ist das Erscheinen des Buches in wesentlicher Weise zu danken.

Regensburg, Februar 1992 Jürgen Neukirch

Inhaltsverzeichnis

Kapitel I
Ganze algebraische Zahlen

§ 1. Die Gaußschen Zahlen

Die Gleichungen

$$2 = 1+1\,,\quad 5 = 1+4\,,\quad 13 = 4+9\,,\quad 17 = 1+16\,,\quad 29 = 4+25\,,\quad 37 = 1+36$$

zeigen die ersten Primzahlen, die sich als eine Summe von zwei Quadratzahlen darstellen lassen. Von der 2 abgesehen sind sie alle $\equiv 1 \bmod 4$, und für eine ungerade Primzahl der Form $p = a^2 + b^2$ gilt ganz allgemein $p \equiv 1 \bmod 4$, weil Quadratzahlen entweder $\equiv 0$ oder $\equiv 1 \bmod 4$ sind. Dies liegt auf der Hand; keineswegs aber die bemerkenswerte Tatsache, daß sich die Aussage umkehren läßt:

(1.1) Satz. *Für die Primzahlen $p \neq 2$ gilt*

$$p = a^2 + b^2 \quad (a, b \in \mathbb{Z}) \quad \Longleftrightarrow \quad p \equiv 1 \bmod 4\,.$$

Diese Gesetzmäßigkeit im Ring $\mathbb{Z}$ der ganzen rationalen Zahlen findet ihre natürliche Erklärung im erweiterten Bereich der **Gaußschen Zahlen**

$$\mathbb{Z}[\,i\,] = \{a + bi \mid a, b \in \mathbb{Z}\}\,, \qquad i = \sqrt{-1}\,.$$

In diesem Ring verwandelt sich die Gleichung $p = x^2 + y^2$ in die Produktzerlegung

$$p = (x + iy)(x - iy)\,,$$

wodurch sich das Problem stellt, wann und wie eine Primzahl $p \in \mathbb{Z}$ in $\mathbb{Z}[\,i\,]$ in Faktoren zerfällt. Die Antwort auf diese Frage gründet sich auf den folgenden Satz von der eindeutigen Primzerlegung in $\mathbb{Z}[\,i\,]$.

(1.2) Satz. *Der Ring $\mathbb{Z}[\,i\,]$ ist euklidisch, insbesondere also faktoriell.*

Beweis: Wir zeigen, daß $\mathbb{Z}[\,i\,]$ euklidisch ist bzgl. der Funktion $\mathbb{Z}[\,i\,] \to \mathbb{N} \cup \{0\}$, $\alpha \mapsto |\alpha|^2$. Sind $\alpha, \beta \in \mathbb{Z}[\,i\,]$, $\beta \neq 0$, so ist die Existenz von Gaußschen Zahlen γ, ρ nachzuweisen mit

$$\alpha = \gamma\beta + \rho \qquad \text{und} \qquad |\rho|^2 < |\beta|^2\,.$$

Es genügt offenbar, ein $\gamma \in \mathbb{Z}[i]$ zu finden mit $|\frac{\alpha}{\beta} - \gamma| < 1$. Die Gaußschen Zahlen bilden nun ein **Gitter** in der komplexen Zahlenebene $\mathbb{C}$ (Punkte mit ganzzahligen Koordinaten bzgl. der Basis 1, i). Die komplexe Zahl $\frac{\alpha}{\beta}$ liegt in einer Masche des Gitters und hat vom nächsten Gitterpunkt einen Abstand, der nicht größer ist, als die halbe Länge $\frac{\sqrt{2}}{2}$ der Diagonalen der Masche. Daher gibt es ein $\gamma \in \mathbb{Z}[i]$ mit $|\frac{\alpha}{\beta} - \gamma| \leq \frac{\sqrt{2}}{2} < 1$. □

Aufgrund dieses Satzes über den Ring $\mathbb{Z}[i]$ ergibt sich der Satz (1.1) folgendermaßen. Es genügt zu zeigen, daß eine Primzahl $p \equiv 1 \bmod 4$ von $\mathbb{Z}$ im Ring $\mathbb{Z}[i]$ kein Primelement bleibt. In der Tat, ist dies bewiesen, so existiert eine Zerlegung

$$p = \alpha \cdot \beta$$

in zwei Nicht-Einheiten α, β von $\mathbb{Z}[i]$. Die **Norm** von $z = x + iy$ ist durch

$$N(x+iy) = (x+iy)(x-iy) = x^2 + y^2$$

gegeben, also durch $N(z) = |z|^2$. Sie ist multiplikativ, so daß

$$p^2 = N(\alpha) \cdot N(\beta)\,.$$

Da α und β keine Einheiten sind, so ist $N(\alpha)$, $N(\beta) \neq 1$ (Aufgabe 1), d.h. $p = N(\alpha) = a^2 + b^2$, wenn $\alpha = a + bi$ gesetzt ist.

Um nun zu zeigen, daß eine Primzahl der Form $p = 1 + 4n$ kein Primelement in $\mathbb{Z}[i]$ sein kann, bemerken wir, daß die Kongruenz

$$-1 \equiv x^2 \bmod p$$

eine Lösung besitzt, nämlich $x = (2n)!$. In der Tat, wegen $-1 \equiv (p-1)! \bmod p$ (Satz von Wilson) ist

$$\begin{aligned} -1 \equiv (p-1)! &= [\,1 \cdot 2 \cdots (2n)\,][\,(p-1)(p-2) \cdots (p-2n)\,] \\ &\equiv [\,(2n)!\,][\,(-1)^{2n}(2n)!\,] = [\,(2n)!\,]^2 \bmod p\,. \end{aligned}$$

Wir erhalten somit $p \mid x^2 + 1 = (x+i)(x-i)$. Wegen $\frac{x}{p} \pm \frac{i}{p} \notin \mathbb{Z}[i]$ teilt p jedoch keinen der Faktoren $x+i$, $x-i$ und ist daher kein Primelement im faktoriellen Ring $\mathbb{Z}[i]$.

Das Beispiel der Gleichung $p = x^2 + y^2$ zeigt, daß man schon durch sehr elementare Fragen aus dem Bereich der ganzen rationalen Zahlen auf die Betrachtung höherer Bereiche von ganzen Zahlen geführt wird. Aber nicht so sehr wegen dieser Gleichung, sondern um der allgemeinen Theorie der ganzen algebraischen Zahlen ein greifbares Beispiel voranzuschicken, haben wir den Ring $\mathbb{Z}[i]$ eingeführt und wollen aus diesem Grund genauer auf ihn eingehen.

Im Vordergrund der Teilbarkeitslehre in einem Ring stehen zwei grundsätzliche Probleme: Die Bestimmung der **Einheiten** des Ringes einerseits und die seiner **Primelemente** andererseits. Die Antwort auf die erste Frage ist im vorliegenden Fall denkbar einfach. Eine Zahl $\alpha = a + bi \in \mathbb{Z}[i]$ ist genau dann eine Einheit, wenn

$$N(\alpha) := (a + ib)(a - ib) = a^2 + b^2 = 1$$

ist (Aufgabe 1), d.h. wenn entweder $a^2 = 1$, $b^2 = 0$ oder $a^2 = 0$, $b^2 = 1$ ist. Wir erhalten daher den

(1.3) Satz. *Die Gruppe der Einheiten des Ringes $\mathbb{Z}[i]$ besteht aus den vierten Einheitswurzeln,*

$$\mathbb{Z}[i]^* = \{1, -1, i, -i\}.$$

Um die Frage nach den Primelementen, d.h. irreduziblen Elementen des Ringes $\mathbb{Z}[i]$ zu beantworten, erinnern wir daran, daß zwei Elemente α, β in einem Ring **assoziiert** heißen, in Zeichen $\alpha \sim \beta$, wenn sie sich nur um einen Einheitenfaktor unterscheiden, und daß mit einem irreduziblen Element π auch jedes Assoziierte irreduzibel ist. Mit Hilfe des Satzes (1.1) erhalten wir den folgenden genauen Überblick über die Primzahlen von $\mathbb{Z}[i]$.

(1.4) Satz. *Die Primelemente π von $\mathbb{Z}[i]$ sind bis auf Assoziierte wie folgt gegeben:*

(1) $\pi = 1 + i$,

(2) $\pi = a + bi$ *mit* $a^2 + b^2 = p$, $p \equiv 1 \bmod 4$, $a > |b| > 0$,

(3) $\pi = p$, $p \equiv 3 \bmod 4$.

Dabei bedeutet p eine Primzahl von $\mathbb{Z}$.

Beweis: Die Zahlen unter (1) und (2) sind prim, weil aus einer Zerlegung $\pi = \alpha \cdot \beta$ in $\mathbb{Z}[i]$ die Gleichung

$$p = N(\pi) = N(\alpha) \cdot N(\beta)$$

mit einer Primzahl p folgt, so daß entweder $N(\alpha) = 1$ oder $N(\beta) = 1$, also entweder α oder β eine Einheit ist. Die Zahlen $\pi = p$, $p \equiv 3 \bmod 4$, sind prim in $\mathbb{Z}[i]$, weil eine Zerlegung $p = \alpha \cdot \beta$ in Nicht-Einheiten α, β zur Folge hätte, daß $p^2 = N(\alpha) \cdot N(\beta)$ ist, d.h. $p = N(\alpha) = N(a+bi) = a^2 + b^2$, woraus sich nach (1.1) $p \equiv 1 \bmod 4$ ergäbe.

Nach dieser Feststellung haben wir zu zeigen, daß ein beliebiges Primelement π von $\mathbb{Z}[i]$ assoziiert ist zu einem der Genannten. Zunächst folgt aus

$$N(\pi) = \pi \cdot \overline{\pi} = p_1 \cdot \ldots \cdot p_r,$$

p_i Primzahl in $\mathbb{Z}$, daß $\pi | p$ für ein $p = p_i$, also $N(\pi) | N(p) = p^2$, d.h. entweder $N(\pi) = p$ oder $N(\pi) = p^2$. Im Falle $N(\pi) = p$ ist $\pi = a + bi$ mit $a^2 + b^2 = p$, d.h. π ist vom Typ (2) oder, wenn $p = 2$ ist, assoziiert zu $1 + i$. Ist aber $N(\pi) = p^2$, so ist π zu p assoziiert, weil p/π wegen $N(p/\pi) = 1$ eine Einheit ist. Es muß überdies $p \equiv 3 \bmod 4$ gelten, weil sonst $p = 2$ oder $p \equiv 1 \bmod 4$ und nach (1.1) $p = a^2+b^2 = (a+bi)(a-bi)$ nicht prim wäre. Damit ist alles gezeigt. □

Mit diesem Satz ist auch die Frage nach der Zerlegung der Primzahlen $p \in \mathbb{Z}$ in $\mathbb{Z}[i]$ vollständig geklärt. Die Primzahl $2 = (1+i)(1-i)$ ist wegen $1 - i = -i(1+i)$ assoziiert zum Quadrat des Primelements $1+i$, $2 \sim (1+i)^2$, die Primzahlen $p \equiv 1 \bmod 4$ zerfallen in zwei konjugierte prime Faktoren

$$p = (a+bi)(a-bi),$$

und die Primzahlen $p \equiv 3 \bmod 4$ bleiben prim.

Die Gaußschen Zahlen spielen im Körper

$$\mathbb{Q}(i) = \{a + bi \mid a, b \in \mathbb{Q}\}$$

die gleiche Rolle wie die ganzen rationalen Zahlen im Körper $\mathbb{Q}$, sind also als die „ganzen Zahlen“ von $\mathbb{Q}(i)$ anzusehen. Dieser Ganzheitsbegriff bezieht sich auf die Koordinaten zur Basis $1, i$. Wir haben jedoch die folgende, von dieser Basiswahl unabhängige Charakterisierung der Gaußschen Zahlen:

(1.5) Satz. *$\mathbb{Z}[i]$ besteht aus genau denjenigen Zahlen der Körpererweiterung $\mathbb{Q}(i)|\mathbb{Q}$, die einer normierten Gleichung*

$$x^2 + ax + b = 0$$

mit Koeffizienten $a, b \in \mathbb{Z}$ genügen.

Beweis: Ein Element $\alpha = c + id \in \mathbb{Q}(i)$ ist Nullstelle des Polynoms

$$x^2 + ax + b \in \mathbb{Q}[x] \qquad \text{mit} \qquad a = -2c,\ b = c^2 + d^2\,.$$

Sind c und d ganz, so auch a und b. Sind umgekehrt a und b ganz, so auch $2c$ und $2d$. Wegen $(2c)^2 + (2d)^2 = 4b \equiv 0 \bmod 4$ folgt $(2c)^2 \equiv (2d)^2 \equiv 0 \bmod 4$, weil Quadratzahlen nur $\equiv 0$ oder $\equiv 1$ sein können, und damit die Ganzheit von c und d. □

Der letzte Satz führt uns auf die allgemeine Definition einer ganzen algebraischen Zahl als einer Zahl, die einer normierten algebraischen Gleichung mit ganzrationalen Koeffizienten genügt. Für den Bereich der Gaußschen Zahlen haben wir in diesem Paragraphen eine vollständige Antwort auf die Frage nach den Einheiten, auf die Frage nach den Primelementen und auf die Frage nach der eindeutigen Primzerlegung erhalten.

Mit diesen Fragen sind gleichzeitig die grundlegenden Probleme der allgemeinen Theorie der ganzen algebraischen Zahlen angesprochen. Die im Falle $\mathbb{Z}[i]$ gefundenen Antworten sind jedoch nicht exemplarisch; es treten an ihre Stelle ganz neuartige Entdeckungen.

Aufgabe 1. $\alpha \in \mathbb{Z}[i]$ ist genau dann eine Einheit, wenn $N(\alpha) = 1$.

Aufgabe 2. Zeige, daß im Ring $\mathbb{Z}[i]$ aus $\alpha\beta = \varepsilon\gamma^n$ mit teilerfremden Zahlen α, β und einer Einheit ε stets $\alpha = \varepsilon'\xi^n$ und $\beta = \varepsilon''\eta^n$ mit Einheiten ε', ε'' folgt.

Aufgabe 3. Zeige, daß die ganzzahligen Lösungen der Gleichung

$$x^2 + y^2 = z^2$$

mit $x, y, z > 0$ und $(x, y, z) = 1$ („Pythagoräische Tripel") durch

$$x = u^2 - v^2\,, \qquad y = 2uv\,, \qquad z = u^2 + v^2$$

gegeben sind, mit $u, v \in \mathbb{Z}$, $u > v > 0$, $(u, v) = 1$, u, v nicht beide ungerade, und durch die Tripel, die man hieraus durch Vertauschung von x und y erhält.

Hinweis: Zeige mit Hilfe von Aufgabe 2, daß $x + iy = \varepsilon\alpha^2$ mit einer Einheit ε und einem $\alpha = u + iv \in \mathbb{Z}[i]$ gelten muß.

Aufgabe 4. Zeige, daß sich der Ring $\mathbb{Z}[i]$ nicht anordnen läßt.

Aufgabe 5. Zeige, daß der Ring $\mathbb{Z}[\sqrt{-d}] = \mathbb{Z} + \mathbb{Z}\sqrt{-d}$ für eine ganze Zahl $d > 1$ nur die Einheiten ± 1 besitzt.

Aufgabe 6. Zeige, daß der Ring $\mathbb{Z}[\sqrt{d}] = \mathbb{Z} + \mathbb{Z}\sqrt{d}$ für quadratfreies $d > 1$ unendlich viele Einheiten hat.

Aufgabe 7. Zeige, daß der Ring $\mathbb{Z}[\sqrt{2}] = \mathbb{Z}+\mathbb{Z}\sqrt{2}$ euklidisch ist. Zeige ferner, daß seine Einheiten durch $\pm(1+\sqrt{2})^n$, $n \in \mathbb{Z}$, gegeben sind, und bestimme seine Primelemente.

§ 2. Ganzheit

Ein **algebraischer Zahlkörper** ist eine endliche Körpererweiterung K von $\mathbb{Q}$. Die Elemente von K heißen **algebraische Zahlen**. Eine algebraische Zahl heißt **ganz**, wenn sie Nullstelle eines normierten Polynoms $f(x) \in \mathbb{Z}[x]$ ist. Dieser Ganzheitsbegriff betrifft aber nicht nur die algebraischen Zahlen. Er tritt in vielen verschiedenen Zusammenhängen auf und muß daher in voller Allgemeinheit behandelt werden.

Wenn im folgenden von Ringen die Rede ist, so sind damit stets kommutative Ringe mit Einselement gemeint.

(2.1) Definition. *Sei $A \subseteq B$ eine Ringerweiterung. Ein Element $b \in B$ heißt* **ganz** *über A, wenn es einer normierten Gleichung*

$$x^n + a_1 x^{n-1} + \cdots + a_n = 0\,, \qquad n \geq 1\,,$$

mit Koeffizienten $a_i \in A$ genügt. Der Ring B heißt **ganz** *über A, wenn alle Elemente $b \in B$ ganz über A sind.*

Die wünschenswerte Tatsache, daß mit zwei über A ganzen Elementen von B auch ihre Summe und ihr Produkt ganz sind, fällt seltsamerweise nicht vom Himmel. Sie ergibt sich aber durch die folgende abstrakte Umdeutung des Ganzheitsbegriffs.

(2.2) Satz. *Endlich viele Elemente $b_1, \ldots, b_n \in B$ sind genau dann sämtlich ganz über A, wenn der Ring $A[b_1, \ldots, b_n]$, aufgefaßt als A-Modul, endlich erzeugt ist.*

Zum Beweis benützen wir aus der linearen Algebra den

(2.3) Laplaceschen Entwicklungssatz. *Sei $A = (a_{ij})$ eine $(r \times r)$-Matrix über einem beliebigen Ring und $A^* = (a^*_{ij})$ die adjungierte Matrix, d.h. $a^*_{ij} = (-1)^{i+j}\det(A_{ij})$, wobei die Matrix A_{ij} aus A durch Herausstreichen der i-ten Spalte und j-ten Zeile entsteht. Dann gilt*

$$AA^* = A^*A = \det(A)E\,,$$

wobei E die Einheitsmatrix vom Grade r ist. Für einen Vektor $x = (x_1, \ldots, x_r)$ folgt die Implikation

$$Ax = 0 \quad \Longrightarrow \quad (\det A)x = 0\,.$$

Beweis zu (2.2): Sei $b \in B$ ganz über A und $f(x) \in A[x]$ ein normiertes Polynom vom Grade $n \geq 1$ mit $f(b) = 0$. Für ein beliebiges Polynom $g(x) \in A[x]$ können wir dann

$$g(x) = q(x)f(x) + r(x)$$

schreiben mit $q(x)$, $r(x) \in A[x]$ und $\mathrm{Grad}(r(x)) < n$, so daß

$$g(b) = r(b) = a_0 + a_1 b + \cdots + a_{n-1}b^{n-1}$$

gilt. Daher wird $A[b]$ als A-Modul durch $1, b, \ldots, b^{n-1}$ erzeugt.

Sind allgemeiner $b_1, \ldots, b_n \in B$ ganz über A, so folgt die Endlichkeit von $A[b_1, \ldots, b_n]$ über A mit vollständiger Induktion über n. Da nämlich b_n ganz über $R = A[b_1, \ldots, b_{n-1}]$ ist, so ist nach dem soeben Gezeigten $R[b_n] = A[b_1, \ldots, b_n]$ endlich erzeugt über R, also auch über A, wenn wir induktiv annehmen, daß R ein endlich erzeugter A-Modul ist.

Sei umgekehrt der A-Modul $A[b_1, \ldots, b_n]$ endlich erzeugt und $\omega_1, \ldots, \omega_r$ ein Erzeugendensystem. Für ein beliebiges Element $b \in A[b_1, \ldots, b_n]$ ist dann

$$b\,\omega_i = \sum_{j=1}^{r} a_{ij}\omega_j\,, \quad i = 1, \ldots, r\,, \quad a_{ij} \in A\,.$$

Aus (2.3) folgt $\det(bE - (a_{ij}))\omega_i = 0$, $i = 1, \ldots, r$ (E Einheitsmatrix vom Grade r), und da 1 eine Darstellung $1 = c_1\omega_1 + \cdots + c_r\omega_r$ hat, erhalten wir in $\det(bE - (a_{ij})) = 0$ eine normierte Gleichung für b mit Koeffizienten in A. Sie zeigt, daß b ganz ist über A. □

Nach diesem Satz ist mit $b_1, \ldots, b_n \in B$ *jedes* Element b aus $A[b_1, \ldots, b_n]$ ganz über A, weil $A[b_1, \ldots, b_n, b] = A[b_1, \ldots, b_n]$ ein endlich erzeugter A-Modul ist. Insbesondere ist mit zwei Elementen $b_1, b_2 \in B$ auch $b_1 + b_2$ und $b_1 b_2$ ganz über A. Es folgt überdies der

(2.4) Satz. *Seien $A \subseteq B \subseteq C$ zwei Ringerweiterungen. Ist C ganz über B und B ganz über A, so ist C ganz über A.*

Beweis: Sei $c \in C$ und $c^n + b_1c^{n-1} + \cdots + b_n = 0$ eine Gleichung mit Koeffizienten in B und sei $R = A[b_1, \ldots, b_n]$. Dann ist $R[c]$ ein endlich erzeugter R-Modul. Ist B ganz über A, so ist $R[c]$ sogar endlich erzeugt über A, da R endlich erzeugt über A ist. Daher ist c ganz über A. □

Die Gesamtheit der ganzen Elemente

$$\bar{A} = \{b \in B \mid b \text{ ganz über } A\}$$

in einer Ringerweiterung $A \subseteq B$ bildet nach dem oben Bewiesenen einen Ring. Dieser heißt der **ganze Abschluß** von A in B. Man nennt A **ganzabgeschlossen** in B, wenn $A = \bar{A}$. Aus (2.4) folgt unmittelbar, daß der ganze Abschluß $\bar{A}$ immer ganzabgeschlossen ist in B. Ist A ein Integritätsbereich mit dem Quotientenkörper K, so nennt man den ganzen Abschluß $\bar{A}$ von A in K die **Normalisierung** von A und sagt, daß A ganzabgeschlossen schlechthin ist, wenn $A = \bar{A}$. Jeder **faktorielle** Ring A ist z.B. ganzabgeschlossen. In der Tat, ist $a/b \in K \quad (a, b \in A)$ ganz über A und ist

$$(a/b)^n + a_1(a/b)^{n-1} + \cdots + a_n = 0\,,$$

$a_i \in A$, so ist

$$a^n + a_1 b a^{n-1} + \cdots + a_n b^n = 0\,.$$

Jedes Primelement π, welches b teilt, teilt hiernach auch a. Denken wir uns a/b gekürzt, so folgt $a/b \in A$.

Wir wenden uns jetzt einer spezielleren Situation zu. Sei A ein ganzabgeschlossener Integritätsbereich, K sein Quotientenkörper, $L|K$ eine endliche Körpererweiterung und B der ganze Abschluß von A in L. Nach (2.4) ist automatisch auch B ganzabgeschlossen. Jedes Element $\beta \in L$ hat dann die Gestalt

$$\beta = \frac{b}{a}\,, \quad b \in B\,, \quad a \in A\,,$$

denn wenn

$$a_n\beta^n + \cdots + a_1\beta + a_0 = 0\,, \quad a_i \in A\,, \quad a_n \neq 0\,,$$

so ist $b = a_n\beta$ ganz über A, weil die Multiplikation der Gleichung mit a_n^{n-1} eine Gleichung

$$(a_n\beta)^n + \cdots + a_1'(a_n\beta) + a_0' = 0\,, \quad a_i' \in A\,,$$

ergibt. Die Ganzabgeschlossenheit von A bewirkt ferner, daß ein Element $\beta \in L$ genau dann ganz ist über A, wenn sein **Minimalpolynom** $p(x)$ Koeffizienten in A hat. In der Tat, sei β Nullstelle des normierten Polynoms $g(x) \in A[x]$. Dann ist $p(x)$ ein Teiler von $g(x)$ in $K[x]$, so daß alle Nullstellen $\beta_1, \ldots, \beta_n$ von $p(x)$ ganz sind über A, also auch alle Koeffizienten, d.h. $p(x) \in A[x]$.

Ein wichtiges Instrument für das Studium der ganzen Elemente in L ist durch die Spur und die Norm der Erweiterung $L|K$ gegeben. Wir erinnern an ihre

(2.5) Definition. Spur *und* **Norm** *eines Elementes $x \in L$ sind als die Spur und die Determinante der Transformation*

$$T_x : L \to L\,, \quad T_x(\alpha) = x\alpha\,,$$

des K-Vektorraums L definiert:

$$Tr_{L|K}(x) = Tr(T_x)\,, \quad N_{L|K}(x) = \det(T_x)\,.$$

In dem charakteristischen Polynom

$$f_x(t) = \det(tId - T_x) = t^n - a_1 t^{n-1} + \cdots + (-1)^n a_n \in K[t]$$

von T_x, $n = [L : K]$, finden wir Spur und Norm durch

$$a_1 = Tr_{L|K}(x) \qquad \text{und} \qquad a_n = N_{L|K}(x)$$

wieder. Wegen $T_{x+y} = T_x + T_y$ und $T_{xy} = T_x \circ T_y$ erhalten wir Homomorphismen

$$Tr_{L|K} : L \to K \qquad \text{und} \qquad N_{L|K} : L^* \to K^*\,.$$

Im Fall, daß die Erweiterung $L|K$ separabel ist, erhält man die folgende galoistheoretische Interpretation der Spur und der Norm.

(2.6) Satz. *Ist $L|K$ separabel und durchläuft $\sigma : L \to \overline{K}$ die verschiedenen K-Einbettungen von L in einen algebraischen Abschluß $\overline{K}$, so gilt*

(i) $\quad f_x(t) = \prod_\sigma (t - \sigma x)$,

(ii) $\quad Tr_{L|K}(x) = \sum_\sigma \sigma x$,

(iii) $\quad N_{L|K}(x) = \prod_\sigma \sigma x$.

Beweis: Das charakteristische Polynom $f_x(t)$ ist eine Potenz

$$f_x(t) = p_x(t)^d\,, \quad d = [L : K(x)]\,,$$

des Minimalpolynoms

$$p_x(t) = t^m + c_1 t^{m-1} + \cdots + c_m\,, \quad m = [\,K(x):K\,]\,,$$

von x. In der Tat, $1, x, \ldots, x^{m-1}$ ist eine Basis von $K(x)|K$, und wenn $\alpha_1, \ldots, \alpha_d$ eine Basis von $L|K(x)$ ist, so ist

$$\alpha_1, \alpha_1 x, \ldots, \alpha_1 x^{m-1}; \ldots; \alpha_d, \alpha_d x, \ldots, \alpha_d x^{m-1}$$

eine Basis von $L|K$. Die Matrix der linearen Transformation $T_x : y \mapsto xy$ in dieser Basis ist offensichtlich kästchenweise eine Diagonalmatrix, wobei alle Kästchen gleich der Matrix

$$\begin{pmatrix} 0 & 1 & 0 & \cdots & 0 \\ 0 & 0 & 1 & \cdots & 0 \\ \cdots & \cdots & \cdots & \cdots & \cdots \\ 0 & 0 & 0 & \cdots & 1 \\ -c_m & -c_{m-1} & -c_{m-2} & \cdots & -c_1 \end{pmatrix}$$

sind. Das zugehörige charakteristische Polynom ist, wie man leicht nachrechnet,

$$t^m + c_1 t^{m-1} + \cdots + c_m = p_x(t)\,,$$

so daß insgesamt $f_x(t) = p_x(t)^d$.

Die Menge $\operatorname{Hom}_K(L, \overline{K})$ der K-Einbettungen von L zerfällt nun unter der Relation

$$\sigma \sim \tau \iff \sigma x = \tau x$$

in m Äquivalenzklassen der Mächtigkeit d, und wenn $\sigma_1, \ldots, \sigma_m$ ein Repräsentantensystem ist, so ist

$$p_x(t) = \prod_{i=1}^{m} (t - \sigma_i x)$$

und $f_x(t) = \prod_{i=1}^{m}(t - \sigma_i x)^d = \prod_{i=1}^{m} \prod_{\sigma \sim \sigma_i}(t - \sigma x) = \prod_{\sigma}(t - \sigma x)$. Damit ist (i), und nach dem Vietaschen Wurzelsatz gleichzeitig (ii) und (iii) bewiesen. □

(2.7) Korollar. *Für einen Turm $K \subseteq L \subseteq M$ endlicher Erweiterungen gilt*

$$Tr_{L|K} \circ Tr_{M|L} = Tr_{M|K}\,, \quad N_{L|K} \circ N_{M|L} = N_{M|K}\,.$$

Beweis: Wir nehmen an, daß $M|K$ separabel ist. Die Menge $\operatorname{Hom}_K(M, \overline{K})$ der K-Einbettungen von M zerfällt unter der Relation

$$\sigma \sim \tau \iff \sigma|_L = \tau|_L$$

in $m = [L:K]$ Äquivalenzklassen. Ist $\sigma_1, \ldots, \sigma_m$ ein Repräsentantensystem, so ist $\mathrm{Hom}_K(L, \overline{K}) = \{\sigma_i|_L \mid i = 1, \ldots, m\}$ und

$$\begin{aligned} Tr_{M|K}(x) &= \sum_{i=1}^{m} \sum_{\sigma \sim \sigma_i} \sigma x = \sum_{i=1}^{m} Tr_{\sigma_i M|\sigma_i L}(\sigma_i x) = \sum_{i=1}^{m} \sigma_i Tr_{M|L}(x) \\ &= Tr_{L|K}(Tr_{M|L}(x)), \end{aligned}$$

und gleichermaßen für die Norm.

Den inseparablen Fall werden wir nicht zu betrachten haben. Er folgt aber leicht aus dem oben Bewiesenen durch Übergang zur maximalen separablen Teilerweiterung $M^s|K$. Für den Inseparabilitätsgrad $[M:K]_i = [M:M^s]$ hat man nämlich $[M:K]_i = [M:L]_i[L:K]_i$ und

$$Tr_{M|K}(x) = [M:K]_i Tr_{M^s|K}(x), \; N_{M|K}(x) = N_{M^s|K}(x)^{[M:K]_i}$$

(vgl. [143], vol I, Ch. II, § 10). □

Die **Diskriminante** einer Basis $\alpha_1, \ldots, \alpha_n$ der separablen Erweiterung $L|K$ ist durch

$$d(\alpha_1, ..., \alpha_n) = \det((\sigma_i \alpha_j))^2$$

gegeben, wobei σ_i, $i = 1, \ldots, n$, die K-Einbettungen $L \to \overline{K}$ durchläuft. Da die Matrix $(Tr_{L|K}(\alpha_i \alpha_j))$ wegen

$$Tr_{L|K}(\alpha_i \alpha_j) = \sum_k (\sigma_k \alpha_i)(\sigma_k \alpha_j)$$

das Produkt der Matrizen $(\sigma_k \alpha_i)^t$ und $(\sigma_k \alpha_j)$ ist, so kann man auch

$$d(\alpha_1, \ldots, \alpha_n) = \det(Tr_{L|K}(\alpha_i \alpha_j))$$

schreiben. In dem besonderen Fall einer Basis der Form $1, \theta, \ldots, \theta^{n-1}$ ist

$$d(1, \theta, \ldots, \theta^{n-1}) = \prod_{i<j} (\theta_i - \theta_j)^2,$$

wobei $\theta_i = \sigma_i \theta$. Man sieht dies, indem man in der **Vandermondeschen Matrix**

$$\begin{pmatrix} 1 & \theta_1 & \theta_1^2 & \cdots & \theta_1^{n-1} \\ 1 & \theta_2 & \theta_2^2 & \cdots & \theta_2^{n-1} \\ \cdots & \cdots & \cdots & \cdots & \cdots \\ 1 & \theta_n & \theta_n^2 & \cdots & \theta_n^{n-1} \end{pmatrix}$$

jede der $(n-1)$ ersten Spalten mit θ_1 multipliziert und von der folgenden subtrahiert und so fortfährt.

(2.8) Satz. *Ist $L|K$ separabel und $\alpha_1, \ldots, \alpha_n$ eine Basis, so ist die Diskriminante*

$$d(\alpha_1, \ldots, \alpha_n) \neq 0,$$

und es ist

$$(x, y) = Tr_{L|K}(xy)$$

eine nicht-ausgeartete Bilinearform auf dem K-Vektorraum L.

Beweis: Wir zeigen zunächst, daß die Bilinearform $(x, y) = Tr(xy)$ nicht-ausgeartet ist. Sei θ ein primitives Element für $L|K$, d.h. $L = K(\theta)$. Dann ist $1, \theta, \ldots, \theta^{n-1}$ eine Basis, bezüglich der die Form (x, y) durch die Matrix $M = (Tr_{L|K}(\theta^{i-1}\theta^{j-1}))_{i,j=1,\ldots,n}$ gegeben ist. Diese ist nicht-ausgeartet, denn wenn $\theta_i = \sigma_i\theta$ ist, so haben wir

$$\det(M) = d(1, \theta, \ldots, \theta^{n-1}) = \prod_{i<j} (\theta_i - \theta_j)^2 \neq 0.$$

Ist $\alpha_1, \ldots, \alpha_n$ eine beliebige Basis von $L|K$, so ist die Bilinearform (x, y) bzgl. dieser Basis durch die Matrix $M = (Tr_{L|K}(\alpha_i\alpha_j))$ gegeben. Nach dem Obigen ist somit $d(\alpha_1, \ldots, \alpha_n) = \det(M) \neq 0$. □

Nach diesem Rückblick auf die Körpertheorie kehren wir zurück zum ganzabgeschlossenen Integritätsbereich A mit dem Quotientenkörper K und seinem ganzen Abschluß B in der endlichen separablen Erweiterung $L|K$. Wenn $x \in B$ ein ganzes Element von L ist, so sind offenbar auch alle Konjugierten σx ganz. Beachtet man, daß A ganzabgeschlossen ist, d.h. $A = B \cap K$, so folgt aus (2.6)

$$Tr_{L|K}(x),\ N_{L|K}(x) \in A.$$

Überdies erhalten wir für die Einheitengruppe von B über A

$$x \in B^* \iff N_{L|K}(x) \in A^*.$$

Denn wenn $aN_{L|K}(x) = 1$ ist, $a \in A$, so ist $1 = a\prod_\sigma \sigma x = yx$ mit einem $y \in B$. Die Diskriminante findet eine häufige Anwendung durch das

(2.9) Lemma. *Sei $\alpha_1, \ldots, \alpha_n$ eine in B gelegene Basis von $L|K$ mit der Diskriminante $d = d(\alpha_1, \ldots, \alpha_n)$. Dann gilt*

$$dB \subseteq A\alpha_1 + \cdots + A\alpha_n.$$

Beweis: Ist $\alpha = a_1\alpha_1 + \cdots + a_n\alpha_n \in B$, $a_j \in K$, so bilden die a_j eine Lösung des linearen Gleichungssystems

$$Tr_{L|K}(\alpha_i\alpha) = \sum_j Tr_{L|K}(\alpha_i\alpha_j)a_j$$

und sind deshalb wegen $Tr_{L|K}(\alpha_i\alpha) \in A$ als Quotient eines in A gelegenen Zählers und der Determinante $\det(Tr_{L|K}(\alpha_i\alpha_j)) = d$ gegeben. Daher ist $da_j \in A$, also

$$d\alpha \in A\alpha_1 + \cdots + A\alpha_n\,. \qquad \square$$

Unter einer **Ganzheitsbasis** von B über A (oder auch A-Basis von B) versteht man ein System von Elementen $\omega_1, \ldots, \omega_n \in B$, derart daß sich jedes $b \in B$ in eindeutiger Weise als Linearkombination

$$b = a_1\omega_1 + \cdots + a_n\omega_n$$

mit Koeffizienten $a_i \in A$ darstellen läßt. Da eine solche Ganzheitsbasis stets auch eine Basis von $L|K$ ist, so ist ihre Länge n immer gleich dem Körpergrad $[L:K]$. Die Existenz einer Ganzheitsbasis bedeutet also, daß B ein **freier A-Modul** vom Rang $n = [L:K]$ ist. Im allgemeinen gibt es aber keine Ganzheitsbasis. Ist jedoch A ein Hauptidealring, so hat man den weitergehenden

(2.10) Satz. *Ist $L|K$ separabel und A ein Hauptidealring, so ist jeder endlich erzeugte B-Untermodul $M \neq 0$ von L ein freier A-Modul vom Rang $[L:K]$. Insbesondere besitzt B eine Ganzheitsbasis über A.*

Beweis: Sei $M \neq 0$ ein endlich erzeugter B-Untermodul von L und $\alpha_1, \ldots, \alpha_n$ eine Basis von $L|K$. Durch Multiplikation mit einem Element aus A können wir erreichen, daß sie in B liegt. Nach (2.9) ist dann $dB \subseteq A\alpha_1 + \cdots + A\alpha_n$. Sei $\mu_1, \ldots, \mu_r \in M$ ein Erzeugendensystem des B-Moduls M. Es gibt ein $a \in A$ mit $a\mu_i \in B$, $i = 1, \ldots, r$, also $aM \subseteq B$. Damit ist

$$adM \subseteq dB \subseteq A\alpha_1 + \cdots + A\alpha_n = M_0\,.$$

Nach dem Hauptsatz für die Moduln über Hauptidealringen ist mit M_0 auch adM, also auch M ein freier A-Modul. Wegen

$$\mathrm{Rang}(M) = \mathrm{Rang}(dM) \leq \mathrm{Rang}(M_0) \leq \mathrm{Rang}(M)$$

ist $\mathrm{Rang}(M) = \mathrm{Rang}(M_0) = [L:K]$. $\square$

Ganzheitsbasen nachzuweisen ist i.a. ein schwieriges, aber in konkreten Situationen auch wichtiges Problem. Aus diesem Grund verdient der folgende Satz ein Interesse. Anstatt von Ganzheitsbasen des ganzen Abschlusses B von A in L sprechen wir dabei kurz von Ganzheitsbasen der Erweiterung $L|K$.

(2.11) Satz. *Seien $L|K$ und $L'|K$ zwei galoissche Erweiterungen von den Graden n bzw. n' mit $L \cap L' = K$. Sei $\omega_1, \ldots, \omega_n$ bzw. $\omega'_1, \ldots, \omega'_{n'}$ eine Ganzheitsbasis von $L|K$ bzw. $L'|K$ mit der Diskriminante d bzw. d'. Sind dann d und d' teilerfremd im Sinne von $xd + x'd' = 1$ für passende $x, x' \in A$, so ist $\omega_i\omega'_j$ eine Ganzheitsbasis von LL' mit der Diskriminante $d^{n'}d'^{n}$.*

Beweis: Wegen $L \cap L' = K$ ist $[LL' : K] = nn'$, so daß die nn' Produkte $\omega_i\omega'_j$ eine Basis von $LL'|K$ bilden. Sei nun α ein ganzes Element von LL' und

$$\alpha = \sum_{i,j} a_{ij}\omega_i\omega'_j\,, \quad a_{ij} \in K\,.$$

Wir haben zu zeigen, daß $a_{ij} \in A$. Sei dazu $\beta_j = \sum_i a_{ij}\omega_i$. Sei $G(LL'|L') = \{\sigma_1, \ldots, \sigma_n\}$ und $G(LL'|L) = \{\sigma'_1, \ldots, \sigma'_{n'}\}$, so daß

$$G(LL'|K) = \{\sigma_k\sigma'_l \mid k = 1, \ldots, n,\ l = 1, \ldots, n'\}\,.$$

Setzen wir

$$T = (\sigma'_l\omega'_j)\,, \quad a = (\sigma'_1\alpha, \ldots, \sigma'_{n'}\alpha)^t\,, \quad b = (\beta_1, \ldots, \beta_{n'})^t\,,$$

so ist $\det(T)^2 = d'$ und

$$a = Tb\,.$$

Sei T^* die zu T adjungierte Matrix. Dann folgt aus dem Laplaceschen Entwicklungssatz (2.3)

$$\det(T)b = T^*a\,.$$

Da T^* und a aus ganzen Elementen von LL' bestehen, so besteht $d'b$ aus ganzen Elementen $d'\beta_j = \sum_i d'a_{ij}\omega_i$ von L, so daß $d'a_{ij} \in A$. Indem man die Rolle von (ω_i) und (ω'_j) vertauscht, sieht man auf die gleiche Weise $da_{ij} \in A$, so daß

$$a_{ij} = xda_{ij} + x'd'a_{ij} \in A\,.$$

Daher ist $\omega_i\omega'_j$ in der Tat eine Ganzheitsbasis von $LL'|K$. Wir berechnen die Diskriminante Δ dieser Ganzheitsbasis . Wegen $G(LL'|K) = \{\sigma_k\sigma'_l \mid$

$k = 1, \ldots, n, l = 1, \ldots, n'\}$ ist sie das Quadrat der Determinante der $(nn' \times nn')$-Matrix

$$M = (\sigma_k \sigma'_l \omega_i \omega'_j) = (\sigma_k \omega_i \sigma'_l \omega'_j) .$$

Diese Matrix ist wiederum eine $(n' \times n')$-Matrix von $(n \times n)$-Matrizen, an deren (l, j)-Stelle die Matrix $Q\sigma'_l \omega'_j$ mit $Q = (\sigma_k \omega_i)$ steht. Daher ist

$$M = \begin{pmatrix} Q & & O \\ & \ddots & \\ O & & Q \end{pmatrix} \begin{pmatrix} E\sigma'_1\omega'_1 & \cdots & E\sigma'_{n'}\omega'_1 \\ \vdots & & \vdots \\ E\sigma'_1\omega'_{n'} & \cdots & E\sigma'_{n'}\omega'_{n'} \end{pmatrix}$$

wobei E die $(n \times n)$-Einheitsmatrix ist. Man bringt die zweite Matrix durch Umindizierung in die Form der ersten und erhält

$$\Delta = \det(M)^2 = \det(Q)^{2n'} \det((\sigma'_l \omega'_j))^{2n} = d^{n'} d'^{n} . \qquad \square$$

Bemerkung. Man kann dem Beweis entnehmen, daß der Satz für beliebige separable Erweiterungen (also nicht notwendig galoissche) gilt, wenn man anstelle von $L \cap L' = K$ die lineare Disjunktheit fordert.

Die wichtigste Anwendung unserer Betrachtungen über die Ganzheit bezieht sich auf den ganzen Abschluß $\mathcal{O}_K \subseteq K$ von $\mathbb{Z} \subseteq \mathbb{Q}$ in einem algebraischen Zahlkörper K. Nach dem Satz (2.10) besitzt jeder endlich erzeugte $\mathcal{O}_K$-Untermodul $\mathfrak{a}$ von K eine $\mathbb{Z}$-Basis $\alpha_1, \ldots, \alpha_n$,

$$\mathfrak{a} = \mathbb{Z}\alpha_1 + \cdots + \mathbb{Z}\alpha_n .$$

Die Diskriminante

$$d(\alpha_1, \ldots, \alpha_n) = \det((\sigma_i \alpha_j))^2$$

hängt nicht von der Wahl der $\mathbb{Z}$-Basis ab. Ist nämlich $\alpha'_1, \ldots, \alpha'_n$ eine andere Basis, so ist die Übergangsmatrix $T = (a_{ij})$, $\alpha'_i = \sum_j a_{ij}\alpha_j$, mit ihrer Inversen ganzzahlig, hat also die Determinante ± 1, so daß in der Tat

$$d(\alpha'_1, \ldots, \alpha'_n) = \det(T)^2 d(\alpha_1, \ldots, \alpha_n) = d(\alpha_1, \ldots, \alpha_n) .$$

Wir dürfen daher

$$d(\mathfrak{a}) = d(\alpha_1, \ldots, \alpha_n)$$

setzen. Im besonderen Fall einer Ganzheitsbasis $\omega_1, \ldots, \omega_n$ von $\mathcal{O}_K$ erhalten wir die **Diskriminante des Zahlkörpers** K,

$$d_K = d(\mathcal{O}_K) = d(\omega_1, \ldots, \omega_n) .$$

Man hat allgemein den

(2.12) Satz. *Sind $\mathfrak{a} \subseteq \mathfrak{a}'$ zwei von Null verschiedene, endlich erzeugte $\mathcal{O}_K$-Untermoduln von K, so ist der Index $(\mathfrak{a}' : \mathfrak{a})$ endlich, und es gilt*

$$d(\mathfrak{a}) = (\mathfrak{a}' : \mathfrak{a})^2 d(\mathfrak{a}') .$$

Man hat nur zu zeigen, daß der Index $(\mathfrak{a}' : \mathfrak{a})$ gleich dem Betrag der Determinante der Übergangsmatrix von einer $\mathbb{Z}$-Basis von $\mathfrak{a}$ zu einer $\mathbb{Z}$-Basis von $\mathfrak{a}'$ ist. Der Beweis gehört der wohlbekannten Theorie der endlich erzeugten $\mathbb{Z}$-Moduln an.

Aufgabe 1. Ist $\frac{3+2\sqrt{6}}{1-\sqrt{6}}$ eine ganze algebraische Zahl?

Aufgabe 2. Zeige: Ist der Integritätsbereich A ganzabgeschlossen, so auch der Polynomring $A[t]$.

Aufgabe 3. Im Polynomring $A = \mathbb{Q}[X, Y]$ betrachte man das Hauptideal $\mathfrak{p} = (X^2 - Y^3)$. Man zeige, daß $\mathfrak{p}$ ein Primideal, $A/\mathfrak{p}$ aber nicht ganzabgeschlossen ist.

Aufgabe 4. Sei D eine quadratfreie ganze Zahl $\neq 0, 1$ und d die Diskriminante des quadratischen Zahlkörpers $K = \mathbb{Q}(\sqrt{D})$. Zeige, daß

$$d = D \quad , \text{ wenn } D \equiv 1 \bmod 4 ,$$
$$d = 4D \quad , \text{ wenn } D \equiv 2 \text{ oder } 3 \bmod 4 ,$$

und daß $\{1, \sqrt{D}\}$ im zweiten Fall und $\{1, \frac{1}{2}(1 + \sqrt{D})\}$ im ersten eine Ganzheitsbasis ist, und $\{1, \frac{1}{2}(d + \sqrt{d})\}$ in jedem Fall.

Aufgabe 5. Zeige, daß $\{1, \sqrt[3]{2}, \sqrt[3]{2}^2\}$ eine Ganzheitsbasis von $\mathbb{Q}(\sqrt[3]{2})$ ist.

Aufgabe 6. Zeige, daß $1, \theta, \frac{1}{2}(\theta + \theta^2)$ eine Ganzheitsbasis von $\mathbb{Q}(\theta)$, $\theta^3 - \theta - 4 = 0$, ist.

Aufgabe 7. Die Diskriminante d_K eines Zahlkörpers K ist stets $\equiv 0 \bmod 4$ oder $\equiv 1 \bmod 4$. (*Stickelbergerscher Diskriminantensatz*).

Hinweis: Die Determinante $\det(\sigma_i \omega_j)$ einer Ganzheitsbasis ω_j ist eine Summe von Termen, die mit einem Plus- oder Minuszeichen versehen sind. Ist P bzw. N die Summe der Terme mit Plus- bzw. Minuszeichen , so gilt $d_K = (P - N)^2 = (P + N)^2 - 4PN$.

§ 3. Ideale

Der Ring $\mathcal{O}_K$ der ganzen Zahlen eines algebraischen Zahlkörpers K ist als Verallgemeinerung des Ringes $\mathbb{Z} \subseteq \mathbb{Q}$ der Hauptgegenstand aller unserer Betrachtungen. Wie in $\mathbb{Z}$, so läßt sich auch in $\mathcal{O}_K$ jede Nicht-Einheit $\alpha \neq 0$ in ein Produkt von irreduziblen Elementen zerlegen. Denn wenn α nicht selbst irreduzibel ist, so zerfällt es in ein Produkt $\alpha = \beta\gamma$ von zwei Nicht-Einheiten, so daß nach § 2

$$1 < |N_{K|\mathbb{Q}}(\beta)| < |N_{K|\mathbb{Q}}(\alpha)|\,, \quad 1 < |N_{K|\mathbb{Q}}(\gamma)| < |N_{K|\mathbb{Q}}(\alpha)|$$

gilt und die Primzerlegung von α mit vollständiger Induktion aus der von β und γ folgt. Anders jedoch als in den Ringen $\mathbb{Z}$ und $\mathbb{Z}[i]$ findet die Eindeutigkeit der Primzerlegung im allgemeinen nicht statt.

Beispiel: Im Körper $K = \mathbb{Q}(\sqrt{-5})$ ist nach § 2, Aufgabe 4, $\mathcal{O}_K = \mathbb{Z} + \mathbb{Z}\sqrt{-5}$ der Ring der ganzen Zahlen. In ihm läßt sich die Zahl 21 auf zwei Weisen zerlegen ,

$$21 = 3 \cdot 7 = (1 + 2\sqrt{-5}) \cdot (1 - 2\sqrt{-5})\,.$$

Alle Faktoren sind irreduzibel in $\mathcal{O}_K$. Wäre nämlich etwa $3 = \alpha\beta$, α, β Nicht-Einheiten, so würde aus $9 = N_{K|\mathbb{Q}}(\alpha)N_{K|\mathbb{Q}}(\beta)$ folgen, daß $N_{K|\mathbb{Q}}(\alpha) = \pm 3$ ist. Die Gleichung

$$N_{K|\mathbb{Q}}(x + y\sqrt{-5}) = x^2 + 5y^2 = \pm 3$$

ist aber in $\mathbb{Z}$ unlösbar. Ebenso zeigt man, daß 7, $1 + 2\sqrt{-5}$, $1 - 2\sqrt{-5}$ irreduzibel sind. Da die Brüche

$$\frac{1 \pm 2\sqrt{-5}}{3}\,, \quad \frac{1 \pm 2\sqrt{-5}}{7}$$

nicht in $\mathcal{O}_K$ liegen, sind die Zahlen 3 und 7 nicht assoziiert zu $1 + 2\sqrt{-5}$ oder $1 - 2\sqrt{-5}$. Es liegen also zwei verschiedene Primzerlegungen der Zahl 21 vor.

Die Betrachtung der Mehrdeutigkeit der Primzerlegung hat zu einem der großartigsten Ereignisse in der Geschichte der Zahlentheorie geführt, zur Entdeckung der Idealtheorie durch *Eduard Kummer*. Von der Erfindung der komplexen Zahlen geleitet, bestand die Kummersche Idee darin, daß es für die ganzen Zahlen in K einen erweiterten Bereich neuer „idealer Zahlen" geben müsse, in dem sie sich **eindeutig** als Produkt „idealer Primzahlen" darstellen würden. In dem Beispiel

$$21 = 3 \cdot 7 = (1 + 2\sqrt{-5})(1 - 2\sqrt{-5})$$

etwa würden sich demnach die rechten Faktoren aus „idealen Primzahlen“ $\mathfrak{p}_1, \mathfrak{p}_2, \mathfrak{p}_3, \mathfrak{p}_4$ zusammensetzen nach der Regel

$$3 = \mathfrak{p}_1\mathfrak{p}_2\,, \quad 7 = \mathfrak{p}_3\mathfrak{p}_4\,, \quad 1+2\sqrt{-5} = \mathfrak{p}_1\mathfrak{p}_3\,, \quad 1-2\sqrt{-5} = \mathfrak{p}_2\mathfrak{p}_4\,,$$

wodurch sich die obige Mehrdeutigkeit in die fabelhafte Eindeutigkeit

$$21 = (\mathfrak{p}_1\mathfrak{p}_2)(\mathfrak{p}_3\mathfrak{p}_4) = (\mathfrak{p}_1\mathfrak{p}_3)(\mathfrak{p}_2\mathfrak{p}_4)$$

auflösen würde.

Aus den von Kummer konzipierten „idealen Zahlen“ sind später die **Ideale** des Ringes $\mathcal{O}_K$ geworden. Der Grund hierfür ist leicht einzusehen. Wie immer eine ideale Zahl $\mathfrak{a}$ definiert ist, sie soll mit den Zahlen $a \in \mathcal{O}_K$ in einer Teilbarkeitsrelation $\mathfrak{a} \mid a$ stehen, die für $a, b, \lambda \in \mathcal{O}_K$ die Regeln

$$\mathfrak{a}|a \text{ und } \mathfrak{a}|b \Rightarrow \mathfrak{a}|a \pm b\,; \quad \mathfrak{a}|a \Rightarrow \mathfrak{a}|\lambda a$$

erfüllt, und sie soll durch die Gesamtheit

$$\underline{\mathfrak{a}} = \{a \in \mathcal{O}_K \mid \mathfrak{a}|a\}$$

aller Zahlen $a \in \mathcal{O}_K$, die sie teilt, eindeutig bestimmt sein. Diese Gesamtheit ist aber wegen der angegebenen Teilbarkeitsregeln ein Ideal von $\mathcal{O}_K$. Aus diesem Grund sind die Kummerschen „idealen Zahlen“ von *Richard Dedekind* als die Ideale von $\mathcal{O}_K$ eingeführt worden. Die Teilbarkeit $\mathfrak{a}|a$ kann dann einfach durch die Inklusion $a \in \mathfrak{a}$ definiert werden und allgemeiner die Teilbarkeit $\mathfrak{a}|\mathfrak{b}$ zwischen zwei Idealen durch $\mathfrak{b} \subseteq \mathfrak{a}$. Im folgenden wollen wir diesen Teilbarkeitsbegriff genauer studieren. Grundlegend dafür ist das

(3.1) Theorem. *Der Ring $\mathcal{O}_K$ ist noethersch, ganzabgeschlossen, und jedes Primideal $\mathfrak{p} \neq 0$ ist ein maximales Ideal.*

Beweis: $\mathcal{O}_K$ ist noethersch, weil jedes Ideal $\mathfrak{a}$ nach (2.10) ein endlich erzeugter $\mathbb{Z}$-Modul, erst recht also ein endlich erzeugter $\mathcal{O}_K$-Modul ist. Als ganzer Abschluß von $\mathbb{Z}$ ist $\mathcal{O}_K$ nach § 2 auch ganzabgeschlossen. Bleibt zu zeigen, daß jedes Primideal $\mathfrak{p} \neq 0$ maximal ist. Nun ist $\mathfrak{p} \cap \mathbb{Z}$ ein von Null verschiedenes Primideal (p) in $\mathbb{Z}$. Die Primidealeigenschaft ist klar, und wenn $y \in \mathfrak{p}$, $y \neq 0$, ist und

$$y^n + a_1 y^{n-1} + \cdots + a_n = 0$$

eine Gleichung für y mit $a_i \in \mathbb{Z}$, $a_n \neq 0$, so ist $a_n \in \mathfrak{p} \cap \mathbb{Z}$. Der Integritätsbereich $\overline{\mathcal{O}} = \mathcal{O}_K/\mathfrak{p}$ entsteht aus $\kappa = \mathbb{Z}/p\mathbb{Z}$ durch Adjunktion algebraischer Elemente und ist somit ein Körper (man erinnere sich an $\kappa[\alpha] = \kappa(\alpha)$, wenn α algebraisch ist). Daher ist $\mathfrak{p}$ ein maximales Ideal.□

Auf die drei soeben bewiesenen Eigenschaften des Ringes $\mathcal{O}_K$ gründet sich die ganze Teilbarkeitslehre seiner Ideale. Sie wurde von Dedekind entwickelt, der damit Anlaß gab zur folgenden

(3.2) Definition. *Ein noetherscher, ganzabgeschlossener Integritätsbereich, in dem jedes von Null verschiedene Primideal ein maximales Ideal ist, heißt* **Dedekindring**.

So wie die Ringe $\mathcal{O}_K$ als Verallgemeinerung des Ringes $\mathbb{Z}$ anzusehen sind, so kann man die Dedekindringe als Verallgemeinerung der Hauptidealringe ansehen. Ist nämlich A ein Hauptidealring mit dem Quotientenkörper K und $L|K$ eine endliche Körpererweiterung, so ist der ganze Abschluß B von A in L i.a. zwar kein Hauptidealring mehr, aber, wie wir noch zeigen werden, stets ein Dedekindring.

Anstelle des Ringes $\mathcal{O}_K$ betrachten wir im folgenden einen beliebigen Dedekindring $\mathcal{O}$ und bezeichnen mit K den Quotientenkörper von $\mathcal{O}$. Für zwei Ideale $\mathfrak{a}$ und $\mathfrak{b}$ von $\mathcal{O}$ (allgemeiner eines beliebigen Ringes) wird die Teilbarkeitsrelation $\mathfrak{a}|\mathfrak{b}$ durch $\mathfrak{b} \subseteq \mathfrak{a}$ definiert und ihre Summe durch

$$\mathfrak{a} + \mathfrak{b} = \{a + b \mid a \in \mathfrak{a},\, b \in \mathfrak{b}\}\,.$$

Sie ist das kleinste $\mathfrak{a}$ und $\mathfrak{b}$ umfassende Ideal, also der $\mathrm{ggT}(\mathfrak{a}, \mathfrak{b})$ (größte gemeinsame Teiler) von $\mathfrak{a}$ und $\mathfrak{b}$. Entsprechend ist der Durchschnitt $\mathfrak{a} \cap \mathfrak{b}$ das kgV (kleinste gemeinsame Vielfache) von $\mathfrak{a}$ und $\mathfrak{b}$. Wir definieren das **Produkt** von $\mathfrak{a}$ und $\mathfrak{b}$ durch

$$\mathfrak{a}\mathfrak{b} = \{\sum_i a_i b_i \mid a_i \in \mathfrak{a},\, b_i \in \mathfrak{b}\}\,.$$

Hinsichtlich dieser Multiplikation erhalten wir für die Ideale von $\mathcal{O}$, was uns von den Elementen allein versagt wird, nämlich die **eindeutige Primzerlegung**.

(3.3) Theorem. *Jedes von* (0) *und* (1) *verschiedene Ideal* $\mathfrak{a}$ *von* $\mathcal{O}$ *besitzt eine bis auf die Reihenfolge eindeutige Zerlegung*

$$\mathfrak{a} = \mathfrak{p}_1 \ldots \mathfrak{p}_r$$

in Primideale $\mathfrak{p}_i$ *von* $\mathcal{O}$.

Dieses Theorem liegt natürlich ganz im Sinne des Erfinders der „idealen Zahlen". Seine Gültigkeit ist aber dennoch erstaunlich, weil sein Beweis alles andere als offenkundig ist und eine tieferliegende Gesetzmäßigkeit zwischen den Zahlen in $\mathcal{O}$ aufdeckt. Wir schicken dem Beweis zwei Lemmata voraus.

(3.4) Lemma. *Zu jedem Ideal $\mathfrak{a} \neq 0$ von $\mathcal{O}$ gibt es von Null verschiedene Primideale $\mathfrak{p}_1, \mathfrak{p}_2, \ldots, \mathfrak{p}_r$ mit*

$$\mathfrak{a} \supseteq \mathfrak{p}_1 \mathfrak{p}_2 \ldots \mathfrak{p}_r .$$

Beweis: Nehmen wir an, die Menge $\mathfrak{M}$ der sich dieser Bedingung widersetzenden Ideale wäre nicht leer. Da $\mathcal{O}$ noethersch ist, so bricht jede aufsteigende Idealkette ab. $\mathfrak{M}$ ist daher hinsichtlich der Inklusion induktiv geordnet und besitzt somit nach dem Zornschen Lemma ein maximales Element $\mathfrak{a}$. Dieses kann kein Primideal sein, d.h. es gibt Elemente $b_1, b_2 \in \mathcal{O}$ mit $b_1 b_2 \in \mathfrak{a}$, aber $b_1, b_2 \notin \mathfrak{a}$. Setzen wir $\mathfrak{a}_1 = (b_1) + \mathfrak{a}$, $\mathfrak{a}_2 = (b_2) + \mathfrak{a}$, so ist $\mathfrak{a} \subsetneqq \mathfrak{a}_1$, $\mathfrak{a} \subsetneqq \mathfrak{a}_2$ und $\mathfrak{a}_1 \mathfrak{a}_2 \subseteq \mathfrak{a}$. Wegen der Maximalität enthalten $\mathfrak{a}_1$ und $\mathfrak{a}_2$ Primidealprodukte, deren Produkt in $\mathfrak{a}$ liegt, Widerspruch. □

(3.5) Lemma. *Ist $\mathfrak{p}$ ein Primideal von $\mathcal{O}$ und*

$$\mathfrak{p}^{-1} = \{x \in K \mid x\mathfrak{p} \subseteq \mathcal{O}\},$$

so ist $\mathfrak{a}\mathfrak{p}^{-1} := \{\sum_i a_i x_i \mid a_i \in \mathfrak{a},\, x_i \in \mathfrak{p}^{-1}\} \neq \mathfrak{a}$ für jedes Ideal $\mathfrak{a} \neq 0$.

Beweis: Sei $a \in \mathfrak{p}$, $a \neq 0$, und $\mathfrak{p}_1 \mathfrak{p}_2 \ldots \mathfrak{p}_r \subseteq (a) \subseteq \mathfrak{p}$ mit minimalem r. Dann ist eines der $\mathfrak{p}_i$, etwa $\mathfrak{p}_1$, in $\mathfrak{p}$ enthalten, also $\mathfrak{p}_1 = \mathfrak{p}$ wegen der Maximalität von $\mathfrak{p}_1$. Denn sonst gäbe es für jedes i ein $a_i \in \mathfrak{p}_i \setminus \mathfrak{p}$ mit $a_1 \ldots a_r \in \mathfrak{p}$. Wegen $\mathfrak{p}_2 \ldots \mathfrak{p}_r \not\subseteq (a)$ gibt es ein $b \in \mathfrak{p}_2 \ldots \mathfrak{p}_r$ mit $b \notin a\mathcal{O}$, also $a^{-1}b \notin \mathcal{O}$. Andererseits ist aber $b\mathfrak{p} \subseteq (a)$, also $a^{-1}b\mathfrak{p} \subseteq \mathcal{O}$, und somit $a^{-1}b \in \mathfrak{p}^{-1}$. Damit ist $\mathfrak{p}^{-1} \neq \mathcal{O}$.

Sei nun $\mathfrak{a} \neq 0$ ein Ideal von $\mathcal{O}$ und $\alpha_1, \ldots, \alpha_n$ ein Erzeugendensystem. Nehmen wir an, daß $\mathfrak{a}\mathfrak{p}^{-1} = \mathfrak{a}$. Dann ist für jedes $x \in \mathfrak{p}^{-1}$

$$x\alpha_i = \sum_j a_{ij}\alpha_j , \quad a_{ij} \in \mathcal{O} .$$

Ist A die Matrix $(x\delta_{ij} - a_{ij})$, so ist also $A(\alpha_1, \ldots, \alpha_n)^t = 0$. Für die Determinante $d = \det(A)$ folgt nach (2.3) $d\alpha_1 = \cdots = d\alpha_n = 0$ und somit $d = 0$. Daher ist x als Nullstelle des normierten Polynoms $f(X) = \det(X\delta_{ij} - a_{ij}) \in \mathcal{O}[X]$ ganz über $\mathcal{O}$, d.h. $x \in \mathcal{O}$. Es ergibt sich somit $\mathfrak{p}^{-1} = \mathcal{O}$, Widerspruch. □

Beweis von (3.3). I. **Existenz** der Primzerlegung. Sei $\mathfrak{M}$ die Menge aller von (0) und (1) verschiedenen Ideale, die keine Primzerlegung besitzen. Ist $\mathfrak{M}$ nicht leer, so schließen wir wie bei (3.4), daß es ein maximales Element $\mathfrak{a}$ in $\mathfrak{M}$ gibt. Es liegt in einem maximalen Ideal $\mathfrak{p}$, und wir erhalten wegen $\mathcal{O} \subseteq \mathfrak{p}^{-1}$

$$\mathfrak{a} \subseteq \mathfrak{a}\mathfrak{p}^{-1} \subseteq \mathfrak{p}\mathfrak{p}^{-1} \subseteq \mathcal{O}.$$

Nach (3.5) ist $\mathfrak{a} \underset{\neq}{\subset} \mathfrak{a}\mathfrak{p}^{-1}$ und $\mathfrak{p} \underset{\neq}{\subset} \mathfrak{p}\mathfrak{p}^{-1} \subseteq \mathcal{O}$. Da $\mathfrak{p}$ ein maximales Ideal ist, so folgt $\mathfrak{p}\mathfrak{p}^{-1} = \mathcal{O}$. Wegen der Maximalität von $\mathfrak{a}$ in $\mathfrak{M}$ und wegen $\mathfrak{a} \neq \mathfrak{p}$, also $\mathfrak{a}\mathfrak{p}^{-1} \neq \mathcal{O}$, besitzt $\mathfrak{a}\mathfrak{p}^{-1}$ eine Primzerlegung $\mathfrak{a}\mathfrak{p}^{-1} = \mathfrak{p}_1 \ldots \mathfrak{p}_r$, also auch $\mathfrak{a} = \mathfrak{a}\mathfrak{p}^{-1}\mathfrak{p} = \mathfrak{p}_1 \ldots \mathfrak{p}_r\mathfrak{p}$, Widerspruch.

II. **Eindeutigkeit** der Primzerlegung. Für ein Primideal $\mathfrak{p}$ gilt: $\mathfrak{a}\mathfrak{b} \subseteq \mathfrak{p} \Rightarrow \mathfrak{a} \subseteq \mathfrak{p}$ oder $\mathfrak{b} \subseteq \mathfrak{p}$, d.h. $\mathfrak{p} \mid \mathfrak{a}\mathfrak{b} \Rightarrow \mathfrak{p} \mid \mathfrak{a}$ oder $\mathfrak{p} \mid \mathfrak{b}$. Seien nun

$$\mathfrak{a} = \mathfrak{p}_1\mathfrak{p}_2 \ldots \mathfrak{p}_r = \mathfrak{q}_1\mathfrak{q}_2 \ldots \mathfrak{q}_s$$

zwei Primzerlegungen von $\mathfrak{a}$. Dann teilt $\mathfrak{p}_1$ einen Faktor $\mathfrak{q}_i$, etwa $\mathfrak{q}_1$, und ist wegen der Maximalität $= \mathfrak{q}_1$. Wir multiplizieren mit $\mathfrak{p}_1^{-1}$ und erhalten wegen $\mathfrak{p}_1 \neq \mathfrak{p}_1\mathfrak{p}_1^{-1} = \mathcal{O}$

$$\mathfrak{p}_2 \ldots \mathfrak{p}_r = \mathfrak{q}_2 \ldots \mathfrak{q}_s .$$

So fortfahrend erhalten wir $r = s$ und nach eventueller Umordnung $\mathfrak{p}_i = \mathfrak{q}_i, i = 1, \ldots, r$. □

Faßt man in der Primzerlegung eines Ideals $\mathfrak{a} \neq 0$ von $\mathcal{O}$ die gleichen Primideale zusammen, so erhält man eine Produktdarstellung

$$\mathfrak{a} = \mathfrak{p}_1^{\nu_1} \ldots \mathfrak{p}_r^{\nu_r}, \quad \nu_i > 0 .$$

Im folgenden soll jede solche Gleichung automatisch so verstanden sein, daß die $\mathfrak{p}_i$ paarweise verschieden sind. Ist insbesondere $\mathfrak{a}$ ein Hauptideal (a), so schreibt man, der Tradition folgend, die den Idealen den Charakter „idealer Zahlen" beimißt, häufig etwas ungenau

$$a = \mathfrak{p}_1^{\nu_1} \ldots \mathfrak{p}_r^{\nu_r} .$$

Auch verwendet man oft die Bezeichnung $\mathfrak{a}|a$ anstelle von $\mathfrak{a}|(a)$ und schreibt $(\mathfrak{a}, \mathfrak{b}) = 1$ bei zwei teilerfremden Idealen anstelle von $(\mathfrak{a}, \mathfrak{b}) = \mathfrak{a} + \mathfrak{b} = \mathcal{O}$. Für ein Produkt $\mathfrak{a} = \mathfrak{a}_1 \ldots \mathfrak{a}_n$ von teilerfremden Idealen

$\mathfrak{a}_1, \dots, \mathfrak{a}_n$ hat man ein Analogon des „chinesischen Restsatzes", wie er uns aus dem Bereich der ganzen Zahlen bekannt ist. Wir können diesen Satz für einen beliebigen Ring formulieren, wenn wir beachten, daß

$$\mathfrak{a} = \bigcap_{i=1}^{n} \mathfrak{a}_i$$

ist. In der Tat, wegen $\mathfrak{a}_i | \mathfrak{a}$, $i = 1, \dots, n$, ist nämlich einerseits $\mathfrak{a} \subseteq \bigcap_{i=1}^{n} \mathfrak{a}_i$, und wenn $a \in \bigcap_i \mathfrak{a}_i$, so gilt $\mathfrak{a}_i | a$, und damit, wegen der Teilerfremdheit, $\mathfrak{a} = \mathfrak{a}_1 \dots \mathfrak{a}_n | a$, d.h. $a \in \mathfrak{a}$.

(3.6) Chinesischer Restsatz. *Seien $\mathfrak{a}_1, \dots, \mathfrak{a}_n$ Ideale in einem Ring $\mathcal{O}$ mit $\mathfrak{a}_i + \mathfrak{a}_j = \mathcal{O}$ für $i \neq j$. Ist dann $\mathfrak{a} = \bigcap_{i=1}^{n} \mathfrak{a}_i$, so ist*

$$\mathcal{O}/\mathfrak{a} \cong \bigoplus_{i=1}^{n} \mathcal{O}/\mathfrak{a}_i\,.$$

Beweis: Der kanonische Homomorphismus

$$\mathcal{O} \longrightarrow \bigoplus_{i=1}^{n} \mathcal{O}/\mathfrak{a}_i\,, \quad a \mapsto \bigoplus_{i=1}^{n} a \bmod \mathfrak{a}_i\,,$$

besitzt den Kern $\mathfrak{a} = \bigcap_i \mathfrak{a}_i$, so daß es genügt, die Surjektivität zu zeigen. Sei dazu $x_i \bmod \mathfrak{a}_i \in \mathcal{O}/\mathfrak{a}_i$, $i = 1, \dots, n$, gegeben. Ist $n = 2$, so können wir $1 = a_1 + a_2$ schreiben, $a_i \in \mathfrak{a}_i$, und wenn wir $x = x_1 a_2 + x_2 a_1$ setzen, so ist $x \equiv x_i \bmod \mathfrak{a}_i$, $i = 1, 2$.

Ist $n > 2$, so finden wir hiernach ein Element $y_1 \in \mathcal{O}$ mit

$$y_1 \equiv 1 \bmod \mathfrak{a}_1\,, \quad y_1 \equiv 0 \bmod \bigcap_{i=2}^{n} \mathfrak{a}_i\,,$$

und analog Elemente $y_2, \dots, y_n$, so daß

$$y_i \equiv 1 \bmod \mathfrak{a}_i\,, \quad y_i \equiv 0 \bmod \mathfrak{a}_j \quad \text{für } i \neq j.$$

Setzen wir $x = x_1 y_1 + \dots + x_n y_n$, so ist $x \equiv x_i \bmod \mathfrak{a}_i$, $i = 1, \dots, n$. Damit ist die Surjektivität bewiesen. □

Sei jetzt wieder $\mathcal{O}$ ein Dedekindring. Für die von Null verschiedenen Ideale von $\mathcal{O}$ erhalten wir wie bei den Zahlen multiplikative **Inverse**, wenn wir den Begriff der gebrochenen Ideale im Quotientenkörper K einführen.

(3.7) Definition. *Ein* **gebrochenes Ideal** *von K ist ein endlich erzeugter $\mathcal{O}$-Untermodul $\mathfrak{a} \neq 0$ von K.*

Für ein Element $a \in K^*$ ist z.B. $(a) = a\mathcal{O}$ ein gebrochenes „Hauptideal". Da $\mathcal{O}$ noethersch ist, so ist ein $\mathcal{O}$-Untermodul $\mathfrak{a} \neq 0$ von K offenbar genau dann ein gebrochenes Ideal, wenn es ein $c \in \mathcal{O}$, $c \neq 0$, gibt mit $c\mathfrak{a} \subseteq \mathcal{O}$. Die gebrochenen Ideale werden genauso multipliziert wie die Ideale von $\mathcal{O}$. Letztere bezeichnen wir von nun an auch als die **ganzen Ideale** von K.

(3.8) Satz. *Die gebrochenen Ideale bilden eine abelsche Gruppe, die* **Idealgruppe** J_K *von* K. *Das Einselement ist* $(1) = \mathcal{O}$, *und das Inverse zu* $\mathfrak{a}$ *ist*

$$\mathfrak{a}^{-1} = \{x \in K \mid x\mathfrak{a} \subseteq \mathcal{O}\}.$$

Beweis: Assoziativität, Kommutativität und $\mathfrak{a}(1) = \mathfrak{a}$ sind klar. Für ein Primideal $\mathfrak{p}$ ist nach (3.5) $\mathfrak{p} \subsetneq \mathfrak{p}\mathfrak{p}^{-1}$, also $\mathfrak{p}\mathfrak{p}^{-1} = \mathcal{O}$ wegen der Maximalität von $\mathfrak{p}$. Ist $\mathfrak{a} = \mathfrak{p}_1 \dots \mathfrak{p}_r$ ein ganzes Ideal, so ist hiernach $\mathfrak{b} = \mathfrak{p}_1^{-1} \dots \mathfrak{p}_r^{-1}$ ein Inverses. Wegen $\mathfrak{b}\mathfrak{a} = \mathcal{O}$ ist $\mathfrak{b} \subseteq \mathfrak{a}^{-1}$. Ist umgekehrt $x\mathfrak{a} \subseteq \mathcal{O}$, so ist $x\mathfrak{a}\mathfrak{b} \subseteq \mathfrak{b}$, also $x \in \mathfrak{b}$ wegen $\mathfrak{a}\mathfrak{b} = \mathcal{O}$. Daher ist $\mathfrak{b} = \mathfrak{a}^{-1}$. Ist $\mathfrak{a}$ ein gebrochenes Ideal und $c \in \mathcal{O}$, $c \neq 0$, mit $c\mathfrak{a} \subseteq \mathcal{O}$, so ist $(c\mathfrak{a})^{-1} = c^{-1}\mathfrak{a}^{-1}$ das Inverse von $c\mathfrak{a}$, also $\mathfrak{a}\mathfrak{a}^{-1} = \mathcal{O}$. □

(3.9) Korollar. *Jedes gebrochene Ideal* $\mathfrak{a}$ *besitzt eine eindeutige Produktdarstellung*

$$\mathfrak{a} = \prod_{\mathfrak{p}} \mathfrak{p}^{\nu_{\mathfrak{p}}}$$

mit $\nu_{\mathfrak{p}} \in \mathbb{Z}$ *und* $\nu_{\mathfrak{p}} = 0$ *für fast alle* $\mathfrak{p}$. *Mit anderen Worten:* J_K *ist die durch die Primideale* $\mathfrak{p} \neq 0$ *erzeugte freie abelsche Gruppe.*

Beweis: Jedes gebrochene Ideal $\mathfrak{a}$ ist Quotient $\mathfrak{a} = \mathfrak{b}/\mathfrak{c}$ zweier ganzer Ideale $\mathfrak{b}$ und $\mathfrak{c}$, die nach (3.3) eine Primzerlegung besitzen. Daher besitzt $\mathfrak{a}$ eine Primzerlegung im Sinne des Korollars. Sie ist nach (3.3) eindeutig, wenn $\mathfrak{a}$ ganz ist, und damit evidenterweise auch im allgemeinen Fall. □

Die gebrochenen Hauptideale $(a) = a\mathcal{O}$, $a \in K^*$, bilden eine Untergruppe der Idealgruppe J_K. Sie wird mit P_K bezeichnet. Die Faktorgruppe

$$Cl_K = J_K/P_K$$

heißt die **Idealklassengruppe**, oder auch kurz **Klassengruppe** von K. Sie steht zusammen mit der Einheitengruppe $\mathcal{O}^*$ von $\mathcal{O}$ in der exakten Sequenz

$$1 \to \mathcal{O}^* \to K^* \to J_K \to Cl_K \to 1\,,$$

wobei der mittlere Pfeil durch $a \mapsto (a)$ gegeben ist. Die Klassengruppe Cl_K beschreibt also die Größe der Ausdehnung und die Einheitengruppe $\mathcal{O}^*$ die des Verlustes, die der Bereich der Zahlen beim Übergang zu den Idealen erfahren hat. Es ist uns damit die unmittelbare Aufgabe gestellt, die Gruppen $\mathcal{O}^*$ und Cl_K genauer zu erfassen. Bei allgemeinen Dedekindringen können sie ganz beliebig ausfallen. Beim Ring $\mathcal{O}_K$ der ganzen Zahlen eines Zahlkörpers K erhält man jedoch wichtige Endlichkeitsaussagen, die für die weitere Entwicklung der Zahlentheorie von grundlegender Bedeutung sind. Diese Ergebnisse fallen einem aber nicht leicht zu. Sie werden erhalten durch eine geometrische Betrachtung der Zahlen als Gitterpunkte im Raum, für die wir jetzt die nötigen, ganz der linearen Algebra angehörenden Begriffsbildungen bereitstellen wollen.

Aufgabe 1. Zerlege $33+11\sqrt{-7}$ in irreduzible ganze Elemente von $\mathbb{Q}(\sqrt{-7})$.

Aufgabe 2. Zeige, daß

$$54 = 2\cdot 3^3 = \frac{13+\sqrt{-47}}{2}\cdot\frac{13-\sqrt{-47}}{2}$$

zwei verschiedene Zerlegungen in irreduzible ganze Elemente in $\mathbb{Q}(\sqrt{-47})$ sind.

Aufgabe 3. Sei d quadratfrei und p eine zu $2d$ teilerfremde Primzahl. Sei $\mathcal{O}$ der Ring der ganzen Zahlen von $\mathbb{Q}(\sqrt{d})$. Zeige, daß $(p) = p\mathcal{O}$ genau dann ein Primideal in $\mathcal{O}$ ist, wenn die Kongruenz $x^2 \equiv d \bmod p$ unlösbar ist.

Aufgabe 4. Ein Dedekindring mit nur endlich vielen Primidealen ist ein Hauptidealring.

Hinweis: Ist $\mathfrak{a} = \mathfrak{p}_1^{\nu_1}\dots\mathfrak{p}_r^{\nu_r} \neq 0$ ein Ideal, so wähle Elemente $\pi_i \in \mathfrak{p}_i \smallsetminus \mathfrak{p}_i^2$ und wende den chinesischen Restsatz auf die Restklassen $\pi_i^{\nu_i} \bmod \mathfrak{p}_i^{\nu_i+1}$ an.

Aufgabe 5. Der Restklassenring $\mathcal{O}/\mathfrak{a}$ eines Dedekindringes nach einem Ideal $\mathfrak{a} \neq 0$ ist ein Hauptidealring.

Hinweis: Für $\mathfrak{a} = \mathfrak{p}^n$ sind $\mathfrak{p}/\mathfrak{p}^n, \dots, \mathfrak{p}^{n-1}/\mathfrak{p}^n$ die einzigen echten Ideale von $\mathcal{O}/\mathfrak{a}$. Wähle $\pi \in \mathfrak{p} \smallsetminus \mathfrak{p}^2$ und zeige $\mathfrak{p}^\nu = \mathcal{O}\pi^\nu + \mathfrak{p}^n$.

Aufgabe 6. Jedes Ideal eines Dedekindringes läßt sich durch zwei Elemente erzeugen.

Hinweis: Verwende Aufgabe 5.

Aufgabe 7. In einem noetherschen Ring R, in dem jedes Primideal maximal ist, wird jede absteigende Idealkette $\mathfrak{a}_1 \supseteq \mathfrak{a}_2 \supseteq \dots$ stationär.

Hinweis: Zeige wie in (3.4), daß (0) ein Produkt $\mathfrak{p}_1 \ldots \mathfrak{p}_r$ von Primidealen ist und daß sich die Kette $R \supseteq \mathfrak{p}_1 \supseteq \mathfrak{p}_1\mathfrak{p}_2 \supseteq \cdots \supseteq \mathfrak{p}_1 \cdots \mathfrak{p}_r = (0)$ zu einer Kompositionsreihe verfeinern läßt.

Aufgabe 8. Sei $\mathfrak{m}$ ein ganzes Ideal $\neq 0$ des Dedekindringes $\mathcal{O}$. Zeige, daß in jeder Idealklasse von Cl_K ein ganzes, zu $\mathfrak{m}$ teilerfremdes Ideal liegt.

Aufgabe 9. Sei $\mathcal{O}$ ein Ring, dessen von Null verschiedene Ideale eindeutige Primidealzerlegungen besitzen. Zeige, daß $\mathcal{O}$ ein Dedekindring ist.

Aufgabe 10. Die gebrochenen Ideale $\mathfrak{a}$ eines Dedekindringes $\mathcal{O}$ sind projektive $\mathcal{O}$-Moduln, d.h. zu jedem surjektiven Homomorphismus $M \xrightarrow{f} N$ von $\mathcal{O}$-Moduln läßt sich jeder Homomorphismus $\mathfrak{a} \xrightarrow{g} N$ zu einem Homomorphismus $h : \mathfrak{a} \to M$ mit $f \circ h = g$ hochheben.

§ 4. Gitter

In § 1 haben wir bei der Lösung der Grundprobleme über die Gaußschen Zahlen an wesentlicher Stelle die Inklusion

$$\mathbb{Z}[i] \subseteq \mathbb{C}$$

benützt und haben die ganzen Zahlen von $\mathbb{Q}(i)$ als Gitterpunkte in der komplexen Ebene angesehen. Diese Betrachtungsweise ist von *Hermann Minkowski* (1864–1909) auf beliebige Zahlkörper ausgedehnt worden und hat zu Resultaten geführt, auf die sich die algebraische Zahlentheorie in entscheidender Weise gründet. Um die Minkowskische Theorie zu entwickeln, müssen wir zunächst den allgemeinen Begriff des Gitters einführen und einige seiner grundsätzlichen Eigenschaften studieren.

(4.1) Definition. *Sei V ein n-dimensionaler $\mathbb{R}$-Vektorraum. Ein* **Gitter** *in V ist eine Untergruppe der Form*

$$\Gamma = \mathbb{Z}v_1 + \cdots + \mathbb{Z}v_m$$

mit linear unabhängigen Vektoren $v_1, \ldots, v_m$ von V. Das m-Tupel $(v_1, \ldots, v_m)$ heißt eine **Basis** *und die Menge*

$$\Phi = \{x_1 v_1 + \cdots + x_m v_m \mid x_i \in \mathbb{R}, \quad 0 \le x_i < 1\}$$

eine **Grundmasche** *des Gitters. Das Gitter heißt* **vollständig** *oder eine* **$\mathbb{Z}$-Struktur** *von V, wenn $m = n$ ist.*

Die Vollständigkeit des Gitters ist offenbar gleichbedeutend damit, daß die sämtlichen Verschiebungen $\Phi + \gamma$, $\gamma \in \Gamma$, der Grundmasche den ganzen Raum V überdecken.

Die obige Definition bezieht sich auf die Wahl linear unabhängiger Vektoren. Wir benötigen aber eine von solcher Wahl unabhängige Charakterisierung der Gitter. Ein Gitter ist zunächst einmal eine endlich erzeugte Untergruppe von V. Aber nicht jede endlich erzeugte Untergruppe ist auch ein Gitter, z.B. $\mathbb{Z} + \mathbb{Z}\sqrt{2} \subseteq \mathbb{R}$ nicht. Jedes Gitter $\Gamma = \mathbb{Z}v_1 + \cdots + \mathbb{Z}v_m$ hat jedoch die besondere Eigenschaft, eine **diskrete** Untergruppe von V zu sein. Das soll heißen, daß jeder Punkt $\gamma \in \Gamma$ ein isolierter Punkt ist, also eine Umgebung besitzt, die keinen weiteren Punkt von Γ enthält. Ist nämlich

$$\gamma = a_1 v_1 + \cdots + a_m v_m \in \Gamma$$

und ergänzen wir $v_1, \dots, v_m$ zu einer Basis $v_1, \dots, v_n$ von V, so ist offenbar

$$\{x_1 v_1 + \cdots + x_n v_n \mid x_i \in \mathbb{R}, \quad |a_i - x_i| < 1 \quad \text{für } i = 1, \dots, m\}$$

eine solche Umgebung. Diese Eigenschaft ist ausschlaggebend.

(4.2) Satz. *Eine Untergruppe $\Gamma \subseteq V$ ist genau dann ein Gitter, wenn sie diskret ist.*

Beweis: Sei Γ eine diskrete Untergruppe von V. Sei V_0 der lineare Unterraum von V, der durch die Menge Γ aufgespannt wird, und m seine Dimension. Dann können wir eine in Γ gelegene Basis $u_1, \dots, u_m$ von V_0 wählen und bilden damit das vollständige Gitter

$$\Gamma_0 = \mathbb{Z}u_1 + \cdots + \mathbb{Z}u_m \subseteq \Gamma$$

von V_0. Wir behaupten, daß der Index $(\Gamma : \Gamma_0)$ endlich ist. Zum Beweis durchlaufe $\gamma_i \in \Gamma$ ein Repräsentantensystem für die Nebenklassen in Γ/Γ_0. Da Γ_0 vollständig ist in V_0, so überdecken die Verschiebungen $\Phi_0 + \gamma$, $\gamma \in \Gamma_0$, der Grundmasche

$$\Phi_0 = \{x_1 u_1 + \cdots + x_m u_m \mid x_i \in \mathbb{R}, \ 0 \le x_i < 1\}$$

den ganzen Raum V_0. Daher können wir

$$\gamma_i = \mu_i + \gamma_{0i}\,, \quad \mu_i \in \Phi_0\,, \quad \gamma_{0i} \in \Gamma_0 \subseteq V_0\,,$$

schreiben. Da die $\mu_i = \gamma_i - \gamma_{0i} \in \Gamma$ diskret in der beschränkten Menge Φ_0 liegen, so muß ihre Anzahl endlich sein.

Setzen wir nun $q = (\Gamma : \Gamma_0)$, so ist $q\Gamma \subseteq \Gamma_0$, also

$$\Gamma \subseteq \frac{1}{q}\Gamma_0 = \mathbb{Z}\Big(\frac{1}{q}u_1\Big) + \cdots + \mathbb{Z}\Big(\frac{1}{q}u_m\Big).$$

Nach dem Hauptsatz über endlich erzeugte abelsche Gruppen besitzt Γ daher eine $\mathbb{Z}$-Basis $v_1, \dots, v_r$, $r \le m$, d.h. $\Gamma = \mathbb{Z}v_1 + \cdots + \mathbb{Z}v_r$. Die Vektoren $v_1, \dots, v_r$ sind überdies $\mathbb{R}$-linear unabhängig, da sie den m-dimensionalen Raum V_0 aufspannen. Daher ist Γ ein Gitter. □

Wir beweisen als nächstes ein Kriterium, das uns sagt, wann ein Gitter im Raum V, gegeben etwa als eine diskrete Untergruppe $\Gamma \subseteq V$, vollständig ist.

(4.3) Lemma. *Ein Gitter Γ in V ist genau dann vollständig, wenn es eine beschränkte Teilmenge $M \subseteq V$ gibt, deren sämtliche Verschiebungen $M + \gamma$, $\gamma \in \Gamma$, den ganzen Raum V überdecken.*

Beweis: Ist $\Gamma = \mathbb{Z}v_1 + \cdots + \mathbb{Z}v_n$ vollständig, so kann man für M die Grundmasche $\Phi = \{x_1 v_1 + \cdots + x_n v_n \mid 0 \le x_i < 1\}$ wählen.

Sei andererseits M eine beschränkte Teilmenge von V, deren Verschiebungen $M + \gamma$, $\gamma \in \Gamma$, den Raum V überdecken. Sei V_0 der durch Γ aufgespannte Unterraum. Wir müssen zeigen, daß $V = V_0$ ist. Sei dazu $v \in V$. Wegen $V = \bigcup_{\gamma \in \Gamma}(M + \gamma)$ können wir für jedes $\nu \in \mathbb{N}$ schreiben

$$\nu v = a_\nu + \gamma_\nu\,, \quad a_\nu \in M\,, \quad \gamma_\nu \in \Gamma \subseteq V_0\,.$$

Da M beschränkt ist, ist $\frac{1}{\nu} a_\nu$ eine Nullfolge, und es folgt wegen der Abgeschlossenheit von V_0,

$$v = \lim_{\nu \to \infty} \frac{1}{\nu} a_\nu + \lim_{\nu \to \infty} \frac{1}{\nu} \gamma_\nu = \lim_{\nu \to \infty} \frac{1}{\nu} \gamma_\nu \in V_0\,. \qquad \square$$

Sei jetzt V ein *euklidischer* Vektorraum, also ein $\mathbb{R}$-Vektorraum endlicher Dimension n mit einer symmetrischen, positiv definiten Bilinearform

$$\langle\ ,\ \rangle : V \times V \to \mathbb{R}\,.$$

Auf V haben wir dann einen Volumenbegriff – genauer ein Haarsches Maß. Der von einer Orthonormalbasis $e_1, \dots, e_n$ aufgespannte Würfel erhält den Inhalt 1, und allgemeiner das von n linear unabhängigen Vektoren $v_1, \dots, v_n$ aufgespannte Parallelepiped

$$\Phi = \{x_1 v_1 + \cdots + x_n v_n \mid x_i \in \mathbb{R},\ 0 \le x_i < 1\}$$

den Inhalt

$$\mathrm{vol}(\Phi) = |\det A|\,,$$

wenn $A = (a_{ik})$ die Übergangsmatrix der Basis $e_1, \dots, e_n$ zu $v_1, \dots, v_n$ ist, d.h. $v_i = \sum_k a_{ik} e_k$. Wegen

$$(\langle v_i, v_j \rangle) = (\sum_{k,l} a_{ik} a_{jl} \langle e_k, e_l \rangle) = (\sum_k a_{ik} a_{jk}) = AA^t$$

kann man auch in invarianter Weise

$$\mathrm{vol}(\Phi) = |\det(\langle v_i, v_j \rangle)|^{1/2}$$

schreiben.

Sei Γ das von $v_1, \dots, v_n$ aufgespannte Gitter. Φ ist dann eine Grundmasche von Γ, und wir setzen kurz

$$\mathrm{vol}(\Gamma) = \mathrm{vol}(\Phi)\,.$$

Dies hängt nicht von der Wahl der Gitterbasis $v_1, \dots, v_n$ ab, weil die Übergangsmatrix zu einer anderen mit ihrer Inversen ganzzahlige Koeffizienten hat, also eine Determinante ± 1, so daß sie die Menge Φ in eine Menge gleichen Inhalts transformiert.

Wir kommen nun zum wichtigsten Satz über die Gitter. Eine Teilmenge X von V heißt *zentralsymmetrisch*, wenn sie mit jedem Punkt x auch den Punkt $-x$ enthält, und *konvex*, wenn sie mit je zwei Punkten x, y auch die Strecke $\{ty + (1-t)x \mid 0 \le t \le 1\}$ von x nach y enthält. Mit diesen Definitionen gilt jetzt der

(4.4) Minkowskische Gitterpunktsatz. *Sei Γ ein vollständiges Gitter im euklidischen Vektorraum V und X eine zentralsymmetrische und konvexe Teilmenge von V. Ist dann*

$$\mathrm{vol}(X) > 2^n \,\mathrm{vol}(\Gamma)\,,$$

so enthält X mindestens einen von Null verschiedenen Gitterpunkt $\gamma \in \Gamma$.

Beweis: Es genügt zu zeigen, daß es zwei verschiedene Gitterpunkte $\gamma_1, \gamma_2 \in \Gamma$ gibt mit

$$\Big(\frac{1}{2}X + \gamma_1\Big) \cap \Big(\frac{1}{2}X + \gamma_2\Big) \neq \emptyset\,.$$

Wählen wir nämlich dann einen Punkt aus diesem Durchschnitt aus,

$$\frac{1}{2}x_1 + \gamma_1 = \frac{1}{2}x_2 + \gamma_2\,, \quad x_1, x_2 \in X\,,$$

so ist

$$\gamma = \gamma_1 - \gamma_2 = \frac{1}{2}x_2 - \frac{1}{2}x_1$$

der Mittelpunkt der Strecke von x_2 nach $-x_1$, liegt also in $X \cap \Gamma$.

Wären nun die Mengen $\frac{1}{2}X + \gamma$, $\gamma \in \Gamma$, paarweise disjunkt, so träfe dies auch auf ihre Durchschnitte $\Phi \cap (\frac{1}{2}X + \gamma)$ mit einer Grundmasche Φ von Γ zu, d.h. es wäre

$$\mathrm{vol}(\Phi) \geq \sum_{\gamma\in\Gamma} \mathrm{vol}\Big(\Phi \cap \Big(\frac{1}{2}X + \gamma\Big)\Big)\,.$$

Da durch die Translation mit $-\gamma$ aus $\Phi\cap(\frac{1}{2}X+\gamma)$ die Menge $(\Phi-\gamma)\cap\frac{1}{2}X$ von gleichem Volumen entsteht, und da die $\Phi - \gamma$, $\gamma \in \Gamma$, den ganzen Raum V, also auch die Menge $\frac{1}{2}X$ überdecken, so würden wir

$$\mathrm{vol}(\Phi) \geq \sum_{\gamma\in\Gamma} \mathrm{vol}\Big((\Phi - \gamma) \cap \frac{1}{2}X\Big) = \mathrm{vol}\Big(\frac{1}{2}X\Big) = \frac{1}{2^n}\,\mathrm{vol}(X)$$

erhalten, im Gegensatz zur Voraussetzung. □

Aufgabe 1. Zeige, daß ein Gitter Γ im $\mathbb{R}^n$ genau dann vollständig ist, wenn die Faktorgruppe $\mathbb{R}^n/\Gamma$ kompakt ist.

Aufgabe 2. Man zeige, daß der Minkowskische Gitterpunktsatz nicht verbessert werden kann, indem man eine konvexe, zentralsymmetrische Menge $X \subseteq V$ mit $\mathrm{vol}(X) = 2^n\,\mathrm{vol}(\Gamma)$ angibt, die keinen von Null verschiedenen Punkt von Γ enthält. Ist aber X kompakt, so ist in (4.4) auch das Gleichheitszeichen zulässig.

Aufgabe 3. (Minkowskischer Linearformensatz). Seien

$$L_i(x_1,\ldots,x_n) = \sum_{j=1}^{n} a_{ij}x_j\,, \quad i = 1,\ldots,n,$$

reelle Linearformen mit $\det(a_{ij}) \neq 0$ und $c_1,\ldots,c_n$ positive reelle Zahlen mit $c_1 \ldots c_n > |\det(a_{ij})|$. Zeige, daß es ganze Zahlen $m_1,\ldots,m_n \in \mathbb{Z}$ gibt mit

$$|L_i(m_1,\ldots,m_n)| < c_i\,, \quad i = 1,\ldots,n.$$

Hinweis: Wende den Minkowskischen Gitterpunktsatz an.

§ 5. Minkowski-Theorie

Der Hauptgedanke der Minkowskischen Betrachtungsweise eines algebraischen Zahlkörpers $K|\mathbb{Q}$ vom Grade n besteht in der Interpretation seiner Zahlen als Punkte im n-dimensionalen Raum. Aus diesem Grund ist diese Theorie als „Geometrie der Zahlen“ bezeichnet worden. Es ist aber angebracht, der heutigen Tendenz zu folgen und sie „Minkowski-Theorie“ zu nennen, weil man inzwischen zu einer geometrischen Auffassung der Zahlentheorie in einem ganz anderen und viel umfassenderen Sinne gelangt ist. Diese werden wir in § 13 erläutern. Hier betrachten wir die kanonische Abbildung

$$j : K \to K_{\mathbb{C}} := \prod_{\tau} \mathbb{C}\,, \quad a \mapsto ja = (\tau a)\,,$$

die sich durch die n komplexen Einbettungen $\tau : K \to \mathbb{C}$ ergibt. Der $\mathbb{C}$-Vektorraum $K_{\mathbb{C}}$ ist mit dem *hermiteschen Skalarprodukt*

$$(*) \qquad \langle x, y\rangle = \sum_{\tau} x_\tau \bar{y}_\tau$$

ausgestattet, wobei daran erinnert sei, daß ein hermitesches Skalarprodukt durch eine im ersten Argument lineare Form $H(x,y)$ gegeben ist, derart daß $\overline{H(x,y)} = H(y,x)$ und $H(x,x) > 0$ für $x \neq 0$. Wir sehen im folgenden $K_{\mathbb{C}}$ stets als den mit der „Standardmetrik“ $(*)$ versehenen hermiteschen Raum an.

Die Galoisgruppe $G(\mathbb{C}\,|\,\mathbb{R})$ wird durch die komplexe Konjugation

$$F : z \mapsto \bar{z}$$

erzeugt. Die Bezeichnung F wird ihre Erklärung erst später finden (vgl. Kap. III, § 4). F operiert einerseits auf den Faktoren des Produktes $\prod_\tau \mathbb{C}$, andererseits aber auch auf der Menge der τ, durch die sie indiziert sind; jeder Einbettung $\tau : K \to \mathbb{C}$ ist die komplex konjugierte $\bar{\tau} : K \to \mathbb{C}$ zugeordnet. Insgesamt ergibt sich hieraus eine Involution

$$F : K_{\mathbb{C}} \to K_{\mathbb{C}}\,,$$

die auf den Punkten $z = (z_\tau) \in K_{\mathbb{C}}$ durch

$$(Fz)_\tau = \bar{z}_{\bar{\tau}}$$

gegeben ist. Das Skalarprodukt $\langle\ ,\ \rangle$ ist unter F invariant, d.h.

$$\langle Fx, Fy\rangle = F\langle x, y\rangle\,.$$

Auf dem $\mathbb{C}$-Vektorraum $K_{\mathbb{C}} = \prod_\tau \mathbb{C}$ haben wir schließlich noch die lineare Abbildung

$$Tr : K_{\mathbb{C}} \to \mathbb{C}\,,$$

die durch die Summe der Koordinaten gegeben ist; auch sie ist F-invariant. Das Kompositum

$$K \xrightarrow{j} K_{\mathbb{C}} \xrightarrow{Tr} \mathbb{C}$$

ergibt die übliche Spur von $K|\mathbb{Q}$ (vgl. (2.6), ii),

$$Tr_{K|\mathbb{Q}}(a) = Tr\,(ja)\,.$$

Unser Augenmerk gilt jetzt dem $\mathbb{R}$-Vektorraum

$$K_{\mathbb{R}} = K_{\mathbb{C}}^{+} = [\prod_{\tau} \mathbb{C}\,]^{+}$$

der unter $G(\mathbb{C}\,|\,\mathbb{R})$, d.h. unter F invarianten Punkte von $K_{\mathbb{C}}$, also der Punkte (z_τ) mit $z_{\bar{\tau}} = \bar{z}_\tau$. Wegen $\bar{\tau}a = \overline{\tau a}$ für $a \in K$ ist $F(ja) = ja$, so daß wir eine Abbildung

$$j : K \to K_{\mathbb{R}}$$

erhalten. Die Einschränkung des hermiteschen Skalarprodukts $\langle\ ,\ \rangle$ von $K_{\mathbb{C}}$ auf $K_{\mathbb{R}}$ wird ein Skalarprodukt

$$\langle\ ,\ \rangle : K_{\mathbb{R}} \times K_{\mathbb{R}} \to \mathbb{R}$$

auf dem $\mathbb{R}$-Vektorraum $K_{\mathbb{R}}$, denn für $x, y \in K_{\mathbb{R}}$ gilt $\langle x,y\rangle \in \mathbb{R}$ wegen $F\langle x,y\rangle = \langle Fx,Fy\rangle = \langle x,y\rangle$, ferner $\langle x,y\rangle = \overline{\langle x,y\rangle} = \langle y,x\rangle$ und $\langle x,x\rangle > 0$ für $x \neq 0$ ohnehin.

Wir nennen den *euklidischen* Vektorraum

$$K_{\mathbb{R}} = [\prod_{\tau} \mathbb{C}\,]^{+}$$

den **Minkowski-Raum**, sein Skalarprodukt $\langle\ ,\ \rangle$ die **kanonische Metrik** und das zugehörige Haarsche Maß (vgl. § 4, S. 27) das **kanonische Maß**. Wegen $Tr \circ F = F \circ Tr$ haben wir auf $K_{\mathbb{R}}$ die $\mathbb{R}$-lineare Abbildung

$$Tr : K_{\mathbb{R}} \to \mathbb{R}\,,$$

und es ist das Kompositum derselben mit $j : K \to K_{\mathbb{R}}$ wieder die übliche Spur von $K|\mathbb{Q}$,

$$Tr_{K|\mathbb{Q}}(a) = Tr(ja)\,.$$

Bemerkung: Ohne im weiteren Bezug darauf zu nehmen, erwähnen wir, daß die Abbildung $j : K \to K_{\mathbb{R}}$ den Vektorraum $K_{\mathbb{R}}$ mit dem Tensorprodukt $K \otimes_{\mathbb{Q}} \mathbb{R}$ identifiziert,

$$K \otimes_{\mathbb{Q}} \mathbb{R} \xrightarrow{\sim} K_{\mathbb{R}}\,,\ a \otimes x \mapsto (ja)x\,,$$

und ebenso $K \otimes_{\mathbb{Q}} \mathbb{C} \xrightarrow{\sim} K_{\mathbb{C}}$. Der Inklusion $K_{\mathbb{R}} \subseteq K_{\mathbb{C}}$ entspricht bei dieser Interpretation die kanonische Abbildung $K \otimes_{\mathbb{Q}} \mathbb{R} \to K \otimes_{\mathbb{Q}} \mathbb{C}$, die durch die Inklusion $\mathbb{R} \hookrightarrow \mathbb{C}$ induziert wird, und es geht F über in $F(a \otimes z) = a \otimes \bar{z}$.

Explizit läßt sich der Minkowski-Raum $K_{\mathbb{R}}$ wie folgt beschreiben. Von den Einbettungen $\tau : K \to \mathbb{C}$ sind manche reell, d.h. sie fallen schon in $\mathbb{R}$ hinein, und manche komplex, d.h. nicht-reell. Seien

$$\rho_1, \dots, \rho_r : K \to \mathbb{R}$$

die reellen. Die komplexen gruppieren sich zu Paaren

$$\sigma_1, \bar{\sigma}_1, \dots, \sigma_s, \bar{\sigma}_s : K \to \mathbb{C}$$

komplex konjugierter Einbettungen, so daß $n = r + 2s$. Aus jedem Paar wählen wir eine feste komplexe Einbettung aus und lassen ρ die Familie der reellen und σ die Familie der ausgewählten komplexen Einbettungen durchlaufen. Da F die ρ invariant läßt, die $\sigma, \bar{\sigma}$ aber vertauscht, so ist

$$K_{\mathbb{R}} = \{(z_\tau) \in \prod_\tau \mathbb{C} \mid z_\rho \in \mathbb{R},\ z_{\bar{\sigma}} = \bar{z}_\sigma\},$$

und es ergibt sich der

(5.1) Satz. *Wir erhalten einen Isomorphismus*

$$f : K_{\mathbb{R}} \to \prod_\tau \mathbb{R} = \mathbb{R}^{r+2s}$$

durch die Zuordnung $(z_\tau) \mapsto (x_\tau)$ *mit*

$$x_\rho = z_\rho, \quad x_\sigma = \mathrm{Re}(z_\sigma), \quad x_{\bar{\sigma}} = \mathrm{Im}(z_\sigma).$$

Dieser überführt die kanonische Metrik $\langle\ ,\ \rangle$ *in das Skalarprodukt*

$$(x, y) = \sum_\tau \alpha_\tau x_\tau y_\tau,$$

wobei $\alpha_\tau = 1$ *bzw.* $\alpha_\tau = 2$ *ist, je nachdem* τ *reell oder komplex ist.*

Beweis: Die Isomorphie ist klar. Sind $z = (z_\tau) = (x_\tau + iy_\tau)$, $z' = (z'_\tau) = (x'_\tau + iy'_\tau) \in K_{\mathbb{R}}$, so ist $z_\rho \bar{z}'_\rho = x_\rho x'_\rho$ und unter Beachtung von $y_\sigma = x_{\bar{\sigma}}$ und $y'_\sigma = x'_{\bar{\sigma}}$,

$$z_\sigma \bar{z}'_\sigma + z_{\bar{\sigma}} \bar{z}'_{\bar{\sigma}} = z_\sigma \bar{z}'_\sigma + \bar{z}_\sigma z'_\sigma = 2\,\mathrm{Re}(z_\sigma \bar{z}'_\sigma) = 2(x_\sigma x'_\sigma + x_{\bar{\sigma}} x'_{\bar{\sigma}}).$$

Hieraus folgt die Behauptung über die Skalarprodukte. □

Durch das Skalarprodukt $(x,y) = \sum_\tau \alpha_\tau x_\tau y_\tau$ wird das kanonische Maß von $K_{\mathbb{R}}$ auf $\mathbb{R}^{r+2s}$ übertragen. Es unterscheidet sich offenbar vom üblichen Lebesgue-Maß durch

$$\mathrm{vol}_{\text{kanonisch}}(X) = 2^s \,\mathrm{vol}_{\text{Lebesgue}}(f(X)).$$

Minkowski selbst hat mit dem Lebesgue-Maß auf $\mathbb{R}^{r+2s}$ gearbeitet, und so halten es auch die meisten Lehrbücher. Ihm entspricht auf $K_{\mathbb{R}}$ das Maß, das durch das Skalarprodukt

$$(x,y) = \sum_\tau \frac{1}{\alpha_\tau} x_\tau \bar{y}_\tau$$

festgelegt wird. Dieses Skalarprodukt möge daher die **Minkowski-Metrik** auf $K_{\mathbb{R}}$ genannt werden. Wir arbeiten jedoch immer mit der kanonischen Metrik und meinen mit vol das zugehörige kanonische Maß.

Durch die Abbildung $j : K \to K_{\mathbb{R}}$ entstehen die folgenden Gitter im Minkowski-Raum $K_{\mathbb{R}}$.

(5.2) Satz. *Ist $\mathfrak{a} \neq 0$ ein Ideal von $\mathcal{O}_K$, so ist $\Gamma = j\mathfrak{a}$ ein vollständiges Gitter in $K_{\mathbb{R}}$ mit dem Grundmaschenvolumen*

$$\mathrm{vol}(\Gamma) = \sqrt{|d_K|}(\mathcal{O}_K : \mathfrak{a}).$$

Beweis: Sei $\alpha_1, \ldots, \alpha_n$ eine $\mathbb{Z}$-Basis von $\mathfrak{a}$, so daß $\Gamma = \mathbb{Z}j\alpha_1 + \cdots + \mathbb{Z}j\alpha_n$. Wir numerieren die Einbettungen $\tau : K \to \mathbb{C}$, $\tau_1, \ldots, \tau_n$, und bilden die Matrix $A = (\tau_l \alpha_i)$. Dann ist einerseits nach (2.12)

$$d(\mathfrak{a}) = d(\alpha_1, \ldots, \alpha_n) = (\det A)^2 = (\mathcal{O}_K : \mathfrak{a})^2 d(\mathcal{O}_K) = (\mathcal{O}_K : \mathfrak{a})^2 d_K$$

und andererseits

$$(\langle j\alpha_i, j\alpha_k\rangle) = \Big(\sum_{l=1}^n \tau_l \alpha_i \bar{\tau}_l \alpha_k\Big) = A\bar{A}^t.$$

Es ergibt sich hieraus in der Tat

$$\mathrm{vol}(\Gamma) = |\det(\langle j\alpha_i, j\alpha_k\rangle)|^{1/2} = |\det A| = \sqrt{|d_K|}(\mathcal{O}_K : \mathfrak{a}). \qquad \square$$

Mit diesem Resultat liefert nun der Minkowskische Gitterpunktsatz das folgende Ergebnis, auf das es uns für die Anwendung auf die Zahlentheorie vornehmlich ankommen wird.

(5.3) Theorem. *Sei* $\mathfrak{a} \neq 0$ *ein ganzes Ideal von* K, *und seien* $c_\tau > 0$ ($\tau \in \mathrm{Hom}(K, \mathbb{C})$) *reelle Zahlen mit* $c_\tau = c_{\bar\tau}$ *und*

$$\prod_\tau c_\tau > A(\mathcal{O}_K : \mathfrak{a}),$$

wobei $A = (\frac{2}{\pi})^s \sqrt{|d_K|}$. *Dann gibt es ein* $a \in \mathfrak{a}$, $a \neq 0$, *mit*

$$|\tau a| < c_\tau \quad \textit{für alle} \quad \tau \in \mathrm{Hom}(K, \mathbb{C}).$$

Beweis: Die Menge $X = \{(z_\tau) \in K_{\mathbb{R}} \mid |z_\tau| < c_\tau\}$ ist zentralsymmetrisch und konvex. Ihr Volumen $\mathrm{vol}(X)$ ergibt sich über die Abbildung (5.1)

$$f : K_{\mathbb{R}} \xrightarrow{\sim} \prod_\tau \mathbb{R}, \quad (z_\tau) \mapsto (x_\tau),$$

mit $x_\rho = z_\rho$, $x_\sigma = \mathrm{Re}(z_\sigma)$, $x_{\bar\sigma} = \mathrm{Im}(z_\sigma)$, als das 2^s-fache des Lebesgue-Inhalts des Bildes

$$f(X) = \{(x_\tau) \in \prod_\tau \mathbb{R} \mid |x_\rho| < c_\rho,\ x_\sigma^2 + x_{\bar\sigma}^2 < c_\sigma^2\}.$$

Es ist also

$$\mathrm{vol}(X) = 2^s\, \mathrm{vol}_{\mathrm{Lebesgue}}(f(X)) = 2^s \prod_\rho (2c_\rho) \prod_\sigma (\pi c_\sigma^2) = 2^{r+s}\pi^s \prod_\tau c_\tau.$$

Setzen wir (5.2) ein, so erhalten wir

$$\mathrm{vol}(X) > 2^{r+s}\pi^s \left(\frac{2}{\pi}\right)^s \sqrt{|d_K|}(\mathcal{O}_K : \mathfrak{a}) = 2^n\, \mathrm{vol}(\Gamma).$$

Hiermit ist die Voraussetzung für den Minkowskischen Gitterpunktsatz erfüllt. Es gibt daher in der Tat einen Gitterpunkt $ja \in X$, $a \neq 0$, $a \in \mathfrak{a}$, d.h. $|\tau a| < c_\tau$. □

Die Minkowski-Theorie besitzt auch eine **multiplikative Version**. Sie gründet sich auf den Homomorphismus

$$j : K^* \to K_{\mathbb{C}}^* = \prod_\tau \mathbb{C}^*.$$

Die multiplikative Gruppe $K_{\mathbb{C}}^*$ ist mit dem Homomorphismus

$$N : K_{\mathbb{C}}^* \to \mathbb{C}^*$$

versehen, der sich durch das Produkt der Koordinaten ergibt. Das Kompositum

$$K^* \xrightarrow{j} K_{\mathbb{C}}^* \xrightarrow{N} \mathbb{C}^*$$

ist die übliche Norm von $K|\mathbb{Q}$,

$$N_{K|\mathbb{Q}}(a) = N(ja)\,.$$

Um nun auch im multiplikativen Fall die Gitter ins Spiel zu bringen, gehen wir von den multiplikativen Gruppen zu additiven Gruppen über, indem wir den Logarithmus

$$l : \mathbb{C}^* \to \mathbb{R}\,, \quad z \mapsto \log|z|\,,$$

anwenden. Er induziert einen surjektiven Homomorphismus

$$l : K_{\mathbb{C}}^* \to \prod_\tau \mathbb{R}\,,$$

und wir erhalten das kommutative Diagramm

$$\begin{array}{ccccc} K^* & \xrightarrow{\;j\;} & K_{\mathbb{C}}^* & \xrightarrow{\;l\;} & \prod_\tau \mathbb{R} \\ {\scriptstyle N_{K|\mathbb{Q}}}\downarrow & & \downarrow{\scriptstyle N} & & \downarrow{\scriptstyle Tr} \\ \mathbb{Q}^* & \longrightarrow & \mathbb{C}^* & \xrightarrow{\;l\;} & \mathbb{R}\;. \end{array}$$

Auf allen Gruppen dieses Diagramms operiert die Involution $F \in G(\mathbb{C}|\mathbb{R})$, auf K^* trivial, auf $K_{\mathbb{C}}^*$ wie zuvor und auf den Punkten $x = (x_\tau) \in \prod_\tau \mathbb{R}$ durch $(Fx)_\tau = x_{\bar\tau}$. Es gilt offenbar

$$F \circ j = j\,, \quad F \circ l = l \circ F\,, \quad N \circ F = F \circ N\,, \quad Tr \circ F = Tr\,,$$

d.h. die Homomorphismen des Diagramms sind $G(\mathbb{C}|\mathbb{R})$-Homomorphismen. Wir gehen jetzt überall wieder zu den Fixmoduln unter der $G(\mathbb{C}|\mathbb{R})$-Operation über und erhalten das Diagramm

$$\begin{array}{ccccc} K^* & \xrightarrow{\;j\;} & K_{\mathbb{R}}^* & \xrightarrow{\;l\;} & [\prod_\tau \mathbb{R}]^+ \\ {\scriptstyle N_{K|\mathbb{Q}}}\downarrow & & \downarrow{\scriptstyle N} & & \downarrow{\scriptstyle Tr} \\ \mathbb{Q}^* & \longrightarrow & \mathbb{R}^* & \xrightarrow{\;l\;} & \mathbb{R}\;. \end{array}$$

Der $\mathbb{R}$-Vektorraum $[\prod_\tau \mathbb{R}]^+$ ist explizit wie folgt gegeben. Wir teilen die Einbettungen $\tau : K \to \mathbb{C}$ wieder in die reellen $\rho_1, \dots, \rho_r$ und die Paare $\sigma_1, \bar\sigma_1, \dots, \sigma_s, \bar\sigma_s$ komplex konjugierter ein und erhalten wie zuvor bei $[\prod_\tau \mathbb{C}]^+$ eine Zerlegung

$$[\prod_\tau \mathbb{R}]^+ = \prod_\rho \mathbb{R} \times \prod_\sigma [\mathbb{R} \times \mathbb{R}]^+.$$

Der Faktor $[\mathbb{R} \times \mathbb{R}]^+$ besteht jetzt aus den Punkten (x, x), und wir identifizieren ihn mit $\mathbb{R}$ durch die Zuordnung $(x, x) \mapsto 2x$. Auf diese Weise erhalten wir einen Isomorphismus

$$[\prod_\tau \mathbb{R}]^+ \cong \mathbb{R}^{r+s}\,,$$

bei dem die Abbildung $Tr : [\prod_\tau \mathbb{R}]^+ \to \mathbb{R}$ wieder in die Abbildung

$$Tr : \mathbb{R}^{r+s} \to \mathbb{R}$$

übergeht, die durch die Summe der Koordinaten gegeben ist. Nach der Identifizierung $[\prod_\tau \mathbb{R}]^+ = \mathbb{R}^{r+s}$ wird der Homomorphismus

$$l : K^*_{\mathbb{R}} \to \mathbb{R}^{r+s}$$

durch

$$l(x) = (\log|x_{\rho_1}|, \dots, \log|x_{\rho_r}|,\ \log|x_{\sigma_1}|^2, \dots, \log|x_{\sigma_s}|^2)$$

gegeben, wenn $x \in K^*_{\mathbb{R}} \subseteq \prod_\tau \mathbb{C}^*$ in der Form $x = (x_\tau)$ geschrieben wird.

Aufgabe 1. Man gebe eine nur von K abhängige Konstante A an, so daß jedes ganze Ideal $\mathfrak{a} \neq 0$ von K ein Element $a \neq 0$ enthält mit

$$|\tau a| < A(\mathcal{O}_K : \mathfrak{a})^{1/n} \qquad \text{für alle } \tau \in \operatorname{Hom}(K, \mathbb{C}),\ n = [K : \mathbb{Q}]\,.$$

Aufgabe 2. Zeige, daß die konvexe und zentralsymmetrische Menge

$$X = \{(z_\tau) \in K_{\mathbb{R}} \mid \sum_\tau |z_\tau| < t\}$$

das Volumen $\operatorname{vol}(X) = 2^r \pi^s \frac{t^n}{n!}$ hat (vgl. III, (2.14)).

Aufgabe 3. Zeige, daß es in jedem Ideal $\mathfrak{a} \neq 0$ von $\mathcal{O}_K$ ein $a \neq 0$ gibt mit

$$|N_{K|\mathbb{Q}}(a)| \leq M(\mathcal{O}_K : \mathfrak{a})\,,$$

wobei $M = \dfrac{n!}{n^n}\left(\dfrac{4}{\pi}\right)^s \sqrt{|d_K|}$ (die **Minkowski-Schranke**).

Hinweis: Man gehe mit Hilfe von Aufgabe 2 wie bei (5.3) vor und verwende die Ungleichung zwischen arithmetischem und geometrischem Mittel,

$$\frac{1}{n}\sum_\tau |z_\tau| \geq (\prod_\tau |z_\tau|)^{1/n}\,.$$

§ 6. Die Klassenzahl

Als erste Anwendung der Minkowski-Theorie wollen wir zeigen, daß die Idealklassengruppe $Cl_K = J_K/P_K$ eines algebraischen Zahlkörpers K endlich ist. Um die Ideale $\mathfrak{a} \neq 0$ des Ringes $\mathcal{O}_K$ zählen zu können, betrachten wir ihre **Absolutnorm**

$$\mathfrak{N}(\mathfrak{a}) = (\mathcal{O}_K : \mathfrak{a})\,.$$

(Der Fall des Nullideals $\mathfrak{a} = 0$ ist in dem ganzen Buch häufig stillschweigend ausgeschlossen, wenn er augenfälligerweise keinen Sinn ergibt.) Der

Index ist nach (2.12) endlich, und der Name rechtfertigt sich durch den Sonderfall eines Hauptideals (α) von $\mathcal{O}_K$, für den die Gleichung

$$\mathfrak{N}((\alpha)) = |N_{K|\mathbb{Q}}(\alpha)|$$

gilt. In der Tat, ist $\omega_1, \ldots, \omega_n$ eine $\mathbb{Z}$-Basis von $\mathcal{O}_K$, so ist $\alpha\omega_1, \ldots, \alpha\omega_n$ eine $\mathbb{Z}$-Basis von $(\alpha) = \alpha\mathcal{O}_K$, und wenn $A = (a_{ij})$ die Übergangsmatrix ist, $\alpha\omega_i = \sum a_{ij}\omega_j$, so ist, wie schon in § 2 bemerkt, einerseits $|\det(A)| = (\mathcal{O}_K : (\alpha))$ und andererseits $\det(A) = N_{K|\mathbb{Q}}(\alpha)$ nach Definition.

(6.1) Satz. *Ist $\mathfrak{a} = \mathfrak{p}_1^{\nu_1} \cdots \mathfrak{p}_r^{\nu_r}$ die Primzerlegung eines Ideals $\mathfrak{a} \neq 0$, so gilt*

$$\mathfrak{N}(\mathfrak{a}) = \mathfrak{N}(\mathfrak{p}_1)^{\nu_1} \ldots \mathfrak{N}(\mathfrak{p}_r)^{\nu_r}\,.$$

Beweis: Nach dem chinesischen Restsatz (3.6) ist

$$\mathcal{O}_K/\mathfrak{a} = \mathcal{O}_K/\mathfrak{p}_1^{\nu_1} \oplus \cdots \oplus \mathcal{O}_K/\mathfrak{p}_r^{\nu_r}\,,$$

so daß wir weiterhin $\mathfrak{a}$ als eine Primidealpotenz $\mathfrak{p}^\nu$ annehmen dürfen. In der Kette

$$\mathfrak{p} \supseteq \mathfrak{p}^2 \supseteq \cdots \supseteq \mathfrak{p}^\nu$$

ist $\mathfrak{p}^i \neq \mathfrak{p}^{i+1}$ wegen der eindeutigen Primzerlegung, und jeder Quotient $\mathfrak{p}^i/\mathfrak{p}^{i+1}$ ist ein $\mathcal{O}_K/\mathfrak{p}$-Vektorraum der Dimension 1. In der Tat, ist $a \in \mathfrak{p}^i \setminus \mathfrak{p}^{i+1}$ und $\mathfrak{b} = (a) + \mathfrak{p}^{i+1}$, so ist $\mathfrak{p}^i \supseteq \mathfrak{b} \underset{\neq}{\supset} \mathfrak{p}^{i+1}$ und folglich $\mathfrak{p}^i = \mathfrak{b}$, weil sonst $\mathfrak{b}' = \mathfrak{b}\mathfrak{p}^{-i}$ ein echter Teiler von $\mathfrak{p} = \mathfrak{p}^{i+1}\mathfrak{p}^{-i}$ wäre. Daher bildet $\bar{a} = a \bmod \mathfrak{p}^{i+1}$ eine Basis des $\mathcal{O}_K/\mathfrak{p}$-Vektorraums $\mathfrak{p}^i/\mathfrak{p}^{i+1}$. Wir haben also $\mathfrak{p}^i/\mathfrak{p}^{i+1} \cong \mathcal{O}_K/\mathfrak{p}$ und somit

$$\mathfrak{N}(\mathfrak{p}^\nu) = (\mathcal{O}_K : \mathfrak{p}^\nu) = (\mathcal{O}_K : \mathfrak{p})(\mathfrak{p} : \mathfrak{p}^2) \ldots (\mathfrak{p}^{\nu-1} : \mathfrak{p}^\nu) = \mathfrak{N}(\mathfrak{p})^\nu\,. \qquad \square$$

Aus dem Satz folgt unmittelbar die Multiplikativität

$$\mathfrak{N}(\mathfrak{a}\mathfrak{b}) = \mathfrak{N}(\mathfrak{a})\mathfrak{N}(\mathfrak{b})$$

der Absolutnorm. Sie setzt sich daher zu einem Homomorphismus

$$\mathfrak{N} : J_K \to \mathbb{R}_+^*$$

auf alle gebrochenen Ideale $\mathfrak{a} = \prod_\mathfrak{p} \mathfrak{p}^{\nu_\mathfrak{p}}$, $\nu_\mathfrak{p} \in \mathbb{Z}$, fort. Das folgende, sich aus (5.3) ergebende Lemma ist für die Endlichkeit der Idealklassengruppe entscheidend.

(6.2) Lemma. *In jedem Ideal $\mathfrak{a} \neq 0$ von $\mathcal{O}_K$ gibt es ein $a \in \mathfrak{a}$, $a \neq 0$, mit*

$$|N_{K|\mathbb{Q}}(a)| \leq \left(\frac{2}{\pi}\right)^s \sqrt{|d_K|}\,\mathfrak{N}(\mathfrak{a}).$$

Beweis: Zu vorgegebenem $\varepsilon > 0$ wählen wir positive reelle Zahlen c_τ, $\tau \in \mathrm{Hom}(K, \mathbb{C})$, mit $c_\tau = c_{\bar\tau}$ und

$$\prod_\tau c_\tau = \left(\frac{2}{\pi}\right)^s \sqrt{|d_K|}\,\mathfrak{N}(\mathfrak{a}) + \varepsilon$$

und finden nach (5.3) ein Element $a \in \mathfrak{a}$, $a \neq 0$, mit $|\tau a| < c_\tau$, also

$$|N_{K|\mathbb{Q}}(a)| = \prod_\tau |\tau a| < \left(\frac{2}{\pi}\right)^s \sqrt{|d_K|}\,\mathfrak{N}(\mathfrak{a}) + \varepsilon.$$

Da dies für alle $\varepsilon > 0$ gilt und da $|N_{K|\mathbb{Q}}(a)|$ stets eine natürliche Zahl ist, so muß es auch ein $a \in \mathfrak{a}$, $a \neq 0$, geben mit

$$|N_{K|\mathbb{Q}}(a)| \leq \left(\frac{2}{\pi}\right)^s \sqrt{|d_K|}\,\mathfrak{N}(\mathfrak{a}). \qquad \square$$

(6.3) Theorem. *Die Idealklassengruppe $Cl_K = J_K/P_K$ ist endlich. Ihre Ordnung*

$$h_K = (J_K : P_K)$$

heißt die **Klassenzahl** *von K.*

Beweis: Ist $\mathfrak{p} \neq 0$ ein Primideal von $\mathcal{O}_K$ und $\mathfrak{p} \cap \mathbb{Z} = p\mathbb{Z}$, so ist $\mathcal{O}_K/\mathfrak{p}$ eine endliche Erweiterung von $\mathbb{Z}/p\mathbb{Z}$ von einem Grad $f \geq 1$, und es ist

$$\mathfrak{N}(\mathfrak{p}) = p^f.$$

Bei festem p gibt es nur endlich viele Primideale $\mathfrak{p}$ mit $\mathfrak{p} \cap \mathbb{Z} = p\mathbb{Z}$ wegen $\mathfrak{p}|(p)$. Daher gibt es nur endlich viele Primideale $\mathfrak{p}$ mit beschränkter Absolutnorm. Da jedes ganze Ideal eine Darstellung $\mathfrak{a} = \mathfrak{p}_1^{\nu_1} \ldots \mathfrak{p}_r^{\nu_r}$ mit $\nu_i > 0$ und

$$\mathfrak{N}(\mathfrak{a}) = \mathfrak{N}(\mathfrak{p}_1)^{\nu_1} \ldots \mathfrak{N}(\mathfrak{p}_r)^{\nu_r}$$

besitzt, gibt es überhaupt nur endlich viele Ideale $\mathfrak{a}$ von $\mathcal{O}_K$ mit beschränkter Absolutnorm $\mathfrak{N}(\mathfrak{a}) \leq M$.

Es genügt hiernach zu zeigen, daß jede Klasse $[\mathfrak{a}] \in Cl_K$ ein ganzes Ideal $\mathfrak{a}_1$ enthält mit

$$\mathfrak{N}(\mathfrak{a}_1) \leq M = \left(\frac{2}{\pi}\right)^s \sqrt{|d_K|}.$$

Wir wählen dazu einen beliebigen Repräsentanten $\mathfrak{a}$ der Klasse und ein $\gamma \in \mathcal{O}_K$, $\gamma \neq 0$, mit $\mathfrak{b} = \gamma\mathfrak{a}^{-1} \subseteq \mathcal{O}_K$. Nach (6.2) gibt es dann ein $\alpha \in \mathfrak{b}$, $\alpha \neq 0$, mit

$$|N_{K|\mathbb{Q}}(\alpha)| \cdot \mathfrak{N}(\mathfrak{b})^{-1} = \mathfrak{N}((\alpha)\mathfrak{b}^{-1}) = \mathfrak{N}(\alpha\mathfrak{b}^{-1}) \leq M\,.$$

Das Ideal $\mathfrak{a}_1 = \alpha\mathfrak{b}^{-1} = \alpha\gamma^{-1}\mathfrak{a} \in [\mathfrak{a}]$ hat demnach die gewünschte Eigenschaft. □

Der Satz von der Endlichkeit der Klassenzahl h_K bringt zum Ausdruck, daß uns der Übergang von den Zahlen zu den Idealen nicht ins Uferlose geführt hat. Der günstigste Fall liegt natürlich vor, wenn $h_K = 1$ ist. Dies ist gleichbedeutend damit, daß $\mathcal{O}_K$ ein Hauptidealring ist, d.h. daß der Satz von der eindeutigen Primzerlegung im klassischen Sinne gilt. In aller Regel ist jedoch $h_K > 1$. Es ist z.B. inzwischen bekannt, daß die imaginär-quadratischen Zahlkörper $\mathbb{Q}(\sqrt{d})$, d quadratfrei und < 0, nur für die neun Werte

$$d = -1, -2, -3, -7, -11, -19, -43, -67, -163$$

die Klassenzahl 1 haben. Die reell-quadratischen Zahlkörper neigen eher zur Klassenzahl 1. Im Bereich $2 \leq d < 100$ sind sie durch die Werte

$$\begin{aligned} d = \; & 2, 3, 5, 6, 7, 11, 13, 14, 17, 19, 21, 22, 23, 29, 31, 33, 37, \\ & 38, 41, 43, 46, 47, 53, 57, 59, 61, 62, 67, 69, 71, 73, 77, \\ & 83, 86, 89, 93, 94, 97 \end{aligned}$$

gegeben. Es wird vermutet, daß es unendlich viele reell-quadratische Zahlkörper mit der Klassenzahl 1 gibt, jedoch weiß man bis heute nicht einmal, ob es unendlich viele unter schlechthin allen Zahlkörpern gibt. Durch zahllose Untersuchungen ist immer wieder bestätigt worden, daß die Idealklassengruppen Cl_K nach Größe und Struktur ganz beliebig und ganz regellos ausfallen. Eine Ausnahme von dieser Regellosigkeit bildet eine Entdeckung von *Kenkichi Iwasawa*, wonach die Klassenzahl des Körpers der p^n-ten Einheitswurzeln hinsichtlich der p-Teilbarkeit bei laufendem n einem strengen Gesetz gehorcht (vgl. [136], Th. 13.13).

Im Falle des Körpers der p-ten Einheitswurzeln hat die Frage nach der Teilbarkeit seiner Klassenzahl durch p eine hervorragende Sonderrolle gespielt. Sie ist nämlich aufs engste mit der berühmten **Fermatschen Vermutung** verknüpft, nach der die Gleichung

$$x^p + y^p = z^p$$

für $p \geq 3$ in ganzen Zahlen $\neq 0$ unlösbar ist. Ähnlich wie die Quadratsummen $x^2 + y^2 = (x + iy)(x - iy)$ auf das Studium der Gaußschen

Zahlen geführt haben, so führt die Zerlegung von $x^p + y^p$ mit Hilfe einer p-ten Einheitswurzel $\zeta \neq 1$ auf ein Problem im Ring $\mathbb{Z}[\zeta]$ der ganzen Zahlen von $\mathbb{Q}(\zeta)$. Die Gleichung $y^p = z^p - x^p$ verwandelt sich dort in die Gleichheit

$$y \cdot y \cdot \ldots \cdot y = (z-x)(z-\zeta x) \cdot \ldots \cdot (z - \zeta^{p-1}x)\,,$$

d.h. man erhält unter der Annahme der Lösbarkeit zwei multiplikative Zerlegungen ein und derselben Zahl in $\mathbb{Z}[\zeta]$. Man kann nun zeigen, daß dies der eindeutigen Primzerlegung widerspricht, vorausgesetzt, daß sie im Ring $\mathbb{Z}[\zeta]$ gilt. Unter der irrigen Annahme, daß dies im allgemeinen der Fall ist, daß also die Klassenzahl h_p des Körpers $\mathbb{Q}(\zeta)$ gleich 1 ist, hat man in der Tat geglaubt, die Fermatsche Vermutung auf diese Weise bewiesen zu haben. Nicht jedoch *Kummer*, wie lange Zeit behauptet wurde. Er bewies vielmehr, daß sich die oben angedeutete Schlußweise retten läßt, wenn man anstelle von $h_p = 1$ nur $p \nmid h_p$ voraussetzt. Die Primzahl p nannte er in diesem Fall **regulär**, sonst **irregulär**. Er zeigte sogar, daß p genau dann regulär ist, wenn die Zähler der **Bernoullischen Zahlen** $B_2, B_4, \ldots, B_{p-3}$ nicht durch p teilbar sind. Unter den ersten 25 Primzahlen < 100 sind nur drei irregulär, 37, 59, 67. Man weiß aber bis heute nicht, ob es unendlich viele reguläre Primzahlen gibt. Dagegen haben kürzlich die Mathematiker *L.M. Adleman*, *D.R. Heath-Brown* und *E. Fouvry* die Fermatsche Vermutung für unendlich viele p im „ersten Fall" bewiesen (vgl. [1]), d.h. unter der Voraussetzung $p \nmid xyz$. Aufgrund von Computerberechnungen kennt man ihre Gültigkeit für alle Primzahlen < 125000.

Für eine genauere Erörterung der angedeuteten Beziehung der Klassengruppen zur Fermatschen Vermutung verweisen wir auf [14].

Aufgabe 1. Wie viele ganze Ideale $\mathfrak{a}$ gibt es mit gegebener Norm $\mathfrak{N}(\mathfrak{a}) = n$?

Aufgabe 2. Zeige, daß die quadratischen Zahlkörper mit der Diskriminante $5, 8, 11, -3, -4, -7, -8, -11$ die Klassenzahl 1 haben.

Aufgabe 3. Zeige, daß es in jeder Idealklasse eines Zahlkörpers K vom Grade n ein ganzes Ideal $\mathfrak{a}$ gibt mit

$$\mathfrak{N}(\mathfrak{a}) \leq \frac{n!}{n^n}\left(\frac{4}{\pi}\right)^s \sqrt{|d_K|}\,.$$

Hinweis: Unter Benutzung von Aufgabe 3, § 5, verfahre man wie im Beweis zu (6.3).

Aufgabe 4. Zeige, daß der Diskriminantenbetrag $|d_K| > 1$ ist für jeden algebraischen Zahlkörper $K \neq \mathbb{Q}$ (Minkowskischer Diskriminantensatz, vgl. Kap. III, (2.17)).

Aufgabe 5. Zeige, daß der Diskriminantenbetrag $|d_K|$ mit dem Körpergrad n gegen ∞ geht.

Aufgabe 6. Sei $\mathfrak{a}$ ein ganzes Ideal von K und $\mathfrak{a}^m = (a)$. Zeige, daß $\mathfrak{a}$ im Körper $L = K(\sqrt[m]{a})$ ein Hauptideal wird, d.h. $\mathfrak{a}\,\mathcal{O}_L = (\alpha)$.

Aufgabe 7. Zeige, daß es zu jedem Zahlkörper K eine endliche Erweiterung L gibt, in der jedes Ideal von K ein Hauptideal wird.

§ 7. Der Dirichletsche Einheitensatz

Nach der Idealklassengruppe Cl_K wenden wir uns nun der zweiten Hauptaufgabe zu, die uns der Ring $\mathcal{O}_K$ der ganzen Zahlen eines algebraischen Zahlkörpers K stellt, der Einheitengruppe $\mathcal{O}_K^*$. Sie enthält die endliche Gruppe $\mu(K)$ der in K gelegenen Einheitswurzeln, ist aber im allgemeinen nicht selbst endlich. Ihre Größe richtet sich vielmehr nach der Anzahl r der reellen Einbettungen $\rho : K \to \mathbb{R}$ und der Anzahl s der Paare $\sigma, \bar{\sigma} : K \to \mathbb{C}$ komplex konjugierter Einbettungen. Zu ihrer Beschreibung ziehen wir das in § 5 bereitgestellte Diagramm

$$\begin{array}{ccccc} K^* & \xrightarrow{\;j\;} & K_{\mathbb{R}}^* & \xrightarrow{\;l\;} & [\prod_\tau \mathbb{R}]^+ \\ {\scriptstyle N_{K|\mathbb{Q}}}\downarrow & & \downarrow{\scriptstyle N} & & \downarrow{\scriptstyle Tr} \\ \mathbb{Q}^* & \longrightarrow & \mathbb{R}^* & \xrightarrow{\;\log|\;|\;} & \mathbb{R} \end{array}$$

heran. Im oberen Teil dieses Diagramms betrachten wir die Untergruppen

$$\begin{array}{lll} \mathcal{O}_K^* &= \{\varepsilon \in \mathcal{O}_K \mid N_{K|\mathbb{Q}}(\varepsilon) = \pm 1\}, & \text{die Einheitengruppe,} \\ S &= \{y \in K_{\mathbb{R}}^* \mid N(y) = \pm 1\}, & \text{die „Norm-Eins-Fläche“,} \\ H &= \{x \in [\prod\limits_\tau \mathbb{R}]^+ \mid Tr(x) = 0\}, & \text{die „Spur-Null-Hyperebene“.} \end{array}$$

Wir erhalten die Homomorphismen

$$\mathcal{O}_K^* \xrightarrow{j} S \xrightarrow{l} H$$

und das Kompositum $\lambda := l \circ j : \mathcal{O}_K^* \to H$. Wir bezeichnen das Bild mit

$$\Gamma = \lambda(\mathcal{O}_K^*) \subseteq H$$

und erhalten den

(7.1) Satz. *Die Sequenz*

$$1 \to \mu(K) \to \mathcal{O}_K^* \xrightarrow{\lambda} \Gamma \to 0$$

ist exakt.

Beweis: Zu zeigen ist, daß $\mu(K)$ der Kern von λ ist. Ist nun $\zeta \in \mu(K)$ und $\tau : K \to \mathbb{C}$ eine Einbettung, so ist $\log|\tau\zeta| = \log 1 = 0$, also jedenfalls $\mu(K) \subseteq \mathrm{Ker}(\lambda)$. Sei umgekehrt $\varepsilon \in \mathcal{O}_K^*$ ein Element im Kern, $\lambda(\varepsilon) = l(j\varepsilon) = 0$. Dies bedeutet, daß $|\tau\varepsilon| = 1$ ist für jede Einbettung $\tau : K \to \mathbb{C}$, d.h. daß $j\varepsilon = (\tau\varepsilon)$ in einem beschränkten Bereich des $\mathbb{R}$-Vektorraums $K_{\mathbb{R}}$ liegt. Andererseits aber ist $j\varepsilon$ ein Punkt des Gitters $j\mathcal{O}_K$ von $K_{\mathbb{R}}$ (vgl. (5.2)). Daher kann der Kern von λ nur endlich viele Elemente enthalten, besteht also als endliche Untergruppe von K^* aus lauter Einheitswurzeln. □

Hiernach kommt alles auf die Bestimmung der Gruppe Γ an. Wir benötigen dazu das folgende

(7.2) Lemma. *Bis auf Assoziierte gibt es nur endlich viele Elemente $\alpha \in \mathcal{O}_K$ mit gegebener Norm $N_{K|\mathbb{Q}}(\alpha) = a$.*

Beweis: Sei $a \in \mathbb{Z}$, $a > 1$. In jeder der endlich vielen Nebenklassen von $\mathcal{O}_K/a\mathcal{O}_K$ gibt es bis auf Assoziierte höchstens ein Element α mit $|N(\alpha)| = |N_{K|\mathbb{Q}}(\alpha)| = a$. Ist nämlich $\beta = \alpha + a\gamma$, $\gamma \in \mathcal{O}_K$, ein zweites, so ist

$$\frac{\alpha}{\beta} = 1 \pm \frac{N(\beta)}{\beta}\gamma \in \mathcal{O}_K$$

wegen $N(\beta)/\beta \in \mathcal{O}_K$, und entsprechend $\dfrac{\beta}{\alpha} = 1 \pm \dfrac{N(\alpha)}{\alpha}\gamma \in \mathcal{O}_K$, d.h. β ist zu α assoziiert. Daher gibt es bis auf Assoziierte höchstens $(\mathcal{O}_K : a\mathcal{O}_K)$ Elemente mit der Norm $\pm a$. □

(7.3) Satz. *Die Gruppe Γ ist ein vollständiges Gitter im $(r+s-1)$-dimensionalen Vektorraum H, ist also isomorph zu $\mathbb{Z}^{r+s-1}$.*

Beweis: Wir zeigen zuerst, daß $\Gamma = \lambda(\mathcal{O}_K^*)$ ein Gitter in H, d.h. eine diskrete Untergruppe ist. Die Abbildung $\lambda : \mathcal{O}_K^* \to H$ entsteht durch Einschränkung der Abbildung

$$K^* \xrightarrow{j} \prod_\tau \mathbb{C}^* \xrightarrow{l} \prod_\tau \mathbb{R},$$

und es genügt zu zeigen, daß der beschränkte Bereich $\{(x_\tau) \in \prod_\tau \mathbb{R} \mid |x_\tau| \le c\}$ für jedes $c > 0$ nur endlich viele Punkte von $\Gamma = l(j\mathcal{O}_K^*)$

enthält. Das Urbild dieses Bereiches unter l ist der beschränkte Bereich

$$\{(z_\tau) \in \prod_\tau \mathbb{C}^* \mid e^{-c} \le |z_\tau| \le e^c\}$$

wegen $l((z_\tau)) = (\log|z_\tau|)$. Dieser enthält aber nur endlich viele Elemente der Menge $j\mathcal{O}_K^*$, weil sie Teilmenge des Gitters $j\mathcal{O}_K$ in $[\prod_\tau \mathbb{C}]^+$ ist (vgl. (5.2)). Daher ist Γ ein Gitter.

Wir beweisen nun, daß Γ ein vollständiges Gitter in H ist. Hierin besteht die Hauptaussage des Satzes. Wir ziehen dazu das Kriterium (4.3) heran, wonach wir eine beschränkte Menge $M \subseteq H$ finden müssen, derart daß

$$H = \bigcup_{\gamma\in\Gamma} (M+\gamma)\,.$$

Wir konstruieren die Menge, indem wir ihr Urbild unter dem surjektiven Homomorphismus

$$l : S \to H$$

angeben, genauer konstruieren wir eine beschränkte Menge T in der Norm-Eins-Fläche S, deren *multiplikative* Verschiebungen $Tj\varepsilon$, $\varepsilon \in \mathcal{O}_K^*$, ganz S überdecken:

$$S = \bigcup_{\varepsilon\in\mathcal{O}_K^*} Tj\varepsilon\,.$$

Für $x = (x_\tau) \in T$ sind dann die Beträge $|x_\tau|$ wegen $\prod_\tau |x_\tau| = 1$ sowohl nach oben als auch nach unten gegen Null beschränkt, so daß auch $M = l(T)$ beschränkt ist. Wir wählen reelle Zahlen $c_\tau > 0$, $\tau \in \operatorname{Hom}(K,\mathbb{C})$, mit $c_\tau = c_{\bar\tau}$ und

$$C = \prod_\tau c_\tau > \left(\frac{2}{\pi}\right)^s \sqrt{|d_K|}$$

und betrachten die Menge

$$X = \{(z_\tau) \in K_{\mathbb{R}} \mid |z_\tau| < c_\tau\}\,.$$

Für einen beliebigen Punkt $y = (y_\tau) \in S$ ist dann

$$Xy = \{(z_\tau) \in K_{\mathbb{R}} \mid |z_\tau| < c'_\tau\}$$

mit $c'_\tau = c_\tau|y_\tau|$, und es gilt $c'_\tau = c'_{\bar\tau}$ und $\prod_\tau c'_\tau = \prod_\tau c_\tau = C$ wegen $\prod_\tau |y_\tau| = |N(y)| = 1$. Nach (5.3) gibt es daher einen Punkt

$$ja = (\tau a) \in Xy\,, \quad a \in \mathcal{O}_K\,, \quad a \ne 0\,.$$

Wir können nun nach Lemma (7.2) ein System $\alpha_1, \dots, \alpha_N \in \mathcal{O}_K$, $\alpha_i \ne 0$, fixieren mit der Eigenschaft, daß jedes $a \in \mathcal{O}_K$, $a \ne 0$, mit $|N_{K|\mathbb{Q}}(a)| \le C$ zu einer dieser Zahlen assoziiert ist. Die Menge

$$T = S \cap \bigcup_{i=1}^N X(j\alpha_i)^{-1}$$

hat dann die gewünschte Eigenschaft: Da X beschränkt ist, ist auch $X(j\alpha_i)^{-1}$ und damit T beschränkt, und es gilt

$$S = \bigcup_{\varepsilon \in \mathcal{O}_K^*} Tj\varepsilon .$$

In der Tat, ist $y \in S$, so finden wir nach dem Obigen ein $a \in \mathcal{O}_K$, $a \neq 0$, mit $ja \in Xy^{-1}$, also $ja = xy^{-1}$, $x \in X$. Wegen

$$|N_{K|\mathbb{Q}}(a)| = |N(xy^{-1})| = |N(x)| < \prod_\tau c_\tau = C$$

ist a zu einem α_i assoziiert, $\alpha_i = \varepsilon a$, $\varepsilon \in \mathcal{O}_K^*$. Es folgt

$$y = xja^{-1} = xj(\alpha_i^{-1}\varepsilon)\,.$$

Wegen $y, j\varepsilon \in S$ ist $xj\alpha_i^{-1} \in S \cap Xj\alpha_i^{-1} \subseteq T$, also $y \in Tj\varepsilon$. □

Aus den Sätzen (7.1) und (7.3) ergibt sich unmittelbar der **Dirichletsche Einheitensatz** in seiner klassischen Form.

(7.4) Theorem. *Die Einheitengruppe $\mathcal{O}_K^*$ von $\mathcal{O}_K$ ist das direkte Produkt der endlichen zyklischen Gruppe $\mu(K)$ und einer freien abelschen Gruppe vom Rang $r+s-1$.*

Mit anderen Worten: Es gibt Einheiten $\varepsilon_1, \dots, \varepsilon_t$, $t = r+s-1$, **Grundeinheiten** genannt, derart daß sich jede weitere Einheit ε eindeutig als ein Produkt

$$\varepsilon = \zeta \varepsilon_1^{\nu_1} \dots \varepsilon_t^{\nu_t}$$

mit einer Einheitswurzel ζ und ganzen Zahlen ν_i ausdrücken läßt.

Beweis: In der exakten Sequenz

$$1 \to \mu(K) \to \mathcal{O}_K^* \xrightarrow{\lambda} \Gamma \to 0$$

ist Γ nach (7.3) eine freie abelsche Gruppe vom Rang $t = r+s-1$. Ist $v_1, \dots, v_t$ eine $\mathbb{Z}$-Basis von Γ, und sind $\varepsilon_1, \dots, \varepsilon_t \in \mathcal{O}_K^*$ Urbilder der v_i und $A \subseteq \mathcal{O}_K^*$ die durch die ε_i erzeugte Untergruppe, so wird A durch λ isomorph auf Γ abgebildet, d.h. es ist $\mu(K) \cap A = \{1\}$ und also $\mathcal{O}_K^* = \mu(K) \times A$. □

Nach der Identifizierung $[\prod_\tau \mathbb{R}]^+ = \mathbb{R}^{r+s}$ (vgl. § 5, S. 35) wird H ein Unterraum des euklidischen Raumes $\mathbb{R}^{r+s}$ und ist somit selbst ein euklidischer Raum. Wir können daher vom Grundmascheninhalt $\operatorname{vol}(\lambda(\mathcal{O}_K^*))$ des Einheitengitters $\Gamma = \lambda(\mathcal{O}_K^*) \subseteq H$ sprechen und wollen diesen berechnen. Sei $\varepsilon_1, \dots, \varepsilon_t$, $t = r + s - 1$, ein System von Grundeinheiten und Φ die von den Vektoren $\lambda(\varepsilon_1), \dots, \lambda(\varepsilon_t) \in H$ aufgespannte Grundmasche des Einheitengitters $\lambda(\mathcal{O}_K^*)$. Der Vektor

$$\lambda_0 = \frac{1}{\sqrt{r+s}}(1, \dots, 1) \in \mathbb{R}^{r+s}$$

ist offensichtlich orthogonal zu H und hat die Länge 1. Daher ist der t-dimensionale Inhalt von Φ gleich dem $(t+1)$-dimensionalen Inhalt des von $\lambda_0, \lambda(\varepsilon_1), \dots, \lambda(\varepsilon_t)$ aufgespannten Parallelepipeds in $\mathbb{R}^{t+1}$. Dieses aber hat den Inhalt

$$\pm \det \begin{pmatrix} \lambda_{01} & \lambda_1(\varepsilon_1) & \cdots & \lambda_1(\varepsilon_t) \\ \vdots & \vdots & & \vdots \\ \lambda_{0t+1} & \lambda_{t+1}(\varepsilon_1) & \cdots & \lambda_{t+1}(\varepsilon_t) \end{pmatrix}.$$

Addieren wir alle Zeilen zu einer festgewählten, etwa der i-ten, so stellen sich in dieser lauter Nullen ein bis auf die erste Komponente, welche gleich $r + s$ ist. Daher ergibt sich der

(7.5) Satz. *Der Grundmascheninhalt des Einheitengitters $\lambda(\mathcal{O}_K^*)$ in H ist*

$$\operatorname{vol}(\lambda(\mathcal{O}_K^*)) = \sqrt{r+s}\, R,$$

wobei R der Determinantenbetrag eines beliebigen Minors vom Rang $t = r + s - 1$ der Matrix

$$\begin{pmatrix} \lambda_1(\varepsilon_1) & \cdots & \lambda_1(\varepsilon_t) \\ \vdots & & \vdots \\ \lambda_{t+1}(\varepsilon_1) & \cdots & \lambda_{t+1}(\varepsilon_t) \end{pmatrix}$$

ist. Dieser Determinantenbetrag R heißt der **Regulator** *des Körpers K.*

Der Regulator wird erst später seine Wichtigkeit zeigen (vgl. Kap. VII, § 5).

Aufgabe 1. Sei $D > 1$ eine quadratfreie ganze Zahl und d die Diskriminante des reell-quadratischen Zahlkörpers $K = \mathbb{Q}(\sqrt{D})$ (vgl. § 2, Aufgabe 4). Sei x_1, y_1 diejenige eindeutig bestimmte ganzrationale Lösung der Gleichung

$$x^2 - dy^2 = -4,$$

bzw. – falls diese Gleichung ganzrational unlösbar ist – der Gleichung

$$x^2 - dy^2 = 4,$$

für die $x_1, y_1 > 0$ möglichst klein sind. Dann ist

$$\epsilon_1 = \frac{x_1 + y_1\sqrt{d}}{2}$$

eine Grundeinheit von K. (Die Doppelgleichung $x^2 - dy^2 = \pm 4$ wird die **Pellsche Gleichung** genannt.)

Aufgabe 2. Verifiziere die folgende Tabelle für die Grundeinheit ε_1 in $\mathbb{Q}(\sqrt{D})$:

D	2	3	5	6	7	10
ε_1	$1+\sqrt{2}$	$2+\sqrt{3}$	$(1+\sqrt{5})/2$	$5+2\sqrt{6}$	$8+3\sqrt{7}$	$3+\sqrt{10}$

Hinweis: Man prüfe der Reihe nach mit $y = 1, 2, 3, \ldots$, ob eine der beiden Zahlen $dy^2 \mp 4$ ein Quadrat x^2 ist. Nach dem Einheitensatz muß dies – mit dem Pluszeichen – sicher einmal auftreten. Man gebe aber für jedes einzelne y dem Minuszeichen den Vorrang. Der in dieser Rangordnung erste Fall mit $dy_1^2 \mp 4 = x_1^2$ liefert die Grundeinheit $\varepsilon_1 = (x_1 + y_1\sqrt{d})/2$.

Aufgabe 3. Die Schlacht von Hastings (14.10.1066).
Harolds Mannen standen nach alter Gewohnheit dichtgedrängt in 13 gleichgroßen Quadraten aufgestellt, und wehe dem Normannen, der es wagte, in eine solche Phalanx einbrechen zu wollen. ... Als aber Harold selbst auf dem Schlachtfeld erschien, formten die Sachsen ein einziges gewaltiges Quadrat mit ihrem König an der Spitze und stürmten mit den Schlachtrufen „Ut!“, „Olicrosse!“, „Godemite!“ vorwärts. ... (vgl. *„Carmen de Hastingae Proelio“* von Guy, Bischof von Amiens).

Frage: Wie groß soll die Armee Harolds II. gewesen sein?

Mitgeteilt von *W.-D. Geyer*.

Aufgabe 4. Sei ζ eine primitive p-te Einheitswurzel, p eine ungerade Primzahl. Zeige, daß $\mathbb{Z}[\zeta]^* = (\zeta)\mathbb{Z}[\zeta + \zeta^{-1}]^*$.

Zeige, daß $\mathbb{Z}[\zeta]^* = \{\pm\zeta^k(1+\zeta)^n \mid 0 \le k < 5, n \in \mathbb{Z}\}$, wenn $p = 5$.

Aufgabe 5. Sei ζ eine primitive m-te Einheitswurzel, $m \geq 3$. Zeige, daß die Zahlen $\dfrac{1-\zeta^k}{1-\zeta}$ für $(k, m) = 1$ Einheiten im Ring der ganzen Zahlen des Körpers $\mathbb{Q}(\zeta)$ sind. Die durch sie erzeugte Untergruppe der Einheitengruppe heißt die Gruppe der **Kreiseinheiten**.

Aufgabe 6. Sei K ein total reeller Zahlkörper, d.h. $X = \mathrm{Hom}(K, \mathbb{C}) = \mathrm{Hom}(K, \mathbb{R})$, und T eine echte, nicht-leere Teilmenge von X. Dann gibt es eine Einheit ε mit $0 < \tau\varepsilon < 1$ für $\tau \in T$ und $\tau\varepsilon > 1$ für $\tau \notin T$.

Hinweis: Wende den Minkowskischen Gitterpunktsatz auf das Einheitengitter im Spur-Null-Raum an.

§ 8. Erweiterungen von Dedekindringen

Nach der Betrachtung der Klassengruppe und der Einheitengruppe des Ringes $\mathcal{O}_K$ der ganzen Zahlen eines Zahlkörpers K soll uns jetzt daran gelegen sein, einen ersten Überblick über die Menge der Primideale von $\mathcal{O}_K$ zu gewinnen. Sie werden häufig als die Primideale von K angesprochen, eine ungenaue, aber unmißverständliche Bezeichnungsweise.

Jedes Primideal $\mathfrak{p} \neq 0$ von $\mathcal{O}_K$ enthält eine Primzahl p (vgl. § 3, S. 18) und ist daher ein Teiler des Ideals $p\mathcal{O}_K$. Es stellt sich somit die Frage, auf welche Weise eine Primzahl p im Ring $\mathcal{O}_K$ in Primideale zerfällt. Wir behandeln dieses Problem allgemeiner, indem wir anstelle von $\mathbb{Z}$ einen beliebigen Dedekindring $\mathcal{O}$ zugrunde legen und anstelle von $\mathcal{O}_K$ den ganzen Abschluß $\mathcal{O}$ von $\mathcal{o}$ in einer endlichen Erweiterung seines Quotientenkörpers betrachten.

(8.1) Satz. *Sei $\mathcal{o}$ ein Dedekindring mit dem Quotientenkörper K, $L|K$ eine endliche Erweiterung von K und $\mathcal{O}$ der ganze Abschluß von $\mathcal{o}$ in L. Dann ist auch $\mathcal{O}$ ein Dedekindring.*

Beweis: Als ganzer Abschluß von $\mathcal{o}$ ist $\mathcal{O}$ ganzabgeschlossen. Die Maximalität der von Null verschiedenen Primideale $\mathfrak{P}$ von $\mathcal{O}$ beweist man ähnlich wie im Fall $\mathcal{o} = \mathbb{Z}$ (vgl. (3.1)): $\mathfrak{p} = \mathfrak{P} \cap \mathcal{o}$ ist ein von Null verschiedenes Primideal von $\mathcal{o}$, so daß der Integritätsbereich $\mathcal{O}/\mathfrak{P}$ eine Erweiterung des Körpers $\mathcal{o}/\mathfrak{p}$ ist und daher selbst ein Körper sein muß, weil er sonst ein von Null verschiedenes Primideal besäße, dessen Durchschnitt mit $\mathcal{o}/\mathfrak{p}$ wiederum ein von Null verschiedenes Primideal von $\mathcal{o}/\mathfrak{p}$ wäre. Bleibt zu zeigen, daß $\mathcal{O}$ noethersch ist. In dem uns hauptsächlich interessierenden Fall, daß $L|K$ separabel ist, ist der Beweis sehr leicht. Ist $\alpha_1, \ldots, \alpha_n$ eine in $\mathcal{O}$ gelegene Basis von $L|K$ mit der Diskriminante $d = d(\alpha_1, \ldots, \alpha_n)$, so ist $d \neq 0$ nach (2.8), und nach (2.9) liegt $\mathcal{O}$ in dem endlich erzeugten $\mathcal{o}$-Modul $\mathcal{o}\alpha_1/d + \cdots + \mathcal{o}\alpha_n/d$. Jedes Ideal von $\mathcal{O}$ ist ebenfalls in diesem endlich erzeugten $\mathcal{o}$-Modul enthalten und ist daher selbst ein endlich erzeugter $\mathcal{o}$-Modul, also erst recht ein endlich erzeugter $\mathcal{O}$-Modul. Dies zeigt, daß $\mathcal{O}$ noethersch ist, wenn $L|K$ separabel ist. Es mag erlaubt sein, sich mit diesem Fall zunächst zufrieden zu geben und die Prüfung des allgemeinen Falles einem dafür günstigen Augenblick zu überlassen. Wir führen den Beweis in einem allgemeinen Rahmen in § 12 (vgl. (12.8)). □

Für ein Primideal $\mathfrak{p}$ von $\mathcal{o}$ gilt stets

$$\mathfrak{p}\mathcal{O} \neq \mathcal{O}.$$

In der Tat, sei $\pi \in \mathfrak{p} \smallsetminus \mathfrak{p}^2$ ($\mathfrak{p} \neq 0$), so daß $\pi\mathcal{o} = \mathfrak{p}\mathfrak{a}$ mit $\mathfrak{p} \nmid \mathfrak{a}$, also $\mathfrak{p} + \mathfrak{a} = \mathcal{o}$. Schreiben wir $1 = b + s$, $b \in \mathfrak{p}$, $s \in \mathfrak{a}$, so ist $s \notin \mathfrak{p}$ und $s\mathfrak{p} \subseteq \mathfrak{p}\mathfrak{a} = \pi\mathcal{o}$. Wäre jetzt $\mathfrak{p}\mathcal{O} = \mathcal{O}$, so folgte $s\mathcal{O} = s\mathfrak{p}\mathcal{O} \subseteq \pi\mathcal{O}$, also $s = \pi x$ mit $x \in \mathcal{O} \cap K = \mathcal{o}$, d.h. $s \in \mathfrak{p}$, Widerspruch!

Ein Primideal $\mathfrak{p} \neq 0$ des Ringes $\mathcal{o}$ zerfällt in $\mathcal{O}$ in eindeutiger Weise in ein Produkt von Primidealen,

$$\mathfrak{p}\mathcal{O} = \mathfrak{P}_1^{e_1} \ldots \mathfrak{P}_r^{e_r}.$$

Anstelle von $\mathfrak{p}\mathcal{O}$ setzt man häufig kurz $\mathfrak{p}$. Die auftretenden Primideale $\mathfrak{P}_i$ sind gerade diejenigen Primideale $\mathfrak{P}$ von $\mathcal{O}$, die über $\mathfrak{p}$ liegen, d.h. für die

$$\mathfrak{p} = \mathfrak{P} \cap \mathcal{o}$$

gilt. Hierfür schreiben wir auch kurz $\mathfrak{P}|\mathfrak{p}$ und nennen $\mathfrak{P}$ einen Primteiler von $\mathfrak{p}$. Der Exponent e_i heißt der **Verzweigungsindex** und der Körpergrad

$$f_i = [\,\mathcal{O}/\mathfrak{P}_i : \mathcal{o}/\mathfrak{p}\,]$$

der **Trägheitsgrad** von $\mathfrak{P}_i$ über $\mathfrak{p}$. Zwischen den Zahlen e_i, f_i und dem Körpergrad $n = [\,L : K\,]$ besteht bei einer separablen Erweiterung $L|K$ die folgende Gesetzmäßigkeit.

(8.2) Satz. *Ist $L|K$ separabel, so gilt die* **fundamentale Gleichung**

$$\sum_{i=1}^{r} e_i f_i = n.$$

Beweis: Der Beweis beruht auf dem chinesischen Restsatz

$$\mathcal{O}/\mathfrak{p}\mathcal{O} \cong \bigoplus_{i=1}^{r} \mathcal{O}/\mathfrak{P}_i^{e_i}.$$

$\mathcal{O}/\mathfrak{p}\mathcal{O}$ und $\mathcal{O}/\mathfrak{P}_i^{e_i}$ sind Vektorräume über dem Körper $\kappa = \mathcal{o}/\mathfrak{p}$, und es genügt zu zeigen, daß

$$\dim_\kappa(\mathcal{O}/\mathfrak{p}\mathcal{O}) = n \quad \text{und} \quad \dim_\kappa(\mathcal{O}/\mathfrak{P}_i^{e_i}) = e_i f_i.$$

Zum Beweis der ersten Gleichung seien $\omega_1, \ldots, \omega_m \in \mathcal{O}$ Repräsentanten einer Basis $\bar{\omega}_1, \ldots, \bar{\omega}_m$ von $\mathcal{O}/\mathfrak{p}\mathcal{O}$ über κ (wir haben im Beweis zu (8.1) gesehen, daß $\mathcal{O}$ ein endlich erzeugter $\mathcal{o}$-Modul ist, d.h. $\dim_\kappa(\mathcal{O}/\mathfrak{p}\mathcal{O}) < \infty$). Es genügt zu zeigen, daß $\omega_1, \ldots, \omega_m$ eine Basis von

$L|K$ ist. Angenommen, die $\omega_1, \dots, \omega_m$ sind linear abhängig über K und damit über $\mathcal{o}$. Es gibt dann nicht sämtlich verschwindende Elemente $a_1, \dots, a_m \in \mathcal{o}$ mit

$$a_1\omega_1 + \cdots + a_m\omega_m = 0 .$$

Wir betrachten das Ideal $\mathfrak{a} = (a_1, \dots, a_m)$ von $\mathcal{o}$ und können ein $a \in \mathfrak{a}^{-1}$ wählen mit $a \notin \mathfrak{a}^{-1}\mathfrak{p}$, also $a\mathfrak{a} \not\subseteq \mathfrak{p}$. Dann liegen die Elemente $aa_1, \dots, aa_m$ in $\mathcal{o}$, aber nicht alle in $\mathfrak{p}$. In der Kongruenz

$$aa_1\omega_1 + \cdots + aa_m\omega_m \equiv 0 \bmod \mathfrak{p}$$

erhalten wir somit eine lineare Abhängigkeit der $\bar{\omega}_1, \dots, \bar{\omega}_m$ über κ, Widerspruch. Die $\omega_1, \dots, \omega_m$ sind also linear unabhängig über K.

Zum Beweis, daß die ω_i eine Basis von $L|K$ bilden, betrachten wir die $\mathcal{o}$-Moduln $M = \mathcal{o}\omega_1 + \cdots + \mathcal{o}\omega_m$ und $N = \mathcal{O}/M$. Wegen $\mathcal{O} = M + \mathfrak{p}\mathcal{O}$ gilt $\mathfrak{p}N = N$. Da $L|K$ separabel ist, so ist $\mathcal{O}$ und damit auch N ein endlich erzeugter $\mathcal{o}$-Modul (vgl. S. 47). Ist $\alpha_1, \dots, \alpha_s$ ein Erzeugendensystem von N, so gilt

$$\alpha_i = \sum_j a_{ij}\alpha_j \quad \text{mit } a_{ij} \in \mathfrak{p} .$$

Sei A die Matrix $(a_{ij}) - I$, I die s-reihige Einheitsmatrix, und B die zu A **adjungierte** Matrix, die aus den $(s-1)$-reihigen Unterdeterminanten von A gebildet wird. Dann ist $A(\alpha_1, \dots, \alpha_s)^t = 0$ und $BA = dI$, $d = \det(A)$, (vgl. (2.3)), also

$$0 = BA(\alpha_1, \dots, \alpha_s)^t = (d\alpha_1, \dots, d\alpha_s)^t ,$$

und somit $dN = 0$, d.h. $d\mathcal{O} \subseteq M = \mathcal{o}\omega_1 + \cdots + \mathcal{o}\omega_m$. Es ist $d \neq 0$, denn wenn wir die Determinante $d = \det((a_{ij}) - I)$ entwickeln, so erhalten wir $d \equiv (-1)^s \bmod \mathfrak{p}$ wegen $a_{ij} \in \mathfrak{p}$. Es ergibt sich somit $L = dL = K\omega_1 + \cdots + K\omega_m$. In der Tat ist also $\omega_1, \dots, \omega_m$ eine Basis von $L|K$.

Zum Beweis der zweiten Gleichung betrachten wir die absteigende Kette

$$\mathcal{O}/\mathfrak{P}_i^{e_i} \supseteq \mathfrak{P}_i/\mathfrak{P}_i^{e_i} \supseteq \cdots \supseteq \mathfrak{P}_i^{e_i-1}/\mathfrak{P}_i^{e_i} \supseteq (0)$$

von κ-Vektorräumen. Die Quotienten $\mathfrak{P}_i^\nu/\mathfrak{P}_i^{\nu+1}$ dieser Kette sind isomorph zu $\mathcal{O}/\mathfrak{P}_i$, denn wenn $\alpha \in \mathfrak{P}_i^\nu \setminus \mathfrak{P}_i^{\nu+1}$ ist, hat der Homomorphismus

$$\mathcal{O} \to \mathfrak{P}_i^\nu/\mathfrak{P}_i^{\nu+1}, \quad a \mapsto a\alpha,$$

den Kern $\mathfrak{P}_i$ und ist surjektiv, weil $\mathfrak{P}_i^\nu$ der ggT von $\mathfrak{P}_i^{\nu+1}$ und $(\alpha) = \alpha\mathcal{O}$ ist, so daß $\mathfrak{P}_i^\nu = \alpha\mathcal{O} + \mathfrak{P}_i^{\nu+1}$. Wegen $f_i = [\mathcal{O}/\mathfrak{P}_i : \kappa]$ erhalten wir $\dim_\kappa(\mathfrak{P}_i^\nu/\mathfrak{P}_i^{\nu+1}) = f_i$ und damit

$$\dim_\kappa(\mathcal{O}/\mathfrak{P}_i^{e_i}) = \sum_{\nu=0}^{e_i-1} \dim_\kappa(\mathfrak{P}_i^\nu/\mathfrak{P}_i^{\nu+1}) = e_i f_i . \qquad \square$$

Sei jetzt die separable Erweiterung $L|K$ durch ein ganzes, primitives Element $\theta \in \mathcal{O}$ mit dem Minimalpolynom

$$p(X) \in o[X]$$

gegeben, $L = K(\theta)$. Wir erhalten dann über die Art der Zerlegung von $\mathfrak{p}$ in $\mathcal{O}$ ein Resultat, das zwar nicht vollständig ist, aber dennoch typisch und durch seine Einfachheit schlagend. Die Unvollständigkeit besteht darin, daß man endlich viele Primideale ausschließen muß und nur diejenigen betrachten kann, die zum **Führer** des Ringes $o[\theta]$ teilerfremd sind. Unter diesem Führer versteht man das größte in $o[\theta]$ gelegene Ideal $\mathfrak{F}$ von $\mathcal{O}$, d.h.

$$\mathfrak{F} = \{\alpha \in \mathcal{O} \mid \alpha\mathcal{O} \subseteq o[\theta]\}.$$

Da $\mathcal{O}$ ein endlich erzeugter o-Modul ist (vgl. Beweis zu (8.1)), ist $\mathfrak{F} \neq 0$.

(8.3) Satz. *Sei $\mathfrak{p}$ ein zum Führer $\mathfrak{F}$ von $o[\theta]$ teilerfremdes Primideal von o, und sei*

$$\bar{p}(X) = \bar{p}_1(X)^{e_1} \dots \bar{p}_r(X)^{e_r}$$

die Zerlegung des Polynoms $\bar{p}(X) = p(X) \bmod \mathfrak{p}$ in irreduzible Faktoren $\bar{p}_i(X) = p_i(X) \bmod \mathfrak{p}$ über dem Restklassenkörper $o/\mathfrak{p}$, $p_i(X) \in o[X]$ normiert. Dann sind

$$\mathfrak{P}_i = \mathfrak{p}\mathcal{O} + p_i(\theta)\mathcal{O}\,, \quad i = 1, \dots, r\,,$$

die verschiedenen über $\mathfrak{p}$ liegenden Primideale von $\mathcal{O}$. Der Trägheitsgrad f_i von $\mathfrak{P}_i$ ist der Grad von $\bar{p}_i(X)$, und es gilt

$$\mathfrak{p} = \mathfrak{P}_1^{e_1} \dots \mathfrak{P}_r^{e_r}\,.$$

Beweis: Setzen wir $\mathcal{O}' = o[\theta]$ und $\bar{o} = o/\mathfrak{p}$, so erhalten wir kanonische Isomorphismen

$$\mathcal{O}/\mathfrak{p}\mathcal{O} \cong \mathcal{O}'/\mathfrak{p}\mathcal{O}' \cong \bar{o}[X]/(\bar{p}(X))\,.$$

Der erste Isomorphismus beruht auf der Teilerfremdheit $\mathfrak{p}\mathcal{O} + \mathfrak{F} = \mathcal{O}$. Wegen $\mathfrak{F} \subseteq \mathcal{O}'$ folgt $\mathcal{O} = \mathfrak{p}\mathcal{O} + \mathcal{O}'$, d.h. der Homomorphismus $\mathcal{O}' \to \mathcal{O}/\mathfrak{p}\mathcal{O}$ ist surjektiv. Er hat den Kern $\mathfrak{p}\mathcal{O} \cap \mathcal{O}'$, und dieser ist gleich $\mathfrak{p}\mathcal{O}'$, denn wegen $(\mathfrak{p}, \mathfrak{F} \cap o) = 1$ ist $\mathfrak{p}\mathcal{O} \cap \mathcal{O}' = (\mathfrak{p} + \mathfrak{F})(\mathfrak{p}\mathcal{O} \cap \mathcal{O}') \subseteq \mathfrak{p}\mathcal{O}'$.

Der zweite Isomorphismus ergibt sich durch den surjektiven Homomorphismus

$$o[X] \to \bar{o}[X]/(\bar{p}(X))\,.$$

Der Kern ist das durch $\mathfrak{p}$ und $p(X)$ erzeugte Ideal, und wegen $\mathcal{O}' = o[\theta] = o[X]/(p(X))$ wird $\mathcal{O}'/\mathfrak{p}\mathcal{O}' \cong \bar{o}[X]/(\bar{p}(X))$.

Wegen $\bar{p}(X) = \prod_{i=1}^{r} \bar{p}_i(X)^{e_i}$ liefert schließlich der chinesische Restsatz den Isomorphismus

$$\bar{o}[X]/(\bar{p}(X)) \cong \bigoplus_{i=1}^{r} \bar{o}[X]/(\bar{p}_i(X))^{e_i} .$$

Dies zeigt, daß die Primideale des Ringes $R = \bar{o}[X]/(\bar{p}(X))$ die durch $\bar{p}_i(X) \bmod \bar{p}(X)$ erzeugten Hauptideale $(\bar{p}_i)$ sind, $i = 1, \dots, r$, daß der Grad $[R/(\bar{p}_i) : \bar{o}]$ gleich dem Grad des Polynoms $\bar{p}_i(X)$ ist, und daß

$$(0) = (\bar{p}) = \bigcap_{i=1}^{r} (\bar{p}_i)^{e_i} .$$

Wegen der Isomorphie $\bar{o}[X]/(\bar{p}[X]) \cong \mathcal{O}/\mathfrak{p}\mathcal{O}$, $f(X) \mapsto f(\theta)$, haben wir im Ring $\overline{\mathcal{O}} = \mathcal{O}/\mathfrak{p}\mathcal{O}$ die gleichen Verhältnisse: Die Primideale $\overline{\mathfrak{P}}_i$ von $\overline{\mathcal{O}}$ entsprechen den Primidealen $(\bar{p}_i)$ und sind die durch $p_i(\theta) \bmod \mathfrak{p}\mathcal{O}$ erzeugten Hauptideale, der Grad $[\overline{\mathcal{O}}/\overline{\mathfrak{P}}_i : \bar{o}]$ ist der Grad des Polynoms $\bar{p}_i(X)$, und es ist $(0) = \bigcap_{i=1}^{r} \overline{\mathfrak{P}}_i^{e_i}$. Sei nun $\mathfrak{P}_i = \mathfrak{p}\mathcal{O} + p_i(\theta)\mathcal{O}$ das Urbild von $\overline{\mathfrak{P}}_i$ unter dem kanonischen Homomorphismus

$$\mathcal{O} \to \mathcal{O}/\mathfrak{p}\mathcal{O} .$$

Dann durchläuft $\mathfrak{P}_i$, $i = 1, \dots, r$, die über $\mathfrak{p}$ gelegenen Primideale von $\mathcal{O}$, es ist $f_i = [\mathcal{O}/\mathfrak{P}_i : o/\mathfrak{p}]$ der Grad des Polynoms $\bar{p}_i(X)$, es ist $\mathfrak{P}_i^{e_i}$ das Urbild von $\overline{\mathfrak{P}}_i^{e_i}$ (wegen $e_i = \#\{\overline{\mathfrak{P}}^{\nu} | \nu \in \mathbb{N}\}$) und $\mathfrak{p}\mathcal{O} \supseteq \bigcap_{i=1}^{r} \mathfrak{P}_i^{e_i}$, also $\mathfrak{p}\mathcal{O} \mid \prod_{i=1}^{r} \mathfrak{P}_i^{e_i}$ und damit $\mathfrak{p}\mathcal{O} = \prod_{i=1}^{r} \mathfrak{P}_i^{e_i}$ wegen $\sum e_i f_i = n$. □

Das Primideal $\mathfrak{p}$ heißt **voll zerlegt** (oder **total zerlegt**) in L, wenn in der Zerlegung

$$\mathfrak{p} = \mathfrak{P}_1^{e_1} \dots \mathfrak{P}_r^{e_r}$$

$r = n = [L : K]$ ist, also $e_i = f_i = 1$ für alle $i = 1, \dots, r$. $\mathfrak{p}$ heißt **unzerlegt**, wenn $r = 1$ ist, wenn es also nur ein einziges Primideal von L über $\mathfrak{p}$ gibt. Durch die fundamentale Gleichung

$$\sum_{i=1}^{r} e_i f_i = n$$

klärt sich die Namensgebung für die Trägheitsgrade auf: Je kleiner die Trägheitsgrade sind, desto fleißiger zerfällt $\mathfrak{p}$ in verschiedene Primideale.

Das Primideal $\mathfrak{P}_i$ in der Zerlegung $\mathfrak{p} = \prod_{i=1}^{r} \mathfrak{P}_i^{e_i}$ heißt **unverzweigt** über o (oder über K), wenn $e_i = 1$ und die Restkörpererweiterung $\mathcal{O}/\mathfrak{P}_i | o/\mathfrak{p}$ separabel ist. Sonst heißt es **verzweigt**, und man sagt, es sei **rein verzweigt**, wenn überdies $f_i = 1$ ist. Das Primideal $\mathfrak{p}$ heißt unverzweigt, wenn alle $\mathfrak{P}_i$ unverzweigt sind, sonst verzweigt. Die Erweiterung $L|K$ selbst heißt unverzweigt, wenn alle Primideale $\mathfrak{p}$ von K in L unverzweigt sind.

Der Fall, daß ein Primideal $\mathfrak{p}$ von K in L verzweigt ist, ist eine Ausnahmeerscheinung. Es gilt der

(8.4) Satz. *Ist $L|K$ separabel, so gibt es nur endlich viele in L verzweigte Primideale von K.*

Beweis: Sei $\theta \in \mathcal{O}$ ein primitives Element für L, d.h. $L = K(\theta)$, und $p(X) \in \mathcal{o}[X]$ sein Minimalpolynom. Sei

$$d = d(1, \theta, \ldots, \theta^{n-1}) = \prod_{i<j} (\theta_i - \theta_j)^2 \in \mathcal{o}$$

die Diskriminante von $p(X)$ (vgl. § 2, S. 11). Dann ist jedes zu d und zum Führer $\mathfrak{F}$ von $\mathcal{o}[\theta]$ teilerfremde Primideal $\mathfrak{p}$ von K unverzweigt. In der Tat, wegen (8.3) sind die Verzweigungsindizes $e_i = 1$, wenn sie 1 sind in der Zerlegung von $\bar{p}(X) = p(X) \bmod \mathfrak{p}$ in $\mathcal{o}/\mathfrak{p}$, also sicher dann, wenn $\bar{p}(X)$ keine mehrfachen Nullstellen hat. Dies aber ist hier der Fall, weil die Diskriminante $\bar{d} = d \bmod \mathfrak{p}$ von $\bar{p}(X)$ von Null verschieden ist. Die Restkörpererweiterungen $\mathcal{O}/\mathfrak{P}_i|\mathcal{o}/\mathfrak{p}$ werden durch $\bar{\theta} = \theta \bmod \mathfrak{P}_i$ erzeugt, sind also separabel. Daher ist $\mathfrak{p}$ unverzweigt. □

Die genaue Beschreibung der verzweigten Primideale wird durch die **Diskriminante** von $\mathcal{O}|\mathcal{o}$ gegeben. Diese ist das Ideal $\mathfrak{d}$ von $\mathcal{o}$, das durch die Diskriminanten $d(\omega_1, \ldots, \omega_n)$ aller in $\mathcal{O}$ gelegenen Basen $\omega_1, \ldots, \omega_n$ von $L|K$ erzeugt wird. Wir werden in Kapitel III, § 2 zeigen, daß die Primteiler von $\mathfrak{d}$ genau die in L verzweigten Primideale sind.

Beispiel: Das Zerlegungsgesetz der Primzahlen p im **quadratischen Zahlkörper** $\mathbb{Q}(\sqrt{a})$ steht in engstem Zusammenhang mit dem berühmten **Gaußschen Reziprozitätsgesetz**. Letzteres betrifft die Frage nach der ganzzahligen Lösbarkeit der diophantischen Gleichung

$$x^2 + by = a, \quad (a, b \in \mathbb{Z}),$$

der einfachsten unter den nicht-trivialen. Die Behandlung dieser Gleichung läßt sich unmittelbar auf den Fall zurückführen, wo b eine ungerade Primzahl p ist und $(a, p) = 1$ (Aufgabe 6). Dies wollen wir im folgenden annehmen. Es handelt sich dann um die Frage, ob a **quadratischer Rest** $\bmod p$ ist, d.h. ob die Kongruenz

$$x^2 \equiv a \bmod p$$

lösbar ist oder nicht, mit anderen Worten, ob für das Element $\bar{a} = a \bmod p \in \mathbb{F}_p^*$ die Gleichung $\bar{x}^2 = \bar{a}$ im Körper $\mathbb{F}_p$ lösbar ist oder nicht. Man führt hierzu das **Legendresymbol** $\left(\frac{a}{p}\right)$ ein, das für jede zu p teilerfremde rationale Zahl a durch $\left(\frac{a}{p}\right) = 1$ oder -1 definiert ist, je nachdem $x^2 \equiv a \bmod p$ lösbar oder unlösbar ist. Dieses Symbol ist multiplikativ,

$$\left(\frac{ab}{p}\right) = \left(\frac{a}{p}\right)\left(\frac{b}{p}\right),$$

was darauf beruht, daß die Gruppe $\mathbb{F}_p^*$ zyklisch von der Ordnung $p-1$ ist und die Gruppe $\mathbb{F}_p^{*2}$ der Quadrate somit den Index 2 besitzt, d.h. $\mathbb{F}_p^*/\mathbb{F}_p^{*2} \cong \mathbb{Z}/2\mathbb{Z}$. Wegen $\left(\frac{a}{p}\right) = 1 \iff \bar{a} \in \mathbb{F}_p^{*2}$ ergibt sich auch

$$\left(\frac{a}{p}\right) \equiv a^{\frac{p-1}{2}} \bmod p\,.$$

Mit der Primzerlegung steht das Symbol $\left(\frac{a}{p}\right)$ bei quadratfreiem a in der folgenden Beziehung. $\left(\frac{a}{p}\right) = 1$ bedeutet

$$x^2 - a \equiv (x-\alpha)(x+\alpha) \bmod p$$

mit $\alpha \in \mathbb{Z}$. Der Führer von $\mathbb{Z}[\sqrt{a}\,]$ im Ring der ganzen Zahlen von $\mathbb{Q}(\sqrt{a})$ ist ein Teiler von 2 (vgl. § 2, Aufgabe 4). Wir können daher den Satz (8.3) anwenden und erhalten den

(8.5) Satz. *Für quadratfreies a und $(p, 2a) = 1$ gilt*

$$\left(\frac{a}{p}\right) = 1 \iff p \text{ ist voll zerlegt in } \mathbb{Q}(\sqrt{a})\,.$$

Für das Legendresymbol hat man nun die folgende merkwürdige Gesetzmäßigkeit, die wie keine andere die Entwicklung der algebraischen Zahlentheorie geprägt hat.

(8.6) Theorem (Gaußsches Reziprozitätsgesetz). *Für zwei verschiedene ungerade Primzahlen l und p gilt*

$$\left(\frac{l}{p}\right)\left(\frac{p}{l}\right) = (-1)^{\frac{l-1}{2}\frac{p-1}{2}},$$

und man hat die beiden „Ergänzungssätze"

$$\left(\frac{-1}{p}\right) = (-1)^{\frac{p-1}{2}}, \quad \left(\frac{2}{p}\right) = (-1)^{\frac{p^2-1}{8}}.$$

Beweis: Aus $\left(\frac{-1}{p}\right) \equiv (-1)^{\frac{p-1}{2}} \bmod p$ folgt $\left(\frac{-1}{p}\right) = (-1)^{\frac{p-1}{2}}$ wegen $p \neq 2$.

Zur Bestimmung von $\left(\frac{2}{p}\right)$ rechnen wir im Ring $\mathbb{Z}[\,i\,]$ der Gaußschen Zahlen. Dort gilt wegen $(1+i)^2 = 2i$

$$(1+i)^p = (1+i)((1+i)^2)^{\frac{p-1}{2}} = (1+i)i^{\frac{p-1}{2}}2^{\frac{p-1}{2}},$$

und wegen $(1+i)^p \equiv 1 + i^p \bmod p$ und $\left(\frac{2}{p}\right) \equiv 2^{\frac{p-1}{2}} \bmod p$ folgt

$$\left(\frac{2}{p}\right)(1+i)i^{\frac{p-1}{2}} \equiv 1 + i(-1)^{\frac{p-1}{2}} \bmod p.$$

Durch eine leichte Rechnung erhält man hieraus

$$\left(\frac{2}{p}\right) \equiv (-1)^{\frac{p-1}{4}} \bmod p \quad \text{bzw.} \quad \left(\frac{2}{p}\right) \equiv (-1)^{\frac{p+1}{4}} \bmod p,$$

je nachdem $\frac{p-1}{2}$ gerade oder ungerade ist. Weil $\frac{p^2-1}{8} = \frac{p-1}{4}\frac{p+1}{2} = \frac{p+1}{4}\frac{p-1}{2}$, folgt $\left(\frac{2}{p}\right) = (-1)^{\frac{p^2-1}{8}}$.

Zum Beweis der ersten Formel rechnen wir im Ring $\mathbb{Z}[\,\zeta\,]$, wobei ζ eine primitive l-te Einheitswurzel ist. Wir betrachten die **Gaußsche Summe**

$$\tau = \sum_{a \in (\mathbb{Z}/l)^*} \left(\frac{a}{l}\right)\zeta^a$$

und zeigen, daß

$$\tau^2 = \left(\frac{-1}{l}\right)l\,.$$

Dazu lassen wir a und b die Gruppe $(\mathbb{Z}/l\,\mathbb{Z}\,)^*$ durchlaufen, setzen $c = ab^{-1}$ und erhalten unter Beachtung von $\left(\frac{b}{l}\right) = \left(\frac{b^{-1}}{l}\right)$

$$\left(\frac{-1}{l}\right)\tau^2 = \sum_{a,b}\left(\frac{-ab}{l}\right)\zeta^{a+b} = \sum_{a,b}\left(\frac{ab^{-1}}{l}\right)\zeta^{a-b} = \sum_{b,c}\left(\frac{c}{l}\right)\zeta^{bc-b}$$

$$= \sum_{c \neq 1}\left(\frac{c}{l}\right)\sum_{b}\zeta^{b(c-1)} + \sum_{b}\left(\frac{1}{l}\right).$$

Nun ist $\sum\limits_c \left(\frac{c}{l}\right) = 0$, was man durch Multiplikation der Summe mit einem Symbol $\left(\frac{x}{l}\right) = -1$ sieht, und wenn wir $\xi = \zeta^{c-1}$ setzen, so wird $\sum\limits_b \zeta^{b(c-1)} = \xi + \xi^2 + \cdots + \xi^{l-1} = -1$, also in der Tat

$$\left(\frac{-1}{l}\right)\tau^2 = (-1)(-1) + l - 1 = l\,.$$

Hieraus und aus $\left(\frac{l}{p}\right) \equiv l^{\frac{p-1}{2}} \bmod p$ und $\left(\frac{-1}{l}\right) = (-1)^{\frac{l-1}{2}}$ schließen wir weiter

$$\tau^p = \tau(\tau^2)^{\frac{p-1}{2}} \equiv \tau(-1)^{\frac{l-1}{2}\frac{p-1}{2}}\left(\frac{l}{p}\right) \bmod p\,.$$

Andererseits ist

$$\tau^p \equiv \sum_a \left(\frac{a}{l}\right)\zeta^{ap} \equiv \left(\frac{p}{l}\right)\sum_a \left(\frac{ap}{l}\right)\zeta^{ap} \equiv \left(\frac{p}{l}\right)\tau \bmod p\,,$$

so daß

$$\tau\left(\frac{p}{l}\right) \equiv \tau(-1)^{\frac{l-1}{2}\frac{p-1}{2}}\left(\frac{l}{p}\right) \bmod p\,.$$

Multiplikation mit τ und Kürzung durch $\pm l$ ergibt das gewünschte Resultat. □

Wir haben das Gaußsche Reziprozitätsgesetz durch eine kunstreiche Rechnung bewiesen. Wir werden aber in § 10 sehen, daß sich der wahre Grund für seine Gültigkeit im Zerlegungsgesetz der Primzahlen im Körper $\mathbb{Q}(\zeta)$ der l-ten Einheitswurzeln zeigt. Die benutzten Gaußschen Summen haben jedoch eine übergeordnete theoretische Bedeutung, wie sich noch zeigen wird (vgl. VII, § 2 und § 6).

Aufgabe 1. Sind $\mathfrak{a}$ und $\mathfrak{b}$ Ideale von $\mathcal{o}$, so gilt $\mathfrak{a} = \mathfrak{a}\mathcal{O} \cap \mathcal{o}$ und $\mathfrak{a}|\mathfrak{b} \iff \mathfrak{a}\mathcal{O}|\mathfrak{b}\mathcal{O}$.

Aufgabe 2. Zu jedem ganzen Ideal $\mathfrak{A}$ von $\mathcal{O}$ gibt es ein $\theta \in \mathcal{O}$ mit zu $\mathfrak{A}$ teilerfremdem Führer $\mathfrak{F} = \{\alpha \in \mathcal{O} \mid \alpha\mathcal{O} \subseteq \mathcal{o}[\theta]\}$, so daß $L = K(\theta)$.

Aufgabe 3. Ist ein Primideal $\mathfrak{p}$ von K voll zerlegt in den beiden separablen Erweiterungen $L|K$ und $L'|K$, so auch im Kompositum.

Aufgabe 4. Ein Primideal $\mathfrak{p}$ von K ist genau dann in der separablen Erweiterung $L|K$ voll zerlegt, wenn es voll zerlegt ist in der normalen Hülle $N|K$ von $L|K$.

Aufgabe 5. Für einen Zahlkörper K gilt die Aussage des Satzes (8.3) über die Primzerlegung in der Erweiterung $K(\theta)$ für alle Primideale $\mathfrak{p} \nmid (\mathcal{O} : \mathcal{o}[\theta])$.

Aufgabe 6. Für eine natürliche Zahl $b > 1$ ist eine ganze, zu b teilerfremde Zahl a quadratischer Rest $\bmod b$ genau dann, wenn sie quadratischer Rest modulo jedem Primteiler p von b ist und wenn $a \equiv 1 \bmod 4$, falls $4|m$, $8\nmid m$, bzw. $a \equiv 1 \bmod 8$, falls $8|m$.

Aufgabe 7. Sei $(a,p) = 1$ und $a\nu \equiv r_\nu \bmod p$, $\nu = 1,\dots,p-1$, $0 < r_\nu < p$. Dann durchläuft r_ν eine Permutation π der Zahlen $1,\dots,p-1$. Zeige: $\operatorname{sgn}\pi = (\frac{a}{p})$.

Aufgabe 8. Sei $a_n = \frac{\varepsilon^n - \varepsilon'^n}{\sqrt{5}}$, wobei $\varepsilon = \frac{1+\sqrt{5}}{2}$, $\varepsilon' = \frac{1-\sqrt{5}}{2}$ (a_n ist die n-te Fibonacci-Zahl). Ist p eine Primzahl $\neq 2,5$, so gilt

$$a_p \equiv \Big(\frac{p}{5}\Big) \bmod p\,.$$

Aufgabe 9. Untersuche das Legendresymbol $(\frac{3}{p})$ als Funktion von $p > 3$. Zeige, daß die Eigenschaft von 3, quadratischer Rest oder Nichtrest $\bmod p$ zu sein, nur von der Restklasse $p \bmod 12$ abhängt.

Aufgabe 10. Zeige, daß die Anzahl der Lösungen von $x^2 \equiv a \bmod p$ gleich $1 + (\frac{a}{p})$ ist.

Aufgabe 11. Zeige, daß die Anzahl der Lösungen der Kongruenz $ax^2 + bx + c \equiv 0 \bmod p$ mit $(a,p) = 1$ gleich $1 + (\frac{b^2-4ac}{p})$ ist.

§ 9. Hilbertsche Verzweigungstheorie

Eine besonders interessante und wichtige Wendung nimmt die Frage nach der Primzerlegung in einer endlichen Erweiterung $L|K$, wenn wir annehmen, daß $L|K$ galoissch ist, und die Primideale der Aktion der Galoisgruppe

$$G = G(L|K)$$

aussetzen. Es entsteht dann die von *David Hilbert* (1862–1943) in die Zahlentheorie eingeführte „Verzweigungstheorie“. Mit a ist offenbar auch σa für jedes $\sigma \in G$ im Ring $\mathcal{O}$ der ganzen Elemente von L gelegen, d.h. G operiert auf $\mathcal{O}$. Ist nun $\mathfrak{P}$ ein Primideal von $\mathcal{O}$ über $\mathfrak{p}$, so ist auch $\sigma\mathfrak{P}$ für jedes $\sigma \in G$ ein Primideal über $\mathfrak{p}$, denn es ist

$$\sigma\mathfrak{P} \cap o = \sigma(\mathfrak{P} \cap o) = \sigma\mathfrak{p} = \mathfrak{p}\,.$$

Die $\sigma\mathfrak{P}$, $\sigma \in G$, heißen die zu $\mathfrak{P}$ **konjugierten** Primideale.

(9.1) Satz. *Die Galoisgruppe G operiert transitiv auf der Menge der über $\mathfrak{p}$ gelegenen Primideale $\mathfrak{P}$ von $\mathcal{O}$, d.h. diese Primideale sind sämtlich zueinander konjugiert.*

Beweis: Seien $\mathfrak{P}$ und $\mathfrak{P}'$ zwei Primideale über $\mathfrak{p}$. Angenommen $\mathfrak{P}' \neq \sigma\mathfrak{P}$ für alle $\sigma \in G$. Nach dem chinesischen Restsatz gibt es dann ein $x \in \mathcal{O}$ mit

$$x \equiv 0 \bmod \mathfrak{P}' \quad \text{und} \quad x \equiv 1 \bmod \sigma\mathfrak{P} \quad \text{für alle} \quad \sigma \in G\,.$$

Dann liegt die Norm $N_{L|K}(x) = \prod_{\sigma \in G} \sigma x$ in $\mathfrak{P}' \cap o = \mathfrak{p}$. Andererseits ist $x \notin \sigma\mathfrak{P}$ für alle $\sigma \in G$, also $\sigma x \notin \mathfrak{P}$ für alle $\sigma \in G$, und daher $\prod_{\sigma \in G} \sigma x \notin \mathfrak{P} \cap o = \mathfrak{p}$, Widerspruch. □

(9.2) Definition. *Ist $\mathfrak{P}$ ein Primideal von $\mathcal{O}$, so heißt die Untergruppe*

$$G_{\mathfrak{P}} = \{\sigma \in G \mid \sigma\mathfrak{P} = \mathfrak{P}\}$$

die **Zerlegungsgruppe** *von $\mathfrak{P}$ über K. Der Fixkörper*

$$Z_{\mathfrak{P}} = \{x \in L \mid \sigma x = x \quad \text{für alle} \quad \sigma \in G_{\mathfrak{P}}\}$$

heißt der **Zerlegungskörper** *von $\mathfrak{P}$ über K.*

Die Zerlegungsgruppe sagt auf gruppentheoretische Weise, in wieviele verschiedene Primideale ein Primideal $\mathfrak{p}$ von o in $\mathcal{O}$ zerfällt. Ist nämlich $\mathfrak{P}$ eines von ihnen und durchläuft σ ein Repräsentantensystem für die Nebenklassen in $G/G_{\mathfrak{P}}$, so durchläuft $\sigma\mathfrak{P}$ die verschiedenen Primideale über $\mathfrak{p}$ genau einmal, d.h. ihre Anzahl ist der Index $(G : G_{\mathfrak{P}})$. Insbesondere gilt

$$\begin{aligned} G_{\mathfrak{P}} = 1 &\iff Z_{\mathfrak{P}} = L \iff \mathfrak{p} \ \text{ ist voll zerlegt,} \\ G_{\mathfrak{P}} = G &\iff Z_{\mathfrak{P}} = K \iff \mathfrak{p} \ \text{ ist unzerlegt.} \end{aligned}$$

Die Zerlegungsgruppe eines zu $\mathfrak{P}$ konjugierten Primideals $\sigma\mathfrak{P}$ ist die konjugierte Untergruppe

$$G_{\sigma\mathfrak{P}} = \sigma G_{\mathfrak{P}} \sigma^{-1}\,,$$

denn für $\tau \in G$ gilt

$$\begin{aligned} \tau \in G_{\sigma\mathfrak{P}} &\iff \tau\sigma\mathfrak{P} = \sigma\mathfrak{P} \iff \sigma^{-1}\tau\sigma\mathfrak{P} = \mathfrak{P} \\ &\iff \sigma^{-1}\tau\sigma \in G_{\mathfrak{P}} \iff \tau \in \sigma G_{\mathfrak{P}} \sigma^{-1}\,. \end{aligned}$$

Bemerkung: Die Zerlegungsgruppe regelt die Primzerlegung auch im Fall einer nicht-galoisschen Erweiterung. Sind U und V Untergruppen einer Gruppe G, so erhält man in G die Äquivalenzrelation

$$\sigma \sim \sigma' \iff \sigma' = u\sigma v \quad \text{mit } u \in U,\ v \in V\,.$$

Die Äquivalenzklassen

$$U\sigma V = \{u\sigma v \mid u \in U,\ v \in V\}$$

heißen die **Doppelnebenklassen** von $G \operatorname{modd} U, V$. Die Menge dieser Doppelnebenklassen, in die G zerfällt, wird mit $U\backslash G/V$ bezeichnet.

Ist nun $L|K$ eine beliebige separable Erweiterung, so betten wir sie ein in eine galoissche Erweiterung $N|K$ mit der Galoisgruppe G und betrachten in G die Untergruppe $H = G(N|L)$. Sei $\mathfrak{p}$ ein Primideal von K und $P_\mathfrak{p}$ die Menge der über $\mathfrak{p}$ liegenden Primideale von L. Ist dann $\mathfrak{P}$ ein über $\mathfrak{p}$ liegendes Primideal von N, so ist die Zuordnung

$$H\backslash G/G_\mathfrak{P} \to P_\mathfrak{p}\,, \quad H\sigma G_\mathfrak{P} \mapsto \sigma\mathfrak{P} \cap L\,,$$

eine wohldefinierte Bijektion. Der Beweis ist dem Leser überlassen.

Im galoisschen Fall sind die Trägheitsgrade $f_1, \ldots, f_r$ und die Verzweigungsindizes $e_1, \ldots, e_r$ in der Primzerlegung

$$\mathfrak{p} = \mathfrak{P}_1^{e_1} \ldots \mathfrak{P}_r^{e_r}$$

eines Primideals $\mathfrak{p}$ von K jeweils einander gleich,

$$f_1 = \cdots = f_r = f\,, \quad e_1 = \cdots = e_r = e\,.$$

Denn wenn wir $\mathfrak{P} = \mathfrak{P}_1$ setzen, so ist $\mathfrak{P}_i = \sigma_i\mathfrak{P}$ für passendes $\sigma_i \in G$, und der Isomorphismus $\sigma_i : \mathcal{O} \to \mathcal{O}$ induziert einen Isomorphismus

$$\mathcal{O}/\mathfrak{P} \xrightarrow{\sim} \mathcal{O}/\sigma_i\mathfrak{P}\,, \quad a \bmod \mathfrak{P} \mapsto \sigma_i a \bmod \sigma_i\mathfrak{P}\,,$$

so daß

$$f_i = [\,\mathcal{O}/\sigma_i\mathfrak{P} : \mathcal{o}/\mathfrak{p}\,] = [\,\mathcal{O}/\mathfrak{P} : \mathcal{o}/\mathfrak{p}\,]\,, \quad i = 1, \ldots, r\,.$$

Wegen $\sigma_i(\mathfrak{p}\mathcal{O}) = \mathfrak{p}\mathcal{O}$ ergibt sich ferner aus

$$\mathfrak{P}^\nu | \mathfrak{p}\mathcal{O} \iff \sigma_i(\mathfrak{P}^\nu) | \sigma_i(\mathfrak{p}\mathcal{O}) \iff (\sigma_i\mathfrak{P})^\nu | \mathfrak{p}\mathcal{O}$$

die Gleichheit der e_i, $i = 1, \ldots, r$. Die Primzerlegung von $\mathfrak{p}$ in $\mathcal{O}$ nimmt also im galoisschen Fall die einfache Gestalt

$$\mathfrak{p} = (\prod_\sigma \sigma\mathfrak{P})^e$$

an, wobei σ ein Repräsentantensystem für $G/G_\mathfrak{P}$ durchläuft. Der Zerlegungskörper $Z_\mathfrak{P}$ von $\mathfrak{P}$ über K hat für die Zerlegung von $\mathfrak{p}$ und die Zahlen e und f folgende Bedeutung.

(9.3) Satz. *Sei $\mathfrak{P}_Z = \mathfrak{P} \cap Z_\mathfrak{P}$ das unter $\mathfrak{P}$ liegende Primideal von $Z_\mathfrak{P}$. Dann gilt:*

(i) $\mathfrak{P}_Z$ ist unzerlegt in L, d.h. $\mathfrak{P}$ ist das einzige über $\mathfrak{P}_Z$ liegende Primideal von L.

(ii) *$\mathfrak{P}$ hat über $Z_{\mathfrak{P}}$ den Verzweigungsindex e und den Trägheitsgrad f.*

(iii) *Verzweigungsindex und Trägheitsgrad von $\mathfrak{P}_Z$ über K sind beide gleich 1.*

Beweis: (i) Wegen $G(L|Z_{\mathfrak{P}}) = G_{\mathfrak{P}}$ sind die über $\mathfrak{P}_Z$ liegenden Primideale $\sigma\mathfrak{P}$, $\sigma \in G(L|Z_{\mathfrak{P}})$, gleich $\mathfrak{P}$.
(ii) Da die Verzweigungsindizes und Trägheitsgrade im galoisschen Fall gleich sind, lautet die fundamentale Gleichung

$$n = efr\,,$$

wobei $n := \#G$, $r = (G : G_{\mathfrak{P}})$. Daher ist $\#G_{\mathfrak{P}} = [\,L : Z_{\mathfrak{P}}\,] = ef$. Sei e' bzw. e'' der Verzweigungsindex von $\mathfrak{P}$ über $Z_{\mathfrak{P}}$ bzw. von $\mathfrak{P}_Z$ über K. Dann ist $\mathfrak{p} = \mathfrak{P}_Z^{e''} \cdot \ldots$ in $Z_{\mathfrak{P}}$ und $\mathfrak{P}_Z = \mathfrak{P}^{e'}$ in L, also $\mathfrak{p} = \mathfrak{P}^{e''e'} \cdot \ldots$, d.h. $e = e'e''$. Das gleiche Resultat $f = f'f''$ erhält man offensichtlich für die Trägheitsgrade. Die fundamentale Gleichung für die Zerlegung von $\mathfrak{P}_Z$ in L lautet $[\,L : Z_{\mathfrak{P}}\,] = e'f'$, d.h. es ist $e'f' = ef$ und somit $e' = e$, $f' = f$, $e'' = f'' = 1$. □

Der Verzweigungsindex e und der Trägheitsgrad f besitzen eine weitere interessante gruppentheoretische Interpretation. Jedes $\sigma \in G_{\mathfrak{P}}$ induziert nämlich wegen $\sigma\mathcal{O} = \mathcal{O}$ und $\sigma\mathfrak{P} = \mathfrak{P}$ einen Automorphismus

$$\bar{\sigma} : \mathcal{O}/\mathfrak{P} \to \mathcal{O}/\mathfrak{P}\,, \quad a \bmod \mathfrak{P} \mapsto \sigma a \bmod \mathfrak{P}\,,$$

des Restklassenkörpers $\mathcal{O}/\mathfrak{P}$. Setzt man $\kappa(\mathfrak{P}) = \mathcal{O}/\mathfrak{P}$ und $\kappa(\mathfrak{p}) = o/\mathfrak{p}$, so gilt der

(9.4) Satz. *Die Erweiterung $\kappa(\mathfrak{P})|\kappa(\mathfrak{p})$ ist normal, und man hat einen surjektiven Homomorphismus*

$$G_{\mathfrak{P}} \to G(\kappa(\mathfrak{P})|\kappa(\mathfrak{p}))\,.$$

Beweis: Der Trägheitsgrad von $\mathfrak{P}_Z$ über K ist gleich 1, d.h. $Z_{\mathfrak{P}}$ hat den gleichen Restklassenkörper $\kappa(\mathfrak{p})$ wie K bzgl. $\mathfrak{p}$. Wir können daher $Z_{\mathfrak{P}} = K$, also $G_{\mathfrak{P}} = G$ annehmen. Sei $\theta \in \mathcal{O}$ ein Repräsentant eines Elementes $\bar{\theta} \in \kappa(\mathfrak{P})$ und $f(X)$ bzw. $\bar{g}(X)$ das Minimalpolynom von θ über K bzw. von $\bar{\theta}$ über $\kappa(\mathfrak{p})$. Dann ist $\bar{\theta} = \theta \bmod \mathfrak{p}$ Nullstelle des Polynoms $\bar{f}(X) = f(X) \bmod \mathfrak{p}$, d.h. $\bar{g}(X)$ teilt $\bar{f}(X)$. Da $L|K$ normal ist, so zerfällt $f(X)$ über $\mathcal{O}$ in Linearfaktoren. Daher zerfällt $\bar{f}(X)$ und somit auch $\bar{g}(X)$ über $\kappa(\mathfrak{P})$ in Linearfaktoren, d.h. $\kappa(\mathfrak{P}) \mid \kappa(\mathfrak{p})$ ist normal.

Sei jetzt $\bar{\theta}$ ein primitives Element für die maximale separable Teilerweiterung von $\kappa(\mathfrak{P})|\kappa(\mathfrak{p})$ und

$$\bar{\sigma} \in G(\kappa(\mathfrak{P})|\kappa(\mathfrak{p})) = G(\kappa(\mathfrak{p})(\bar{\theta})|\kappa(\mathfrak{p}))\,.$$

Dann ist $\bar{\sigma}\bar{\theta}$ Nullstelle von $\bar{g}(X)$, also von $\bar{f}(X)$, d.h. es gibt eine Nullstelle θ' von $f(X)$ mit $\theta' \equiv \bar{\sigma}\bar{\theta} \bmod \mathfrak{P}$. θ' ist konjugiert zu θ, d.h. $\theta' = \sigma\theta$ mit einem $\sigma \in G(L|K)$. Wegen $\sigma\theta \equiv \bar{\sigma}\bar{\theta} \bmod \mathfrak{P}$ wird σ unter dem fraglichen Homomorphismus auf $\bar{\sigma}$ abgebildet, der damit surjektiv ist. □

(9.5) Definition. *Der Kern $I_{\mathfrak{P}} \subseteq G_{\mathfrak{P}}$ des Homomorphismus*

$$G_{\mathfrak{P}} \to G(\kappa(\mathfrak{P})|\kappa(\mathfrak{p}))$$

heißt die **Trägheitsgruppe** *von $\mathfrak{P}$ über K. Der Fixkörper*

$$T_{\mathfrak{P}} = \{x \in L \mid \sigma x = x \quad \text{für alle} \quad \sigma \in I_{\mathfrak{P}}\}$$

heißt der **Trägheitskörper** *von $\mathfrak{P}$ über K.*

Mit dem Trägheitskörper $T_{\mathfrak{P}}$ erhalten wir die Körperkette

$$K \subseteq Z_{\mathfrak{P}} \subseteq T_{\mathfrak{P}} \subseteq L$$

und haben die exakte Sequenz

$$1 \to I_{\mathfrak{P}} \to G_{\mathfrak{P}} \to G(\kappa(\mathfrak{P})|\kappa(\mathfrak{p})) \to 1\,.$$

Es gilt hierüber der

(9.6) Satz. *Die Erweiterung $T_{\mathfrak{P}}|Z_{\mathfrak{P}}$ ist normal, und es gilt*

$$G(T_{\mathfrak{P}}|Z_{\mathfrak{P}}) \cong G(\kappa(\mathfrak{P})|\kappa(\mathfrak{p}))\,, \quad G(L|T_{\mathfrak{P}}) = I_{\mathfrak{P}}\,.$$

Ist die Restkörpererweiterung $\kappa(\mathfrak{P})|\kappa(\mathfrak{p})$ separabel, so ist

$$\# I_{\mathfrak{P}} = [\,L : T_{\mathfrak{P}}\,] = e\,, \quad (G_{\mathfrak{P}} : I_{\mathfrak{P}}) = [\,T_{\mathfrak{P}} : Z_{\mathfrak{P}}\,] = f\,.$$

In diesem Fall gilt für das unter $\mathfrak{P}$ liegende Primideal $\mathfrak{P}_T$ von $T_{\mathfrak{P}}$:

(i) Der Verzweigungsindex von $\mathfrak{P}$ über $\mathfrak{P}_T$ ist e und der Trägheitsgrad ist 1.

(ii) Der Verzweigungsindex von $\mathfrak{P}_T$ über $\mathfrak{P}_Z$ ist 1 und der Trägheitsgrad ist f.

Beweis: Die ersten Behauptungen folgen aus $\#G_{\mathfrak{P}} = ef$, so daß nur die Aussagen unter (i) und (ii) zu zeigen sind. Sie folgen mit der fundamentalen Gleichung alle aus $\kappa(\mathfrak{P}_T) = \kappa(\mathfrak{P})$. Beachtet man, daß die Trägheitsgruppe $I_{\mathfrak{P}}$ von $\mathfrak{P}$ über K gleichzeitig die Trägheitsgruppe von $\mathfrak{P}$ über $T_{\mathfrak{P}}$ ist, so folgt, wenn man den Satz (9.4) auf die Erweiterung $L|T_{\mathfrak{P}}$ anwendet, $G(\kappa(\mathfrak{P})|\kappa(\mathfrak{P}_T)) = 1$, also $\kappa(\mathfrak{P}_T) = \kappa(\mathfrak{P})$. □

In dem Bild

$$K \,\frac{1}{1}\, Z_{\mathfrak{P}} \,\frac{1}{f}\, T_{\mathfrak{P}} \,\frac{e}{1}\, L$$

haben wir die Verzweigungsindizes der einzelnen Körpererweiterungen oben und die Trägheitsgrade unten vermerkt. Insbesondere gilt im Falle der Separabilität von $\kappa(\mathfrak{P})|\kappa(\mathfrak{p})$

$$I_{\mathfrak{P}} = 1 \iff T_{\mathfrak{P}} = L \iff \mathfrak{p} \text{ ist unverzweigt in } L\,.$$

In diesem Fall kann man die Galoisgruppe $G(\kappa(\mathfrak{P})|\kappa(\mathfrak{p})) \cong G_{\mathfrak{P}}$ der Restkörpererweiterung als Untergruppe von $G = G(L|K)$ ansehen.

Die Hilbertsche Verzweigungstheorie gehört mit vielen Verfeinerungen und Verallgemeinerungen ihrer Natur nach der Bewertungstheorie an, die wir im nächsten Kapitel entwickeln werden (vgl. Kap. II, § 9).

Aufgabe 1. Ist $L|K$ eine galoissche Erweiterung algebraischer Zahlkörper mit nicht-zyklischer Galoisgruppe, so gibt es höchstens endlich viele unzerlegte Primideale von K.

Aufgabe 2. Ist $L|K$ eine galoissche Erweiterung algebraischer Zahlkörper und $\mathfrak{P}$ ein über K unverzweigtes Primideal (d.h. $\mathfrak{p} = \mathfrak{P} \cap K$ ist unverzweigt in L), so gibt es genau einen Automorphismus $\varphi_{\mathfrak{P}} \in G(L|K)$ mit

$$\varphi_{\mathfrak{P}} a \equiv a^q \bmod \mathfrak{P} \quad \text{für alle } a \in \mathcal{O}\,,$$

wobei $q = [\,\kappa(\mathfrak{P}) : \kappa(\mathfrak{p})\,]$, den **Frobenius-Automorphismus**. Die Zerlegungsgruppe $G_{\mathfrak{P}}$ ist zyklisch, und $\varphi_{\mathfrak{P}}$ ist ein Erzeugendes von $G_{\mathfrak{P}}$.

Aufgabe 3. Sei $L|K$ eine auflösbare Erweiterung vom Primzahlgrad p (nicht notwendig galoissch). Besitzt dann das unverzweigte Primideal $\mathfrak{p}$ in L zwei Primfaktoren $\mathfrak{P}$ und $\mathfrak{P}'$ vom Grade 1, so ist es sogar voll zerlegt (Satz von *F.K. Schmidt*).

Hinweis: Benutze den folgenden Satz von *Galois* (vgl. [75], Kap. II, § 3): Ist G eine transitive auflösbare Permutationsgruppe vom Primzahlgrad p, so gibt es außer 1 keine Permutation $\sigma \in G$, die zwei verschiedene Ziffern festläßt.

Aufgabe 4. Sei $L|K$ eine endliche (nicht notwendig galoissche) Erweiterung algebraischer Zahlkörper und $N|K$ die normale Hülle von $L|K$. Zeige: Ein Primideal $\mathfrak{p}$ von K ist genau dann voll zerlegt in L, wenn es voll zerlegt in N ist.
Hinweis: Benutze die Doppelmodul-Zerlegung $H\backslash G/G_{\mathfrak{P}}$, wobei $G = G(N|K)$, $H = G(N|L)$ und $G_{\mathfrak{P}}$ die Zerlegungsgruppe eines Primideals $\mathfrak{P}$ über $\mathfrak{p}$ ist.

§ 10. Kreisteilungskörper

Die Begriffsbildungen und Ergebnisse der bisher entwickelten Theorie haben einen Abstraktionsgrad erreicht, dem jetzt etwas Konkretes entgegengestellt werden soll. Wir wollen die durch die allgemeine Theorie gewonnenen Einsichten am Beispiel des **n-ten Kreisteilungskörpers** erproben und explizieren, also am Körper $\mathbb{Q}(\zeta)$, wobei ζ eine **primitive n-te Einheitswurzel** ist. Unter allen Zahlkörpern nimmt dieser Körper eine zentrale Sonderstellung ein und wird hier nicht nur als ein lehrreiches Beispiel vorgestellt, sondern als ein wesentlicher Baustein der weiterführenden Theorie.

Unser erstes Ziel soll sein, die ganzen Zahlen des Körpers $\mathbb{Q}(\zeta)$ in expliziter Weise zu bestimmen. Wir benötigen dazu das

(10.1) Lemma. *Sei n eine Primzahlpotenz l^ν und $\lambda = 1 - \zeta$. Dann ist im Ring $\mathcal{O}$ der ganzen Zahlen von $\mathbb{Q}(\zeta)$ das Hauptideal (λ) ein Primideal vom Grad 1, und es gilt*

$$l\mathcal{O} = (\lambda)^d\,, \quad \text{wobei} \quad d = \varphi(l^\nu) = [\,\mathbb{Q}(\zeta) : \mathbb{Q}\,]\,.$$

Ferner hat die Basis $1, \zeta, \dots, \zeta^{d-1}$ von $\mathbb{Q}(\zeta)|\mathbb{Q}$ die Diskriminante

$$d(1, \zeta, \dots, \zeta^{d-1}) = \pm l^s\,, \quad s = l^{\nu-1}(\nu l - \nu - 1)\,.$$

Beweis: Das Minimalpolynom von ζ über $\mathbb{Q}$ ist das n-te Kreisteilungspolynom

$$\phi_n(X) = (X^{l^\nu} - 1)/(X^{l^{\nu-1}} - 1) = X^{l^{\nu-1}(l-1)} + \cdots + X^{l^{\nu-1}} + 1\,.$$

Setzen wir $X = 1$, so ergibt sich die Gleichung

$$l = \prod_{g \in (\mathbb{Z}/n\mathbb{Z})^*} (1 - \zeta^g)\,.$$

Nun ist $1 - \zeta^g = \varepsilon_g(1 - \zeta)$ mit der ganzen Zahl $\varepsilon_g = \frac{1-\zeta^g}{1-\zeta} = 1 + \zeta + \cdots + \zeta^{g-1}$. Ist g' eine Zahl mit $gg' \equiv 1 \bmod l^\nu$, so ist $\frac{1-\zeta}{1-\zeta^g} = \frac{1-(\zeta^g)^{g'}}{1-\zeta^g} =$

$1+\zeta^g+\cdots+(\zeta^g)^{g'-1}$ ebenfalls ganz, d.h. ε_g ist eine Einheit. Es folgt $l=\varepsilon(1-\zeta)^{\varphi(l^\nu)}$ mit der Einheit $\varepsilon=\prod_g \varepsilon_g$, also $l\mathcal{O}=(\lambda)^{\varphi(l^\nu)}$. Wegen $[\mathbb{Q}(\zeta):\mathbb{Q}]=\varphi(l^\nu)$ zeigt die fundamentale Gleichung (8.2), daß (λ) ein Primideal vom Grad 1 ist.

Seien $\zeta=\zeta_1,\dots,\zeta_d$ die Konjugierten von ζ. Dann ist $\phi_n(X)=\prod_{i=1}^d(X-\zeta_i)$ und (vgl. § 2, S. 11)

$$\pm d(1,\zeta,\dots,\zeta^{d-1})=\prod_{i\neq j}(\zeta_i-\zeta_j)=\prod_{i=1}^d \phi_n'(\zeta_i)=N_{\mathbb{Q}(\zeta)|\mathbb{Q}}(\phi_n'(\zeta)).$$

Differenziert man die Gleichung

$$(X^{l^{\nu-1}}-1)\phi_n(X)=X^{l^\nu}-1$$

und setzt ζ ein, so erhält man

$$(\xi-1)\phi_n'(\zeta)=l^\nu\zeta^{-1}$$

mit der primitiven l-ten Einheitswurzel $\xi=\zeta^{l^{\nu-1}}$. Für sie gilt $N_{\mathbb{Q}(\xi)|\mathbb{Q}}(\xi-1)=\pm l$, so daß

$$N_{\mathbb{Q}(\zeta)|\mathbb{Q}}(\xi-1)=N_{\mathbb{Q}(\xi)|\mathbb{Q}}(\xi-1)^{l^{\nu-1}}=\pm l^{l^{\nu-1}}.$$

Beachten wir, daß ζ^{-1} die Norm ± 1 hat, so erhalten wir

$$d(1,\zeta,\dots,\zeta^{d-1})=\pm N_{\mathbb{Q}(\zeta)|\mathbb{Q}}(\phi_n'(\zeta))=\pm l^{\nu l^{\nu-1}(l-1)-l^{\nu-1}}=\pm l^s$$

mit $s=l^{\nu-1}(\nu l-\nu-1)$. □

Die ganzen Zahlen von $\mathbb{Q}(\zeta)$ bestimmen sich jetzt für beliebiges n wie folgt:

(10.2) Satz. *Für den Ring $\mathcal{O}$ der ganzen Zahlen von $\mathbb{Q}(\zeta)$ ist $1,\zeta,\dots,\zeta^{d-1}$, $d=\varphi(n)$, eine Ganzheitsbasis, d.h.*

$$\mathcal{O}=\mathbb{Z}+\mathbb{Z}\zeta+\cdots+\mathbb{Z}\zeta^{d-1}=\mathbb{Z}[\zeta].$$

Beweis: Wir beweisen den Satz zuerst im Fall, daß n eine Primzahlpotenz l^ν ist. Wegen $d(1,\zeta,\dots,\zeta^{d-1})=\pm l^s$ erhalten wir nach (2.9)

$$l^s\mathcal{O}\subseteq\mathbb{Z}[\zeta]\subseteq\mathcal{O}.$$

Setzen wir $\lambda=1-\zeta$, so ist nach Lemma (10.1) $\mathcal{O}/\lambda\mathcal{O}\cong\mathbb{Z}/l\mathbb{Z}$, also $\mathcal{O}=\mathbb{Z}+\lambda\mathcal{O}$, und erst recht

$$\lambda\mathcal{O}+\mathbb{Z}[\zeta]=\mathcal{O}.$$

Multiplizieren wir dies mit λ und setzen das Ergebnis $\lambda\mathcal{O} = \lambda^2\mathcal{O} + \lambda\mathbb{Z}[\zeta]$ ein, so ergibt sich

$$\lambda^2\mathcal{O} + \mathbb{Z}[\zeta] = \mathcal{O},$$

und wenn wir so fortfahren,

$$\lambda^t\mathcal{O} + \mathbb{Z}[\zeta] = \mathcal{O} \quad \text{für alle} \quad t \geq 1\,.$$

Für $t = s\varphi(l^\nu)$ folgt hieraus wegen $l\mathcal{O} = \lambda^{\varphi(l^\nu)}\mathcal{O}$ (vgl. (10.1))

$$\mathcal{O} = \lambda^t\mathcal{O} + \mathbb{Z}[\zeta] = l^s\mathcal{O} + \mathbb{Z}[\zeta] = \mathbb{Z}[\zeta]\,.$$

Im allgemeinen Fall sei $n = l_1^{\nu_1} \dots l_r^{\nu_r}$. Dann ist $\zeta_i = \zeta^{n/l_i^{\nu_i}}$ eine primitive $l_i^{\nu_i}$-te Einheitswurzel, und es ist

$$\mathbb{Q}(\zeta) = \mathbb{Q}(\zeta_1) \cdots \mathbb{Q}(\zeta_r)$$

und $\mathbb{Q}(\zeta_1) \cdots \mathbb{Q}(\zeta_{i-1}) \cap \mathbb{Q}(\zeta_i) = \mathbb{Q}$. Für jedes $i = 1, \dots, r$ bilden die Elemente $1, \zeta_i, \dots, \zeta_i^{d_i-1}$, $d_i = \varphi(l_i^{\nu_i})$, nach dem soeben Bewiesenen eine Ganzheitsbasis von $\mathbb{Q}(\zeta_i)|\mathbb{Q}$. Da die Diskriminanten $d(1, \zeta_i, \dots, \zeta_i^{d_i-1}) = \pm l_i^{s_i}$ paarweise teilerfremd sind, so schließen wir aus (2.11) in sukzessiver Weise, daß die Elemente $\zeta_1^{j_1} \cdot \ldots \cdot \zeta_r^{j_r}$, $j_i = 0, \dots, d_i - 1$, eine Ganzheitsbasis von $\mathbb{Q}(\zeta)|\mathbb{Q}$ bilden. Jedes dieser Elemente ist aber eine Potenz von ζ. Daher kann man jedes $\alpha \in \mathcal{O}$ als ein Polynom $\alpha = f(\zeta)$ mit Koeffizienten in $\mathbb{Z}$ schreiben. Da ζ über $\mathbb{Q}$ den Grad $\varphi(n)$ hat, so läßt sich der Grad des Polynoms $f(\zeta)$ auf $\varphi(n) - 1$ reduzieren. Man erhält so eine Darstellung

$$\alpha = a_0 + a_1\zeta + \cdots + a_{\varphi(n)-1}\zeta^{\varphi(n)-1}\,.$$

$1, \zeta, \dots, \zeta^{\varphi(n)-1}$ ist also in der Tat eine Ganzheitsbasis. □

Nachdem wir wissen, daß $\mathbb{Z}[\zeta]$ der Ring der ganzen Zahlen des Körpers $\mathbb{Q}(\zeta)$ ist, ist es uns jetzt möglich, auch das Zerlegungsgesetz der Primzahlen p in Primideale von $\mathbb{Q}(\zeta)$ explizit anzugeben. Es ist von schönster Einfachheit.

(10.3) Satz. *Sei $n = \prod_p p^{\nu_p}$ die Primzerlegung von n, und für jede Primzahl p sei f_p die kleinste natürliche Zahl, so daß*

$$p^{f_p} \equiv 1 \bmod n/p^{\nu_p}\,.$$

Dann findet in $\mathbb{Q}(\zeta)$ die Zerlegung

$$p = (\mathfrak{p}_1 \cdot \ldots \cdot \mathfrak{p}_r)^{\varphi(p^{\nu_p})}$$

statt, wobei $\mathfrak{p}_1, \dots, \mathfrak{p}_r$ verschiedene Primideale vom gleichen Grade f_p sind.

Beweis: Wegen $\mathcal{O} = \mathbb{Z}[\zeta]$ ist der Führer von $\mathbb{Z}[\zeta]$ gleich 1, und wir können für jede Primzahl p den Satz (8.3) anwenden. Danach zerfällt p auf die gleiche Weise in Primfaktoren wie das Minimalpolynom $\phi_n(X)$ von ζ in irreduzible Faktoren mod p. Wir müssen also nur zeigen, daß

$$\phi_n(X) \equiv (p_1(X) \cdot \ldots \cdot p_r(X))^{\varphi(p^{\nu_p})} \bmod p,$$

wobei $p_1(X), \ldots, p_r(X)$ verschiedene irreduzible Polynome über $\mathbb{Z}/p\mathbb{Z}$ vom Grade f_p sind. Wir setzen dazu $n = p^{\nu_p} m$. Durchläuft ξ_i bzw. η_j die primitiven m-ten bzw. p^{ν_p}-ten Einheitswurzeln, so durchlaufen die Produkte $\xi_i \eta_j$ gerade die primitiven n-ten Einheitswurzeln, d.h. es gilt in $\mathcal{O}$

$$\phi_n(X) = \prod_{i,j} (X - \xi_i \eta_j).$$

Wegen $X^{p^{\nu_p}} - 1 \equiv (X-1)^{p^{\nu_p}} \bmod p$ ist $\eta_j \equiv 1 \bmod \mathfrak{p}$ mit einem beliebigen Primideal $\mathfrak{p} | p$, d.h.

$$\phi_n(X) \equiv \prod_i (X - \xi_i)^{\varphi(p^{\nu_p})} = \phi_m(X)^{\varphi(p^{\nu_p})} \bmod \mathfrak{p}.$$

Hieraus folgt die Kongruenz

$$\phi_n(X) \equiv \phi_m(X)^{\varphi(p^{\nu_p})} \bmod p.$$

Beachten wir, daß f_p die kleinste Zahl mit $p^{f_p} \equiv 1 \bmod m$ ist, so ist klar, daß wir durch diese Kongruenz auf den Fall $p \nmid n$, also $\varphi(p^{\nu_p}) = \varphi(1) = 1$ zurückgeführt sind.

Da die Charakteristik p von $\mathcal{O}/\mathfrak{p}$ nicht in n aufgeht, so haben $X^n - 1$ und nX^{n-1} in $\mathcal{O}/\mathfrak{p}$ keine gemeinsame Nullstelle, d.h. $X^n - 1 \bmod \mathfrak{p}$ hat keine mehrfachen Nullstellen. Beim Übergang $\mathcal{O} \to \mathcal{O}/\mathfrak{p}$ wird also die Gruppe μ_n der n-ten Einheitswurzeln bijektiv auf die Gruppe der n-ten Einheitswurzeln von $\mathcal{O}/\mathfrak{p}$ abgebildet. Insbesondere bleibt die primitive n-te Einheitswurzel ζ modulo $\mathfrak{p}$ eine primitive n-te Einheitswurzel. Der kleinste Erweiterungskörper von $\mathbb{F}_p = \mathbb{Z}/p\mathbb{Z}$, der sie enthält, ist der Körper $\mathbb{F}_{p^{f_p}}$, denn seine multiplikative Gruppe $\mathbb{F}_{p^{f_p}}^*$ ist zyklisch von der Ordnung $p^{f_p} - 1$. Daher ist $\mathbb{F}_{p^{f_p}}$ der Zerfällungskörper des reduzierten Kreisteilungspolynoms

$$\bar{\phi}_n(X) = \phi_n(X) \bmod p.$$

Dieses hat als Teiler von $X^n - 1 \bmod p$ keine mehrfachen Nullstellen, und wenn

$$\bar{\phi}_n(X) = \bar{p}_1(X) \cdot \ldots \cdot \bar{p}_r(X)$$

seine Zerlegung in irreduzible Faktoren über $\mathbb{F}_p$ ist, so ist jedes $\bar{p}_i(X)$ das Minimalpolynom einer primitiven n-ten Einheitswurzel $\bar{\xi} \in \mathbb{F}_{p^{f_p}}^*$, hat also den Grad f_p. Damit ist der Satz bewiesen. □

Wir heben zwei Sonderfälle des obigen Zerlegungsgesetzes hervor:

(10.4) Korollar. *Eine Primzahl p ist genau dann verzweigt in $\mathbb{Q}(\zeta)$, wenn*

$$n \equiv 0 \bmod p,$$

es sei denn $p = 2 = (4, n)$. Eine Primzahl $p \neq 2$ ist genau dann voll zerlegt in $\mathbb{Q}(\zeta)$, wenn

$$p \equiv 1 \bmod n.$$

Die Vollständigkeit der Resultate über die Ganzheitsbasis und die Primzerlegung im Körper $\mathbb{Q}(\zeta)$ setzt sich bei der Betrachtung der Einheitengruppe und der Idealklassengruppe nicht fort. Die sich in diesem Zusammenhang bietenden Probleme gehören vielmehr zu den schwierigsten, die die algebraische Zahlentheorie stellt. Andererseits begegnet man hier einer Fülle ganz überraschender Gesetzmäßigkeiten, die der Gegenstand einer erst in jüngerer Zeit entstandenen Theorie geworden sind, der **Iwasawa-Theorie**.

Durch das Zerlegungsgesetz (10.3) im Kreisteilungskörper erfährt das Gaußsche Reziprozitätsgesetz (8.6) seine eigentliche Erklärung. Dies beruht auf dem folgenden

(10.5) Satz. *Seien l und p ungerade Primzahlen, $l^* = (-1)^{\frac{l-1}{2}} l$ und ζ eine primitive l-te Einheitswurzel. Dann gilt:*

$$p \text{ ist voll zerlegt in } \mathbb{Q}(\sqrt{l^*}) \iff p \text{ zerfällt in } \mathbb{Q}(\zeta) \text{ in eine gerade Zahl von Primidealen.}$$

Beweis: Die kleine Rechnung in § 8, S. 54 hat uns gezeigt, daß $l^* = \tau^2$ mit $\tau = \sum_{a \in (\mathbb{Z}/l\mathbb{Z})^*} \left(\frac{a}{l}\right) \zeta^a$, so daß $\mathbb{Q}(\sqrt{l^*}) \subseteq \mathbb{Q}(\zeta)$. Ist p voll zerlegt in $\mathbb{Q}(\sqrt{l^*})$, $p = \mathfrak{p}_1 \mathfrak{p}_2$, so überführt ein Automorphismus σ von $\mathbb{Q}(\zeta)$ mit $\sigma\mathfrak{p}_1 = \mathfrak{p}_2$ die Menge der über $\mathfrak{p}_1$ liegenden Primideale bijektiv in die Menge der über $\mathfrak{p}_2$ liegenden Primideale. Daher ist die Anzahl der über p liegenden Primideale von $\mathbb{Q}(\zeta)$ gerade. Nehmen wir umgekehrt das letztere an, so ist der Index der Zerlegungsgruppe $G_\mathfrak{p}$, also der Grad $[Z_\mathfrak{p} : \mathbb{Q}]$ des Zerlegungskörpers eines Primideals $\mathfrak{p}$ von $\mathbb{Q}(\zeta)$ über p gerade. Da $G(\mathbb{Q}(\zeta)|\mathbb{Q})$ zyklisch ist, folgt $\mathbb{Q}(\sqrt{l^*}) \subseteq Z_\mathfrak{p}$. Der Trägheitsgrad von $\mathfrak{p} \cap Z_{\mathfrak{p}}$ über $\mathbb{Q}$ ist 1 nach (9.3), also auch der von $\mathfrak{p} \cap \mathbb{Q}(\sqrt{l^*})$. Hieraus folgt, daß p voll zerlegt ist in $\mathbb{Q}(\sqrt{l^*})$. $\square$

Mit diesem Satz ergibt sich für zwei ungerade Primzahlen l und p das Reziprozitätsgesetz

$$\left(\frac{l}{p}\right)\left(\frac{p}{l}\right) = (-1)^{\frac{l-1}{2}\frac{p-1}{2}}$$

wie folgt. Es genügt zu zeigen, daß

$$\left(\frac{l^*}{p}\right) = \left(\frac{p}{l}\right)$$

ist, denn mit dem ganz elementaren Resultat $\left(\frac{-1}{p}\right) = (-1)^{\frac{p-1}{2}}$ (vgl. § 8, S. 54) folgt dann

$$\left(\frac{p}{l}\right) = \left(\frac{l^*}{p}\right) = \left(\frac{-1}{p}\right)^{\frac{l-1}{2}}\left(\frac{l}{p}\right) = \left(\frac{l}{p}\right)(-1)^{\frac{p-1}{2}\frac{l-1}{2}}.$$

Nach (8.5) und (10.5) ist $(\frac{l^*}{p}) = 1$ genau dann, wenn p im Körper $\mathbb{Q}(\zeta)$ der l-ten Einheitswurzeln in eine gerade Anzahl von Primidealen zerfällt. Nach (10.3) ist diese Anzahl $r = \frac{l-1}{f}$, wobei f die kleinste Zahl mit $p^f \equiv 1 \bmod l$ ist, d.h. r ist genau dann gerade, wenn f ein Teiler von $\frac{l-1}{2}$ ist. Dies aber ist gleichbedeutend mit $p^{(l-1)/2} \equiv 1 \bmod l$. Da ein Element in der zyklischen Gruppe $\mathbb{F}_l^*$ genau dann eine in $\frac{l-1}{2}$ aufgehende Ordnung hat, wenn es in $\mathbb{F}_l^{*2}$ liegt, so ist die letzte Kongruenz gleichbedeutend mit $\left(\frac{p}{l}\right) = 1$. Es ist also in der Tat $\left(\frac{l^*}{p}\right) = \left(\frac{p}{l}\right)$.

Das Gaußsche Reziprozitätsgesetz war der historische Ausgangspunkt der Entwicklung der algebraischen Zahlentheorie. Es wurde von *Euler* entdeckt, von *Gauss* aber als erstem bewiesen. Die Suche nach ähnlichen Gesetzen für höhere Potenzreste, d.h. für die Kongruenzen $x^n \equiv a \bmod p$, $n > 2$, hat die Zahlentheorie für eine lange Zeit beherrscht. Das Bemühen um dieses Problem, das die Betrachtung des n-ten Kreisteilungskörpers erzwang, führte *Kummer* zu seiner bahnbrechenden Entdeckung der Idealtheorie, deren Grundlagen wir in den vorangegangenen Paragraphen gelegt und deren Wirkung wir am Beispiel der Kreisteilungskörper erfolgreich erprobt haben. Die Weiterentwicklung dieser Theorie hat zu einer allumfassenden Verallgemeinerung des Gaußschen Reziprozitätsgesetzes geführt, dem **Artinschen Reziprozitätsgesetz**, einem Höhepunkt in der Geschichte der Zahlentheorie von bezwingendem Reiz. Dieses Gesetz ist der Hauptsatz der **Klassenkörpertheorie**, die wir in Kapitel IV–VI entwickeln werden.

Aufgabe 1 (Dirichletscher Primzahlsatz). Zu jeder natürlichen Zahl n gibt es unendlich viele Primzahlen $p \equiv 1 \bmod n$.

Hinweis: Angenommen, es gebe nur endlich viele. Sei P ihr Produkt. Sei ϕ_n das n-te Kreisteilungspolynom. Nicht alle Zahlen $\phi_n(xnP)$, $x \in \mathbb{Z}$, können gleich 1 sein. Sei $p|\phi_n(xnP)$ für passendes x. Leite hieraus einen Widerspruch her. (Der Dirichletsche Primzahlsatz gilt allgemeiner für $p \equiv a \bmod n$, $(a, n) = 1$ (vgl. VII, (5.14) und VII, § 13)).

Aufgabe 2. Zu jeder endlichen abelschen Gruppe A gibt es eine galoissche Erweiterung $L|\mathbb{Q}$ mit der Galoisgruppe $G(L|\mathbb{Q}) \cong A$.

Hinweis: Benutze Aufgabe 1.

Aufgabe 3. Jeder quadratische Zahlkörper $\mathbb{Q}(\sqrt{d})$ ist in einem Kreiskörper $\mathbb{Q}(\zeta_n)$ enthalten, ζ_n eine primitive n-te Einheitswurzel.

Aufgabe 4. Man beschreibe die quadratischen Teilkörper von $\mathbb{Q}(\zeta_n)|\mathbb{Q}$, wenn n ungerade ist.

Aufgabe 5. Man zeige, daß $\mathbb{Q}(\sqrt{-1})$, $\mathbb{Q}(\sqrt{2})$, $\mathbb{Q}(\sqrt{-2})$ die quadratischen Teilkörper von $\mathbb{Q}(\zeta_n)|\mathbb{Q}$ sind, wenn $n = 2^q$, $q \geq 3$.

§ 11. Lokalisierung

„Lokalisierung" bedeutet Quotientenbildung, wie sie uns im vertrautesten Fall beim Übergang eines Integritätsbereiches A zu seinem Quotientenkörper

$$K = \left\{ \frac{a}{b} \mid a \in A,\, b \in A \smallsetminus \{0\} \right\}$$

begegnet. Wählt man anstelle von $A \smallsetminus \{0\}$ eine beliebige nicht leere Teilmenge $S \subseteq A \smallsetminus \{0\}$, die unter der Multiplikation abgeschlossen ist, so erhält man allgemeiner in der Menge

$$AS^{-1} = \left\{ \frac{a}{s} \in K \mid a \in A,\, s \in S \right\}$$

wieder einen Ring. Der wichtigste Fall einer solchen multiplikativen Teilmenge ist das Komplement $S = A \smallsetminus \mathfrak{p}$ eines Primideals $\mathfrak{p}$ von A. In diesem Fall schreibt man $A_\mathfrak{p}$ anstelle von AS^{-1} und nennt den Ring $A_\mathfrak{p}$ die **Lokalisierung** von A bei $\mathfrak{p}$. Bei Problemstellungen, die sich auf ein einziges Primideal $\mathfrak{p}$ von A beziehen, ist es oft günstig, von A zur Lokalisierung $A_\mathfrak{p}$ überzugehen. Sie vergißt alles, was nichts mit $\mathfrak{p}$ zu tun hat und bringt dafür die auf $\mathfrak{p}$ bezogenen Eigenschaften klarer heraus. Z.B. ist die Zuordnung

$$\mathfrak{q} \mapsto \mathfrak{q}A_{\mathfrak{p}}$$

eine 1-1-Korrespondenz zwischen den Primidealen $\mathfrak{q} \subseteq \mathfrak{p}$ von A und den Primidealen von $A_{\mathfrak{p}}$. Für eine multiplikative Menge S gilt allgemeiner der

(11.1) Satz. *Die Zuordnungen*

$$\mathfrak{q} \mapsto \mathfrak{q}S^{-1} \quad \textit{und} \quad \mathfrak{Q} \mapsto \mathfrak{Q} \cap A$$

sind zueinander inverse 1-1-Korrespondenzen zwischen den Primidealen $\mathfrak{q} \subseteq A \setminus S$ *von* A *und den Primidealen* $\mathfrak{Q}$ *von* AS^{-1}.

Beweis: Ist $\mathfrak{q} \subseteq A \setminus S$ ein Primideal von A, so ist

$$\mathfrak{Q} = \mathfrak{q}S^{-1} = \left\{ \frac{q}{s} \mid q \in \mathfrak{q},\ s \in S \right\}$$

ein Primideal von AS^{-1}. In der Tat, mit der offenkundigen Bedeutung der Buchstaben folgt aus $\frac{a}{s}\frac{a'}{s'} \in \mathfrak{Q}$, also aus $\frac{aa'}{ss'} = \frac{q}{s''}$, daß $s''aa' = qss' \in \mathfrak{q}$, d.h. $aa' \in \mathfrak{q}$ wegen $s'' \notin \mathfrak{q}$, und somit a oder $a' \in \mathfrak{q}$, d.h. $\frac{a}{s}$ oder $\frac{a'}{s'} \in \mathfrak{Q}$. Ferner gilt

$$\mathfrak{q} = \mathfrak{Q} \cap A,$$

denn aus $\frac{q}{s} = a \in \mathfrak{Q} \cap A$ folgt $q = as \in \mathfrak{q}$, also $a \in \mathfrak{q}$ wegen $s \notin \mathfrak{q}$.

Sei umgekehrt $\mathfrak{Q}$ ein beliebiges Primideal von AS^{-1}. Dann ist $\mathfrak{q} = \mathfrak{Q} \cap A$ offensichtlich ein Primideal von A, und es gilt $\mathfrak{q} \subseteq A \setminus S$, denn enthielte $\mathfrak{q}$ ein $s \in S$, so wäre $1 = s \cdot \frac{1}{s} \in \mathfrak{Q}$ wegen $\frac{1}{s} \in AS^{-1}$. Ferner gilt

$$\mathfrak{Q} = \mathfrak{q}S^{-1},$$

denn wenn $\frac{a}{s} \in \mathfrak{Q}$, so ist $a = \frac{a}{s} \cdot s \in \mathfrak{Q} \cap A = \mathfrak{q}$, also $\frac{a}{s} = a\frac{1}{s} \in \mathfrak{q}S^{-1}$. Die Zuordnungen $\mathfrak{q} \mapsto \mathfrak{q}S^{-1}$ und $\mathfrak{Q} \mapsto \mathfrak{Q} \cap A$ sind daher zueinander invers, womit der Satz bewiesen ist. □

In aller Regel ist S das Komplement der Vereinigung $\bigcup_{\mathfrak{p} \in X} \mathfrak{p}$ einer Menge X von Primidealen von A. Man schreibt in diesem Fall

$$A(X) = \left\{ \frac{f}{g} \mid f, g \in A,\ g \not\equiv 0 \bmod \mathfrak{p} \quad \text{für} \quad \mathfrak{p} \in X \right\}$$

anstelle von AS^{-1}. Die Primideale von $A(X)$ entsprechen nach (11.1) umkehrbar eindeutig den Primidealen von A, die in $\bigcup_{\mathfrak{p}\in X}\mathfrak{p}$ enthalten sind, alle anderen werden beim Übergang von A nach $A(X)$ außer Betracht gesetzt. Ist z.B. A ein Dedekindring, so überleben in $A(X)$ nur die Primideale aus X.

Für den Fall, daß X nur aus dem Primideal $\mathfrak{p}$ besteht, ist $A(X)$ die Lokalisierung

$$A_{\mathfrak{p}} = \left\{\frac{f}{g} \mid f, g \in A,\ g \not\equiv 0 \bmod \mathfrak{p}\right\}$$

von A bei $\mathfrak{p}$. Über sie gilt das

(11.2) Korollar. *Ist $\mathfrak{p}$ ein Primideal von A, so ist $A_{\mathfrak{p}}$ ein* **lokaler Ring**, *d.h. $A_{\mathfrak{p}}$ besitzt ein einziges maximales Ideal, nämlich $\mathfrak{m}_{\mathfrak{p}} = \mathfrak{p}A_{\mathfrak{p}}$. Man hat eine kanonische Einbettung*

$$A/\mathfrak{p} \hookrightarrow A_{\mathfrak{p}}/\mathfrak{m}_{\mathfrak{p}},$$

durch die $A_{\mathfrak{p}}/\mathfrak{m}_{\mathfrak{p}}$ zum Quotientenkörper von $A/\mathfrak{p}$ wird. Ist insbesondere $\mathfrak{p}$ ein maximales Ideal von A, so gilt

$$A/\mathfrak{p}^n \cong A_{\mathfrak{p}}/\mathfrak{m}_{\mathfrak{p}}^n \quad \textit{für} \quad n \geq 1.$$

Beweis: Da die Ideale von $A_{\mathfrak{p}}$ umkehrbar eindeutig den in $\mathfrak{p}$ enthaltenen Idealen entsprechen, so ist $\mathfrak{m}_{\mathfrak{p}} = \mathfrak{p}A_{\mathfrak{p}}$ das einzige maximale. Wir betrachten den Homomorphismus

$$f : A/\mathfrak{p}^n \longrightarrow A_{\mathfrak{p}}/\mathfrak{m}_{\mathfrak{p}}^n, \quad a \bmod \mathfrak{p}^n \mapsto a \bmod \mathfrak{m}_{\mathfrak{p}}^n .$$

Für $n = 1$ ist f injektiv wegen $\mathfrak{p} = \mathfrak{m}_{\mathfrak{p}} \cap A$, so daß $A_{\mathfrak{p}}/\mathfrak{m}_{\mathfrak{p}}A_{\mathfrak{p}}$ der Quotientenkörper von $A/\mathfrak{p}$ wird. Sei $\mathfrak{p}$ maximal und $n \geq 1$. Für jedes $s \in A \smallsetminus \mathfrak{p}$ gilt $\mathfrak{p}^n + sA = A$, d.h. $\bar{s} = s \bmod \mathfrak{p}^n$ ist eine Einheit in $A/\mathfrak{p}^n$. Für $n = 1$ ist dies wegen der Maximalität von $\mathfrak{p}$ klar und folgt für $n \geq 1$ mit vollständiger Induktion: $A = \mathfrak{p}^{n-1} + sA \Rightarrow \mathfrak{p} = \mathfrak{p}A = \mathfrak{p}(\mathfrak{p}^{n-1} + sA)$ $\subsetneqq \mathfrak{p}^n + sA \Rightarrow \mathfrak{p}^n + sA = A$.

Injektivität von f: Sei $a \in A$ mit $a \in \mathfrak{m}_{\mathfrak{p}}^n$, d.h. $a = b/s$ mit $b \in \mathfrak{p}^n$, $s \notin \mathfrak{p}$, also $as = b \in \mathfrak{p}^n$, so daß $\bar{a}\bar{s} = 0$ in $A/\mathfrak{p}^n$ und somit $\bar{a} = 0$ in $A/\mathfrak{p}^n$.

Surjektivität von f: Sei $a/s \in A_{\mathfrak{p}}$, $a \in A$, $s \notin \mathfrak{p}$. Dann gibt es nach dem Obigen ein $a' \in A$ mit $a \equiv a's \bmod \mathfrak{p}^n$, so daß $a/s \equiv a' \bmod \mathfrak{p}^n A_{\mathfrak{p}}$, d.h. $a/s \bmod \mathfrak{m}_{\mathfrak{p}}^n$ liegt im Bild von f. □

Bei einem lokalen Ring mit dem maximalen Ideal $\mathfrak{m}$ ist jedes Element $a \notin \mathfrak{m}$ eine Einheit, denn da das Hauptideal (a) in keinem anderen maximalen Ideal liegen kann, so ist $(a) = A$. Es gilt also

$$A^* = A \setminus \mathfrak{m}\,.$$

Die einfachsten lokalen Ringe sind nach den Körpern die **diskreten Bewertungsringe**.

(11.3) Definition. *Ein diskreter Bewertungsring ist ein Hauptidealring $\mathcal{O}$ mit einem einzigen maximalen Ideal $\mathfrak{p} \neq 0$.*

Das maximale Ideal ist von der Form $\mathfrak{p} = (\pi) = \pi\mathcal{O}$ mit einem Primelement π. Da jedes nicht in $\mathfrak{p}$ gelegene Element eine Einheit ist, so ist π bis auf Assoziierte das einzige Primelement von $\mathcal{O}$. Jedes von Null verschiedene Element von $\mathcal{O}$ hat daher die Form $\varepsilon\pi^n$, $\varepsilon \in \mathcal{O}^*$, $n \geq 0$. Allgemeiner läßt sich jedes Element $a \neq 0$ im Quotientenkörper K eindeutig in der Form

$$a = \varepsilon\pi^n\,, \quad \varepsilon \in \mathcal{O}^*\,, \quad n \in \mathbb{Z},$$

schreiben. Der Exponent n heißt die **Bewertung** von a. Er wird mit $v(a)$ bezeichnet und ist offenbar durch die Gleichung

$$(a) = \mathfrak{p}^{v(a)}$$

bestimmt. Die Bewertung ist eine Funktion

$$v : K^* \to \mathbb{Z}\,.$$

Erweitert man sie auf K durch $v(0) = \infty$, so zeigt eine leichte Rechnung, daß sie die Bedingungen

$$v(ab) = v(a) + v(b)\,, \quad v(a+b) \geq \min\{v(a), v(b)\}$$

erfüllt. Durch diese harmlos aussehende Funktion entsteht eine Theorie, die das ganze nächste Kapitel einnehmen wird.

Die diskreten Bewertungsringe treten als die Lokalisierungen der Dedekindringe auf. Dies beruht auf dem

(11.4) Satz. *Ist $\mathcal{O}$ ein Dedekindring und $S \subseteq \mathcal{O} \setminus \{0\}$ eine multiplikative Teilmenge, so ist auch $\mathcal{O}S^{-1}$ ein Dedekindring.*

Beweis: Sei $\mathfrak{A}$ ein Ideal von $\mathcal{O}S^{-1}$ und $\mathfrak{a} = \mathfrak{A} \cap \mathcal{O}$. Dann ist $\mathfrak{A} = \mathfrak{a}S^{-1}$, denn wenn $\frac{a}{s} \in \mathfrak{A}$, $a \in \mathcal{O}$, $s \in S$, so ist $a = s \cdot \frac{a}{s} \in \mathfrak{A} \cap \mathcal{O} = \mathfrak{a}$, also $\frac{a}{s} = a \cdot \frac{1}{s} \in \mathfrak{a}S^{-1}$. Mit $\mathfrak{a}$ ist daher auch $\mathfrak{A}$ endlich erzeugt, d.h. $\mathcal{O}S^{-1}$

ist noethersch. Aus (11.1) folgt, daß jedes Primideal von $\mathcal{O}S^{-1}$ maximal ist, da dies in $\mathcal{O}$ gilt. Schließlich ist $\mathcal{O}S^{-1}$ ganzabgeschlossen, denn wenn $x \in K$ der Gleichung

$$x^n + \frac{a_1}{s_1}x^{n-1} + \cdots + \frac{a_n}{s_n} = 0$$

mit Koeffizienten $\frac{a_i}{s_i} \in \mathcal{O}S^{-1}$ genügt, so zeigt die Multiplikation dieser Gleichung mit der n-ten Potenz von $s = s_1 \dots s_n$, daß sx ganz über $\mathcal{O}$ ist, also $sx \in \mathcal{O}$ und somit $x \in \mathcal{O}S^{-1}$. Daher ist $\mathcal{O}S^{-1}$ ein Dedekindring.□

(11.5) Satz. *Sei $\mathcal{O}$ ein noetherscher Integritätsbereich. $\mathcal{O}$ ist genau dann ein Dedekindring, wenn die Lokalisierungen $\mathcal{O}_\mathfrak{p}$ für alle Primideale $\mathfrak{p} \neq 0$ diskrete Bewertungsringe sind.*

Beweis: Ist $\mathcal{O}$ ein Dedekindring, so sind es auch die Lokalisierungen $\mathcal{O}_\mathfrak{p}$. Das maximale Ideal $\mathfrak{m} = \mathfrak{p}\mathcal{O}_\mathfrak{p}$ ist das einzige Primideal von $\mathcal{O}_\mathfrak{p}$. Wählt man ein $\pi \in \mathfrak{m} \smallsetminus \mathfrak{m}^2$, so muß daher $(\pi) = \mathfrak{m}$ und ferner $\mathfrak{m}^n = (\pi^n)$ gelten. Daher ist $\mathcal{O}_\mathfrak{p}$ ein Hauptidealring, also ein diskreter Bewertungsring.

Durchläuft $\mathfrak{p}$ alle Primideale $\neq 0$ von $\mathcal{O}$, so gilt in jedem Falle

$$\mathcal{O} = \bigcap_\mathfrak{p} \mathcal{O}_\mathfrak{p}\,.$$

Ist nämlich $\frac{a}{b} \in \bigcap_\mathfrak{p} \mathcal{O}_\mathfrak{p}$, $a, b \in \mathcal{O}$, so ist

$$\mathfrak{a} = \{x \in \mathcal{O} \mid xa \in b\mathcal{O}\}$$

ein Ideal, das in keinem Primideal von $\mathcal{O}$ enthalten sein kann, denn für jedes $\mathfrak{p}$ können wir $\frac{a}{b} = \frac{c}{s}$ mit $c \in \mathcal{O}$, $s \notin \mathfrak{p}$ schreiben, so daß $sa = bc$, also $s \in \mathfrak{a} \smallsetminus \mathfrak{p}$ ist. Da $\mathfrak{a}$ in keinem maximalen Ideal liegt, folgt $\mathfrak{a} = \mathcal{O}$, also $a = 1 \cdot a \in b\mathcal{O}$, d.h. $\frac{a}{b} \in \mathcal{O}$.

Sind nun die $\mathcal{O}_\mathfrak{p}$ diskrete Bewertungsringe, so sind sie als Hauptidealringe ganzabgeschlossen (vgl. § 2), d.h. auch $\mathcal{O} = \bigcap_\mathfrak{p} \mathcal{O}_\mathfrak{p}$ ist ganzabgeschlossen. Aus (11.1) folgt ferner, daß jedes Primideal $\mathfrak{p}$ von $\mathcal{O}$ maximal ist, da dies in $\mathcal{O}_\mathfrak{p}$ gilt. Daher ist $\mathcal{O}$ ein Dedekindring. □

Bei einem Dedekindring $\mathcal{O}$ haben wir zu jedem Primideal $\mathfrak{p} \neq 0$ den diskreten Bewertungsring $\mathcal{O}_\mathfrak{p}$ und die zugehörige Bewertung

$$v_\mathfrak{p} : K^* \to \mathbb{Z}$$

des Quotientenkörpers. Die Bedeutung dieser Bewertungen liegt in ihrer Beziehung zur Primzerlegung. Ist $x \in K^*$ und

$$(x) = \prod_{\mathfrak{p}} \mathfrak{p}^{\nu_{\mathfrak{p}}}$$

die Primidealzerlegung des Hauptideals (x), so ist

$$\nu_{\mathfrak{p}} = v_{\mathfrak{p}}(x)$$

für alle $\mathfrak{p}$. Denn für ein festes Primideal $\mathfrak{q} \neq 0$ von $\mathcal{O}$ folgt (wegen $\mathfrak{p}\mathcal{O}_{\mathfrak{q}} = \mathcal{O}_{\mathfrak{q}}$ für $\mathfrak{p} \neq \mathfrak{q}$) aus der ersten Gleichung

$$x\mathcal{O}_{\mathfrak{q}} = (\prod_{\mathfrak{p}} \mathfrak{p}^{\nu_{\mathfrak{p}}})\mathcal{O}_{\mathfrak{q}} = \mathfrak{q}^{\nu_{\mathfrak{q}}}\mathcal{O}_{\mathfrak{q}} = \mathfrak{m}_{\mathfrak{q}}^{\nu_{\mathfrak{q}}},$$

also in der Tat $v_{\mathfrak{q}}(x) = \nu_{\mathfrak{q}}$. Die Bewertungen $v_{\mathfrak{p}}$ werden aufgrund dieser Beziehung auch **Exponential-Bewertungen** genannt.

Man führe sich vor Augen, daß die Lokalisierung des Ringes $\mathbb{Z}$ nach dem Primideal $(p) = p\mathbb{Z}$ durch

$$\mathbb{Z}_{(p)} = \left\{\frac{a}{b} \mid a, b \in \mathbb{Z},\ p \nmid b\right\}$$

gegeben ist. Das maximale Ideal $p\mathbb{Z}_{(p)}$ besteht aus allen Brüchen a/b mit $p|a$, $p \nmid b$, und die Einheitengruppe aus allen Brüchen a/b mit $p \nmid ab$. Die zu $\mathbb{Z}_{(p)}$ gehörige Bewertung

$$v_p : \mathbb{Q} \to \mathbb{Z} \cup \{\infty\}$$

heißt die ***p*-adische Bewertung** von $\mathbb{Q}$. Der Wert $v_p(x)$ eines Elementes $x \in \mathbb{Q}^*$ ergibt sich durch

$$v_p(x) = \nu\,,$$

wenn $x = p^{\nu}a/b$ mit zu p teilerfremden ganzen Zahlen a, b ist.

Für eine Menge X von Primidealen $\neq 0$ des Dedekindringes $\mathcal{O}$, die fast alle Primideale von $\mathcal{O}$ enthält, wollen wir zum Schluß $\mathcal{O}$ mit dem Ring

$$\mathcal{O}(X) = \left\{\frac{f}{g} \mid f, g \in \mathcal{O},\ g \not\equiv 0 \bmod \mathfrak{p} \quad \text{für} \quad \mathfrak{p} \in X\right\}$$

vergleichen. Die Primideale $\neq 0$ von $\mathcal{O}(X)$ sind nach (11.1) durch $\mathfrak{p}_X = \mathfrak{p}\mathcal{O}(X)$ gegeben, $\mathfrak{p} \in X$, und man prüft sofort, daß $\mathcal{O}$ und $\mathcal{O}(X)$ die gleichen Lokalisierungen

$$\mathcal{O}_{\mathfrak{p}} = \mathcal{O}(X)_{\mathfrak{p}_X}$$

haben. Wir bezeichnen mit $Cl(\mathcal{O})$ bzw. $Cl(\mathcal{O}(X))$ die Idealklassengruppen von $\mathcal{O}$ und $\mathcal{O}(X)$. Sie werden zusammen mit den Einheitengruppen $\mathcal{O}^*$ und $\mathcal{O}(X)^*$ durch den folgenden Satz verglichen.

(11.6) Satz. *Wir haben eine kanonische exakte Sequenz*

$$1 \to \mathcal{O}^* \to \mathcal{O}(X)^* \to \bigoplus_{\mathfrak{p} \notin X} K^*/\mathcal{O}_\mathfrak{p}^* \to Cl(\mathcal{O}) \to Cl(\mathcal{O}(X)) \to 1,$$

und es ist $K^*/\mathcal{O}_\mathfrak{p}^* \cong \mathbb{Z}$.

Beweis: Der erste Pfeil ist die Inklusion, und der zweite wird durch die Inklusion $\mathcal{O}(X)^* \to K^*$ und die anschließenden Projektionen $K^* \to K^*/\mathcal{O}_\mathfrak{p}^*$ induziert. Liegt $a \in \mathcal{O}(X)^*$ im Kern, so ist $a \in \mathcal{O}_\mathfrak{p}$ für $\mathfrak{p} \notin X$ und für $\mathfrak{p} \in X$ sowieso wegen $\mathcal{O}_\mathfrak{p} = \mathcal{O}(X)_{\mathfrak{p}_X}$, also $a \in \bigcap_\mathfrak{p} \mathcal{O}_\mathfrak{p}^* = \mathcal{O}^*$ (vgl. das Argument im Beweis zu (11.5)). Dies zeigt die Exaktheit bei $\mathcal{O}(X)^*$. Der Pfeil

$$\bigoplus_{\mathfrak{p} \notin X} K^*/\mathcal{O}_\mathfrak{p}^* \to Cl(\mathcal{O})$$

wird induziert durch die Zuordnung

$$\bigoplus_{\mathfrak{p} \notin X} \alpha_\mathfrak{p} \bmod \mathcal{O}_\mathfrak{p}^* \quad \mapsto \quad \prod_{\mathfrak{p} \notin X} \mathfrak{p}^{v_\mathfrak{p}(\alpha_\mathfrak{p})},$$

wobei $v_\mathfrak{p} : K^* \to \mathbb{Z}$ die zu $\mathcal{O}_\mathfrak{p}$ gehörige Exponentialbewertung von K ist. Sei $\bigoplus_{\mathfrak{p} \notin X} \alpha_\mathfrak{p} \bmod \mathcal{O}_\mathfrak{p}^*$ ein Element im Kern, d.h.

$$\prod_{\mathfrak{p} \notin X} \mathfrak{p}^{v_\mathfrak{p}(\alpha_\mathfrak{p})} = (\alpha) = \prod_\mathfrak{p} \mathfrak{p}^{v_\mathfrak{p}(\alpha)}$$

mit einem $\alpha \in K^*$. Wegen der eindeutigen Primzerlegung bedeutet dies $v_\mathfrak{p}(\alpha) = 0$ für $\mathfrak{p} \in X$ und $v_\mathfrak{p}(\alpha_\mathfrak{p}) = v_\mathfrak{p}(\alpha)$ für $\mathfrak{p} \notin X$. Hieraus folgt $\alpha \in \bigcap_{\mathfrak{p} \in X} \mathcal{O}_\mathfrak{p}^* = \mathcal{O}(X)^*$ und $\alpha \equiv \alpha_\mathfrak{p} \bmod \mathcal{O}_\mathfrak{p}^*$. Dies zeigt die Exaktheit in der Mitte. Der Pfeil

$$Cl(\mathcal{O}) \to Cl(\mathcal{O}(X))$$

wird durch die Zuordnung $\mathfrak{a} \mapsto \mathfrak{a}\mathcal{O}(X)$ induziert. Die Klassen der Primideale $\mathfrak{p} \in X$ werden auf die Klassen der Primideale von $\mathcal{O}(X)$ abgebildet. Da $Cl(\mathcal{O}(X))$ durch diese Klassen erzeugt wird, so ist der Pfeil surjektiv. Für $\mathfrak{p} \notin X$ ist $\mathfrak{p}\mathcal{O}(X) = (1)$, und dies bedeutet, daß der Kern aus den Klassen der Ideale $\prod_{\mathfrak{p} \notin X} \mathfrak{p}^{\nu_\mathfrak{p}}$ besteht. Dies aber ist offensichtlich das Bild des vorangehenden Pfeils. Daher ist die ganze Sequenz exakt. Die Bewertung $v_\mathfrak{p} : K^* \to \mathbb{Z}$ liefert schließlich den Isomorphismus $K^*/\mathcal{O}_\mathfrak{p}^* \cong \mathbb{Z}$. □

Für den Ring $\mathcal{O}_K$ der ganzen Zahlen eines algebraischen Zahlkörpers K ergeben sich aus diesem Satz die folgenden Resultate. Sei S eine endliche Menge von Primidealen von $\mathcal{O}_K$ (also nicht mehr eine multiplikative

Teilmenge) und X die Menge aller nicht in S gelegenen Primideale. Wir setzen

$$\mathcal{O}_K^S = \mathcal{O}_K(X) .$$

Die Einheiten dieses Ringes heißen die **S-Einheiten** und die Gruppe $Cl_K^S = Cl(\mathcal{O}_K^S)$ die **S-Klassengruppe** von K.

(11.7) Korollar. *Für die Gruppe $K^S = (\mathcal{O}_K^S)^*$ der S-Einheiten von K haben wir einen Isomorphismus*

$$K^S \cong \mu(K) \times \mathbb{Z}^{\#S+r+s-1} ,$$

wobei r und s wie in § 5, S. 32 definiert sind.

Beweis: Die Torsionsgruppe von K^S ist die Gruppe $\mu(K)$ der Einheitswurzeln in K. Da $Cl(\mathcal{O})$ endlich ist, so erhalten wir aus der exakten Sequenz (11.6) und aus (7.4)

$$\operatorname{Rang}(K^S) = \operatorname{Rang}(\mathcal{O}_K^*) + \operatorname{Rang}(\bigoplus_{\mathfrak{p}\in S} \mathbb{Z}) = \#S + r + s - 1$$

und damit das Korollar. □

(11.8) Korollar. *Die S-Klassengruppe $Cl_K^S = Cl(\mathcal{O}_K^S)$ ist endlich.*

Aufgabe 1. Sei A ein beliebiger Ring, also nicht notwendig ein Integritätsbereich, M ein A-Modul und S eine multiplikativ abgeschlossene Teilmenge von A, $0 \notin S$. In $M \times S$ betrachte man die Äquivalenzrelation

$$(m, s) \sim (m', s') \iff \exists\, s'' \in S \quad \text{mit} \quad s''(s'm - sm') = 0 .$$

Zeige, daß die Menge M_S der Äquivalenzklassen $\overline{(m, s)}$ einen A-Modul bildet und daß $M \to M_S$, $a \mapsto \overline{(a, 1)}$, ein Homomorphismus ist. Insbesondere ist A_S ein Ring. Er heißt die **Lokalisierung** von A bzgl. S.

Aufgabe 2. Zeige, daß in der obigen Situation die Primideale von A_S umkehrbar eindeutig den Primidealen von A entsprechen, die zu S disjunkt sind. Sind $\mathfrak{p} \subseteq A$ und $\mathfrak{p}_S \subseteq A_S$ aufeinander bezogen, so ist $A_S/\mathfrak{p}_S$ die Lokalisierung von $A/\mathfrak{p}$ bzgl. des Bildes von S.

Aufgabe 3. Sei $f : M \to N$ ein Homomorphismus von A-Moduln. Dann sind die folgenden Bedingungen äquivalent.

(i) f ist injektiv (surjektiv).
(ii) $f_{\mathfrak{p}} : M_{\mathfrak{p}} \to N_{\mathfrak{p}}$ ist injektiv (surjektiv) für jedes Primideal $\mathfrak{p}$.
(iii) $f_{\mathfrak{m}} : M_{\mathfrak{m}} \to N_{\mathfrak{m}}$ ist injektiv (surjektiv) für jedes maximale Ideal $\mathfrak{m}$.

Aufgabe 4. Seien S und T zwei multiplikative Teilmengen von A und T^* das Bild von T in A_S. Dann ist $A_{ST} \cong (A_S)_{T^*}$.

Aufgabe 5. Sei $f : A \to B$ ein Homomorphismus von Ringen und S eine multiplikative abgeschlossene Teilmenge mit $f(S) \subseteq B^*$. Dann induziert f einen kanonischen Homomorphismus $A_S \to B$.

Aufgabe 6. Sei A ein Integritätsbereich. Ist die Lokalisierung A_S ganz über A, so ist $A_S = A$.

Aufgabe 7 (Nakayama Lemma). Sei A ein lokaler Ring mit dem maximalen Ideal $\mathfrak{m}$, M ein A-Modul und $N \subseteq M$ ein Untermodul, so daß M/N endlich erzeugt ist. Dann gilt:

$$M = N + \mathfrak{m}M \;\Rightarrow\; M = N\,.$$

§ 12. Ordnungen

Der Ring $\mathcal{O}_K$ der ganzen Zahlen eines algebraischen Zahlkörpers K steht mit seiner ausgezeichneten Eigenschaft, ein Dedekindring zu sein, im Vordergrund des Interesses. Durch wichtige theoretische sowie praktische Umstände wird man jedoch zu einer Allgemeinheit gedrängt, die darüber hinaus Ringe in die Theorie der algebraischen Zahlen einbezieht, welche, wie etwa der Ring

$$\mathcal{O} = \mathbb{Z} + \mathbb{Z}\sqrt{5} \subseteq \mathbb{Q}(\sqrt{5}),$$

nicht notwendig ganzabgeschlossen sind. Es sind dies die wie folgt definierten **Ordnungen**.

(12.1) Definition. *Sei $K|\mathbb{Q}$ ein algebraischer Zahlkörper vom Grade n. Eine Ordnung von K ist ein Teilring $\mathcal{O}$ von $\mathcal{O}_K$, der eine Ganzheitsbasis der Länge n besitzt. Der Ring $\mathcal{O}_K$ heißt die* **Hauptordnung** *von K.*

Konkret erhält man die Ordnungen als die Ringe

$$\mathcal{O} = \mathbb{Z}[\alpha_1, \dots, \alpha_r\,],$$

wobei $\alpha_1, \dots, \alpha_r$ ganze Zahlen mit $K = \mathbb{Q}(\alpha_1, \dots, \alpha_r)$ sind. Als Untermodul des freien $\mathbb{Z}$-Moduls $\mathcal{O}_K$ besitzt ja $\mathcal{O}$ eine $\mathbb{Z}$-Basis, die wegen $\mathbb{Q}\mathcal{O} = K$ gleichzeitig eine Basis von $K|\mathbb{Q}$ sein muß , also die Länge n hat. Häufig treten die Ordnungen als Multiplikatorenringe auf und finden in dieser Eigenschaft ihre praktischen Anwendungen. Ist etwa $\alpha_1, \dots, \alpha_n$ irgendeine Basis von $K|\mathbb{Q}$ und $M = \mathbb{Z}\alpha_1 + \cdots + \mathbb{Z}\alpha_n$, so ist

$$\mathcal{O}_M = \{\alpha \in K \mid \alpha M \subseteq M\}$$

eine Ordnung. Die theoretische Bedeutung der Ordnungen besteht aber darin, daß mit ihnen die „Singularitäten" zugelassen werden, die bei der Betrachtung der Dedekindringe mit ihren „regulären" Lokalisierungen $\mathcal{O}_\mathfrak{p}$ ausgeschlossen sind. Was hiermit gemeint ist, wird im nächsten Paragraphen erläutert.

Im vorigen Paragraphen haben wir Lokalisierungen des Dedekindringes $\mathcal{O}_K$ betrachtet. Dies sind Erweiterungsringe von $\mathcal{O}_K$, die zwar ganzabgeschlossen sind, aber nicht mehr ganz über $\mathbb{Z}$. Hier betrachten wir die Ordnungen. Dies sind Unterringe von $\mathcal{O}_K$, die zwar ganz sind über $\mathbb{Z}$, aber nicht mehr ganzabgeschlossen. Als gemeinsame Verallgemeinerung dieser beiden Ringtypen betrachten wir jetzt alle **eindimensionalen noetherschen Integritätsbereiche**. Damit sind die noetherschen Integritätsbereiche gemeint, in denen jedes Primideal $\mathfrak{p} \neq 0$ ein maximales Ideal ist. Die Bezeichnung „eindimensional" rührt von der allgemeinen Definition der **Krull-Dimension** her als der maximalen Länge d einer Primidealkette $\mathfrak{p}_0 \underset{\neq}{\subset} \mathfrak{p}_1 \underset{\neq}{\subset} \cdots \underset{\neq}{\subset} \mathfrak{p}_d$.

(12.2) Satz. *Eine Ordnung $\mathcal{O}$ von K ist ein eindimensionaler noetherscher Integritätsbereich.*

Beweis: Da $\mathcal{O}$ ein endlich erzeugter $\mathbb{Z}$-Modul vom Rang $n = [K : \mathbb{Q}]$ ist, so ist auch jedes Ideal $\mathfrak{a}$ ein endlich erzeugter $\mathbb{Z}$-Modul, erst recht also ein endlich erzeugter $\mathcal{O}$-Modul. Daher ist $\mathcal{O}$ noethersch. Ist $\mathfrak{p} \neq 0$ ein Primideal und $a \in \mathfrak{p} \cap \mathbb{Z}$, $a \neq 0$, so ist $a\mathcal{O} \subseteq \mathfrak{p} \subseteq \mathcal{O}$, d.h. $\mathfrak{p}$ und $\mathcal{O}$ haben den gleichen Rang n. Daher ist $\mathcal{O}/\mathfrak{p}$ ein endlicher Integritätsbereich, also ein Körper, und somit $\mathfrak{p}$ ein maximales Ideal. □

Im folgenden sei $\mathcal{O}$ stets ein eindimensionaler noetherscher Integritätsbereich und K sein Quotientenkörper. Als Verschärfung des chinesischen Restsatzes beweisen wir zunächst den

(12.3) Satz. *Ist $\mathfrak{a} \neq 0$ ein Ideal von $\mathcal{O}$, so gilt*

$$\mathcal{O}/\mathfrak{a} \cong \bigoplus_{\mathfrak{p}} \mathcal{O}_\mathfrak{p}/\mathfrak{a}\mathcal{O}_\mathfrak{p} = \bigoplus_{\mathfrak{p} \supseteq \mathfrak{a}} \mathcal{O}_\mathfrak{p}/\mathfrak{a}\mathcal{O}_\mathfrak{p} \,.$$

Beweis: Sei $\tilde{\mathfrak{a}}_\mathfrak{p} = \mathcal{O} \cap \mathfrak{a}\mathcal{O}_\mathfrak{p}$. Für fast alle $\mathfrak{p}$ ist $\mathfrak{p} \not\supseteq \mathfrak{a}$ und damit $\mathfrak{a}\mathcal{O}_\mathfrak{p} = \mathcal{O}_\mathfrak{p}$, also $\tilde{\mathfrak{a}}_\mathfrak{p} = \mathcal{O}$. Ferner ist $\mathfrak{a} = \bigcap_\mathfrak{p} \tilde{\mathfrak{a}}_\mathfrak{p} = \bigcap_{\mathfrak{p} \supseteq \mathfrak{a}} \tilde{\mathfrak{a}}_\mathfrak{p}$, weil für jedes $a \in \bigcap_\mathfrak{p} \tilde{\mathfrak{a}}_\mathfrak{p}$

das Ideal $\mathfrak{b} = \{x \in \mathcal{O} \mid xa \in \mathfrak{a}\}$ wegen $s_{\mathfrak{p}}a \in \mathfrak{a}$ für ein $s_{\mathfrak{p}} \notin \mathfrak{p}$ in keinem der maximalen Ideale $\mathfrak{p}$ liegt, so daß $\mathfrak{b} = \mathcal{O}$, also $a = 1 \cdot a \in \mathfrak{a}$ ist. Aus (11.1) folgt, daß $\mathfrak{p}$ das einzige $\tilde{\mathfrak{a}}_{\mathfrak{p}}$ umfassende Primideal ist, falls $\mathfrak{p} \supseteq \mathfrak{a}$. Für zwei verschiedene Primideale $\mathfrak{p}$ und $\mathfrak{q}$ von $\mathcal{O}$ kann das Ideal $\tilde{\mathfrak{a}}_{\mathfrak{p}} + \tilde{\mathfrak{a}}_{\mathfrak{q}}$ daher in keinem maximalen Ideal enthalten sein, so daß $\tilde{\mathfrak{a}}_{\mathfrak{p}} + \tilde{\mathfrak{a}}_{\mathfrak{q}} = \mathcal{O}$ ist. Der chinesische Restsatz (3.6) liefert jetzt die Isomorphie

$$\mathcal{O}/\mathfrak{a} \cong \bigoplus_{\mathfrak{p} \supseteq \mathfrak{a}} \mathcal{O}/\tilde{\mathfrak{a}}_{\mathfrak{p}} \,,$$

und es ist $\mathcal{O}/\tilde{\mathfrak{a}}_{\mathfrak{p}} = \mathcal{O}_{\mathfrak{p}}/\mathfrak{a}\mathcal{O}_{\mathfrak{p}}$, da $\bar{\mathfrak{p}} = \mathfrak{p} \bmod \tilde{\mathfrak{a}}_{\mathfrak{p}}$ das einzige maximale Ideal von $\mathcal{O}/\tilde{\mathfrak{a}}_{\mathfrak{p}}$ ist. □

Für den Ring $\mathcal{O}$ bilden die gebrochenen Ideale von $\mathcal{O}$, d.h. die endlich erzeugten $\mathcal{O}$-Untermoduln $\neq 0$ des Quotientenkörpers K keine Gruppe mehr, es sei denn, $\mathcal{O}$ ist dedekindsch. Man beschränkt sich daher auf die Betrachtung der **invertierbaren Ideale**, d.h. der gebrochenen Ideale $\mathfrak{a}$ von $\mathcal{O}$, für die ein gebrochenes Ideal $\mathfrak{b}$ existiert mit

$$\mathfrak{a}\mathfrak{b} = \mathcal{O}\,.$$

Diese bilden trivialerweise eine abelsche Gruppe. Das Inverse zu $\mathfrak{a}$ ist stets das gebrochene Ideal

$$\mathfrak{a}^{-1} = \{x \in K \mid x\mathfrak{a} \subseteq \mathcal{O}\}\,,$$

denn es ist das größte mit $\mathfrak{a}\mathfrak{a}^{-1} \subseteq \mathcal{O}$. Die invertierbaren Ideale von $\mathcal{O}$ lassen sich als diejenigen gebrochenen Ideale charakterisieren, die „lokal" Hauptideale sind:

(12.4) Satz. *Ein gebrochenes Ideal $\mathfrak{a}$ von $\mathcal{O}$ ist genau dann invertierbar, wenn*

$$\mathfrak{a}_{\mathfrak{p}} = \mathfrak{a}\mathcal{O}_{\mathfrak{p}}$$

für jedes Primideal $\mathfrak{p} \neq 0$ ein gebrochenes Hauptideal von $\mathcal{O}_{\mathfrak{p}}$ ist.

Beweis: Sei $\mathfrak{a}$ ein invertierbares Ideal und $\mathfrak{a}\mathfrak{b} = \mathcal{O}$. Dann ist $1 = \sum_{i=1}^{r} a_i b_i$ mit $a_i \in \mathfrak{a}$, $b_i \in \mathfrak{b}$, und es können nicht alle $a_i b_i \in \mathcal{O}_{\mathfrak{p}}$ im maximalen Ideal $\mathfrak{p}\mathcal{O}_{\mathfrak{p}}$ sein, so daß etwa $a_1 b_1$ eine Einheit in $\mathcal{O}_{\mathfrak{p}}$ ist. Es folgt, daß $\mathfrak{a}_{\mathfrak{p}} = a_1\mathcal{O}_{\mathfrak{p}}$ ist, denn für $x \in \mathfrak{a}_{\mathfrak{p}}$ ist $xb_1 \in \mathfrak{a}_{\mathfrak{p}}\mathfrak{b} = \mathcal{O}_{\mathfrak{p}}$, also $x = xb_1(b_1a_1)^{-1}a_1 \in a_1\mathcal{O}_{\mathfrak{p}}$.

Sei umgekehrt $\mathfrak{a}_{\mathfrak{p}} = \mathfrak{a}\mathcal{O}_{\mathfrak{p}}$ für jedes $\mathfrak{p}$ ein Hauptideal $a_{\mathfrak{p}}\mathcal{O}_{\mathfrak{p}}$, $a_{\mathfrak{p}} \in K^*$. Wir dürfen $a_{\mathfrak{p}} \in \mathfrak{a}$ annehmen. Wir behaupten, daß das gebrochene Ideal

$\mathfrak{a}^{-1} = \{x \in K \mid x\mathfrak{a} \subseteq \mathcal{O}\}$ ein Inverses zu $\mathfrak{a}$ ist. Wäre dies nicht der Fall, so gäbe es ein maximales Ideal $\mathfrak{p}$ mit $\mathfrak{a}\mathfrak{a}^{-1} \subseteq \mathfrak{p} \subset \mathcal{O}$. Seien $a_1, \dots, a_n$ Erzeugende von $\mathfrak{a}$. Wegen $a_i \in a_\mathfrak{p}\mathcal{O}_\mathfrak{p}$ können wir $a_i = a_\mathfrak{p}\frac{b_i}{s_i}$ mit $b_i \in \mathcal{O}$, $s_i \in \mathcal{O} \setminus \mathfrak{p}$ schreiben, so daß $s_i a_i \in a_\mathfrak{p}\mathcal{O}$. Wenn $s = s_1 \dots s_n$ gesetzt ist, so ist $sa_i \in a_\mathfrak{p}\mathcal{O}$ für $i = 1, \dots, n$, also $sa_\mathfrak{p}^{-1}\mathfrak{a} \subseteq \mathcal{O}$ und damit $sa_\mathfrak{p}^{-1} \in \mathfrak{a}^{-1}$. Es folgt $s = sa_\mathfrak{p}^{-1}a_\mathfrak{p} \in \mathfrak{a}^{-1}\mathfrak{a} \subseteq \mathfrak{p}$, Widerspruch. □

Wir bezeichnen die Gruppe der invertierbaren Ideale von $\mathcal{O}$ mit $J(\mathcal{O})$. Sie enthält die Gruppe $P(\mathcal{O})$ der gebrochenen Hauptideale $a\mathcal{O}$, $a \in K^*$.

(12.5) Definition. *Die Faktorgruppe*

$$Pic(\mathcal{O}) = J(\mathcal{O})/P(\mathcal{O})$$

heißt die **Picardgruppe** *des Ringes* $\mathcal{O}$.

Im Falle, daß $\mathcal{O}$ ein Dedekindring ist, ist die Picardgruppe natürlich mit der Idealklassengruppe Cl_K identisch. Im allgemeinen erhalten wir für $J(\mathcal{O})$ und $Pic(\mathcal{O})$ die folgende Beschreibung.

(12.6) Satz. *Die Zuordnung* $\mathfrak{a} \mapsto (\mathfrak{a}_\mathfrak{p}) = (\mathfrak{a}\mathcal{O}_\mathfrak{p})$ *liefert einen Isomorphismus*

$$J(\mathcal{O}) \cong \bigoplus_\mathfrak{p} P(\mathcal{O}_\mathfrak{p}) .$$

Identifiziert man die Untergruppe $P(\mathcal{O})$ *mit ihrem Bild in der direkten Summe, so wird*

$$Pic(\mathcal{O}) \cong \Big(\bigoplus_\mathfrak{p} P(\mathcal{O}_\mathfrak{p})\Big)/P(\mathcal{O}) .$$

Beweis: Für jedes $\mathfrak{a} \in J(\mathcal{O})$ ist $\mathfrak{a}_\mathfrak{p} = \mathfrak{a}\mathcal{O}_\mathfrak{p}$ nach (12.4) ein Hauptideal, und es ist $\mathfrak{a}_\mathfrak{p} = \mathcal{O}_\mathfrak{p}$ für fast alle $\mathfrak{p}$, denn $\mathfrak{a}$ liegt nur in endlich vielen maximalen Idealen $\mathfrak{p}$. Wir erhalten daher einen Homomorphismus

$$J(\mathcal{O}) \to \bigoplus_\mathfrak{p} P(\mathcal{O}_\mathfrak{p}) , \quad \mathfrak{a} \mapsto (\mathfrak{a}_\mathfrak{p}) .$$

Dieser ist injektiv, denn wenn $\mathfrak{a}_\mathfrak{p} = \mathcal{O}_\mathfrak{p}$ für alle $\mathfrak{p}$ ist, so ist $\mathfrak{a} \subseteq \bigcap_\mathfrak{p} \mathcal{O}_\mathfrak{p} = \mathcal{O}$ (vgl. den Beweis zu (11.5)), und es muß $\mathfrak{a} = \mathcal{O}$ gelten, weil sonst ein maximales Ideal $\mathfrak{p}$ mit $\mathfrak{a} \subseteq \mathfrak{p} \subset \mathcal{O}$ existierte, so daß $\mathfrak{a}_\mathfrak{p} \subseteq \mathfrak{p}\mathcal{O}_\mathfrak{p} \neq \mathcal{O}_\mathfrak{p}$.

Zum Beweis der Surjektivität sei $(a_\mathfrak{p}\mathcal{O}_\mathfrak{p}) \in \bigoplus_\mathfrak{p} P(\mathcal{O}_\mathfrak{p})$ gegeben. Dann ist der $\mathcal{O}$-Untermodul

$$\mathfrak{a} = \bigcap_\mathfrak{p} a_\mathfrak{p}\mathcal{O}_\mathfrak{p}$$

von K ein gebrochenes Ideal, denn wegen $a_\mathfrak{p}\mathcal{O}_\mathfrak{p} = \mathcal{O}_\mathfrak{p}$ für fast alle $\mathfrak{p}$ gibt es ein $c \in \mathcal{O}$ mit $ca_\mathfrak{p} \in \mathcal{O}_\mathfrak{p}$ für alle $\mathfrak{p}$, d.h. $c\mathfrak{a} \subseteq \bigcap_\mathfrak{p} \mathcal{O}_\mathfrak{p} = \mathcal{O}$. Wir haben zu zeigen, daß

$$\mathfrak{a}\mathcal{O}_\mathfrak{p} = a_\mathfrak{p}\mathcal{O}_\mathfrak{p}$$

für jedes $\mathfrak{p}$ gilt. Die Inklusion $\subseteq$ ist trivial. Zum Beweis von $a_\mathfrak{p}\mathcal{O}_\mathfrak{p} \subseteq \mathfrak{a}\mathcal{O}_\mathfrak{p}$ wählen wir ein $c \in \mathcal{O}$, $c \neq 0$, so daß $ca_\mathfrak{p}^{-1}a_\mathfrak{q} \in \mathcal{O}$ für die endlich vielen $\mathfrak{q}$, für die $a_\mathfrak{p}^{-1}a_\mathfrak{q} \notin \mathcal{O}_\mathfrak{q}$. Nach dem chinesischen Restsatz (12.3) finden wir ein $a \in \mathcal{O}$ mit

$$a \equiv c \bmod \mathfrak{p} \quad \text{und} \quad a \in ca_\mathfrak{p}^{-1}a_\mathfrak{q}\mathcal{O}_\mathfrak{q} \quad \text{für} \quad \mathfrak{q} \neq \mathfrak{p}\,.$$

Dann ist $\varepsilon = ac^{-1}$ eine Einheit in $\mathcal{O}_\mathfrak{p}$ und $a_\mathfrak{p}\varepsilon \in \bigcap_\mathfrak{q} a_\mathfrak{q}\mathcal{O}_\mathfrak{q} = \mathfrak{a}$, also

$$a_\mathfrak{p}\mathcal{O}_\mathfrak{p} = (a_\mathfrak{p}\varepsilon)\mathcal{O}_\mathfrak{p} \subseteq \mathfrak{a}\mathcal{O}_\mathfrak{p}\,. \qquad \square$$

Geht man vom Ring $\mathcal{O}$ zu seiner **Normalisierung** $\tilde{\mathcal{O}}$ über, d.h. zum ganzen Abschluß von $\mathcal{O}$ in K, so erhält man einen Dedekindring. Dies ist jedoch nicht ganz einfach zu beweisen, weil $\tilde{\mathcal{O}}$ i.a. kein endlich erzeugter $\mathcal{O}$-Modul ist. Wir haben jedoch immer das

(12.7) Lemma. *Sei $\mathcal{O}$ ein eindimensionaler noetherscher Integritätsbereich und $\tilde{\mathcal{O}}$ seine Normalisierung. Dann ist $\tilde{\mathcal{O}}/\mathfrak{a}\tilde{\mathcal{O}}$ für jedes Ideal $\mathfrak{a} \neq 0$ von $\mathcal{O}$ ein endlich erzeugter $\mathcal{O}$-Modul.*

Beweis: Sei $a \in \mathfrak{a}$, $a \neq 0$. Dann ist $\tilde{\mathcal{O}}/\mathfrak{a}\tilde{\mathcal{O}}$ ein Quotient von $\tilde{\mathcal{O}}/a\tilde{\mathcal{O}}$, d.h. es genügt zu zeigen, daß $\tilde{\mathcal{O}}/a\tilde{\mathcal{O}}$ ein endlich erzeugter $\mathcal{O}$-Modul ist. Wir betrachten dazu in $\mathcal{O}$ die absteigende Kette der $a\mathcal{O}$ enthaltenden Ideale

$$\mathfrak{a}_m = (a^m\tilde{\mathcal{O}} \cap \mathcal{O}, a\mathcal{O})\,.$$

Diese Kette wird stationär. In der Tat, die Primideale des Ringes $\mathcal{O}/a\mathcal{O}$ sind nicht nur maximal, sondern auch minimal, d.h. $\mathcal{O}/a\mathcal{O}$ ist ein 0-dimensionaler noetherscher Ring. In einem solchen Ring wird jede absteigende Idealkette stationär (vgl. § 3, Aufgabe 7). Wird nun die Kette $\bar{\mathfrak{a}}_m = \mathfrak{a}_m \bmod a\mathcal{O}$ stationär bei n, so gilt das gleiche für die Kette $\mathfrak{a}_m$. Wir zeigen, daß für dieses n

$$\tilde{\mathcal{O}} \subseteq a^{-n}\mathcal{O} + a\tilde{\mathcal{O}}$$

gilt. Zum Beweis sei $\beta = \frac{b}{c} \in \tilde{o}$, $b, c \in o$. Wenden wir die absteigende Kettenbedingung auf den Ring o/co und die Idealkette $(\bar{a}^m)$ mit $\bar{a} = a \bmod co$ an, so wird $(\bar{a}^h) = (\bar{a}^{h+1})$, d.h. wir finden ein $x \in o$ mit $a^h \equiv xa^{h+1} \bmod co$, also $(1 - xa)a^h \in co$, und daher

$$\beta = \frac{b}{c}(1 - xa) + \beta xa = \frac{b}{a^h}\frac{(1 - xa)a^h}{c} + \beta xa \in a^{-h}o + a\tilde{o}\,.$$

Sei h die kleinstmögliche Zahl mit $\beta \in a^{-h}o + a\tilde{o}$. Es genügt dann zu zeigen, daß $h \leq n$. Angenommen $h > n$. Schreiben wir

$$(*) \qquad \beta = \frac{u}{a^h} + a\tilde{u} \quad \text{mit } u \in o,\ \tilde{u} \in \tilde{o}\,,$$

so ist $u = a^h(\beta - a\tilde{u}) \in a^h\tilde{o} \cap o \subseteq \mathfrak{a}_h = \mathfrak{a}_{h+1}$ wegen $h > n$, also $u = a^{h+1}\tilde{u}' + au'$, $u' \in o$, $\tilde{u}' \in \tilde{o}$. Dies in $(*)$ eingesetzt ergibt

$$\beta = \frac{u'}{a^{h-1}} + a(\tilde{u} + \tilde{u}') \in a^{1-h}o + a\tilde{o}\,.$$

Dies aber widerspricht der Minimalität von h. Es gilt somit in der Tat $\tilde{o} \subseteq a^{-n}o + a\tilde{o}$.

$\tilde{o}/a\tilde{o}$ wird hiermit ein Untermodul des durch $a^{-n} \bmod a\tilde{o}$ erzeugten o-Moduls $(a^{-n}o + a\tilde{o})/a\tilde{o}$ und ist daher selbst ein endlich erzeugter o-Modul, q.e.d. □

(12.8) Satz *(Krull-Akizuki). Sei o ein eindimensionaler noetherscher Integritätsbereich mit dem Quotientenkörper K, $L|K$ eine endliche Erweiterung und $\mathcal{O}$ der ganze Abschluß von o in L. Dann ist $\mathcal{O}$ ein Dedekindring.*

Beweis: Man schließt wie bei (3.1), daß $\mathcal{O}$ ganzabgeschlossen ist und daß jedes Primideal $\neq 0$ maximal ist. Bleibt zu zeigen, daß $\mathcal{O}$ noethersch ist. Sei $\omega_1, \dots, \omega_n$ eine in $\mathcal{O}$ gelegene Basis von $L|K$. Dann ist der Ring $\mathcal{O}_0 = o[\,\omega_1, \dots, \omega_n\,]$ ein endlich erzeugter o-Modul und daher noethersch, weil o noethersch ist. Wir schließen wie zuvor, daß $\mathcal{O}_0$ eindimensional ist, und sind damit auf den Fall $L = K$ zurückgeführt. Ist nun $\mathfrak{A}$ ein Ideal von $\mathcal{O}$ und $a \in \mathfrak{A} \cap o$, $a \neq 0$, so ist $\mathcal{O}/a\mathcal{O}$ nach dem obigen Lemma ein endlich erzeugter o-Modul. Da o noethersch ist, ist damit auch der o-Untermodul $\mathfrak{A}/a\mathcal{O}$ endlich erzeugt, also der $\mathcal{O}$-Modul $\mathfrak{A}$ ebenfalls. □

Bemerkung: Der obige Beweis ist dem Buch [82] von *Kaplansky* entnommen (s. aber auch [101]). Er zeigt zugleich die allgemeine Gültigkeit des Satzes (8.1) über die Erweiterungen eines Dedekindringes, den wir nur für den Fall einer separablen Erweiterung $L|K$ bewiesen hatten.

Wir wollen im folgenden den eindimensionalen noetherschen Integritätsbereich $\mathcal{O}$ mit seiner Normalisierung $\tilde{\mathcal{O}}$ vergleichen. Die Tatsache, daß $\tilde{\mathcal{O}}$ ein Dedekindring ist, ist evident und bedarf nicht des langen Beweises von (12.8), wenn wir die folgende Voraussetzung machen:

(∗) $\mathcal{O}$ ist ein Integritätsbereich, dessen Normalisierung $\tilde{\mathcal{O}}$ ein endlich erzeugter $\mathcal{O}$-Modul ist.

Diese Bedingung soll für alles weitere gelten. Sie schließt pathologische Situationen aus und ist in allen interessierenden Fällen erfüllt, insbesondere für die Ordnungen in einem algebraischen Zahlkörper.

Die Einheitengruppen und die Picardgruppen von $\mathcal{O}$ und $\tilde{\mathcal{O}}$ werden durch den folgenden Satz miteinander verglichen.

(12.9) Satz. *Man hat eine kanonische exakte Sequenz*

$$1 \to \mathcal{O}^* \to \tilde{\mathcal{O}}^* \to \bigoplus_{\mathfrak{p}} \tilde{\mathcal{O}}_{\mathfrak{p}}^*/\mathcal{O}_{\mathfrak{p}}^* \to Pic(\mathcal{O}) \to Pic(\tilde{\mathcal{O}}) \to 1\,.$$

In der Summe durchläuft $\mathfrak{p}$ die Primideale $\neq 0$ von $\mathcal{O}$, und es bedeutet $\tilde{\mathcal{O}}_{\mathfrak{p}}$ den ganzen Abschluß von $\mathcal{O}_{\mathfrak{p}}$ in K.

Beweis: Durchläuft $\tilde{\mathfrak{p}}$ die Primideale von $\tilde{\mathcal{O}}$, so ist nach (12.6)

$$J(\tilde{\mathcal{O}}) \cong \bigoplus_{\tilde{\mathfrak{p}}} P(\tilde{\mathcal{O}}_{\tilde{\mathfrak{p}}})\,.$$

Ist $\mathfrak{p}$ ein Primideal von $\mathcal{O}$, so zerfällt $\mathfrak{p}\tilde{\mathcal{O}}$ im Dedekindring $\tilde{\mathcal{O}}$ in ein Produkt

$$\mathfrak{p}\tilde{\mathcal{O}} = \tilde{\mathfrak{p}}_1^{e_1} \dots \tilde{\mathfrak{p}}_r^{e_r}\,,$$

d.h. es gibt nur endlich viele Primideale von $\tilde{\mathcal{O}}$ über $\mathfrak{p}$. Das gleiche trifft für den ganzen Abschluß $\tilde{\mathcal{O}}_{\mathfrak{p}}$ von $\mathcal{O}_{\mathfrak{p}}$ zu. Da jedes von Null verschiedene Primideal von $\tilde{\mathcal{O}}_{\mathfrak{p}}$ über $\mathfrak{p}\mathcal{O}_{\mathfrak{p}}$ liegen muß , so besitzt $\tilde{\mathcal{O}}_{\mathfrak{p}}$ nur endlich viele Primideale und ist damit ein Hauptidealring (vgl. § 3, Aufgabe 4). Wegen (12.6) folgt somit

$$P(\tilde{\mathcal{O}}_{\mathfrak{p}}) = J(\tilde{\mathcal{O}}_{\mathfrak{p}}) \cong \bigoplus_{\tilde{\mathfrak{p}} \supseteq \mathfrak{p}} P(\tilde{\mathcal{O}}_{\tilde{\mathfrak{p}}})$$

und daher

$$J(\tilde{\mathcal{O}}) \cong \bigoplus_{\mathfrak{p}} \bigoplus_{\tilde{\mathfrak{p}} \supseteq \mathfrak{p}} P(\tilde{\mathcal{O}}_{\tilde{\mathfrak{p}}}) \cong \bigoplus_{\mathfrak{p}} P(\tilde{\mathcal{O}}_{\mathfrak{p}})\,.$$

Beachten wir, daß $P(R) \cong K^*/R^*$ für jeden Integritätsbereich R mit dem Quotientenkörper K, so erhalten wir das kommutative exakte Diagramm

$$\begin{array}{ccccccccc} 1 & \longrightarrow & K^*/\mathcal{O}^* & \longrightarrow & \bigoplus_{\mathfrak{p}} K^*/\mathcal{O}_{\mathfrak{p}}^* & \longrightarrow & Pic(\mathcal{O}) & \longrightarrow & 1 \\ & & \downarrow \alpha & & \downarrow \beta & & \downarrow \gamma & & \\ 1 & \longrightarrow & K^*/\tilde{\mathcal{O}}^* & \longrightarrow & \bigoplus_{\mathfrak{p}} K^*/\tilde{\mathcal{O}}_{\mathfrak{p}}^* & \longrightarrow & Pic(\tilde{\mathcal{O}}) & \longrightarrow & 1. \end{array}$$

Für ein solches Diagramm hat man ganz allgemein das bekannte **Schlangenlemma**, d.h. man hat in kanonischer Weise eine exakte Sequenz

$$1 \to \mathrm{Ker}(\alpha) \to \mathrm{Ker}(\beta) \to \mathrm{Ker}(\gamma) \xrightarrow{\delta}$$
$$\mathrm{Coker}(\alpha) \to \mathrm{Coker}(\beta) \to \mathrm{Coker}(\gamma) \to 1$$

zwischen den Kernen und Kokernen von α, β, γ (vgl. [23], Ch. III, § 3, Lemma 3.3). In unserem besonderen Fall sind α und β und damit auch γ surjektiv, während

$$\mathrm{Ker}(\alpha) = \tilde{\mathcal{O}}^*/\mathcal{O}^* \quad \text{und} \quad \mathrm{Ker}(\beta) = \bigoplus_{\mathfrak{p}} \tilde{\mathcal{O}}_{\mathfrak{p}}^*/\mathcal{O}_{\mathfrak{p}}^* .$$

Damit aber ergibt sich die exakte Sequenz

$$1 \to \mathcal{O}^* \to \tilde{\mathcal{O}}^* \to \bigoplus_{\mathfrak{p}} \tilde{\mathcal{O}}_{\mathfrak{p}}^*/\mathcal{O}_{\mathfrak{p}}^* \to Pic(\mathcal{O}) \to Pic(\tilde{\mathcal{O}}) \to 1 . \qquad \square$$

Ein Primideal $\mathfrak{p} \neq 0$ von $\mathcal{O}$ heißt **regulär**, wenn $\mathcal{O}_{\mathfrak{p}}$ ganzabgeschlossen, also ein diskreter Bewertungsring ist. Für die regulären Primideale sind die Summanden $\tilde{\mathcal{O}}_{\mathfrak{p}}^*/\mathcal{O}_{\mathfrak{p}}^*$ in (12.9) trivial. Es gibt nur endlich viele nicht-reguläre Primideale von $\mathcal{O}$, nämlich die Teiler des **Führers** von $\mathcal{O}$. Er ist als das größte in $\mathcal{O}$ enthaltene Ideal von $\tilde{\mathcal{O}}$ definiert, also durch

$$\mathfrak{f} = \{a \in \tilde{\mathcal{O}} \mid a\tilde{\mathcal{O}} \subseteq \mathcal{O}\}.$$

Da $\tilde{\mathcal{O}}$ ein endlich erzeugter $\mathcal{O}$-Modul ist, ist $\mathfrak{f} \neq 0$.

(12.10) Satz. *Für ein Primideal $\mathfrak{p} \neq 0$ von $\mathcal{O}$ gilt:*

$$\mathfrak{p} \nmid \mathfrak{f} \iff \mathfrak{p} \quad \textit{ist regulär.}$$

In diesem Fall ist $\tilde{\mathfrak{p}} = \mathfrak{p}\tilde{\mathcal{O}}$ ein Primideal von $\tilde{\mathcal{O}}$ und $\mathcal{O}_{\mathfrak{p}} = \tilde{\mathcal{O}}_{\tilde{\mathfrak{p}}}$.

Beweis: Sei $\mathfrak{p} \nmid \mathfrak{f}$ vorausgesetzt, d.h. $\mathfrak{p} \not\supseteq \mathfrak{f}$, und sei $t \in \mathfrak{f} \smallsetminus \mathfrak{p}$. Dann ist $t\tilde{\mathcal{O}} \subseteq \mathcal{O}$, also $\tilde{\mathcal{O}} \subseteq \frac{1}{t}\mathcal{O} \subseteq \mathcal{O}_\mathfrak{p}$. Ist $\mathfrak{m} = \mathfrak{p}\mathcal{O}_\mathfrak{p}$ das maximale Ideal von $\mathcal{O}_\mathfrak{p}$ und setzen wir $\tilde{\mathfrak{p}} = \mathfrak{m} \cap \tilde{\mathcal{O}}$, so ist $\tilde{\mathfrak{p}}$ ein Primideal von $\tilde{\mathcal{O}}$ mit $\mathfrak{p} \subseteq \tilde{\mathfrak{p}} \cap \mathcal{O}$, also $\mathfrak{p} = \tilde{\mathfrak{p}} \cap \mathcal{O}$ wegen der Maximalität von $\mathfrak{p}$. Trivialerweise ist $\mathcal{O}_\mathfrak{p} \subseteq \tilde{\mathcal{O}}_{\tilde{\mathfrak{p}}}$, und wenn umgekehrt $\frac{a}{s} \in \tilde{\mathcal{O}}_{\tilde{\mathfrak{p}}}$, $a \in \tilde{\mathcal{O}}$, $s \in \tilde{\mathcal{O}} \smallsetminus \tilde{\mathfrak{p}}$, so ist $ta \in \mathcal{O}$ und $ts \in \mathcal{O} \smallsetminus \mathfrak{p}$, also $\frac{a}{s} = \frac{ta}{ts} \in \mathcal{O}_\mathfrak{p}$. Daher gilt $\mathcal{O}_\mathfrak{p} = \tilde{\mathcal{O}}_{\tilde{\mathfrak{p}}}$. Nach (11.5) ist $\mathcal{O}_\mathfrak{p}$ damit ein Bewertungsring, d.h. $\mathfrak{p}$ ist regulär.

Überdies gilt $\tilde{\mathfrak{p}} = \mathfrak{p}\tilde{\mathcal{O}}$. In der Tat, $\tilde{\mathfrak{p}}$ ist das einzige Primideal von $\tilde{\mathcal{O}}$ über $\mathfrak{p}$, denn ist $\tilde{\mathfrak{q}}$ ein weiteres, so ist $\tilde{\mathcal{O}}_{\tilde{\mathfrak{p}}} = \mathcal{O}_\mathfrak{p} \subseteq \tilde{\mathcal{O}}_{\tilde{\mathfrak{q}}}$, und damit

$$\tilde{\mathfrak{p}} = \tilde{\mathcal{O}} \cap \tilde{\mathfrak{p}}\mathcal{O}_{\tilde{\mathfrak{p}}} \subseteq \tilde{\mathcal{O}} \cap \tilde{\mathfrak{q}}\mathcal{O}_{\tilde{\mathfrak{q}}} = \tilde{\mathfrak{q}}\,,$$

also $\tilde{\mathfrak{p}} = \tilde{\mathfrak{q}}$. Es folgt, daß $\mathfrak{p}\tilde{\mathcal{O}} = \tilde{\mathfrak{p}}^e$, $e \geq 1$, und weiter $\mathfrak{m} = \mathfrak{p}\mathcal{O}_\mathfrak{p} = (\mathfrak{p}\tilde{\mathcal{O}})\mathcal{O}_\mathfrak{p} = \tilde{\mathfrak{p}}^e\mathcal{O}_\mathfrak{p} = \mathfrak{m}^e$, d.h. $e = 1$ und daher $\tilde{\mathfrak{p}} = \mathfrak{p}\tilde{\mathcal{O}}$.

Sei umgekehrt $\mathcal{O}_\mathfrak{p}$ ein diskreter Bewertungsring. Als Hauptidealring ist er ganzabgeschlossen, und da $\tilde{\mathcal{O}}$ über $\mathcal{O}$ ganz ist, erst recht also über $\mathcal{O}_\mathfrak{p}$, so ist $\tilde{\mathcal{O}} \subseteq \mathcal{O}_\mathfrak{p}$. Sei $x_1, \ldots, x_n$ ein Erzeugendensystem des $\mathcal{O}$-Moduls $\tilde{\mathcal{O}}$. Wir können dann schreiben $x_i = \frac{a_i}{s_i}$, $a_i \in \mathcal{O}$, $s_i \in \mathcal{O} \smallsetminus \mathfrak{p}$. Setzen wir $s = s_1 \ldots s_n \in \mathcal{O} \smallsetminus \mathfrak{p}$, so gilt $sx_1, \ldots, sx_n \in \mathcal{O}$ und damit $s\tilde{\mathcal{O}} \subseteq \mathcal{O}$, d.h. $s \in \mathfrak{f} \smallsetminus \mathfrak{p}$. Daher gilt $\mathfrak{p} \nmid \mathfrak{f}$. □

Für die Summe $\bigoplus_\mathfrak{p} \tilde{\mathcal{O}}_\mathfrak{p}^*/\mathcal{O}_\mathfrak{p}^*$ in (12.9) erhalten wir jetzt die folgende einfache Beschreibung.

(12.11) Satz. $\bigoplus_\mathfrak{p} \tilde{\mathcal{O}}_\mathfrak{p}^*/\mathcal{O}_\mathfrak{p}^* \cong (\tilde{\mathcal{O}}/\mathfrak{f})^*/(\mathcal{O}/\mathfrak{f})^*$.

Beweis: Wir wenden mehrmals den chinesischen Restsatz (12.3) an. Danach ist

$$(1) \qquad \mathcal{O}/\mathfrak{f} \cong \bigoplus_\mathfrak{p} \mathcal{O}_\mathfrak{p}/\mathfrak{f}\mathcal{O}_\mathfrak{p}\,.$$

Der ganze Abschluß $\tilde{\mathcal{O}}_\mathfrak{p}$ von $\mathcal{O}_\mathfrak{p}$ hat nur die endlich vielen über $\mathfrak{p}\mathcal{O}_\mathfrak{p}$ gelegenen Primideale. Sie haben die Lokalisierungen $\tilde{\mathcal{O}}_{\tilde{\mathfrak{p}}}$, wobei $\tilde{\mathfrak{p}}$ die über $\mathfrak{p}$ gelegenen Primideale von $\tilde{\mathcal{O}}$ durchläuft. $\tilde{\mathcal{O}}_\mathfrak{p}$ ist gleichzeitig die Lokalisierung von $\tilde{\mathcal{O}}$ nach der multiplikativen Teilmenge $\tilde{\mathcal{O}} \smallsetminus \tilde{\mathfrak{p}}$. Da $\mathfrak{f}$ ein Ideal von $\tilde{\mathcal{O}}$ ist, so folgt $\mathfrak{f}\tilde{\mathcal{O}}_\mathfrak{p} = \mathfrak{f}\mathcal{O}_\mathfrak{p}$. Der chinesische Restsatz liefert

$$\tilde{\mathcal{O}}_\mathfrak{p}/\mathfrak{f}\tilde{\mathcal{O}}_\mathfrak{p} \cong \bigoplus_{\tilde{\mathfrak{p}} \supseteq \mathfrak{p}} \tilde{\mathcal{O}}_{\tilde{\mathfrak{p}}}/\mathfrak{f}\tilde{\mathcal{O}}_{\tilde{\mathfrak{p}}}$$

und

$$(2) \qquad \tilde{\mathcal{O}}/\mathfrak{f} \cong \bigoplus_\mathfrak{p} \bigoplus_{\tilde{\mathfrak{p}} \supseteq \mathfrak{p}} \tilde{\mathcal{O}}_{\tilde{\mathfrak{p}}}/\mathfrak{f}\tilde{\mathcal{O}}_{\tilde{\mathfrak{p}}} \cong \bigoplus_\mathfrak{p} \tilde{\mathcal{O}}_\mathfrak{p}/\mathfrak{f}\tilde{\mathcal{O}}_\mathfrak{p}\,.$$

Gehen wir zu den Einheitengruppen über, so erhalten wir aus (1) und (2)

$$(3) \qquad (\tilde{\mathcal{O}}/\mathfrak{f})^*/(\mathcal{O}/\mathfrak{f})^* \cong \bigoplus_{\mathfrak{p}} (\tilde{\mathcal{O}}_\mathfrak{p}/\mathfrak{f}\tilde{\mathcal{O}}_\mathfrak{p})^*/(\mathcal{O}_\mathfrak{p}/\mathfrak{f}\mathcal{O}_\mathfrak{p})^* .$$

Für $\mathfrak{f} \subseteq \mathfrak{p}$ betrachten wir jetzt den Homomorphismus

$$\varphi : \tilde{\mathcal{O}}_\mathfrak{p}^* \to (\tilde{\mathcal{O}}_\mathfrak{p}/\mathfrak{f}\tilde{\mathcal{O}}_\mathfrak{p})^*/(\mathcal{O}_\mathfrak{p}/\mathfrak{f}\mathcal{O}_\mathfrak{p})^* .$$

Er ist surjektiv. In der Tat, ist $\varepsilon \bmod \mathfrak{f}\tilde{\mathcal{O}}_\mathfrak{p}$ eine Einheit in $\tilde{\mathcal{O}}_\mathfrak{p}/\mathfrak{f}\tilde{\mathcal{O}}_\mathfrak{p}$, so ist ε eine Einheit in $\tilde{\mathcal{O}}_\mathfrak{p}$. Dies liegt daran, daß die Einheiten in einem Ring gerade diejenigen Elemente sind, die in keinem maximalen Ideal enthalten sind, und daß die Urbilder der maximalen Ideale von $\tilde{\mathcal{O}}_\mathfrak{p}/\mathfrak{f}\tilde{\mathcal{O}}_\mathfrak{p}$ wegen $\mathfrak{f}\tilde{\mathcal{O}}_\mathfrak{p} \subseteq \mathfrak{p}\tilde{\mathcal{O}}_\mathfrak{p}$ gerade alle maximalen Ideale von $\tilde{\mathcal{O}}_\mathfrak{p}$ ergeben. Der Kern von φ ist eine in $\mathcal{O}_\mathfrak{p}$ enthaltene Untergruppe von $\tilde{\mathcal{O}}_\mathfrak{p}^*$, die $\mathcal{O}_\mathfrak{p}^*$ enthält, also mit $\mathcal{O}_\mathfrak{p}^*$ identisch ist. Damit ergibt sich

$$\tilde{\mathcal{O}}_\mathfrak{p}^*/\mathcal{O}_\mathfrak{p}^* \cong (\tilde{\mathcal{O}}_\mathfrak{p}/\mathfrak{f}\tilde{\mathcal{O}}_\mathfrak{p})^*/(\mathcal{O}_\mathfrak{p}/\mathfrak{f}\mathcal{O}_\mathfrak{p})^* .$$

Dies bleibt auch für $\mathfrak{p} \not\supseteq \mathfrak{f}$ richtig, denn dann sind wegen (12.10) beide Seiten gleich 1. Zusammen mit (3) erhalten wir nun die Behauptung des Satzes. □

Auf das Studium der eindimensionalen noetherschen Integritätsbereiche sind wir durch die *Ordnungen* geführt worden. Für sie ergibt sich aus (12.9) und (12.11) als Verallgemeinerung des Dirichletschen Einheitensatzes und des Satzes von der Endlichkeit der Klassenzahl das

(12.12) Theorem. *Sei $\mathcal{O}$ eine Ordnung in einem algebraischen Zahlkörper K, $\mathcal{O}_K$ die Hauptordnung und $\mathfrak{f}$ der Führer von $\mathcal{O}$.*

Dann sind die Gruppen $\mathcal{O}_K^*/\mathcal{O}^*$ und $Pic(\mathcal{O})$ endlich, und es gilt

$$\#Pic(\mathcal{O}) = \frac{h_K}{(\mathcal{O}_K^* : \mathcal{O}^*)} \frac{\#(\mathcal{O}_K/\mathfrak{f})^*}{\#(\mathcal{O}/\mathfrak{f})^*} ,$$

wobei h_K die Klassenzahl von K ist. Insbesondere ist

$$\mathrm{Rang}(\mathcal{O}^*) = \mathrm{Rang}(\mathcal{O}_K^*) = r + s - 1 .$$

Beweis: Nach (12.9) und (12.11) haben wir wegen $Pic(\mathcal{O}_K) = Cl_K$ die exakte Sequenz

$$1 \to \mathcal{O}_K^*/\mathcal{O}^* \to (\mathcal{O}_K/\mathfrak{f})^*/(\mathcal{O}/\mathfrak{f})^* \to Pic(\mathcal{O}) \to Cl_K \to 1 .$$

Hieraus folgt die Behauptung. □

Die Definition der Picardgruppe eines eindimensionalen noetherschen Integritätsbereiches $\mathcal{O}$ umgeht die Nicht-Eindeutigkeit der Primidealzerlegung, indem sie sich auf die Betrachtung der invertierbaren Ideale beschränkt und die Information, die in den nicht-invertierbaren liegt, beiseite schiebt. Es gibt eine andere wichtige Verallgemeinerung der Idealklassengruppe, die *alle* Primideale von $\mathcal{O}$ einbezieht und auf einer künstlichen Wiederherstellung der Zerlegungseindeutigkeit beruht. Diese heißt die **Divisorenklassengruppe** oder auch **Chowgruppe** von $\mathcal{O}$. Ihre Definition geht aus von der freien abelschen Gruppe

$$Div(\mathcal{O}) = \bigoplus_{\mathfrak{p}} \mathbb{Z}\mathfrak{p}$$

über der Menge aller maximalen Ideale $\mathfrak{p}$ von $\mathcal{O}$ (d.h. aller Primideale $\neq 0$). Dies ist die **Divisorengruppe** von $\mathcal{O}$. Ihre Elemente sind die formalen Summen

$$D = \sum_{\mathfrak{p}} n_{\mathfrak{p}}\mathfrak{p}$$

mit $n_{\mathfrak{p}} \in \mathbb{Z}$ und $n_{\mathfrak{p}} = 0$ für fast alle $\mathfrak{p}$ und werden die **Divisoren** (oder 0-**Zykeln**) genannt. Es ist die Aussage des Korollars (3.9), daß die Divisorengruppe $Div(\mathcal{O})$ im Falle eines Dedekindringes mit der Idealgruppe kanonisch isomorph ist. Die additive Schreibweise und ihr Name rühren aus der Funktionentheorie her, wo die Divisoren für die analytischen Funktionen die gleiche Rolle spielen, wie die Ideale für die algebraischen Zahlen (vgl. III, § 3).

Um nun die Divisorenklassengruppe zu bilden, müssen wir jedem $f \in K^*$ einen „Hauptdivisor" $\operatorname{div}(f)$ zuordnen. Wir lassen uns für diese Definition vom Fall eines Dedekindringes leiten. Dort war das Hauptideal (f) durch

$$(f) = \prod_{\mathfrak{p}} \mathfrak{p}^{v_{\mathfrak{p}}(f)}$$

gegeben, wobei $v_{\mathfrak{p}} : K^* \to \mathbb{Z}$ die $\mathfrak{p}$-adische Exponentialbewertung war, die zum Bewertungsring $\mathcal{O}_{\mathfrak{p}}$ gehört. Im allgemeinen ist $\mathcal{O}_{\mathfrak{p}}$ kein diskreter Bewertungsring mehr. Dennoch definiert $\mathcal{O}_{\mathfrak{p}}$ einen Homomorphismus

$$\operatorname{ord}_{\mathfrak{p}} : K^* \to \mathbb{Z},$$

der eine Verallgemeinerung der Bewertungsfunktion darstellt. Ist $f = a/b \in K^*$, $a, b \in \mathcal{O}$, so setzen wir

$$\operatorname{ord}_{\mathfrak{p}}(f) = l_{\mathcal{O}_{\mathfrak{p}}}(\mathcal{O}_{\mathfrak{p}}/a\mathcal{O}_{\mathfrak{p}}) - l_{\mathcal{O}_{\mathfrak{p}}}(\mathcal{O}_{\mathfrak{p}}/b\mathcal{O}_{\mathfrak{p}}),$$

wobei $l_{\mathcal{O}_{\mathfrak{p}}}(M)$ die **Länge** eines $\mathcal{O}_{\mathfrak{p}}$-Moduls M bezeichnet, also die maximale Länge einer echt absteigenden Kette

$$M = M_0 \underset{\neq}{\supset} M_1 \underset{\neq}{\supset} \ldots \underset{\neq}{\supset} M_l = 0$$

von $\mathcal{O}_\mathfrak{p}$-Untermoduln. Ist speziell $\mathcal{O}_\mathfrak{p}$ ein diskreter Bewertungsring mit dem maximalen Ideal $\mathfrak{m}$, so ist der Wert $\nu = v_\mathfrak{p}(a)$ von $a \in \mathcal{O}_\mathfrak{p}$, $a \neq 0$, durch die Gleichung

$$a\mathcal{O}_\mathfrak{p} = \mathfrak{m}^\nu$$

bestimmt. Er ist gleich der Länge des $\mathcal{O}_\mathfrak{p}$-Moduls $\mathcal{O}_\mathfrak{p}/\mathfrak{m}^\nu$, denn die längste Untermodulkette ist

$$\mathcal{O}_\mathfrak{p}/\mathfrak{m}^\nu \supset \mathfrak{m}/\mathfrak{m}^\nu \supset \cdots \supset \mathfrak{m}^\nu/\mathfrak{m}^\nu = (0)\,.$$

In diesem Fall stimmt also die Ordnungsfunktion $\mathrm{ord}_\mathfrak{p}$ mit der Exponentialbewertung $v_\mathfrak{p}$ überein.

Die Homomorphie-Eigenschaft der Funktion $\mathrm{ord}_\mathfrak{p}$ entnimmt man aus der einfach zu beweisenden Tatsache, daß sich die Längenfunktion $l_{\mathcal{O}_\mathfrak{p}}$ multiplikativ auf kurzen exakten Sequenzen von $\mathcal{O}_\mathfrak{p}$-Moduln verhält.

Mit den Funktionen $\mathrm{ord}_\mathfrak{p} : K^* \to \mathbb{Z}$ können wir jetzt jedem Element $f \in K^*$ den Divisor

$$\mathrm{div}(f) = \sum_\mathfrak{p} \mathrm{ord}_\mathfrak{p}(f)\mathfrak{p}$$

zuordnen und erhalten auf diese Weise einen kanonischen Homomorphismus

$$\mathrm{div} : K^* \to \mathit{Div}(\mathcal{O}).$$

Die Elemente $\mathrm{div}(f)$ heißen **Hauptdivisoren**. Sie bilden eine Untergruppe $\mathcal{P}(\mathcal{O})$ von $\mathit{Div}(\mathcal{O})$. Zwei Divisoren D und D', die sich nur um einen Hauptdivisor unterscheiden, heißen **rational äquivalent**.

(12.13) Definition. *Die Faktorgruppe*

$$CH^1(\mathcal{O}) = \mathit{Div}(\mathcal{O})/\mathcal{P}(\mathcal{O})$$

heißt die **Divisorenklassengruppe** *oder* **Chowgruppe** *von* $\mathcal{O}$.

Mit der Picardgruppe steht die Chowgruppe durch einen kanonischen Homomorphismus

$$\mathrm{div} : \mathit{Pic}(\mathcal{O}) \to CH^1(\mathcal{O})$$

in Verbindung, der wie folgt definiert ist. Ist $\mathfrak{a}$ ein invertierbares Ideal, so ist $\mathfrak{a}\mathcal{O}_\mathfrak{p}$ für jedes Primideal $\mathfrak{p} \neq 0$ nach (12.4) ein Hauptideal $a_\mathfrak{p}\mathcal{O}_\mathfrak{p}$, $a_\mathfrak{p} \in K^*$, und wir setzen

$$\mathrm{div}(\mathfrak{a}) = \sum_\mathfrak{p} -\mathrm{ord}_\mathfrak{p}(a_\mathfrak{p})\mathfrak{p}\,.$$

Wir erhalten hierdurch einen Homomorphismus

$$\mathrm{div} : J(\mathcal{O}) \to \mathit{Div}(\mathcal{O})$$

der Idealgruppe $J(\mathcal{O})$, welcher Hauptideale in Hauptdivisoren überführt und daher einen Homomorphismus

$$\mathrm{div} : Pic(\mathcal{O}) \to CH^1(\mathcal{O})$$

induziert. Für einen Dedekindring erhalten wir insbesondere:

(12.14) Satz. *Ist $\mathcal{O}$ ein Dedekindring, so ist*

$$\mathrm{div} : Pic(\mathcal{O}) \to CH^1(\mathcal{O})$$

ein Isomorphismus.

Aufgabe 1. Zeige, daß

$$\mathbb{C}[X,Y]/(XY - X), \ \mathbb{C}[X,Y]/(XY - 1),$$
$$\mathbb{C}[X,Y]/(X^2 - Y^3), \ \mathbb{C}[X,Y]/(Y^2 - X^2 - X^3)$$

eindimensionale noethersche Ringe sind. Welche von ihnen sind Integritätsbereiche? Bestimme deren Normalisierung.

Hinweis: Setze etwa im letzten Beispiel $t = X/Y$ und zeige, daß der Homomorphismus $\mathbb{C}[X,Y] \to \mathbb{C}[t]$, $t \mapsto t^2 - 1$, $Y \mapsto t(t^2 - 1)$, den Kern $(Y^2 - X^2 - X^3)$ besitzt.

Aufgabe 2. Seien a und b natürliche Zahlen, die keine Quadrate sind. Man zeige, daß die Grundeinheit der Ordnung $\mathbb{Z} + \mathbb{Z}\sqrt{a}$ des Körpers $\mathbb{Q}(\sqrt{a})$ auch die Grundeinheit der Ordnung $\mathbb{Z} + \mathbb{Z}\sqrt{a} + \mathbb{Z}\sqrt{-b} + \mathbb{Z}\sqrt{a}\sqrt{-b}$ im Körper $\mathbb{Q}(\sqrt{a}, \sqrt{-b})$ ist.

Aufgabe 3. Sei K ein Zahlkörper vom Grade $n = [K : \mathbb{Q}]$. Ein vollständiger Modul in K ist eine Untergruppe der Form

$$M = \mathbb{Z}\alpha_1 + \cdots + \mathbb{Z}\alpha_n ,$$

wobei $\alpha_1, \ldots, \alpha_n$ linear unabhängige Elemente von K sind. Zeige, daß der Multiplikatorenring

$$\mathcal{O} = \{\alpha \in K \mid \alpha M \subseteq M\}$$

eine Ordnung in K, aber i.a. nicht die Hauptordnung ist.

Aufgabe 4. Bestimme den Multiplikatorenring $\mathcal{O}$ des vollständigen Moduls $M = \mathbb{Z} + \mathbb{Z}\sqrt{2}$ in $\mathbb{Q}(\sqrt{2})$. Zeige, daß $\varepsilon = 1 + \sqrt{2}$ eine Grundeinheit von $\mathcal{O}$ ist. Bestimme sämtliche ganzzahligen Lösungen der „Pellschen Gleichung"

$$x^2 - 2y^2 = 7 .$$

Hinweis: $N(x + y\sqrt{2}) = x^2 - 2y^2$, $N(3 + \sqrt{2}) = N(5 + 3\sqrt{2}) = 7$.

Aufgabe 5. In einem eindimensionalen noetherschen Integritätsbereich sind die regulären Primideale $\neq 0$ gerade die invertierbaren Primideale.

§ 13. Eindimensionale Schemata

Die Theorie der algebraischen Zahlkörper, die zunächst von den Methoden der Arithmetik und der Algebra beherrscht wird, läßt sich in grundlegender Weise auch aus einer geometrischen Sicht behandeln, durch die sie auf vielfältige Art ganz neuartige Aspekte zeigt. Diese geometrische Interpretation beruht auf der Möglichkeit, die Zahlen als Funktionen auf einem topologischen Raum aufzufassen.

Zur Erläuterung gehen wir von den Polynomen

$$f(x) = a_n x^n + \cdots + a_0$$

mit komplexen Koeffizienten $a_i \in \mathbb{C}$ aus, die wir in direkter Weise als Funktionen auf der komplexen Zahlenebene ansehen können. Dieses Merkmal läßt sich rein algebraisch wie folgt formulieren. Sei $a \in \mathbb{C}$ ein Punkt der komplexen Zahlenebene. Die Gesamtheit aller Funktionen $f(x)$ im Polynomring $\mathbb{C}[x]$, die im Punkt a verschwinden, bilden das maximale Ideal $\mathfrak{p} = (x - a)$ von $\mathbb{C}[x]$. Die Punkte der komplexen Ebene entsprechen auf diese Weise umkehrbar eindeutig den maximalen Idealen von $\mathbb{C}[x]$, deren Gesamtheit wir mit

$$M = \operatorname{Max}(\mathbb{C}[x])$$

bezeichnen. Wir sehen M als neuen Raum an und können die Elemente $f(x)$ des Ringes $\mathbb{C}[x]$ als Funktionen auf M wie folgt interpretieren. Für jeden Punkt $\mathfrak{p} = (x - a)$ von M haben wir den kanonischen Isomorphismus

$$\mathbb{C}[x]/\mathfrak{p} \xrightarrow{\sim} \mathbb{C},$$

bei dem die Restklasse $f(x) \bmod \mathfrak{p}$ in $f(a)$ übergeht. Wir sehen daher diese Restklasse

$$f(\mathfrak{p}) := f(x) \bmod \mathfrak{p} \in \kappa(\mathfrak{p})$$

im Restklassenkörper $\kappa(\mathfrak{p}) = \mathbb{C}[x]/\mathfrak{p}$ als den „Wert“ von f im Punkte $\mathfrak{p} \in M$ an. Die Topologie auf $\mathbb{C}$ läßt sich in algebraischer Weise nicht auf M herüberziehen. Alles, was algebraisch zu retten ist, sind die durch die Gleichungen

$$f(x) = 0$$

definierten Punktmengen (also nur die endlichen Mengen und M selber), die als abgeschlossene Mengen erklärt werden. In der neuen Formulierung sind dies die Mengen

$$V(f) = \{\mathfrak{p} \in M \mid f(\mathfrak{p}) = 0\} = \{\mathfrak{p} \in M \mid \mathfrak{p} \supseteq (f(x))\}.$$

Die obige algebraische Interpretation der Funktionen führt nun zu der folgenden geometrischen Deutung ganz allgemeiner Ringe. Für einen beliebigen Ring $\mathcal{O}$ wird das **Spektrum**

$$X = \operatorname{Spec}(\mathcal{O})$$

als die Menge aller Primideale $\mathfrak{p}$ von $\mathcal{O}$ eingeführt. Die **Zariski-Topologie** auf X ist dadurch definiert, daß die Mengen

$$V(\mathfrak{a}) = \{\mathfrak{p} \mid \mathfrak{p} \supseteq \mathfrak{a}\}$$

als abgeschlossen erklärt werden, wobei $\mathfrak{a}$ die Ideale von $\mathcal{O}$ durchläuft. X wird damit zu einem topologischen Raum (man beachte $V(\mathfrak{a}) \cup V(\mathfrak{b}) = V(\mathfrak{a}\mathfrak{b})$), der aber in aller Regel nicht hausdorffsch ist. Die abgeschlossenen Punkte entsprechen den maximalen Idealen von $\mathcal{O}$.

Die Elemente $f \in \mathcal{O}$ spielen die Rolle von Funktionen auf dem topologischen Raum X: Der „Wert" von f im Punkte $\mathfrak{p}$ wird durch

$$f(\mathfrak{p}) := f \bmod \mathfrak{p}$$

definiert und ist ein Element im Restklassenkörper $\kappa(\mathfrak{p})$, d.h. im Quotientenkörper von $\mathcal{O}/\mathfrak{p}$. Die Werte von f liegen also i.a. nicht mehr in ein- und demselben Körper.

Die Zulassung auch der nicht-maximalen Primideale als nicht-abgeschlossene Punkte erweist sich als überaus praktisch, hat aber auch einen sinnfälligen Grund. Im Fall des Ringes $\mathcal{O} = \mathbb{C}[x]$ etwa hat der Punkt $\mathfrak{p} = (0)$ den Restklassenkörper $\kappa(\mathfrak{p}) = \mathbb{C}(x)$. Der „Wert" eines Polynoms $f \in \mathbb{C}[x]$ in diesem Punkt ist $f(x)$ selbst, aufgefaßt als Element von $\mathbb{C}(x)$. Dieses Element sollte als der Wert von f an der **unbestimmten** Stelle x angesehen werden, die man sich überall und nirgends vorstellen darf. Diese Sichtweise geht einher mit der Tatsache, daß der Abschluß des Punktes $\mathfrak{p} = (0)$ in der Zariski-Topologie von X der ganze Raum X ist. $\mathfrak{p}$ heißt daher auch der **generische Punkt** von X.

Beispiel: Der Raum $X = \operatorname{Spec}(\mathbb{Z})$ wird durch eine Gerade

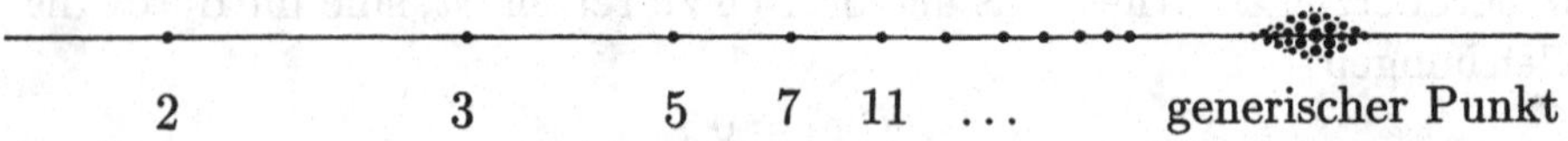

veranschaulicht. Man hat für jede Primzahl einen abgeschlossenen Punkt und überdies den generischen Punkt (0), dessen Abschluß ganz X ist. Die nicht-leeren offenen Mengen von X erhält man durch Wegwerfen endlich vieler Primzahlen $p_1, \dots, p_n$. Die ganzen Zahlen $a \in \mathbb{Z}$ werden als Funktionen auf X aufgefaßt, indem der Wert von a im Punkte (p) durch die Restklasse

$$a(p) = a \bmod p \in \mathbb{Z}/p\mathbb{Z}$$

erklärt wird. Als Wertekörper erhalten wir

$$\mathbb{Z}/2\mathbb{Z},\ \mathbb{Z}/3\mathbb{Z},\ \mathbb{Z}/5\mathbb{Z},\ \mathbb{Z}/7\mathbb{Z},\ \mathbb{Z}/11\mathbb{Z}, \ldots, \mathbb{Q}.$$

Es tritt also jeder Primkörper genau einmal auf.

Eine wichtige Verfeinerung der geometrischen Interpretation der Elemente des Ringes $\mathcal{O}$ als Funktionen auf dem Raum $X = \operatorname{Spec}(\mathcal{O})$ ergibt sich durch die Bildung der **Strukturgarbe** $\mathcal{O}_X$. Damit ist folgendes gemeint. Sei $U \neq \emptyset$ eine offene Teilmenge von X. Wenn $\mathcal{O}$ ein eindimensionaler Integritätsbereich ist, so ist der Ring der „regulären Funktionen" auf U durch

$$\mathcal{O}(U) = \{\frac{f}{g} \mid g(\mathfrak{p}) \neq 0 \quad \text{für alle } \mathfrak{p} \in U\}$$

gegeben, also durch die Lokalisierung von $\mathcal{O}$ nach der multiplikativen Menge $S = \mathcal{O} \setminus \bigcup_{\mathfrak{p} \in U} \mathfrak{p}$ (vgl. § 11). Im allgemeinen Fall wird $\mathcal{O}(U)$ definiert als die Gesamtheit aller Elemente

$$s = (s_\mathfrak{p}) \in \prod_{\mathfrak{p} \in U} \mathcal{O}_\mathfrak{p},$$

die lokal Quotienten von zwei Elementen von $\mathcal{O}$ sind. Genauer bedeutet dies, daß es zu jedem $\mathfrak{p} \in U$ eine Umgebung $V \subseteq U$ von $\mathfrak{p}$ gibt und Elemente $f, g \in \mathcal{O}$, derart daß für jedes $\mathfrak{q} \in V$ gilt: $g(\mathfrak{q}) \neq 0$ und $s_\mathfrak{q} = f/g$ in $\mathcal{O}_\mathfrak{q}$. Die Quotientenbildung ist hier in dem allgemeineren Sinne der kommutativen Algebra gemeint (vgl. § 11, Aufgabe 1). Es ist dem Leser überlassen, zu prüfen, daß man bei einem eindimensionalen Integritätsbereich $\mathcal{O}$ die obige Definition zurückerhält.

Sind $V \subseteq U$ zwei offene Mengen von X, so induziert die Projektion

$$\prod_{\mathfrak{p} \in U} \mathcal{O}_\mathfrak{p} \to \prod_{\mathfrak{p} \in V} \mathcal{O}_\mathfrak{p}$$

einen Homomorphismus

$$\rho_{UV} : \mathcal{O}(U) \to \mathcal{O}(V),$$

der die **Restriktion** von U nach V genannt wird. Das System der Ringe $\mathcal{O}(U)$ und Abbildungen ρ_{UV} ist eine **Garbe** auf X. Darunter versteht man folgendes.

(13.1) Definition. *Sei X ein topologischer Raum. Eine* **Prägarbe** $\mathcal{F}$ *von abelschen Gruppen (Ringen etc.) besteht aus folgenden Daten:*

1) *Für jede offene Menge U ist eine abelsche Gruppe (ein Ring etc.) $\mathcal{F}(U)$ gegeben.*

2) *Für jede Inklusion $U \subseteq V$ ist ein Homomorphismus $\rho_{UV} : \mathcal{F}(U) \to \mathcal{F}(V)$ gegeben, Restriktion genannt.*

Diese Daten sind den folgenden Bedingungen unterworfen:

a) $\mathcal{F}(\emptyset) = 0$,

b) ρ_{UU} *ist die identische Abbildung* $\mathrm{id} : \mathcal{F}(U) \to \mathcal{F}(U)$,

c) $\rho_{UW} = \rho_{VW} \circ \rho_{UV}$ *für offene Mengen* $W \subseteq V \subseteq U$.

Die Elemente $s \in \mathcal{F}(U)$ heißen die **Schnitte** der Prägarbe $\mathcal{F}$ über U. Ist $V \subseteq U$, so schreibt man $\rho_{UV}(s) = s|_V$. Die Definition der Prägarbe läßt sich kurz und bündig in der Sprache der Kategorien formulieren. Die offenen Mengen des topologischen Raumes X bilden eine Kategorie X_{top}, in der als einzige Morphismen die Inklusionen gelten. Eine Prägarbe von abelschen Gruppen (Ringen) ist nun nichts weiter als ein kontravarianter Funktor

$$\mathcal{F} : X_{\text{top}} \to (ab),\ (Ringe)$$

in die Kategorie der abelschen Gruppen (bzw. der Ringe) mit $\mathcal{F}(\emptyset) = 0$.

(13.2) Definition. *Eine Prägarbe $\mathcal{F}$ auf dem topologischen Raum X heißt eine* **Garbe**, *wenn für die offenen Überdeckungen $\{U_i\}$ der offenen Mengen U gilt:*

(i) *Sind $s, s' \in \mathcal{F}(U)$ zwei Schnitte mit $s|_{U_i} = s'|_{U_i}$ für alle i, so ist $s = s'$.*

(ii) *Ist $s_i \in \mathcal{F}(U_i)$ eine Familie von Schnitten mit*

$$s_i|_{U_i \cap U_j} = s_j|_{U_i \cap U_j}$$

für alle i, j, so gibt es ein $s \in \mathcal{F}(U)$ mit $s|_{U_i} = s_i$ für alle i.

Unter dem **Halm** der Garbe $\mathcal{F}$ im Punkte $x \in X$ versteht man den direkten Limes (vgl. Kap. IV, § 2)

$$\mathcal{F}_x = \varinjlim_{U \ni x} \mathcal{F}(U),$$

wobei U alle offenen Umgebungen von x durchläuft. Mit anderen Worten: In der disjunkten Vereinigung $\bigcup_{U \ni x} \mathcal{F}(U)$ heißen zwei Schnitte $s_U \in \mathcal{F}(U)$ und $s_V \in \mathcal{F}(V)$ äquivalent, wenn es eine Umgebung

$W \subseteq U \cap V$ von x gibt mit $s_U|_W = s_V|_W$. Die Äquivalenzklassen heißen **Keime** von Schnitten bei x und bilden die Elemente von $\mathcal{F}_x$.

Wir kehren zurück zum Spektrum $X = \operatorname{Spec}(\mathcal{O})$ eines Ringes $\mathcal{O}$ und erhalten den

(13.3) Satz. *Die Ringe $\mathcal{O}(U)$ bilden zusammen mit den Restriktionsabbildungen ρ_{UV} eine* **Garbe** *auf X. Diese wird mit $\mathcal{O}_X$ bezeichnet und heißt die* **Strukturgarbe** *auf X.*

Der Halm von $\mathcal{O}_X$ im Punkte $\mathfrak{p} \in X$ ist die Lokalisierung $\mathcal{O}_\mathfrak{p}$: $\mathcal{O}_{X,\mathfrak{p}} \cong \mathcal{O}_\mathfrak{p}$.

Der Beweis dieses Satzes ergibt sich unmittelbar aus den Definitionen. Das Paar $(X, \mathcal{O}_X)$ heißt ein **affines Schema**. Die Strukturgarbe $\mathcal{O}_X$ wird aber meistens bei der Benennung fortgelassen. Sei jetzt

$$\varphi : \mathcal{O} \to \mathcal{O}'$$

ein Homomorphismus von Ringen und $X = \operatorname{Spec}(\mathcal{O})$, $X' = \operatorname{Spec}(\mathcal{O}')$. φ induziert dann eine stetige Abbildung

$$f : X' \to X\,, \quad f(\mathfrak{p}') := \varphi^{-1}(\mathfrak{p}')\,,$$

und für jede offene Teilmenge U von X einen Homomorphismus

$$f_U^* : \mathcal{O}(U) \to \mathcal{O}(U')\,, \quad s \mapsto s \circ f|_{U'}\,,$$

wobei $U' = f^{-1}(U)$ ist. Die Abbildungen f_U^* haben die folgenden beiden Eigenschaften.

a) Sind $V \subseteq U$ offene Mengen, so ist das Diagramm

$$\begin{array}{ccc} \mathcal{O}(U) & \xrightarrow{f_U^*} & \mathcal{O}(U') \\ \rho_{UV}\downarrow & & \downarrow\rho_{U'V'} \\ \mathcal{O}(V) & \xrightarrow{f_V^*} & \mathcal{O}(V') \end{array}$$

kommutativ.

b) Für $\mathfrak{p}' \in U' \subseteq X'$ und $a \in \mathcal{O}(U)$ gilt

$$a(f(\mathfrak{p}')) = 0 \quad \Rightarrow \quad f_U^*(a)(\mathfrak{p}') = 0\,.$$

Eine stetige Abbildung $f : X' \to X$ zusammen mit einer Familie von Homomorphismen $f_U^* : \mathcal{O}(U) \to \mathcal{O}(U')$, die den Bedingungen a) und b) genügen, heißt ein **Morphismus** des Schemas X' in das Schema X. Bei der Benennung eines solchen Morphismus werden die Abbildungen

f_U^* meistens nicht erwähnt. Man kann zeigen, daß jeder Morphismus zwischen zwei affinen Schemata $X' = \operatorname{Spec}(\mathcal{O}')$ und $X = \operatorname{Spec}(\mathcal{O})$ in der oben beschriebenen Weise von einem Ringhomomorphismus $\varphi : \mathcal{O} \to \mathcal{O}'$ induziert wird.

Die Beweise der obigen Behauptungen sind einfach, zum Teil jedoch etwas länglich. Der Begriff des Schemas bildet die Grundlage einer sehr umfangreichen Theorie, die innerhalb der Mathematik eine zentrale Stellung einnimmt. Für eine Einführung in diese wichtige Disziplin seien die Bücher [51] und [104] empfohlen.

Wir beschränken uns jetzt auf die Betrachtung der noetherschen Integritätsbereiche $\mathcal{O}$ der Dimension ≤ 1 und wollen einige der bisher behandelten Sachverhalte durch die schematheoretische Deutung geometrisch veranschaulichen.

1. Körper. Ist K ein Körper, so besteht das Schema $\operatorname{Spec}(K)$ aus einem einzigen Punkt (0), auf dem der Körper K als Strukturgarbe sitzt. Man darf diese einpunktigen Schemata nicht als gleich ansehen, denn sie unterscheiden sich wesentlich in der Strukturgarbe.

2. Bewertungsringe. Ist $\mathcal{O}$ ein diskreter Bewertungsring mit dem maximalen Ideal $\mathfrak{p}$, so besteht das Schema $X = \operatorname{Spec}(\mathcal{O})$ aus zwei Punkten, dem abgeschlossenen Punkt $x = \mathfrak{p}$ mit dem Restklassenkörper $\kappa(\mathfrak{p}) = \mathcal{O}/\mathfrak{p}$ und dem generischen Punkt $\eta = (0)$ mit dem Restklassenkörper $\kappa(\eta) = K$, dem Quotientenkörper von $\mathcal{O}$. Man muß sich X als einen Punkt x mit einer infinitesimalen Umgebung vorstellen, die von dem generischen Punkt η durchlaufen wird:

X :

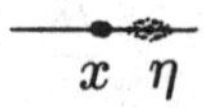

Diese Vorstellung rechtfertigt sich durch die folgende Betrachtung.

Die diskreten Bewertungsringe treten als Lokalisierungen

$$\mathcal{O}_{\mathfrak{p}} = \{\tfrac{f}{g} \mid f, g \in \mathcal{O},\ g(\mathfrak{p}) \neq 0\}$$

von Dedekindringen $\mathcal{O}$ auf. Es gibt keine Umgebung von $\mathfrak{p}$ in $X = \operatorname{Spec}(\mathcal{O})$, auf der alle Funktionen $\frac{f}{g} \in \mathcal{O}_{\mathfrak{p}}$ definiert sind, denn zu jedem Punkt $\mathfrak{q} \neq \mathfrak{p}$, $\mathfrak{q} \neq 0$, finden wir nach dem chinesischen Restsatz ein $g \in \mathcal{O}$ mit $g \equiv 0 \bmod \mathfrak{q}$ und $g \equiv 1 \bmod \mathfrak{p}$, so daß $\frac{1}{g} \in \mathcal{O}_{\mathfrak{p}}$ als Funktion nicht in $\mathfrak{q}$ definiert ist. Jedes Element $\frac{f}{g} \in \mathcal{O}_{\mathfrak{p}}$ ist aber auf einer genügend kleinen Umgebung definiert, so daß man sagen kann, daß alle Elemente $\frac{f}{g}$ des diskreten Bewertungsringes $\mathcal{O}_{\mathfrak{p}}$ auf dem „Keim" einer Umgebung von $\mathfrak{p}$

als Funktionen leben. Als einen solchen „Umgebungskeim“ von $\mathfrak{p}$ darf man sich daher $\operatorname{Spec}(\mathcal{O}_\mathfrak{p})$ denken.

Es sei auf eine kleine Diskrepanz in der Anschauung hingewiesen. Betrachtet man das Spektrum des eindimensionalen Ringes $\mathbb{C}[x]$, dessen Punkte die komplexe Zahlenebene ausmachen, so wird man sich die infinitesimale Umgebung $X_\mathfrak{p} = \operatorname{Spec}(\mathbb{C}[x]_\mathfrak{p})$ eines Punktes $\mathfrak{p} = (x - a)$ nicht als ein kleines Geradenstück vorstellen wollen, sondern als eine kleine Kreisscheibe:

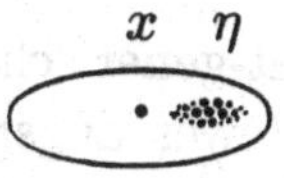

Dieser zweidimensionale Charakter haftet allen diskreten Bewertungsringen mit algebraisch abgeschlossenem Restklassenkörper an, jedoch erhält diese Anschauung ihre algebraische Rechtfertigung erst durch eine neue Topologie, die **Etaltopologie**, die sehr viel feiner ist als die Zariski-Topologie (vgl. [103], [132]).

3. Dedekindringe. Das Spektrum $X = \operatorname{Spec}(\mathcal{O})$ eines Dedekindringes $\mathcal{O}$ stellt man sich als eine glatte Kurve vor. In jedem Punkt $\mathfrak{p}$ kann man die **Lokalisierung** $\mathcal{O}_\mathfrak{p}$ betrachten. Die Inklusion $\mathcal{O} \hookrightarrow \mathcal{O}_\mathfrak{p}$ induziert einen Morphismus

$$f : X_\mathfrak{p} = \operatorname{Spec}(\mathcal{O}_\mathfrak{p}) \to X ,$$

durch den das Schema $X_\mathfrak{p}$ als „infinitesimale Umgebung“ von $\mathfrak{p}$ aus X herausgehoben wird:

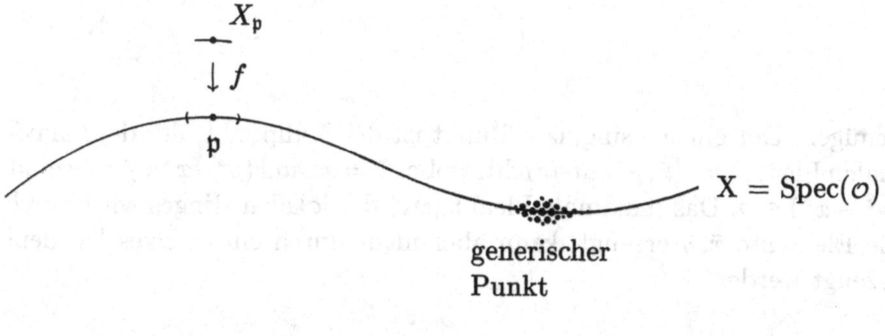

4. Singularitäten. Wir betrachten jetzt einen eindimensionalen noetherschen Integritätsbereich $\mathcal{O}$, der kein Dedekindring ist, wie z.B. eine Ordnung eines algebraischen Zahlkörpers, die von der Hauptordnung verschieden ist. Wieder sehen wir das Schema $X = \operatorname{Spec}(\mathcal{O})$ als eine Kurve an, jedoch als eine Kurve, die nicht mehr überall glatt ist, sondern in manchen Punkten „Singularitäten“ hat.

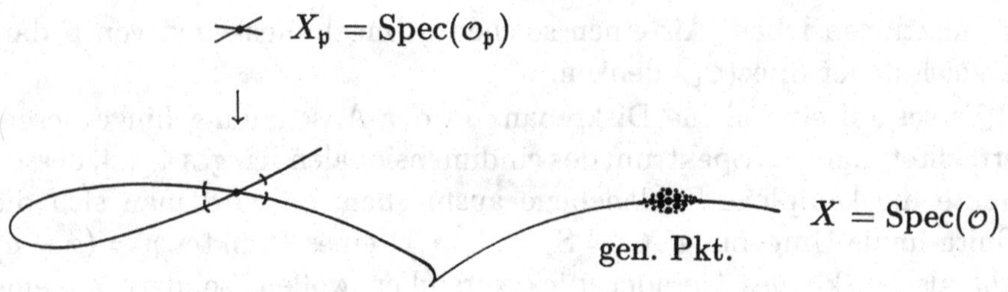

Dies sind genau diejenigen nicht-generischen Punkte $\mathfrak{p}$, für die die Lokalisierung $\mathcal{O}_{\mathfrak{p}}$ kein diskreter Bewertungsring mehr ist, das maximale Ideal $\mathfrak{p}\mathcal{O}_{\mathfrak{p}}$ also nicht mehr durch ein einziges Element erzeugt wird. Bei dem eindimensionalen Ring $\mathcal{O} = \mathbb{C}[x, y]/(y^2 - x^3)$ zum Beispiel sind die abgeschlossenen Punkte des Schemas X durch die Primideale

$$\mathfrak{p} = (x - a, y - b) \bmod (y^2 - x^3)$$

gegeben, wobei (a, b) die Punkte des $\mathbb{C}^2$ durchläuft, die der Gleichung

$$b^2 - a^3 = 0$$

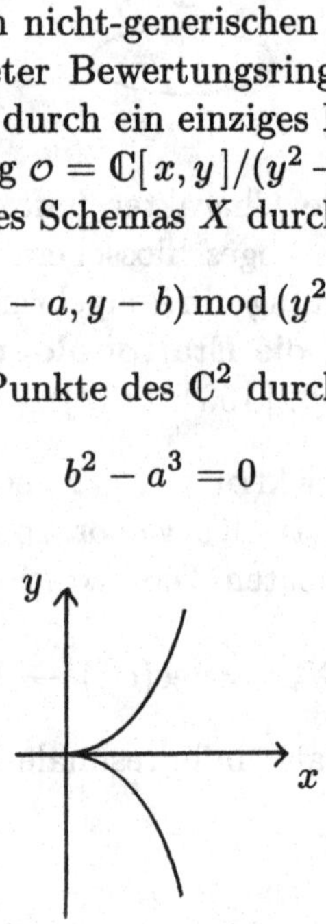

genügen. Der einzige singuläre Punkt ist der Nullpunkt, der dem maximalen Ideal $\mathfrak{p}_0 = (\bar{x}, \bar{y})$ entspricht, wobei $\bar{x} = x \bmod (y^2 - x^3)$, $\bar{y} = y \bmod (y^2 - x^3) \in \mathcal{O}$. Das maximale Ideal $\mathfrak{p}_0\mathcal{O}_{\mathfrak{p}_0}$ des lokalen Ringes wird durch die Elemente $\bar{x}, \bar{y}$ erzeugt, kann aber nicht durch ein einziges Element erzeugt werden.

5. Normalisierung. Die Bildung der Normalisierung $\tilde{\mathcal{O}}$ eines eindimensionalen noetherschen Integritätsbereiches $\mathcal{O}$ bedeutet geometrisch die *Auflösung* der soeben besprochenen Singularitäten. Ist nämlich $X = \operatorname{Spec}(\mathcal{O})$ und $\widetilde{X} = \operatorname{Spec}(\tilde{\mathcal{O}})$, so induziert die Inklusion $\mathcal{O} \hookrightarrow \tilde{\mathcal{O}}$ einen Morphismus $f : \widetilde{X} \to X$.

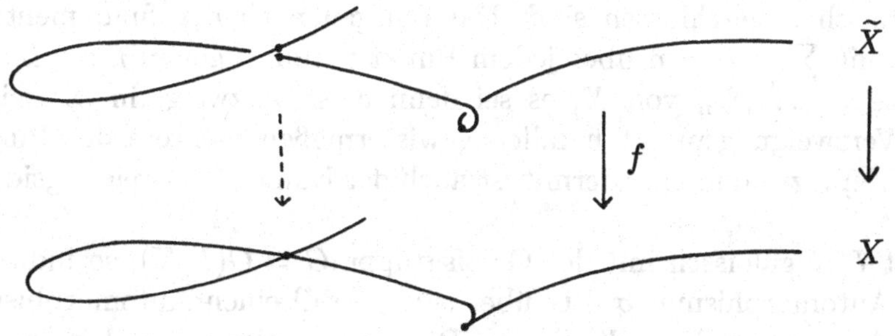

Da $\tilde{\mathcal{O}}$ ein Dedekindring ist, so ist das Schema $\tilde{X}$ als glatt anzusehen. Ist $\mathfrak{p}\tilde{\mathcal{O}} = \tilde{\mathfrak{p}}_1^{e_r} \ldots \tilde{\mathfrak{p}}_r^{e_r}$ die Primzerlegung von $\mathfrak{p}$ in $\tilde{\mathcal{O}}$, so sind $\tilde{\mathfrak{p}}_1, \ldots, \tilde{\mathfrak{p}}_r$ die verschiedenen Punkte von $\tilde{X}$, die unter f auf $\mathfrak{p}$ abgebildet werden. Man kann zeigen, daß $\mathfrak{p}$ genau dann ein regulärer Punkt von X ist, d.h. ein Punkt, für den $\mathcal{O}_\mathfrak{p}$ ein diskreter Bewertungsring ist, wenn $r = 1$, $e_1 = 1$ und $f_1 = (\tilde{\mathcal{O}}/\tilde{\mathfrak{p}}_1 : \mathcal{O}/\mathfrak{p}) = 1$ ist.

6. Erweiterungen. Sei $\mathcal{O}$ ein Dedekindring mit dem Quotientenkörper K, $L|K$ eine endliche separable Erweiterung und $\mathcal{O}$ der ganze Abschluß von $\mathcal{O}$ in L. Sei $Y = \operatorname{Spec}(\mathcal{O})$, $X = \operatorname{Spec}(\mathcal{O})$ und

$$f : X \to Y$$

der durch die Inklusion $\mathcal{O} \hookrightarrow \mathcal{O}$ induzierte Morphismus. Ist $\mathfrak{p}$ ein maximales Ideal von $\mathcal{O}$ und

$$\mathfrak{p}\mathcal{O} = \mathfrak{P}_1^{e_1} \ldots \mathfrak{P}_r^{e_r}$$

die Primzerlegung von $\mathfrak{p}$ in $\mathcal{O}$, so sind $\mathfrak{P}_1, \ldots, \mathfrak{P}_r$ die verschiedenen Punkte von X, die durch f auf $\mathfrak{p}$ abgebildet werden. Der Morphismus f ist eine „verzweigte Überlagerung“. Er wird durch das folgende Bild veranschaulicht:

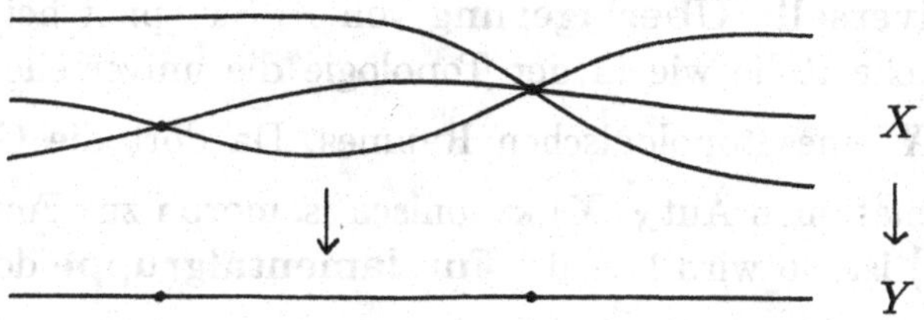

Verzweigungspunkte

Dieses Bild spiegelt den algebraischen Sachverhalt allerdings nur dann korrekt wieder, wenn die Restklassenkörper von $\mathcal{O}$ (wie bei $\mathbb{C}[x]$)

algebraisch abgeschlossen sind. Dann liegen nach der fundamentalen Gleichung $\sum_i e_i f_i = n$ über jedem Punkt $\mathfrak{p}$ von Y genau $n = [\,L : K\,]$ Punkte $\mathfrak{P}_1, \ldots, \mathfrak{P}_n$ von X, es sei denn $\mathfrak{p}$ ist verzweigt in $\mathcal{O}$. Bei einem Verzweigungspunkt $\mathfrak{p}$ fallen gewissermaßen mehrere der Punkte $\mathfrak{P}_1, \ldots, \mathfrak{P}_n$ zusammen. Hiermit ist auch der Name „Verzweigungsideal" erklärt.

Ist $L|K$ galoissch mit der Galoisgruppe $G = G(L|K)$, so induziert jeder Automorphismus $\sigma \in G$ über $\sigma : \mathcal{O} \to \mathcal{O}$ einen Automorphismus von Schemata $\sigma : X \to X$. Da der Ring $\mathcal{O}$ festgelassen wird, so ist das Diagramm

$$X \overset{\sigma}{\longrightarrow} X$$
$$f\searrow \quad \swarrow f$$
$$Y$$

kommutativ. Einen solchen Automorphismus nennt man eine **Decktransformation** der verzweigten Überlagerung X/Y. Die Gruppe der Decktransformationen wird mit $\mathrm{Aut}_Y(X)$ bezeichnet. Wir haben also einen kanonischen Isomorphismus

$$G(L|K) \cong \mathrm{Aut}_Y(X)\,.$$

In Kap. II, § 7 werden wir sehen, daß das Kompositum zweier unverzweigter Erweiterungen von K wieder unverzweigt ist. Das in einem algebraischen Abschluß $\overline{K}$ von K gebildete Kompositum $\widetilde{K}$ *aller* unverzweigten Erweiterungen $L|K$ heiße die **maximale unverzweigte Erweiterung**. Der ganze Abschluß $\tilde{o}$ von $\mathcal{O}$ in $\widetilde{K}$ ist zwar noch ein eindimensionaler Integritätsbereich, ist aber i.a. nicht mehr noethersch, und es liegen über einem Primideal $\mathfrak{p} \neq 0$ von $\mathcal{O}$ in aller Regel unendlich viele Primideale. Das Schema $\widetilde{Y} = \mathrm{Spec}(\tilde{o})$ mit dem Morphismus

$$f : \widetilde{Y} \to Y$$

heißt die **universelle Überlagerung** von Y. Sie spielt bei den Schemata die gleiche Rolle wie in der Topologie die universelle Überlagerung $\widetilde{X} \to X$ eines topologischen Raumes. Da dort die Gruppe der Decktransformationen $\mathrm{Aut}_X(\widetilde{X})$ kanonisch isomorph zur Fundamentalgruppe $\pi_1(X)$ ist, so wird hier die **Fundamentalgruppe** des Schemas Y durch

$$\pi_1(Y) = \mathrm{Aut}_Y(\widetilde{Y}) = G(\widetilde{K}|K)$$

definiert. Hiermit ist eine erste Verbindung der Galoistheorie mit der klassischen Topologie geknüpft. Sie setzt sich in erheblichem Umfange fort durch die Betrachtung der **Etaltopologie**.

Die in diesem Paragraphen dargelegte geometrische Betrachtungsweise der algebraischen Zahlkörper erfährt eine überzeugende Bekräftigung durch die Theorie der Funktionenkörper und der algebraischen Kurven über einem endlichen Körper $\mathbb{F}_p$, mit der sie in engster Analogiebeziehung steht.

§ 14. Funktionenkörper

Zum Schluß dieses Kapitels wollen wir in kurzen Andeutungen auf die Theorie der **Funktionenkörper** eingehen, die den algebraischen Zahlkörpern in frappierender Entsprechung zur Seite stehen und durch ihre ganz unmittelbare Beziehung zur Geometrie eine leitbildhafte Bedeutung für die Theorie der algebraischen Zahlkörper erhalten.

Der Ring $\mathbb{Z}$ der ganzen Zahlen mit seinem Quotientenkörper $\mathbb{Q}$ steht in einer auffälligen Analogie zum Polynomring $\mathbb{F}_p[t]$ über dem Körper $\mathbb{F}_p$ von p Elementen mit seinem Quotientenkörper $\mathbb{F}_p(t)$. Wie $\mathbb{Z}$ ist auch $\mathbb{F}_p[t]$ ein Hauptidealring. Den Primzahlen entsprechen die normierten irreduziblen Polynome $p(t) \in \mathbb{F}_p[t]$, die wie die Primzahlen endliche Körper $\mathbb{F}_{p^d}$, $d = \operatorname{Grad}(p(t))$, als Restklassenringe haben, nur daß diese jetzt alle dieselbe Charakteristik besitzen. Der geometrische Charakter des Ringes $\mathbb{F}_p[t]$ tritt hier viel unmittelbarer hervor, denn für ein Element $f = f(t) \in \mathbb{F}_p[t]$ ist der Wert von f in einem Punkt $\mathfrak{p} = (p(t))$ des affinen Schemas $X = \operatorname{Spec}(\mathbb{F}_p[t])$ wirklich durch den Wert $f(a) \in \mathbb{F}_p$ gegeben, wenn $p(t) = t - a$ ist, oder allgemeiner durch $f(\alpha) \in \mathbb{F}_{p^d}$, wenn $\alpha \in \mathbb{F}_{p^d}$ eine Nullstelle von $p(t)$ ist. Dies beruht auf der Isomorphie

$$\mathbb{F}_p[t]/\mathfrak{p} \xrightarrow{\sim} \mathbb{F}_{p^d},$$

bei der die Restklasse $f(\mathfrak{p}) = f \bmod \mathfrak{p}$ in $f(\alpha)$ übergeht. In der Analogie des Fortschreitens der Primzahlen $2, 3, 5, 7, \dots$ auf der einen Seite und des Wachsens der Mächtigkeiten $p, p^2, p^3, p^4, \dots$ der Restklassenkörper $\mathbb{F}_{p^d}$ auf der anderen liegt eines der tiefsten Geheimnisse der Arithmetik.

Für die endlichen Erweiterungen K von $\mathbb{F}_p(t)$ erhält man nun die gleiche arithmetische Theorie wie für die algebraischen Zahlkörper, so wie wir sie ganz allgemein für beliebige eindimensionale noethersche Integritätsbereiche entwickelt haben. Der entscheidende Unterschied zum Zahlkörperfall liegt jedoch darin, daß der Funktionenkörper K abseits von den Primidealen von $\mathcal{O}$ noch endlich viele weitere Primideale versteckt, die zur Entwicklung einer vollständigen Theorie unbedingt mit ins Auge gefaßt werden müssen.

Dieses Phänomen wird schon am Beispiel des rationalen Funktionenkörpers $\mathbb{F}_p(t)$ deutlich und beruht darauf, daß die Wahl der Unbestimmten t, die den Ganzheitsring $\mathbb{F}_p[t]$ festlegt, ganz willkürlich ist. Eine andere Wahl, etwa $t' = 1/t$, legt einen ganz anderen Ring $\mathbb{F}_p[1/t]$ fest und damit ganz andere Primideale. Es kommt daher darauf an, eine von solcher Wahl unabhängige Theorie zu entwickeln. Dies kann auf zwei Weisen geschehen, eine bewertungstheoretische und eine schematheoretische, also geometrische.

Wir erläutern zuerst die naivere, d.h. die bewertungstheoretische Methode. Sei K eine endliche Erweiterung von $\mathbb{F}_p(t)$ und $\mathcal{O}$ der ganze Abschluß von $\mathbb{F}_p[t]$ in K. Nach § 11 gehört zu jedem Primideal $\mathfrak{p} \neq 0$ von $\mathcal{O}$ eine normierte diskrete Bewertung, d.h. eine surjektive Funktion

$$v_\mathfrak{p} : K \to \mathbb{Z} \cup \{\infty\}$$

mit den Eigenschaften

(i) $v_\mathfrak{p}(0) = \infty$,
(ii) $v_\mathfrak{p}(ab) = v_\mathfrak{p}(a) + v_\mathfrak{p}(b)$,
(iii) $v_\mathfrak{p}(a+b) \geq \min\{v_\mathfrak{p}(a), v_\mathfrak{p}(b)\}$.

Mit der Primzerlegung im Dedekindring $\mathcal{O}$ stehen die Bewertungen in der Beziehung

$$(a) = \prod_\mathfrak{p} \mathfrak{p}^{v_\mathfrak{p}(a)}.$$

Die Definition einer diskreten Bewertung von K bedarf nun nicht der Vorgabe eines Teilringes $\mathcal{O}$, und es kommen in der Tat außer den aus $\mathcal{O}$ entstehenden Bewertungen noch endlich viele weitere hinzu. Im Falle des Körpers $\mathbb{F}_p(t)$ gibt es außer den zu den Primidealen $\mathfrak{p} = (p(t))$ von $\mathbb{F}_p[t]$ gehörenden Bewertungen noch eine weitere, die **Gradbewertung** v_∞. Sie ist für $\frac{f}{g} \in \mathbb{F}_p(t)$, $f, g \in \mathbb{F}_p[t]$, durch

$$v_\infty(\frac{f}{g}) = \mathrm{Grad}(g) - \mathrm{Grad}(f)$$

gegeben und gehört zum Primideal $\mathfrak{p} = y\mathbb{F}_p[y]$ des Ringes $\mathbb{F}_p[y]$ mit $y = 1/t$. Man kann zeigen, daß hiermit alle normierten Bewertungen des Körpers $\mathbb{F}_p(t)$ erschöpft sind.

Für eine beliebige endliche Erweiterung K von $\mathbb{F}_p(t)$ betrachtet man nun anstelle der Primideale die sämtlichen normierten diskreten Bewertungen $v_\mathfrak{p}$ von K im obigen Sinne, wobei man den Buchstaben $\mathfrak{p}$ als Symbol beibehält. Als Analogon zur Idealgruppe bildet man die freie, durch diese Symbole erzeugte "Divisorengruppe"

$$Div(K) = \{\sum_\mathfrak{p} n_\mathfrak{p}\mathfrak{p} \mid n_\mathfrak{p} \in \mathbb{Z},\ n_\mathfrak{p} = 0 \quad \text{für fast alle } \mathfrak{p}\},$$

betrachtet die Abbildung

$$\operatorname{div}: K^* \to Div(K)\,, \quad \operatorname{div}(f) = \sum_{\mathfrak{p}} v_{\mathfrak{p}}(f)\mathfrak{p}\,,$$

mit dem Bild $\mathcal{P}(K)$ und definiert die Divisorenklassengruppe von K durch

$$Cl(K) = Div(K)/\mathcal{P}(K)\,.$$

Im Gegensatz zur Idealklassengruppe eines algebraischen Zahlkörpers ist diese Gruppe nicht endlich. Man hat vielmehr den kanonischen Homomorphismus

$$\deg: Cl(K) \to \mathbb{Z},$$

der der Klasse von $\mathfrak{p}$ den Grad $\deg(\mathfrak{p}) = [\kappa(\mathfrak{p}) : \mathbb{F}_p]$ des Restklassenkörpers des Bewertungsringes von $\mathfrak{p}$ zuordnet, und der Klasse eines beliebigen Divisors $\mathfrak{a} = \sum_{\mathfrak{p}} n_{\mathfrak{p}}\mathfrak{p}$ die Summe

$$\deg(\mathfrak{a}) = \sum_{\mathfrak{p}} n_{\mathfrak{p}} \deg(\mathfrak{p})\,.$$

Für einen Hauptdivisor $\operatorname{div}(f)$, $f \in K^*$, ergibt sich durch eine leichte Rechnung $\deg(\operatorname{div}(f)) = 0$, so daß die Abbildung deg wohldefiniert ist. Als Analogon zur Endlichkeit der Klassenzahl bei den Zahlkörpern hat man hier die Tatsache, daß nicht $Cl(K)$ selbst, sondern der Kern $Cl^0(K)$ von deg endlich ist. Die Unendlichkeit der Klassengruppe darf man den Funktionenkörpern nicht als Nachteil anrechnen, sondern muß vielmehr die Endlichkeit bei den Zahlkörpern als einen Mangel ansehen, der nach Korrektur verlangt. Wie diese Situation zu beurteilen ist und wie sie bereinigt wird, werden wir in Kap. III, § 1 erläutern.

Der ideale und in jeder Hinsicht befriedigende Rahmen für die Theorie der Funktionenkörper wird durch den Begriff des **Schemas** gegeben. Im vorigen Paragraphen haben wir die affinen Schemata eingeführt als Paare $(X, \mathcal{O}_X)$, bestehend aus einem topologischen Raum $X = \operatorname{Spec}(\mathcal{O})$ und einer Garbe $\mathcal{O}_X$ von Ringen auf X. Ein Schema ist nun allgemeiner ein topologischer Raum X mit einer Ringgarbe $\mathcal{O}_X$, derart daß zu jedem Punkt von X eine Umgebung U existiert, so daß U zusammen mit der Einschränkung $\mathcal{O}_U$ der Garbe $\mathcal{O}_X$ auf U, also das Paar $(U, \mathcal{O}_U)$, isomorph zu einem affinen Schema im Sinne von § 13 ist. Diese Verallgemeinerung des affinen Schemas ist für die Funktionenkörper K der angemessene Begriff. Er zeigt alle Primideale auf einmal und versteckt keine.

Im Falle $K = \mathbb{F}_p(t)$ etwa erhält man das zugehörige Schema $(X, \mathcal{O}_X)$ durch einen Verklebungsprozeß aus den beiden Ringen $A = \mathbb{F}_p[u]$ und $B = \mathbb{F}_p[v]$, genauer aus den beiden affinen Schemata $U = \operatorname{Spec}(A)$ und $V = \operatorname{Spec}(B)$. Nimmt man aus U den Punkt $\mathfrak{p}_0 = (u)$ und aus

V den Punkt $\mathfrak{p}_\infty = (v)$ heraus, so wird $U - \{\mathfrak{p}_0\} = \operatorname{Spec}(\mathbb{F}_p[u, u^{-1}])$, $V - \{\mathfrak{p}_\infty\} = \operatorname{Spec}(\mathbb{F}_p[v, v^{-1}])$, und man erhält durch den Isomorphismus $f : \mathbb{F}_p[u, u^{-1}] \to \mathbb{F}_p[v, v^{-1}]$, $u \mapsto v^{-1}$, eine Bijektion

$$\varphi : V - \{\mathfrak{p}_\infty\} \to U - \{\mathfrak{p}_0\}\,, \quad \mathfrak{p} \mapsto f^{-1}(\mathfrak{p})\,.$$

In der Vereinigung $U \cup V$ werden nun die Punkte von $V - \{\mathfrak{p}_\infty\}$ und $U - \{\mathfrak{p}_0\}$ vermöge φ miteinander identifiziert, und es entsteht ein topologischer Raum X. In einer unmittelbar ersichtlichen Weise wird aus den beiden Garben $\mathcal{O}_U$ und $\mathcal{O}_V$ eine Ringgarbe $\mathcal{O}_X$ auf X. Nimmt man aus X den Punkt $\mathfrak{p}_\infty$ bzw. $\mathfrak{p}_0$ heraus, so erhält man kanonische Isomorphismen

$$(X - \{\mathfrak{p}_\infty\}, \mathcal{O}_{X-\{\mathfrak{p}_\infty\}}) \cong (U, \mathcal{O}_U), \quad (X - \{\mathfrak{p}_0\}, \mathcal{O}_{X-\{\mathfrak{p}_0\}}) \cong (V, \mathcal{O}_V)\,.$$

Das Paar $(X, \mathcal{O}_X)$ ist das dem Körper $\mathbb{F}_p(t)$ zugeordnete Schema. Es heißt die **projektive Gerade** über $\mathbb{F}_p$ und wird mit $\mathbb{P}^1_{\mathbb{F}_p}$ bezeichnet.

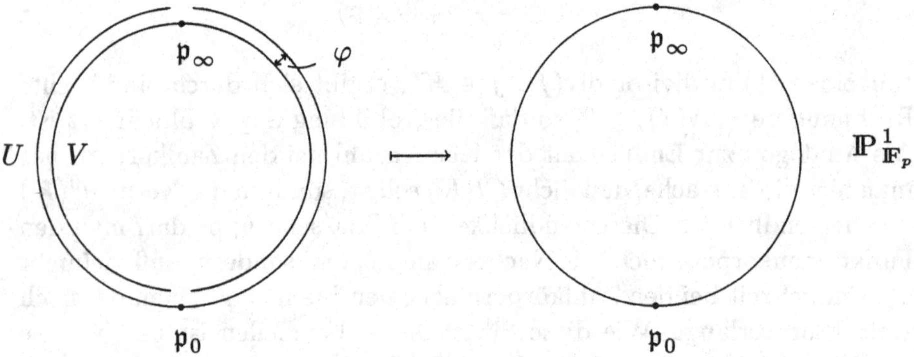

Allgemeiner kann man auf ähnliche Weise einer beliebigen Erweiterung $K|\mathbb{F}_p(t)$ ein Schema $(X, \mathcal{O}_X)$ zuordnen. Für die genaue Ausführung dieser Bildung verweisen wir den Leser auf [51].

Kapitel II
Bewertungstheorie

§ 1. Die p-adischen Zahlen

Die p-adischen Zahlen wurden Anfang des zwanzigsten Jahrhunderts von dem Mathematiker *Kurt Hensel* (1861–1941) erfunden, und zwar in der Absicht, die machtvolle Methode der Potenzreihenentwicklung, welche in der Funktionentheorie eine so beherrschende Rolle spielt, auch der Zahlentheorie zur Verfügung zu stellen. Der Gedanke entsprang der im letzten Kapitel erläuterten Beobachtung, daß man die Zahlen $f \in \mathbb{Z}$ in Analogie zu den Polynomen $f(z) \in \mathbb{C}[z]$ als Funktionen auf dem Raum X der Primzahlen in $\mathbb{Z}$ auffassen kann, indem man ihnen als „Wert" im Punkte $p \in X$ das Element

$$f(p) := f \bmod p$$

im Restklassenkörper $\kappa(p) = \mathbb{Z}/p\mathbb{Z}$ zuordnet.

Bei dieser Ansicht der Dinge drängt sich die weitergehende Frage auf, ob sich außer dem „Wert" der Zahl $f \in \mathbb{Z}$ bei p auch die höheren Ableitungen von f in sinnvoller Weise definieren lassen. Bei den Polynomen $f(z) \in \mathbb{C}[z]$ ergeben sich die höheren Ableitungen im Punkt $z = a$ durch die Koeffizienten der Entwicklung

$$f(z) = a_0 + a_1(z-a) + \cdots + a_n(z-a)^n$$

und allgemeiner bei den rationalen Funktionen $f(z) = \dfrac{g(z)}{h(z)} \in \mathbb{C}(z)$, $g, h \in \mathbb{C}[z]$, durch die Taylorentwicklung

$$f(z) = \sum_{\nu=0}^{\infty} a_\nu (z-a)^\nu \,,$$

wenn sie in $z = a$ keinen Pol haben, d.h. wenn $(z-a) \nmid h(z)$. Zum Begriff der p-adischen Zahl werden wir nun dadurch geführt, daß sich eine solche Entwicklung auch für jede rationale Zahl $f \in \mathbb{Q}$ bzgl. einer Primzahl p in $\mathbb{Z}$ angeben läßt, wenn sie im lokalen Ring

$$\mathbb{Z}_{(p)} = \left\{ \frac{g}{h} \mid g, h \in \mathbb{Z},\ p \nmid h \right\}$$

liegt. Zunächst besitzt jede natürliche Zahl $f \in \mathbb{N}$ eine **p-adische Entwicklung**

$$f = a_0 + a_1 p + \cdots + a_n p^n \,,$$

wobei die Koeffizienten a_i in $\{0,1,\ldots,p-1\}$ liegen, also in einem festen Repräsentantensystem des „Wertekörpers" $\kappa(p) = \mathbb{F}_p$. Diese Darstellung ist offenbar eindeutig. Man findet sie durch fortgesetzte Division durch p, indem man das folgende System von Gleichungen bildet:

$$\begin{aligned} f &= a_0 + pf_1 \\ f_1 &= a_1 + pf_2 \\ &\vdots \\ f_{n-1} &= a_{n-1} + pf_n \\ f_n &= a_n\,. \end{aligned}$$

Hierbei bedeutet $a_i \in \{0,1,\ldots,p-1\}$ den Repräsentanten von $f_i \bmod p \in \mathbb{Z}/p\mathbb{Z}$. In konkreten Fällen notiert man die Zahl f manchmal einfach durch die Ziffernfolge $a_0, a_1a_2\ldots a_n$, also zum Beispiel

$$\begin{aligned} 216 &= 0,0011011 && \text{(2-adisch)} \\ 216 &= 0,0022 && \text{(3-adisch)} \\ 216 &= 1,331 && \text{(5-adisch)}\,. \end{aligned}$$

Will man nun auch für die negativen oder gar für die gebrochenen Zahlen eine p-adische Entwicklung angeben, so wird man dazu gezwungen, auch unendliche Reihen

$$\sum_{\nu=0}^{\infty} a_\nu p^\nu = a_0 + a_1p + a_2p^2 + \cdots$$

zu betrachten. Dies ist zunächst in einem rein formalen Sinne gemeint, d.h. $\sum_{\nu=0}^{\infty} a_\nu p^\nu$ bezeichnet einfach die Folge der Partialsummen

$$s_n = \sum_{\nu=0}^{n-1} a_\nu p^\nu\,, \quad n = 1,2,\ldots\,.$$

(1.1) Definition. *Sei p eine feste Primzahl. Eine* **ganze p-adische Zahl** *ist eine formale unendliche Reihe*

$$a_0 + a_1p + a_2p^2 + \cdots\,,$$

wobei $0 \le a_i < p$ für $i = 0,1,2,\ldots$ ist. Die Gesamtheit der ganzen p-adischen Zahlen wird mit $\mathbb{Z}_p$ bezeichnet.

Die p-adische Entwicklung einer beliebigen Zahl $f \in \mathbb{Z}_{(p)}$ ergibt sich aufgrund des folgenden Satzes über die Restklassen in $\mathbb{Z}/p^n\mathbb{Z}$.

(1.2) Satz. *Die Restklassen $a \bmod p^n \in \mathbb{Z}/p^n\mathbb{Z}$ werden in eindeutiger Darstellung durch*

$$a \equiv a_0 + a_1 p + a_2 p^2 + \cdots + a_{n-1} p^{n-1} \bmod p^n$$

gegeben, wobei $0 \le a_i < p$ *für* $i = 0, \ldots, n-1$.

Beweis (mit vollständiger Induktion): Für $n = 1$ ist alles klar. Nehmen wir die Behauptung für $n-1$ als bewiesen an, so haben wir eine eindeutige Darstellung

$$a = a_0 + a_1 p + a_2 p^2 + \cdots + a_{n-2} p^{n-2} + g p^{n-1}$$

mit einer ganzen Zahl g. Ist $g \equiv a_{n-1} \bmod p$ mit $0 \le a_{n-1} < p$, so ist a_{n-1} durch a eindeutig bestimmt, und es gilt die Kongruenz des Satzes. □

Jede ganze Zahl f und allgemeiner jede rationale Zahl $f \in \mathbb{Z}_{(p)}$, deren Nenner nicht durch p teilbar ist, definiert nun eine Folge von Restklassen

$$\bar{s}_n = f \bmod p^n \in \mathbb{Z}/p^n\mathbb{Z}, \quad n = 1, 2, \ldots,$$

für die nach dem obigen Satz

$$\begin{aligned} \bar{s}_1 &= a_0 \bmod p\,, \\ \bar{s}_2 &= a_0 + a_1 p \bmod p^2\,, \\ \bar{s}_3 &= a_0 + a_1 p + a_2 p^2 \bmod p^3\,, \quad \text{etc.} \end{aligned}$$

ist mit eindeutig bestimmten und gleichbleibenden Koeffizienten $a_0, a_1, a_2, \ldots \in \{0, 1, \ldots, p-1\}$. Die Zahlenfolge

$$s_n = a_0 + a_1 p + a_2 p^2 + \cdots + a_{n-1} p^{n-1}, \quad n = 1, 2, \ldots,$$

definiert eine p-adische Zahl

$$\sum_{\nu=0}^{\infty} a_\nu p^\nu \in \mathbb{Z}_p.$$

Diese nennen wir die **p-adische Entwicklung** von f.

In Analogie zu den Laurentreihen $f(z) = \sum_{\nu=-m}^{\infty} a_\nu (z-a)^\nu$ erweitern wir den Bereich der ganzen p-adischen Zahlen durch die formalen Reihen

$$\sum_{\nu=-m}^{\infty} a_\nu p^\nu = a_{-m} p^{-m} + \cdots + a_{-1} p^{-1} + a_0 + a_1 p + \cdots,$$

wobei $m \in \mathbb{Z}$ und $0 \leq a_\nu < p$ ist. Diese Reihen nennen wir die **p-adischen Zahlen** schlechthin und bezeichnen ihre Gesamtheit mit $\mathbb{Q}_p$. Ist $f \in \mathbb{Q}$ eine beliebige rationale Zahl, so schreiben wir

$$f = \frac{g}{h} p^{-m} \quad \text{mit } g, h \in \mathbb{Z}, \quad (gh, p) = 1\,,$$

und wenn

$$a_0 + a_1 p + a_2 p^2 + \cdots$$

die p-adische Entwicklung von $\frac{g}{h}$ ist, so ordnen wir f die p-adische Zahl

$$a_0 p^{-m} + a_1 p^{-m+1} + \cdots + a_m + a_{m+1} p + \cdots \quad \in \mathbb{Q}_p$$

als p-adische Entwicklung zu.

Auf diese Weise erhalten wir eine kanonische Abbildung

$$\mathbb{Q} \to \mathbb{Q}_p\,,$$

die $\mathbb{Z}$ in $\mathbb{Z}_p$ überführt und injektiv ist, denn wenn $a, b \in \mathbb{Z}$ dieselbe p-adische Entwicklung haben, so ist $a - b$ für jedes n durch p^n teilbar, also $a = b$. Wir identifizieren nun $\mathbb{Q}$ mit dem Bild in $\mathbb{Q}_p$, so daß $\mathbb{Q} \subseteq \mathbb{Q}_p$ und $\mathbb{Z} \subseteq \mathbb{Z}_p$ wird, und erhalten hiernach für jede rationale Zahl $f \in \mathbb{Q}$ eine Gleichheit

$$f = \sum_{\nu=-m}^{\infty} a_\nu p^\nu\,.$$

Hiermit ist das angestrebte Analogon zur funktionentheoretischen Potenzreihenentwicklung etabliert.

Beispiele: a) $-1 = (p-1) + (p-1)p + (p-1)p^2 + \cdots$.
Es ist nämlich

$$-1 = (p-1) + (p-1)p + \cdots + (p-1)p^{n-1} - p^n\,,$$

$$\text{also} \quad -1 \equiv (p-1) + (p-1)p + \cdots + (p-1)p^{n-1} \bmod p^n\,.$$

b) $\frac{1}{1-p} = 1 + p + p^2 + \cdots$.

Es ist nämlich

$$1 = (1 + p + \cdots + p^{n-1})(1-p) + p^n\,,$$

$$\text{also} \quad \frac{1}{1-p} \equiv 1 + p + \cdots + p^{n-1} \bmod p^n\,.$$

Zwischen den p-adischen Zahlen kann man eine Addition und eine Multiplikation definieren, durch die $\mathbb{Z}_p$ zu einem Ring und $\mathbb{Q}_p$ zum Quotientenkörper von $\mathbb{Z}_p$ wird. Der direkte Versuch, Summe und Produkt durch Übertragungsregeln der Ziffern zu definieren, so wie sie uns von der Dezimalentwicklung reeller Zahlen vertraut sind, führt jedoch auf Komplikationen. Diese verschwinden, wenn wir uns einer etwas anderen Darstellung der p-adischen Zahlen $f = \sum_{\nu=0}^{\infty} a_\nu p^\nu$ bedienen, indem wir sie nicht als Folgen der ganzzahligen Partialsummen

$$s_n = \sum_{\nu=0}^{n-1} a_\nu p^\nu \in \mathbb{Z}$$

ansehen, sondern als Folgen der **Restklassen**

$$\overline{s}_n = s_n \bmod p^n \in \mathbb{Z}/p^n\mathbb{Z}.$$

Die Glieder einer solchen Folge liegen in verschiedenen Ringen $\mathbb{Z}/p^n\mathbb{Z}$, jedoch sind diese durch die kanonischen Projektionen

$$\mathbb{Z}/p\mathbb{Z} \xleftarrow{\lambda_1} \mathbb{Z}/p^2\mathbb{Z} \xleftarrow{\lambda_2} \mathbb{Z}/p^3\mathbb{Z} \xleftarrow{\lambda_3} \cdots$$

verbunden, und es gilt

$$\lambda_n(\overline{s}_{n+1}) = \overline{s}_n\,.$$

Im direkten Produkt

$$\prod_{n=1}^{\infty} \mathbb{Z}/p^n\mathbb{Z} = \{(x_n)_{n\in\mathbb{N}} \mid x_n \in \mathbb{Z}/p^n\mathbb{Z}\}$$

betrachten wir jetzt alle Elemente $(x_n)_{n\in\mathbb{N}}$ mit der Eigenschaft

$$\lambda_n(x_{n+1}) = x_n \quad \text{für alle} \quad n = 1, 2, \dots\,.$$

Diese Menge heißt der **projektive Limes** der Ringe $\mathbb{Z}/p^n\mathbb{Z}$ und wird mit $\varprojlim_n \mathbb{Z}/p^n\mathbb{Z}$ bezeichnet. Es ist also

$$\varprojlim_n \mathbb{Z}/p^n\mathbb{Z} = \{(x_n)_{n\in\mathbb{N}} \in \prod_{n=1}^{\infty} \mathbb{Z}/p^n\mathbb{Z} \mid \lambda_n(x_{n+1}) = x_n,\ n = 1, 2, \dots\}\,.$$

Die erwähnte modifizierte Darstellung der p-adischen Zahlen ergibt sich jetzt durch den folgenden

(1.3) Satz. *Ordnet man jeder ganzen p-adischen Zahl*

$$f = \sum_{\nu=0}^{\infty} a_\nu p^\nu$$

die Folge $(\overline{s}_n)_{n\in\mathbb{N}}$ *der Restklassen*

$$\overline{s}_n = \sum_{\nu=0}^{n-1} a_\nu p^\nu \bmod p^n \in \mathbb{Z}/p^n\mathbb{Z}$$

zu, so erhält man eine Bijektion

$$\mathbb{Z}_p \xrightarrow{\sim} \varprojlim_n \mathbb{Z}/p^n\mathbb{Z}.$$

Der Beweis ist eine unmittelbare Konsequenz aus dem Satz (1.2). Der projektive Limes $\varprojlim \mathbb{Z}/p^n\mathbb{Z}$ hat nun den Vorzug, in direkter Weise ein Ring zu sein, nämlich ein Teilring des direkten Produktes $\prod_{n=1}^{\infty} \mathbb{Z}/p^n\mathbb{Z}$, in dem Addition und Multiplikation komponentenweise definiert sind. Wir identifizieren $\mathbb{Z}_p$ mit $\varprojlim \mathbb{Z}/p^n\mathbb{Z}$ und erhalten damit den **Ring der ganzen p-adischen Zahlen** $\mathbb{Z}_p$.

Da jedes Element $f \in \mathbb{Q}_p$ eine Darstellung

$$f = p^{-m}g$$

mit $g \in \mathbb{Z}_p$ hat, so dehnt sich die Addition und Multiplikation in $\mathbb{Z}_p$ auf $\mathbb{Q}_p$ aus, und es wird $\mathbb{Q}_p$ der Quotientenkörper von $\mathbb{Z}_p$.

In $\mathbb{Z}_p$ hatten wir die ganzen Zahlen $a \in \mathbb{Z}$ wiedergefunden, die sich durch die Kongruenzen

$$a \equiv a_0 + a_1 p + \cdots + a_{n-1}p^{n-1} \bmod p^n,$$

$0 \le a_i < p$, ergeben. Bei der Identifizierung

$$\mathbb{Z}_p = \varprojlim_n \mathbb{Z}/p^n\mathbb{Z}$$

geht daher $\mathbb{Z}$ in die Menge der Tupel

$$(a \bmod p,\ a \bmod p^2,\ a \bmod p^3, \dots) \in \prod_{n=1}^{\infty} \mathbb{Z}/p^n\mathbb{Z}$$

über und wird auf diese Weise ein Teilring von $\mathbb{Z}_p$. Entsprechend erhalten wir $\mathbb{Q}$ als Teilkörper des Körpers $\mathbb{Q}_p$ der p-adischen Zahlen.

Trotz ihrer funktionentheoretisch gefärbten Herkunft erfüllen die p-adischen Zahlen ihre eigentliche Bestimmung ganz im Bereich der Arithmetik, und zwar an derem klassischen Kernstück, der **Diophantischen Gleichung**. Eine solche Gleichung

$$F(x_1, \dots, x_n) = 0$$

ist durch ein Polynom $F \in \mathbb{Z}[x_1, \dots, x_n]$ gegeben und stellt die Frage nach ihrer Lösbarkeit in ganzen Zahlen. Dieses schwierige Problem kann man dadurch abschwächen, daß man anstelle der Gleichung die sämtlichen Kongruenzen

$$F(x_1, \dots, x_n) \equiv 0 \bmod m$$

betrachtet oder, was nach dem chinesischen Restsatz das gleiche bedeutet, die Kongruenzen

$$F(x_1, \dots, x_n) \equiv 0 \bmod p^\nu$$

nach allen Primzahlpotenzen, in der Hoffnung, von hieraus Rückschlüsse auf die Gleichung selbst zu erhalten. Die Vielzahl dieser Kongruenzen wird nun durch die p-adischen Zahlen wieder zu einer Gleichung zusammengefaßt. Es gilt nämlich der

(1.4) Satz. *Sei $F(x_1, \dots, x_n)$ ein Polynom mit ganzen rationalen Koeffizienten und p eine feste Primzahl. Die Kongruenz*

$$F(x_1, \dots, x_n) \equiv 0 \bmod p^\nu$$

ist dann und nur dann für beliebiges $\nu \geq 1$ lösbar, wenn die Gleichung

$$F(x_1, \dots, x_n) = 0$$

in ganzen p-adischen Zahlen lösbar ist.

Beweis: Wir fassen den Ring $\mathbb{Z}_p$ wie verabredet als den projektiven Limes

$$\mathbb{Z}_p = \varprojlim_{\nu} \mathbb{Z}/p^\nu\mathbb{Z} \subseteq \prod_{\nu=1}^{\infty} \mathbb{Z}/p^\nu\mathbb{Z}$$

auf. Über dem rechten Ring zerfällt die Gleichung $F = 0$ in Komponenten über den einzelnen Ringen $\mathbb{Z}/p^\nu\mathbb{Z}$, also in die Kongruenzen

$$F(x_1, \dots, x_n) \equiv 0 \bmod p^\nu .$$

Ist nun

$$(x_1, \dots, x_n) = (x_1^{(\nu)}, \dots, x_n^{(\nu)})_{\nu \in \mathbb{N}} \in \mathbb{Z}_p^n ,$$

$(x_i^{(\nu)})_{\nu \in \mathbb{N}} \in \mathbb{Z}_p = \varprojlim_{\nu} \mathbb{Z}/p^\nu\mathbb{Z}$, eine p-adische Lösung von $F(x_1, \dots, x_n) = 0$, so werden die Kongruenzen durch

$$F(x_1^{(\nu)}, \dots, x_n^{(\nu)}) \equiv 0 \bmod p^\nu , \quad \nu = 1, 2, \dots ,$$

gelöst. Sei umgekehrt für jedes $\nu \geq 1$ eine Lösung $(x_1^{(\nu)}, \dots, x_n^{(\nu)})$ der Kongruenz

$$F(x_1, \dots, x_n) \equiv 0 \bmod p^\nu$$

gegeben. Lägen die Elemente $(x_i^{(\nu)})_{\nu \in \mathbb{N}} \in \prod_{\nu=1}^{\infty} \mathbb{Z}/p^\nu\mathbb{Z}$ schon in $\varprojlim \mathbb{Z}/p^\nu\mathbb{Z}$ für alle $i = 1, \dots, n$, so hätten wir eine p-adische Lösung der Gleichung $F = 0$. Da dies nicht automatisch der Fall ist, stellen wir aus der Folge $(x_1^{(\nu)}, \dots, x_n^{(\nu)})$ eine Teilfolge her, die unseren Wünschen entspricht. Wegen der einfacheren Bezeichnung betrachten wir nur den Fall $n = 1$ und setzen $x_\nu = x_1^{(\nu)}$. Der allgemeine Fall verläuft ganz genauso.

Wir sehen (x_ν) im folgenden als Folge in $\mathbb{Z}$ an. Da $\mathbb{Z}/p\mathbb{Z}$ endlich ist, gibt es unendlich viele Glieder von x_ν, die $\bmod p$ kongruent zu einem festen Element $y_1 \in \mathbb{Z}/p\mathbb{Z}$ sind. Wir können also eine Teilfolge $\{x_\nu^{(1)}\}$ von $\{x_\nu\}$ wählen mit

$$x_\nu^{(1)} \equiv y_1 \bmod p \quad \text{und} \quad F(x_\nu^{(1)}) \equiv 0 \bmod p\,.$$

In gleicher Weise können wir aus $\{x_\nu^{(1)}\}$ eine Teilfolge $\{x_\nu^{(2)}\}$ auswählen mit

$$x_\nu^{(2)} \equiv y_2 \bmod p^2 \quad \text{und} \quad F(x_\nu^{(2)}) \equiv 0 \bmod p^2\,,$$

wobei $y_2 \in \mathbb{Z}/p^2\mathbb{Z}$ ist, für das offensichtlich $y_2 \equiv y_1 \bmod p$ gilt. Fahren wir so fort, so erhalten wir für jedes $k \geq 1$ eine Teilfolge $\{x_\nu^{(k)}\}$ von $\{x_\nu^{(k-1)}\}$, deren Glieder die Kongruenzen

$$x_\nu^{(k)} \equiv y_k \bmod p^k \quad \text{und} \quad F(x_\nu^{(k)}) \equiv 0 \bmod p^k$$

erfüllen mit gewissen $y_k \in \mathbb{Z}/p^k\mathbb{Z}$, für die

$$y_k \equiv y_{k-1} \bmod p^{k-1}$$

gilt. Die y_k definieren daher eine p-adische Zahl $y = (y_k)_{k \in \mathbb{N}} \in \varprojlim_k \mathbb{Z}/p^k\mathbb{Z} = \mathbb{Z}_p$ mit

$$F(y_k) \equiv 0 \bmod p^k$$

für alle $k \geq 1$, d.h. $F(y) = 0$. □

Aufgabe 1. Eine p-adische Zahl $a = \sum_{\nu=-m}^{\infty} a_\nu p^\nu \in \mathbb{Q}_p$ ist genau dann eine rationale Zahl, wenn die Ziffernfolge periodisch ist (eine Vorperiode zugelassen).

Hinweis: Man schreibe $p^m a = b + c\,\dfrac{p^l}{1-p^n}$, $0 \leq b < p^l$, $0 \leq c < p^n$.

Aufgabe 2. Eine ganze p-adische Zahl $a = a_0 + a_1 p + a_2 p^2 + \cdots$ ist genau dann eine Einheit im Ring $\mathbb{Z}_p$, wenn $a_0 \neq 0$ ist.

Aufgabe 3. Zeige, daß die Gleichung $x^2 = 2$ in $\mathbb{Z}_7$ eine Lösung hat.

Aufgabe 4. Stelle die Zahlen $\frac{2}{3}$ und $-\frac{2}{3}$ als 5-adische Zahlen dar.

Aufgabe 5. Der Körper $\mathbb{Q}_p$ der p-adischen Zahlen hat keine Automorphismen außer dem identischen.

Aufgabe 6. Wie spiegelt sich die Addition, die Subtraktion, die Multiplikation und die Division zweier rationaler Zahlen in der p-adischen Ziffernschreibweise wieder?

§ 2. Der p-adische Absolutbetrag

Die Reihendarstellung

$$a_0 + a_1 p + a_2 p^2 + \cdots , \qquad 0 \le a_i < p , \tag{1}$$

einer ganzen p-adischen Zahl hat eine große Ähnlichkeit mit der Dezimalbruchentwicklung

$$a_0 + a_1\left(\frac{1}{10}\right) + a_2\left(\frac{1}{10}\right)^2 + \cdots , \qquad 0 \le a_i < 10 ,$$

einer reellen Zahl zwischen 0 und 10, konvergiert aber nicht wie diese. Dennoch läßt sich der Körper $\mathbb{Q}_p$ der p-adischen Zahlen aus dem Körper $\mathbb{Q}$ heraus genauso aufbauen wie der Körper $\mathbb{R}$ der reellen Zahlen. Dies beruht darauf, daß man den üblichen Absolutbetrag durch einen neuen „p-adischen" Absolutbetrag $|\ \ |_p$ ersetzt, der die Reihen (1) konvergieren und die p-adischen Zahlen in gewohnter Weise als Limites von Cauchyfolgen rationaler Zahlen erscheinen läßt. Diese Begründung wurde von dem ungarischen Mathematiker *J. Kürschak* gegeben. Der p-adische Absolutbetrag $|\ \ |_p$ ist wie folgt definiert.

Sei $a = \frac{b}{c}$, $b, c \in \mathbb{Z}$, eine von Null verschiedene rationale Zahl. Wir ziehen aus b und c die Primzahl p so weit wie möglich heraus,

$$a = p^m \frac{b'}{c'} , \quad (b'c', p) = 1 , \tag{2}$$

und setzen

$$|a|_p = \frac{1}{p^m} .$$

Der p-adische Betrag mißt also nicht mehr die Größe einer Zahl $a \in \mathbb{N}$, sondern ist vielmehr klein, wenn die Zahl durch eine hohe Potenz von p teilbar ist, den durch (1.4) geweckten Gedanken fördernd, daß eine ganze Zahl 0 sein muß, wenn sie unendlich oft durch p teilbar ist. Insbesondere bilden die Summanden einer p-adischen Reihe $a_0 + a_1 p + a_2 p^2 + \cdots$ bzgl. $|\ \ |_p$ eine Nullfolge.

Der Exponent m in der Darstellung (2) der Zahl a wird mit $v_p(a)$ bezeichnet, und man setzt formal $v_p(0) = \infty$. Man erhält dann eine Funktion

$$v_p : \mathbb{Q} \to \mathbb{Z} \cup \{\infty\}$$

mit den leicht nachzuprüfenden Eigenschaften

1) $v_p(a) = \infty \Longleftrightarrow a = 0$,

2) $v_p(ab) = v_p(a) + v_p(b)$,

3) $v_p(a+b) \geq \min\{v_p(a), v_p(b)\}$,

wobei $x + \infty = \infty$, $\infty + \infty = \infty$ und $\infty > x$ für alle $x \in \mathbb{Z}$ gelten soll. Die Funktion v_p heißt die **p-adische Exponentialbewertung** von $\mathbb{Q}$. Der **p-adische Absolutbetrag** ist durch

$$|\ \ |_p : \mathbb{Q} \to \mathbb{R}, \quad a \mapsto |a|_p = p^{-v_p(a)},$$

gegeben und erfüllt wegen 1), 2), 3) die Bedingungen einer *Norm* auf $\mathbb{Q}$:

1) $|a|_p = 0 \Longleftrightarrow a = 0$,

2) $|ab|_p = |a|_p |b|_p$,

3) $|a+b|_p \leq \max\{|a|_p, |b|_p\} \leq |a|_p + |b|_p$.

Man kann zeigen, daß mit den Beträgen $|\ \ |_p$ und $|\ \ |$ die auf $\mathbb{Q}$ existierenden Normen i.w. erschöpft sind: Jede weitere Norm ist eine Potenz $|\ \ |_p^s$ oder $|\ \ |^s$ mit einer reellen Zahl $s > 0$ (vgl. (3.7)). Der gewöhnliche Betrag $|\ \ |$ wird aus einem sinnreichen Grund mit $|\ \ |_\infty$ bezeichnet, den wir sogleich erläutern werden. Zusammen mit den Beträgen $|\ \ |_p$ erfüllt er die folgende wichtige **Geschlossenheitsrelation**:

(2.1) Satz. *Für jede rationale Zahl $a \neq 0$ gilt*

$$\prod_p |a|_p = 1,$$

wobei p die Primzahlen und das Symbol ∞ durchläuft.

Beweis: Betrachten wir die Primzerlegung

$$a = \pm \prod_{p \neq \infty} p^{\nu_p}$$

von a, so ist der Exponent ν_p von p gerade die Exponentialbewertung $v_p(a)$, und das Vorzeichen ist gleich $\frac{a}{|a|_\infty}$. Die Gleichung schreibt sich also

$$a = \frac{a}{|a|_\infty} \prod_{p \neq \infty} \frac{1}{|a|_p},$$

so daß in der Tat $\prod_p |a|_p = 1$ gilt. □

Die Bezeichnung $|\ \ |_\infty$ des gewöhnlichen Absolutbetrages erklärt sich durch die Analogie des rationalen Zahlkörpers $\mathbb{Q}$ zum rationalen Funktionenkörper $k(t)$ über einem Körper k, die der Ausgangspunkt unserer Betrachtung gewesen ist. Anstelle von $\mathbb{Z}$ haben wir in $k(t)$ den Polynomring $k[t]$, dessen Primideale $\mathfrak{p} \neq 0$ durch die irreduziblen, normierten Polynome $p(t) \in k[t]$ gegeben sind. Für jedes solche $\mathfrak{p}$ definiert man einen Absolutbetrag

$$|\ \ |_\mathfrak{p} : k(t) \to \mathbb{R}$$

wie folgt. Sei $f(t) = \dfrac{g(t)}{h(t)}$, $g(t), h(t) \in k[t]$, eine von Null verschiedene rationale Funktion. Wir ziehen aus $g(t)$ und $h(t)$ das irreduzible Polynom $p(t)$ so weit wie möglich heraus,

$$f(t) = p(t)^m \frac{\tilde{g}(t)}{\tilde{h}(t)}, \quad (\tilde{g}\tilde{h}, p) = 1,$$

und setzen

$$v_\mathfrak{p}(f) = m, \quad |f|_\mathfrak{p} = q_\mathfrak{p}^{-v_\mathfrak{p}(f)},$$

mit $q_\mathfrak{p} = q^{d_\mathfrak{p}}$, wobei $d_\mathfrak{p}$ der Grad des Restklassenkörpers von $\mathfrak{p}$ über k ist und q eine festgewählte reelle Zahl > 1. Ferner setzen wir $v_\mathfrak{p}(0) = \infty$ und $|0|_\mathfrak{p} = 0$ und erhalten für $v_\mathfrak{p}$ und $|\ \ |_\mathfrak{p}$ die gleichen Bedingungen 1), 2), 3) wie für v_p und $|\ \ |_p$. Im Falle, daß $\mathfrak{p} = (t - a)$ ist, $a \in k$, bedeutet $v_\mathfrak{p}(f)$ offenbar die Nullstellen- bzw. Polordnung der Funktion $f = f(t)$ in $t = a$.

Für den Funktionenkörper $k(t)$ haben wir nun noch eine weitere Exponentialbewertung

$$v_\infty : k(t) \to \mathbb{Z} \cup \{\infty\},$$

nämlich

$$v_\infty(f) = \operatorname{grad}(h) - \operatorname{grad}(g),$$

wenn $f = \frac{g}{h} \neq 0$, $g, h \in k[t]$. Diese beschreibt die Nullstellen- bzw. die Polordnung von $f(t)$ im unendlich fernen Punkt ∞, d.h. die Nullstellen- bzw. Polordnung der Funktion $f(1/t)$ im Punkte $t = 0$. Sie ist dem Primideal $\mathfrak{p} = (1/t)$ des Ringes $k[1/t] \subseteq k(t)$ in gleicher Weise zugeordnet wie die Exponentialbewertungen $v_{\mathfrak{p}}$ den Primidealen $\mathfrak{p}$ von $k[t]$. Setzen wir

$$|f|_\infty = q^{-v_\infty(f)},$$

so ergibt sich aus dem Satz über die eindeutige Primzerlegung in $k(t)$ in ähnlicher Weise wie (2.1) die Formel

$$\prod_{\mathfrak{p}} |f|_{\mathfrak{p}} = 1,$$

wobei $\mathfrak{p}$ die Primideale von $k[t]$ und das Symbol ∞ für den unendlichen Punkt durchläuft (vgl. Kap. I, § 14, S. 100).

Die obige Betrachtung zeigt, daß man den gewöhnlichen Absolutbetrag $|\ \ |$ von $\mathbb{Q}$ wegen der Geschlossenheitsrelation (2.1) einem virtuellen unendlich fernen Punkt zugeordnet sehen sollte. Diese Ansicht rechtfertigt die Bezeichnung $|\ \ |_\infty$, gehorcht dem ständigen Leitgedanken, die Zahlen vom geometrischen Standpunkt als Funktionen zu interpretieren, und erfüllt die solchermaßen gesetzten Erwartungen in einem immer nur wachsenden und Staunen erregenden Maße. Der entscheidende Unterschied des Betrages $|\ \ |_\infty$ von $\mathbb{Q}$ zum Betrage $|\ \ |_\infty$ von $k(t)$ besteht darin, daß er sich nicht mehr aus einer Exponentialbewertung $v_{\mathfrak{p}}$ herleitet, die zu einem Primideal gehört.

Nachdem wir den p-adischen Absolutbetrag $|\ \ |_p$ auf $\mathbb{Q}$ eingeführt haben, definieren wir den Körper $\mathbb{Q}_p$ der p-adischen Zahlen aufs neue, indem wir genauso vorgehen wie bei der Konstruktion des Körpers der reellen Zahlen. Wir werden hinterher zeigen, daß diese neue, analytische Definition mit der funktionentheoretisch motivierten Henselschen Definition übereinstimmt.

Unter einer **Cauchyfolge** bzgl. $|\ \ |_p$ verstehen wir eine Folge $\{x_n\}$ rationaler Zahlen, derart daß zu jedem $\varepsilon > 0$ eine natürliche Zahl n_0 existiert mit

$$|x_n - x_m|_p < \varepsilon \quad \text{für} \quad n, m \geq n_0 .$$

Beispiel: Jede formale Reihe

$$\sum_{\nu=0}^{\infty} a_\nu p^\nu , \quad 0 \leq a_\nu < p ,$$

liefert durch ihre Partialsummen

$$x_n = \sum_{\nu=0}^{n-1} a_\nu p^\nu$$

eine Cauchyfolge, denn es gilt für $n > m$

$$|x_n - x_m|_p = |\sum_{\nu=m}^{n-1} a_\nu p^\nu|_p \le \max_{m\le\nu<n} \{|a_\nu p^\nu|_p\} \le \frac{1}{p^m}.$$

Eine Folge $\{x_n\}$ in $\mathbb{Q}$ heißt **Nullfolge** bzgl. $|\ \ |_p$, wenn $|x_n|_p$ eine Nullfolge im üblichen Sinne ist.

Beispiel: $1, p, p^2, p^3, \ldots$

Die Cauchyfolgen bilden einen Ring R, die Nullfolgen ein maximales Ideal $\mathfrak{m}$, und wir definieren den Körper der p-adischen Zahlen aufs neue als den Restklassenkörper

$$\mathbb{Q}_p := R/\mathfrak{m}.$$

Wir betten $\mathbb{Q}$ in $\mathbb{Q}_p$ ein, indem wir einem Element $a \in \mathbb{Q}$ die Restklasse der konstanten Folge $(a, a, a, \ldots)$ zuordnen. Den p-adischen Absolutbetrag $|\ \ |_p$ auf $\mathbb{Q}$ setzen wir auf $\mathbb{Q}_p$ fort, indem wir einem Element $x = \{x_n\} \bmod \mathfrak{m} \in R/\mathfrak{m}$ den Betrag

$$|x|_p := \lim_{n\to\infty} |x_n|_p \in \mathbb{R}$$

zuordnen. Der Limes existiert, weil $\{|x_n|_p\}$ eine Cauchyfolge in $\mathbb{R}$ ist, und er ist unabhängig von der Wahl der Folge $\{x_n\}$ aus ihrer Klasse $\bmod\ \mathfrak{m}$, denn für eine p-adische Nullfolge $\{y_n\} \in \mathfrak{m}$ gilt ja $\lim_{n\to\infty} |y_n|_p = 0$.

Auch die p-adische Exponentialbewertung v_p von $\mathbb{Q}$ setzt sich zu einer Exponentialbewertung

$$v_p : \mathbb{Q}_p \to \mathbb{Z} \cup \{\infty\}$$

fort. Ist nämlich $x \in \mathbb{Q}_p$ die Klasse der Cauchyfolge $\{x_n\}$ mit $x_n \neq 0$, so ist

$$v_p(x_n) = -\log_p |x_n|_p$$

divergent gegen ∞ oder eine Cauchyfolge in $\mathbb{Z}$, die wegen der Diskretheit von $\mathbb{Z}$ sogar für genügend großes n konstant werden muß. Wir setzen

$$v_p(x) = \lim_{n\to\infty} v_p(x_n) = v_p(x_n) \quad \text{für } n \ge n_0.$$

Es gilt wieder für alle $x \in \mathbb{Q}_p$

$$|x|_p = p^{-v_p(x)}.$$

Wie beim Körper der reellen Zahlen beweist man den

(2.2) Satz. *Der Körper $\mathbb{Q}_p$ der p-adischen Zahlen ist bzgl. des Absolutbetrages $|\ \ |_p$* **vollständig**, *d.h. jede Cauchyfolge in $\mathbb{Q}_p$ ist konvergent bzgl. $|\ \ |_p$.*

Zum Körper $\mathbb{R}$ gesellt sich damit für jede Primzahl p in völlig gleichberechtigter Weise ein neuer vollständiger Körper $\mathbb{Q}_p$, so daß aus $\mathbb{Q}$ die unendliche Körperfamilie

$$\mathbb{Q}_2,\ \mathbb{Q}_3,\ \mathbb{Q}_5,\ \mathbb{Q}_7,\ \mathbb{Q}_{11},\ldots,\ \mathbb{Q}_\infty = \mathbb{R}$$

entstanden ist.

Eine wichtige Besonderheit der p-adischen Absolutbeträge $|\ \ |_p$ liegt darin, daß sie nicht nur der gewöhnlichen Dreiecksungleichung genügen, sondern sogar der verschärften Ungleichung

$$|x+y|_p \le \max\{|x|_p, |y|_p\}\,.$$

Aus dieser Tatsache ergibt sich sofort der folgende merkwürdige Satz, der uns eine neue Definition der *ganzen* p-adischen Zahlen liefert.

(2.3) Satz. *Die Menge*

$$\mathbb{Z}_p := \{x \in \mathbb{Q}_p \mid |x|_p \le 1\}$$

bildet einen Teilring von $\mathbb{Q}_p$. Er ist der Abschluß des Ringes $\mathbb{Z}$ im Körper $\mathbb{Q}_p$ bzgl. $|\ \ |_p$.

Beweis: Die Abgeschlossenheit von $\mathbb{Z}_p$ unter der Addition und Multiplikation folgt aus

$$|x+y|_p \le \max\{|x|_p, |y|_p\} \quad \text{und} \quad |xy|_p = |x|_p|y|_p\,.$$

Ist $\{x_n\}$ eine Cauchyfolge in $\mathbb{Z}$ und $x = \lim\limits_{n\to\infty} x_n$, so ist wegen $|x_n|_p \le 1$ auch $|x|_p \le 1$, also $x \in \mathbb{Z}_p$. Sei umgekehrt $x = \lim\limits_{n\to\infty} x_n \in \mathbb{Z}_p$, wobei $\{x_n\}$ eine Cauchyfolge in $\mathbb{Q}$ ist. Wir haben oben gesehen, daß $|x|_p = |x_n|_p \le 1$ für $n \ge n_0$ gilt, d.h. $x_n = \dfrac{a_n}{b_n}$, $a_n, b_n \in \mathbb{Z}$, $(b_n, p) = 1$. Wählen wir für jedes $n \ge n_0$ eine Lösung $y_n \in \mathbb{Z}$ der Kongruenz $b_n y_n \equiv a_n \bmod p^n$, so ist $|x_n - y_n|_p \le \dfrac{1}{p^n}$, und damit $x = \lim\limits_{n\to\infty} y_n$, d.h. x liegt im Abschluß von $\mathbb{Z}$. □

Die Einheitengruppe von $\mathbb{Z}_p$ ist offenbar

$$\mathbb{Z}_p^* = \{x \in \mathbb{Z}_p \mid |x|_p = 1\}.$$

Jedes Element $x \in \mathbb{Q}_p^*$ besitzt eine eindeutige Darstellung

$$x = p^m u \quad \text{mit } m \in \mathbb{Z} \text{ und } u \in \mathbb{Z}_p^*.$$

Ist nämlich $v_p(x) = m \in \mathbb{Z}$, so ist $v_p(xp^{-m}) = 0$, also $|xp^{-m}|_p = 1$, d.h. $u = xp^{-m} \in \mathbb{Z}_p^*$. Wir haben weiterhin den

(2.4) Satz. *Die von Null verschiedenen Ideale des Ringes $\mathbb{Z}_p$ sind die Hauptideale*

$$p^n\mathbb{Z}_p = \{x \in \mathbb{Q}_p \mid v_p(x) \geq n\},$$

$n \geq 0$, *und es gilt*

$$\mathbb{Z}_p/p^n\mathbb{Z}_p \cong \mathbb{Z}/p^n\mathbb{Z}.$$

Beweis: Sei $\mathfrak{a} \neq (0)$ ein Ideal von $\mathbb{Z}_p$ und $x = p^m u$, $u \in \mathbb{Z}_p^*$, ein Element in $\mathfrak{a}$ mit kleinstmöglichem m (wegen $|x|_p \leq 1$ ist $m \geq 0$). Dann ist $\mathfrak{a} = p^m\mathbb{Z}_p$, denn wenn $y = p^n u' \in \mathfrak{a}$, $u' \in \mathbb{Z}_p^*$, so ist $n \geq m$, also $y = (p^{n-m}u')p^m \in p^m\mathbb{Z}_p$. Der Homomorphismus

$$\mathbb{Z} \to \mathbb{Z}_p/p^n\mathbb{Z}_p, \quad a \mapsto a \bmod p^n\mathbb{Z}_p,$$

hat den Kern $p^n\mathbb{Z}$ und ist surjektiv, weil zu jedem $x \in \mathbb{Z}_p$ nach (2.3) ein $a \in \mathbb{Z}$ existiert mit

$$|x - a|_p \leq \frac{1}{p^n},$$

d.h. $v_p(x - a) \geq n$, also $x - a \in p^n\mathbb{Z}_p$ und somit $x \equiv a \bmod p^n\mathbb{Z}_p$. Es ergibt sich also in der Tat ein Isomorphismus

$$\mathbb{Z}_p/p^n\mathbb{Z}_p \cong \mathbb{Z}/p^n\mathbb{Z}. \qquad \square$$

Wir wollen nun die Verbindung zu der in § 1 gegebenen Henselschen Definition des Ringes $\mathbb{Z}_p$ und des Körpers $\mathbb{Q}_p$ herstellen. Dort hatten wir die ganzen p-adischen Zahlen als die formalen Reihen

$$\sum_{\nu=0}^{\infty} a_\nu p^\nu, \quad 0 \leq a_\nu < p,$$

definiert und hatten sie identifiziert mit den Folgen

$$\bar{s}_n = s_n \bmod p^n \in \mathbb{Z}/p^n\mathbb{Z}, \ n = 1, 2, \ldots,$$

wobei s_n die Partialsummen

$$s_n = \sum_{\nu=0}^{n-1} a_\nu p^\nu$$

durchläuft. Diese Folgen machen den projektiven Limes

$$\varprojlim_n \mathbb{Z}/p^n\mathbb{Z} = \{(x_n)_{n\in\mathbb{N}} \in \prod_{n=1}^{\infty} \mathbb{Z}/p^n\mathbb{Z} \mid x_{n+1} \mapsto x_n\}$$

aus. Wir hatten die ganzen p-adischen Zahlen als die Elemente dieses Ringes angesehen. Wegen

$$\mathbb{Z}_p/p^n\mathbb{Z}_p \cong \mathbb{Z}/p^n\mathbb{Z}$$

erhalten wir für jedes $n \geq 1$ einen surjektiven Homomorphismus

$$\mathbb{Z}_p \to \mathbb{Z}/p^n\mathbb{Z},$$

und es ist klar, daß die Familie dieser Homomorphismen einen Homomorphismus

$$\mathbb{Z}_p \to \varprojlim_n \mathbb{Z}/p^n\mathbb{Z}$$

liefert. Die Identifizierung der neuen Definition von $\mathbb{Z}_p$ (und damit von $\mathbb{Q}_p$) wird nun ausgedrückt durch den

(2.5) Satz. *Der Homomorphismus*

$$\mathbb{Z}_p \to \varprojlim_n \mathbb{Z}/p^n\mathbb{Z}$$

ist ein Isomorphismus.

Beweis: Wenn $x \in \mathbb{Z}_p$ auf Null abgebildet wird, so bedeutet dies, daß $x \in p^n\mathbb{Z}_p$ für alle $n \geq 1$, d.h. $|x|_p \leq \frac{1}{p^n}$ für alle $n \geq 1$, also $|x|_p = 0$ und somit $x = 0$. Dies zeigt die Injektivität.

Ein Element von $\varprojlim_n \mathbb{Z}/p^n\mathbb{Z}$ ist gegeben durch eine Folge von Partialsummen

$$s_n = \sum_{\nu=0}^{n-1} a_\nu p^\nu\,, \quad 0 \leq a_\nu < p\,.$$

Wir haben oben gesehen, daß diese Folge eine Cauchyfolge in $\mathbb{Z}_p$ ist, also gegen ein Element

$$x = \sum_{\nu=0}^{\infty} a_\nu p^\nu \in \mathbb{Z}_p$$

konvergiert. Wegen

$$x - s_n = \sum_{\nu=n}^{\infty} a_\nu p^\nu \in p^n \mathbb{Z}_p$$

ist $x \equiv s_n \bmod p^n$ für alle n, d.h. x wird auf das durch die vorgegebene Folge $(s_n)_{n\in\mathbb{N}}$ definierte Element von $\varprojlim_n \mathbb{Z}/p^n\mathbb{Z}$ abgebildet. Dies zeigt die Surjektivität. □

Wir heben hervor, daß die Elemente der rechten Seite der Isomorphie

$$\mathbb{Z}_p \xrightarrow{\sim} \varprojlim_n \mathbb{Z}/p^n\mathbb{Z}$$

in formaler Weise durch die Partialsummenfolgen

$$s_n = \sum_{\nu=0}^{n-1} a_\nu p^\nu\,, \quad n = 1, 2, \dots\,,$$

gegeben sind. Auf der linken Seite aber konvergieren diese Folgen bzgl. des Absolutbetrages und liefern die Elemente von $\mathbb{Z}_p$ in vertrauter Weise als konvergente unendliche Reihen

$$x = \sum_{\nu=0}^{\infty} a_\nu p^\nu\,.$$

Eine weitere, sehr elegante Möglichkeit, die p-adischen Zahlen einzuführen, ergibt sich wie folgt. Bedeutet $\mathbb{Z}[\![X]\!]$ den Ring aller formalen Potenzreihen $\sum_{i=0}^{\infty} a_i X^i$ mit ganzzahligen Koeffizienten, so gilt der

(2.6) Satz. *In kanonischer Weise ist* $\mathbb{Z}_p \cong \mathbb{Z}[\![X]\!]/(X-p)$.

Beweis: Wir betrachten den offenbar surjektiven Homomorphismus $\mathbb{Z}[\![X]\!] \to \mathbb{Z}_p$, der jeder formalen Potenzreihe $\sum_{\nu=0}^{\infty} a_\nu X^\nu$ die konvergente Reihe $\sum_{\nu=0}^{\infty} a_\nu p^\nu$ zuordnet. Das Hauptideal $(X-p)$ liegt offenbar im Kern dieser Abbildung. Zum Beweis, daß es der ganze Kern ist, sei $f(X) = \sum_{\nu=0}^{\infty} a_\nu X^\nu$ eine Potenzreihe mit $f(p) = \sum_{\nu=0}^{\infty} a_\nu p^\nu = 0$. Wegen $\mathbb{Z}_p/p^n\mathbb{Z}_p \cong \mathbb{Z}/p^n\mathbb{Z}$ bedeutet dies

$$a_0 + a_1 p + \cdots + a_{n-1}p^{n-1} \equiv 0 \bmod p^n$$

für alle n. Wir setzen für $n \ge 1$

$$b_{n-1} = -\frac{1}{p^n}(a_0 + a_1 p + \cdots + a_{n-1}p^{n-1})\,.$$

Dann ergibt sich in sukzessiver Weise

$$\begin{aligned} a_0 &= \quad -pb_0\,, \\ a_1 &= b_0 - pb_1\,, \\ a_2 &= b_1 - pb_2\,, \qquad \text{usw.} \end{aligned}$$

Dies aber ist gleichbedeutend mit der Gleichung

$$(a_0 + a_1X + a_2X^2 + \cdots) = (X - p)(b_0 + b_1X + b_2X^2 + \cdots),$$

d.h. $f(X)$ liegt im Hauptideal $(X - p)$, q.e.d. □

Aufgabe 1. $|x - y|_p \geq ||x|_p - |y|_p|$.

Aufgabe 2. Sei n eine natürliche Zahl, $n = a_0 + a_1p + \cdots + a_{r-1}p^{r-1}$ ihre p-adische Entwicklung, $0 \leq a_i < p$, und $s = a_0 + a_1 + \cdots + a_{r-1}$. Zeige, daß $v_p(n!) = \dfrac{n-s}{p-1}$.

Aufgabe 3. Die Folge $1, \frac{1}{10}, \frac{1}{10^2}, \frac{1}{10^3}, \ldots$ ist für keine Primzahl p in $\mathbb{Q}_p$ konvergent.

Aufgabe 4. Sei $\varepsilon \in 1+p\mathbb{Z}_p$ und $\alpha = a_0+a_1p+a_2p^2+\cdots$ eine ganze p-adische Zahl und $s_n = a_0 + a_1p + \cdots + a_{n-1}p^{n-1}$. Zeige, daß die Folge ε^{s_n} gegen eine Zahl ε^α in $1 + p\mathbb{Z}_p$ konvergiert. Zeige weiter, daß $1 + p\mathbb{Z}_p$ auf diese Weise ein multiplikativer $\mathbb{Z}_p$-Modul wird.

Aufgabe 5. Für jedes $a \in \mathbb{Z}$, $(a,p) = 1$, ist die Folge $\{a^{p^n}\}_{n\in\mathbb{N}}$ in $\mathbb{Q}_p$ konvergent.

Aufgabe 6. Die Körper $\mathbb{Q}_p$ und $\mathbb{Q}_q$ sind für $p \neq q$ nicht isomorph.

Aufgabe 7. Der algebraische Abschluß von $\mathbb{Q}_p$ hat einen unendlichen Grad.

Aufgabe 8. Im Ring $\mathbb{Z}_p[\![X]\!]$ der formalen Potenzreihen $\sum_{\nu=0}^\infty a_\nu X^\nu$ über $\mathbb{Z}_p$ hat man die folgende **Division mit Rest**. Seien $f, g \in \mathbb{Z}_p[\![X]\!]$, und sei $f(X) = a_0 + a_1X + \cdots$ mit $p|a_\nu$ für $\nu = 0, \ldots, n-1$, aber $p \nmid a_n$. Dann kann man in eindeutiger Weise

$$g = qf + r$$

schreiben, wobei $q \in \mathbb{Z}_p[\![X]\!]$, und $r \in \mathbb{Z}_p[X]$ ein Polynom vom Grade $\leq n-1$ ist.

Hinweis: Sei τ der Operator, $\tau(\sum_{\nu=0}^\infty b_\nu X^\nu) = \sum_{\nu=n}^\infty b_\nu X^{\nu-n}$. Zeige, daß $U(X) = a_n + a_{n+1}X + \cdots = \tau(f(X))$ eine Einheit in $\mathbb{Z}_p[\![X]\!]$ ist, und schreibe $f(X) = pP(X) + X^nU(X)$ mit einem Polynom $P(X)$ vom Grade $\leq n-1$. Zeige, daß

$$q(X) = \frac{1}{U(X)} \sum_{i=0}^\infty (-1)^i p^i (\tau \circ \frac{P}{U})^i \circ \tau(g)$$

eine wohldefinierte Potenzreihe in $\mathbb{Z}_p[\![X]\!]$ ist mit $\tau(qf) = \tau(g)$.

Aufgabe 9 (p-adischer Weierstraßscher Vorbereitungssatz). Eine von Null verschiedene Potenzreihe

$$f(X) = \sum_{\nu=0}^{\infty} a_\nu X^\nu \in \mathbb{Z}_p[\![X]\!]$$

besitzt eine eindeutige Darstellung

$$f(X) = p^\mu P(X) U(X),$$

wobei $U(X)$ eine Einheit in $\mathbb{Z}_p[\![X]\!]$ ist und $P(X) \in \mathbb{Z}_p[X]$ ein normiertes Polynom mit $P(X) \equiv X^n \bmod p$.

§ 3. Bewertungen

Was wir im vorigen Paragraphen mit dem Körper $\mathbb{Q}$ angestellt haben, um die p-adischen Zahlen zu erhalten, läßt sich mit dem Begriff der Bewertung auf beliebige Körper verallgemeinern.

(3.1) Definition. *Eine* **Bewertung** *eines Körpers K ist eine Funktion*

$$| \quad | : K \to \mathbb{R}$$

mit den Eigenschaften

(i) $|x| \geq 0$, *und* $|x| = 0 \iff x = 0$,

(ii) $|xy| = |x||y|$,

(iii) $|x + y| \leq |x| + |y|$ *„Dreiecksungleichung".*

Wir schließen im folgenden stillschweigend den Fall aus, daß $| \quad |$ die triviale Bewertung von K ist, für die $|x| = 1$ für alle $x \neq 0$ gilt. K wird zu einem metrischen, insbesondere also topologischen Raum, wenn man den Abstand zwischen zwei Punkten $x, y \in K$ durch

$$d(x, y) = |x - y|$$

definiert.

(3.2) Definition. *Zwei Bewertungen von K heißen* **äquivalent**, *wenn sie die gleiche Topologie auf K definieren.*

(3.3) Satz. *Zwei Bewertungen $| \quad |_1$ und $| \quad |_2$ von K sind genau dann äquivalent, wenn*

$$|x|_1 = |x|_2^s$$

für alle $x \in K$ mit einer festen reellen Zahl $s > 0$.

Beweis: Wenn $|\ |_1 = |\ |_2^s$, $s > 0$, so sind $|\ |_1$ und $|\ |_2$ offensichtlich äquivalent. Für eine beliebige Bewertung $|\ |$ von K ist die Ungleichung $|x| < 1$ gleichbedeutend damit, daß $\{x^n\}_{n \in \mathbb{N}}$ eine Nullfolge ist bzgl. der durch $|\ |$ definierten Topologie. Sind also $|\ |_1$ und $|\ |_2$ äquivalent, so folgt hieraus die Implikation

$$(*) \qquad |x|_1 < 1 \Rightarrow |x|_2 < 1 .$$

Sei nun $y \in K$ ein festes Element mit $|y|_1 > 1$. Sei $x \in K$, $x \neq 0$. Dann ist $|x|_1 = |y|_1^\alpha$ für ein $\alpha \in \mathbb{R}$. Sei $\frac{m_i}{n_i}$ eine Folge rationaler Zahlen (mit $n_i > 0$), die von oben gegen α konvergiert. Dann haben wir $|x|_1 = |y|_1^\alpha < |y|_1^{m_i/n_i}$, also

$$|x^{n_i}/y^{m_i}|_1 < 1 \quad \Rightarrow \quad |x^{n_i}/y^{m_i}|_2 < 1 ,$$

woraus $|x|_2 \le |y|_2^{m_i/n_i}$, also $|x|_2 \le |y|_2^\alpha$ folgt. Verwenden wir eine von unten gegen α konvergierende Folge m_i/n_i, so ergibt sich aus $(*)$ $|x|_2 \geq |y|_2^\alpha$, d.h. es ist $|x|_2 = |y|_2^\alpha$. Für alle $x \in K$, $x \neq 0$, erhalten wir somit

$$\frac{\log |x|_1}{\log |x|_2} = \frac{\log |y|_1}{\log |y|_2} =: s ,$$

also $|x|_1 = |x|_2^s$. Aus $|y|_1 > 1$ folgt $|y|_2 > 1$, also $s > 0$. □

Der Beweis zeigt, daß die Äquivalenz von $|\ |_1$ und $|\ |_2$ auch gleichbedeutend ist mit

$$|x|_1 < 1 \quad \Rightarrow \quad |x|_2 < 1 .$$

Wir benutzen dies zum Beweis des folgenden Approximationssatzes für endlich viele inäquivalente Bewertungen, den man als eine Variante des chinesischen Restsatzes ansehen kann.

(3.4) Approximationssatz. *Seien $|\ |_1, \dots, |\ |_n$ paarweise inäquivalente Bewertungen des Körpers K und $a_1, \dots, a_n \in K$ vorgegebene Elemente. Dann gibt es zu jedem $\varepsilon > 0$ ein $x \in K$ mit*

$$|x - a_i|_i < \varepsilon \quad \text{für alle } i = 1, \dots, n .$$

Beweis: Da $|\ \ |_1$ und $|\ \ |_n$ inäquivalent sind, gibt es nach der soeben gemachten Bemerkung ein $\alpha \in K$ mit $|\alpha|_1 < 1$ und $|\alpha|_n \geq 1$. Gleichermaßen gibt es ein $\beta \in K$ mit $|\beta|_n < 1$ und $|\beta|_1 \geq 1$. Setzen wir $y = \beta/\alpha$, so wird $|y|_1 > 1$ und $|y|_n < 1$.

Wir beweisen nun mit vollständiger Induktion über n, daß es ein $z \in K$ gibt mit

$$|z|_1 > 1 \text{ und } |z|_j < 1 \text{ für } j = 2, \ldots, n\,.$$

Für $n = 2$ ist dies gerade geschehen. Angenommen, wir haben ein $z \in K$ gefunden mit

$$|z|_1 > 1 \quad \text{und } |z|_j < 1 \text{ für } j = 2, \ldots, n-1\,.$$

Wenn $|z|_n \leq 1$, so leistet $z^m y$ für großes m das Gewünschte. Wenn dagegen $|z|_n > 1$ ist, so konvergiert die Folge $t_m = \dfrac{z^m}{1+z^m}$ gegen 1 bzgl. $|\ \ |_1$ und $|\ \ |_n$, und gegen 0 bzgl. $|\ \ |_2, \ldots, |\ \ |_{n-1}$. Für großes m leistet daher $t_m y$ das Gewünschte.

Die Folge $z^m/(1+z^m)$ konvergiert nun gegen 1 bzgl. $|\ \ |_1$ und gegen 0 bzgl. $|\ \ |_2, \ldots\ldots, |\ \ |_n$. Für jedes i können wir auf diese Weise ein z_i konstruieren, das sehr nahe bei 1 liegt bzgl. $|\ \ |_i$ und sehr nahe bei 0 bzgl. $|\ \ |_j$ für $j \neq i$. Das Element

$$x = a_1 z_1 + \cdots + a_n z_n$$

erfüllt dann die Bedingungen des Approximationssatzes. □

(3.5) Definition. *Die Bewertung* $|\ \ |$ *heißt* **nicht-archimedisch**, *wenn* $|n|$ *für alle* $n \in \mathbb{N}$ *beschränkt ist, sonst* **archimedisch**.

(3.6) Satz. *Die Bewertung* $|\ \ |$ *ist genau dann nicht-archimedisch, wenn sie der* **verschärften Dreiecksungleichung**

$$|x + y| \leq \max\{|x|, |y|\}$$

genügt.

Beweis: Wenn die verschärfte Dreiecksungleichung gilt, so ist

$$|n| = |1 + \cdots + 1| \leq 1\,.$$

Sei umgekehrt $|n| \leq N$ für alle $n \in \mathbb{N}$. Sei $x, y \in K$ und etwa $|x| \geq |y|$. Dann ist $|x|^\nu |y|^{n-\nu} \leq |x|^n$ für $\nu \geq 0$, und es wird

$$|x + y|^n \leq \sum_{\nu=0}^{n} \left|\binom{n}{\nu}\right| \, |x|^\nu |y|^{n-\nu} \leq N(n+1)|x|^n\,,$$

also

$$|x+y| \le N^{1/n}(1+n)^{1/n}|x| = N^{1/n}(1+n)^{1/n}\max\{|x|,|y|\},$$

und damit $|x+y| \le \max\{|x|,|y|\}$ durch den Übergang $n \to \infty$. □

Bemerkung: Die verschärfte Dreiecksungleichung impliziert sofort

$$|x| \ne |y| \implies |x+y| = \max\{|x|,|y|\}\,.$$

Man kann die nicht-archimedische Bewertung $|\ \ |$ von K zu einer Bewertung des Funktionenkörpers $K(t)$ kanonisch fortsetzen, wenn man für ein Polynom $f(t) = a_0 + a_1 t + \cdots + a_n t^n$

$$|f| = \max\{|a_0|,\ldots,|a_n|\}$$

setzt. Die Dreiecksungleichung $|f+g| \le \max\{|f|,|g|\}$ ist unmittelbar klar. Der Beweis von $|fg| = |f||g|$ ist derselbe wie der Beweis des Gaußschen Lemmas für Polynome über faktoriellen Ringen, wenn man dem Betrag $|f|$ die Rolle des **Inhalts** von f übergibt.

Für den Körper $\mathbb{Q}$ haben wir den gewöhnlichen Absolutbetrag $|\ \ |_\infty = |\ \ |$ als archimedische Bewertung und für jede Primzahl p die nicht-archimedische Bewertung $|\ \ |_p$. Es gilt der

(3.7) Satz. *Jede Bewertung von $\mathbb{Q}$ ist äquivalent zu einer Bewertung $|\ \ |_p$ oder $|\ \ |_\infty$.*

Beweis: Sei $\|\ \ \|$ eine nicht-archimedische Bewertung von $\mathbb{Q}$. Es ist dann $\| n \| = \| 1 + \cdots + 1 \| \le 1$, und es gibt eine Primzahl p mit $\| p \| < 1$, weil sonst wegen der eindeutigen Primzerlegung $\| x \| = 1$ für alle $x \in \mathbb{Q}^*$ wäre. Die Menge

$$\mathfrak{a} = \{a \in \mathbb{Z} \mid \| a \| < 1\}$$

ist ein Ideal von $\mathbb{Z}$ mit $p\mathbb{Z} \subseteq \mathfrak{a} \ne \mathbb{Z}$, und da $p\mathbb{Z}$ ein maximales Ideal ist, so ist $\mathfrak{a} = p\mathbb{Z}$. Ist nun $a \in \mathbb{Z}$ und $a = bp^m$ mit $p \nmid b$, also $b \notin \mathfrak{a}$, so ist $\| b \| = 1$ und somit

$$\| a \| = \| p \|^m = |a|_p^s$$

mit $s = -\log \| p \| / \log p$. Daher ist $\|\ \ \|$ zu $|\ \ |_p$ äquivalent.

Sei jetzt $\|\ \ \|$ archimedisch. Für je zwei natürliche Zahlen $n, m > 1$ gilt dann

$$(*) \qquad \| m \|^{1/\log m} = \| n \|^{1/\log n}\,.$$

In der Tat, wir können schreiben

$$m = a_0 + a_1 n + \cdots + a_r n^r$$

mit $a_i \in \{0, 1, \ldots, n-1\}$ und $n^r \le m$, so daß unter Beachtung von $r \le \log m / \log n$ und $\| a_i \| = \| 1 + \cdots + 1 \| \le a_i \| 1 \| \le n$ die Ungleichung $\| m \| \le \sum \| a_i \| \| n \|^i \le \sum \| a_i \| \| n \|^r \le (1 + \log m / \log n) n \cdot \| n \|^{\log m / \log n}$ entsteht. Wenn wir hierin m durch m^k ersetzen, dann auf beiden Seiten die k-te Wurzel ziehen und schließlich mit k gegen ∞ gehen, so ergibt sich

$$\| m \| \le \| n \|^{\log m / \log n}, \quad \text{also} \quad \| m \|^{1/\log m} \le \| n \|^{1/\log n}.$$

Durch Vertauschung von m mit n entsteht hieraus die Gleichheit $(*)$. Setzen wir $c = \| n \|^{1/\log n}$, so ist $\| n \| = c^{\log n}$, und wenn wir $c = e^s$ setzen, so ergibt sich für jede positive rationale Zahl $x = a/b$

$$\| x \| = e^{s \log x} = |x|^s.$$

Daher ist $\| \quad \|$ zum gewöhnlichen Absolutbetrag $| \quad |$ von $\mathbb{Q}$ äquivalent.□

Sei $| \quad |$ eine nicht-archimedische Bewertung des Körpers K. Setzen wir

$$v(x) = -\log |x| \quad \text{für } x \neq 0, \text{ und } v(0) = \infty,$$

so erhalten wir eine Funktion

$$v : K \to \mathbb{R} \cup \{\infty\}$$

mit den Eigenschaften

(i) $v(x) = \infty \iff x = 0$,

(ii) $v(xy) = v(x) + v(y)$,

(iii) $v(x + y) \ge \min\{v(x), v(y)\}$,

wenn wir für $a \in \mathbb{R}$ und das Symbol ∞ die Konventionen $a < \infty$, $a + \infty = \infty$, $\infty + \infty = \infty$ verabreden.

Eine Funktion v auf K mit diesen Eigenschaften nennen wir eine **Exponentialbewertung** von K. Dabei schließen wir die triviale Funktion $v(x) = 0$ für $x \neq 0$, $v(0) = \infty$ aus. Zwei Exponentialbewertungen v_1 und v_2 von K heißen **äquivalent**, wenn $v_1 = s v_2$ mit einer reellen Zahl $s > 0$. Für jede Exponentialbewertung v erhalten wir eine Bewertung im Sinne von (3.1), wenn wir

$$|x| = q^{-v(x)}$$

setzen mit einer festen reellen Zahl $q > 1$. Im Gegensatz zu v nennen wir $|\ \ |$ eine zugehörige **Betragsbewertung**. Ersetzen wir v durch eine äquivalente Bewertung sv (also q durch $q' = q^s$), so geht $|\ \ |$ in die äquivalente Betragsbewertung $|\ \ |^s$ über. Aus den Bedingungen (i), (ii), (iii) ergibt sich unmittelbar der

(3.8) Satz. *Es ist*

$$\mathcal{O} = \{x \in K \mid v(x) \geq 0\} = \{x \in K \mid |x| \leq 1\}$$

ein Ring mit der Einheitengruppe

$$\mathcal{O}^* = \{x \in K \mid v(x) = 0\} = \{x \in K \mid |x| = 1\}$$

und dem einzigen maximalen Ideal

$$\mathfrak{p} = \{x \in K \mid v(x) > 0\} = \{x \in K \mid |x| < 1\}.$$

$\mathcal{O}$ ist ein Integritätsbereich mit dem Quotientenkörper K und hat die Eigenschaft, daß für jedes $x \in K$ entweder $x \in \mathcal{O}$ oder $x^{-1} \in \mathcal{O}$ ist. Ein solcher Ring heißt **Bewertungsring**. Sein einziges maximales Ideal ist $\mathfrak{p} = \{x \in \mathcal{O} \,|\, x^{-1} \notin \mathcal{O}\}$. Der Körper $\mathcal{O}/\mathfrak{p}$ heißt der **Restklassenkörper** von $\mathcal{O}$. Ein Bewertungsring ist stets ganzabgeschlossen. Ist nämlich $x \in K$ ganz über $\mathcal{O}$, so gibt es eine Gleichung

$$x^n + a_1 x^{n-1} + \cdots + a_n = 0$$

mit $a_i \in \mathcal{O}$, und es würde aus $x \notin \mathcal{O}$ wegen $x^{-1} \in \mathcal{O}$ der Widerspruch $x = -a_1 - a_2 x^{-1} - \cdots - a_n (x^{-1})^{n-1} \in \mathcal{O}$ entstehen.

Eine Exponentialbewertung v heißt **diskret**, wenn sie einen kleinsten positiven Wert s hat. Es ist dann

$$v(K^*) = s\mathbb{Z}.$$

Sie heißt **normiert**, wenn $s = 1$ ist. Indem wir durch s dividieren, können wir stets zu einer normierten Bewertung übergehen, ohne die Invarianten $\mathcal{O}, \mathcal{O}^*, \mathfrak{p}$ zu verändern. Ein Element

$$\pi \in \mathcal{O} \quad \text{mit} \quad v(\pi) = 1$$

ist dann ein **Primelement**, und es besitzt jedes Element $x \in K^*$ eine eindeutige Darstellung

$$x = u\pi^m$$

mit $m \in \mathbb{Z}$ und $u \in \mathcal{O}^*$. Ist nämlich $v(x) = m$, so ist $v(x\pi^{-m}) = 0$, also $u = x\pi^{-m} \in \mathcal{O}^*$.

(3.9) Satz. *Ist v eine diskrete Exponentialbewertung von K, so ist*

$$\mathcal{O} = \{x \in K \mid v(x) \geq 0\}$$

ein Hauptidealring, also ein diskreter Bewertungsring (vgl. I, (11.3)).

Nehmen wir v normiert an, so sind die von Null verschiedenen Ideale von $\mathcal{O}$ durch

$$\mathfrak{p}^n = \pi^n \mathcal{O} = \{x \in K \mid v(x) \geq n\},\ n \geq 0\,,$$

gegeben, wobei π ein Primelement ist, d.h. $v(\pi) = 1$. Es gilt

$$\mathfrak{p}^n/\mathfrak{p}^{n+1} \cong \mathcal{O}/\mathfrak{p}\,.$$

Beweis: Sei $\mathfrak{a} \neq 0$ ein Ideal von $\mathcal{O}$ und $x \neq 0$ ein Element in $\mathfrak{a}$ mit kleinstmöglichem Wert $v(x) = n$. Dann ist $x = u\pi^n$, $u \in \mathcal{O}^*$, also $\pi^n \mathcal{O} \subseteq \mathfrak{a}$. Ist $y = \varepsilon \pi^m \in \mathfrak{a}$ beliebig, $\varepsilon \in \mathcal{O}^*$, so ist $m = v(y) \geq n$, also $y = (\varepsilon \pi^{m-n})\pi^n \in \pi^n \mathcal{O}$, so daß $\mathfrak{a} = \pi^n \mathcal{O}$. Die Isomorphie

$$\mathfrak{p}^n/\mathfrak{p}^{n+1} \cong \mathcal{O}/\mathfrak{p}$$

ergibt sich durch die Zuordnung $a\pi^n \mapsto a \bmod \mathfrak{p}$. □

In einem diskret bewerteten Körper K bildet die Kette

$$\mathcal{O} \supseteq \mathfrak{p} \supseteq \mathfrak{p}^2 \supseteq \mathfrak{p}^3 \supseteq \ldots$$

der Ideale des Bewertungsringes $\mathcal{O}$ eine Umgebungsbasis des Nullelementes, denn wenn v die normierte Exponentialbewertung ist und $|\ \ | = q^{-v}$ eine zugehörige Betragsbewertung, $q > 1$, so ist

$$\mathfrak{p}^n = \left\{x \in K \mid |x| < \frac{1}{q^{n-1}}\right\}.$$

Als Umgebungsbasis des Einselementes von K^* erhalten wir entsprechend die absteigende Kette

$$\mathcal{O}^* = U^{(0)} \supseteq U^{(1)} \supseteq U^{(2)} \supseteq \ldots$$

der Untergruppen

$$U^{(n)} = 1 + \mathfrak{p}^n = \left\{x \in K^* \mid |1 - x| < \frac{1}{q^{n-1}}\right\},\quad n > 0\,,$$

von $\mathcal{O}^*$. (Man beachte dabei, daß $1 + \mathfrak{p}^n$ unter der Multiplikation abgeschlossen ist und daß mit $x \in U^{(n)}$ wegen $|1 - x^{-1}| = |x|^{-1}|x - 1| =$

$|1-x| < \frac{1}{q^{n-1}}$ auch $x^{-1} \in U^{(n)}$ ist.) $U^{(n)}$ heißt die n-te **Einseinheitengruppe** und $U^{(1)}$ die Einseinheitengruppe schlechthin. Für die Faktorgruppen der Kette der Einseinheitengruppen haben wir den

(3.10) Satz. $\mathcal{O}^*/U^{(n)} \cong (\mathcal{O}/\mathfrak{p}^n)^*$ *und* $U^{(n)}/U^{(n+1)} \cong \mathcal{O}/\mathfrak{p}$ *für* $n \geq 1$.

Beweis: Die erste Isomorphie ergibt sich durch den kanonischen und offenbar surjektiven Homomorphismus

$$\mathcal{O}^* \to (\mathcal{O}/\mathfrak{p}^n)^*, \quad u \mapsto u \bmod \mathfrak{p},$$

mit dem Kern $U^{(n)}$. Die zweite Isomorphie ergibt sich nach Wahl eines Primelements π durch den surjektiven Homomorphismus

$$U^{(n)} = 1 + \pi^n \mathcal{O} \to \mathcal{O}/\mathfrak{p}, \quad 1 + \pi^n a \mapsto a \bmod \mathfrak{p},$$

der den Kern $U^{(n+1)}$ hat. □

Aufgabe 1. Zeige, daß $|z| = (z\bar{z})^{1/2} = \sqrt[2]{|N_{\mathbb{C}|\mathbb{R}}(z)|}$ die einzige Bewertung von $\mathbb{C}$ ist, die den Absolutbetrag $|\ \ |$ von $\mathbb{R}$ fortsetzt.

Aufgabe 2. Wie hängt der chinesische Restsatz mit dem Approximationssatz (3.4) zusammen?

Aufgabe 3. Sei k ein Körper und $K = k(t)$ der Funktionenkörper in einer Variablen. Zeige, daß die den Primidealen $\mathfrak{p} = (p(t))$ von $k[t]$ zugehörigen Bewertungen $v_\mathfrak{p}$ und die Gradbewertung v_∞ bis auf äquivalente die einzigen Bewertungen von K sind. Welches sind die Restklassenkörper?

Aufgabe 4. Sei $\mathcal{O}$ ein beliebiger Bewertungsring mit dem Quotientenkörper K, und sei $\Gamma = K^*/\mathcal{O}^*$. Dann wird Γ eine totalgeordnete Gruppe, wenn wir $x \bmod \mathcal{O}^* \geq y \bmod \mathcal{O}^*$ setzen, falls $x/y \in \mathcal{O}$.

Schreibe Γ additiv und zeige, daß die Funktion

$$v : K \to \Gamma \cup \{\infty\},$$

$v(0) = \infty$, $v(x) = x \bmod \mathcal{O}^*$ für $x \in K^*$, den Bedingungen

1) $v(x) = \infty \Longrightarrow x = 0$,

2) $v(xy) = v(x) + v(y)$,

3) $v(x+y) \geq \min\{v(x), v(y)\}$

genügt. Man nennt v eine **Krull-Bewertung**.

§ 4. Komplettierungen

(4.1) Definition: *Ein bewerteter Körper* $(K, |\ \ |)$ *heißt* **vollständig**, *wenn jede Cauchyfolge* $\{a_n\}_{n\in\mathbb{N}}$ *in* K *gegen ein Element* $a \in K$ *konvergiert, d.h.*

$$\lim_{n\to\infty} |a_n - a| = 0 .$$

Dabei nennen wir $\{a_n\}_{n\in\mathbb{N}}$ wie üblich eine **Cauchyfolge**, wenn zu jedem $\varepsilon > 0$ ein $N \in \mathbb{N}$ existiert mit

$$|a_n - a_m| < \varepsilon \quad \text{für alle} \quad n, m \geq N .$$

Aus jedem bewerteten Körper $(K, |\ \ |)$ entsteht ein vollständiger bewerteter Körper $(\widehat{K}, |\ \ |)$ durch **Komplettierung**. Diese Komplettierung erhält man auf die gleiche Weise wie den Körper der reellen Zahlen aus dem Körper der rationalen Zahlen:

Man bildet den Ring R aller Cauchyfolgen von $(K, |\ \ |)$, betrachtet darin das maximale Ideal $\mathfrak{m}$ aller Nullfolgen bzgl. $|\ \ |$ und setzt

$$\widehat{K} = R/\mathfrak{m} .$$

Man bettet den Körper K in $\widehat{K}$ ein, indem man jedem $a \in K$ die Klasse der konstanten Cauchyfolge $(a, a, a, \dots)$ zuordnet. Die Bewertung $|\ \ |$ wird von K auf $\widehat{K}$ fortgesetzt, indem das durch die Cauchyfolge $\{a_n\}_{n\in\mathbb{N}}$ repräsentierte Element $a \in \widehat{K}$ den Betrag

$$|a| = \lim_{n\to\infty} |a_n|$$

erhält. Dieser Limes existiert, weil $|a_n|$ wegen $\big| |a_n| - |a_m| \big| \leq |a_n - a_m|$ eine Cauchyfolge reeller Zahlen ist. Wie beim Körper der reellen Zahlen beweist man, daß $\widehat{K}$ bzgl. der Fortsetzung $|\ \ |$ vollständig ist und daß jedes $a \in \widehat{K}$ Limes einer Folge $\{a_n\}$ aus K ist. Schließlich beweist man die Eindeutigkeit der Komplettierung $(\widehat{K}, |\ \ |)$: Ist $(\widehat{K}', |\ \ |')$ ein weiterer vollständiger Körper, der $(K, |\ \ |)$ als dichten Teilkörper enthält, so erhält man durch

$$|\ \ |\text{-}\lim_{n\to\infty} a_n \mapsto |\ \ |'\text{-}\lim_{n\to\infty} a_n$$

einen K-Isomorphismus $\sigma : \widehat{K} \to \widehat{K}'$ mit $|a| = |\sigma a|'$.

Die Körper $\mathbb{R}$ und $\mathbb{C}$ sind die vertrautesten Beispiele vollständiger Körper. Sie sind bzgl. einer archimedischen Bewertung vollständig, und es gibt überraschender Weise keine weiteren ihrer Art. Genauer gilt der

(4.2) Satz *(Ostrowski). Sei K ein Körper, der bzgl. einer archimedischen Bewertung $|\ \ |$ vollständig ist. Dann gibt es einen Isomorphismus σ von K auf $\mathbb{R}$ oder $\mathbb{C}$ mit*

$$|a| = |\sigma a|^s \quad \text{für alle} \quad a \in K$$

mit einem festen $s \in [0,1]$.

Beweis: Wir dürfen o.B.d.A. annehmen, daß $\mathbb{R} \subseteq K$ und daß die Bewertung $|\ \ |$ von K eine Fortsetzung des gewöhnlichen Absolutbetrages von $\mathbb{R}$ ist. In der Tat, indem wir $|\ \ |$ durch $|\ \ |^{s^{-1}}$ für passendes $s > 0$ ersetzen, dürfen wir annehmen, daß die Einschränkung von $|\ \ |$ auf $\mathbb{Q}$ nach (3.7) zum gewöhnlichen Absolutbetrag äquivalent ist. Bilden wir nun den Abschluß $\widehat{\mathbb{Q}}$ in K, so ist $\widehat{\mathbb{Q}}$ bzgl. der Einschränkung von $|\ \ |$ auf $\widehat{\mathbb{Q}}$ vollständig, also eine Komplettierung von $(\mathbb{Q}, |\ \ |)$. Wegen der Eindeutigkeit der Komplettierung gibt es einen Isomorphismus $\sigma : \mathbb{R} \to \widehat{\mathbb{Q}}$ mit $|a| = |\sigma a|$ wie gewünscht.

Zum Beweis von $K = \mathbb{R}$ oder $= \mathbb{C}$ zeigen wir, daß jedes $\xi \in K$ einer quadratischen Gleichung über $\mathbb{R}$ genügt. Wir betrachten dazu die stetige Funktion $f : \mathbb{C} \to \mathbb{R}$, die durch

$$f(z) = |\xi^2 - (z + \bar{z})\xi + z\bar{z}|$$

definiert ist, wobei man beachte, daß $z + \bar{z},\ z\bar{z} \in \mathbb{R} \subseteq K$. Wegen $\lim\limits_{z \to \infty} f(z) = \infty$ besitzt $f(z)$ ein Minimum m. Die Menge

$$S = \{z \in \mathbb{C} \mid f(z) = m\}$$

ist daher nicht leer, ist beschränkt und abgeschlossen, und es gibt ein $z_0 \in S$ mit $|z_0| \geq |z|$ für alle $z \in S$. Es genügt, $m = 0$ zu zeigen, denn dann ist $\xi^2 - (z_0 + \bar{z}_0)\xi + z_0\bar{z}_0 = 0$.

Angenommen $m > 0$. Wir betrachten dann das reelle Polynom

$$g(x) = x^2 - (z_0 + \bar{z}_0)x + z_0\bar{z}_0 + \varepsilon\,,$$

wobei $0 < \varepsilon < m$, mit den Wurzeln $z_1, \bar{z}_1 \in \mathbb{C}$. Es ist $z_1\bar{z}_1 = z_0\bar{z}_0 + \varepsilon$, also $|z_1| > |z_0|$ und somit

$$f(z_1) > m\,.$$

Für festes $n \in \mathbb{N}$ betrachten wir andererseits das reelle Polynom

$$G(x) = [\,g(x) - \varepsilon\,]^n - (-\varepsilon)^n = \prod_{i=1}^{2n}(x - \alpha_i) = \prod_{i=1}^{2n}(x - \bar{\alpha}_i)$$

mit den Wurzeln $\alpha_1, \ldots, \alpha_{2n} \in \mathbb{C}$. Es ist dann $G(z_1) = 0$, also etwa $z_1 = \alpha_1$. In das Polynom

$$G(x)^2 = \prod_{i=1}^{2n}(x^2 - (\alpha_i + \bar{\alpha}_i)x + \alpha_i\bar{\alpha}_i)$$

können wir $\xi \in K$ einsetzen und erhalten

$$|G(\xi)|^2 = \prod_{i=1}^{2n} f(\alpha_i) \geq f(\alpha_1)m^{2n-1}\,.$$

Hiermit und mit der Ungleichung

$$|G(\xi)| \leq |\xi^2 - (z_0 + \bar{z}_0)\xi + z_0\bar{z}_0|^n + |-\varepsilon|^n = f(z_0)^n + \varepsilon^n = m^n + \varepsilon^n$$

ergibt sich $f(\alpha_1)m^{2n-1} \leq (m^n + \varepsilon^n)^2$ und damit

$$\frac{f(\alpha_1)}{m} \leq (1 + (\frac{\varepsilon}{m})^n)^2\,.$$

Für $n \to \infty$ folgt $f(\alpha_1) \leq m$ im Widerspruch zur zuvor gezeigten Ungleichung $f(\alpha_1) > m$. □

Angesichts des Satzes von *Ostrowski* beschränken wir uns im folgenden auf den Fall der nicht-archimedischen Bewertungen. Es ist in diesem Fall oft günstiger, mit den Exponentialbewertungen v anstatt mit den Betragsbewertungen zu arbeiten, und zwar sowohl vom Inhaltlichen her als auch von der praktischen Handhabung. Sei also v eine Exponentialbewertung des Körpers K. Diese setzt sich kanonisch zu einer Exponentialbewertung $\widehat{v}$ der Komplettierung $\widehat{K}$ fort, und zwar durch

$$\widehat{v}(a) = \lim_{n\to\infty} v(a_n)\,,$$

wenn $a = \lim_{n\to\infty} a_n \in \widehat{K}$, $a_n \in K$ ist. Dabei beachte man, daß die Folge $v(a_n)$ im Falle $a \neq 0$ stationär werden muß, denn für $n \geq n_0$ ist $\widehat{v}(a - a_n) > \widehat{v}(a)$, also nach der Bemerkung von S. 124

$$v(a_n) = \widehat{v}(a_n - a + a) = \min\{\widehat{v}(a_n - a), \widehat{v}(a)\} = \widehat{v}(a)\,.$$

Es gilt also

$$v(K^*) = \widehat{v}(\widehat{K}^*)\,,$$

und wenn v diskret und normiert ist, so ist es auch die Fortsetzung $\widehat{v}$. Eine Folge $\{a_n\}_{n\in\mathbb{N}}$ ist im nicht-archimedischen Fall wegen $v(a_n - a_m) \geq \min_{m\leq i<n} \{v(a_{i+1} - a_i)\}$ schon dann eine Cauchyfolge, wenn $a_{n+1} - a_n$ eine Nullfolge ist. Dementsprechend ist eine unendliche Reihe $\sum_{\nu=0}^{\infty} a_\nu$ genau dann konvergent in $\widehat{K}$, wenn ihre Glieder a_ν eine Nullfolge bilden. Genauso wie im Spezialfall $(\mathbb{Q}, v_p)$ den Satz (2.4) beweist man den

(4.3) Satz. *Ist $\mathcal{O} \subseteq K$ bzw. $\widehat{\mathcal{O}} \subseteq \widehat{K}$ der Bewertungsring von v bzw. $\widehat{v}$ und $\mathfrak{p}$ bzw. $\widehat{\mathfrak{p}}$ das maximale Ideal, so gilt*

$$\widehat{\mathcal{O}}/\widehat{\mathfrak{p}} \cong \mathcal{O}/\mathfrak{p}$$

und, wenn v diskret ist, überdies

$$\widehat{\mathcal{O}}/\widehat{\mathfrak{p}}^n \cong \mathcal{O}/\mathfrak{p}^n \quad \text{für} \quad n \geq 1\,.$$

Als Verallgemeinerung der p-adischen Entwicklung hat man im Falle einer beliebigen diskreten Bewertung v des Körpers K den

(4.4) Satz. *Sei $R \subseteq \mathcal{O}$ ein Repräsentantensystem für $\kappa = \mathcal{O}/\mathfrak{p}$, $0 \in R$, und sei $\pi \in \mathcal{O}$ ein Primelement. Dann besitzt jedes $x \neq 0$ in $\widehat{K}$ eine eindeutige Darstellung als konvergente Reihe*

$$x = \pi^m(a_0 + a_1\pi + a_2\pi^2 + \cdots)$$

mit $a_i \in R$, $a_0 \neq 0$, $m \in \mathbb{Z}$.

Beweis: Sei $x = \pi^m u$, $u \in \mathcal{O}^*$. Wegen $\widehat{\mathcal{O}}/\widehat{\mathfrak{p}} \cong \mathcal{O}/\mathfrak{p}$ besitzt $u \bmod \widehat{\mathfrak{p}}$ einen eindeutigen Repräsentanten $a_0 \in R$, $a_0 \neq 0$. Wir haben also $u = a_0 + \pi b_1$, $b_1 \in \widehat{\mathcal{O}}$. Angenommen, wir haben $a_0, \ldots, a_{n-1} \in R$ gefunden, so daß

$$u = a_0 + a_1\pi + \cdots + a_{n-1}\pi^{n-1} + \pi^n b_n$$

mit einem $b_n \in \widehat{\mathcal{O}}$ und daß die a_i durch diese Gleichung eindeutig bestimmt sind. Dann ist auch der Repräsentant $a_n \in R$ von $b_n \bmod \pi\widehat{\mathcal{O}} \in \widehat{\mathcal{O}}/\widehat{\mathfrak{p}} \cong \mathcal{O}/\mathfrak{p}$ durch u eindeutig bestimmt, und es gilt $b_n = a_n + \pi b_{n+1}$, $b_{n+1} \in \widehat{\mathcal{O}}$, also

$$u = a_0 + a_1\pi + \cdots + a_{n-1}\pi^{n-1} + a_n\pi^n + \pi^{n+1}b_{n+1}\,.$$

Wir finden auf diese Weise eine durch u eindeutig bestimmte Reihe $\sum_{\nu=0}^{\infty} a_\nu \pi^\nu$, die gegen u konvergiert, weil das Restglied $\pi^{n+1}b_{n+1}$ gegen Null geht. □

Im Falle des rationalen Zahlkörpers $\mathbb{Q}$ und der p-adischen Bewertung v_p mit der Komplettierung $\mathbb{Q}_p$ bilden die Zahlen $0, 1, \ldots, p-1$ ein Repräsentantensystem R für den Restklassenkörper $\mathbb{Z}/p\mathbb{Z}$ der Bewertung, und wir erhalten die schon in § 2 erläuterte Darstellung

$$x = p^m(a_0 + a_1 p + a_2 p^2 + \cdots)\,,$$

$0 \leq a_i < p$, $m \in \mathbb{Z}$, für die p-adischen Zahlen.

Im Falle eines rationalen Funktionenkörpers $k(t)$ und der Bewertung $v_\mathfrak{p}$, die zu einem Primideal $\mathfrak{p} = (t-a)$ von $k[t]$ gehört (vgl. § 2), können wir als Repräsentantensystem R den Koeffizientenkörper k

selbst wählen. Als Komplettierung erhalten wir den formalen **Potenzreihenkörper** $k((x))$, $x = t - a$, der aus allen formalen Laurentreihen

$$f(t) = (t-a)^m(a_0 + a_1(t-a) + a_2(t-a)^2 + \cdots),$$

$a_i \in k$, $m \in \mathbb{Z}$, besteht. Die am Anfang dieses Kapitels betrachtete heuristische Analogie zwischen den Potenzreihen und den p-adischen Zahlen hat sich hiermit in zwei Spezialfälle ein und desselben konkreten mathematischen Sachverhalts verwandelt.

In § 1 hatten wir den Ring $\mathbb{Z}_p$ der ganzen p-adischen Zahlen mit dem projektiven Limes $\varprojlim_n \mathbb{Z}/p^n\mathbb{Z}$ identifiziert. Ähnliches ist auch im allgemeinen bewertungstheoretischen Rahmen möglich. Sei dazu K vollständig bzgl. einer diskreten Bewertung. Sei $\mathcal{O}$ der Bewertungsring mit dem maximalen Ideal $\mathfrak{p}$. Wir haben dann für jedes $n \geq 1$ die kanonischen Homomorphismen

$$\mathcal{O} \to \mathcal{O}/\mathfrak{p}^n$$

und

$$\mathcal{O}/\mathfrak{p} \xleftarrow{\lambda_1} \mathcal{O}/\mathfrak{p}^2 \xleftarrow{\lambda_2} \mathcal{O}/\mathfrak{p}^3 \xleftarrow{\lambda_3} \cdots .$$

Hierdurch erhalten wir einen Homomorphismus

$$\mathcal{O} \to \varprojlim_n \mathcal{O}/\mathfrak{p}^n$$

in den projektiven Limes

$$\varprojlim_n \mathcal{O}/\mathfrak{p}^n = \{(x_n) \in \prod_{n=1}^{\infty} \mathcal{O}/\mathfrak{p}^n \mid \lambda_n(x_{n+1}) = x_n\}.$$

Denken wir uns die Ringe $\mathcal{O}/\mathfrak{p}^n$ mit der diskreten Topologie ausgestattet, so haben wir auf $\prod_{n=1}^{\infty} \mathcal{O}/\mathfrak{p}^n$ die Produkttopologie, und es wird der projektive Limes $\varprojlim_n \mathcal{O}/\mathfrak{p}^n$ als abgeschlossene Teilmenge des Produktes in kanonischer Weise ein topologischer Ring (vgl. IV, § 2).

(4.5) Satz. *Die kanonische Abbildung*

$$\mathcal{O} \to \varprojlim_n \mathcal{O}/\mathfrak{p}^n$$

ist ein Isomorphismus und ein Homöomorphismus. Das gleiche gilt für die Abbildung

$$\mathcal{O}^* \to \varprojlim_n \mathcal{O}^*/U^{(n)}.$$

Beweis: Die Abbildung ist injektiv, denn ihr Kern ist $\bigcap_{n=1}^{\infty} \mathfrak{p}^n = (0)$. Zum Beweis der Surjektivität sei $\mathfrak{p} = \pi \mathcal{O}$ und $R \subseteq \mathcal{O}$, $R \ni 0$, ein Repräsentantensystem von $\mathcal{O}/\mathfrak{p}$. Wir haben im Beweis zu (4.4) gesehen (wie auch schon bei (1.2)), daß die Elemente $a \bmod \mathfrak{p}^n \in \mathcal{O}/\mathfrak{p}^n$ in eindeutiger Darstellung durch

$$a \equiv a_0 + a_1\pi + \cdots + a_{n-1}\pi^{n-1} \bmod \mathfrak{p}^n$$

gegeben werden, wobei $a_i \in R$. Jedes Element $s \in \varprojlim_n \mathcal{O}/\mathfrak{p}^n$ ist daher durch eine Folge von Summen

$$s_n = a_0 + a_1\pi + \cdots + a_{n-1}\pi^{n-1}, \quad n = 1, 2, \ldots,$$

mit gleichbleibenden Koeffizienten $a_i \in R$ gegeben und ist das Bild des Elementes $x = \lim_{n\to\infty} s_n = \sum_{\nu=0}^{\infty} a_\nu \pi^\nu \in \mathcal{O}$.

Die Mengen $P_n = \prod_{\nu=n}^{\infty} \mathcal{O}/\mathfrak{p}^\nu$ bilden eine Umgebungsbasis des Nullelements von $\prod_{\nu=1}^{\infty} \mathcal{O}/\mathfrak{p}^\nu$. Bei der Bijektion

$$\mathcal{O} \to \varprojlim_\nu \mathcal{O}/\mathfrak{p}^\nu$$

wird also die Umgebungsbasis $\mathfrak{p}^n$ der Null in $\mathcal{O}$ auf die Umgebungsbasis $P_n \cap \varprojlim_\nu \mathcal{O}/\mathfrak{p}^\nu$ der Null in $\varprojlim_\nu \mathcal{O}/\mathfrak{p}^\nu$ abgebildet, d.h. die Bijektion ist ein Homöomorphismus. Sie induziert einen Isomorphismus und Homöomorphismus auf den Einheitengruppen

$$\mathcal{O}^* \cong (\varprojlim \mathcal{O}/\mathfrak{p}^n)^* \cong \varprojlim (\mathcal{O}/\mathfrak{p}^n)^* \cong \varprojlim \mathcal{O}^*/U^{(n)}. \qquad \square$$

Es wird für uns ein Hauptanliegen sein, die endlichen Erweiterungen $L|K$ eines vollständig bewerteten Körpers K zu studieren. Dies bedeutet, daß wir uns der Frage nach der Faktorzerlegung der algebraischen Gleichungen

$$f(x) = a_n x^n + a_{n-1}x^{n-1} + \cdots + a_0 = 0$$

über vollständigen Körpern zuwenden müssen. Von grundlegender Bedeutung ist hierfür das gewichtige „Henselsche Lemma“. Sei wieder K ein Körper, der bzgl. einer nicht-archimedischen Bewertung $|\ \ |$ vollständig ist. Sei $\mathcal{O}$ der zugehörige Bewertungsring mit dem maximalen Ideal $\mathfrak{p}$ und dem Restklassenkörper $\kappa = \mathcal{O}/\mathfrak{p}$. Wir nennen ein Polynom $f(x) = a_0 + a_1 x + \cdots + a_n x^n \in \mathcal{O}[x]$ **primitiv**, wenn $f(x) \not\equiv 0 \bmod \mathfrak{p}$ ist, d.h. wenn

$$|f| = \max\{|a_0|, \ldots, |a_n|\} = 1\,.$$

(4.6) Henselsches Lemma. *Besitzt ein primitives Polynom* $f(x) \in \mathcal{O}[x]$ modulo $\mathfrak{p}$ *eine Zerlegung*

$$f(x) \equiv \bar{g}(x)\bar{h}(x) \bmod \mathfrak{p}$$

in teilerfremde Polynome $\bar{g}, \bar{h} \in \kappa[x]$*, so besitzt* $f(x)$ *eine Zerlegung*

$$f(x) = g(x)h(x)$$

in Polynome $g, h \in \mathcal{O}[x]$ *mit* $\mathrm{grad}(g) = \mathrm{grad}(\bar{g})$ *und*

$$g(x) \equiv \bar{g}(x) \bmod \mathfrak{p} \quad \text{und} \quad h(x) \equiv \bar{h}(x) \bmod \mathfrak{p}\,.$$

Beweis: Sei $d = \mathrm{grad}(f)$, $m = \mathrm{grad}(\bar{g})$, also $d - m \geq \mathrm{grad}(\bar{h})$. Seien $g_0, h_0 \in \mathcal{O}[x]$ Polynome mit $g_0 \equiv \bar{g} \bmod \mathfrak{p}$, $h_0 \equiv \bar{h} \bmod \mathfrak{p}$ und $\mathrm{grad}(g_0) = m$, $\mathrm{grad}(h_0) \leq d - m$. Wegen $(\bar{g}, \bar{h}) = 1$ gibt es Polynome $a(x)$, $b(x) \in \mathcal{O}[x]$ mit $ag_0 + bh_0 \equiv 1 \bmod \mathfrak{p}$. Unter den Koeffizienten der beiden Polynome $f - g_0h_0$, $ag_0 + bh_0 - 1 \in \mathfrak{p}[x]$ suchen wir einen mit kleinstem Wert und bezeichnen ihn mit π.

Wir setzen die zu bestimmenden Polynome g und h in der Form

$$g = g_0 + p_1\pi + p_2\pi^2 + \cdots$$
$$h = h_0 + q_1\pi + q_2\pi^2 + \cdots$$

an mit Polynomen $p_i, q_i \in \mathcal{O}[x]$ vom Grad $< m$ bzw. $\leq d - m$. Wir bestimmen in sukzessiver Weise die Polynome

$$g_{n-1} = g_0 + p_1\pi + \cdots + p_{n-1}\pi^{n-1}\,,$$
$$h_{n-1} = h_0 + q_1\pi + \cdots + q_{n-1}\pi^{n-1}\,,$$

derart daß

$$f \equiv g_{n-1}h_{n-1} \bmod \pi^n$$

gilt. Durch Grenzübergang $n \to \infty$ ergibt sich dann die Gleichung $f = gh$. Für $n = 1$ ist die Kongruenz nach Wahl von π erfüllt. Wir nehmen an, daß wir sie für ein $n \geq 1$ schon etabliert haben. Die Forderung für g_n, h_n läuft dann wegen

$$g_n = g_{n-1} + p_n\pi^n\,, \quad h_n = h_{n-1} + q_n\pi^n$$

auf

$$f - g_{n-1}h_{n-1} \equiv (g_{n-1}q_n + h_{n-1}p_n)\pi^n \bmod \pi^{n+1}$$

hinaus, also nach Division durch π^n auf

$$g_{n-1}q_n + h_{n-1}p_n \equiv g_0q_n + h_0p_n \equiv f_n \bmod \pi\,,$$

wobei $f_n = \pi^{-n}(f - g_{n-1}h_{n-1}) \in \mathcal{O}[x]$ ist. Wegen $g_0 a + h_0 b \equiv 1 \bmod \pi$ gilt

$$g_0 a f_n + h_0 b f_n \equiv f_n \bmod \pi\,.$$

Wir würden jetzt $q_n = af_n$ und $p_n = bf_n$ setzen, wenn nicht die Grade zu groß sein könnten. Aus diesem Grund schreiben wir

$$b(x)f_n(x) = q(x)g_0(x) + p_n(x)$$

mit $\operatorname{grad}(p_n) < \operatorname{grad}(g_0) = m$. Wegen $g_0 \equiv \bar{g} \bmod \mathfrak{p}$ und $\operatorname{grad}(g_0) = \operatorname{grad}(\bar{g})$ ist der höchste Koeffizient von g_0 eine Einheit, so daß $q(x) \in \mathcal{O}[x]$, und wir erhalten die Kongruenz

$$g_0(af_n + h_0 q) + h_0 p_n \equiv f_n \bmod \pi\,.$$

Streichen wir nun aus dem Polynom $af_n + h_0 q$ alle durch π teilbaren Koeffizienten heraus, so erhalten wir ein Polynom q_n mit $g_0 q_n + h_0 p_n \equiv f_n \bmod \pi$, das wegen $\operatorname{grad}(f_n) \le d$, $\operatorname{grad}(g_0) = m$ und $\operatorname{grad}(h_0 p_n) < (d-m) + m = d$ einen Grad $\le d - m$ hat, wie gewünscht. □

Beispiel: Das Polynom $x^{p-1} - 1 \in \mathbb{Z}_p[x]$ zerfällt über dem Restklassenkörper $\mathbb{Z}_p/p\mathbb{Z}_p = \mathbb{F}_p$ in verschiedene Linearfaktoren. Nach (wiederholter) Anwendung des Henselschen Lemmas zerfällt es daher auch über $\mathbb{Z}_p$ in Linearfaktoren, und wir erhalten das überraschende Resultat, daß der Körper $\mathbb{Q}_p$ der p-adischen Zahlen die $(p-1)$-ten Einheitswurzeln enthält. Diese bilden zusammen mit 0 sogar ein vollständiges Repräsentantensystem für den Restklassenkörper, das unter der Multiplikation abgeschlossen ist.

(4.7) Korollar. *Sei K vollständig bzgl. der nicht-archimedischen Bewertung $|\ |$. Dann gilt für jedes irreduzible Polynom $f(x) = a_0 + a_1 x + \cdots + a_n x^n \in K[x]$*

$$|f| = \max\{|a_0|, |a_n|\}\,.$$

Insbesondere folgt aus $a_n = 1$ und $a_0 \in \mathcal{O}$, daß $f \in \mathcal{O}[x]$.

Beweis: Nach Multiplikation mit einem geeigneten Element aus K dürfen wir $f \in \mathcal{O}[x]$ und $|f| = 1$ annehmen. Sei a_r der erste unter den Koeffizienten $a_0, \ldots, a_n$ mit $|a_r| = 1$, so daß also

$$f(x) \equiv x^r(a_r + a_{r+1}x + \cdots + a_n x^{n-r}) \bmod \mathfrak{p}\,.$$

Wäre nun $\max\{|a_0|, |a_n|\} < 1$, so wäre $0 < r < n$, so daß die Kongruenz im Widerspruch zum Henselschen Lemma steht. □

Aufgrund dieses Korollars ergibt sich nun der folgende Fortsetzungssatz.

(4.8) Theorem. *Sei K vollständig bzgl. der Bewertung $|\ \ |$. Dann besitzt $|\ \ |$ auf jede algebraische Erweiterung $L|K$ eine eindeutige Bewertungsfortsetzung. Diese ist durch*

$$|\alpha| = \sqrt[n]{|N_{L|K}(\alpha)|}$$

gegeben, wenn $L|K$ einen endlichen Grad n hat. In diesem Fall ist L wieder vollständig.

Beweis: Ist die Bewertung $|\ \ |$ archimedisch, so ist nach dem Satz von Ostrowski $K = \mathbb{R}$ oder $\mathbb{C}$. Es ist $N_{\mathbb{C}|\mathbb{R}}(z) = z\bar{z} = |z|^2$, und das Theorem gehört dem klassischen Bestand der Analysis an. Sei also $|\ \ |$ nichtarchimedisch. Da jede algebraische Erweiterung $L|K$ die Vereinigung ihrer endlichen Teilerweiterungen ist, so dürfen wir annehmen, daß der Grad $n = [L:K]$ endlich ist.

Existenz der Fortsetzung: Sei $\mathcal{o}$ der Bewertungsring von K und $\mathcal{O}$ sein ganzer Abschluß in L. Dann gilt

$$(*) \qquad \mathcal{O} = \{\alpha \in L \mid N_{L|K}(\alpha) \in \mathcal{o}\}.$$

Die Implikation $\alpha \in \mathcal{O} \Rightarrow N_{L|K}(\alpha) \in \mathcal{o}$ ist klar (vgl. Kap. I, § 2, S. 12). Sei umgekehrt $\alpha \in L^*$ und $N_{L|K}(\alpha) \in \mathcal{o}$. Sei

$$f(x) = x^d + a_{d-1}x^{d-1} + \cdots + a_0 \in K[x]$$

das Minimalpolynom von α über K. Dann ist $N_{L|K}(\alpha) = \pm a_0^m \in \mathcal{o}$, also $|a_0| \leq 1$, d.h. $a_0 \in \mathcal{o}$. Nach (4.7) ist damit $f(x) \in \mathcal{o}[x]$, d.h. $\alpha \in \mathcal{O}$.

Für die Funktion $|\alpha| = \sqrt[n]{|N_{L|K}(\alpha)|}$ sind die Bedingungen $|\alpha| = 0 \iff \alpha = 0$ und $|\alpha\beta| = |\alpha||\beta|$ klar. Die verschärfte Dreiecksungleichung

$$|\alpha + \beta| \leq \max\{|\alpha|, |\beta|\}$$

läuft nach Division durch α oder β auf die Implikation

$$|\alpha| \leq 1 \Rightarrow |\alpha + 1| \leq 1$$

hinaus, also wegen $(*)$ auf $\alpha \in \mathcal{O} \Rightarrow \alpha + 1 \in \mathcal{O}$, was trivialerweise richtig ist. Damit ist durch $|\alpha| = \sqrt[n]{|N_{L|K}(\alpha)|}$ eine Bewertung von L definiert, die die auf K gegebene offensichtlich fortsetzt und ebenso offensichtlich $\mathcal{O}$ als Bewertungsring hat.

Eindeutigkeit der Fortsetzung: Sei $|\ \ |'$ eine weitere Fortsetzung mit dem Bewertungsring $\mathcal{O}'$. Sei $\mathfrak{P}$ bzw. $\mathfrak{P}'$ das maximale Ideal von $\mathcal{O}$ bzw. $\mathcal{O}'$. Wir zeigen, daß $\mathcal{O} \subseteq \mathcal{O}'$ und $\mathfrak{P} \subseteq \mathfrak{P}'$ gilt. Sei $\alpha \in \mathcal{O} \setminus \mathcal{O}'$ und

$$f(x) = x^d + a_1 x^{d-1} + \cdots + a_d$$

das Minimalpolynom von α über K. Dann ist $a_1, \ldots, a_d \in o$ und $\alpha^{-1} \in \mathfrak{P}'$, also $1 = -a_1\alpha^{-1} - \cdots - a_d(\alpha^{-1})^d \in \mathfrak{P}'$, Widerspruch. Damit ist die Inklusion $\mathcal{O} \subseteq \mathcal{O}'$ gezeigt, und weil $\mathcal{O} \cap \mathfrak{P}'$ ein von Null verschiedenes Primideal von $\mathcal{O}$ ist, auch die Inklusion $\mathfrak{P} = \mathcal{O} \cap \mathfrak{P}' \subseteq \mathfrak{P}'$. Mit anderen Worten gilt $|\alpha| < 1 \Rightarrow |\alpha|' < 1$, und dies bedeutet, daß die Bewertungen $|\ \ |$ und $|\ \ |'$ äquivalent sind (vgl. § 3, S. 122), also gleich, weil sie auf K gleich sind.

Die Tatsache, daß L bzgl. der Fortsetzung wieder vollständig ist, ergibt sich aus dem folgenden allgemeinen Satz. □

(4.9) Satz. *Sei K vollständig bzgl. der Bewertung $|\ \ |$ und V ein n-dimensionaler normierter Vektorraum über K. Für jede Basis $v_1, \ldots, v_n$ ist dann der Isomorphismus*

$$K^n \to V\,, \quad (x_1, \ldots, x_n) \mapsto x_1 v_1 + \cdots + x_n v_n\,,$$

ein Homöomorphismus. Insbesondere ist V vollständig.

Beweis: Sei $v_1, \ldots, v_n$ eine Basis und $\|\ \ \|$ die Maximumsnorm

$$\| x_1 v_1 + \cdots + x_n v_n \| = \max\{|x_1|, \ldots, |x_n|\}$$

auf V. Es genügt zu zeigen, daß zu jeder Norm $|\ \ |$ auf V Konstanten $\rho, \rho' > 0$ existieren, so daß

$$\rho \| x \| \le |x| \le \rho' \| x \| \quad \text{für alle} \quad x \in V\,.$$

Dann nämlich definiert die Norm $|\ \ |$ die gleiche Topologie auf V wie die Norm $\|\ \ \|$, und wir erhalten durch $K^n \to V$, $(x_1, \ldots, x_n) \mapsto x_1 v_1 + \cdots + x_n v_n$, einen topologischen Isomorphismus, weil $\|\ \ \|$ in die Maximumsnorm von K^n übergeht.

Für ρ' können wir offensichtlich $|v_1| + \cdots + |v_n|$ wählen. Die Existenz von ρ beweisen wir mit vollständiger Induktion. Für $n = 1$ können wir $\rho = |v_1|$ wählen. Angenommen, für $(n-1)$-dimensionale Vektorräume ist alles bewiesen. Sei

$$V_i = Kv_1 + \cdots + Kv_{i-1} + Kv_{i+1} + \cdots + Kv_n\,,$$

so daß $V = V_i + Kv_i$. V_i ist dann nach Induktionsvoraussetzung vollständig bzgl. der Einschränkung von $|\ \ |$, also abgeschlossen in V.

Damit ist auch $V_i + v_i$ abgeschlossen. Wegen $0 \notin \bigcup_{i=1}^n (V_i + v_i)$ gibt es eine zu $\bigcup_{i=1}^n (V_i + v_i)$ disjunkte Umgebung von 0, d.h. es gibt ein $\rho > 0$ mit

$$|w_i + v_i| \geq \rho \quad \text{für alle} \quad w_i \in V_i \quad \text{und alle} \quad i = 1, \dots, n.$$

Für $x = x_1 v_1 + \cdots + x_n v_n \neq 0$ und $|x_r| = \max\{|x_i|\}$ gilt nun

$$|x_r^{-1} x| = |\frac{x_1}{x_r} v_1 + \cdots + v_r + \cdots + \frac{x_n}{x_r} v_n| \geq \rho,$$

so daß $|x| \geq \rho |x_r| = \rho \parallel x \parallel$ ist. □

Die eindeutige Fortsetzbarkeit einer zu $|\ \ |$ gehörigen Exponentialbewertung v von K auf L ist nach Theorem (4.8) eine selbstverständliche Konsequenz: Die Fortsetzung w ist durch

$$w(\alpha) = \frac{1}{n} v(N_{L|K}(\alpha))$$

gegeben, wenn $n = [\,L : K\,] < \infty$.

Aufgabe 1. Eine unendliche algebraische Erweiterung eines vollständigen Körpers K ist niemals vollständig.

Aufgabe 2. Sei $X_0, X_1, \dots$ eine unendliche Folge von Unbestimmten, p eine feste Primzahl und $W_n = X_0^{p^n} + pX_1^{p^{n-1}} + \cdots + p^n X_n$, $n \geq 0$. Zeige, daß es Polynome $S_0, S_1, \dots; P_0, P_1, \dots \in \mathbb{Z}[\,X_0, X_1, \dots; Y_0, Y_1, \dots]$ gibt mit

$$W_n(S_0, S_1, \dots) = W_n(X_0, X_1, \dots) + W_n(Y_0, Y_1, \dots),$$
$$W_n(P_0, P_1, \dots) = W_n(X_0, X_1, \dots) \cdot W_n(Y_0, Y_1, \dots).$$

Aufgabe 3. Sei A ein kommutativer Ring. Für $a = (a_0, a_1, \dots)$, $b = (b_0, b_1, \dots)$, $a_i, b_i \in A$, setze

$$a + b = (S_0(a,b), S_1(a,b), \dots), \quad a \cdot b = (P_0(a,b), P_1(a,b), \dots).$$

Zeige, daß die Vektoren $a = (a_0, a_1, \dots)$ hiermit einen kommutativen Ring $W(A)$ mit Eins bilden. Er heißt **Ring der Witt-Vektoren** über A.

Aufgabe 4. Für jeden Witt-Vektor $a = (a_0, a_1, \dots) \in W(A)$ betrachte die „Geisterkomponenten"

$$a^{(n)} = W_n(a) = a_0^{p^n} + pa_1^{p^{n-1}} + \cdots + p^n a_n$$

und die Abbildungen $V, F : W(A) \to W(A)$, die durch

$$Va = (0, a_0, a_1, \dots) \quad \text{und} \quad Fa = (a_0^p, a_1^p, \dots)$$

gegeben sind („Verschiebung" und „Frobenius"). Zeige, daß

$$(Va)^{(n)} = pa^{(n-1)} \quad \text{und} \quad a^{(n)} = (Fa)^{(n)} + p^n a_n.$$

Aufgabe 5. Sei k ein Körper der Charakteristik p. Dann ist V ein Homomorphismus der additiven Gruppe von $W(k)$ und F ein Ringhomomorphismus, und es gilt

$$VFa = FVa = pa\,.$$

Aufgabe 6. Ist k ein vollkommener Körper der Charakteristik p, so ist $W(k)$ ein vollständiger diskreter Bewertungsring mit dem Restklassenkörper k.

§ 5. Lokale Körper

Für die Zahlentheorie sind unter den vollständigen Körpern vornehmlich diejenigen wichtig, die als Komplettierungen aus einem **globalen Körper** entstehen, d.h. aus einer endlichen Erweiterung von $\mathbb{Q}$ oder $\mathbb{F}_p(t)$. Die Bewertung einer solchen Komplettierung ist, wie wir bald sehen werden, diskret und hat einen endlichen Restklassenkörper. Im Gegensatz zu den globalen Körpern nennt man die Körper, die bzgl. einer diskreten Bewertung vollständig sind und einen endlichen Restklassenkörper haben, **lokale Körper**. Für einen solchen Körper wird die normierte Exponentialbewertung mit $v_\mathfrak{p}$ bezeichnet und mit $|\ \ |_\mathfrak{p}$ der durch

$$|x|_\mathfrak{p} = q^{-v_\mathfrak{p}(x)}$$

normierte Absolutbetrag, wobei q die Kardinalität des Restklassenkörpers ist.

(5.1) Satz. *Ein lokaler Körper K ist lokal kompakt. Sein Bewertungsring $\mathcal{O}$ ist kompakt.*

Beweis: Nach (4.5) ist $\mathcal{O} \cong \varprojlim \mathcal{O}/\mathfrak{p}^n$ algebraisch und topologisch. Wegen $\mathfrak{p}^\nu/\mathfrak{p}^{\nu+1} \cong \mathcal{O}/\mathfrak{p}$ (vgl. (3.9)) sind die Ringe $\mathcal{O}/\mathfrak{p}^n$ endlich, also kompakt. Als abgeschlossene Teilmenge des kompakten Produktes $\prod_{n=1}^\infty \mathcal{O}/\mathfrak{p}^n$ ist daher auch der projektive Limes $\varprojlim \mathcal{O}/\mathfrak{p}^n$ und damit $\mathcal{O}$ kompakt. Für jedes $a \in K$ ist $a + \mathcal{O}$ eine offene und gleichzeitig kompakte Umgebung, so daß K lokal kompakt ist. □

In schöner Eintracht mit der Definition der globalen Körper als den endlichen Erweiterungen von $\mathbb{Q}$ und $\mathbb{F}_p(t)$ erhalten wir für die lokalen Körper die folgende Charakterisierung.

(5.2) Satz: *Die lokalen Körper sind gerade die endlichen Erweiterungen der Körper $\mathbb{Q}_p$ und $\mathbb{F}_p((t))$.*

Beweis: Eine endliche Erweiterung K von $k = \mathbb{Q}_p$ bzw. $k = \mathbb{F}_p((t))$ ist nach (4.8) vollständig bzgl. der Bewertungsfortsetzung $|\alpha| = \sqrt[n]{|N_{K|k}(\alpha)|}$, welche offensichtlich wieder diskret ist. Mit $K|k$ hat auch die Restkörpererweiterung $\kappa|\mathbb{F}_p$ einen endlichen Grad, denn wenn $\bar{x}_1, \dots, \bar{x}_n \in \kappa$ linear unabhängig sind, so ist jede Wahl von Urbildern $x_1, \dots, x_n \in K$ linear unabhängig über k. Ist nämlich $\lambda_1 x_1 + \cdots + \lambda_n x_n = 0$, $\lambda_i \in k$, eine nicht-triviale Linearkombination über k, und dividieren wir diese durch den Koeffizienten λ_i mit dem größten Betrag, so ergibt sich eine Linearkombination mit Koeffizienten im Bewertungsring von k, wobei der i-te gleich 1 ist, so daß beim Übergang zu κ eine nicht-triviale Linearkombination $\bar{\lambda}_1 \bar{x}_1 + \cdots + \bar{\lambda}_n \bar{x}_n = 0$ entsteht. K ist daher ein lokaler Körper.

Sei umgekehrt K ein lokaler Körper, v seine diskrete Exponentialbewertung und p die Charakteristik seines Restklassenkörpers κ. Wenn K die Charakteristik 0 hat, so ist die Einschränkung von v auf $\mathbb{Q}$ wegen $v(p) > 0$ zur p-adischen Bewertung v_p von $\mathbb{Q}$ äquivalent. Wegen der Vollständigkeit von K ist der Abschluß von $\mathbb{Q}$ in K die Komplettierung von $\mathbb{Q}$ bzgl. v_p, d.h. $\mathbb{Q}_p \subseteq K$. Die Tatsache, daß $K|\mathbb{Q}_p$ von endlichem Grade ist, folgt aus der lokalen Kompaktheit des Vektorraumes K aufgrund eines allgemeinen Satzes der topologischen linearen Algebra (vgl. [18], chap. I, § 2, $n^0 4$, th. 3), aber auch aus (6.8). Ist andererseits die Charakteristik von K ungleich Null, so muß sie gleich p sein. In diesem Fall ist $K = \kappa((t))$ mit einem Primelement t von K (vgl. S. 133), also $\mathbb{F}_p((t)) \subseteq K$. In der Tat, ist $\kappa = \mathbb{F}_p(\alpha)$ und $p(X) \in \mathbb{F}_p[X] \subseteq K[X]$ das Minimalpolynom von α über $\mathbb{F}_p$, so zerfällt $p(X)$ nach dem Henselschen Lemma über K in Linearfaktoren. Wir können daher κ als Teilkörper von K auffassen, so daß die Elemente von K nach (4.4) gerade die Laurentreihen in t mit Koeffizienten in κ sind. □

Bemerkung: Man kann zeigen, daß ein Körper K, der bzgl. einer nicht-diskreten Topologie lokal kompakt ist, entweder zu $\mathbb{R}$ oder zu $\mathbb{C}$ oder zu einer endlichen Erweiterung von $\mathbb{Q}_p$ oder $\mathbb{F}_p((t))$, also zu einem lokalen Körper isomorph ist (vgl. [137], chap. I, § 3).

Die lokalen Körper der Charakteristik p, wie wir soeben gesehen haben, sind die **Potenzreihenkörper** $\mathbb{F}_q((t))$, $q = p^f$. Die lokalen Körper der Charakteristik 0, d.h. die endlichen Erweiterungen $K|\mathbb{Q}_p$

der p-adischen Zahlkörper $\mathbb{Q}_p$ werden **$\mathfrak{p}$-adische Zahlkörper** genannt. Für sie hat man eine *Exponentialfunktion* und eine *Logarithmusfunktion.* Anders aber als im Reellen und Komplexen ist erstere nicht auf ganz K, letztere dagegen auf der ganzen multiplikativen Gruppe K^* gegeben. Für die Definition des Logarithmus machen wir von der folgenden Tatsache Gebrauch.

(5.3) Satz. *Für die multiplikative Gruppe eines lokalen Körpers K hat man die Zerlegung*

$$K^* = (\pi) \times \mu_{q-1} \times U^{(1)} .$$

Dabei ist π ein Primelement, $(\pi) = \{\pi^k \mid k \in \mathbb{Z}\}$, $q = \#\kappa$ die Anzahl der Elemente im Restklassenkörper $\kappa = \mathcal{O}/\mathfrak{p}$ und $U^{(1)} = 1 + \mathfrak{p}$ die Einseinheitengruppe.

Beweis: Für jedes $\alpha \in K^*$ hat man die eindeutige Darstellung $\alpha = \pi^n u$, $n \in \mathbb{Z}$, $u \in \mathcal{O}^*$, so daß $K^* = (\pi) \times \mathcal{O}^*$. Da das Polynom $X^{q-1} - 1$ nach dem Henselschen Lemma über K in Linearfaktoren zerfällt, so enthält $\mathcal{O}^*$ die Gruppe μ_{q-1} der $(q-1)$-ten Einheitswurzeln. Der Homomorphismus $\mathcal{O}^* \to \kappa^*$, $u \mapsto u \bmod \mathfrak{p}$, hat den Kern $U^{(1)}$ und bildet μ_{q-1} bijektiv auf κ^* ab, so daß $\mathcal{O}^* = \mu_{q-1} \times U^{(1)}$. □

(5.4) Satz. *Für einen $\mathfrak{p}$-adischen Zahlkörper K gibt es einen eindeutig bestimmten, stetigen Homomorphismus*

$$\log : K^* \to K$$

mit $\log p = 0$, der für die Einseinheiten $(1 + x) \in U^{(1)}$ durch die Reihe

$$\log(1 + x) = x - \frac{x^2}{2} + \frac{x^3}{3} - \cdots$$

gegeben ist.

Beweis: Wir denken uns die p-adische Bewertung v_p von $\mathbb{Q}_p$ gemäß § 4 auf K fortgesetzt. Für die Reihenglieder x^ν/ν erhalten wir unter Beachtung von $v_p(x) > 0$, also $c = p^{v_p(x)} > 1$, und $p^{v_p(\nu)} \le \nu$, also $v_p(\nu) \le \dfrac{\ln \nu}{\ln p}$ (mit dem gewöhnlichen Logarithmus), den Wert

$$v_p(x^\nu/\nu) = \nu v_p(x) - v_p(\nu) \ge \nu \frac{\ln c}{\ln p} - \frac{\ln \nu}{\ln p} = \frac{\ln(c^\nu/\nu)}{\ln p} .$$

Dies zeigt, daß x^ν/ν eine Nullfolge ist, d.h. daß die Logarithmusreihe konvergiert. Sie definiert einen Homomorphismus, denn

$$\log((1+x)(1+y)) = \log(1+x) + \log(1+y)$$

ist eine Identität formaler Potenzreihen, und alle Reihen konvergieren, wenn $1+x, 1+y \in U^{(1)}$.

Für jedes $\alpha \in K^*$ haben wir nach Wahl eines Primelementes π die eindeutige Darstellung

$$\alpha = \pi^{v_\mathfrak{p}(\alpha)}\omega(\alpha)\langle\alpha\rangle\,,$$

$v_\mathfrak{p} = ev_p$ die normierte Bewertung von K, $\omega(\alpha) \in \mu_{q-1}$, $\langle\alpha\rangle \in U^{(1)}$. Der Gleichung $p = \pi^e\omega(p)\langle p\rangle$ entsprechend setzen wir $\log\pi = -\frac{1}{e}\log\langle p\rangle$ und erhalten danach den Homomorphismus $\log : K^* \to K$ durch

$$\log\alpha = v_\mathfrak{p}(\alpha)\log\pi + \log\langle\alpha\rangle\,.$$

Er ist offensichtlich stetig und hat die Eigenschaft $\log p = 0$. Ist $\lambda : K^* \to K$ irgendeine Fortsetzung von $\log : U^{(1)} \to K$ mit $\lambda(p) = 0$, so ist $\lambda(\xi) = \frac{1}{q-1}\lambda(\xi^{q-1}) = 0$ für jedes $\xi \in \mu_{q-1}$. Es folgt $0 = e\lambda(\pi) + \lambda(\langle p\rangle) = e\lambda(\pi) + \log\langle p\rangle$, also $\lambda(\pi) = \log\pi$, und damit $\lambda(\alpha) = v_\mathfrak{p}(\alpha)\lambda(\pi)+\lambda(\langle\alpha\rangle) = v_\mathfrak{p}(\alpha)\log\pi+\log\langle\alpha\rangle = \log\alpha$ für alle $\alpha \in K^*$. log ist also eindeutig bestimmt und unabhängig von der Wahl von π. □

(5.5) Satz: *Sei $K|\mathbb{Q}_p$ ein $\mathfrak{p}$-adischer Zahlkörper mit dem Bewertungsring $\mathcal{O}$ und dem maximalen Ideal $\mathfrak{p}$, und sei $p\mathcal{O} = \mathfrak{p}^e$. Dann liefern die Potenzreihen*

$$\exp(x) = 1 + x + \frac{x^2}{2!} + \frac{x^3}{3!} + \cdots \quad \textit{und} \quad \log(1+z) = z - \frac{z^2}{2} + \frac{z^3}{3} - \cdots$$

für $n > \dfrac{e}{p-1}$ zueinander inverse Isomorphismen (und Homöomorphismen)

$$\mathfrak{p}^n \underset{\log}{\overset{\exp}{\rightleftarrows}} U^{(n)}\,.$$

Dem Beweis schicken wir das folgende elementare Lemma voraus.

(5.6) Lemma. *Ist $\nu = \sum_{i=0}^r a_ip^i$, $0 \le a_i < p$, die p-adische Entwicklung der natürlichen Zahl $\nu \in \mathbb{N}$, so ist*

$$v_p(\nu!) = \frac{1}{p-1}\sum_{i=0}^r a_i(p^i - 1)\,.$$

Beweis: Bedeutet $[c]$ die größte ganze Zahl $\leq c$, so ist

$$\begin{aligned} [\nu/p] &= a_1 + a_2 p + \cdots + a_r p^{r-1}\,, \\ [\nu/p^2] &= \phantom{a_1 +{}} a_2 + \cdots + a_r p^{r-2}\,, \\ &\;\;\vdots \hspace{6em} \vdots \\ [\nu/p^r] &= \hspace{6em} a_r \quad , \end{aligned}$$

und wenn wir zählen, wie viele der Zahlen $1, 2, \ldots, \nu$ durch p teilbar sind, dann durch p^2 etc., so stellt sich

$$v_p(\nu!) = [\nu/p] + \cdots + [\nu/p^r] = a_1 + (p+1)a_2 + \cdots + (p^{r-1} + \cdots + 1)a_r$$

heraus, und also

$$(p-1)v_p(\nu!) = (p-1)a_1 + (p^2-1)a_2 + \cdots + (p^r-1)a_r = \sum_{i=0}^{r} a_i(p^i - 1)\,. \quad \square$$

Beweis von (5.5): Wir denken uns die p-adische Bewertung v_p von $\mathbb{Q}_p$ wieder auf K fortgesetzt. Dann ist $v_\mathfrak{p} = ev_p$ die normierte Bewertung von K. Für jede natürliche Zahl $\nu > 1$ hat man die Abschätzung

$$\frac{v_p(\nu)}{\nu - 1} \leq \frac{1}{p-1}\,,$$

denn wenn $\nu = p^a \nu_0$, $(\nu_0, p) = 1$ und $a > 0$, so ist

$$\frac{v_p(\nu)}{\nu - 1} = \frac{a}{p^a \nu_0 - 1} \leq \frac{a}{p^a - 1} = \frac{1}{p-1}\,\frac{a}{p^{a-1} + \cdots + p + 1} \leq \frac{1}{p-1}\,.$$

Für $v_p(z) > \frac{1}{p-1}$, $x \neq 0$, also $v_\mathfrak{p}(z) > \frac{e}{p-1}$, ergibt sich daher

$$v_p(z^\nu/\nu) - v_p(z) = (\nu - 1)v_p(z) - v_p(\nu) > (\nu - 1)\left(\frac{1}{p-1} - \frac{v_p(\nu)}{\nu - 1}\right) \geq 0\,,$$

und damit $v_\mathfrak{p}(\log(1+z)) = v_\mathfrak{p}(z)$. Für $n > \frac{e}{p-1}$ bildet log also $U^{(n)}$ in $\mathfrak{p}^n$ ab.

Für die Exponentialreihe $\sum_{\nu=0}^{\infty} x^\nu/\nu!$ berechnen sich die Werte $v_p(x^\nu/\nu!)$ wie folgt. Schreiben wir für $\nu > 0$

$$\nu = a_0 + a_1 p + \cdots + a_r p^r\,, \quad 0 \leq a_i < p\,,$$

so erhalten wir nach (5.6)

$$v_p(\nu!) = \frac{1}{p-1} \sum_{i=0}^{r} a_i(p^i - 1) = (\nu - (a_0 + a_1 + \cdots + a_r))/(p-1).$$

Setzen wir $s_\nu = a_0 + \cdots + a_r$, so wird

$$v_p(x^\nu/\nu!) = \nu v_p(x) - \frac{\nu - s_\nu}{p-1} = \nu\Big(v_p(x) - \frac{1}{p-1}\Big) + \frac{s_\nu}{p-1}\,.$$

Für $v_\mathfrak{p}(x) > \frac{e}{p-1}$, d.h. $v_p(x) > \frac{1}{p-1}$, folgt hieraus die Konvergenz der Exponentialreihe, und wenn überdies $x \neq 0$ und $\nu > 1$ ist, so hat man

$$v_p(x^\nu/\nu!) - v_p(x) = (\nu-1)v_p(x) - \frac{\nu-1}{p-1} + \frac{s_\nu - 1}{p-1} > \frac{s_\nu - 1}{p-1} \geq 0\,.$$

Daher ist $v_\mathfrak{p}(\exp(x)-1) = v_\mathfrak{p}(x)$, d.h. für $n > \frac{e}{p-1}$ bildet exp die Gruppe $\mathfrak{p}^n$ in $U^{(n)}$ ab. Überdies gilt für $v_\mathfrak{p}(x),\ v_\mathfrak{p}(z) > \frac{e}{p-1}$

$$\exp\log(1+z) = 1+z \quad \text{und} \quad \log\exp x = x\,,$$

denn dies sind Identitäten formaler Potenzreihen und alle Reihen konvergieren. Damit ist der Satz bewiesen. □

Für einen beliebigen lokalen Körper K ist die Einseinheitengruppe $U^{(1)}$ in kanonischer Weise ein $\mathbb{Z}_p$-Modul, $p = \operatorname{char}\kappa$, d.h. für jedes $1+x \in U^{(1)}$ und jedes $z \in \mathbb{Z}_p$ hat man die Potenz $(1+x)^z \in U^{(1)}$. Dies folgt aus der Tatsache, daß $U^{(1)}/U^{(n+1)}$ für jedes n wegen $U^{(i)}/U^{(i+1)} \cong \mathcal{O}/\mathfrak{p}$ (vgl. (3.10)) die Ordnung q^n hat, $q = \#\mathcal{O}/\mathfrak{p}$, so daß $U^{(1)}/U^{(n+1)}$ ein $\mathbb{Z}/q^n\mathbb{Z}$-Modul ist, und aus

$$U^{(1)} = \varprojlim_n U^{(1)}/U^{(n+1)} \quad \text{und} \quad \mathbb{Z}_p = \varprojlim_n \mathbb{Z}/q^n\mathbb{Z}\,.$$

Die $\mathbb{Z}$-Modulstruktur von $U^{(1)}$ wird dabei offensichtlich fortgesetzt. Die Funktion

$$f(z) = (1+x)^z$$

ist stetig, denn aus $z \equiv z' \bmod q^n\mathbb{Z}_p$ folgt $(1+x)^z \equiv (1+x)^{z'} \bmod U^{(n+1)}$, d.h. die Umgebung $z + q^n\mathbb{Z}_p$ von z wird in die Umgebung $(1+x)^z U^{(n+1)}$ von $f(z)$ abgebildet. Insbesondere erhält man $(1+x)^z$ als den Limes

$$(1+x)^z = \lim_{i\to\infty}(1+x)^{z_i}$$

gewöhnlicher Potenzen $(1+x)^{z_i}$, $z_i \in \mathbb{Z}$, wenn $z = \lim\limits_{i\to\infty} z_i$ ist.

Nach diesen Erörterungen können wir jetzt die Struktur der lokal kompakten multiplikativen Gruppe K^* eines lokalen Körpers K explizit bestimmen.

(5.7) Satz. *Sei K ein lokaler Körper und $q = p^f$ die Anzahl der Elemente im Restklassenkörper. Dann gilt:*

(i) Hat K die Charakteristik 0, so ist (algebraisch und topologisch)

$$K^* \cong \mathbb{Z} \oplus \mathbb{Z}/(q-1)\mathbb{Z} \oplus \mathbb{Z}/p^a\mathbb{Z} \oplus \mathbb{Z}_p^d,$$

wobei $a \geq 0$ und $d = [K : \mathbb{Q}_p]$ ist.

(ii) Hat K die Charakteristik p, so ist (algebraisch und topologisch)

$$K^* \cong \mathbb{Z} \oplus \mathbb{Z}/(q-1)\mathbb{Z} \oplus \mathbb{Z}_p^{\mathbb{N}}.$$

Beweis: Nach (5.3) ist (algebraisch und topologisch)

$$K^* = (\pi) \times \mu_{q-1} \times U^{(1)} \cong \mathbb{Z} \oplus \mathbb{Z}/(q-1)\mathbb{Z} \oplus U^{(1)},$$

so daß wir auf die Berechnung des $\mathbb{Z}_p$-Moduls $U^{(1)}$ zurückgeführt werden.

(i) Sei $\operatorname{char}(K) = 0$. Für genügend großes n haben wir nach (5.5) den Isomorphismus

$$\log : U^{(n)} \to \mathfrak{p}^n = \pi^n \mathcal{O} \cong \mathcal{O}.$$

Wegen der Stetigkeit von log, exp und $f(z) = (1+x)^z$ ist dies ein topologischer Isomorphismus von $\mathbb{Z}_p$-Moduln. Nach Kap. I, (2.9) besitzt $\mathcal{O}$ über $\mathbb{Z}_p$ eine Ganzheitsbasis $\alpha_1, \dots, \alpha_d$, d.h. $\mathcal{O} = \mathbb{Z}_p\alpha_1 \oplus \cdots \oplus \mathbb{Z}_p\alpha_d \cong \mathbb{Z}_p^d$. Daher ist $U^{(n)} \cong \mathbb{Z}_p^d$. Da der Index $(U^{(1)} : U^{(n)})$ endlich ist, so ist mit $U^{(n)}$ auch $U^{(1)}$ ein endlich erzeugter $\mathbb{Z}_p$-Modul vom Rang d. Die Torsionsuntergruppe von $U^{(1)}$ ist die Gruppe μ_{p^a} der Einheitswurzeln von p-Potenzordnung in K. Nach dem Hauptsatz über Moduln über Hauptidealringen gibt es in $U^{(1)}$ einen freien, endlich erzeugten, und daher abgeschlossenen $\mathbb{Z}_p$-Untermodul V vom Range d, so daß

$$U^{(1)} = \mu_{p^a} \times V \cong \mathbb{Z}/p^a\mathbb{Z} \oplus \mathbb{Z}_p^d,$$

algebraisch wie topologisch.

(ii) Im Fall $\operatorname{char}(K) = p$ ist $K \cong \mathbb{F}_q((t))$ (vgl. S. 133) und

$$U^{(1)} = 1 + \mathfrak{p} = 1 + t\mathbb{F}_q[\![t]\!].$$

Der folgende Beweis ist dem Buch [79] von *K. Iwasawa* entnommen.

Sei $\omega_1, \dots, \omega_f$ eine Basis von $\mathbb{F}_q|\mathbb{F}_p$. Für jede zu p prime natürliche Zahl n betrachten wir den stetigen Homomorphismus

$$g_n : \mathbb{Z}_p^f \to U^{(n)}, \quad g_n(a_1, \dots, a_f) = \prod_{i=1}^{f} (1 + \omega_i t^n)^{a_i}.$$

Diese Funktion hat folgende Eigenschaften. Ist $m = np^s$, $s \geq 0$, so gilt

$$(1) \qquad U^{(m)} = g_n(p^s\mathbb{Z}_p^f)U^{(m+1)}$$

und für $\alpha = (a_1, \ldots, a_f) \in \mathbb{Z}_p^f$

(2) $$\alpha \notin p\mathbb{Z}_p^f \Longleftrightarrow g_n(p^s\alpha) \notin U^{(m)}\,.$$

In der Tat, für $\omega = \sum_{i=1}^f b_i\omega_i \in \mathbb{F}_q$, $b_i \in \mathbb{Z}$, $b_i \equiv a_i \bmod p$, ist

$$g_n(\alpha) \equiv \prod_{i=1}^{f} (1 + \omega_i t^n)^{b_i} \equiv 1 + \omega t^n \bmod \mathfrak{p}^{n+1}$$

und damit wegen der Charakteristik p

$$g_n(p^s\alpha) = g_n(\alpha)^{p^s} \equiv 1 + \omega^{p^s} t^m \bmod \mathfrak{p}^{m+1}\,.$$

Durchläuft α die Elemente von $\mathbb{Z}_p^f$, so durchläuft ω und damit ω^{p^s} die Elemente von $\mathbb{F}_q$, und es ergibt sich (1). Ferner gilt $g_n(p^s\alpha) \equiv 1 \bmod \mathfrak{p}^{m+1} \Longleftrightarrow \omega = 0 \Longleftrightarrow b_i \equiv 0 \bmod p$, $i = 1, \ldots, f \Longleftrightarrow a_i \equiv 0 \bmod p$, $i = 1, \ldots, f \Longleftrightarrow \alpha \in p\mathbb{Z}_p^f$, und dies besagt (2).

Wir betrachten nun den stetigen Homomorphismus von $\mathbb{Z}_p$-Moduln

$$g = \prod_{(n,p)=1} g_n : A = \prod_{(n,p)=1} \mathbb{Z}_p^f \to U^{(1)}\,,$$

wobei $\prod_{(n,p)=1} \mathbb{Z}_p^f$ das Produkt über alle $n \geq 1$ mit $(n,p) = 1$ von Kopien von $\mathbb{Z}_p^f$ bedeutet. Man beachte, daß das Produkt $g(\xi) = \prod g_n(\alpha_n)$ wegen $g_n(\alpha_n) \in U^{(n)}$ konvergiert. Sei $m = np^s$, $(n,p) = 1$, eine beliebige natürliche Zahl. Wegen $g_n(\mathbb{Z}_p^f) \subseteq g(A)$ folgt aus (1), daß jede Nebenklasse von $U^{(m)}/U^{(m+1)}$ durch ein Element von $g(A)$ repräsentiert wird. Dies bedeutet, daß $g(A)$ dicht in $U^{(1)}$ liegt. Da A kompakt und g stetig ist, ist g somit surjektiv.

Sei andererseits $\xi = (\ldots, \alpha_n, \ldots) \in A$, $\xi \neq 0$, d.h. $\alpha_n \neq 0$ für ein n. Solch ein α_n hat die Gestalt $\alpha_n = p^s\beta_n$, $s = s(\alpha_n) \geq 0$, $\beta_n \in \mathbb{Z}_p^f \setminus p\mathbb{Z}_p^f$. Aus (2) folgt nun

$$g_n(\alpha_n) \in U^{(m)},\ g_n(\alpha_n) \notin U^{(m+1)} \quad \text{für} \quad m = m(\alpha_n) = np^s\,.$$

Da die n zu p prim sind, so sind die $m(\alpha_n)$ alle verschieden für alle $\alpha_n \neq 0$. Sei nun n die zu p prime natürliche Zahl mit $\alpha_n \neq 0$, derart daß $m(\alpha_n) < m(\alpha_{n'})$ für alle $n' \neq n$ mit $\alpha_{n'} \neq 0$. Dann ist für alle $n' \neq n$

$$g_{n'}(\alpha_{n'}) \in U^{(m+1)} \quad \text{mit} \quad m = m(\alpha_n) < m(\alpha_{n'})\,.$$

Daher ist

$$g(\xi) \equiv g_n(\alpha_n) \not\equiv 1 \bmod U^{(m+1)}\,,$$

also $g(\xi) \neq 1$. Dies zeigt die Injektivität von g. Wegen $A = \mathbb{Z}_p^{\mathbb{N}}$ ist die Behauptung (ii) damit bewiesen. □

(5.8) Korollar. *Ist die natürliche Zahl n nicht durch die Charakteristik von K teilbar, so hat man für die Gruppen K^{*n} und U^n der n-ten Potenzen von K^* und der Einheitengruppe U die endlichen Indizes*

$$(K^* : K^{*n}) = n(U : U^n) = \frac{n}{|n|_{\mathfrak{p}}} \#\mu_n(K) .$$

Beweis: Die erste Gleichung folgt aus $K^* = (\pi) \times U$. Nach (5.7) ist

$$U \cong \mu(K) \times \mathbb{Z}_p^d \quad \text{bzw.} \quad U \cong \mu(K) \times \mathbb{Z}_p^{\mathbb{N}} ,$$

je nachdem char$(K) = 0$ oder $= p > 0$. Wegen der exakten Sequenz

$$1 \to \mu_n(K) \to \mu(K) \xrightarrow{n} \mu(K) \to \mu(K)/\mu(K)^n \to 1$$

ist $\#\mu_n(K) = \#\mu(K)/\mu(K)^n$. Damit wird im Fall char$(K) = 0$:

$$(U : U^n) = \#\mu_n(K)\#(\mathbb{Z}_p/n\,\mathbb{Z}_p)^d = \#\mu_n(K)p^{dv_p(n)} = \#\mu_n(K)/|n|_{\mathfrak{p}}$$

und im Fall char$(K) = p$ einfach $(U : U^n) = \#\mu_n(K) = \#\mu_n(K)/|n|_{\mathfrak{p}}$ wegen $(n,p) = 1$, d.h. $n\,\mathbb{Z}_p = \mathbb{Z}_p$. □

Aufgabe 1. Die Logarithmusfunktion setzt sich zu einem stetigen Homomorphismus $\log : \overline{\mathbb{Q}}_p^* \to \mathbb{Q}$ fort und die Exponentialfunktion zu einem stetigen Homomorphismus $\exp : \bar{\mathfrak{p}}^{\frac{1}{1-p}} \to \overline{\mathbb{Q}}_p^*$, wobei $\bar{\mathfrak{p}}^{\frac{1}{1-p}} = \{x \in \overline{\mathbb{Q}}_p \mid v_p(x) > \frac{1}{1-p}\}$ und v_p die eindeutige Fortsetzung der normierten Bewertung von $\mathbb{Q}_p$ ist.

Aufgabe 2. Sei $K|\mathbb{Q}_p$ ein $\mathfrak{p}$-adischer Zahlkörper. Für $1+x \in U^{(1)}$ und $z \in \mathbb{Z}_p$ ist

$$(1+x)^z = \sum_{\nu=0}^{\infty} \binom{z}{\nu} x^\nu .$$

Die Reihe konvergiert sogar für $x \in K$ mit $v_{\mathfrak{p}}(x) > \frac{e}{p-1}$.

Aufgabe 3. Unter den obigen Voraussetzungen gilt

$$(1+x)^z = \exp(z\log(1+x)) \quad \text{und} \quad \log(1+x)^z = z\log(1+x) .$$

Aufgabe 4. Für einen $\mathfrak{p}$-adischen Zahlkörper K ist jede Untergruppe von endlichem Index in K^* offen und abgeschlossen.

Aufgabe 5. Ist K ein $\mathfrak{p}$-adischer Zahlkörper, so bilden die Gruppen K^{*n}, $n \in \mathbb{N}$, eine Umgebungsbasis des Einselementes von K^*.

Aufgabe 6. Sei K ein $\mathfrak{p}$-adischer Zahlkörper, $v_\mathfrak{p}$ die normierte Exponentialbewertung von K und dx das auf $\int_\mathcal{O} dx = 1$ normierte Haarsche Maß auf der lokal kompakten additiven Gruppe K. Dann gilt $v_\mathfrak{p}(a) = \int_{a\mathcal{O}} dx$. Ferner ist

$$I(f) = \int_{K \smallsetminus \{0\}} f(x) \frac{dx}{|x|_\mathfrak{p}}$$

ein Haarsches Maß auf der lokal kompakten Gruppe K^*.

§ 6. Henselsche Körper

Die meisten Resultate über vollständig bewertete Körper lassen sich ungeachtet der Vollständigkeit allein aus dem Henselschen Lemma gewinnen. Dieses Lemma gilt in einer viel größeren Klasse nicht-archimedisch bewerteter Körper als nur den vollständigen. Sei zum Beispiel (K, v) ein nicht-archimedisch bewerteter Körper und $(\widehat{K}, \widehat{v})$ seine Komplettierung. Seien $\mathcal{O}$ bzw. $\widehat{\mathcal{O}}$ die Bewertungsringe von K und $\widehat{K}$. Wir betrachten dann den separablen Abschluß K_v von K in $\widehat{K}$ und den Bewertungsring $\mathcal{O}_v \subseteq K_v$ mit dem maximalen Ideal $\mathfrak{p}_v$, der zur Einschränkung von $\widehat{v}$ auf K_v gehört,

$$K \subseteq K_v \subseteq \widehat{K}\,, \quad \mathcal{O} \subseteq \mathcal{O}_v \subseteq \widehat{\mathcal{O}}\,.$$

Im Ring $\mathcal{O}_v$ gilt dann das Henselsche Lemma genauso wie im Ring $\widehat{\mathcal{O}}$, obgleich K_v in aller Regel nicht vollständig ist. Im Falle, daß K_v algebraisch abgeschlossen ist in $\widehat{K}$, also insbesondere wenn $\operatorname{char}(K) = 0$ ist, erkennt man dies sofort (im anderen Fall folgt es aus (6.6) und § 6, Aufgabe 3). In der Tat, wegen (4.3) haben wir

$$\mathcal{O}/\mathfrak{p} = \mathcal{O}_v/\mathfrak{p}_v = \widehat{\mathcal{O}}/\widehat{\mathfrak{p}}\,,$$

und wenn ein primitives Polynom $f(x) \in \mathcal{O}_v[x]$ über $\mathcal{O}_v/\mathfrak{p}_v$ in teilerfremde Faktoren $\bar{g}(x), \bar{h}(x)$ zerfällt, so haben wir nach dem Henselschen Lemma (4.6) in $\widehat{\mathcal{O}}$ eine Zerlegung

$$f(x) = g(x)h(x)$$

mit $g \equiv \bar{g} \bmod \widehat{\mathfrak{p}}$, $h \equiv \bar{h} \bmod \widehat{\mathfrak{p}}$, $\operatorname{grad}(g) = \operatorname{grad}(\bar{g})$. Jedoch findet diese Zerlegung schon über $\mathcal{O}_v$ statt, wenn der höchste Koeffizient von g in $\mathcal{O}_v^*$ gewählt wird, weil die Koeffizienten von f und damit die von g und h algebraisch über K sind.

Der bewertete Körper K_v heißt die **Henselisierung** des Körpers K bzgl. v. Er besitzt alle relevanten algebraischen Eigenschaften wie die Komplettierung $\widehat{K}$, hat dieser gegenüber jedoch den Vorzug, eine algebraische Erweiterung von K zu sein, die auch auf rein algebraische Weise gewonnen werden kann, also ohne den analytischen Umweg über die Komplettierung (vgl. § 9, Aufgabe 4). Dies hat zur Folge, daß man bei der Bildung der Henselisierung einer unendlichen algebraischen Erweiterung $L|K$ in der Kategorie der algebraischen Erweiterungen bleibt. Wir definieren nun allgemein:

(6.1) Definition. *Ein* **henselscher Körper** *ist ein Körper mit einer nicht-archimedischen Bewertung v, für deren Bewertungsring $\mathcal{O}$ das Henselsche Lemma im Sinne von (4.6) gilt. Mit K wird auch die Bewertung v und der Bewertungsring $\mathcal{O}$ henselsch genannt.*

(6.2) Theorem. *Sei K ein henselscher Körper bzgl. der Bewertung $|\ \ |$. Dann besitzt $|\ \ |$ auf jede algebraische Erweiterung $L|K$ genau eine Fortsetzung. Diese ist durch*

$$|\alpha| = \sqrt[n]{|N_{L|K}(\alpha)|}$$

gegeben, wenn $L|K$ einen endlichen Grad n hat. In jedem Fall ist der Bewertungsring der Fortsetzung der ganze Abschluß des Bewertungsringes von K in L.

Der Beweis dieses Theorems ist wörtlich derselbe wie im Falle der vollständigen Körper (vgl. (4.8)). Die Besonderheit der hier vorliegenden Situation besteht in der Tatsache, daß umgekehrt die eindeutige Fortsetzbarkeit kennzeichnend für die henselschen Körper ist. Um dies zu beweisen, ziehen wir eine Methode heran, durch die die Bewertungen der Wurzeln eines Polynoms durch die Bewertungen der Koeffizienten ausgedrückt werden. Sie beruht auf dem Begriff des **Newton-Polygons**, das wie folgt entsteht.

Sei v eine beliebige Exponentialbewertung des Körpers K und

$$f(x) = a_0 + a_1x + \cdots + a_nx^n \in K[x]$$

ein Polynom mit $a_0a_n \neq 0$. Jedem Term a_ix^i ordnen wir den Punkt $(i, v(a_i)) \in \mathbb{R}^2$ zu, wobei im Falle $a_i = 0$ der Punkt (i, ∞) als nicht existent ignoriert wird. Wir bilden nun die untere konvexe Einhüllende der Punktmenge

$$\{(0, v(a_0)), (1, v(a_1)), \ldots, (n, v(a_n))\}.$$

Es entsteht auf diese Weise ein Polygonzug, der das **Newton-Polygon** von $f(x)$ genannt wird.

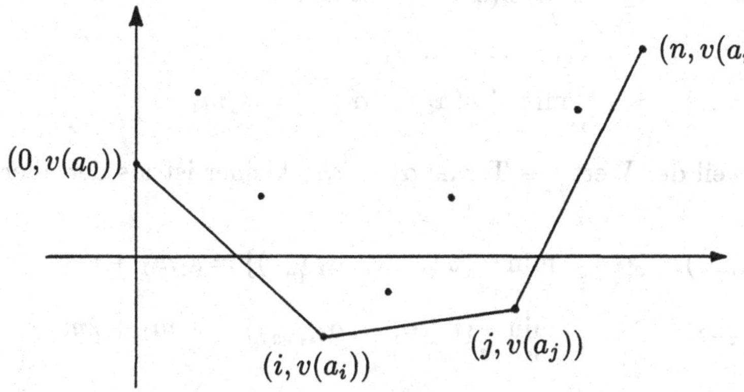

Das Polygon ist aus einer Folge von Strecken $S_1, S_2, \ldots$ gebildet mit streng monoton wachsenden Steigungen, über die der folgende Satz gilt.

(6.3) Satz. *Sei $f(x) = a_0 + a_1x + \cdots + a_nx^n$, $a_0a_n \neq 0$, ein Polynom über dem Körper K, v eine Exponentialbewertung von K und w eine Fortsetzung auf den Zerfällungskörper L von f.*

Ist dann $(r, v(a_r)) \leftrightarrow (s, v(a_s))$ eine Strecke des Newton-Polygons von f mit der Steigung $-m$, so besitzt $f(x)$ genau $s-r$ Wurzeln $\alpha_1, \ldots, \alpha_{s-r}$ mit dem Wert

$$w(\alpha_1) = \cdots = w(\alpha_{s-r}) = m\,.$$

Beweis: Die Division durch a_n verschiebt das Polygon nur nach oben oder unten, so daß wir $a_n = 1$ annehmen können. Wir numerieren die Wurzeln $\alpha_1, \ldots, \alpha_n \in L$ von f in solcher Weise, daß

$$\begin{array}{ccccccccc} w(\alpha_1) & = & \cdots & = & w(\alpha_{s_1}) & = & m_1\,, \\ w(\alpha_{s_1+1}) & = & \cdots & = & w(\alpha_{s_2}) & = & m_2\,, \\ \cdots & \cdots & \cdots & \cdots & \cdots & \cdots \\ w(\alpha_{s_t+1}) & = & \cdots & = & w(\alpha_n) & = & m_{t+1}\,, \end{array}$$

mit $m_1 < m_2 < \cdots < m_{t+1}$. Fassen wir die Koeffizienten a_i als elementarsymmetrische Funktionen der Wurzeln α_j auf, so ergibt sich unmittelbar:

$$\begin{aligned} v(a_n) &= v(1) = 0\,, \\ v(a_{n-1}) &\geq \min_i\{w(\alpha_i)\} = m_1\,, \\ v(a_{n-2}) &\geq \min_{i,j}\{w(\alpha_i\alpha_j)\} = 2m_1\,, \\ &\ldots\ldots\ldots\ldots\ldots\ldots\ldots \\ v(a_{n-s_1}) &= \min_{i_1,\ldots,i_{s_1}}\{w(\alpha_{i_1}\ldots\alpha_{i_{s_1}})\} = s_1m_1\,, \end{aligned}$$

letzteres weil der Wert des Terms $\alpha_1\ldots\alpha_{s_1}$ kleiner ist als der aller anderen,

$$\begin{aligned} v(a_{n-s_1-1}) &\geq \min_{i_1,\ldots,i_{s_1+1}}\{w(\alpha_{i_1}\ldots\alpha_{i_{s_1+1}})\} = s_1m_1 + m_2\,, \\ v(a_{n-s_1-2}) &\geq \min_{i_1,\ldots,i_{s_1+2}}\{w(\alpha_{i_1}\ldots\alpha_{i_{s_1+2}})\} = s_1m_1 + 2m_2\,, \\ &\ldots\ldots\ldots\ldots\ldots\ldots\ldots\ldots\ldots \\ v(a_{n-s_2}) &= \min_{i_1,\ldots,i_{s_2}}\{w(\alpha_{i_1}\ldots\alpha_{i_{s_2}})\} = s_1m_1 + (s_2-s_1)m_2\,, \end{aligned}$$

und so weiter. Man entnimmt diesem Resultat, daß die Ecken des Newton-Polygons von rechts nach links gehend durch

$$(n,0),\quad (n-s_1, s_1m_1),\quad (n-s_2, s_1m_1+(s_2-s_1)m_2),\ \ldots$$

gegeben sind. Die Steigung der Strecke ganz rechts ist

$$\frac{0-s_1m_1}{n-(n-s_1)} = -m_1$$

und der nach links hin folgenden Strecken

$$\begin{aligned} &\frac{(s_1m_1+\cdots+(s_j-s_{j-1})m_j)-(s_1m_1+\cdots+(s_{j+1}-s_j)m_{j+1})}{(n-s_j)-(n-s_{j+1})} \\ &\qquad = m_{j+1}\,. \end{aligned}$$

□

Wir heben hervor, daß das Newton-Polygon nach dem obigen Satz genau dann aus nur einer Strecke besteht, wenn die Wurzeln $\alpha_1,\ldots,\alpha_n$ von f sämtlich den gleichen Wert haben. Im allgemeinen zerlegt sich $f(x)$ nach den Steigungen $-m_r<\cdots<-m_1$ in ein Produkt

$$f(x) = a_n\prod_{j=1}^r f_j(x)\,,$$

wobei

$$f_j(x) = \prod_{w(\alpha_i)=m_j}(x-\alpha_i)\,.$$

Der Faktor f_j entspricht also der $(r-j+1)$-ten Strecke des Newton-Polygons, dessen Steigung die mit dem Minuszeichen versehenen Werte der Wurzeln von f_j sind.

(6.4) Satz. *Besitzt die Bewertung v eine eindeutige Fortsetzung w auf den Zerfällungskörper L von f, so findet die Zerlegung*

$$f(x) = a_n \prod_{j=1}^{r} f_j(x)$$

schon über K statt, d.h. $f_j(x) = \prod_{w(\alpha_i)=m_j}(x-\alpha_i) \in K[x]$.

Beweis: Wir dürfen offenbar $a_n = 1$ annehmen. Die Aussage ist klar, wenn $f(x)$ irreduzibel ist, denn dann ist $\alpha_i = \sigma_i\alpha_1$ mit $\sigma_i \in G(L|K)$, und da mit w auch $w \circ \sigma_i$ eine Bewertungsfortsetzung von v ist, so folgt aus der Eindeutigkeit, daß $w(\alpha_i) = w(\sigma_i\alpha_1) = m_1$, also $f_1(x) = f(x)$.

Der allgemeine Fall ergibt sich mit vollständiger Induktion. Für $n = 1$ ist nichts zu beweisen. Sei $p(x)$ das Minimalpolynom von α_1 und $g(x) = f(x)/p(x) \in K[x]$. Da alle Wurzeln von $p(x)$ den gleichen Wert m_1 haben, so ist $p(x)$ ein Teiler von $f_1(x)$. Sei $g_1(x) = f_1(x)/p(x)$. Die Zerlegung von $g(x)$ nach den Steigungen ist

$$g(x) = g_1(x) \prod_{j=2}^{r} f_j(x)\,.$$

Wegen $\operatorname{grad}(g) < \operatorname{grad}(f)$ folgt $f_j(x) \in K[x]$ für alle $j = 1,\dots,r$. □

Wenn das Polynom f irreduzibel ist, so gibt es nach obigem Zerlegungssatz nur *eine* Steigung, d.h. das Newton-Polygon besteht aus nur einer Strecke. Die Werte aller Koeffizienten liegen auf oder oberhalb dieser Strecke, und es ergibt sich das

(6.5) Korollar. *Sei $f(x) = a_0 + a_1x + \cdots + a_nx^n \in K[x]$ ein irreduzibles Polynom, $a_n \neq 0$. Ist dann $|\ \ |$ eine nicht-archimedische Bewertung von K mit eindeutiger Fortsetzung auf den Zerfällungskörper, so gilt*

$$|f| = \max\{|a_0|, |a_n|\}\,.$$

In (4.7) haben wir dieses Resultat für die vollständigen Körper aus dem Henselschen Lemma gewonnen und haben damit die eindeutige Fortsetzbarkeit der Bewertung erhalten. Hier haben wir es umgekehrt aus der eindeutigen Fortsetzbarkeit erhalten. Wir leiten jetzt aus der eindeutigen Fortsetzbarkeit das Henselsche Lemma her.

(6.6) Theorem. *Ein nicht-archimedisch bewerteter Körper $(K, |\ \ |)$ ist genau dann henselsch, wenn die Bewertung $|\ \ |$ auf jede algebraische Erweiterung eindeutig fortsetzbar ist.*

Beweis: Die eindeutige Fortsetzbarkeit einer henselschen Bewertung $|\ \ |$ ist die Aussage von (6.2). Wir nehmen jetzt umgekehrt an, daß sich $|\ \ |$ auf jede algebraische Erweiterung eindeutig fortsetzt. Wir zeigen zunächst:

Sei $f(x) = a_0 + a_1 x + \cdots + a_n x^n \in \mathcal{o}[x]$ ein primitives, irreduzibles Polynom, $a_0 a_n \neq 0$, und $\bar{f}(x) = f(x) \bmod \mathfrak{p} \in \kappa[x]$. Dann ist $\operatorname{grad}(\bar{f}) = 0$ oder $\operatorname{grad}(\bar{f}) = \operatorname{grad}(f)$, und es ist

$$\bar{f}(x) = \bar{a}\bar{\varphi}(x)^m$$

mit einem irreduziblen Polynom $\bar{\varphi}(x) \in \kappa[x]$ und einer Konstanten $\bar{a}$.

Da f irreduzibel ist, ist das Newton-Polygon eine Strecke und somit $|f| = \max\{|a_0|, |a_n|\}$. Wir dürfen annehmen, daß a_n eine Einheit ist, denn sonst ist das Newton-Polygon eine Strecke, die nicht auf der x-Achse liegt, und dies bedeutet $\bar{f}(x) = \bar{a}_0$.

Sei $L|K$ der Zerfällungskörper von $f(x)$ über K und $\mathcal{O}$ der Bewertungsring der eindeutigen Fortsetzung $|\ \ |$ auf L mit dem maximalen Ideal $\mathfrak{P}$. Für einen beliebigen K-Automorphismus $\sigma \in G = G(L|K)$ ist $|\sigma\alpha| = |\alpha|$ für alle $\alpha \in L$, denn mit $|\ \ |$ ist auch das Kompositum $|\ \ | \circ \sigma$ eine Bewertungsfortsetzung. Es folgt $\sigma\mathcal{O} = \mathcal{O}$, $\sigma\mathfrak{P} = \mathfrak{P}$. Ist nun α eine Nullstelle von $f(x)$ und μ ihre Multiplizität, so ist $\sigma\alpha \in \mathcal{O}$ für alle $\sigma \in G$, denn im Falle $\alpha \notin \mathcal{O}$ wäre wegen $\prod_\sigma |\sigma\alpha|^\mu = |\prod_\sigma \sigma\alpha|^\mu > 1$ der konstante Koeffizient a_0 nicht in $\mathcal{o}$. Jedes $\sigma \in G$ induziert also einen κ-Automorphismus $\bar{\sigma}$ von $\mathcal{O}/\mathfrak{P}$, und die Nullstellen $\overline{\sigma\alpha} = \bar{\sigma}\bar{\alpha}$ von $\bar{f}(x)$ sind über κ alle konjugiert. Hieraus folgt $\bar{f}(x) = \bar{a}\bar{\varphi}(x)^m$, wenn $\bar{\varphi}(x)$ das Minimalpolynom von $\bar{\alpha}$ über κ ist. Wegen $a_n \in \mathcal{o}^*$ ist überdies $\operatorname{grad}(\bar{f}) = \operatorname{grad}(f)$.

Sei jetzt $f(x) \in \mathcal{o}[x]$ ein beliebiges primitives Polynom und

$$f(x) = f_1(x) \ldots f_r(x)$$

seine Zerlegung in irreduzible Faktoren über K. Wegen $1 = |f| = \prod |f_i|$ wird $|f_i| = 1$ nach Multiplikation der f_i mit geeigneten Konstanten, so daß die $f_i(x)$ primitive, irreduzible Polynome in $\mathcal{O}[x]$ sind. Es folgt hieraus

$$\bar{f}(x) = \bar{f}_1(x) \ldots \bar{f}_r(x),$$

wobei $\operatorname{grad}(\bar{f}_i) = 0$ oder $\operatorname{grad}(\bar{f}_i) = \operatorname{grad}(f_i)$ ist und $\bar{f}_i$ bis auf einen konstanten Faktor Potenz eines irreduziblen Polynoms ist. Ist nun $\bar{f} = \bar{g}\bar{h}$ eine Zerlegung in teilerfremde Polynome $\bar{g}, \bar{h} \in \kappa[x]$, so muß

$$\bar{g} = \bar{a} \prod_{i \in I} \bar{f}_i, \quad \bar{h} = \bar{b} \prod_{j \in J} \bar{f}_j$$

gelten mit $\bar{a}, \bar{b} \in \kappa$ und $\{1, \ldots, r\} = I \,\dot\cup\, J$ und $\operatorname{grad}(\bar{f}_i) = \operatorname{grad}(f_i)$ für $i \in I$. Wir setzen jetzt

$$g = a \prod_{i \in I} f_i, \quad h = b \prod_{j \in J} f_j$$

mit $a, b \in \mathcal{O}^*$, so daß $a \equiv \bar{a}$, $b \equiv \bar{b} \bmod \mathfrak{p}$ und $f = gh$. □

Wir haben die henselschen Körper durch eine Bedingung eingeführt, die mancherorts etwas schwächer gefaßt ist, wo sie nur für *normierte Polynome* gefordert wird. Das eine folgt jedoch aus dem anderen, wie der folgende Satz zeigt.

(6.7) Satz. *Ein nicht-archimedischer Körper (K, v) ist henselsch, wenn für jedes normierte Polynom $f(x) \in \mathcal{O}[x]$, das über dem Restklassenkörper $\kappa = \mathcal{O}/\mathfrak{p}$ eine Zerlegung*

$$f(x) \equiv \bar{g}(x)\bar{h}(x) \bmod \mathfrak{p}$$

in teilerfremde normierte Faktoren $\bar{g}(x), \bar{h}(x) \in \kappa[x]$ besitzt, stets auch eine Zerlegung

$$f(x) = g(x)h(x)$$

in normierte Faktoren $g(x), h(x) \in \mathcal{O}[x]$ existiert, derart daß

$$g(x) \equiv \bar{g}(x) \bmod \mathfrak{p} \quad \textit{und} \quad h(x) \equiv \bar{h}(x) \bmod \mathfrak{p}.$$

Beweis (E. NART): Wir haben soeben gezeigt, daß die henselsche Eigenschaft für K aus der Aussage folgt, daß für jedes irreduzible Polynom $f(x) = a_0 + a_1x + \cdots + a_nx^n \in K[x]$ das Newton-Polygon von f eine Strecke ist. Es genügt also dieses zu zeigen. Wir dürfen annehmen, daß $a_n = 1$ ist. Sei $L|K$ der Zerfällungskörper von f. Dann gibt es immer eine Fortsetzung w von v auf L. Man gewinnt diese, indem man etwa die Komplettierung $\widehat{K}$ von K bildet, die Bewertung von $\widehat{K}$ eindeutig zu einer Bewertung $\bar{v}$ der algebraischen Abschließung $\overline{\widehat{K}}$ von $\widehat{K}$ fortsetzt, L in $\overline{\widehat{K}}$ einbettet und $\bar{v}$ auf L einschränkt. Man kann die Fortsetzung w aber auch in direkter Weise und ohne den Umweg über die Komplettierung erhalten. Wir verweisen hierzu auf [93], chap. XII, § 4, Th. 1.

Angenommen, das Newton-Polygon von f besteht aus mehreren Strecken:

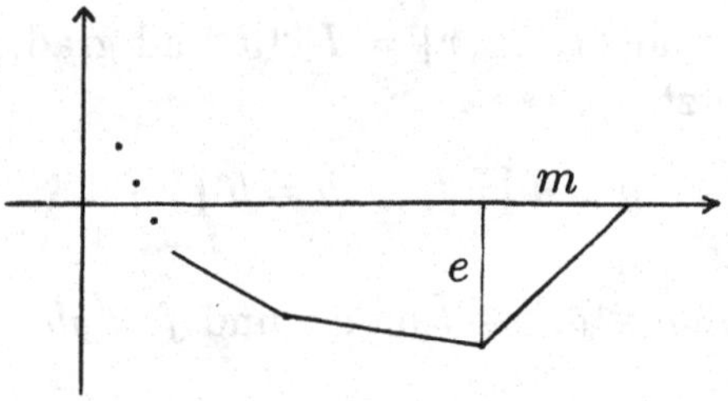

Sei die letzte durch die Punkte (m, e) und $(n, 0)$ gegeben. Wenn $e = 0$ ist, so erhalten wir sofort einen Widerspruch. Denn dann ist $v(a_i) \geq 0$, also $f(x) \in \mathcal{O}[x]$, und $a_0 \equiv \cdots \equiv a_{m-1} \equiv 0 \bmod \mathfrak{p}$, $a_m \not\equiv 0 \bmod \mathfrak{p}$, also $f(x) \equiv (X^{n-m} + \cdots + a_m)X^m \bmod \mathfrak{p}$, wobei $m > 0$, weil mehrere Strecken existieren. Wegen der Bedingung des Satzes steht dies im Widerspruch zur Irreduzibilität von f.

Wir erreichen nun $e = 0$ durch eine Transformation. Sei $\alpha \in L$ eine Wurzel von $f(x)$ von kleinstem Wert $w(\alpha)$ und $a \in K$ mit $v(a) = e$. Wir betrachten das charakteristische Polynom $g(x)$ von $a^{-1}\alpha^r \in K(\alpha)$, $r = n - m$. Wenn $f(x) = \prod_{i=1}^n (x - \alpha_i)$, so ist $g(x) = \prod_{i=1}^n (x - \alpha_i^m a^{-1})$. Der Satz (6.3) zeigt, daß auch das Newton-Polygon von $g(x)$ mehrere Strecken besitzt, deren letzte die Steigung

$$-w(a^{-1}\alpha^r) = v(a) - rw(\alpha) = e - r\frac{e}{r} = 0$$

hat. Da $g(x)$ eine Potenz des Minimalpolynoms von $a^{-1}\alpha^r$ ist, also eines irreduziblen Polynoms, so ergibt sich der gleiche Widerspruch wie oben. □

Sei K ein henselscher Körper bzgl. der Exponentialbewertung v. Ist $L|K$ eine endliche Erweiterung vom Grade n, so setzt sich v in eindeutiger Weise zu einer Exponentialbewertung w von L fort, nämlich durch

$$w(\alpha) = \frac{1}{n} v(N_{L|K}(\alpha)).$$

Dies ergibt sich aus (6.2) durch Logarithmieren. Für die Wertegruppen und Restklassenkörper von v und w ergeben sich die Inklusionen

$$v(K^*) \subseteq w(L^*) \quad \text{und} \quad \kappa \subseteq \lambda .$$

Der Index

$$e = e(w|v) = (w(L^*) : v(K^*))$$

heißt der **Verzweigungsindex** der Erweiterung $L|K$ und der Grad

$$f = f(w|v) = [\lambda : \kappa]$$

der **Trägheitsgrad**. Wenn v und damit auch $w = \frac{1}{n} v \circ N_{L|K}$ diskret ist, und wenn $\mathcal{o}, \mathfrak{p}, \pi$ bzw. $\mathcal{O}, \mathfrak{P}, \Pi$ der Bewertungsring, das maximale Ideal und ein Primelement von K bzw. L ist, so ist

$$e = (w(\Pi)\mathbb{Z} : v(\pi)\mathbb{Z}) ,$$

so daß $v(\pi) = ew(\Pi)$, d.h.

$$\pi = \varepsilon \Pi^e$$

gilt mit einer Einheit $\varepsilon \in \mathcal{O}^*$. Hieraus ergibt sich die aus Kap. I vertraute Interpretation des Verzweigungsindex $\mathfrak{p}\mathcal{O} = \pi\mathcal{O} = \Pi^e\mathcal{O} = \mathfrak{P}^e$, kurz

$$\mathfrak{p} = \mathfrak{P}^e .$$

(6.8) Satz. *Es gilt* $[L : K] \geq ef$ *und*

$$[L : K] = ef ,$$

wenn v *diskret und* $L|K$ *separabel ist.*

Beweis: Seien $\omega_1, \dots, \omega_f$ Repräsentanten einer Basis von $\lambda|\kappa$ und $\pi_0, \dots, \pi_{e-1} \in L^*$ Elemente, deren Werte Repräsentanten für die verschiedenen Nebenklassen in $w(L^*)/v(K^*)$ sind (die Endlichkeit von e ergibt sich aus dem, was folgt). Wenn v diskret ist, können wir etwa $\pi_i = \Pi^i$ wählen. Wir zeigen, daß die Elemente

$$\omega_j \pi_i , \quad j = 1, \dots, f , \quad i = 0, \dots, e-1 ,$$

linear unabhängig sind über K und im diskreten Fall sogar eine Basis von $L|K$ bilden. Sei dazu

$$\sum_{i=0}^{e-1} \sum_{j=1}^{f} a_{ij} \omega_j \pi_i = 0$$

mit $a_{ij} \in K$. Angenommen, es sind nicht alle $a_{ij} = 0$. Dann sind es auch nicht alle Summen $s_i = \sum_{j=1}^{f} a_{ij}\omega_j$, und jedesmal, wenn $s_i \neq 0$ ist, ist

$w(s_i) \in v(K^*)$. In der Tat, dividieren wir s_i durch den Koeffizienten $a_{i\nu}$ mit dem kleinsten Wert, so ergibt sich eine Linearkombination der $\omega_1, \ldots, \omega_f$ mit Koeffizienten im Bewertungsring $\mathcal{O} \subseteq K$, von denen einer $= 1$ ist. Diese Linearkombination ist $\not\equiv 0 \bmod \mathfrak{P}$, also eine Einheit, so daß $w(s_i) = w(a_{i\nu}) \in v(K^*)$.

In der Summe $\sum_{i=0}^{e-1} s_i\pi_i$ müssen zwei von Null verschiedene Summanden den gleichen Wert haben, etwa $w(s_i\pi_i) = w(s_j\pi_j)$, $i \neq j$, denn sonst könnte sie nicht Null sein (wegen $w(x) \neq w(y) \Rightarrow w(x+y) = \min\{w(x), w(y)\}$). Es folgt

$$w(\pi_i) = w(\pi_j) + w(s_j) - w(s_i) \equiv w(\pi_j) \bmod v(K^*)\,,$$

Widerspruch. Damit ist die lineare Unabhängigkeit der $\omega_j\pi_i$ gezeigt. Insbesondere ist $ef \leq [\,L : K\,]$.

Sei jetzt v und damit w diskret und Π ein Primelement im Bewertungsring $\mathcal{O}$ von w. Wir betrachten den $\mathcal{o}$-Modul

$$M = \sum_{i=0}^{e-1} \sum_{j=1}^{f} \mathcal{o}\,\omega_j\pi_i$$

mit $\pi_i = \Pi^i$ und zeigen, daß $M = \mathcal{O}$, d.h. daß $\{\omega_j\pi_i\}$ sogar eine Ganzheitsbasis von $\mathcal{O}$ über $\mathcal{o}$ ist. Wir setzen

$$N = \sum_{j=1}^{f} \mathcal{o}\,\omega_j\,,$$

so daß $M = N + \Pi N + \cdots + \Pi^{e-1}N$. Es gilt

$$\mathcal{O} = N + \Pi\mathcal{O}\,,$$

denn für $\alpha \in \mathcal{O}$ ist $\alpha \equiv a_1\omega_1 + \cdots + a_f\omega_f \bmod \Pi\mathcal{O}$, $a_i \in \mathcal{o}$. Hieraus folgt

$$\mathcal{O} = N + \Pi(N + \Pi\mathcal{O}) = \cdots = N + \Pi N + \cdots + \Pi^{e-1}N + \Pi^e\mathcal{O}\,,$$

also $\mathcal{O} = M + \mathfrak{P}^e = M + \mathfrak{p}\mathcal{O}$. Da $L|K$ separabel ist, so ist $\mathcal{O}$ ein endlich erzeugter $\mathcal{o}$-Modul (vgl. Kap. I, (2.11)), und es folgt $\mathcal{O} = M$ nach dem Nakayama-Lemma (Kap. I, § 11, Aufgabe 7). □

Bemerkung: Wir haben die Gleichung $[\,L : K\,] = ef$ auf etwas andere Weise schon in Kap. I, (8.2) bewiesen, ebenfalls unter der Bedingung, daß v diskret und $L|K$ separabel ist. Beide Voraussetzungen sind auch wirklich nötig. Jedoch kann man sonderbarerweise die Separabilitätsforderung fallen lassen, wenn K vollständig ist bzgl. der diskreten Bewertung. In diesem Fall schließt man im obigen Beweis von der Gleichheit

$\mathcal{O} = M + \mathfrak{p}\mathcal{O}$ auf die Gleichheit $\mathcal{O} = M$ nicht mehr mit dem Nakayama-Lemma, sondern auf folgende Weise. Wegen $\mathfrak{p}^i M \subseteq M$ wird

$$\mathcal{O} = M + \mathfrak{p}(M + \mathfrak{p}\mathcal{O}) = M + \mathfrak{p}^2\mathcal{O} = \cdots = M + \mathfrak{p}^\nu\mathcal{O}$$

für alle $\nu \geq 1$, und da $\{\mathfrak{p}^\nu\mathcal{O}\}_{\nu\in\mathbb{N}}$ eine Umgebungsbasis der Null in $\mathcal{O}$ ist, so liegt M dicht in $\mathcal{O}$. Da $\mathcal{o}$ abgeschlossen in K ist, so folgt aus (4.9), daß M abgeschlossen in $\mathcal{O}$ ist, d.h. $M = \mathcal{O}$.

Aufgabe 1. In einem henselschen Körper sind die Nullstellen eines Polynoms stetige Funktionen ihrer Koeffizienten. Genauer gilt: Sei $f(x) \in K[x]$ ein normiertes Polynom vom Grad n und

$$f(x) = \prod_{i=1}^{r}(x - \alpha_i)^{m_i}$$

seine Zerlegung in Linearfaktoren, $m_i \geq 1$, $\alpha_i \neq \alpha_j$ für $i \neq j$. Ist dann das normierte Polynom $g(x)$ vom Grad n dem Polynom $f(x)$ koeffizientenweise hinreichend benachbart, so besitzt es r Wurzeln $\beta_1, \ldots, \beta_r$, die die $\alpha_1, \ldots, \alpha_r$ mit beliebig vorgegebener Genauigkeit approximieren.

Aufgabe 2 (Krasnersches Lemma). Sei $\alpha \in \overline{K}$ separabel über K, und seien $\alpha = \alpha_1, \ldots, \alpha_n$ die Konjugierten über K. Ist dann $\beta \in \overline{K}$ und

$$|\alpha - \beta| < |\alpha - \alpha_i| \quad \text{für} \quad i = 2, \ldots, n,$$

so ist $K(\alpha) \subseteq K(\beta)$.

Aufgabe 3. Ein Körper, der bzgl. zweier inäquivalenter Bewertungen henselsch ist, ist separabel abgeschlossen (Satz von *F.K. Schmidt*).

Aufgabe 4. Ein separabel abgeschlossener Körper K ist henselsch bzgl. jeder nicht-archimedischen Bewertung.

Allgemeiner besitzt jede Bewertung von K eine eindeutige Fortsetzung auf jede total inseparable Erweiterung $L|K$.

Hinweis: Ist $\alpha^p = a \in K$, so muß $w(\alpha) = \frac{1}{p}v(a)$ gesetzt werden.

Aufgabe 5. Sei K ein nicht-archimedisch bewerteter Körper, $\mathcal{o}$ der Bewertungsring und $\mathfrak{p}$ das maximale Ideal. K ist genau dann henselsch, wenn jedes Polynom $f(x) = x^n + a_{n-1}x^{n-1} + \cdots + a_0 \in \mathcal{o}[x]$ mit $a_0 \in \mathfrak{p}$ und $a_1 \notin \mathfrak{p}$ eine Nullstelle $a \in \mathfrak{p}$ hat.

Hinweis: Das Newton-Polygon.

Anmerkung: Ein lokaler Ring $\mathcal{o}$ mit dem maximalen Ideal $\mathfrak{p}$ heißt *henselsch*, wenn für ihn das Henselsche Lemma im Sinne von (6.7) gilt. Eine für die algebraische Geometrie wichtige Charakterisierung dieser Ringe ist die folgende:

Ein lokaler Ring $\mathcal{o}$ ist genau dann henselsch, wenn jede endliche kommutative $\mathcal{o}$-Algebra A in ein direktes Produkt $A = \prod_{i=1}^{r} A_i$ lokaler Ringe A_i zerfällt.

Der Beweis liegt nicht auf der Hand, und wir verweisen auf [103] I, § 4, Th. 4.2.

§ 7. Unverzweigte und zahm verzweigte Erweiterungen

Wir legen in diesem Paragraphen einen Körper K zugrunde, der bzgl. einer nicht-archimedischen Bewertung v oder $|\ \ |$ henselsch ist, und bezeichnen wie zuvor den Bewertungsring, das maximale Ideal und den Restklassenkörper mit $\mathcal{o}, \mathfrak{p}, \kappa$. Ist $L|K$ eine algebraische Erweiterung, so tragen die entsprechenden Invarianten die Bezeichnungen $w, \mathcal{O}, \mathfrak{P}, \lambda$. Eine besonders wichtige Rolle unter diesen Erweiterungen spielen die unverzweigten Erweiterungen, die wie folgt definiert sind.

(7.1) Definition. *Eine endliche Erweiterung $L|K$ heißt* **unverzweigt**, *wenn die Erweiterung $\lambda|\kappa$ des Restklassenkörpers separabel ist und*

$$[L:K] = [\lambda:\kappa]$$

gilt. Eine beliebige algebraische Erweiterung $L|K$ heißt unverzweigt, wenn sie Vereinigung endlicher unverzweigter Teilerweiterungen ist.

Bemerkung: Für diese Definition ist es nicht notwendig, K als henselsch vorauszusetzen; wir lassen sie immer gelten, wenn sich v eindeutig auf L fortsetzt.

(7.2) Satz. *Seien $L|K$ und $K'|K$ zwei Erweiterungen im algebraischen Abschluß $\overline{K}|K$ und $L' = LK'$. Dann gilt:*

$$L|K \quad \text{unverzweigt} \quad \Rightarrow \quad L'|K' \quad \text{unverzweigt.}$$

Jede Teilerweiterung einer unverzweigten Erweiterung ist unverzweigt.

Beweis: Die Bezeichnungen $\mathcal{o}, \mathfrak{p}, \kappa; \mathcal{o}', \mathfrak{p}', \kappa'; \mathcal{O}, \mathfrak{P}, \lambda; \mathcal{O}', \mathfrak{P}', \lambda'$ sprechen für sich selbst. Wir dürfen annehmen, daß $L|K$ endlich ist. Dann ist auch $\lambda|\kappa$ endlich und wegen der Separabilität durch ein primitives Element $\bar{\alpha}$ erzeugt, $\lambda = \kappa(\bar{\alpha})$. Sei $\alpha \in \mathcal{O}$ eine Liftung, $f(x) \in \mathcal{o}[x]$ das Minimalpolynom von α und $\bar{f}(x) = f(x) \bmod \mathfrak{p} \in \kappa[x]$. Wegen

$$[\lambda:\kappa] \le \operatorname{grad}(\bar{f}) = \operatorname{grad}(f) = [K(\alpha):K] \le [L:K] = [\lambda:\kappa]$$

ist $L = K(\alpha)$ und $\bar{f}(x)$ das Minimalpolynom von $\bar{\alpha}$ über κ.

Es ist somit $L' = K'(\alpha)$. Zum Beweis, daß $L'|K'$ unverzweigt ist, sei $g(x) \in \mathcal{o}'[x]$ das Minimalpolynom von α über K' und $\bar{g}(x) =$

$g(x) \bmod \mathfrak{p}' \in \kappa'[x]$. Als Faktor von $\bar{f}(x)$ ist $\bar{g}(x)$ separabel und damit irreduzibel über κ', denn sonst wäre $g(x)$ reduzibel nach dem Henselschen Lemma. Wir erhalten nun

$$[\lambda' : \kappa'] \leq [L' : K'] = \operatorname{grad}(g) = \operatorname{grad}(\bar{g}) = [\kappa'(\bar{\alpha}) : \kappa'] \leq [\lambda' : \kappa'] .$$

Hieraus folgt $[L' : K'] = [\lambda' : \kappa']$, d.h. $L'|K'$ ist unverzweigt.

Ist $L|K$ eine Teilerweiterung der unverzweigten Erweiterung $L'|K$, so folgt die Unverzweigtheit von $L'|L$ nach dem gerade Bewiesenen und damit die von $L|K$ aus der Gradformel. □

(7.3) Korollar. *Das Kompositum zweier unverzweigter Erweiterungen von K ist unverzweigt.*

Beweis: Es genügt, dies für zwei endliche Erweiterungen $L|K$ und $L'|K$ zu zeigen. Mit $L|K$ ist nach (7.2) auch $LL'|L'$ unverzweigt, und hieraus folgt die Unverzweigtheit von $LL'|K$ aufgrund der Transitivität der Separabilität und der Multiplikativität der Körpergrade und Restkörpergrade. □

(7.4) Definition. *Ist $L|K$ eine algebraische Erweiterung, so heißt das Kompositum $T|K$ aller unverzweigten Teilerweiterungen die* **maximale unverzweigte Teilerweiterung** *von $L|K$.*

(7.5) Satz. *Der Restklassenkörper von T ist der separable Abschluß λ_s von κ in der Restkörpererweiterung $\lambda|\kappa$ von $L|K$, während die Wertegruppe von T gleich der von K ist.*

Beweis: Sei λ_0 der Restklassenkörper von T und $\bar{\alpha} \in \lambda$ separabel über κ. Zu zeigen ist $\bar{\alpha} \in \lambda_0$. Sei $\bar{f}(x) \in \kappa[x]$ das Minimalpolynom von $\bar{\alpha}$ und $f(x) \in \mathcal{O}[x]$ ein normiertes Polynom mit $\bar{f} = f \bmod \mathfrak{p}$. Dann ist $f(x)$ irreduzibel und besitzt nach dem Henselschen Lemma eine Nullstelle α in L mit $\bar{\alpha} = \alpha \bmod \mathfrak{P}$, so daß $[K(\alpha) : K] = [\kappa(\bar{\alpha}) : \kappa]$. Hieraus folgt, daß $K(\alpha)|K$ unverzweigt ist, also $K(\alpha) \subseteq T$, und daher $\bar{\alpha} \in \lambda_0$.

Zum Beweis von $w(T^*) = v(K^*)$ dürfen wir $L|K$ als endlich voraussetzen. Die Behauptung folgt dann aus

$$[T : K] \geq (w(T^*) : v(K^*))[\lambda_0 : \kappa] = (w(T^*) : v(K^*))[T : K] . \quad \square$$

Unter der maximalen unverzweigten Erweiterung $K_{nr}|K$ schlechthin (nr = non ramifiée) versteht man das Kompositum aller unverzweigten Erweiterungen im algebraischen Abschluß $\overline{K}$ von K. Ihr Restklassenkörper ist die separabel abgeschlossene Hülle $\bar{\kappa}_s|\kappa$. K_{nr} enthält alle Einheitswurzeln deren Ordnung m kein Vielfaches der Charakteristik von κ ist, denn das separable Polynom $x^m - 1$ zerfällt über $\bar{\kappa}_s$ und damit nach dem Henselschen Lemma auch über K_{nr} in Linearfaktoren. Ist κ überdies endlich, so wird die Erweiterung $K_{nr}|K$ von diesen Einheitswurzeln sogar erzeugt, weil $\bar{\kappa}_s|\kappa$ durch sie erzeugt wird.

Zur Unverzweigtheit gesellt sich bei positiver Restkörpercharakteristik $p = \mathrm{char}(\kappa)$ der folgende, abgeschwächte Begriff.

(7.6) Definition. *Eine algebraische Erweiterung $L|K$ heißt* **zahm verzweigt**, *wenn die Erweiterung $\lambda|\kappa$ der Restkörper separabel ist und wenn $([\,L:T\,],p) = 1$. Letzteres soll im unendlichen Fall bedeuten, daß der Grad jeder endlichen Teilerweiterung von $L|T$ zu p teilerfremd ist.*

Für diese Definition muß wiederum K nicht henselsch sein. Wir lassen sie auch gelten, wenn nur die Bewertung v von K eine eindeutige Fortsetzung auf L hat. Im Falle, daß die fundamentale Gleichung $ef = [\,L:K\,]$ gilt und $\lambda|\kappa$ separabel ist, bedeutet die Unverzweigtheit bzw. zahme Verzweigtheit einfach $e = 1$ bzw. $(e,p) = 1$.

(7.7) Satz. *Eine endliche Erweiterung $L|K$ ist genau dann zahm verzweigt, wenn $L|T$ eine Radikalerweiterung*

$$L = T(\sqrt[m_1]{a_1}, \ldots, \sqrt[m_r]{a_r})$$

mit $(m_i,p) = 1$ ist. In diesem Fall gilt immer die fundamentale Gleichung

$$[\,L:K\,] = ef\,.$$

Beweis: Wir dürfen annehmen, daß $K = T$ ist, denn $L|K$ ist offensichtlich genau dann zahm verzweigt, wenn $L|T$ es ist, und es gilt in diesem Fall $[\,T:K\,] = [\,\lambda:\kappa\,] = f$. Sei $L|K$ zahm verzweigt, also $\kappa = \lambda$ und $(e,p) = 1$. Wir zeigen zuerst: Aus $e = 1$ folgt $L = K$. Angenommen $\alpha \in L \setminus K$. Sind $\alpha = \alpha_1, \ldots, \alpha_m$ die Konjugierten und $a = \mathrm{Sp}(\alpha) = \sum_{i=1}^m \alpha_i$, so hat das Element $\beta = \alpha - \frac{1}{m}a \in L \setminus K$ die Spur $\mathrm{Sp}(\beta) = \sum_{i=1}^m \beta_i = 0$. Wegen $v(K^*) = w(L^*)$ können wir ein $b \in K^*$

wählen mit $v(b) = w(\beta)$ und erhalten eine Einheit $\varepsilon = \beta/b \in L \smallsetminus K$ mit der Spur $\sum_{i=1}^m \varepsilon_i = 0$. Die Konjugierten ε_i haben aber wegen $\lambda = \kappa$ die gleichen Restklassen $\bar\varepsilon_i$ in λ, so daß $0 = \sum_{i=1}^m \bar\varepsilon_i = m\bar\varepsilon$, also $m \equiv 0 \bmod p$ im Widerspruch zu $p \nmid [L:K]$ und $m | [L:K]$.

Sei jetzt $\omega_1, \dots, \omega_r \in w(L^*)$ ein Repräsentantensystem für $w(L^*)/v(K^*)$ und m_i die Ordnung von $\omega_i \bmod v(K^*)$. Wegen $w(L^*) = \frac{1}{n} v(N_{L|K}(L^*)) \subseteq \frac{1}{n} v(K^*)$, $n = [L:K]$, gilt $m_i | n$, also $(m_i, p) = 1$. Sei $\gamma_i \in L^*$ ein Element mit $w(\gamma_i) = \omega_i$. Dann ist $w(\gamma_i^{m_i}) = v(c_i)$, $c_i \in K$, also $\gamma_i^{m_i} = c_i \varepsilon_i$ mit einer Einheit ε_i in L. Wegen $\lambda = \kappa$ können wir $\varepsilon_i = b_i u_i$ schreiben, wobei $b_i \in K$ ist und u_i eine Einheit in L, die in λ gleich 1 wird. Nach dem Henselschen Lemma hat die Gleichung $x^{m_i} - u_i = 0$ eine Lösung $\beta_i \in L$, und wenn wir $\alpha_i = \gamma_i \beta_i^{-1} \in L$ setzen, so ist $w(\alpha_i) = \omega_i$ und

$$\alpha_i^{m_i} = a_i \ , \quad i = 1, \dots, r \ ,$$

mit $a_i = c_i b_i \in K$, d.h. wir haben $K(\sqrt[m_1]{a_1}, \dots, \sqrt[m_r]{a_r}) \subseteq L$. Nach Konstruktion haben beide Körper dieselbe Wertegruppe und denselben Restklassenkörper, so daß nach dem zuerst Bewiesenen

$$L = K(\sqrt[m_1]{a_1}, \dots, \sqrt[m_r]{a_r})$$

gilt. Die Ungleichung $[L:K] \le e$ und damit wegen (6.8) die Gleichung $[L:K] = e$ folgt jetzt mit vollständiger Induktion über r. Ist $L_1 = K(\sqrt[m_1]{a_1})$, so ist wegen $\omega_1 \in w(L_1^*)$

$$e(L_1|K) = (w(L_1^*) : v(K^*)) \ge m_1 \ge [L_1 : K]$$

und $e(L|L_1) \ge [L : L_1]$, da $w(L^*)/w(L_1^*)$ durch die Restklassen von $\omega_2, \dots, \omega_r$ erzeugt wird. Dies ergibt

$$e = e(L|L_1) e(L_1|K) \ge [L:L_1][L_1:K] = [L:K] \, .$$

Zum Beweis, daß eine Erweiterung $L = K(\sqrt[m_1]{a_1}, \dots, \sqrt[m_r]{a_r})$ zahm verzweigt ist, genügt es, den Fall $r = 1$, also $L = K(\sqrt[m]{a})$ mit $(m,p) = 1$ zu betrachten. Der allgemeine Fall folgt dann induktiv. Wir dürfen o.B.d.A. annehmen, daß κ separabel abgeschlossen ist. Dies folgt durch Übergang zur maximalen unverzweigten Erweiterung $K_1 = K_{nr}$, die den separablen Abschluß $\kappa_1 = \bar\kappa_s$ von κ als Restklassenkörper hat. Wir erhalten das Diagramm

$$\begin{array}{ccc} L & \text{———} & L_1 \\ | & & | \\ K & \text{———} & K_1 \, , \end{array}$$

in dem $L \cap K_1 = T = K$ und $L_1 = K_1(\sqrt[m]{a})$ ist. Wenn nun $L_1|K_1$ zahm verzweigt ist, so ist $\lambda_1|\kappa_1$ separabel, also $\lambda_1 = \kappa_1$ und $p \nmid [L_1 : K_1] = [L:K] = [L:T]$, d.h. auch $L|K$ ist zahm verzweigt.

Sei $\alpha = \sqrt[m]{a}$. Wir dürfen annehmen, daß $[\,L:K\,] = [\,K(\sqrt[m]{a}):K\,] = m$ ist. Ist nämlich d der größte Teiler von m, so daß $a = a'^d$ mit einem $a' \in K^*$ und $m' = m/d$, so ist $\alpha = \sqrt[m']{a'}$ und $[\,K(\sqrt[m']{a'}):K\,] = m'$. Sei nun $n = \operatorname{ord}(w(\alpha) \bmod v(K^*))$. Wegen $mw(\alpha) = v(a) \in v(K^*)$ ist $m = dn$. Es folgt $w(\alpha^n) = v(b)$, $b \in K^*$, und $v(b^d) = w(\alpha^m) = v(a)$, also $\alpha^m = a = \varepsilon b^d$ mit einer Einheit ε in K. Die Gleichung $x^d - \varepsilon = 0$ zerfällt wegen $(d,p) = 1$ über dem separabel abgeschlossenen Restkörper κ in verschiedene Linearfaktoren, nach dem Henselschen Lemma also auch über K. Daher ist $\alpha^m = b^d = a$ mit einem neuen $b \in K^*$. Da $x^m - a$ irreduzibel war, ist $d = 1$, so daß $m = n$ und

$$e \geq n = [\,L:K\,] \geq ef \geq e\,,$$

d.h. $f = 1$, also $\lambda = \kappa$ und $p \nmid n = e$. Daher ist $L|K$ zahm verzweigt. □

(7.8) Korollar. *Seien $L|K$ und $K'|K$ zwei Erweiterungen im algebraischen Abschluß $\overline{K}|K$ und $L' = LK'$. Dann gilt:*

$$L|K \quad \text{zahm verzweigt} \quad \Rightarrow \quad L'|K' \quad \text{zahm verzweigt.}$$

Jede Teilerweiterung einer zahm verzweigten Erweiterung ist zahm verzweigt.

Beweis: Wir dürfen o.B.d.A. annehmen, daß $L|K$ endlich ist, und betrachten das Diagramm

$$\begin{array}{ccc} L & \text{———} & L' \\ | & & | \\ T & \text{———} & T' \\ | & & | \\ K & \text{———} & K'\,. \end{array}$$

Die Inklusion $T \subseteq T'$ folgt aus (7.2). Ist nun $L|K$ zahm verzweigt, so ist $L = T(\sqrt[m_1]{a_1}, \ldots, \sqrt[m_r]{a_r})$, $(m_i, p) = 1$, also $L' = LK' = LT' = T'(\sqrt[m_1]{a_1}, \ldots, \sqrt[m_r]{a_r})$, d.h. nach (7.7) ist auch $L'|K'$ zahm verzweigt.

Die Behauptung über die Teilerweiterungen folgt genauso wie im unverzweigten Fall. □

(7.9) Korollar. *Das Kompositum von zahm verzweigten Erweiterungen ist zahm verzweigt.*

Beweis: Dies folgt aus (7.8) genauso wie (7.3) aus (7.2) im unverzweigten Fall. □

(7.10) Definition. *Ist $L|K$ eine algebraische Erweiterung, so heißt das Kompositum $V|K$ aller zahm verzweigten Teilerweiterungen die* **maximale zahm verzweigte** *Teilerweiterung von $L|K$.*

Es bezeichne $w(L^*)^{(p)}$ die Untergruppe aller Elemente $\omega \in w(L^*)$ mit $m\omega \in v(K^*)$ für ein m mit $(m,p) = 1$. Die Faktorgruppe $w(L^*)^{(p)}/v(K^*)$ besteht also aus allen Elementen von $w(L^*)/v(K^*)$ von zu p teilerfremder Ordnung.

(7.11) Satz. *Die maximale zahm verzweigte Teilerweiterung $V|K$ von $L|K$ hat die Wertegruppe $w(V^*) = w(L^*)^{(p)}$ und als Restklassenkörper den separablen Abschluß λ_s von κ in $\lambda|\kappa$.*

Beweis: Wir dürfen uns auf den Fall einer endlichen Erweiterung $L|K$ beschränken. Durch Übergang von K zur maximalen unverzweigten Teilerweiterung dürfen wir wegen (7.5) annehmen, daß $\lambda_s = \kappa$ ist. Wegen $p \nmid e(V|K) = \#w(V^*)/v(K^*)$ ist jedenfalls $w(V^*) \subseteq w(L^*)^{(p)}$. Umgekehrt finden wir wie im Beweis zu (7.7) zu jedem $\omega \in w(L^*)^{(p)}$ ein Radikal $\alpha = \sqrt[m]{a} \in L$ mit $a \in K$, $(m,p) = 1$ und $w(\alpha) = \omega$, so daß $\alpha \in V$, also $\omega \in w(V^*)$ ist. □

Wir können die in diesem Paragraphen erhaltenen Ergebnisse in dem folgenden Bild zusammenfassen:

$$\begin{array}{ccccccc} K & \subseteq & T & \subseteq & V & \subseteq & L \\ \\ \kappa & \subseteq & \lambda_s & = & \lambda_s & \subseteq & \lambda \\ \\ v(K^*) & = & w(T^*) & \subseteq & w(L^*)^{(p)} & \subseteq & w(L^*)\,. \end{array}$$

Ist $L|K$ endlich und $e = e'p^a$ mit $(e',p) = 1$, so ist $[\,V : T\,] = e'$. Man nennt die Erweiterung $L|K$ **rein verzweigt**, wenn $T = K$ ist, und **wild verzweigt**, wenn sie nicht zahm verzweigt ist, d.h. wenn $V \neq L$ ist.

Wichtiges Beispiel: Wir betrachten die Erweiterung $\mathbb{Q}_p(\zeta)|\mathbb{Q}_p$, wobei ζ eine primitive n-te Einheitswurzel ist. In den beiden Fällen $(n,p) = 1$ und $n = p^s$ zeigt diese Erweiterung zwei völlig entgegengesetzte Verhaltensweisen. Wir betrachten zunächst den Fall $(n,p) = 1$ und wählen anstelle von $\mathbb{Q}_p$ als Grundkörper allgemeiner einen diskret bewerteten vollständigen Körper K mit endlichem Restklassenkörper $\kappa = \mathbb{F}_q$, $q = p^r$.

(7.12) Satz. *Sei $L = K(\zeta)$ und $\mathcal{O}|o$ bzw. $\lambda|\kappa$ die Erweiterung der Bewertungsringe bzw. Restklassenkörper von $L|K$. Ist $(n,p) = 1$, so gilt:*

(i) Die Erweiterung $L|K$ ist unverzweigt vom Grade f, wobei f die kleinste natürliche Zahl mit $q^f \equiv 1 \bmod n$ ist.

(ii) Die Galoisgruppe $G(L|K)$ ist kanonisch isomorph zu $G(\lambda|\kappa)$ und wird erzeugt durch den Automorphismus $\varphi : \zeta \mapsto \zeta^q$.

(iii) $\mathcal{O} = o[\zeta]$.

Beweis: (i) Ist $\phi(X)$ das Minimalpolynom von ζ über K, so ist die Reduktion $\bar{\phi}(X)$ das Minimalpolynom von $\bar{\zeta} = \zeta \bmod \mathfrak{P}$ über κ, denn als Teiler von $X^n - \bar{1}$ ist $\bar{\phi}(X)$ separabel und kann daher nach dem Henselschen Lemma nicht in Faktoren zerfallen. ϕ und $\bar{\phi}$ haben gleichen Grad, so daß $[L : K] = [\kappa(\bar{\zeta}) : \kappa] = [\lambda : \kappa] =: f$. $L|K$ ist also unverzweigt. Das Polynom $X^n - 1$ zerfällt über $\mathcal{O}$ und damit über λ wegen $(n,p) = 1$ in verschiedene Linearfaktoren, d.h. $\lambda = \mathbb{F}_{q^f}$ enthält die Gruppe μ_n der n-ten Einheitswurzeln und wird durch diese erzeugt. Daher ist f die kleinste Zahl mit $\mu_n \subseteq \mathbb{F}_{q^f}^*$, d.h. mit $n \mid q^f - 1$. Dies zeigt (i). Hieraus folgt trivialerweise (ii).
(iii) Da $L|K$ unverzweigt ist, haben wir $\mathfrak{p}\mathcal{O} = \mathfrak{P}$, und weil $1, \zeta, \ldots, \zeta^{f-1}$ eine Basis von $\lambda|\kappa$ repräsentiert, ist $\mathcal{O} = o[\zeta] + \mathfrak{p}\mathcal{O}$, also $\mathcal{O} = o[\zeta]$ nach dem Nakayama-Lemma. □

(7.13) Satz. *Sei ζ eine primitive p^m-te Einheitswurzel. Dann gilt:*

(i) $\mathbb{Q}_p(\zeta)|\mathbb{Q}_p$ ist rein verzweigt vom Grade $\varphi(p^m) = (p-1)p^{m-1}$.

(ii) $G(\mathbb{Q}_p(\zeta)|\mathbb{Q}_p) \cong (\mathbb{Z}/p^m\mathbb{Z})^*$.

(iii) $\mathbb{Z}_p[\zeta]$ ist der Bewertungsring von $\mathbb{Q}_p(\zeta)$.

(iv) $1 - \zeta$ ist ein Primelement von $\mathbb{Z}_p[\zeta]$ mit der Norm p.

Beweis: $\xi = \zeta^{p^{m-1}}$ ist eine primitive p-te Einheitswurzel, d.h.

$$\xi^{p-1} + \xi^{p-2} + \cdots + 1 = 0\,, \quad \text{also}$$
$$\zeta^{(p-1)p^{m-1}} + \zeta^{(p-2)p^{m-1}} + \cdots + 1 = 0\,.$$

Bezeichnet ϕ das Polynom auf der linken Seite, so ist $\zeta - 1$ eine Wurzel der Gleichung $\phi(X+1) = 0$. Diese aber ist irreduzibel, denn sie ist eisensteinsch wegen $\phi(1) = p$ und $\phi(X) \equiv (X^{p^m} - 1)/(X^{p^{m-1}} - 1) = (X-1)^{p^{m-1}(p-1)} \bmod p$. Es folgt $[\mathbb{Q}_p(\zeta) : \mathbb{Q}_p] = \varphi(p^m)$. Die kanonische Injektion $G(\mathbb{Q}_p(\zeta)|\mathbb{Q}_p) \to (\mathbb{Z}/p^m\mathbb{Z})^*$, $\sigma \mapsto n(\sigma)$, wobei $\sigma\zeta = \zeta^{n(\sigma)}$, ist damit bijektiv, weil beide Gruppen die Ordnung $\varphi(p^m)$ haben, und es ist

$$N_{\mathbb{Q}_p(\zeta)|\mathbb{Q}_p}(1-\zeta) = \prod_{\sigma}(1-\sigma\zeta) = \phi(1) = p\,.$$

Bezeichnet w die Fortsetzung der normierten Bewertung v_p von $\mathbb{Q}_p$, so ist weiter $\varphi(p^m)w(\zeta - 1) = v_p(p) = 1$, d.h. $\mathbb{Q}_p(\zeta)|\mathbb{Q}_p$ ist rein verzweigt und $\zeta - 1$ ist ein Primelement von $\mathbb{Q}_p(\zeta)$. Wie im Beweis zu (6.8) folgt, daß $\mathbb{Z}_p[\zeta - 1] = \mathbb{Z}_p[\zeta]$ der Bewertungsring von $\mathbb{Q}_p(\zeta)$ ist. Damit ist alles gezeigt. □

Ist ζ_n eine primitive n-te Einheitswurzel und $n = n'p^m$, $(n',p) = 1$, so ergibt sich aus den beiden Sätzen (7.12) und (7.13) für die maximale unverzweigte und die maximale zahm verzweigte Erweiterung das Resultat

$$\mathbb{Q}_p \subseteq T = \mathbb{Q}_p(\zeta_{n'}) \subseteq V = T(\zeta_p) \subseteq \mathbb{Q}_p(\zeta_n)\,.$$

Aufgabe 1. Die maximale unverzweigte Erweiterung von $\mathbb{Q}_p$ entsteht durch Adjunktion aller Einheitswurzeln von zu p teilerfremder Ordnung.

Aufgabe 2. Sei K henselsch und $K_{nr}|K$ die maximale unverzweigte Erweiterung. Zeige, daß die Teilerweiterungen von $K_{nr}|K$ umkehrbar eindeutig den Teilerweiterungen der separablen Hülle $\bar{\kappa}_s|\kappa$ entsprechen.

Aufgabe 3. Sei $L|K$ rein und zahm verzweigt, und sei Δ bzw. Γ die Wertegruppe von L bzw. K. Zeige, daß die Zwischenkörper von $L|K$ umkehrbar eindeutig den Untergruppen von Δ/Γ entsprechen.

§ 8. Fortsetzung von Bewertungen

Nachdem wir gesehen haben, daß sich die henselschen Bewertungen eindeutig auf algebraische Erweiterungen fortsetzen, wenden wir uns jetzt der Frage zu, auf welche Weise sich eine Bewertung v eines Körpers K im allgemeinen Fall auf eine algebraische Erweiterung fortsetzen kann. Dabei bezeichnet v eine beliebige archimedische oder nichtarchimedische Bewertung. Es entsteht hier eine kleine Bezeichnungsdiskrepanz, da eine archimedische Bewertung nur als Betragsbewertung auftritt, während der Buchstabe v bisher für die nicht-archimedischen Exponentialbewertungen hergenommen wurde. Trotzdem erweist es sich als günstig, und auch dem heutigen Usus entsprechend, den Buchstaben v einheitlich für beide Bewertungsformen zu verwenden, mit $|\ \ |_v$ in jedem Falle eine zugehörige Betragsbewertung zu bezeichnen, mit K_v die Komplettierung, und eventuell auftretende Mißverständnisse jeweils durch klärende Bemerkungen auszuräumen.

Zu jeder Bewertung v von K betrachten wir die Komplettierung K_v und einen algebraischen Abschluß $\overline{K}_v$ von K_v. Die kanonische Fortsetzung von v auf K_v wird wieder mit v bezeichnet und die eindeutige Fortsetzung dieser letzten Bewertung auf $\overline{K}_v$ mit $\bar{v}$.

Sei $L|K$ eine algebraische Erweiterung. Wählen wir nun eine K-Einbettung

$$\tau : L \to \overline{K}_v ,$$

so erhalten wir durch die Einschränkung von $\bar{v}$ auf τL eine Bewertungsfortsetzung

$$w = \bar{v} \circ \tau$$

von v auf L. Mit anderen Worten: Sind v und $\bar{v}$ durch die Absolutbeträge $|\ \ |_v$ bzw. $|\ \ |_{\bar{v}}$ auf K,K_v bzw. $\overline{K}_v$ gegeben, wobei $|\ \ |_{\bar{v}}$ den Betrag $|\ \ |_v$ von K_v fortsetzt, so erhält man auf L die Betragsbewertung

$$|x|_w = |\tau x|_{\bar{v}} .$$

Bezüglich dieser Bewertung wird die Abbildung $\tau : L \to \overline{K}_v$ offensichtlich stetig. Sie setzt sich in eindeutiger Weise zu einer stetigen K-Einbettung

$$\tau : L_w \to \overline{K}_v$$

fort, wenn L_w im Fall einer unendlichen Erweiterung $L|K$ nicht die Komplettierung von L bzgl. w, sondern die Vereinigung $L_w = \bigcup_i L_{iw}$ der Komplettierungen L_{iw} sämtlicher endlichen Teilerweiterungen $L_i|K$ von $L|K$ bedeutet. Diese Vereinigung nennen wir fortan die **Lokalisierung** von L bzgl. w. Im Fall $[L:K] < \infty$ ist τ durch die Zuordnung

$$x = w\text{-}\lim_{n\to\infty} x_n \mapsto \tau x := \bar{v}\text{-}\lim_{n\to\infty} \tau x_n$$

gegeben, wobei $\{x_n\}_{n\in\mathbb{N}}$ eine w-Cauchyfolge in L ist und daher $\{\tau x_n\}_{n\in\mathbb{N}}$ eine $\bar{v}$-Cauchyfolge in $\overline{K}_v$. Dabei beachte man, daß die Folge τx_n in der endlichen und daher vollständigen Erweiterung $\tau L \cdot K_v$ von K_v konvergiert. Wir betrachten das Körperdiagramm

$$(*)\qquad \begin{array}{ccc} L & \text{———} & L_w \\ | & & | \\ K & \text{———} & K_v \end{array}\ .$$

Die kanonische Fortsetzung der Bewertung w von L auf L_w ist gerade die eindeutige Fortsetzung der Bewertung v von K_v auf die Erweiterung $L_w|K_v$. Es gilt

$$L_w = LK_v\,,$$

denn wenn $L|K$ endlich ist, so ist der Körper $LK_v \subseteq L_w$ nach (4.8) vollständig, enthält den Körper L und muß daher seine Komplettierung sein. Hat $L_w|K_v$ den Grad $n < \infty$, so haben wir für die zu v und w gehörigen Absolutbeträge nach (4.8)

$$|x|_w = \sqrt[n]{|N_{L_w|K_v}(x)|_v}\,.$$

Das Körperdiagramm $(*)$ hat für die algebraische Zahlentheorie eine zentrale Bedeutung. Es zeigt den Übergang von der „globalen Erweiterung“ $L|K$ zur „lokalen Erweiterung“ $L_w|K_v$ und repräsentiert eine der wichtigsten Methoden der algebraischen Zahlentheorie, das sogenannte **Lokal-Global-Prinzip**. Diese Redewendung rührt vom Fall eines Funktionenkörpers K her, etwa $K = \mathbb{C}(t)$, wo die Elemente der Erweiterung L algebraische Funktionen auf einer Riemannschen Fläche, also auf einem *globalen* Objekt sind, während der Übergang zu K_v und L_w den Übergang zu den Potenzreihenentwicklungen bedeutet, also zum *lokalen* Studium der Funktionen. In dem Diagramm $(*)$ manifestiert sich auf abstrakte Weise unsere ursprünglich gesteckte Zielsetzung, nämlich die Methoden der Funktionentheorie mit Hilfe der Bewertungen auch für das Studium der algebraischen Zahlen bereitzustellen.

Jede K-Einbettung $\tau : L \to \overline{K}_v$ liefert uns nach dem Gesagten eine Bewertungsfortsetzung $w = \overline{v} \circ \tau$ von v. Für jeden Automorphismus $\sigma \in G(\overline{K}_v|K_v)$ von $\overline{K}_v$ über K_v erhalten wir in dem Kompositum

$$L \xrightarrow{\tau} \overline{K}_v \xrightarrow{\sigma} \overline{K}_v$$

eine neue K-Einbettung $\tau' = \sigma \circ \tau$ von L. Diese nennen wir zu τ *über* K_v *konjugiert.* Der folgende Satz liefert uns nun eine genaue Beschreibung der möglichen Fortsetzungen von v auf L.

(8.1) Fortsetzungssatz. *Sei $L|K$ eine algebraische Körpererweiterung und v eine Bewertung von K. Dann gilt:*

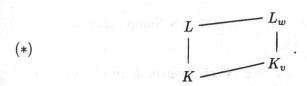

(i) Jede Bewertungsfortsetzung w entsteht als Kompositum $w = \overline{v} \circ \tau$ durch eine K-Einbettung $\tau : L \to \overline{K}_v$.

(ii) Zwei Fortsetzungen $\overline{v} \circ \tau$ und $\overline{v} \circ \tau'$ sind genau dann gleich, wenn τ und τ' über K_v konjugiert sind.

Beweis: (i) Sei w eine Fortsetzung von v auf L und L_w die Lokalisierung mit der wieder mit w bezeichneten kanonischen Bewertung. Diese ist die eindeutige Fortsetzung der Bewertung v von K_v auf L_w. Wählen wir irgendeine K_v-Einbettung $\tau : L_w \to \overline{K}_v$, so muß die Bewertung $\overline{v} \circ \tau$ mit w übereinstimmen. Die Einschränkung von τ auf L ist daher eine K-Einbettung $\tau : L \to \overline{K}_v$ mit $w = \overline{v} \circ \tau$.
(ii) Seien τ und $\sigma \circ \tau$, $\sigma \in G(\overline{K}_v|K_v)$, zwei über K_v konjugierte Einbettungen von L. Da $\overline{v}$ die einzige Fortsetzung der Bewertung v von K_v auf $\overline{K}_v$ ist, so ist $\overline{v} = \overline{v} \circ \sigma$, also $\overline{v} \circ \tau = \overline{v} \circ (\sigma \circ \tau)$. Die durch τ und $\sigma \circ \tau$ gelieferten Fortsetzungen auf L sind also gleich.

Seien umgekehrt $\tau, \tau' : L \to \overline{K}_v$ zwei K-Einbettungen, derart daß $\overline{v} \circ \tau = \overline{v} \circ \tau'$. Sei $\sigma : \tau L \to \tau' L$ der K-Isomorphismus $\sigma = \tau' \circ \tau^{-1}$. Wir können σ zu einem K_v-Isomorphismus

$$\sigma : \tau L \cdot K_v \to \tau' L \cdot K_v$$

fortsetzen. τL liegt nämlich dicht in $\tau L \cdot K_v$, so daß jedes Element $x \in \tau L \cdot K_v$ als Limes

$$x = \lim_{n \to \infty} \tau x_n$$

darstellbar ist, mit einer Folge x_n, die in einer endlichen Teilerweiterung von L liegt. Wegen $\overline{v} \circ \tau = \overline{v} \circ \tau'$ konvergiert die Folge $\tau' x_n = \sigma \tau x_n$ gegen ein Element

$$\sigma x := \lim_{n \to \infty} \sigma \tau x_n$$

in $\tau' L \cdot K_v$. Es ist klar, daß die Zuordnung $x \mapsto \sigma x$ nicht von der Wahl der Folge $\{x_n\}$ abhängig ist und einen Isomorphismus $\tau L \cdot K_v \xrightarrow{\sigma} \tau' L \cdot K_v$ liefert, der K_v festläßt. Setzen wir nun σ zu einem K_v-Automorphismus $\tilde{\sigma} \in G(\overline{K}_v|K_v)$ fort, so wird $\tau' = \tilde{\sigma} \circ \tau$, d.h. τ und τ' sind in der Tat über K_v konjugiert. □

Wem die Gewohnheit lieb ist, eine Erweiterung $L|K$ durch eine algebraische Gleichung $f(X) = 0$ gegeben zu sehen, der wird die folgende konkrete Fassung des obigen Fortsetzungssatzes begrüßen.

Sei $L = K(\alpha)$ durch die Nullstelle α eines irreduziblen Polynoms $f(X) \in K[X]$ erzeugt, und sei

$$f(X) = f_1(X)^{m_1} \cdot \ldots \cdot f_r(X)^{m_r}$$

die Zerlegung von $f(X)$ in irreduzible Faktoren $f_1(X), \ldots, f_r(X)$ über der Komplettierung K_v. Die m_i sind natürlich Eins, wenn f separabel ist. Die K-Einbettungen $\tau : L \to \overline{K}_v$ werden dann durch die in $\overline{K}_v$ gelegenen Nullstellen β von $f(X)$ gegeben,

$$\tau : L \to \overline{K}_v\,, \quad \tau(\alpha) = \beta\,.$$

Zwei Einbettungen τ und τ' sind genau dann über K_v konjugiert, wenn die Nullstellen $\tau(\alpha)$ und $\tau'(\alpha)$ über K_v konjugiert sind, also Nullstellen desselben irreduziblen Faktors f_i sind. Zusammen mit (8.1) ergibt sich damit der

(8.2) Satz. *Die Erweiterung $L|K$ sei durch die Nullstelle α des irreduziblen Polynoms $f(X) \in K[X]$ erzeugt.*

Dann entsprechen die Fortsetzungen $w_1, \ldots, w_r$ von v auf L umkehrbar eindeutig den irreduziblen Faktoren $f_1, \ldots, f_r$ in der Zerlegung

$$f(X) = f_1(X)^{m_1} \cdot \ldots \cdot f_r(X)^{m_r}$$

von f über der Komplettierung K_v.

Man erhält die Fortsetzung w_i aus dem Faktor f_i wie folgt: Sei $\alpha_i \in \overline{K}_v$ eine Nullstelle von f_i und

$$\tau_i : L \to \overline{K}_v\,, \quad \alpha \mapsto \alpha_i\,,$$

die zugehörige K-Einbettung von L in $\overline{K}_v$. Dann ist

$$w_i = \overline{v} \circ \tau_i\,.$$

τ_i setzt sich zu einem Isomorphismus

$$\tau_i : L_{w_i} \xrightarrow{\sim} K_v(\alpha_i)$$

auf die Komplettierung L_{w_i} von L bzgl. w_i fort.

Sei $L|K$ wieder eine beliebige endliche Erweiterung. Wir schreiben kurz $w|v$, um anzudeuten, daß w eine Fortsetzung der Bewertung v von K auf L ist. Durch die Inklusionen $L \hookrightarrow L_w$ erhalten wir die Homomorphismen $L \otimes_K K_v \to L_w$, $a \otimes b \mapsto ab$, und damit einen kanonischen Homomorphismus

$$\varphi : L \otimes_K K_v \to \prod_{w|v} L_w\,.$$

Das Tensorprodukt ist zunächst im Sinne von Vektorräumen gebildet, d.h. der K-Vektorraum L wird zu einem K_v-Vektorraum $L \otimes_K K_v$ hochgehoben. Dieser bildet aber dann eine K_v-Algebra durch die Multiplikation $(a \otimes b)(a' \otimes b') = aa' \otimes bb'$, und φ ist ein Homomorphismus von K_v-Algebren. Über ihn gilt der

(8.3) Satz. *Ist $L|K$ separabel, so ist $L \otimes_K K_v \cong \prod_{w|v} L_w$.*

Beweis: Sei α ein primitives Element für $L|K$, d.h. $L = K(\alpha)$, und $f(X) \in K[X]$ das Minimalpolynom. Zu jedem $w|v$ gehört ein irreduzibler Faktor $f_w(X) \in K_v[X]$ von $f(X)$, und unter Beachtung der Separabilität ist $f(X) = \prod_{w|v} f_w(X)$. Wir denken uns alle L_w in einen algebraischen Abschluß $\overline{K}_v$ von K_v eingebettet und bezeichnen mit α_w das Bild von α unter $L \to L_w$. Dann ist $L_w = K_v(\alpha_w)$ und $f_w(X)$ das Minimalpolynom von α_w über K_v. Wir erhalten nun ein kommutatives Diagramm

$$\begin{array}{ccc} K_v[X]/(f) & \longrightarrow & \prod\limits_{w|v} K_v[X]/(f_w) \\ \downarrow & & \downarrow \\ L \otimes_K K_v & \longrightarrow & \prod\limits_{w|v} L_w \,, \end{array}$$

in dem der obere Pfeil nach dem chinesischen Restsatz ein Isomorphismus ist. Der linke Pfeil wird durch $X \mapsto \alpha \otimes 1$ induziert und ist ein Isomorphismus wegen $K[X]/(f) \cong K(\alpha) = L$. Der rechte Pfeil wird durch $X \mapsto \alpha_w$ induziert und ist ein Isomorphismus wegen $K_v[X]/(f_w) \cong K_v(\alpha_w) = L_w$. Damit ist auch der untere Pfeil ein Isomorphismus. □

(8.4) Korollar. *Ist $L|K$ separabel, so gilt*

$$[L:K] = \sum_{w|v} [L_w : K_v]$$

und

$$N_{L|K}(\alpha) = \prod_{w|v} N_{L_w|K_v}(\alpha)\,, \quad Tr_{L|K}(\alpha) = \sum_{w|v} Tr_{L_w|K_v}(\alpha)\,.$$

Beweis: Die erste Gleichung ergibt sich aus (8.3) wegen $[L:K] = \dim_K(L) = \dim_{K_v}(L \otimes_K K_v)$. Wir betrachten auf beiden Seiten der Isomorphie

$$L \otimes_K K_v \cong \prod_{w|v} L_w$$

den durch Multiplikation mit α gegebenen Endomorphismus. Das charakteristische Polynom von α auf dem K_v-Vektorraum $L \otimes_K K_v$ ist dasselbe wie das auf dem K-Vektorraum L. Daher ist

$$\text{char. Polynom}_{L|K}(\alpha) = \prod_{w|v} \text{char. Polynom}_{L_w|K_v}(\alpha)\,.$$

Hieraus folgen unmittelbar die Gleichungen für Norm und Spur. □

Ist v eine nicht-archimedische Bewertung, so definieren wir wie schon zuvor im henselschen Fall den **Verzweigungsindex** einer Fortsetzung $w|v$ durch

$$e_w = (w(L^*) : v(K^*))$$

und den **Trägheitsgrad** durch

$$f_w = [\,\lambda_w : \kappa\,],$$

wobei λ_w bzw. κ der Restklassenkörper von w bzw. v ist. Aus (8.4) und (6.8) ergibt sich die **fundamentale Gleichung der Bewertungstheorie:**

(8.5) Satz. *Ist v diskret und $L|K$ separabel, so ist*

$$\sum_{w|v} e_w f_w = [\,L : K\,]\,.$$

Mit diesem Satz wiederholt sich, was wir schon in Kap. I, (8.2) bei der Primzerlegung erfahren haben: Ist K der Quotientenkörper eines Dedekindringes $\mathcal{O}$, so gehört zu jedem Primideal $\mathfrak{p}$ von $\mathcal{O}$ die **$\mathfrak{p}$-adische Bewertung** $v_\mathfrak{p}$ von K, definiert durch $v_\mathfrak{p}(a) = \nu_\mathfrak{p}$, wenn $(a) = \prod_\mathfrak{p} \mathfrak{p}^{\nu_\mathfrak{p}}$ (vgl. Kap. I, § 11, S. 71). Der Bewertungsring von $v_\mathfrak{p}$ ist die Lokalisierung $\mathcal{O}_\mathfrak{p}$. Ist $\mathcal{O}$ der ganze Abschluß von $\mathcal{O}$ in L und

$$\mathfrak{p}\mathcal{O} = \mathfrak{P}_1^{e_1} \cdot \ldots \cdot \mathfrak{P}_r^{e_r}$$

die Primzerlegung von $\mathfrak{p}$ in L, so sind die Bewertungen $w_i = \frac{1}{e_i} v_{\mathfrak{P}_i}$, $i = 1, \ldots, r$, gerade die Fortsetzungen von $v = v_\mathfrak{p}$ auf L, e_i ihre Verzweigungsindizes und $f_i = [\,\mathcal{O}/\mathfrak{P}_i : \mathcal{O}/\mathfrak{p}\,]$ ihre Trägheitsgrade. Die fundamentale Gleichung

$$\sum_{i=1}^{r} e_i f_i = [\,L : K\,]$$

haben wir somit auf zwei Weisen erhalten. Die Bewertungstheorie erfüllt ihren Sinn jedoch nicht in der Umformulierung der idealtheoretischen Situation, sondern in der schon früher hervorgehobenen Möglichkeit, von der Erweiterung $L|K$ zu den Komplettierungen $L_w|K_v$ überzugehen, die von erheblich einfacheren arithmetischen Gesetzmäßigkeiten beherrscht werden. Es sei noch einmal betont, daß die Komplettierungen überall durch die Henselisierungen ersetzt werden können.

Aufgabe 1. Die Bewertungen des Körpers $\mathbb{Q}(\sqrt{5})$ sind bis auf äquivalente wie folgt gegeben:

1) $|a+b\sqrt{5}|_1 = |a+b\sqrt{5}|$ und $|a+b\sqrt{5}|_2 = |a-b\sqrt{5}|$ sind die archimedischen Bewertungen.

2) Ist $p=2$ oder 5 oder eine Primzahl $\neq 2,5$ mit $\left(\frac{p}{5}\right) = -1$, so gibt es genau eine Fortsetzung von $|\ \ |_p$ auf $\mathbb{Q}(\sqrt{5})$, nämlich

$$|a+b\sqrt{5}|_{\mathfrak{p}} = |a^2-5b^2|_p^{1/2}\,.$$

3) Ist p eine Primzahl $\neq 2,5$ mit $\left(\frac{p}{5}\right) = 1$, so gibt es zwei Fortsetzungen von p auf $\mathbb{Q}(\sqrt{5})$, nämlich

$$|a+b\sqrt{5}|_{\mathfrak{p}_1} = |a+b\gamma|_p \quad \text{bzw.} \quad |a+b\sqrt{5}|_{\mathfrak{p}_2} = |a-b\gamma|_p\,,$$

wobei γ eine Lösung von $x^2-5=0$ in $\mathbb{Q}_p$ ist.

Aufgabe 2. Bestimme die Bewertungen des Körpers $\mathbb{Q}(i)$ der Gaußschen Zahlen.

Aufgabe 3. Wieviele Fortsetzungen besitzt der archimedische Absolutbetrag $|\ \ |$ von $\mathbb{Q}$ auf die Erweiterung $\mathbb{Q}(\sqrt[3]{2})$?

Aufgabe 4. Sei $L|K$ eine endliche separable Erweiterung, $\mathcal{o}$ der Bewertungsring einer diskreten Bewertung v und $\mathcal{O}$ der ganze Abschluß in L. Durchläuft $w|v$ die Fortsetzungen von v auf L und sind $\widehat{\mathcal{o}}_v$ bzw. $\widehat{\mathcal{O}}_w$ die Bewertungsringe der Komplettierungen K_v bzw. L_w, so gilt

$$\mathcal{O}\otimes_{\mathcal{o}}\widehat{\mathcal{o}}_v \cong \prod_{w|v}\widehat{\mathcal{O}}_w\,.$$

Aufgabe 5. In welcher Beziehung steht der Satz (8.2) mit dem Dedekindschen Satz, Kap. I, (8.3)?

Aufgabe 6. Sei $L|K$ eine endliche Körpererweiterung, v eine nicht-archimedische Exponentialbewertung und w eine Fortsetzung auf L. Ist $\mathcal{O}$ der ganze Abschluß des Bewertungsringes $\mathcal{o}$ von v in L, so ist die Lokalisierung $\mathcal{O}_{\mathfrak{P}}$ von $\mathcal{O}$ nach dem Primideal $\mathfrak{P} = \{\alpha\in\mathcal{O}\mid w(\alpha)>0\}$ der Bewertungsring von w.

§ 9. Galoistheorie der Bewertungen

Wir betrachten jetzt galoissche Erweiterungen $L|K$ und untersuchen die Auswirkungen der Galoisaktion auf die Bewertungsfortsetzungen $w|v$. Es entsteht dabei eine direkte Verallgemeinerung der „Hilbertschen Verzweigungstheorie" (vgl. Kap. I, § 9), in der anstelle der Bewertungen v die Primideale $\mathfrak{p}$ und ihre Zerlegung $\mathfrak{p} = \mathfrak{P}_1^{e_1} \cdot \ldots \cdot \mathfrak{P}_r^{e_r}$ in galoisschen Erweiterungen algebraischer Zahlkörper untersucht worden sind. Die Argumentationen sind hier wie dort dieselben, so daß wir uns hier kurz fassen dürfen. Wir formulieren und beweisen jedoch alle Ergebnisse für nicht-notwendig endliche Erweiterungen, indem wir die unendliche Galoistheorie heranziehen. Dem Leser, der diese Theorie nicht kennt, sei es erlaubt, überall in diesem Paragraphen die Endlichkeit der betrachteten Erweiterungen anzunehmen. Er sei aber auf die Darstellung der unendlichen Galoistheorie in Kap. IV, § 1 hingewiesen. Das Hauptresultat derselben ist auf einen einfachen Nenner zu bringen:

Im Falle einer galoisschen Erweiterung $L|K$ unendlichen Grades verliert der Hauptsatz der gewöhnlichen Galoistheorie über die 1-1-Korrespondenz der Zwischenkörper von $L|K$ zu den Untergruppen der Galoisgruppe $G(L|K)$ seine Gültigkeit; es gibt mehr Untergruppen als Zwischenkörper. Die Korrespondenz wird aber wieder hergestellt durch die Betrachtung einer kanonischen Topologie auf der Gruppe $G(L|K)$, der **Krulltopologie**. Sie ist dadurch gegeben, daß man für jedes $\sigma \in G(L|K)$ eine Umgebungsbasis durch die Nebenklassen $\sigma G(L|M)$ erklärt, wobei $M|K$ die *endlichen* galoisschen Teilerweiterungen von $L|K$ durchläuft. $G(L|K)$ wird auf diese Weise eine kompakte, hausdorffsche topologische Gruppe. Der Hauptsatz der Galoistheorie erfährt nun im unendlichen Fall die Modifikation, daß die Zwischenkörper von $L|K$ umkehrbar eindeutig den *abgeschlossenen* Untergruppen von $G(L|K)$ entsprechen und im übrigen alles genauso gilt wie im endlichen Fall. Man betrachtet also stillschweigend immer nur die *abgeschlossenen* Untergruppen und dementsprechend die *stetigen* Homomorphismen von $G(L|K)$.

Sei also $L|K$ eine beliebige, endliche oder unendliche galoissche Erweiterung mit der Galoisgruppe $G = G(L|K)$. Ist v eine (archimedische oder nicht-archimedische) Bewertung von K und w eine Bewertungsfortsetzung auf L, so ist für jedes $\sigma \in G$ auch $w \circ \sigma$ eine Fortsetzung von v, d.h. die Gruppe G operiert auf der Menge der Fortsetzungen $w|v$.

(9.1) Satz. *Die Gruppe G operiert transitiv auf der Menge der Fortsetzungen $w|v$, d.h. je zwei Fortsetzungen sind konjugiert.*

Beweis: Seien w und w' zwei Fortsetzungen von v auf L. Angenommen, $L|K$ ist endlich. Wären w und w' nicht konjugiert, so wären die Mengen

$$\{w \circ \sigma \mid \sigma \in G\} \quad \text{und} \quad \{w' \circ \sigma \mid \sigma \in G\}$$

disjunkt. Nach dem Approximationssatz (3.4) fände man daher ein $x \in L$ mit

$$|\sigma x|_w < 1 \quad \text{und} \quad |\sigma x|_{w'} > 1$$

für alle $\sigma \in G$. Für die Norm $\alpha = N_{L|K}(x) = \prod_{\sigma \in G} \sigma x$ ergäbe sich daraus $|\alpha|_v = \prod_\sigma |\sigma x|_w < 1$ und genauso $|\alpha|_v > 1$, Widerspruch.

Wenn $L|K$ unendlich ist, so lassen wir $M|K$ alle endlichen galoisschen Teilerweiterungen durchlaufen und betrachten die Mengen $X_M = \{\sigma \in G \mid w \circ \sigma|_M = w'|_M\}$. Sie sind, wie gerade gezeigt, nicht leer und außerdem abgeschlossen, denn mit $\sigma \in G \smallsetminus X_M$ liegt die ganze offene Umgebung $\sigma G(L|M)$ im Komplement von X_M. Wir haben $\bigcap_M X_M \neq \emptyset$, denn da G kompakt ist, würde sonst schon $\bigcap_{i=1}^r M_i = \emptyset$ für endlich viele M_i gelten, und dies ist ein Widerspruch, denn wenn $M = M_1 \cdot \ldots \cdot M_r$, so ist $X_M = \bigcap_{i=1}^r X_{M_i}$. □

(9.2) Definition. *Die* **Zerlegungsgruppe** *einer Fortsetzung w von v auf L ist definiert durch*

$$G_w = G_w(L|K) = \{\sigma \in G(L|K) \mid w \circ \sigma = w\}.$$

Ist v eine nicht-archimedische Bewertung, so enthält die Zerlegungsgruppe zwei weitere kanonische Untergruppen,

$$G_w \supseteq I_w \supseteq R_w,$$

die wie folgt definiert sind. Sei $\mathcal{o}$ bzw. $\mathcal{O}$ der Bewertungsring, $\mathfrak{p}$ bzw. $\mathfrak{P}$ das maximale Ideal und $\kappa = \mathcal{o}/\mathfrak{p}$ bzw. $\lambda = \mathcal{O}/\mathfrak{P}$ der Restklassenkörper von v bzw. w.

(9.3) Definition. *Die* **Trägheitsgruppe** *von $w|v$ ist durch*

$$I_w = I_w(L|K) = \{\sigma \in G_w \mid \sigma x \equiv x \bmod \mathfrak{P} \quad \text{für alle} \quad x \in \mathcal{O}\}$$

definiert und die **Verzweigungsgruppe** *durch*

$$R_w = R_w(L|K) = \{\sigma \in G_w \mid \frac{\sigma x}{x} \equiv 1 \bmod \mathfrak{P} \quad \text{für alle} \quad x \in L^*\}.$$

Man beachte bei dieser Definition, daß für $\sigma \in G_w$ wegen $w \circ \sigma = w$ stets $\sigma\mathcal{O} = \mathcal{O}$ und $\sigma x/x \in \mathcal{O}$ für alle $x \in L^*$ gilt.

Die Untergruppen G_w, I_w, R_w von $G = G(L|K)$ wie überhaupt alle im weiteren kanonisch auftretenden Untergruppen sind sämtlich *abgeschlossen* bzgl. der Krulltopologie. Der Nachweis dafür ist in jedem Fall reine Routinesache. Wie er geführt werden muß, sei hier am Beispiel der Zerlegungsgruppen pars pro toto geschildert.

Sei $\sigma \in G = G(L|K)$ ein Element, das dem Abschluß von G_w angehört. Dies bedeutet, daß in jeder Umgebung $\sigma G(L|M)$ ein Element σ_M aus G_w liegt. Dabei durchläuft $M|K$ alle endlichen galoisschen Teilerweiterungen von $L|K$. Wegen $\sigma_M \in \sigma G(L|M)$ ist nun $\sigma_M|_M = \sigma|_M$, und wegen $w \circ \sigma_M = w$ folgt $w \circ \sigma|_M = w \circ \sigma_M|_M = w|_M$. Da L die Vereinigung aller M ist, so erhalten wir $w \circ \sigma = w$, also $\sigma \in G_w$. Dies zeigt die Abgeschlossenheit der Untergruppe G_w von G.

Die Gruppen G_w, I_w, R_w haben ganz signifikante Bedeutungen für das Verhalten der Bewertung v von K bei ihrer Fortsetzung auf L. Bevor wir auf diese Bedeutung eingehen, wollen wir die funktoriellen Eigenschaften der Gruppen G_w, I_w, R_w abhandeln.

Wir betrachten zwei galoissche Erweiterungen $L|K$ und $L'|K'$ und ein kommutatives Diagramm

$$\begin{array}{ccc} L & \xrightarrow{\tau} & L' \\ \uparrow & & \uparrow \\ K & \xrightarrow{\tau} & K' \end{array}$$

mit Homomorphismen τ, die in aller Regel Inklusionen sind. Durch sie wird ein Homomorphismus

$$\tau^* : G(L'|K') \to G(L|K)\,, \quad \tau^*(\sigma') = \tau^{-1}\sigma'\tau$$

gegeben, wobei man beachte, daß mit $L|K$ auch $\tau L|\tau K$ normal ist und somit $\sigma'\tau L \subseteq \tau L$, wodurch die Nachschaltung von τ^{-1} einen Sinn ergibt.

Sei jetzt w' eine Bewertung von L', $v' = w'|_{K'}$ und $w = w' \circ \tau$, $v = w|_K$. Dann gilt der

(9.4) Satz. *Durch* $\tau^* : G(L'|K') \to G(L|K)$ *werden Homomorphismen*

$$G_{w'}(L'|K') \to G_w(L|K)\,,$$
$$I_{w'}(L'|K') \to I_w(L|K)\,,$$
$$R_{w'}(L'|K') \to R_w(L|K)$$

induziert, wobei für die letzten beiden v als nicht-archimedisch vorausgesetzt ist.

Beweis: Sei $\sigma' \in G_{w'}(L'|K')$ und $\sigma = \tau^*(\sigma')$. Ist $x \in L$, so gilt

$$|x|_{w \circ \sigma} = |\sigma x|_w = |\tau^{-1}\sigma'\tau x|_w = |\sigma'\tau x|_{w'} = |\tau x|_{w'} = |x|_w \,,$$

also $\sigma \in G_w(L|K)$. Ist $\sigma' \in I_{w'}(L'|K')$ und $x \in \mathcal{O}$, so ist

$$w(\sigma x - x) = w(\tau^{-1}(\sigma'\tau x - \tau x)) = w'(\sigma'(\tau x) - (\tau x)) > 0\,,$$

also $\sigma \in I_w(L|K)$. Ist $\sigma' \in R_{w'}(L'|K')$ und $x \in L^*$, so ist

$$w(\frac{\sigma x}{x} - 1) = w(\tau^{-1}(\frac{\sigma'\tau x}{\tau x} - 1)) = w'(\frac{\sigma'\tau x}{\tau x} - 1) > 0\,,$$

also $\sigma \in R_w(L|K)$. □

Wenn die beiden Homomorphismen $\tau : L \to L'$ und $\tau : K \to K'$ Isomorphismen sind, so sind natürlich auch die Homomorphismen (9.4) Isomorphismen. Insbesondere ergibt sich im Falle $K = K'$, $L = L'$ für jedes $\tau \in G(L|K)$:

$$G_{w\circ\tau} = \tau^{-1}G_w\tau\,, \quad I_{w\circ\tau} = \tau^{-1}I_w\tau\,, \quad R_{w\circ\tau} = \tau^{-1}R_w\tau\,,$$

d.h. die Zerlegungs-, Trägheits- und Verzweigungsgruppen konjugierter Bewertungen sind konjugiert.

Ein weiterer Spezialfall ergibt sich mit einem Zwischenkörper M von $L|K$ durch das Diagramm

$$\begin{array}{ccc} L & = & L \\ | & & | \\ K & \hookrightarrow & M. \end{array}$$

Aus τ^* wird dann die Inklusion $G(L|M) \hookrightarrow G(L|K)$, und es gilt trivialerweise der

(9.5) Satz. *Für die Erweiterungen $K \subseteq M \subseteq L$ ist*

$$\begin{aligned} G_w(L|M) &= G_w(L|K) \cap G(L|M)\,, \\ I_w(L|M) &= I_w(L|K) \cap G(L|M)\,, \\ R_w(L|M) &= R_w(L|K) \cap G(L|M)\,. \end{aligned}$$

Ein besonders wichtiger Spezialfall von (9.4) tritt mit dem Diagramm

$$
\begin{array}{ccc}
L & \underline{\hspace{2cm}} & L_w \\
| & & | \\
K & \underline{\hspace{2cm}} & K_v
\end{array}
$$

ein, das zu jeder Bewertungsfortsetzung $w|v$ von $L|K$ gehört. Wenn $L|K$ unendlich ist, so soll L_w die Lokalisierung sein im Sinne von § 8, S. 168. (Diese Fallunterscheidung entfällt, wenn wir, was auch erlaubt ist, die Henselisierung von $L|K$ bilden.) Da bei der lokalen Erweiterung $L_w|K_v$ die Fortsetzung eindeutig ist, so bezeichnen wir die Zerlegungs-, Trägheits- und Verzweigungsgruppe einfach mit $G(L_w|K_v)$, $I(L_w|K_v)$, $R(L_w|K_v)$. Der Homomorphismus τ^* ist hier die Restriktionsabbildung

$$
G(L_w|K_v) \to G(L|K), \quad \sigma \mapsto \sigma|_L,
$$

und es gilt der

(9.6) Satz. $G_w(L|K) \cong G(L_w|K_v)$,
$\qquad I_w(L|K) \cong I(L_w|K_v)$,
$\qquad R_w(L|K) \cong R(L_w|K_v)$.

Beweis: Der Satz beruht darauf, daß die Zerlegungsgruppe $G_w(L|K)$ aus genau denjenigen Automorphismen $\sigma \in G(L|K)$ besteht, die bzgl. der Bewertung w stetig sind. Die Stetigkeit der $\sigma \in G_w(L|K)$ ist klar. Für einen beliebigen stetigen Automorphismus σ gilt

$$
|x|_w < 1 \quad \Rightarrow \quad |\sigma x|_w = |x|_{w \circ \sigma} < 1,
$$

denn $|x|_w < 1$ bedeutet, daß x^n und damit auch σx^n eine w-Nullfolge ist, d.h. $|\sigma x|_w < 1$. Hieraus folgt nach § 3, S. 122, daß w zu $w \circ \sigma$ äquivalent und wegen $w|_K = w \circ \sigma|_K$ sogar gleich ist, d.h. $\sigma \in G_w(L|K)$.

Da L dicht liegt in L_w, so setzt sich hiernach jedes $\sigma \in G_w(L|K)$ eindeutig zu einem stetigen K_v-Automorphismus $\widehat{\sigma}$ von L_w fort, und es ist klar, daß $\widehat{\sigma} \in I(L_w|K_v)$ bzw. $\widehat{\sigma} \in R(L_w|K_v)$ ist, wenn $\sigma \in I_w(L|K)$ bzw. $\sigma \in R_w(L|K)$. Dies beweist die Bijektivität der fraglichen Abbildungen in allen drei Fällen. $\qquad\square$

Durch den obigen Satz werden die Problemstellungen, die eine einzige Bewertung von K betreffen, aufs Lokale zurückgeführt. Wir identifizieren die Zerlegungsgruppe $G_w(L|K)$ mit der Galoisgruppe von $L_w|K_v$, schreiben also

$$G_w(L|K) = G(L_w|K_v)\,,$$

und ebenso $I_w(L|K) = I(L_w|K_v)$, $R_w(L|K) = R(L_w|K_v)$.

Wir erläutern jetzt die konkrete Bedeutung der Untergruppen G_w, I_w, R_w von $G = G(L|K)$ für die Körpererweiterung $L|K$.

Die **Zerlegungsgruppe** G_w besteht, wie im Beweis zu (9.6) gezeigt, aus allen Automorphismen $\sigma \in G$, die bzgl. der Bewertung w **stetig** sind. Sie regelt die Fortsetzung von v auf L auf gruppentheoretische Weise. Bezeichnet $G_w\backslash G$ die Menge der Rechtsnebenklassen $G_w\sigma$ und W_v die Menge der Fortsetzungen von v auf L, so erhalten wir nach Wahl einer festen Fortsetzung w eine Bijektion

$$G_w\backslash G \xrightarrow{\sim} W_v\,, \quad G_w\sigma \mapsto w\sigma\,.$$

Insbesondere ist die Anzahl $\#W_v$ der Fortsetzungen gleich dem Index $(G : G_w)$. Wie schon in Kap. I, § 9 erwähnt und hier wie dort dem Leser zur Prüfung überlassen, beschreibt die Zerlegungsgruppe die Art der Fortsetzung von v auch auf eine beliebige separable, also nicht notwendig galoissche Erweiterung $L|K$. Wir betten dazu $L|K$ in eine galoissche Erweiterung $N|K$ ein, wählen eine Fortsetzung w von v auf N, setzen $G = G(N|K)$, $H = G(N|L)$, $G_w = G_w(N|K)$ und erhalten eine Bijektion

$$G_w\backslash G/H \xrightarrow{\sim} W_v\,, \quad G_w\sigma H \mapsto w\circ\sigma|_L\,.$$

(9.7) Definition. *Der Fixkörper von G_w,*

$$Z_w = Z_w(L|K) = \{x \in L \mid \sigma x = x \quad \text{für alle} \quad \sigma \in G_w\}\,,$$

heißt der **Zerlegungskörper** *von w über K.*

Die Rolle des Zerlegungskörpers in der Erweiterung $L|K$ wird durch den folgenden Satz beschrieben.

(9.8) Satz. *(i) Die Einschränkung w_Z von w auf Z_w setzt sich eindeutig auf L fort.*

(ii) w_Z besitzt den gleichen Restklassenkörper und die gleiche Wertegruppe wie v.

(iii) $Z_w = L \cap K_v$ (der Durchschnitt ist in L_w gebildet).

Beweis: (i) Eine beliebige Fortsetzung w' von w_Z auf L ist zu w über Z_w konjugiert, $w' = w\circ\sigma$, $\sigma \in G(L|Z_w) = G_w$, d.h. $w' = w$.

(iii) Die Gleichung $Z_w = L \cap K_v$ folgt unmittelbar aus $G_w(L|K) \cong G(L_w|K_v)$.

(ii) Da K_v denselben Restklassenkörper und dieselbe Wertegruppe wie K besitzt, gilt das gleiche auch für $Z_w = L \cap K_v$. □

Die **Trägheitsgruppe** I_w ist nur definiert, wenn w eine nichtarchimedische Bewertung von L ist. Sie ist der Kern eines kanonischen Homomorphismus von G_w. Ist nämlich $\mathcal{O}$ der Bewertungsring von w und $\mathfrak{P}$ das maximale Ideal, so induziert jedes $\sigma \in G_w$ wegen $\sigma\mathcal{O} = \mathcal{O}$ und $\sigma\mathfrak{P} = \mathfrak{P}$ einen κ-Automorphismus

$$\bar{\sigma} : \mathcal{O}/\mathfrak{P} \to \mathcal{O}/\mathfrak{P}, \quad x \bmod \mathfrak{P} \mapsto \sigma x \bmod \mathfrak{P},$$

des Restklassenkörpers λ, und wir erhalten einen Homomorphismus

$$G_w \to \operatorname{Aut}_\kappa(\lambda)$$

mit dem Kern I_w.

(9.9) Satz. *Die Restkörpererweiterung $\lambda|\kappa$ ist normal, und wir haben eine exakte Sequenz*

$$1 \to I_w \to G_w \to G(\lambda|\kappa) \to 1.$$

Beweis: Im Falle einer endlichen galoisschen Erweiterung haben wir dies schon in Kap. I, (9.4) bewiesen. Im unendlichen Fall ist $\lambda|\kappa$ normal, weil $L|K$ und damit auch $\lambda|\kappa$ die Vereinigung endlicher normaler Teilerweiterungen ist. Zum Beweis der Surjektivität von $f : G_w \to G(\lambda|\kappa)$ hat man nur zu zeigen, daß $f(G_w)$ dicht liegt in $G(\lambda|\kappa)$, weil $f(G_w)$ als stetiges Bild einer kompakten Menge kompakt und also abgeschlossen ist. Sei $\bar{\sigma} \in G(\lambda|\kappa)$ und $\bar{\sigma}G(\lambda|\mu)$ eine Umgebung von $\bar{\sigma}$, wobei $\mu|\kappa$ eine endliche galoissche Teilerweiterung von $\lambda|\kappa$ ist. Wir müssen zeigen, daß diese Umgebung ein Bildelement $f(\tau)$, $\tau \in G_w$, enthält. Da Z_w den Restklassenkörper κ hat, so gibt es eine endliche galoissche Teilerweiterung $M|Z_w$ von $L|Z_w$, deren Restklassenkörper $\overline{M}$ den Körper μ enthält. Da nun $G(M|Z_w) \to G(\overline{M}|\kappa)$ surjektiv ist, so ist auch das Kompositum

$$G_w = G(L|Z_w) \to G(M|Z_w) \to G(\overline{M}|\kappa) \to G(\mu|\kappa)$$

surjektiv, und wenn $\tau \in G_w$ auf $\bar{\sigma}|_\mu$ abgebildet wird, so ist $f(\tau) \in \bar{\sigma}G(\lambda|\mu)$, q.e.d. □

(9.10) Definition. *Der Fixkörper von* I_w,

$$T_w = T_w(L|K) = \{x \in L \mid \sigma x = x \quad \text{für alle} \quad \sigma \in I_w\},$$

heißt der **Trägheitskörper** *von* w *über* K.

Für den Trägheitskörper haben wir aufgrund von (9.9) den Isomorphismus

$$G(T_w|Z_w) \cong G(\lambda|\kappa).$$

Er spielt in der Erweiterung $L|K$ die folgende Rolle.

(9.11) Satz. $T_w|Z_w$ *ist die maximale unverzweigte Teilerweiterung von* $L|Z_w$.

Beweis: Aufgrund von (9.6) dürfen wir annehmen, daß $K = Z_w$ henselsch ist. Sei $T|K$ die maximale unverzweigte Teilerweiterung von $L|K$. Sie ist galoissch, da auch die konjugierten Erweiterungen unverzweigt sind. Nach (7.5) hat T den Restklassenkörper λ_s, und wir haben einen Isomorphismus

$$G(T|K) \xrightarrow{\sim} G(\lambda_s|\kappa).$$

Die Surjektivität folgt nach (9.9) und die Injektivität aus der Unverzweigtheit von $T|K$: Jede endliche galoissche Teilerweiterung hat den gleichen Grad wie ihre Restkörpererweiterung. Ein Element $\sigma \in G(L|K)$ induziert hiernach auf λ_s, d.h. auf λ genau dann die Identität, wenn es in $G(L|T)$ liegt. Daher ist $G(L|T) = I_w$, also $T = T_w$. □

Ist insbesondere K ein henselscher Körper und $\bar{K}_s|K$ der separable Abschluß, so ist der Trägheitskörper dieser Erweiterung die maximale unverzweigte Erweiterung $T|K$ schlechthin und hat den separablen Abschluß $\bar{\kappa}_s|\kappa$ als Restklassenkörper. Der Isomorphismus

$$G(T|K) \cong G(\bar{\kappa}_s|\kappa)$$

zeigt, daß die unverzweigten Erweiterungen von K umkehrbar eindeutig den separablen Erweiterungen von κ entsprechen.

Die **Verzweigungsgruppe** R_w ist, ähnlich wie die Trägheitsgruppe, der Kern eines kanonischen Homomorphismus

$$I_w \to \chi(L|K),$$

wobei

$$\chi(L|K) = \operatorname{Hom}(\Delta/\Gamma, \lambda^*)\,,$$

$\Delta = w(L^*)$, $\Gamma = v(K^*)$. Ist $\sigma \in I_w$, so ist der zugehörige Homomorphismus

$$\chi_\sigma : \Delta/\Gamma \to \lambda^*$$

wie folgt gegeben: Zu $\bar{\delta} = \delta \bmod \Gamma \in \Delta/\Gamma$ wähle man ein $x \in L^*$ mit $w(x) = \delta$ und setze

$$\chi_\sigma(\bar{\delta}) = \frac{\sigma x}{x} \bmod \mathfrak{P}\,.$$

Diese Definition ist unabhängig von der Wahl des Repräsentanten $\delta \in \bar{\delta}$ und von $x \in L^*$, denn wenn $x' \in L^*$ ein Element ist mit $w(x') \equiv w(x) \bmod \Gamma$, so ist $w(x') = w(xa)$, $a \in K^*$, also $x' = xau$, $u \in \mathcal{O}^*$, und da $\frac{\sigma u}{u} \equiv 1 \bmod \mathfrak{P}$ wegen $\sigma \in I_{\mathfrak{P}}$, so wird $\frac{\sigma x'}{x'} \equiv \frac{\sigma x}{x} \bmod \mathfrak{P}$.

Man sieht unmittelbar, daß die Zuordnung $\sigma \mapsto \chi_\sigma$ ein Homomorphismus $I_w \to \chi(L|K)$ ist mit dem Kern R_w.

(9.12) Satz. *R_w ist die einzige p-Sylowgruppe von I_w.*

Bemerkung: Wenn $L|K$ eine endliche Erweiterung ist, so ist klar, was hiermit gemeint ist. Im unendlichen Fall ist dies im Sinne der **proendlichen Gruppen** zu verstehen, d.h. alle endlichen Faktorgruppen von R_w bzw. von I_w/R_w nach abgeschlossenen Normalteilern haben eine p-Potenzordnung bzw. eine zu p teilerfremde Ordnung. Zum genaueren Verständnis dieser Sachlage verweisen wir auf Kap. IV, § 2, Aufgabe 3–5.

Beweis von (9.12): Aufgrund von (9.6) dürfen wir annehmen, daß K henselsch ist. Wir beschränken uns auf den Fall, daß $L|K$ eine endliche Erweiterung ist. Für den unendlichen Fall folgt der Satz hieraus in formaler Weise.

Wäre R_w keine p-Gruppe, so gäbe es ein Element $\sigma \in R_w$ von einer Primzahlordnung $l \neq p$. Sei K' der Fixkörper von σ und κ' sein Restklassenkörper. Wir zeigen, daß $\kappa' = \lambda$. Wegen $R_w \subseteq I_w$ ist $T \subseteq K'$, also $\lambda_s \subseteq \kappa'$, so daß $\lambda|\kappa'$ total inseparabel ist, also einen p-Potenzgrad hat. Andererseits muß der Grad aber eine l-Potenz sein, denn wenn $\bar{\alpha} \in \lambda$ ist, $\alpha \in L$ eine Liftung von $\bar{\alpha}$, und $f(x) \in K'[x]$ das Minimalpolynom von α über K', so gilt $\bar{f}(x) = \bar{g}(x)^m$, wobei $\bar{g}(x) \in \kappa'[x]$ das Minimalpolynom von $\bar{\alpha}$ über κ' ist, das den Grad 1 oder l haben muß, weil dies für $f(x)$ zutrifft. Es ist also in der Tat $\kappa' = \lambda$, d.h. $L|K'$ ist zahm verzweigt und nach (7.7) von der Form $L = K'(\alpha)$ mit $\alpha = \sqrt[l]{a}$, $a \in K'$. Es folgt $\sigma\alpha = \zeta\alpha$ mit einer primitiven l-ten Einheitswurzel $\zeta \in K'$. Wegen $\sigma \in R_w$ ist aber andererseits $\frac{\sigma\alpha}{\alpha} = \zeta \equiv 1 \bmod \mathfrak{P}$, Widerspruch. Damit ist bewiesen, daß R_w eine p-Gruppe ist.

Wegen $p = \mathrm{char}(\lambda)$ haben die Elemente in λ^* eine zu p teilerfremde Ordnung, wenn diese überhaupt endlich ist. Daher hat die Gruppe $\chi(L|K) = \mathrm{Hom}(\Delta/\Gamma, \lambda^*)$ eine zu p teilerfremde Ordnung, also auch die Gruppe $I_w/R_w \subseteq \chi(L|K)$, d.h. R_w ist in der Tat die einzige p-Sylowgruppe. □

(9.13) Definition. *Der Fixkörper von R_w,*

$$V_w = V_w(L|K) = \{x \in L \mid \sigma x = x \quad \text{für alle} \quad \sigma \in R_w\},$$

heißt der **Verzweigungskörper** *von w über K.*

(9.14) Satz. *$V_w|Z_w$ ist die maximale zahm verzweigte Teilerweiterung von $L|Z_w$.*

Beweis: Aufgrund von (9.6) und der Tatsache, daß Wertegruppen und Restklassenkörper erhalten bleiben, dürfen wir annehmen, daß $K = Z_w$ henselsch ist. Sei V_w der Fixkörper von R_w. Da R_w die p-Sylowgruppe von I_w ist, ist V_w die Vereinigung aller endlichen galoisschen Teilerweiterungen von $L|T$ mit zu p teilerfremdem Grad. V_w enhält damit die maximale zahm verzweigte Erweiterung V von T (also von Z_w). Da der Grad jeder endlichen Teilerweiterung $M|V$ von $V_w|V$ nicht durch p teilbar ist, so ist die Restkörpererweiterung von $M|V$ separabel (vgl. das Argument im Beweis zu (9.12)). Daher ist $V_w|V$ zahm verzweigt, d.h. $V_w = V$. □

(9.15) Korollar. *Wir haben die exakte Sequenz*

$$1 \to R_w \to I_w \to \chi(L|K) \to 1\,.$$

Beweis: Wie schon öfter zuvor dürfen wir aufgrund von (9.6) annehmen, daß K henselsch ist. Wir beschränken uns auf die Betrachtung einer endlichen Erweiterung $L|K$. Im unendlichen Fall ergibt sich der Beweis hieraus genauso wie bei (9.9). Daß R_w der Kern des rechten Pfeils ist, haben wir schon gesehen. Es genügt daher zu zeigen, daß

$$(I_w : R_w) = [\,V_w : T_w\,] = \#\chi(L|K)\,.$$

Da $T_w|K$ die maximale unverzweigte Teilerweiterung von $V_w|K$ ist, so hat $V_w|T_w$ den Trägheitsgrad 1. Nach (7.7) gilt damit

$$[\,V_w : T_w\,] = \#(w(V_w^*)/w(T_w^*))\,.$$

Weiter ist nach (7.5) $w(T_w^*) = v(K^*) =: \Gamma$, und wenn wir $\Delta = w(L^*)$ setzen, so ist $w(V_w^*)/v(K^*)$ die Untergruppe $\Delta^{(p)}/\Gamma$ von Δ/Γ, die aus allen Elementen von zu p primer Ordnung besteht, wobei $p = \mathrm{char}\,(\kappa)$. Es ist also

$$[\,V_w : T_w\,] = \#(\Delta^{(p)}/\Gamma)\,.$$

Da λ^* keine Elemente von durch p teilbarer Ordnung enthält, so ist andererseits

$$\chi(L|K) = \mathrm{Hom}(\Delta/\Gamma, \lambda^*) = \mathrm{Hom}(\Delta^{(p)}/\Gamma, \lambda^*)\,.$$

Aus (7.7) folgt aber, daß λ^* die m-ten Einheitswurzeln enthalten muß, wenn $\Delta^{(p)}/\Gamma$ ein Element der Ordnung m besitzt, weil dann eine galoissche Radikalerweiterung $T_w(\sqrt[m]{a})|T_w$ vom Grade m existiert. Dies zeigt, daß $\chi(L|K)$ das Pontrjagin-Dual der Gruppe $\Delta^{(p)}/\Gamma$ ist, so daß in der Tat

$$[\,V_w : T_w\,] = \#(\Delta^{(p)}/\Gamma) = \#\chi(L|K)\,. \qquad \square$$

Aufgabe 1. Sei K ein henselscher Körper, $L|K$ eine zahm verzweigte galoissche Erweiterung, $G = G(L|K)$, $I = I(L|K)$ und $\Gamma = G/I = G(\lambda|\kappa)$. Dann ist I abelsch und wird zu einem Γ-Modul, wenn man $\overline{\sigma} = \sigma I \in \Gamma$ auf I durch $\tau \mapsto \sigma\tau\sigma^{-1}$ operieren läßt.

Zeige, daß man einen kanonischen Isomorphismus $I \cong \chi(L|K)$ von Γ-Moduln hat und daß G semidirektes Produkt von $\chi(L|K)$ mit $G(\lambda|\kappa)$ ist: $G \cong \chi(L|K) \rtimes G(\lambda|\kappa)$.

Hinweis: Man benutze (7.7).

Aufgabe 2. Die maximale zahm verzweigte abelsche Erweiterung V von $\mathbb{Q}_p$ ist endlich über der maximalen unverzweigten abelschen Erweiterung T von $\mathbb{Q}_p$.

Aufgabe 3. Zeige, daß die maximale unverzweigte Erweiterung des Potenzreihenkörpers $K = \mathbb{F}_p((t))$ durch $T = \overline{\mathbb{F}}_p((t))$ gegeben ist, wobei $\overline{\mathbb{F}}_p$ der algebraische Abschluß von $\mathbb{F}_p$ ist, und die maximale zahm verzweigte Erweiterung durch $T(\{\sqrt[m]{t}\mid m \in \mathbb{N}, (m,p)=1\})$.

Aufgabe 4. Sei v eine nicht-archimedische Bewertung des Körpers K und $\bar{v}$ eine Fortsetzung auf den separablen Abschluß $\overline{K}$ von K. Dann ist der Zerlegungskörper $Z_{\bar{v}}$ von $\bar{v}$ über K isomorph zur Henselisierung von K bzgl. v im Sinne von § 6, S. 149.

§ 10. Höhere Verzweigungsgruppen

Die Trägheitsgruppe und die Verzweigungsgruppe sind in einer Galoisgruppe bewerteter Körper nur die ersten Glieder einer ganzen Serie von Untergruppen, die wir jetzt studieren wollen. Wir setzen dazu voraus, daß $L|K$ eine endliche galoissche Erweiterung ist und daß v_K eine diskrete normierte Bewertung von K mit positiver Restkörpercharakteristik p ist, die auf L eine *eindeutige* Fortsetzung w hat. Wir bezeichnen mit $v_L = ew$ die zugehörige normierte Bewertung von L.

(10.1) Definition. *Für jede reelle Zahl $s \geq -1$ definieren wir die* **s-te Verzweigungsgruppe** *von $L|K$ durch*

$$G_s = G_s(L|K) = \{\sigma \in G \mid v_L(\sigma a - a) \geq s + 1 \quad \text{für alle} \quad a \in \mathcal{O}\}.$$

Offenbar ist $G_{-1} = G$, G_0 die Trägheitsgruppe $I = I(L|K)$ und G_1 die Verzweigungsgruppe $R = R(L|K)$, die wir schon in (9.3) definiert haben. Wegen

$$v_L(\tau^{-1}\sigma\tau a - a) = v_L(\tau^{-1}(\sigma\tau a - \tau a)) = v_L(\sigma(\tau a) - \tau a)$$

und $\tau\mathcal{O} = \mathcal{O}$ bilden die Verzweigungsgruppen eine Kette

$$G = G_{-1} \supseteq G_0 \supseteq G_1 \supseteq G_2 \supseteq \ldots$$

von Normalteilern von G, über deren Faktoren der folgende Satz gilt.

(10.2) Satz. *Sei $\pi_L \in \mathcal{O}$ ein Primelement von L. Für jede ganze Zahl $s \geq 0$ ist dann die Abbildung*

$$G_s/G_{s+1} \to U_L^{(s)}/U_L^{(s+1)}, \quad \sigma \mapsto \frac{\sigma\pi_L}{\pi_L},$$

ein injektiver Homomorphismus, der nicht vom Primelement π_L abhängt. Dabei bedeutet $U_L^{(s)}$ die s-te Einseinheitengruppe von L, also $U_L^{(0)} = \mathcal{O}^*$ und $U_L^{(s)} = 1 + \pi_L^s\mathcal{O}$ für $s \geq 1$.

Wir überlassen den elementaren Beweis dem Leser. Man beachte, daß $U_L^{(0)}/U_L^{(1)} \cong \lambda^*$ und $U_L^{(s)}/U_L^{(s+1)} \cong \lambda$ für $s \geq 1$. Die Faktoren G_s/G_{s+1} sind daher abelsche Gruppen vom Exponenten p, wenn $s \geq 1$, und von zu p teilerfremder Ordnung, wenn $s = 0$. Insbesondere ergibt sich wieder, daß die Verzweigungsgruppe $R = G_1$ die einzige p-Sylowgruppe in der Trägheitsgruppe $I = G_0$ ist.

Wir studieren nun das Verhalten der höheren Verzweigungsgruppen beim Wechsel der Körper. Ändern wir nur den Grundkörper K, so ergibt sich in Verallgemeinerung zu (9.5) direkt aus der Definition der Verzweigungsgruppen der

(10.3) Satz. *Ist K' ein Zwischenkörper von $L|K$, so gilt für alle $s \geq -1$*

$$G_s(L|K') = G_s(L|K) \cap G(L|K').$$

Sehr viel komplizierter wird die Lage beim Übergang von $L|K$ zu einer galoisschen Teilerweiterung $L'|K$. Zwar gehen die Verzweigungsgruppen von $L|K$ bei der Abbildung $G(L|K) \to G(L'|K)$ in die Verzweigungsgruppen von $L'|K$ über, jedoch ändert sich die Numerierung. Für die genaue Beschreibung dieses Sachverhalts bedarf es einiger Vorbereitung. Wir setzen im folgenden voraus, daß die Restkörpererweiterung $\lambda|\kappa$ von $L|K$ **separabel** ist.

(10.4) Lemma. *Die Ringerweiterung $\mathcal{O}$ von o ist monogen, d.h. es gibt ein $x \in \mathcal{O}$ mit $\mathcal{O} = o[x]$.*

Beweis: Da die Restkörpererweiterung $\lambda|\kappa$ als separabel vorausgesetzt ist, besitzt sie ein primitives Element $\bar{x}$. Sei $f(X) \in o[X]$ eine Liftung des Minimalpolynoms $\bar{f}(X)$ von $\bar{x}$. Es gibt dann einen Repräsentanten $x \in \mathcal{O}$ von $\bar{x}$, derart daß $\pi = f(x)$ ein Primelement von $\mathcal{O}$ ist. Ist nämlich x ein beliebiger Repräsentant, so ist jedenfalls $v_L(f(x)) \geq 1$ wegen $\bar{f}(\bar{x}) = 0$. Leistet nun x nicht selbst das Gewünschte, d.h. ist $v_L(f(x)) \geq 2$, so tut es der Repräsentant $x + \pi_L$, denn mit der Taylorformel

$$f(x+\pi_L) = f(x) + f'(x)\pi_L + b\pi_L^2\,, \quad b \in \mathcal{O}\,,$$

erhalten wir $v_L(f(x+\pi_L)) = 1$, weil $f'(x) \in \mathcal{O}^*$ wegen $\bar{f}'(\bar{x}) \neq 0$. Wir haben nun im Beweis zu (6.8) gesehen, daß

$$x^j\pi^i = x^j f(x)^i\,, \quad j = 0,\ldots,f-1\,, \quad i = 0,\ldots,e-1\,,$$

eine Ganzheitsbasis von $\mathcal{O}$ über o ist, so daß in der Tat $\mathcal{O} = o[x]$ ist.□

Für jedes $\sigma \in G$ setzen wir nun

$$i_{L|K}(\sigma) = v_L(\sigma x - x)\,,$$

wobei $\mathcal{O} = \mathcal{o}[x]$. Diese Definition hängt nicht von der Wahl des Erzeugenden x ab, und wir können schreiben

$$G_s(L|K) = \{\sigma \in G \mid i_{L|K}(\sigma) \geq s+1\}.$$

Beim Übergang zu einer galoisschen Teilerweiterung $L'|K$ von $L|K$ gehorchen die Zahlen $i_{L|K}(\sigma)$ dem folgenden Gesetz.

(10.5) Satz. *Ist $e' = e_{L|L'}$ der Verzweigungsindex von $L|L'$, so ist*

$$i_{L'|K}(\sigma') = \frac{1}{e'} \sum_{\sigma|_{L'}=\sigma'} i_{L|K}(\sigma).$$

Beweis: Für $\sigma' = 1$ sind beide Seiten gleich unendlich. Sei $\sigma' \neq 1$, und sei $\mathcal{O} = \mathcal{o}[x]$ und $\mathcal{O}' = \mathcal{o}[y]$, $\mathcal{O}'$ der Bewertungsring von L'. Nach Definition ist dann

$$e' i_{L'|K}(\sigma') = v_L(\sigma' y - y), \quad i_{L|K}(\sigma) = v_L(\sigma x - x).$$

Wir wählen ein festes $\sigma \in G = G(L|K)$ mit $\sigma|_{L'} = \sigma'$. Die anderen Elemente von G mit dem Bild σ' in $G' = G(L'|K)$ sind dann durch $\sigma\tau$, $\tau \in H = G(L|L')$ gegeben. Es genügt daher zu zeigen, daß die Elemente

$$a = \sigma y - y \quad \text{und} \quad b = \prod_{\tau \in H} (\sigma\tau x - x)$$

dasselbe Ideal in $\mathcal{O}$ erzeugen.

Sei dazu $f(X) \in \mathcal{O}'[X]$ das Minimalpolynom von x über L'. Dann ist $f(X) = \prod_{\tau \in H}(X - \tau x)$. Wendet man σ auf die Koeffizienten von f an, so erhält man das Polynom $(\sigma f)(X) = \prod_{\tau \in H}(X - \sigma\tau x)$. Die Koeffizienten von $\sigma f - f$ sind sämtlich durch $a = \sigma y - y$ teilbar. Daher teilt a auch $(\sigma f)(x) - f(x) = \pm b$.

Zum Beweis, daß umgekehrt b ein Teiler von a ist, schreiben wir y als Polynom in x mit Koeffizienten in $\mathcal{o}$, $y = g(x)$. Da x Nullstelle des Polynoms $g(X) - y \in \mathcal{O}'[X]$ ist, haben wir

$$g(X) - y = f(X)h(X), \quad h(X) \in \mathcal{O}'[X].$$

Indem wir σ auf die Koeffizienten beider Seiten anwenden und dann $X = x$ einsetzen, erhalten wir $y - \sigma y = (\sigma f)(x)(\sigma h)(x) = \pm b(\sigma h)(x)$, d.h. b teilt a. □

Wir wollen jetzt zeigen, daß die Verzweigungsgruppe $G_s(L|K)$ unter der Projektion

$$G(L|K) \to G(L'|K)$$

auf die Verzweigungsgruppe $G_t(L'|K)$ abgebildet wird, wobei t durch die Funktion $\eta_{L|K} : [-1,\infty) \to [-1,\infty)$,

$$t = \eta_{L|K}(s) = \int_0^s \frac{dx}{(G_0 : G_x)}$$

gegeben ist. Dabei soll $(G_0 : G_x)$ das Inverse $(G_x : G_0)^{-1}$ bedeuten, wenn $-1 \le x \le 0$, also 1, wenn $-1 < x \le 0$. Explizit haben wir für $0 < m \le s \le m+1$, $m \in \mathbb{N}$,

$$\eta_{L|K}(s) = \frac{1}{g_0}(g_1 + g_2 + \cdots + g_m + (s-m)g_{m+1}), \quad g_i = \#G_i .$$

Die Funktion $\eta_{L|K}$ läßt sich durch die Zahlen $i_{L|K}(\sigma)$ wie folgt ausdrücken:

(10.6) Satz. $\eta_{L|K}(s) = \dfrac{1}{g_0} \sum_{\sigma \in G} \min\{i_{L|K}(\sigma), s+1\} - 1.$

Beweis: Sei $\theta(s)$ die Funktion auf der rechten Seite. Sie ist stetig und stückweise linear. Es ist $\theta(0) = \eta_{L|K}(0) = 0$, und wenn $m \ge -1$ ganz ist und $m < s < m+1$, so ist

$$\theta'(s) = \frac{1}{g_0}\#\{\sigma \in G \mid i_{L|K}(\sigma) \ge m+2\} = \frac{1}{(G_0 : G_{m+1})} = \eta'_{L|K}(s),$$

so daß $\theta = \eta_{L|K}$. □

(10.7) Theorem *(Herbrand): Sei $L'|K$ eine galoissche Teilerweiterung von $L|K$ und $H = G(L|L')$. Dann gilt*

$$G_s(L|K)H/H = G_t(L'|K) \quad \textit{mit} \quad t = \eta_{L|L'}(s).$$

Beweis: Sei $G = G(L|K)$, $G' = G(L'|K)$. Für jedes $\sigma' \in G'$ wählen wir ein Urbild $\sigma \in G$ von maximalem Wert $i_{L|K}(\sigma)$ und zeigen, daß

$$(*) \qquad i_{L'|K}(\sigma') - 1 = \eta_{L|L'}(i_{L|K}(\sigma) - 1).$$

Sei $m = i_{L|K}(\sigma)$. Wenn $\tau \in H$ in $H_{m-1} = G_{m-1}(L|L')$ liegt, so ist $i_{L|K}(\tau) \ge m$, also $i_{L|K}(\sigma\tau) \ge m$, d.h. $i_{L|K}(\sigma\tau) = m$. Wenn $\tau \notin H_{m-1}$, so ist $i_{L|K}(\tau) < m$ und $i_{L|K}(\sigma\tau) = i_{L|K}(\tau)$. In beiden Fällen haben wir daher $i_{L|K}(\sigma\tau) = \min\{i_{L|K}(\tau), m\}$. Wenden wir (10.5) an, so ergibt sich

$$i_{L'|K}(\sigma') = \frac{1}{e'} \sum_{\tau \in H} \min\{i_{L|K}(\tau), m\}.$$

Da $i_{L|K}(\tau) = i_{L|L'}(\tau)$ und $e' = e_{L|L'} = \#H_0$, liefert (10.6) die Formel (*). Durch diese nun ergibt sich

$$\begin{aligned}\sigma' \in G_s H/H &\iff i_{L|K}(\sigma) - 1 \geq s \iff \eta_{L|L'}(i_{L|K}(\sigma) - 1) \geq \eta_{L|L'}(s) \\ &\iff i_{L'|K}(\sigma') - 1 \geq \eta_{L|L'}(s) \\ &\iff \sigma' \in G_t(L'|K)\,, \qquad t = \eta_{L|L'}(s)\,. \qquad \square\end{aligned}$$

Die Funktion $\eta_{L|K}$ ist nach Definition streng monoton wachsend. Sei $\psi_{L|K} : [-1,\infty) \to [-1,\infty)$ die inverse Funktion. Man definiert die **obere Numerierung** der Verzweigungsgruppen durch

$$G^t(L|K) := G_s(L|K) \quad \text{mit} \quad s = \psi_{L|K}(t)\,.$$

Die Funktionen $\eta_{L|K}$ und $\psi_{L|K}$ genügen der folgenden Transitivitätsbedingung:

(10.8) Satz. *Ist $L'|K$ eine galoissche Teilerweiterung von $L|K$, so gilt*

$$\eta_{L|K} = \eta_{L'|K} \circ \eta_{L|L'} \quad \text{und} \quad \psi_{L|K} = \psi_{L|L'} \circ \psi_{L'|K}\,.$$

Beweis: Für die Verzweigungsindizes der Erweiterungen $L|K$, $L'|K$, $L|L'$ gilt $e_{L|K} = e_{L'|K} e_{L|L'}$. Durch (10.7) erhalten wir $G_s/H_s = (G/H)_t$, $t = \eta_{L|L'}(s)$, also

$$\frac{1}{e_{L|K}} \#G_s = \frac{1}{e_{L'|K}} \#(G/H)_t \frac{1}{e_{L|L'}} \#H_s\,.$$

Diese Gleichung ist äquivalent mit

$$\eta'_{L|K}(s) = \eta'_{L'|K}(t)\eta'_{L|L'}(s) = (\eta_{L'|K} \circ \eta_{L|L'})'(s)\,.$$

Wegen $\eta_{L|K}(0) = (\eta_{L'|K} \circ \eta_{L|L'})(0)$ folgt $\eta_{L|K} = \eta_{L'|K} \circ \eta_{L|L'}$ und hieraus die Formel für ψ. $\square$

Der Vorteil der oberen Numerierung der Verzweigungsgruppen besteht darin, daß sie sich nicht ändert, wenn wir von $L|K$ zu einer galoisschen Teilerweiterung übergehen.

(10.9) Satz. *Sei $L'|K$ eine galoissche Teilerweiterung von $L|K$ und $H = G(L|L')$. Dann gilt*

$$G^t(L|K)H/H = G^t(L'|K)\,.$$

Beweis: Wir setzen $s = \psi_{L'|K}(t)$, $G' = G(L'|K)$, wenden (10.7) und (10.8) an und erhalten

$$\begin{aligned} G^t H/H &= G_{\psi_{L|K}(t)} H/H = G'_{\eta_{L|L'}(\psi_{L|K}(t))} = G'_{\eta_{L|L'}(\psi_{L|L'}(s))} \\ &= G'_s = G'^t . \end{aligned}$$

□

Aufgabe 1. Sei $K = \mathbb{Q}_p$ und $K_n = K(\zeta)$, wobei ζ eine primitive p^n-te Einheitswurzel ist. Zeige, daß die Verzweigungsgruppen von $K_n|K$ wie folgt gegeben sind:

$$\begin{aligned} G_s &= G(K_n|K) && \text{für} \quad s = 0, \\ G_s &= G(K_n|K_1) && \text{für} \quad 1 \le s \le p-1, \\ G_s &= G(K_n|K_2) && \text{für} \quad p \le s \le p^2 - 1, \\ &\dots \\ G_s &= 1 && \text{für} \quad p^{n-1} \le s. \end{aligned}$$

Aufgabe 2. Sei K' ein Zwischenkörper von $L|K$. Beschreibe die Beziehung zwischen den Verzweigungsgruppen von $L|K$ und $L|K'$ in der oberen Numerierung.

Kapitel III
Riemann-Roch-Theorie

§ 1. Primstellen

Nach der Ausbreitung der Theorie allgemeiner bewerteter Körper kehren wir jetzt zu den algebraischen Zahlkörpern zurück und wollen ihre Grundzüge vom bewertungstheoretischen Standpunkt entwickeln. Dieser Standpunkt zeigt gegenüber der im ersten Kapitel dargelegten idealtheoretischen Abhandlung zwei hervorstechende Vorteile. Der eine ergibt sich durch die Möglichkeit, zu den Komplettierungen überzugehen und damit das wichtige „Lokal-Global-Prinzip" zur Wirkung zu bringen. Dies werden wir in Kapitel VI ausführen. Der andere Vorteil besteht darin, daß durch die archimedischen Bewertungen die bisher fehlenden unendlich fernen Punkte als „unendliche Primstellen" ins Blickfeld geholt werden und damit eine vollständige Analogie zu den Funktionenkörpern geschaffen wird. Dieser Aufgabe wenden wir uns jetzt zu.

(1.1) Definition. *Eine* **Primstelle** $\mathfrak{p}$ *eines algebraischen Zahlkörpers K ist eine Klasse äquivalenter Bewertungen von K. Die nicht-archimedischen Äquivalenzklassen heißen* **endliche** *Primstellen und die archimedischen* **unendliche** *Primstellen.*

Die unendlichen Primstellen $\mathfrak{p}$ erhält man nach Kap. II, (8.1) durch die Einbettungen $\tau : K \to \mathbb{C}$. Sie zerfallen in zwei Klassen, nämlich in die Klasse der **reellen Primstellen**, die durch die Einbettungen $\tau : K \to \mathbb{R}$ gegeben sind, und die Klasse der **komplexen Primstellen**, die durch die Paare konjugiert-komplexer, nicht-reeller Einbettungen $K \to \mathbb{C}$ induziert werden. $\mathfrak{p}$ ist reell oder komplex, je nachdem die Komplettierung $K_\mathfrak{p}$ isomorph zu $\mathbb{R}$ oder zu $\mathbb{C}$ ist. Die unendlichen Primstellen werden durch die Schreibweise $\mathfrak{p} \mid \infty$ ausgezeichnet, die endlichen dagegen durch $\mathfrak{p} \nmid \infty$.

Bei einer endlichen Primstelle hat der Buchstabe $\mathfrak{p}$ eine mehrfache Bedeutung, indem er auch für das Primideal des Ringes $\mathcal{O}$ der ganzen Zahlen von K und für das maximale Ideal des zugehörigen Bewertungsringes steht, ja sogar für das maximale Ideal der Komplettierung. Eine Konfusion wird sich aber an keiner Stelle ergeben können. Wir schreiben $\mathfrak{p} \mid p$, wenn p die Charakteristik des Restklassenkörpers $\kappa(\mathfrak{p})$ der endlichen Primstelle $\mathfrak{p}$ ist. Für eine unendliche Primstelle treffen wir die Verabredung, daß die Komplettierung $K_\mathfrak{p}$ als ihr eigener „Restklassenkörper" figuriert, d.h. wir setzen

$$\kappa(\mathfrak{p}) := K_\mathfrak{p}\,, \quad \text{falls } \mathfrak{p}|\infty\,.$$

Jeder Primstelle $\mathfrak{p}$ von K ordnen wir jetzt einen kanonischen Homomorphismus

$$v_\mathfrak{p} : K^* \to \mathbb{R}$$

der multiplikativen Gruppe K^* von K zu. Ist $\mathfrak{p}$ endlich, so ist $v_\mathfrak{p}$ die durch $v_\mathfrak{p}(K^*) = \mathbb{Z}$ normierte $\mathfrak{p}$-adische Exponentialbewertung von K. Ist $\mathfrak{p}$ unendlich, so ist $v_\mathfrak{p}$ durch

$$v_\mathfrak{p}(a) = -\log|\tau a|$$

gegeben, wobei $\tau : K \to \mathbb{C}$ eine $\mathfrak{p}$ definierende Einbettung ist.

Für eine beliebige Primstelle $\mathfrak{p} \mid p$ (p Primzahl oder $p = \infty$) setzen wir ferner

$$f_\mathfrak{p} = [\,\kappa(\mathfrak{p}) : \kappa(p)\,]\,,$$

also $f_\mathfrak{p} = [\,K_\mathfrak{p} : \mathbb{R}]$, falls $\mathfrak{p}|\infty$, und

$$\mathfrak{N}(\mathfrak{p}) = \begin{cases} p^{f_\mathfrak{p}}\,, & \text{wenn } \mathfrak{p} \nmid \infty\,, \\ e^{f_\mathfrak{p}}\,, & \text{wenn } \mathfrak{p} \mid \infty\,. \end{cases}$$

Diese Festlegung suggeriert, daß wir e als **unendliche Primzahl** ansehen und die Erweiterung $\mathbb{C}|\mathbb{R}$ als *unverzweigt* vom Trägheitsgrad 2. Wir definieren die Betragsbewertung $|\ \ |_\mathfrak{p} : K \to \mathbb{R}$ durch

$$|a|_\mathfrak{p} = \mathfrak{N}(\mathfrak{p})^{-v_\mathfrak{p}(a)}$$

für $a \neq 0$ und $|0|_\mathfrak{p} = 0$. Ist $\mathfrak{p}$ die zur Einbettung $\tau : K \to \mathbb{C}$ gehörige unendliche Primstelle, so gilt

$$|a|_\mathfrak{p} = |\tau a| \quad \text{bzw.} \quad |a|_\mathfrak{p} = |\tau a|^2\,,$$

je nachdem $\mathfrak{p}$ reell oder komplex ist.

Wenn $L|K$ eine endliche Erweiterung von K ist, so bezeichnen wir die Primstellen von L mit $\mathfrak{P}$ und schreiben $\mathfrak{P}|\mathfrak{p}$, wenn die Bewertungen von $\mathfrak{P}$ durch Einschränkung auf K die Bewertungen von $\mathfrak{p}$ liefern. Im Fall einer unendlichen Primstelle $\mathfrak{P}$ definieren wir den **Trägheitsgrad** bzw. den **Verzweigungsindex** durch

$$f_{\mathfrak{P}|\mathfrak{p}} = [\,L_\mathfrak{P} : K_\mathfrak{p}\,] \quad \text{bzw.} \quad e_{\mathfrak{P}|\mathfrak{p}} = 1\,.$$

Für beliebige Primstellen $\mathfrak{P}|\mathfrak{p}$ gilt dann der

(1.2) Satz. *(i)* $\sum_{\mathfrak{P}|\mathfrak{p}} e_{\mathfrak{P}|\mathfrak{p}} f_{\mathfrak{P}|\mathfrak{p}} = \sum_{\mathfrak{P}|\mathfrak{p}} [L_{\mathfrak{P}} : K_{\mathfrak{p}}] = [L : K]$,

(ii) $\mathfrak{N}(\mathfrak{P}) = \mathfrak{N}(\mathfrak{p})^{f_{\mathfrak{P}|\mathfrak{p}}}$,

(iii) $v_{\mathfrak{P}}(a) = e_{\mathfrak{P}|\mathfrak{p}} v_{\mathfrak{p}}(a)$ *für* $a \in K^*$,

(iv) $v_{\mathfrak{p}}(N_{L_{\mathfrak{P}}|K_{\mathfrak{p}}}(a)) = f_{\mathfrak{P}|\mathfrak{p}} v_{\mathfrak{P}}(a)$ *für* $a \in L^*$,

(v) $|a|_{\mathfrak{P}} = |N_{L_{\mathfrak{P}}|K_{\mathfrak{p}}}(a)|_{\mathfrak{p}}$ *für* $a \in L$.

Die normierten Bewertungen $| \;\; |_{\mathfrak{p}}$ genügen der folgenden **Geschlossenheitsrelation**, durch die sich die Wichtigkeit der Aufnahme der unendlichen Primstellen zeigt.

(1.3) Satz. *Für jedes* $a \in K^*$ *gilt* $|a|_{\mathfrak{p}} = 1$ *für fast alle* $\mathfrak{p}$ *und*

$$\prod_{\mathfrak{p}} |a|_{\mathfrak{p}} = 1 .$$

Beweis: Es ist $v_{\mathfrak{p}}(a) = 0$ und damit $|a|_{\mathfrak{p}} = 1$ für alle $\mathfrak{p} \nmid \infty$, die nicht in der Primzerlegung des Hauptideals (a) auftreten (vgl. Kap. I, § 11, S. 73), also für fast alle $\mathfrak{p}$. Mit (1.2) und der Formel (8.4) in Kap. II,

$$N_{K|\mathbb{Q}}(a) = \prod_{\mathfrak{p}|p} N_{K_{\mathfrak{p}}|\mathbb{Q}_p}(a) ,$$

(der Fall $p = \infty$, $\mathbb{Q}_p = \mathbb{R}$ ist eingeschlossen) erhalten wir die Geschlossenheitsrelation für K aus der schon in Kap. II, (2.1) bewiesenen für $\mathbb{Q}$:

$$\prod_{\mathfrak{p}} |a|_{\mathfrak{p}} = \prod_{p} \prod_{\mathfrak{p}|p} |a|_{\mathfrak{p}} = \prod_{p} \prod_{\mathfrak{p}|p} |N_{K_{\mathfrak{p}}|\mathbb{Q}_p}(a)|_p = \prod_{p} |N_{K|\mathbb{Q}}(a)|_p = 1 . \qquad \square$$

Wir bezeichnen mit $J(\mathcal{O})$ die Gruppe der gebrochenen Ideale von K, mit $P(\mathcal{O})$ die Untergruppe der gebrochenen Hauptideale und mit

$$Pic(\mathcal{O}) = J(\mathcal{O})/P(\mathcal{O})$$

die Idealklassengruppe Cl_K von K.

Wir erweitern den Begriff des gebrochenen Ideals von K, indem wir die unendlichen Primstellen einbeziehen.

(1.4) Definition. *Unter einem* **vollständigen Ideal** *von* K *verstehen wir ein Element der Gruppe*

$$J(\bar{\mathcal{O}}) := J(\mathcal{O}) \times \prod_{\mathfrak{p}|\infty} \mathbb{R}_+^* ,$$

wobei $\mathbb{R}_+^*$ *die multiplikative Gruppe der positiven reellen Zahlen bedeutet.*

Um einer einheitlichen Bezeichnung willen setzen wir für jede unendliche Primstelle $\mathfrak{p}$ und jede reelle Zahl $\nu \in \mathbb{R}$

$$\mathfrak{p}^\nu := e^\nu \in \mathbb{R}_+^* .$$

Für ein System $\nu_\mathfrak{p}$, $\mathfrak{p}|\infty$, reeller Zahlen soll $\prod_{\mathfrak{p}|\infty} \mathfrak{p}^{\nu_\mathfrak{p}}$ stets den Vektor

$$\prod_{\mathfrak{p}|\infty} \mathfrak{p}^{\nu_\mathfrak{p}} = (\dots, e^{\nu_\mathfrak{p}}, \dots) \in \prod_{\mathfrak{p}|\infty} \mathbb{R}_+^*$$

bedeuten, also *nicht* das Produkt der Zahlen $e^{\nu_\mathfrak{p}}$ in $\mathbb{R}$. Für jedes vollständige Ideal $\mathfrak{a} \in J(\bar{\mathcal{O}})$ haben wir dann die eindeutige Produktdarstellung

$$\mathfrak{a} = \prod_{\mathfrak{p}\nmid\infty} \mathfrak{p}^{\nu_\mathfrak{p}} \times \prod_{\mathfrak{p}|\infty} \mathfrak{p}^{\nu_\mathfrak{p}} =: \prod_{\mathfrak{p}} \mathfrak{p}^{\nu_\mathfrak{p}}$$

mit $\nu_\mathfrak{p} \in \mathbb{Z}$ für $\mathfrak{p} \nmid \infty$ und $\nu_\mathfrak{p} \in \mathbb{R}$ für $\mathfrak{p}|\infty$. Wir setzen

$$\mathfrak{a}_f = \prod_{\mathfrak{p}\nmid\infty} \mathfrak{p}^{\nu_\mathfrak{p}} \quad \text{und} \quad \mathfrak{a}_\infty = \prod_{\mathfrak{p}|\infty} \mathfrak{p}^{\nu_\mathfrak{p}} ,$$

so daß $\mathfrak{a} = \mathfrak{a}_f \times \mathfrak{a}_\infty$. $\mathfrak{a}_f$ ist ein gebrochenes Ideal von K und $\mathfrak{a}_\infty$ ein Element in $\prod_{\mathfrak{p}|\infty} \mathbb{R}_+^*$. Wir sehen aber $\mathfrak{a}_f$ bzw. $\mathfrak{a}_\infty$ gleichzeitig als das vollständige Ideal

$$\mathfrak{a}_f \times \prod_{\mathfrak{p}|\infty} 1 \quad \text{bzw.} \quad (1) \times \mathfrak{a}_\infty$$

an, so daß wir in $J(\bar{\mathcal{O}})$ stets die Zerlegung

$$\mathfrak{a} = \mathfrak{a}_f \cdot \mathfrak{a}_\infty$$

haben. Den Elementen $a \in K^*$ ordnen wir die **vollständigen Hauptideale**

$$[a] = \prod_{\mathfrak{p}} \mathfrak{p}^{v_\mathfrak{p}(a)} = (a) \times \prod_{\mathfrak{p}|\infty} \mathfrak{p}^{v_\mathfrak{p}(a)}$$

zu. Sie bilden eine Untergruppe $P(\bar{\mathcal{O}})$ von $J(\bar{\mathcal{O}})$. Die Faktorgruppe

$$Pic(\bar{\mathcal{O}}) = J(\bar{\mathcal{O}})/P(\bar{\mathcal{O}})$$

heißt die **vollständige Idealklassengruppe** oder auch die **vollständige Picardgruppe.**

(1.5) Definition. *Unter der* **Absolutnorm** *eines vollständigen Ideals* $\mathfrak{a} = \prod_\mathfrak{p} \mathfrak{p}^{\nu_\mathfrak{p}}$ *verstehen wir die positive reelle Zahl*

$$\mathfrak{N}(\mathfrak{a}) = \prod_{\mathfrak{p}} \mathfrak{N}(\mathfrak{p})^{\nu_\mathfrak{p}} .$$

Die Absolutnorm ist multiplikativ und liefert einen surjektiven Homomorphismus

$$\mathfrak{N} : J(\bar{o}) \to \mathbb{R}_+^* .$$

Die Absolutnorm eines vollständigen Hauptideals $[a]$ ist gleich 1 wegen der Geschlossenheitsrelation (1.3),

$$\mathfrak{N}([a]) = \prod_{\mathfrak{p}} \mathfrak{N}(\mathfrak{p})^{v_{\mathfrak{p}}(a)} = \prod_{\mathfrak{p}} |a|_{\mathfrak{p}}^{-1} = 1 .$$

Wir erhalten daher einen surjektiven Homomorphismus

$$\mathfrak{N} : Pic(\bar{o}) \to \mathbb{R}_+^*$$

der vollständigen Picardgruppe.

Die Beziehungen zwischen den vollständigen Idealen eines Zahlkörpers K und eines Erweiterungskörpers L werden durch die beiden Homomorphismen

$$J(\bar{o}_K) \underset{N_{L|K}}{\overset{i_{L|K}}{\rightleftarrows}} J(\bar{o}_L)$$

hergestellt, die durch

$$\begin{aligned} i_{L|K}(\prod_{\mathfrak{p}} \mathfrak{p}^{\nu_{\mathfrak{p}}}) &= \prod_{\mathfrak{p}} \prod_{\mathfrak{P}|\mathfrak{p}} \mathfrak{P}^{e_{\mathfrak{P}|\mathfrak{p}} \nu_{\mathfrak{p}}} , \\ N_{L|K}(\prod_{\mathfrak{P}} \mathfrak{P}^{\nu_{\mathfrak{P}}}) &= \prod_{\mathfrak{p}} \prod_{\mathfrak{P}|\mathfrak{p}} \mathfrak{p}^{f_{\mathfrak{P}|\mathfrak{p}} \nu_{\mathfrak{P}}} \end{aligned}$$

definiert werden, wobei die verschiedenen Produktzeichen unserer Verabredung gemäß zu lesen sind. Über sie haben wir den

(1.6) Satz:

(i) *Für eine Körperkette $K \subseteq L \subseteq M$ gilt $N_{M|K} = N_{L|K} \circ N_{M|L}$ und $i_{M|K} = i_{M|L} \circ i_{L|K}$.*

(ii) $N_{L|K}(i_{L|K}\mathfrak{a}) = \mathfrak{a}^{[L:K]}$ *für* $\mathfrak{a} \in J(\bar{o}_K)$.

(iii) $\mathfrak{N}(N_{L|K}(\mathfrak{A})) = \mathfrak{N}(\mathfrak{A})$ *für* $\mathfrak{A} \in J(\bar{o}_L)$.

(iv) *Ist $L|K$ galoissch mit der Galoisgruppe G, so gilt für jedes Primideal $\mathfrak{P}$ von o_L: $N_{L|K}(\mathfrak{P})o_L = \prod_{\sigma \in G} \sigma\mathfrak{P}$.*

(v) *Für ein vollständiges Hauptideal $[a]$ von K bzw. L gilt*

$$i_{L|K}([a]) = [a] \quad \text{bzw.} \quad N_{L|K}([a]) = [N_{L|K}(a)] .$$

(vi) *$N_{L|K}(\mathfrak{A}_{\mathfrak{f}}) = N_{L|K}(\mathfrak{A})_{\mathfrak{f}}$ ist das durch die Normen $N_{L|K}(a)$ aller $a \in \mathfrak{A}_{\mathfrak{f}}$ erzeugte Ideal von K.*

Beweis: (i) beruht auf der Transitivität von Trägheitsgrad und Verzweigungsindex. (ii) folgt mit (1.2) aus der fundamentalen Gleichung $\sum_{\mathfrak{P}|\mathfrak{p}} f_{\mathfrak{P}|\mathfrak{p}} e_{\mathfrak{P}|\mathfrak{p}} = [L:K]$. (iii) gilt nach (1.2) für jedes vollständige „Primideal" $\mathfrak{P}$ von L,

$$\mathfrak{N}(N_{L|K}(\mathfrak{P})) = \mathfrak{N}(\mathfrak{p}^{f_{\mathfrak{P}|\mathfrak{p}}}) = \mathfrak{N}(\mathfrak{p})^{f_{\mathfrak{P}|\mathfrak{p}}} = \mathfrak{N}(\mathfrak{P}),$$

und damit für alle vollständigen Ideale von L.

(iv) Das unter $\mathfrak{P}$ liegende Primideal $\mathfrak{p}$ zerfällt im Ring $\mathcal{O}$ der ganzen Zahlen von L in der Form $\mathfrak{p} = (\mathfrak{P}_1 \dots \mathfrak{P}_r)^e$ mit zu $\mathfrak{P}$ konjugierten Primidealen $\mathfrak{P}_i = \sigma_i \mathfrak{P}$, $\sigma_i \in G/G_{\mathfrak{P}}$, von gleichem Trägheitsgrad f, so daß

$$N_{L|K}(\mathfrak{P})\mathcal{O} = \mathfrak{p}^f \mathcal{O} = \prod_{i=1}^{r} \mathfrak{P}_i^{ef} = \prod_{i=1}^{r} \prod_{\tau \in G_{\mathfrak{P}}} \sigma_i \tau \mathfrak{P} = \prod_{\sigma \in G} \sigma \mathfrak{P}.$$

(v) Für ein Element $a \in K^*$ gilt nach (1.2) $v_{\mathfrak{P}}(a) = e_{\mathfrak{P}|\mathfrak{p}} v_{\mathfrak{p}}(a)$, also

$$i_{L|K}([a]) = i_{L|K}(\prod_{\mathfrak{p}} \mathfrak{p}^{v_{\mathfrak{p}}(a)}) = \prod_{\mathfrak{p}} \prod_{\mathfrak{P}|\mathfrak{p}} \mathfrak{P}^{e_{\mathfrak{P}|\mathfrak{p}} v_{\mathfrak{p}}(a)} = \prod_{\mathfrak{P}} \mathfrak{P}^{v_{\mathfrak{P}}(a)} = [a].$$

Ist andererseits $a \in L^*$, so ist nach (1.2) und Kap. II, (8.4) $v_{\mathfrak{p}}(N_{L|K}(a)) = \sum_{\mathfrak{P}|\mathfrak{p}} f_{\mathfrak{P}|\mathfrak{p}} v_{\mathfrak{P}}(a)$, also

$$N_{L|K}([a]) = N_{L|K}(\prod_{\mathfrak{P}} \mathfrak{P}^{v_{\mathfrak{P}}(a)}) = \prod_{\mathfrak{p}} \mathfrak{p}^{v_{\mathfrak{p}}(N_{L|K}(a))} = [N_{L|K}(a)].$$

(vi) Sei $\mathfrak{a}_{\mathfrak{f}}$ das durch alle $N_{L|K}(a)$, $a \in \mathfrak{A}_{\mathfrak{f}}$, erzeugte Ideal von K. Ist $\mathfrak{A}_{\mathfrak{f}}$ ein Hauptideal (a), so folgt $\mathfrak{a}_{\mathfrak{f}} = (N_{L|K}(a)) = N_{L|K}(\mathfrak{A}_{\mathfrak{f}})$ aus (v). Das Argument für (v) trifft aber gleichermaßen auch für die Lokalisierungen $\mathcal{O}_{\mathfrak{p}}|\mathcal{o}_{\mathfrak{p}}$ der Erweiterung $\mathcal{O}|\mathcal{o}$ der Maximalordnungen von $L|K$ zu. $\mathcal{O}_{\mathfrak{p}}$ hat nur endlich viele Primideale und ist daher ein Hauptidealring (vgl. Kap. I, § 3, Aufgabe 4). Wir erhalten somit

$$(\mathfrak{a}_{\mathfrak{f}})_{\mathfrak{p}} = N_{L|K}((\mathfrak{A}_{\mathfrak{f}})_{\mathfrak{p}}) = N_{L|K}(\mathfrak{A}_{\mathfrak{f}})_{\mathfrak{p}}$$

für alle Primideale $\mathfrak{p}$ von $\mathcal{o}$, und es folgt $\mathfrak{a}_{\mathfrak{f}} = N_{L|K}(\mathfrak{A}_{\mathfrak{f}})$. □

Da die Homomorphismen $i_{L|K}$ und $N_{L|K}$ vollständige Hauptideale in vollständige Hauptideale überführen, so induzieren sie Homomorphismen der vollständigen Picardgruppen von K und L, und es ergibt sich der

(1.7) Satz. *Für jede endliche Erweiterung $L|K$ haben wir die beiden kommutativen Diagramme*

$$\begin{array}{ccc} Pic(\bar{o}_L) & \xrightarrow{\mathfrak{N}} & \mathbb{R}_+^* \\ {\scriptstyle i_{L|K}}\uparrow\downarrow{\scriptstyle N_{L|K}} & & {\scriptstyle [L:K]}\uparrow\downarrow{\scriptstyle id} \\ Pic(\bar{o}_K) & \xrightarrow{\mathfrak{N}} & \mathbb{R}_+^* . \end{array}$$

Wir übersetzen nun die eingeführten Begriffe in die funktionentheoretische Sprache der Divisoren. In Kap. I, § 12 haben wir die Divisorengruppe $Div(o)$ als die Gesamtheit aller formalen Summen

$$D = \sum_{\mathfrak{p}\nmid\infty} \nu_{\mathfrak{p}}\mathfrak{p} ,$$

$\nu_{\mathfrak{p}} \in \mathbb{Z}$, $\nu_{\mathfrak{p}} = 0$ für fast alle $\mathfrak{p}$, eingeführt. In dieser befindet sich die Gruppe $\mathcal{P}(o)$ der Hauptdivisoren $\operatorname{div}(f) = \sum_{\mathfrak{p}\nmid\infty} v_{\mathfrak{p}}(f)\mathfrak{p}$, durch die wir die Divisorenklassengruppe

$$CH^1(o) = Div(o)/\mathcal{P}(o)$$

erhalten haben. Aufgrund des Hauptsatzes der Idealtheorie, Kap. I, (3.9), ist sie isomorph zur endlichen Idealklassengruppe Cl_K (vgl. Kap. I, (12.14)). Wir erweitern diese Begriffsbildungen wie folgt.

(1.8) Definition. *Ein* **vollständiger Divisor** *von K (oder* **Arakelov-Divisor**) *ist eine formale Summe*

$$D = \sum_{\mathfrak{p}} \nu_{\mathfrak{p}}\mathfrak{p} ,$$

wobei $\nu_{\mathfrak{p}} \in \mathbb{Z}$ *für* $\mathfrak{p} \nmid \infty$, $\nu_{\mathfrak{p}} \in \mathbb{R}$ *für* $\mathfrak{p}|\infty$ *und* $\nu_{\mathfrak{p}} = 0$ *für fast alle* $\mathfrak{p}$.

Die vollständigen Divisoren bilden eine Gruppe, die mit $Div(\bar{o})$ bezeichnet wird. Für sie haben wir eine Zerlegung

$$Div(\bar{o}) \cong Div(o) \times \bigoplus_{\mathfrak{p}|\infty} \mathbb{R}\mathfrak{p} .$$

Auf der rechten Seite ist der rechte Faktor mit der kanonischen Topologie versehen und der linke mit der diskreten. Auf dem Produkt haben wir die Produkttopologie, durch die $Div(\bar{o})$ zu einer lokal-kompakten topologischen Gruppe wird.

Wir betrachten jetzt den kanonischen Homomorphismus

$$\operatorname{div} : K^* \to Div(\bar{o}), \quad \operatorname{div}(f) = \sum_{\mathfrak{p}} v_{\mathfrak{p}}(f)\mathfrak{p} .$$

Die Elemente $\operatorname{div}(f)$ heißen die **vollständigen Hauptdivisoren**.

Bemerkung: Das Kompositum der Abbildung $\operatorname{div} : K^* \to Div(\bar{\mathcal{O}})$ mit der Abbildung

$$Div(\bar{\mathcal{O}}) \to \prod_{\mathfrak{p}|\infty} \mathbb{R}, \quad \sum_{\mathfrak{p}} \nu_{\mathfrak{p}} \mathfrak{p} \mapsto (\nu_{\mathfrak{p}} f_{\mathfrak{p}})_{\mathfrak{p}|\infty},$$

ist bis aufs Vorzeichen die Logarithmen-Abbildung

$$\lambda : K^* \to \prod_{\mathfrak{p}|\infty} \mathbb{R}, \quad \lambda(f) = (\ldots, \log |f|_{\mathfrak{p}}, \ldots),$$

der Minkowski-Theorie (vgl. Kap. I, § 7, S. 41 und Kap. III, § 3, S. 223). Sie bildet nach Kap. I, (7.3) die Einheitengruppe $\mathcal{O}^*$ auf ein vollständiges Gitter $\Gamma = \lambda(\mathcal{O}^*)$ des Spur-Null-Raumes $H = \{(x_{\mathfrak{p}}) \in \prod_{\mathfrak{p}|\infty} \mathbb{R} \mid \sum_{\mathfrak{p}|\infty} x_{\mathfrak{p}} = 0\}$ ab.

(1.9) Satz. *Der Kern von* $\operatorname{div} : K^* \to Div(\bar{\mathcal{O}})$ *ist die Gruppe* $\mu(K)$ *der Einheitswurzeln in* K, *und das Bild* $\mathcal{P}(\bar{\mathcal{O}})$ *ist eine diskrete Untergruppe von* $Div(\bar{\mathcal{O}})$.

Beweis: Das Kompositum von div mit der Abbildung $Div(\bar{\mathcal{O}}) \to \prod_{\mathfrak{p}|\infty} \mathbb{R}$, $\sum_{\mathfrak{p}} \nu_{\mathfrak{p}} \mathfrak{p} \mapsto (\nu_{\mathfrak{p}} f_{\mathfrak{p}})_{\mathfrak{p}|\infty}$, liefert nach der obigen Bemerkung bis aufs Vorzeichen den Homomorphismus $\lambda : K^* \to \prod_{\mathfrak{p}|\infty} \mathbb{R}$, für den wir nach Kap. I, (7.1) die exakte Sequenz

$$1 \to \mu(K) \to \mathcal{O}^* \xrightarrow{\lambda} \Gamma \to 0$$

haben, wobei Γ ein vollständiges Gitter im Spur-Null-Raum $H \subseteq \prod_{\mathfrak{p}|\infty} \mathbb{R}$ ist. Daher ist $\mu(K)$ der Kern von div. Weil Γ ein Gitter ist, gibt es eine Umgebung U von 0 in $\prod_{\mathfrak{p}|\infty} \mathbb{R}$, in der außer 0 kein weiteres Element von Γ liegt. Betrachten wir den Isomorphismus $\alpha : \prod_{\mathfrak{p}|\infty} \mathbb{R} \to \bigoplus_{\mathfrak{p}|\infty} \mathbb{R}\mathfrak{p}$, $(\nu_{\mathfrak{p}})_{\mathfrak{p}|\infty} \mapsto \sum_{\mathfrak{p}|\infty} \frac{\nu_{\mathfrak{p}}}{f_{\mathfrak{p}}} \mathfrak{p}$, so wird $\{0\} \times \alpha U \subset Div(\mathcal{O}) \times \bigoplus_{\mathfrak{p}|\infty} \mathbb{R}\mathfrak{p} = Div(\bar{\mathcal{O}})$ eine Umgebung der 0 in $Div(\bar{\mathcal{O}})$, die außer 0 keinen weiteren vollständigen Hauptdivisor enthält. Dies zeigt, daß $\mathcal{P}(\bar{\mathcal{O}}) = \operatorname{div}(K^*)$ diskret in $Div(\bar{\mathcal{O}})$ ist. □

(1.10) Definition. *Die Faktorgruppe*

$$CH^1(\bar{\mathcal{O}}) = Div(\bar{\mathcal{O}})/\mathcal{P}(\bar{\mathcal{O}})$$

heißt die **vollständige Divisorenklassengruppe** *(oder* **Arakelov-Klassengruppe***) von* K.

Da $\mathcal{P}(\bar{o})$ diskret in $Div(\bar{o})$ liegt, insbesondere also abgeschlossen, so ist $CH^1(\bar{o})$ mit der Quotiententopologie eine lokal-kompakte, hausdorffsche topologische Gruppe. Sie ist das korrekte Analogon zur Divisorenklassengruppe eines Funktionenkörpers (vgl. Kap. I, § 14). Für jene hat man eine Gradabbildung auf die Gruppe $\mathbb{Z}$, für diese eine **Gradabbildung** auf die Gruppe $\mathbb{R}$. Letztere wird induziert durch den stetigen Homomorphismus

$$\deg : Div(\bar{o}) \to \mathbb{R}\,,$$

der einem vollständigen Divisor $D = \sum_{\mathfrak{p}} \nu_{\mathfrak{p}}\mathfrak{p}$ die reelle Zahl

$$\deg(D) = \sum_{\mathfrak{p}} \nu_{\mathfrak{p}} \log \mathfrak{N}(\mathfrak{p}) = \log(\prod_{\mathfrak{p}} \mathfrak{N}(\mathfrak{p})^{\nu_{\mathfrak{p}}})$$

zuordnet. Wegen der Geschlossenheitsrelation (1.3) haben wir für einen vollständigen Hauptdivisor $\operatorname{div}(f) \in \mathcal{P}(\bar{o})$

$$\deg(\operatorname{div}(f)) = \sum_{\mathfrak{p}} \log \mathfrak{N}(\mathfrak{p})^{v_{\mathfrak{p}}(f)} = \log(\prod_{\mathfrak{p}} |f|_{\mathfrak{p}}^{-1}) = 0\,.$$

Daher ergibt sich ein wohldefinierter stetiger Homomorphismus

$$\deg : CH^1(\bar{o}) \to \mathbb{R}\,.$$

Der **Kern** $CH^1(\bar{o})^0$ dieser Abbildung baut sich in der folgenden Weise aus der Einheitengruppe o^* und der Idealklassengruppe $Cl_K \cong CH^1(o)$ von K auf.

(1.11) Satz: *Sei $\Gamma = \lambda(o^*)$ das vollständige Einheitengitter im Spur-Null-Raum $H = \{(x_{\mathfrak{p}}) \in \prod_{\mathfrak{p}|\infty} \mathbb{R} \mid \sum_{\mathfrak{p}|\infty} x_{\mathfrak{p}} = 0\}$. Dann haben wir eine exakte Sequenz*

$$0 \to H/\Gamma \to CH^1(\bar{o})^0 \to CH^1(o) \to 0\,.$$

Beweis: Sei $Div(\bar{o})^0$ der Kern von $\deg : Div(\bar{o}) \to \mathbb{R}$. Wir betrachten die exakte Sequenz

$$0 \to \prod_{\mathfrak{p}|\infty} \mathbb{R} \xrightarrow{\alpha} Div(\bar{o}) \to Div(o) \to 0\,,$$

wobei $\alpha((\nu_{\mathfrak{p}})) = \sum_{\mathfrak{p}|\infty} \frac{\nu_{\mathfrak{p}}}{f_{\mathfrak{p}}}\, \mathfrak{p}$. Durch Einschränkung auf $Div(\bar{o})^0$ erhalten wir das exakte kommutative Diagramm

$$\begin{array}{ccccccccc}
0 & \longrightarrow & \lambda(o^*) & \xrightarrow{\alpha} & \mathcal{P}(\bar{o}) & \longrightarrow & \mathcal{P}(o) & \longrightarrow & 0 \\
 & & \downarrow & & \downarrow & & \downarrow & & \\
0 & \longrightarrow & H & \xrightarrow{\alpha} & Div(\bar{o})^0 & \longrightarrow & Div(o) & \longrightarrow & 0\,.
\end{array}$$

Hieraus entsteht durch das Schlangenlemma (vgl. [23], chap. III, § 3, (3.3)) die exakte Sequenz

$$0 \to H/\lambda(\mathcal{O}^*) \to CH^1(\bar{\mathcal{O}})^0 \to CH^1(\mathcal{O}) \to 0 . \qquad \square$$

Die beiden grundlegenden Tatsachen der algebraischen Zahlentheorie, die Endlichkeit der Klassenzahl und der Dirichletsche Einheitensatz, vereinigen sich in der einfachen Aussage, daß der Kern $CH^1(\bar{\mathcal{O}})^0$ der Abbildung $\deg : CH^1(\bar{\mathcal{O}}) \to \mathbb{R}$ **kompakt** ist, und sind mit ihr äquivalent.

(1.12) Theorem. *Die Gruppe $CH^1(\bar{\mathcal{O}})^0$ ist kompakt.*

Beweis: Dies folgt unmittelbar aus der exakten Sequenz

$$0 \to H/\Gamma \to CH^1(\bar{\mathcal{O}})^0 \to CH^1(\mathcal{O}) \to 0 .$$

Da Γ ein vollständiges Gitter im $\mathbb{R}$-Vektorraum H ist, so ist H/Γ ein kompakter Torus. Unter Beachtung der Endlichkeit von $CH^1(\mathcal{O})$ erhalten wir $CH^1(\bar{\mathcal{O}})^0$ als Vereinigung der endlich vielen kompakten Nebenklassen von H/Γ in $CH^1(\bar{\mathcal{O}})^0$, d.h. $CH^1(\bar{\mathcal{O}})^0$ ist selbst kompakt. $\square$

Der Zusammenhang zwischen den vollständigen Idealen und den vollständigen Divisoren wird durch die beiden zueinander inversen Abbildungen

$$\operatorname{div} : J(\bar{\mathcal{O}}) \to Div(\bar{\mathcal{O}}), \quad \operatorname{div}(\prod_{\mathfrak{p}} \mathfrak{p}^{\nu_\mathfrak{p}}) = \sum_{\mathfrak{p}} -\nu_\mathfrak{p}\mathfrak{p} ,$$

$$Div(\bar{\mathcal{O}}) \to J(\bar{\mathcal{O}}), \qquad \sum_{\mathfrak{p}} \nu_\mathfrak{p}\mathfrak{p} \mapsto \prod_{\mathfrak{p}} \mathfrak{p}^{-\nu_\mathfrak{p}} ,$$

gegeben. Dies sind *topologische Isomorphismen*, wenn wir

$$J(\bar{\mathcal{O}}) = J(\mathcal{O}) \times \prod_{\mathfrak{p}|\infty} \mathbb{R}_+^*$$

mit der Produkttopologie aus der diskreten Topologie auf $J(\mathcal{O})$ und der kanonischen Topologie auf $\prod_{\mathfrak{p}|\infty} \mathbb{R}_+^*$ versehen. Das Bild des Divisors $D = \sum_\mathfrak{p} \nu_\mathfrak{p}\mathfrak{p}$ wird auch mit

$$\mathcal{O}(D) = \prod_{\mathfrak{p}} \mathfrak{p}^{-\nu_\mathfrak{p}}$$

bezeichnet. Das Auftreten des Minuszeichens beruht auf klassischen Gewohnheiten in der Funktionentheorie. Es entsprechen sich die vollständigen Hauptideale und die vollständigen Hauptdivisoren, so daß $P(\bar{\mathcal{O}})$ wegen (1.9) eine diskrete Untergruppe von $J(\bar{\mathcal{O}})$ und $Pic\,(\bar{\mathcal{O}}) = J(\bar{\mathcal{O}})/P(\bar{\mathcal{O}})$

eine lokal-kompakte hausdorffsche topologische Gruppe wird. Wir erhalten in Erweiterung zu Kap. I, (12.14) den

(1.13) Satz. *Die Abbildung* $div : J(\bar{\mathfrak{o}}) \xrightarrow{\sim} Div(\bar{\mathfrak{o}})$ *induziert einen topologischen Isomorphismus*

$$\mathrm{div} : Pic(\bar{\mathfrak{o}}) \xrightarrow{\sim} CH^1(\bar{\mathfrak{o}})\,.$$

Auf der Gruppe $J(\bar{\mathfrak{o}})$ haben wir den Homomorphismus $\mathfrak{N} : J(\bar{\mathfrak{o}}) \to \mathbb{R}_+^*$ und auf der Gruppe $Div(\bar{\mathfrak{o}})$ die Gradabbildung $\deg : Div(\bar{\mathfrak{o}}) \to \mathbb{R}$. Für diese besteht offensichtlich die Beziehung

$$\deg(\mathrm{div}(\mathfrak{a})) = -\log \mathfrak{N}(\mathfrak{a})\,,$$

und wir erhalten ein kommutatives Diagramm

$$\begin{array}{ccccccccc}
0 & \longrightarrow & Pic(\bar{\mathfrak{o}})^0 & \longrightarrow & Pic(\bar{\mathfrak{o}}) & \xrightarrow{\mathfrak{N}} & \mathbb{R}_+^* & \longrightarrow & 0 \\
 & & \downarrow \cong & & \mathrm{div} \downarrow \cong & & -\log \downarrow \cong & & \\
0 & \longrightarrow & CH^1(\bar{\mathfrak{o}})^0 & \longrightarrow & CH^1(\bar{\mathfrak{o}}) & \xrightarrow{\deg} & \mathbb{R} & \longrightarrow & 0
\end{array}$$

mit exakten Zeilen. Aus (1.12) ergibt sich das

(1.14) Korollar. *Die Gruppe*

$$Pic(\bar{\mathfrak{o}})^0 = \{[\mathfrak{a}] \in Pic(\bar{\mathfrak{o}}) \mid \mathfrak{N}(\mathfrak{a}) = 1\}$$

ist kompakt.

An den vorangegangenen Isomorphiesatz (1.13) ist eine grundsätzliche Betrachtung zu knüpfen. Es hat in der Entwicklung der algebraischen Zahlentheorie eine langwährende Kontroverse bestanden zwischen den Anhängern des idealtheoretischen Aufbaus von Dedekind und denen der divisorentheoretischen Begründung, die auf dem bewertungstheoretischen Begriff der Primstellen beruht. Beide Theorien sind im Sinne des genannten Isomorphiesatzes gleichwertig, aber doch prinzipiell wesensverschieden. Die Kontroverse hat einer Einsicht Platz gemacht, daß keine einen alleinigen Herrschaftsanspruch geltend machen kann und vielmehr jede einer eigenen Welt angehört, in deren Beziehung zueinander ein wichtiges mathematisches Prinzip waltet. Dies wird jedoch erst in der höherdimensionalen arithmetischen algebraischen Geometrie erkennbar.

Dort betrachtet man auf einem algebraischen $\mathbb{Z}$-Schema X die Gesamtheit der *Vektorbündel* einerseits und die Gesamtheit der *irreduziblen Unterschemata* andererseits. Aus der ersten wird eine Serie von Gruppen $K_i(X)$ gebildet, die der Gegenstand der algebraischen ***K*-Theorie** ist, und aus der zweiten eine Serie von Gruppen $CH^i(X)$, dem Gegenstand der **Chow-Theorie**. Die Vektorbündel sind definitionsgemäß lokalfreie $\mathcal{O}_X$-Moduln. Zu ihnen gehören im Spezialfall $X = \operatorname{Spec}(\mathcal{O})$ die gebrochenen Ideale. Die irreduziblen Unterschemata und die mit ihnen gebildeten formalen Linearkombinationen, die **Zykel** von X, sind als Verallgemeinerungen der Primstellen und Divisoren anzusehen. Die Isomorphie zwischen der Divisorenklassengruppe und der Idealklassengruppe setzt sich zu einer homomorphen Beziehung zwischen den Gruppen $CH^i(X)$ und $K_i(X)$ ins Große fort, so daß die anfängliche Kontroverse in einer wichtigen mathematischen Theorie aufgelöst wird (vgl. hierzu [13]).

Aufgabe 1 (Starker Approximationssatz). Sei S eine endliche Primstellenmenge und $\mathfrak{p}_0$ eine weitere, nicht in S gelegene Primstelle von K. Seien $a_\mathfrak{p} \in K$ für $\mathfrak{p} \in S$ vorgegebene Zahlen. Dann gibt es für jedes $\varepsilon > 0$ ein $x \in K$ mit

$$|x - a_\mathfrak{p}|_\mathfrak{p} < \varepsilon \quad \text{für } \mathfrak{p} \in S \text{ und } |x|_\mathfrak{p} \le 1 \text{ für } \mathfrak{p} \notin S \cup \{\mathfrak{p}_0\}.$$

Aufgabe 2. Sei K total reell, d.h. $K_\mathfrak{p} = \mathbb{R}$ für alle $\mathfrak{p}|\infty$. Sei T eine echte, nicht-leere Teilmenge von $\operatorname{Hom}(K, \mathbb{R})$. Dann gibt es eine Einheit ε von K mit $\tau\varepsilon > 1$ für $\tau \in S$ und $0 < \tau\varepsilon < 1$ für $\tau \notin S$.

Aufgabe 3. Zeige, daß die Absolutnorm $\mathfrak{N} : Pic(\bar{\mathbb{Z}}) \to \mathbb{R}_+^*$ ein Isomorphismus ist.

Aufgabe 4. Seien K und L Zahlkörper, und sei $\tau : K \to L$ ein Homomorphismus.

Für einen Arakelov-Divisor $D = \sum_\mathfrak{P} \nu_\mathfrak{P} \mathfrak{P}$ von L definiere man einen Arakelov-Divisor von K durch

$$\tau_*(D) = \sum_\mathfrak{p} \Big(\sum_{\mathfrak{P}|\mathfrak{p}} \nu_\mathfrak{P} f_{\mathfrak{P}|\mathfrak{p}}\Big)\mathfrak{p},$$

wobei $f_{\mathfrak{P}|\mathfrak{p}}$ der Trägheitsgrad von $\mathfrak{P}$ über τK ist und $\mathfrak{P}|\mathfrak{p}$ die Bedeutung $\tau\mathfrak{p} = \mathfrak{P}|_{\tau K}$ hat. Zeige, daß τ_* einen Homomorphismus

$$\tau_* : CH^1(\bar{\mathcal{O}}_L) \to CH^1(\bar{\mathcal{O}}_K)$$

induziert.

Aufgabe 5. Für einen vollständigen Divisor $D = \sum_\mathfrak{p} \nu_\mathfrak{p} \mathfrak{p}$ von K definiere einen vollständigen Divisor von L durch

$$\tau^*(D) = \sum_\mathfrak{p} \sum_{\mathfrak{P}|\mathfrak{p}} \nu_\mathfrak{p} e_{\mathfrak{P}|\mathfrak{p}} \mathfrak{P},$$

wobei $e_{\mathfrak{P}|\mathfrak{p}}$ der Verzweigungsindex von $\mathfrak{P}$ über K ist. Zeige, daß τ^* einen Homomorphismus

$$\tau^* : CH^1(\bar{o}_K) \to CH^1(\bar{o}_L)$$

induziert.

Aufgabe 6. Zeige, daß $\tau_* \circ \tau^* = [\,L : K\,]$ und

$$\deg(\tau_* D) = \deg(D)\,, \quad \deg(\tau^* D) = [\,L : K\,]\deg(D)\,.$$

§ 2. Differente und Diskriminante

Das Bestreben, die Theorie der algebraischen Zahlkörper so einzurichten, daß sie in vollständiger Analogie zur Theorie der Funktionenkörper erscheint, führt, wie wir in § 3 und § 7 erläutern werden, in natürlicher Weise auf den Begriff der Differente und der Diskriminante. Durch sie wird das Verzweigungsverhalten einer Erweiterung bewerteter Körper beherrscht.

Sei $L|K$ eine endliche separable Körpererweiterung, $o \subseteq K$ ein Dedekindring mit dem Quotientenkörper K und $\mathcal{O} \subseteq L$ sein ganzer Abschluß in L. Wir nehmen in diesem ganzen Paragraphen an, daß die Restkörpererweiterungen $\lambda|\kappa$ von $\mathcal{O}|o$ immer separabel sind. Die Theorie der Differente entspringt der Gegebenheit einer kanonischen nichtausgearteten symmetrischen Bilinearform auf dem K-Vektorraum L, nämlich der **Spurform**

$$T(x,y) = Tr\,(xy)$$

(vgl. Kap. I, § 2). Durch sie ist jedem gebrochenen Ideal $\mathfrak{A}$ von L das **duale** gebrochene Ideal

$$^*\mathfrak{A} = \{x \in L \mid Tr\,(x\mathfrak{A}) \subseteq o\}$$

zugeordnet. Für dieses haben wir den kanonischen Isomorphismus

$$^*\mathfrak{A} \xrightarrow{\ \sim\ } \mathrm{Hom}_o(\mathfrak{A}, o), \quad x \mapsto (y \mapsto Tr\,(xy))\,.$$

Denn da sich jeder o-Homomorphismus $f : \mathfrak{A} \to o$ wegen $\mathfrak{A}K = L$ eindeutig zu einem K-Homomorphismus $f : L \to K$ fortsetzt, so kann man $\mathrm{Hom}_o(\mathfrak{A}, o)$ als Untermodul von $\mathrm{Hom}_K(L, K)$ ansehen, und zwar offensichtlich als das Bild von $^*\mathfrak{A}$ unter $L \to \mathrm{Hom}_K(L, K)$, $x \mapsto (y \mapsto Tr\,(xy))$. Es ist einleuchtend, daß in diesem Zusammenhang der zu $\mathcal{O}$ duale Modul

$$^*\mathcal{O} \cong \mathrm{Hom}_o(\mathcal{O}, o)$$

eine besondere Stellung einnehmen muß .

(2.1) Definition. *Das gebrochene Ideal*

$$\mathfrak{C}_{\mathcal{O}|o} = {}^*\mathcal{O} = \{x \in L \mid Tr\,(x\mathcal{O}) \subseteq o\}$$

heißt der **Dedekindsche Komplementärmodul**. *Das dazu inverse Ideal*

$$\mathfrak{D}_{\mathcal{O}|o} = \mathfrak{C}_{\mathcal{O}|o}^{-1}$$

heißt die **Differente** *von* $\mathcal{O}|o$.

Wegen $\mathfrak{C}_{\mathcal{O}|o} \supseteq \mathcal{O}$ ist $\mathfrak{D}_{\mathcal{O}|o} \subseteq \mathcal{O}$ ein ganzes Ideal von L. Wir bezeichnen es häufig mit $\mathfrak{D}_{L|K}$, wenn klar ist, welche Unterringe $o, \mathcal{O}$ gemeint sind. Ebenso schreiben wir $\mathfrak{C}_{L|K}$ anstelle von $\mathfrak{C}_{\mathcal{O}|o}$. Die Differente weist das folgende Verhalten beim Wechsel der Ringe o und $\mathcal{O}$ auf.

(2.2) Satz. *(i) Für einen Körperturm* $K \subseteq L \subseteq M$ *gilt* $\mathfrak{D}_{M|K} = \mathfrak{D}_{M|L}\mathfrak{D}_{L|K}$.

(ii) Für eine multiplikative Teilmenge S *von* o *gilt* $\mathfrak{D}_{S^{-1}\mathcal{O}|S^{-1}o} = S^{-1}\mathfrak{D}_{\mathcal{O}|o}$.

(iii) Sind $\mathfrak{P}|\mathfrak{p}$ *Primideale von* $\mathcal{O}$ *bzw.* o *und* $\mathcal{O}_\mathfrak{P}|o_\mathfrak{p}$ *die zugehörigen Komplettierungen, so gilt*

$$\mathfrak{D}_{\mathcal{O}|o}\mathcal{O}_\mathfrak{P} = \mathfrak{D}_{\mathcal{O}_\mathfrak{P}|o_\mathfrak{p}}\,.$$

Beweis: (i) Sei $A = o \subseteq K$ und $B \subseteq L$, $C \subseteq M$ der ganze Abschluß von o in L bzw. M. Es genügt dann zu zeigen, daß

$$\mathfrak{C}_{C|A} = \mathfrak{C}_{C|B}\mathfrak{C}_{B|A}\,.$$

Die Inklusion $\supseteq$ folgt aus

$$\begin{aligned} Tr_{M|K}(\mathfrak{C}_{C|B}\mathfrak{C}_{B|A}C) &= Tr_{L|K}Tr_{M|L}(\mathfrak{C}_{C|B}\mathfrak{C}_{B|A}C) \\ &= Tr_{L|K}(\mathfrak{C}_{B|A}Tr_{M|L}(\mathfrak{C}_{C|B}C)) \subseteq A\,. \end{aligned}$$

Die Inklusion $\subseteq$ ergibt sich unter Beachtung von $BC = C$ durch

$$Tr_{M|K}(\mathfrak{C}_{C|A}C) = Tr_{L|K}(B\,Tr_{M|L}(\mathfrak{C}_{C|A}C)) \subseteq A\,,$$

also $Tr_{M|L}(\mathfrak{C}_{C|A}C) \subseteq \mathfrak{C}_{B|A}$, d.h.

$$Tr_{M|L}(\mathfrak{C}_{B|A}^{-1}\mathfrak{C}_{C|A}C) = \mathfrak{C}_{B|A}^{-1}Tr_{M|L}(\mathfrak{C}_{C|A}C) \subseteq B\,.$$

Denn hieraus folgt $\mathfrak{C}_{B|A}^{-1}\mathfrak{C}_{C|A} \subseteq \mathfrak{C}_{C|B}$, also $\mathfrak{C}_{C|A} \subseteq \mathfrak{C}_{C|B}\mathfrak{C}_{B|A}$.

(ii) ist trivial.

(iii) Wegen (ii) dürfen wir annehmen, daß o ein diskreter Bewertungsring ist. Wir zeigen, daß $\mathfrak{C}_{\mathcal{O}|o}$ dicht in $\mathfrak{C}_{\mathcal{O}_\mathfrak{P}|o_\mathfrak{p}}$ liegt. Wir benützen dazu die Formel

$$Tr_{L|K} = \sum_{\mathfrak{P}|\mathfrak{p}} Tr_{L_\mathfrak{P}|K_\mathfrak{p}}$$

(vgl. Kap. II, (8.4)). Sei $x \in \mathfrak{C}_{\mathcal{O}|o}$ und $y \in \mathcal{O}_\mathfrak{P}$. Mit dem Approximationssatz finden wir ein Element η in L, das nahe bei y liegt bzgl. $v_\mathfrak{P}$ und nahe bei 0 bzgl. $v_{\mathfrak{P}'}$ für $\mathfrak{P}'|\mathfrak{p}$, $\mathfrak{P}' \neq \mathfrak{P}$. Die linke Seite der Gleichung

$$Tr_{L|K}(x\eta) = Tr_{L_\mathfrak{P}|K_\mathfrak{p}}(x\eta) + \sum_{\mathfrak{P}' \neq \mathfrak{P}} Tr_{L_{\mathfrak{P}'}|K_\mathfrak{p}}(x\eta)$$

liegt dann in $o_\mathfrak{p}$, weil $Tr_{L|K}(x\eta) \in o \subseteq o_\mathfrak{p}$, aber auch die Elemente $Tr_{L_{\mathfrak{P}'}|K_\mathfrak{p}}(x\eta)$, denn sie sind nahe bei Null bzgl. $v_\mathfrak{p}$. Daher ist $Tr_{L_\mathfrak{P}|K_\mathfrak{p}}(xy) \in o_\mathfrak{p}$. Dies zeigt $\mathfrak{C}_{\mathcal{O}|o} \subseteq \mathfrak{C}_{\mathcal{O}_\mathfrak{P}|o_\mathfrak{p}}$.

Ist andererseits $x \in \mathfrak{C}_{\mathcal{O}_\mathfrak{P}|o_\mathfrak{p}}$ und $\xi \in L$ ein Element, das genügend nahe bei x bzgl. $v_\mathfrak{P}$ liegt und genügend nahe bei 0 bzgl. $v_{\mathfrak{P}'}$ für $\mathfrak{P}' \neq \mathfrak{P}$, so ist $\xi \in \mathfrak{C}_{\mathcal{O}|o}$. In der Tat, ist $y \in \mathcal{O}$, so ist $Tr_{L_\mathfrak{P}|K_\mathfrak{p}}(\xi y) \in o_\mathfrak{p}$, weil $Tr_{L_\mathfrak{P}|K_\mathfrak{p}}(xy) \in o_\mathfrak{p}$, und ebenso $Tr_{L_{\mathfrak{P}'}|K_\mathfrak{p}}(\xi y) \in o_\mathfrak{p}$ für $\mathfrak{P}'|\mathfrak{P}$, denn diese Elemente liegen ja nahe bei 0. Daher ist $Tr_{L|K}(\xi y) \in o_\mathfrak{p} \cap K = o$, d.h. $\xi \in \mathfrak{C}_{\mathcal{O}|o}$. Dies zeigt, daß $\mathfrak{C}_{\mathcal{O}|o}$ dicht liegt in $\mathfrak{C}_{\mathcal{O}_\mathfrak{P}|o_\mathfrak{p}}$, mit anderen Worten $\mathfrak{C}_{\mathcal{O}|o}\mathcal{O}_\mathfrak{P} = \mathfrak{C}_{\mathcal{O}_\mathfrak{P}|o_\mathfrak{p}}$, d.h. $\mathfrak{D}_{\mathcal{O}|o}\mathcal{O}_\mathfrak{P} = \mathfrak{D}_{\mathcal{O}_\mathfrak{P}|o_\mathfrak{p}}$.   □

Setzen wir $\mathfrak{D} = \mathfrak{D}_{L|K}$ und $\mathfrak{D}_\mathfrak{P} = \mathfrak{D}_{L_\mathfrak{P}|K_\mathfrak{p}}$, und fassen wir $\mathfrak{D}_\mathfrak{P}$ gleichzeitig als Ideal von $\mathcal{O}$ auf (d.h. als das Ideal $\mathcal{O} \cap \mathfrak{D}_\mathfrak{P}$), so erhalten wir aus (2.2), (iii) das

(2.3) Korollar. $\mathfrak{D} = \prod_\mathfrak{P} \mathfrak{D}_\mathfrak{P}$.

Der Name „Differente" erklärt sich aus der folgenden expliziten Beschreibung, die ursprünglich von Dedekind zur Definition hergenommen wurde. Sei $\alpha \in \mathcal{O}$ und $f(X) \in o[X]$ das Minimalpolynom von α. Als **Differente des Elementes** α definieren wir

$$\delta_{L|K}(\alpha) = \begin{cases} f'(\alpha) & \text{falls } L = K(\alpha), \\ 0 & \text{falls } L \neq K(\alpha). \end{cases}$$

Im besonderen Fall, daß $\mathcal{O} = o[\alpha]$ ist, gilt dann:

(2.4) Satz. *Ist* $\mathcal{O} = o[\alpha]$, *so ist die Differente das Hauptideal*

$$\mathfrak{D}_{L|K} = (\delta_{L|K}(\alpha)).$$

Beweis. Sei $f(X) = a_0 + a_1X + \cdots + a_nX^n$ das Minimalpolynom von α und

$$\frac{f(X)}{X-\alpha} = b_0 + b_1X + \cdots + b_{n-1}X^{n-1}.$$

Die duale Basis zu $1, \alpha, \ldots, \alpha^{n-1}$ bzgl. $Tr\,(xy)$ ist dann

$$\frac{b_0}{f'(\alpha)}, \ldots, \frac{b_{n-1}}{f'(\alpha)}.$$

Sind nämlich $\alpha_1, \ldots, \alpha_n$ die Wurzeln von f, so gilt

$$\sum_{i=1}^{n} \frac{f(X)}{X-\alpha_i} \frac{\alpha_i^r}{f'(\alpha_i)} = X^r, \quad 0 \le r \le n-1,$$

weil die Differenz beider Seiten ein Polynom vom Grad $\le n-1$ mit den Nullstellen $\alpha_1, \ldots, \alpha_n$ ist, also Null sein muß. Wir können diese Gleichung in der Form

$$Tr\left[\frac{f(X)}{X-\alpha} \frac{\alpha^r}{f'(\alpha)}\right] = X^r$$

schreiben. Betrachten wir nun den Koeffizienten jeder Potenz von X, so ergibt sich

$$Tr\left(\alpha^i \frac{b_j}{f'(\alpha)}\right) = \delta_{ij}$$

und damit die Behauptung.

Wegen $\mathcal{O} = \mathcal{o} + \mathcal{o}\alpha + \cdots + \mathcal{o}\alpha^{n-1}$ wird nun

$$\mathfrak{C}_{\mathcal{O}|\mathcal{o}} = f'(\alpha)^{-1}(\mathcal{o}b_0 + \cdots + \mathcal{o}b_{n-1}).$$

Aus den rekurrenten Formeln

$$b_{n-1} = 1,$$
$$b_{n-2} - \alpha b_{n-1} = a_{n-1}$$

ergibt sich

$$b_{n-i} = \alpha^{i-1} + a_{n-1}\alpha^{i-2} + \cdots + a_{n-i+1},$$

so daß $\mathcal{o}b_0 + \cdots + \mathcal{o}b_{n-1} = \mathcal{o}[\alpha] = \mathcal{O}$, also $\mathfrak{C}_{\mathcal{O}|\mathcal{o}} = f'(\alpha)^{-1}\mathcal{O}$ und damit $\mathfrak{D}_{L|K} = (f'(\alpha))$. □

Der Beweis zeigt, daß ganz allgemein der zum $\mathcal{o}$-Modul $\mathcal{o}[\alpha]$ duale Modul ${}^*\mathcal{o}[\alpha] = \{x \in L \mid Tr_{L|K}(x\mathcal{o}[\alpha]) \subseteq \mathcal{o}\}$ die $\mathcal{o}$-Basis $\alpha^i/f'(\alpha)$, $i = 0, \ldots, n-1$, besitzt. Wir benutzen dies zu der folgenden expliziten Charakterisierung der Differente im allgemeinen Fall.

(2.5) Theorem. *Die Differente $\mathfrak{D}_{L|K}$ ist das durch alle Elementdifferenten $\delta_{L|K}(\alpha)$, $\alpha \in \mathcal{O}$, erzeugte Ideal.*

Beweis. Sei $\alpha \in \mathcal{O}$, $L = K(\alpha)$ und $f(X)$ das Minimalpolynom von α. Zum Beweis von $f'(\alpha) \in \mathfrak{D}_{L|K}$ betrachten wir den „Führer" $\mathfrak{f} = \mathfrak{f}_{\mathcal{O}[\alpha]} = \{x \in L \mid x\mathcal{O} \subseteq o[\alpha]\}$ von $o[\alpha]$ (vgl. Kap. I, § 12, S. 83). Setzen wir $b = f'(\alpha)$, so gilt für $x \in L$:
$x \in \mathfrak{f} \Leftrightarrow x\mathcal{O} \subseteq o[\alpha] \Leftrightarrow b^{-1}x\mathcal{O} \subseteq b^{-1}o[\alpha] = {}^*o[\alpha] \Leftrightarrow Tr\,(b^{-1}x\mathcal{O}) \subseteq o$
$\Leftrightarrow b^{-1}x \in \mathfrak{D}_{L|K}^{-1} \Leftrightarrow x \in b\mathfrak{D}_{L|K}^{-1}$.
Daher gilt $(f'(\alpha)) = \mathfrak{f}_{\mathcal{O}[\alpha]}\mathfrak{D}_{L|K}$, d.h. insbesondere $f'(\alpha) \in \mathfrak{D}_{L|K}$.

$\mathfrak{D}_{L|K}$ ist somit Teiler aller Elementdifferenten $\delta_{L|K}(\alpha)$. Zum Beweis, daß $\mathfrak{D}_{L|K}$ sogar der ggT aller $\delta_{L|K}(\alpha)$ ist, genügt es zu zeigen, daß zu jedem Primideal $\mathfrak{P}$ ein $\alpha \in \mathcal{O}$ existiert mit $L = K(\alpha)$ und $v_{\mathfrak{P}}(\mathfrak{D}_{L|K}) = v_{\mathfrak{P}}(f'(\alpha))$.

Wir denken uns L in den separablen Abschluß $\overline{K}_{\mathfrak{p}}$ von $K_{\mathfrak{p}}$ eingebettet, so daß die Bewertung $|\ \ |$ von $\overline{K}_{\mathfrak{p}}$ die Primstelle $\mathfrak{P}$ definiert.

Nach Kap. II, (10.4) findet man ein Element β im Bewertungsring $\mathcal{O}_{\mathfrak{P}}$ der Komplettierung $L_{\mathfrak{P}}$ mit $\mathcal{O}_{\mathfrak{P}} = o_{\mathfrak{p}}[\beta]$, und der Beweis dort zeigt, daß für jedes genügend nahe bei β liegende Element $\alpha \in \mathcal{O}_{\mathfrak{P}}$ ebenfalls $\mathcal{O}_{\mathfrak{P}} = o_{\mathfrak{p}}[\alpha]$ gilt. Aus (2.2), (iii) und (2.4) folgt

$$v_{\mathfrak{P}}(\mathfrak{D}_{L|K}) = v_{\mathfrak{P}}(\mathfrak{D}_{L_{\mathfrak{P}}|K_{\mathfrak{p}}}) = v_{\mathfrak{P}}(\delta_{L_{\mathfrak{P}}|K_{\mathfrak{p}}}(\alpha)).$$

Es genügt somit zu zeigen, daß man das Element α in $\mathcal{O}$ wählen kann, derart daß $L = K(\alpha)$ und

$$v_{\mathfrak{P}}(\delta_{L_{\mathfrak{P}}|K_{\mathfrak{p}}}(\alpha)) = v_{\mathfrak{P}}(\delta_{L|K}(\alpha)).$$

Seien dazu $\sigma_2, \dots, \sigma_r : L \to \overline{K}_{\mathfrak{p}}$ K-Einbettungen, die die von $\mathfrak{P}$ verschiedenen Primstellen $\mathfrak{P}_i|\mathfrak{p}$ liefern. Sei $a \in o_{\mathfrak{p}}$ ein Element mit

$$(*) \qquad |\tau\beta - a| = 1 \quad \text{für alle} \quad \tau \in G_{\mathfrak{p}} = G(\overline{K}_{\mathfrak{p}}|K_{\mathfrak{p}}).$$

(Wähle $a = 1$ oder $a = 0$, je nachdem die über $o_{\mathfrak{p}}/\mathfrak{p}$ konjugierten Restklassen $\tau\beta \bmod \mathfrak{P}$ Null sind oder nicht.) Mit Hilfe des chinesischen Restsatzes wählen wir jetzt ein $\alpha \in \mathcal{O}$, so daß $|\alpha - \beta|$ und $|\sigma_i\alpha - a|$ für $i = 2, \dots, r$ sehr klein sind. Wir können sogar annehmen, daß $L = K(\alpha)$ (sonst Abänderung der Form $\alpha + \pi^\nu\gamma$, $\pi \in \mathfrak{p}$, ν groß, $\gamma \in \mathcal{O}$, $L = K(\gamma)$; für passendes $\nu \neq \mu$ ist dann $K(\alpha + \pi^\nu\gamma) = K(\alpha + \pi^\mu\gamma) = K(\gamma)$). Weil α nahe bei β liegt ist $\mathcal{O}_{\mathfrak{P}} = o_{\mathfrak{p}}[\alpha]$. Es ist

$$\delta_{L_{\mathfrak{P}}|K_{\mathfrak{p}}}(\alpha) = \prod_{\tau \neq 1} (\alpha - \tau\alpha),$$

wobei τ die von 1 verschiedenen $K_{\mathfrak{p}}$-Einbettungen $L_{\mathfrak{P}} \to \overline{K}_{\mathfrak{p}}$ durchläuft. Weiter ist

$$\delta_{L|K}(\alpha) = \prod_{\sigma\neq 1}(\alpha - \sigma\alpha) = \prod_{\tau\neq 1}(\alpha - \tau\alpha)\prod_{i=2}^{r}\prod_{j}(\alpha - \tau_{ij}\sigma_i\alpha),$$

wobei σ die von 1 verschiedenen K-Einbettungen durchläuft und τ_{ij} gewisse Elemente in $G_{\mathfrak{p}}$. Nun ist aber

$$|\alpha - \tau_{ij}\sigma_i\alpha| = |\tau_{ij}^{-1}\alpha - \sigma_i\alpha| = |\tau_{ij}^{-1}\alpha - a + a - \sigma_i\alpha| = 1,$$

weil $|a - \sigma_i\alpha|$ sehr klein und $\tau_{ij}^{-1}\alpha$ sehr nahe bei $\tau_{ij}^{-1}\beta$ ist (siehe (*)). Daher ist $v_{\mathfrak{P}}(\delta_{L|K}(\alpha)) = v_{\mathfrak{P}}(\prod_{\tau\neq 1}(\alpha - \tau\alpha)) = v_{\mathfrak{P}}(\delta_{L_{\mathfrak{P}}|K_{\mathfrak{p}}}(\alpha))$, q.e.d. □

Das Verzweigungsverhalten von $L|K$ wird durch die Differente wie folgt beschrieben.

(2.6) Theorem. *Ein Primideal $\mathfrak{P}$ von L ist genau dann verzweigt über K, wenn $\mathfrak{P} \mid \mathfrak{D}_{L|K}$.*

Sei $\mathfrak{P}^s$ die maximale in $\mathfrak{D}_{L|K}$ aufgehende $\mathfrak{P}$-Potenz und e der Verzweigungsindex von $\mathfrak{P}$ über K. Dann gilt

$$\begin{aligned} &s = e - 1, && \text{wenn } \mathfrak{P} \text{ zahm verzweigt ist,}\\ &e \le s \le e - 1 + v_{\mathfrak{P}}(e), && \text{wenn } \mathfrak{P} \text{ wild verzweigt ist.} \end{aligned}$$

Beweis: Wegen (2.2), (iii) dürfen wir annehmen, daß $\mathcal{o}$ ein vollständiger diskreter Bewertungsring mit dem maximalen Ideal $\mathfrak{p}$ ist. Dann ist nach Kap. II, (10.4) $\mathcal{O} = \mathcal{o}[\alpha]$ mit passendem $\alpha \in \mathcal{O}$. Sei $f(X)$ das Minimalpolynom von α. Nach (2.4) wird $s = v_{\mathfrak{P}}(f'(\alpha))$. Sei $L|K$ unverzweigt. Dann ist $\bar{\alpha} = \alpha \bmod \mathfrak{P}$ eine einfache Nullstelle von $\bar{f}(X) = f(X) \bmod \mathfrak{p}$, d.h. $f'(\alpha) \in \mathcal{O}^*$ und somit $s = 0 = e - 1$.

Im Hinblick auf (2.2)(i) und Kap. II, (7.5) dürfen wir nach Übergang zur maximal unverzweigten Erweiterung annehmen, daß $L|K$ rein verzweigt ist. Dann können wir α als Primelement von $\mathcal{O}$ wählen. Das Minimalpolynom

$$f(X) = a_0X^e + a_1X^{e-1} + \cdots + a_e, \quad a_0 = 1,$$

ist in diesem Fall ein Eisensteinsches Polynom. Wir betrachten die Ableitung

$$f'(\alpha) = ea_0\alpha^{e-1} + (e-1)a_1\alpha^{e-2} + \cdots + a_{e-1}.$$

Für $i = 0, \ldots, e-1$ ist

$$v_{\mathfrak{P}}((e-i)a_i\alpha^{e-i-1}) = ev_{\mathfrak{p}}(e-i) + ev_{\mathfrak{p}}(a_i) + e - i - 1 \equiv -i - 1 \bmod e,$$

d.h. die einzelnen Terme von $f'(\alpha)$ haben verschiedene Werte. Daher ist

$$s = v_{\mathfrak{P}}(f'(\alpha)) = \min_{0\leq i<e} \{v_{\mathfrak{P}}((e-i)a_i\alpha^{e-i-1})\}\,.$$

Ist nun $L|K$ zahm verzweigt, d.h. $v_{\mathfrak{p}}(e) = 0$, so ist das Minimum offenbar gleich $e-1$, und wenn $v_{\mathfrak{p}}(e) \geq 1$, so können wir auf $e \leq s \leq v_{\mathfrak{P}}(e)+e-1$ schließen. □

Ihre geometrische Bedeutung und damit ihre Eingliederung in die höherdimensionale algebraische Geometrie erhält die Differente durch die folgende Charakterisierung, die auf *E. Kähler* zurückgeht. Für eine beliebige Erweiterung $B|A$ kommutativer Ringe betrachten wir den Homomorphismus

$$\mu : B \otimes_A B \to B\,, \quad x \otimes y \mapsto xy\,,$$

mit dem Kern I. Dann ist

$$\Omega^1_{B|A} := I/I^2 = I \otimes_{B\otimes B} B$$

ein $B \otimes B$-Modul, und über die Einbettung $B \to B \otimes B$, $b \mapsto b \otimes 1$, insbesondere also ein B-Modul. Er heißt der **Differentialmodul** von $B|A$, und seine Elemente heißen **Kähler-Differentiale**. Setzen wir

$$dx = x \otimes 1 - 1 \otimes x \bmod I^2,$$

so erhalten wir eine Abbildung

$$d : B \to \Omega^1_{B|A}$$

mit den Eigenschaften

$$d(xy) = xdy + ydx\,,$$
$$da = 0 \quad \text{für} \quad a \in A\,.$$

Eine solche Abbildung heißt eine **Derivation** von $B|A$. Man kann zeigen, daß d unter allen Derivationen von B in einen B-Modul universell ist. $\Omega^1_{B|A}$ besteht aus den Linearkombinationen $\sum y_i dx_i$. Mit der Differente hängt dies nun wie folgt zusammen.

(2.7) Satz. *Die Differente* $\mathfrak{D}_{\mathcal{O}|o}$ *ist der* **Annulator** *des* $\mathcal{O}$*-Moduls* $\Omega^1_{\mathcal{O}|o}$, *d.h.*

$$\mathfrak{D}_{\mathcal{O}|o} = \{x \in \mathcal{O} \mid xdy = 0 \quad \text{für alle} \quad y \in \mathcal{O}\}\,.$$

Beweis: Zur besseren Unterscheidung setzen wir $\mathcal{O} = B$ und $\mathcal{o} = A$. Ist A' irgendeine kommutative A-Algebra und $B' = B \otimes_A A'$, so ist, wie leicht zu sehen, $\Omega^1_{B'|A'} = \Omega^1_{B|A} \otimes_A A'$. Daher reproduziert sich der Differentialmodul nach Lokalisierung und Komplettierung, und wir dürfen annehmen, daß A ein vollständiger diskreter Bewertungsring ist. Nach Kap. II, (10.4) ist dann $B = A[X]$, und wenn $f(X) \in A[X]$ das Minimalpolynom von x ist, so wird $\Omega_{B|A}$ durch dx erzeugt (Aufgabe 3). Der Annulator von dx ist $f'(x)$. Andererseits ist nach (2.4) $\mathfrak{D}_{B|A} = (f'(x))$. Dies zeigt die Behauptung. □

Mit der Differente aufs engste verknüpft ist die Diskriminante von $\mathcal{O}|\mathcal{o}$, die wie folgt definiert ist.

(2.8) Definition. *Die* **Diskriminante** $\mathfrak{d}_{\mathcal{O}|\mathcal{o}}$ *ist das Ideal von* $\mathcal{o}$, *das durch die Diskriminanten* $d(\alpha_1,\dots,\alpha_n)$ *aller in* $\mathcal{O}$ *gelegenen Basen* $\alpha_1,\dots,\alpha_n$ *von* $L|K$ *erzeugt wird.*

Wir schreiben häufig $\mathfrak{d}_{L|K}$ anstelle von $\mathfrak{d}_{\mathcal{O}|\mathcal{o}}$. Ist $\alpha_1,\dots,\alpha_n$ eine Ganzheitsbasis von $\mathcal{O}|\mathcal{o}$, so ist $\mathfrak{d}_{L|K}$ das durch $d(\alpha_1,\dots,\alpha_n) = d_{L|K}$ erzeugte Hauptideal, weil alle anderen in $\mathcal{O}$ gelegenen Basen aus dieser durch Matrizen mit Koeffizienten in $\mathcal{o}$ hervorgehen. Die Diskriminante ergibt sich aus der Differente durch die Norm $N_{L|K}$ (vgl. § 1).

(2.9) Theorem. *Zwischen der Diskriminante und der Differente besteht die Beziehung*

$$\mathfrak{d}_{L|K} = N_{L|K}(\mathfrak{D}_{L|K}).$$

Beweis: Ist S eine multiplikative Teilmenge von $\mathcal{o}$, so gilt offensichtlich $\mathfrak{d}_{S^{-1}\mathcal{O}|S^{-1}\mathcal{o}} = S^{-1}\mathfrak{d}_{\mathcal{O}|\mathcal{o}}$ und $\mathfrak{D}_{S^{-1}\mathcal{O}|S^{-1}\mathcal{o}} = S^{-1}\mathfrak{D}_{\mathcal{O}|\mathcal{o}}$. Wir dürfen daher annehmen, daß $\mathcal{o}$ ein diskreter Bewertungsring ist. Mit $\mathcal{o}$ ist dann auch $\mathcal{O}$ ein Hauptidealring (vgl. Kap. I, § 3, Aufgabe 4) und besitzt eine Ganzheitsbasis $\alpha_1,\dots,\alpha_n$ (vgl. Kap. I, (2.10)), so daß $\mathfrak{d}_{L|K} = (d(\alpha_1,\dots,\alpha_n))$. Der Komplementärmodul $\mathfrak{C}_{\mathcal{O}|\mathcal{o}}$ wird durch die duale Basis $\alpha'_1,\dots,\alpha'_n$ aufgespannt, die durch $Tr_{L|K}(\alpha_i\alpha'_j) = \delta_{ij}$ charakterisiert ist. Andererseits ist $\mathfrak{C}_{\mathcal{O}|\mathcal{o}}$ ein Hauptideal (β) und besitzt die $\mathcal{o}$-Basis $\beta\alpha_1,\dots,\beta\alpha_n$ mit der Diskriminante

$$d(\beta\alpha_1,\dots,\beta\alpha_n) = N_{L|K}(\beta)^2 d(\alpha_1,\dots,\alpha_n).$$

Nun ist $(N_{L|K}(\beta)) = N_{L|K}(\mathfrak{C}_{\mathcal{O}|o}) = N_{L|K}(\mathfrak{D}_{L|K}^{-1}) = N_{L|K}(\mathfrak{D}_{L|K})^{-1}$ und $(d(\alpha_1, \ldots, \alpha_n)) = \mathfrak{d}_{L|K}$. Wegen $d(\alpha_1, \ldots, \alpha_n) = \det((\sigma_i\alpha_j))^2$, $d(\alpha_1', \ldots, \alpha_n') = \det((\sigma_i\alpha_j'))^2$, $\sigma_i \in \operatorname{Hom}_K(L, \overline{K})$, und $Tr\,(\alpha_i\alpha_j') = \delta_{ij}$ gilt $d(\alpha_1, \ldots, \alpha_n) \cdot d(\alpha_1', \ldots, \alpha_n') = 1$. Dies zusammengenommen ergibt

$$\begin{aligned}\mathfrak{d}_{L|K}^{-1} &= (d(\alpha_1, \ldots, \alpha_n)^{-1}) = (d(\alpha_1', \ldots, \alpha_n')) = (d(\beta\alpha_1, \ldots, \beta\alpha_n)) \\ &= N_{L|K}(\mathfrak{D}_{L|K})^{-2}\mathfrak{d}_{L|K}\end{aligned}$$

und somit $N_{L|K}(\mathfrak{D}_{L|K}) = \mathfrak{d}_{L|K}$. □

(2.10) Korollar. *Für einen Körperturm $K \subseteq L \subseteq M$ gilt*

$$\mathfrak{d}_{M|K} = \mathfrak{d}_{L|K}^{[M:L]} N_{L|K}(\mathfrak{d}_{M|L}).$$

Beweis: Wenden wir auf $\mathfrak{D}_{M|K} = \mathfrak{D}_{M|L}\mathfrak{D}_{L|K}$ die Normbildung $N_{M|K} = N_{L|K} \circ N_{M|L}$ an, so folgt aus (1.6)

$$\mathfrak{d}_{M|K} = N_{L|K}(\mathfrak{d}_{M|L})N_{L|K}(\mathfrak{D}_{L|K}^{[M:L]}) = N_{L|K}(\mathfrak{d}_{M|L})\mathfrak{d}_{L|K}^{[M:L]}. \qquad \square$$

Setzen wir $\mathfrak{d} = \mathfrak{d}_{L|K}$ und $\mathfrak{d}_{\mathfrak{P}} = \mathfrak{d}_{L_{\mathfrak{P}}|K_{\mathfrak{p}}}$ und fassen $\mathfrak{d}_{\mathfrak{P}}$ gleichzeitig als das Ideal $\mathfrak{d}_{\mathfrak{P}} \cap \mathcal{O}$ von K auf, so folgt aus dem Produktsatz (2.3) für die Differente und aus dem Normensatz (2.9):

(2.11) Korollar. $\mathfrak{d} = \prod_{\mathfrak{P}} \mathfrak{d}_{\mathfrak{P}}$.

Wir nennen die Erweiterung $L|K$ **unverzweigt**, wenn alle Primideale $\mathfrak{p}$ von K unverzweigt sind, oder, wie wir auch sagen können, alle Primstellen von K schlechthin, weil die unendlichen wegen $e_{\mathfrak{P}|\mathfrak{p}} = 1$ immer als unverzweigt anzusehen sind.

(2.12) Korollar. *Ein Primideal $\mathfrak{p}$ von K ist genau dann verzweigt in L, wenn $\mathfrak{p}|\mathfrak{d}$.*

Insbesondere ist die Erweiterung $L|K$ unverzweigt, wenn die Diskriminante $\mathfrak{d} = (1)$ ist.

Eine Verknüpfung dieses Resultates mit der Minkowski-Theorie führt zu zwei wichtigen Theoremen über unverzweigte Erweiterungen, die dem klassischen Bestand der algebraischen Zahlentheorie angehören. Das erste dieser Resultate lautet:

(2.13) Theorem. *Sei S eine endliche Menge von Primstellen von K. Dann gibt es nur endlich viele Erweiterungen $L|K$ von gegebenem Grad n, die außerhalb S unverzweigt sind.*

Beweis: Ist $L|K$ eine außerhalb S unverzweigte Erweiterung vom Grade n, so ist ihre Diskriminante $\mathfrak{d}_{L|K}$ nach (2.12) und (2.6) einer der endlich vielen Teiler des Ideals $\mathfrak{a} = \prod_{\substack{\mathfrak{p}\in S\\ \mathfrak{p}\nmid\infty}} \mathfrak{p}^{n(1+v_\mathfrak{p}(n))}$. Es genügt daher zu zeigen, daß es nur endlich viele Erweiterungen $L|K$ vom Grade n mit gegebener Diskriminante gibt. Wegen (2.2) und (2.10) ist $N_{K|\mathbb{Q}}(\mathfrak{d}_{L|K})$ ein Teiler von $\mathfrak{d}_{L|\mathbb{Q}}$. Da es nur endlich viele Ideale $\mathfrak{a}$ von K gibt mit gegebener Norm $N_{K|\mathbb{Q}}(\mathfrak{a})$ und da $[L:K]$ ein Teiler von $n[K:\mathbb{Q}]$ ist, dürfen wir o.B.d.A. $K=\mathbb{Q}$ annehmen. Schließlich unterscheidet sich die Diskriminante von $L(\sqrt{-1})|\mathbb{Q}$ von der von $L|\mathbb{Q}$ nur um einen konstanten Faktor, so daß es genügt, den Nachweis zu führen, daß nur endlich viele Körper $K|\mathbb{Q}$ vom Grade n mit $\sqrt{-1}\in K$ existieren, die eine gegebene Diskriminante d besitzen. K hat dann nur komplexe Einbettungen $\tau : K \to \mathbb{C}$, und es sei τ_0 eine ausgewählte von ihnen. Im Minkowski-Raum

$$K_\mathbb{R} = [\prod_\tau \mathbb{C}\,]^+$$

(vgl. Kap. I, § 5) betrachten wir die zentralsymmetrische konvexe Menge

$$X = \{(z_\tau)\in K_\mathbb{R} \mid |\mathrm{Im}\, z_{\tau_0}| < C\sqrt{|d|},\ |Re\, z_{\tau_0}| < 1,\ |z_\tau| < 1 \quad \text{für} \quad \tau \neq \tau_0, \bar{\tau}_0\}\,,$$

wobei C eine beliebig große, nur von n abhängige Konstante ist. Bei passender Wahl von C wird dann das Volumen

$$\mathrm{vol}(X) > 2^n\sqrt{|d|} = 2^n\,\mathrm{vol}(\mathcal{O}_K)\,,$$

wobei $\mathrm{vol}(\mathcal{O}_K)$ das Grundmaschenvolumen des Gitters $j\mathcal{O}_K$ in $K_\mathbb{R}$ ist (vgl. Kap. I, (5.2)). Nach dem Minkowskischen Gitterpunktsatz (Kap. I, (4.4)) gibt es daher ein $\alpha\in\mathcal{O}_K$, $\alpha\neq 0$, so daß $j\alpha = (\tau\alpha)\in X$, d.h.

$$(*)\quad |\mathrm{Im}(\tau_0\alpha)| < C\sqrt{|d|},\ |Re(\tau_0\alpha)| < 1\,, \quad |\tau\alpha| < 1 \quad \text{für} \quad \tau\neq\tau_0, \bar{\tau}_0\,.$$

Dieses α ist ein primitives Element von K, d.h. $K=\mathbb{Q}(\alpha)$. In der Tat, wegen $|N_{K|\mathbb{Q}}(\alpha)| = \prod_\tau |\tau\alpha| \geq 1$ muß $|\tau_0\alpha| > 1$ sein, also $\mathrm{Im}(\tau_0\alpha)\neq 0$, so daß die beiden Konjugierten $\tau_0\alpha$ und $\bar{\tau}_0\alpha$ von α verschieden sind.

Wegen $|\tau\alpha| < 1$ für $\tau \neq \tau_0, \bar{\tau}_0$ ist $\tau_0\alpha \neq \tau\alpha$ für alle $\tau \neq \tau_0$. Hieraus folgt $K = \mathbb{Q}(\alpha)$, denn wäre $\mathbb{Q}(\alpha) \subsetneqq K$, so hätte die Einschränkung $\tau_0|_{\mathbb{Q}(\alpha)}$ eine von τ_0 verschiedene Fortsetzung τ, im Widerspruch zu $\tau_0\alpha \neq \tau\alpha$.

Da nun die Konjugierten $\tau\alpha$ von α den nur von d und n abhängigen Beschränkungen $(*)$ unterliegen, so sind die Koeffizienten des Minimalpolynoms von α bei festem d und n beschränkt. Daher gibt es nur endlich viele Körper mit festem Grad und fester Diskriminante. □

Das zweite der angekündigten Theoreme und eine Verschärfung des ersten ergibt sich aus der folgenden *Diskriminantenabschätzung.*

(2.14) Satz. *Für die Diskriminante eines algebraischen Zahlkörpers K vom Grade n gilt*

$$|d_K|^{1/2} \geq \frac{n^n}{n!}\left(\frac{\pi}{4}\right)^{n/2}.$$

Beweis: Im Minkowski-Raum $K_{\mathbb{R}} = [\prod_\tau \mathbb{C}\,]^+$, $\tau \in \operatorname{Hom}(K, \mathbb{C})$, betrachten wir die konvexe, zentralsymmetrische Menge

$$X_t = \{(z_\tau) \in K_{\mathbb{R}} \mid \sum_\tau |z_\tau| < t\}.$$

Ihr Volumen berechnet sich zu

$$\operatorname{vol}(X_t) = 2^r\pi^s\frac{t^n}{n!}.$$

Stellen wir den (schon in Kap. I, § 5 zur Aufgabe gestellten (Aufgabe 2)) Beweis für den Augenblick zurück, so ergibt sich der Satz wie folgt aus dem Minkowskischen Gitterpunktsatz (Kap. I, (4.4)). Wir betrachten in $K_{\mathbb{R}}$ das durch $\mathcal{O}$ definierte Gitter $\Gamma = j\mathcal{O}$. Es hat nach Kap. I, (5.2) den Grundmascheninhalt $\operatorname{vol}(\Gamma) = \sqrt{|d_K|}$. Die Ungleichung

$$\operatorname{vol}(X_t) > 2^n \operatorname{vol}(\Gamma)$$

ist daher genau dann erfüllt, wenn $2^r\pi^s\frac{t^n}{n!} > 2^n\sqrt{|d_K|}$, also wenn

$$t^n = n!\left(\frac{4}{\pi}\right)^s\sqrt{|d_K|} + \varepsilon$$

mit einem $\varepsilon > 0$. In diesem Fall gibt es ein $a \in \mathcal{O}$, $a \neq 0$, mit $ja \in X_t$. Weil dies für alle $\varepsilon > 0$ zutrifft und weil X_t nur endlich viele Gitterpunkte enthält, so ist es auch noch für $\varepsilon = 0$ richtig. Wenden wir jetzt die Ungleichung zwischen arithmetischem und geometrischem Mittel,

$$\frac{1}{n}\sum_\tau |z_\tau| \geq \left(\prod_\tau |z_\tau|\right)^{1/n},$$

an, so ergibt sich wie gewünscht

$$1 \le |N_{K|\mathbb{Q}}(a)| = \prod_\tau |\tau a| \le \frac{1}{n^n}\Big(\sum_\tau |\tau a|\Big)^n < \frac{t^n}{n^n} = \frac{n!}{n^n}\Big(\frac{4}{\pi}\Big)^s \sqrt{|d_K|}$$
$$\le \frac{n!}{n^n}\Big(\frac{4}{\pi}\Big)^{n/2} \sqrt{|d_K|}\,.$$

Hiernach kommt es nur noch auf den Beweis des folgenden Lemmas an.□

(2.15) Lemma. *Im Minkowski-Raum* $K_{\mathbb{R}} = [\prod_\tau \mathbb{C}\,]^+$ *hat der Bereich*

$$X_t = \{(z_\tau) \in K_{\mathbb{R}} \mid \sum_\tau |z_\tau| < t\}$$

das Volumen

$$\operatorname{vol}(X_t) = 2^r \pi^s \frac{t^n}{n!}\,.$$

Beweis: $\operatorname{vol}(X_t)$ ist das 2^s-fache des Lebesgue-Inhalts $\operatorname{vol}(f(X_t))$ der Bildmenge $f(X_t)$ unter der Abbildung Kap. I, (5.1),

$$f : K_{\mathbb{R}} \to \prod_\tau \mathbb{R}, \quad (z_\tau) \mapsto (x_\tau)\,,$$

mit $x_\rho = z_\rho$, $x_\sigma = \operatorname{Re}(z_\sigma)$, $x_{\bar\sigma} = \operatorname{Im}(z_\sigma)$. Setzen wir x_i, $i = 1,\dots,r$, anstelle von x_ρ und y_j, z_j, $j = 1,\dots,s$, anstelle von $x_\sigma, x_{\bar\sigma}$, so wird $f(X_t)$ durch die Ungleichung

$$x_1 + \cdots + x_r + 2\sqrt{y_1^2 + z_1^2} + \cdots + 2\sqrt{y_s^2 + z_s^2} < t$$

beschrieben. Der Faktor 2 tritt wegen $|z_{\bar\sigma}| = |\bar z_\sigma| = |z_\sigma|$ auf. Nach Einführung von Polarkoordinaten $y_j = u_j \cos\theta_j$, $z_j = u_j \sin\theta_j$, $0 \le \theta_j \le 2\pi$, $0 \le u_j$, ist $\operatorname{Vol}(f(X_t))$ durch das Integral

$$I(t) = \int u_1 \dots u_s dx_1 \dots dx_r du_1 \dots du_s d\theta_1 \dots d\theta_s$$

über den Bereich

$$|x_1| + \cdots + |x_r| + 2u_1 + \cdots + 2u_s \le 1$$

gegeben. Schränken wir diesen Integrationsbereich auf $x_i \ge 0$ ein, so multipliziert sich das Integral mit 2^r, und wenn wir die Substitution $2u_j = w_j$ vornehmen, so wird

$$I(t) = 2^r 4^{-s} (2\pi)^s I_{r,s}(t)\,,$$

wobei das Integral

$$I_{r,s}(t) = \int w_1 \ldots w_s dx_1 \ldots dx_r\, dw_1 \ldots dw_s$$

über den Bereich $x_i \geq 0$, $w_j \geq 0$ und

$$(*) \qquad x_1 + \cdots + x_r + w_1 + \cdots + w_s \leq t$$

genommen werden muß. Offenbar ist $I_{r,s}(t) = t^{r+2s} I_{r,s}(1) = t^n I_{r,s}(1)$. Schreiben wir $x_2 + \cdots + x_r + w_1 + \cdots + w_s \leq t - x_1$, anstelle von $(*)$, so sehen wir, daß nach dem Satz von Fubini

$$\begin{aligned} I_{r,s}(1) &= \int_0^1 I_{r-1,s}(1-x_1)dx_1 = \int_0^1 (1-x_1)^{n-1} dx_1 \cdot I_{r-1,s}(1) \\ &= \frac{1}{n} I_{r-1,s}(1)\,. \end{aligned}$$

Durch Induktion ergibt sich hieraus

$$I_{r,s}(1) = \frac{1}{n(n-1)\cdots(n-r+1)} I_{0,s}(1)\,.$$

Auf die gleiche Weise erhalten wir

$$I_{0,s}(1) = \int_0^1 w_1(1-w_1)^{2s-2} dw_1 I_{0,s-1}(1)$$

und nach Ausführung der Integration und Induktion

$$I_{0,s}(1) = \frac{1}{(2s)!}\, I_{0,0}(1) = \frac{1}{(2s)!}\,.$$

Insgesamt ergibt sich $I_{r,s}(1) = \dfrac{1}{n!}$ und damit

$$\mathrm{vol}(X_t) = 2^s \mathrm{Vol}(f(X_t)) = 2^s 2^r 4^{-s} (2\pi)^s t^n I_{r,s}(1) = \frac{2^r \pi^s}{n!} t^n. \qquad \square$$

Setzt man in die Ungleichung (2.14) die Stirlingsche Formel

$$n! = \sqrt{2\pi n}\Big(\frac{n}{e}\Big)^n e^{\frac{\theta}{12n}},\ 0 < \theta < 1\,,$$

ein, so erhält man die Ungleichung

$$|d_K| > \Big(\frac{\pi}{4}\Big)^{2s} \frac{1}{2\pi n} e^{2n - \frac{1}{6n}}\,.$$

Mit wachsendem Grad strebt also der Diskriminantenbetrag eines algebraischen Zahlkörpers gegen unendlich. Im Beweis zu (2.13) haben wir gesehen, daß es nur endlich viele Zahlkörper mit beschränktem Grad und beschränkter Diskriminante gibt. Da nun der Grad beschränkt ist, wenn die Diskriminante es ist, so erhalten wir in Verschärfung zu (2.13) den

(2.16) Satz von Hermite. *Es gibt nur endlich viele Zahlkörper mit beschränkter Diskriminante.*

Für den Ausdruck $a_n = \frac{n^n}{n!}\left(\frac{\pi}{4}\right)^{n/2}$ gilt

$$a_{n+1}/a_n = \left(\frac{\pi}{4}\right)^{1/2}\left(1+\frac{1}{n}\right)^n > 1\,,$$

d.h. $a_{n+1} > a_n$. Wegen $a_2 = \frac{\pi}{2} > 1$ ergibt sich aus (2.14) somit der

(2.17) Satz von Minkowski. *Die Diskriminante eines von $\mathbb{Q}$ verschiedenen Zahlkörpers K ist $\neq \pm 1$.*

Verbinden wir dieses Resultat mit dem Korollar (2.12), so erhalten wir das

(2.18) Theorem. *Der Körper $\mathbb{Q}$ besitzt keine unverzweigten Erweiterungen.*

Die letzten Resultate haben eine ganz grundsätzliche Bedeutung für die Zahlentheorie, welche sich besonders deutlich im Lichte höherdimensionaler Analoga zeigt. Anstelle der endlichen Körpererweiterungen $L|K$ des Zahlkörpers K betrachte man etwa die sämtlichen glatten vollständigen (d.h. eigentlichen) algebraischen Kurven von einem festen Geschlecht g über K. Ist $\mathfrak{p}$ ein Primideal von K, so kann man für jede solche Kurve X eine „Reduktion mod $\mathfrak{p}$" bilden. Dies ist eine Kurve über dem Restklassenkörper von $\mathfrak{p}$. Man sagt, daß X *gute Reduktion* an der Stelle $\mathfrak{p}$ hat, wenn ihre Reduktion $\bmod \mathfrak{p}$ wieder eine glatte Kurve ist. Dies entspricht der Unverzweigtheit bei den Erweiterungen $L|K$. In Analogie zum Satz von Hermite sprach der russische Mathematiker *I.S. Šafarevič* die Vermutung aus, daß es nur endlich viele glatte vollständige Kurven vom Geschlecht g über K gibt, die außerhalb einer fest vorgegebenen endlichen Primstellenmenge S gute Reduktion haben. Diese Vermutung wurde im Jahre 1983 von dem Mathematiker

Gerd Faltings bewiesen (vgl. [35]). Welche Schlagkraft dieses Resultat besitzt, erkennt der Laie an der Tatsache, daß es die Grundlage bildet zum ebenfalls von *Faltings* geführten Beweis der berühmten **Mordell-Vermutung**:

Jede algebraische Gleichung

$$f(x,y) = 0$$

vom Geschlecht $g > 1$ mit Koeffizienten in K besitzt nur **endlich viele Lösungen** in K.

Insbesondere hat die Fermatsche Gleichung $x^n + y^n = 1$ für $n \geq 3$ stets nur endlich viele rationale Lösungen, ein Ergebnis, das in der langen Geschichte des Fermatschen Problems vor der Entwicklung der modernen arithmetisch-algebraischen Geometrie außerhalb jeglicher Reichweite lag.

Ein eindimensionales Analogon des Satzes (2.18) von Minkowski wurde im Jahre 1985 von dem französischen Mathematiker *J.-M. Fontaine* bewiesen: Über dem Körper $\mathbb{Q}$ gibt es überhaupt keine glatten eigentlichen Kurven mit guter Reduktion $\bmod p$ für alle Primzahlen p (vgl. [39]).

Aufgabe 1. Sei $d(\alpha) = d(1, \alpha, \ldots, \alpha^{n-1})$ für ein Element $\alpha \in \mathcal{O}$ mit $L = K(\alpha)$. Zeige, daß $\mathfrak{d}_{L|K}$ von allen Elementdiskriminanten $d(\alpha)$ erzeugt wird, wenn o ein vollständiger diskreter Bewertungsring ist und die Restkörpererweiterung $\lambda|\kappa$ separabel. Mit anderen Worten: $\mathfrak{d}_{L|K}$ ist gleich dem ggT aller Elementdiskriminanten. Dies ist i.a. nicht der Fall. Gegenbeispiel: $K = \mathbb{Q}$, $L = \mathbb{Q}(\alpha)$, $\alpha^3 - \alpha^2 - 2\alpha - 8 = 0$. (vgl. [60], Kap. III, § 25, S. 443). Schlagwort: Es gibt *außerwesentliche Diskriminantenteiler.*

Aufgabe 2. Sei $L|K$ eine galoissche Erweiterung henselscher Körper mit separabler Restkörpererweiterung $\lambda|\kappa$, und sei G_i, $i \geq 0$, die i-te Verzweigungsgruppe. Ist dann $\mathfrak{D}_{L|K} = \mathfrak{P}^s$, so gilt

$$s = \sum_{i=0}^{\infty} (\#G_i - 1).$$

Hinweis: Wenn $\mathcal{O} = o[x]$ ist (vgl. Kap. II, (10.4)), so ist $s = v_L(\delta_{L|K}(x)) = \sum_{\substack{\sigma \in G \\ \sigma \neq 1}} v_L(x - \sigma x)$.

Aufgabe 3. Der Differentialmodul $\Omega^1_{\mathcal{O}|o}$ wird durch ein einziges Element dx, $x \in \mathcal{O}$ erzeugt, und es gibt eine exakte $\mathcal{O}$-Modulsequenz

$$0 \to \mathfrak{D}_{\mathcal{O}|o} \to \mathcal{O} \to \Omega^1_{\mathcal{O}|o} \to 0.$$

Aufgabe 4. Für einen Turm $M \supseteq L \supseteq K$ algebraischer Zahlkörper hat man eine exakte $\mathcal{O}_M$-Modulsequenz

$$0 \to \Omega^1_{L|K} \otimes \mathcal{O}_M \to \Omega^1_{M|K} \to \Omega^1_{M|L} \to 0 .$$

Aufgabe 5. Ist ζ eine primitive p^n-te Einheitswurzel, so ist

$$\mathfrak{D}_{\mathbb{Q}_p(\zeta)|\mathbb{Q}_p} = \mathfrak{P}^{p^{n-1}(pn-n-1)} .$$

§ 3. Riemann-Roch

Wir haben in § 1 mit dem Begriff der vollständigen Divisoren eine Terminologie in die Zahlentheorie eingeführt, die an den Gegebenheiten in der Funktionentheorie orientiert ist, und müssen uns die Frage stellen, inwiefern diese Sicht unserer Zielsetzung genügt, auch den *Resultaten* der Zahlentheorie eine geometrisch-funktionentheoretische Fassung zu geben, und umgekehrt den klassischen Sätzen der Funktionentheorie einen zahlentheoretischen Sinn. Unter den letzteren ist als wichtigster Vertreter der Satz von Riemann-Roch hervorzuheben. Eine geometrisch sich gebärdende Zahlentheorie muß darauf gerichtet sein, auch diesen Satz in adäquater Form einzubeziehen. Dieser Aufgabe wenden wir uns jetzt zu.

Wir erinnern zunächst an die klassische Situation in der Funktionentheorie. Ihr zugrunde liegt eine kompakte Riemannsche Fläche X mit der Garbe $\mathcal{O}_X$ der holomorphen Funktionen. Jedem Divisor $D = \sum_{P \in X} \nu_P P$ von X ist ein **Geradenbündel** $\mathcal{O}(D)$ zugeordnet, d.h. ein $\mathcal{O}_X$-Modul, der lokal frei vom Rang 1 ist. Ist U eine offene Teilmenge von X und $K(U)$ der Ring der meromorphen Funktionen auf U, so ist der Vektorraum $\mathcal{O}(D)(U)$ der Schnitte der Garbe $\mathcal{O}(D)$ über U durch

$$\mathcal{O}(D)(U) = \{f \in K(U) \mid \operatorname{ord}_P(f) \geq -\nu_P \quad \text{für alle } P \in U\}$$

gegeben. Das Riemann-Roch-Problem besteht in der Berechnung der Dimension

$$l(D) = \dim H^0(X, \mathcal{O}(D))$$

des Vektorraums der globalen Schnitte

$$H^0(X, \mathcal{O}(D)) = \mathcal{O}(D)(X) .$$

In seiner ersten Fassung gibt nun der Satz von Riemann-Roch nicht direkt für $H^0(X, \mathcal{O}(D))$ eine Formel, sondern für die **Euler-Poincaré-Charakteristik**

$$\chi(\mathcal{O}(D)) = \dim H^0(X, \mathcal{O}(D)) - \dim H^1(X, \mathcal{O}(D)) .$$

Sie lautet

$$\chi(\mathcal{o}(D)) = \deg(D) + 1 - g\,,$$

wobei g das **Geschlecht** von X ist. Für den Divisor $D = 0$ ist $\mathcal{o}(D) = \mathcal{o}_X$ und $\deg(D) = 0$, also $\chi(\mathcal{o}_X) = 1 - g$, so daß man diese Gleichung auch durch

$$\chi(\mathcal{o}(D)) = \deg(D) + \chi(\mathcal{o}_X)$$

ersetzen kann. Die klassische Riemann-Rochsche Formel

$$l(D) - l(\mathcal{K} - D) = \deg(D) + 1 - g$$

gewinnt man hieraus unter Verwendung des SERREschen Dualitätssatzes, nach dem $H^1(X, \mathcal{o}(D))$ dual ist zu $H^0(X, \omega \otimes \mathcal{o}(-D))$, wobei $\omega = \Omega_X^1$ der sogenannte **kanonische Modul** von X ist und $\mathcal{K} = \mathrm{div}(\omega)$ der zugehörige Divisor (siehe etwa [51], chap. III, 7.12.1 und chap. IV, 1.1.3).

Um nun diesen Sachverhalt in der Zahlentheorie nachzuahmen, erinnern wir an die Erläuterungen von Kap. I, § 14 und Kap. III, § 1: Wir übergeben den Primstellen $\mathfrak{p}$ eines algebraischen Zahlkörpers K die Rolle von Punkten eines Raumes X, den man als Analogon einer *kompakten* Riemannschen Fläche ansehe, und den Elementen $f \in K^*$ die Rolle von „meromorphen Funktionen" auf diesem Raum X. Als Pol- bzw. Nullstellenordnung von f im Punkte $\mathfrak{p} \in X$ ist für $\mathfrak{p} \nmid \infty$ die ganze Zahl $v_\mathfrak{p}(f)$, und für $\mathfrak{p} | \infty$ die reelle Zahl $v_\mathfrak{p}(f) = -\log|\tau f|$ anzusehen. Hierdurch ist jedem $f \in K^*$ der vollständige Divisor

$$\mathrm{div}(f) = \sum_\mathfrak{p} v_\mathfrak{p}(f)\mathfrak{p} \in Div(\bar{\mathcal{o}})$$

zugeordnet.

Genauer interessiert man sich bei vorgegebenem Divisor $D = \sum_\mathfrak{p} \nu_\mathfrak{p} \mathfrak{p}$ für das vollständige Ideal

$$\mathcal{o}(D) = \prod_\mathfrak{p} \mathfrak{p}^{-\nu_\mathfrak{p}}$$

und die Menge

$$H^0(\mathcal{o}(D)) = \{f \in K^* \mid \mathrm{div}(f) \geq -D\}$$
$$= \{f \in \mathcal{o}(D)_\mathfrak{f} \mid 0 \neq |f|_\mathfrak{p} \leq \mathfrak{N}(\mathfrak{p})^{\nu_\mathfrak{p}} \quad \text{für} \quad \mathfrak{p} | \infty\}\,,$$

wobei die Relation $D' \geq D$ zwischen Divisoren $D' = \sum_\mathfrak{p} \nu'_\mathfrak{p} \mathfrak{p}$ und $D = \sum_\mathfrak{p} \nu_\mathfrak{p} \mathfrak{p}$ einfach $\nu'_\mathfrak{p} \geq \nu_\mathfrak{p}$ für alle $\mathfrak{p}$ bedeuten soll. Man beachte, daß $H^0(\mathcal{o}(D))$ kein Vektorraum mehr ist. Ein Analogon zu $H^1(X, \mathcal{o}(D))$

fehlt ganz. Anstatt nun die Größenbestimmung der Menge $H^0(\mathcal{O}(D))$ direkt anzugehen, betrachten wir wie in der Funktionentheorie eine „Euler-Poincaré-Charakteristik" des vollständigen Ideals $\mathcal{O}(D)$. Bevor wir diese definieren, wollen wir den Zusammenhang herstellen zwischen dem Minkowski-Raum $K_{\mathbb{R}} = [\prod_\tau \mathbb{C}\,]^+$, $\tau \in \operatorname{Hom}(K, \mathbb{C})$, und dem Produkt $\prod_{\mathfrak{p}|\infty} K_{\mathfrak{p}}$. Der Leser möge erlauben, sich die einfache Sachlage in einer Skizze erklären zu lassen.

Man hat die Beziehungen

$$\begin{array}{lcl} \rho : K \to \mathbb{R} & \mapsto & \mathfrak{p} \text{ reelle Primstelle, } \rho = \rho_{\mathfrak{p}} : K_{\mathfrak{p}} \xrightarrow{\sim} \mathbb{R}\,, \\ \sigma, \bar\sigma : K \to \mathbb{C} & \mapsto & \mathfrak{p} \text{ komplexe Primstelle, } \sigma = \sigma_{\mathfrak{p}} : K_{\mathfrak{p}} \xrightarrow{\sim} \mathbb{C}\,. \end{array}$$

Es bestehen die Isomorphismen

$$\begin{array}{lcllcl} K \otimes_{\mathbb{Q}} \mathbb{R} & \xrightarrow{\sim} & K_{\mathbb{R}}\,, & a \otimes x & \mapsto & ((\tau a)x)_\tau\,, \\ K \otimes_{\mathbb{Q}} \mathbb{R} & \xrightarrow{\sim} & \prod_{\mathfrak{p}|\infty} K_{\mathfrak{p}}\,, & a \otimes x & \mapsto & ((\tau_{\mathfrak{p}} a)x)_{\mathfrak{p}|\infty}\,, \end{array}$$

$\tau_{\mathfrak{p}}$ die kanonische Einbettung $K \to K_{\mathfrak{p}}$ (vgl. Kap. II, (8.3)). Diese fügen sich in das kommutative Diagramm

$$\begin{array}{ccccccc} K \otimes \mathbb{R} & \cong & K_{\mathbb{R}} & = & \prod\limits_{\rho} \mathbb{R} & \times & \prod\limits_{\sigma} [\mathbb{C} \times \mathbb{C}\,]^+ \\ \| & & \cong\uparrow & & \cong\uparrow \prod \rho_{\mathfrak{p}} & & \cong\uparrow \prod [\sigma_{\mathfrak{p}} \times \bar\sigma_{\mathfrak{p}}\,] \\ K \otimes \mathbb{R} & \cong & \prod\limits_{\mathfrak{p}|\infty} K_{\mathfrak{p}} & = & \prod\limits_{\mathfrak{p} \text{ reell}} K_{\mathfrak{p}} & \times & \prod\limits_{\mathfrak{p} \text{ komplex}} K_{\mathfrak{p}}\,, \end{array}$$

in dem der rechte Pfeil durch $a \mapsto (\sigma a, \bar\sigma a)$ gegeben ist. Durch diese Isomorphie identifizieren wir $K_{\mathbb{R}}$ mit $\prod_{\mathfrak{p}|\infty} K_{\mathfrak{p}}$:

$$K_{\mathbb{R}} = \prod_{\mathfrak{p}|\infty} K_{\mathfrak{p}}\,.$$

Das Skalarprodukt $\langle x, y\rangle = \sum_\tau x_\tau \bar y_\tau$ auf $K_{\mathbb{R}}$ geht dann über in

$$\langle x, y\rangle = \sum_{\mathfrak{p} \text{ reell}} x_{\mathfrak{p}} y_{\mathfrak{p}} + \sum_{\mathfrak{p} \text{ komplex}} (x_{\mathfrak{p}} \bar y_{\mathfrak{p}} + \bar x_{\mathfrak{p}} y_{\mathfrak{p}})\,.$$

Das durch $\langle x, y\rangle$ auf $K_{\mathbb{R}}$ festgelegte Haarsche Maß μ wird das Produkt-Maß

$$\mu = \prod_{\mathfrak{p}|\infty} \mu_{\mathfrak{p}}\,,$$

wobei

$$\begin{array}{lcl} \mu_{\mathfrak{p}} & = & \text{Lebesguesches Maß auf } K_{\mathfrak{p}} = \mathbb{R}, \text{ falls } \mathfrak{p} \text{ reell,} \\ \mu_{\mathfrak{p}} & = & 2 \text{ Lebesguesches Maß auf } K_{\mathfrak{p}} = \mathbb{C}\,, \text{ falls } \mathfrak{p} \text{ komplex.} \end{array}$$

Für das Skalarprodukt $x\bar y + \bar x y$ auf $K_{\mathfrak{p}} = \mathbb{C}$ ist nämlich $1/\sqrt{2}$, $i/\sqrt{2}$ eine Orthonormalbasis, so daß das Quadrat $Q = \{z = x + iy \mid 0 \le x, y \le 1/\sqrt{2}\}$ den Inhalt $\mu_{\mathfrak{p}}(Q) = 1$ hat, aber den Lebesgue-Inhalt $1/2$.

Schließlich geht die in der Minkowski-Theorie betrachtete Logarithmen-Abbildung

$$l : [\prod_\tau \mathbb{C}^*]^+ \to [\prod_\tau \mathbb{R}]^+ , \ x \mapsto (\log |x_\tau|)_\tau ,$$

über in die Abbildung

$$l : \prod_{\mathfrak{p}|\infty} K_\mathfrak{p}^* \to \prod_{\mathfrak{p}|\infty} \mathbb{R}, \ x \mapsto (\log |x_\mathfrak{p}|_\mathfrak{p}) ,$$

denn es besteht das kommutative Diagramm

$$\begin{array}{ccc} K_{\mathbb{R}}^* & \xrightarrow{\ l\ } & [\prod_\tau \mathbb{R}]^+ \\ \downarrow & & \downarrow \\ \prod_{\mathfrak{p}|\infty} K_\mathfrak{p}^* & \xrightarrow{\ l\ } & \prod_{\mathfrak{p}|\infty} \mathbb{R} , \end{array}$$

wenn der rechte Pfeil

$$[\prod_\tau \mathbb{R}]^+ = \prod_\rho \mathbb{R} \times \prod_\sigma [\mathbb{R} \times \mathbb{R}]^+ \to \prod_{\mathfrak{p}|\infty} \mathbb{R}$$

durch $x \mapsto x$ für $\rho \leftrightarrow \mathfrak{p}$ und durch $(x,x) \mapsto 2x$ für $\sigma \leftrightarrow \mathfrak{p}$ definiert wird. Dieser Isomorphismus überführt die Spurabbildung $x \mapsto \sum_\tau x_\tau$ auf $[\prod_\tau \mathbb{R}]^+$ in die Spurabbildung $x \mapsto \sum_{\mathfrak{p}|\infty} x_\mathfrak{p}$ auf $\prod_{\mathfrak{p}|\infty} \mathbb{R}$, also den Spur-Null-Raum $H = \{x \in K_{\mathbb{R}} \mid \sum_\tau x_\tau = 0\}$ in den Spur-Null-Raum

$$H = \{x \in \prod_{\mathfrak{p}|\infty} K_\mathfrak{p} \mid \sum_{\mathfrak{p}|\infty} x_\mathfrak{p} = 0\} .$$

Damit haben wir alle benötigten Invarianten des Minkowski-Raumes $K_{\mathbb{R}}$ auf das Produkt $\prod_{\mathfrak{p}|\infty} K_\mathfrak{p}$ übertragen.

Jedem vollständigen Ideal

$$\mathfrak{a} = \mathfrak{a}_f \cdot \mathfrak{a}_\infty = \prod_{\mathfrak{p}\nmid\infty} \mathfrak{p}^{\nu_\mathfrak{p}} \times \prod_{\mathfrak{p}|\infty} \mathfrak{p}^{\nu_\mathfrak{p}}$$

ordnen wir nun ein vollständiges Gitter $j\mathfrak{a}$ in $K_{\mathbb{R}}$ zu: Das gebrochene Ideal $\mathfrak{a}_f \subseteq K$ wird durch die Einbettung $j : K \to K_{\mathbb{R}}$ auf ein vollständiges Gitter $j\mathfrak{a}_f$ von $K_{\mathbb{R}} = \prod_{\mathfrak{p}|\infty} K_\mathfrak{p}$ abgebildet. Durch komponentenweise Multiplikation liefert $\mathfrak{a}_\infty = \prod_{\mathfrak{p}|\infty} \mathfrak{p}^{\nu_\mathfrak{p}} = (\dots, e^{\nu_\mathfrak{p}}, \dots)_{\mathfrak{p}|\infty}$ einen Isomorphismus

$$\mathfrak{a}_\infty : K_{\mathbb{R}} \to K_{\mathbb{R}}, \quad (x_\mathfrak{p})_{\mathfrak{p}|\infty} \mapsto (e^{\nu_\mathfrak{p}} x_\mathfrak{p})_{\mathfrak{p}|\infty} ,$$

mit der Determinante

$$(*) \qquad \det(\mathfrak{a}_\infty) = \prod_{\mathfrak{p}|\infty} e^{\nu_\mathfrak{p} f_\mathfrak{p}} = \prod_{\mathfrak{p}|\infty} \mathfrak{N}(\mathfrak{p})^{\nu_\mathfrak{p}} = \mathfrak{N}(\mathfrak{a}_\infty) .$$

Das Bild des Gitters $j\mathfrak{a}_\mathfrak{f}$ unter dieser Abbildung ist ein vollständiges Gitter

$$j\mathfrak{a} := \mathfrak{a}_\infty j\mathfrak{a}_\mathfrak{f}\,.$$

Mit $\operatorname{vol}(\mathfrak{a})$ bezeichneten wir das **Volumen einer Grundmasche** von $j\mathfrak{a}$ bzgl. des kanonischen Maßes. Wegen $(*)$ gilt dann

$$\operatorname{vol}(\mathfrak{a}) = \mathfrak{N}(\mathfrak{a}_\infty)\operatorname{vol}(\mathfrak{a}_\mathfrak{f})\,.$$

(3.1) Definition. *Ist $\mathfrak{a}$ ein vollständiges Ideal von K, so soll die reelle Zahl*

$$\chi(\mathfrak{a}) = -\log\operatorname{vol}(\mathfrak{a})$$

die **Euler-Minkowski-Charakteristik** *von $\mathfrak{a}$ heißen.*

Ihre natürliche Erklärung findet diese Definition in § 8.

(3.2) Satz. *Die Euler-Minkowski-Charakteristik $\chi(\mathfrak{a})$ hängt nur von der Klasse von $\mathfrak{a}$ in $Pic(\bar{o}) = J(\bar{o})/P(\bar{o})$ ab.*

Beweis: Sei $[\,a\,] = [\,a\,]_\mathfrak{f}\cdot[\,a\,]_\infty = (a)\times[\,a\,]_\infty$ ein vollständiges Hauptideal. Dann ist

$$[\,a\,]\mathfrak{a} = a\mathfrak{a}_\mathfrak{f}\times[\,a\,]_\infty\mathfrak{a}_\infty\,.$$

Das Gitter $j(a\mathfrak{a}_\mathfrak{f})$ ist das Bild des Gitters $j\mathfrak{a}_\mathfrak{f}$ unter der linearen Abbildung $ja : K_\mathbb{R}\to K_\mathbb{R}$, $(x_\mathfrak{p})_{\mathfrak{p}|\infty}\mapsto(ax_\mathfrak{p})_{\mathfrak{p}|\infty}$. Der Betrag der Determinante dieser Abbildung ist offenbar

$$|\det(ja)| = \prod_{\mathfrak{p}|\infty}|a|_\mathfrak{p} = \prod_{\mathfrak{p}|\infty}\mathfrak{N}(\mathfrak{p})^{-v_\mathfrak{p}(a)} = \mathfrak{N}([\,a\,]_\infty)^{-1}\,.$$

Für das kanonische Maß gilt daher

$$\operatorname{vol}(a\mathfrak{a}_\mathfrak{f}) = \mathfrak{N}([\,a\,]_\infty)^{-1}\operatorname{vol}(\mathfrak{a}_\mathfrak{f})\,.$$

Dies zusammen mit $(*)$ ergibt

$$\operatorname{vol}([\,a\,]\mathfrak{a}) = \mathfrak{N}([\,a\,]_\infty\mathfrak{a}_\infty)\operatorname{vol}(a\mathfrak{a}_\mathfrak{f}) = \mathfrak{N}(\mathfrak{a}_\infty)\operatorname{vol}(\mathfrak{a}_\mathfrak{f}) = \operatorname{vol}(\mathfrak{a})\,,$$

also $\chi([\,a\,]\mathfrak{a}) = \chi(\mathfrak{a})$. □

Die Euler-Minkowski-Charakteristik ergibt sich ganz explizit aus dem Satz Kap. I, (5.2) der Minkowski-Theorie.

(3.3) Satz. *Für jedes vollständige Ideal* $\mathfrak{a}$ *von* K *gilt*

$$\operatorname{vol}(\mathfrak{a}) = \sqrt{|d_K|}\,\mathfrak{N}(\mathfrak{a})\,.$$

Beweis: Nach Multiplikation mit einem vollständigen Hauptideal $[\,a\,]$ dürfen wir wegen $\operatorname{vol}([\,a\,]\mathfrak{a}) = \operatorname{vol}(\mathfrak{a})$ und $\mathfrak{N}([\,a\,]\mathfrak{a}) = \mathfrak{N}(\mathfrak{a})$ annehmen, daß $\mathfrak{a}_\mathfrak{f}$ ein ganzes Ideal von K ist. Nach Kap. I, (5.2) ist das Volumen einer Grundmasche von $\mathfrak{a}_\mathfrak{f}$ durch

$$\operatorname{vol}(\mathfrak{a}_\mathfrak{f}) = \sqrt{|d_K|}(\mathcal{O} : \mathfrak{a}_\mathfrak{f})$$

gegeben, so daß

$$\operatorname{vol}(\mathfrak{a}) = \mathfrak{N}(\mathfrak{a}_\infty)\operatorname{vol}(\mathfrak{a}_\mathfrak{f}) = \mathfrak{N}(\mathfrak{a}_\infty)\sqrt{|d_K|}\,\mathfrak{N}(\mathfrak{a}_\mathfrak{f}) = \sqrt{|d_K|}\,\mathfrak{N}(\mathfrak{a})\,. \qquad \square$$

Im Hinblick auf das kommutative Diagramm in § 1 auf S. 203 bezeichnen wir jetzt als **Grad** des vollständigen Ideals $\mathfrak{a}$ die reelle Zahl

$$\deg(\mathfrak{a}) = -\log \mathfrak{N}(\mathfrak{a}) = \deg(\operatorname{div}(\mathfrak{a}))\,.$$

Unter Beachtung von

$$\chi(\mathcal{O}) = -\log \sqrt{|d_K|}$$

liefert der Satz (3.3) dann die erste Fassung des Riemann-Rochschen Satzes:

(3.4) Satz. *Für jedes vollständige Ideal von* K *gilt die Formel*

$$\chi(\mathfrak{a}) = \deg(\mathfrak{a}) + \chi(\mathcal{O})\,.$$

In der Funktionentheorie besteht zwischen der Euler-Poincaré-Charakteristik und dem Geschlecht g der betrachteten Riemannschen Fläche X die Beziehung

$$\chi(\mathcal{O}) = \dim H^0(X, \mathcal{O}_X) - \dim H^1(X, \mathcal{O}_X) = 1 - g\,.$$

Ein direktes Analogon zu $H^1(X, \mathcal{O}_X)$ gibt es in der Zahlentheorie nicht, wohl aber ein Analogon zu $H^0(X, \mathcal{O}_X)$. Für jedes vollständige Ideal $\mathfrak{a} = \prod_\mathfrak{p} \mathfrak{p}^{\nu_\mathfrak{p}}$ des Zahlkörpers K definieren wir

$$H^0(\mathfrak{a}) = \{f \in K^* \mid v_\mathfrak{p}(f) \geq \nu_\mathfrak{p} \quad \text{für alle} \quad \mathfrak{p}\}\,.$$

Dies ist eine endliche Menge, weil $jH^0(\mathfrak{a})$ in dem durch $|f|_\mathfrak{p} \leq e^{-\nu_\mathfrak{p} f_\mathfrak{p}}$, $\mathfrak{p}|\infty$, beschränkten Bereich des Gitters $j\mathfrak{a}_\mathfrak{f} \subseteq K_\mathbb{R}$ liegt. Als Analogon der Dimension setzen wir $l(\mathfrak{a}) = 0$, falls $H^0(\mathfrak{a}) = \emptyset$, und sonst

$$l(\mathfrak{a}) := \log \frac{\#H^0(\mathfrak{a})}{\mathrm{vol}(W)},$$

wobei der Normierungsfaktor vol(W) das Volumen der Menge

$$W = \{(z_\tau) \in K_{\mathbb{R}} = [\prod_\tau \mathbb{C}\,]^+ \mid |z_\tau| \le 1\}$$

ist. Dieses Volumen ist explizit durch

$$\mathrm{vol}(W) = 2^r (2\pi)^s$$

gegeben, wobei r bzw. s die Anzahl der reellen bzw. komplexen Primstellen von K bedeutet (s. den Beweis zu Kap. I, (5.3)). Insbesondere ist

$$H^0(\mathcal{O}) = \mu(K), \quad \text{also } l(\mathcal{O}) = \log \frac{\#\mu(K)}{2^r (2\pi)^s},$$

denn aus $|f|_\mathfrak{p} \le 1$ für alle $\mathfrak{p}$ und $\prod_\mathfrak{p} |f|_\mathfrak{p} = 1$ folgt $|f|_\mathfrak{p} = 1$ für alle $\mathfrak{p}$, so daß $H^0(\mathcal{O})$ eine endliche Untergruppe von K^* ist und somit aus allen Einheitswurzeln bestehen muß. Durch diese Normierung gelangen wir zwangsweise zur folgenden Definition des Geschlechts eines Zahlkörpers, die schon ad hoc im Jahre 1939 von dem französischen Mathematiker *André Weil* vorgeschlagen wurde (vgl. [138]).

(3.5) Definition. *Unter dem* **Geschlecht** *des Zahlkörpers K verstehen wir die reelle Zahl*

$$g = l(\mathcal{O}) - \chi(\mathcal{O}) = \log \frac{\#\mu(K)\sqrt{|d_K|}}{2^r (2\pi)^s}.$$

Man beachte, daß das Geschlecht des rationalen Zahlkörpers $\mathbb{Q}$ gleich 0 ist. Mit dieser Definition erhält jetzt die Riemann-Rochsche Formel (3.4) das folgende Aussehen.

(3.6) Satz. *Für jedes vollständige Ideal $\mathfrak{a}$ von K gilt*

$$\chi(\mathfrak{a}) = \deg(\mathfrak{a}) + l(\mathcal{O}) - g.$$

Für das Analogon der scharfen Riemann-Rochschen Formel

$$l(D) = \deg(D) + 1 - g + l(\mathcal{K} - D)$$

sorgt der folgende tieferliegende Satz der Minkowski-Theorie, in dem sich ein zahlentheoretisches Analogon der Serre-Dualität wiederspiegelt. Wie immer bezeichnet dabei r bzw. s die Anzahl der reellen bzw. komplexen Primstellen und $n = [K : \mathbb{Q}]$.

(3.7) Satz. *Für die vollständigen Ideale* $\mathfrak{a} = \prod_{\mathfrak{p}} \mathfrak{p}^{\nu_{\mathfrak{p}}} \in J(\bar{o})$ *gilt*

$$\#H^0(\mathfrak{a}^{-1}) = \frac{2^r(2\pi)^s}{\sqrt{|d_K|}}\mathfrak{N}(\mathfrak{a}) + O(\mathfrak{N}(\mathfrak{a})^{1-\frac{1}{n}})$$

für $\mathfrak{N}(\mathfrak{a}) \to \infty$. *Dabei bedeutet wie üblich* $O(t)$ *eine Funktion, derart daß* $O(t)/t$ *für* $t \to \infty$ *beschränkt bleibt.*

Zum Beweis des Satzes benötigen wir das folgende

(3.8) Lemma. *Seien* $\mathfrak{a}_1, \dots, \mathfrak{a}_h$ *gebrochene Ideale, die die Klassen der endlichen Idealklassengruppe* $Pic(o)$ *repräsentieren. Sei* c *eine positive Konstante und*

$$\mathfrak{A}_i = \{\mathfrak{a} = \prod_{\mathfrak{p}} \mathfrak{p}^{\nu_{\mathfrak{p}}} \mid \mathfrak{a}_f = \mathfrak{a}_i,\ \mathfrak{N}(\mathfrak{p})^{\nu_{\mathfrak{p}}} \le c\mathfrak{N}(\mathfrak{a})^{f_{\mathfrak{p}}/n} \quad \text{für} \quad \mathfrak{p}|\infty\}.$$

Dann kann man die Konstante c *so wählen, daß*

$$J(\bar{o}) = \bigcup_{i=1}^{h} \mathfrak{A}_i P(\bar{o}).$$

Beweis: Sei $\mathfrak{B}_i = \{\mathfrak{a} \in J(\bar{o}) \mid \mathfrak{a}_f = \mathfrak{a}_i\}$. Da man jedes $\mathfrak{a} \in J(\bar{o})$ durch Multiplikation mit einem vollständigen Hauptideal $[a]$ in ein vollständiges Ideal $\mathfrak{a}' = \mathfrak{a}[a]$ verwandeln kann mit $\mathfrak{a}'_f = \mathfrak{a}_i$ für ein i, so ist $J(\bar{o}) = \bigcup_{i=1}^{h} \mathfrak{B}_i P(\bar{o})$. Es genügt somit zu zeigen, daß $\mathfrak{B}_i \subseteq \mathfrak{A}_i P(\bar{o})$ für $i = 1, \dots, h$, wenn die Konstante c passend gewählt ist. Sei dazu $\mathfrak{a} = \mathfrak{a}_i \mathfrak{a}_\infty \in \mathfrak{B}_i$, $\mathfrak{a}_\infty = \prod_{\mathfrak{p}|\infty} \mathfrak{p}^{\nu_{\mathfrak{p}}} \in \prod_{\mathfrak{p}|\infty} \mathbb{R}_+^*$. Für das vollständige Ideal

$$\mathfrak{a}'_\infty = \mathfrak{a}_\infty \mathfrak{N}(\mathfrak{a}_\infty)^{-\frac{1}{n}} = \prod_{\mathfrak{p}|\infty} \mathfrak{p}^{\nu'_{\mathfrak{p}}},$$

$\nu'_{\mathfrak{p}} = \nu_{\mathfrak{p}} - \frac{1}{n}\sum_{\mathfrak{q}|\infty} f_{\mathfrak{q}}\nu_{\mathfrak{q}}$, gilt dann $\mathfrak{N}(\mathfrak{a}'_\infty) = 1$, d.h. $\sum_{\mathfrak{p}|\infty} f_{\mathfrak{p}}\nu'_{\mathfrak{p}} = 0$. Der Vektor

$$(\dots, f_{\mathfrak{p}}\nu'_{\mathfrak{p}}, \dots) \in \prod_{\mathfrak{p}|\infty} \mathbb{R}$$

liegt daher im Spur-Null-Raum $H = \{(x_{\mathfrak{p}}) \in \prod_{\mathfrak{p}|\infty} \mathbb{R} \mid \sum_{\mathfrak{p}|\infty} x_{\mathfrak{p}} = 0\}$. In diesem haben wir nach Kap. I, (7.3) das vollständige Einheitengitter $\lambda(o^*)$. Es gibt daher einen Gitterpunkt $\lambda(u) = (\dots, -f_{\mathfrak{p}}v_{\mathfrak{p}}(u), \dots)_{\mathfrak{p}|\infty}$, $u \in o^*$, so daß

$$|f_{\mathfrak{p}}\nu'_{\mathfrak{p}} - f_{\mathfrak{p}}v_{\mathfrak{p}}(u)| \le f_{\mathfrak{p}}c_0$$

mit einer nur vom Gitter $\lambda(\mathcal{O}^*)$ abhängigen Konstanten c_0. Hieraus folgt

$$\nu_\mathfrak{p}-v_\mathfrak{p}(u) = \nu'_\mathfrak{p}+\frac{1}{n}\sum_{\mathfrak{q}|\infty} f_\mathfrak{q}\nu_\mathfrak{q}-v_\mathfrak{p}(u) \le \frac{1}{n}\log \mathfrak{N}(\mathfrak{a}_\infty)+c_0 = \frac{1}{n}\log \mathfrak{N}(\mathfrak{a})+c_1$$

mit $c_1 = c_0 - \frac{1}{n}\log \mathfrak{N}(\mathfrak{a}_i)$. Setzen wir nun $\mathfrak{b} = \mathfrak{a}[u^{-1}] = \prod_\mathfrak{p} \mathfrak{p}^{n_\mathfrak{p}}$, so ist $\mathfrak{b}_\mathfrak{f} = \mathfrak{a}_i$ wegen $[u]_\mathfrak{f} = (u) = (1)$ und

$$f_\mathfrak{p} n_\mathfrak{p} = f_\mathfrak{p}(\nu_\mathfrak{p} - v_\mathfrak{p}(u)) \le \frac{f_\mathfrak{p}}{n}\log \mathfrak{N}(\mathfrak{a}) + c_1\,,$$

d.h. $\mathfrak{N}(\mathfrak{p})^{n_\mathfrak{p}} \le e^{c_1}\mathfrak{N}(\mathfrak{a})^{f_\mathfrak{p}/n}$ für $\mathfrak{p}|\infty$, also $\mathfrak{b} \in \mathfrak{A}_i$, so daß $\mathfrak{a} = \mathfrak{b}[u] \in \mathfrak{A}_i P(\bar{\mathcal{O}})$, wenn $c = e^{c_1}$. □

Beweis von (3.7): Wegen $O(t) = O(t) - 1$ dürfen wir $H^0(\mathfrak{a}^{-1})$ durch

$$\bar{H}^0(\mathfrak{a}^{-1}) = H^0(\mathfrak{a}^{-1}) \cup \{0\} = \{f \in \mathfrak{a}_\mathfrak{f}^{-1} \mid |f|_\mathfrak{p} \le \mathfrak{N}(\mathfrak{p})^{\nu_\mathfrak{p}} \quad \text{für } \mathfrak{p}|\infty\}$$

ersetzen. Wir haben zu zeigen, daß es Konstanten C, C' gibt, so daß

$$(*) \qquad |\#\bar{H}^0(\mathfrak{a}^{-1}) - \frac{2^r(2\pi)^s}{\sqrt{|d_K|}}\mathfrak{N}(\mathfrak{a})| \le C\mathfrak{N}(\mathfrak{a})^{1-\frac{1}{n}}$$

für alle $\mathfrak{a} \in J(\bar{\mathcal{O}})$ mit $\mathfrak{N}(\mathfrak{a}) \ge C'$. Für $a \in K^*$ wird nun die Menge $\bar{H}^0(\mathfrak{a}^{-1})$ durch $x \mapsto ax$ bijektiv auf die Menge $\bar{H}^0(a\mathfrak{a}^{-1})$ abgebildet. Die Zahlen $\#\bar{H}^0(\mathfrak{a}^{-1})$ und $\mathfrak{N}(\mathfrak{a})$ hängen also beide nur von der Klasse $\mathfrak{a}$ modulo $P(\bar{\mathcal{O}})$ ab. Da nach dem obigen Lemma $J(\bar{\mathcal{O}}) = \bigcup_{i=1}^h \mathfrak{A}_i P(\bar{\mathcal{O}})$ ist, genügt es $(*)$ für den Fall zu beweisen, daß $\mathfrak{a}$ die Menge $\mathfrak{A}_i$ durchläuft.

Zu diesem Nachweis benutzen wir für den Minkowski-Raum die Identifizierung

$$K_\mathbb{R} = \prod_{\mathfrak{p}|\infty} K_\mathfrak{p}$$

und hierauf das kanonische Maß. Wegen $\mathfrak{a}_\mathfrak{f} = \mathfrak{a}_i$ für $\mathfrak{a} = \prod_\mathfrak{p} \mathfrak{p}^{\nu_\mathfrak{p}} \in \mathfrak{A}_i$ ist

$$\bar{H}^0(\mathfrak{a}^{-1}) = \{f \in \mathfrak{a}_i^{-1} \mid |f|_\mathfrak{p} \le \mathfrak{N}(\mathfrak{p})^{\nu_\mathfrak{p}} \quad \text{für} \quad \mathfrak{p}|\infty\}\,.$$

Wir haben daher die Punkte des Gitters $\Gamma = j\mathfrak{a}_i^{-1} \subseteq K_\mathbb{R}$ zu zählen, die in den Bereich

$$P_\mathfrak{a} = \prod_{\mathfrak{p}|\infty} D_\mathfrak{p}$$

hineinfallen, wobei $D_\mathfrak{p} = \{x \in K_\mathfrak{p} \mid |x|_\mathfrak{p} \le \mathfrak{N}(\mathfrak{p})^{\nu_\mathfrak{p}}\}$ ist. Sei F eine Grundmasche von Γ. Wir betrachten die Mengen

$$X = \{\gamma \in \Gamma \mid (F+\gamma) \cap P_\mathfrak{a} \ne \emptyset\},$$
$$Y = \{\gamma \in \Gamma \mid F+\gamma \subseteq \mathring{P}_\mathfrak{a}\},$$
$$X \setminus Y = \{\gamma \in \Gamma \mid (F+\gamma) \cap \partial P_\mathfrak{a} \ne \emptyset\}.$$

Wegen $Y \subseteq \Gamma \cap P_{\mathfrak{a}} = \bar{H}^0(\mathfrak{a}^{-1}) \subseteq X$ und $\bigcup_{\gamma \in Y}(F+\gamma) \subseteq P_{\mathfrak{a}} \subseteq \bigcup_{\gamma \in X}(F+\gamma)$ gilt

$$\#Y \leq \#\bar{H}^0(\mathfrak{a}^{-1}) \leq \#X$$

und

$$\#Y \operatorname{vol}(F) \leq \operatorname{vol}(P_{\mathfrak{a}}) \leq \#X \operatorname{vol}(F)\,.$$

Hieraus folgt

$$\left|\#\bar{H}^0(\mathfrak{a}^{-1}) - \frac{\operatorname{vol}(P_{\mathfrak{a}})}{\operatorname{vol}(F)}\right| \leq \#X - \#Y = \#(X \smallsetminus Y)\,.$$

Für die Menge $P_{\mathfrak{a}} = \prod_{\mathfrak{p}|\infty} D_{\mathfrak{p}}$ haben wir nun

$$\operatorname{vol}(P_{\mathfrak{a}}) = \prod_{\mathfrak{p}\text{ reell}} 2\mathfrak{N}(\mathfrak{p})^{\nu_{\mathfrak{p}}} \prod_{\mathfrak{p}\text{ komplex}} 2\pi\mathfrak{N}(\mathfrak{p})^{\nu_{\mathfrak{p}}} = 2^r(2\pi)^s\mathfrak{N}(\mathfrak{a}_\infty)$$

(wobei man beachte, daß bei der Identifizierung $K_{\mathfrak{p}} = \mathbb{C}$ die Gleichung $|x|_{\mathfrak{p}} = |x|^2$ gilt). Für die Grundmasche F haben wir nach (3.3)

$$\operatorname{vol}(F) = \sqrt{|d_K|}\,\mathfrak{N}(\mathfrak{a}_{\mathfrak{f}}^{-1})\,.$$

Es ergibt sich hiermit

$$|\#H^0(\mathfrak{a}^{-1}) - \frac{2^r(2\pi)^s}{\sqrt{|d_K|}}\mathfrak{N}(\mathfrak{a})| \leq \#(X \smallsetminus Y)\,.$$

Nach dieser Ungleichung genügt es zu zeigen, daß es Konstanten C, C' gibt mit

$$\#(X \smallsetminus Y) = \#\{\gamma \in \Gamma \mid (F+\gamma) \cap \partial P_{\mathfrak{a}} \neq \emptyset\} \leq C\mathfrak{N}(\mathfrak{a})^{1-\frac{1}{n}}$$

für alle $\mathfrak{a} \in \mathfrak{A}_i$ mit $\mathfrak{N}(\mathfrak{a}) \geq C'$. Wir wählen $C' = 1$ und finden die Konstante C im weiteren Beweisgang. Wir parametrisieren die Menge $P_{\mathfrak{a}} = \prod_{\mathfrak{p}|\infty} D_{\mathfrak{p}}$ durch die Abbildung

$$\varphi : I^n \to P_{\mathfrak{a}}\,,$$

$I = [0,1]$, die gegeben ist durch

$$\begin{array}{lll} I \to D_{\mathfrak{p}}\,, & t \mapsto 2\alpha_{\mathfrak{p}}(t - \frac{1}{2})\,, & \text{falls } \mathfrak{p} \text{ reell,} \\ I^2 \to D_{\mathfrak{p}}\,, & (\rho,\theta) \mapsto \sqrt{\alpha_{\mathfrak{p}}}(\rho\cos 2\pi\theta, \rho\sin 2\pi\theta)\,, & \text{falls } \mathfrak{p} \text{ komplex,} \end{array}$$

wobei $\alpha_{\mathfrak{p}} = \mathfrak{N}(\mathfrak{p})^{\nu_{\mathfrak{p}}}$. Wir schätzen die Norm $\| d\varphi(x) \|$ der Ableitung $d\varphi(x) : \mathbb{R}^n \to \mathbb{R}^n$ ab ($x \in I^n$). Wenn $d\varphi(x) = (a_{ik})$, so ist $\| d\varphi(x) \| \leq n \max |a_{ik}|$. Jede partielle Ableitung von φ ist nun beschränkt durch $2\alpha_{\mathfrak{p}}$ bzw. $2\pi\sqrt{\alpha_{\mathfrak{p}}}$. Wegen $\mathfrak{a} \in \mathfrak{A}_i$ ist $\alpha_{\mathfrak{p}} = \mathfrak{N}(\mathfrak{p})^{\nu_{\mathfrak{p}}} \leq c\mathfrak{N}(\mathfrak{a})^{f_{\mathfrak{p}}/n}$ für alle $\mathfrak{p}|\infty$, so daß

$$\| d\varphi(x) \| \leq 2\pi n \max \alpha^{1/f_{\mathfrak{p}}} \leq c_1\mathfrak{N}(\mathfrak{a})^{1/n}\,.$$

Aus dem Mittelwertsatz folgt daher

$$(**) \qquad \| \varphi(x) - \varphi(y) \| \le c_1 \mathfrak{N}(\mathfrak{a})^{1/n} \| x - y \| ,$$

wobei $\| \quad \|$ die euklidische Norm ist. Der Rand von $P_\mathfrak{a}$,

$$\partial P_\mathfrak{a} = \bigcup_\mathfrak{p} [\, \partial D_\mathfrak{p} \times \prod_{\mathfrak{q} \neq \mathfrak{p}} D_\mathfrak{q} \,] ,$$

wird durch endliche viele Randwürfel I^{n-1} von I^n parametrisiert. Jede Kante von I^{n-1} teilen wir in $m = [\, \mathfrak{N}(\mathfrak{a})^{1/n} \,] \ge C' = 1$ gleiche Strecken auf und erhalten für I^{n-1} eine Zerlegung in m^{n-1} kleine Würfel von einem Durchmesser $\le (n-1)^{1/2}/m$. Wegen $(**)$ hat das Bild eines solchen kleinen Würfels unter φ einen Durchmesser $\le \frac{(n-1)^{1/2}}{m} c_1 \mathfrak{N}(\mathfrak{a})^{1/n} \le (n-1)^{1/2} c_1 \frac{m+1}{m} \le (n-1)^{1/2} c_1 2 =: c_2$. Die Zahl der Verschiebungen $F + \gamma$, $\gamma \in \Gamma$, die einen Bereich vom Durchmesser $\le c_2$ treffen, ist durch eine Konstante c_3 beschränkt, die nur von c_2 und der Grundmasche F abhängt. Das Bild eines kleinen Würfels unter φ trifft also höchstens c_3 Verschiebungen $F + \gamma$. Da wir in $\varphi(I^{n-1})$ genau $m^{n-1} = [\, \mathfrak{N}(\mathfrak{a})^{1/n} \,]^{n-1}$ Würfel haben, so trifft $\varphi(I^{n-1})$ höchstens $c_3 [\, \mathfrak{N}(\mathfrak{a})^{1/n} \,]^{n-1} \le c_3 \mathfrak{N}(\mathfrak{a})^{1-\frac{1}{n}}$ Verschiebungen, und da der Rand $\partial P_\mathfrak{a}$ von höchstens $2n$ solcher Teile $\varphi(I^{n-1})$ überdeckt wird, so ergibt sich in der Tat

$$\#\{\gamma \in \Gamma \,|\, (F + \gamma) \cap \partial P_\mathfrak{a} \neq \emptyset\} \le C \mathfrak{N}(\mathfrak{a})^{1-\frac{1}{n}}$$

für alle $\mathfrak{a} \in \mathfrak{A}_i$ mit $\mathfrak{N}(\mathfrak{a}) \ge 1$, mit einer von $\mathfrak{a} \in \mathfrak{A}_i$ unabhängigen Konstanten $C = 2nc_3$, q.e.d. □

Aufgrund des soeben bewiesenen Satzes ergibt sich nun die scharfe Form des Riemann-Rochschen Satzes, die wir in der Sprache der Divisoren aussprechen wollen. Sei $D = \sum_\mathfrak{p} \nu_\mathfrak{p} \mathfrak{p}$ ein vollständiger Divisor von K,

$$H^0(D) = H^0(\mathcal{O}(D)) = \{ f \in K^* \,|\, v_\mathfrak{p}(f) \ge -\nu_\mathfrak{p} \} ,$$

$$l(D) = l(\mathcal{O}(D)) = \log \frac{\# H^0(D)}{\mathrm{vol}(W)} \quad \text{und} \quad \chi(D) = \chi(\mathcal{O}(D)) .$$

Wir nennen die Zahl

$$i(D) = l(D) - \chi(D)$$

den **Spezialitätsindex** von D und erhalten das

(3.9) Theorem (Riemann-Roch). *Für jeden vollständigen Divisor $D \in Div(\bar{\mathcal{O}})$ haben wir die Formel*

$$l(D) = \deg(D) + l(\mathcal{O}) - g + i(D) .$$

Für den Spezialitätsindex $i(D)$ gilt

$$i(D) = O(e^{-\frac{1}{n}\deg(D)}),$$

insbesondere also $i(D) \to 0$ für $\deg(D) \to \infty$.

Beweis: Die Formel für $l(D)$ folgt unmittelbar aus $\chi(D) = \deg(D) + l(\mathfrak{o}) - g$ und $\chi(D) = l(D) - i(D)$. Setzen wir $\mathfrak{a}^{-1} = \mathfrak{o}(D)$, so ist nach (3.7)

$$\frac{\#H^0(\mathfrak{a}^{-1})}{2^r(2\pi)^s} = \frac{\mathfrak{N}(\mathfrak{a})}{\sqrt{|d_K|}}\left(1 + \varphi(\mathfrak{a})\mathfrak{N}(\mathfrak{a})^{-1/n}\right),$$

mit einer Funktion $\varphi(\mathfrak{a})$, die für $\mathfrak{N}(\mathfrak{a}) \to \infty$, also $\deg(D) = -\log\mathfrak{N}(\mathfrak{a}^{-1}) = \log\mathfrak{N}(\mathfrak{a}) \to \infty$, beschränkt bleibt. Durch Logarithmieren erhalten wir unter Beachtung von $\log(1+O(t)) = O(t)$ und $\mathfrak{N}(\mathfrak{a})^{-1/n} = \exp(-\frac{1}{n}\deg D)$,

$$\begin{aligned} l(D) = l(\mathfrak{a}^{-1}) &= -\log(\sqrt{|d_K|}\mathfrak{N}(\mathfrak{a}^{-1})) + O(\mathfrak{N}(\mathfrak{a})^{-1/n}) \\ &= \chi(D) + O(e^{-\frac{1}{n}\deg D}), \end{aligned}$$

also $i(D) = l(D) - \chi(D) = O(e^{-\frac{1}{n}\deg D})$. □

Wir wollen zum Schluß die Veränderung studieren, die die Euler-Minkowski-Charakteristik und das Geschlecht erfährt, wenn wir den Körper K wechseln. Sei $L|K$ eine endliche Erweiterung und $\mathfrak{o}$ bzw. $\mathcal{O}$ der Ring der ganzen Zahlen von K bzw. L. In § 2 haben wir den **Dedekindschen Komplementärmodul**

$$\mathfrak{C}_{L|K} = \{x \in L \mid Tr\,(x\mathcal{O}) \subseteq \mathfrak{o}\} \cong \mathrm{Hom}_{\mathfrak{o}}(\mathcal{O}, \mathfrak{o})$$

betrachtet. Dieser ist ein gebrochenes Ideal in L, dessen Inverses die Differente $\mathfrak{D}_{L|K}$ ist. In ihm treten nach (2.6) nur diejenigen Primideale von L auf, die über K verzweigt sind.

(3.10) Definition. *Das gebrochene Ideal*

$$\omega_K = \mathfrak{C}_{K|\mathbb{Q}} \cong \mathrm{Hom}_{\mathbb{Z}}(\mathfrak{o}, \mathbb{Z})$$

wird der **kanonische Modul** *des Zahlkörpers K genannt.*

Nach (2.2) gilt der

(3.11) Satz. *Zwischen den kanonischen Moduln von L und K besteht die Beziehung*

$$\omega_L = \mathfrak{C}_{L|K}\omega_K\,.$$

Der kanonische Modul ω_K steht mit der Euler-Minkowski-Charakteristik $\chi(\mathcal{O})$ und dem Geschlecht g von K in der folgenden Relation, die sich aus der Formel (3.3)

$$\operatorname{vol}(\mathcal{O}) = \sqrt{|d_K|}$$

ergibt.

(3.12) Satz. $\deg \omega_K = -2\chi(\mathcal{O}) = 2g - 2l(\mathcal{O})$.

Beweis: Nach (2.9) ist $N_{K|\mathbb{Q}}(\mathfrak{D}_{K|\mathbb{Q}})$ das Diskriminantenideal $\mathfrak{d}_{K|\mathbb{Q}} = (d_K)$, und daher nach (1.6), (iii)

$$\mathfrak{N}(\omega_K) = \mathfrak{N}(\mathfrak{D}_{K|\mathbb{Q}})^{-1} = \mathfrak{N}(\mathfrak{d}_{K|\mathbb{Q}})^{-1} = |d_K|^{-1},$$

also wegen $\operatorname{vol}(\mathcal{O}) = \sqrt{|d_K|}$ in der Tat

$$\deg \omega_K = -\log \mathfrak{N}(\omega_K) = \log |d_K| = 2 \log \operatorname{vol}(\mathcal{O}) = -2\chi(\mathcal{O}) = 2g - 2l(\mathcal{O}).$$

□

Als Analogon der **Riemann-Hurwitz-Formel** in der Funktionentheorie erhalten wir nun für das Geschlecht den

(3.13) Satz. *Sei $L|K$ eine endliche Erweiterung und g_L bzw. g_K das Geschlecht von L bzw. K. Dann gilt*

$$g_L - l(\mathcal{O}_L) = [L:K](g_K - l(\mathcal{O}_K)) + \frac{1}{2} \deg \mathfrak{C}_{L|K}.$$

Insbesondere gilt für eine unverzweigte Erweiterung $L|K$:

$$\chi(\mathcal{O}_L) = [L:K]\chi(\mathcal{O}_K).$$

Beweis: Wegen $\omega_L = \mathfrak{C}_{L|K}\omega_K$ ist

$$\mathfrak{N}(\omega_L) = \mathfrak{N}(i_{L|K}\omega_K)\mathfrak{N}(\mathfrak{C}_{L|K}) = \mathfrak{N}(\omega_K)^{[L:K]}\mathfrak{N}(\mathfrak{C}_{L|K}),$$

also

$$\deg \omega_L = [L:K] \deg \omega_K + \deg \mathfrak{C}_{L|K}.$$

Damit folgt der Satz aus (3.12). □

Die Riemann-Hurwitz-Formel gibt uns die Auskunft, daß wir bei der in § 1 getroffenen Entscheidung, die Erweiterung $\mathbb{C}\,|\,\mathbb{R}$ als *unverzweigt* anzusehen, gar keine andere Wahl hatten. In der Funktionentheorie nämlich nimmt der dem Ideal $\mathfrak{C}_{L|K}$ entsprechende Modul gerade die Verzweigungspunkte der betrachteten Überlagerung Riemannscher Flächen auf. Will man diesen Umstand in der Zahlentheorie erhalten, so müssen die unendlichen Primstellen $\mathfrak{P}$ von L notwendigerweise sämtlich als unverzweigt erklärt werden, weil sie in dem Ideal $\mathfrak{C}_{L|K}$ nicht auftreten.

Hiernach scheint die Unverzweigtheit von $\mathbb{C}\,|\,\mathbb{R}$ eine naturgegebene Fügung zu sein. Bei genauerer Betrachtung ist dies jedoch nicht der Fall. Sie ist vielmehr die Folge einer versteckten, ganz zu Anfang getroffenen Wahl. Diese besteht darin, daß wir in Kap. I, § 5 den Minkowski-Raum

$$K_{\mathbb{R}} = [\prod_{\tau} \mathbb{C}\,]^{+}$$

mit der „kanonischen Metrik"

$$\langle x, y\rangle = \sum_{\tau} x_\tau \bar{y}_\tau$$

versehen haben. Ersetzen wir diese etwa durch die „Minkowski-Metrik"

$$(x, y) = \sum_{\tau} \alpha_\tau x_\tau \bar{y}_\tau\,,$$

$\alpha_\tau = 1$ falls $\tau = \bar{\tau}$, $\alpha_\tau = \frac{1}{2}$ falls $\tau \neq \bar{\tau}$, so ändert sich das ganze Bild. Zwischen den zu $\langle\ ,\ \rangle$ und $(\ ,\ )$ gehörigen Haarschen Maßen auf $K_{\mathbb{R}}$ besteht die Beziehung

$$\mathrm{vol}_{\text{kanonisch}}(X) = 2^s\, \mathrm{vol}_{\text{Minkowski}}(X)\,.$$

Wenn wir die Invarianten der Riemann-Roch-Theorie bzgl. des Minkowski-Maßes durch eine Tilde kennzeichnen, so ergeben sich die Beziehungen

$$\tilde{\chi}(\mathfrak{a}) = \chi(\mathfrak{a}) + \log 2^s,\ \tilde{l}(\mathfrak{a}) = l(\mathfrak{a}) + \log 2^s$$

(letzteres falls $H^0(\mathfrak{a}) \neq \emptyset$), während das Geschlecht erhalten bleibt. Setzt man dies in die Riemann-Hurwitz-Formel (3.13) ein, so bleibt ihre Gestalt nur dann erhalten, wenn man $\mathfrak{C}_{L|K}$ zu einem vollständigen Ideal ergänzt, in dem alle unendlichen Primstellen $\mathfrak{P}$ mit $L_{\mathfrak{P}} \neq K_{\mathfrak{p}}$ auftreten. Dies zwingt uns, die Erweiterung $\mathbb{C}\,|\,\mathbb{R}$ als *verzweigt* zu erklären, $\tilde{e}_{\mathfrak{P}|\mathfrak{p}} = [\,L_{\mathfrak{P}} : K_{\mathfrak{p}}\,]$, $\tilde{f}_{\mathfrak{P}|\mathfrak{p}} = 1$ zu setzen, und speziell

$$\tilde{e}_{\mathfrak{p}} = [\,K_{\mathfrak{p}} : \mathbb{R}],\ \tilde{f}_{\mathfrak{p}} = 1\,.$$

Es ergeben sich damit die folgenden Veränderungen. Für eine unendliche Primstelle $\mathfrak{p}$ hat man

$$\tilde{v}_{\mathfrak{p}}(a) = -\tilde{e}_{\mathfrak{p}} \log|\tau a|, \ \mathfrak{p}^\nu = e^{\nu/\tilde{e}_{\mathfrak{p}}}, \ \tilde{\mathfrak{N}}(\mathfrak{p}) = e$$

zu setzen. Die Absolutnorm und der Grad eines vollständigen Ideals $\mathfrak{a}$ bleiben unverändert:

$$\tilde{\mathfrak{N}}(\mathfrak{a}) = \mathfrak{N}(\mathfrak{a}), \ \widetilde{\deg}(\mathfrak{a}) = -\log \tilde{\mathfrak{N}}(\mathfrak{a}) = \deg(\mathfrak{a}).$$

Der kanonische Modul ω_K muß dagegen die Veränderung

$$\tilde{\omega}_K = \omega_K \prod_{\mathfrak{p} \text{ komplex}} \mathfrak{p}^{2\log 2}$$

erfahren, damit die Gleichung

$$\deg \tilde{\omega}_K = -2\tilde{\chi}(\mathcal{O}) = 2g - 2\tilde{l}(\mathcal{O})$$

entsteht. Dementsprechend muß man das Ideal $\mathfrak{C}_{L|K}$ durch das vollständige Ideal

$$\tilde{\mathfrak{C}}_{L|K} = \mathfrak{C}_{L|K} \prod_{\substack{\mathfrak{P}|\infty \\ e_{\mathfrak{P}|\mathfrak{p}} \neq 1}} \mathfrak{P}^{2\log 2}$$

ersetzen, so daß

$$\tilde{\omega}_L = \tilde{\mathfrak{C}}_{L|K}\, i_{L|K}(\tilde{\omega}_K).$$

In der gleichen Weise wie (3.13) erhält man dann die Riemann-Hurwitz-Formel

$$g_L - \tilde{l}(\mathcal{O}_L) = [\,L:K\,](g_K - \tilde{l}(\mathcal{O}_K)) + \frac{1}{2}\deg \tilde{\mathfrak{C}}_{L|K}.$$

Angesichts dieser Veränderungen, die sich aus dem Übergang von einer Metrik des Minkowski-Raumes $K_{\mathbb{R}}$ zu einer anderen ergeben, macht der Mathematiker *Uwe Jannsen* den Vorschlag, als Analoga der Funktionenkörper nicht die Zahlkörper K selbst anzusehen, sondern die mit einer Metrik der Form

$$\langle x, y\rangle_K = \sum_\tau \alpha_\tau x_\tau \bar{y}_\tau,$$

$\alpha_\tau > 0$, $\alpha_\tau = \alpha_{\bar{\tau}}$, auf $K_{\mathbb{R}}$ versehenen Zahlkörper, welche **metrisierte Zahlkörper** heißen sollen. Diese Idee trifft in der Tat die Sachlage in genauer Weise und ist für die algebraische Zahlentheorie von grundlegender Bedeutung. Wir bezeichnen die metrisierten Zahlkörper $(K, \langle\ ,\ \rangle_K)$ mit $\widetilde{K}$ und führen für sie die folgenden Invarianten ein. Sei

$$\langle x, y\rangle_K = \sum_\tau \alpha_\tau x_\tau \bar{y}_\tau.$$

Sei $\mathfrak{p} = \mathfrak{p}_\tau$ die zu $\tau : K \to \mathbb{C}$ gehörige unendliche Primstelle. Wir setzen dann $\alpha_\mathfrak{p} = \alpha_\tau$. Den Buchstaben $\mathfrak{p}$ benützen wir gleichzeitig für die positive reelle Zahl

$$\mathfrak{p} = e^{\alpha_\mathfrak{p}} \in \mathbb{R}_+^*,$$

die wir als das vollständige Ideal $(1) \times (1, \cdots, 1, e^{\alpha_\mathfrak{p}}, 1, \cdots, 1) \in J(\mathcal{O}) \times \prod_{\mathfrak{p}|\infty} \mathbb{R}_+^*$ auffassen. Wir setzen

$$e_\mathfrak{p} = 1/\alpha_\mathfrak{p} \quad \text{und} \quad f_\mathfrak{p} = \alpha_\mathfrak{p}[K_\mathfrak{p} : \mathbb{R}]$$

und definieren die zu $\mathfrak{p}$ gehörige Bewertung $v_\mathfrak{p}$ von K^* durch

$$v_\mathfrak{p}(a) = -e_\mathfrak{p} \log |\tau a| .$$

Ferner setzen wir

$$\mathfrak{N}(\mathfrak{p}) = e^{f_\mathfrak{p}} \quad \text{und} \quad |a|_\mathfrak{p} = \mathfrak{N}(\mathfrak{p})^{-v_\mathfrak{p}(a)},$$

so daß wieder $|a|_\mathfrak{p} = |\tau a|$ falls $\mathfrak{p}$ reell und $|a|_\mathfrak{p} = |\tau a|^2$ falls $\mathfrak{p}$ komplex. Für jedes vollständige Ideal $\mathfrak{a}$ von K haben wir eine eindeutige Darstellung $\mathfrak{a} = \prod_\mathfrak{p} \mathfrak{p}^{\nu_\mathfrak{p}}$ und damit die Absolutnorm $\mathfrak{N}(\mathfrak{a}) = \prod_\mathfrak{p} \mathfrak{N}(\mathfrak{p})^{\nu_\mathfrak{p}}$, und den Grad

$$\deg_{\widetilde{K}}(\mathfrak{a}) = -\log \mathfrak{N}(\mathfrak{a}) .$$

Als *kanonischen Modul* von $\widetilde{K}$ definieren wir das vollständige Ideal

$$\omega_{\widetilde{K}} = \omega_K \cdot \omega_\infty \in J(\bar{\mathcal{O}}) = J(\mathcal{O}) \times \prod_{\mathfrak{p}|\infty} \mathbb{R}_+^*,$$

wobei ω_K das Inverse der Differente $\mathfrak{D}_{K|\mathbb{Q}}$ von $K|\mathbb{Q}$ ist und

$$\omega_\infty = (\alpha_\mathfrak{p}^{-1})_{\mathfrak{p}|\infty} \in \prod_{\mathfrak{p}|\infty} \mathbb{R}_+^* .$$

Die Riemann-Roch-Theorie läßt sich nach dem oben skizzierten Vorbild auf die metrisierten Zahlkörper $\widetilde{K} = (K, \langle\ ,\ \rangle_K)$ mühelos übertragen. Wenn wir die Invarianten derselben mit dem Index $\widetilde{K}$ kennzeichnen, so erhalten wir die Beziehungen

$$\mathrm{vol}_{\widetilde{K}}(X) = \prod_\tau \sqrt{\alpha_\tau}\, \mathrm{vol}(X),$$

weil $T_\alpha : (K_\mathbb{R}, \langle\ ,\ \rangle_K) \to (K_\mathbb{R}, \langle\ ,\ \rangle)$, $(x_\tau) \mapsto (\sqrt{\alpha_\tau} x_\tau)$, eine Isometrie mit der Determinante $\prod_\tau \sqrt{\alpha_\tau}$ ist, und daher

$$\begin{aligned} \chi_{\widetilde{K}}(\mathcal{O}_K) &= -\log \mathrm{vol}_{\widetilde{K}}(\mathcal{O}_K) &&= \chi(\mathcal{O}_K) - \log \textstyle\prod_\tau \sqrt{\alpha_\tau}, \\ l_{\widetilde{K}}(\mathcal{O}_K) &= \log \frac{\# H^0(\mathcal{O}_K)}{\mathrm{vol}_{\widetilde{K}}(W)} &&= l(\mathcal{O}_K) - \log \textstyle\prod_\tau \sqrt{\alpha_\tau} . \end{aligned}$$

Das Geschlecht

$$g_{\widetilde{K}} = l_{\widetilde{K}}(o_K) - \chi_{\widetilde{K}}(o_K) = l(o_K) - \chi(o_K) = \log \frac{\#\mu(K)\sqrt{|d_K|}}{2^r(2\pi)^s}$$

ist von der Wahl der Metrik unabhängig.

Wie in der Funktionentheorie gibt es hiernach in der Zahlentheorie keinen kleinsten Körper mehr, sondern es tritt neben $\mathbb{Q}$ die kontinuierliche Schar metrisierter Körper $(\mathbb{Q}, \alpha xy)$, $\alpha \in \mathbb{R}_+^*$, die sämtlich das Geschlecht $g = 0$ haben. Es gilt sogar der

(3.14) Satz. *Die metrisierten Körper $(\mathbb{Q}, \alpha xy)$ sind die einzigen metrisierten Zahlkörper vom Geschlecht 0.*

Beweis: Es gilt

$$g_{\widetilde{K}} = \log \frac{\#\mu(K)\sqrt{|d_K|}}{2^r(2\pi)^s} = 0 \iff \#\mu(K)\sqrt{|d_K|} = 2^r(2\pi)^s.$$

Da π transzendent ist, muß $s = 0$, d.h. K total reell sein und daher $\#\mu(K) = 2$, also $|d_K| = 4^{n-1}$, $n = r = [K : \mathbb{Q}]$. Wegen der Diskriminantenabschätzung (2.14)

$$|d_K|^{1/2} \geq \frac{n^n}{n!}\left(\frac{\pi}{4}\right)^{n/2}$$

kann dies nur dann der Fall sein, wenn $n \leq 6$. Für diesen Fall hat man aber die schärferen Abschätzungen von ODLYZKO (vgl. [111], Table 2):

n	$=$	3	4	5	6
$\lvert d_K\rvert^{1/n}$	$\geq$	3,09	4,21	5,30	6,35

Dies verträgt sich nicht mit $|d_K|^{1/n} = 4^{\frac{n-1}{n}}$, so daß $n \leq 2$ sein muß. Einen reell-quadratischen Zahlkörper mit dem Diskriminantenbetrag $|d_K| = 4$ gibt es nicht (vgl. Kap. I, § 2, Aufgabe 4), so daß $n = 1$, also $K = \mathbb{Q}$ sein muß. □

Eine *Erweiterung metrisierter Zahlkörper* ist ein Paar $\widetilde{K} = (K, \langle\ ,\ \rangle_K)$, $\widetilde{L} = (L, \langle\ ,\ \rangle_L)$, so daß $K \subseteq L$ und daß für die Metriken

$$\langle x, y\rangle_K = \sum_\tau \alpha_\tau x_\tau \bar{y}_\tau \quad , \quad \langle x, y\rangle_L = \sum_\sigma \beta_\sigma x_\sigma \bar{y}_\sigma$$

die Beziehung $\alpha_\tau \geq \beta_\sigma$ gilt, wenn $\tau = \sigma|_K$. Sind $\mathfrak{P}|\mathfrak{p}$ übereinanderliegende unendliche Primstellen von $L|K$, $\mathfrak{P}$ zu σ und $\mathfrak{p}$ zu $\tau = \sigma|_K$ gehörig, so definieren wir *Verzweigungsindex* und *Trägheitsgrad* durch

$$e_{\mathfrak{P}|\mathfrak{p}} = \alpha_\tau/\beta_\sigma \quad \text{und} \quad f_{\mathfrak{P}|\mathfrak{p}} = \beta_\sigma/\alpha_\tau[L_{\mathfrak{P}} : K_{\mathfrak{p}}],$$

so daß wieder die fundamentale Gleichung

$$\sum_{\mathfrak{P}|\mathfrak{p}} e_{\mathfrak{P}|\mathfrak{p}} f_{\mathfrak{P}|\mathfrak{p}} = [L : K]$$

gilt. $\mathfrak{P}$ ist also genau dann unverzweigt, wenn $\alpha_\tau = \beta_\sigma$. Für die „vollständigen Primideale" $\mathfrak{p} = e^{\alpha_\tau}$, $\mathfrak{P} = e^{\beta_\sigma}$ setzen wir

$$i_{L|K}(\mathfrak{p}) = \prod_{\mathfrak{P}|\mathfrak{p}} \mathfrak{P}^{e_{\mathfrak{P}|\mathfrak{p}}}, \quad N_{L|K}(\mathfrak{P}) = \mathfrak{p}^{f_{\mathfrak{P}|\mathfrak{p}}}.$$

Schließlich erklären wir die *Differente* von $\widetilde{L}|\widetilde{K}$ als das vollständige Ideal

$$\mathfrak{D}_{\widetilde{L}|\widetilde{K}} = \mathfrak{D}_{L|K} \cdot \mathfrak{D}_\infty \in J(\bar{o}_L) = J(o_L) \times \prod_{\mathfrak{P}|\infty} \mathbb{R}_+^*,$$

wobei $\mathfrak{D}_{L|K}$ das Differentenideal von $L|K$ ist und

$$\mathfrak{D}_\infty = (\beta_{\mathfrak{P}}/\alpha_{\mathfrak{p}})_{\mathfrak{P}|\infty} \in \prod_{\mathfrak{P}|\infty} \mathbb{R}_+^*,$$

wobei $\beta_{\mathfrak{P}} = \beta_\sigma$ und $\alpha_{\mathfrak{p}} = \alpha_\tau$ ist ($\mathfrak{P}$ zu σ gehörig und $\mathfrak{p}$ zu $\tau = \sigma|_K$). Mit dieser Konvention erhalten wir dann die allgemeine *Riemann-Hurwitz-Formel*

$$g_{\widetilde{L}} - l_{\widetilde{L}}(o_L) = [L : K](g_{\widetilde{K}} - l_{\widetilde{K}}(o_K)) - \frac{1}{2} \deg \mathfrak{D}_{\widetilde{L}|\widetilde{K}}.$$

Für die mit der Minkowski-Metrik versehenen Zahlkörper $(K, \langle\ ,\ \rangle_K)$ sind die komplexen Primstellen $\mathfrak{p}$ immer *verzweigt* über $(\mathbb{Q}, xy)$. Auf diese Weise wird die in vielen Lehrbüchern zu findende Konvention mit der in diesem Buch festgelegten unter ein Dach gebracht.

§ 4. Metrisierte $\mathcal{O}$-Moduln

Die Riemann-Rochsche Theorie, wie wir sie im vorigen Paragraphen für die vollständigen Ideale kennengelernt haben, bettet sich in eine viel weiterreichende Theorie für endlich erzeugte $\mathcal{O}$-Moduln ein, in der sie ihr eigentliches Wesen erst zeigt und sich der umfassendsten Verallgemeinerung zur Verfügung stellt. Diese Theorie ist einem Formalismus unterworfen, den *Alexander Grothendieck* für höherdimensionale algebraische Varietäten aufgebaut hat, und den wir jetzt für die algebraischen Zahlkörper entwickeln wollen. Dabei liegt wie zuvor auch hier unser Augenmerk vornehmlich auf der kompaktifizierenden Einbeziehung der unendlichen Primstellen. In beherrschender Weise zieht dadurch die lineare Algebra ein, für die wir den Leser auf [15] verweisen. Unsere Ausführungen gründen sich auf eine Vorlesung von *Günter Tamme* über „Arakelov-Theorie und Grothendieck-Riemann-Roch", in der jedoch die Beweise nicht wie hier direkt durchgeführt, sondern vorwiegend als Spezialfälle aus der allgemeinen abstrakten Theorie erhalten wurden.

Sei K ein algebraischer Zahlkörper und $\mathcal{O}$ der Ring der ganzen Zahlen von K. Für den Übergang von K zu $\mathbb{R}$ und $\mathbb{C}$ setzen wir den Ring

(1) $$K_{\mathbb{C}} = K \otimes_{\mathbb{Q}} \mathbb{C}$$

an den Anfang aller Erörterungen. Er hat die folgenden zwei weiteren Interpretationen, die wir jederzeit gegeneinander und ohne weitere Erläuterung austauschen werden. Durch die Menge

$$X(\mathbb{C}) = \operatorname{Hom}(K, \mathbb{C})$$

erhalten wir eine kanonische Ringzerlegung

(2) $$K_{\mathbb{C}} \cong \bigoplus_{\sigma \in X(\mathbb{C})} \mathbb{C}\,, \quad a \otimes z \mapsto \bigoplus_{\sigma \in X(\mathbb{C})} z\sigma a\,.$$

Die rechte Seite können wir auch als die Menge $\mathbb{C}^{X(\mathbb{C})} = \operatorname{Hom}(X(\mathbb{C}), \mathbb{C})$ aller Funktionen $x : X(\mathbb{C}) \to \mathbb{C}$ auffassen, d.h.

(3) $$K_{\mathbb{C}} \cong \operatorname{Hom}(X(\mathbb{C}), \mathbb{C})\,.$$

Der Körper K bettet sich durch

$$K \to K \otimes_{\mathbb{Q}} \mathbb{C}\,, \quad a \mapsto a \otimes 1\,,$$

in $K_{\mathbb{C}}$ ein, und wir identifizieren ihn mit seinem Bild. In der Interpretation (2) erscheint das Bild von $a \in K$ als das Tupel $\bigoplus_\sigma \sigma a$ der Konjugierten von a und in der Interpretation (3) als die Funktion $x(\sigma) = \sigma a$.

Wir bezeichnen das erzeugende Element der Galoisgruppe $G(\mathbb{C}\,|\,\mathbb{R})$ mit F_∞ oder einfach mit F und heben dadurch seine zum Frobeniusautomorphismus $F_p \in G(\overline{\mathbb{F}}_p|\mathbb{F}_p)$ analoge Stellung hervor, ganz im Einklang mit der in § 1 getroffenen Entscheidung, die Erweiterung $\mathbb{C}\,|\,\mathbb{R}$ als unverzweigt anzusehen. F induziert auf $K_\mathbb{C}$ eine Involution F, die in der Darstellung $K_\mathbb{C} = \operatorname{Hom}(X(\mathbb{C}),\mathbb{C})$ für $x : X(\mathbb{C}) \to \mathbb{C}$ durch

$$(Fx)(\sigma) = \overline{x(\bar{\sigma})}$$

gegeben ist. F ist ein Automorphismus der $\mathbb{R}$-Algebra $K_\mathbb{C}$. Er wird die **Frobenius-Korrespondenz** genannt. Neben F betrachten wir auf $K_\mathbb{C}$ manchmal auch die Involution $z \mapsto \bar{z}$, die durch

$$\bar{z}(\sigma) = \overline{z(\sigma)}$$

gegeben ist. Diese werde die **Konjugation** genannt. Wir nennen schließlich ein Element $x \in K_\mathbb{C}$, also eine Funktion $x : X(\mathbb{C}) \to \mathbb{C}$, **positiv**, in Zeichen $x > 0$, wenn sie reelle Werte hat und wenn $x(\sigma) > 0$ für alle $\sigma \in X(\mathbb{C})$.

Wir verabreden, daß im folgenden jeder betrachtete $\mathcal{O}$-Modul als *endlich erzeugt* vorausgesetzt ist. Für jeden solchen $\mathcal{O}$-Modul M setzen wir

$$M_\mathbb{C} = M \otimes_\mathbb{Z} \mathbb{C}\,.$$

Dies ist ein Modul über dem Ring $K_\mathbb{C} = \mathcal{O} \otimes_\mathbb{Z} \mathbb{C}$, und wenn wir $\mathcal{O}$, wie verabredet, als Teilring von $K_\mathbb{C}$ auffassen, so können wir wegen $M \otimes_\mathbb{Z} \mathbb{C} = M \otimes_\mathcal{O} (\mathcal{O} \otimes_\mathbb{Z} \mathbb{C})$ auch

$$M_\mathbb{C} = M \otimes_\mathcal{O} K_\mathbb{C}$$

schreiben. Die Involution $x \mapsto Fx$ auf $K_\mathbb{C}$ induziert die Involution

$$F(a \otimes x) = a \otimes Fx$$

auf $M_\mathbb{C}$. In der Darstellung $M_\mathbb{C} = M \otimes_\mathbb{Z} \mathbb{C}$ ist offenbar

$$F(a \otimes z) = a \otimes \bar{z}\,.$$

(4.1) Definition. *Eine* **hermitesche Metrik** *auf dem $K_\mathbb{C}$-Modul $M_\mathbb{C}$ ist eine sesquilineare Abbildung*

$$\langle\ ,\ \rangle_M : M_\mathbb{C} \times M_\mathbb{C} \to K_\mathbb{C}\,,$$

d.h. eine im ersten Argument $K_\mathbb{C}$-lineare Form $\langle x, y\rangle_M$ mit der Eigenschaft

$$\overline{\langle x, y\rangle_M} = \langle y, x\rangle_M\,,$$

derart daß $\langle x, x\rangle_M > 0$ für $x \neq 0$.

Die Metrik $\langle\ ,\ \rangle_M$ *heißt* ***F*-invariant**, *wenn überdies gilt*

$$F\langle x,y\rangle_M = \langle Fx, Fy\rangle_M .$$

Dieser Begriff läßt sich sofort auf den gewöhnlichen Begriff einer hermiteschen Metrik zurückführen, wenn man den $K_{\mathbb{C}}$-Modul $M_{\mathbb{C}}$ entsprechend der Zerlegung $K_{\mathbb{C}} = \bigoplus_\sigma \mathbb{C}$ in die direkte Summe

$$M_{\mathbb{C}} = M \otimes_{\mathcal{O}} K_{\mathbb{C}} = \bigoplus_{\sigma \in X(\mathbb{C})} M_\sigma$$

der $\mathbb{C}$-Vektorräume

$$M_\sigma = M \otimes_{\mathcal{O},\sigma} \mathbb{C}$$

zerlegt. Die hermitesche Metrik $\langle\ ,\ \rangle_M$ zerlegt sich in die direkte Summe

$$\langle x,y\rangle_M = \bigoplus_{\sigma \in X(\mathbb{C})} \langle x_\sigma, y_\sigma\rangle_{M_\sigma}$$

hermitescher Skalarprodukte $\langle\ ,\ \rangle_{M_\sigma}$ auf den $\mathbb{C}$-Vektorräumen M_σ. Die F-Invarianz von $\langle x,y\rangle_M$ bedeutet bei dieser Interpretation die Kommutativität der Diagramme

$$\begin{array}{ccc} M_\sigma \times M_\sigma & \xrightarrow{\langle\,,\,\rangle_{M_\sigma}} & \mathbb{C} \\ {\scriptstyle F\times F}\downarrow & & \downarrow{\scriptstyle F} \\ M_{\bar\sigma} \times M_{\bar\sigma} & \xrightarrow{\langle\,,\,\rangle_{M_{\bar\sigma}}} & \mathbb{C} . \end{array}$$

(4.2) Definition. *Ein* **metrisierter $\mathcal{O}$-Modul** *ist ein endlich erzeugter $\mathcal{O}$-Modul M mit einer F-invarianten hermiteschen Metrik auf $M_{\mathbb{C}}$.*

Beispiel 1: Jedes gebrochene Ideal $\mathfrak{a} \subseteq K$ von $\mathcal{O}$, insbesondere $\mathcal{O}$ selbst, ist mit der **trivialen Metrik**

$$\langle x,y\rangle = x\bar{y} = \bigoplus_{\sigma \in X(\mathbb{C})} x_\sigma \bar{y}_\sigma$$

auf $\mathfrak{a} \otimes_{\mathbb{Z}} \mathbb{C} = K \otimes_{\mathbb{Q}} \mathbb{C} = K_{\mathbb{C}}$ ausgestattet. Man erhält die sämtlichen F-invarianten hermiteschen Metriken auf $\mathfrak{a}$ durch

$$\alpha\langle x,y\rangle = \alpha x\bar{y} = \bigoplus_\sigma \alpha(\sigma) x_\sigma \bar{y}_\sigma ,$$

wobei $\alpha \in K_{\mathbb{C}}$ die Funktionen $\alpha : X(\mathbb{C}) \to \mathbb{R}_+^*$ durchläuft mit $\alpha(\bar\sigma) = \alpha(\sigma)$.

Beispiel 2: Sei $L|K$ eine endliche Erweiterung und $\mathfrak{A}$ ein gebrochenes Ideal von L, das wir als einen $\mathcal{O}$-Modul M ansehen. Ist $Y(\mathbb{C}) = \mathrm{Hom}(L,\mathbb{C})$, so haben wir die Restriktionsabbildung $Y(\mathbb{C}) \to X(\mathbb{C})$, $\tau \mapsto \tau|_K$, und schreiben $\tau|\sigma$, wenn $\sigma = \tau|_K$. Für die Komplexifizierung $M_{\mathbb{C}} = \mathfrak{A} \otimes_{\mathbb{Z}} \mathbb{C} = L_{\mathbb{C}}$ erhalten wir die Zerlegung

$$M_{\mathbb{C}} = \bigoplus_{\tau \in Y(\mathbb{C})} \mathbb{C} = \bigoplus_{\sigma \in X(\mathbb{C})} M_\sigma ,$$

wobei $M_\sigma = \bigoplus_{\tau|\sigma} \mathbb{C}$. M wird zu einem metrisierten $\mathcal{O}$-Modul, indem auf den $[L:K]$-dimensionalen $\mathbb{C}$-Vektorräumen M_σ die **Standardmetriken**

$$\langle x, y \rangle_{M_\sigma} = \sum_{\tau|\sigma} x_\tau \bar{y}_\tau$$

festgelegt werden.

Sind M und M' metrisierte $\mathcal{O}$-Moduln, so sind auch die direkte Summe $M \oplus M'$, das Tensorprodukt $M \otimes M'$, das Dual $\check{M} = \mathrm{Hom}_{\mathcal{O}}(M, \mathcal{O})$ und die n-te äußere Potenz $\bigwedge^n M$ metrisierte $\mathcal{O}$-Moduln. Es gilt nämlich

$$(M \oplus M')_{\mathbb{C}} = M_{\mathbb{C}} \oplus M'_{\mathbb{C}} , \quad (M \otimes_{\mathcal{O}} M')_{\mathbb{C}} = M_{\mathbb{C}} \otimes_{K_{\mathbb{C}}} M'_{\mathbb{C}} ,$$

$$\check{M}_{\mathbb{C}} = \mathrm{Hom}_{K_{\mathbb{C}}}(M_{\mathbb{C}}, K_{\mathbb{C}}), \quad (\overset{n}{\bigwedge} M)_{\mathbb{C}} = \overset{n}{\bigwedge}{}_{K_{\mathbb{C}}} M_{\mathbb{C}} ,$$

und die Metriken auf diesen $K_{\mathbb{C}}$-Moduln sind durch

$$\langle x \oplus x', y \oplus y' \rangle_{M \oplus M'} = \langle x, y \rangle_M + \langle x', y' \rangle_{M'} \quad \text{bzw.}$$
$$\langle x \otimes x', y \otimes y' \rangle_{M \otimes M'} = \langle x, y \rangle_M \cdot \langle x', y' \rangle_{M'} \quad \text{bzw.}$$
$$\langle \check{x}, \check{y} \rangle_{\check{M}} = \overline{\langle x, y \rangle}_M \quad \text{bzw.}$$
$$\langle x_1 \wedge \cdots \wedge x_n, y_1 \wedge \cdots \wedge y_n \rangle_{\wedge^n M} = \det(\langle x_i, y_j \rangle_M)$$

gegeben. Dabei bezeichnet $\check{x}$ im Falle des Moduls $\check{M}_{\mathbb{C}}$ den Homomorphismus $\check{x} = \langle\ , x \rangle_M : M_{\mathbb{C}} \to K_{\mathbb{C}}$.

Unter den $\mathcal{O}$-Moduln M spielen die **projektiven** eine besondere Rolle. Sie sind durch die Bedingungen definiert, daß für jede exakte $\mathcal{O}$-Modulsequenz $F' \to F \to F''$ auch die Sequenz

$$\mathrm{Hom}_{\mathcal{O}}(M, F') \to \mathrm{Hom}_{\mathcal{O}}(M, F) \to \mathrm{Hom}_{\mathcal{O}}(M, F'')$$

exakt ist. Gleichbedeutend damit sind die folgenden Bedingungen (die letzten beiden, weil $\mathcal{O}$ ein Dedekindring ist), für die wir den Leser auf die einschlägigen Lehrbücher der kommutativen Algebra verweisen (etwa auf [90], chap. IV, § 3 oder [16], chap. 7, § 4).

(4.3) Satz. *Für einen endlich erzeugten $\mathcal{O}$-Modul M sind äquivalent:*

(i) M ist projektiv,

(ii) M ist direkter Summand eines freien, endlich erzeugten $\mathcal{O}$-Moduls,

(iii) M ist lokal frei, d.h. $M \otimes_{\mathcal{O}} \mathcal{O}_{\mathfrak{p}}$ ist für jedes Primideal $\mathfrak{p}$ ein freier $\mathcal{O}_{\mathfrak{p}}$-Modul,

(iv) M ist torsionsfrei, d.h. die Abbildung $M \to M$, $x \mapsto ax$, ist für jedes $a \in \mathcal{O}$, $a \neq 0$, injektiv,

(v) $M \cong \mathfrak{a} \oplus \mathcal{O}^n$ mit einem Ideal $\mathfrak{a}$ von $\mathcal{O}$ und einer ganzen Zahl $n \geq 0$.

Zur Unterscheidung von den projektiven $\mathcal{O}$-Moduln nennen wir die beliebigen endlich erzeugten $\mathcal{O}$-Moduln *kohärent*. Der **Rang** eines kohärenten $\mathcal{O}$-Moduls M ist die Dimension

$$\mathrm{rg}(M) = \dim_K(M \otimes_{\mathcal{O}} K)\,.$$

Die projektiven $\mathcal{O}$-Moduln L vom Range 1 werden **invertierbare** $\mathcal{O}$-Moduln genannt, weil für sie $L \otimes_{\mathcal{O}} \check{L} \to \mathcal{O}$, $a \otimes \check{a} \mapsto \check{a}(a)$, ein Isomorphismus ist. Die invertierbaren $\mathcal{O}$-Moduln sind die gebrochenen Ideale von K und die dazu isomorphen $\mathcal{O}$-Moduln. Denn wenn L projektiv vom Range 1 ist und $\alpha \in L$, $\alpha \neq 0$, so vermittelt die Abbildung

$$L \to L \otimes_{\mathcal{O}} K = K(\alpha \otimes 1)\,, \quad x \mapsto f(x)(\alpha \otimes 1)\,,$$

einen wegen (4.3), (iv) injektiven $\mathcal{O}$-Modulhomomorphismus $L \to K$, $x \mapsto f(x)$, auf ein gebrochenes Ideal $\mathfrak{a} \subseteq K$.

Der Zusammenhang der hier zu entwickelnden Theorie mit der Riemann-Roch-Theorie des vorigen Paragraphen ergibt sich durch die Beobachtung, daß jedes vollständige Ideal

$$\mathfrak{a} = \prod_{\mathfrak{p} \nmid \infty} \mathfrak{p}^{\nu_{\mathfrak{p}}} \prod_{\mathfrak{p} | \infty} \mathfrak{p}^{\nu_{\mathfrak{p}}} = \mathfrak{a}_{\mathfrak{f}} \mathfrak{a}_{\infty}$$

von K einen invertierbaren, metrisierten $\mathcal{O}$-Modul definiert. Durch $\mathfrak{a}_{\infty} = \prod_{\mathfrak{p}|\infty} \mathfrak{p}^{\nu_{\mathfrak{p}}}$ erhalten wir nämlich die Funktion

$$\alpha : X(\mathbb{C}) \to \mathbb{R}_+\,, \quad \alpha(\sigma) = e^{2\nu_{\mathfrak{p}_\sigma}}\,,$$

wobei $\mathfrak{p}_\sigma$ wieder die durch $\sigma : K \to \mathbb{C}$ definierte unendliche Primstelle bezeichnet. Wegen $\mathfrak{p}_{\bar{\sigma}} = \mathfrak{p}_\sigma$ ist $\alpha(\bar{\sigma}) = \alpha(\sigma)$, und wir erhalten auf der Komplexifizierung

$$\mathfrak{a}_{\mathfrak{f}\mathbb{C}} = \mathfrak{a}_{\mathfrak{f}} \otimes_{\mathbb{Z}} \mathbb{C} = K_{\mathbb{C}}$$

die F-invariante hermitesche Metrik

$$\langle x, y \rangle_{\mathfrak{a}} = \alpha x \bar{y} = \bigoplus_{\sigma \in X(\mathbb{C})} e^{2\nu_{\mathfrak{p}_\sigma}} x_\sigma \bar{y}_\sigma$$

(vgl. Beispiel 1, S. 240). Wir bezeichnen den so metrisierten $\mathcal{O}$-Modul mit $L(\mathfrak{a})$.

Die gewöhnlichen gebrochenen Ideale, also die vollständigen Ideale $\mathfrak{a}$ mit $\mathfrak{a}_\infty = 1$, und insbesondere $\mathcal{O}$ selbst sind hiernach wie im Beispiel 1 mit der *trivialen* Metrik $\langle x, y\rangle_\mathfrak{a} = \langle x, y\rangle = x\bar{y}$ ausgestattet.

(4.4) Definition. *Wir nennen zwei metrisierte $\mathcal{O}$-Moduln M und M'* **isometrisch**, *wenn es einen Isomorphismus*

$$f : M \to M'$$

von $\mathcal{O}$-Moduln gibt, der eine Isometrie $f_\mathbb{C} : M_\mathbb{C} \to M'_\mathbb{C}$ induziert.

(4.5) Satz. *(i) Zwei vollständige Ideale $\mathfrak{a}$ und $\mathfrak{b}$ liefern genau dann isometrische metrisierte $\mathcal{O}$-Moduln $L(\mathfrak{a})$ und $L(\mathfrak{b})$, wenn sie sich nur um ein vollständiges Hauptideal $[\,a\,]$ unterscheiden: $\mathfrak{a} = \mathfrak{b}[\,a\,]$.*

(ii) Jeder invertierbare metrisierte $\mathcal{O}$-Modul ist isometrisch zu einem $\mathcal{O}$-Modul $L(\mathfrak{a})$.

(iii) $L(\mathfrak{a}\mathfrak{b}) \cong L(\mathfrak{a}) \otimes_\mathcal{O} L(\mathfrak{b})$, $L(\mathfrak{a}^{-1}) = \check{L}(\mathfrak{a})$.

Beweis: (i) Sei $\mathfrak{a} = \prod_\mathfrak{p} \mathfrak{p}^{\nu_\mathfrak{p}}$, $\mathfrak{b} = \prod_\mathfrak{p} \mathfrak{p}^{\mu_\mathfrak{p}}$, $[\,a\,] = \prod_\mathfrak{p} \mathfrak{p}^{v_\mathfrak{p}(a)}$, und sei

$$\alpha(\sigma) = e^{2\nu_{\mathfrak{p}_\sigma}}\,, \quad \beta(\sigma) = e^{2\mu_{\mathfrak{p}_\sigma}}\,, \quad \gamma(\sigma) = e^{2v_{\mathfrak{p}_\sigma}(a)}\,.$$

Ist $\mathfrak{a} = \mathfrak{b}[\,a\,]$, so ist $\nu_\mathfrak{p} = \mu_\mathfrak{p} + v_\mathfrak{p}(a)$, also $\alpha = \beta\gamma$, und $\mathfrak{a}_\mathfrak{f} = \mathfrak{b}_\mathfrak{f}(a)$. Der $\mathcal{O}$-Modulisomorphismus $\mathfrak{b}_\mathfrak{f} \to \mathfrak{a}_\mathfrak{f}$, $x \mapsto ax$, überführt die Form $\langle\ ,\ \rangle_\mathfrak{b}$ in die Form $\langle\ ,\ \rangle_\mathfrak{a}$. Denken wir uns nämlich a in $K_\mathbb{C}$ eingebettet, so ist $a = \bigoplus_\sigma \sigma a$ und

$$a\bar{a} = \bigoplus_\sigma e^{-2v_{\mathfrak{p}_\sigma}(a)} = \gamma^{-1}\,,$$

weil $v_{\mathfrak{p}_\sigma}(a) = -\log|\sigma a|$, so daß

$$\langle ax, ay\rangle_\mathfrak{a} = \alpha\langle ax, ay\rangle = \alpha\gamma^{-1}\langle x, y\rangle = \beta\langle x, y\rangle = \langle x, y\rangle_\mathfrak{b}\,.$$

Daher ist $\mathfrak{b}_\mathfrak{f} \to \mathfrak{a}_\mathfrak{f}$, $x \mapsto ax$, eine Isometrie $L(\mathfrak{a}) \cong L(\mathfrak{b})$.

Sei umgekehrt $g : L(\mathfrak{b}) \to L(\mathfrak{a})$ eine Isometrie. Dann ist der $\mathcal{O}$-Modulhomomorphismus

$$g : \mathfrak{b}_\mathfrak{f} \to \mathfrak{a}_\mathfrak{f}$$

durch Multiplikation mit einem Element $a \in \mathfrak{b}_\mathfrak{f}^{-1}\mathfrak{a}_\mathfrak{f} \cong \mathrm{Hom}_\mathcal{O}(\mathfrak{b}_\mathfrak{f}, \mathfrak{a}_\mathfrak{f})$ gegeben. Aus der Gleichung

$$\beta\langle x, y\rangle = \langle x, y\rangle_\mathfrak{b} = \langle g(x), g(y)\rangle_\mathfrak{a} = \alpha\langle ax, ay\rangle = \alpha\gamma^{-1}\langle x, y\rangle$$

folgt dann $\alpha = \beta\gamma$, also $\nu_{\mathfrak{p}} = \mu_{\mathfrak{p}} + v_{\mathfrak{p}}(a)$ für alle $\mathfrak{p}|\infty$. Zusammen mit $\mathfrak{a}_f = \mathfrak{b}_f(a)$ ergibt dies $\mathfrak{a} = \mathfrak{b}[a]$.

(ii) Sei L ein invertierbarer metrisierter $\mathcal{O}$-Modul. Für den unterliegenden $\mathcal{O}$-Modul haben wir, wie erwähnt, einen Isomorphismus

$$g : L \to \mathfrak{a}_f$$

auf ein gebrochenes Ideal $\mathfrak{a}_f$. Durch den Isomorphismus $g_{\mathbb{C}} : L_{\mathbb{C}} \to \mathfrak{a}_{f\mathbb{C}} = K_{\mathbb{C}}$ erhalten wir auf $K_{\mathbb{C}}$ die F-invariante hermitesche Metrik $h(x,y) = \langle g_{\mathbb{C}}^{-1}(x), g_{\mathbb{C}}^{-1}(y)\rangle_L$. Diese ist von der Form

$$h(x,y) = \alpha x\bar{y}$$

mit einer Funktion $\alpha : X(\mathbb{C}) \to \mathbb{R}_+^*$, so daß $\alpha(\bar{\sigma}) = \alpha(\sigma)$. Setzen wir jetzt $\alpha(\sigma) = e^{2\nu_{\mathfrak{p}_\sigma}}$, $\nu_{\mathfrak{p}_\sigma} \in \mathbb{R}$, so wird $\mathfrak{a}_f$ mit der Metrik h der metrisierte $\mathcal{O}$-Modul $L(\mathfrak{a})$ zum vollständigen Ideal $\mathfrak{a} = \mathfrak{a}_f \prod_{\mathfrak{p}|\infty} \mathfrak{p}^{\nu_{\mathfrak{p}}}$ und L zu $L(\mathfrak{a})$ isometrisch.

(iii) Sei $\mathfrak{a} = \prod_{\mathfrak{p}} \mathfrak{p}^{\nu_{\mathfrak{p}}}$, $\mathfrak{b} = \prod_{\mathfrak{p}} \mathfrak{p}^{\mu_{\mathfrak{p}}}$, $\alpha(\sigma) = e^{2\nu_{\mathfrak{p}_\sigma}}$, $\beta(\sigma) = e^{2\mu_{\mathfrak{p}_\sigma}}$. Der Isomorphismus

$$\mathfrak{a}_f \otimes_{\mathcal{O}} \mathfrak{b}_f \to \mathfrak{a}_f\mathfrak{b}_f\,, \quad a \otimes b \mapsto ab\,,$$

zwischen den $L(\mathfrak{a}) \otimes_{\mathcal{O}} L(\mathfrak{b})$ und $L(\mathfrak{a}\mathfrak{b})$ unterliegenden $\mathcal{O}$-Moduln liefert dann wegen $\langle ab, a'b'\rangle_{\mathfrak{a}\mathfrak{b}} = \alpha\beta ab\overline{a'b'} = \alpha\langle a,a'\rangle\beta\langle b,b'\rangle = \langle a,a'\rangle_{\mathfrak{a}}\langle b,b'\rangle_{\mathfrak{b}}$ eine Isometrie $L(\mathfrak{a}) \otimes_{\mathcal{O}} L(\mathfrak{b}) \cong L(\mathfrak{a}\mathfrak{b})$.

Der $\check{L}(\mathfrak{a})$ unterliegende $\mathcal{O}$-Modul $\mathrm{Hom}_{\mathcal{O}}(\mathfrak{a}_f, \mathcal{O})$ ist über die Isomorphie

$$g : \mathfrak{a}_f^{-1} \to \mathrm{Hom}_{\mathcal{O}}(\mathfrak{a}_f, \mathcal{O})\,, \quad a \mapsto (g(a) : x \mapsto ax)\,,$$

isomorph zum gebrochenen Ideal $\mathfrak{a}_f^{-1}$. Für den induzierten $K_{\mathbb{C}}$-Isomorphismus

$$g_{\mathbb{C}} : K_{\mathbb{C}} \to \mathrm{Hom}_{K_{\mathbb{C}}}(K_{\mathbb{C}}, K_{\mathbb{C}})$$

gilt

$$g_{\mathbb{C}}(x)(y) = xy = \alpha^{-1}\alpha xy = \alpha^{-1}\langle y, \bar{x}\rangle_{L(\mathfrak{a})}\,,$$

also $g_{\mathbb{C}}(x) = \alpha^{-1}\check{\bar{x}}$, und damit

$$\begin{aligned}\langle g_{\mathbb{C}}(x), g_{\mathbb{C}}(y)\rangle_{\check{L}(\mathfrak{a})} &= \alpha^{-2}\langle\check{\bar{x}}, \check{\bar{y}}\rangle_{\check{L}(\mathfrak{a})} = \alpha^{-2}\overline{\langle\bar{x},\bar{y}\rangle}_{L(\mathfrak{a})} \\ &= \alpha^{-1}x\bar{y} = \langle x,y\rangle_{L(\mathfrak{a}^{-1})}\,.\end{aligned}$$

Daher liefert g eine Isometrie $\check{L}(\mathfrak{a}) \cong L(\mathfrak{a}^{-1})$. □

(4.6) Definition. *Unter einer* **kurzen exakten Sequenz**

$$0 \to M' \xrightarrow{\alpha} M \xrightarrow{\beta} M'' \to 0$$

metrisierter $\mathcal{O}$-Moduln verstehen wir eine kurze exakte Sequenz der unterliegenden $\mathcal{O}$-Moduln, die isometrisch spaltet, d.h. in der Sequenz

$$0 \to M'_{\mathbb{C}} \xrightarrow{\alpha_{\mathbb{C}}} M_{\mathbb{C}} \xrightarrow{\beta_{\mathbb{C}}} M''_{\mathbb{C}} \to 0$$

wird $M'_{\mathbb{C}}$ isometrisch auf $\alpha_{\mathbb{C}} M'_{\mathbb{C}}$ abgebildet und das orthogonale Komplement $(\alpha_{\mathbb{C}} M'_{\mathbb{C}})^{\perp}$ isometrisch auf $M''_{\mathbb{C}}$.

Die in einer kurzen exakten Sequenz metrisierter $\mathcal{O}$-Moduln auftretenden Homomorphismen α, β nennen wir **zulässige Mono-** bzw. **Epimorphismen**.

Jedem projektiven metrisierten $\mathcal{O}$-Modul M ist durch die **Determinante** $\det M$ ein invertierbarer metrisierter $\mathcal{O}$-Modul zugeordnet. Die Determinante ist die höchste äußere Potenz von M, also

$$\det M = \bigwedge^{n} M, \quad n = \operatorname{rg}(M).$$

(4.7) Satz: *Ist $0 \to M' \xrightarrow{\alpha} M \xrightarrow{\beta} M'' \to 0$ eine kurze exakte Sequenz projektiver metrisierter $\mathcal{O}$-Moduln, so haben wir eine kanonische Isometrie*

$$\det M' \otimes_{\mathcal{O}} \det M'' \cong \det M .$$

Beweis: Sei $n' = \operatorname{rg}(M')$ und $n'' = \operatorname{rg}(M'')$. Wir erhalten einen Isomorphismus

$$\kappa : \det M' \otimes_{\mathcal{O}} \det M'' \xrightarrow{\sim} \det M$$

projektiver $\mathcal{O}$-Moduln vom Rang 1 durch die Zuordnung

$$(\alpha m'_1 \wedge \cdots \wedge \alpha m'_{n'}) \otimes (m''_1 \wedge \cdots \wedge m''_{n''}) \mapsto \alpha m'_1 \wedge \cdots \wedge \alpha m'_{n'} \wedge \tilde{m}''_1 \wedge \cdots \wedge \tilde{m}''_{n''},$$

wobei $\tilde{m}''_1, \ldots, \tilde{m}''_{n''}$ Urbilder von $m''_1, \ldots, m''_{n''}$ unter $\beta : M \to M''$ sind. Diese Zuordnung hängt nicht von der Wahl der Urbilder ab, denn ist etwa $\tilde{m}''_1 + \alpha m'_{n'+1}$, $m'_{n'+1} \in M'$, ein weiteres von m''_1, so ist

$$\begin{aligned} \alpha m'_1 \wedge \cdots \wedge \alpha m'_{n'} \wedge (\tilde{m}''_1 + \alpha m'_{n'+1}) \wedge \tilde{m}''_2 \wedge \cdots \wedge \tilde{m}''_{n''} \\ = \alpha m'_1 \wedge \cdots \wedge \alpha m'_{n'} \wedge \tilde{m}''_1 \wedge \cdots \wedge \tilde{m}''_{n''} \end{aligned}$$

wegen $\alpha m'_1 \wedge \cdots \wedge \alpha m'_{n'} \wedge \alpha m'_{n'+1} = 0$. Wir zeigen, daß der $\mathcal{O}$-Modulisomorphismus κ eine Isometrie ist. Er induziert nach den Regeln der multilinearen Algebra einen Isomorphismus

$$(***) \qquad \kappa : \det M'_{\mathbb{C}} \otimes_{K_{\mathbb{C}}} \det M''_{\mathbb{C}} \xrightarrow{\sim} \det M_{\mathbb{C}}$$

von $K_{\mathbb{C}}$-Moduln. Seien $x'_i, y'_i \in M'_{\mathbb{C}}$, $i = 1, \ldots, n'$, und $x_j, y_j \in \alpha M'^{\perp}_{\mathbb{C}}$, $j = 1, \ldots, n''$, und ferner

$$x' = \bigwedge_i x'_i,\ y' = \bigwedge_i y'_i;\ x = \bigwedge_j x_j,\ y = \bigwedge_j y_j\,.$$

Es wird dann

$$\langle \kappa(x' \otimes \beta x), \kappa(y' \otimes \beta y)\rangle_{\det M} = \langle \alpha x' \wedge x, \alpha y' \wedge y\rangle_{\det M} =$$

$$\det\left(\begin{array}{c|c} \langle x'_i, y'_k\rangle_{M'} & 0 \\ \hline 0 & \langle \beta x_j, \beta y_l\rangle_{M''} \end{array}\right) = \det(\langle x'_i, y'_k\rangle_{M'})\det(\langle \beta x_j, \beta y_l\rangle_{M''})$$

$$= \langle x', y'\rangle_{\det M'}\langle \beta x, \beta y\rangle_{\det M''}$$

$$= \langle x' \otimes \beta x, y' \otimes \beta y\rangle_{\det M' \otimes \det M''}\,.$$

Daher ist κ eine Isometrie. □

Aufgabe 1. Sind M, N, L metrisierte $\mathcal{O}$-Moduln, so hat man kanonische Isometrien

$$M \otimes_{\mathcal{O}} N \cong N \otimes_{\mathcal{O}} M\,, \quad (M \otimes_{\mathcal{O}} N) \otimes_{\mathcal{O}} L \cong M \otimes_{\mathcal{O}} (N \otimes_{\mathcal{O}} L)\,,$$

$$M \otimes_{\mathcal{O}} (N \oplus L) \cong (M \otimes_{\mathcal{O}} N) \oplus (M \otimes_{\mathcal{O}} L)\,.$$

Aufgabe 2. Für je zwei projektive metrisierte $\mathcal{O}$-Moduln M, N ist

$$\bigwedge^n (M \oplus N) \cong \bigoplus_{i+j=n} \bigwedge^i M \otimes \bigwedge^j N\,.$$

Aufgabe 3. Für je zwei projektive metrisierte $\mathcal{O}$-Moduln M, N ist

$$\det(M \otimes_{\mathcal{O}} N) \cong (\det M)^{\otimes \mathrm{rg}(N)} \otimes_{\mathcal{O}} (\det N)^{\otimes \mathrm{rg}(M)}\,.$$

Aufgabe 4. Ist M ein projektiver metrisierter $\mathcal{O}$-Modul vom Rang n und $p \geq 0$, so hat man eine kanonische Isometrie

$$\det(\bigwedge^p M) \cong (\det M)^{\otimes \binom{n-1}{p-1}}\,.$$

§ 5. Grothendieckgruppen

Aus der Gesamtheit der metrisierten $\mathcal{O}$-Moduln und der Gesamtheit der projektiven metrisierten $\mathcal{O}$-Moduln werden nun wie folgt zwei abelsche Gruppen hergestellt. Wir bezeichnen mit $\{M\}$ die Isometrieklasse eines metrisierten $\mathcal{O}$-Moduls M und bilden die freie abelsche Gruppe

$$F_0(\bar{o}) = \bigoplus_{\{M\}} \mathbb{Z}\{M\} \quad \text{bzw.} \quad F^0(\bar{o}) = \bigoplus_{\{M\}} \mathbb{Z}\{M\}$$

über die Isometrieklassen der projektiven bzw. aller kohärenten metrisierten o-Moduln. In dieser Gruppe betrachten wir die Untergruppe

$$R_0(\bar{o}) \subseteq F_0(\bar{o}) \quad \text{bzw.} \quad R^0(\bar{o}) \subseteq F^0(\bar{o}),$$

die durch alle Elemente $\{M'\} - \{M\} + \{M''\}$ erzeugt wird, welche aus einer kurzen exakten Sequenz

$$0 \to M' \to M \to M'' \to 0$$

projektiver bzw. kohärenter metrisierter o-Moduln entstehen.

(5.1) Definition. *Unter den* **vollständigen** *(oder* **kompaktifizierten)** **Grothendieckgruppen** *von o verstehen wir die Faktorgruppen*

$$K_0(\bar{o}) = F_0(\bar{o})/R_0(\bar{o}) \quad \text{bzw.} \quad K^0(\bar{o}) = F^0(\bar{o})/R^0(\bar{o}).$$

Ist M ein metrisierter o-Modul, so wird mit $[M]$ die durch ihn definierte Klasse in $K_0(\bar{o})$ bzw. $K^0(\bar{o})$ bezeichnet.

Die Grothendieckgruppen sind gerade so eingerichtet, daß aus einer kurzen exakten Sequenz

$$0 \to M' \to M \to M'' \to 0$$

metrisierter o-Moduln eine Summenzerlegung

$$[M] = [M'] + [M'']$$

wird. Insbesondere gilt

$$[M' \oplus M''] = [M'] + [M''].$$

Durch das Tensorprodukt wird $K_0(\bar{o})$ sogar zu einem Ring und $K^0(\bar{o})$ zu einem $K_0(\bar{o})$-Modul: Durch lineare Fortsetzung des Produktes

$$\{M\}\{M'\} := \{M \otimes_o M'\}$$

wird unter Beachtung von $N \otimes M \cong M \otimes N$ und $(M \otimes N) \otimes L \cong M \otimes (N \otimes L)$ zunächst $F^0(\bar{o})$ ein kommutativer Ring und $F_0(\bar{o})$ ein Unterring. Die Untergruppen $R_0(\bar{o}) \subseteq F_0(\bar{o})$ und $R^0(\bar{o}) \subseteq F^0(\bar{o})$ werden hiernach $F_0(\bar{o})$-Untermoduln, denn wenn

$$0 \to M' \to M \to M'' \to 0$$

eine kurze exakte Sequenz kohärenter metrisierter o-Moduln ist und N ein projektiver metrisierter o-Modul, so ist klar, daß auch

$$0 \to N \otimes M' \to N \otimes M \to N \otimes M'' \to 0$$

eine kurze exakte Sequenz metrisierter $\mathcal{O}$-Moduln ist, so daß mit dem erzeugenden Element $\{M'\} - \{M\} + \{M''\}$ auch das Element

$$\{N\}(\{M'\} - \{M\} + \{M''\}) = \{N \otimes M'\} - \{N \otimes M\} + \{N \otimes M''\}$$

in $R_0(\bar{\mathcal{O}})$ bzw. $R^0(\bar{\mathcal{O}})$ liegt. Daher wird $K_0(\bar{\mathcal{O}}) = F_0(\bar{\mathcal{O}})/R_0(\bar{\mathcal{O}})$ ein Ring und $K^0(\bar{\mathcal{O}}) = F^0(\bar{\mathcal{O}})/R^0(\bar{\mathcal{O}})$ ein $K_0(\bar{\mathcal{O}})$-Modul.

Ordnet man der Klasse $[M]$ eines projektiven $\mathcal{O}$-Moduls M in $K_0(\bar{\mathcal{O}})$ die (ebenfalls mit $[M]$ bezeichnete) Klasse in $K^0(\bar{\mathcal{O}})$ zu, so erhält man einen Homomorphismus

$$K_0(\bar{\mathcal{O}}) \to K^0(\bar{\mathcal{O}}).$$

Dieser heißt der **Poincaré-Homomorphismus**. Wir wollen als nächstes zeigen, daß der Poincaré-Homomorphismus ein Isomorphismus ist. Der Nachweis beruht auf den folgenden beiden Lemmata.

(5.2) Lemma. *Jeder kohärente metrisierte $\mathcal{O}$-Modul M besitzt eine „metrisierte projektive Auflösung", d.h. eine kurze exakte Sequenz*

$$0 \to E \to F \to M \to 0$$

metrisierter $\mathcal{O}$-Moduln, in der E und F projektiv sind.

Beweis: Ist $\alpha_1, \ldots, \alpha_n$ ein Erzeugendensystem von M und F der freie $\mathcal{O}$-Modul $F = \mathcal{O}^n$, so ist

$$F \to M, \quad (x_1, \ldots, x_n) \mapsto \sum_{i=1}^{n} x_i \alpha_i,$$

ein surjektiver $\mathcal{O}$-Modulhomomorphismus. Der Kern E ist torsionsfrei, nach (4.3) also ein projektiver $\mathcal{O}$-Modul. In der exakten Sequenz

$$0 \to E_{\mathbb{C}} \to F_{\mathbb{C}} \xrightarrow{f} M_{\mathbb{C}} \to 0$$

wählen wir einen Schnitt $s : M_{\mathbb{C}} \to F_{\mathbb{C}}$ von f, so daß $F_{\mathbb{C}} = E_{\mathbb{C}} \oplus sM_{\mathbb{C}}$. Wir erhalten eine Metrik auf $F_{\mathbb{C}}$, indem wir die Metrik von $M_{\mathbb{C}}$ auf $sM_{\mathbb{C}}$ übertragen und $E_{\mathbb{C}}$ mit einer beliebigen Metrik versehen. Hiernach ist $0 \to E \to F \to M \to 0$ eine kurze exakte Sequenz metrischer $\mathcal{O}$-Moduln, in der E und F projektiv sind. □

In einem Diagramm metrisierter projektiver Auflösungen von M

$$\begin{array}{ccccccccc} 0 & \longrightarrow & E & \longrightarrow & F & \longrightarrow & M & \longrightarrow & 0 \\ & & \downarrow & & \downarrow & & \| & & \\ 0 & \longrightarrow & E' & \longrightarrow & F' & \longrightarrow & M & \longrightarrow & 0 \end{array}$$

soll die obere *dominant* heißen, wenn die senkrechten Pfeile zulässige Epimorphismen sind.

(5.3) Lemma. *Aus zwei metrisierten projektiven Auflösungen*

$$0 \to E' \to F' \xrightarrow{f'} M \to 0\,,\; 0 \to E'' \to F'' \xrightarrow{f''} M \to 0$$

des metrisierten $\mathcal{O}$*-Moduls* M *erhält man durch den* $\mathcal{O}$*-Modul*

$$F = F' \times_M F'' = \{(x', x'') \in F' \times F'' \mid f'(x') = f''(x'')\}$$

und die Abbildung $f : F \to M$, $(x', x'') \mapsto f'(x') = f''(x'')$, *eine dritte,*

$$0 \to E \to F \to M \to 0,$$

mit dem Kern $E = E' \times E''$, *die beide dominiert.*

Beweis: Da $F' \oplus F''$ projektiv ist, ist F als Kern des Homomorphismus $F' \oplus F'' \xrightarrow{f'-f''} M$ projektiv. Damit ist auch E als Kern von $F \to M$ projektiv. Wir betrachten das kommutative Diagramm

$$\begin{array}{ccccccccc} 0 & \to & E'_{\mathbb{C}} & \to & F'_{\mathbb{C}} & \underset{\overset{<--}{s'}}{\xrightarrow{f'}} & M_{\mathbb{C}} & \to & 0 \\ & & \uparrow & & \uparrow & & \| & & \\ 0 & \to & E_{\mathbb{C}} & \to & F_{\mathbb{C}} & \underset{\overset{<--}{s}}{\xrightarrow{f}} & M_{\mathbb{C}} & \to & 0 \\ & & \downarrow & & \downarrow & & \| & & \\ 0 & \to & E''_{\mathbb{C}} & \to & F''_{\mathbb{C}} & \underset{\overset{<--}{s''}}{\xrightarrow{f''}} & M_{\mathbb{C}} & \to & 0, \end{array}$$

in dem die senkrechten Pfeile durch die surjektiven Projektionen

$$F \xrightarrow{\pi'} F'\,,\; F \xrightarrow{\pi''} F''$$

induziert werden. Die kanonischen Isometrien

$$s' : M_{\mathbb{C}} \to s'M_{\mathbb{C}}\,,\; s'' : M_{\mathbb{C}} \to s''M_{\mathbb{C}}$$

liefern einen Schnitt

$$s : M_{\mathbb{C}} \to F_{\mathbb{C}}\,, \; sx = (s'x, s''x)\,,$$

von F, der die Metrik von $M_{\mathbb{C}}$ auf eine Metrik von $sM_{\mathbb{C}}$ überträgt. $E_{\mathbb{C}} = E'_{\mathbb{C}} \times E''_{\mathbb{C}}$ trägt die Summe der Metriken von $E'_{\mathbb{C}}$, $E''_{\mathbb{C}}$, so daß auch $F_{\mathbb{C}} = E_{\mathbb{C}} \oplus sM_{\mathbb{C}}$ eine Metrik erhält, und

$$0 \to E \to F \to M \to 0$$

eine metrisierte projektive Auflösung von M wird. Die Projektionen $E \to E'$, $E \to E''$ sind trivialerweise zulässige Epimorphismen, und es bleibt, dies von den Projektionen $\pi' : F \to F'$, $\pi'' : F \to F''$ zu zeigen. Wir haben nun offensichtlich die exakte $\mathcal{O}$-Modul-Sequenz

$$0 \to E'' \xrightarrow{i} F = F' \times_M F'' \xrightarrow{\pi'} F' \to 0\,,$$

wobei $ix'' = (0, x'')$. Da die Einschränkung der Metrik von F auf $E = E' \times E''$ die Summe der Metriken auf E' und E'' ist, so ist $i : E''_{\mathbb{C}} \to iE''_{\mathbb{C}}$ eine Isometrie. Das orthogonale Komplement von $iE''_{\mathbb{C}}$ in $F_{\mathbb{C}}$ ist der Raum

$$F'_{\mathbb{C}} \times_{M_{\mathbb{C}}} s''M_{\mathbb{C}} = \{(x', s''a) \in F'_{\mathbb{C}} \times s''M_{\mathbb{C}} \mid f'(x') = a\}\,.$$

In der Tat, dieser wird einerseits offensichtlich bijektiv auf $F'_{\mathbb{C}}$ abgebildet und steht andererseits senkrecht auf $iE''_{\mathbb{C}}$. Schreiben wir nämlich $x' = s'a + e'$, $e' \in E'_{\mathbb{C}}$, so ist

$$(x', s''a) = sa + (e', 0)$$

mit $(e', 0) \in E_{\mathbb{C}}$, und wir erhalten für alle $x'' \in E''_{\mathbb{C}}$

$$\langle ix'', (x', s''a)\rangle_F = \langle (0, x''), sa\rangle_F + \langle (0, x''), (e', 0)\rangle_E = 0\,.$$

Die Projektion $F'_{\mathbb{C}} \times_{M_{\mathbb{C}}} s''M_{\mathbb{C}} \to F'_{\mathbb{C}}$ ist schließlich eine Isometrie, denn wenn $(x', s''a), (y', s''b) \in F'_{\mathbb{C}} \times_{M_{\mathbb{C}}} s''M_{\mathbb{C}}$ und $x' = s'a + e'$, $y' = s'b + d'$, $e', d' \in E'$, so wird

$$(x', s''a) = sa + (e', 0)\,, \quad (y', s''b) = sb + (d', 0)$$

und

$$\begin{aligned} \langle (x', s''a), (y', s''b)\rangle_F &= \langle sa, sb\rangle_F + \langle sa, (d', 0)\rangle_F + \langle (e', 0), sb\rangle_F \\ &\quad + \langle (e', 0), (d', 0)\rangle_E \\ &= \langle a, b\rangle_M + \langle e', d'\rangle_{E'} = \langle s'a, s'b\rangle_{F'} + \langle e', d'\rangle_{E'} \\ &= \langle s'a + e', s'b + d'\rangle_{F'} = \langle x', y'\rangle_{F'}\,. \end{aligned}$$

□

(5.4) Theorem. *Der Poincaré-Homomorphismus*

$$K_0(\bar{o}) \to K^0(\bar{o})$$

ist ein Isomorphismus.

Beweis: Wir definieren eine Abbildung

$$\pi : F^0(\bar{o}) \to K_0(\bar{o}),$$

indem wir für jeden kohärenten metrisierten o-Modul M eine metrisierte projektive Auflösung

$$0 \to E \to F \to M \to 0$$

wählen und der Klasse $\{M\}$ in $F^0(\bar{o})$ die Differenz $[F]-[E]$ der Klassen $[F]$ und $[E]$ in $K_0(\bar{o})$ zuordnen. Zur Wohldefiniertheit dieser Abbildung betrachten wir zunächst ein kommutatives Diagramm

$$\begin{array}{ccccccccc} 0 & \longrightarrow & E & \longrightarrow & F & \longrightarrow & M & \longrightarrow & 0 \\ & & \downarrow{\scriptstyle\alpha} & & \downarrow{\scriptstyle\beta} & & \| & & \\ 0 & \longrightarrow & E' & \longrightarrow & F' & \longrightarrow & M & \longrightarrow & 0 \end{array}$$

zweier metrisierter projektiver Auflösungen von M, in dem die obere die untere dominiert. Dann induziert $E \to F$ eine Isometrie $\mathrm{Ker}(\alpha) \xrightarrow{\sim} \mathrm{Ker}(\beta)$, so daß in $K_0(\bar{o})$ die Gleichung

$$[F]-[E] = [F'] + [\mathrm{Ker}(\beta)] - [E'] - [\mathrm{Ker}(\alpha)] = [F'] - [E']$$

gilt. Sind nun $0 \to E' \to F' \to M \to 0$, $0 \to E'' \to F'' \to M \to 0$ zwei ganz beliebige metrisierte projektive Auflösungen von M, so gibt es nach (5.3) eine dritte, $0 \to E \to F \to M \to 0$, die beide dominiert, so daß

$$[F'] - [E'] = [F] - [E] = [F''] - [E''].$$

Dies zeigt die Wohldefiniertheit der Abbildung $\pi : F^0(\bar{o}) \to K_0(\bar{o})$. Wir zeigen nun, daß sie über $K^0(\bar{o}) = F^0(\bar{o})/R^0(\bar{o})$ faktorisiert. Sei $0 \to M' \to M \xrightarrow{\alpha} M'' \to 0$ eine kurze exakte Sequenz metrisierter kohärenter o-Moduln. Nach (5.2) können wir eine metrisierte projektive Auflösung $0 \to E \to F \xrightarrow{f} M \to 0$ wählen. Dann ist offensichtlich auch $0 \to E'' \to F \xrightarrow{f''} M'' \to 0$ eine kurze exakte Sequenz metrisierter o-Moduln, wenn $f'' = \alpha \circ f$ und $E'' = \mathrm{Ker}(f'')$ bedeutet. Wir erhalten somit das kommutative Diagramm

$$\begin{array}{ccccccccc} 0 & \longrightarrow & E & \longrightarrow & F & \xrightarrow{f} & M & \longrightarrow & 0 \\ & & \downarrow & & \downarrow{\scriptstyle \mathrm{id}} & & \downarrow{\scriptstyle \alpha} & & \\ 0 & \longrightarrow & E'' & \longrightarrow & F & \xrightarrow{f''} & M'' & \longrightarrow & 0 \end{array}$$

und mit dem Schlangenlemma die exakte $\mathcal{O}$-Modul-Sequenz

$$0 \to E \to E'' \xrightarrow{f} M' \to 0 .$$

Auch dies ist eine kurze exakte Sequenz metrisierter $\mathcal{O}$-Moduln, denn da $E_{\mathbb{C}}^{\perp}$ durch f isometrisch auf M abgebildet wird, so wird $E_{\mathbb{C}}''^{\perp} \subseteq E_{\mathbb{C}}^{\perp}$ durch f isometrisch auf $M''_{\mathbb{C}}$ abgebildet. Wir erhalten hiernach in $K_0(\bar{\mathcal{O}})$ die Gleichung

$$\pi\{M'\} - \pi\{M\} + \pi\{M''\} = [E''] - [E] - ([F] - [E]) + [F] - [E''] = 0,$$

welche zeigt, daß $\pi : F^0(\bar{\mathcal{O}}) \to K_0(\bar{\mathcal{O}})$ in der Tat über einen Homomorphismus

$$K^0(\bar{\mathcal{O}}) \to K_0(\bar{\mathcal{O}})$$

faktorisiert. Dieser ist zum Poincaré-Homomorphismus invers, weil die Komposita

$$K_0(\bar{\mathcal{O}}) \to K^0(\bar{\mathcal{O}}) \to K_0(\bar{\mathcal{O}}) \quad \text{und} \quad K^0(\bar{\mathcal{O}}) \to K_0(\bar{\mathcal{O}}) \to K^0(\bar{\mathcal{O}})$$

jeweils die Identität sind, denn wenn $0 \to E \to F \to M \to 0$ eine projektive Auflösung von M ist, so gilt in $K_0(\bar{\mathcal{O}})$ bzw. $K^0(\bar{\mathcal{O}})$ die Gleichung $[M] = [F] - [E]$, wenn M projektiv bzw. kohärent ist. □

Durch das obige Theorem werden nicht nur die projektiven, sondern überhaupt alle kohärenten metrisierten $\mathcal{O}$-Moduln von der Grothendieckgruppe $K_0(\bar{\mathcal{O}})$ aufgenommen. Diese Tatsache hat eine grundsätzliche Bedeutung. Denn bei dem Umgang mit den projektiven Moduln wird man sehr rasch auf nicht-projektive Moduln geführt, etwa auf die Restklassenringe $\mathcal{O}/\mathfrak{a}$. Die zugehörigen Klassen in $K^0(\bar{\mathcal{O}})$ können jedoch ihre wichtige Rolle erst im Ring $K_0(\bar{\mathcal{O}})$ entfalten, weil nur er in direkter Weise einer weiterführenden Theorie unterworfen werden kann.

Zwischen dem Grothendieckring $K_0(\bar{\mathcal{O}})$ und der in § 1 definierten vollständigen Picardgruppe $Pic(\bar{\mathcal{O}})$ besteht die folgende Beziehung.

(5.5) Satz. *Ordnet man dem vollständigen Ideal $\mathfrak{a}$ von K den metrisierten $\mathcal{O}$-Modul $L(\mathfrak{a})$ zu, so erhält man einen Homomorphismus*

$$Pic(\bar{\mathcal{O}}) \to K_0(\bar{\mathcal{O}})^*,\ [\mathfrak{a}] \mapsto [L(\mathfrak{a})],$$

in die Einheitengruppe des Ringes $K_0(\bar{\mathcal{O}})$.

Beweis: Die Zuordnung $[\mathfrak{a}] \mapsto [L(\mathfrak{a})]$ hängt nicht von der Auswahl des vollständigen Ideals $\mathfrak{a}$ aus der Klasse $[\mathfrak{a}] \in Pic(\bar{\mathcal{O}})$ ab. Ist nämlich $\mathfrak{b}$ ein anderer Repräsentant, so ist $\mathfrak{a} = \mathfrak{b}[a]$ mit einem vollständigen Hauptideal $[a]$, und es sind die metrisierten $\mathcal{O}$-Moduln $L(\mathfrak{a})$ und $L(\mathfrak{b})$ nach (4.5), (i) isometrisch, d.h. $[L(\mathfrak{a})] = [L(\mathfrak{b})]$. Die Zuordnung ist ein multiplikativer Homomorphismus wegen

$$[L(\mathfrak{a}\mathfrak{b})] = [L(\mathfrak{a}) \otimes_{\mathcal{O}} L(\mathfrak{b})] = [L(\mathfrak{a})][L(\mathfrak{b})]. \qquad \square$$

Wir bezeichnen im folgenden die Klasse des metrisierten invertierbaren $\mathcal{O}$-Moduls $L(\mathfrak{a})$ in $K_0(\bar{\mathcal{O}})$ einfach mit $[\mathfrak{a}]$. Insbesondere gehört zum vollständigen Ideal $\mathcal{O} = \prod_{\mathfrak{p}} \mathfrak{p}^0$ die Klasse $\mathbf{1} = [\mathcal{O}]$ des trivial metrisierten $\mathcal{O}$-Moduls $\mathcal{O}$.

(5.6) Satz. *Als additive Gruppe wird $K_0(\bar{\mathcal{O}})$ durch die Elemente $[\mathfrak{a}]$ erzeugt.*

Beweis: Sei M ein projektiver metrisierter $\mathcal{O}$-Modul. Der unterliegende $\mathcal{O}$-Modul besitzt nach (4.3) ein gebrochenes Ideal $\mathfrak{a}_{\mathfrak{f}}$ als Quotienten, d.h. wir haben eine exakte Sequenz

$$0 \to N \to M \to \mathfrak{a}_{\mathfrak{f}} \to 0$$

von $\mathcal{O}$-Moduln. Dies wird eine exakte Sequenz metrisierter $\mathcal{O}$-Moduln, wenn wir die Metrik von M auf N einschränken und auf $\mathfrak{a}_{\mathfrak{f}}$ die Metrik wählen, die durch den Isomorphismus $N_{\mathbb{C}}^{\perp} \cong \mathfrak{a}_{\mathfrak{f}\mathbb{C}}$ übertragen wird. Aus $\mathfrak{a}_{\mathfrak{f}}$ wird dann der metrisierte $\mathcal{O}$-Modul $L(\mathfrak{a})$, der zu einem vollständigen Ideal $\mathfrak{a}$ von K gehört, so daß in $K_0(\bar{\mathcal{O}})$ die Gleichung $[M] = [N] + [\mathfrak{a}]$ gilt. Mit vollständiger Induktion über den Rang erhalten wir daher für jeden projektiven metrisierten $\mathcal{O}$-Modul M eine Zerlegung

$$[M] = [\mathfrak{a}_1] + \cdots + [\mathfrak{a}_r]. \qquad \square$$

Zwischen den Elementen $[\mathfrak{a}]$ besteht in $K_0(\bar{\mathcal{O}})$ die folgende bemerkenswerte Relation.

(5.7) Satz. *Für je zwei vollständige Ideale $\mathfrak{a}$ und $\mathfrak{b}$ von K gilt in $K_0(\bar{\mathcal{O}})$ die Gleichung*

$$([\mathfrak{a}]-1)([\mathfrak{b}]-1)=0\,.$$

Beweis (TAMME): Für jede Funktion $\alpha : X(\mathbb{C}) \to \mathbb{C}$ betrachten wir auf dem $K_{\mathbb{C}}$-Modul $K_{\mathbb{C}} = \bigoplus_{\sigma\in X(\mathbb{C})} \mathbb{C}$ die Form

$$\alpha x\bar{y} = \bigoplus_{\sigma} \alpha(\sigma)x_\sigma \bar{y}_\sigma$$

und für jede Matrix $A = \begin{pmatrix} \alpha & \gamma \\ \delta & \beta \end{pmatrix}$ solcher Funktionen auf dem $K_{\mathbb{C}}$-Modul $K_{\mathbb{C}} \oplus K_{\mathbb{C}}$ die Form

$$\langle x\oplus y, x'\oplus y'\rangle_A = \alpha x\bar{x}' + \gamma x\bar{y}' + \delta y\bar{x}' + \beta y\bar{y}'\,.$$

$\alpha x\bar{y}$ bzw. $\langle\,,\,\rangle_A$ ist genau dann eine F-invariante Metrik auf $K_{\mathbb{C}}$ bzw. auf $K_{\mathbb{C}} \oplus K_{\mathbb{C}}$, wenn α F-invariant ist, d.h. $\overline{\alpha(\sigma)} = \alpha(\bar{\sigma})$, und $\alpha(\sigma) \in \mathbb{R}_+^*$, bzw. wenn alle Funktionen $\alpha, \beta, \gamma, \delta$ F-invariant sind und $\alpha(\sigma), \beta(\sigma) \in \mathbb{R}_+^*$ und $\delta = \bar{\gamma}$ und überdies $\det A = \alpha\beta - \gamma\bar{\gamma} > 0$. Dies sei für das weitere vorausgesetzt.

Seien nun $\mathfrak{a}$ und $\mathfrak{b}$ gebrochene Ideale von K. Zu zeigen ist die Formel

$$[\mathfrak{a}] + [\mathfrak{b}] = [\mathfrak{a}\mathfrak{b}] + 1\,.$$

Wir dürfen annehmen, daß $\mathfrak{a}_\mathfrak{f}$ und $\mathfrak{b}_\mathfrak{f}$ *ganze*, zueinander *teilerfremde* Ideale sind, weil wir nötigenfalls zu vollständigen Idealen $\mathfrak{a}' = \mathfrak{a}[a]$, $\mathfrak{b}' = \mathfrak{b}[b]$ mit den zugehörigen Idealen $\mathfrak{a}'_\mathfrak{f} = \mathfrak{a}_\mathfrak{f} a$, $\mathfrak{b}'_\mathfrak{f} = \mathfrak{b}_\mathfrak{f} b$ übergehen können, ohne die Klassen $[\mathfrak{a}], [\mathfrak{b}], [\mathfrak{a}\mathfrak{b}]$ in $K_0(\bar{\mathcal{O}})$ zu ändern. Wir bezeichnen den durch $\alpha x\bar{y}$ metrisierten $\mathcal{O}$-Modul $\mathfrak{a}_\mathfrak{f}$ mit $(\mathfrak{a}_\mathfrak{f}, \alpha)$ und den durch $\langle\,,\,\rangle_A$, $A = \begin{pmatrix} \alpha & \gamma \\ \bar{\gamma} & \beta \end{pmatrix}$, metrisierten $\mathcal{O}$-Modul $\mathfrak{a}_\mathfrak{f} \oplus \mathfrak{b}_\mathfrak{f}$ mit $(\mathfrak{a}_\mathfrak{f} \oplus \mathfrak{b}_\mathfrak{f}, A)$. Für zwei Matrizen $A = \begin{pmatrix} \alpha & \gamma \\ \bar{\gamma} & \beta \end{pmatrix}$ und $A' = \begin{pmatrix} \alpha' & \gamma' \\ \bar{\gamma}' & \beta' \end{pmatrix}$ schreiben wir kurz

$$A \sim A',$$

wenn $[(\mathfrak{a}_\mathfrak{f} \oplus \mathfrak{b}_\mathfrak{f}), A] = [(\mathfrak{a}_\mathfrak{f} \oplus \mathfrak{b}_\mathfrak{f}), A']$ in $K_0(\bar{\mathcal{O}})$. Wir betrachten nun die kanonische exakte Sequenz

$$0 \to \mathfrak{a}_\mathfrak{f} \to \mathfrak{a}_\mathfrak{f} \oplus \mathfrak{b}_\mathfrak{f} \to \mathfrak{b}_\mathfrak{f} \to 0\,.$$

Statten wir $\mathfrak{a}_\mathfrak{f} \oplus \mathfrak{b}_\mathfrak{f}$ mit der durch $A = \begin{pmatrix} \alpha & \gamma \\ \bar{\gamma} & \beta \end{pmatrix}$ gegebenen Metrik $\langle\,,\,\rangle_A$ aus, so liefert sie eine exakte Sequenz

$$(*) \qquad 0 \to (\mathfrak{a}_\mathfrak{f}, \alpha) \to (\mathfrak{a}_\mathfrak{f} \oplus \mathfrak{b}_\mathfrak{f}, A) \to (\mathfrak{b}_\mathfrak{f}, \beta - \frac{\gamma\bar{\gamma}}{\alpha}) \to 0$$

metrisierter $\mathcal{O}$-Moduln. In der Tat, in der exakten Sequenz

$$0 \to K_{\mathbb{C}} \to K_{\mathbb{C}} \oplus K_{\mathbb{C}} \to K_{\mathbb{C}} \to 0$$

liefert die Einschränkung von $\langle\, ,\rangle_A$ auf $K_{\mathbb{C}} \oplus \{0\}$ die Metrik $\alpha x\bar{y}$ von $K_{\mathbb{C}}$, und das orthogonale Komplement V von $K_{\mathbb{C}} \oplus \{0\}$ besteht aus allen Elementen $a + b \in K_{\mathbb{C}} \oplus K_{\mathbb{C}}$ mit

$$\langle x \oplus 0, a \oplus b\rangle = \alpha x\bar{a} + \gamma x\bar{b} = 0$$

für alle $x \in K_{\mathbb{C}}$, d.h.

$$V = \{(-\bar{\gamma}/\alpha)b \oplus b \mid b \in K_{\mathbb{C}}\}.$$

Der Isomorphismus $V \xrightarrow{\pi} K_{\mathbb{C}}$, $(-\bar{\gamma}/\alpha)b \oplus b \mapsto b$, überträgt die Metrik $\langle\, ,\rangle_A$ auf V in die Metrik $\delta x\bar{y}$, wobei sich δ durch die Gleichung

$$\begin{aligned}\delta = \langle\pi^{-1}(1), \pi^{-1}(1)\rangle_A &= \langle(-\bar{\gamma}/\alpha)1 \oplus 1, (-\bar{\gamma}/\alpha)1 \oplus 1\rangle_A \\ &= \alpha\frac{\bar{\gamma}\gamma}{\alpha^2} - \gamma\frac{\bar{\gamma}}{\alpha} - \bar{\gamma}\frac{\gamma}{\alpha} + \beta = \beta - \frac{\bar{\gamma}\gamma}{\alpha}\end{aligned}$$

bestimmt. Dies zeigt, daß $(*)$ eine kurze exakte Sequenz metrisierter $\mathcal{O}$-Moduln ist, d.h. daß

$$\begin{pmatrix}\alpha & \gamma \\ \bar{\gamma} & \beta\end{pmatrix} \sim \begin{pmatrix}\alpha & 0 \\ 0 & \beta - \frac{\gamma\bar{\gamma}}{\alpha}\end{pmatrix}.$$

Ersetzen wir β durch $\beta + \frac{\gamma\bar{\gamma}}{\alpha}$, so ergibt sich

$$\begin{pmatrix}\alpha & \gamma \\ \bar{\gamma} & \beta + \frac{\gamma\bar{\gamma}}{\alpha}\end{pmatrix} \sim \begin{pmatrix}\alpha & 0 \\ 0 & \beta\end{pmatrix}.$$

Verfahren wir mit der exakten Sequenz $0 \to \mathfrak{b}_{\mathfrak{f}} \to \mathfrak{a}_{\mathfrak{f}} \oplus \mathfrak{b}_{\mathfrak{f}} \to \mathfrak{a}_{\mathfrak{f}} \to 0$ und der Metrik $\begin{pmatrix}\alpha' & \gamma \\ \bar{\gamma} & \beta'\end{pmatrix}$ auf $\mathfrak{a}_{\mathfrak{f}} \oplus \mathfrak{b}_{\mathfrak{f}}$ in der gleichen Weise, so erhalten wir

$$\begin{pmatrix}\alpha' + \frac{\gamma\bar{\gamma}}{\beta'} & \gamma \\ \bar{\gamma} & \beta'\end{pmatrix} \sim \begin{pmatrix}\alpha' & 0 \\ 0 & \beta'\end{pmatrix}.$$

Wählen wir

$$\beta' = \beta + \frac{\gamma\bar{\gamma}}{\alpha}, \quad \alpha' = \frac{\alpha\beta}{\beta + \frac{\gamma\bar{\gamma}}{\alpha}},$$

so werden die linken Matrizen einander gleich, und es ergibt sich

$$\begin{pmatrix}\alpha & 0 \\ 0 & \beta\end{pmatrix} \sim \begin{pmatrix}\frac{\alpha\beta}{\beta + \frac{\gamma\bar{\gamma}}{\alpha}} & 0 \\ 0 & \beta + \frac{\gamma\bar{\gamma}}{\alpha}\end{pmatrix},$$

oder, wenn wir $\delta = \beta + \frac{\gamma\bar{\gamma}}{\alpha}$ setzen,

$$(**) \qquad \begin{pmatrix}\alpha & 0 \\ 0 & \beta\end{pmatrix} \sim \begin{pmatrix}\frac{\alpha\beta}{\delta} & 0 \\ 0 & \delta\end{pmatrix},$$

und zwar für jede F-invariante Funktion $\delta : X(\mathbb{C}) \to \mathbb{R}$ mit $\delta \geq \beta$. Hieraus folgt weiter

$$(***) \qquad \begin{pmatrix} \frac{\alpha\beta}{\delta} & 0 \\ 0 & \delta \end{pmatrix} \sim \begin{pmatrix} \frac{\alpha\beta}{\varepsilon} & 0 \\ 0 & \varepsilon \end{pmatrix}$$

für irgendzwei F-invariante Funktionen $\delta, \varepsilon : X(\mathbb{C}) \to \mathbb{R}_+^*$. Denn wenn $\kappa : X(\mathbb{C}) \to \mathbb{R}$ eine F-invariante Funktion ist mit $\kappa \geq \delta, \varepsilon$, so folgt aus $(**)$

$$\begin{pmatrix} \frac{\alpha\beta}{\delta} & 0 \\ 0 & \delta \end{pmatrix} \sim \begin{pmatrix} \frac{\alpha\beta}{\kappa} & 0 \\ 0 & \kappa \end{pmatrix} \sim \begin{pmatrix} \frac{\alpha\beta}{\varepsilon} & 0 \\ 0 & \varepsilon \end{pmatrix}.$$

Setzen wir nun in $(***)$ $\delta = \beta$ und $\varepsilon = 1$, so finden wir

$$[(\mathfrak{a}_f, \alpha)] + [(\mathfrak{b}_f, \beta)] = [(\mathfrak{a}_f, \alpha\beta)] + [\mathfrak{b}_f].$$

Für die vollständigen Ideale $\mathfrak{a} = \prod_\mathfrak{p} \mathfrak{p}^{\nu_\mathfrak{p}}$, $\mathfrak{b} = \prod_\mathfrak{p} \mathfrak{p}^{\nu_\mathfrak{p}}$ bedeutet dies

$$(1) \qquad [\mathfrak{a}] + [\mathfrak{b}] = [\mathfrak{a}\mathfrak{b}_\infty] + [\mathfrak{b}_f],$$

denn wenn wir $\alpha(\sigma) = e^{2\nu_{\mathfrak{p}\sigma}}$, $\beta(\sigma) = e^{2\mu_{\mathfrak{p}\sigma}}$ setzen, so ist

$$(\mathfrak{a}_f, \alpha) = L(\mathfrak{a}), \quad (\mathfrak{b}_f, \beta) = L(\mathfrak{b}), \quad (\mathfrak{a}_f, \alpha\beta) = L(\mathfrak{a}\mathfrak{b}_\infty).$$

Wir erhalten andererseits die Formel

$$(2) \qquad [\mathfrak{a}] + [\mathfrak{b}_f] = [\mathfrak{a}\mathfrak{b}_f] + 1$$

auf die folgende Weise. Wir haben die beiden exakten Sequenzen

$$\begin{array}{ccccccccc} 0 & \to & (\mathfrak{a}_f\mathfrak{b}_f, \alpha) & \to & (\mathfrak{a}_f, \alpha) & \to & \mathfrak{a}_f/\mathfrak{a}_f\mathfrak{b}_f & \to & 0, \\ 0 & \to & (\mathfrak{b}_f, 1) & \to & (\mathcal{O}, 1) & \to & \mathcal{O}/\mathfrak{b}_f & \to & 0 \end{array}$$

kohärenter metrisierter $\mathcal{O}$-Moduln. Da $\mathfrak{a}_f$ und $\mathfrak{b}_f$ teilerfremd sind, also $\mathfrak{a}_f + \mathfrak{b}_f = \mathcal{O}$ ist, so ist

$$\mathfrak{a}_f/\mathfrak{a}_f\mathfrak{b}_f \to \mathcal{O}/\mathfrak{b}_f$$

ein Isomorphismus, d.h. es gilt in der Gruppe $K^0(\bar{\mathcal{O}})$ die Gleichung $[\mathfrak{a}_f/\mathfrak{a}_f\mathfrak{b}_f] = [\mathcal{O}/\mathfrak{b}_f]$, und daher

$$[(\mathfrak{a}_f, \alpha)] - [(\mathfrak{a}_f\mathfrak{b}_f, \alpha)] = [(\mathcal{O}, 1)] - [(\mathfrak{b}_f, 1)],$$

mit anderen Worten

$$[\mathfrak{a}] - [\mathfrak{a}\mathfrak{b}_f] = 1 - [\mathfrak{b}_f].$$

Aus (1) und (2) ergibt sich jetzt

$$[\mathfrak{a}] + [\mathfrak{b}] = [\mathfrak{a}\mathfrak{b}_\infty] + [\mathfrak{b}_f] = [\mathfrak{a}\mathfrak{b}_\infty\mathfrak{b}_f] + 1 = [\mathfrak{a}\mathfrak{b}] + 1.$$

Wegen der Isomorphie $K_0(\bar{\mathcal{O}}) \cong K^0(\bar{\mathcal{O}})$ ist dies eine Gleichung in $K_0(\bar{\mathcal{O}})$. □

§ 6. Der Cherncharakter

Der Grothendieckring $K_0(\bar{\mathcal{O}})$ ist mit einem kanonischen surjektiven Homomorphismus

$$\mathrm{rg} : K_0(\bar{\mathcal{O}}) \to \mathbb{Z}$$

ausgestattet. Ordnet man nämlich jeder Isometrieklasse $\{M\}$ projektiver metrisierter $\mathcal{O}$-Moduln den Rang

$$\mathrm{rg}\,\{M\} = \dim_K(M \otimes_{\mathcal{O}} K)$$

zu, so dehnt sich diese Zuordnung linear zu einem Ringhomomorphismus $F_0(\bar{\mathcal{O}}) \to \mathbb{Z}$ aus. Für eine kurze exakte Sequenz $0 \to M' \to M \to M'' \to 0$ metrisierter $\mathcal{O}$-Moduln gilt $\mathrm{rg}(M) = \mathrm{rg}(M') + \mathrm{rg}(M'')$, also $\mathrm{rg}(\{M'\} - \{M\} + \{M''\}) = 0$. rg ist daher Null auf dem Ideal $R_0(\bar{\mathcal{O}})$ und induziert somit einen Homomorphismus $K_0(\bar{\mathcal{O}}) \to \mathbb{Z}$. Er wird die **Augmentation** von $K_0(\bar{\mathcal{O}})$ genannt und sein Kern $I = \mathrm{Ker(rg)}$ das **Augmentationsideal.**

(6.1) Satz. *Das Ideal I bzw. I^2 wird als additive Gruppe durch die Elemente $[\mathfrak{a}]-1$ bzw. $([\mathfrak{a}]-1)([\mathfrak{b}]-1)$ erzeugt, wobei $\mathfrak{a}$, $\mathfrak{b}$ die vollständigen Ideale von K durchlaufen.*

Beweis: Nach (5.6) ist jedes Element $\xi \in K_0(\bar{\mathcal{O}})$ von der Form

$$\xi = \sum_{i=1}^{r} n_i [\mathfrak{a}_i]\,.$$

Ist $\xi \in I$, so ist $\mathrm{rg}(\xi) = \sum_{i=1}^{r} n_i = 0$, und damit

$$\xi = \sum_i n_i[\mathfrak{a}_i] - \sum_i n_i = \sum_i n_i([\mathfrak{a}_i] - 1)\,.$$

Das Ideal I^2 wird hiernach durch die Elemente $([\mathfrak{a}]-1)([\mathfrak{b}]-1)$ erzeugt. Wegen

$$[\mathfrak{c}]([\mathfrak{a}] - 1)([\mathfrak{b}] - 1) = (([\mathfrak{c}\mathfrak{a}] - 1) - ([\mathfrak{c}] - 1))([\mathfrak{b}] - 1)$$

bilden diese Elemente schon ein Erzeugendensystem der abelschen Gruppe I^2. □

Aufgrund von (5.7) erhalten wir hieraus das

(6.2) Korollar. $I^2 = 0$.

Wir setzen jetzt

$$\mathrm{gr}\ K_0(\bar{\mathcal{O}}) = \mathbb{Z} \oplus I$$

und machen diese additive Gruppe zu einem Ring, indem wir $xy = 0$ für $x, y \in I$ setzen.

(6.3) Definition. *Der additive Homomorphismus*

$$c_1 : K_0(\bar{\mathcal{O}}) \to I, \quad c_1(\xi) = \xi - \mathrm{rg}\,(\xi)$$

wird **erste Chernklasse** *genannt. Die Abbildung*

$$\mathrm{ch} : K_0(\bar{\mathcal{O}}) \to gr\ K_0(\bar{\mathcal{O}}),\ \mathrm{ch}(\xi) = \mathrm{rg}(\xi) + c_1(\xi),$$

heißt der **Cherncharakter** *von* $K_0(\bar{\mathcal{O}})$.

(6.4) Satz. *Der Cherncharakter*

$$\mathrm{ch} : K_0(\bar{\mathcal{O}}) \to gr\ K_0(\bar{\mathcal{O}})$$

ist ein Isomorphismus von Ringen.

Beweis: Die Abbildungen rg und c_1 sind Homomorphismen additiver Gruppen, die beide auch multiplikativ sind. Für rg ist dies klar, und für c_1 muß dies nur auf den erzeugenden Elementen $x = [\mathfrak{a}]$, $y = [\mathfrak{b}]$ nachgeprüft werden. Es folgt wegen

$$c_1(xy) = xy - 1 = (x-1) + (y-1) + (x-1)(y-1) = c_1(x) + c_1(y)\,,$$

weil $(x-1)(y-1) = 0$ nach (5.7). Daher ist ch ein Ringhomomorphismus. Die Abbildung

$$\mathbb{Z} \oplus I \to K_0(\bar{\mathcal{O}})\,,\ n \oplus \xi \mapsto \xi + n,$$

ist offensichtlich eine Umkehrabbildung, so daß ch sogar ein Isomorphismus ist. □

Wir erhalten eine vollständige und explizite Beschreibung des Cherncharakters, wenn wir neben dem Homomorphismus $\mathrm{rg} : K_0(\bar{\mathcal{O}}) \to \mathbb{Z}$ einen zweiten Homomorphismus

$$\det : K_0(\bar{\mathcal{O}}) \to Pic\,(\bar{\mathcal{O}})$$

betrachten, der wie folgt durch die Determinantenbildung $\det M$ der projektiven $\mathcal{O}$-Moduln M induziert wird (vgl. § 4). Als invertierbarer metrisierter $\mathcal{O}$-Modul ist $\det M$ von der Form $L(\mathfrak{a})$ mit einem bis auf

Isomorphie wohlbestimmten vollständigen Ideal $\mathfrak{a}$. Bezeichnen wir mit $[\det M]$ die Klasse von $\mathfrak{a}$ in $Pic(\bar{\mathcal{O}})$, so liefert die lineare Fortsetzung der Zuordnung $\{M\} \to [\det M]$ einen Homomorphismus

$$\det : F_0(\bar{\mathcal{O}}) \to Pic(\bar{\mathcal{O}}).$$

Die Untergruppe $R_0(\bar{\mathcal{O}})$ wird dabei auf 1 abgebildet, denn sie wird durch die Elemente $\{M'\} - \{M\} + \{M''\}$ erzeugt, die aus den kurzen exakten Sequenzen

$$0 \to M' \to M \to M'' \to 0$$

projektiver metrisierter $\mathcal{O}$-Moduln entstehen, und für diese gilt nach (4.7)

$$\begin{aligned}\det\{M\} &= [\det M] = [\det M' \otimes \det M''] \\ &= [\det M'][\det M''] = \det\{M'\}\det\{M''\}.\end{aligned}$$

Daher wird ein Homomorphismus $\det : K_0(\bar{\mathcal{O}}) \to Pic(\bar{\mathcal{O}})$ induziert. Über diesen erhalten wir das folgende Resultat.

(6.5) Satz. *(i) Der kanonische Homomorphismus*

$$Pic(\bar{\mathcal{O}}) \to K_0(\bar{\mathcal{O}})^*$$

ist injektiv.

(ii) Die Einschränkung von det *auf I,*

$$\det : I \to Pic(\bar{\mathcal{O}}),$$

ist ein Isomorphismus.

Beweis: (i) Das Kompositum der beiden Abbildungen

$$Pic(\bar{\mathcal{O}}) \to K_0(\bar{\mathcal{O}})^* \xrightarrow{\det} Pic(\bar{\mathcal{O}})$$

ist die Identität, denn für einen invertierbaren metrisierten $\mathcal{O}$-Modul M ist natürlich $\det M = M$. Hieraus folgt (i).
(ii) Fassen wir hiernach die Elemente von $Pic(\bar{\mathcal{O}})$ als Elemente von $K_0(\bar{\mathcal{O}})$ auf, so erhalten wir durch

$$\delta : Pic(\bar{\mathcal{O}}) \to I,\ \delta(x) = x - 1,$$

eine Umkehrabbildung von $\det : I \to Pic(\bar{\mathcal{O}})$. In der Tat, es ist $\det \circ \delta = \mathrm{id}$ wegen $\det([\mathfrak{a}] - 1) = \det[\mathfrak{a}] = [\mathfrak{a}]$, und $\delta \circ \det = \mathrm{id}$ wegen $\delta(\det([\mathfrak{a}] - 1)) = \delta(\det[\mathfrak{a}]) = \delta([\mathfrak{a}]) = [\mathfrak{a}] - 1$ und der Tatsache, daß I durch die Elemente der Form $[\mathfrak{a}] - 1$ erzeugt wird (vgl. (6.1)). □

Durch den Isomorphismus $\det : I \xrightarrow{\sim} Pic(\bar{o})$ erhalten wir jetzt einen Isomorphismus

$$\mathrm{gr}\, K_0(\bar{o}) \xrightarrow{\sim} \mathbb{Z} \oplus Pic(\bar{o})$$

und nennen das Kompositum

$$K_0(\bar{o}) \xrightarrow{\mathrm{ch}} \mathrm{gr}\, K_0(\bar{o}) \xrightarrow{\mathrm{id}\oplus\det} \mathbb{Z} \oplus Pic(\bar{o})$$

abermals den Cherncharakter von $K_0(\bar{o})$. Unter Beachtung von $\det(c_1(\xi)) = \det(\xi - \mathrm{rg}(\xi) \cdot 1) = \det(\xi)$ ergibt sich hiermit für die Grothendieckgruppe $K_0(\bar{o})$ die explizite Beschreibung:

(6.6) Theorem. *Der Cherncharakter liefert einen Isomorphismus*

$$\mathrm{ch} : K_0(\bar{o}) \xrightarrow{\sim} \mathbb{Z} \oplus Pic(\bar{o}), \quad \mathrm{ch}(\xi) = \mathrm{rg}(\xi) \oplus \det(\xi).$$

Der Kenner sei darauf aufmerksam gemacht, daß dieser Homomorphismus eine Realisierungsabbildung von der K-Theorie in die Chowtheorie ist. Identifiziert man $Pic(\bar{o})$ mit der Divisorenklassengruppe $CH^1(\bar{o})$, so ist $\mathbb{Z} \oplus Pic(\bar{o})$ als der „vollständige" *Chowring* $CH(\bar{o})$ anzusehen.

§ 7. Grothendieck-Riemann-Roch

Wir betrachten jetzt eine endliche Erweiterung $L|K$ algebraischer Zahlkörper und studieren die Beziehungen zwischen den Grothendieckgruppen von L und K. Sei $\mathcal{o}$ bzw. $\mathcal{O}$ der Ring der ganzen Zahlen von K bzw. L, und $X(\mathbb{C}) = \mathrm{Hom}(K, \mathbb{C})$, $Y(\mathbb{C}) = \mathrm{Hom}(L, \mathbb{C})$. Durch die Inklusion $i : \mathcal{o} \to \mathcal{O}$ und die Surjektion $Y(\mathbb{C}) \to X(\mathbb{C})$, $\sigma \mapsto \sigma|_K$, erhalten wir zwei kanonische Homomorphismen

$$i^* : K_0(\bar{o}) \to K_0(\bar{\mathcal{O}}) \quad \text{und} \quad i_* : K_0(\bar{\mathcal{O}}) \to K_0(\bar{o}),$$

die wie folgt definiert werden.

Ist M ein projektiver metrisierter $\mathcal{o}$-Modul, so ist $M \otimes_{\mathcal{o}} \mathcal{O}$ ein projektiver $\mathcal{O}$-Modul. Die hermitesche Metrik auf dem $K_{\mathbb{C}}$-Modul $M_{\mathbb{C}}$ setzt sich wegen

$$(M \otimes_{\mathcal{o}} \mathcal{O})_{\mathbb{C}} = M \otimes_{\mathcal{o}} \mathcal{O} \otimes_{\mathbb{Z}} \mathbb{C} = M_{\mathbb{C}} \otimes_{K_{\mathbb{C}}} L_{\mathbb{C}}$$

kanonisch zu einer F-invarianten Metrik des $L_{\mathbb{C}}$-Moduls $(M \otimes_{\mathfrak{o}} \mathcal{O})_{\mathbb{C}}$ fort. Daher ist $M \otimes_{\mathfrak{o}} \mathcal{O}$ automatisch ein metrisierter $\mathcal{O}$-Modul, den wir mit i^*M bezeichnen. Ist

$$0 \to M' \to M \to M'' \to 0$$

eine kurze exakte Sequenz projektiver metrisierter $\mathfrak{o}$-Moduln, so ist

$$0 \to M' \otimes_{\mathfrak{o}} \mathcal{O} \to M \otimes_{\mathfrak{o}} \mathcal{O} \to M'' \otimes_{\mathfrak{o}} \mathcal{O} \to 0$$

eine kurze exakte Sequenz metrisierter $\mathcal{O}$-Moduln, weil $\mathcal{O}$ ein projektiver $\mathfrak{o}$-Modul ist und weil sich die Metriken in der Sequenz

$$0 \to M'_{\mathbb{C}} \to M_{\mathbb{C}} \to M''_{\mathbb{C}} \to 0$$

einfach $L_{\mathbb{C}}$-sesquilinear zu Metriken in der Sequenz von $L_{\mathbb{C}}$-Moduln

$$0 \to M'_{\mathbb{C}} \otimes_{K_{\mathbb{C}}} L_{\mathbb{C}} \to M_{\mathbb{C}} \otimes_{K_{\mathbb{C}}} L_{\mathbb{C}} \to M''_{\mathbb{C}} \otimes_{K_{\mathbb{C}}} L_{\mathbb{C}} \to 0$$

fortsetzen. Aus diesem Grund liefert die Zuordnung

$$M \mapsto [\, i^*M \,] = [\, M \otimes_{\mathfrak{o}} \mathcal{O} \,]$$

nach bewährter Manier (d.h. über die Darstellung $K_0(\bar{\mathfrak{o}}) = F_0(\bar{\mathfrak{o}})/R_0(\bar{\mathfrak{o}})$) einen wohldefinierten Homomorphismus

$$i^* : K_0(\bar{\mathfrak{o}}) \to K_0(\bar{\mathcal{O}})\,.$$

Der Leser mag sich davon überzeugen, daß dies sogar ein Ringhomomorphismus ist.

Ist andererseits M ein projektiver metrisierter $\mathcal{O}$-Modul, so ist M automatisch auch ein projektiver $\mathfrak{o}$-Modul. Für die Komplexifizierung $M_{\mathbb{C}} = M \otimes_{\mathbb{Z}} \mathbb{C}$ haben wir die Zerlegung

$$M_{\mathbb{C}} = \bigoplus_{\tau \in Y(\mathbb{C})} M_\tau = \bigoplus_{\sigma \in X(\mathbb{C})} \bigoplus_{\tau|\sigma} M_\tau = \bigoplus_{\sigma \in X(\mathbb{C})} M_\sigma\,,$$

wobei $M_\tau = M \otimes_{\mathcal{O},\tau} \mathbb{C}$ und

$$M_\sigma = M \otimes_{\mathfrak{o},\sigma} \mathbb{C} = \bigoplus_{\tau|\sigma} M_\tau\,.$$

Die $\mathbb{C}$-Vektorräume M_τ sind mit den hermiteschen Metriken $\langle\ ,\ \rangle_{M_\tau}$ ausgestattet, und wir definieren die Metrik $\langle\ ,\ \rangle_{M_\sigma}$ auf dem $\mathbb{C}$-Vektorraum M_σ als die orthogonale Summe

$$\langle x, y\rangle_{M_\sigma} = \sum_{\tau|\sigma} \langle x_\tau, y_\tau\rangle_{M_\tau}\,.$$

Damit erhalten wir auf dem $K_{\mathbb{C}}$-Modul $M_{\mathbb{C}}$ eine hermitesche Metrik, deren F-Invarianz evidenterweise aus der F-Invarianz der Ausgangsmetrik $\langle\, ,\, \rangle_M$ folgt. Wir bezeichnen den so metrisierten $\mathfrak{o}$-Modul M mit i_*M.

Ist $0 \to M' \to M \to M'' \to 0$ eine kurze exakte Sequenz projektiver metrisierter $\mathcal{O}$-Moduln, so ist evidenterweise

$$0 \to i_*M' \to i_*M \to i_*M'' \to 0$$

eine exakte Sequenz projektiver metrisierter o-Moduln. Wie zuvor erhalten wir aus diesem Grund durch die Zuordnung

$$M \mapsto [\, i_*M \,]$$

einen wohldefinierten (additiven) Homomorphismus

$$i_* : K_0(\bar{\mathcal{O}}) \to K_0(\bar{o}) .$$

(7.1) Satz (Projektionsformel). *Das Diagramm*

$$\begin{array}{ccccc} K_0(\bar{\mathcal{O}}) & \times & K_0(\bar{\mathcal{O}}) & \xrightarrow{\cdot} & K_0(\bar{\mathcal{O}}) \\ {\scriptstyle i_*}\big\downarrow & & \big\uparrow{\scriptstyle i^*} & & \big\downarrow{\scriptstyle i_*} \\ K_0(\bar{o}) & \times & K_0(\bar{o}) & \xrightarrow{\cdot} & K_0(\bar{o}) \end{array}$$

ist kommutativ, wobei die waagrechten Pfeile die Multiplikation bedeuten.

Beweis: Ist M bzw. N ein projektiver metrisierter $\mathcal{O}$- bzw. o-Modul, so besteht eine Isometrie

$$i_*(M \otimes_{\mathcal{O}} i^*N) \cong i_*M \otimes_o N$$

projektiver metrisierter o-Moduln. In der Tat, für die unterliegenden o-Moduln hat man einen Isomorphismus

$$M \otimes_{\mathcal{O}} (N \otimes_o \mathcal{O}) \cong M \otimes_o N \,, \quad a \otimes (b \otimes c) \mapsto ca \otimes b \,.$$

Dieser induziert nach Tensorieren mit $\mathbb{C}$ einen Isomorphismus

$$M_{\mathbb{C}} \otimes_{L_{\mathbb{C}}} (N \otimes_{K_{\mathbb{C}}} L_{\mathbb{C}}) \cong M_{\mathbb{C}} \otimes_{K_{\mathbb{C}}} N_{\mathbb{C}} \,.$$

Daß dies eine Isometrie metrisierter $K_{\mathbb{C}}$-Moduln ist, folgt bei richtiger Anwendung der mathematischen Grammatik aus der Distributivität

$$\sum_{\tau|\sigma} \langle\ ,\ \rangle_{M_\tau} \langle\ ,\ \rangle_{N_\sigma} = \Big(\sum_{\tau|\sigma} \langle\ ,\ \rangle_{M_\tau}\Big) \langle\ ,\ \rangle_{N_\sigma} \,. \qquad \square$$

Das Riemann-Roch-Problem im Grothendieckschen Sinne stellt die Aufgabe, den Cherncharakter $\mathrm{ch}\,(i_*M)$ für einen projektiven metrisierten $\mathcal{O}$-Modul M in Abhängigkeit von $\mathrm{ch}\,(M)$ zu berechnen. Dies läuft wegen (6.6) auf die Berechnung von $\det(i_*M)$ in Abhängigkeit von $\det M$ hinaus. Nun ist $\det M$ ein invertierbarer metrisierter $\mathcal{O}$-Modul und ist somit nach (4.5) isometrisch zum metrisierten $\mathcal{O}$-Modul $L(\mathfrak{A})$ eines vollständigen Ideals $\mathfrak{A}$ von L. $N_{L|K}(\mathfrak{A})$ ist dann ein vollständiges Ideal von K, und wir setzen

$$N_{L|K}(\det M) := L(N_{L|K}(\mathfrak{A}))\,.$$

Dies ist ein invertierbarer metrisierter o-Modul, der durch M bis auf Isometrie festgelegt ist. Mit dieser Bezeichnung beweisen wir zunächst das folgende Theorem.

(7.2) Theorem. *Für jeden projektiven metrisierten $\mathcal{O}$-Modul M gilt:*

$$\operatorname{rg}(i_*M) = \operatorname{rg}(M)\operatorname{rg}(\mathcal{O})\,,$$
$$\det(i_*M) \cong N_{L|K}(\det M) \otimes_o (\det i_*\mathcal{O})^{\operatorname{rg}(M)}\,.$$

Dabei ist $\operatorname{rg}(\mathcal{O}) = [L:K]$.

Beweis: Es ist $M_K := M \otimes_o K = M \otimes_{\mathcal{O}} \mathcal{O} \otimes_o K = M \otimes_{\mathcal{O}} L =: M_L$ und damit

$$\begin{aligned}\operatorname{rg}(i_*M) &= \dim_K(M_K) = \dim_K(M_L) = \dim_L(M_L)[L:K]\\ &= \operatorname{rg}(M)\operatorname{rg}(\mathcal{O})\,.\end{aligned}$$

Zum Beweis der zweiten Gleichung führen wir zunächst eine Reduktion durch. Sei

$$\lambda(M) = \det(i_*M) \quad \text{und} \quad \rho(M) = N_{L|K}(\det M) \otimes_o (\det i_*\mathcal{O})^{\operatorname{rg}(M)}\,.$$

Ist $0 \to M' \to M \to M'' \to 0$ eine kurze exakte Sequenz projektiver metrisierter $\mathcal{O}$-Moduln, so gilt

$$(*) \qquad \lambda(M) \cong \lambda(M') \otimes_o \lambda(M'') \quad \text{und} \quad \rho(M) \cong \rho(M') \otimes_o \rho(M'')\,.$$

Die linke Isomorphie folgt aus der exakten Sequenz $0 \to i_*M' \to i_*M \to i_*M'' \to 0$ wegen (4.7) und die rechte wegen (4.7), der Multiplikativität der Norm $N_{L|K}$ und der Additivität des Ranges rg. Wie im Beweis zu (5.6) nutzen wir jetzt die Tatsache aus, daß jeder projektive metrisierte $\mathcal{O}$-Modul M einen zulässigen Epimorphismus auf einen $\mathcal{O}$-Modul der Form $L(\mathfrak{A})$ besitzt mit einem vollständigen Ideal $\mathfrak{A}$. Durch $(*)$ werden wir daher mit vollständiger Induktion über $\operatorname{rg}(M)$ auf den Fall $M = L(\mathfrak{A})$ zurückgeführt. Es ist dann $\operatorname{rg}(M) = 1$, d.h. wir haben die Isomorphie

$$\det(i_*L(\mathfrak{A})) = L(N_{L|K}(\mathfrak{A})) \otimes_o \det_o \mathcal{O}$$

zu zeigen. Für die unterliegenden $\mathcal{o}$-Moduln bedeutet dies die Gleichung

$$(**)\qquad \det_{\mathcal{o}}\mathfrak{A}_{\mathfrak{f}} = N_{L|K}(\mathfrak{A}_{\mathfrak{f}})\det_{\mathcal{o}}\mathcal{O}\,,$$

welche in $\det_K L$ zu lesen ist und wie folgt bewiesen wird. Sie wäre klar, wenn $\mathcal{O}$ und $\mathcal{o}$ Hauptidealringe wären. Denn dann könnte man ein Erzeugendes α von $\mathfrak{A}_{\mathfrak{f}}$ und eine Ganzheitsbasis $\omega_1,\dots,\omega_n$ von $\mathcal{O}$ über $\mathcal{o}$ wählen. Da $N_{L|K}(\alpha)$ definitionsgemäß die Determinante $\det(T_\alpha)$ der Transformation $T_\alpha : L \to L$, $x \mapsto \alpha x$ ist, so erhielte man die Gleichung

$$\alpha\omega_1 \wedge\cdots\wedge \alpha\omega_n = N_{L|K}(\alpha)(\omega_1\wedge\cdots\wedge\omega_n)\,,$$

deren linke bzw. rechte Seite nach (1.6) die linke bzw. rechte Seite von (**) erzeugte. Man kann nun die gewünschte Hauptidealeigenschaft herstellen, indem man von $\mathcal{O}|\mathcal{o}$ für jedes Primideal $\mathfrak{p}$ von $\mathcal{o}$ zur Lokalisierung $\mathcal{O}_{\mathfrak{p}}|\mathcal{o}_{\mathfrak{p}}$ übergeht (vgl. Kap. I, § 11 und § 3, Aufgabe 4). Mit dem obigen Argument wird dann

$$(\det_{\mathcal{o}}\mathfrak{A}_{\mathfrak{f}})_{\mathfrak{p}} = \det_{\mathcal{o}_{\mathfrak{p}}}\mathfrak{A}_{\mathfrak{f}_{\mathfrak{p}}} = N_{L|K}(\mathfrak{A}_{\mathfrak{f}_{\mathfrak{p}}})\det_{\mathcal{o}_{\mathfrak{p}}}\mathcal{O}_{\mathfrak{p}} = (N_{L|K}(\mathfrak{A}_{\mathfrak{f}})\det_{\mathcal{o}}\mathcal{O})_{\mathfrak{p}}\,,$$

und da diese Gleichung für alle Primideale $\mathfrak{p}$ von $\mathcal{o}$ gilt, so gilt auch die Gleichung (**).

Zum Beweis, daß die Metriken auf beiden Seiten von (**) übereinstimmen, setzen wir $M = L(\mathfrak{A})$, $N = L(\mathcal{O})$, $\mathfrak{a} = N_{L|K}(\mathfrak{A})$ und sehen $M, N, \mathfrak{a}$ als metrisierte $\mathcal{o}$-Moduln an. Es ist $M_{\mathbb{C}} = N_{\mathbb{C}} = L_{\mathbb{C}}$ und $\mathfrak{a}_{\mathbb{C}} = K_{\mathbb{C}}$, und wir betrachten die Metriken auf den Komponenten

$$M_\sigma = \bigoplus_{\tau|\sigma}\mathbb{C}\,,\quad N_\sigma = \bigoplus_{\tau|\sigma}\mathbb{C}\,,\quad \mathfrak{a}_\sigma = \mathbb{C}\,,$$

wobei $\sigma \in \operatorname{Hom}(K,\mathbb{C})$ und $\tau \in \operatorname{Hom}(L,\mathbb{C})$ mit $\tau|\sigma$ bedeutet. Wir haben zu zeigen, daß für $\xi,\eta \in \det_{\mathbb{C}} M_\sigma$ und $a,b \in \mathbb{C}$ die Gleichung

$$\langle a\xi, b\eta\rangle_{\det M_\sigma} = \langle a,b\rangle_{\mathfrak{a}_\sigma}\langle \xi,\eta\rangle_{\det N_\sigma}$$

gilt. Sei dazu $\mathfrak{A}_\infty = \prod_{\mathfrak{P}|\infty}\mathfrak{P}^{\nu_{\mathfrak{P}}}$, so daß

$$\mathfrak{a}_\infty = N_{L|K}(\mathfrak{A}_\infty) = \prod_{\mathfrak{p}|\infty}\mathfrak{p}^{\nu_{\mathfrak{p}}}$$

mit $\nu_{\mathfrak{p}} = \sum_{\mathfrak{P}|\mathfrak{p}} f_{\mathfrak{P}|\mathfrak{p}}\nu_{\mathfrak{P}}$ wird. Es ist dann

$$\begin{aligned}
\langle x,y\rangle_{N_\sigma} &= \textstyle\sum_{\tau|\sigma} x_\tau\bar y_\tau\,,\\
\langle x,y\rangle_{M_\sigma} &= \textstyle\sum_{\tau|\sigma} e^{2\nu_{\mathfrak{P}_\tau}} x_\tau\bar y_\tau\,,\\
\langle a,b\rangle_{\mathfrak{a}_\sigma} &= e^{2\nu_{\mathfrak{p}_\sigma}} a\bar b\,,\quad \nu_{\mathfrak{p}_\sigma} = \textstyle\sum_{\mathfrak{P}|\mathfrak{p}_\sigma} f_{\mathfrak{P}|\mathfrak{p}_\sigma}\nu_{\mathfrak{P}} = \sum_{\tau|\sigma}\nu_{\mathfrak{P}_\tau}\,.
\end{aligned}$$

Sei $\xi = x_1\wedge\cdots\wedge x_n$, $\eta = y_1\wedge\cdots\wedge y_n$. Wir numerieren die Einbettungen $\tau|\sigma$ durch, $\tau_1,\dots,\tau_n$, setzen $\nu_k = \nu_{\mathfrak{P}_{\tau_k}}$ und bilden die Matrizen

$$A = (x_{i\tau_k})\,,\quad B = (\bar y_{i\tau_k})\,,\quad D = \begin{pmatrix} e^{\nu_1} & & 0\\ & \ddots & \\ 0 & & e^{\nu_n}\end{pmatrix}.$$

Dann wird unter Beachtung von

$$\det(D) = \prod_{\tau} e^{\nu_{\mathfrak{P}_\tau}} = \prod_{\mathfrak{P}|\mathfrak{p}_\sigma} e^{e_{\mathfrak{P}|\mathfrak{p}_\sigma}\nu_{\mathfrak{P}}} = e^{\nu_{\mathfrak{p}_\sigma}}$$

in der Tat

$$\begin{aligned}\langle a\xi, b\eta\rangle_{\det M_\sigma} &= a\bar{b}\langle\xi,\eta\rangle_{\det M_\sigma}\\ &= a\bar{b}\det((AD)(BD)^t) = a\bar{b}(\det D)^2\det(AB^t)\\ &= e^{2\nu_{\mathfrak{p}_\sigma}}a\bar{b}\langle\xi,\eta\rangle_{\det N_\sigma} = \langle a,b\rangle_{\mathfrak{a}_\sigma}\langle\xi,\eta\rangle_{\det N_\sigma}\,.\end{aligned}$$

Damit ist das Theorem bewiesen. □

Durch lineare Ausdehnung auf die freie abelsche Gruppe $F_0(\bar{\mathcal{O}}) = \bigoplus_{\{M\}}\mathbb{Z}\{M\}$ und Übergang zur Faktorgruppe $K_0(\bar{\mathcal{O}}) = F_0(\bar{\mathcal{O}})/R_0(\bar{\mathcal{O}})$ liefern die Formeln (7.2) das

(7.3) Korollar. *Für jede Klasse $\xi \in K_0(\bar{\mathcal{O}})$ gelten die Formeln*

$$\begin{aligned}\operatorname{rg}(i_*\xi) &= [L:K]\operatorname{rg}(\xi),\\ \det(i_*\xi) &= [\det i_*\mathcal{O}]^{\operatorname{rg}(\xi)}N_{L|K}(\det\xi)\,.\end{aligned}$$

Für den in der zweiten Formel stehenden metrisierten $\mathcal{o}$-Modul $\det i_*\mathcal{O}$ läßt sich das Quadrat als die *Diskriminante* $\mathfrak{d}_{L|K}$ der Erweiterung $L|K$ berechnen, die wir als *trivial* metrisierten $\mathcal{o}$-Modul ansehen.

(7.4) Satz. *Es besteht ein kanonischer Isomorphismus*

$$(\det i_*\mathcal{O})^{\otimes 2} \cong \mathfrak{d}_{L|K}$$

metrisierter $\mathcal{o}$-Moduln.

Beweis: Wir betrachten auf $\mathcal{O}$ die bilineare Spurabbildung

$$T: \mathcal{O}\times\mathcal{O}\to\mathcal{o}\,,\quad (x,y)\mapsto Tr_{L|K}(xy)\,.$$

Sie induziert einen $\mathcal{o}$-Modulhomomorphismus

$$T: \det\mathcal{O}\otimes\det\mathcal{O}\to\mathcal{o}\,,$$

der durch

$$T((\alpha_1\wedge\cdots\wedge\alpha_n)\otimes(\beta_1\wedge\cdots\wedge\beta_n)) = \det(Tr_{L|K}(\alpha_i\beta_j))$$

gegeben ist. Das Bild von T ist das Diskriminantenideal $\mathfrak{d}_{L|K}$, welches definitionsgemäß von den Diskriminanten

$$d(\omega_1, \ldots, \omega_n) = \det(Tr_{L|K}(\omega_i\omega_j))$$

aller in $\mathcal{O}$ gelegenen Basen von $L|K$ erzeugt wird. Dies ist klar, wenn $\mathcal{O}$ eine Ganzheitsbasis über o besitzt, weil sich die α_i und β_i durch eine solche mit Koeffizienten in o ausdrücken. Ist eine Ganzheitsbasis nicht vorhanden, so gibt es sie doch für die Lokalisierung $\mathcal{O}_\mathfrak{p}|o_\mathfrak{p}$ nach jedem Primideal $\mathfrak{p}$ (vgl. Kap. I, (2.10)). Das Bild von

$$T_\mathfrak{p} : (\det \mathcal{O}_\mathfrak{p}) \otimes (\det \mathcal{O}_\mathfrak{p}) \to o_\mathfrak{p}$$

ist daher das Diskriminantenideal von $\mathcal{O}_\mathfrak{p}|o_\mathfrak{p}$ und gleichzeitig die Lokalisierung des Bildes von T. Da zwei Ideale gleich sind, wenn ihre Lokalisierungen gleich sind, ist in der Tat $\mathrm{Bild}\,(T) = \mathfrak{d}_{L|K}$. T muß überdies injektiv sein, da $(\det \mathcal{O})^{\otimes 2}$ ein invertierbarer o-Modul ist. Damit ist T ein o-Modul-Isomorphismus.

Wir überzeugen uns nun davon, daß

$$T_\mathbb{C} : (\det(\mathcal{O})^{\otimes 2})_\mathbb{C} \to (\mathfrak{d}_{L|K})_\mathbb{C}$$

eine Isometrie ist. Für $\mathcal{O}_\mathbb{C} = \mathcal{O} \otimes_\mathbb{Z} \mathbb{C}$ erhalten wir die $K_\mathbb{C}$-Modul-Zerlegung

$$\mathcal{O}_\mathbb{C} = \bigoplus_\sigma \mathcal{O}_\sigma ,$$

wobei σ die Menge $\mathrm{Hom}(K, \mathbb{C})$ durchläuft und

$$\mathcal{O}_\sigma = \bigoplus_{\tau|\sigma}(\mathcal{O} \otimes_{\mathcal{O},\tau} \mathbb{C}) = \bigoplus_{\tau|\sigma} \mathbb{C}$$

die über alle $\tau \in \mathrm{Hom}(L, \mathbb{C})$ mit $\tau|_K = \sigma$ genommene direkte Summe. Die durch $Tr_{L|K} : \mathcal{O} \to o$ induzierte Abbildung $\mathcal{O}_\mathbb{C} \to K_\mathbb{C}$ ist für $x = \bigoplus_\sigma x_\sigma$, $x_\sigma \in \mathcal{O}_\sigma$, durch

$$Tr_{L|K}(x) = \sum_\sigma Tr_\sigma(x_\sigma)$$

gegeben, wobei $Tr_\sigma(x_\sigma) = \sum_{\tau|\sigma} x_{\sigma,\tau}$, wenn $x_{\sigma,\tau} \in \mathbb{C}$ die Komponenten von x_σ sind. Die Metrik auf $(i_*\mathcal{O})_\mathbb{C} = \mathcal{O}_\mathbb{C}$ ist die orthogonale Summe der Standard-Metriken

$$\langle x, y\rangle_\sigma = \sum_{\tau|\sigma} x_\tau \bar{y}_\tau = Tr_\sigma(x\bar{y})$$

auf den $\mathbb{C}$-Vektorräumen $(i_*\mathcal{O})_\sigma = \mathcal{O}_\sigma = \bigoplus_{\tau|\sigma} \mathbb{C}$. Seien nun x_i, $y_i \in \mathcal{O}_\sigma$, $i = 1, \ldots, n$, und $x = x_1 \wedge \cdots \wedge x_n$, $y = y_1 \wedge \cdots \wedge y_n \in \det(\mathcal{O}_\sigma)$. Die Abbildung $T_\mathbb{C}$ zerfällt in die direkte Summe $T_\mathbb{C} = \bigoplus_\sigma T_\sigma$ der Abbildungen

$$T_\sigma : \det(\mathcal{O}_\sigma) \otimes_\mathbb{C} \det(\mathcal{O}_\sigma) \to (\mathfrak{d}_{L|K})_\sigma = \mathbb{C} ,$$

die durch

$$T_\sigma(x \otimes y) = \det(Tr_\sigma(x_i y_j))$$

gegeben sind. Bilden wir mit zwei weiteren n-Tupeln $x_i', y_i' \in \mathcal{O}_\sigma$ die Matrizen

$$A=(Tr_\sigma(x_iy_j)),\ A'=(Tr_\sigma(\bar{x}_i'\bar{y}_j')),\ B=(Tr_\sigma(x_i\bar{x}_j')),\ B'=(Tr_\sigma(y_i\bar{y}_j')),$$

so gilt $AA' = BB'$, und wir erhalten

$$\begin{aligned}&\langle T_\sigma(x\otimes y), T_\sigma(x'\otimes y')\rangle_{(\mathfrak{d}_{L|K})_\sigma} = T_\sigma(x\otimes y)\overline{T_\sigma(x\otimes y)} = \\ &\det(Tr_\sigma(x_iy_j))\det(Tr_\sigma(\bar{x}_i'\bar{y}_j')) = \det(AA') = \det(BB') = \\ &\det(Tr_\sigma(x_i\bar{x}_j'))\det(Tr_\sigma(y_i\bar{y}_j')) = \det(\langle x_i, x_j'\rangle_\sigma)\det(\langle y_i, y_j'\rangle_\sigma) = \\ &\langle x, x'\rangle_{\det \mathcal{O}_\sigma}\langle y, y'\rangle_{\det \mathcal{O}_\sigma} = \langle x\otimes y, x'\otimes y'\rangle_{(\det \mathcal{O}_\sigma)^{\otimes 2}}.\end{aligned}$$

Damit ist gezeigt, daß $T_{\mathbb{C}}$ eine Isometrie ist. □

Wir gehen nun daran, die in (7.2) und (7.4) erhaltenen Ergebnisse in den allgemeinen *Grothendieck*schen Formalismus umzuschreiben. Für den Homomorphismus i_* haben wir das kommutative Diagramm

$$\begin{array}{ccc} K_0(\bar{\mathcal{O}}) & \xrightarrow{\text{rg}} & \mathbb{Z} \\ {\scriptstyle i_*}\downarrow & & \downarrow{\scriptstyle [L:K]} \\ K_0(\bar{o}) & \xrightarrow{\text{rg}} & \mathbb{Z}\,, \end{array}$$

denn das $[L:K]$-fache des Ranges eines $\mathcal{O}$-Moduls M ist sein Rang als o-Modul. i_* induziert daher einen Homomorphismus

$$i_* : I(\bar{\mathcal{O}}) \to I(\bar{o})$$

zwischen den Kernen der beiden Ranghomomorphismen, so daß sich insgesamt ein Homomorphismus

$$i_* : \mathrm{gr}\, K_0(\bar{\mathcal{O}}) \to \mathrm{gr}\, K_0(\bar{o})$$

ergibt. Dieser wird die **Gysin-Abbildung** genannt. Für sie ergibt sich aus (7.3) unmittelbar die folgende explizite Beschreibung.

(7.5) Korollar. *Das Diagramm*

$$\begin{array}{ccc} \mathrm{gr}\, K_0(\bar{\mathcal{O}}) & \xrightarrow[\sim]{\mathrm{id}\oplus\det} & \mathbb{Z}\oplus Pic(\bar{\mathcal{O}}) \\ {\scriptstyle i_*}\downarrow & & \downarrow{\scriptstyle [L:K]\oplus N_{L|K}} \\ \mathrm{gr}\, K_0(\bar{o}) & \xrightarrow[\sim]{\mathrm{id}\oplus\det} & \mathbb{Z}\oplus Pic(\bar{o}) \end{array}$$

ist kommutativ.

Wir betrachten nunmehr das folgende Diagramm

$$\begin{array}{ccc} K_0(\bar{\mathcal{O}}) & \xrightarrow{\text{ch}} & \text{gr}\, K_0(\bar{\mathcal{O}}) \\ {\scriptstyle i_*}\downarrow & & \downarrow{\scriptstyle i_*} \\ K_0(\bar{o}) & \xrightarrow{\text{ch}} & \text{gr}\, K_0(\bar{o}) \end{array}$$

in dem uns die rechte Gysin-Abbildung i_* durch (7.5) explizit in die Hand gegeben ist und die explizite Bestimmung des Kompositums $\text{ch} \circ i_*$ gerade das Riemann-Roch-Problem ausmacht. Das Problem, vor das wir gestellt sind, ergibt sich aus dem Umstand, daß dieses Diagramm *nicht kommutativ* ist. Zur Kommutativität bedarf es einer Korrektur, die sich mit Hilfe des (trivial metrisierten) Differentialmoduls durch die *Toddklasse* ergibt, die wie folgt definiert wird.

Der Differentialmodul $\Omega^1_{\mathcal{O}|o}$ ist nur ein kohärenter und kein projektiver $\mathcal{O}$-Modul. Seine Klasse $[\,\Omega^1_{\mathcal{O}|o}\,]$ wird aber über den Poincaré-Isomorphismus

$$K_0(\bar{\mathcal{O}}) \xrightarrow{\sim} K^0(\bar{\mathcal{O}})$$

als Element von $K_0(\bar{\mathcal{O}})$ aufgefaßt und liegt wegen $\text{rg}_{\mathcal{O}}(\Omega^1_{\mathcal{O}|o}) = 0$ in $I(\bar{\mathcal{O}})$.

(7.6) Definition. *Unter der* **Toddklasse** *von $\mathcal{O}|o$ verstehen wir das Element*

$$\text{Td}(\mathcal{O}|o) = 1 - \frac{1}{2}c_1([\,\Omega^1_{\mathcal{O}|o}\,]) = 1 - \frac{1}{2}[\,\Omega^1_{\mathcal{O}|o}\,] \in \text{gr}\, K_0(\bar{\mathcal{O}}) \otimes \mathbb{Z}[\,\tfrac{1}{2}\,].$$

Die Toddklasse liegt nicht im Ring $\text{gr}\, K_0(\bar{\mathcal{O}})$ selbst, sondern ist wegen des Faktors $\frac{1}{2}$ nur ein Element von $\text{gr}\, K_0(\bar{\mathcal{O}}) \otimes \mathbb{Z}[\,\frac{1}{2}\,]$. Der Differentialmodul $\Omega^1_{\mathcal{O}|o}$ steht mit der **Differente** $\mathfrak{D}_{L|K}$ der Erweiterung $L|K$ durch die exakte Sequenz

$$0 \to \mathfrak{D}_{L|K} \to \mathcal{O} \to \Omega^1_{\mathcal{O}|o} \to 0$$

(trivial metrisierter) $\mathcal{O}$-Modulen in Verbindung (vgl. § 2, Aufgabe 3), aus welcher $[\,\Omega^1_{\mathcal{O}|o}\,] = 1 - [\,\mathfrak{D}_{L|K}\,]$ folgt. Daher können wir die Toddklasse auch durch die Differente beschreiben:

$$\text{Td}(\mathcal{O}|o) = 1 + \frac{1}{2}([\,\mathfrak{D}_{L|K}\,] - 1) = \frac{1}{2}(1 + [\,\mathfrak{D}_{L|K}\,]).$$

Mit der Toddklasse ergibt sich nun aufgrund von (7.3) als Hauptresultat das

(7.7) Theorem (Grothendieck-Riemann-Roch). *Das Diagramm*

$$\begin{array}{ccc} K_0(\bar{\mathcal{O}}) & \xrightarrow{\mathrm{Td}(\mathcal{O}|o)\mathrm{ch}} & \operatorname{gr} K_0(\bar{\mathcal{O}}) \\ {\scriptstyle i_*}\downarrow & & \downarrow{\scriptstyle i_*} \\ K_0(\bar{o}) & \xrightarrow{\mathrm{ch}} & \operatorname{gr} K_0(\bar{o}) \end{array}$$

ist kommutativ.

Beweis: Für ein $\xi \in K_0(\bar{\mathcal{O}})$ haben wir die Gleichung

$$\mathrm{ch}\,(i_*\xi) = i_*(\mathrm{Td}(\mathcal{O}|o)\,\mathrm{ch}\,(\xi))$$

zu zeigen. Nach der Zerlegung $\mathrm{ch}\,(i_*\xi) = \mathrm{rg}(i_*\xi) \oplus c_1(i_*\xi)$ und $\mathrm{ch}(\xi) = \mathrm{rg}(\xi) \oplus c_1(\xi)$ läuft dies wegen

$$\begin{aligned} \mathrm{Td}(\mathcal{O}|o)\,\mathrm{ch}\,(\xi) &= \Big(1 + \frac{1}{2}([\mathfrak{D}_{L|K}] - 1)\Big)(\mathrm{rg}(\xi) + c_1(\xi)) \\ &= \mathrm{rg}(\xi) + \Big[c_1(\xi) + \frac{1}{2}\mathrm{rg}(\xi)([\mathfrak{D}_{L|K}] - 1)\Big] \end{aligned}$$

auf den Nachweis der Gleichungen

(a) $\qquad \mathrm{rg}(i_*\xi) = \mathrm{rg}\,(\xi)\,\mathrm{rg}\,(i_*[\mathcal{O}])\,,$

(b) $\qquad c_1(i_*\xi) = i_*(c_1(\xi)) + \mathrm{rg}\,(\xi)c_1(i_*[\mathcal{O}])$

und

(c) $\qquad \mathrm{rg}\,(i_*[\mathcal{O}]) = i_*(1)\,,$

(d) $\qquad 2c_1(i_*[\mathcal{O}]) = i_*([\mathfrak{D}_{L|K}] - 1)$

in $\operatorname{gr} K_0(\bar{o})$ hinaus. Die Gleichungen (a) und (c) sind wegen $\mathrm{rg}\,(i_*[\mathcal{O}]) = \mathrm{rg}\,(i_*\mathcal{O}) = [L : K]$ klar. Zum Beweis von (b) und (d) wenden wir auf beiden Seiten det an und werden vermöge des kommutativen Diagramms (7.5) auf die Gleichungen

(e) $\qquad \det(i_*\xi) = N_{L|K}((\det\xi))[\det i_*\mathcal{O}]^{\mathrm{rg}\,(\xi)}\,,$

(f) $\qquad (\det i_*\mathcal{O})^{\otimes 2} = N_{L|K}(\det \mathfrak{D}_{L|K})$

zurückgeführt. (e) ist aber die zweite der Gleichungen (7.3), und (f) folgt aus (7.4) und (2.9). □

Mit diesem letzten Theorem fügt sich die Theorie der ganzen algebraischen Zahlen als Spezialfall in ein allgemeines Programm der algebraischen Geometrie ein, wenn man für die betrachteten Objekte die geometrische Sprache benützt. Den Ring $\mathcal{O}$ interpretiert man als das Schema $X = \mathrm{Spec}(\mathcal{O})$, die projektiven metrisierten $\mathcal{O}$-Moduln als metrisierte *Vektorbündel*, die invertierbaren $\mathcal{O}$-Moduln als *Geradenbündel*, die Inklusion $i : \mathcal{O} \to \mathcal{O}$ als Morphismus $f : Y = \mathrm{Spec}(\mathcal{O}) \to X$ von Schemata, die Klasse $\Omega^1_{\mathcal{O}|\mathcal{O}}$ als das *Kotangentialelement* etc. Auf diese Weise wird auch hier wiederum das Anliegen verwirklicht, die Zahlentheorie als einen Bestandteil der Geometrie zu sehen.

§ 8. Die Euler-Minkowski-Charakteristik

Die Rückkehr vom Grothendieck-Riemann-Rochschen Satz zur Riemann-Roch-Theorie von § 3 ergibt sich durch den Spezialfall der Erweiterung $K|\mathbb{Q}$. Im Mittelpunkt stand dort die Euler-Minkowski-Charakteristik

$$\chi(\mathfrak{a}) = -\log \mathrm{vol}(\mathfrak{a})$$

der vollständigen Ideale $\mathfrak{a}$ von K. Dabei war $\mathrm{vol}(\mathfrak{a})$ das *kanonische Maß* einer Grundmasche des durch $\mathfrak{a}$ definierten Gitters im Minkowski-Raum $K_{\mathbb{R}} = \mathfrak{a} \otimes_{\mathbb{Z}} \mathbb{R}$. Diese Definition findet in der Theorie der metrisierten Moduln höheren Ranges ihre eigentliche Erklärung, und zwar dadurch, daß wir $\mathfrak{a}$ nicht als metrisierten $\mathcal{O}$-Modul vom Rang 1 auffassen, sondern als einen metrisierten $\mathbb{Z}$-Modul vom Range $[K : \mathbb{Q}]$. Diese Auffassung führt zur folgenden, ganz zwangsläufigen Definition der Euler-Minkowski-Charakteristik.

(8.1) Satz. *Die Gradabbildung*

$$\deg_K : Pic(\bar{\mathcal{O}}) \to \mathbb{R}, \quad \deg_K([\mathfrak{a}]) = -\log \mathfrak{N}(\mathfrak{a}),$$

setzt sich in eindeutiger Weise zu einem Homomorphismus

$$\chi_K : K_0(\bar{\mathcal{O}}) \to \mathbb{R}$$

von $K_0(\bar{\mathcal{O}})$ und damit von $K^0(\bar{\mathcal{O}})$ fort. Dieser ist durch

$$\chi_K = \deg \circ \det$$

gegeben und heiße die **Euler-Minkowski-Charakteristik** *über K.*

Beweis: Da $K_0(\bar{\mathcal{O}})$ nach (5.6) als additive Gruppe durch die Elemente $[\mathfrak{a}] \in Pic(\bar{\mathcal{O}})$ erzeugt wird, so ist ein Homomorphismus $K_0(\bar{\mathcal{O}}) \to \mathbb{R}$, dessen Einschränkung auf $Pic(\bar{\mathcal{O}})$ die Abbildung $\deg_K$ ergibt, eindeutig festgelegt. Ein solcher Homomorphismus ist aber durch das Kompositum der Homomorphismen

$$K_0(\bar{o}) \xrightarrow{\det} Pic(\bar{o}) \xrightarrow{\deg} \mathbb{R}$$

gegeben, weil das Kompositum $Pic(\bar{o}) \hookrightarrow K_0(\bar{o}) \xrightarrow{\det} Pic(\bar{o})$ die Identität ist. □

Wir übertragen die Abbildungen det und χ_K über den Poincaré-Isomorphismus $K_0(\bar{o}) \xrightarrow{\sim} K^0(\bar{o})$ auf die Grothendieckgruppe $K^0(\bar{o})$ der kohärenten metrisierten o-Moduln, so daß der Satz (8.1) gleichermaßen für $K^0(\bar{o})$ anstelle von $K_0(\bar{o})$ gilt. Wir setzen im folgenden $\chi_K(M) = \chi_K([M])$ für die metrisierten o-Moduln M. Ist $L|K$ eine Erweiterung algebraischer Zahlkörper und $i : o \to \mathcal{O}$ die Inklusion der Hauptordnungen von K bzw. L, so ergibt sich durch Anwendung von $\deg_K$ auf die Formel (7.2) und unter Berücksichtigung von

$$\deg_L(\mathfrak{A}) = -\log \mathfrak{N}(\mathfrak{A}) = -\log \mathfrak{N}(N_{L|K}(\mathfrak{A})) = \deg_K(N_{L|K}(\mathfrak{A}))$$

(vgl. (1.6), (iii)) das

(8.2) Theorem. *Für jeden kohärenten $\mathcal{O}$-Modul M gilt die Riemann-Roch-Formel*

$$\chi_K(i_*M) = \deg_L(\det M) + \operatorname{rg}(M)\chi_K(i_*\mathcal{O})$$

und insbesondere für einen invertierbaren metrisierten $\mathcal{O}$-Modul M

$$\chi_K(i_*M) = \deg_L(M) + \chi_K(i_*\mathcal{O}).$$

Wir spezialisieren uns jetzt auf den Fall des Grundkörpers $K = \mathbb{Q}$, betrachten also metrisierte $\mathbb{Z}$-Moduln. Ein solcher Modul ist einfach eine endlich erzeugte abelsche Gruppe M mit einer euklidischen Metrik auf dem reellen Vektorraum

$$M_{\mathbb{R}} = M \otimes_{\mathbb{Z}} \mathbb{R}.$$

Denn da $\mathbb{Q}$ nur eine Einbettung in $\mathbb{C}$ besitzt, d.h. $\mathbb{Q}_{\mathbb{C}} = \mathbb{C}$, so ist eine Metrik auf M einfach durch ein hermitesches Skalarprodukt auf dem $\mathbb{C}$-Vektorraum $M_{\mathbb{C}} = M_{\mathbb{R}} \otimes \mathbb{C}$ gegeben. Dieses liefert durch Einschränkung eine euklidische Metrik auf $M_{\mathbb{R}}$, aus der es sich durch sesquilineare Fortsetzung reproduziert.

Ist M ein *projektiver* metrisierter $\mathbb{Z}$-Modul, so ist der unterliegende $\mathbb{Z}$-Modul eine endlich erzeugte freie abelsche Gruppe. Die kanonische

Abbildung $M \to M \otimes \mathbb{R}$, $a \mapsto a \otimes 1$, identifiziert M mit einem vollständigen Gitter in $M_{\mathbb{R}}$. Ist $\alpha_1, \dots, \alpha_n$ eine $\mathbb{Z}$-Basis von M, so ist die Menge

$$\Phi = \{x_1\alpha_1 + \cdots + x_n\alpha_n \mid x_i \in \mathbb{R},\ 0 \le x_i < 1\}$$

eine *Grundmasche* des Gitters M. Die euklidische Metrik $\langle\ ,\ \rangle_M$ liefert auf $M_{\mathbb{R}}$ ein Haarsches Maß, das sich nach Wahl einer Orthonormalbasis $e_1, \dots, e_n$ von $M_{\mathbb{R}}$ über den Isomorphismus $M_{\mathbb{R}} \xrightarrow{\sim} \mathbb{R}^n$, $x_1e_1 + \cdots + x_ne_n \mapsto (x_1, \dots, x_n)$, durch das Lebesgue-Maß auf $\mathbb{R}^n$ ergibt. Bezüglich dieses Maßes ist das Volumen der Grundmasche Φ durch

$$\mathrm{vol}(\Phi) = |\det(\langle\alpha_i, \alpha_j\rangle)|^{1/2}$$

gegeben und wird kurz mit $\mathrm{vol}(M)$ bezeichnet. Es hängt nicht von der Wahl der $\mathbb{Z}$-Basis $\alpha_1, \dots, \alpha_n$ ab, denn eine andere Wahl geht aus dieser durch eine Matrix hervor, die zusammen mit ihrer Inversen ganzzahlige Koeffizienten hat und also den Determinantenbetrag 1.

Eine elegantere Definition von $\mathrm{vol}(M)$ ergibt sich durch den invertierbaren metrisierten $\mathbb{Z}$-Modul $\det M$. $\det M_{\mathbb{R}}$ ist ein eindimensionaler $\mathbb{R}$-Vektorraum mit der Metrik $\langle\ ,\ \rangle_{\det M}$ und dem zu $\mathbb{Z}$ isomorphen Gitter $\det M$. Ist $x \in \det M$ ein erzeugendes Element (etwa $x = \alpha_1 \wedge \cdots \wedge \alpha_n$), so ist

$$\mathrm{vol}(M) = \| x \|_{\det M} = \sqrt{\langle x, x\rangle_{\det M}}\,.$$

Im vorliegenden Fall des Grundkörpers $\mathbb{Q}$ ist die Gradabbildung

$$\deg : Pic(\bar{\mathbb{Z}}) \to \mathbb{R}$$

ein Isomorphismus (vgl. § 1, Aufgabe 3), und wir nennen den daraus in eindeutiger Weise entstehenden Homomorphismus

$$\chi = \deg \circ \det : K^0(\bar{\mathbb{Z}}) \to \mathbb{R}$$

die *Euler-Minkowski-Charakteristik* schlechthin. Sie berechnet sich explizit wie folgt.

(8.3) Satz. *Für einen kohärenten metrisierten $\mathbb{Z}$-Modul M ist*

$$\chi(M) = \log \# M_{\mathrm{tor}} - \log \mathrm{vol}(M/M_{\mathrm{tor}})\,.$$

In dieser Formel bedeutet M_{tor} die Torsionsuntergruppe von M und M/M_{tor} den projektiven metrisierten $\mathbb{Z}$-Modul, der vermöge $M \otimes \mathbb{R} = M/M_{\mathrm{tor}} \otimes \mathbb{R}$ die Metrik von M erhält.

Beweis von (8.3): Ist M ein endlicher $\mathbb{Z}$-Modul, so berechnet sich die Determinante der Klasse $[M] \in K^0(\bar{\mathbb{Z}})$ über eine freie Auflösung

$$0 \to E \to F \xrightarrow{\alpha} M \to 0,$$

wobei $F = \mathbb{Z}^n$ und $E = \mathrm{Ker}(\alpha) \cong \mathbb{Z}^n$. Statten wir $F \otimes \mathbb{R} = E \otimes \mathbb{R} = \mathbb{R}^n$ mit der Standardmetrik aus, so wird dies unter Beachtung von $M \otimes \mathbb{R} = 0$ eine kurze exakte Sequenz metrisierter $\mathbb{Z}$-Moduln. Wir haben daher in $K^0(\bar{\mathbb{Z}})$:

$$[M] = [F] - [E].$$

Sei A die Übergangsmatrix von der Standardbasis $e_1, \ldots, e_n$ von F auf eine $\mathbb{Z}$-Basis $e'_1, \ldots, e'_n$ von E. Dann ist $x = e_1 \wedge \cdots \wedge e_n$ bzw. $x' = e'_1 \wedge \cdots \wedge e'_n$ ein Erzeuger von $\det F$ bzw. $\det E$ und

$$x' = \det A \cdot x = (F : E) \cdot x = \#M \cdot x .$$

Die Metrik $\| \;\; \|$ auf $\det E$ ist dieselbe wie die auf $\det F$, so daß

$$\chi(E) = \deg(\det E) = -\log \| x' \| = -\log(\#M \, \| x \|) = -\log \#M + \chi(F),$$

also

$$\chi(M) = \chi([F] - [E]) = \chi(F) - \chi(E) = \log \#M.$$

Für einen beliebigen kohärenten metrisierten $\mathbb{Z}$-Modul M haben wir die direkte Zerlegung

$$M = M_{\mathrm{tor}} \bigoplus M/M_{\mathrm{tor}}$$

metrisierter $\mathbb{Z}$-Moduln. Ist $\alpha_1, \ldots, \alpha_n$ eine Basis des Gitters M/M_{tor}, so ist $x = \alpha_1 \wedge \cdots \wedge \alpha_n$ ein Erzeuger von $\det M/M_{\mathrm{tor}}$, d.h. $\chi(M/M_{\mathrm{tor}}) = \deg(\det M/M_{\mathrm{tor}}) = -\log \| x \| = -\log \mathrm{vol}(M/M_{\mathrm{tor}})$. Daher wird

$$\chi(M) = \chi(M_{\mathrm{tor}}) + \chi(M/M_{\mathrm{tor}}) = \log \#M_{\mathrm{tor}} - \log \mathrm{vol}(M/M_{\mathrm{tor}}) . \quad \square$$

Die Euler-Minkowski-Charakteristik für ein vollständiges Ideal $\mathfrak{a}$,

$$\chi(\mathfrak{a}) = -\log \mathrm{vol}(\mathfrak{a}) ,$$

die wir in § 3 ad hoc über das Minkowski-Maß $\mathrm{vol}(\mathfrak{a})$ definiert haben, erweist sich als einfacher Spezialfall, der hier ganz zwangsläufig entstandenen Euler-Minkowski-Charakteristik für metrisierte $\mathbb{Z}$-Moduln. Fassen wir nämlich den zu $\mathfrak{a}$ gehörigen metrisierten $\mathcal{O}$-Modul $L(\mathfrak{a})$ vom Rang 1 als den metrisierten $\mathbb{Z}$-Modul $i_*L(\mathfrak{a})$ vom Range $[K : \mathbb{Q}]$ auf, so gilt:

(8.4) Satz. $\chi(\mathfrak{a}) = \chi(i_*L(\mathfrak{a}))$.

Beweis: Sei $\mathfrak{a} = \mathfrak{a}_f\mathfrak{a}_\infty = \mathfrak{a}_f \prod_{\mathfrak{p}|\infty} \mathfrak{p}^{\nu_\mathfrak{p}}$. Die Metrik $\langle\ ,\ \rangle_{i_*L(\mathfrak{a})}$ auf dem $\mathbb{C}$-Vektorraum $K_\mathbb{C} = \prod_{\tau\in X(\mathbb{C})} \mathbb{C}$ ist dann durch

$$\langle x, y\rangle_{i_*L(\mathfrak{a})} = \sum_\tau e^{2\nu_{\mathfrak{p}_\tau}} x_\tau \bar{y}_\tau$$

gegeben, wobei $\mathfrak{p}_\tau$ die zur Einbettung von $\tau : K \to \mathbb{C}$ gehörige unendliche Primstelle von K ist. Sie geht aus der Standardmetrik $\langle\ ,\ \rangle$ durch die F-invariante Transformation

$$T : K_\mathbb{C} \to K_\mathbb{C}, \quad (x_\tau)_{\tau\in X(\mathbb{C})} \mapsto (e^{\nu_{\mathfrak{p}_\tau}} x_\tau)_{\tau\in X(\mathbb{C})},$$

hervor, d.h.

$$\langle x, y\rangle_{i_*L(\mathfrak{a})} = \langle Tx, Ty\rangle .$$

Das Volumen $\mathrm{vol}(i_*L(\mathfrak{a}))$ einer Grundmasche des Gitters $\mathfrak{a}_f$ in $K_\mathbb{R}$ bzgl. des Haarschen Maßes, das durch die euklidische Metrik auf $K_\mathbb{R}$ definiert wird, ist daher das Grundmaschenvolumen des Gitters $T\mathfrak{a}_f$ bzgl. des durch $\langle\ ,\ \rangle$ definierten kanonischen Maßes, so daß

$$\mathrm{vol}(i_*L(\mathfrak{a})) = \mathrm{vol}(T\mathfrak{a}_f) .$$

In der Darstellung $K_\mathbb{R} = \prod_{\mathfrak{p}|\infty} K_\mathfrak{p}$ bildet die kanonische Einbettung

$$K_\mathbb{R} = K \otimes_\mathbb{Q} \mathbb{R} \to K_\mathbb{C} = K \otimes_\mathbb{Q} \mathbb{C}$$

ein Element $(x_\mathfrak{p})_{\mathfrak{p}|\infty}$ auf das Element $(x_\tau)_{\tau\in X(\mathbb{C})}$ mit $x_\tau = \tau x_{\mathfrak{p}_\tau}$ ab, wobei τ auf $K_{\mathfrak{p}_\tau}$ fortgesetzt wird. Die Einschränkung der Transformation $T : (x_\tau) \mapsto (e^{\nu_{\mathfrak{p}_\tau}} x_\tau)$ auf $K_\mathbb{R} = \prod_{\mathfrak{p}|\infty} K_\mathfrak{p}$ ist daher durch $(x_\mathfrak{p}) \mapsto (e^{\nu_\mathfrak{p}} x_\mathfrak{p})$ gegeben. Das Gitter $T\mathfrak{a}_f$ wird somit das in § 3 bezeichnete Gitter $\mathfrak{a}$, und wir erhalten

$$\mathrm{vol}(i_*L(\mathfrak{a})) = \mathrm{vol}(\mathfrak{a}) ,$$

d.h. $\chi(i_*L(\mathfrak{a})) = \chi(\mathfrak{a})$. □

Nach dieser Identifizierung wird der in § 3 bewiesene Riemann-Rochsche Satz (3.4) für die vollständigen Ideale $\mathfrak{a}$,

$$\chi(\mathfrak{a}) = \deg(\mathfrak{a}) + \chi(\mathcal{O}) ,$$

ein Spezialfall des Satzes (8.2), nach welchem

$$\chi(i_*L(\mathfrak{a})) = \deg(L(\mathfrak{a})) + \chi(i_*\mathcal{O}) .$$

Kapitel IV
Allgemeine Klassenkörpertheorie

§ 1. Unendliche Galoistheorie

Jeder Körper k geht einher mit einer ausgezeichneten galoisschen Erweiterung: dem separablen Abschluß $\bar{k}|k$. Ihre Galoisgruppe $G_k = G(\bar{k}|k)$ wird die **absolute Galoisgruppe** von k genannt. Diese Erweiterung ist in aller Regel von unendlichem Grad, hat jedoch den Vorzug, die sämtlichen endlichen galoisschen Erweiterungen von k in sich zu versammeln. Aus diesem Grund wird man versucht sein, sie in den Vordergrund der Galoistheorie zu rücken, steht jedoch dann vor dem Problem, daß der Hauptsatz der Galoistheorie im üblichen Sinne nicht mehr gilt. Wir erläutern dies an dem folgenden

Beispiel: Die absolute Galoisgruppe $G_{\mathbb{F}_p} = G(\overline{\mathbb{F}}_p|\mathbb{F}_p)$ des Körpers $\mathbb{F}_p$ von p Elementen enthält den Frobeniusautomorphismus φ, der durch

$$x^\varphi = x^p \quad \text{für alle} \quad x \in \overline{\mathbb{F}}_p$$

gegeben ist. Die Untergruppe $(\varphi) = \{\varphi^n \mid n \in \mathbb{Z}\}$ hat offenbar denselben Fixkörper $\mathbb{F}_p$ wie $G_{\mathbb{F}_p}$, jedoch gilt im Gegensatz zu dem uns Vertrauten $(\varphi) \neq G_{\mathbb{F}_p}$. Um dies einzusehen, konstruieren wir ein Element $\psi \in G_{\mathbb{F}_p}$, das nicht in (φ) liegt, wie folgt. Wir wählen eine Folge $\{a_n\}_{n\in\mathbb{N}}$ ganzer Zahlen, für die

$$a_n \equiv a_m \bmod m$$

gilt, wann immer $m|n$, für die aber mit keiner ganzen Zahl a stets $a_n \equiv a \bmod n$ für alle $n \in \mathbb{N}$ gelten kann. Schreibt man z.B. $n = n'p^{v_p(n)}$, $(n',p) = 1$, und $1 = n'x_n + p^{v_p(n)}y_n$, so ist $a_n = n'x_n$ eine solche Folge. Wir setzen jetzt

$$\psi_n = \varphi^{a_n}|_{\mathbb{F}_{p^n}} \in G(\mathbb{F}_{p^n}|\mathbb{F}_p)\,.$$

Wenn $\mathbb{F}_{p^m} \subseteq \mathbb{F}_{p^n}$, so gilt $m|n$, also $a_n \equiv a_m \bmod m$, und daher

$$\psi_n|_{\mathbb{F}_{p^m}} = \varphi^{a_n}|_{\mathbb{F}_{p^m}} = \varphi^{a_m}|_{\mathbb{F}_{p^m}} = \psi_m\,,$$

wobei man beachte, daß $\varphi|_{\mathbb{F}_{p^m}}$ die Ordnung m hat. Die Folge der ψ_n definiert somit einen Automorphismus ψ von $\overline{\mathbb{F}}_p = \bigcup_{n=1}^{\infty} \mathbb{F}_{p^n}$. Dabei kann ψ nicht in (φ) liegen, denn aus $\psi = \varphi^a$, $a \in \mathbb{Z}$, würde $\psi|_{\mathbb{F}_{p^n}} = \varphi^{a_n}|_{\mathbb{F}_{p^n}} = \varphi^a|_{\mathbb{F}_{p^n}}$ und damit $a_n \equiv a \bmod n$ für alle n folgen, was ja gerade ausgeschlossen war.

Der Hauptsatz der Galoistheorie muß nun wegen dieses Beispiels für unendliche Erweiterungen keineswegs völlig preisgegeben werden. Er wird vielmehr durch die Beobachtung korrigiert, daß die Galoisgruppe $G = G(\Omega|k)$ einer jeden galoisschen Erweiterung $\Omega|k$ mit einer kanonischen Topologie ausgestattet ist. Diese Topologie heißt die **Krulltopologie** und wird wie folgt erhalten. Für jedes $\sigma \in G$ werden die Nebenklassen

$$\sigma G(\Omega|K)$$

für eine Umgebungsbasis von σ hergenommen, wobei $K|k$ die *endlichen* galoisschen Teilerweiterungen von $\Omega|k$ durchläuft. Die Multiplikation und die Inversenbildung

$$G \times G \to G,\ (\sigma, \tau) \mapsto \sigma\tau\,, \quad \text{und} \quad G \to G,\ \sigma \mapsto \sigma^{-1},$$

sind stetige Abbildungen, weil das Urbild einer fundamentalen offenen Umgebung $\sigma\tau G(\Omega|K)$ bzw. $\sigma^{-1}G(\Omega|K)$ die offene Umgebung $\sigma G(\Omega|K) \times \tau G(\Omega|K)$ bzw. $\sigma G(\Omega|K)$ enthält. G wird damit eine topologische Gruppe, für die der folgende Satz gilt.

(1.1) Satz. *Für jede (endliche oder unendliche) galoissche Erweiterung $\Omega|k$ ist die Galoisgruppe $G = G(\Omega|k)$ bzgl. der Krulltopologie hausdorffsch und kompakt.*

Beweis: Sind $\sigma, \tau \in G$ und $\sigma \neq \tau$, so gibt es eine endliche galoissche Teilerweiterung $K|k$ von $\Omega|k$, so daß $\sigma|_K \neq \tau|_K$, d.h. $\sigma G(\Omega|K) \neq \tau G(\Omega|K)$ und damit $\sigma G(\Omega|K) \cap \tau G(\Omega|K) = \emptyset$. Dies zeigt, daß G hausdorffsch ist. Zum Beweis der Kompaktheit betrachten wir die Abbildung

$$h : G \to \prod_K G(K|k)\,, \quad \sigma \mapsto \prod_K \sigma|_K\,,$$

wobei $K|k$ die endlichen galoisschen Teilerweiterungen durchläuft. Wir sehen die endlichen Gruppen $G(K|k)$ als diskrete, kompakte topologische Gruppen an, so daß ihr Produkt nach dem Satz von Tychonov (vgl. [98]) ein kompakter topologischer Raum ist. Der Homomorphismus h ist injektiv, denn $\sigma|_K = 1$ für alle K ist gleichbedeutend mit $\sigma = 1$. Die Mengen $U = \prod_{K \neq K_0} G(K|k) \times \{\bar\sigma\}$ bilden eine Subbasis offener Mengen des Produkts $\prod_K G(K|k)$, wenn $K_0|k$ die endlichen Teilerweiterungen von $\Omega|k$ durchläuft und $\bar\sigma \in G(K_0|k)$. Ist $\sigma \in G$ ein Urbild von $\bar\sigma$, so ist $h^{-1}(U) = \sigma G(\Omega|K_0)$, so daß h stetig ist, und ferner $h(\sigma G(\Omega|K_0)) = h(G) \cap U$, so daß $h : G \to h(G)$ offen ist, also ein Homöomorphismus. Es genügt daher zu zeigen, daß $h(G)$ in der kompakten Menge $\prod_K G(K|k)$ abgeschlossen ist. Um dies einzusehen, betrachten wir für jedes Paar $L' \supseteq L$ endlicher galoisscher Teilerweiterungen von $\Omega|k$ die Menge

$$M_{L'|L} = \{\prod_K \sigma_K \in \prod_K G(K|k) \mid \sigma_{L'}|_L = \sigma_L\}.$$

Es ist dann offensichtlich $h(G) = \bigcap_{L' \supseteq L} M_{L'|L}$, so daß es genügt, die Abgeschlossenheit von $M_{L'|L}$ zu zeigen. Wenn aber $G(L|k) = \{\sigma_1, \ldots, \sigma_n\}$ und $S_i \subseteq G(L'|k)$ die Menge der Erweiterungen von σ_i auf L' ist, so ist

$$M_{L'|L} = \bigcup_{i=1}^{n} \Big(\prod_{K \neq L, L'} G(K|k) \times S_i \times \{\sigma_i\} \Big),$$

d.h. $M_{L'|L}$ ist in der Tat abgeschlossen. □

Der Hauptsatz der Galoistheorie erhält nun für unendliche Erweiterungen die folgende Form.

(1.2) Theorem. *Sei $\Omega|k$ eine (endliche oder unendliche) galoissche Erweiterung. Dann ist die Zuordnung*

$$K \mapsto G(\Omega|K)$$

eine 1-1-Korrespondenz zwischen den Teilerweiterungen $K|k$ von $\Omega|k$ und den abgeschlossenen *Untergruppen von $G(\Omega|k)$. Die offenen Untergruppen von $G(\Omega|k)$ entsprechen dabei gerade den endlichen Teilerweiterungen von $\Omega|k$.*

Beweis: Jede offene Untergruppe von $G(\Omega|k)$ ist auch abgeschlossen, denn sie ist das Komplement der Vereinigung ihrer offenen Nebenklassen. Ist $K|k$ eine endliche Teilerweiterung, so ist $G(\Omega|K)$ offen, denn jedes $\sigma \in G(\Omega|K)$ besitzt die offene Umgebung $\sigma G(\Omega|N) \subseteq G(\Omega|K)$, wenn $N|k$ die normale Hülle von $K|k$ ist. Ist $K|k$ eine beliebige Teilerweiterung, so ist

$$G(\Omega|K) = \bigcap_i G(\Omega|K_i),$$

wobei $K_i|k$ die endlichen Teilerweiterungen von $K|k$ durchläuft. Daher ist $G(\Omega|K)$ abgeschlossen.

Die Zuordnung $K \mapsto G(\Omega|K)$ ist injektiv, weil K der Fixkörper von $G(\Omega|K)$ ist. Zum Beweis der Surjektivität müssen wir zeigen, daß für eine beliebige abgeschlossene Untergruppe H von $G(\Omega|k)$ stets

$$H = G(\Omega|K),$$

wenn K der Fixkörper von H ist. Die Inklusion $H \subseteq G(\Omega|K)$ ist trivial. Sei umgekehrt $\sigma \in G(\Omega|K)$. Ist $L|K$ eine endliche galoissche Teilerweiterung von $\Omega|K$, so ist $\sigma G(\Omega|L)$ eine fundamentale offene Umgebung von σ in $G(\Omega|K)$. Die Abbildung $H \to G(L|K)$ ist jedenfalls surjektiv, denn das Bild $\overline{H}$ hat den Fixkörper K und ist damit gleich $G(L|K)$ nach dem Hauptsatz der Galoistheorie für endliche Erweiterungen. Wir können also ein $\tau \in H$ wählen mit $\tau|_L = \sigma|_L$, also $\tau \in H \cap \sigma G(\Omega|L)$. Dies zeigt, daß σ dem Abschluß von H in $G(\Omega|K)$ angehört, also H selbst, so daß $H = G(\Omega|K)$.

Wenn H eine offene Untergruppe von $G(\Omega|k)$ ist, so ist sie auch abgeschlossen und somit von der Form $H = G(\Omega|K)$. Nun ist $G(\Omega|k)$ die disjunkte Vereinigung der offenen Nebenklassen von H. Da $G(\Omega|k)$ kompakt ist, überdecken schon endlich viele dieser Nebenklassen die Gruppe, d.h. es gibt nur endlich viele. $H = G(\Omega|K)$ hat somit einen endlichen Index in $G(\Omega|k)$, und hieraus folgt, daß $K|k$ einen endlichen Grad hat. □

Die topologischen Galoisgruppen $G = G(\Omega|k)$ haben die besondere Eigenschaft, daß das Einselement $1 \in G$ eine Umgebungsbasis besitzt, die aus lauter Normalteilern besteht. Durch diesen Umstand werden wir zu dem abstrakten und rein gruppentheoretischen Begriff der proendlichen Gruppe geführt.

(1.3) Definition. *Eine* **pro-endliche Gruppe** *ist eine topologische Gruppe G, welche hausdorffsch und kompakt ist und eine Umgebungsbasis der $1 \in G$ besitzt, die aus lauter Normalteilern besteht.*

Man kann zeigen, daß die letzte Bedingung äquivalent dazu ist, daß G total unzusammenhängend ist, d.h. daß jedes Element von G seine eigene Zusammenhangskomponente ist. Jede abgeschlossene Untergruppe H von G ist offenbar auch eine pro-endliche Gruppe. Aus der disjunkten Nebenklassenzerlegung

$$G = \dot{\bigcup_i} \sigma_i H$$

geht unmittelbar hervor, daß H genau dann offen ist, wenn der Index $(G : H)$ endlich ist.

Die pro-endlichen Gruppen sind von den endlichen nicht weit entfernt und bauen sich in einfacher Weise aus ihren endlichen Faktorgruppen auf. Für die genaue Beschreibung dieses Sachverhalts benötigen wir den Begriff des *projektiven Limes*, der in der Zahlentheorie eine vielfältige Rolle spielt und den wir jetzt einführen wollen.

Aufgabe 1. Sei $L|k$ eine galoissche Erweiterung und $K|k$ eine beliebige Erweiterung in einer gemeinsamen Erweiterung $\Omega|k$. Ist dann $L \cap K = k$, so ist die Abbildung

$$G(LK|K) \to G(L|k), \quad \sigma \mapsto \sigma|_L,$$

ein topologischer Isomorphismus, d.h. ein Isomorphismus von Gruppen und ein Homöomorphismus topologischer Räume.

Aufgabe 2. In $\Omega|k$ sei eine Familie galoisscher Erweiterungen $K_i|k$ gegeben. Es sei $K|k$ das Kompositum aller $K_i|k$ und $K_i'|k$ das Kompositum der Erweiterungen $K_j|k$ mit $j \neq i$. Wenn $K_i \cap K_i' = k$ für alle i, so hat man einen topologischen Isomorphismus

$$G(K|k) \cong \prod_i G(K_i|k).$$

Aufgabe 3. Eine hausdorffsche kompakte Gruppe ist genau dann total unzusammenhängend, wenn ihr Einselement eine Umgebungsbasis besitzt, die aus lauter Normalteilern besteht.

Aufgabe 4. Jede Faktorgruppe G/H einer pro-endlichen Gruppe G nach einem abgeschlossenen Normalteiler H ist eine pro-endliche Gruppe.

Aufgabe 5. Sei G' der Abschluß der Kommutatorgruppe einer pro-endlichen Gruppe und $G^{ab} = G/G'$. Zeige: Jeder stetige Homomorphismus $G \to A$ in eine abelsche pro-endliche Gruppe faktorisiert über G^{ab}.

§ 2. Projektive und induktive Limites

Der Begriff des projektiven bzw. induktiven Limes ist eine Verallgemeinerung der Bildung des Durchschnitts bzw. der Vereinigung. Ist $\{X_i\}_{i\in I}$ eine Familie von Teilmengen eines topologischen Raumes X, die mit zwei Mengen X_i, X_j auch die Menge $X_i \cap X_j$ (bzw. $X_i \cup X_j$) enthält, so ist der projektive (bzw. der induktive) Limes dieser Familie einfach durch

$$\varprojlim_{i\in I} X_i = \bigcap_{i\in I} X_i \quad (\text{bzw.} \quad \varinjlim_{i\in I} X_i = \bigcup_{i\in I} X_i)$$

erklärt. Setzen wir $i \leq j$, wenn $X_j \subseteq X_i$ (bzw. $X_i \subseteq X_j$), so wird die Indexmenge I zu einer *gerichtet geordneten Menge*, d.h. zu einer geordneten Menge, in der zu jedem Paar i, j ein k mit $i \leq k$ und $j \leq k$ existiert. In unserem Fall ist ein solches k durch $X_k = X_i \cap X_j$ (bzw. $X_k = X_i \cup X_j$) gegeben. Für $i \leq j$ bezeichnen wir die Inklusion $X_j \hookrightarrow X_i$

(bzw. $X_i \hookrightarrow X_j$) mit f_{ij} und erhalten ein System $\{X_i, f_{ij}\}$ von Mengen und Abbildungen. Die Bildung des Durchschnitts und der Vereinigung wird nun dadurch verallgemeinert, daß die Inklusionen f_{ij} durch beliebige Abbildungen ersetzt werden.

(2.1) Definition. *Sei I eine gerichtet geordnete Menge. Ein* **projektives** *bzw.* **induktives System** *über I ist eine Familie $\{X_i, f_{ij} \mid i,j \in I,\ i \leq j\}$ von topologischen Räumen X_i und stetigen Abbildungen*

$$f_{ij} : X_j \to X_i \quad \text{bzw.} \quad f_{ij} : X_i \to X_j t\,,$$

derart daß $f_{ii} = \mathrm{id}_{X_i}$ und

$$f_{ik} = f_{ij} \circ f_{jk} \quad \text{bzw.} \quad f_{ik} = f_{jk} \circ f_{ij}$$

gilt, wann immer $i \leq j \leq k$ ist.

Für ein projektives bzw. induktives System $\{X_i, f_{ij}\}$ bilden wir den projektiven bzw. induktiven Limes, indem wir das direkte Produkt $\prod_{i \in I} X_i$ bzw. die disjunkte Vereinigung $\coprod_{i \in I} X_i$ heranziehen.

(2.2) Definition. *Der* **projektive Limes**

$$X = \varprojlim_{i \in I} X_i$$

des projektiven Systems $\{X_i, f_{ij}\}$ ist als die Teilmenge

$$X = \{(x_i)_{i \in I} \in \prod_{i \in I} X_i \mid f_{ij}(x_j) = x_i \quad \text{für} \quad i \leq j\}$$

des Produktes $\prod_{i \in I} X_i$ definiert.

Das Produkt $\prod_{i \in I} X_i$ ist mit der Produkttopologie versehen. Sind die X_i hausdorffsch, so ist auch das Produkt hausdorffsch und enthält in diesem Falle X als abgeschlossenen Unterraum. In der Tat, es gilt

$$X = \bigcap_{i \leq j} X_{ij}\,,$$

wobei $X_{ij} = \{(x_k)_{k \in I} \in \prod_k X_k \mid f_{ij}(x_j) = x_i\}$, so daß man nur die Abgeschlossenheit der Mengen X_{ij} zu zeigen hat. Bedeutet $p_i : \prod_{k \in I} X_k \to X_i$ die i-te Projektion, so sind die beiden Abbildungen $g = p_i$, $f = f_{ij} \circ p_j : \prod_{k \in I} X_k \to X_i$ stetig, und man kann $X_{ij} = \{x \in \prod_k X_k \mid g(x) = f(x)\}$ schreiben. Im hausdorffschen Fall aber definiert die Gleichung $g(x) = f(x)$ eine abgeschlossene Teilmenge. Man entnimmt der Darstellung $X = \bigcap_{i \leq j} X_{ij}$ auch den folgenden

(2.3) Satz. *Der projektive Limes $X = \varprojlim_i X_i$ nicht-leerer kompakter Räume X_i ist nicht leer und kompakt.*

Beweis: Wenn alle X_i kompakt sind, so ist es auch das Produkt $\prod_{i \in I} X_i$ nach dem Satz von Tychonoff, und damit die abgeschlossene Teilmenge X. Ferner kann $X = \bigcap_{i \leq j} X_{ij}$ nicht leer sein, wenn die X_i nicht leer sind, denn da $\prod_i X_i$ kompakt ist, so wäre sonst schon der Durchschnitt endlich vieler X_{ij} leer. Dies kann aber nicht sein, denn wenn alle dabei beteiligten Indizes $i, j \leq n$ sind und $x_n \in X_n$, so liegt das Element $(x_i)_{i \in I}$ in diesem Durchschnitt, wenn wir $x_i = f_{in}(x_n)$ wählen, falls $i \leq n$, und sonst beliebig. □

(2.4) Definition. *Der* **induktive Limes**

$$X = \varinjlim_{i \in I} X_i$$

eines induktiven Systems $\{X_i, f_{ij}\}$ ist als der Quotient

$$X = (\textstyle\coprod_{i \in I} X_i) / \sim$$

der disjunkten Vereinigung $\coprod_{i \in I} X_i$ definiert, wobei zwei Elemente $x_i \in X_i$ und $x_j \in X_j$ als äquivalent gelten, wenn es ein $k \geq i, j$ gibt mit

$$f_{ik}(x_i) = f_{jk}(x_j) .$$

In den Anwendungen treten die projektiven und induktiven Systeme $\{X_i, f_{ij}\}$ nicht nur als Systeme topologischer Räume und stetiger Abbildungen auf, sondern es sind die X_i in aller Regel topologische Gruppen, Ringe oder Moduln etc. und die f_{ij} stetige Homomorphismen. Wenn wir uns im folgenden darauf beschränken, projektive und induktive Systeme $\{G_i, g_{ij}\}$ topologischer Gruppen zu betrachten, so denken wir uns stillschweigend die Systeme von Ringen und Moduln, für die alles genauso geht, gleich mit behandelt.

Sei also $\{G_i, g_{ij}\}$ ein projektives bzw. induktives System topologischer Gruppen. Dann ist auch der projektive bzw. induktive Limes

$$G = \varprojlim_{i \in I} G_i \quad \text{bzw.} \quad G = \varinjlim_{i \in I} G_i$$

eine topologische Gruppe. Beim projektiven Limes ist die Multiplikation durch die komponentenweise Multiplikation im Produkt $\prod_{i\in I} G_i$ gegeben. Beim induktiven Limes hat man für zwei Äquivalenzklassen $x, y \in G = \varinjlim_{i\in I} G_i$ Repräsentanten x_k und y_k in ein und demselben G_k zu wählen und definiert

$$xy = \text{Äquivalenzklasse von } x_k y_k\,.$$

Wir lassen es dem Leser, zu prüfen, daß diese Definition unabhängig von der Repräsentantenwahl ist und daß G damit eine Gruppe ist.

Durch die Projektionen $p_i : \prod_i G_i \to G_i$ bzw. Inklusionen $\iota_i : G_i \to \coprod_{i\in I} G_i$ wird eine Familie stetiger Homomorphismen

$$g_i : G \to G_i \quad \text{bzw.} \quad g_i : G_i \to G$$

induziert mit $g_i = g_{ij} \circ g_j$ bzw. $g_i = g_j \circ g_{ij}$ für $i \le j$. Diese Familie hat die folgende universelle Eigenschaft.

(2.5) Satz: *Ist H eine topologische Gruppe und*

$$h_i : H \to G_i \quad \text{bzw.} \quad h_i : G_i \to H$$

eine Familie stetiger Homomorphismen, derart daß

$$h_i = g_{ij} \circ h_j \quad \text{bzw.} \quad h_i = h_j \circ g_{ij}$$

für $i \le j$, so gibt es einen eindeutig bestimmten stetigen Homomorphismus

$$h : H \to G = \varprojlim_i G_i \quad \text{bzw.} \quad h : G = \varinjlim_i G_i \to H$$

mit $h_i = g_i \circ h$ bzw. $h_i = h \circ g_i$ für alle $i \in I$.

Wir überlassen den einfachen Beweis dem Leser. Ein **Morphismus** zwischen zwei projektiven bzw. induktiven Systemen $\{G_i, g_{ij}\}$ und $\{G'_i, g'_{ij}\}$ topologischer Gruppen ist eine Familie stetiger Homomorphismen $f_i : G_i \to G'_i$, $i \in I$, derart daß die Diagramme

$$\begin{array}{ccc} G_j & \xrightarrow{f_j} & G'_j \\ {\scriptstyle g_{ij}}\downarrow & & \downarrow{\scriptstyle g'_{ij}} \\ G_i & \xrightarrow{f_i} & G'_i \end{array} \quad \text{bzw.} \quad \begin{array}{ccc} G_j & \xrightarrow{f_j} & G'_j \\ {\scriptstyle g_{ij}}\uparrow & & \uparrow{\scriptstyle g'_{ij}} \\ G_i & \xrightarrow{f_i} & G'_i \end{array}$$

für $i \le j$ kommutativ sind. Eine solche Familie $(f_i)_{i\in I}$ definiert eine Abbildung

$$f : \prod_{i\in I} G_i \to \prod_{i\in I} G'_i \quad \text{bzw.} \quad f : \coprod_{i\in I} G_i \to \coprod_{i\in I} G'_i \,,$$

durch die ein Homomorphismus

$$f : \varprojlim_{i\in I} G_i \to \varprojlim_{i\in I} G'_i \quad \text{bzw.} \quad f : \varinjlim_{i\in I} G_i \to \varinjlim_{i\in I} G'_i$$

induziert wird. Auf diese Weise wird $\varprojlim$ bzw. $\varinjlim$ zu einem Funktor. Eine besonders wichtige Eigenschaft dieses Funktors ist seine sogenannte „Exaktheit". Für den induktiven Limes $\varinjlim$ ist diese Exaktheit unumschränkt und bedeutet das folgende.

(2.6) Satz: *Seien $\alpha : \{G'_i, g'_{ij}\} \to \{G_i, g_{ij}\}$ und $\beta : \{G_i, g_{ij}\} \to \{G''_i, g''_{ij}\}$ Morphismen zwischen induktiven Systemen topologischer Gruppen, derart daß die Sequenz*

$$G'_i \xrightarrow{\alpha_i} G_i \xrightarrow{\beta_i} G''_i$$

für jedes $i \in I$ exakt ist. Dann ist auch die induzierte Sequenz

$$\varinjlim_{i\in I} G'_i \xrightarrow{\alpha} \varinjlim_{i\in I} G_i \xrightarrow{\beta} \varinjlim_{i\in I} G''_i$$

exakt.

Beweis: Sei $G' = \varinjlim_i G'_i$, $G = \varinjlim_i G_i$, $G'' = \varinjlim_i G''_i$. Wir betrachten das kommutative Diagramm

$$\begin{array}{ccccc} G'_i & \xrightarrow{\alpha_i} & G_i & \xrightarrow{\beta_i} & G''_i \\ \downarrow{\scriptstyle g'_i} & & \downarrow{\scriptstyle g_i} & & \downarrow{\scriptstyle g''_i} \\ G' & \xrightarrow{\alpha} & G & \xrightarrow{\beta} & G''\,. \end{array}$$

Sei $x \in G$ mit $\beta(x) = 1$. Es existiert dann ein i und ein $x_i \in G_i$ mit $g_i(x_i) = x$. Wegen

$$g''_i \beta_i(x_i) = \beta g_i(x_i) = \beta(x) = 1$$

gibt es ein $j \ge i$, derart daß $\beta_i(x_i)$ gleich 1 in G''_j wird. Nach Wechsel der Bezeichnung können wir daher $\beta_i(x_i) = 1$ annehmen, so daß ein $y_i \in G'_i$ existiert mit $\alpha_i(y_i) = x_i$. Setzen wir $y = g'_i(y_i)$, so wird $\alpha(y) = x$. □

Der projektive Limes ist nicht unumschränkt exakt, sondern nur auf **kompakten** Gruppen, mit anderen Worten:

(2.7) Satz. *Seien* $\alpha : \{G'_i, g'_{ij}\} \to \{G_i, g_{ij}\}$ *und* $\beta : \{G_i, g_{ij}\} \to \{G''_i, g''_{ij}\}$ *Morphismen zwischen projektiven Systemen* **kompakter** *topologischer Gruppen, derart daß die Sequenz*

$$G'_i \xrightarrow{\alpha_i} G_i \xrightarrow{\beta_i} G''_i$$

für jedes $i \in I$ *exakt ist. Dann ist auch*

$$\varprojlim_i G'_i \xrightarrow{\alpha} \varprojlim_i G_i \xrightarrow{\beta} \varprojlim_i G''_i$$

eine exakte Sequenz kompakter topologischer Gruppen.

Beweis: Sei $x = (x_i)_{i \in I} \in \varprojlim_i G_i$ und $\beta(x) = 1$, d.h. $\beta_i(x_i) = 1$ für alle $i \in I$. Die Urbildmengen $Y_i = \alpha_i^{-1}(x_i) \subseteq G'_i$ bilden dann ein projektives System nicht-leerer abgeschlossener und damit kompakter Teilmengen der G'_i. Nach (2.3) ist damit der projektive Limes $Y = \varprojlim_i Y_i \subseteq \varprojlim_i G'_i$ nicht leer, und jedes Element $y \in Y$ wird durch α auf x abgebildet. □

Nachdem uns jetzt der Begriff des projektiven Limes zur Verfügung steht, kehren wir zum Ausgangspunkt der pro-endlichen Gruppen zurück, also zu den topologischen Gruppen, die hausdorffsch, kompakt und total unzusammenhängend sind, d.h. eine Umgebungsbasis der Eins besitzen, die aus lauter Normalteilern besteht. Der folgende Satz zeigt, daß diese Gruppen gerade die projektiven Limites von endlichen Gruppen sind (die wir uns als diskret topologische, kompakte Gruppen denken).

(2.8) Satz. *Ist* G *eine pro-endliche Gruppe und durchläuft* N *die offenen Normalteiler von* G, *so gilt (algebraisch und topologisch)*

$$G \cong \varprojlim_N G/N\,.$$

Ist umgekehrt $\{G_i, g_{ij}\}$ *ein projektives System endlicher (oder sogar pro-endlicher) Gruppen, so ist*

$$G = \varprojlim_i G_i$$

eine pro-endliche Gruppe.

Beweis: Sei G eine pro-endliche Gruppe und $\{N_i \mid i \in I\}$ die Familie ihrer offenen Normalteiler. Setzen wir $i \leq j$, wenn $N_i \supseteq N_j$, so ist I eine gerichtet geordnete Menge. Die Gruppen $G_i = G/N_i$ sind endlich, weil die Nebenklassen von N_i in G eine disjunkte offene Überdeckung von G bilden, so daß es wegen der Kompaktheit ihrer nur endlich viele geben kann. Für $i \leq j$ haben wir die Projektionen $g_{ij} : G_j \to G_i$ und erhalten ein projektives System $\{G_i, g_{ij}\}$ endlicher, also diskreter kompakter Gruppen. Wir zeigen, daß der Homomorphismus

$$f : G \to \varprojlim_{i \in I} G_i\,, \quad \sigma \mapsto \prod_{i \in I} \sigma_i\,, \quad \sigma_i = \sigma \bmod N_i\,,$$

ein Isomorphismus und ein Homöomorphismus ist. f ist injektiv, denn der Kern ist der Durchschnitt $\bigcap_{i \in I} N_i$, und dieser ist $\{1\}$, weil G hausdorffsch ist und die N_i eine Umgebungsbasis von 1 bilden. Die Gruppen

$$U_S = \prod_{i \notin S} G_i \times \prod_{i \in S} \{1_{G_i}\}$$

bilden eine Basis offener Umgebungen des Einselementes in $\prod_{i \in I} G_i$, wenn S die endlichen Teilmengen von I durchläuft. Wegen $f^{-1}(U_S \cap \varprojlim G_i) = \bigcap_{i \in S} N_i$ ist f stetig. Weil überdies G kompakt ist, ist das Bild $f(G)$ abgeschlossen in $\varprojlim G_i$. Es ist andererseits aber auch dicht. Denn wenn $x = (x_i)_{i \in I} \in \varprojlim G_i$ und $x(U_S \cap \varprojlim G_i)$ eine fundamentale Umgebung von x ist, so können wir ein $y \in G$ wählen, welches unter der Projektion $G \to G/N_k$ auf x_k abgebildet wird, wobei $N_k = \bigcap_{i \in S} N_i$ gesetzt ist. Dann ist $y \bmod N_i = x_i$ für alle $i \in S$, so daß $f(y)$ in der Umgebung $x(U_S \cap \varprojlim G_i)$ liegt. Die abgeschlossene Menge $f(G)$ liegt also in der Tat dicht in $\varprojlim G_i$, d.h. $f(G) = \varprojlim G_i$. Da G kompakt ist, bildet f abgeschlossene Mengen in abgeschlossene Mengen ab, also auch offene in offene. Damit ist gezeigt, daß $f : G \to \varprojlim G_i$ ein Isomorphismus und ein Homöomorphismus ist.

Sei umgekehrt $\{G_i, g_{ij}\}$ ein projektives System pro-endlicher Gruppen. Da die G_i hausdorffsch und kompakt sind, ist es auch der projektive Limes $G = \varprojlim G_i$ nach (2.3). Durchläuft N_i eine aus Normalteilern bestehende Umgebungsbasis des Einselements in G_i, so durchlaufen die Gruppen

$$U_S = \prod_{i \notin S} G_i \times \prod_{i \in S} N_i$$

eine aus Normalteilern bestehende Umgebungsbasis des Einselementes in $\prod_{i \in I} G_i$, wenn S die endlichen Teilmengen von I durchläuft. Die Normalteiler $U_S \cap \varprojlim G_i$ bilden daher eine Umgebungsbasis des Einselementes in $\varprojlim G_i$, d.h. $\varprojlim G_i$ ist eine pro-endliche Gruppe. □

Wir illustrieren jetzt die Begriffe der pro-endlichen Gruppe und des projektiven Limes an einigen konkreten Beispielen.

Beispiel 1: Die Galoisgruppe $G = G(\Omega|k)$ einer galoisschen Erweiterung $\Omega|k$ ist bzgl. der Krulltopologie eine pro-endliche Gruppe. Dies haben wir schon in § 1 festgestellt. Wenn $K|k$ die endlichen galoisschen Teilerweiterungen von $\Omega|k$ durchläuft, so durchläuft nach Definition der Krulltopologie $G(\Omega|K)$ die offenen Normalteiler von G. Wegen $G(K|k) = G(\Omega|k)/G(\Omega|K)$ und (2.8) erhalten wir die Galoisgruppe $G(\Omega|k)$ daher als den projektiven Limes

$$G(\Omega|k) \cong \varprojlim G(K|k)$$

der endlichen Galoisgruppen $G(K|k)$.

Beispiel 2: Ist p eine Primzahl, so bilden die Ringe $\mathbb{Z}/p^n\mathbb{Z}$, $n \in \mathbb{N}$, ein projektives System bzgl. der Projektionen $\mathbb{Z}/p^n\mathbb{Z} \to \mathbb{Z}/p^m\mathbb{Z}$, $n \geq m$. Der projektive Limes

$$\mathbb{Z}_p = \varprojlim_n \mathbb{Z}/p^n\mathbb{Z}$$

ist der Ring der ganzen p-adischen Zahlen (vgl. Kap. II, § 1).

Beispiel 3: Sei $\mathcal{O}$ der Bewertungsring in einem $\mathfrak{p}$-adischen Zahlkörper K und $\mathfrak{p}$ sein maximales Ideal. Die Ideale $\mathfrak{p}^n$, $n \in \mathbb{N}$, bilden dann eine Umgebungsbasis des Nullelementes 0 in $\mathcal{O}$. $\mathcal{O}$ ist hausdorffsch und kompakt, also ein pro-endlicher Ring. Die Ringe $\mathcal{O}/\mathfrak{p}^n$, $n \in \mathbb{N}$, sind endlich, und wir haben einen topologischen Isomorphismus

$$\mathcal{O} \cong \varprojlim_n \mathcal{O}/\mathfrak{p}^n\,, \quad a \mapsto \prod_{n\in\mathbb{N}} (a \bmod \mathfrak{p}^n)\,.$$

Die Einheitengruppe $U = \mathcal{O}^*$ von $\mathcal{O}$ ist abgeschlossen in $\mathcal{O}$, also hausdorffsch und kompakt, und die Untergruppen $U^{(n)} = 1 + \mathfrak{p}^n$ bilden eine Umgebungsbasis von $1 \in U$. Daher ist auch

$$U \cong \varprojlim_n U/U^{(n)}$$

eine pro-endliche Gruppe. Dies alles haben wir schon in Kap. II, § 4 gesehen.

Beispiel 4: Die Ringe $\mathbb{Z}/n\mathbb{Z}$, $n \in \mathbb{N}$, bilden ein projektives System bzgl. der Projektionen $\mathbb{Z}/n\mathbb{Z} \to \mathbb{Z}/m\mathbb{Z}$, $n|m$, wobei jetzt die Ordnung in $\mathbb{N}$ durch die Teilbarkeitsrelation $n|m$ gegeben ist. Der projektive Limes

$$\widehat{\mathbb{Z}} = \varprojlim_n \mathbb{Z}/n\mathbb{Z}$$

wurde ursprünglich der **Prüfer-Ring** genannt, doch hat sich heute die karge Benennung „Zett-Dach" durchgesetzt. Dieser Ring wird für das weitere eine besonders wichtige Stellung einnehmen. Er enthält $\mathbb{Z}$ als dichten Unterring. Die Gruppen $n\widehat{\mathbb{Z}}$, $n \in \mathbb{N}$, sind genau die offenen Untergruppen von $\widehat{\mathbb{Z}}$, und man verifiziert leicht, daß

$$\widehat{\mathbb{Z}}/n\widehat{\mathbb{Z}} \cong \mathbb{Z}/n\mathbb{Z}\,.$$

Betrachtet man für jede natürliche Zahl n die Primzerlegung $n = \prod_p p^{\nu_p}$, so hat man nach dem chinesischen Restsatz die Zerlegung

$$\mathbb{Z}/n\mathbb{Z} \cong \prod_p \mathbb{Z}/p^{\nu_p}\mathbb{Z}\,,$$

und erhält durch Übergang zum projektiven Limes die Zerlegung

$$\widehat{\mathbb{Z}} \cong \prod_p \mathbb{Z}_p\,.$$

Die Einbettung von $\mathbb{Z}$ in $\widehat{\mathbb{Z}}$ geht dabei über in die diagonale Einbettung $\mathbb{Z} \to \prod_p \mathbb{Z}_p$, $a \mapsto (a,a,a,\dots)$.

Beispiel 5: Für den Körper $\mathbb{F}_q$ von q Elementen haben wir für jedes $n \in \mathbb{N}$ den kanonischen Isomorphismus

$$G(\mathbb{F}_{q^n}|\mathbb{F}_q) \cong \mathbb{Z}/n\mathbb{Z}\,,$$

der den Frobeniusautomorphismus φ_n auf $1 \bmod n\mathbb{Z}$ abbildet. Der Übergang zum projektiven Limes liefert einen Isomorphismus

$$G(\overline{\mathbb{F}}_q|\mathbb{F}_q) \cong \widehat{\mathbb{Z}}\,,$$

der den Frobeniusautomorphismus $\varphi \in G(\overline{\mathbb{F}}_q|\mathbb{F}_q)$ auf $1 \in \widehat{\mathbb{Z}}$ abbildet und die Untergruppe $(\varphi) = \{\varphi^n \mid n \in \mathbb{Z}\}$ auf die dichte (aber nicht abgeschlossene) Untergruppe $\mathbb{Z}$ von $\widehat{\mathbb{Z}}$. Bei dieser Einsicht wird auch das Beispiel am Anfang dieses Kapitels klar, wo wir ein Element $\psi \in G(\overline{\mathbb{F}}_q|\mathbb{F}_q)$ konstruiert haben, welches nicht in (φ) liegt. Es erklärt sich über den Isomorphismus $G(\overline{\mathbb{F}}_q|\mathbb{F}_q) \cong \widehat{\mathbb{Z}}$ durch die Angabe des Elementes

$$(\dots,0,0,1_p,0,0,\dots) \in \prod_l \mathbb{Z}_l = \widehat{\mathbb{Z}}\,,$$

welches nicht in $\mathbb{Z}$ liegt.

Beispiel 6: Sei $\tilde{\mathbb{Q}}|\mathbb{Q}$ die Erweiterung, die durch Adjunktion aller Einheitswurzeln entsteht. Die Galoisgruppe $G(\tilde{\mathbb{Q}}|\mathbb{Q})$ ist dann in kanonischer Weise zur Einheitengruppe $\widehat{\mathbb{Z}}^* \cong \prod_p \mathbb{Z}_p^*$ von $\widehat{\mathbb{Z}}$ topologisch isomorph,

$$G(\tilde{\mathbb{Q}}|\mathbb{Q}) \cong \widehat{\mathbb{Z}}^*\,.$$

Dieser Isomorphismus ergibt sich durch Übergang zum projektiven Limes aus den kanonischen Isomorphismen

$$G(\mathbb{Q}(\mu_n)|\mathbb{Q}) \cong (\mathbb{Z}/n\,\mathbb{Z})^*,$$

wobei μ_n die Gruppe der n-ten Einheitswurzeln bedeutet.

Beispiel 7: Die Gruppen $\mathbb{Z}_p$ und $\widehat{\mathbb{Z}}$ sind (additive) Spezialfälle der Klasse der **pro-zyklischen** Gruppen. Dies sind pro-endliche Gruppen G, die topologisch durch ein einziges Element σ erzeugt werden, d.h. G ist der Abschluß $\overline{(\sigma)}$ der Untergruppe $(\sigma) = \{\sigma^n \mid n \in \mathbb{Z}\}$. Die offenen Untergruppen einer pro-zyklischen Gruppe $G = \overline{(\sigma)}$ sind durch G^n gegeben. In der Tat, als Bild der stetigen Abbildung $G \to G$, $x \mapsto x^n$, ist G^n abgeschlossen, und die Faktorgruppe G/G^n ist endlich, denn sie enthält die endliche Gruppe $\{\sigma^\nu \bmod G^n \mid 0 \le \nu < n\}$ als dichte Untergruppe und ist daher gleich dieser Gruppe. Ist umgekehrt H eine Untergruppe von G vom Index n, so ist $G^n \subseteq H \subseteq G$ und $n = (G:H) \le (G:G^n) \le n$, also $H = G^n$.

Jede pro-zyklische Gruppe G ist ein Quotient der Gruppe $\widehat{\mathbb{Z}}$. Ist nämlich wieder $G = \overline{(\sigma)}$, so haben wir für jedes n den surjektiven Homomorphismus

$$\mathbb{Z}/n\,\mathbb{Z} \to G/G^n\,, \quad 1 \bmod n\,\mathbb{Z} \mapsto \sigma \bmod G^n\,,$$

und durch Übergang zum projektiven Limes ergibt sich aufgrund von (2.7) eine stetige Surjektion $\widehat{\mathbb{Z}} \to G$.

Beispiel 8: Sei A eine abelsche Torsionsgruppe. Dann ist das **Pontrjagin-Dual**

$$\chi(A) = \operatorname{Hom}(A, \mathbb{Q}/\mathbb{Z})$$

eine pro-endliche Gruppe. Es ist nämlich

$$A = \bigcup_i A_i\,,$$

wobei A_i die endlichen Untergruppen von A durchläuft, und daher

$$\chi(A) = \varprojlim_i \chi(A_i)$$

mit endlichen Gruppen $\chi(A_i)$. Wenn z.B.

$$A = \mathbb{Q}/\mathbb{Z} = \bigcup_{n\in\mathbb{N}} \frac{1}{n}\mathbb{Z}/\mathbb{Z}$$

ist, so ist $\chi(\frac{1}{n}\mathbb{Z}/\mathbb{Z}) = \mathbb{Z}/n\mathbb{Z}$, also

$$\chi(\mathbb{Q}/\mathbb{Z}) \cong \varprojlim_n \mathbb{Z}/n\mathbb{Z} = \widehat{\mathbb{Z}}.$$

Beispiel 9: Ist G irgendeine Gruppe und durchläuft N die sämtlichen Normalteiler von endlichem Index, so heißt die pro-endliche Gruppe

$$\widehat{G} = \varprojlim_N G/N$$

die *pro-endliche Komplettierung* von G. Die pro-endliche Komplettierung von $\mathbb{Z}$ z.B. ist die Gruppe $\widehat{\mathbb{Z}} = \varprojlim_n \mathbb{Z}/n\mathbb{Z}$.

Aufgabe 1. Zeige, daß sich für die pro-endliche Gruppe G die Potenzierungsabbildung $G \times \mathbb{Z} \to G$, $(\sigma, n) \mapsto \sigma^n$, zu einer stetigen Abbildung

$$G \times \widehat{\mathbb{Z}} \to G, \quad (\sigma, a) \mapsto \sigma^a,$$

fortsetzt und daß $(\sigma^a)^b = \sigma^{ab}$ gilt und $\sigma^{a+b} = \sigma^a\sigma^b$, wenn G abelsch ist.

Aufgabe 2. Ist $\sigma \in G$ und $a = \lim\limits_{i\to\infty} a_i \in \widehat{\mathbb{Z}}$ mit $a_i \in \mathbb{Z}$, so ist $\sigma^a = \lim\limits_{i\to\infty} \sigma^{a_i}$ in G.

Aufgabe 3. Eine *pro-p-Gruppe* ist eine pro-endliche Gruppe G, deren Faktorgruppen G/N nach allen offenen Normalteilern N endliche p-Gruppen sind. Ähnlich wie in Aufgabe 1 gebe man der Potenzbildung σ^a für $\sigma \in G$ und $a \in \mathbb{Z}_p$ einen Sinn.

Aufgabe 4. Eine abgeschlossene Untergruppe H einer pro-endlichen Gruppe G heißt eine **p-Sylowgruppe** von G, wenn für jeden offenen Normalteiler N von G die Gruppe HN/N eine p-Sylowgruppe von G/N ist. Zeige:

(i) Zu jeder Primzahl p gibt es eine p-Sylowgruppe von G.

(ii) Jede pro-p-Untergruppe von G ist in einer p-Sylowgruppe enthalten.

(iii) Je zwei p-Sylowgruppen von G sind konjugiert.

Aufgabe 5. Was ist die p-Sylowgruppe von $\widehat{\mathbb{Z}}$ und von $\mathbb{Z}_p^*$?

Aufgabe 6. Ist $\{G_i\}$ ein projektives System pro-endlicher Gruppen und $G = \varprojlim_i G_i$, so ist $G^{ab} = \varprojlim_i G_i^{ab}$ (vgl. § 1, Aufgabe 5).

§ 3. Abstrakte Galoistheorie

Die Klassenkörpertheorie steht am Ende einer langen Entwicklung der algebraischen Zahlentheorie, die mit dem Gaußschen Reziprozitätsgesetz

$$\left(\frac{a}{b}\right)\left(\frac{b}{a}\right) = (-1)^{\frac{a-1}{2}\frac{b-1}{2}}$$

begann. Das Bemühen um Verallgemeinerungen dieses Gesetzes mündete schließlich in eine Theorie der abelschen Erweiterungen algebraischer und $\mathfrak{p}$-adischer Zahlkörper. Diese Erweiterungen $L|K$ werden durch gewisse Untergruppen $\mathcal{N}_L = N_{L|K}A_L$ einer dem Grundkörper zugeordneten Gruppe A_K klassifiziert. Im lokalen Fall ist A_K die multiplikative Gruppe K^* und im globalen Fall eine Modifikation der Idealklassengruppe. Im Zentrum der Theorie steht ein geheimnisvoller kanonischer Isomorphismus

$$G(L|K) \cong A_K/N_{L|K}A_L\,,$$

durch den sich – bei richtiger Ansicht der Dinge – das Reziprozitätsgesetz in seiner allgemeinsten Form präsentiert. Diese Abbildung läßt sich nun gänzlich von der körpertheoretischen Situation lösen und auf eine rein gruppentheoretische Basis stellen. Die Klassenkörpertheorie erfährt dadurch eine abstrakte, aber elementare Begründung, der wir uns jetzt zuwenden wollen.

Wir legen unseren Betrachtungen eine pro-endliche Gruppe G zugrunde. Die zu entwickelnde Theorie ist rein gruppentheoretischer Natur. Da wir jedoch eigentlich nur die körpertheoretische Anwendung im Sinne haben und da überdies die körpertheoretische Sprache ein direktes Verständnis der gruppentheoretischen Zusammenhänge ermöglicht, so deuten wir die pro-endliche Gruppe G in dem folgenden Sinne formal als eine Galoisgruppe. (Wir merken aber an, daß jede pro-endliche Gruppe Galoisgruppe $G = G(\bar{k}|k)$ einer galoisschen Körpererweiterung $\bar{k}|k$ ist; dies erlaubt dem Leser, sich auf seine gewohnten Kenntnisse der Galoistheorie zu verlassen, wenn ihm der formale, rein gruppentheoretische Aufbau nicht geheuer ist.)

Wir bezeichnen die abgeschlossenen Untergruppen von G mit G_K und nennen die Indizes K „Körper"; K heiße der Fixkörper von G_K. Der Körper k mit $G_k = G$ heißt der Grundkörper, und es bezeichnet $\bar{k}$ den Körper mit $G_{\bar{k}} = \{1\}$. Unter dem Fixkörper eines Elementes $\sigma \in G$ wird der Körper verstanden, der zum Abschluß $\overline{(\sigma)}$ der durch σ erzeugten zyklischen Gruppe $(\sigma) = \{\sigma^k \mid k \in \mathbb{Z}\}$ gehört.

Wir schreiben formal $K \subseteq L$ oder $L|K$, wenn $G_L \subseteq G_K$ und nennen das Paar $L|K$ eine Körpererweiterung. $L|K$ heißt eine endliche Erweiterung, wenn G_L offen, d.h. von endlichem Index in G_K ist, und wir nennen diesen Index

$$[\,L : K\,] := (G_K : G_L)$$

den Grad von $L|K$. $L|K$ heißt normal oder galoissch, wenn G_L ein Normalteiler von G_K ist. In diesem Fall definieren wir die Galoisgruppe von $L|K$ durch

$$G(L|K) = G_K/G_L\,.$$

Sind $N \supseteq L \supseteq K$ galoissche Erweiterungen von K, so definieren wir die Einschränkung eines Elementes $\sigma \in G(N|K)$ auf L durch

$$\sigma|_L = \sigma \bmod G(N|L) \in G(L|K)$$

und erhalten hierdurch einen Homomorphismus

$$G(N|K) \to G(L|K), \quad \sigma \mapsto \sigma|_L,$$

mit dem Kern $G(N|L)$. Die Erweiterung $L|K$ heißt zyklisch, abelsch, auflösbar etc., wenn die Galoisgruppe $G(L|K)$ diese Eigenschaften hat. Wir setzen

$$K = \bigcap_i K_i \qquad (\text{„Durchschnitt“}),$$

wenn G_K durch die Untergruppen G_{K_i} topologisch erzeugt wird, und

$$K = \prod_i K_i \quad (\text{„Kompositum“}),$$

wenn $G_K = \bigcap_i G_{K_i}$. Ist $G_{K'} = \sigma^{-1} G_K \sigma$ für $\sigma \in G$, so schreiben wir $K' = K^\sigma$.

Sei jetzt A ein *stetiger multiplikativer* G-Modul. Darunter verstehen wir eine multiplikative abelsche Gruppe A, auf der die Elemente $\sigma \in G$ als Automorphismen von rechts operieren, $\sigma : A \to A$, $a \mapsto a^\sigma$, derart daß

(i) $a^1 = a$,

(ii) $(ab)^\sigma = a^\sigma b^\sigma$,

(iii) $a^{\sigma\tau} = (a^\sigma)^\tau$,

(iv) $A = \bigcup_{[K:k]<\infty} A_K$,

wobei in der letzten Bedingung A_K den Fixmodul A^{G_K} unter G_K bedeutet, also

$$A_K = \{a \in A \mid a^\sigma = a \quad \text{für alle} \quad \sigma \in G_K\},$$

und K alle über k endlichen Erweiterungen durchläuft. Die Bedingung (iv) bedeutet, daß G stetig auf A operiert, d.h. daß die Abbildung

$$G \times A \to A, \quad (\sigma, a) \mapsto a^\sigma,$$

stetig ist, wenn A mit der diskreten Topologie versehen ist. In der Tat, diese Stetigkeit ist gleichbedeutend damit, daß zu jedem Element $(\sigma, a) \in G \times A$ eine offene Untergruppe $U = G_K$ von G existiert, so daß die Umgebung $\sigma U \times \{a\}$ von (σ, a) in die offene Menge $\{a^\sigma\}$ abgebildet wird, und dies bedeutet einfach $a^\sigma \in A^U = A_K$.

Bemerkung: Durch die exponentielle Schreibweise a^σ erscheint die Operation von G auf A als eine Rechtsaktion. Sie ist bei multiplikativen G-Moduln A für viele Rechnungen günstig. So ist z.B. die Notation $a^{\sigma-1} := a^\sigma a^{-1}$ der Schreibweise $(\sigma - 1)a = \sigma a \cdot a^{-1}$ vorzuziehen. Andererseits gebietet klassische Gewohnheit oftmals eine Operation von links. Bei einer galoisschen Erweiterung $L|K$ wirklicher Körper operiert die Galoisgruppe $G(L|K)$ als Automorphismengruppe von links auf L und damit auch auf der multiplikativen Gruppe L^*. Der sporadische Wechsel von links auf rechts möge den Leser nicht verwirren.

Für jede Erweiterung $L|K$ ist $A_K \subseteq A_L$, und wenn $L|K$ endlich ist, so haben wir die Normabbildung

$$N_{L|K} : A_L \to A_K\,, \quad N_{L|K}(a) = \prod_\sigma a^\sigma\,,$$

wobei σ ein Repräsentantensystem von G_K/G_L durchläuft. Ist $L|K$ galoissch, so ist A_L ein $G(L|K)$-Modul und

$$A_L^{G(L|K)} = A_K\,.$$

Im Mittelpunkt der Klassenkörpertheorie steht die **Normrestgruppe**

$$H^0(G(L|K), A_L) = A_K/N_{L|K}A_L\,.$$

Daneben betrachten wir aber auch die Gruppe

$$H^{-1}(G(L|K), A_L) = {}_{N_{L|K}}A_L/I_{G(L|K)}A_L\,,$$

wobei

$${}_{N_{L|K}}A_L = \{a \in A_L \mid N_{L|K}(a) = 1\}$$

die „Norm-Eins-Gruppe" ist und $I_{G(L|K)}A_L$ die Untergruppe von ${}_{N_{L|K}}A_L$, die von allen Elementen

$$a^{\sigma-1} := a^\sigma a^{-1}\,,$$

$a \in A_L$, $\sigma \in G(L|K)$, erzeugt wird. Ist $G(L|K)$ zyklisch und σ ein erzeugendes Element, so ist $I_{G(L|K)}A_L$ einfach die Gruppe

$$A_L^{\sigma-1} = \{a^{\sigma-1} \mid a \in A_L\}\,,$$

denn aus der formalen Gleichheit $\sigma^k - 1 = (1 + \sigma + \cdots + \sigma^{k-1})(\sigma - 1)$ folgt $a^{\sigma^k-1} = b^{\sigma-1}$ mit $b = \prod_{i=0}^{k-1} a^{\sigma^i}$.

Wir erproben die eingeführten Begriffe am Beispiel der **Kummertheorie** und stellen dazu an den G-Modul A die folgende axiomatische Forderung.

(3.1) Axiom. *Für jede zyklische endliche Erweiterung $L|K$ ist $H^{-1}(G(L|K), A_L) = 1$.*

Die zu entwickelnde Theorie bezieht sich auf einen surjektiven G-Homomorphismus

$$\wp : A \to A\,, \quad a \mapsto a^{\wp}\,,$$

mit endlichem *zyklischen* Kern $\mu_\wp$. Die Ordnung $n = \#\mu_\wp$ heißt der *Exponent* des Operators $\wp$. Wir haben vornehmlich den Fall im Auge, daß $\wp$ die n-Potenzierung $a \mapsto a^n$ ist und $\mu_\wp = \mu_n = \{\xi \in A \mid \xi^n = 1\}$ die Gruppe der „n-ten Einheitswurzeln" in A.

Wir legen jetzt einen Körper K fest, derart daß $\mu_\wp \subseteq A_K$. Für jede Teilmenge $B \subseteq A$ bezeichnet $K(B)$ den Fixkörper der abgeschlossenen Untergruppe

$$H = \{\sigma \in G_K \mid b^\sigma = b \quad \text{für alle} \quad b \in B\}$$

von G_K. Ist B G_K-invariant, so ist $K(B)|K$ offensichtlich galoissch. Unter einer **Kummerschen Erweiterung** (bzgl. $\wp$) verstehen wir eine Erweiterung der Form

$$K(\wp^{-1}(\Delta)) \mid K\,,$$

wobei $\Delta \subseteq A_K$. Eine Kummersche Erweiterung $K(\wp^{-1}(\Delta))|K$ ist stets galoissch, und ihre Galoisgruppe ist abelsch vom Exponenten n. In der Tat, für eine Erweiterung $K(\wp^{-1}(a))|K$ haben wir den injektiven Homomorphismus

$$G(K(\wp^{-1}(a))|K) \hookrightarrow \mu_\wp\,, \quad \sigma \mapsto \alpha^{\sigma-1}\,,$$

wobei $\alpha \in \wp^{-1}(a)$. Wegen $\mu_\wp \subseteq A_K$ hängt diese Definition nicht von der Wahl von α ab. Für die Kummersche Erweiterung $L = K(\wp^{-1}(\Delta)) = \prod_{\alpha\in\Delta} K(\wp^{-1}(a))$ wird hiermit das Kompositum

$$G(L|K) \to \prod G(K(\wp^{-1}(a))|K) \to \mu_\wp^\Delta$$

ein injektiver Homomorphismus.

Der folgende Satz besagt, daß umgekehrt eine abelsche Erweiterung $L|K$ vom Exponenten n immer eine Kummersche Erweiterung ist.

(3.2) Satz. *Ist $L|K$ eine abelsche Erweiterung vom Exponenten n, so ist*

$$L = K(\wp^{-1}(\Delta)) \quad \textit{mit} \quad \Delta = A_L^\wp \cap A_K\,.$$

Ist $L|K$ insbesondere zyklisch, so ist $L = K(\alpha)$ mit $\alpha^\wp = a \in A_K$.

Beweis: Es ist $\wp^{-1}(\Delta) \subseteq A_L$, denn wenn $x \in A$ und $x^\wp = \alpha^\wp = a \in A_K$, $\alpha \in A_L$, so ist $x = \xi\alpha \in A_L$ mit $\xi \in \mu_\wp \subseteq A_K$. Also ist $K(\wp^{-1}(\Delta)) \subseteq L$. Andererseits ist die Erweiterung $L|K$ das Kompositum ihrer zyklischen Teilerweiterungen. Denn sie ist das Kompositum ihrer *endlichen* Teilerweiterungen, und die Galoisgruppe einer endlichen Teilerweiterung ist das Produkt von zyklischen Gruppen, die als Galoisgruppen zyklischer Teilerweiterungen verstanden werden können. Sei nun $M|K$ eine zyklische Teilerweiterung von $L|K$. Es genügt zu zeigen, daß $M \subseteq K(\wp^{-1}(\Delta))$. Sei σ ein Erzeugendes von $G(M|K)$ und ζ ein Erzeugendes von $\mu_\wp$. Sei $d = [M : K]$ und $d' = n/d$ und $\xi = \zeta^{d'}$. Wegen $N_{M|K}(\xi) = \xi^d = 1$ ist nach (3.1) $\xi = \alpha^{\sigma-1}$ mit einem $\alpha \in A_M$. Es ist also $K \subseteq K(\alpha) \subseteq M$. Wegen $\alpha^{\sigma^i} = \xi^i\alpha$ gilt $\alpha^{\sigma^i} = \alpha$ genau dann, wenn $i \equiv 0 \bmod d$, so daß $K(\alpha) = M$. Nun ist aber $(\alpha^\wp)^{\sigma-1} = (\alpha^{\sigma-1})^\wp = \xi^\wp = 1$, also $a = \alpha^\wp \in A_K$, d.h. $\alpha \in \wp^{-1}(\Delta)$, und damit $M \subseteq K(\wp^{-1}(\Delta))$. □

Als Hauptsatz der allgemeinen Kummertheorie erhalten wir jetzt das folgende

(3.3) Theorem. *Die Zuordnung*

$$\Delta \mapsto L = K(\wp^{-1}(\Delta))$$

ist eine 1-1-Korrespondenz zwischen den Gruppen Δ mit $A_K^\wp \subseteq \Delta \subseteq A_K$ und den abelschen Erweiterungen $L|K$ vom Exponenten n.

Sind Δ und L einander zugeordnet, so ist $A_L^\wp \cap A_K = \Delta$, und wir haben einen kanonischen Isomorphismus

$$\Delta/A_K^\wp \cong \operatorname{Hom}(G(L|K), \mu_\wp)\,, \quad a \bmod A_K^\wp \mapsto \chi_a\,,$$

wobei der Charakter $\chi_a : G(L|K) \to \mu_\wp$ durch $\chi_a(\sigma) = \alpha^{\sigma-1}$, $\alpha \in \wp^{-1}(a)$, gegeben ist.

Beweis: Sei $L|K$ eine abelsche Erweiterung vom Exponenten n. Nach (3.2) ist dann $L = K(\wp^{-1}(\Delta))$ mit $\Delta = A_L^\wp \cap A_K$. Wir betrachten den Homomorphismus

$$\Delta \to \operatorname{Hom}(G(L|K), \mu_\wp)\,, \quad a \mapsto \chi_a\,,$$

wobei $\chi_a(\sigma) = \alpha^{\sigma-1}$, $\alpha \in \wp^{-1}(a)$. Wegen

$$\begin{aligned}\chi_a = 1 &\iff \alpha^{\sigma-1} = 1 \quad \text{für alle} \quad \sigma \in G(L|K)\\ &\iff \alpha \in A_K \iff a = \alpha^\wp \in A_K^\wp\end{aligned}$$

hat er den Kern $A_K^\wp$. Zum Beweis der Surjektivität sei $\chi \in \operatorname{Hom}(G(L|K), \mu_\wp)$. χ definiert eine zyklische Erweiterung $M|K$ und ist das Kompositum von Homomorphismen $G(L|K) \to G(M|K) \xrightarrow{\bar\chi} \mu_\wp$. Sei σ ein Erzeugendes von $G(M|K)$. Wegen $N_{M|K}(\bar\chi(\sigma)) = \bar\chi(\sigma)^{[M:K]} = 1$ haben wir wegen (3.1) $\bar\chi(\sigma) = \alpha^{\sigma-1}$ für ein $\alpha \in A_M$. Nun ist $(\alpha^\wp)^{\sigma-1} = (\alpha^{\sigma-1})^\wp = \bar\chi(\sigma)^\wp = 1$, d.h. $a = \alpha^\wp \in A_L^\wp \cap A_K = \Delta$. Für $\tau \in G(L|K)$ gilt $\chi(\tau) = \bar\chi(\tau|_M) = \alpha^{\tau-1} = \chi_a(\tau)$, so daß $\chi = \chi_a$. Dies beweist die Surjektivität, und wir erhalten einen Isomorphismus

$$\Delta/A_K^\wp \cong \operatorname{Hom}(G(L|K), \mu_\wp)\,.$$

Ist Δ irgendeine Gruppe zwischen $A_K^\wp$ und A_K, und ist $L = K(\wp^{-1}(\Delta))$, so ist $\Delta = A_L^\wp \cap A_K$. In der Tat, setzen wir $\Delta' = A_L^\wp \cap A_K$, so ist, wie gerade gezeigt,

$$\Delta'/A_K^\wp \cong \operatorname{Hom}(G(L|K), \mu_\wp)\,.$$

Die Untergruppe $\Delta/A_K^\wp$ entspricht unter der Pontrjagin-Dualität der Untergruppe $\operatorname{Hom}(G(L|K)/H, \mu_\wp)$, wobei

$$H = \{\sigma \in G(L|K) \mid \chi_a(\sigma) = 1 \quad \text{für alle} \quad a \in \Delta\}\,.$$

Wegen $\alpha^{\sigma-1} = \chi_a(\sigma)$ für $\alpha \in \wp^{-1}(a)$ läßt H die Elemente aus $\wp^{-1}(\Delta)$ fest, und da $K(\wp^{-1}(\Delta)) = L$, so ist $H = 1$, also $\operatorname{Hom}(G(L|K)/H, \mu_\wp) = \operatorname{Hom}(G(L|K), \mu_\wp)$. Es folgt $\Delta/A_K^\wp = \Delta'/A_K^\wp$, d.h. $\Delta = \Delta'$.

Es ist hiernach klar, daß die Zuordnung $\Delta \mapsto L = K(\wp^{-1}(\Delta))$ eine 1-1-Korrespondenz ist, wie behauptet. Damit ist das Theorem in allen Teilen bewiesen. □

Bemerkungen und Beispiele: 1) Ist $L|K$ unendlich, so muß $\operatorname{Hom}(G(L|K), \mu_\wp)$ als die Gruppe aller *stetigen* Homomorphismen $\chi : G(L|K) \to \mu_\wp$ verstanden werden, d.h. als die Charaktergruppe der *topologischen* Gruppe $G(L|K)$.

2) Das Kompositum zweier abelscher Erweiterungen von K vom Exponenten n ist wieder eine solche, und alle liegen in der *maximalen* abelschen Erweiterung vom Exponenten n. Diese ist durch $\widehat{K} = K(\wp^{-1}(A_K))$ gegeben, und für das Pontrjagin-Dual

$$G(\widehat{K}|K)^* = \operatorname{Hom}(G(\widehat{K}|K), \mathbb{Q}/\mathbb{Z}) = \operatorname{Hom}(G(\widehat{K}|K), \mu_\wp)$$

haben wir nach (3.3)

$$G(\widehat{K}|K)^* \cong A_K/A_K^\wp\,.$$

3) Ist k ein wirklicher Körper mit positiver Charakteristik p und $\bar{k}$ der separable Abschluß von k, so kann man für A die additive Gruppe $\bar{k}$ wählen und für $\wp$ den Operator

$$\wp : \bar{k} \to \bar{k}, \quad a \mapsto \wp a = a^p - a .$$

Das Axiom (3.1) ist in der Tat erfüllt, denn es gilt ganz allgemein der

(3.4) Satz. *Für jede zyklische endliche Körpererweiterung $L|K$ ist $H^{-1}(G(L|K), L) = 1$.*

Beweis: Die Erweiterung $L|K$ besitzt stets eine Normalbasis $\{\sigma c \mid \sigma \in G(L|K)\}$, d.h. $L = \bigoplus_\sigma K\sigma c$. Dies aber bedeutet, daß L ein $G(L|K)$-induzierter Modul im Sinne von § 7 ist und somit $H^{-1}(G(L|K), L) = 1$ nach (7.4) gilt. □

Die auf den Operator $\wp a = a^p - a$ bezogene Kummertheorie wird gemeinhin **Artin-Schreier-Theorie** genannt.

4) Die hauptsächliche Anwendung der oben entwickelten Theorie bezieht sich auf den Fall, daß G die absolute Galoisgruppe $G(\bar{k}|k)$ eines wirklichen Körpers k ist, A die multiplikative Gruppe $\bar{k}^*$ der algebraischen Abschließung und $\wp$ die Potenzierung $a \mapsto a^n$ mit einer zur Charakteristik von k teilerfremden natürlichen Zahl n (d.h. n beliebig, falls $\mathrm{char}(k) = 0$). Das Axiom (3.1) ist in diesem Fall stets erfüllt und trägt den Namen **Hilbert 90**, weil die Aussage als der Satz 90 unter 169 Sätzen im berühmten Hilbertschen „Zahlbericht" [72] auftritt. Es gilt also:

(3.5) Satz (Hilbert 90). *Für eine zyklische Körpererweiterung $L|K$ ist stets*

$$H^{-1}(G(L|K), L^*) = 1 .$$

Mit anderen Worten:

Ein Element $\alpha \in L^*$ mit der Norm $N_{L|K}(\alpha) = 1$ ist von der Form $\alpha = \beta^{\sigma-1}$, wobei $\beta \in L^*$ und σ ein Erzeugendes von $G(L|K)$ ist.

Beweis: Sei $n = [L : K]$. Wegen der linearen Unabhängigkeit der Automorphismen $1, \sigma, \ldots, \sigma^{n-1}$ (vgl. [15], chap. 5, § 7, No. 5) gibt es ein Element $\gamma \in L^*$, derart daß

$$\beta = \gamma + \alpha\gamma^\sigma + \alpha^{1+\sigma}\gamma^{\sigma^2} + \cdots + \alpha^{1+\sigma+\cdots+\sigma^{n-2}}\gamma^{\sigma^{n-1}} \neq 0 .$$

Wegen $N_{L|K}(\alpha) = 1$ wird $\alpha\beta^\sigma = \beta$, so daß $\alpha = \beta^{1-\sigma}$. □

Enthält jetzt der Körper K die Gruppe μ_n der n-ten Einheitswurzeln, so hat der Operator $\wp(a) = a^n$ den Exponenten n, und wir erhalten als wichtigsten Spezialfall des Theorems (3.3) das

(3.6) Korollar. *Sei n eine zur Charakteristik des Körpers K teilerfremde natürliche Zahl und $\mu_n \subseteq K$.*

Dann entsprechen die abelschen Erweiterungen $L|K$ vom Exponenten n umkehrbar eindeutig den K^{*n} umfassenden Untergruppen $\Delta \subseteq K^*$ durch die Zuordnung

$$\Delta \mapsto L = K(\sqrt[n]{\Delta}) ,$$

und es gilt

$$G(L|K) \cong \mathrm{Hom}(\Delta/K^{*n}, \mu_n) .$$

Der Hilbertsche Satz 90, auf dem dieses Korollar vornehmlich beruht, besitzt die folgende Verallgemeinerung für beliebige galoissche Erweiterungen $L|K$, die auf die Mathematikerin *Emmy Noether* (1882–1935) zurückgeht. Sei G eine endliche Gruppe und A ein multiplikativer G-Modul. Ein **1-Kozykel** oder **gekreuzter Homomorphismus** von G in A ist eine Funktion $f : G \to A$, derart daß

$$f(\sigma\tau) = f(\sigma)^\tau f(\tau)$$

für alle $\sigma, \tau \in G$. Die 1-Kozykeln bilden eine abelsche Gruppe $Z^1(G, A)$. Für jedes $a \in A$ ist die Funktion

$$f_a(\sigma) = a^{\sigma-1}$$

ein 1-Kozykel, denn es ist

$$f_a(\sigma\tau) = a^{\sigma\tau-1} = (a^{\sigma-1})^\tau a^{\tau-1} = f_a(\sigma)^\tau f_a(\tau) .$$

Die Funktionen f_a heißen **1-Koränder** und bilden eine Untergruppe $B^1(G, A)$ von $Z^1(G, A)$. Wir definieren

$$H^1(G, A) = Z^1(G, A)/B^1(G, A)$$

und haben über diese Gruppe zunächst den

(3.7) Satz. *Ist G zyklisch, so ist $H^1(G,A) \cong H^{-1}(G,A)$.*

Beweis: Sei $G = (\sigma)$. Ist $f \in Z^1(G,A)$, so gilt für $k \geq 1$

$$f(\sigma^k) = f(\sigma^{k-1})^{\sigma} f(\sigma) = f(\sigma^{k-2})^{\sigma^2} f(\sigma)^{\sigma} f(\sigma) = \cdots = \prod_{i=0}^{k-1} f(\sigma)^{\sigma^i},$$

und $f(1) = 1$ wegen $f(1) = f(1)f(1)$. Ist $n = \#G$, so ist

$$N_G f(\sigma) = \prod_{i=0}^{n-1} f(\sigma)^{\sigma^i} = f(\sigma^n) = f(1) = 1,$$

also $f(\sigma) \in {}_{N_G}A = \{a \in A \mid N_G a = \prod_{i=0}^{n-1} a^{\sigma^i} = 1\}$. Umgekehrt erhalten wir für jedes $a \in A$ mit $N_G a = 1$ durch $f(\sigma) = a$ und

$$f(\sigma^k) = \prod_{i=0}^{k-1} a^{\sigma^i}$$

einen 1-Kozykel, wovon der Leser sich selbst überzeugen möge. Die Abbildung $f \mapsto f(\sigma)$ ist somit ein Isomorphismus zwischen $Z^1(G,A)$ und ${}_{N_G}A$. Dieser Isomorphismus bildet $B^1(G,A)$ auf $I_G A$ ab wegen $f \in B^1(G,A) \iff f(\sigma^k) = a^{\sigma^k - 1}$ mit festem $a \iff f(\sigma) = a^{\sigma-1} \iff f(\sigma) \in I_G A$. □

Die Noethersche Verallgemeinerung des Hilbertschen Satzes 90 lautet nun:

(3.8) Satz. *Für eine endliche galoissche Körpererweiterung $L|K$ gilt*

$$H^1(G(L|K), L^*) = 1.$$

Beweis: Sei $f : G \to L^*$ ein 1-Kozykel. Für $c \in L^*$ setzen wir

$$\alpha = \sum_{\sigma \in G(L|K)} f(\sigma) c^{\sigma}.$$

Wegen der linearen Unabhängigkeit der Automorphismen σ (vgl. [15], chap. 5, § 7, No. 5) können wir $c \in L^*$ so wählen, daß $\alpha \neq 0$ ist. Für $\tau \in G(L|K)$ erhalten wir

$$\alpha^{\tau} = \sum_{\sigma} f(\sigma)^{\tau} c^{\sigma\tau} = \sum_{\sigma} f(\tau)^{-1} f(\sigma\tau) c^{\sigma\tau} = f(\tau)^{-1}\alpha,$$

d.h. $f(\tau) = \beta^{\tau-1}$ mit $\beta = \alpha^{-1}$. □

Wir werden diesen Satz im vorliegenden Band nur an einer Stelle anwenden (vgl. Kap. VI, (2.5)).

Aufgabe 1. Zeige, daß Hilbert 90 in der Noetherschen Form auch für die additive Gruppe L einer galoisschen Erweiterung $L|K$ gilt.

Hinweis: Der Satz von der Normalbasis.

Aufgabe 2. Sei k ein Körper der Charakteristik p und $\bar{k}$ der separable Abschluß. Für festes $n \geq 1$ betrachte im Wittring $W(\bar{k})$ (vgl. Kap. II, § 4, Aufgabe 2–6) die additive Gruppe $W_n(\bar{k})$ der abgeschnittenen Witt-Vektoren $a = (a_0, a_1, \ldots, a_{n-1})$. Zeige die Gültigkeit des Axioms (3.1) für den $G(\bar{k}|k)$-Modul $A = W_n(\bar{k})$.

Aufgabe 3. Zeige, daß der Operator

$$\wp : W_n(\bar{k}) \to W_n(\bar{k}), \quad \wp a = Fa - a,$$

ein Homomorphismus ist mit zyklischem Kern $\mu_\wp$ der Ordnung p^n. Erörtere die zugehörige Kummertheorie für die abelschen Erweiterungen vom Exponenten p^n.

Aufgabe 4. Sei G eine pro-endliche Gruppe und A ein stetiger G-Modul. Setze

$$H^1(G,A) = Z^1(G,A)/B^1(G,A),$$

wobei $Z^1(G,A)$ aus allen stetigen Abbildungen $f : G \to A$ (bzgl. der diskreten Topologie von A) mit $f(\sigma\tau) = f(\sigma)^\tau f(\tau)$ besteht und $B^1(G,A)$ aus allen Funktionen der Form $f_a(\sigma) = a^{\sigma-1}$, $a \in A$. Zeige: Ist g ein abgeschlossener Normalteiler von G, so hat man eine exakte Sequenz

$$1 \to H^1(G/g, A^g) \to H^1(G,A) \to H^1(g,A).$$

Aufgabe 5. $H^1(G,A) = \varinjlim H^1(G/N, A^N)$, wobei N alle offenen Normalteiler von G durchläuft.

Aufgabe 6. Ist $1 \to A \to B \to C \to 1$ eine exakte Sequenz stetiger G-Moduln, so hat man eine exakte Sequenz

$$1 \to A^G \to B^G \to C^G \to H^1(G,A) \to H^1(G,B) \to H^1(G,C).$$

Bemerkung: Die Gruppe $H^1(G,A)$ ist nur das erste Glied einer Serie von Gruppen $H^i(G,A)$, $i = 1,2,3,\ldots$, die den Gegenstand der **Gruppenkohomologie** bilden (vgl. etwa [122], [121]). Auch auf dieser Theorie kann man die Klassenkörpertheorie aufbauen (vgl. [10], [108]).

Aufgabe 7. Auch für unendliche galoissche Erweiterungen $L|K$ gilt Hilbert 90: $H^1(G(L|K), L^*) = 1$.

Aufgabe 8. Ist n nicht durch die Charakteristik des Körpers K teilbar und μ_n die Gruppe der n-ten Einheitswurzeln im separablen Abschluß $\overline{K}$, so gilt

$$H^1(G_K, \mu_n) \cong K^*/K^{*n}.$$

§ 4. Abstrakte Bewertungstheorie

Den weiteren Ausführungen legen wir nunmehr einen surjektiven, stetigen Homomorphismus

$$d : G \to \widehat{\mathbb{Z}}$$

der pro-endlichen Gruppe G auf die pro-zyklische Gruppe $\widehat{\mathbb{Z}} = \varprojlim \mathbb{Z}/n\mathbb{Z}$ zugrunde (vgl. § 2, Beispiel 4). Durch ihn wird eine Theorie inszeniert, die ein abstraktes Abbild der Verzweigungstheorie der $\mathfrak{p}$-adischen Zahlkörper darstellt. Wenn nämlich G die absolute Galoisgruppe $G_k = G(\bar{k}|k)$ eines $\mathfrak{p}$-adischen Zahlkörpers k ist, so entsteht der surjektive Homomorphismus $d : G \to \widehat{\mathbb{Z}}$ über die maximale unverzweigte Erweiterung $\tilde{k}|k$. Denn wenn $\mathbb{F}_q$ der Restklassenkörper von k ist, so haben wir nach Kap. II, § 9, S. 182 und Beispiel 5 in § 2 die kanonischen Isomorphismen

$$G(\tilde{k}|k) \cong G(\overline{\mathbb{F}}_q|\mathbb{F}_q) \cong \widehat{\mathbb{Z}} ,$$

durch die dem Element $1 \in \widehat{\mathbb{Z}}$ der Frobeniusautomorphismus $\varphi \in G(\tilde{k}|k)$ zugeordnet ist. Er ist durch

$$a^{\varphi} \equiv a^q \bmod \tilde{\mathfrak{p}} \quad \text{für} \quad a \in \tilde{\mathcal{O}}$$

definiert, wenn $\tilde{\mathcal{O}}$ und $\tilde{\mathfrak{p}}$ den Bewertungsring von $\tilde{k}$ und sein maximales Ideal bedeuten. Der fragliche Homomorphismus $d : G \to \widehat{\mathbb{Z}}$ ist in diesem konkreten Fall das Kompositum von

$$G \to G(\tilde{k}|k) \xrightarrow{\sim} \widehat{\mathbb{Z}} .$$

Im abstrakten Fall ahmt der vorgelegte surjektive Homomorphismus $d : G \to \widehat{\mathbb{Z}}$ diesen Sachverhalt nach, ist jedoch in seinen Anwendungen keineswegs auf die $\mathfrak{p}$-adischen Zahlkörper beschränkt. Der Kern I von d hat einen Fixkörper $\tilde{k}|k$, und d induziert einen Isomorphismus $G(\tilde{k}|k) \cong \widehat{\mathbb{Z}}$.

Allgemeiner bezeichnen wir für jeden Körper K den Kern der Einschränkung $d : G_K \to \widehat{\mathbb{Z}}$ mit I_K und nennen ihn die **Trägheitsgruppe** über K. Wegen

$$I_K = G_K \cap I = G_K \cap G_{\tilde{k}} = G_{K\tilde{k}}$$

ist der Fixkörper $\tilde{K}$ von I_K das Kompositum

$$\tilde{K} = K\tilde{k} .$$

Wir nennen $\tilde{K}|K$ die **maximale unverzweigte Erweiterung** von K. Wir setzen

$$f_K = (\widehat{\mathbb{Z}} : d(G_K)), \quad e_K = (I : I_K)$$

und erhalten, wenn f_K endlich ist, einen surjektiven Homomorphismus

$$d_K = \frac{1}{f_K} d : G_K \to \widehat{\mathbb{Z}}$$

mit dem Kern I_K, und einen Isomorphismus

$$d_K : G(\tilde{K}|K) \xrightarrow{\sim} \widehat{\mathbb{Z}}\,.$$

(4.1) Definition. *Das Element* $\varphi_K \in G(\tilde{K}|K)$ *mit* $d_K(\varphi_K) = 1$ *heißt der* **Frobenius** *über* K.

Für eine Körpererweiterung $L|K$ definieren wir den **Trägheitsgrad** $f_{L|K}$ und den **Verzweigungsindex** $e_{L|K}$ durch

$$f_{L|K} = (d(G_K) : d(G_L)) \quad \text{und} \quad e_{L|K} = (I_K : I_L)\,.$$

Für einen Körperturm $K \subseteq L \subseteq M$ folgt aus dieser Definition offenbar

$$f_{M|K} = f_{L|K} f_{M|L} \quad \text{und} \quad e_{M|K} = e_{L|K} e_{M|L}\,.$$

(4.2) Satz. *Für jede Erweiterung* $L|K$ *gilt die „fundamentale Gleichung"*

$$[\,L:K\,] = f_{L|K} e_{L|K}\,.$$

Beweis: Aus dem exakten kommutativen Diagramm

$$\begin{array}{ccccccccc} 1 & \longrightarrow & I_L & \longrightarrow & G_L & \longrightarrow & d(G_L) & \longrightarrow & 1 \\ & & \downarrow & & \downarrow & & \downarrow & & \\ 1 & \longrightarrow & I_K & \longrightarrow & G_K & \longrightarrow & d(G_K) & \longrightarrow & 1 \end{array}$$

ergibt sich, wenn $L|K$ galoissch ist, unmittelbar die exakte Sequenz

$$1 \to I_K/I_L \to G(L|K) \to d(G_K)/d(G_L) \to 1\,.$$

Ist $L|K$ nicht galoissch, so gehen wir zu einer L enthaltenden galoisschen Erweiterung $M|K$ über und erhalten das Resultat aufgrund der obigen Transitionsregeln für e und f. □

$L|K$ heißt **unverzweigt**, wenn $e_{L|K} = 1$ ist, d.h. wenn $L \subseteq \tilde{K}$. $L|K$ heißt **rein verzweigt**, wenn $f_{L|K} = 1$ ist, d.h. wenn $L \cap \tilde{K} = K$. Im unverzweigten Fall haben wir den surjektiven Homomorphismus

$$G(\tilde{K}|K) \to G(L|K)$$

und nennen, falls $f_K < \infty$, das Bild $\varphi_{L|K}$ von φ_K den **Frobeniusautomorphismus** von $L|K$.

Für eine beliebige Erweiterung $L|K$ ist

$$\tilde{L} = L\tilde{K},$$

denn $L\tilde{K} = LK\tilde{k} = L\tilde{k} = \tilde{L}$, und es ist $L \cap \tilde{K}|K$ die maximale unverzweigte Teilerweiterung von $L|K$. Für sie gilt offenbar

$$f_{L|K} = [L \cap \tilde{K} : K].$$

Ebenso offensichtlich ist der

(4.3) Satz. *Sind f_K und f_L endlich, so ist $f_{L|K} = f_L/f_K$, und wir haben das kommutative Diagramm*

$$\begin{array}{ccc} G_L & \xrightarrow{d_L} & \widehat{\mathbb{Z}} \\ \downarrow & & \downarrow f_{L|K} \\ G_K & \xrightarrow{d_K} & \widehat{\mathbb{Z}}\,. \end{array}$$

Insbesondere ist $\varphi_L|_{\tilde{K}} = \varphi_K^{f_{L|K}}$.

In der ganzen Klassenkörpertheorie nimmt der Frobeniusautomorphismus eine beherrschende Königsstellung ein. Es ist daher ein bemerkenswerter Umstand, daß für eine endliche galoissche Erweiterung $L|K$ jedes $\sigma \in G(L|K)$ selbst zu einem Frobeniusautomorphismus wird, wenn man es nur in die richtige Position bringt. Dies geschieht auf die folgende Weise. Es sei im weiteren stets $f_K < \infty$ vorausgesetzt. Wir gehen von der galoisschen Erweiterung $L|K$ zur Erweiterung $\tilde{L}|K$ über und betrachten in der Galoisgruppe $G(\tilde{L}|K)$ die Halbgruppe

$$\mathrm{Frob}(\tilde{L}|K) = \{\sigma \in G(\tilde{L}|K) \mid d_K(\sigma) \in \mathbb{N}\}.$$

Dabei beachte man, daß $d_K : G_K \to \widehat{\mathbb{Z}}$ wegen $G_{\tilde{L}} = I_L \subseteq I_K$ über $G(\tilde{L}|K)$ faktorisiert, und lasse sich ausdrücklich darauf hinweisen, daß $0 \notin \mathbb{N}$. Es gilt zunächst der

(4.4) Satz. *Für eine endliche galoissche Erweiterung $L|K$ ist die Abbildung*

$$\mathrm{Frob}(\tilde{L}|K) \to G(L|K), \quad \sigma \mapsto \sigma|_L\,,$$

surjektiv.

Beweis. Sei $\sigma \in G(L|K)$ und $\varphi \in G(\tilde{L}|K)$ ein Element mit $d_K(\varphi) = 1$, so daß $\varphi|_{\tilde{K}} = \varphi_K$ und $\varphi|_{L\cap\tilde{K}} = \varphi_{L\cap\tilde{K}|K}$. Schränken wir σ auf die maximale unverzweigte Teilerweiterung $L \cap \tilde{K}|K$ ein, so wird es eine Potenz des Frobeniusautomorphismus, $\sigma|_{L\cap\tilde{K}} = \varphi^n_{L\cap\tilde{K}|K}$, und wir dürfen n in $\mathbb{N}$ wählen. Wegen $\tilde{L} = L\tilde{K}$ ist

$$G(\tilde{L}|\tilde{K}) \cong G(L|L \cap \tilde{K})\,.$$

Wird nun $\tau \in G(\tilde{L}|\tilde{K})$ unter diesem Isomorphismus auf $\sigma\varphi^{-n}|_L$ abgebildet, so erhalten wir in $\tilde{\sigma} = \tau\varphi^n$ ein Element mit $\tilde{\sigma}|_L = \tau\varphi^n|_L = \sigma\varphi^{-n}\varphi^n|_L = \sigma$ und $\tilde{\sigma}|_{\tilde{K}} = \varphi^n_K$, also $d_K(\tilde{\sigma}) = n$, d.h. $\tilde{\sigma} \in \mathrm{Frob}\,(\tilde{L}|K)$. □

Jedes Element $\sigma \in G(L|K)$ läßt sich also zu einem Element $\tilde{\sigma} \in \mathrm{Frob}(\tilde{L}|K)$ hochheben. Der folgende Satz zeigt, daß diese Liftung der Frobeniusautomorphismus über ihrem Fixkörper wird.

(4.5) Satz. *Sei $\tilde{\sigma} \in \mathrm{Frob}(\tilde{L}|K)$ und Σ der Fixkörper von $\tilde{\sigma}$. Dann gilt:*

(i) $f_{\Sigma|K} = d_K(\tilde{\sigma})$, (ii) $[\,\Sigma : K\,] < \infty$, (iii) $\tilde{\Sigma} = \tilde{L}$, (iv) $\tilde{\sigma} = \varphi_\Sigma$.

Beweis: (i) $\Sigma \cap \tilde{K}$ ist der Fixkörper von $\tilde{\sigma}|_{\tilde{K}} = \varphi_K^{d_K(\tilde{\sigma})}$, so daß

$$f_{\Sigma|K} = [\,\Sigma \cap \tilde{K} : K\,] = d_K(\tilde{\sigma})\,.$$

(ii) Es ist $\tilde{K} \subseteq \Sigma\tilde{K} = \tilde{\Sigma} \subseteq \tilde{L}$, so daß

$$e_{\Sigma|K} = (I_K : I_\Sigma) = \#G(\tilde{\Sigma}|\tilde{K}) \le \#G(\tilde{L}|\tilde{K})$$

endlich ist. Damit ist auch $[\,\Sigma : K\,] = f_{\Sigma|K}e_{\Sigma|K}$ endlich.

(iii) Die kanonische Surjektion $\Gamma = G(\tilde{L}|\Sigma) \to G(\tilde{\Sigma}|\Sigma) \cong \widehat{\mathbb{Z}}$ muß bijektiv sein. Denn da $\Gamma = (\overline{\tilde{\sigma}})$ pro-zyklisch ist, so ist $(\Gamma : \Gamma^n) \le n$ für jedes $n \in \mathbb{N}$ (vgl. § 2, S. 288), so daß die induzierten Abbildungen $\Gamma/\Gamma^n \cong \widehat{\mathbb{Z}}/n\widehat{\mathbb{Z}}$ bijektiv sind und damit auch $\Gamma \to \widehat{\mathbb{Z}}$. Aus $G(\tilde{L}|\Sigma) = G(\tilde{\Sigma}|\Sigma)$ folgt aber $\tilde{L} = \tilde{\Sigma}$.

(iv) $f_{\Sigma|K}d_\Sigma(\tilde{\sigma}) = d_K(\tilde{\sigma}) = f_{\Sigma|K}$, also $d_\Sigma(\tilde{\sigma}) = 1$, d.h. $\tilde{\sigma} = \varphi_\Sigma$. □

Wir veranschaulichen die im Satz ausgesprochene Situation an dem folgenden Diagramm, das man sich auch im weiteren vor Augen halten möge:

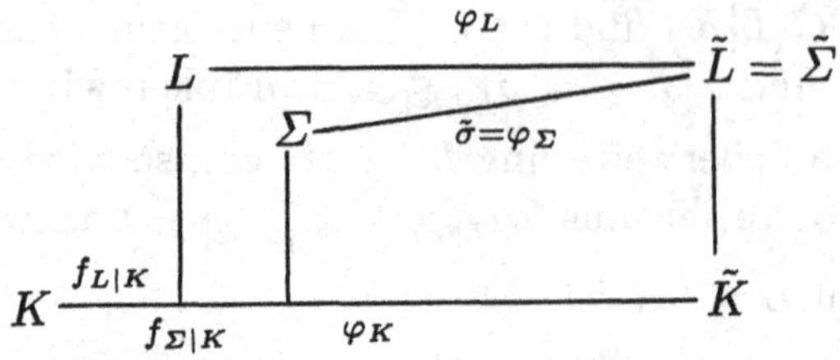

Alle bisherigen Erörterungen sind allein aus dem vorgegebenen Homomorphismus $d : G \to \widehat{\mathbb{Z}}$ entstanden. Wir fügen ihnen jetzt einen multiplikativen G-Modul A hinzu und statten diesen mit einem Homomorphismus aus, der die Rolle einer henselschen Bewertung übernehmen soll.

(4.6) Definition. *Eine* **henselsche Bewertung** *von A_k bzgl. $d : G \to \widehat{\mathbb{Z}}$ ist ein Homomorphismus*

$$v : A_k \to \widehat{\mathbb{Z}}$$

mit den Eigenschaften

(i) $v(A_k) = Z \supseteq \mathbb{Z}$ und $Z/nZ \cong \mathbb{Z}/n\mathbb{Z}$ für alle $n \in \mathbb{N}$.

(ii) $v(N_{K|k}A_K) = f_K Z$ *für alle endlichen Erweiterungen* $K|k$.

Ebenso wie der Homomorphismus $d : G_k \to \widehat{\mathbb{Z}}$ hat auch die henselsche Bewertung $v : A_k \to \widehat{\mathbb{Z}}$ die Eigenschaft, daß sie sich über jeder endlichen Erweiterung K von k reproduziert.

(4.7) Satz. *Für jeden über k endlichen Körper K ist durch*

$$v_K = \frac{1}{f_K} v \circ N_{K|k} : A_K \to Z$$

ein surjektiver Homomorphismus definiert mit den Eigenschaften

(i) $v_K = v_{K^\sigma} \circ \sigma$ *für alle* $\sigma \in G$.

(ii) Für jede endliche Erweiterung $L|K$ hat man das kommutative Diagramm

$$\begin{array}{ccc} A_L & \xrightarrow{v_L} & \widehat{\mathbb{Z}} \\ {\scriptstyle N_{L|K}}\downarrow & & \downarrow{\scriptstyle f_{L|K}} \\ A_K & \xrightarrow{v_K} & \widehat{\mathbb{Z}}\,. \end{array}$$

Beweis: (i) Durchläuft τ ein Rechtsrepräsentantensystem von G_k/G_K, so durchläuft $\sigma^{-1}\tau\sigma$ ein Rechtsrepräsentantensystem von $G_k/\sigma^{-1}G_K\sigma = G_k/G_{K^\sigma}$. Daher gilt für $a \in A_K$:

$$v_{K^\sigma}(a^\sigma) = \frac{1}{f_{K^\sigma}} v(\prod_\tau a^{\sigma\sigma^{-1}\tau\sigma}) = \frac{1}{f_K} v((\prod_\tau a^\tau)^\sigma) = \frac{1}{f_K} v(N_{K|k}(a))$$
$$= v_K(a)\,.$$

(ii) Für $a \in A_L$ gilt:

$$f_{L|K} v_L(a) = f_{L|K} \frac{1}{f_L} v(N_{L|k}(a)) = \frac{1}{f_K} v(N_{K|k}(N_{L|K}(a)))$$
$$= v_K(N_{L|K}(a))\,. \qquad \square$$

(4.8) Definition. *Ein* **Primelement** *von A_K ist ein Element $\pi_K \in A_K$ mit $v_K(\pi_K) = 1$. Wir setzen*

$$U_K = \{u \in A_K \mid v_K(u) = 0\}\,.$$

Für eine unverzweigte Erweiterung $L|K$, also eine Erweiterung mit $f_{L|K} = [\,L : K\,]$, gilt nach (4.7), (ii) $v_L|_{A_K} = v_K$. Insbesondere ist ein Primelement von A_K gleichzeitig auch ein Primelement von A_L. Ist andererseits $L|K$ rein verzweigt, also $f_{L|K} = 1$, und ist π_L ein Primelement von A_L, so ist $\pi_K = N_{L|K}(\pi_L)$ ein Primelement von A_K.

Aufgabe 1. Wir nehmen an, daß jede abgeschlossene abelsche Untergruppe von G pro-zyklisch ist. Sei $K|k$ eine endliche Erweiterung. Unter einer **Mikroprimstelle** $\mathfrak{p}$ von K sei die Konjugationsklasse $\langle\sigma\rangle \subseteq G_K$ eines Frobeniuselementes $\sigma \in \mathrm{Frob}(\bar{k}|K)$ verstanden, welches nicht eine echte Potenz σ'^n, $n > 1$, eines anderen Frobeniuselementes $\sigma' \in \mathrm{Frob}(\bar{k}|K)$ ist. Sei spec$\,(K)$ die Menge der Mikroprimstellen von K.
Zeige: Ist $L|K$ eine endliche Erweiterung, so hat man eine kanonische Abbildung

$$\pi : \mathrm{spec}\,(L) \to \mathrm{spec}\,(K)\,.$$

Über jeder Mikroprimstelle $\mathfrak{p}$ liegen nur endlich viele Mikroprimstellen $\mathfrak{P}$ von L, d.h. $\pi^{-1}(\mathfrak{p})$ ist endlich. Schreibweise: $\mathfrak{P}|\mathfrak{p}$ wenn $\mathfrak{P} \in \pi^{-1}(\mathfrak{p})$.

Aufgabe 2. Für eine endliche Erweiterung $L|K$ und eine Mikroprimstelle $\mathfrak{P}|\mathfrak{p}$ von L sei $f_{\mathfrak{P}|\mathfrak{p}} = d(\mathfrak{P})/d(\mathfrak{p})$. Zeige:

$$\sum_{\mathfrak{P}|\mathfrak{p}} f_{\mathfrak{P}|\mathfrak{p}} = [\,L : K\,]\,.$$

Aufgabe 3. Für eine unendliche Erweiterung $L|K$ sei

$$\mathrm{spec}\,(L) = \varprojlim_\alpha \mathrm{spec}\,(L_\alpha)\,,$$

wobei $L_\alpha|K$ die endlichen Teilerweiterungen von $L|K$ durchläuft. Welches sind die Mikroprimstellen von $\bar{k}$?

Aufgabe 4. Zeige: Ist $L|K$ galoissch, so operiert die Galoisgruppe $G(L|K)$ transitiv auf spec (L). Die „Zerlegungsgruppe"

$$G_{\mathfrak{P}}(L|K) = \{\sigma \in G(L|K) \mid \mathfrak{P}^\sigma = \mathfrak{P}\}$$

ist zyklisch, und wenn $Z_{\mathfrak{P}} = L^{G_{\mathfrak{P}}(L|K)}$ der „Zerlegungskörper" von $\mathfrak{P} \in$ spec (L) ist, so ist $L|Z_{\mathfrak{P}}$ unverzweigt.

Aufgabe 5. Seien $L|K$ und $L'|K$ zwei endliche galoissche Erweiterungen. Man definiere die Menge $P(L|K)$ bzw. $P(L'|K)$ der voll-zerlegten Mikroprimstellen von K und zeige:

$$P(L|K) = P(L'|K) \iff L = L'.$$

§ 5. Die Reziprozitätsabbildung

Mit den Bezeichnungen des vorigen Paragraphen fortfahrend, betrachten wir wieder eine pro-endliche Gruppe G, einen stetigen G-Modul A und ein Homomorphismenpaar

$$d : G \to \widehat{\mathbb{Z}}, \quad v : A_k \to \widehat{\mathbb{Z}},$$

derart daß d stetig und surjektiv und v eine henselsche Bewertung bzgl. d ist. Wir verabreden, daß der Buchstabe K im folgenden, wenn er ohne Beiwerk oder anderslautenden Kommentar auftritt, stets einen Körper von *endlichem* Grad über k bezeichnen soll. An das obige Datum stellen wir jetzt die folgende axiomatische Forderung, die für alles Weitere gelten soll.

(5.1) Axiom. *Für jede unverzweigte endliche Erweiterung $L|K$ gelte*

$$H^i(G(L|K), U_L) = 1 \quad \textit{für} \quad i = 0, -1.$$

Für eine unendliche Erweiterung $L|K$ setzen wir

$$N_{L|K}A_L = \bigcap_M N_{M|K}A_M,$$

wobei $M|K$ die endlichen Teilerweiterungen von $L|K$ durchläuft.

Unser Ziel ist die Definition eines kanonischen Homomorphismus

$$r_{L|K} : G(L|K) \to A_K/N_{L|K}A_L$$

für jede endliche galoissche Erweiterung $L|K$. Wir gehen zu diesem Zweck von $L|K$ zur Erweiterung $\tilde{L}|K$ über und definieren zunächst eine Abbildung auf der Halbgruppe

$$\operatorname{Frob}(\tilde{L}|K) = \{\sigma \in G(\tilde{L}|K) \mid d_K(\sigma) \in \mathbb{N}\}.$$

(5.2) Definition. *Die* **Reziprozitätsabbildung**

$$r_{\tilde{L}|K} : \mathit{Frob}(\tilde{L}|K) \to A_K/N_{\tilde{L}|K}A_{\tilde{L}}$$

wird definiert durch

$$r_{\tilde{L}|K}(\sigma) = N_{\Sigma|K}(\pi_\Sigma) \bmod N_{\tilde{L}|K}A_{\tilde{L}},$$

wobei Σ der Fixkörper von σ ist und $\pi_\Sigma \in A_\Sigma$ ein Primelement.

Man beachte, daß nach (4.5) Σ von endlichem Grad über K ist und σ der Frobeniusautomorphismus φ_Σ über Σ wird. Die Definition von $r_{\tilde{L}|K}(\sigma)$ hängt nicht von der Wahl des Elementes π_Σ ab. Ein anderes unterscheidet sich nämlich von ihm nur um ein Element $u \in U_\Sigma$, und für dieses gilt $N_{\Sigma|K}(u) \in N_{\tilde{L}|K}A_{\tilde{L}}$, d.h. $N_{\Sigma|K}(u) \in N_{M|K}A_M$ für jede endliche galoissche Teilerweiterung $M|K$ von $\tilde{L}|K$. Um dies einzusehen, dürfen wir offenbar annehmen, daß $\Sigma \subseteq M$. Wenden wir (5.1) auf die unverzweigte Erweiterung $M|\Sigma$ an, so ist $u = N_{M|\Sigma}(\varepsilon)$, $\varepsilon \in U_M$, und somit

$$N_{\Sigma|K}(u) = N_{\Sigma|K}(N_{M|\Sigma}(\varepsilon)) = N_{M|K}(\varepsilon) \in N_{M|K}A_M\,.$$

Wir wollen als nächstes zeigen, daß die Reziprozitätsabbildung $r_{\tilde{L}|K}$ multiplikativ ist. Wir betrachten dazu für jedes $\sigma \in G(\tilde{L}|K)$ und jedes $n \in \mathbb{N}$ die Endomorphismen

$$\begin{array}{rcccccccl} \sigma - 1 & : & A_{\tilde{L}} & \to & A_{\tilde{L}}\,, & a & \mapsto & a^{\sigma-1} & = a^\sigma/a, \\ \sigma_n & : & A_{\tilde{L}} & \to & A_{\tilde{L}}\,, & a & \mapsto & a^{\sigma_n} & = \prod_{i=0}^{n-1} a^{\sigma^i}. \end{array}$$

In formaler Schreibweise ist $\sigma_n = \frac{\sigma^n - 1}{\sigma - 1}$, und es gilt

$$(\sigma - 1)\circ\sigma_n = \sigma_n\circ(\sigma - 1) = \sigma^n - 1\,.$$

Ferner ziehen wir den Homomorphismus

$$N = N_{\tilde{L}|\tilde{K}} : A_{\tilde{L}} \to A_{\tilde{K}}$$

heran und beweisen über ihn zwei Lemmata.

(5.3) Lemma. *Seien $\varphi, \sigma \in \mathit{Frob}(\tilde{L}|K)$ und $d_K(\varphi) = 1$, $d_K(\sigma) = n$. Ist Σ der Fixkörper von σ und $a \in A_\Sigma$, so gilt*

$$N_{\Sigma|K}(a) = (N\circ\varphi_n)(a) = (\varphi_n\circ N)(a)\,.$$

Beweis: Die maximale unverzweigte Teilerweiterung $\Sigma^0 = \Sigma \cap \tilde{K}|K$ ist vom Grade n, und ihre Galoisgruppe $G(\Sigma^0|K)$ wird erzeugt durch den Frobeniusautomorphismus $\varphi_{\Sigma^0|K} = \varphi_K|_{\Sigma^0} = \varphi|_{\tilde{K}}|_{\Sigma^0} = \varphi|_{\Sigma^0}$, so daß $N_{\Sigma^0|K} = \varphi_n|_{A_{\Sigma^0}}$. Andererseits ist $\Sigma\tilde{K} = \tilde{L}$ und $\Sigma \cap \tilde{K} = \Sigma^0$, und daher $N_{\Sigma|\Sigma^0} = N|_{A_\Sigma}$. Für $a \in A_\Sigma$ wird daher

$$N_{\Sigma|K}(a) = N_{\Sigma^0|K}(N_{\Sigma|\Sigma^0}(a)) = N(a)^{\varphi_n} = N(a^{\varphi_n}).$$

Die letzte Gleichung folgt aus $\varphi G(\tilde{L}|\tilde{K}) = G(\tilde{L}|\tilde{K})\varphi$. □

Der Homomorphismus $N = N_{\tilde{L}|\tilde{K}} : U_{\tilde{L}} \to U_{\tilde{K}}$ bildet die Untergruppe $I_{G(\tilde{L}|\tilde{K})}U_{\tilde{L}}$, die durch alle Elemente der Form $u^{\tau-1}$, $u \in U_{\tilde{L}}$, $\tau \in G(\tilde{L}|\tilde{K})$ erzeugt wird, auf 1 ab. Er induziert daher einen Homomorphismus

$$N : H_0(G(\tilde{L}|\tilde{K}), U_{\tilde{L}}) \to U_{\tilde{K}}$$

auf der Faktorgruppe $H_0(G(\tilde{L}|\tilde{K}), U_{\tilde{L}}) = U_{\tilde{L}}/I_{G(\tilde{L}|\tilde{K})}U_{\tilde{L}}$, über die das folgende Lemma gilt.

(5.4) Lemma. *Bleibt $x \in H_0(G(\tilde{L}|\tilde{K}), U_{\tilde{L}})$ unter einem Element $\varphi \in G(\tilde{L}|K)$ mit $d_K(\varphi) = 1$ fest, $x^\varphi = x$, so ist*

$$N(x) \in N_{\tilde{L}|K}U_{\tilde{L}}.$$

Beweis: Sei $x = u \bmod I_{G(\tilde{L}|\tilde{K})}U_{\tilde{L}}$, $x^{\varphi-1} = 1$, also

$$(*) \qquad u^{\varphi-1} = \prod_{i=1}^{r} u_i^{\tau_i-1}, \quad u_i \in U_{\tilde{L}}, \quad \tau_i \in G(\tilde{L}|\tilde{K}).$$

Sei $M|K$ eine endliche galoissche Teilerweiterung von $\tilde{L}|K$. Zum Beweis, daß $N(u) \in N_{M|K}U_M$ ist, dürfen wir annehmen, daß $u, u_i \in U_M$ und $L \subseteq M$. Sei $n = [M : K]$, $\sigma = \varphi^n$ und $\Sigma \supseteq M$ der Fixkörper von σ. Ferner sei $\Sigma_n|\Sigma$ die unverzweigte Erweiterung vom Grade n, also der Fixkörper von $\sigma^n = \varphi_\Sigma^n$. Nach (5.1) gibt es dann Elemente $\tilde{u}, \tilde{u}_i \in U_{\Sigma_n}$ mit

$$u = N_{\Sigma_n|\Sigma}(\tilde{u}) = \tilde{u}^{\sigma_n}, \quad u_i = N_{\Sigma_n|\Sigma}(\tilde{u}_i) = \tilde{u}_i^{\sigma_n}.$$

Wegen $(*)$ unterscheiden sich $\tilde{u}^{\varphi-1}$ und $\prod_i \tilde{u}_i^{\tau_i-1}$ nur um ein Element $\tilde{x} \in U_{\Sigma_n}$ mit $N_{\Sigma_n|\Sigma}(\tilde{x}) = 1$, also – wiederum nach (5.1) – um ein Element der Form $\tilde{y}^{\sigma-1}$, $\tilde{y} \in U_{\Sigma_n}$. Wir können daher schreiben

$$\tilde{u}^{\varphi-1} = \tilde{y}^{\varphi^n-1}\prod_i \tilde{u}_i^{\tau_i-1} = (\tilde{y}^{\varphi_n})^{\varphi-1}\prod_i \tilde{u}_i^{\tau_i-1}.$$

Wenden wir N an, so erhalten wir $N(\tilde{u})^{\varphi-1} = N(\tilde{y}^{\varphi_n})^{\varphi-1}$, also

$$N(\tilde{u}) = N(\tilde{y}^{\varphi_n}) \cdot z$$

mit einem $z \in U_{\tilde{K}}$, so daß $z^{\varphi-1} = 1$, also $z^\varphi = z$, d.h. $z \in U_K$. Wenden wir schließlich σ_n an und setzen $y = \tilde{y}^{\sigma_n} = N_{\Sigma_n|\Sigma}(\tilde{y}) \in U_\Sigma$, so ergibt sich unter Beachtung von $n = [\,M : K\,]$ und (5.3)

$$\begin{aligned} N(u) = N(\tilde{u})^{\sigma_n} &= N(\tilde{y}^{\varphi_n})^{\sigma_n} z^{\sigma_n} = N(y^{\varphi_n}) z^n \\ &= N_{\Sigma|K}(y) N_{M|K}(z) \in N_{M|K} U_M \,. \end{aligned}$$

□

(5.5) Satz. *Die Reziprozitätsabbildung*

$$r_{\tilde{L}|K} : Frob(\tilde{L}|K) \to A_K / N_{\tilde{L}|K} A_{\tilde{L}}$$

ist multiplikativ.

Beweis: Sei $\sigma_1\sigma_2 = \sigma_3$ eine Gleichung in Frob$(\tilde{L}|K)$, $n_i = d_K(\sigma_i)$, Σ_i der Fixkörper von σ_i und $\pi_i \in A_{\Sigma_i}$ ein Primelement, $i = 1, 2, 3$. Wir haben zu zeigen, daß

$$N_{\Sigma_1|K}(\pi_1) N_{\Sigma_2|K}(\pi_2) \equiv N_{\Sigma_3|K}(\pi_3) \bmod N_{\tilde{L}|K} A_{\tilde{L}} \,.$$

Wir wählen dazu ein festes $\varphi \in G(\tilde{L}|K)$ mit $d_K(\varphi) = 1$ und setzen

$$\tau_i = \sigma_i^{-1} \varphi^{n_i} \in G(\tilde{L}|\tilde{K}) \,.$$

Aus $\sigma_1\sigma_2 = \sigma_3$ und $n_1 + n_2 = n_3$ folgt dann

$$\tau_3 = \sigma_2^{-1} \sigma_1^{-1} \varphi^{n_2+n_1} = \sigma_2^{-1} \varphi^{n_2} (\varphi^{-n_2} \sigma_1 \varphi^{n_2})^{-1} \varphi^{n_1} \,.$$

Setzen wir $\sigma_4 = \varphi^{-n_2} \sigma_1 \varphi^{n_2}$, $n_4 = d_K(\sigma_4) = n_1$, $\Sigma_4 = \Sigma_1^{\varphi^{n_2}}$, $\pi_4 = \pi_1^{\varphi^{n_2}} \in A_{\Sigma_4}$ und $\tau_4 = \sigma_4^{-1} \varphi^{n_4}$, so wird $\tau_3 = \tau_2\tau_4$ und

$$N_{\Sigma_4|K}(\pi_4) = N_{\Sigma_1|K}(\pi_1) \,.$$

Wir können daher zur Kongruenz

$$N_{\Sigma_3|K}(\pi_3) \equiv N_{\Sigma_2|K}(\pi_2) N_{\Sigma_4|K}(\pi_4) \bmod N_{\tilde{L}|K} A_{\tilde{L}}$$

übergehen, für deren Nachweis wir die Gleichung $\tau_3 = \tau_2\tau_4$ ausnützen. Nach (5.3) ist $N_{\Sigma_i|K}(\pi_i) = N(\pi_i^{\varphi_{n_i}})$. Setzen wir also

$$u = \pi_3^{\varphi_{n_3}} \pi_4^{-\varphi_{n_4}} \pi_2^{-\varphi_{n_2}} \,,$$

so läuft die Kongruenz einfach auf $N(u) \in N_{\tilde{L}|K} A_{\tilde{L}}$ hinaus. Für diesen Nachweis aber leistet das Lemma (5.4) das Nötige.

Wegen $\varphi_{n_i} \circ (\varphi - 1) = \varphi^{n_i} - 1$ und $\pi_i^{\varphi^{n_i}-1} = \pi_i^{\sigma_i^{-1}\varphi^{n_i}-1} = \pi_i^{\tau_i - 1}$ ist

$$u^{\varphi-1} = \pi_3^{\tau_3-1}\pi_4^{1-\tau_4}\pi_2^{1-\tau_2}\,.$$

Aus der Gleichung $\tau_3 = \tau_2\tau_4$ ergibt sich $(\tau_3 - 1) + (1 - \tau_2) + (1 - \tau_4) = (1 - \tau_2)(1 - \tau_4)$. Setzen wir jetzt

$$\pi_3 = u_3\pi_4\,, \quad \pi_2 = u_2^{-1}\pi_4\,, \quad \pi_4^{\tau_2} = u_4\pi_4\,, \quad u_i \in U_{\tilde{L}}\,,$$

so erhalten wir demzufolge

$$u^{\varphi-1} = \prod_{i=2}^{4} u_i^{\tau_i - 1}\,.$$

Für das Element $x = u \bmod I_{G(\tilde{L}|\tilde{K})}U_{\tilde{L}} \in H_0(G(\tilde{L}|\tilde{K}), U_{\tilde{L}})$ bedeutet dies $x^{\varphi-1} = 1$, also $x^{\varphi} = x$, so daß nach (5.4) $N(u) = N(x) \in N_{\tilde{L}|K}A_{\tilde{L}}$ gilt.□

Unter Berücksichtigung der Surjektivität der Abbildung

$$\mathrm{Frob}\,(\tilde{L}|K) \to G(L|K)$$

und $N_{\tilde{L}|K}A_{\tilde{L}} \subseteq N_{L|K}A_L$ ergibt sich jetzt der

(5.6) Satz. *Für jede endliche galoissche Erweiterung $L|K$ erhält man einen kanonischen Homomorphismus*

$$r_{L|K} : G(L|K) \to A_K/N_{L|K}A_L$$

durch

$$r_{L|K}(\sigma) = N_{\Sigma|K}(\pi_\Sigma) \bmod N_{L|K}A_L\,,$$

wobei Σ der Fixkörper eines Urbildes $\tilde{\sigma} \in \mathrm{Frob}\,(\tilde{L}|K)$ von $\sigma \in G(L|K)$ ist und $\pi_\Sigma \in A_\Sigma$ ein Primelement. Er heißt der **Reziprozitätshomomorphismus** *von $L|K$.*

Beweis: Wir zeigen zuerst, daß die Definition von $r_{L|K}(\sigma)$ unabhängig ist von der Wahl des Urbildes $\tilde{\sigma} \in \mathrm{Frob}\,(\tilde{L}|K)$ von σ. Sei dazu $\tilde{\sigma}' \in \mathrm{Frob}\,(\tilde{L}|K)$ ein weiteres Urbild, Σ' sein Fixkörper und $\pi_{\Sigma'} \in A_{\Sigma'}$ ein Primelement. Wenn $d_K(\tilde{\sigma}) = d_K(\tilde{\sigma}')$, so ist $\tilde{\sigma}|_{\tilde{K}} = \tilde{\sigma}'|_{\tilde{K}}$ und $\tilde{\sigma}|_L = \tilde{\sigma}'|_L$, also $\tilde{\sigma} = \tilde{\sigma}'$, und es ist nichts zu zeigen. Ist aber etwa $d_K(\tilde{\sigma}) < d_K(\tilde{\sigma}')$, so ist $\tilde{\sigma}' = \tilde{\sigma}\tilde{\tau}$ mit $\tilde{\tau} \in \mathrm{Frob}\,(\tilde{L}|K)$, und $\tilde{\tau}|_L = 1$. Der Fixkörper Σ'' von $\tilde{\tau}$ umfaßt L, so daß $r_{\tilde{L}|K}(\tilde{\tau}) \equiv N_{\Sigma''|K}(\pi_{\Sigma''}) \equiv 1 \bmod N_{L|K}A_L$. Es folgt somit $r_{L|K}(\tilde{\sigma}') = r_{L|K}(\tilde{\sigma})r_{L|K}(\tilde{\tau}) = r_{L|K}(\tilde{\sigma})$.

Die Homomorphie-Eigenschaft ist hiernach eine direkte Konsequenz aus (5.5): Sind $\tilde{\sigma}_1, \tilde{\sigma}_2 \in \operatorname{Frob}(\tilde{L}|K)$ Urbilder von $\sigma_1, \sigma_2 \in G(L|K)$, so ist $\tilde{\sigma}_3 = \tilde{\sigma}_1\tilde{\sigma}_2$ ein Urbild von $\sigma_3 = \sigma_1\sigma_2$. □

In der Definition der Reziprozitätsabbildung drückt sich das grundlegende Prinzip der Klassenkörpertheorie aus, daß Frobeniusautomorphismen auf Primelemente bezogen werden: Das Element $\sigma = \varphi_\Sigma \in G(\tilde{L}|\Sigma)$ wird auf $\pi_\Sigma \in A_\Sigma$ abgebildet; aus funktoriellen Gründen entspricht die Inklusion $G(\tilde{L}|\Sigma) \hookrightarrow G(\tilde{L}|K)$ der Normabbildung $N_{\Sigma|K} : A_\Sigma \to A_K$, so daß die Definition von $r_{L|K}(\sigma)$ allein aus diesen Gründen erzwungen wird. In seiner reinsten Form zeigt sich dieses Prinzip in dem

(5.7) Satz. *Ist $L|K$ eine unverzweigte Erweiterung, so ist die Reziprozitätsabbildung*

$$r_{L|K} : G(L|K) \to A_K/N_{L|K}A_L$$

durch

$$r_{L|K}(\varphi_{L|K}) = \pi_K \operatorname{mod} N_{L|K}A_L$$

gegeben und ist ein Isomorphismus.

Beweis: In diesem Fall ist $\tilde{L} = \tilde{K}$ und $\varphi_K \in G(\tilde{K}|K)$ ein Urbild von $\varphi_{L|K}$ mit dem Fixkörper K, d.h. $r_{L|K}(\varphi_{L|K}) = \pi_K \operatorname{mod} N_{L|K}A_L$. Die Isomorphie erkennt man am Kompositum

$$G(L|K) \to A_K/N_{L|K}A_L \to Z/nZ \cong \mathbb{Z}/n\mathbb{Z}\,,$$

$n = [\,L : K\,]$, wobei die zweite Abbildung wegen $v_K(N_{L|K}A_L) \subseteq nZ$ durch die Bewertung $v_K : A_K \to Z$ induziert wird. Sie ist ein Isomorphismus, denn wenn $v_K(a) \equiv 0 \operatorname{mod} nZ$, so ist $a = u\pi_K^{dn}$, und da $u = N_{L|K}(\varepsilon)$, $\varepsilon \in U_L$, nach (5.1), so ist $a = N_{L|K}(\varepsilon\pi_K^d) \equiv 1 \operatorname{mod} N_{L|K}A_L$. Bei den Homomorphismen entsprechen sich die Erzeugenden $\varphi_{L|K}$, $\pi_K \operatorname{mod} N_{L|K}A_L$ und $1 \operatorname{mod} nZ$, und alles ist bewiesen. □

Der Reziprozitätshomomorphismus $r_{L|K}$ weist das folgende funktorielle Verhalten auf.

(5.8) Satz. *Seien $L|K$ und $L'|K'$ endliche galoissche Erweiterungen, so daß $K \subseteq K'$ und $L \subseteq L'$, und sei $\sigma \in G$. Dann haben wir die kommutativen Diagramme*

$$\begin{array}{ccc} G(L'|K') & \xrightarrow{r_{L'|K'}} & A_{K'}/N_{L'|K'}A_{L'} \\ \downarrow & & \downarrow N_{K'|K} \\ G(L|K) & \xrightarrow{r_{L|K}} & A_K/N_{L|K}A_L \end{array} \qquad \begin{array}{ccc} G(L|K) & \xrightarrow{r_{L|K}} & A_K/N_{L|K}A_L \\ \sigma^* \downarrow & & \downarrow \sigma \\ G(L^\sigma|K^\sigma) & \xrightarrow{r_{L^\sigma|K^\sigma}} & A_{K^\sigma}/N_{L^\sigma|K^\sigma}A_{L^\sigma} \end{array}$$

wobei die linken senkrechten Pfeile durch $\sigma' \mapsto \sigma'|_L$ bzw. durch die Konjugation $\tau \mapsto \sigma^{-1}\tau\sigma$ gegeben sind.

Beweis: Sei $\sigma' \in G(L'|K')$ und $\sigma = \sigma'|_L \in G(L|K)$. Ist $\tilde\sigma' \in \operatorname{Frob}(\tilde L'|K')$ ein Urbild von σ', so ist $\tilde\sigma = \tilde\sigma'|_{\tilde L} \in \operatorname{Frob}(\tilde L|K)$ ein Urbild von σ mit $d_K(\tilde\sigma) = f_{K'|K} d_{K'}(\tilde\sigma') \in \mathbb{N}$. Sei Σ' der Fixkörper von $\tilde\sigma'$. Dann ist $\Sigma = \Sigma' \cap \tilde L = \Sigma' \cap \tilde\Sigma$ der Fixkörper von $\tilde\sigma$ und $f_{\Sigma'|\Sigma} = 1$. Wenn jetzt $\pi_{\Sigma'} \in A_{\Sigma'}$ ein Primelement von Σ' ist, so ist $\pi_\Sigma = N_{\Sigma'|\Sigma}(\pi_\Sigma) \in A_\Sigma$ ein Primelement von Σ. Die Kommutativität des linken Diagramms folgt hiernach aus der Normengleichheit

$$N_{\Sigma|K}(\pi_\Sigma) = N_{\Sigma|K}(N_{\Sigma'|\Sigma}(\pi_{\Sigma'})) = N_{\Sigma'|K}(\pi_{\Sigma'}) = N_{K'|K}(N_{\Sigma'|K'}(\pi_{\Sigma'}))\,.$$

Sei andererseits $\tau \in G(L|K)$, $\tilde\tau$ ein Urbild in $\operatorname{Frob}(\tilde L|K)$ mit dem Fixkörper Σ und $\hat\tau \in G$ eine Liftung von $\tilde\tau$ nach $\bar k$. Dann ist Σ^σ der Fixkörper von $\sigma^{-1}\hat\tau\sigma|_{\tilde L^\sigma}$, und wenn $\pi \in A_\Sigma$ ein Primelement von Σ ist, so ist $\pi^\sigma \in A_{\Sigma^\sigma}$ ein Primelement von Σ^σ. Die Kommutativität des rechten Diagramms folgt hiernach aus der Normengleichheit

$$N_{\Sigma^\sigma|K^\sigma}(\pi^\sigma) = N_{\Sigma|K}(\pi)^\sigma\,. \qquad \square$$

Eine weitere sehr interessante funktorielle Eigenschaft der Reziprozitätsabbildung erhält man durch die *Verlagerung*. Für eine beliebige Gruppe G bezeichne G' die Kommutatorgruppe und

$$G^{ab} = G/G'$$

die maximale abelsche Faktorgruppe. Ist dann $H \subseteq G$ eine Untergruppe von endlichem Index, so haben wir einen kanonischen Homomorphismus

$$\operatorname{Ver} : G^{ab} \to H^{ab}\,,$$

der die **Verlagerung von G nach H** genannt wird. Dieser Homomorphismus ist wie folgt definiert (vgl. [75], Kap. IV, § 1).

Sei R ein Repräsentantensystem für die Linksnebenklassen von H in G, $G = RH$, $1 \in R$. Ist $\sigma \in G$, so schreiben wir für jedes $\rho \in R$

$$\sigma\rho = \rho'\sigma_\rho\,, \quad \sigma_\rho \in H\,, \quad \rho' \in R\,,$$

und definieren

$$\mathrm{Ver}(\sigma \bmod G') = \prod_{\rho\in R} \sigma_\rho \bmod H' .$$

Eine andere Beschreibung der Verlagerung ergibt sich aus den Doppelklassenzerlegungen

$$G = \dot{\bigcup_\tau} (\sigma)\tau H$$

von G nach den Untergruppen (σ) und H. Bedeutet $f(\tau)$ die kleinste natürliche Zahl, derart daß $\sigma_\tau = \tau^{-1}\sigma^{f(\tau)}\tau \in H$, so ist $H \cap (\tau^{-1}\sigma\tau) = (\sigma_\tau)$, und es gilt

$$\mathrm{Ver}(\sigma \bmod G') = \prod_\tau \sigma_\tau \bmod H' .$$

Man erhält diese Formel aus der obigen, indem man für R die Menge $\{\sigma^i\tau \mid i = 1, \ldots, f(\tau)\}$ wählt. Als Anwendung auf den Reziprozitätshomomorphismus

$$r_{L|K} : G(L|K)^{ab} \to A_K/N_{L|K}A_L$$

erhalten wir den

(5.9) Satz. *Sei $L|K$ eine endliche galoissche Erweiterung und K' ein Zwischenkörper. Dann haben wir das kommutative Diagramm*

$$\begin{array}{ccc} G(L|K')^{ab} & \xrightarrow{r_{L|K'}} & A_{K'}/N_{L|K'}A_L \\ {\scriptstyle\mathrm{Ver}}\uparrow & & \uparrow \\ G(L|K)^{ab} & \xrightarrow{r_{L|K}} & A_K/N_{L|K}A_L \, , \end{array}$$

wobei der rechte Pfeil durch die Inklusion induziert wird.

Beweis: Sei vorübergehend $G = G(\tilde{L}|K)$ und $H = G(\tilde{L}|K')$. Sei $\sigma \in G(L|K)$, $\tilde{\sigma}$ ein Urbild in $\mathrm{Frob}(\tilde{L}|K)$ mit dem Fixkörper Σ und $S = G(\tilde{L}|\Sigma) = \overline{(\tilde{\sigma})}$. Wir betrachten die Doppelklassenzerlegung $G = \dot{\bigcup_\tau} S\tau H$ und setzen $S_\tau = \tau^{-1}S\tau \cap H$ und $\tilde{\sigma}_\tau = \tau^{-1}\tilde{\sigma}^{f(\tau)}\tau$ wie oben. Sei

$$\overline{G} = G(L|K)\,, \quad \overline{H} = G(L|K')\,, \quad \overline{S} = (\sigma)\,, \quad \bar{\tau} = \tau|_L \quad \text{und} \quad \sigma_\tau = \tilde{\sigma}_\tau|_L\,.$$

Dann ist offensichtlich

$$\overline{G} = \bigcup_\tau \overline{S}\bar{\tau}\overline{H}\,,$$

und daher

$$\mathrm{Ver}(\sigma \bmod G(L|K)') = \prod_\tau \sigma_\tau \bmod G(L|K')' .$$

Für jedes τ durchlaufe ω_τ ein Rechtsrepräsentantensystem von H/S_τ. Dann gilt

$$H = \dot{\bigcup_{\omega_\tau}} S_\tau\omega_\tau \quad \text{und} \quad G = \dot{\bigcup_{\tau,\omega_\tau}} S\tau\omega_\tau .$$

Sei Σ_τ der Fixkörper von $\tilde{\sigma}_\tau$, d.h. der Fixkörper von S_τ. Σ^τ ist der Fixkörper von $\tau^{-1}\tilde{\sigma}\tau$, so daß $\Sigma_\tau|\Sigma^\tau$ die unverzweigte Teilerweiterung vom Grade $f(\tau)$ in $\tilde{L}|\Sigma^\tau$ ist. Ist nun $\pi \in A_\Sigma$ ein Primelement von Σ, so ist $\pi^\tau \in A_{\Sigma^\tau}$ ein Primelement von Σ^τ, also auch von Σ_τ. Wegen der obigen Doppelklassenzerlegung erhalten wir

$$N_{\Sigma|K}(\pi) = \prod_{\tau,\omega_\tau} \pi^{\tau\omega_\tau} = \prod_\tau(\prod_{\omega_\tau}(\pi^\tau)^{\omega_\tau}) = \prod_\tau N_{\Sigma_\tau|K'}(\pi^\tau) ,$$

und da $\tilde{\sigma}_\tau \in \mathrm{Frob}\,(\tilde{L}|K')$ ein Urbild von $\sigma_\tau \in G(L|K')$ ist, so ergibt sich

$$r_{L|K}(\sigma) \equiv \prod_\tau r_{L|K'}(\sigma_\tau) \equiv r_{L|K'}(\prod_\tau \sigma_\tau) \equiv r_{L|K'}(\mathrm{Ver}(\sigma \bmod G(L|K)')) .$$

□

Aufgabe 1. Sei $L|K$ abelsch und rein verzweigt und π ein Primelement von A_L. Ist dann $\sigma \in G(L|K)$ und

$$y^{\varphi-1} = \pi^{\sigma-1}$$

mit $y \in U_{\tilde{L}}$, so ist $r_{L|K}(\sigma) = N(y) \bmod N_{L|K}A_L$, wobei $N = N_{\tilde{L}|\tilde{K}}$ (B. Dwork, vgl. [122], chap. XIII, § 5).

Aufgabe 2. Man verallgemeinere die bisher entwickelte Theorie wie folgt. Sei P eine Menge von Primzahlen und G eine pro-P-Gruppe, d.h. eine proendliche Gruppe, deren Faktorgruppen G/N nach den offenen Normalteilern N eine nur durch die Primzahlen aus P teilbare Ordnung haben.

Sei $d : G \to \mathbb{Z}_P$ ein surjektiver Homomorphismus auf die Gruppe $\mathbb{Z}_P = \prod_{p\in P} \mathbb{Z}_p$ und A ein G-Modul. Unter einer **henselschen P-Bewertung** bzgl. d sei ein Homomorphismus

$$v : A_k \to \mathbb{Z}_P$$

verstanden mit den Eigenschaften

(i) $v(A_K) = Z \supseteq \mathbb{Z}$ und $Z/nZ \cong \mathbb{Z}/n\mathbb{Z}$ für alle natürlichen Zahlen n, in denen nur die Primzahlen aus P aufgehen,

(ii) $v(N_{K|k}A_K) = f_K Z$ für alle endlichen Erweiterungen $K|k$, wobei $f_K = (d(G) : d(G_K))$.

Unter der Voraussetzung $H^i(G(L|K), U_L) = 1$, $i = 0, -1$, für alle unverzweigten Erweiterungen $L|K$ zeige man die Existenz eines kanonischen Reziprozitätshomomorphismus $r_{L|K} : G(L|K)^{ab} \to A_K/N_{L|K}A_L$ für jede endliche galoissche Erweiterung $L|K$.

Aufgabe 3. Sei $d : G \to \widehat{\mathbb{Z}}$ ein surjektiver Homomorphismus, A ein G-Modul, für den das Axiom (5.1) gilt, und sei $v : A_k \to \widehat{\mathbb{Z}}$ eine henselsche Bewertung bzgl. d.

Sei $K|k$ eine endliche Erweiterung und spec(K) die Menge der **Mikroprimstellen** von K (vgl. § 4, Aufgabe 1 - 5). Definiere eine kanonische Abbildung

$$r_K : \mathrm{spec}(K) \to A_K/N_{\tilde{k}|K}A_{\tilde{k}}\,,$$

und zeige, daß für eine endliche Erweiterung das Diagramm

$$\begin{array}{ccc} \mathrm{spec}(L) & \xrightarrow{r_L} & A_L/N_{\tilde{k}|L}A_{\tilde{k}} \\ {\scriptstyle \pi}\downarrow & & \downarrow{\scriptstyle N_{L|K}} \\ \mathrm{spec}(K) & \xrightarrow{r_K} & A_K/N_{\tilde{k}|K}A_{\tilde{k}} \end{array}$$

kommutativ ist. Zeige weiter, daß r_K für jede endliche galoissche Erweiterung $L|K$ den Reziprozitätsisomorphismus

$$r_{L|K} : G(L|K) \to A_K/N_{L|K}A_L$$

induziert.

Hinweis: Sei $\varphi \in G_K$ ein Element mit $d_K(\varphi) \in \mathbb{N}$. Sei Σ der Fixkörper von φ und

$$\widehat{A}_\Sigma = \varprojlim_{\alpha} A_{K_\alpha}\,,$$

wobei $K_\alpha|K$ die endlichen Teilerweiterungen von $\Sigma|K$ durchläuft und der projektive Limes über die Normabbildungen $N_{K_\beta|K_\alpha} : A_{K_\beta} \to A_{K_\alpha}$ genommen ist. Dann hat man einen surjektiven Homomorphismus $v_\Sigma : \widehat{A}_\Sigma \to Z$ und einen Homomorphismus $N_{\Sigma|K} : \widehat{A}_\Sigma \to A_K$.

§ 6. Das allgemeine Reziprozitätsgesetz

An den stetigen G-Modul A stellen wir nunmehr die folgende Bedingung.

(6.1) Klassenkörperaxiom. *Für jede zyklische Erweiterung $L|K$ gilt*

$$\#H^i(G(L|K), A_L) = \begin{cases} [L:K] & \text{für } i = 0\,, \\ 1 & \text{für } i = -1\,. \end{cases}$$

Unter den zyklischen Erweiterungen befinden sich insbesondere die unverzweigten. Für diese bedeutet die obige Bedingung gerade, daß das Axiom (5.1) erfüllt ist, d.h. es gilt

(6.2) Satz. *Für eine endliche unverzweigte Erweiterung $L|K$ ist*

$$H^i(G(L|K), U_L) = 1 \quad \textit{für} \quad i = 0, -1\,.$$

Beweis: Da $L|K$ unverzweigt ist, so ist ein Primelement π_K von A_K gleichzeitig auch ein Primelement von A_L. Wegen $H^{-1}(G(L|K), A_L) = 1$ ist jedes Element $u \in U_L$ mit $N_{L|K}(u) = 1$ von der Form $u = a^{\sigma-1}$, $a \in A_L$, $\sigma = \varphi_{L|K}$, und wenn wir $a = \varepsilon\pi_K^m$, $\varepsilon \in U_L$, schreiben, so wird sogar $u = \varepsilon^{\sigma-1}$. Dies zeigt $H^{-1}(G(L|K), U_L) = 1$.

Andererseits induziert der Homomorphismus $v_K : A_K \to Z$ einen Homomorphismus

$$v_K : A_K/N_{L|K}A_L \to Z/nZ = \mathbb{Z}/n\mathbb{Z}\,,$$

wobei $n = [L : K] = f_{L|K}$, denn es ist $v_K(N_{L|K}A_L) = f_{L|K}Z = nZ$. Dieser ist surjektiv wegen $v_K(\pi_K \bmod N_{L|K}A_L) = 1 \bmod nZ$ und bijektiv wegen $\#A_K/N_{L|K}A_L = n$. Ist nun $u \in U_K$, so haben wir $u = N_{L|K}(a)$, $a \in A_L$, weil $v_K(u) = 0$ ist, und da $0 = v_K(u) = v_K(N_{L|K}(a)) = nv_L(a)$, so ist sogar $a \in U_L$. Dies zeigt $H^0(G(L|K), U_L) = 1$. □

Unter einer **Klassenkörpertheorie** verstehen wir ein Homomorphismenpaar

$$(d : G \to \widehat{\mathbb{Z}},\ v : A \to \widehat{\mathbb{Z}})\,,$$

wobei A ein dem Axiom (6.1) genügender G-Modul ist, d ein surjektiver stetiger Homomorphismus und v eine henselsche Bewertung. Aufgrund des Satzes (6.2) erhalten wir nach § 5 für jede endliche galoissche Erweiterung $L|K$ den Reziprozitätshomomorphismus

$$r_{L|K} : G(L|K)^{ab} \to A_K/N_{L|K}A_L\,.$$

Durch das Klassenkörperaxiom ergibt sich aber nun darüber hinaus das folgende Theorem, das den Hauptsatz der Klassenkörpertheorie darstellt und das **allgemeine Reziprozitätsgesetz** genannt werden soll.

(6.3) Theorem. *Für jede endliche galoissche Erweiterung $L|K$ ist*

$$r_{L|K} : G(L|K)^{ab} \to A_K/N_{L|K}A_L$$

ein Isomorphismus.

Beweis: Ist $M|K$ eine galoissche Teilerweiterung von $L|K$, so haben wir nach (5.8) das kommutative exakte Diagramm

$$\begin{array}{ccccccc} 1 \longrightarrow & G(L|M) & \longrightarrow & G(L|K) & \longrightarrow & G(M|K) & \longrightarrow 1 \\ & \Big\downarrow r_{L|M} & & \Big\downarrow r_{L|K} & & \Big\downarrow r_{M|K} & \\ & A_M/N_{L|M}A_L & \xrightarrow{N_{M|K}} & A_K/N_{L|K}A_L & \longrightarrow & A_K/N_{M|K}A_M & \longrightarrow 1\,. \end{array}$$

Wir benutzen dieses Diagramm für drei Reduktionsschritte.

1. Schritt. Wir dürfen annehmen, daß $G(L|K)$ abelsch ist. Ist nämlich das Theorem in diesem Fall bewiesen und ist $M = L^{ab}$ die maximale abelsche Teilerweiterung von $L|K$, so ist $G(L|K)^{ab} = G(M|K)$, und die Kommutatorgruppe $G(L|M)$ von $G(L|K)$ ist gerade der Kern von $r_{L|K}$, d.h. $G(L|K)^{ab} \to A_K/N_{L|K}A_L$ ist injektiv. Die Surjektivität folgt mit Induktion über den Körpergrad. In der Tat, im Fall, daß $G(L|K)$ auflösbar ist, ist entweder $M = L$ oder $[\,L : M\,] < [\,L : K\,]$, und wenn $r_{M|K}$ und $r_{L|M}$ surjektiv sind, so auch $r_{L|K}$. Im allgemeinen Fall sei M der Fixkörper einer p-Sylowgruppe. $M|K$ ist i.a. nicht galoissch, jedoch können wir dennoch das linke Teildiagramm benützen, in dem $r_{L|M}$ surjektiv ist. Es genügt dann zu zeigen, daß das Bild von $N_{M|K}$ die p-Sylowgruppe S_p von $A_K/N_{L|K}A_L$ ist; die Gültigkeit dieses Faktums für alle p bedeutet die Surjektivität von $r_{L|K}$. Nun induziert die Inklusion $A_K \subseteq A_M$ einen Homomorphismus

$$i : A_K/N_{L|K}A_L \to A_M/N_{L|M}A_L\,,$$

mit $N_{M|K} \circ i = [\,M : K\,]$. Wegen $([\,M : K\,], p) = 1$ ist $S_p \xrightarrow{[M:K]} S_p$ surjektiv, so daß S_p im Bild von $N_{M|K}$ und damit von $r_{L|K}$ liegt.

2. Schritt. Wir dürfen annehmen, daß $L|K$ zyklisch ist. Durchläuft nämlich $M|K$ alle zyklischen Teilerweiterungen von $L|K$, so zeigt das Diagramm, daß der Kern von $r_{L|K}$ im Kern der Abbildung $G(L|K) \to \prod_M G(M|K)$ liegt. Da $G(L|K)$ abelsch ist, ist diese injektiv und damit auch $r_{L|K}$. Wählen wir eine echte zyklische Teilerweiterung $M|K$ von $L|K$, so ergibt sich die Surjektivität mit vollständiger Induktion über die Körpergrade wie im 1. Schritt bei den auflösbaren Erweiterungen.

3. Schritt. Sei $L|K$ zyklisch. Wir dürfen annehmen, daß $f_{L|K} = 1$ ist. Für diese Reduktion sei $M = L \cap \tilde{K}$ die maximale unverzweigte Teilerweiterung von $L|K$. Für sie ist $f_{L|M} = 1$ und $r_{M|K}$ ein Isomorphismus nach (5.7). In der unteren Sequenz unseres Diagramms ist die Abbildung

$N_{M|K}$ injektiv, weil die Gruppen in dieser Sequenz nach dem Axiom (6.1) die Ordnungen $[L:M]$, $[L:K]$, $[M:K]$ haben. Hiernach ist $r_{L|K}$ ein Isomorphismus, wenn $r_{L|M}$ einer ist.

Sei jetzt $L|K$ zyklisch und rein verzweigt, d.h. $f_{L|K} = 1$. Sei σ ein Erzeugendes von $G(L|K)$. Wir sehen σ über den Isomorphismus $G(L|K) \cong G(\tilde{L}|\tilde{K})$ als ein Element von $G(\tilde{L}|\tilde{K})$ an und erhalten in $\tilde{\sigma} = \sigma\varphi_L \in \mathrm{Frob}(\tilde{L}|K)$ ein Urbild von $\sigma \in G(L|K)$ mit $d_K(\tilde{\sigma}) = d_K(\varphi_L) = f_{L|K} = 1$. Für den Fixkörper $\Sigma|K$ von $\tilde{\sigma}$ ist daher $f_{\Sigma|K} = 1$, also $\Sigma \cap \tilde{K} = K$. Sei $M|K$ eine endliche galoissche Teilerweiterung von $\tilde{L}|K$, die Σ und L enthält, $M^0 = M \cap \tilde{K}$ die maximale unverzweigte Teilerweiterung von $M|K$ und $N = N_{M|M^0}$. Wegen $f_{\Sigma|K} = f_{L|K} = 1$ ist $N|_{A_\Sigma} = N_{\Sigma|K}$, $N|_{A_L} = N_{L|K}$ (vgl. den Beweis von (5.3)). Für die Injektivität von $r_{L|K}$ haben wir folgendes zu zeigen:

Ist $r_{L|K}(\sigma^k) = 1$, $0 \le k < n = [L:K]$, so ist $k = 0$. Seien hierzu $\pi_\Sigma \in A_\Sigma$, $\pi_L \in A_L$ Primelemente. Wegen $\Sigma, L \subseteq M$ sind π_Σ, π_L gleichzeitig Primelemente von M. Setzen wir $\pi_\Sigma^k = u\pi_L^k$, $u \in U_M$, so wird

$$r_{L|K}(\sigma^k) \equiv N(\pi_\Sigma^k) \equiv N(u) \cdot N(\pi_L^k) \equiv N(u) \bmod N_{L|K}A_L\,.$$

Aus $r_{L|K}(\sigma^k) = 1$ folgt also $N(u) = N(v)$ mit einem $v \in U_L$, d.h. $N(u^{-1}v) = 1$. Wegen Axiom (6.1) können wir $u^{-1}v = a^{\sigma-1}$, $a \in A_M$, schreiben und erhalten in A_M die Gleichung

$$(\pi_L^k v)^{\sigma-1} = (\pi_L^k v)^{\tilde{\sigma}-1} = (\pi_\Sigma^k u^{-1} v)^{\tilde{\sigma}-1} = (a^{\sigma-1})^{\tilde{\sigma}-1} = (a^{\tilde{\sigma}-1})^{\sigma-1}\,,$$

und somit $x = \pi_L^k v a^{1-\tilde{\sigma}} \in A_{M^0}$. Aus $v_{M^0}(x) \in \widehat{\mathbb{Z}}$ und $n v_{M^0}(x) = v_M(x) = k$ folgt, daß $k = 0$ sein muß, und damit die Injektivität von $r_{L|K}$. Die Surjektivität folgt hiernach aus (6.1). □

Die zu $r_{L|K} : G(L|K)^{ab} \to A_K/N_{L|K}A_L$ inverse Abbildung liefert für jede endliche galoissche Erweiterung $L|K$ einen surjektiven Homomorphismus

$$(\quad, L|K) : A_K \to G(L|K)^{ab}$$

mit dem Kern $N_{L|K}A_L$. Diese Abbildung heißt das **Normrestsymbol** von $L|K$. Wegen (5.8) und (5.9) haben wir den

(6.4) Satz. *Seien $L|K$ und $L'|K'$ endliche galoissche Erweiterungen, so daß $K \subseteq K'$ und $L \subseteq L'$, und sei $\sigma \in G$. Dann haben wir die kommutativen Diagramme*

$$\begin{array}{ccccccc}
A_{K'} & \xrightarrow{(\quad,L'|K')} & G(L'|K')^{ab} & \qquad & A_K & \xrightarrow{(\quad,L|K)} & G(L|K)^{ab} \\
{\scriptstyle N_{K'|K}}\downarrow & & \downarrow & & {\scriptstyle \sigma}\downarrow & & \downarrow{\scriptstyle \sigma^*} \\
A_K & \xrightarrow{(\quad,L|K)} & G(L|K)^{ab}\,, & & A_{K^\sigma} & \xrightarrow{(\quad,L^\sigma|K^\sigma)} & G(L^\sigma|K^\sigma)^{ab}\,,
\end{array}$$

und, wenn $K' \subseteq L$, das kommutative Diagramm

$$\begin{array}{ccc}
A_{K'} & \xrightarrow{(\quad,L|K')} & G(L|K')^{ab} \\
\uparrow & & \uparrow{\scriptstyle \mathrm{Ver}} \\
A_K & \xrightarrow{(\quad,L|K)} & G(L|K)^{ab}\,.
\end{array}$$

Die Definition des Normrestsymbols setzt sich auf unendliche galoissche Erweiterungen $L|K$ automatisch fort. Denn wenn $L_i|K$ die endlichen galoisschen Teilerweiterungen durchläuft, so ist

$$G(L|K)^{ab} = \varprojlim_i G(L_i|K)^{ab}$$

(vgl. § 2, Aufgabe 6), und die einzelnen Normrestsymbole $(a, L_i|K)$, $a \in A_K$, bestimmen wegen $(a, L_{i'}|K)|_{L_i} = (a, L_i|K)$ für $L_{i'} \supseteq L_i$ ein Element

$$(a, L|K) \in G(L|K)^{ab}\,.$$

In dem besonderen Fall der Erweiterung $\tilde{K}|K$ ergibt sich der folgende enge Zusammenhang zwischen den Abbildungen d_K, v_K, $(\quad, \tilde{K}|K)$.

(6.5) Satz. *Es gilt*

$$(a, \tilde{K}|K) = \varphi_K^{v_k(a)}\,, \quad \text{also} \quad d_K \circ (\quad, \tilde{K}|K) = v_K\,.$$

Beweis: Sei $L|K$ die Teilerweiterung von $\tilde{K}|K$ vom Grade f. Wegen $Z/fZ = \mathbb{Z}/f\mathbb{Z}$ ist $v_K(a) = n + fz$, $n \in \mathbb{Z}$, $z \in Z$, also $a = u\pi_K^n b^f$, $u \in U_K$, $b \in A_K$. Mit (5.7) folgt

$$(a, \tilde{K}|K)|_L = (a, L|K) = (\pi_K, L|K)^n (b, L|K)^f = \varphi_{L|K}^n = \varphi_K^{v_K(a)}|_L\,.$$

Daher muß $(a, \tilde{K}|K) = \varphi_K^{v_K(a)}$ gelten. □

Als ihr Hauptanliegen stellt die Körpertheorie die Frage nach der Klassifikation der algebraischen Erweiterungen eines gegebenen Körpers K. Das Gesetz, nach dem sich diese Erweiterungen über K aufbauen, liegt in der inneren Struktur des Grundkörpers K selbst verborgen und sollte daher durch Bestimmungsstücke beschrieben werden, die ihm direkt zugeordnet sind. Die Klassenkörpertheorie löst dieses Problem für die abelschen Erweiterungen von K, indem es eine 1-1-Korrespondenz herstellt zwischen diesen Erweiterungen und gewissen Untergruppen von A_K. Genauer geschieht dies wie folgt.

Wir versehen die Gruppe A_K für jeden Körper K mit einer Topologie, indem wir die Nebenklassen $aN_{L|K}A_L$ als Umgebungsbasis von $a \in A_K$ auszeichnen, wobei $L|K$ alle endlichen galoisschen Erweiterungen von K durchläuft. Wir nennen diese Topologie die **Normtopologie** von A_K.

(6.6) Satz. *(i) Die offenen Untergruppen von A_K sind gerade die abgeschlossenen Untergruppen von endlichem Index.*

(ii) Die Bewertung $v_K : A_K \to \widehat{\mathbb{Z}}$ ist stetig.

(iii) Ist $L|K$ eine endliche Erweiterung, so ist $N_{L|K} : A_L \to A_K$ stetig.

(iv) A_K ist hausdorffsch genau dann, wenn die Gruppe

$$A_K^0 = \bigcap_L N_{L|K}A_L$$

der **universellen Normen** *trivial ist.*

Beweis: (i) Ist $\mathcal{N}$ eine Untergruppe von A_K, so ist

$$\mathcal{N} = A_K \setminus \bigcup_{a\mathcal{N} \neq \mathcal{N}} a\mathcal{N}.$$

Ist nun $\mathcal{N}$ offen, so auch alle Nebenklassen $a\mathcal{N}$, d.h. $\mathcal{N}$ ist abgeschlossen, und da $\mathcal{N}$ eine der Umgebungen $N_{L|K}A_L$ der Umgebungsbasis von 1 enthalten muß, so ist $\mathcal{N}$ auch von endlichem Index. Ist umgekehrt $\mathcal{N}$ abgeschlossen und von endlichem Index, so ist die Vereinigung der endlich vielen Nebenklassen $a\mathcal{N} \neq \mathcal{N}$ abgeschlossen, d.h. $\mathcal{N}$ ist offen.
(ii) Die Gruppen $f\widehat{\mathbb{Z}}$, $f \in \mathbb{N}$, bilden eine Umgebungsbasis der $0 \in \widehat{\mathbb{Z}}$ (vgl. § 2), und wenn $L|K$ die unverzweigte Erweiterung vom Grad f ist, so ist nach (4.7)

$$v_K(N_{L|K}A_L) = fv_L(A_L) \subseteq f\widehat{\mathbb{Z}},$$

und dies zeigt die Stetigkeit von v_K.

(iii) Sei $N_{M|K}A_M$ eine offene Umgebung von $1 \in A_K$. Dann ist

$$N_{L|K}(N_{ML|L}A_{ML}) = N_{ML|K}A_{ML} \subseteq N_{M|K}A_M\,,$$

und dies zeigt die Stetigkeit von $N_{L|K}$. (iv) versteht sich von selbst. □

Die endlichen abelschen Erweiterungen $L|K$ werden nun wie folgt klassifiziert.

(6.7) Theorem. *Die Zuordnung*

$$L \mapsto \mathcal{N}_L = N_{L|K}A_L$$

liefert eine 1-1-Korrespondenz zwischen den endlichen abelschen Erweiterungen $L|K$ und den offenen Untergruppen $\mathcal{N}$ von A_K. Überdies gilt

$$L_1 \subseteq L_2 \iff \mathcal{N}_{L_1} \supseteq \mathcal{N}_{L_2}\,, \quad \mathcal{N}_{L_1L_2} = \mathcal{N}_{L_1} \cap \mathcal{N}_{L_2}\,, \quad \mathcal{N}_{L_1 \cap L_2} = \mathcal{N}_{L_1}\mathcal{N}_{L_2}\,.$$

Ist der Körper L der Untergruppe $\mathcal{N}$ von A_K zugeordnet, so heißt er der **Klassenkörper** zu $\mathcal{N}$. Nach (6.3) gilt für ihn

$$G(L|K) \cong A_K/\mathcal{N}\,.$$

Beweis von (6.7): Sind L_1 und L_2 abelsche Erweiterungen von K, so folgt aus der Transitivität der Norm $\mathcal{N}_{L_1L_2} \subseteq \mathcal{N}_{L_1} \cap \mathcal{N}_{L_2}$. Ist umgekehrt $a \in \mathcal{N}_{L_1} \cap \mathcal{N}_{L_2}$, so hat das Element $(a, L_1L_2|K) \in G(L_1L_2|K)$ triviale Projektionen $(a, L_i|K) = 1$ in $G(L_i|K)$, $i = 1, 2$, so daß $(a, L_1L_2|K) = 1$, d.h. $a \in \mathcal{N}_{L_1L_2}$. Es gilt also $\mathcal{N}_{L_1L_2} = \mathcal{N}_{L_1} \cap \mathcal{N}_{L_2}$, und damit

$$\begin{aligned}\mathcal{N}_{L_1} \supseteq \mathcal{N}_{L_2} \iff \mathcal{N}_{L_1} \cap \mathcal{N}_{L_2} = \mathcal{N}_{L_1L_2} = \mathcal{N}_{L_2} &\iff [L_1L_2 : K] \\ = [L_2 : K] &\iff L_1 \subseteq L_2\,.\end{aligned}$$

Dies zeigt die Injektivität der Zuordnung $L \mapsto \mathcal{N}_L$.

Ist $\mathcal{N}$ irgendeine offene Untergruppe, so enthält sie die Normengruppe $\mathcal{N}_L = N_{L|K}A_L$ einer galoisschen Erweiterung $L|K$. Aus (6.3) folgt $\mathcal{N}_L = \mathcal{N}_{L^{ab}}$, so daß wir $L|K$ als abelsch annehmen dürfen. Nun ist $(\mathcal{N}, L|K) = G(L|L')$ mit einem Zwischenkörper L' von $L|K$. Wegen $\mathcal{N} \supseteq \mathcal{N}_L$ ist $\mathcal{N}$ das volle Urbild von $G(L|L')$ unter der Abbildung $(\quad, L|K) : A_K \to G(L|K)$, d.h. der volle Kern von $(\quad, L'|K) : A_K \to G(L'|K)$, so daß $\mathcal{N} = \mathcal{N}_{L'}$. Dies zeigt, daß die Zuordnung $L \mapsto \mathcal{N}_L$ surjektiv ist.

Die Gleichheit $\mathcal{N}_{L_1 \cap L_2} = \mathcal{N}_{L_1}\mathcal{N}_{L_2}$ erhält man schließlich wie folgt. Aus $L_1 \cap L_2 \subseteq L_i$ folgt $\mathcal{N}_{L_1 \cap L_2} \supseteq \mathcal{N}_{L_i}$, $i = 1, 2$, also

$$\mathcal{N}_{L_1 \cap L_2} \supseteq \mathcal{N}_{L_1}\mathcal{N}_{L_2}\,.$$

Da $\mathcal{N}_{L_1}\mathcal{N}_{L_2}$ offen ist, so haben wir, wie gerade gezeigt, $\mathcal{N}_{L_1}\mathcal{N}_{L_2} = \mathcal{N}_L$ für eine endliche abelsche Erweiterung $L|K$. Aus $\mathcal{N}_{L_i} \subseteq \mathcal{N}_L$ folgt nun $L \subseteq L_1 \cap L_2$, also

$$\mathcal{N}_{L_1}\mathcal{N}_{L_2} = \mathcal{N}_L \supseteq \mathcal{N}_{L_1 \cap L_2}. \qquad \square$$

Aufgabe 1. Sei n eine natürliche Zahl, und sei die Gruppe $\mu_n = \{\xi \in A \mid \xi^n = 1\}$ zyklisch von der Ordnung n und $A \subseteq A^n$. Sei K ein Körper mit $\mu_n \subseteq A_K$ und $L|K$ die maximale abelsche Erweiterung vom Exponenten n. Ist $L|K$ endlich, so ist $N_{L|K}A_L = A_K^n$.

Aufgabe 2. Unter den Voraussetzungen von Aufgabe 1 liefern Kummertheorie und Klassenkörpertheorie über die Pontrjagin-Dualität $G(L|K) \times \mathrm{Hom}(G(L|K), \mu_n) \to \mu_n$ eine nicht-ausgeartete bilineare Abbildung (abstraktes „Hilbert-Symbol")

$$(\ \ ,\ \ ): A_K/A_K^n \times A_K/A_K^n \to \mu_n.$$

Aufgabe 3. Sei p eine Primzahl und $(d: G \to \mathbb{Z}_p, v: A_k \to \mathbb{Z}_p)$ eine p-Klassenkörpertheorie im Sinne von § 5, Aufgabe 2. Sei $d': G \to \mathbb{Z}_p$ ein weiterer surjektiver Homomorphismus, $\widehat{K}'|K$ die durch d' definierte $\mathbb{Z}_p$-Erweiterung und $v': A_k \to \mathbb{Z}_p$ das Kompositum von

$$A_k \xrightarrow{(\ \ ,\widehat{K}'|K)} G(\widehat{K}'|K) \xrightarrow{d'} \mathbb{Z}_p.$$

Dann ist auch (d', v') eine p-Klassenkörpertheorie. Die zu (d,v) und (d',v') gehörigen Normrestsymbole sind die gleichen. (Eine analoge Aussage im Falle von $\widehat{\mathbb{Z}}$-Klassenkörpertheorien $(d: G \to \widehat{\mathbb{Z}}, v: A_k \to \widehat{\mathbb{Z}})$ gilt nicht.)

Aufgabe 4. (Ausdehnung auf unendliche Erweiterungen.) Sei $(d: G \to \widehat{\mathbb{Z}}, v: A_k \to \widehat{\mathbb{Z}})$ eine Klassenkörpertheorie. Wir nehmen an, daß der Kern U_k von $v_k: A_k \to \widehat{\mathbb{Z}}$ für jede endliche Erweiterung $K|k$ kompakt ist. Für eine unendliche Erweiterung $K|k$ werde

$$\widehat{A}_K = \varprojlim A_{K_\alpha}$$

gesetzt, wobei $K_\alpha|k$ die endlichen Teilerweiterungen von $K|k$ durchläuft und der projektive Limes über die Normabbildungen $N_{K_\beta|K_\alpha}: A_{K_\beta} \to A_{K_\alpha}$ genommen ist. Zeige:

1) Für jede (endliche oder unendliche) Erweiterung $L|K$ hat man eine Normabbildung

$$N_{L|K}: \widehat{A}_L \to \widehat{A}_K,$$

und wenn $L|K$ endlich ist, eine Injektion $i_{L|K}: \widehat{A}_K \to \widehat{A}_L$. Ist überdies $L|K$ galoissch, so ist $\widehat{A}_K \cong \widehat{A}_L^{G(L|K)}$.

2) Für jede Erweiterung $K|k$ mit endlichem Trägheitsgrad $f_K = [K \cap \tilde{k} : k]$ induziert (d,v) eine Klassenkörpertheorie $(d_K: G_K \to \widehat{\mathbb{Z}}, v_K: \widehat{A}_K \to \widehat{\mathbb{Z}})$.

3) Sind $K \subseteq K'$ Erweiterungen von k mit $f_K, f_{K'} < \infty$ und $L|K$ und $L'|K'$ (endliche oder unendliche) galoissche Erweiterungen mit $L \subseteq L'$, so hat man ein kommutatives Diagramm

$$\begin{array}{ccc} \widehat{A}_{K'} & \xrightarrow{(\ ,L'|K')} & G(L'|K')^{ab} \\ {\scriptstyle N_{K'|K}}\downarrow & & \downarrow \\ \widehat{A}_K & \xrightarrow{(\ ,L|K)} & G(L|K)^{ab}. \end{array}$$

Aufgabe 5. Ist $L|K$ eine endliche galoissche Erweiterung, so ist G_L^{ab} in kanonischer Weise ein $G(L|K)$-Modul, und die Verlagerung von G_K nach G_L ist ein Homomorphismus

$$\mathrm{Ver}: G_K^{ab} \to (G_L^{ab})^{G(L|K)}.$$

Aufgabe 6. (Tautologische Klassenkörpertheorie.) Die pro-endliche Gruppe G erfülle die Eigenschaft: Für jede endliche galoissche Erweiterung ist

$$\mathrm{Ver}: G_K^{ab} \to (G_L^{ab})^{G(L|K)}$$

ein Isomorphismus. (Dies sind nach *A. Brumer* die pro-endlichen Gruppen der „strikten kohomologischen Dimension 2" (vgl. [50], 2, Prop. 11).) Man setze $A_K = G_K^{ab}$ und bilde den direkten Limes $A = \varinjlim A_K$ über die Verlagerung. Dann identifiziert sich A_K mit A^{G_K}.

Zeige, daß für jede zyklische Erweiterung $L|K$

$$\#H^i(G(L|K), A_L) = \begin{cases} [L:K] & \text{für } i = 0, \\ 1 & \text{für } i = -1 \end{cases}$$

gilt, und daß für jeden surjektiven Homomorphismus $d: G \to \widehat{\mathbb{Z}}$ die induzierte Abbildung $v: A_k = G^{ab} \to \widehat{\mathbb{Z}}$ eine henselsche Bewertung bzgl. d ist. Die zugehörige Reziprozitätsabbildung $r_{L|K}: G(L|K) \to A_K/N_{L|K}A_L$ ist i.w. die Identität.

Die abstrakte Klassenkörpertheorie erfährt einen erheblich größeren Anwendungsbereich, wenn man sie wie folgt verallgemeinert.

Aufgabe 7. Sei G eine pro-endliche Gruppe und $B(G)$ die Kategorie der endlichen G-Mengen, d.h. der endlichen Mengen X mit einer stetigen G-Operation. Zeige: Die *zusammenhängenden*, d.h. transitiven G-Mengen in $B(G)$ sind bis auf Isomorphie die Mengen G/G_K, wobei G_K eine offene Untergruppe von G ist und G durch Multiplikation von links operiert.

Ist X eine endliche G-Menge und $x \in X$, so heißt

$$\pi_1(X, x) = G_x = \{\sigma \in G \mid \sigma x = x\}$$

die **Fundamentalgruppe** von X mit Aufpunkt x. Für eine Abbildung $f: X \to Y$ in $B(G)$ setzen wir

$$G(X|Y) = \mathrm{Aut}_Y(X).$$

f heißt galoissch, wenn X und Y zusammenhängend sind und $G(X|Y)$ transitiv auf den Fasern $f^{-1}(y)$ operiert.

Aufgabe 8. Sei $f : X \to Y$ eine Abbildung zusammenhängender endlicher G-Mengen und $x \in X$, $y = f(x) \in Y$. Zeige: f ist genau dann galoissch, wenn $\pi_1(X,x)$ ein Normalteiler von $\pi_1(Y,y)$ ist. In diesem Fall haben wir einen kanonischen Isomorphismus

$$G(X|Y) \cong \pi_1(Y,y)/\pi_1(X,x).$$

Ein Funktorenpaar

$$A = (A^*, A_*) : B(G) \to (ab),$$

bestehend aus einem kontravarianten Funktor A^* und einem kovarianten Funktor A_* von $B(G)$ in die Kategorie (ab) der abelschen Gruppen heißt ein **Doppelfunktor**, wenn

$$A^*(X) = A_*(X) =: A(X)$$

für alle $X \in B(G)$. Wir setzen

$$A_K = A(G/G_K).$$

Ist $f : X \to Y$ ein Morphismus in $B(G)$, so setzen wir

$$A^*(f) = f^* \quad \text{und} \quad A_*(f) = f_*.$$

Ein Homomorphismus $h : A \to B$ zwischen Doppelfunktoren ist eine Familie von Homomorphismen $h(X) : A(X) \to B(X)$, welche natürliche Transformationen $A^* \to B^*$ und $A_* \to B_*$ darstellt.

Unter einer G-**Modulation** verstehen wir einen Doppelfunktor A mit den Eigenschaften

(i) $A(X \cup Y) = A(X) \times A(Y)$

(ii) Ist von den Diagrammen

$$\begin{array}{ccc} X & \xleftarrow{g'} & X' \\ {\scriptstyle f}\downarrow & & \downarrow{\scriptstyle f'} \\ Y & \xleftarrow{g} & Y' \end{array} \qquad \text{und} \qquad \begin{array}{ccc} A(X) & \xrightarrow{g'^*} & A(X') \\ {\scriptstyle f_*}\downarrow & & \downarrow{\scriptstyle f'_*} \\ A(Y) & \xrightarrow{g^*} & A(Y') \end{array}$$

in $B(G)$ bzw. (ab) das linke cartesisch, so ist das rechte kommutativ.

Bemerkung: Die G-Modulationen wurden in allgemeinerer Form von *A. Dress* unter dem Namen **Mackey-Funktoren** eingeführt (vgl. [32]).

Aufgabe 9. Die G-Modulationen bilden eine abelsche Kategorie.

Aufgabe 10. Ist A ein G-Modul, so setzt sich die Funktion $\mathbf{A}(G/G_K) = A^{G_K}$ zu einer G-Modulation $\mathbf{A}$ fort, derart daß für eine Erweiterung $L|K$ die durch $f : G/G_L \to G/G_K$ induzierte Abbildung $f^* : A_K \to A_L$ bzw. $f_* : A_L \to A_K$ die Inklusion bzw. Norm $N_{L|K}$ ist.

Die Zuordnung $A \mapsto \boldsymbol{A}$ ist eine Äquivalenz zwischen der Kategorie der G-Moduln und der Kategorie der G-Modulationen mit „Galois-Abstieg", d.h. der G-Modulationen $\boldsymbol{A}$, so daß

$$f^* : \boldsymbol{A}(Y) \to \boldsymbol{A}(X)^{G(X|Y)}$$

für jede galoissche Abbildung $f : X \to Y$ ein Isomorphismus ist.

Aufgabe 11. Die G-Modulationen werden konkret durch folgende Daten gegeben. Sei $B_0(G)$ die Kategorie, deren Objekte die G-Mengen G/U, wobei U die offenen Untergruppen von G durchläuft, und deren Morphismen nur die Projektionen $\pi : G/U \to G/V$ für $U \subseteq V$ und die Abbildungen $c(\sigma) : G/U \to G/\sigma U\sigma^{-1}$, $\tau U \mapsto \tau\sigma^{-1}U = \tau\sigma^{-1}(\sigma U\sigma^{-1})$ sind für $\sigma \in G$.

Sei $A = (A^*, A_*) : B_0(G) \to (ab)$ ein Doppelfunktor und sei für $\pi : G/U \to G/V$ $(U \subseteq V)$ bzw. $c(\sigma) : G/U \to G/\sigma U\sigma^{-1}$ $(\sigma \in G)$

$$\begin{aligned} \mathrm{Ind}_V^U &= A_*(\pi) : A(G/U) \to A(G/V) \\ \mathrm{Res}_U^V &= A^*(\pi) : A(G/V) \to A(G/U) \\ c(\sigma)_* &= A_*(c(\sigma)) : A(G/U) \to A(G/\sigma U\sigma^{-1}) \end{aligned}$$

gesetzt. Wenn dann für je drei offene Untergruppen $U, V \subseteq W$ von G die *Induktionsformel*

$$\mathrm{Res}_U^W \circ \mathrm{Ind}_W^V = \sum_{U\backslash W/V} \mathrm{Ind}_U^{U\cap\sigma V\sigma^{-1}} \circ c(\sigma)_* \circ \mathrm{Res}_{V\cap\sigma^{-1}U\sigma}^V$$

gilt, so setzt sich A eindeutig zu einer G-Modulation $A : B(G) \to (ab)$ fort.

Hinweis: Ist X eine beliebige endliche G-Menge, so wird auch die disjunkte Vereinigung

$$A_X = \dot{\bigcup_{x\in X}} A(G/G_x)$$

wegen $c(\sigma)_* A(G/G_x) = A(G/G_{\sigma x})$ eine G-Menge. Definiere $A(X)$ als die Gruppe

$$A(X) = \mathrm{Hom}_X(X, A_X)$$

aller G-äquivarianten Schnitte $X \to A_X$ der Projektion $A_X \to X$.

Aufgabe 12. Die Funktion $\pi^{ab}(G/G_K) = G_K^{ab}$ setzt sich zu einer G-Modulation

$$\pi^{ab} : B(G) \to (\mathit{pro}\text{-}\mathit{ab})$$

in die Kategorie der pro-abelschen Gruppen fort, so daß für eine Erweiterung $L|K$ die durch $f : G/G_L \to G/G_K$ induzierten Abbildungen $f^* : G_K^{ab} \to G_L^{ab}$ bzw. $f_* : G_L^{ab} \to G_K^{ab}$ durch die Verlagerung bzw. die Inklusion $G_L \to G_K$ gegeben sind.

Aufgabe 13. Sei A eine G-Modulation. Für jede zusammenhängende endliche G-Menge X sei

$$NA(X) = \bigcap f_* A(Y),$$

wobei der Durchschnitt über alle galoisschen Abbildungen $f : Y \to X$ genommen ist. Zeige, daß die Funktion $NA(X)$ eine G-Untermodulation NA von A definiert, die **Modulation der universellen Normen.**

Aufgabe 14. Ist A eine G-Modulation, so ist auch die **Komplettierung** $\widehat{A}$ eine G-Modulation, die für zusammenhängendes X durch

$$\widehat{A}(X) = \varprojlim A(X)/f_*A(Y)$$

gegeben ist, wobei der projektive Limes über alle galoisschen Abbildungen $f : Y \to X$ genommen ist.

Für das folgende sei $d : G \to \widehat{\mathbb{Z}}$ ein festgelegter surjektiver Homomorphismus. Sei $f : X \to Y$ eine Abbildung zusammenhängender endlicher G-Mengen und $x \in X$, $y = f(x) \in Y$. Der **Trägheitsgrad** bzw. **Verzweigungsindex** von f wird durch

$$f_{X|Y} = (d(G_y) : d(G_x)) \quad \text{bzw.} \quad e_{X|Y} = (I_y : I_x)$$

definiert, wobei I_y bzw. I_x der Kern von $d : G_y \to \widehat{\mathbb{Z}}$ bzw. $d : G_x \to \widehat{\mathbb{Z}}$ ist. f heißt **unverzweigt**, wenn $e_{X|Y} = 1$.

Aufgabe 15. Durch d wird eine G-Modulation $\widehat{\mathbf{Z}}$ definiert, derart daß die zu einer Abbildung $f : X \to Y$ zusammenhängender G-Mengen gehörigen Abbildungen f^*, f_* durch

$$\widehat{\mathbf{Z}}(Y) = \widehat{\mathbf{Z}} \underset{f_{X|Y}}{\overset{e_{X|Y}}{\rightleftarrows}} \widehat{\mathbf{Z}} = \widehat{\mathbf{Z}}(X)$$

gegeben sind. Es ergibt sich ein Homomorphismus

$$d : \pi^{ab} \longrightarrow \widehat{\mathbf{Z}}$$

von G-Modulationen.

Aufgabe 16. Eine unverzweigte Abbildung $f : X \to Y$ zusammenhängender endlicher G-Mengen ist galoissch, und d induziert einen Isomorphismus

$$G(X|Y) \cong \mathbb{Z}/f_{X|Y}\,\mathbb{Z}\,.$$

Sei $\varphi_{X|Y} \in G(X|Y)$ das Element, das auf $1 \bmod f_{X|Y}\,\mathbb{Z}$ abgebildet wird.

Sei A eine G-Modulation. Unter einer *henselschen Bewertung* von A werde ein Homomorphismus

$$v : A \to \widehat{\mathbf{Z}}$$

verstanden, derart daß die Untermodulation $v(A)$ von $\widehat{\mathbf{Z}}$ von einer $\mathbb{Z}$ enthaltenden Untergruppe $Z \subseteq \widehat{\mathbf{Z}}$ kommt mit der Eigenschaft $Z/nZ = \mathbb{Z}/n\mathbb{Z}$ für alle $n \in \mathbb{N}$. Es bezeichne U den Kern von A.

Aufgabe 17. Man vergleiche diese Definition mit der Definition (4.6) der henselschen Bewertung eines G-Moduls A.

Aufgabe 18. Für jede unverzweigte Abbildung $f : X \to Y$ zusammenhängender endlicher G-Mengen sei die Sequenz

$$0 \to U(Y) \xrightarrow{f^*} U(X) \xrightarrow{\varphi^*_{X|Y}-1} U(X) \xrightarrow{f_*} U(Y) \to 0$$

exakt, und $A(Y)^{[X:Y]} \subseteq f_* A(X)$ für jede galoissche Abbildung $f : X \to Y$ (letzteres ist eine Folge der in Aufgabe 19 gestellten Bedingung). Dann liefert das Paar (d, v) für jede galoissche Abbildung $f : X \to Y$ einen kanonischen „Reziprozitätshomomorphismus"

$$r_{X|Y} : G(X|Y) \to A(Y)/f_* A(X).$$

Aufgabe 19. Über die Bedingung von Aufgabe 18 hinaus gelte für jede galoissche Abbildung $f : X \to Y$ mit zyklischer Galoisgruppe $G(X|Y)$

$$(A(Y) : f_* A(X)) = [X : Y] \quad \text{und} \quad \operatorname{Ker} f_* = \operatorname{Im}(\sigma^* - 1),$$

wobei $[X : Y] = \# f^{-1}(y)$, $y \in Y$, ist und σ ein Erzeugendes von $G(X|Y)$. Ist dann $r_{X|Y}$ ein Isomorphismus für jede galoissche Abbildung $f : X \to Y$ von Primzahlgrad $[X : Y]$, so ist

$$r_{X|Y} : G(X|Y)^{ab} \to A(Y)/f_* A(X)$$

ein Isomorphismus für jede galoissche Abbildung $f : X \to Y$ schlechthin.

Aufgabe 20. Unter den Bedingungen von Aufgabe 18 und 19 erhält man einen kanonischen Homomorphismus von G-Modulationen

$$A \to \pi^{ab},$$

dessen Kern die G-Modulation NA der universellen Normen ist (vgl. Aufgabe 13). Er induziert einen Isomorphismus

$$\widehat{A} \xrightarrow{\sim} \pi^{ab}$$

der Komplettierung $\widehat{A}$ von A (vgl. Aufgabe 14).

Bemerkung: Die oben skizzierte und in Aufgaben gekleidete Theorie besitzt eine sehr interessante Anwendung auf die **höherdimensionale Klassenkörpertheorie**. Im nächsten Paragraphen werden wir zeigen, daß man für eine galoissche Erweiterung $L|K$ lokaler Körper einen Reziprozitätsisomorphismus

$$G(L|K)^{ab} \cong K^*/N_{L|K} L^*$$

hat. Die multiplikative Gruppe K^* läßt sich *K-theoretisch* als die Gruppe $K_1(K)$ des Körpers K interpretieren. Die Gruppe $K_2(K)$ ist als die Faktorgruppe

$$K_2(K) = (K^* \otimes K^*)/R$$

definiert, wobei R die von allen Elementen $x \otimes (1-x)$ erzeugte Untergruppe ist. Der japanische Mathematiker *Kazuya Kato* (vgl. [83]) hat nun für eine galoissche Erweiterung $L|K$ „2-lokaler Körper" – das sind diskret bewertete vollständige Körper, deren Restklassenkörper lokale Körper sind (wie etwa $\mathbb{Q}_p((x))$, $\mathbb{F}_p((x))((y))$) – bewiesen, daß eine kanonische Isomorphie

$$G(L|K)^{ab} \cong K_2(K)/N_{L|K} K_2(L)$$

besteht. Der Katosche Beweis ist schwierig und aufwendig. Er erfuhr eine Vereinfachung durch den russischen Mathematiker *I. Fesenko* (vgl. [36], [37], [38]), die der oben entworfenen Theorie als Spezialfall untergeordnet werden kann. Die grundlegende Idee ist dabei folgende. Die Zuordnung $K \mapsto K_2(K)$

läßt sich zu einer G-Modulation K_2 ausbreiten. Sie genügt allerdings nicht der Bedingung von Aufgabe 15, so daß sich die abstrakte Theorie nicht direkt auf K_2 anwenden läßt. FESENKO betrachtet nun auf K_2 die feinste Topologie, für die die kanonische Abbildung $(\ ,\ ) : K^* \times K^* \to K_2(K)$ folgenstetig ist und für die $x_n + y_n \to 0$, $-x_n \to 0$ gilt, wenn $x_n \to 0$, $y_n \to 0$. Er setzt

$$K_2^{\text{top}}(K) = K_2(K)/\Lambda_2(K)\,,$$

wobei $\Lambda_2(K)$ der Durchschnitt aller offenen Umgebungen des Einselementes in $K_2(K)$ ist, und zeigt, daß

$$K_2^{\text{top}}(K)/N_{L|K}K_2^{\text{top}}(L) \cong K_2(K)/N_{L|K}K_2(L)$$

für jede galoissche Erweiterung $L|K$ gilt und daß $K_2^{\text{top}}(K)$ Eigenschaften hat, aus der die Voraussetzungen von Aufgabe 18 und 19 folgen, wenn man K_2^{top} als G-Modulation auffaßt. Damit wird das KATOsche Theorem ein Spezialfall der oben entwickelten Theorie.

§ 7. Der Herbrandquotient

Mit dem vorigen Abschnitt ist die allgemeine Klassenkörpertheorie abgeschlossen. Will man sie auf die konkreten Situationen der Zahlentheorie anwenden, so kommt alles darauf an, in diesen Situationen das *Klassenkörperaxiom* (6.1) zu verifizieren. Für diese Aufgabe ist in vorzüglicher Weise der **Herbrandquotient** geeignet, ein gruppentheoretischer Kalkül, den wir jetzt den weiteren Ausführungen bereitstellen wollen.

Sei G eine zyklische endliche Gruppe der Ordnung n, σ ein erzeugendes Element und A ein G-Modul. Wir bilden dann wie zuvor die beiden Gruppen

$$H^0(G,A) = A^G/N_GA \quad \text{und} \quad H^{-1}(G,A) = {}_{N_G}A/I_GA\,,$$

wobei

$$\begin{aligned} A^G &= \{a \in A \mid a^\sigma = a\}\,, & N_GA &= \{N_Ga = \textstyle\prod_{i=0}^{n-1} a^{\sigma^i} \mid a \in A\}\,,\\ {}_{N_G}A &= \{a \in A \mid N_Ga = 1\}\,, & I_GA &= \{a^{\sigma-1} \mid a \in A\}\,. \end{aligned}$$

(7.1) Satz. *Ist $1 \to A \to B \to C \to 1$ eine exakte Sequenz von G-Moduln, so haben wir ein exaktes Sechseck*

$$\begin{array}{ccccc}
 & H^0(G,A) & \xrightarrow{f_1} & H^0(G,B) & \\
{}^{f_6}\nearrow & & & & \searrow^{f_2} \\
H^{-1}(G,C) & & & & H^0(G,C) \\
{}_{f_5}\nwarrow & & & & \swarrow_{f_3} \\
 & H^{-1}(G,B) & \xleftarrow[f_4]{} & H^{-1}(G,A). &
\end{array}$$

Beweis: Die Homomorphismen f_1, f_4 und f_2, f_5 sind durch $A \xrightarrow{i} B$ und $B \xrightarrow{j} C$ induziert. Wir identifizieren A mit seinem Bild in B, so daß i die Inklusion wird. f_3 ist dann wie folgt definiert. Sei $c \in C^G$ und $b \in B$ ein Element mit $j(b) = c$. Dann ist $j(b^{\sigma-1}) = c^{\sigma-1} = 1$ und $N_G(b^{\sigma-1}) = N_G(b^\sigma)/N_G(b) = 1$, also $b^{\sigma-1} \in {}_{N_G}A$. f_3 ist hiernach durch $c \bmod N_G C \mapsto b^{\sigma-1} \bmod I_G A$ definiert. Für die Definition von f_6 sei $c \in {}_{N_G}C$ und $b \in B$ ein Element mit $j(b) = c$. Dann ist $j(N_G b) = N_G c = 1$, also $N_G b \in A$. Die Abbildung f_6 ist nun durch $c \bmod I_G A \mapsto N_G b \bmod N_G A$ definiert.

Wir zeigen jetzt die Exaktheit an der Stelle $H^0(G, A)$. Sei $a \in A^G$, so daß $f_1(a \bmod N_G A) = 1$, d.h. $a = N_G b$ mit $b \in B$. Setzen wir $c = j(b)$, so wird $f_6(c \bmod I_G C) = a \bmod N_G A$. Die Exaktheit bei $H^{-1}(G, A)$ ergibt sich folgendermaßen: Sei $a \in {}_{N_G}A$ und $f_4(a \bmod I_G A) = 1$, d.h. $a = b^{\sigma-1}$, $b \in B$. Setzen wir $c = j(b)$, so wird $f_3(c \bmod N_G C) = a \bmod I_G A$. Die Exaktheit an den anderen Stellen ist noch einfacher einzusehen. □

(7.2) Definition. *Der* **Herbrandquotient** *des G-Moduls A ist durch*

$$h(G, A) = \frac{\#H^0(G, A)}{\#H^{-1}(G, A)}$$

definiert, vorausgesetzt, beide Ordnungen sind endlich.

Die hervorstechende Eigenschaft des Herbrandquotienten liegt in seiner *Multiplikativität.*

(7.3) Satz. *Ist* $1 \to A \to B \to C \to 1$ *eine exakte Sequenz von G-Moduln, so gilt*

$$h(G, B) = h(G, A)h(G, C)$$

in dem Sinne, daß, wenn zwei dieser Quotienten definiert sind, auch der dritte definiert ist und die Gleichheit gilt.

Für einen endlichen G-Modul A gilt $h(G, A) = 1$.

Beweis: Wir betrachten das exakte Sechseck (7.1). Bezeichnet n_i die Ordnung des Bildes von f_i, so ist

$$\#H^0(G,A) = n_6 n_1\,, \qquad \#H^0(G,B) = n_1 n_2\,, \qquad \#H^0(G,C) = n_2 n_3\,,$$
$$\#H^{-1}(G,A) = n_3 n_4\,, \quad \#H^{-1}(G,B) = n_4 n_5\,, \quad \#H^{-1}(G,C) = n_5 n_6\,,$$

und daher

$$\#H^0(G,A)\cdot\#H^0(G,C)\cdot\#H^{-1}(G,B)$$
$$= \#H^0(G,B)\cdot\#H^{-1}(G,A)\cdot\#H^{-1}(G,C)\,.$$

Gleichzeitig sehen wir, daß mit zweien auch der dritte der Quotienten definiert ist, und erhalten aus der letzten Gleichung $h(G,B) = h(G,A)h(G,C)$. Ist schließlich A ein endlicher G-Modul, so zeigen die beiden exakten Sequenzen

$$1 \to A^G \to A \xrightarrow{\sigma-1} I_G A \to 1\,, \quad 1 \to {}_{N_G}A \to A \xrightarrow{N_G} N_G A \to 1\,,$$

daß $\#A = \#A^G \cdot \#I_G A = \#_{N_G}A \cdot \#N_G A$, also $h(G,A) = 1$. □

Ist G eine beliebige Gruppe und g eine Untergruppe, so kann man zu einem beliebigen g-Modul B einen G-Modul

$$A = \operatorname{Ind}_G^g(B)$$

bilden, der der **induzierte G-Modul** genannt wird. Seine Elemente sind die sämtlichen Funktionen $f : G \to B$ mit $f(\tau x) = f(x)^\tau$ für alle $\tau \in g$. Die Operation von $\sigma \in G$ ist durch

$$f^\sigma(x) = f(x\sigma)$$

gegeben. Ist $g = \{1\}$, so schreiben wir $\operatorname{Ind}_G(B)$ anstelle von $\operatorname{Ind}_G^g(B)$. Wir haben einen kanonischen g-Homomorphismus

$$\pi : \operatorname{Ind}_G^g(B) \to B\,, \quad f \mapsto f(1)\,,$$

und dieser bildet den g-Untermodul

$$B' = \{f \in \operatorname{Ind}_G^g(B) \mid f(x) = 1 \quad \text{für} \quad x \notin g\}$$

isomorph auf B ab. Wir identifizieren B' mit B. Ist g von endlichem Index, so wird dann

$$\operatorname{Ind}_G^g(B) = \prod_{\sigma \in G/g} B^\sigma\,,$$

wobei die Notation $\sigma \in G/g$ bedeuten soll, daß σ ein Rechtsrepräsentantensystem von G/g durchläuft.

Für jedes $f \in \mathrm{Ind}_G^g(B)$ haben wir nämlich die eindeutige Produktzerlegung $f = \prod_\sigma f_\sigma^\sigma$, wobei f_σ die Funktion in B' ist, die durch $f_\sigma(1) = f(\sigma^{-1})$ festgelegt ist.

Ist umgekehrt A ein G-Modul mit einem g-Untermodul B, derart daß A das direkte Produkt

$$A = \prod_{\sigma \in G/g} B^\sigma$$

ist, so ist $A \cong \mathrm{Ind}_G^g(B)$ vermöge $B \cong B'$.

(7.4) Satz. *Sei G eine endliche zyklische Gruppe, g eine Untergruppe und B ein g-Modul. Dann ist in kanonischer Weise*

$$H^i(G, \mathrm{Ind}_G^g(B)) \cong H^i(g, B) \quad \text{für} \quad i = 0, -1\,.$$

Beweis: Sei $A = \mathrm{Ind}_G^g(B)$ und R ein Rechtsrepräsentantensystem für G/g, $1 \in R$. Wir betrachten die g-Homomorphismen

$$\pi : A \to B\,, \quad f \mapsto f(1)\,; \quad \nu : A \to B\,, \quad f \mapsto \prod_{\rho \in R} f(\rho)\,.$$

Für beide ist der g-Homomorphismus

$$s : B \to A\,, \quad b \mapsto f_b(\sigma) = \begin{cases} b^\sigma & \text{für } \sigma \in g\,, \\ 1 & \text{für } \sigma \notin g\,, \end{cases}$$

ein Schnitt, d.h. $\pi \circ s = \nu \circ s = \mathrm{id}$, und es gilt

$$\pi \circ N_G = N_g \circ \nu\,,$$

denn für $f \in A$ ist

$$(N_G f)(1) = \prod_{\tau \in g} \prod_{\rho \in R} f^{\tau\rho}(1) = \prod_\tau \prod_\rho f(\tau\rho) = \prod_\tau \Big(\prod_\rho f(\rho)\Big)^\tau = N_g(\nu(f))\,.$$

Ist $f \in A^G$, so ist $f(\sigma) = f(1)$ für alle $\sigma \in G$ und $f(1) = f(\tau) = f(1)^\tau$ für alle $\tau \in g$. Die Abbildung π induziert daher einen Isomorphismus

$$\pi : A^G \to B^g\,.$$

Dieser bildet $N_G A$ auf $N_g B$ ab, denn einerseits ist $\pi(N_G A) = N_g(\nu A) \subseteq N_g B$ und andererseits $N_g(B) = N_g(\nu s B) = \pi(N_G(sB)) \subseteq \pi(N_G A)$. Daher ist $H^0(G, A) = H^0(g, B)$.

Der g-Homomorphismus $\nu : A \to B$ induziert wegen $N_g \circ \nu = \pi \circ N_G$ einen g-Homomorphismus

$$\nu : {}_{N_G}A \to {}_{N_g}B\,.$$

Dieser ist surjektiv wegen $\nu \circ s = \mathrm{id}$. Wir zeigen, daß $I_G A$ das Urbild von $I_g B$ ist. $I_G A$ besteht aus allen Elementen $f^{\sigma-1}$, $f \in A$, $\sigma \in G$. Denn wenn $G = (\sigma_0)$ und $\sigma = \sigma_0^i$, so ist $f^{\sigma-1} = f^{(1+\sigma_0+\cdots+\sigma_0^{i-1})(\sigma_0-1)} \in I_G A$. Gleichermaßen ist $I_g B = \{b^{\tau-1} \mid b \in B,\ \tau \in g\}$. Setzen wir nun $\rho\sigma = \tau_\rho \rho'$, $\rho, \rho' \in R$, $\tau_\rho \in g$, so wird

$$\nu(f^{\sigma-1}) = \prod_{\rho\in R} \frac{f(\rho\sigma)}{f(\rho)} = \prod_{\rho'} \frac{f(\rho')^{\tau_\rho}}{f(\rho')} = \prod_{\rho} b_\rho^{\tau_\rho - 1} \in I_g B\,.$$

Andererseits ist für $b^{\tau-1} \in I_g B$ die Funktion $f^{\tau-1}$, $f = sb$, ein Urbild wegen $\nu(f^{\tau-1}) = \nu s(b)^{\tau-1} = b^{\tau-1}$. Daher ist $H^{-1}(G,A) = H^{-1}(g,B)$.□

Aufgabe 1. Seien f, g Endomorphismen einer abelschen Gruppe A, derart daß $f \circ g = g \circ f = 0$. Man gebe der folgenden Aussage einen Sinn. Der Quotient

$$q_{f,g}(A) = \frac{(\mathrm{Kern}\, f : \mathrm{Bild}\, g)}{(\mathrm{Kern}\, g : \mathrm{Bild}\, f)}$$

ist multiplikativ.

Aufgabe 2. Seien f, g zwei vertauschbare Endomorphismen einer abelschen Gruppe A. Zeige, daß

$$q_{0,gf}(A) = q_{0,g}(A) q_{0,f}(A)\,,$$

wenn alle Quotienten definiert sind.

Aufgabe 3. Sei G eine primzyklische Gruppe der Ordnung p und A ein G-Modul, derart daß $q_{0,p}(A)$ definiert ist. Zeige, daß

$$h(G,A)^{p-1} = q_{0,p}(A^G)^p / q_{0,p}(A)\,.$$

Hinweis: Benutze die exakte Sequenz

$$0 \longrightarrow A^G \longrightarrow A \xrightarrow{\ \sigma-1\ } A^{\sigma-1} \longrightarrow 0.$$

Sei $N = 1 + \sigma + \cdots + \sigma^{p-1}$ im Gruppenring $\mathbb{Z}[G]$. Zeige, daß der Ring $\mathbb{Z}[G]/\mathbb{Z}N$ isomorph ist zu $\mathbb{Z}[\zeta]$, ζ eine primitive p-te Einheitswurzel, und daß in diesem Ring

$$p = (\sigma - 1)^{p-1}\varepsilon$$

gilt, wobei ε eine Einheit in $\mathbb{Z}[G]/\mathbb{Z}N$ ist.

Aufgabe 4. Sei $L|K$ eine zyklische Erweiterung von Primzahlgrad. Berechne mit Aufgabe 3 den Herbrandquotienten der Einheitengruppe $\mathcal{O}_L^*$ von L, aufgefaßt als $G(L|K)$-Modul.

Aufgabe 5. Ist G eine Gruppe, g ein Normalteiler und A ein g-Modul, so ist $H^1(G, \mathrm{Ind}_G^g(A)) \cong H^1(g, A)$.

Kapitel V
Lokale Klassenkörpertheorie

§ 1. Das lokale Reziprozitätsgesetz

Die im vorigen Kapitel entwickelte abstrakte Klassenkörpertheorie soll jetzt auf den konkreten Fall eines *lokalen Körpers* angewendet werden, also auf einen Körper, der bzgl. einer diskreten Bewertung vollständig ist und einen endlichen Restklassenkörper hat. Nach Kap. II, (5.2) sind dies gerade die endlichen Erweiterungen K der Körper $\mathbb{Q}_p$ und $\mathbb{F}_p((t))$. Wir benutzen die folgenden Bezeichnungen. Sei

v_K die diskrete, durch $v_K(K^*) = \mathbb{Z}$ normierte Bewertung,

$\mathcal{O}_K = \{a \in K \mid v_K(a) \geq 0\}$ der Bewertungsring,

$\mathfrak{p}_K = \{a \in K \mid v_K(a) > 0\}$ das maximale Ideal,

$\kappa = \mathcal{O}_K/\mathfrak{p}_K$ der Restklassenkörper,

$U_K = \{a \in K^* \mid v_K(a) = 0\}$ die Einheitengruppe,

$U_K^{(n)} = 1 + \mathfrak{p}_K^n$ die Gruppe der n-ten Einseinheiten, $n = 1, 2, \ldots$,

$q = q_K = \#\kappa$,

$|a|_\mathfrak{p} = q^{-v_K(a)}$ der normierte $\mathfrak{p}$-adische Absolutbetrag,

μ_n die Gruppe der n-ten Einheitswurzeln und $\mu_n(K) = \mu_n \cap K^*$.

π_K oder einfach π bedeutet ein Primelement von K, d.h. $\mathfrak{p}_K = \pi\mathcal{O}_K$.

Die Rolle der pro-endlichen Gruppe G der allgemeinen Klassenkörpertheorie wird in der lokalen Klassenkörpertheorie von der absoluten Galoisgruppe $G(\bar{k}|k)$ eines fest gewählten lokalen Körpers k eingenommen und die des G-Moduls A von der multiplikativen Gruppe $\bar{k}^*$ der separabel abgeschlossenen Hülle $\bar{k}$ von k. Für eine endliche Erweiterung $K|k$ ist also $A_K = K^*$, und es kommt alles darauf an, für die multiplikative Gruppe der lokalen Körper das Klassenkörperaxiom zu verifizieren:

(1.1) Theorem. *Für eine zyklische Erweiterung $L|K$ lokaler Körper ist*

$$\#H^i(G(L|K), L^*) = \begin{cases} [L:K] & \textit{für } i = 0\,, \\ 1 & \textit{für } i = -1\,. \end{cases}$$

Beweis: Für $i = -1$ ist die Aussage der Satz (3.5) („Hilbert 90") in Kap. IV. Wir haben daher nur zu zeigen, daß der Herbrandquotient $h(G, L^*) = \#H^0(G, L^*) = [L : K]$ ist, wobei wir $G = G(L|K)$ gesetzt haben. Die exakte Sequenz

$$1 \to U_L \to L^* \xrightarrow{v_L} \mathbb{Z} \to 0,$$

in der $\mathbb{Z}$ als trivialer G-Modul aufzufassen ist, liefert nach Kap. IV, (7.3)

$$h(G, L^*) = h(G, \mathbb{Z})h(G, U_L) = [L : K]h(G, U_L),$$

so daß $h(G, U_L) = 1$ zu zeigen ist. Wir wählen dazu eine Normalbasis $\{\alpha^\sigma \mid \sigma \in G\}$ von $L|K$ (vgl. [93], chap. VIII, § 12, Th. 20), $\alpha \in \mathcal{O}_L$, und betrachten in $\mathcal{O}_L$ den offenen (und abgeschlossenen) G-Modul $M = \sum_{\sigma\in G} \mathcal{O}_K \alpha^\sigma$. Die offenen Mengen

$$V^n = 1 + \pi_K^n M, \quad n = 1, 2, \dots,$$

bilden dann eine Umgebungsbasis des Einselementes von U_L. Da M offen ist, ist $\pi_K^N \mathcal{O}_L \subseteq M$ für passendes N, und für $n \geq N$ sind die V^n sogar Untergruppen (von endlichem Index) von U_L, denn es ist

$$(\pi_K^n M)(\pi_K^n M) = \pi_K^{2n} MM \subseteq \pi_K^{2n} \mathcal{O}_L \subseteq \pi_K^{2n-N} M \subseteq \pi_K^n M,$$

so daß $V^n V^n \subseteq V^n$, und mit $1 - \pi_K^n \mu$, $\mu \in M$, liegt auch $(1 - \pi_K^n \mu)^{-1} = 1 + \pi_K^n (\sum_{i=1}^\infty \mu^i \pi_K^{n(i-1)})$ in V^n. Durch die Zuordnung $1 + \pi_K^n \alpha \mapsto \alpha \bmod \pi_K M$ erhalten wir wie bei II, (3.10) G-Isomorphismen

$$V^n/V^{n+1} \cong M/\pi_K M = \bigoplus_{\sigma\in G} \mathcal{O}_K/\mathfrak{p}_K \alpha^\sigma = \operatorname{Ind}_G(\mathcal{O}_K/\mathfrak{p}_K),$$

so daß nach Kap. IV, (7.4) $H^i(G, V^n/V^{n+1}) = 1$ ist für $i = 0, -1$ und $n \geq N$. Hieraus folgt nun $H^i(G, V^n) = 1$ für $i = 0, -1$ und $n \geq N$. In der Tat, ist etwa $i = 0$ und $a \in (V^n)^G$, so ist $a = (N_G b_0)a_1$, $b_0 \in V^n$, $a_1 \in (V^{n+1})^G$, sodann $a_1 = (N_G b_1)a_2$, $b_1 \in V^{n+1}$, $a_2 \in (V^{n+2})^G$ etc., allgemein

$$a_i = (N_G b_i)a_{i+1}, \quad b_i \in V^{n+i}, \quad a_{i+1} \in (V^{n+i+1})^G.$$

Hieraus ergibt sich $a = N_G b$ mit dem konvergierenden Produkt $b = \prod_{i=0}^\infty b_i \in V^n$, also $H^0(G, V^n) = 1$. Genauso folgt für ein $a \in V^n$ mit $N_G a = 1$, daß $a = b^{\sigma-1}$, $b \in V^n$, wenn σ ein erzeugendes Element von G ist, also $H^{-1}(G, V^n) = 1$. Wir erhalten jetzt

$$h(G, U_L) = h(G, U_L/V^n)h(G, V^n) = 1,$$

weil U_L/V^n endlich ist. □

(1.2) Korollar. *Ist $L|K$ eine unverzweigte Erweiterung lokaler Körper, so gilt für $i = 0, -1$*

$$H^i(G(L|K), U_L) = 1 \quad \textit{und} \quad H^i(G(L|K), U_L^{(n)}) = 1 \quad \textit{für } n = 1, 2, \ldots .$$

Insbesondere ist

$$N_{L|K} U_L = U_K \quad \textit{und} \quad N_{L|K} U_L^{(n)} = U_K^{(n)} .$$

Beweis: Sei $G = G(L|K)$. $H^i(G, U_L) = 1$ haben wir schon in Kap. IV, (6.2) bewiesen. Zum Beweis von $H^i(G, U_L^{(n)}) = 1$ zeigen wir zuerst

$$H^i(G, \lambda^*) = 1 \quad \text{und} \quad H^i(G, \lambda) = 1$$

für den Restklassenkörper λ von L. Es genügt dies für $i = -1$ zu beweisen, denn da λ endlich ist, so ist $h(G, \lambda^*) = h(G, \lambda) = 1$. Wir haben $H^{-1}(G, \lambda^*) = 1$ nach Hilbert 90 (vgl. Kap. IV, (3.5)). Sei $f = [\lambda : \kappa]$ der Grad von λ über dem Restklassenkörper κ von K und φ der Frobeniusautomorphismus von $\lambda|\kappa$. Dann gilt

$$\#_{N_G}\lambda = \#\left\{ x \in \lambda \mid \sum_{i=0}^{f-1} x^{\varphi^i} = \sum_{i=0}^{f-1} x^{q^i} = 0 \right\} \leq q^{f-1}$$

und

$$\#(\varphi - 1)\lambda = q^{f-1} ,$$

da die Abbildung $\lambda \xrightarrow{\varphi - 1} \lambda$ den Kern κ hat. Daher ist $H^{-1}(G, \lambda) = {}_{N_G}\lambda / (\varphi - 1)\lambda = 1$.

Wenden wir jetzt das exakte Sechseck Kap. IV, (7.1) auf die exakte G-Modulsequenz

$$1 \to U_L^{(1)} \to U_L \to \lambda^* \to 1$$

an, so erhalten wir $H^i(G, U_L^{(1)}) = H^i(G, U_L) = 1$ wegen $H^i(G, \lambda^*) = 1$. Ist π ein Primelement von K, so ist π auch ein Primelement von L, so daß $U_L^{(n)} \to \lambda$, $1 + a\pi^n \mapsto a \bmod \mathfrak{p}_L$, ein G-Homomorphismus ist. Aus der exakten Sequenz

$$1 \to U_L^{(n+1)} \to U_L^{(n)} \to \lambda \to 1$$

ergibt sich jetzt wegen $H^i(G, \lambda) = 0$ genau wie oben induktiv

$$H^i(G, U_L^{(n+1)}) = H^i(G, U_L^{(n)}) = 1 ,$$

weil $H^i(G, U_L^{(1)}) = 1$. □

Über dem Grundkörper k betrachten wir jetzt die maximale unverzweigte Erweiterung $\tilde{k}|k$. Der Restklassenkörper von $\tilde{k}$ ist nach Kap. II, § 9 der algebraische Abschluß $\bar{\kappa}$ des Restklassenkörpers κ von k. Nach Kap. II, (9.9) erhalten wir den kanonischen Isomorphismus

$$G(\tilde{k}|k) \cong G(\bar{\kappa}|\kappa) \cong \widehat{\mathbb{Z}}\,.$$

Dem Element $1 \in \widehat{\mathbb{Z}}$ entspricht dabei in $G(\bar{\kappa}|\kappa)$ der Frobeniusautomorphismus $x \mapsto x^q$ und in $G(\tilde{k}|k)$ der Frobeniusautomorphismus φ_k, der durch

$$a^{\varphi_k} \equiv a^q \bmod \mathfrak{p}_{\tilde{k}}\,, \quad a \in \mathcal{O}_{\tilde{k}}\,,$$

gegeben ist. Für die absolute Galoisgruppe $G = G(\bar{k}|k)$ erhalten wir hiernach den stetigen und surjektiven Homomorphismus

$$d : G \to \widehat{\mathbb{Z}}\,.$$

Die durch diesen Homomorphismus in Kap. IV, § 4 abstrakt eingeführten Begriffe „unverzweigt", „Verzweigungsindex", „Trägheitsgrad" etc. stimmen dann mit den in Kap. II konkret definierten überein.

Als G-Modul wählen wir, wie gesagt, $A = \bar{k}^*$, so daß $A_K = K^*$ für jede endliche Erweiterung $K|k$. Die gewöhnliche normierte Exponentialbewertung $v_k : k^* \to \mathbb{Z}$ ist dann henselsch bzgl. d im Sinne von Kap. IV, (4.6), denn für eine endliche Erweiterung $K|k$ ist $\frac{1}{e_K} v_K$ die Fortsetzung von v_k auf K^* und nach Kap. II, (4.8)

$$\frac{1}{e_K} v_K(K^*) = \frac{1}{[K:k]} v_k(N_{K|k}K^*) = \frac{1}{e_K f_K} v_k(N_{K|k}K^*)\,,$$

d.h. $v_k(N_{K|k}K^*) = f_K v_K(K^*) = f_K\,\mathbb{Z}$. Das Homomorphismenpaar

$$(d : G \to \widehat{\mathbb{Z}},\ v_k : k^* \to \mathbb{Z})$$

erfüllt also alle Bedingungen einer Klassenkörpertheorie, und wir erhalten das **lokale Reziprozitätsgesetz**:

(1.3) Theorem. *Für jede endliche galoissche Erweiterung $L|K$ lokaler Körper haben wir einen kanonischen Isomorphismus*

$$r_{L|K} : G(L|K)^{ab} \xrightarrow{\sim} K^*/N_{L|K}L^*\,.$$

Die allgemeine Definition der Reziprozitätsabbildung Kap. IV, (5.6) hat sich am Fall der lokalen Klassenkörpertheorie orientiert und erhält hier eine besondere Faßbarkeit: Sei $\sigma \in G(L|K)$ und $\tilde{\sigma}$ eine Fortsetzung von σ auf die maximale unverzweigte Erweiterung $\tilde{L}|K$ von L, derart daß $d_K(\tilde{\sigma}) \in \mathbb{N}$, oder anders ausgedrückt, $\tilde{\sigma}|_{\tilde{K}} = \varphi_K^n$, $n \in \mathbb{N}$. Ist dann Σ der Fixkörper von $\tilde{\sigma}$ und $\pi_\Sigma \in \Sigma$ ein Primelement, so ist

$$r_{L|K}(\sigma) = N_{\Sigma|K}(\pi_\Sigma) \bmod N_{L|K}L^* .$$

Durch die Umkehrung von $r_{L|K}$ erhalten wir das **lokale Normrestsymbol**

$$(\quad, L|K) : K^* \to G(L|K)^{ab}.$$

Es ist surjektiv und hat den Kern $N_{L|K}L^*$.

In der globalen Klassenkörpertheorie werden wir neben den p-adischen Zahlkörpern $\mathbb{Q}_p$ auch den Körper $\mathbb{R} = \mathbb{Q}_\infty$ zu betrachten haben. Über ihm gibt es ebenfalls ein Reziprozitätsgesetz: Für die einzige nicht-triviale galoissche Erweiterung $\mathbb{C}\,|\,\mathbb{R}$ definieren wir das Normrestsymbol

$$(\quad, \mathbb{C}\,|\,\mathbb{R}) : \mathbb{R}^* \to G(\mathbb{C}\,|\,\mathbb{R})$$

durch

$$(a, \mathbb{C}\,|\,\mathbb{R})\sqrt{-1} = \sqrt{-1}^{\,\mathrm{sgn}(a)} .$$

Der Kern von $(\quad, \mathbb{C}\,|\,\mathbb{R})$ ist die Gruppe $\mathbb{R}_+^*$ der positiven reellen Zahlen, also wieder die Normengruppe $N_{\mathbb{C}|\mathbb{R}}\mathbb{C}^* = \{z\bar{z} \mid z \in \mathbb{C}^*\}$.

Durch das Reziprozitätsgesetz erhalten wir eine sehr einfache Klassifikation der abelschen Erweiterungen eines lokalen Körpers K. Sie drückt sich in dem folgenden Theorem aus.

(1.4) Theorem. *Die Zuordnung*

$$L \mapsto \mathcal{N}_L = N_{L|K}L^*$$

ist eine 1-1-Korrespondenz zwischen den endlichen abelschen Erweiterungen eines lokalen Körpers K und den offenen Untergruppen $\mathcal{N}$ von endlichem Index in K^*. Überdies gilt

$$L_1 \subseteq L_2 \iff \mathcal{N}_{L_1} \supseteq \mathcal{N}_{L_2}\,, \quad \mathcal{N}_{L_1L_2} = \mathcal{N}_{L_1} \cap \mathcal{N}_{L_2}\,, \quad \mathcal{N}_{L_1 \cap L_2} = \mathcal{N}_{L_1}\mathcal{N}_{L_2}\,.$$

Beweis: Nach Kap. IV, (6.7) haben wir nur zu zeigen, daß die Untergruppen $\mathcal{N}$ von K^*, welche offen in der Normtopologie sind, gerade die Untergruppen von endlichem Index sind, die in der Bewertungstopologie offen sind. Eine Untergruppe $\mathcal{N}$, die in der Normtopologie offen ist, enthält nach Definition eine Normengruppe $N_{L|K}L^*$. Diese hat nach (1.3) einen endlichen Index in K^* und ist offen, weil sie die Untergruppe

$N_{L|K}U_L$ enthält, welche als Bild der kompakten Gruppe U_L abgeschlossen ist und in U_K einen endlichen Index hat, also offen ist. Wir beweisen die Umkehrung zunächst im

Fall char(K) $\nmid n$. Sei $\mathcal{N}$ eine Untergruppe von endlichem Index $n = (K^* : \mathcal{N})$. Dann ist $K^{*n} \subseteq \mathcal{N}$, und es genügt zu zeigen, daß K^{*n} eine Normengruppe enthält. Wir benutzen hierzu die Kummertheorie (vgl. Kap. IV, § 3). Wir dürfen annehmen, daß K^* die Gruppe μ_n der n-ten Einheitswurzeln enthält. Denn sonst setzen wir $K_1 = K(\mu_n)$. Wenn K_1^{*n} eine Normengruppe $N_{L_1|K_1}L_1^*$ enthält und $L|K$ eine galoissche Erweiterung ist, die L_1 enthält, so ist

$$\begin{aligned} N_{L|K}L^* = N_{K_1|K}(N_{L|K_1}L^*) &\subseteq N_{K_1|K}(N_{L_1|K_1}L_1^*) \\ &\subseteq N_{K_1|K}(K_1^{*n}) \subseteq K^{*n}\,. \end{aligned}$$

Sei also $\mu_n \subseteq K$, und sei $L = K(\sqrt[n]{K^*})$ die maximale abelsche Erweiterung vom Exponenten n. Dann ist nach Kap. IV, § 3

$$(*) \qquad \operatorname{Hom}(G(L|K), \mu_n) \cong K^*/K^{*n}\,.$$

Nach Kap. II, (5.8) ist K^*/K^{*n} endlich, also auch $G(L|K)$. Da $K^*/N_{L|K}L^* \cong G(L|K)$ den Exponenten n hat, ist $K^{*n} \subseteq N_{L|K}L^*$, und wir erhalten durch $(*)$

$$\#K^*/K^{*n} = \#G(L|K) = \#K^*/N_{L|K}L^*\,,$$

also $K^{*n} = N_{L|K}L^*$.

Fall char(K) $= p|n$. In diesem Fall wird sich der Beweis aus der Lubin-Tate-Theorie ergeben, die wir in § 4 entwickeln werden. Man kann aber auch ohne diese Theorie auskommen, ist dann allerdings zu Spezialuntersuchungen gezwungen. Diese sind etwas aufwendig, und da das Resultat auf die weitere Entwicklung in diesem Buch keine Auswirkung hat, so verweisen wir den Leser auf die schöne Darstellung in [122], chap. XI, § 5 und chap. XIV, § 6. □

Der Beweis zeigt gleichzeitig den folgenden

(1.5) Satz. *Enthält K die n-ten Einheitswurzeln und ist die Charakteristik von K kein Teiler von n, so ist die Erweiterung $L = K(\sqrt[n]{K^*})|K$ endlich, und es gilt*

$$N_{L|K}L^* = K^{*n} \quad \textit{und} \quad G(L|K) \cong K^*/K^{*n}\,.$$

Das Theorem (1.4) trägt den Namen **Existenzsatz**, denn seine wesentliche Aussage ist die, daß zu jeder offenen Untergruppe $\mathcal{N}$ von endlichem Index in K^* eine abelsche Erweiterung $L|K$ existiert mit $N_{L|K}L^* = \mathcal{N}$, der „Klassenkörper" zu $\mathcal{N}$ (im Fall char $(K) = 0$ ist übrigens jede Untergruppe von endlichem Index automatisch offen, vgl. Kap. II, (5.7)). Jede offene Untergruppe von K^* enthält nun eine Einseinheitengruppe $U_K^{(n)}$, denn diese bilden eine Umgebungsbasis des Einselementes von K^*. Wir setzen $U_K^{(0)} = U_K$ und definieren:

(1.6) Definition. *Sei $L|K$ eine endliche abelsche Erweiterung und n die kleinste Zahl ≥ 0, derart daß $U_K^{(n)} \subseteq N_{L|K}L^*$. Dann heißt das Ideal*

$$\mathfrak{f} = \mathfrak{p}_K^n$$

der **Führer** *von $L|K$.*

(1.7) Satz. *Eine endliche abelsche Erweiterung $L|K$ ist genau dann unverzweigt, wenn ihr Führer $\mathfrak{f} = 1$ ist.*

Beweis: Ist $L|K$ unverzweigt, so ist $U_K = N_{L|K}U_L$ nach (1.2), also $\mathfrak{f} = 1$. Ist umgekehrt $\mathfrak{f} = 1$, so ist $U_K \subseteq N_{L|K}U_L$ und $\pi_K^n \in N_{L|K}L^*$ für $n = (K^* : N_{L|K}L^*)$. Ist $M|K$ die unverzweigte Erweiterung vom Grade n, so ist $N_{M|K}M^* = (\pi_K^n) \times U_K \subseteq N_{L|K}L^*$, also $M \supseteq L$, d.h. $L|K$ ist unverzweigt. □

Jede offene Untergruppe $\mathcal{N}$ von endlichem Index in K^* enthält eine Gruppe der Form $(\pi^f) \times U_K^{(n)}$. Diese ist ebenfalls offen und von endlichem Index. Daher ist jede endliche abelsche Erweiterung $L|K$ im Klassenkörper einer solchen Gruppe $(\pi^f) \times U_K^{(n)}$ enthalten. Aus diesem Grund kommt den Klassenkörpern zu den Gruppen $(\pi^f) \times U_K^{(n)}$ eine besondere Bedeutung zu. Wir werden sie in § 5 explizit bestimmen, und zwar als direkte Analoga der Kreisteilungskörper über $\mathbb{Q}_p$. Im Falle des Grundkörpers $K = \mathbb{Q}_p$ ist der Klassenkörper zur Gruppe $(p) \times U_K^{(n)}$ gerade der Körper $\mathbb{Q}_p(\mu_{p^n})$ der p^n-ten Einheitswurzeln:

(1.8) Satz. *Die Normengruppe der Erweiterung $\mathbb{Q}_p(\mu_{p^n})\,|\,\mathbb{Q}_p$ ist die Gruppe $(p) \times U_{\mathbb{Q}_p}^{(n)}$.*

Beweis: Sei $K = \mathbb{Q}_p$ und $L = \mathbb{Q}_p(\mu_{p^n})$. Nach Kap. II, (7.13) ist die Erweiterung $L|K$ rein verzweigt vom Grade $p^{n-1}(p-1)$, und wenn ζ

eine primitive p^n-te Einheitswurzel ist, so ist $1-\zeta$ ein Primelement von L mit der Norm $N_{L|K}(1-\zeta)=p$. Wir betrachten jetzt die Exponentialabbildung von $\mathbb{Q}_p$. Sie liefert nach Kap. II, (5.5) einen Isomorphismus

$$\exp : \mathfrak{p}_K^\nu \to U_K^{(\nu)}$$

für $\nu \geq 1$, wenn $p \neq 2$ ist, und für $\nu \geq 2$, wenn $p=2$, und überführt den Isomorphismus $\mathfrak{p}_K^\nu \to \mathfrak{p}_K^{\nu+s-1}$, $a \mapsto p^{s-1}(p-1)a$, in den Isomorphismus $U_K^{(\nu)} \to U_K^{(\nu+s-1)}$, $x \mapsto x^{p^{s-1}(p-1)}$, so daß $(U_K^{(1)})^{p^{n-1}(p-1)} = U_K^{(n)}$, wenn $p \neq 2$, und $(U_K^{(2)})^{2^{n-2}} = U_K^{(n)}$, wenn $p=2$, $n>1$ gilt (der Fall $p=2$, $n=1$ ist trivial). Hieraus folgt $U_K^{(n)} \subseteq N_{L|K}L^*$ falls $p \neq 2$. Für $p=2$ bemerken wir, daß

$$U_K^{(2)} = U_K^{(3)} \cup 5U_K^{(3)} = (U_K^{(2)})^2 \cup 5(U_K^{(2)})^2\,,$$

weil eine Zahl, die kongruent ist zu $1 \bmod 4$, kongruent ist zu 1 oder $5 \bmod 8$. Es ergibt sich daher

$$U_K^{(n)} = (U_K^{(2)})^{2^{n-1}} \cup 5^{2^{n-2}}(U_K^{(2)})^{2^{n-1}}\,.$$

Man zeigt leicht, daß $5^{2^{n-2}} = N_{L|K}(2+i)$ ist, so daß $U_K^{(n)} \subseteq N_{L|K}L^*$ auch im Fall $p=2$ gilt. Wegen $p = N_{L|K}(1-\zeta)$ ist $(p) \times U_K^{(n)} \subseteq N_{L|K}L^*$, und da beide Gruppen in K^* den Index $p^{n-1}(p-1)$ haben, so ist in der Tat $N_{L|K}L^* = (p) \times U_K^{(n)}$, wie behauptet. □

Als unmittelbare Folgerung des letzten Satzes erhalten wir eine lokale Version des berühmten Satzes von *Kronecker-Weber*, nach dem jede endliche abelsche Erweiterung von $\mathbb{Q}$ in einem Kreisteilungskörper enthalten ist.

(1.9) Korollar. *Jede endliche abelsche Erweiterung $L|\mathbb{Q}_p$ ist in einem Körper $\mathbb{Q}_p(\zeta)$ enthalten, wobei ζ eine Einheitswurzel ist. Mit anderen Worten:*

Die maximale abelsche Erweiterung $\mathbb{Q}_p^{ab}|\mathbb{Q}_p$ entsteht durch Adjunktion aller Einheitswurzeln.

Beweis: Für passendes f und n ist $(p^f) \times U_{\mathbb{Q}_p}^{(n)} \subseteq N_{L|K}L^*$. Daher ist L im Klassenkörper M der Gruppe

$$(p^f) \times U_{\mathbb{Q}_p}^{(n)} = ((p^f) \times U_{\mathbb{Q}_p}) \cap ((p) \times U_{\mathbb{Q}_p}^{(n)})$$

enthalten. Nach (1.4) ist M das Kompositum des Klassenkörpers zu $(p^f) \times U_{\mathbb{Q}_p}$ – dies ist die unverzweigte Erweiterung vom Grade f – und des Klassenkörpers zu $(p) \times U_{\mathbb{Q}_p}^{(n)}$. Daher wird M durch die $(p^f - 1)p^n$-ten Einheitswurzeln erzeugt. □

Aus dem lokalen Kronecker-Weber-Satz ergibt sich sofort der globale, klassische **Satz von Kronecker-Weber**.

(1.10) Theorem. *Jede endliche abelsche Erweiterung $L|\mathbb{Q}$ ist enthalten in einem mit einer Einheitswurzel ζ gebildeten Körper $\mathbb{Q}(\zeta)$.*

Beweis: Sei S die Menge der in L verzweigten Primzahlen p und L_p die Komplettierung von L bzgl. einer über p liegenden Primstelle. $L_p|\mathbb{Q}_p$ ist dann abelsch, so daß $L_p \subseteq \mathbb{Q}_p(\mu_{n_p})$ für ein passendes n_p. Sei p^{e_p} die genaue in n_p aufgehende p-Potenz und

$$n = \prod_{p \in S} p^{e_p} .$$

Wir zeigen, daß $L \subseteq \mathbb{Q}(\mu_n)$. Sei dazu $M = L(\mu_n)$. Dann ist $M|\mathbb{Q}$ abelsch, und wenn p in $M|\mathbb{Q}$ verzweigt ist, so muß p in S liegen. Ist M_p die Komplettierung bzgl. einer über p liegenden Primstelle von M, deren Einschränkung auf L die Komplettierung L_p liefert, so ist

$$M_p = L_p(\mu_n) = \mathbb{Q}_p(\mu_{p^{e_p} n'}) = \mathbb{Q}_p(\mu_{p^{e_p}})\mathbb{Q}_p(\mu_{n'})$$

mit $(n', p) = 1$. $\mathbb{Q}_p(\mu_{n'})|\mathbb{Q}_p$ ist die maximale unverzweigte Teilerweiterung von $\mathbb{Q}_p(\mu_n)|\mathbb{Q}_p$. Die Trägheitsgruppe I_p von $M_p|\mathbb{Q}_p$ ist daher isomorph zur Gruppe $G(\mathbb{Q}_p(\mu_{p^{e_p}})|\mathbb{Q}_p)$ und hat somit die Ordnung $\varphi(p^{e_p})$, φ die Eulerfunktion. Sei I die durch alle I_p, $p \in S$, erzeugte Untergruppe von $G(M|\mathbb{Q})$. Der Fixkörper von I ist dann unverzweigt, also nach dem Minkowskischen Satz aus Kap. III, (2.18) gleich $\mathbb{Q}$, so daß $I = G(M|\mathbb{Q})$. Andererseits ist

$$\#I \le \prod_{p \in S} \#I_p = \prod_{p \in S} \varphi(p^{e_p}) = \varphi(n) = [\,\mathbb{Q}(\mu_n) : \mathbb{Q}\,]$$

und daher $[\,M : \mathbb{Q}\,] = [\,\mathbb{Q}(\mu_n) : \mathbb{Q}\,]$, also $M = \mathbb{Q}(\mu_n)$. Dies zeigt, daß $L \subseteq \mathbb{Q}(\mu_n)$. □

Die folgenden Aufgaben 1–3 haben die Aufgaben 4–8 von Kap. IV, § 3 zur Voraussetzung.

Aufgabe 1. Für die Galoisgruppe $\Gamma = G(\tilde{K}|K)$ gilt kanonisch

$$H^1(\Gamma, \mathbb{Z}/n\mathbb{Z}) \cong \mathbb{Z}/n\mathbb{Z} \quad \text{und} \quad H^1(\Gamma, \mu_n) \cong U_K K^{*n}/K^{*n},$$

letzteres, falls n nicht durch die Restkörpercharakteristik teilbar ist.

Aufgabe 2. Für einen beliebigen Körper K und einen G_K-Modul A setze man

$$H^1(K, A) = H^1(G_K, A).$$

Ist K ein $\mathfrak{p}$-adischer Zahlkörper und n eine natürliche Zahl, so hat man eine nicht-ausgeartete Paarung

$$H^1(K, \mathbb{Z}/n\mathbb{Z}) \times H^1(K, \mu_n) \to \mathbb{Z}/n\mathbb{Z}$$

endlicher Gruppen, die durch

$$(\chi, a) \mapsto \chi((a, \overline{K}|K))$$

gegeben ist. Ist n nicht durch die Restkörpercharakteristik p teilbar, so ist das orthogonale Komplement von

$$H^1_{nr}(K, \mathbb{Z}/n) := H^1(G(\tilde{K}|K), \mathbb{Z}/n\mathbb{Z}) \subseteq H^1(K, \mathbb{Z}/n\mathbb{Z})$$

die Gruppe

$$H^1_{nr}(K, \mu_n) := H^1(G(\tilde{K}|K), \mu_n) \subseteq H^1(K, \mu_n).$$

Aufgabe 3. Ist $L|K$ eine endliche Erweiterung $\mathfrak{p}$-adischer Zahlkörper, so hat man ein kommutatives Diagramm

$$\begin{array}{ccccc} H^1(L, \mathbb{Z}/n\mathbb{Z}) & \times & H^1(L, \mu_n) & \to & \mathbb{Z}/n\mathbb{Z} \\ \uparrow & & \downarrow N_{L|K} & & \| \\ H^1(K, \mathbb{Z}/n\mathbb{Z}) & \times & H^1(K, \mu_n) & \to & \mathbb{Z}/n\mathbb{Z}\,. \end{array}$$

Aufgabe 4 (Lokale Tate-Dualität). Zeige, daß sich die Aussagen von Aufgabe 2 und 3 auf einen beliebigen endlichen G_K-Modul A anstelle von $\mathbb{Z}/n\mathbb{Z}$ und $A' = \operatorname{Hom}(A, \overline{K}^*)$ anstelle von μ_n fortsetzen.

Hinweis: Benutze die Aufgaben 4–8 von Kap. IV, § 3.

Aufgabe 5. Sei $L|K$ das Kompositum aller $\mathbb{Z}_p$-Erweiterungen des $\mathfrak{p}$-adischen Zahlkörpers K (Erweiterungen mit zu $\mathbb{Z}_p$ isomorpher Galoisgruppe). Zeige, daß die Galoisgruppe $G(L|K)$ ein freier, endlich erzeugter $\mathbb{Z}_p$-Modul ist, und bestimme seinen Rang.

Hinweis: Benütze Kap. II, (5.7).

Aufgabe 6. Es gibt nur eine unverzweigte $\mathbb{Z}_p$-Erweiterung von K. Erzeuge diese durch Einheitswurzeln.

Aufgabe 7. Sei p die Restkörpercharakteristik von K und L der durch alle Einheitswurzeln von p-Potenzordnung erzeugte Körper. Der Fixkörper der

Torsionsuntergruppe von $G(L|K)$ ist eine $\mathbb{Z}_p$-Erweiterung. Diese heißt die **zyklotomische** $\mathbb{Z}_p$-Erweiterung.

Aufgabe 8. Sei $\widehat{\mathbb{Q}}_p|\mathbb{Q}_p$ die zyklotomische $\mathbb{Z}_p$-Erweiterung von $\mathbb{Q}_p$, $G(\widehat{\mathbb{Q}}_p|\mathbb{Q}_p) \cong \mathbb{Z}_p$ ein gewählter Isomorphismus und $\hat{d} : G_{\mathbb{Q}_p} \to \mathbb{Z}_p$ der induzierte Homomorphismus der absoluten Galoisgruppe. Zeige:

Für ein passendes topologisches Erzeugendes u der Einseinheitengruppe von $\mathbb{Q}_p$ ist

$$\hat{v} : \mathbb{Q}_p^* \to \mathbb{Z}_p, \quad \hat{v}(a) = \frac{\log a}{\log u},$$

eine henselsche Bewertung bzgl. $\hat{d}$ im Sinne der abstrakten p-Klassenkörpertheorie (vgl. Kap. IV, §5, Aufgabe 2).

Aufgabe 9. Bestimme sämtliche p-Klassenkörpertheorien $(d : G_K \to \mathbb{Z}_p,$ $v : K^* \to \mathbb{Z}_p)$ über einem p-adischen Zahlkörper K.

Aufgabe 10. Bestimme sämtliche Klassenkörpertheorien $(d : G_K \to \widehat{\mathbb{Z}},$ $v : K^* \to \widehat{\mathbb{Z}})$ über einem $\mathfrak{p}$-adischen Zahlkörper K.

Aufgabe 11. Die **Weilgruppe** eines lokalen Körpers K ist das Urbild W_K von $\mathbb{Z}$ unter der Abbildung $d_K : G_K \to \widehat{\mathbb{Z}}$. Zeige:

Das Normrestsymbol $(\ ,K^{ab}|K)$ der maximalen abelschen Erweiterung $K^{ab}|K$ liefert einen Isomorphismus

$$(\ ,K^{ab}|K) : K^* \xrightarrow{\sim} W_K^{ab},$$

der die Einheitengruppe U_K auf die Trägheitsgruppe $I(K^{ab}|K)$ und die Einseinheitengruppe $U_K^{(1)}$ auf die Verzweigungsgruppe $R(K^{ab}|K)$ abbildet.

§2. Das Normrestsymbol über $\mathbb{Q}_p$

Ist ζ eine primitive m-te Einheitswurzel mit $(m,p) = 1$, so ist $\mathbb{Q}_p(\zeta)|\mathbb{Q}_p$ unverzweigt, und das Normrestsymbol ist offenbar durch

$$(a, \mathbb{Q}_p(\zeta)|\mathbb{Q}_p)\zeta = \zeta^{p^{v_p(a)}}$$

gegeben. Ist jedoch ζ eine primitive p^n-te Einheitswurzel, so erhält man das Normrestsymbol für die Erweiterung $\mathbb{Q}_p(\zeta)|\mathbb{Q}_p$ explizit in der einfachen Form

$$(a, \mathbb{Q}_p(\zeta)|\mathbb{Q}_p)\zeta = \zeta^{u^{-1}},$$

wenn $a = up^{v_p(a)}$ ist und $\zeta^{u^{-1}}$ die Potenz ζ^r mit einer ganzrationalen Zahl $r \equiv u^{-1} \bmod p^n$ bedeutet. Dieses Resultat ist nicht nur im lokalen Rahmen wichtig, sondern spielt vor allem für die Entwicklung der globalen Klassenkörpertheorie eine wesentliche Rolle (vgl. Kap. VI, §5).

Es entbehrt leider bis heute eines direkten algebraischen Beweises, so daß wir auf eine transzendente Methode angewiesen sind, die sich der *Komplettierung* $\widehat{K}$ der maximalen unverzweigten Erweiterung $\tilde{K}$ eines lokalen Körpers K bedient. Wir setzen den Frobenius $\varphi \in G(\tilde{K}|K)$ auf $\widehat{K}$ stetig fort und beweisen zuerst das

(2.1) Lemma. *Für jedes* $c \in \mathcal{O}_{\widehat{K}}$ *bzw.* $c \in U_{\widehat{K}}$ *besitzt die Gleichung*

$$x^{\varphi} - x = c \quad \text{bzw.} \quad x^{\varphi-1} = c$$

eine Lösung in $\mathcal{O}_{\widehat{K}}$ *bzw.* $U_{\widehat{K}}$. *Ist* $x^{\varphi} = x$ *für* $x \in \mathcal{O}_{\widehat{K}}$, *so ist* $x \in \mathcal{O}_K$.

Beweis: Sei π ein Primelement von K. Dann ist π gleichzeitig auch ein Primelement von $\widehat{K}$, und wir haben die φ-invarianten Isomorphismen

$$U_{\widehat{K}}/U_{\widehat{K}}^{(1)} \cong \bar{\kappa}^*, \qquad U_{\widehat{K}}^{(n)}/U_{\widehat{K}}^{(n+1)} \cong \bar{\kappa}$$

(vgl. Kap. II, (3.10)). Sei $c \in U_{\widehat{K}}$ und $\bar{c} = c \bmod \mathfrak{p}_{\widehat{K}}$. Da der Restklassenkörper $\bar{\kappa}$ von $\widehat{K}$ algebraisch abgeschlossen ist, so hat die Gleichung $\bar{x}^{\varphi} = \bar{x}^q = \bar{x} \cdot \bar{c}$ ($q = q_K$) eine Lösung $\neq 0$ in $\bar{\kappa} = \mathcal{O}_{\widehat{K}}/\mathfrak{p}_{\widehat{K}}$, d.h.

$$c = x_1^{\varphi-1} a_1 , \quad x_1 \in U_{\widehat{K}} , \quad a_1 \in U_{\widehat{K}}^{(1)} .$$

Aus ähnlichem Grund haben wir $a_1 = x_2^{\varphi-1} a_2$, $x_2 \in U_{\widehat{K}}^{(1)}$, $a_2 \in U_{\widehat{K}}^{(2)}$, also $c = (x_1 x_2)^{\varphi-1} a_2$. In der Tat, setzen wir $a_1 = 1 + b_1\pi$, $x_2 = 1 + y_2\pi$, so ist $a_1 x_2^{1-\varphi} \equiv 1 - (y_2^{\varphi} - y_2 - b_1)\pi \bmod \pi^2$, d.h. wir haben die Kongruenz $y_2^{\varphi} - y_2 - b_1 \equiv 0 \bmod \pi$ zu lösen, also in $\bar{\kappa}$ die Gleichung $\bar{y}_2^q - \bar{y}_2 - \bar{b}_1 = 0$, und dies ist möglich, weil $\bar{\kappa}$ algebraisch abgeschlossen ist. Fahren wir so fort, so ergibt sich

$$c = (x_1 x_2 \cdots x_n)^{\varphi-1} a_n , \quad x_n \in U_{\widehat{K}}^{(n-1)} , \quad a_n \in U_{\widehat{K}}^{(n)} ,$$

und durch Übergang zum Limes folgt weiter $c = x^{\varphi-1}$ mit $x = \prod_{n=1}^{\infty} x_n \in U_{\widehat{K}}$. Die Lösbarkeit der Gleichung $x^{\varphi} - x = c$ ergibt sich analog, wenn man die Isomorphismen $\mathfrak{p}_{\widehat{K}}^n/\mathfrak{p}_{\widehat{K}}^{n+1} \cong \bar{\kappa}$ benutzt.

Sei jetzt $x \in \mathcal{O}_{\widehat{K}}$ und $x^{\varphi} = x$. Dann ist für jedes $n \geq 1$

$$(*) \qquad x = x_n + \pi^n y_n \quad \text{mit } x_n \in \mathcal{O}_K \text{ und } y_n \in \mathcal{O}_{\widehat{K}} .$$

In der Tat, für $n = 1$ haben wir $x = a + \pi b$, $a \in \mathcal{O}_{\tilde{K}}$, $b \in \mathcal{O}_{\widehat{K}}$, und aus $x^{\varphi} = x$ folgt $a^{\varphi} \equiv a \bmod \pi$, so daß $a = x_1 + \pi c$, $x_1 \in \mathcal{O}_K$, $c \in \mathcal{O}_{\tilde{K}}$, und somit $x = x_1 + \pi(b+c) = x_1 + \pi y_1$, $y_1 \in \mathcal{O}_{\widehat{K}}$. Die Gleichung $x = x_n + \pi^n y_n$ impliziert weiterhin $y_n^{\varphi} = y_n$, so daß wie oben $y_n = c_n + \pi d_n$, $c_n \in \mathcal{O}_K$,

$d_n \in \mathcal{O}_{\widehat{K}}$, gilt und damit $x = (x_n + c_n\pi^n) + \pi^{n+1}d_n = x_{n+1} + \pi^{n+1}y_{n+1}$, $x_{n+1} \in \mathcal{O}_K$, $y_{n+1} \in \mathcal{O}_{\widehat{K}}$. Gehen wir jetzt mit der Gleichung $(*)$ zum Limes über, so erhalten wir $x = \lim_{n\to\infty} x_n \in \mathcal{O}_K$, da K vollständig ist. □

Für eine Potenzreihe $F(X_1,\dots,X_n) \in \mathcal{O}_{\widehat{K}}[\![X_1,\dots,X_n]\!]$ bedeute F^φ die Potenzreihe in $\mathcal{O}_{\widehat{K}}[\![X_1,\dots,X_n]\!]$, die aus F durch Anwendung von φ auf die Koeffizienten von F entsteht. Unter einer **Lubin-Tate-Reihe** zu einem Primelement π von K verstehen wir eine Potenzreihe $e(X) \in \mathcal{O}_K[\![X]\!]$ mit den Eigenschaften

$$e(X) \equiv \pi X \bmod \operatorname{Grad} 2 \quad \text{und} \quad e(X) \equiv X^q \bmod \pi\,,$$

wobei $q = q_K$ wie immer die Anzahl der Elemente im Restklassenkörper von K bedeutet. Die Gesamtheit der Lubin-Tate-Reihen bezeichnen wir mit $\mathcal{E}_\pi$. In $\mathcal{E}_\pi$ befinden sich insbesondere die Polynome

$$e(X) = uX^q + \pi(a_{q-1}X^{q-1} + \cdots + a_2X^2) + \pi X\,,$$

wobei $u, a_i \in \mathcal{O}_K$ und $u \equiv 1 \bmod \pi$ ist. Diese nennen wir die **Lubin-Tate-Polynome**. Das einfachste unter ihnen ist das Polynom $X^q + \pi X$. Im Falle $K = \mathbb{Q}_p$ ist z.B. $e(X) = (1+X)^p - 1$ ein Lubin-Tate-Polynom zum Primelement p.

(2.2) Satz. *Seien π und $\bar\pi$ Primelemente von $\widehat{K}$ und $e(X) \in \mathcal{E}_\pi$, $\bar e(X) \in \mathcal{E}_{\bar\pi}$ Lubin-Tate-Reihen. Sei $L(X_1,\dots,X_n) = \sum_{i=1}^n a_iX_i$ eine Linearform mit Koeffizienten $a_i \in \mathcal{O}_{\widehat{K}}$, derart daß*

$$\pi L(X_1,\dots,X_n) = \bar\pi L^\varphi(X_1,\dots,X_n)\,.$$

Dann gibt es eine eindeutig bestimmte Potenzreihe $F(X_1,\dots,X_n) \in \mathcal{O}_{\widehat{K}}[\![X_1,\dots,X_n]\!]$ mit den Eigenschaften

$$F(X_1,\dots,X_n) \equiv L(X_1,\dots,X_n) \bmod \operatorname{Grad} 2\,,$$
$$e(F(X_1,\dots,X_n)) = F^\varphi(\bar e(X_1),\dots,\bar e(X_n))\,.$$

Liegen die Koeffizienten von $e, \bar e, L$ in einem vollständigen Teilring $\mathcal{O}$ von $\mathcal{O}_{\widehat{K}}$ mit $\mathcal{O}^\varphi = \mathcal{O}$, so hat auch F Koeffizienten in $\mathcal{O}$.

Beweis: Sei $\mathcal{O}$ ein vollständiger Teilring von $\mathcal{O}_{\widehat{K}}$ mit $\mathcal{O}^\varphi = \mathcal{O}$, der die Koeffizienten von $e, \bar e, L$ enthält. Wir setzen $X = (X_1,\dots,X_n)$ und $e(X) = (e(X_1),\dots,e(X_n))$. Sei

$$F(X) = \sum_{\nu=1}^{\infty} E_\nu(X) \in \mathcal{O}[\![X]\!]$$

eine Potenzreihe, $E_\nu(X)$ ihr homogenes Polynom vom Grade ν, und sei

$$F_r(X) = \sum_{\nu=1}^{r} E_\nu(X) .$$

$F(X)$ ist offenbar genau dann eine Lösung des obigen Problems, wenn $F_1(X) = L(X)$ und

$$(1) \qquad e(F_r(X)) \equiv F_r^\varphi(\bar{e}(X)) \bmod \mathrm{Grad}(r+1)$$

für jedes $r \geq 1$. Wir bestimmen die Polynome $E_\nu(X)$ induktiv. Für $\nu = 1$ müssen wir $E_1(X) = L(X)$ nehmen. Die Bedingung (1) ist dann für $r = 1$ nach Voraussetzung erfüllt. Angenommen, die $E_\nu(X)$ sind für $\nu = 1, \ldots, r$ schon gefunden und sind eindeutig durch die Bedingung (1) festgelegt. Wir setzen $F_{r+1}(X) = F_r(X) + E_{r+1}(X)$ mit einem noch zu bestimmenden homogenen Polynom $E_{r+1}(X) \in \mathcal{O}[X]$ vom Grade $r+1$. Die Kongruenzen

$$\begin{aligned} e(F_{r+1}(X)) &\equiv e(F_r(X)) + \pi E_{r+1}(X) \bmod \mathrm{Grad}(r+2) , \\ F_{r+1}^\varphi(\bar{e}(X)) &\equiv F_r^\varphi(\bar{e}(X)) + \bar{\pi}^{r+1} E_{r+1}^\varphi(X) \bmod \mathrm{Grad}(r+2) \end{aligned}$$

zeigen, daß $E_{r+1}(X)$ der Kongruenz

$$(2) \qquad G_{r+1}(X) + \pi E_{r+1}(X) - \bar{\pi}^{r+1} E_{r+1}^\varphi(X) \equiv 0 \bmod \mathrm{Grad}(r+2)$$

genügen muß, wobei $G_{r+1}(X) = e(F_r(X)) - F_r^\varphi(\bar{e}(X)) \in \mathcal{O}[\![X]\!]$ ist. Es gilt $G_{r+1}(X) \equiv 0 \bmod \mathrm{Grad}\,(r+1)$ und

$$(3) \qquad G_{r+1}(X) \equiv F_r(X)^q - F_r^\varphi(X^q) \equiv 0 \bmod \pi$$

wegen $e(X) \equiv \bar{e}(X) \equiv X^q \bmod \pi$ und $\alpha^\varphi \equiv \alpha^q \bmod \pi$ für $\alpha \in \mathcal{O}$. Sei nun $X^i = X_1^{i_1} \ldots X_n^{i_n}$ ein Monom vom Grade $r+1$ in $\mathcal{O}[X]$. Der Koeffizient von X^i in G_{r+1} ist wegen (3) von der Form $-\pi\beta$ mit $\beta \in \mathcal{O}$. Sei α der Koeffizient desselben Monoms X^i in E_{r+1}. Dann ist $\pi\alpha - \bar{\pi}\alpha^\varphi$ der Koeffizient von X^i in $\pi E_{r+1} - \bar{\pi} E_{r+1}^\varphi$. Wegen $G_{r+1}(X) \equiv 0 \bmod \mathrm{Grad}(r+1)$ gilt (2) genau dann, wenn der Koeffizient α von X^i in E_{r+1} der Gleichung

$$(4) \qquad -\pi\beta + \pi\alpha - \bar{\pi}^{r+1}\alpha^\varphi = 0$$

genügt für jedes Monom X^i vom Grade $r+1$. Diese Gleichung hat nun eine eindeutig bestimmte Lösung α in $\mathcal{O}_{\widehat{K}}$, welche sogar in $\mathcal{O}$ liegt. Setzen wir nämlich $\gamma = \pi^{-1}\bar{\pi}^{r+1}$, so erhalten wir die Gleichung

$$\alpha - \gamma\alpha^\varphi = \beta ,$$

welche offensichtlich die wegen $v_{\widehat{K}}(\gamma) \geq 1$ konvergente Reihe

$$\alpha = \beta + \gamma\beta^\varphi + \gamma^{1+\varphi}\beta^{\varphi^2} + \cdots \in \mathcal{O}$$

als Lösung hat. Ist α' eine weitere Lösung, so ist $\alpha - \alpha' = \gamma(\alpha^\varphi - \alpha'^\varphi)$, also $v_{\widehat{K}}(\alpha - \alpha') = v_{\widehat{K}}(\gamma) + v_{\widehat{K}}((\alpha - \alpha')^\varphi) = v_{\widehat{K}}(\gamma) + v_{\widehat{K}}(\alpha - \alpha')$, d.h. $v_{\widehat{K}}(\alpha - \alpha') = \infty$ wegen $v_{\widehat{K}}(\gamma) \geq 1$, und somit $\alpha = \alpha'$. Für jedes Monom X^i vom Grade $r+1$ besitzt also die Gleichung (4) eine eindeutige Lösung α in $\mathcal{O}$, d.h. es existiert ein eindeutiges $E_{r+1}(X) \in \mathcal{O}[X]$, welches (2) genügt. Damit ist alles bewiesen. □

(2.3) Korollar. *Seien π und $\bar{\pi}$ Primelemente von K und $e \in \mathcal{E}_\pi$, $\bar{e} \in \mathcal{E}_{\bar{\pi}}$ Lubin-Tate-Reihen mit Koeffizienten in $\mathcal{O}_K$. Sei $\pi = u\bar{\pi}$, $u \in U_K$, und $u = \varepsilon^{\varphi - 1}$, $\varepsilon \in U_{\widehat{K}}$. Dann gibt es eine eindeutig bestimmte Potenzreihe $\theta(X) \in \mathcal{O}_{\widehat{K}}[\![X]\!]$ mit $\theta(X) \equiv \varepsilon X \bmod \mathrm{Grad}\ 2$ und*

$$e \circ \theta = \theta^\varphi \circ \bar{e}\,.$$

Ferner gibt es eine eindeutig bestimmte Potenzreihe $[u](X) \in \mathcal{O}_K[\![X]\!]$ mit $[u](X) \equiv uX \bmod \mathrm{Grad}\ 2$ und

$$\bar{e} \circ [u] = [u] \circ \bar{e}\,.$$

Für diese gilt

$$\theta^\varphi = \theta \circ [u]\,.$$

Beweis: Setzen wir $L(X) = \varepsilon X$, so gilt $\pi L(X) = \bar{\pi} L^\varphi(X)$, und die erste Aussage folgt unmittelbar aus (2.2). Mit der Linearform $L(X) = uX$ folgt ebenso die Existenz und Eindeutigkeit der Potenzreihe $[u](X) \in \mathcal{O}_K[\![X]\!]$. Setzen wir schließlich $\theta_1 = \theta^{\varphi^{-1}} \circ [u]$, so ist

$$e \circ \theta_1 = (e \circ \theta)^{\varphi^{-1}} \circ [u] = (\theta^\varphi \circ \bar{e})^{\varphi^{-1}} \circ [u] = (\theta^{\varphi^{-1}} \circ [u])^\varphi \circ \bar{e} = \theta_1^\varphi \circ \bar{e}$$

und damit $\theta_1 = \theta$ wegen der Eindeutigkeit, also $\theta^\varphi = \theta \circ [u]$. □

(2.4) Theorem. *Sei $a = up^{v_p(a)} \in \mathbb{Q}_p^*$, und sei ζ eine primitive p^n-te Einheitswurzel. Dann gilt*

$$(a, \mathbb{Q}_p(\zeta)|\mathbb{Q}_p)\zeta = \zeta^{u^{-1}}\,.$$

Beweis: Da $\mathbb{N}$ dicht in $\mathbb{Z}_p$ liegt, können wir annehmen, daß $u \in \mathbb{N}$, $(u, p) = 1$ ist. Sei $K = \mathbb{Q}_p$, $L = \mathbb{Q}_p(\zeta)$, und sei $\sigma \in G(L|K)$ der Automorphismus, der durch

$$\zeta^\sigma = \zeta^{u^{-1}}$$

definiert ist. Da $\mathbb{Q}_p(\zeta)|\mathbb{Q}_p$ rein verzweigt ist, haben wir $G(L|K) \cong G(\tilde{L}|\tilde{K})$ und sehen σ als Element von $G(\tilde{L}|K)$ an. Dann ist $\tilde{\sigma} = \sigma\varphi_L \in$

$\mathrm{Frob}(\tilde{L}|K)$ ein Element mit $d_K(\tilde{\sigma}) = 1$ und $\tilde{\sigma}|_L = \sigma$. Der Fixkörper Σ von $\tilde{\sigma}$ ist rein verzweigt wegen $f_{\Sigma|K} = d_K(\tilde{\sigma}) = 1$ nach Kap. IV, (4.5). Der Beweis des Theorems beruht darauf, daß wir den Körper Σ in expliziter Weise durch ein Primelement π_Σ erzeugen können, welches uns durch die in (2.3) bereitgestellte Potenzreihe θ in die Hand gegeben wird.

Wir denken uns dazu $\tilde{\sigma}$ und $\varphi = \varphi_L$ stetig auf die Komplettierung $\widehat{L}$ von $\tilde{L}$ fortgesetzt und betrachten die beiden Lubin-Tate-Polynome

$$e(X) = upX + X^p \quad \text{und} \quad \bar{e}(X) = (1+X)^p - 1$$

und das Polynom $[u](X) = (1+X)^u - 1$. Dann ist $\bar{e}([u](X)) = (1+X)^{up} - 1 = [u](\bar{e}(X))$. Nach (2.3) gibt es eine Potenzreihe $\theta(X) \in \mathcal{O}_{\widehat{K}}[\![X]\!]$ mit

$$e \circ \theta = \theta^\varphi \circ \bar{e} \quad \text{und} \quad \theta^\varphi = \theta \circ [u].$$

Setzen wir das Primelement $\lambda = \zeta - 1$ von L ein, so erhalten wir in

$$\pi_\Sigma = \theta(\lambda)$$

ein Primelement von Σ, da $[u](\lambda^\sigma) = (1+\lambda^\sigma)^u - 1 = \zeta^{\sigma u} - 1 = \zeta - 1 = \lambda$ und daher

$$\pi_\Sigma^{\tilde{\sigma}} = \theta^\varphi(\lambda^\sigma) = \theta([u](\lambda^\sigma)) = \theta(\lambda) = \pi_\Sigma$$

ist, d.h. $\pi_\Sigma \in \Sigma$ nach (2.1). Wir zeigen, daß

$$P(X) = e^{n-1}(X)^{p-1} + up \in \mathbb{Z}_p[X]$$

das Minimalpolynom von π_Σ ist, wobei $e^i(X)$ durch $e^0(X) = X$ und $e^i(X) = e(e^{i-1}(X))$ definiert ist. $P(X)$ ist normiert vom Grade $p^{n-1}(p-1)$ und irreduzibel nach dem Eisensteinschen Kriterium, denn $e(X) \equiv X^p \bmod p$, also $e^{n-1}(X)^{p-1} \equiv X^{p^{n-1}(p-1)} \bmod p$. Schließlich ist $e^n(X) = e^{n-1}(X) \cdot (up + e^{n-1}(X)^{p-1}) = e^{n-1}(X)P(X)$, also

$$P(\pi_\Sigma)e^{n-1}(\pi_\Sigma) = e^n(\pi_\Sigma).$$

Wegen $e^i(\pi_\Sigma) = e^i(\theta(\lambda)) = \theta^{\varphi^i}(\bar{e}^i(\lambda)) = \theta^{\varphi^i}((1+\lambda)^{p^i} - 1) = \theta^{\varphi^i}(\zeta^{p^i} - 1)$ haben wir $e^n(\pi_\Sigma) = 0$, $e^{n-1}(\pi_\Sigma) \neq 0$, also $P(\pi_\Sigma) = 0$.

Unter Beachtung von $N_{L|K}(\zeta - 1) = (-1)^d p$, $d = [L:K]$ (vgl. Kap. II, (7.13)), erhalten wir

$$N_{\Sigma|K}(\pi_\Sigma) = (-1)^d P(0) = (-1)^d pu \equiv u \bmod N_{L|K}L^*$$

und somit $r_{L|K}(\sigma) = u \bmod N_{L|K}L^*$, d.h. $(u, L|K) = (a, L|K) = \sigma$, q.e.d. □

Ein volles Verständnis für diesen Beweis des Theorems (2.4) gewinnt man durch die Lektüre von § 4. Es sei darauf hingewiesen, daß man einen direkten, rein algebraischen Beweis erhielte, wenn man ohne Verwendung der Potenzreihe θ zeigen könnte, daß der Zerfällungskörper des Polynoms $e^n(X)$ abelsch ist und elementweise fest unter $\tilde{\sigma} = \sigma\varphi_L$ bleibt. Dieser Zerfällungskörper muß dann der Körper Σ sein und jede Nullstelle von $P(X) = e^n(X)/e^{n-1}(X)$ ein Primelement $\pi_\Sigma \in \Sigma$ mit $N_{\Sigma|K}(\pi_\Sigma) \equiv u \bmod N_{L|K}L^*$, so daß $r_{L|K}(\sigma) \equiv u \bmod N_{L|K}L^*$, d.h. $(u, L|K) = \sigma$.

Aufgabe 1. Die p-Klassenkörpertheorie $(d : G_{\mathbb{Q}_p} \to \mathbb{Z}_p,\ v : \mathbb{Q}_p^* \to \mathbb{Z})$ zur unverzweigten $\mathbb{Z}_p$-Erweiterung von $\mathbb{Q}_p$ und die p-Klassenkörpertheorie $(\hat{d} : G_{\mathbb{Q}_p} \to \mathbb{Z}_p,\ \hat{v} : \mathbb{Q}_p^* \to \mathbb{Z}_p)$ zur zyklotomischen $\mathbb{Z}_p$-Erweiterung von $\mathbb{Q}_p$ (vgl. § 1, Aufgabe 7) liefern die gleichen Normrestsymbole $(\ \ , L|K)$.

Hinweis: Zeige, daß diese Aussage gleichbedeutend ist mit der Formel (2.4): $(u, \mathbb{Q}_p(\zeta)|\mathbb{Q}_p)\zeta = \zeta^{u^{-1}}$.

Aufgabe 2. Sei $L|K$ eine rein verzweigte galoissche Erweiterung und $\widehat{L}$ bzw. $\widehat{K}$ die Komplettierung der maximalen unverzweigten Erweiterung $\tilde{L}$ bzw. $\tilde{K}$ von L bzw. K. Zeige, daß $N_{\widehat{L}|\widehat{K}}\widehat{L}^* = \widehat{K}^*$ und daß jedes $y \in \widehat{L}^*$ mit $N_{\widehat{L}|\widehat{K}}(y) = 1$ von der Form $y = \prod_i z_i^{\sigma_i - 1}$, $\sigma_i \in G(L|K)$, ist.

Aufgabe 3 (Satz von DWORK). Sei $L|K$ eine rein verzweigte abelsche Erweiterung $\mathfrak{p}$-adischer Zahlkörper. Sei $x \in K^*$ und $y \in \widehat{L}^*$, so daß $N_{\widehat{L}|\widehat{K}}(y) = x$. Seien $z_i \in \widehat{L}^*$ und $\sigma_i \in G(L|K)$, so daß

$$y^{\varphi_K - 1} = \prod_i z_i^{\sigma_i - 1}.$$

Setzt man $\sigma = \prod_i \sigma_i$, so gilt $(x, L|K) = \sigma^{-1}$.

Hinweis: Vgl. hierzu Kap. IV, § 5, Aufgabe 1.

Aufgabe 4. Leite aus Aufgabe 2 und 3 die Formel $(u, \mathbb{Q}_p(\zeta)|\mathbb{Q}_p)\zeta = \zeta^{u^{-1}}$ für eine p^n-te Einheitswurzel ζ her.

§ 3. Das Hilbertsymbol

Sei K ein lokaler Körper oder $K = \mathbb{R}$, $K = \mathbb{C}$. Wir nehmen an, daß K die Gruppe μ_n der n-ten Einheitswurzeln enthält, wobei n eine zur Charakteristik von K prime natürliche Zahl ist (d.h. n beliebig, wenn $char(K) = 0$. Über einem solchen Körper K haben wir dann einerseits die Kummertheorie (vgl. Kap. IV, § 3) und andererseits die Klassenkörpertheorie. Durch das Zusammenspiel dieser beiden Theorien ergibt sich das „Hilbertsymbol“, eine höchst bemerkenswerte Erscheinung, die uns zu einer Verallgemeinerung des klassischen Gaußschen Reziprozitätsgesetzes auf n-te Potenzreste führen wird.

Sei $L = K(\sqrt[n]{K^*})$ die maximale abelsche Erweiterung vom Exponenten n. Nach (1.5) ist dann

$$N_{L|K}L^* = K^{*n} ,$$

und wir haben nach der Klassenkörpertheorie den kanonischen Isomorphismus

$$G(L|K) \cong K^*/K^{*n} .$$

Auf der anderen Seite liefert die Kummertheorie den kanonischen Isomorphismus

$$\mathrm{Hom}(G(L|K), \mu_n) \cong K^*/K^{*n} .$$

Die bilineare Abbildung

$$G(L|K) \times \mathrm{Hom}(G(L|K), \mu_n) \to \mu_n , \quad (\sigma, \chi) \mapsto \chi(\sigma) ,$$

liefert daher eine nicht-ausgeartete bilineare Paarung

$$\left(\frac{\ ,\ }{\mathfrak{p}}\right) : K^*/K^{*n} \times K^*/K^{*n} \to \mu_n$$

(bilinear im multiplikativen Sinne). Diese Paarung wird das **Hilbertsymbol** genannt. Seine Beziehung zum Normrestsymbol wird explizit durch den folgenden Satz beschrieben.

(3.1) Satz. *Für $a, b \in K^*$ ist das Hilbertsymbol $\left(\frac{a, b}{\mathfrak{p}}\right) \in \mu_n$ durch*

$$(a, K(\sqrt[n]{b})|K)\sqrt[n]{b} = \left(\frac{a, b}{\mathfrak{p}}\right)\sqrt[n]{b}$$

gegeben.

Beweis: Das Bild von a unter dem Isomorphismus $K^*/K^{*n} \cong G(L|K)$ der Klassenkörpertheorie ist das Normrestsymbol $\sigma = (a, L|K)$. Das Bild von b unter dem Isomorphismus $K^*/K^{*n} \cong \mathrm{Hom}(G(L|K), \mu_n)$ der Kummertheorie ist der Charakter $\chi_b : G(L|K) \to \mu_n$, der durch $\chi_b(\tau) = \tau\sqrt[n]{b}/\sqrt[n]{b}$ gegeben ist. Nach Definition des Hilbertsymbols ist

$$\left(\frac{a, b}{\mathfrak{p}}\right) = \chi_b(\sigma) = \sigma\sqrt[n]{b}/\sqrt[n]{b} ,$$

also $(a, K(\sqrt[n]{b})|K)\sqrt[n]{b} = (a, L|K)\sqrt[n]{b} = \left(\frac{a, b}{\mathfrak{p}}\right)\sqrt[n]{b}$. □

Das Hilbertsymbol besitzt die folgenden grundlegenden Eigenschaften:

(3.2) Satz.

(i) $\left(\frac{aa',b}{\mathfrak{p}}\right) = \left(\frac{a,b}{\mathfrak{p}}\right)\left(\frac{a',b}{\mathfrak{p}}\right)$

(ii) $\left(\frac{a,bb'}{\mathfrak{p}}\right) = \left(\frac{a,b}{\mathfrak{p}}\right)\left(\frac{a,b'}{\mathfrak{p}}\right)$

(iii) $\left(\frac{a,b}{\mathfrak{p}}\right) = 1 \Longleftrightarrow$ *a ist eine Norm der Erweiterung* $K(\sqrt[n]{b})|K$.

(iv) $\left(\frac{a,b}{\mathfrak{p}}\right) = \left(\frac{b,a}{\mathfrak{p}}\right)^{-1}$

(v) $\left(\frac{a,1-a}{\mathfrak{p}}\right) = 1$ *und* $\left(\frac{a,-a}{\mathfrak{p}}\right) = 1$

(vi) Ist $\left(\frac{a,b}{\mathfrak{p}}\right) = 1$ *für alle* $b \in K^*$, *so ist* $a \in K^{*n}$.

Beweis: (i) und (ii) sind nach Definition klar, (iii) folgt aus (3.1) und (vi) besagt die Nichtausgeartetheit des Hilbertsymbols.

Ist $b \in K^*$ und $x \in K$, derart daß $x^n - b \neq 0$, so ist

$$x^n - b = \prod_{i=0}^{n-1}(x - \zeta^i\beta)\,, \quad \beta^n = b\,,$$

mit einer primitiven n-ten Einheitswurzel ζ. Sei d der größte Teiler von n, derart daß $y^d = b$ eine Lösung in K hat, und sei $n = dm$. Die Erweiterung $K(\beta)|K$ ist dann zyklisch vom Grad m, und die Konjugierten von $x - \zeta^i\beta$ sind die Elemente $x - \zeta^j\beta$ mit $j \equiv i \bmod d$. Wir können daher

$$x^n - b = \prod_{i=0}^{d-1} N_{K(\beta)|K}(x - \zeta^i\beta)$$

schreiben, so daß $x^n - b$ eine Norm von $K(\sqrt[n]{b})|K$ ist, d.h.

$$\left(\frac{x^n - b, b}{\mathfrak{p}}\right) = 1\,.$$

Die Wahlen $x = 1$, $b = 1 - a$ und $x = 0$, $b = -a$ liefern dann (v). Schließlich ergibt sich (iv) durch

$$\left(\frac{a,b}{\mathfrak{p}}\right)\left(\frac{b,a}{\mathfrak{p}}\right) = \left(\frac{a,-a}{\mathfrak{p}}\right)\left(\frac{a,b}{\mathfrak{p}}\right)\left(\frac{b,a}{\mathfrak{p}}\right)\left(\frac{b,-b}{\mathfrak{p}}\right)$$
$$= \left(\frac{a,-ab}{\mathfrak{p}}\right)\left(\frac{b,-ab}{\mathfrak{p}}\right) = \left(\frac{ab,-ab}{\mathfrak{p}}\right) = 1\,. \qquad \square$$

Im Falle $K = \mathbb{R}$ ist $n = 1$ oder $n = 2$. Für $n = 1$ ist natürlich $\left(\frac{a,b}{\mathfrak{p}}\right) = 1$, und für $n = 2$ ist

$$\left(\frac{a,b}{\mathfrak{p}}\right) = (-1)^{\frac{\operatorname{sgn} a-1}{2}\cdot\frac{\operatorname{sgn} b-1}{2}}\,,$$

weil $(a, \mathbb{R}(\sqrt{b})|\mathbb{R}) = 1$ ist für $b > 0$ und $= (-1)^{\operatorname{sgn} a}$ für $b < 0$. Der Buchstabe $\mathfrak{p}$ hat hier die symbolische Bedeutung einer unendlichen Primstelle.

Wir bestimmen als nächstes das Hilbertsymbol in expliziter Weise in dem Fall, daß K ein lokaler Körper ($\neq \mathbb{R}, \mathbb{C}$) ist, dessen Restkörpercharakteristik p nicht in n aufgeht. In diesem Fall sprechen wir vom **zahmen Hilbertsymbol**. Wegen $\mu_n \subseteq \mu_{q-1}$ gilt dann $n \mid q-1$. Wir zeigen zuerst das

(3.3) Lemma. *Sei $(n,p) = 1$ und $x \in K^*$. Die Erweiterung $K(\sqrt[n]{x})|K$ ist genau dann unverzweigt, wenn $x \in U_K K^{*n}$.*

Beweis: Sei $x = uy^n$, $u \in U_K$, $y \in K^*$, so daß $K(\sqrt[n]{x}) = K(\sqrt[n]{u})$. Sei κ' der Zerfällungskörper des Polynoms $X^n - u \bmod \mathfrak{p}$ über dem Restklassenkörper κ, und sei $K'|K$ die unverzweigte Erweiterung mit dem Restklassenkörper κ' (vgl. Kap. II, § 9, S. 182). Nach dem Henselschen Lemma zerfällt dann $X^n - u$ über K' in Linearfaktoren, so daß $K(\sqrt[n]{u}) \subseteq K'$ unverzweigt ist. Sei umgekehrt $L = K(\sqrt[n]{x})$ unverzweigt über K, und sei $x = u\pi^r$, $u \in U_K$, π ein Primelement von K. Dann ist $v_L(\sqrt[n]{u\pi^r}) = \frac{1}{n}v_L(\pi^r) = \frac{r}{n} \in \mathbb{Z}$, also $n|r$, d.h. $\pi^r \in K^{*n}$ und somit $x \in U_K K^{*n}$. $\square$

Wegen $U_K = \mu_{q-1} \times U_K^{(1)}$ hat jede Einheit $u \in U_K$ eine eindeutige Zerlegung

$$u = \omega(u)\langle u\rangle$$

mit $\omega(u) \in \mu_{q-1}$ und $\langle u\rangle \in U_K^{(1)}$, $u \equiv \omega(u) \bmod \mathfrak{p}$. Mit diesen Bezeichnungen beweisen wir jetzt den

(3.4) Satz. *Ist* $(n,p)=1$ *und* $a,b\in K^*$, *so ist*

$$\left(\frac{a,b}{\mathfrak{p}}\right)=\omega\Big((-1)^{\alpha\beta}\frac{b^\alpha}{a^\beta}\Big)^{(q-1)/n},$$

wobei $\alpha=v_K(a)$, $\beta=v_K(b)$ *ist.*

Beweis: Die Funktion

$$\langle a,b\rangle:=\omega\Big((-1)^{\alpha\beta}\frac{b^\alpha}{a^\beta}\Big)^{(q-1)/n}$$

ist offensichtlich bilinear (im multiplikativen Sinne). Wir dürfen daher annehmen, daß a und b Primelemente sind: $a=\pi$, $b=-\pi u$, $u\in U_K$. Da offensichtlich $\langle\pi,-\pi\rangle=(\frac{\pi,-\pi}{\mathfrak{p}})=1$ ist, können wir uns auf den Fall $a=\pi$, $b=u$ beschränken. Sei $y=\sqrt[n]{u}$ und $K'=K(y)$. Dann ist

$$\langle\pi,u\rangle=\omega(u)^{(q-1)/n}\quad\text{und}\quad(\pi,K'|K)y=\left(\frac{\pi,u}{\mathfrak{p}}\right)y\,.$$

Nach (3.3) ist $K'|K$ unverzweigt und nach Kap. IV, (5.7) ist $(\pi,K'|K)$ der Frobeniusautomorphismus $\varphi=\varphi_{K'|K}$. Daher ist

$$\left(\frac{\pi,u}{\mathfrak{p}}\right)=\frac{\varphi y}{y}\equiv y^{q-1}\equiv u^{(q-1)/n}\equiv\omega(u)^{(q-1)/n}\equiv\langle\pi,u\rangle\bmod\mathfrak{p}\,,$$

also $(\frac{\pi,u}{\mathfrak{p}})=\langle\pi,u\rangle$, weil μ_{q-1} unter $U_K\to\kappa^*$ isomorph auf κ^* abgebildet wird. □

Der Satz zeigt insbesondere, daß das Hilbertsymbol

$$\left(\frac{\pi,u}{\mathfrak{p}}\right)=\omega(u)^{(q-1)/n}$$

(im Falle $(n,p)=1$) unabhängig von der Wahl des Primelementes π ist. Wir können daher

$$\left(\frac{u}{\mathfrak{p}}\right):=\left(\frac{\pi,u}{\mathfrak{p}}\right)\quad\text{für}\quad u\in U_K$$

setzen. $\left(\frac{u}{\mathfrak{p}}\right)$ ist die durch

$$\left(\frac{u}{\mathfrak{p}}\right)\equiv u^{(q-1)/n}\bmod\mathfrak{p}_K$$

bestimmte Einheitswurzel. Wir nennen sie das **Legendresymbol** oder das n-te **Potenzrestsymbol**. Beide Namen rechtfertigen sich durch den

(3.5) Satz. *Sei $(n,p)=1$ und $u \in U_K$. Dann gilt*

$$\left(\frac{u}{\mathfrak{p}}\right) = 1 \iff u \text{ ist eine } n\text{-te Potenz } \bmod \mathfrak{p}_K .$$

Beweis: Sei ζ eine primitive $(q-1)$-te Einheitswurzel und sei $m = \frac{q-1}{n}$. Dann ist ζ^n eine primitive m-te Einheitswurzel und

$$\left(\frac{u}{\mathfrak{p}}\right) = \omega(u)^m = 1 \iff \omega(u) \in \mu_m \iff \omega(u) = (\zeta^n)^i$$
$$\iff u \equiv \omega(u) = (\zeta^i)^n \bmod \mathfrak{p}_K . \qquad \square$$

Es ist ein wichtiges, aber i.a. schwieriges Problem, explizite Formeln für das Hilbertsymbol $(\frac{a,b}{\mathfrak{p}})$ auch im Falle $p|n$ zu geben. Wir betrachten als nächstes den Fall $n=2$ und $K=\mathbb{Q}_p$. Ist $a \in \mathbb{Z}_2$, so hat $(-1)^a$ die Bedeutung

$$(-1)^a = (-1)^r ,$$

wobei r eine ganzrationale Zahl $\equiv a \bmod 2$ ist.

(3.6) Theorem. *Sei $n=2$. Für $a,b \in \mathbb{Q}_p^*$ schreiben wir*

$$a = p^\alpha a', \quad b = p^\beta b', \quad a',b' \in U_{\mathbb{Q}_p} .$$

Ist $p \neq 2$, so ist

$$\left(\frac{a,b}{p}\right) = (-1)^{\frac{p-1}{2}\alpha\beta} \left(\frac{a'}{p}\right)^\beta \left(\frac{b'}{p}\right)^\alpha .$$

Insbesondere ist $\left(\frac{p,p}{p}\right) = (-1)^{(p-1)/2}$ und $\left(\frac{p,u}{p}\right) = \left(\frac{u}{p}\right)$, wenn u eine Einheit ist.
Ist $p=2$ und $a,b \in U_{\mathbb{Q}_2}$, so ist

$$\left(\frac{2,a}{2}\right) = (-1)^{(a^2-1)/8} ,$$
$$\left(\frac{a,b}{2}\right) = \left(\frac{b,a}{2}\right) = (-1)^{\frac{a-1}{2}\frac{b-1}{2}} .$$

Beweis: Die Aussage im Fall $p \neq 2$ ist eine direkte Konsequenz von (3.4) und sei dem Leser überlassen. Sei also $p=2$. Wir setzen $\eta(a) = \frac{a^2-1}{8}$ und $\varepsilon(a) = \frac{a-1}{2}$. Eine elementare Rechnung zeigt

$$\eta(a_1a_2) \equiv \eta(a_1)+\eta(a_2) \bmod 2 \quad \text{und} \quad \varepsilon(a_1a_2) \equiv \varepsilon(a_1)+\varepsilon(a_2) \bmod 2 .$$

Beide Seiten der zu beweisenden Gleichungen sind daher multiplikativ, und es genügt, die Aussage für eine Menge von Erzeugenden von $U_{\mathbb{Q}_2}/U_{\mathbb{Q}_2}^2$ nachzuweisen. Eine solche Menge ist $\{5,-1\}$. Wir stellen den Beweis hierfür einen Moment zurück und setzen $(a,b) = (\frac{a,b}{2})$.

Wir haben $(-1,x) = 1$ genau dann, wenn x eine Norm von $\mathbb{Q}_2(\sqrt{-1})|\mathbb{Q}_2$ ist, d.h. $x = y^2 + z^2$, $y,z \in \mathbb{Q}_2$. Wegen $5 = 4+1$ und $2 = 1+1$ finden wir $(-1,2) = (-1,5) = 1$. Wäre $(-1,-1) = 1$, so wäre $(-1,x) = 1$ für alle x, d.h. -1 wäre ein Quadrat in $\mathbb{Q}_2^*$, was nicht der Fall ist. Daher ist $(-1,-1) = -1$.

Wir haben $(2,2) = (2,-1) = 1$ und $(5,5) = (5,-1) = 1$. Bleibt also $(2,5)$ zu bestimmen. Wäre $(2,5) = 1$, so wäre $(2,x) = 1$ für alle x, d.h. 2 wäre ein Quadrat in $\mathbb{Q}_2^*$, was nicht der Fall ist. Also ist $(2,5) = -1$.

Durch eine direkte Verifizierung sieht man, daß die soeben gefundenen Werte mit denen von $(-1)^{\eta(a)}$ bzw. $(-1)^{\varepsilon(a)\varepsilon(b)}$ in jedem einzelnen Fall übereinstimmen.

Es bleibt zu zeigen, daß $U_{\mathbb{Q}_2}/U_{\mathbb{Q}_2}^2$ durch $\{5,-1\}$ erzeugt wird. Wir setzen $U = U_{\mathbb{Q}_2}$, $U^{(n)} = U_{\mathbb{Q}_2}^{(n)}$. Nach Kap. II, (5.5) ist $\exp : 2^n\,\mathbb{Z}_2 \to U^{(n)}$ ein Isomorphismus für $n > 1$. Da $a \mapsto 2a$ einen Isomorphismus $2^2\,\mathbb{Z}_2 \to 2^3\,\mathbb{Z}_2$ liefert, so liefert $x \mapsto x^2$ einen Isomorphismus $U^{(2)} \to U^{(3)}$. Es folgt $U^{(3)} \subseteq U^2$. Da $\{1,-1,5,-5\}$ ein Repräsentantensystem von $U/U^{(3)}$ ist, so wird U/U^2 durch -1 und 5 erzeugt. □

Sehr viel schwieriger gestaltet sich die explizite Bestimmung des n-ten Hilbertsymbols im allgemeinen Fall. Sie wurde erst im Jahre 1964 von dem Mathematiker *Helmut Brückner* gefunden. Da das Resultat bisher keine direkt zugängliche Veröffentlichung gefunden hat, so sei es hier für den Fall $n = p^\nu$ mit ungerader Restkörpercharakteristik p von K ohne Beweis dargelegt.

Sei also $\mu_{p^\nu} \subseteq K$, π ein ausgewähltes Primelement von K, und W der Ring der ganzen Zahlen der maximalen unverzweigten Teilerweiterung T von $K|\mathbb{Q}_p$ (d.h. der Wittring über dem Restklassenkörper von K). Dann läßt sich jedes Element $x \in K$ in der Form

$$x = f(\pi)$$

mit einer Laurentreihe $f(X) \in W((X))$ darstellen.

Für eine beliebige Laurentreihe $f(X) = \sum_{i\geq -m} a_i X^i \in W((X))$ bezeichne $f^{\mathcal{P}}(X)$ die Reihe

$$f^{\mathcal{P}}(X) = \sum_i a_i^{\varphi} X^{ip},$$

wobei φ der Frobeniusautomorphismus von W ist. Ferner bedeute $\operatorname{Res}(fdX) \in W$ das Residuum des Differentials fdX,

$$d\log f := \frac{f'}{f}dX\,,$$

und

$$\log f := \sum_{i=1}^{\infty}(-1)^{i+1}\frac{(f-1)^i}{i}\,,$$

falls $f \in 1+pW[\![X]\!]$.

Sei jetzt ζ eine primitive p^ν-te Einheitswurzel. Dann ist $1-\zeta$ ein Primelement von $\mathbb{Q}_p(\zeta)$, und daher

$$1-\zeta = \pi^e\varepsilon$$

mit einer Einheit ε von K, wobei e der Verzweigungsindex von $K|\mathbb{Q}_p(\zeta)$ ist. Sei $\eta(X) \in W[\![X]\!]$ eine Potenzreihe mit

$$\varepsilon = \eta(\pi)$$

und $h(X)$ die Reihe

$$h(X) = \frac{1}{2}\frac{1+(1-X^e\eta(X))^{p^\nu}}{1-(1-X^e\eta(X))^{p^\nu}} = \sum_{i=-\infty}^{\infty} a_iX^i\,, \quad a_i \in W\,, \quad \lim_{i\to-\infty} a_i = 0\,.$$

Mit diesen Bezeichnungen haben wir nun für das p^ν-te Hilbertsymbol $(\frac{x,y}{\mathfrak{p}})$, $p = \operatorname{char}(\kappa) \neq 2$, das *Brückner*sche

(3.7) Theorem. *Sind $x,y \in K^*$ und $f,g \in W((X))^*$ mit $f(\pi)=x$ und $g(\pi)=y$, so ist*

$$\left(\frac{x,y}{\mathfrak{p}}\right) = \zeta^{w(x,y)}$$

mit

$$w(x,y) = Tr_{W|\mathbb{Z}_p}\operatorname{Res} h\cdot\Big(\frac{1}{p}\log\frac{f^p}{f^{\mathcal{P}}}d\log g - \frac{1}{p}\log\frac{g^p}{g^{\mathcal{P}}}\,\frac{1}{p}\,d\log f^{\mathcal{P}}\Big) \bmod p^\nu\,.$$

Zum Beweis dieses Theorems müssen wir auf [20] verweisen (vgl. auch [69] und [135]). *Brückner* leitete auch für den Fall $n = 2^\nu$ eine explizite Formel her, jedoch ist diese viel komplizierter. Eine neuere Behandlung hat das Theorem durch *G. Henniart* [69] erfahren, die auch den Fall $n = 2^\nu$ einschließt.

Es wäre interessant, aus diesen Formeln das folgende klassische Ergebnis von *Iwasawa* [80], *Artin* und *Hasse* (vgl. [9]) herzuleiten, das sich auf den Körper

$$\Phi_\nu = \mathbb{Q}_p(\zeta)$$

bezieht, wobei ζ eine primitive p^ν-te Einheitswurzel bedeutet ($p \neq 2$). Setzen wir $\pi = 1 - \zeta$ und bezeichnen wir mit S die Spurabbildung von Φ_ν nach $\mathbb{Q}_p$, so erhalten wir für das p^ν-te Hilbertsymbol $\left(\frac{x, y}{\mathfrak{p}}\right)$ des Körpers Φ_ν den

(3.8) Satz. *Für $a \in U_{\Phi_\nu}^{(2p^{\nu-1})}$ und $b \in \Phi_\nu^*$ gilt*

$$\left(\frac{a, b}{\mathfrak{p}}\right) = \zeta^{S(\zeta \log a \; D \log b)/p^\nu}, \tag{1}$$

wobei $D \log b$ die formale logarithmische Ableitung nach π einer beliebigen Darstellung von b als ganzer Potenzreihe in π mit Koeffizienten in $\mathbb{Z}_p$ bedeutet.

Für $a \in U_{\Phi_\nu}^{(1)}$ hat man überdies die beiden **Ergänzungssätze**

$$\left(\frac{\zeta, a}{\mathfrak{p}}\right) = \zeta^{S(\log a)/p^\nu}, \tag{2}$$

$$\left(\frac{a, \pi}{\mathfrak{p}}\right) = \zeta^{S((\zeta/\pi) \log a)/p^\nu}. \tag{3}$$

Die Ergänzungssätze (2) und (3) gehen auf *Artin* und *Hasse* [9] zurück. Die Formel (1) wurde für $n = 1$ unabhängig von *Artin* [10] und *Hasse* [61] bewiesen und im allgemeinen Fall von *Iwasawa* [80]. Für $n = 1$ etwa kann man die Formeln in der Tat aus dem *Brückner*schen Theorem (3.7) folgern. Wegen

$$\frac{1}{p} S(\zeta \pi^i) \equiv \begin{cases} 1 \bmod p, & i = p - 1, \\ 0 \bmod p, & i \neq p - 1, \end{cases} \quad \text{und} \quad \log a \equiv 0 \bmod \mathfrak{p}^2$$

kann man in den Formeln (1)–(3) den ζ-Exponenten auch als $(p-1)$-ten Koeffizienten einer π-adischen Entwicklung von $\log a \; D \log b$ auffassen und dadurch als das formale Residuum $\mathrm{Res}_\pi \frac{1}{\pi^p} \log a \; D \log b$ interpretieren. Für die Ergänzungssätze ist dabei zusätzlich noch $D \log \zeta = -\zeta^{-1}$, $D \log \pi = \pi^{-1}$ festzusetzen.

Aufgabe 1. Für $n = 2$ hat das Hilbertsymbol die folgende konkrete Bedeutung:

$$\left(\frac{a, b}{\mathfrak{p}}\right) = 1 \iff ax^2 + by^2 - z^2 = 0 \quad \text{hat in } K \text{ eine nicht-triviale Lösung.}$$

Aufgabe 2. Leite den Satz (3.8) aus dem Satz (3.7) her.

Aufgabe 3. Sei K ein lokaler Körper der Charakteristik p, $\overline{K}$ sein separabler Abschluß und $W_n(\overline{K})$ der Ring der Witt-Vektoren der Länge n mit dem Operator $\wp : W_n(\overline{K}) \to W_n(\overline{K})$, $\wp a = Fa - a$ (vgl. Kap. IV, § 3, Aufgabe 2 und 3). Zeige, daß $\operatorname{Ker}(\wp) = W_n(\mathbb{F}_p)$ gilt.

Aufgabe 4. Die abstrakte Kummertheorie Kap. IV, (3.3) liefert für die maximale abelsche Erweiterung $L|K$ vom Exponenten n einen surjektiven Homomorphismus

$$W_n(K) \to \operatorname{Hom}(G(L|K), W_n(\mathbb{F}_p)), \quad x \mapsto \chi_x,$$

wobei $\chi_x(\sigma) = \sigma\xi - \xi$ für alle $\sigma \in G(L|K)$ ist mit einem beliebigen $\xi \in W_n(L)$, so daß $\wp\xi = x$. Zeige, daß $x \mapsto \chi_x$ den Kern $\wp W_n(K)$ hat.

Aufgabe 5. Definiere für $x \in W_n(K)$ und $a \in K^*$ das Symbol $[x, a) \in W_n(\mathbb{F}_p)$ durch

$$[x, a) := \chi_x((a, L|K)),$$

wobei $(\ \ , L|K)$ das Normrestsymbol ist. Zeige:

(i) $[x, a) = (a, K(\xi)|K)\xi - \xi$, wenn $\xi \in W_n(\overline{K})$ mit $\wp\xi = x$ ist.

(ii) $[x + y, a) = [x, a) + [y, a)$.

(iii) $[x, ab) = [x, a) + [x, b)$.

(iv) $[x, a) = 0 \iff a \in N_{K(\xi)|K}K(\xi)^*$, wobei $\xi \in W_n(\overline{K})$ ein Element mit $\wp\xi = x$ ist.

(v) $[x, a) = 0$ für alle $a \in K^* \iff x \in \wp W_n(K)$.

(vi) $[x, a) = 0$ für alle $x \in W_n(K) \iff a \in K^{*p^n}$.

Aufgabe 6. Sei κ der Restklassenkörper von K und π ein Primelement, so daß $K = \kappa((\pi))$. Sei

$$d : K \to \Omega^1_{K|\kappa}, \quad f \mapsto df,$$

die kanonische Abbildung in den Differentialmodul von $K|\kappa$ (vgl. Kap. III, § 2, S. 211). Für jedes $f \in K$ gilt

$$df = f'_\pi d\pi,$$

wobei f'_π die formale Ableitung von f in der Entwicklung nach Potenzen von π mit Koeffizienten in κ ist. Zeige, daß für $\omega = (\sum_{i>-\infty} a_i\pi^i)d\pi$ das *Residuum*

$$\operatorname{Res}\omega := a_{-1}$$

nicht von der Wahl des Primelementes π abhängt.

Aufgabe 7. Zeige, daß das Symbol $[x, a)$ im Falle $n = 1$ durch

$$[x, a) = Tr_{\kappa|\mathbb{F}_p}\operatorname{Res}\Big(x\,\frac{da}{a}\Big)$$

gegeben ist.

Bemerkung: Eine solche Formel läßt sich auch für $n \geq 1$ aufstellen (*P. Kölcze* [88]).

§ 4. Formale Gruppen

Die explizitesten Verhältnisse der lokalen Klassenkörpertheorie haben wir bei den Kreisteilungskörpern über dem Körper $\mathbb{Q}_p$ gefunden, d.h. bei den Erweiterungen $\mathbb{Q}_p(\zeta)|\mathbb{Q}_p$, wobei ζ eine p^n-te Einheitswurzel ist. Der Begriff der formalen Gruppe ermöglicht eine solche explizite Kreisteilungstheorie über einem beliebigen lokalen Körper K, indem durch ihn eine neue Art von Einheitswurzeln eingeführt wird, die „Teilungspunkte", die für den Körper K dasselbe leisten, wie die p^n-ten Einheitswurzeln für den Körper $\mathbb{Q}_p$.

(4.1) Definiton. *Eine (1-dimensionale, kommutative)* **formale Gruppe** *über einem Ring* $\mathcal{O}$ *ist eine formale Potenzreihe* $F(X,Y) \in \mathcal{O}[\![X,Y]\!]$ *mit den folgenden Eigenschaften*

(i) $F(X,Y) \equiv X + Y \operatorname{mod} \operatorname{Grad} 2$,

(ii) $F(X,Y) = F(Y,X)$ *„Kommutativität"*,

(iii) $F(X,F(Y,Z)) = F(F(X,Y),Z)$ *„Assoziativität"*.

Aus einer formalen Gruppe erhält man eine gewöhnliche Gruppe, wenn man ihr einen Bereich unterlegt, in dem die Potenzreihen konvergieren. Ist etwa $\mathcal{O}$ ein vollständiger Bewertungsring und $\mathfrak{p}$ sein maximales Ideal, so wird durch die Operation

$$x \underset{F}{+} y := F(x,y)$$

eine neue abelsche Gruppenstruktur auf der Menge $\mathfrak{p}$ definiert.

Beispiele. 1. $\mathbb{G}_a(X,Y) = X + Y$ (die additive formale Gruppe).

2. $\mathbb{G}_m(X,Y) = X + Y + XY$ (die multiplikative formale Gruppe). Da

$$X + Y + XY = (1 + X)(1 + Y) - 1$$

ist, so haben wir

$$(x \underset{\mathbb{G}_m}{+} y) + 1 = (x + 1) \cdot (y + 1)\,.$$

Man erhält also die neue Operation $\underset{\mathbb{G}_m}{+}$ aus der Multiplikation $\cdot$ durch die Translation $x \mapsto x + 1$.

3. Eine Potenzreihe $f(X) = a_1X + a_2X^2 + \cdots \in \mathcal{O}[\![X]\!]$, dessen erster Koeffizient a_1 eine Einheit ist, besitzt ein „Inverses", d.h. es gibt eine Potenzreihe

$$f^{-1}(X) = a_1^{-1}X + \cdots \in \mathcal{O}[\![X]\!]\,,$$

derart daß $f^{-1}(f(X)) = f(f^{-1}(X)) = X$. Für jede solche Potenzreihe ist

$$F(X,Y) = f^{-1}(f(X) + f(Y))$$

eine formale Gruppe.

(4.2) Definition. *Ein* **Homomorphismus** $f : F \to G$ *zwischen zwei formalen Gruppen ist eine Potenzreihe* $f(X) = a_1 X + a_2 X^2 + \cdots \in \mathcal{o}[\![\, X \,]\!]$, *derart daß*

$$f(F(X,Y)) = G(f(X), f(Y)).$$

In dem Beispiel 3 etwa ist die Potenzreihe f ein Homomorphismus der formalen Gruppe F in die additive Gruppe $\mathbb{G}_a$. Sie wird der *Logarithmus* von F genannt.

Ein Homomorphismus $f : F \to G$ ist ein *Isomorphismus*, wenn $a_1 = f'(0)$ eine Einheit ist, d.h. wenn es einen Homomorphismus $g = f^{-1} : G \to F$ gibt, derart daß

$$f(g(X)) = g(f(X)) = X.$$

Genügt die Potenzreihe $f(X) = a_1 X + a_2 X^2 + \cdots$ der Gleichung $f(F(X,Y)) = G(f(X), f(Y))$, liegen aber ihre Koeffizienten in einem Erweiterungsring $\mathcal{o}'$, so sprechen wir von einem *über $\mathcal{o}'$ definierten* Homomorphismus. Der folgende Satz ist unmittelbar einzusehen.

(4.3) Satz. *Die Homomorphismen* $f : F \to F$ *einer formalen Gruppe F über $\mathcal{o}$ bilden einen Ring* $\mathrm{End}_{\mathcal{o}}(F)$, *in dem die Addition und Multiplikation durch*

$$(f \underset{F}{+} g)(X) = F(f(X), g(X)), \quad (f \circ g)(X) = f(g(X))$$

definiert ist.

(4.4) Definition. *Ein* **formaler $\mathcal{o}$-Modul** *ist eine formale Gruppe F über $\mathcal{o}$ zusammen mit einem Ringhomomorphismus*

$$\mathcal{o} \to \mathrm{End}_{\mathcal{o}}(F), \quad a \mapsto [\,a\,]_F(X),$$

derart daß $[\,a\,]_F(X) \equiv aX \bmod \mathrm{Grad}\, 2$.

Ein Homomorphismus (über $\mathcal{O}' \supseteq \mathcal{O}$) zwischen formalen $\mathcal{O}$-Moduln F, G ist ein Homomorphismus $f : F \to G$ (über $\mathcal{O}'$) von formalen Gruppen im Sinne von (4.2), derart daß

$$f([a]_F(X)) = [a]_G(f(X)) \quad \text{für alle} \quad a \in \mathcal{O}.$$

Sei jetzt $\mathcal{O} = \mathcal{O}_K$ der Bewertungsring eines lokalen Körpers K und $q = (\mathcal{O}_K : \mathfrak{p}_K)$. Wir betrachten die folgenden speziellen formalen $\mathcal{O}_K$-Moduln.

(4.5) Definition. *Ein* **Lubin-Tate-Modul** *über $\mathcal{O}_K$ zum Primelement π ist ein formaler $\mathcal{O}_K$-Modul F, derart daß*

$$[\pi]_F(X) \equiv X^q \bmod \pi.$$

In dieser Definition spiegelt sich aufs neue das beherrschende Prinzip der Klassenkörpertheorie wieder, nach dem die Primelemente auf Frobeniuselemente bezogen sind. Wenn wir nämlich die Koeffizienten irgendeines formalen $\mathcal{O}$-Moduls F modulo π reduzieren, so erhalten wir eine formale Gruppe $\overline{F}(X,Y)$ über dem Restklassenkörper $\mathbb{F}_q$. Die Reduktion $\bmod\,\pi$ von $[\pi]_F(X)$ ist ein Endomorphismus von $\overline{F}$. Andererseits ist aber auch $f(X) = X^q$ offensichtlich ein Endomorphismus von $\overline{F}$, der *Frobeniusendomorphismus*. F ist somit ein Lubin-Tate-Modul, wenn der Endomorphismus, der durch ein Primelement π gegeben ist, als Reduktion den Frobeniusendomorphismus hat.

Beispiel: Die formale multiplikative Gruppe $\mathbb{G}_m$ ist ein formaler $\mathbb{Z}_p$-Modul bzgl. der Abbildung

$$\mathbb{Z}_p \to \operatorname{End}_{\mathbb{Z}_p}(\mathbb{G}_m), \quad a \mapsto [a]_{\mathbb{G}_m}(X) = (1+X)^a - 1 = \sum_{\nu=1}^{\infty} \binom{a}{\nu} X^\nu.$$

$\mathbb{G}_m$ ist ein Lubin-Tate-Modul zum Primelement p, weil

$$[p]_{\mathbb{G}_m}(X) = (1+X)^p - 1 \equiv X^p \bmod p.$$

Über die Gesamtheit der Lubin-Tate-Moduln erhalten wir einen vollständigen und expliziten Überblick durch das folgende Theorem. Seien $e(X)$, $\bar{e}(X) \in \mathcal{O}_K[\![X]\!]$ Lubin-Tate-Reihen zum Primelement π von K, und seien

$$F_e(X,Y) \in \mathcal{O}_K[\![X]\!] \quad \text{und} \quad [a]_{e,\bar{e}}(X) \in \mathcal{O}_K[\![X]\!]$$

($a \in \mathcal{O}_K$) die nach (2.2) eindeutig bestimmten Potenzreihen mit

$$F_e(X,Y) \equiv X+Y \bmod \mathrm{Grad}\, 2\,, \qquad e(F_e(X,Y)) = F_e(e(X),e(Y))\,,$$
$$[\,a\,]_{e,\bar e}(X) \equiv aX \bmod \mathrm{Grad}\, 2\,, \qquad e([\,a\,]_{e,\bar e}(X)) = [\,a\,]_{e,\bar e}(\bar e(X))\,.$$

Im Falle $e(X) = \bar e(X)$ schreiben wir einfach $[\,a\,]_{e,\bar e}(X) = [\,a\,]_e(X)$.

(4.6) Theorem. *(i) Die Lubin-Tate-Moduln zu π sind genau die Reihen $F_e(X,Y)$, wobei die formale $\mathcal{O}_K$-Modulstruktur durch*

$$\mathcal{O}_K \to \mathrm{End}_{\mathcal{O}_K}(F_e)\,, \quad a \mapsto [\,a\,]_e(X)\,,$$

gegeben ist.

(ii) Für jedes $a \in \mathcal{O}_K$ ist die Potenzreihe $[\,a\,]_{e,\bar e}(X)$ ein Homomorphismus

$$[\,a\,]_{e,\bar e} : F_{\bar e} \to F_e$$

formaler $\mathcal{O}$-Moduln und ein Isomorphismus, wenn a eine Einheit ist.

Beweis: Ist F irgendein Lubin-Tate-Modul, so ist $e(X) := [\,\pi\,]_F(X) \in \mathcal{E}_\pi$ und $F = F_e$ wegen $e(F(X,Y)) = F(e(X),e(Y))$ und der Eindeutigkeitsaussage von (2.2). Für die anderen Aussagen des Theorems hat man die folgenden Formeln zu zeigen.

(1) $F_e(X,Y) = F_e(Y,X)$,

(2) $F_e(X,F_e(Y,Z)) = F_e(F_e(X,Y),Z)$,

(3) $[\,a\,]_{e,\bar e}(F_{\bar e}(X,Y)) = F_e([\,a\,]_{e,\bar e}(X),[\,a\,]_{e,\bar e}(Y))$,

(4) $[\,a+b\,]_{e,\bar e}(X) = F_e([\,a\,]_{e,\bar e}(X),[\,b\,]_{e,\bar e}(X))$,

(5) $[\,ab\,]_{e,\bar e}(X) = [\,a\,]_{e,\bar e}([\,b\,]_{e,\bar e}(X))$,

(6) $[\,\pi\,]_e(X) = e(X)$.

(1) und (2) zeigen, daß F_e eine formale Gruppe ist. (3), (4) und (5) zeigen, daß

$$\mathcal{O}_K \to \mathrm{End}_{\mathcal{O}_K}(F_e)\,, \quad a \mapsto [\,a\,]_e\,,$$

ein Homomorphismus von Ringen ist, d.h. daß F_e ein formaler $\mathcal{O}_K$-Modul ist, und daß $[\,a\,]_{e,\bar e}$ ein Homomorphismus formaler $\mathcal{O}_K$-Moduln von $F_{\bar e}$ nach F_e ist. (6) zeigt schließlich, daß F_e ein Lubin-Tate-Modul ist.

Die Beweise der Formeln ergeben sich alle auf dieselbe Weise. Man prüft nach, daß beide Seiten jeder Formel eine Lösung ein und desselben Problems von (2.2) sind, und schließt die Gleichheit aus der Eindeutigkeitsaussage. Bei (6) z.B. fangen beide Potenzreihen mit der Linearform πX an und genügen der Bedingung $e([\,\pi\,]_e(X)) = [\,\pi\,]_e(e(X))$ bzw. $e(e(X)) = e(e(X))$. □

Aufgabe 1. $\mathrm{End}_{\mathcal{O}}(\mathbb{G}_a)$ besteht aus allen aX mit $a \in \mathcal{O}$.

Aufgabe 2. Sei R eine kommutative $\mathbb{Q}$-Algebra. Dann gibt es zu jeder formalen Gruppe $F(X,Y)$ über R einen eindeutig bestimmten Isomorphismus

$$\log_F : F \xrightarrow{\sim} \mathbb{G}_a ,$$

so daß $\log_F(X) \equiv X \bmod \mathrm{Grad}\, 2$, den **Logarithmus** von F.

Hinweis: Sei $F_1 = \partial F/\partial Y$. Durch Differentiation von $F(F(X,Y),Z) = F(X,F(Y,Z))$ ergibt sich $F_1(X,0) \equiv 1 \bmod \mathrm{Grad}\, 1$. Sei $\psi(X) = 1 + \sum_{n=1}^{\infty} a_n X^n \in R[\![X]\!]$ die Potenzreihe mit $\psi(X)F_1(X,0) = 1$. Dann leistet $\log_F(X) = X + \sum_{n=1}^{\infty} \frac{a_n}{n} X^n$ das Gewünschte.

Aufgabe 3. $\log_{\mathbb{G}_m}(X) = \sum\limits_{n=1}^{\infty} (-1)^{n+1} \dfrac{X^n}{n} = \log(1+X)$.

Aufgabe 4. Sei π ein Primelement des lokalen Körpers K und $f(X) = X + \pi^{-1}X^q + \pi^{-2}X^{q^2} + \cdots$. Dann ist durch

$$F(X,Y) = f^{-1}(f(X)+f(Y)), \quad [a]_F(X) = f^{-1}(af(X)), \quad a \in \mathcal{O}_K ,$$

ein Lubin-Tate-Modul gegeben mit dem Logarithmus $\log_F = f$.

Aufgabe 5. Zwei Lubin-Tate-Moduln über dem Bewertungsring $\mathcal{O}_K$ eines lokalen Körpers K zu verschiedenen Primelementen π und $\bar{\pi}$ sind niemals isomorph.

Aufgabe 6. Zwei Lubin-Tate-Moduln F_e und $F_{\bar{e}}$ zu Primelementen π und $\bar{\pi}$ werden immer isomorph über $\mathcal{O}_{\widehat{K}}$, wobei $\widehat{K}$ die Komplettierung der maximalen unverzweigten Erweiterung $\tilde{K}|K$ ist.

Hinweis: Die Potenzreihe θ von (2.3) liefert einen Isomorphismus $\theta : F_{\bar{e}} \to F_e$.

§ 5. Verallgemeinerte Kreisteilungstheorie

Die Bedeutung der formalen Gruppen für die lokale Klassenkörpertheorie liegt darin, daß sie die Theorie des p^n-ten Kreisteilungskörpers $\mathbb{Q}_p(\zeta)$ über $\mathbb{Q}_p$ mit seinem fundamentalen Isomorphismus

$$G(\mathbb{Q}_p(\zeta)\,|\,\mathbb{Q}_p) \xrightarrow{\sim} (\mathbb{Z}/p^n\mathbb{Z})^*$$

(vgl. Kap. II (7.13)) auf beliebige lokale Grundkörper K anstelle von $\mathbb{Q}_p$ in genauer Analogie übertragen, indem sie den Begriff der p^n-ten Einheitswurzeln verallgemeinern und das lokale Reziprozitätsgesetz in den dadurch entstehenden Erweiterungen explizit erklären.

Aus einem formalen $\mathcal{O}_K$-Modul entsteht ein $\mathcal{O}_K$-Modul im gewöhnlichen Sinne, wenn wir den Potenzreihen einen Bereich unterlegen, auf dem sie konvergieren. Als einen solchen Bereich wählen wir jetzt das maximale Ideal $\overline{\mathfrak{p}}$ des Bewertungsringes der algebraischen Abschließung $\overline{K}$ des lokalen Körpers K. Ist $G(X_1,\dots,X_n) \in \mathcal{O}_K[\![X_1,\dots,X_n]\!]$ eine Potenzreihe mit konstantem Koeffizienten 0 und sind $x_1,\dots,x_n \in \overline{\mathfrak{p}}$, so konvergiert die Reihe $G(x_1,\dots,x_n)$ in dem vollständigen Körper $K(x_1,\dots,x_n)$ gegen ein Element in $\overline{\mathfrak{p}}$. Aus der Definition der formalen $\mathcal{O}$-Moduln und ihrer Homomorphismen erhalten wir daher unmittelbar den

(5.1) Satz. *Sei F ein formaler $\mathcal{O}_K$-Modul. Dann wird die Menge $\overline{\mathfrak{p}}$ mit den Operationen*

$$x \underset{F}{+} y = F(x,y) \quad \textit{und} \quad a \cdot x = [\,a\,]_F(x)\,,$$

$x,y \in \overline{\mathfrak{p}}$, $a \in \mathcal{O}_K$, ein $\mathcal{O}_K$-Modul im üblichen Sinne. Wir bezeichnen ihn mit $\overline{\mathfrak{p}}_F$.

Ist $f : F \to G$ ein Homomorphismus (Isomorphismus) formaler $\mathcal{O}_K$-Moduln, so ist

$$f : \overline{\mathfrak{p}}_F \to \overline{\mathfrak{p}}_G\,, \quad x \mapsto f(x)\,,$$

ein Homomorphismus (Isomorphismus) gewöhnlicher $\mathcal{O}_K$-Moduln.

Die Operationen in $\overline{\mathfrak{p}}_F$ und insbesondere die Skalarmultiplikation $a \cdot x = [\,a\,]_F(x)$ dürfen natürlich nicht mit den gewöhnlichen Operationen im Körper K verwechselt werden.

Wir betrachten jetzt einen Lubin-Tate-Modul F zu einem Primelement π von $\mathcal{O}_K$. Wir definieren die Gruppe der π^n-ten **Teilungspunkte** durch

$$F(n) = \{\lambda \in \overline{\mathfrak{p}}_F \mid \pi^n \cdot \lambda = 0\} = \ker([\,\pi^n\,]_F)\,.$$

Dies ist ein $\mathcal{O}_K$-Modul und ein $\mathcal{O}_K/\pi^n\mathcal{O}_K$-Modul, da er durch $\pi^n\mathcal{O}_K$ annulliert wird.

(5.2) Satz. *$F(n)$ ist ein freier $\mathcal{O}_K/\pi^n\mathcal{O}_K$-Modul vom Rang 1.*

Beweis: Ein Isomorphismus $f : F \to G$ von Lubin-Tate-Moduln induziert offenbar Isomorphismen $f : \overline{\mathfrak{p}}_F \to \overline{\mathfrak{p}}_G$ und $f : F(n) \to G(n)$ von $\mathcal{O}_K$-Moduln. Nach (4.6) sind die Lubin-Tate-Moduln zu ein und demselben Primelement π alle isomorph, so daß wir $F = F_e$ annehmen dürfen mit $e(X) = X^q + \pi X = [\,\pi\,]_F(X)$. $F(n)$ besteht dann aus den q^n Nullstellen des iterierten Polynoms $e^n(X) = (e \circ \cdots \circ e)(X) = [\,\pi^n\,]_F(X)$, welches sich leicht mit Induktion nach n als separabel erweist. Ist nun $\lambda_n \in F(n) \smallsetminus F(n-1)$, so ist

$$\mathcal{O}_K \to F(n)\,, \quad a \mapsto a \bullet \lambda_n\,,$$

ein Homomorphismus von $\mathcal{O}_K$-Moduln mit dem Kern $\pi^n\mathcal{O}_K$. Er induziert einen bijektiven Homomorphismus $\mathcal{O}_K/\pi^n\mathcal{O}_K \to F(n)$, da beide Seiten die Ordnung q^n haben. □

(5.3) Korollar. *Durch die Zuordnung $a \mapsto [\,a\,]_F$ erhalten wir kanonische Isomorphismen*

$$\mathcal{O}_K/\pi^n\mathcal{O}_K \to \mathrm{End}_{\mathcal{O}_K}(F(n)) \quad \textit{und} \quad U_K/U_K^{(n)} \to \mathrm{Aut}_{\mathcal{O}_K}(F(n))\,.$$

Beweis: Die linke Abbildung ist ein Isomorphismus wegen $\mathcal{O}_K/\pi^n\mathcal{O}_K \cong F(n)$ und $\mathrm{End}_{\mathcal{O}_K}(\mathcal{O}_K/\pi^n\mathcal{O}_K) = \mathcal{O}_K/\pi^n\mathcal{O}_K$. Die rechte Abbildung erhält man durch Bildung der Einheitengruppen dieser Ringe. □

Zu einem zum Primelement π gegebenen Lubin-Tate-Modul F definieren wir nun den **Körper der π^n-ten Teilungspunkte** durch

$$L_n = K(F(n))\,.$$

Wegen $F(n) \subseteq F(n+1)$ erhalten wir eine Körperkette

$$K \subseteq L_1 \subseteq L_2 \subseteq \cdots \subseteq L_\pi := \bigcup_{n=1}^{\infty} L_n$$

und nennen diese Körper auch die **Lubin-Tate-Erweiterungen**. Sie hängen nur vom Primelement π ab, nicht vom Lubin-Tate-Modul F. Denn wenn G ein weiterer Lubin-Tate-Modul zu π ist, so gibt es nach (4.6) einen Isomorphismus $f : F \to G$, $f \in \mathcal{O}_K[\![X]\!]$, so daß $G(n) = f(F(n)) \subseteq K(F(n))$ und also $K(G(n)) = K(F(n))$ ist. Ist F der Lubin-Tate-Modul F_e, der zu einem Lubin-Tate-*Polynom* $e(X) \in \mathcal{E}_\pi$ gehört, so ist $e(X) = [\,\pi\,]_F(X)$ und $L_n|K$ der Zerfällungskörper der n-fachen Iteration

$$e^n(X) = (e \circ \cdots \circ e)(X) = [\,\pi^n\,]_F(X)\,.$$

Beispiel: Ist $\mathcal{O}_K = \mathbb{Z}_p$ und F der Lubin-Tate-Modul $\mathbb{G}_m$, so ist

$$e^n(X) = [\,p^n\,]_{\mathbb{G}_m}(X) = (1+X)^{p^n} - 1\,.$$

$\mathbb{G}_m(n)$ besteht also aus den Elementen $\zeta - 1$, wobei ζ die p^n-ten Einheitswurzeln durchläuft. $L_n|K$ ist somit die p^n-te Kreisteilungserweiterung $\mathbb{Q}_p(\mu_{p^n})\,|\,\mathbb{Q}_p$. Das folgenden Theorem zeigt die vollständige Analogie der Lubin-Tate-Erweiterungen zu den Kreisteilungskörpern.

(5.4) Theorem. *$L_n|K$ ist eine rein verzweigte abelsche Erweiterung vom Grade $q^{n-1}(q-1)$ mit der Galoisgruppe*

$$G(L_n|K) \cong \mathrm{Aut}_{\mathcal{O}_K}(F(n)) \cong U_K/U_K^{(n)},$$

d.h. für jedes $\sigma \in G(L_n|K)$ gibt es eine eindeutig bestimmte Klasse $u \bmod U_K^{(n)}$, $u \in U_K$, so daß

$$\lambda^\sigma = [u]_F(\lambda) \quad \text{für} \quad \lambda \in F(n).$$

Darüber hinaus gilt: Sei F der Lubin-Tate-Modul F_e zum Polynom $e(X) \in \mathcal{E}_\pi$, und sei $\lambda_n \in F(n) \setminus F(n-1)$. Dann ist λ_n ein Primelement von L_n, d.h. $L_n = K(\lambda_n)$, und

$$\phi_n(X) = \frac{e^n(X)}{e^{n-1}(X)} = X^{q^{n-1}(q-1)} + \cdots + \pi \in \mathcal{O}_K[X]$$

ist sein Minimalpolynom. Insbesondere ist $N_{L_n|K}(-\lambda_n) = \pi$.

Beweis: Ist

$$e(X) = X^q + \pi(a_{q-1}X^{q-1} + \cdots + a_2X^2) + \pi X$$

ein Lubin-Tate-Polynom, so ist

$$\begin{aligned}\phi_n(X) &= \frac{e^n(X)}{e^{n-1}(X)} \\ &= e^{n-1}(X)^{q-1} + \pi(a_{q-1}e^{n-1}(X)^{q-2} + \cdots + a_2e^{n-1}(X)) + \pi\end{aligned}$$

ein Eisensteinpolynom vom Grade $q^{n-1}(q-1)$. Ist F der zu e gehörige Lubin-Tate-Modul und $\lambda_n \in F(n) \setminus F(n-1)$, so ist offenbar λ_n eine Nullstelle dieses Eisensteinpolynoms und ist somit ein Primelement der rein verzweigten Erweiterung $K(\lambda_n)|K$ vom Grade $q^{n-1}(q-1)$. Jedes $\sigma \in G(L|K)$ induziert einen Automorphismus von $F(n)$. Wir erhalten daher einen Homomorphismus

$$G(L_n|K) \to \mathrm{Aut}_{\mathcal{O}_K}(F(n)) \cong U_K/U_K^{(n)}.$$

Dieser ist injektiv, da L_n durch $F(n)$ erzeugt wird, und surjektiv, da

$$\#G(L_n|K) \geq [K(\lambda_n) : K] = q^{n-1}(q-1) = \#U_K/U_K^{(n)}.$$

Damit ist das Theorem bewiesen. □

Als Verallgemeinerung des expliziten Normrestsymbols der Kreisteilungskörper $\mathbb{Q}_p(\mu_{p^n})|\mathbb{Q}_p$ (vgl. (2.4)) erhalten wir für das Normrestsymbol der Lubin-Tate-Erweiterungen die folgende explizite Formel.

(5.5) Theorem. *Für den Körper $L_n|K$ der π^n-ten Teilungspunkte und für $a = u\pi^{v_K(a)} \in K^*$, $u \in U_K$, gilt*

$$(a, L_n|K)\lambda = [u^{-1}]_F(\lambda), \quad \lambda \in F(n).$$

Beweis: Der Beweis ist der gleiche wie der von (2.4). Sei $\sigma \in G(L_n|K)$ der Automorphismus mit

$$\lambda^\sigma = [u^{-1}]_F(\lambda), \quad \lambda \in F(n).$$

Sei $\tilde{\sigma}$ ein Element in $\operatorname{Frob}(\tilde{L}_n|K)$ mit $\sigma = \tilde{\sigma}|_{L_n}$ und $d_K(\tilde{\sigma}) = 1$. Wir sehen $\tilde{\sigma}$ als Automorphismus der Komplettierung $\widehat{L}_n = L_n\widehat{K}$ von $\tilde{L}_n$ an. Sei Σ der Fixkörper von $\tilde{\sigma}$. Wegen $f_{\Sigma|K} = d_K(\tilde{\sigma}) = 1$ ist $\Sigma|K$ rein verzweigt und hat den Grad $q^{n-1}(q-1)$ wegen $\Sigma \cap \tilde{K} = K$ und $\tilde{\Sigma} = \Sigma\tilde{K} = \tilde{L}_n$. Es ist daher $[\Sigma : K] = [\tilde{L}_n : \tilde{K}] = [L_n : K]$.

Seien nun $e \in \mathcal{E}_\pi$, $\bar{e} \in \mathcal{E}_{\bar{\pi}}$ Lubin-Tate-Reihen über $\mathcal{O}_K$, wobei $\pi = u\bar{\pi}$ ist, und sei $F = F_{\bar{e}}$. Nach (2.3) existiert eine Potenzreihe $\theta(X) = \varepsilon X + \cdots \in \mathcal{O}_{\widehat{K}}[\![X]\!]$, $\varepsilon \in U_{\widehat{K}}$, derart daß

$$\theta^\varphi = \theta \circ [u]_F \text{ und } \theta^\varphi \circ \bar{e} = e \circ \theta \quad (\varphi = \varphi_K).$$

Sei $\lambda_n \in F(n) \smallsetminus F(n-1)$. λ_n ist ein Primelement von L_n, und

$$\pi_\Sigma = \theta(\lambda_n)$$

ist ein Primelement von Σ, weil

$$\pi_\Sigma^{\tilde{\sigma}} = \theta^\varphi(\lambda_n^\sigma) = \theta^\varphi([u^{-1}]_F(\lambda_n)) = \theta(\lambda_n) = \pi_\Sigma .$$

Wegen $e^i(\theta(\lambda_n)) = \theta^{\varphi^i}(\bar{e}^i(\lambda_n)) = 0$ für $i = n$ und $\neq 0$ für $i = n-1$, ist $\pi_\Sigma \in F_e(n) \smallsetminus F_e(n-1)$. Daher ist $\Sigma = K(\pi_\Sigma)$ der Körper der π^n-ten Teilungspunkte von F_e und $N_{\Sigma|K}(-\pi_\Sigma) = \pi = u\bar{\pi}$ nach (5.4). Wegen $\bar{\pi} = N_{L_n|K}(-\lambda_n) \in N_{L_n|K}L_n^*$ erhalten wir

$$r_{L_n|K}(\sigma) = N_{\Sigma|K}(-\pi_\Sigma) = \pi \equiv u \bmod N_{L_n|K}L_n^*,$$

und damit

$$(a, L_n|K) = (\pi^{v_K(a)}, L_n|K)(u, L_n|K) = (u, L_n|K) = \sigma . \qquad \square$$

(5.6) Korollar. *Der Körper $L_n|K$ der π^n-ten Teilungspunkte ist der Klassenkörper zur Gruppe $(\pi) \times U_K^{(n)} \subseteq K^*$.*

Beweis: Für $a = u\pi^{v_K(a)}$ haben wir

$$a \in N_{L_n|K}L_n^* \iff (a, L_n|K) = 1 \iff [u^{-1}]_F(\lambda) = \lambda \quad \text{für alle } \lambda \in F(n)$$
$$\iff [u^{-1}]_F = \mathrm{id}_{F(n)} \iff u^{-1} \in U_K^{(n)} \iff a \in (\pi) \times U_K^{(n)}.$$

□

Für die maximale abelsche Erweiterung $K^{ab}|K$ erhalten wir hieraus die folgende Verallgemeinerung des lokalen Kronecker-Weber-Satzes (1.9):

(5.7) Korollar. *Die maximale abelsche Erweiterung von K ist das Kompositum*

$$K^{ab} = \tilde{K}L_\pi\,,$$

wobei L_π die Vereinigung $\bigcup_{n=1}^\infty L_n$ der Körper L_n der π^n-ten Teilungspunkte ist.

Beweis: Sei $L|K$ eine endliche abelsche Erweiterung. Dann ist $\pi^f \in N_{L|K}L^*$ für passendes f. Da $N_{L|K}L^*$ offen in K^* ist und da die $U_K^{(n)}$ eine Umgebungsbasis des Einselementes bilden, so ist $(\pi^f) \times U_K^{(n)} \subseteq N_{L|K}L^*$ für passendes n. Daher ist L im Klassenkörper der Gruppe $(\pi^f) \times U_K^{(n)} = ((\pi) \times U_K^{(n)}) \cap ((\pi^f) \times U_K)$ enthalten. Der Klassenkörper zu $(\pi) \times U_K^{(n)}$ ist L_n und der zu $(\pi^f) \times U_K$ die unverzweigte Erweiterung K_f vom Grade f. Es folgt $L \subseteq K_f L_n \subseteq \tilde{K}L_\pi = K^{ab}$. □

Aufgabe 1. Sei $F = F_e$ der Lubin-Tate-Modul zur Lubin-Tate-Reihe $e \in \mathcal{E}_\pi$ mit den Endomorphismen $[a] = [a]_e$. Sei $S = o_K[\![X]\!]$ und $S^* = \{g \in S \mid g(0) \in U_K\}$. Zeige:

(i) Ist $g \in S$ eine Potenzreihe mit $g(F(1)) = 0$, so ist g durch $[\pi]$ teilbar, d.h. $g(X) = [\pi](X)h(X)$, $h(X) \in S$.

(ii) Sei $g \in S$ eine Potenzreihe mit

$$g(X \underset{F}{+} \lambda) = g(X) \quad \text{für alle} \quad \lambda \in F(1)\,,$$

wobei $X \underset{F}{+} \lambda = F(X, \lambda)$ bedeutet. Dann gibt es eine eindeutig bestimmte Potenzreihe $h(X)$ in S mit

$$g = h \circ \pi\,.$$

Aufgabe 2. Ist $h(X)$ eine Potenzreihe in S, so liegt auch die Potenzreihe

$$h_1(X) = \prod_{\lambda \in F(1)} h(X \underset{F}{+} \lambda)$$

in S, und es gilt $h_1(X \underset{F}{+} \lambda) = h_1(X)$ für alle $\lambda \in F(1)$.

Aufgabe 3. Sei $N(h) \in S$ die nach Aufgabe 1 und Aufgabe 2 eindeutig bestimmte Potenzreihe mit

$$N(h) \circ [\pi] = \prod_{\lambda \in F(1)} h(X \underset{F}{+} \lambda).$$

Die Abbildung $N : S \to S$ heißt der **Colemansche Normoperator.** Zeige:

(i) $N(h_1 h_2) = N(h_1)N(h_2)$.

(ii) $N(h) \equiv h \bmod \mathfrak{p}$.

(iii) $h \in X^i S^*$, $i \geq 0$, $\Rightarrow N(h) \in X^i S^*$.

(iv) $h \equiv 1 \bmod \mathfrak{p}^i$, $i \geq 1$, $\Rightarrow N(h) \equiv 1 \bmod \mathfrak{p}^{i+1}$.

(v) Für die Operatoren $N^0(h) = h$, $N^n(h) = N(N^{n-1}(h))$ gilt

$$N^n(h) \circ [\pi^n] = \prod_{\lambda \in F(n)} h(X \underset{F}{+} \lambda), \quad n \geq 0.$$

(vi) Ist $h \in X^i S^*$, $i \geq 0$, so ist $N^{n+1}(h)/N^n(h) \in S^*$ und

$$N^{n+1}(h) \equiv N^n(h) \bmod \mathfrak{p}^{n+1}, \quad n \geq 0.$$

Aufgabe 4. Sei $\lambda \in F(n+1) \smallsetminus F(n)$, $n \geq 0$, und $\lambda_i = [\pi^{n-i}](\lambda) \in F(i+1)$ für $0 \leq i \leq n$. Dann ist λ_i ein Primelement der Lubin-Tate-Erweiterungt $L_{i+1} = K(F(i+1))$ und $\mathcal{o}_{i+1} = \mathcal{o}_K[\lambda_i]$ der Bewertungsring von L_{i+1} mit dem maximalen Ideal $\mathfrak{p}_{i+1} = \lambda_i \mathcal{o}_{i+1}$. Zeige:

Sei $\beta_i \in \pi^{n-i} \mathfrak{p}_1 \mathcal{o}_{i+1}$, $0 \leq i \leq n$. Dann gibt es eine Potenzreihe $h(X) \in S$ mit

$$h(\lambda_i) = \beta_i \quad \text{für} \quad 0 \leq i \leq n.$$

Hinweis: Schreibe $\beta_i = \pi^{n-i}\lambda_0 h_i(\lambda_i)$, $h_i(X) \in \mathcal{o}[X]$ und setze $g_i(X) = [\pi^{n+1}][\pi^i]/[\pi^{i+1}]$, $0 \leq i \leq n$. Dann leistet $h = \sum_{i=0}^n h_i g_i$ das Gewünschte.

Aufgabe 5. Sei $\lambda \in F(n+1) \smallsetminus F(n)$ und $\lambda_i = [\pi^{n-i}](\lambda)$, $0 \leq i \leq n$. Zu jedem $u \in U_{L_{n+1}}$ gibt es dann eine Potenzreihe $h(X) \in \mathcal{o}[\![X]\!]$, so daß

$$N_{n,i}(u) = h(\lambda_i) \quad \text{für} \quad 0 \leq i \leq n,$$

wobei $N_{n,i}$ die Norm von L_{n+1} nach L_{i+1} bedeutet.

Hinweis: Schreibe $u = h_1(\lambda)$, $h_1(X) \in \mathcal{o}[\![X]\!]$, und setze $h_2 = N^n(h_1) \in S^*$. Zeige, daß $\beta_i = N_{n,i}(u) - h_2(\lambda_i) \in \pi^{n-i}\mathfrak{p}_1 \mathcal{o}_{i+1}$, so daß nach Aufgabe 4 eine Potenzreihe $h_3(X) \in \mathcal{o}[\![X]\!]$ existiert mit $\beta_i = h_3(\lambda_i)$, $0 \leq i \leq n$. Zeige, daß $h = h_2 + h_3$ das Gewünschte leistet.

Anmerkung: Die Lösungen dieser Aufgaben sind ausführlich in [79], 5.2 dargestellt.

§ 6. Höhere Verzweigungsgruppen

Bei dem durch das Normrestsymbol gegebenen Homomorphismus

$$(\quad ,L|K) : K^* \to G(L|K)$$

für eine abelsche Erweiterung $L|K$ lokaler Körper fällt auf, daß beide Gruppen mit einer kanonischen Filtrierung ausgestattet sind: die linke Gruppe K^* mit der absteigenden Kette

$$(*) \qquad K^* \supseteq U_K = U_K^{(0)} \supseteq U_K^{(1)} \supseteq U_K^{(2)} \supseteq \dots$$

der höheren *Einseinheitengruppen* $U_K^{(i)}$ und die rechte mit der absteigenden Kette

$$(**) \qquad G(L|K) \supseteq G^0(L|K) \supseteq G^1(L|K) \supseteq G^2(L|K) \supseteq \dots$$

der *Verzweigungsgruppen* $G^i(L|K)$ in der oberen Numerierung (vgl. Kap. II, § 10). Letztere entstanden aus den Verzweigungsgruppen in der unteren Numerierung

$$G_i(L|K) = \{\sigma \in G(L|K) \mid v_L(\sigma a - a) \geq i+1 \quad \text{für alle} \quad a \in \mathcal{O}_L\}$$

mittels der streng monoton wachsenden Funktion

$$\eta_{L|K}(s) = \int_0^s \frac{dx}{(G_0 : G_x)}$$

durch

$$G^i(L|K) = G_{\psi_{L|K}(i)}(L|K),$$

wobei ψ die Umkehrfunktion von η ist. Wir wollen jetzt die bemerkenswerte arithmetische Tatsache beweisen, daß das Normrestsymbol $(\quad ,L|K)$ die beiden Filtrierungen $(*)$ und $(**)$ in genauer Weise aufeinander bezieht. Zu diesem Zweck bestimmen wir (in Verallgemeinerung zu Kap. II, § 10, Aufgabe 1) die höheren Verzweigungsgruppen der Lubin-Tate-Erweiterungen.

(6.1) Satz. *Sei $L_n|K$ der Körper der π^n-ten Teilungspunkte eines Lubin-Tate-Moduls zum Primelement π. Dann ist*

$$G_i(L_n|K) = G(L_n|L_k) \quad \text{für} \quad q^{k-1} \leq i \leq q^k - 1.$$

Beweis: Nach (5.4) und (5.5) liefert das Normrestsymbol einen Isomorphismus $U_K/U_K^{(k)} \to G(L_k|K)$ für jedes k, so daß $G(L_n|L_k) = (U_K^{(k)}, L_n|K)$. Wir haben daher zu zeigen, daß

$$G_i(L_n|K) = (U_K^{(k)}, L_n|K) \quad \text{für} \quad q^{k-1} \leq i \leq q^k - 1.$$

Sei $\sigma \in G_1(L_n|K)$ und $\sigma = (u^{-1}, L_n|K)$. Dann ist notwendigerweise $u \in U_K^{(1)}$, weil $(\quad, L_n|K) : U_K/U_K^{(n)} \xrightarrow{\sim} G(L_n|K)$ die p-Sylowgruppe $U_K^{(1)}/U_K^{(n)}$ auf die p-Sylowgruppe $G_1(L_n|K)$ von $G(L_n|K)$ abbildet. Sei $u = 1+\varepsilon\pi^m$, $\varepsilon \in U_K$ und $\lambda \in F(n) \smallsetminus F(n-1)$. Dann ist λ ein Primelement von L_n, und wir haben nach (5.4)

$$\lambda^\sigma = [u]_F(\lambda) = F(\lambda, [\varepsilon\pi^m]_F(\lambda)).$$

Ist $m \geq n$, so ist $\sigma = 1$, also $v_{L_n}(\lambda^\sigma - \lambda) = \infty$. Ist $m < n$, so ist $\lambda_{n-m} = [\pi^m]_F(\lambda)$ ein Primelement von L_{n-m} und damit auch $[\varepsilon\pi^m]_F(\lambda) = [\varepsilon]_F(\lambda_{n-m})$. Da $L_n|L_{n-m}$ rein verzweigt vom Grade q^m ist, so können wir $[\varepsilon\pi^m]_F(\lambda) = \varepsilon_0\lambda^{q^m}$ schreiben mit einem $\varepsilon_0 \in U_{L_n}$. Wegen $F(X,0) = X$, $F(0,Y) = Y$ ist $F(X,Y) = X + Y + XYG(X,Y)$ mit $G(X,Y) \in \mathcal{O}_K[\![X,Y]\!]$. Daher wird

$$\lambda^\sigma - \lambda = F(\lambda, \varepsilon_0\lambda^{q^m}) - \lambda = \varepsilon_0\lambda^{q^m} + a\lambda^{q^m+1}, \quad a \in \mathcal{O}_{L_n},$$

d.h.

$$i_{L_n|K}(\sigma) := v_{L_n}(\lambda^\sigma - \lambda) = \begin{cases} q^m, & \text{wenn } m < n, \\ \infty, & \text{wenn } m \geq n. \end{cases}$$

Nach Kap. II, § 10 ist $G_i(L_n|K) = \{\sigma \in G(L_n|K) \mid i_{L_n|K}(\sigma) \geq i+1\}$. Sei nun $q^{k-1} \leq i \leq q^k - 1$. Ist $u \in U_K^{(k)}$, so ist $m \geq k$, d.h. $i_{L_n|K}(\sigma) \geq q^k \geq i+1$, also $\sigma \in G_i(L_n|K)$. Dies zeigt die Inklusion $(U_K^{(k)}, L_n|K) \subseteq G_i(L_n|K)$. Ist umgekehrt $\sigma \in G_i(L_n|K)$ und $\sigma \neq 1$, so ist $i_{L_n|K}(\sigma) = q^m > i \geq q^{k-1}$, d.h. $m \geq k$. Also ist $u \in U_K^{(k)}$, und dies zeigt die Inklusion $G_i(L_n|K) \subseteq (U_K^{(k)}, L_n|K)$. □

Mit diesem Satz erhalten wir das folgende Resultat, das man als den Hauptsatz der höheren Verzweigungstheorie ansehen kann.

(6.2) Theorem. *Ist $L|K$ eine endliche abelsche Erweiterung, so bildet das Normrestsymbol*

$$(\quad, L|K) : K^* \to G(L|K)$$

die Gruppe $U_K^{(n)}$ auf die Gruppe $G^n(L|K)$ ab, $n \geq 0$.

Beweis: Wir dürfen annehmen, daß $L|K$ rein verzweigt ist, denn wenn $L^0|K$ die maximale unverzweigte Teilerweiterung von $L|K$ ist, so ist einerseits $G^n(L|K) = G^n(L|L^0)$ wegen $\psi_{L^0|K}(s) = s$ und $\psi_{L|K}(s) = \psi_{L|L^0}(\psi_{L^0|K}(s)) = \psi_{L|L^0}(s)$ (vgl. Kap. II, (10.8)). Andererseits ist nach Kap. IV, (6.4) und Kap. V, (1.2)

$$(U_{L^0}^{(n)}, L|L^0) = (N_{L^0|K}U_{L^0}^{(n)}, L|K) = (U_K^{(n)}, L|K),$$

so daß wir $L|K$ durch $L|L^0$ ersetzen dürfen.

Ist nun $L|K$ rein verzweigt und π_L ein Primelement von L, so ist $\pi = N_{L|K}(\pi_L)$ ein Primelement von K und $(\pi) \times U_K^{(m)} \subseteq N_{L|K}L^*$ für genügend großes m. Daher ist $L|K$ im Klassenkörper von $(\pi) \times U_K^{(m)}$ enthalten, der nach (5.6) der Körper L_m der π^m-ten Teilungspunkte eines zu π gehörigen Lubin-Tate-Moduls ist. Wegen Kap. II, (10.9) und Kap. IV, (6.4) dürfen wir sogar $L = L_m$ annehmen. Nach (6.1) bildet das Normrestsymbol die Gruppe $U_K^{(n)}$ auf die Gruppe

$$G(L_m|L_n) = G_i(L_m|K) \quad \text{für} \quad q^{n-1} \le i \le q^n - 1$$

ab. Es ist aber (vgl. Kap. II, § 10)

$$\eta_{L|K}(q^n - 1) = \frac{1}{g_0}(g_1 + \cdots + g_{q^n-1})$$

mit $g_i = \#G_i(L|K) = \#G(L_m|L_n) = (q^{m-1} - q^{n-1})(q-1)$ für $q^{n-1} \le i \le q^n - 1$, woraus sich $\eta_{L|K}(q^n - 1) = n$ und daher $(U_K^{(n)}, L|K) = G_{q^n-1}(L|K) = G^n(L|K)$ ergibt. □

Wir haben die Verzweigungsgruppen $G^t(L|K)$ für beliebige reelle Zahlen $t \ge -1$ eingeführt und können fragen, für welche Zahlen sie sich ändern. Wir nennen diese Zahlen die *Sprünge* der Filtrierung $\{G^t(L|K)\}_{t \ge -1}$ von $G(L|K)$. t ist also ein Sprung, wenn für alle $\varepsilon > 0$

$$G^t(L|K) \ne G^{t+\varepsilon}(L|K).$$

(6.3) Satz *(Hasse-Arf). Für eine endliche abelsche Erweiterung $L|K$ sind die Sprünge der Filtrierung $\{G^t(L|K)\}_{t \ge -1}$ von $G(L|K)$ ganze Zahlen.*

Beweis: Genau wie im Beweis zu (6.2) dürfen wir wegen $G^t(L|K) = G^t(L|L^0)$ annehmen, daß $L|K$ rein verzweigt ist und in einer Lubin-Tate-Erweiterung $L_m|K$ liegt. Ist nun t ein Sprung von $\{G^t(L|K)\}$, so ist t wegen Kap. II, (10.9) auch ein Sprung von $\{G^t(L_m|K)\}$. Da nach (6.1) die Sprünge von $\{G_s(L_m|K)\}$ die Zahlen $q^n - 1$ sind, $n = 0, \dots, m-1$ ($q = 2$ bildet eine Ausnahme: 0 ist kein Sprung), so sind die Sprünge von $\{G^t(L_m|K)\}$ die Zahlen $\eta_{L_m|K}(q^n - 1) = n$, $n = 0, \dots, m-1$. □

Der Satz von *Hasse-Arf* hat eine wichtige Anwendung auf die *Artinschen L-Reihen*, die wir in Kap. VII studieren werden (vgl. Kap. VII, (11.4)).

Kapitel VI
Globale Klassenkörpertheorie

§ 1. Idele und Idelklassen

Die Rolle, die in der lokalen Klassenkörpertheorie die multiplikative Gruppe der Körper gespielt hat, wird in der globalen Klassenkörpertheorie von der Idelklassengruppe eingenommen. Der Begriff des Idels ist eine Modifikation des Idealbegriffs. Er wurde von dem französischen Mathematiker *Claude Chevalley* (1909–1984) unter dem Namen „ideal element" (abgekürzt: id. el.) eingeführt, um dem wichtigen „Lokal-Global-Prinzip" eine geeignete Grundlage zu geben, also jenem Prinzip, das die Problemstellungen über einem Zahlkörper K auf analoge Problemstellungen über seinen Komplettierungen $K_\mathfrak{p}$ zurückführt.

Ein **Adel** von K – der seltsame Name, dessen Betonung auf der zweiten Silbe liegt, rührt von der ursprünglichen Bezeichnung „additives Idel" her – ist eine Familie

$$\alpha = (\alpha_\mathfrak{p})$$

von Elementen $\alpha_\mathfrak{p} \in K_\mathfrak{p}$, wobei $\mathfrak{p}$ die sämtlichen Primstellen von K durchläuft und $\alpha_\mathfrak{p}$ ganz ist in $K_\mathfrak{p}$ für fast alle $\mathfrak{p}$. Die Adele bilden einen Ring, der mit

$$\mathbb{A}_K = \prod_\mathfrak{p} K_\mathfrak{p}$$

bezeichnet wird. Addition und Multiplikation werden komponentenweise erklärt. Diese Produktbildung wird das „eingeschränkte Produkt" der $K_\mathfrak{p}$ bzgl. der Unterringe $\mathcal{O}_\mathfrak{p} \subseteq K_\mathfrak{p}$ genannt.

Die **Idelgruppe** von K wird jetzt als die Einheitengruppe

$$I_K = \mathbb{A}_K^*$$

definiert. Ein **Idel** ist also eine Familie

$$\alpha = (\alpha_\mathfrak{p})$$

von Elementen $\alpha_\mathfrak{p} \in K_\mathfrak{p}^*$, wobei $\alpha_\mathfrak{p}$ für fast alle $\mathfrak{p}$ eine Einheit im Ring $\mathcal{O}_\mathfrak{p}$ der ganzen Zahlen von $K_\mathfrak{p}$ ist. Ähnlich wie $\mathbb{A}_K$ schreibt man auch die Idelgruppe als das bzgl. der Einheitengruppen $\mathcal{O}_\mathfrak{p}^*$ eingeschränkte Produkt

$$I_K = \prod_\mathfrak{p} K_\mathfrak{p}^* .$$

Für jede endliche Primstellenmenge S enthält I_K die Untergruppe

$$I_K^S = \prod_{\mathfrak{p}\in S} K_\mathfrak{p}^* \times \prod_{\mathfrak{p}\notin S} U_\mathfrak{p}$$

der **S-Idele**, wobei $U_\mathfrak{p} = K_\mathfrak{p}^*$ für $\mathfrak{p}$ komplex unendlich und $U_\mathfrak{p} = \mathbb{R}_+^*$ für $\mathfrak{p}$ reell unendlich sein soll. Offenbar ist

$$I_K = \bigcup_S I_K^S\,,$$

wenn S die endlichen Primstellenmengen von K durchläuft.

Durch die Inklusionen $K \subseteq K_\mathfrak{p}$ erhalten wir die diagonale Einbettung

$$K^* \to I_K\,,$$

die jedem $a \in K^*$ das Idel $\alpha \in I_K$ zuordnet, dessen $\mathfrak{p}$-te Komponente das Element a in $K_\mathfrak{p}$ ist. Wir fassen K^* als Untergruppe von I_K auf und nennen die Elemente von K^* die **Hauptidele**. Der Durchschnitt

$$K^S = K^* \cap I_K^S$$

besteht aus allen Zahlen $a \in K^*$, die für alle Stellen $\mathfrak{p} \notin S$, $\mathfrak{p} \nmid \infty$, Einheiten und für alle reellen unendlichen Stellen $\mathfrak{p} \notin S$ positiv in $K_\mathfrak{p} = \mathbb{R}$ sind. Diese heißen **S-Einheiten**. Für die Menge S_∞ der unendlichen Primstellen insbesondere ist K^{S_∞} die Einheitengruppe $\mathcal{O}_K^*$ von $\mathcal{O}_K$ selbst, und wir erhalten als Verallgemeinerung zum Dirichletschen Einheitensatz den

(1.1) Satz. *Enthält S die unendlichen Primstellen, so hat der Homomorphismus*

$$\lambda : K^S \to \prod_{\mathfrak{p}\in S} \mathbb{R}, \quad \lambda(a) = (\log|a|_\mathfrak{p})_{\mathfrak{p}\in S}\,,$$

den Kern $\mu(K)$ und als Bild ein vollständiges Gitter im $(s-1)$-dimensionalen Spur-Null-Raum $H = \{(x_\mathfrak{p}) \in \prod_{\mathfrak{p}\in S} \mathbb{R} \mid \sum_{\mathfrak{p}\in S} x_\mathfrak{p} = 0\}$, $s = \#S$.

Beweis: Für die Menge $S_\infty = \{\mathfrak{p}|\infty\}$ ist dies die Aussage von Kap. I, (7.1) und (7.3). Sei $S_\mathfrak{f} = S \smallsetminus S_\infty$ und $J(S_\mathfrak{f})$ die durch die Primideale $\mathfrak{p} \in S_\mathfrak{f}$ erzeugte Untergruppe von J_K. Ordnen wir jedem $a \in K^S$ das Hauptideal $ia = (a) \in J(S_\mathfrak{f})$ zu, so erhalten wir ein kommutatives Diagramm

$$\begin{array}{ccccccc} 1 & \longrightarrow & \mathcal{O}_K^* & \longrightarrow & K^S & \xrightarrow{i} & J(S_\mathfrak{f}) \\ & & \downarrow{\scriptstyle\lambda'} & & \downarrow{\scriptstyle\lambda} & & \downarrow{\scriptstyle\lambda''} \\ 0 & \longrightarrow & \prod_{\mathfrak{p}\in S_\infty} \mathbb{R} & \longrightarrow & \prod_{\mathfrak{p}\in S} \mathbb{R} & \xrightarrow{i} & \prod_{\mathfrak{p}\in S_\mathfrak{f}} \mathbb{R} \end{array}$$

mit exakten Zeilen. Die rechte Abbildung λ'' ist durch

$$\lambda''(\prod_{\mathfrak{p}\in S_\mathfrak{f}} \mathfrak{p}^{\nu_\mathfrak{p}}) = -\prod_{\mathfrak{p}\in S_\mathfrak{f}} \nu_\mathfrak{p} \log \mathfrak{N}(\mathfrak{p})$$

definiert (man beachte $|a|_\mathfrak{p} = \mathfrak{N}(\mathfrak{p})^{-v_\mathfrak{p}(a)}$) und bildet $J(S_\mathfrak{f})$ isomorph auf das vollständige Gitter ab, das von den Vektoren $e_\mathfrak{p} = (0,\dots,0,\log\mathfrak{N}(\mathfrak{p}), 0,\dots,0)$, $\mathfrak{p}\in S_\mathfrak{f}$, aufgespannt wird. Es folgt $\operatorname{Ker}(\lambda) = \operatorname{Ker}(\lambda') = \mu(K)$, und wir erhalten eine exakte Sequenz

$$(*) \qquad 0 \to \operatorname{Im}(\lambda') \to \operatorname{Im}(\lambda) \xrightarrow{i} \operatorname{Im}(\lambda''),$$

in der rechts und links ein Gitter steht. Damit ist auch die Mitte ein Gitter, denn wenn $x \in \operatorname{Im}(\lambda)$ und U eine Umgebung von $i(x)$ ist, die keinen weiteren Punkt von $\operatorname{Im}(\lambda'')$ enthält, so enthält $i^{-1}(U)$ die Nebenklasse $x + \operatorname{Im}(\lambda')$ und keine weitere. Diese ist diskret, weil $\operatorname{Im}(\lambda')$ diskret ist.

Für jedes $\mathfrak{p}\in S_\mathfrak{f}$ ist $\mathfrak{p}^h$ in $i(K^S)$, wenn h die Klassenzahl von K ist, d.h.

$$J(S_\mathfrak{f})^h \subseteq i(K^S) \subseteq J(S_\mathfrak{f}).$$

Die linke und die rechte Gruppe haben den Rang $\#S_\mathfrak{f}$, also auch $i(K^S)$. In der Sequenz $(*)$ hat damit das Bild von i den Rang $\#S_\mathfrak{f}$, der Kern den Rang $\#S_\infty - 1$, so daß $\operatorname{Im}(\lambda)$ ein Gitter vom Rang $\#S_\infty - 1 + \#S_\mathfrak{f} = \#S - 1$ ist. Es liegt im $(\#S-1)$-dimensionalen Spur-Null-Raum H wegen $\prod_{\mathfrak{p}\in S} |a|_\mathfrak{p} = \prod_\mathfrak{p} |a|_\mathfrak{p} = 1$ für $a \in K^S$. □

(1.2) Definition. *Die Elemente der Untergruppe K^* von I_K heißen die* **Hauptidele** *und die Faktorgruppe*

$$C_K = I_K/K^*$$

die **Idelklassengruppe** *von K.*

Mit der Idealklassengruppe Cl_K hängt die Idelklassengruppe C_K wie folgt zusammen. Zwischen der Idelgruppe I_K und der Idealgruppe J_K haben wir den surjektiven Homomorphismus

$$(\ ): I_K \to J_K, \quad \alpha \mapsto (\alpha) = \prod_{\mathfrak{p}\nmid\infty} \mathfrak{p}^{v_\mathfrak{p}(\alpha_\mathfrak{p})},$$

mit dem Kern

$$I_K^{S_\infty} = \prod_{\mathfrak{p}|\infty} K_\mathfrak{p}^* \times \prod_{\mathfrak{p}\nmid\infty} U_\mathfrak{p} \,.$$

Er induziert einen surjektiven Homomorphismus

$$C_K \to Cl_K$$

mit dem Kern $I_K^{S_\infty} K^*/K^*$. Wir können auch den surjektiven Homomorphismus

$$I_K \to J(\overline{\mathcal{O}}) \,, \quad \alpha \mapsto \prod_{\mathfrak{p}} \mathfrak{p}^{v_\mathfrak{p}(\alpha_\mathfrak{p})} \,,$$

auf die *vollständige* Idealgruppe $J(\overline{\mathcal{O}})$ mit dem Kern

$$I_K^0 = \{(\alpha_\mathfrak{p}) \in I_K \mid |\alpha_\mathfrak{p}|_\mathfrak{p} = 1 \quad \text{für alle } \mathfrak{p}\}$$

betrachten (vgl. Kap. III, § 1). Dieser überführt die Hauptidele in die vollständigen Hauptideale und induziert einen surjektiven Homomorphismus

$$C_K \to Pic(\overline{\mathcal{O}})$$

auf die vollständige Idealklassengruppe mit dem Kern $I_K^0 K^*/K^*$. Es gilt daher der

(1.3) Satz. $Cl_K \cong I_K/I_K^{S_\infty} K^*$ *und* $Pic(\overline{\mathcal{O}}) \cong I_K/I_K^0 K^*$.

Im Gegensatz zur Idealklassengruppe ist die Idelklassengruppe nicht endlich. Die Endlichkeit der ersteren hat aber auf die letztere die folgende Auswirkung.

(1.4) Satz. $I_K = I_K^S K^*$, *also* $C_K = I_K^S K^*/K^*$, *wenn* S *eine genügend große endliche Primstellenmenge von* K *ist.*

Beweis: Seien $\mathfrak{a}_1, \dots, \mathfrak{a}_h$ Ideale, die die h Klassen in J_K/P_K repräsentieren. Diese setzen sich aus endlich vielen Primidealen $\mathfrak{p}_1, \dots, \mathfrak{p}_n$ zusammen. Ist nun S irgendeine endliche Primstellenmenge, die diese Primideale und die unendlichen Primstellen enthält, so gilt $I_K = I_K^S K^*$.

Um dies einzusehen, ziehen wir den Isomorphismus $I_K/I_K^{S_\infty} \cong J_K$ heran. Ist $\alpha \in I_K$, so gehört das zugeordnete Ideal $(\alpha) = \prod_{\mathfrak{p}\nmid\infty} \mathfrak{p}^{v_\mathfrak{p}(\alpha_\mathfrak{p})}$ einer Klasse $\mathfrak{a}_i P_K$ an, d.h. $(\alpha) = \mathfrak{a}_i(a)$ mit einem Hauptideal (a). Das Idel $\alpha' = \alpha a^{-1}$ geht unter $I_K \to J_K$ auf das Ideal $\mathfrak{a}_i = \prod_{\mathfrak{p}\nmid\infty} \mathfrak{p}^{v_\mathfrak{p}(\alpha'_\mathfrak{p})}$. Da die in $\mathfrak{a}_i$ auftretenden Primideale in S liegen, so ist $v_\mathfrak{p}(\alpha'_\mathfrak{p}) = 0$, d.h. $\alpha'_\mathfrak{p} \in U_\mathfrak{p}$ für alle $\mathfrak{p} \notin S$. Daher ist $\alpha' = \alpha a^{-1} \in I_K^S$, also $\alpha \in I_K^S K^*$. □

Die Idelgruppe ist mit einer kanonischen Topologie ausgestattet. Eine Umgebungsbasis von $1 \in I_K$ wird durch die Mengen

$$\prod_{\mathfrak{p} \in S} W_{\mathfrak{p}} \times \prod_{\mathfrak{p} \notin S} U_{\mathfrak{p}} \subseteq I_K$$

gegeben, wenn S die endlichen, alle $\mathfrak{p}|\infty$ enthaltenden Primstellenmengen von K durchläuft und $W_{\mathfrak{p}} \subseteq K_{\mathfrak{p}}^*$ eine Umgebungsbasis von $1 \in K_{\mathfrak{p}}^*$. Die Gruppen $U_{\mathfrak{p}}$ sind für $\mathfrak{p} \notin S$ kompakt, also auch die Gruppe $\prod_{\mathfrak{p} \notin S} U_{\mathfrak{p}}$. Sind die $W_{\mathfrak{p}}$, $\mathfrak{p}|\infty$, beschränkt, so ist $\prod_{\mathfrak{p} \in S} W_{\mathfrak{p}} \times \prod_{\mathfrak{p} \notin S} U_{\mathfrak{p}}$ eine Umgebung des Einselementes von I_K, deren Abschluß kompakt ist. Daher ist I_K eine **lokal-kompakte topologische Gruppe**.

(1.5) Satz. *K^* ist eine diskrete und damit abgeschlossene Untergruppe von I_K.*

Beweis: Es genügt zu zeigen, daß $1 \in I_K$ eine Umgebung besitzt, die außer 1 kein weiteres Hauptidel enthält. Eine solche Umgebung ist

$$\mathfrak{U} = \{\alpha \in I_K \mid |\alpha_{\mathfrak{p}}|_{\mathfrak{p}} = 1 \quad \text{für} \quad \mathfrak{p} \nmid \infty,\ |\alpha_{\mathfrak{p}} - 1|_{\mathfrak{p}} < 1 \quad \text{für} \quad \mathfrak{p}|\infty\},$$

denn wäre $x \in \mathfrak{U}$ ein von 1 verschiedenes Hauptidel, so ergäbe sich der Widerspruch

$$\begin{aligned} 1 = \prod_{\mathfrak{p}} |x-1|_{\mathfrak{p}} &= \prod_{\mathfrak{p} \nmid \infty} |x-1|_{\mathfrak{p}} \cdot \prod_{\mathfrak{p}|\infty} |x-1|_{\mathfrak{p}} \\ &< \prod_{\mathfrak{p} \nmid \infty} |x-1|_{\mathfrak{p}} \le \prod_{\mathfrak{p} \nmid \infty} \max\{|x|_{\mathfrak{p}}, 1\} = 1 . \end{aligned}$$

Die Abgeschlossenheit folgt aus einem allgemeinen Grund: Da $(x,y) \mapsto xy^{-1}$ stetig ist, gibt es eine Umgebung V von 1 mit $VV^{-1} \subseteq \mathfrak{U}$. Für jedes $y \in I_K$ enthält dann die Umgebung yV höchstens ein $x \in K^*$, denn aus $x_1 = yv_1$, $x_2 = yv_2 \in K^*$, $x_1 \neq x_2$, folgt $x_1x_2^{-1} = v_1v_2^{-1} \in \mathfrak{U}$, Widerspruch. □

Da K^* abgeschlossen ist in I_K, wird mit I_K auch die Idelklassengruppe $C_K = I_K/K^*$ eine lokal kompakte, hausdorffsche topologische Gruppe. Für ein Idel $\alpha = (\alpha_{\mathfrak{p}}) \in I_K$ bezeichnen wir mit $[\alpha]$ seine Klasse in C_K. Wir definieren die **Absolutnorm** von α als die reelle Zahl

$$\mathfrak{N}(\alpha) = \prod_{\mathfrak{p}} \mathfrak{N}(\mathfrak{p})^{v_{\mathfrak{p}}(\alpha_{\mathfrak{p}})} = \prod_{\mathfrak{p}} |\alpha_{\mathfrak{p}}|_{\mathfrak{p}}^{-1} .$$

Für ein Hauptidel $x \in K^*$ gilt nach Kap. III, (1.3), $\mathfrak{N}(x) = \prod_{\mathfrak{p}} |x|_{\mathfrak{p}}^{-1} = 1$, so daß wir einen stetigen Homomorphismus

$$\mathfrak{N} : C_K \to \mathbb{R}_+^*$$

erhalten. Mit der Absolutnorm für die vollständige Picardgruppe $Pic(\overline{\mathcal{O}})$ hängt dieser durch das kommutative Diagramm

$$\begin{array}{ccc} C_K & \xrightarrow{\mathfrak{N}} & \mathbb{R}_+^* \\ \downarrow & & \| \\ Pic(\overline{\mathcal{O}}) & \xrightarrow{\mathfrak{N}} & \mathbb{R}_+^* \end{array}$$

zusammen, wobei der Pfeil

$$C_K \to Pic(\overline{\mathcal{O}})$$

durch den stetigen, surjektiven Homomorphismus

$$I_K \to J(\overline{\mathcal{O}}), \quad (\alpha_{\mathfrak{p}}) \mapsto \prod_{\mathfrak{p}} \mathfrak{p}^{v_{\mathfrak{p}}(\alpha_{\mathfrak{p}})},$$

mit dem Kern

$$I_K^0 = \{(\alpha_{\mathfrak{p}}) \in I_K \mid |\alpha_{\mathfrak{p}}|_{\mathfrak{p}} = 1 \quad \text{für alle} \quad \mathfrak{p}\}$$

induziert wird. Über den Kern C_K^0 von $\mathfrak{N} : C_K \to \mathbb{R}_+$ erhalten wir in Analogie zu Kap. III, (1.14) das folgende wichtige Theorem, in dem sich sowohl die Endlichkeit des Einheitenranges von K als auch die Endlichkeit der Klassenzahl widerspiegelt.

(1.6) Theorem. *Die Gruppe* $C_K^0 = \{[\alpha] \in C_K \mid \mathfrak{N}([\alpha]) = 1\}$ *ist kompakt.*

Beweis: Wir führen die Aussage über das kommutative exakte Diagramm

$$\begin{array}{ccccccccc} 1 & \longrightarrow & C_K^0 & \longrightarrow & C_K & \longrightarrow & \mathbb{R}_+^* & \longrightarrow & 1 \\ & & \downarrow & & \downarrow & & \| & & \\ 1 & \longrightarrow & Pic(\overline{\mathcal{O}})^0 & \longrightarrow & Pic(\overline{\mathcal{O}}) & \longrightarrow & \mathbb{R}_+^* & \longrightarrow & 1 \end{array}$$

auf die in Kap. III, (1.14) bewiesene Kompaktheit der Gruppe $Pic(\overline{\mathcal{O}})^0$ zurück. Der Kern des mittleren senkrechten Pfeils ist die Gruppe $I_K^0 K^*/K^* = I_K^0/I_K^0 \cap K^*$, wobei $I_K^0 = \prod_{\mathfrak{p}} I_{\mathfrak{p}}^0$, $I_{\mathfrak{p}}^0 = \{\alpha_{\mathfrak{p}} \in K_{\mathfrak{p}} \mid |\alpha_{\mathfrak{p}}|_{\mathfrak{p}} = 1\}$, und $I_K^0 \cap K^* = \mu(K)$ nach Kap. III, (1.9). Dieser Kern ist offensichtlich kompakt. Wir erhalten eine exakte Sequenz

$$1 \to I_K^0 K^*/K^* \to C_K^0 \to Pic(\overline{\mathcal{O}})^0 \to 1$$

von stetigen Homomorphismen. Da $Pic(\overline{\mathfrak{o}})^0$ kompakt ist und ebenfalls die Fasern der Abbildung $C_K^0 \to Pic(\overline{\mathfrak{o}})^0$, die ja die zu $I_K^0 K^*/K^*$ homöomorphen Nebenklassen sind, so ist auch C_K^0 kompakt. □

Die Idelklassengruppe C_K spielt für den algebraischen Zahlkörper K eine ähnliche Rolle wie die multiplikative Gruppe $K_{\mathfrak{p}}^*$ für einen $\mathfrak{p}$-adischen Zahlkörper $K_{\mathfrak{p}}$. Sie ist ausgestattet mit einer Schar kanonischer Untergruppen, die als Analoga zu den höheren Einseinheitengruppen $U_{\mathfrak{p}}^{(n)} = 1 + \mathfrak{p}^n$ eines $\mathfrak{p}$-adischen Zahlkörpers $K_{\mathfrak{p}}$ aufzufassen sind. Anstelle von $\mathfrak{p}^n$ betrachten wir ein ganzes Ideal $\mathfrak{m} = \prod_{\mathfrak{p}\nmid\infty} \mathfrak{p}^{n_{\mathfrak{p}}}$. Dieses Ideal schreiben wir auch als vollständiges Ideal

$$\mathfrak{m} = \prod_{\mathfrak{p}} \mathfrak{p}^{n_{\mathfrak{p}}}$$

mit $n_{\mathfrak{p}} = 0$ für $\mathfrak{p}|\infty$ und sprechen es im folgenden als einen **Modul** von K an. Für jede Primstelle $\mathfrak{p}$ von K setzen wir $U_{\mathfrak{p}}^{(0)} = U_{\mathfrak{p}}$ und

$$U_{\mathfrak{p}}^{(n_{\mathfrak{p}})} := \begin{cases} 1 + \mathfrak{p}^{n_{\mathfrak{p}}}, & \text{wenn } \mathfrak{p} \nmid \infty, \\ \mathbb{R}_+^* \subset K_{\mathfrak{p}}^*, & \text{wenn } \mathfrak{p} \text{ reell ist}, \\ \mathbb{C}^* = K_{\mathfrak{p}}^*, & \text{wenn } \mathfrak{p} \text{ komplex ist}, \end{cases}$$

für $n_{\mathfrak{p}} \geq 0$. Für $\alpha_{\mathfrak{p}} \in K_{\mathfrak{p}}^*$ schreiben wir

$$\alpha_{\mathfrak{p}} \equiv 1 \bmod \mathfrak{p}^{n_{\mathfrak{p}}} \iff \alpha_{\mathfrak{p}} \in U_{\mathfrak{p}}^{(n_{\mathfrak{p}})}.$$

Für eine endliche Primstelle $\mathfrak{p}$ und $n_{\mathfrak{p}} > 0$ bedeutet dies die übliche Kongruenz, für eine reelle Primstelle die Positivität und für eine komplexe Primstelle keinerlei Einschränkung.

(1.7) Definition. *Die mit der Idelgruppe*

$$I_K^{\mathfrak{m}} = \prod_{\mathfrak{p}} U_{\mathfrak{p}}^{(n_{\mathfrak{p}})}$$

gebildete Gruppe

$$C_K^{\mathfrak{m}} = I_K^{\mathfrak{m}} K^*/K^*$$

heißt die **Kongruenzuntergruppe** mod $\mathfrak{m}$ *und die Faktorgruppe* $C_K/C_K^{\mathfrak{m}}$ *die* **Strahlklassengruppe** mod $\mathfrak{m}$.

Bemerkung: Diese Definition der Strahlklassengruppe entspricht der klassischen, wie sie etwa im „Hasseschen Zahlbericht" [53] (in idealtheoretischer Fassung) eingeführt wird. Sie unterscheidet sich von denjenigen, die man in moderneren Lehrbüchern findet, auch von der vom

Autor in [107] gegebenen. Die Komponenten $\alpha_{\mathfrak{p}}$ der Idele α in $I_K^{\mathfrak{m}}$ sind hier für die reellen Primstellen $\mathfrak{p}$ *immer* positiv, so daß hier weniger Kongruenzuntergruppen auftreten als dort. Die so getroffene Wahl ruft nicht nur eine Vereinfachung hervor. Sie ist vielmehr durch einen sachlichen Umstand geboten, der sich letztlich auf die Wahl der kanonischen Metrik $\langle\ ,\ \rangle$ auf dem Minkowski-Raum $K_{\mathbb{R}}$ gründet (vgl. Kap. I, § 5), welche, wie in Kap. III, § 3 erläutert, die Unverzweigtheit der Erweiterung $\mathbb{C}\,|\,\mathbb{R}$ erzwingt. Wie diese Situation zu bewerten ist und wie sie in Einklang zu bringen ist mit der Strahlklassendefinition in anderen Lehrbüchern, werden wir in § 6 auseinandersetzen.

Die Bedeutung der Kongruenzuntergruppen besteht darin, daß sie einen Überblick liefern über sämtliche abgeschlossenen Untergruppen von endlichem Index in C_K. Es gilt nämlich der

(1.8) Satz. *Die abgeschlossenen Untergruppen von C_K von endlichem Index sind genau diejenigen Untergruppen, die eine Kongruenzuntergruppe $C_K^{\mathfrak{m}}$ enthalten.*

Beweis: $C_K^{\mathfrak{m}}$ ist offen in C_K, weil $I_K^{\mathfrak{m}} = \prod_{\mathfrak{p}} U_{\mathfrak{p}}^{(n_{\mathfrak{p}})}$ offen in I_K ist. $I_K^{\mathfrak{m}}$ ist in der Gruppe $I_K^{S_\infty} = \prod_{\mathfrak{p}|\infty} K_{\mathfrak{p}}^* \times \prod_{\mathfrak{p}\nmid\infty} U_{\mathfrak{p}}$ enthalten, und da $(C_K : I_K^{S_\infty}K^*/K^*) = \#Cl_K = h < \infty$ ist, ist der Index

$$\begin{aligned}(C_K : C_K^{\mathfrak{m}}) &= h(I_K^{S_\infty}K^* : I_K^{\mathfrak{m}}K^*) \le h(I_K^{S_\infty} : I_K^{\mathfrak{m}})\\ &= h\prod_{\mathfrak{p}\nmid\infty}(U_{\mathfrak{p}} : U_{\mathfrak{p}}^{(n_{\mathfrak{p}})})\prod_{\mathfrak{p}|\infty}(K_{\mathfrak{p}}^* : U_{\mathfrak{p}}^{(n_{\mathfrak{p}})})\end{aligned}$$

endlich. Als Komplement der endlich vielen offenen Nebenklassen ist $C_K^{\mathfrak{m}}$ daher abgeschlossen von endlichem Index. Damit ist aber auch jede Obergruppe von $C_K^{\mathfrak{m}}$ abgeschlossen von endlichem Index, denn sie ist die Vereinigung endlich vieler Nebenklassen von $C_K^{\mathfrak{m}}$.

Sei umgekehrt $\mathcal{N}$ eine beliebige abgeschlossene Untergruppe von endlichem Index. Dann ist $\mathcal{N}$ als Komplement der endlich vielen abgeschlossenen Nebenklassen auch offen. Daher ist auch das Urbild J von $\mathcal{N}$ in I_K offen und enthält somit eine Teilmenge der Form

$$W = \prod_{\mathfrak{p}\in S} W_{\mathfrak{p}} \times \prod_{\mathfrak{p}\notin S} U_{\mathfrak{p}}\,,$$

wobei S eine endliche Primstellenmenge von K ist, die die unendlichen Primstellen enthält, und $W_{\mathfrak{p}}$ eine offene Umgebung von $1 \in K_{\mathfrak{p}}^*$. Wenn $\mathfrak{p} \in S$ endlich ist, dürfen wir $W_{\mathfrak{p}} = U_{\mathfrak{p}}^{(n_{\mathfrak{p}})}$ wählen, da die Gruppen

$U_\mathfrak{p}^{(n_\mathfrak{p})} \subseteq K_\mathfrak{p}^*$ eine Umgebungsbasis von $1 \in K_\mathfrak{p}^*$ bilden. Wenn $\mathfrak{p} \in S$ reell ist, dürfen wir $W_\mathfrak{p} \subseteq \mathbb{R}_+^*$ wählen. Die offene Menge $W_\mathfrak{p}$ erzeugt dann die Gruppe $\mathbb{R}_+^*$ und im Falle einer komplexen Primstelle $\mathfrak{p}$ die Gruppe $K_\mathfrak{p}^*$. Die von W erzeugte Untergruppe von J ist also von der Form $I_K^\mathfrak{m}$, so daß $\mathcal{N}$ die Kongruenzuntergruppe $C_K^\mathfrak{m}$ enthält. □

Die Strahlklassengruppen besitzen die folgende, rein idealtheoretische Beschreibung. Sei $J_K^\mathfrak{m}$ die Gruppe aller zu $\mathfrak{m}$ teilerfremden gebrochenen Ideale und $P_K^\mathfrak{m}$ die Gruppe aller Hauptideale $(a) \in P_K$ mit

$$a \equiv 1 \bmod \mathfrak{m} \quad \text{und} \quad a \text{ total positiv.}$$

Letzteres bedeutet, daß a für jede reelle Einbettung $K \to \mathbb{R}$ positiv ausfällt. Die Kongruenz $a \equiv 1 \bmod \mathfrak{m}$ bedeutet, daß a Quotient b/c zweier *ganzer*, zu $\mathfrak{m}$ teilerfremder Zahlen mit $b \equiv c \bmod \mathfrak{m}$ ist oder, gleichbedeutend damit, daß $a \equiv 1 \bmod \mathfrak{p}^{n_\mathfrak{p}}$ in $K_\mathfrak{p}$, d.h. $a \in U_\mathfrak{p}^{(n_\mathfrak{p})}$ für alle $\mathfrak{p}|\mathfrak{m} = \prod_{\mathfrak{p}\nmid\infty} \mathfrak{p}^{n_\mathfrak{p}}$. Wir setzen

$$Cl_K^\mathfrak{m} = J_K^\mathfrak{m}/P_K^\mathfrak{m}.$$

Dann gilt:

(1.9) Satz. *Der Homomorphismus*

$$(\ ): I_K \to J_K\,, \quad \alpha \mapsto (\alpha) = \prod_{\mathfrak{p}\nmid\infty} \mathfrak{p}^{v_\mathfrak{p}(\alpha_\mathfrak{p})}\,,$$

induziert einen Isomorphismus

$$C_K/C_K^\mathfrak{m} \cong Cl_K^\mathfrak{m}.$$

Beweis: Sei $\mathfrak{m} = \prod_\mathfrak{p} \mathfrak{p}^{n_\mathfrak{p}}$, und sei

$$I_K^{(\mathfrak{m})} = \{\alpha \in I_K \mid \alpha_\mathfrak{p} \in U_\mathfrak{p}^{(n_\mathfrak{p})} \quad \text{für} \quad \mathfrak{p}|\mathfrak{m}\infty\}.$$

Dann ist $I_K = I_K^{(\mathfrak{m})} K^*$, denn zu jedem $\alpha \in I_K$ existiert nach dem Approximationssatz ein $a \in K^*$ mit $\alpha_\mathfrak{p} a \equiv 1 \bmod \mathfrak{p}^{n_\mathfrak{p}}$ für $\mathfrak{p}|\mathfrak{m}$ und $\alpha_\mathfrak{p} a > 0$ für $\mathfrak{p}$ reell, so daß $\beta = (\alpha_\mathfrak{p} a) \in I_K^{(\mathfrak{m})}$, also $\alpha = \beta a^{-1} \in I_K^{(\mathfrak{m})} K^*$. Die Elemente $a \in I_K^{(\mathfrak{m})} \cap K^*$ sind gerade diejenigen, aus denen die Hauptideale in $P_K^\mathfrak{m}$ gebildet werden. Daher induziert die Zuordnung $\alpha \mapsto (\alpha) = \prod_{\mathfrak{p}\nmid\infty} \mathfrak{p}^{v_\mathfrak{p}(\alpha_\mathfrak{p})}$ einen surjektiven Homomorphismus

$$C_K = I_K^{(\mathfrak{m})} K^*/K^* = I_K^{(\mathfrak{m})}/I_K^{(\mathfrak{m})} \cap K^* \to J_K^\mathfrak{m}/P_K^\mathfrak{m}.$$

Wegen $(\alpha) = 1$ für $\alpha \in I_K^{\mathfrak{m}}$ liegt die Gruppe $C_K^{\mathfrak{m}} = I_K^{\mathfrak{m}} K^*/K^*$ jedenfalls im Kern. Liegt umgekehrt die Klasse $[\alpha]$, repräsentiert durch $\alpha \in I_K^{(\mathfrak{m})}$, im Kern, so gibt es ein $(a) \in P_K^{\mathfrak{m}}$, $a \in I_K^{(\mathfrak{m})} \cap K^*$, derart daß $(\alpha) = (a)$. Für die Komponenten des Idels $\beta = \alpha a^{-1}$ gilt $\beta_{\mathfrak{p}} \in U_{\mathfrak{p}}$ für $\mathfrak{p} \nmid \mathfrak{m}\infty$ und $\beta_{\mathfrak{p}} \in U_{\mathfrak{p}}^{(n_{\mathfrak{p}})}$ für $\mathfrak{p} | \mathfrak{m}\infty$, mit anderen Worten, $\beta \in I_K^{\mathfrak{m}}$ und somit $[\alpha] = [\beta] \in I_K^{\mathfrak{m}} K^*/K^* = C_K^{\mathfrak{m}}$. Also ist $C_K^{\mathfrak{m}}$ der Kern der obigen Abbildung, und der Satz ist bewiesen. □

Die Strahlklassengruppen wurden in der idealtheoretischen Fassung $Cl_K^{\mathfrak{m}} = J_K^{\mathfrak{m}}/P_K^{\mathfrak{m}}$ von HEINRICH WEBER (1842-1913) eingeführt, und zwar als gemeinsame Verallgemeinerung der Idealklassengruppen einerseits und der Gruppen $(\mathbb{Z}/m\mathbb{Z})^*$ andererseits, die als die Strahlklassengruppen des Körpers $\mathbb{Q}$ angesehen werden können:

(1.10) Satz. *Für den Modul* $\mathfrak{m} = (m)$ *des Körpers* $\mathbb{Q}$ *gilt*

$$C_{\mathbb{Q}}/C_{\mathbb{Q}}^{\mathfrak{m}} \cong Cl_{\mathbb{Q}}^{\mathfrak{m}} \cong (\mathbb{Z}/m\mathbb{Z})^* .$$

Beweis: Jedes Ideal $(a) \in J_{\mathbb{Q}}^{\mathfrak{m}}$ hat zwei Erzeugende, a und $-a$. Bilden wir das *positive* Erzeugende auf die Restklasse $\bmod m$ ab, so erhalten wir einen surjektiven Homomorphismus $J_{\mathbb{Q}}^{\mathfrak{m}} \to (\mathbb{Z}/m\mathbb{Z})^*$, dessen Kern aus allen Idealen (a) besteht, deren positives Erzeugendes $\equiv 1 \bmod m$ ist. Dies aber sind genau die Ideale (a) mit $a \equiv 1 \bmod p^{n_p}$ für $p | \mathfrak{m}\infty$, d.h. der Kern ist $P_{\mathbb{Q}}^{\mathfrak{m}}$. □

Die Gruppe $(\mathbb{Z}/m\mathbb{Z})^*$ ist kanonisch isomorph zur Galoisgruppe $G(\mathbb{Q}(\mu_m)|\mathbb{Q})$ des m-ten Kreisteilungskörpers $\mathbb{Q}(\mu_m)$. Wir erhalten also einen kanonischen Isomorphismus

$$G(\mathbb{Q}(\mu_m)|\mathbb{Q}) \cong C_{\mathbb{Q}}/C_{\mathbb{Q}}^{\mathfrak{m}} .$$

Dieser wichtige Sachverhalt erfährt in der Klassenkörpertheorie eine weitreichende Ausdehnung. Als Verallgemeinerungen der Kreisteilungskörper treten dort über einem beliebigen Zahlkörper K für alle Moduln $\mathfrak{m}$ galoissche Erweiterungen $K^{\mathfrak{m}}|K$ auf, die sogenannten **Strahlklassenkörper**, für die in kanonischer Weise

$$G(K^{\mathfrak{m}}|K) \cong C_K/C_K^{\mathfrak{m}}$$

gilt (vgl. § 6). Ein besonderes Interesse verlangt dabei die Strahlklassengruppe mod 1. Sie steht mit der Idealklassengruppe Cl_K, die nach unserer Definition i.a. keine Strahlklassengruppe ist, in der folgenden Verbindung.

(1.11) Satz. *Wir haben eine exakte Sequenz*

$$1 \to \mathcal{O}^*/\mathcal{O}^*_+ \to \prod_{\mathfrak{p}\ \text{reell}} \mathbb{R}^*/\mathbb{R}^*_+ \to Cl^1_K \to Cl_K \to 1\,,$$

wobei $\mathcal{O}^*_+$ *die Gruppe der total positiven Einheiten von* K *bedeutet.*

Beweis: Es ist $Cl^1_K \cong C_K/C^1_K = I_K/I^1_K K^*$ und $Cl_K \cong I_K/I^{S_\infty}_K K^*$ nach (1.3), wobei $I^1_K = \prod_{\mathfrak{p}} U_{\mathfrak{p}}$ und $I^{S_\infty}_K = \prod_{\mathfrak{p}\nmid\infty} U_{\mathfrak{p}} \times \prod_{\mathfrak{p}|\infty} K^*_{\mathfrak{p}}$. Wir erhalten somit eine exakte Sequenz

$$1 \to I^{S_\infty}_K K^*/I^1_K K^* \to C_K/C^1_K \to Cl_K \to 1\,.$$

Für die linke Gruppe haben wir die exakte Sequenz

$$1 \to I^{S_\infty}_K \cap K^*/I^1_K \cap K^* \to I^{S_\infty}_K/I^1_K \to I^{S_\infty}_K K^*/I^1_K K^* \to 1\,,$$

und es ist $I^{S_\infty}_K \cap K^* = \mathcal{O}^*$, $I^1_K \cap K^* = \mathcal{O}^*_+$ und $I^{S_\infty}_K/I^1_K = \prod_{\mathfrak{p}|\infty} K^*_{\mathfrak{p}}/U_{\mathfrak{p}} = \prod_{\mathfrak{p}\ \text{reell}} \mathbb{R}^*/\mathbb{R}^*_+$. □

Aufgabe 1. (i) $\mathbb{A}_{\mathbb{Q}} = (\widehat{\mathbb{Z}} \otimes_{\mathbb{Z}} \mathbb{Q}) \times \mathbb{R}$.

(ii) Die Faktorgruppe $\mathbb{A}_{\mathbb{Q}}/\mathbb{Z}$ ist kompakt und zusammenhängend.

(iii) $\mathbb{A}_{\mathbb{Q}}/\mathbb{Z}$ ist uneingeschränkt und eindeutig divisibel, d.h. die Gleichung $nx = y$ hat für jedes $n \in \mathbb{N}$ und $y \in \mathbb{A}_{\mathbb{Q}}/\mathbb{Z}$ eine eindeutige Lösung.

Aufgabe 2. Sei K ein Zahlkörper, $m = 2^\nu m'$ (m' ungerade) und S eine endliche Menge von Primstellen. Sei $a \in K^*$ und $a \in K^{*m}_{\mathfrak{p}}$ für alle $\mathfrak{p} \notin S$. Zeige:

(i) Ist $K(\zeta_{2^\nu})|K$ zyklisch, ζ_{2^ν} eine primitive 2^ν-te Einheitswurzel, so ist $a \in K^{*m}$.

(ii) Sonst ist wenigstens $a \in K^{*m/2}$.

Hinweis: Benutze die folgende, in (3.8) bewiesene Tatsache: Ist $L|K$ eine endliche Erweiterung, in der fast alle Primideale voll zerlegt sind, so ist $L = K$.

Aufgabe 3. Schreibe $I^1_K = I^1_{\mathfrak{f}} \times I^1_\infty$ mit $I^1_{\mathfrak{f}} = \prod_{\mathfrak{p}\nmid\infty} U_{\mathfrak{p}}$, $I^1_\infty = \prod_{\mathfrak{p}|\infty} U_{\mathfrak{p}}$. Zeige, daß sich die Potenzierung der Idele $\alpha \in I^1_{\mathfrak{f}}$ mit ganzen Zahlen stetig zu einer Potenzierung α^x mit $x \in \widehat{\mathbb{Z}}$ fortsetzt.

Aufgabe 4. Seien $\varepsilon_1, \dots, \varepsilon_t \in \mathcal{O}^*_K$ unabhängige Einheiten. Die Bilder $\bar\varepsilon_1, \dots, \bar\varepsilon_t$ in $I^1_{\mathfrak{f}}$ sind dann unabhängige Einheiten bzgl. der Potenzierung mit Elementen aus $\widehat{\mathbb{Z}}$, d.h. eine Relation

$$\bar\varepsilon_1^{x_1} \dots \bar\varepsilon_t^{x_r} = 1\,, \quad x_i \in \widehat{\mathbb{Z}}\,,$$

hat $x_i = 0$, $i = 1, \dots, t$, zur Folge.

Aufgabe 5. Sei $\varepsilon \in \mathcal{O}_K^*$ total positiv, d.h. $\varepsilon \in I_K^1$. Setze die Potenzierung $\mathbb{Z} \to I_K^1$, $n \mapsto \varepsilon^n$, stetig zu einer Potenzierung $\widehat{\mathbb{Z}} \times \mathbb{R} \to I_K^1 = I_\mathfrak{f}^1 \times I_\infty^1$, $\varepsilon \mapsto \varepsilon^\lambda$, fort, so daß $\mathfrak{N}(\varepsilon^\lambda) = 1$.

Aufgabe 6. Seien $\mathfrak{p}_1, \dots, \mathfrak{p}_s$ die komplexen Primstellen von K. Für $y \in \mathbb{R}$ sei $\phi_k(y)$ das Idel, das bei $\mathfrak{p}_k$ die Komponente $e^{2\pi i y}$ hat und die Komponente 1 an allen anderen Stellen. Sei $\varepsilon_1, \dots, \varepsilon_t$ eine $\mathbb{Z}$-Basis der Gruppe der total positiven Einheiten von K.

(i) Die Idele der Form

$$\alpha = \varepsilon_1^{\lambda_1} \dots \varepsilon_t^{\lambda_t}\, \phi_1(y_1) \dots \phi_s(y_s)\,, \quad \lambda_i \in \widehat{\mathbb{Z}} \times \mathbb{R},\ y_i \in \mathbb{R}\,,$$

bilden eine Gruppe und haben die Absolutnorm $\mathfrak{N}(\alpha) = 1$.

(ii) α ist ein Hauptideal genau dann, wenn $\lambda_i \in \mathbb{Z} \subseteq \widehat{\mathbb{Z}} \times \mathbb{R}$ und $y_i \in \mathbb{Z} \subseteq \mathbb{R}$.

Aufgabe 7. Durch die Zuordnung

$$(\lambda_1, \dots, \lambda_t, y_1, \dots, y_s) \mapsto \varepsilon_1^{\lambda_1} \dots \varepsilon_t^{\lambda_t} \phi_1(y_1) \dots \phi_s(y_s)$$

erhält man einen stetigen Homomorphismus

$$f : (\widehat{\mathbb{Z}} \times \mathbb{R})^t \times \mathbb{R}^s \to C_K^0$$

in die Gruppe $C_K^0 = \{[\alpha] \in C_K \mid \mathfrak{N}([\alpha]) = 1\}$ mit dem Kern $\mathbb{Z}^t \times \mathbb{Z}^s$.

Aufgabe 8. (i) Das Bild D_K^0 von f ist kompakt, zusammenhängend und uneingeschränkt divisibel.

(ii) f liefert einen topologischen Isomorphismus

$$f : ((\widehat{\mathbb{Z}} \times \mathbb{R})/\mathbb{Z})^t \times (\mathbb{R}/\mathbb{Z})^s \xrightarrow{\sim} D_K^0\,.$$

Aufgabe 9. Die Gruppe D_K^0 ist der Durchschnitt aller abgeschlossenen Untergruppen von endlichem Index in C_K^0 und ist die Zusammenhangskomponente des Einselementes in C_K^0.

Aufgabe 10. Die Zusammenhangskomponente D_K des Einselementes der Idelklassengruppe C_K ist das direkte Produkt von t Kopien des „Solenoids" $(\widehat{\mathbb{Z}} \times \mathbb{R})/\mathbb{Z}$, s Kreislinien $\mathbb{R}/\mathbb{Z}$ und einer reellen Geraden.

Aufgabe 11. Jede Idealklasse der Strahlklassengruppe $Cl_K^\mathfrak{m}$ läßt sich durch ein ganzes Ideal repräsentieren, das zu einem beliebig vorgegebenen Ideal teilerfremd ist.

Aufgabe 12. Sei $\mathcal{O} = \mathcal{O}_K$. Jede Klasse in $(\mathcal{O}/\mathfrak{m})^*$ läßt sich durch eine total positive Zahl von $\mathcal{O}$ repräsentieren, die zu einem beliebig vorgegebenen Ideal teilerfremd ist.

Aufgabe 13. Für jeden Modul $\mathfrak{m}$ hat man eine exakte Sequenz

$$1 \to \mathcal{O}_+^*/\mathcal{O}_+^\mathfrak{m} \to (\mathcal{O}/\mathfrak{m})^* \to Cl_K^\mathfrak{m} \to Cl_K^1 \to 1\,,$$

wobei $\mathcal{O}_+^*$ bzw. $\mathcal{O}_+^\mathfrak{m}$ die Gruppe der total positiven Einheiten von $\mathcal{O}$ bzw. der total positiven Einheiten $\equiv 1 \bmod \mathfrak{m}$ ist.

Aufgabe 14. Man berechne die Kerne von $Cl_K^\mathfrak{m} \to Cl_K$ und $Cl_K^\mathfrak{m} \to Cl_K^{\mathfrak{m}'}$ für $\mathfrak{m}'|\mathfrak{m}$.

§ 2. Idele in Körpererweiterungen

Wir studieren nun das Verhalten der Idele und Idelklassen beim Übergang von einem Körper K zu einer Erweiterung L. Sei also $L|K$ eine endliche Erweiterung algebraischer Zahlkörper. Wir betten die Idelgruppe I_K von K in die Idelgruppe I_L von L ein, indem wir jedem Idel $\alpha = (\alpha_\mathfrak{p}) \in I_K$ das Idel $\alpha' = (\alpha'_\mathfrak{P}) \in I_L$ zuordnen, dessen Komponenten $\alpha'_\mathfrak{P}$ durch

$$\alpha'_\mathfrak{P} = \alpha_\mathfrak{p} \in K^*_\mathfrak{p} \subseteq L^*_\mathfrak{P} \quad \text{für} \quad \mathfrak{P}|\mathfrak{p}$$

gegeben sind. Wir erhalten auf diese Weise einen injektiven Homomorphismus

$$I_K \to I_L ,$$

über den wir I_K fortan als Untergruppe von I_L auffassen. Ein Element $\alpha = (\alpha_\mathfrak{P}) \in I_L$ gehört also genau dann der Gruppe I_K an, wenn seine Komponenten $\alpha_\mathfrak{P}$ in $K_\mathfrak{p}$ $(\mathfrak{P}|\mathfrak{p})$ liegen und wenn überdies $\alpha_\mathfrak{P} = \alpha_{\mathfrak{P}'}$ gilt, falls $\mathfrak{P}$ und $\mathfrak{P}'$ über derselben Primstelle $\mathfrak{p}$ von K liegen.

Jeder Isomorphismus $\sigma : L \to \sigma L$ induziert einen Isomorphismus

$$\sigma : I_L \to I_{\sigma L}$$

in der folgenden Weise. Für jede Primstelle $\mathfrak{P}$ von L induziert σ einen Isomorphismus

$$\sigma : L_\mathfrak{P} \to (\sigma L)_{\sigma\mathfrak{P}} .$$

Ist nämlich $\alpha = \mathfrak{P}\text{-}\lim \alpha_i$ mit einer Folge $\alpha_i \in L$, so ist die Folge $\sigma\alpha_i \in \sigma L$ bzgl. $|\ \ |_{\sigma\mathfrak{P}}$ in $(\sigma L)_{\sigma\mathfrak{P}}$ konvergent, und der Isomorphismus wird durch

$$\alpha = \mathfrak{P}\text{-}\lim \alpha_i \mapsto \sigma\alpha = \sigma\mathfrak{P}\text{-}\lim \sigma\alpha_i$$

erhalten. Für ein Idel $\alpha \in I_L$ erklären wir nun $\sigma\alpha \in I_L$ als das Idel mit den Komponenten

$$(\sigma\alpha)_{\sigma\mathfrak{P}} = \sigma\alpha_\mathfrak{P} \in (\sigma L)_{\sigma\mathfrak{P}} .$$

Ist $L|K$ eine galoissche Erweiterung mit der Galoisgruppe $G = G(L|K)$, so liefert jedes $\sigma \in G$ einen Automorphismus $\sigma : I_L \to I_L$, d.h. I_L wird ein G-Modul. Über den Fixmodul $I_L^G = \{\alpha \in I_L \mid \sigma\alpha = \alpha \text{ für alle } \sigma \in G\}$ haben wir den

(2.1) Satz. *Ist $L|K$ eine galoissche Erweiterung mit der Galoisgruppe G, so gilt*

$$I_L^G = I_K .$$

Beweis: Sei $\alpha \in I_K \subseteq I_L$. Für $\sigma \in G$ ist $\sigma : L_{\mathfrak{P}} \to L_{\sigma\mathfrak{P}}$ ein $K_{\mathfrak{p}}$-Isomorphismus, wenn $\mathfrak{P}|\mathfrak{p}$. Daher ist

$$(\sigma\alpha)_{\sigma\mathfrak{P}} = \sigma\alpha_{\mathfrak{P}} = \alpha_{\mathfrak{P}} = \alpha_{\sigma\mathfrak{P}}\,,$$

also $\sigma\alpha = \alpha$, und somit $\alpha \in I_L^G$. Wenn umgekehrt $\alpha = (\alpha_{\mathfrak{P}}) \in I_L^G$ ist, so gilt

$$(\sigma\alpha)_{\sigma\mathfrak{P}} = \sigma\alpha_{\mathfrak{P}} = \alpha_{\sigma\mathfrak{P}}$$

für alle $\sigma \in G$. Liegt insbesondere σ in der Zerlegungsgruppe $G_{\mathfrak{P}} = G(L_{\mathfrak{P}}|K_{\mathfrak{p}})$, so ist $\sigma\mathfrak{P} = \mathfrak{P}$ und $\sigma\alpha_{\mathfrak{P}} = \alpha_{\mathfrak{P}}$, also $\alpha_{\mathfrak{P}} \in K_{\mathfrak{p}}^*$. Wenn $\sigma \in G$ beliebig ist, so induziert $\sigma : L_{\mathfrak{P}} \to L_{\sigma\mathfrak{P}}$ die Identität auf $K_{\mathfrak{p}}$, und es ergibt sich $\alpha_{\mathfrak{P}} = \sigma\alpha_{\mathfrak{P}} = \alpha_{\sigma\mathfrak{P}}$ für irgend zwei Primstellen $\mathfrak{P}$ und $\sigma\mathfrak{P}$ über $\mathfrak{p}$. Daher ist $\alpha \in I_K$. □

Die Idelgruppe I_L ist die Einheitengruppe des Adelringes $\mathbb{A}_L$ von L. Es ist günstig, den letzteren in der Form

$$\mathbb{A}_L = \prod_{\mathfrak{p}} L_{\mathfrak{p}}$$

zu schreiben, wobei

$$L_{\mathfrak{p}} = \prod_{\mathfrak{P}|\mathfrak{p}} L_{\mathfrak{P}}\,.$$

Das eingeschränkte Produkt $\prod_{\mathfrak{p}} L_{\mathfrak{p}}$ besteht aus allen Elementfamilien $(\alpha_{\mathfrak{p}})$ mit $\alpha_{\mathfrak{p}} \in L_{\mathfrak{p}}$ und $\alpha_{\mathfrak{p}} \in \mathcal{O}_{\mathfrak{p}} = \prod_{\mathfrak{P}|\mathfrak{p}} \mathcal{O}_{\mathfrak{P}}$ für fast alle $\mathfrak{p}$. Der Faktor $L_{\mathfrak{p}}$ ist vermöge der diagonalen Einbettung

$$K_{\mathfrak{p}} \to L_{\mathfrak{p}}$$

eine kommutative $K_{\mathfrak{p}}$-Algebra vom Grade $\sum_{\mathfrak{P}|\mathfrak{p}} [L_{\mathfrak{P}} : K_{\mathfrak{p}}] = [L : K]$. Diese Einbettungen liefern die Einbettung

$$\mathbb{A}_K \to \mathbb{A}_L\,,$$

deren Einschränkung

$$I_K = \mathbb{A}_K^* \hookrightarrow \mathbb{A}_L^* = I_L$$

die oben betrachtete Inklusion wird.

Jedes $\alpha_{\mathfrak{p}} \in L_{\mathfrak{p}}^*$ definiert einen Automorphismus

$$\alpha_{\mathfrak{p}} : L_{\mathfrak{p}} \to L_{\mathfrak{p}}\,, \quad x \mapsto \alpha_{\mathfrak{p}} x\,,$$

des $K_{\mathfrak{p}}$-Vektorraumes $L_{\mathfrak{p}}$, und wir definieren wie im Fall von Körpererweiterungen die Norm von $\alpha_{\mathfrak{p}}$ durch

$$N_{L_{\mathfrak{p}}|K_{\mathfrak{p}}}(\alpha_{\mathfrak{p}}) = \det(\alpha_{\mathfrak{p}})\,.$$

Wir erhalten auf diese Weise einen Homomorphismus

$$N_{L_\mathfrak{p}|K_\mathfrak{p}} : L_\mathfrak{p}^* \to K_\mathfrak{p}^* .$$

Dieser induziert einen Normenhomomorphismus

$$N_{L|K} : I_L \to I_K$$

zwischen den Idelgruppen $I_L = \prod_\mathfrak{p} L_\mathfrak{p}^*$ und $I_K = \prod_\mathfrak{p} K_\mathfrak{p}^*$. Explizit ist die Norm eines Idels durch den folgenden Satz gegeben.

(2.2) Satz. *Ist $L|K$ eine endliche Erweiterung und $\alpha = (\alpha_\mathfrak{P}) \in I_L$, so erhält man die lokalen Komponenten des Idels $N_{L|K}(\alpha)$ durch*

$$N_{L|K}(\alpha)_\mathfrak{p} = \prod_{\mathfrak{P}|\mathfrak{p}} N_{L_\mathfrak{P}|K_\mathfrak{p}}(\alpha_\mathfrak{P}) .$$

Beweis: Setzen wir $\alpha_\mathfrak{p} = (\alpha_\mathfrak{P})_{\mathfrak{P}|\mathfrak{p}} \in L_\mathfrak{p}$, so ist der $K_\mathfrak{p}$-Automorphismus $\alpha_\mathfrak{p} : L_\mathfrak{p} \to L_\mathfrak{p}$ das direkte Produkt der $K_\mathfrak{p}$-Automorphismen $\alpha_\mathfrak{P} : L_\mathfrak{P} \to L_\mathfrak{P}$. Daher ist

$$N_{L_\mathfrak{p}|K_\mathfrak{p}}(\alpha_\mathfrak{p}) = \det(\alpha_\mathfrak{p}) = \prod_{\mathfrak{P}|\mathfrak{p}} \det(\alpha_\mathfrak{P}) = \prod_{\mathfrak{P}|\mathfrak{p}} N_{L_\mathfrak{P}|K_\mathfrak{p}}(\alpha_\mathfrak{P}) . \qquad \square$$

Die Idelnorm gehorcht den folgenden Regeln.

(2.3) Satz. *(i) Für einen Körperturm $K \subseteq L \subseteq M$ gilt $N_{M|K} = N_{L|K} \circ N_{M|L}$.*

(ii) Ist $L|K$ eingebettet in die galoissche Erweiterung $M|K$ und ist $G = G(M|K)$ und $H = G(M|L)$, so gilt für $\alpha \in I_L$: $N_{L|K}(\alpha) = \prod_{\sigma \in G/H} \sigma\alpha$.

(iii) $N_{L|K}(\alpha) = \alpha^{[L:K]}$ für $\alpha \in I_K$.

(iv) Für ein Hauptidel $x \in L^*$ ist die Norm das Hauptidel von K, das durch die gewöhnliche Norm $N_{L|K}(x)$ definiert ist.

Der Beweis von (i), (ii), (iii) ist wörtlich derselbe wie für die Körpernorm (vgl. Kap. I, § 2). (iv) folgt aus der Tatsache, daß der $K_\mathfrak{p}$-Automorphismus $f_x : L_\mathfrak{p} \to L_\mathfrak{p}$, $y \mapsto xy$, nach der Identifizierung $L_\mathfrak{p} = L \otimes_K K_\mathfrak{p}$ (vgl. Kap. II, (8.3)) aus dem K-Automorphismus $x : L \to L$ durch Tensorieren mit $K_\mathfrak{p}$ entsteht, so daß $\det(f_x) = \det(x)$.

Bemerkung: Es ist sowohl vom Grundsätzlichen wie auch vom Praktischen her vorteilhaft, für die obige Betrachtung einen formalen Standpunkt einzunehmen, der den fortwährenden Übergang von den Idelen zu den Komponenten vermeidet. Er beruht auf der Identifizierung

$$\mathbb{A}_L = \mathbb{A}_K \otimes_K L$$

des Adelringes $\mathbb{A}_L$ von L, die sich durch die kanonischen Isomorphismen (vgl. Kap. II, (8.3))

$$K_\mathfrak{p} \otimes_K L \xrightarrow{\sim} L_\mathfrak{p} = \prod_{\mathfrak{P}|\mathfrak{p}} L_\mathfrak{P}\,, \quad \alpha_\mathfrak{p} \otimes a \mapsto \alpha_\mathfrak{p} \cdot (\tau_\mathfrak{P} a)\,,$$

ergibt. Dabei bedeutet $\tau_\mathfrak{P}$ die kanonische Einbettung $\tau_\mathfrak{P} : L \to L_\mathfrak{P}$.

Auf diese Weise wird die komponentenweise Inklusion $I_K \subseteq I_L$ einfach durch die von $K \subseteq L$ induzierte Einbettung $\mathbb{A}_K \hookrightarrow \mathbb{A}_L$, $\alpha \mapsto \alpha \otimes 1$, geliefert. Aus einem Isomorphismus $L \to \sigma L$ ergibt sich der Isomorphismus

$$\sigma : \mathbb{A}_L = \mathbb{A}_K \otimes_K L \;\to\; \mathbb{A}_K \otimes_K \sigma L = \mathbb{A}_{\sigma L}$$

durch $\sigma(\alpha \otimes a) = \alpha \otimes \sigma a$, und die Norm eines L-Idels $\mathbb{A}_L^*$ ist einfach die Determinante

$$N_{L|K}(\alpha) = \det{}_{\mathbb{A}_K}(\alpha)$$

des durch α auf der endlichen $\mathbb{A}_K$-Algebra $\mathbb{A}_L = \mathbb{A}_K \otimes_K L$ entstehenden Endomorphismus $\alpha : \mathbb{A}_L \to \mathbb{A}_L$.

Für die **Idelklassengruppen** haben die obigen Darlegungen folgende Konsequenzen.

(2.4) Satz. *Ist $L|K$ eine endliche Erweiterung, so induziert der Homomorphismus $I_K \to I_L$ eine Injektion der Idelklassengruppen*

$$C_K \to C_L\,, \quad \alpha K^* \to \alpha L^*\,.$$

Beweis: Die Injektion $I_K \to I_L$ bildet offensichtlich K^* in L^* ab. Für die Injektivität müssen wir $I_K \cap L^* = K^*$ zeigen. Sei dazu $M|K$ eine endliche galoissche Erweiterung mit der Galoisgruppe G, die L enthält. Dann ist $I_K \subseteq I_L \subseteq I_M$ und

$$I_K \cap L^* \subseteq I_K \cap M^* \subseteq (I_K \cap M^*)^G = I_K \cap M^{*G} = I_K \cap K^* = K^*\,. \;\square$$

Durch die Einbettung $C_K \to C_L$ wird C_K eine Untergruppe von C_L: Ein Element $\alpha L^* \in C_L$ ($\alpha \in I_L$) liegt genau dann in C_K, wenn die

Klasse αL^* einen Repräsentanten α' in I_K hat. Wichtig ist der Satz vom sogenannten **Galois-Abstieg** der Idelklassengruppe:

(2.5) Satz. *Ist $L|K$ eine galoissche Erweiterung und $G = G(L|K)$, so ist C_L in kanonischer Weise ein G-Modul und $C_L^G = C_K$.*

Beweis: Der G-Modul I_L enthält L^* als einen G-Untermodul, so daß jedes $\sigma \in G$ einen Automorphismus

$$C_L \xrightarrow{\sigma} C_L\,, \quad \alpha L^* \mapsto (\sigma\alpha)L^*\,,$$

induziert. Wir erhalten eine exakte Sequenz von G-Moduln

$$1 \to L^* \to I_L \to C_L \to 1\,.$$

Wir behaupten, daß die hieraus entstehende Sequenz

$$1 \to L^{*G} \to I_L^G \to C_L^G \to 1$$

exakt ist. Die Injektivität von $L^{*G} \to I_L^G$ ist trivial. Der Kern von $I_L^G \to C_L^G$ ist $I_L^G \cap L^* = I_K \cap L^* = K^* = L^{*G}$. Die Surjektivität von $I_L^G \to C_L^G$ folgt nicht ganz unmittelbar. Sei dazu $\alpha L^* \in C_L^G$. Für jedes $\sigma \in G$ ist dann $\sigma(\alpha L^*) = \alpha L^*$, also $\sigma\alpha = \alpha x_\sigma$ mit einem $x_\sigma \in L^*$. Dieses x_σ ist ein „gekreuzter Homomorphismus", d.h. es gilt

$$x_{\sigma\tau} = x_\sigma \cdot \sigma x_\tau\,,$$

denn $x_{\sigma\tau} = \frac{\sigma\tau\alpha}{\alpha} = \frac{\sigma\tau\alpha}{\sigma\alpha} \cdot \frac{\sigma\alpha}{\alpha} = \sigma(\frac{\tau\alpha}{\alpha})\frac{\sigma\alpha}{\alpha} = \sigma x_\tau x_\sigma$. Nach Hilbert 90 in der Noetherschen Fassung (vgl. Kap. IV, (3.8)) ist ein solcher gekreuzter Homomorphismus von der Form $x_\sigma = \sigma y/y$ für ein $y \in L^*$. Setzen wir nun $\alpha' = \alpha y^{-1}$, so ist $\alpha' L^* = \alpha L^*$ und $\sigma\alpha' = \sigma\alpha\sigma y^{-1} = \alpha x_\sigma \sigma y^{-1} = \alpha y^{-1} = \alpha'$, also $\alpha' \in I_L^G$. Dies zeigt die Surjektivität. □

Die Normabbildung $N_{L|K} : I_L \to I_K$ wirft nach (2.3) die Hauptidele in Hauptidele. Wir erhalten also auch für die Idelklassengruppe C_L eine Normabbildung

$$N_{L|K} : C_L \to C_K\,.$$

Diese genügt den gleichen Gesetzmäßigkeiten (2.3) (i), (ii), (iii) wie die Normabbildung der Idelgruppe.

Aufgabe 1. Sei $\omega_1, \dots, \omega_n$ eine Basis von $L|K$. Dann induziert der Isomorphismus $L \otimes_K K_\mathfrak{p} \cong \prod_{\mathfrak{P}|\mathfrak{p}} L_\mathfrak{P}$ für fast alle Primideale $\mathfrak{p}$ von K einen Isomorphismus

$$\omega_1 \mathcal{o}_\mathfrak{p} \oplus \cdots \oplus \omega_n \mathcal{o}_\mathfrak{p} \cong \prod_{\mathfrak{P}|\mathfrak{p}} \mathcal{O}_\mathfrak{P},$$

wobei $\mathcal{o}_\mathfrak{p}$ bzw. $\mathcal{O}_\mathfrak{P}$ der Bewertungsring von $K_\mathfrak{p}$ bzw. $L_\mathfrak{P}$ ist.

Aufgabe 2. Sei $L|K$ eine endliche Erweiterung. Die Absolutnorm $\mathfrak{N}$ der Idele von K bzw. L verhält sich unter der Inklusion $i_{L|K} : I_K \to I_L$ bzw. der Norm $N_{L|K} : I_L \to I_K$ in der folgenden Weise:

$$\mathfrak{N}(i_{L|K}(\alpha)) = \mathfrak{N}(\alpha)^{[L:K]} \quad \text{für} \quad \alpha \in I_K,$$
$$\mathfrak{N}(N_{L|K}(\alpha)) = \mathfrak{N}(\alpha) \quad \text{für} \quad \alpha \in I_L.$$

Aufgabe 3. Für die Zuordnung der Idele zu den Idealen $\alpha \mapsto (\alpha)$ gilt bei einer galoisschen Erweiterung $L|K$ die Regel

$$(N_{L|K}(\alpha)) = N_{L|K}((\alpha)).$$

(Für die Idealnorm s. Kap. III, § 1).

Aufgabe 4. Die Idealklassengruppe besitzt im Gegensatz zur Idelklassengruppe keinen Galois-Abstieg; genauer ist für eine galoissche Erweiterung $L|K$ der Homomorphismus $Cl_K \to Cl_L^{G(L|K)}$ i.a. weder injektiv noch surjektiv.

Aufgabe 5. Definiere die Spurabbildung $Tr_{L|K} : \mathbb{A}_L \to \mathbb{A}_K$ durch $Tr_{L|K}(\alpha)$ = Spur des Endomorphismus $x \mapsto \alpha x$ der $\mathbb{A}_K$-Algebra $\mathbb{A}_L$ und zeige:

(i) $Tr_{L|K}(\alpha)_\mathfrak{p} = \sum_{\mathfrak{P}|\mathfrak{p}} Tr_{L_\mathfrak{P}|K_\mathfrak{p}}(\alpha_\mathfrak{P})$.

(ii) Für einen Körperturm $K \subseteq L \subseteq M$ gilt $Tr_{M|K} = Tr_{L|K} \circ Tr_{M|L}$.

(iii) Ist $L|K$ eingebettet in die galoissche Erweiterung $M|K$ und ist $G = G(M|K)$ und $H = G(M|L)$, so gilt für $\alpha \in \mathbb{A}_L$: $Tr_{L|K}(\alpha) = \sum_{\sigma \in G/H} \sigma\alpha$.

(iv) $Tr_{L|K}(\alpha) = [L : K]\alpha$ für $\alpha \in \mathbb{A}_K$.

(v) Für ein Hauptadel $x \in L$ ist die Spur das Hauptadel in $\mathbb{A}_K$, das durch die gewöhnliche Spur $Tr_{L|K}(x)$ definiert ist.

§ 3. Der Herbrandquotient der Idelklassengruppe

Wir setzen uns nun den Nachweis zum Ziel, daß die Idelklassengruppe dem Klassenkörperaxiom Kap. IV, (6.1) gehorcht. Zu diesem Zweck berechnen wir zunächst ihren Herbrandquotienten. Er setzt sich zusammen aus dem Herbrandquotienten der Idelgruppe einerseits und dem der Einheitengruppe andererseits. Wir wenden uns zuerst dem Studium der Idelgruppe zu.

Sei $L|K$ eine endliche galoissche Erweiterung mit der Galoisgruppe G. Der G-Modul I_L erlaubt die folgende einfache Beschreibung, durch die wir sofort auf die lokalen Körper zurückgeführt werden. Für jede Primstelle $\mathfrak{p}$ von K setzen wir

$$L_{\mathfrak{p}}^* = \prod_{\mathfrak{P}|\mathfrak{p}} L_{\mathfrak{P}}^* \quad \text{und} \quad U_{L,\mathfrak{p}} = \prod_{\mathfrak{P}|\mathfrak{p}} U_{\mathfrak{P}} \,.$$

Da die Automorphismen $\sigma \in G$ die Primstellen von L über $\mathfrak{p}$ permutieren, so sind $L_{\mathfrak{p}}^*$ und $U_{L,\mathfrak{p}}$ G-Moduln, und wir haben für den G-Modul I_L die Zerlegung

$$I_L = \prod_{\mathfrak{p}}{}' L_{\mathfrak{p}}^* \,,$$

wobei das eingeschränkte Produkt bzgl. der Untergruppen $U_{L,\mathfrak{p}} \subseteq L_{\mathfrak{p}}^*$ gebildet ist. Sei $\mathfrak{P}$ eine ausgewählte Primstelle von L über $\mathfrak{p}$ und $G_{\mathfrak{P}} = G(L_{\mathfrak{P}}|K_{\mathfrak{p}}) \subseteq G$ ihre Zerlegungsgruppe. Durchläuft σ ein Repräsentantensystem von $G/G_{\mathfrak{P}}$, so durchläuft $\sigma\mathfrak{P}$ die verschiedenen Primstellen von L über $\mathfrak{p}$, und es wird

$$L_{\mathfrak{p}}^* = \prod_{\sigma} L_{\sigma\mathfrak{P}}^* = \prod_{\sigma} \sigma(L_{\mathfrak{P}}^*) \,, \quad U_{L,\mathfrak{p}} = \prod_{\sigma} U_{\sigma\mathfrak{P}} = \prod_{\sigma} \sigma(U_{\mathfrak{P}}) \,.$$

Mit der in Kap. IV, § 7 eingeführten Definition der *induzierten Moduln* haben wir somit den

(3.1) Satz. *$L_{\mathfrak{p}}^*$ und $U_{L,\mathfrak{p}}$ sind die induzierten G-Moduln*

$$L_{\mathfrak{p}}^* = Ind_G^{G_{\mathfrak{P}}}(L_{\mathfrak{P}}^*) \,, \quad U_{L,\mathfrak{p}} = Ind_G^{G_{\mathfrak{P}}}(U_{\mathfrak{P}}) \,.$$

Sei jetzt S eine endliche Primstellenmenge von K, die die unendlichen Primstellen enthält. Wir setzen dann $I_L^S = I_L^{\overline{S}}$, wobei $\overline{S}$ die Menge der über den Primstellen von S gelegenen Primstellen von L bedeutet. Für I_L^S haben wir die G-Modulzerlegung

$$I_L^S = \prod_{\mathfrak{p} \in S} L_{\mathfrak{p}}^* \times \prod_{\mathfrak{p} \notin S} U_{L,\mathfrak{p}} \,,$$

und es ergibt sich aus (3.1) der

(3.2) Satz. *Ist $L|K$ eine zyklische Erweiterung und enthält S alle verzweigten Primstellen, so gilt für $i = 0, -1$*

$$H^i(G, I_L^S) \cong \bigoplus_{\mathfrak{p} \in S} H^i(G_{\mathfrak{P}}, L_{\mathfrak{P}}^*) \quad \text{und} \quad H^i(G, I_L) \cong \bigoplus_{\mathfrak{p}} H^i(G_{\mathfrak{P}}, L_{\mathfrak{P}}^*) \,,$$

wobei $\mathfrak{P}$ jeweils eine ausgewählte Primstelle von L über $\mathfrak{p}$ ist.

Beweis: Durch die Zerlegung $I_L^S = (\bigoplus_{\mathfrak{p}\in S} L_\mathfrak{p}^*) \oplus V$, $V = \prod_{\mathfrak{p}\notin S} U_{L,\mathfrak{p}}$, erhalten wir einen Isomorphismus

$$H^i(G, I_L^S) = \bigoplus_{\mathfrak{p}\in S} H^i(G, L_\mathfrak{p}^*) \oplus H^i(G, V)$$

und eine Injektion $H^i(G,V) \to \prod_{\mathfrak{p}\notin S} H^i(G, U_{L,\mathfrak{p}})$. Nach (3.1) und Kap. IV, (7.4) haben wir die Isomorphismen $H^i(G, L_\mathfrak{p}^*) \cong H^i(G_\mathfrak{P}, L_\mathfrak{P}^*)$ und $H^i(G, U_{L,\mathfrak{p}}) \cong H^i(G_\mathfrak{P}, U_\mathfrak{P})$. Für $\mathfrak{p} \notin S$ ist $L_\mathfrak{P}|K_\mathfrak{p}$ unverzweigt, so daß $H^i(G_\mathfrak{P}, U_\mathfrak{P}) = 1$ ist nach Kap. V, (1.2). Dies zeigt die erste Aussage des Satzes. Die zweite ist eine unmittelbare Konsequenz:

$$H^i(G, I_L) = \varinjlim_S H^i(G, I_L^S) \cong \varinjlim_S \bigoplus_{\mathfrak{p}\in S} H^i(G_\mathfrak{P}, L_\mathfrak{P}^*) = \bigoplus_\mathfrak{p} H^i(G_\mathfrak{P}, L_\mathfrak{P}^*).$$

□

Der Satz besagt, daß $H^{-1}(G, I_L) = \{1\}$ ist, denn $H^{-1}(G_\mathfrak{P}, L_\mathfrak{P}^*) = \{1\}$ nach Hilbert 90, und daß

$$I_K/N_{L|K} I_L = \bigoplus_\mathfrak{p} K_\mathfrak{p}^*/N_{L_\mathfrak{P}|K_\mathfrak{p}} L_\mathfrak{P}^* ,$$

wobei $\mathfrak{P}$ eine ausgewählte Primstelle über $\mathfrak{p}$ ist. Mit anderen Worten:

Ein Idel $\alpha \in I_K$ ist genau dann die Norm eines Idels von L, wenn es *überall lokal eine Norm* ist, d.h. wenn jede Komponente $\alpha_\mathfrak{p}$ die Norm eines Elementes von $L_\mathfrak{P}^*$ ist.

Für den Herbrandquotienten $h(G, I_L^S)$ erhalten wir das Ergebnis:

(3.3) Satz. *Ist $L|K$ eine zyklische Erweiterung und enthält S alle verzweigten Primstellen, so ist*

$$h(G, I_L^S) = \prod_{\mathfrak{p}\in S} n_\mathfrak{p} ,$$

wobei $n_\mathfrak{p} = [\,L_\mathfrak{P} : K_\mathfrak{p}\,]$.

Beweis: Es ist $H^{-1}(G, I_L^S) = \prod_{\mathfrak{p}\in S} H^{-1}(G_\mathfrak{P}, L_\mathfrak{P}^*) = 1$ und

$$H^0(G, I_L^S) = \prod_{\mathfrak{p}\in S} H^0(G_\mathfrak{P}, L_\mathfrak{P}^*) .$$

Nach der lokalen Klassenkörpertheorie ist $\#H^0(G_\mathfrak{P}, L_\mathfrak{P}^*) = (K_\mathfrak{p} : N_{L_\mathfrak{P}|K_\mathfrak{p}} L_\mathfrak{P}^*) = n_\mathfrak{p}$, also

$$h(G, I_L^S) = \frac{\#H^0(G, I_L^S)}{\#H^{-1}(G, I_L^S)} = \prod_{\mathfrak{p}\in S} n_\mathfrak{p} .$$

□

Als nächstes bestimmen wir den Herbrandquotienten des G-Moduls $L^S = L \cap I_L^S$. Wir benötigen dazu das folgende allgemeine

(3.4) Lemma. *Sei V ein s-dimensionaler $\mathbb{R}$-Vektorraum und G eine endliche Automorphismengruppe von V, die auf einer Basis $v_1, \ldots, v_s$ als Permutationsgruppe operiert: $\sigma v_i = v_{\sigma(i)}$.*

Ist dann Γ ein G-invariantes vollständiges Gitter in V, d.h. $\sigma\Gamma \subseteq \Gamma$ für alle σ, so gibt es in Γ ein vollständiges Untergitter

$$\Gamma' = \mathbb{Z} w_1 + \cdots + \mathbb{Z} w_s ,$$

so daß $\sigma w_i = w_{\sigma(i)}$ für alle $\sigma \in G$.

Beweis: Sei $|\ \ |$ die Maximumsnorm bzgl. der auf die Basis $v_1, \ldots, v_s$ bezogenen Koordinaten. Da Γ ein Gitter ist, so gibt es eine Zahl b, derart daß zu jedem $x \in V$ ein $\gamma \in \Gamma$ existiert mit

$$|x - \gamma| < b .$$

Wir wählen eine große positive Zahl $t \in \mathbb{R}$ und ein $\gamma \in \Gamma$ mit

$$|tv_1 - \gamma| < b$$

und setzen

$$w_i = \sum_{\sigma(1)=i} \sigma\gamma , \quad i = 1, \ldots, s ,$$

d.h. die Summe wird über alle $\sigma \in G$ genommen mit $\sigma(1) = i$. Für jedes $\tau \in G$ gilt dann

$$\tau w_i = \sum_{\sigma(1)=i} \tau\sigma\gamma = \sum_{\rho(1)=\tau(i)} \rho\gamma = w_{\tau(i)} ,$$

so daß wir nur die lineare Unabhängigkeit der w_i nachzuweisen haben. Sei dazu

$$\sum_{i=1}^{s} c_i w_i = 0 , \quad c_i \in \mathbb{R} .$$

Wenn nicht alle $c_i = 0$ sind, so können wir $|c_i| \le 1$ und $c_j = 1$ für ein j annehmen. Sei

$$\gamma = tv_1 - y$$

mit einem Vektor y vom Betrag $|y| < b$. Dann ist

$$w_i = \sum_{\sigma(1)=i} \sigma\gamma = t \sum_{\sigma(1)=i} v_{\sigma(1)} - y_i = tn_i v_i - y_i ,$$

wobei $|y_i| \leq gb$, $g = \#G$ und $n_i = \#\{\sigma \in G \mid \sigma(1) = i\}$ ist. Wir erhalten daher

$$0 = \sum_{i=1}^{s} c_i w_i = t \sum_{i=1}^{s} c_i n_i v_i - z \,,$$

wobei $|z| \leq sgb$, d.h.

$$z = t n_j v_j + \sum_{i \neq j} t c_i n_i v_i \,.$$

War nun t genügend groß gewählt, so kann z eine solche Darstellung nicht besitzen. Durch diesen Widerspruch ist das Lemma bewiesen. □

Sei jetzt $L|K$ eine zyklische Erweiterung vom Grade n mit der Galoisgruppe $G = G(L|K)$, S eine endliche Primstellenmenge, die die unendlichen Primstellen enthält, und $\overline{S}$ die Menge der über den Primstellen aus S gelegenen Primstellen von L. Wir bezeichnen die Gruppe $L^{\overline{S}}$ der$\overline{S}$-Einheiten mit L^S.

(3.5) Satz: *Für den Herbrandquotienten des G-Moduls L^S gilt*

$$h(G, L^S) = \frac{1}{n} \prod_{\mathfrak{p} \in S} n_{\mathfrak{p}} \,,$$

wobei $n_{\mathfrak{p}} = [\, L_{\mathfrak{P}} : K_{\mathfrak{p}} \,]$ ist.

Beweis: Sei $\{\mathfrak{e}_{\mathfrak{P}} | \mathfrak{P} \in \overline{S}\}$ die Standardbasis des Vektorraums $V = \prod_{\mathfrak{P} \in \overline{S}} \mathbb{R}$. Nach (1.1) hat der Homomorphismus

$$\lambda : L^S \to V \,, \quad \lambda(a) = \sum_{\mathfrak{P} \in \overline{S}} \log |a|_{\mathfrak{P}} \mathfrak{e}_{\mathfrak{P}} \,,$$

den Kern $\mu(L)$ und als Bild ein $(\bar{s} - 1)$-dimensionales Gitter, $\bar{s} = \#\overline{S}$. Lassen wir G auf V durch

$$\sigma \mathfrak{e}_{\mathfrak{P}} = \mathfrak{e}_{\sigma\mathfrak{P}}$$

operieren, so ist λ ein G-Homomorphismus, denn für $\sigma \in G$ ist

$$\begin{aligned} \lambda(\sigma a) &= \sum_{\mathfrak{P}} \log |\sigma a|_{\mathfrak{P}} \mathfrak{e}_{\mathfrak{P}} = \sum_{\mathfrak{P}} \log |a|_{\sigma^{-1}\mathfrak{P}} \sigma \mathfrak{e}_{\sigma^{-1}\mathfrak{P}} \\ &= \sigma\big(\sum_{\mathfrak{P}} \log |a|_{\sigma^{-1}\mathfrak{P}} \mathfrak{e}_{\sigma^{-1}\mathfrak{P}}\big) = \sigma\lambda(a) \,. \end{aligned}$$

Daher erzeugen $\mathfrak{e}_0 = \sum_{\mathfrak{P} \in \overline{S}} \mathfrak{e}_{\mathfrak{P}}$ und $\lambda(L^S)$ ein G-invariantes vollständiges Gitter Γ in V. Da $\mathbb{Z}\,\mathfrak{e}_0$ G-isomorph zu $\mathbb{Z}$ ist, so ergeben sich aus der exakten Sequenz

$$0 \to \mathbb{Z}\mathfrak{e}_0 \to \Gamma \to \Gamma/\mathbb{Z}\mathfrak{e}_0 \to 0$$

und aus $\Gamma/\mathbb{Z}\mathfrak{e}_0 = \lambda(L^S)$ die Gleichungen

$$h(G,L^S) = h(G,\lambda(L^S)) = h(G,\mathbb{Z})^{-1}h(G,\Gamma) = \frac{1}{n}h(G,\Gamma).$$

Wir wählen nun in Γ ein Untergitter Γ', wie es das Lemma (3.4) uns sichert. Dann ist

$$\Gamma' = \bigoplus_{\mathfrak{P}} \mathbb{Z}w_{\mathfrak{P}} = \bigoplus_{\mathfrak{p}\in S}\bigoplus_{\mathfrak{P}|\mathfrak{p}} \mathbb{Z}w_{\mathfrak{P}} = \bigoplus_{\mathfrak{p}\in S}\Gamma'_{\mathfrak{p}}$$

und $\sigma w_{\mathfrak{P}} = w_{\sigma\mathfrak{P}}$. Damit ist $\Gamma'_{\mathfrak{p}}$ der induzierte G-Modul

$$\Gamma'_{\mathfrak{p}} = \bigoplus_{\mathfrak{P}|\mathfrak{p}} \mathbb{Z}w_{\mathfrak{P}} = \bigoplus_{\sigma\in G/G_{\mathfrak{p}}} \sigma(\mathbb{Z}w_{\mathfrak{P}_0}) = \mathrm{Ind}_G^{G_{\mathfrak{p}}}(\mathbb{Z}w_{\mathfrak{P}_0}),$$

wobei $\mathfrak{P}_0$ eine ausgewählte Primstelle über $\mathfrak{p}$ ist und $G_{\mathfrak{p}}$ ihre Zerlegungsgruppe. Das Gitter Γ' hat den gleichen Rang wie Γ, ist also von endlichem Index in Γ. Mit Kap. IV, (7.4) ergibt sich daher

$$h(G,L^S) = \frac{1}{n}h(G,\Gamma') = \frac{1}{n}\prod_{\mathfrak{p}\in S} h(G,\Gamma'_{\mathfrak{p}}) = \frac{1}{n}\prod_{\mathfrak{p}\in S} h(G_{\mathfrak{p}},\mathbb{Z}w_{\mathfrak{P}_0})$$
$$= \frac{1}{n}\prod_{\mathfrak{p}\in S} h(G_{\mathfrak{p}},\mathbb{Z}),$$

also in der Tat $h(G,L^S) = \frac{1}{n}\prod_{\mathfrak{p}\in S} n_{\mathfrak{p}}$ mit $n_{\mathfrak{p}} = \#G_{\mathfrak{p}} = [L_{\mathfrak{P}} : K_{\mathfrak{p}}]$. □

Mit dem Herbrandquotienten von I_L^S und L^S ergibt sich sofort auch der Herbrandquotient der Idelklassengruppe C_L. Wir wählen dazu eine endliche Primstellenmenge S, die alle unendlichen und alle in L verzweigten Primstellen enthält, derart daß $I_L = I_L^S L^*$. Eine solche Menge existiert nach (1.4). Aus der exakten Sequenz

$$1 \to L^S \to I_L^S \to I_L^S L^*/L^* \to 1$$

entsteht die Gleichheit

$$h(G,C_L) = h(G,I_L^S)h(G,L^S)^{-1},$$

und aus (3.3) und (3.5) folgt das

(3.6) Theorem. *Ist $L|K$ eine zyklische Erweiterung vom Grade n mit der Galoisgruppe $G = G(L|K)$, so ist*

$$h(G,C_L) = \frac{\#H^0(G,C_L)}{\#H^{-1}(G,C_L)} = n.$$

Insbesondere: $(C_K : N_{L|K}C_L) \geq n$.

Aus diesem Resultat ziehen wir die folgende interessante Konsequenz.

(3.7) Korollar. *Ist $L|K$ zyklisch von Primzahlpotenzgrad $n = p^\nu$, so gibt es unendlich viele Primstellen von K, die in L unzerlegt sind.*

Beweis: Angenommen, die Menge S der unzerlegten Primstellen wäre endlich. Sei $M|K$ die Teilerweiterung von $L|K$ vom Grade p. Für jedes $\mathfrak{p} \notin S$ ist die Zerlegungsgruppe $G_\mathfrak{p}$ von $L|K$ von $G(L|K)$ verschieden, so daß $G_\mathfrak{p} \subseteq G(L|M)$. Daher ist jedes $\mathfrak{p} \notin S$ in M voll zerlegt. Wir schließen hieraus, daß $N_{M|K}C_M = C_K$ im Widerspruch zu (3.6).

In der Tat, sei $\alpha \in I_K$. Nach dem Approximationssatz Kap. II, (3.4) gibt es ein $a \in K^*$, so daß $\alpha_\mathfrak{p} a^{-1}$ in der offenen Untergruppe $N_{M_\mathfrak{P}|K_\mathfrak{p}} M_\mathfrak{P}^*$ enthalten ist für alle $\mathfrak{p} \in S$. Für $\mathfrak{p} \notin S$ ist $\alpha_\mathfrak{p} a^{-1}$ automatisch in $N_{M_\mathfrak{P}|K_\mathfrak{p}} M_\mathfrak{P}^*$ enthalten, weil $M_\mathfrak{P} = K_\mathfrak{p}$. Wegen

$$I_K/N_{M|K} I_M = \bigoplus_\mathfrak{p} K_\mathfrak{p}^*/N_{M_\mathfrak{P}|K_\mathfrak{p}} M_\mathfrak{P}^*$$

ist das Idel αa^{-1} daher die Norm eines Idels β von I_M, d.h. $\alpha = (N_{M|K}\beta)a \in N_{M|K} I_M K^*$. Damit ist gezeigt, daß die Klasse von α in $N_{M|K}C_M$ liegt, d.h. $C_K = N_{M|K}C_M$. □

(3.8) Korollar. *Sind in einer endlichen Erweiterung $L|K$ algebraischer Zahlkörper fast alle Primstellen voll zerlegt, so ist $L = K$.*

Beweis: Wir dürfen o.B.d.A. annehmen, daß $L|K$ galoissch ist. In der Tat, sei $M|K$ die normale Hülle von $L|K$, $G = G(M|K)$ und $H = G(M|L)$. Ferner sei $\mathfrak{p}$ eine Primstelle von K, $\mathfrak{P}$ eine über $\mathfrak{p}$ gelegene Primstelle von M und $G_\mathfrak{P}$ ihre Zerlegungsgruppe. Dann ist die Anzahl der über $\mathfrak{p}$ gelegenen Primstellen von L gleich der Anzahl $\#H\backslash G/G_\mathfrak{P}$ der Doppelnebenklassen $H\sigma G_\mathfrak{P}$ in G (vgl. Kap. I, § 9). Somit ist $\mathfrak{p}$ voll zerlegt in L, wenn $\#H\backslash G/G_\mathfrak{P} = [L:K] = \#H\backslash G$. Dies ist aber gleichbedeutend mit $G_\mathfrak{P} = 1$, also gleichbedeutend mit der vollen Zerlegtheit von $\mathfrak{p}$ in M.

Sei nun $L|K$ galoissch, $L \neq K$, und $\sigma \in G(L|K)$ ein Element von Primzahlordnung mit dem Fixkörper K'. Wären fast alle Primstellen $\mathfrak{p}$ von K voll zerlegt in L, so träfe das gleiche auf die Primstellen $\mathfrak{p}'$ von K' zu, im Widerspruch zu (3.7). □

Aufgabe 1. Ist die galoissche Erweiterung $L|K$ nicht zyklisch, so gibt es höchstens endlich viele in L unzerlegte Primstellen von K.

Aufgabe 2. Ist $L|K$ eine endliche galoissche Erweiterung, so wird die Galoisgruppe $G(L|K)$ durch die Frobeniusautomorphismen $\varphi_{\mathfrak{P}}$ aller über K unverzweigten Primideale $\mathfrak{P}$ von L erzeugt.

Aufgabe 3. Sei $L|K$ eine endliche abelsche Erweiterung und D eine Untergruppe von I_K, so daß K^*D dicht in I_K liegt und $D \subseteq N_{L|K}L^*$. Dann ist $L = K$.

Aufgabe 4. Seien $L_1, \ldots, L_r|K$ zyklische Erweiterungen vom Primzahlgrad p, so daß $L_i \cap L_j = K$ für $i \neq j$. Dann gibt es unendlich viele Primstellen $\mathfrak{p}$ von K, die in L_i voll zerlegt sind für $i > 1$, in L_1 aber unzerlegt.

§4. Das Klassenkörperaxiom

Nach der Bestimmung des Herbrandquotienten $h(G, C_L)$ durch den Grad $n = [L : K]$ der zyklischen Erweiterung $L|K$ genügt es jetzt, entweder $H^{-1}(G, C_L) = 1$ oder $H^0(G, C_L) = (C_K : N_{L|K}C_L) = n$ nachzuweisen. Das erste ist merkwürdiger Weise einem direkten Zugriff nicht zugänglich, so daß wir uns an das zweite halten müssen. Wir werden das Problem auf den Fall einer *Kummerschen Erweiterung* zurückführen. Für eine solche Erweiterung kann man die Normengruppe $N_{L|K}C_L$ explizit hinschreiben und aufgrund dieser Tatsache ihren Index $(C_K : N_{L|K}C_L)$ berechnen.

Sei also K ein Zahlkörper, der die n-ten Einheitswurzeln enthält, wobei n eine feste *Primzahlpotenz* ist, und sei $L|K$ eine galoissche Erweiterung mit einer Galoisgruppe der Form

$$G(L|K) \cong (\mathbb{Z}/n\mathbb{Z})^r .$$

Wir wählen eine endliche Primstellenmenge S, die die verzweigten, die in n aufgehenden und die unendlichen Primstellen enthält und für die $I_K = I_K^S K^*$ ist. Wir bezeichnen wieder mit $K^S = I_K^S \cap K^*$ die Gruppe der S-Einheiten und setzen $s = \#S$.

(4.1) Satz. *Es ist $s \geq r$, und es existiert eine Menge T von $s - r$ nicht in S gelegenen Primstellen von K, derart daß*

$$L = K(\sqrt[n]{\Delta}),$$

wobei Δ der Kern der Abbildung $K^S \to \prod_{\mathfrak{p} \in T} K_{\mathfrak{p}}^*/K_{\mathfrak{p}}^{*n}$ ist.

Beweis: Wir zeigen zuerst, daß $L = K(\sqrt[n]{\Delta})$ ist, wenn $\Delta = L^{*n} \cap K^S$, und danach, daß Δ der besagte Kern ist. Nach Kap. IV, (3.6) ist jedenfalls $L = K(\sqrt[n]{D})$ mit $D = L^{*n} \cap K$. Ist $x \in D$, so ist $K_\mathfrak{p}(\sqrt[n]{x})|K_\mathfrak{p}$ unverzweigt für alle $\mathfrak{p} \notin S$, weil S die in L verzweigten Primstellen enthält. Nach Kap. V, (3.3) können wir daher $x = u_\mathfrak{p} y_\mathfrak{p}^n$, $u_\mathfrak{p} \in U_\mathfrak{p}$, $y_\mathfrak{p} \in K_\mathfrak{p}^*$, schreiben. Setzen wir $y_\mathfrak{p} = 1$ für $\mathfrak{p} \in S$, so erhalten wir ein Idel $y = (y_\mathfrak{p})$, das sich als Produkt $y = \alpha z$, $\alpha \in I_K^S$, $z \in K^*$, schreiben läßt. Nun ist $xz^{-n} = u_\mathfrak{p}\alpha_\mathfrak{p}^n \in U_\mathfrak{p}$ für alle $\mathfrak{p} \notin S$, d.h. $xz^{-n} \in I_K^S \cap K^* = K^S$, also $xz^{-n} \in \Delta$. Dies zeigt, daß $D = \Delta K^{*n}$, so daß $L = K(\sqrt[n]{\Delta})$.

Der Körper $N = K(\sqrt[n]{K^S})$ enthält den Körper L wegen $\Delta = L^{*n} \cap K^S \subseteq K^S$. Nach der Kummertheorie IV, (3.6) haben wir

$$G(N|K) \cong \operatorname{Hom}(K^S/(K^S)^n, \mathbb{Z}/n\mathbb{Z}).$$

Nach (1.1) ist K^S das Produkt einer freien Gruppe vom Rang $s-1$ und der zyklischen Gruppe $\mu(K)$, deren Ordnung durch n teilbar ist. Daher ist $K^S/(K^S)^n$ ein freier $(\mathbb{Z}/n\mathbb{Z})$-Modul vom Rang s, also auch $G(N|K)$. Überdies ist $G(N|K)/G(N|L) \cong G(L|K) \cong (\mathbb{Z}/n\mathbb{Z})^r$ ein freier $(\mathbb{Z}/n\mathbb{Z})$-Modul vom Rang r, so daß $r \leq s$ und $G(N|L)$ ein freier $(\mathbb{Z}/n\mathbb{Z})$-Modul vom Rang $s-r$ ist. Sei $\sigma_1, \dots, \sigma_{s-r}$ eine $\mathbb{Z}/n\mathbb{Z}$-Basis von $G(N|L)$, und sei N_i der Fixkörper von σ_i, $i = 1, \dots, s-r$. Dann ist $L = \bigcap_{i=1}^{s-r} N_i$. Für jedes $i = 1, \dots, s-r$ wählen wir eine Primstelle $\mathfrak{P}_i$ von N_i, die in N unzerlegt ist, derart daß die unter $\mathfrak{P}_1, \dots, \mathfrak{P}_{s-r}$ liegenden Primstellen $\mathfrak{p}_1, \dots, \mathfrak{p}_{s-r}$ von K paarweise verschieden sind und nicht in S liegen. Nach (3.7) ist dies möglich. Wir zeigen nun, daß die Menge $T = \{\mathfrak{p}_1, \dots, \mathfrak{p}_{s-r}\}$ die Gruppe $\Delta = L^{*n} \cap K^S$ als den Kern von $K^S \to \prod_{\mathfrak{p} \in T} K_\mathfrak{p}^*/K_\mathfrak{p}^{*n}$ erscheinen läßt.

N_i ist der Zerlegungskörper von $N|K$ der eindeutig bestimmten Primstelle $\mathfrak{P}_i'$ über $\mathfrak{P}_i$, $i = 1, \dots, s-r$. In der Tat, dieser Zerlegungskörper Z_i ist in N_i enthalten, da $\mathfrak{P}_i$ in N unzerlegt ist. Andererseits ist die Primstelle $\mathfrak{p}_i$ unverzweigt in N, denn sie ist es nach Kap. V, (3.3) in jeder Erweiterung $K(\sqrt[n]{u})$, $u \in K^S$. Die Zerlegungsgruppe $G(N|Z_i) \supseteq G(N|N_i)$ ist somit zyklisch und muß die Ordnung n haben, weil jedes Element von $G(N|K)$ eine in n aufgehende Ordnung hat. Damit ist $N_i = Z_i$.

Aus $L = \bigcap_{i=1}^{s-r} N_i$ folgt nun, daß $L|K$ die maximale Teilerweiterung von $N|K$ ist, in der die Primstellen $\mathfrak{p}_1, \dots, \mathfrak{p}_{s-r}$ voll zerlegt sind. Für $x \in K^S$ gilt daher

$$\begin{aligned} x \in \Delta \iff K(\sqrt[n]{x}) \subseteq L &\iff K_{\mathfrak{p}_i}(\sqrt[n]{x}) = K_{\mathfrak{p}_i},\ i = 1, \dots, s-r, \\ &\iff x \in K_{\mathfrak{p}_i}^{*n},\ i = 1, \dots, s-r, \end{aligned}$$

und dies zeigt, daß Δ der Kern der Abbildung $K^S \to \prod_{i=1}^{s-r} K_{\mathfrak{p}_i}^*/K_{\mathfrak{p}_i}^{*n}$ ist. □

(4.2) Theorem. *Sei T eine Primstellenmenge wie in (4.1), und sei*

$$C_K(S,T) = I_K(S,T)K^*/K^*,$$

wobei

$$I_K(S,T) = \prod_{\mathfrak{p}\in S} K_{\mathfrak{p}}^{*n} \times \prod_{\mathfrak{p}\in T} K_{\mathfrak{p}}^* \times \prod_{\mathfrak{p}\notin S\cup T} U_{\mathfrak{p}}.$$

Dann gilt

$$N_{L|K}C_L \supseteq C_K(S,T) \quad \text{und} \quad (C_K : C_K(S,T)) = [L:K].$$

Ist insbesondere $L|K$ zyklisch, so gilt $N_{L|K}C_L = C_K(S,T)$.

Bemerkung: Aus (5.5) wird folgen, daß $N_{L|K}C_L = C_K(S,T)$ auch im allgemeinen gilt.

Für den Beweis des Theorems benötigen wir das folgende

(4.3) Lemma. $I_K(S,T) \cap K^* = (K^{S\cup T})^n$.

Beweis: Die Inklusion $(K^{S\cup T})^n \subseteq I_K(S,T)\cap K^*$ ist trivial. Sei $y \in I_K(S,T)\cap K^*$ und $M = K(\sqrt[n]{y})$. Es genügt zu zeigen, daß $N_{M|K}C_M = C_K$, denn dann folgt aus (3.6) $M = K$, also $y \in K^{*n}\cap I_K(S,T) \subseteq (K^{S\cup T})^n$. Sei $[\alpha] \in C_K = I_K^S K^*/K^*$ und $\alpha \in I_K^S$ ein Repräsentant der Klasse $[\alpha]$. Die Abbildung

$$K^S \to \prod_{\mathfrak{p}\in T} U_{\mathfrak{p}}/U_{\mathfrak{p}}^n$$

ist surjektiv. Bezeichnet nämlich Δ ihren Kern, so ist offensichtlich $K^{*n}\cap\Delta = (K^S)^n$, also $\Delta K^{*n}/K^{*n} = \Delta/(K^S)^n$. Nach (1.1) und der Kummertheorie wird daher

$$\#(K^S/\Delta) = \frac{\#K^S/(K^S)^n}{\#\Delta/(K^S)^n} = \frac{n^s}{\#G(L|K)} = n^{s-r},$$

und dies ist gleichzeitig die Ordnung des Produktes, denn nach Kap. II, (5.8) ist $\#U_{\mathfrak{p}}/U_{\mathfrak{p}}^n = n$, da $\mathfrak{p}\nmid n$. Wir finden somit ein Element $x \in K^S$ mit $\alpha_{\mathfrak{p}} = xu_{\mathfrak{p}}^n$, $u_{\mathfrak{p}} \in U_{\mathfrak{p}}$, für $\mathfrak{p}\in T$. Das Idel $\alpha' = \alpha x^{-1}$ gehört der gleichen Klasse wie α an, und wir zeigen, daß $\alpha' \in N_{M|K}I_M$. Nach (3.2) müssen wir dazu nur nachweisen, daß jede Komponente $\alpha'_{\mathfrak{p}}$ eine Norm von $M_{\mathfrak{P}}|K_{\mathfrak{p}}$ ist. Für $\mathfrak{p}\in S$ trifft dies zu wegen $y \in K_{\mathfrak{p}}^{*n}$, also $M_{\mathfrak{P}} = K_{\mathfrak{p}}$ für $\mathfrak{p}\in T$, weil $\alpha'_{\mathfrak{p}} = u_{\mathfrak{p}}^n$ eine n-te Potenz ist, und für $\mathfrak{p}\notin S\cup T$, weil $\alpha'_{\mathfrak{p}}$ eine Einheit ist und $M_{\mathfrak{P}}|K_{\mathfrak{p}}$ unverzweigt (vgl. Kap. V, (3.3)). Damit ist $[\alpha] \in N_{M|K}C_M$, q.e.d. □

Beweis des Theorems (4.2): Die Gleichung $(C_K : C_K(S,T)) = [L:K]$ ergibt sich aus der exakten Sequenz

$$1 \to I_K^{S\cup T} \cap K^*/I_K(S,T) \cap K^* \to I_K^{S\cup T}/I_K(S,T) \\ \to I_K^{S\cup T}K^*/I_K(S,T)K^* \to 1\,.$$

Wegen $I_K^{S\cup T}K^* = I_K$ ist die Ordnung der rechten Gruppe

$$(I_K^{S\cup T}K^* : I_K(S,T)K^*) = (I_KK^*/K^* : I_K(S,T)K^*/K^*) \\ = (C_K : C_K(S,T))\,.$$

Die Ordnung der linken Gruppe ist

$$(I_K^{S\cup T} \cap K^* : I_K(S,T) \cap K^*) = (K^{S\cup T} : (K^{S\cup T})^n) = n^{2s-r}\,,$$

weil $\#(S \cup T) = 2s - r$ und $\mu_n \subseteq K^{S\cup T}$. Die Ordnung der mittleren Gruppe ist unter Beachtung von Kap. II, (5.8)

$$(I_K^{S\cup T} : I_K(S,T)) = \prod_{\mathfrak{p}\in S}(K_\mathfrak{p}^* : K_\mathfrak{p}^{*n}) = \prod_{\mathfrak{p}\in S}\frac{n^2}{|n|_\mathfrak{p}} = n^{2s}\prod_{\mathfrak{p}}|n|_\mathfrak{p}^{-1} = n^{2s}.$$

Insgesamt ergibt sich hiermit

$$(C_K : C_K(S,T)) = \frac{n^{2s}}{n^{2s-r}} = n^r = [L:K]\,.$$

Wir zeigen jetzt die Inklusion $C_K(S,T) \subseteq N_{L|K}C_L$. Sei $\alpha \in I_K(S,T)$. Zum Nachweis von $\alpha \in N_{L|K}I_L$ haben wir nach (3.2) wiederum nur zu prüfen, ob jede Komponente $\alpha_\mathfrak{p}$ eine Norm von $L_\mathfrak{P}|K_\mathfrak{p}$ ist. Für $\mathfrak{p} \in S$ trifft dies zu, weil $\alpha_\mathfrak{p} \in K_\mathfrak{p}^{*n}$ eine n-te Potenz ist, also eine Norm von $K_\mathfrak{p}(\sqrt[n]{K_\mathfrak{p}^*})$ (vgl. Kap. V, (1.5)), insbesondere also von $L_\mathfrak{P}|K_\mathfrak{p}$. Für $\mathfrak{p} \in T$ trifft es zu, weil nach (4.1) $\Delta \subseteq K_\mathfrak{p}^{*n}$, so daß $L_\mathfrak{P} = K_\mathfrak{p}$. Für $\mathfrak{p} \notin S \cup T$ trifft es schließlich zu, weil $\alpha_\mathfrak{p}$ eine Einheit ist und $L_\mathfrak{P}|K_\mathfrak{p}$ unverzeigt ist (vgl. Kap. V, (3.3)). Wir haben also $I_K(S,T) \subseteq N_{L|K}I_L$, d.h. $C_K(S,T) \subseteq N_{L|K}C_L$.

Ist nun $L|K$ zyklisch, d.h. $r = 1$, so folgt aus (3.6)

$$[L:K] \le (C_K : N_{L|K}C_L) \le (C_K : C_K(S,T)) = [L:K]\,,$$

also $N_{L|K}C_L = C_K(S,T)$. □

Mit dieser expliziten Klärung der Verhältnisse im Kummerschen Körper ergibt sich das angestrebte Resultat jetzt ganz allgemein:

(4.4) Theorem (Globales Klassenkörperaxiom): *Ist $L|K$ eine zyklische Erweiterung algebraischer Zahlkörper, so gilt*

$$\#H^i(G(L|K), C_L) = \begin{cases} [L:K] & \text{für } i = 0\,, \\ 1 & \text{für } i = -1\,. \end{cases}$$

Beweis: Wegen $h(G(L|K), C_L) = [L : K]$ genügt es offenbar, $\#H^0(G(L|K), C_L) \mid [L : K]$ zu zeigen. Wir beweisen dies mit vollständiger Induktion nach dem Grad $n = [L : K]$ und schreiben kurz $H^0(L|K)$ anstelle von $H^0(G(L|K), C_L)$. Sei $M|K$ eine Teilerweiterung von Primzahlgrad p. Wir betrachten dann die exakte Sequenz

$$C_M/N_{L|M}C_L \xrightarrow{N_{M|K}} C_K/N_{L|K}C_L \to C_K/N_{M|K}C_M \to 1\,,$$

d.h. die exakte Sequenz

$$H^0(L|M) \to H^0(L|K) \to H^0(M|K) \to 1\,.$$

Ist $p < n$, so gilt $\#H^0(L|M) \mid [L : M]$, $\#H^0(M|K) \mid [M : K]$ nach Induktionsvoraussetzung, also $\#H^0(L|K) \mid [L : M][M : K] = [L : K]$.

Sei nun $p = n$. Wir setzen $K' = K(\mu_p)$ und $L' = L(\mu_p)$. Wegen $d = [K' : K] \mid p-1$ ist $G(L|K) \cong G(L'|K')$. $L'|K'$ ist eine zyklische Kummer-Erweiterung, so daß nach (4.2) $\#H^0(L'|K') = [L' : K'] = p$ ist. Es genügt daher zu zeigen, daß der durch die Inklusion $C_L \to C_{L'}$ induzierte Homomorphismus

$$(*) \qquad H^0(L|K) \to H^0(L'|K')$$

injektiv ist. $H^0(L|K)$ hat den Exponenten p, weil für $x \in C_K$ stets $x^p = N_{L|K}(x)$ gilt. Die Potenzierung von $H^0(L|K)$ mit $d = [K' : K]$ ist daher ein Isomorphismus. Sei nun $\bar{x} = x \bmod N_{L|K}C_L$ im Kern von $(*)$. Wir schreiben $\bar{x} = \bar{y}^d$ mit einem $\bar{y} = y \bmod N_{L|K}C_L$. Dann liegt auch $\bar{y}$ im Kern von $(*)$, d.h. $y = N_{L'|K'}(z')$, $z' \in C_{L'}$, und es gilt:

$$y^d = N_{K'|K}(y) = N_{L'|K}(z') = N_{L|K}(N_{L'|L}(z')) \in N_{L|K}C_L\,,$$

also $\bar{x} = \bar{y}^d = 1$. □

Eine unmittelbare Folge des soeben bewiesenen Theorems ist der berühmte **Hassesche Normensatz**.

(4.5) Korollar. *Sei $L|K$ eine zyklische Erweiterung. Ein Element $x \in K^*$ ist genau dann eine Norm, wenn es überall lokal eine Norm ist, d.h. eine Norm jeder Komplettierung $L_{\mathfrak{P}}|K_{\mathfrak{p}}$ $(\mathfrak{P}|\mathfrak{p})$.*

Beweis: Sei $G = G(L|K)$ und $G_{\mathfrak{P}} = G(L_{\mathfrak{P}}|K_{\mathfrak{p}})$. Die exakte Sequenz

$$1 \to L^* \to I_L \to C_L \to 1$$

von G-Moduln liefert nach Kap. IV, (7.1) eine exakte Sequenz

$$H^{-1}(G, C_L) \to H^0(G, L^*) \to H^0(G, I_L).$$

Nach (4.4) ist $H^{-1}(G, C_L) = 1$ und nach (3.2) $H^0(G, I_L) = \bigoplus_{\mathfrak{p}} H^0(G_{\mathfrak{P}}, L^*_{\mathfrak{P}})$, so daß der Homomorphismus

$$K^*/N_{L|K}L^* \to \bigoplus_{\mathfrak{p}} K^*_{\mathfrak{p}}/N_{L_{\mathfrak{P}}|K_{\mathfrak{p}}}L^*_{\mathfrak{P}}$$

injektiv ist. Dies aber ist die Aussage des Korollars. □

Es sei bemerkt, daß der Hassesche Normensatz sehr stark auf die zyklischen Erweiterungen beschränkt ist. Wohl ist nach (3.2) ein Element $x \in K^*$, das überall lokal eine Norm ist, stets die Norm eines Idels α von L, aber i.a. nicht eines Hauptidels, nicht einmal im Fall der abelschen Erweiterungen.

Aufgabe 1. Man bestimme die Normengruppe $N_{L|K}C_L$ für eine beliebige Kummersche Erweiterung in ähnlicher Weise wie für den in (4.2) dargelegten Fall, daß $G(L|K) \cong (\mathbb{Z}/p^a\mathbb{Z})^r$.

Aufgabe 2. Sei ζ eine primitive m-te Einheitswurzel. Zeige, daß die Normengruppe $N_{\mathbb{Q}(\zeta)|\mathbb{Q}}C_{\mathbb{Q}}$ die Strahlklassengruppe $\bmod\, \mathfrak{m} = (m)$ in $C_{\mathbb{Q}}$ ist.

Aufgabe 3. Eine Gleichung $x^2 - ay^2 = b$, $a, b \in K^*$, besitzt genau dann eine Lösung in K, wenn sie überall lokal, d.h. in jeder Komplettierung $K_{\mathfrak{p}}$ eine Lösung besitzt.
Hinweis: $x^2 - ay^2 = N_{K(\sqrt{a})|K}(x - \sqrt{a}y)$, falls $a \notin K^{*2}$.

Aufgabe 4. Wenn eine quadratische Form $a_1x^2 + \cdots + a_nx_n^2$ über einem Körper K mit mehr als fünf Elementen die Null darstellt (d.h. $a_1x_1^2 + \cdots + a_nx_n^2 = 0$ hat eine nichttriviale Lösung in K), so gibt es eine Nulldarstellung, bei der alle $x_i \neq 0$ sind.

Hinweis: Wenn $a\xi^2 = \lambda \neq 0$, $b \neq 0$, so gibt es von Null verschiedene Elemente α und β mit $a\alpha^2 + b\beta^2 = \lambda$. Zum Beweis multipliziere man die Identität

$$\frac{(t-1)^2}{(t+1)^2} + \frac{4t}{(t+1)^2} = 1$$

mit $a\xi^2 = \lambda$ und setze $t = b\gamma^2/a$ ein mit einem Element $\gamma \neq 0$, so daß $t \neq \pm 1$. Verwende dies zu einem Induktionsbeweis der Behauptung.

Aufgabe 5. Eine quadratische Form $ax^2 + by^2 + cz^2$, $a, b, c \in K^*$, stellt genau dann die Null dar, wenn sie die Null überall lokal darstellt.

Anmerkung: Es gilt ganz allgemein das „Lokal-Global-Prinzip“.

Satz von Minkowski-Hasse: Eine quadratische Form über einem Zahlkörper K stellt genau dann die Null dar, wenn sie dies über jeder Komplettierung $K_{\mathfrak{p}}$ tut.

Der Beweis ergibt sich aus dem in Aufgabe 5 formulierten Resultat in rein algebraischer Weise (vgl. [113]).

§ 5. Das globale Reziprozitätsgesetz

Nachdem wir wissen, daß die Idelklassengruppe dem Klassenkörperaxiom genügt, soll jetzt ein Homomorphismenpaar

$$(G_{\mathbb{Q}} \xrightarrow{d} \widehat{\mathbb{Z}},\ C_{\mathbb{Q}} \xrightarrow{v} \widehat{\mathbb{Z}})$$

bestimmt werden, das den Regeln der in Kap. IV, § 4 entwickelten allgemeinen Klassenkörpertheorie gehorcht. Für die durch d gegebene $\widehat{\mathbb{Z}}$-Erweiterung über $\mathbb{Q}$ haben wir nur eine Wahl. Sie wird beschrieben durch den folgenden

(5.1) Satz. *Sei $\Omega|\mathbb{Q}$ der Körper, der durch Adjunktion aller Einheitswurzeln entsteht, und sei T die Torsionsuntergruppe von $G(\Omega|K)$ (d.h. die Gruppe aller Elemente endlicher Ordnung). Dann ist der Fixkörper $\tilde{\mathbb{Q}}|\mathbb{Q}$ von T eine $\widehat{\mathbb{Z}}$-Erweiterung.*

Beweis: Wegen $\Omega = \bigcup_{n\geq 1} \mathbb{Q}(\mu_n)$ ist

$$G(\Omega|\mathbb{Q}) = \varprojlim_n G(\mathbb{Q}(\mu_n)|\mathbb{Q}) = \varprojlim_n (\mathbb{Z}/n\mathbb{Z})^* = \widehat{\mathbb{Z}}^*.$$

Nun ist $\widehat{\mathbb{Z}} = \prod_p \mathbb{Z}_p$ und $\mathbb{Z}_p^* \cong \mathbb{Z}_p \times \mathbb{Z}/(p-1)\mathbb{Z}$ für $p \neq 2$ und $\mathbb{Z}_2^* \cong \mathbb{Z}_2 \times \mathbb{Z}/2\mathbb{Z}$, also

$$G(\Omega|\mathbb{Q}) \cong \widehat{\mathbb{Z}}^* \cong \widehat{\mathbb{Z}} \times \widehat{T}, \text{ wobei } \widehat{T} = \prod_{p\neq 2} \mathbb{Z}/(p-1)\mathbb{Z} \times \mathbb{Z}/2\mathbb{Z}.$$

Dies zeigt, daß die Torsionsuntergruppe T von $G(\Omega|\mathbb{Q})$ isomorph zur Torsionsuntergruppe von $\widehat{T}$ ist. Da letztere die Gruppe $\bigoplus_{p\neq 2} \mathbb{Z}/(p-1)\mathbb{Z} \oplus \mathbb{Z}/2\mathbb{Z}$ enthält, so sehen wir, daß der Abschluß $\overline{T}$ von T isomorph zu $\widehat{T}$ ist. Ist nun $\tilde{\mathbb{Q}}$ der Fixkörper von T, so folgt hieraus, daß $G(\tilde{\mathbb{Q}}|\mathbb{Q}) = G(\Omega|\mathbb{Q})/\overline{T} \cong \widehat{\mathbb{Z}}$. □

Eine andere Beschreibung der $\widehat{\mathbb{Z}}$-Erweiterung $\tilde{\mathbb{Q}}|\mathbb{Q}$ erhalten wir in der folgenden Weise. Für jede Primzahl p sei $\Omega_p|\mathbb{Q}$ der Körper, der durch Adjunktion aller Einheitswurzeln von p-Potenzordnung entsteht. Es gilt dann

$$G(\Omega_p|\mathbb{Q}) = \varprojlim_\nu G(\mathbb{Q}(\mu_{p^\nu})|\mathbb{Q}) = \varprojlim_\nu (\mathbb{Z}/p^\nu\mathbb{Z})^* = \mathbb{Z}_p^*,$$

und $\mathbb{Z}_p^* \cong \mathbb{Z}_p \times \mathbb{Z}/(p-1)\mathbb{Z}$ für $p \neq 2$ und $\mathbb{Z}_2^* \cong \mathbb{Z}_2 \times \mathbb{Z}/2\mathbb{Z}$. Die Torsionsuntergruppe von $\mathbb{Z}_p^*$ ist isomorph zu $\mathbb{Z}/(p-1)\mathbb{Z}$ bzw. $\mathbb{Z}/2\mathbb{Z}$, und wenn wir ihren Fixkörper bilden, so erhalten wir eine Erweiterung $\tilde{\mathbb{Q}}^{(p)}|\mathbb{Q}$ mit der Galoisgruppe

$$G(\tilde{\mathbb{Q}}^{(p)}|\mathbb{Q}) \cong \mathbb{Z}_p\,.$$

Die $\widehat{\mathbb{Z}}$-Erweiterung $\tilde{\mathbb{Q}}|\mathbb{Q}$ ist nun das Kompositum $\tilde{\mathbb{Q}} = \prod_p \tilde{\mathbb{Q}}_p$.

Wir wählen jetzt einen festen Isomorphismus $G(\tilde{\mathbb{Q}}|\mathbb{Q}) \cong \widehat{\mathbb{Z}}$. Einen kanonischen wie im Fall lokaler Körper gibt es nicht, jedoch wird das Reziprozitätsgesetz von dieser Wahl unabhängig sein. Durch $G(\tilde{\mathbb{Q}}|\mathbb{Q}) \cong \widehat{\mathbb{Z}}$ erhalten wir einen stetigen surjektiven Homomorphismus

$$d : G_{\mathbb{Q}} \to \widehat{\mathbb{Z}}$$

der absoluten Galoisgruppe $G_{\mathbb{Q}} = G(\overline{\mathbb{Q}}|\mathbb{Q})$. Mit diesem verfahren wir wie in Kap. IV, § 4, indem wir $k = \mathbb{Q}$ als Grundkörper wählen. Ist $K|\mathbb{Q}$ eine endliche Erweiterung, so setzen wir $f_K = [\,K \cap \tilde{\mathbb{Q}} : \mathbb{Q}\,]$ und erhalten einen surjektiven Homomorphismus

$$d_K = \frac{1}{f_K} d : G_K \to \widehat{\mathbb{Z}}\,,$$

der die $\widehat{\mathbb{Z}}$-Erweiterung $\tilde{K} = K\tilde{\mathbb{Q}}$ von K definiert. $\tilde{K}|K$ wird die **zyklotomische $\widehat{\mathbb{Z}}$-Erweiterung** von K genannt. Wir bezeichnen wieder mit φ_K das Element von $G(\tilde{K}|K)$, das unter dem Isomorphismus $G(\tilde{K}|K) \cong \widehat{\mathbb{Z}}$ auf 1 abgebildet wird, und mit $\varphi_{L|K}$ die Einschränkung $\varphi_K|_L$, wenn $L|K$ eine Teilerweiterung von $\tilde{K}|K$ ist. Der Automorphismus $\varphi_{L|K}$ darf nicht mit dem Frobeniusautomorphismus verwechselt werden, der zu einem Primideal von L gehört (vgl. § 7).

Als $G_{\mathbb{Q}}$-Modul A wählen wir die Vereinigung der Idelklassengruppen C_K aller endlichen Erweiterungen $K|\mathbb{Q}$, so daß $A_K = C_K$. Die henselsche Bewertung $v : C_{\mathbb{Q}} \to \widehat{\mathbb{Z}}$ werden wir als ein Kompositum

$$C_{\mathbb{Q}} \xrightarrow{[\ \ ,\tilde{\mathbb{Q}}|\mathbb{Q}]} G(\tilde{\mathbb{Q}}|\mathbb{Q}) \xrightarrow{\ d\ } \widehat{\mathbb{Z}}$$

erhalten, wobei die Abbildung $[\ \ ,\tilde{\mathbb{Q}}|\mathbb{Q}\,]$ später als das Normrestsymbol $(\ \ ,\tilde{\mathbb{Q}}|\mathbb{Q})$ der globalen Klassenkörpertheorie erkannt wird (vgl. (5.7)), hier aber in direkter Weise wie folgt entsteht.

Für eine beliebige endliche abelsche Erweiterung $L|K$ definieren wir den Homomorphismus

$$[\quad, L|K\,] : I_K \to G(L|K)$$

durch

$$[\alpha, L|K\,] = \prod_{\mathfrak{p}} (\alpha_{\mathfrak{p}}, L_{\mathfrak{p}}|K_{\mathfrak{p}})\,,$$

wobei $L_{\mathfrak{p}}$ die Komplettierung von L bzgl. einer Primstelle $\mathfrak{P}|\mathfrak{p}$ bedeutet und $(\alpha_{\mathfrak{p}}, L_{\mathfrak{p}}|K_{\mathfrak{p}})$ das Normrestsymbol der lokalen Klassenkörpertheorie ist. Man beachte, daß fast alle Faktoren in dem Produkt gleich 1 sind, weil fast alle Erweiterungen $L_{\mathfrak{p}}|K_{\mathfrak{p}}$ unverzweigt und fast alle $\alpha_{\mathfrak{p}}$ Einheiten sind.

(5.2) Satz. *Sind $L|K$ und $L'|K'$ zwei abelsche Erweiterungen endlicher algebraischer Zahlkörper, derart daß $K \subseteq K'$ und $L \subseteq L'$, so haben wir das kommutative Diagramm*

$$\begin{array}{ccc} I_{K'} & \xrightarrow{[\quad, L'|K'\,]} & G(L'|K') \\ {\scriptstyle N_{K'|K}}\big\downarrow & & \big\downarrow \\ I_K & \xrightarrow{[\quad, L|K\,]} & G(L|K)\,. \end{array}$$

Beweis: Für ein Idel $\alpha = (\alpha_{\mathfrak{P}}) \in I_{K'}$ von K' gilt nach Kap. IV, (6.4)

$$(\alpha_{\mathfrak{P}}, L'_{\mathfrak{P}}|K'_{\mathfrak{P}})\big|_{L_{\mathfrak{p}}} = (N_{K'_{\mathfrak{P}}|K_{\mathfrak{p}}}(\alpha_{\mathfrak{P}}), L_{\mathfrak{p}}|K_{\mathfrak{p}})\,, \quad (\mathfrak{P}|\mathfrak{p})\,,$$

und mit (2.2) ergibt sich

$$\begin{aligned}[N_{K'|K}(\alpha), L|K\,] &= \prod_{\mathfrak{p}} (N_{K'|K}(\alpha)_{\mathfrak{p}}, L_{\mathfrak{p}}|K_{\mathfrak{p}}) = \prod_{\mathfrak{p}} \prod_{\mathfrak{P}|\mathfrak{p}} (N_{K'_{\mathfrak{P}}|K_{\mathfrak{p}}}(\alpha_{\mathfrak{P}}), L_{\mathfrak{p}}|K_{\mathfrak{p}}) \\ &= \prod_{\mathfrak{P}} (\alpha_{\mathfrak{P}}, L'_{\mathfrak{P}}|K'_{\mathfrak{P}})\big|_L = [\alpha, L'|K'\,]\big|_L\,. \end{aligned}$$ □

Wenn in $L|K$ eine abelsche Erweiterung von unendlichem Grad vorliegt, so definieren wir den Homomorphismus

$$[\quad, L|K\,] : I_K \to G(L|K)$$

durch die Restriktionen $[\quad, L|K\,]|_{L'} := [\quad, L'|K\,]$ auf die endlichen Teilerweiterungen L' von $L|K$. Mit anderen Worten, ist $\alpha \in I_K$, so bilden die Elemente $[\alpha, L'|K\,]$ wegen (5.2) ein Element des projektiven Limes

$\varprojlim_{L'} G(L'|K)$, und $[\alpha, L|K]$ wird dieses Element nach der Identifizierung $G(L|K) = \varprojlim G(L'|K)$. Es gilt wieder die Gleichung

$$[\alpha, L|K] = \prod_{\mathfrak{p}} (\alpha_{\mathfrak{p}}, L_{\mathfrak{p}}|K_{\mathfrak{p}}),$$

wenn $L_{\mathfrak{p}}$ nicht die Komplettierung von L bzgl. einer Primstelle über $\mathfrak{p}$ bedeutet, sondern die *Lokalisierung*, d.h. die Vereinigung der Komplettierungen $L'_{\mathfrak{p}}|K_{\mathfrak{p}}$ der endlichen Teilerweiterungen (vgl. Kap. II, § 8). Dann ist $L_{\mathfrak{p}}|K_{\mathfrak{p}}$ galoissch, $G(L_{\mathfrak{p}}|K_{\mathfrak{p}}) \subseteq G(L|K)$, und das Produkt $\prod_{\mathfrak{p}} (\alpha_{\mathfrak{p}}, L_{\mathfrak{p}}|K_{\mathfrak{p}})$ konvergiert in der pro-endlichen Gruppe gegen das Element $[\alpha, L|K]$. In der Tat, durchläuft $L'|K$ die endlichen Teilerweiterungen von $L|K$, so sind die Mengen $S_{L'} = \{\mathfrak{p} \mid (\alpha_{\mathfrak{p}}, L'_{\mathfrak{p}}|K_{\mathfrak{p}}) \neq 1\}$ allesamt endlich, so daß wir die endlichen Produkte

$$\sigma_{L'} = \prod_{\mathfrak{p} \in S_{L'}} (\alpha_{\mathfrak{p}}, L_{\mathfrak{p}}|K_{\mathfrak{p}}) \in G(L|K)$$

bilden können. Diese konvergieren gegen $[\alpha, L|K]$, denn wenn $[\alpha, L|K]G(L|N)$ eine der fundamentalen Umgebungen ist (d.h. $N|K$ eine endliche Teilerweiterung von $L|K$), so ist

$$\sigma_{L'} \in [\alpha, L|K]G(L|N)$$

für alle $L' \supseteq N$, weil

$$\sigma_{L'}\big|_N = \prod_{\mathfrak{p}} (\alpha_{\mathfrak{p}}, N_{\mathfrak{p}}|K_{\mathfrak{p}}) = [\alpha, N|K] = [\alpha, L|K]\big|_N .$$

Dies zeigt, daß $[\alpha, L|K]$ der einzige Häufungspunkt der Familie $\{\sigma_{L'}\}$ ist.

Es ist klar, daß der Satz (5.2) für unendliche Erweiterungen L und L' der endlichen algebraischen Zahlkörper K und K' gültig bleibt.

(5.3) Satz. *Für jede Einheitswurzel ζ und jedes Hauptidel $a \in K^*$ gilt*

$$[a, K(\zeta)|K] = 1 .$$

Beweis: Nach (5.2) ist $[N_{K|\mathbb{Q}}(a), \mathbb{Q}(\zeta)|\mathbb{Q}] = [a, K(\zeta)|K]\big|_{\mathbb{Q}(\zeta)}$, so daß wir $K = \mathbb{Q}$ annehmen dürfen. Ebenso dürfen wir annehmen, daß ζ eine Primzahlpotenzordnung $l^m \neq 2$ hat. Sei nun $a \in \mathbb{Q}^*$, v_p die normierte Exponentialbewertung von $\mathbb{Q}$ für $p \neq \infty$ und $a = u_p p^{v_p(a)}$. Für $p \neq l, \infty$

ist $\mathbb{Q}_p(\zeta)|\mathbb{Q}_p$ unverzweigt und $(p, \mathbb{Q}_p(\zeta)|\mathbb{Q}_p)$ der Frobeniusautomorphismus $\varphi_p : \zeta \to \zeta^p$. Mit Kap. V, (2.4) erhalten wir daher

$$(a, \mathbb{Q}_p(\zeta)|\mathbb{Q}_p)\zeta = \zeta^{n_p} \quad \text{mit} \quad n_p = \begin{cases} p^{v_p(a)} & \text{für } p \neq l, \infty\,, \\ u_p^{-1} & \text{für } p = l\,, \\ \mathrm{sgn}(a) & \text{für } p = \infty\,, \end{cases}$$

so daß

$$[a, \mathbb{Q}(\zeta)|\mathbb{Q}]\zeta = \prod_p (a, \mathbb{Q}_p(\zeta)|\mathbb{Q}_p)\zeta = \zeta^\alpha$$

mit

$\alpha = \prod_p n_p = \mathrm{sgn}(a) \prod_{p\neq l,\infty} p^{v_p(a)} u_l^{-1} = \mathrm{sgn}(a) \prod_{p\neq\infty} p^{v_p(a)} a^{-1} = 1.$ □

Da die Erweiterung $\tilde{K}|K$ im Körper aller Einheitswurzeln über K liegt, so folgt aus diesem Satz

$$[\, a, \tilde{K}|K\,] = 1$$

für alle $a \in K^*$. Der Homomorphismus $[\quad, \tilde{K}|K\,] : I_K \to G(\tilde{K}|K)$ induziert daher einen Homomorphismus

$$[\quad, \tilde{K}|K\,] : C_K \to G(\tilde{K}|K)\,,$$

und wir betrachten dessen Kompositum

$$v_K : C_K \to \widehat{\mathbb{Z}}$$

mit $d_K : G(\tilde{K}|K) \to \widehat{\mathbb{Z}}$. Das Paar (d_K, v_K) bildet dann eine Klassenkörpertheorie, denn es gilt der

(5.4) Satz. *Die Abbildung $v_K : C_K \to \widehat{\mathbb{Z}}$ ist surjektiv und ist eine henselsche Bewertung bzgl. d_K.*

Beweis: Wir zeigen zuerst die Surjektivität. Ist $L|K$ eine endliche Teilerweiterung von $\tilde{K}|K$, so ist die Abbildung

$$[\quad, L|K\,] = \prod_{\mathfrak{p}} (\quad, L_\mathfrak{p}|K_\mathfrak{p}) : I_K \to G(L|K)$$

surjektiv. In der Tat, da $(\quad, L_\mathfrak{p}|K_\mathfrak{p}) : K_\mathfrak{p}^* \to G(L_\mathfrak{p}|K_\mathfrak{p})$ surjektiv ist, enthält $[\, I_K, L|K\,]$ alle Zerlegungsgruppen $G(L_\mathfrak{p}|K_\mathfrak{p})$. Im Fixkörper M von $[\, I_K, L|K\,]$ sind daher alle $\mathfrak{p}$ voll zerlegt, woraus nach (3.8) $M = K$, also $[\, I_K, L|K\,] = G(L|K)$ folgt. Hieraus folgt weiter, daß $[\, I_K, \tilde{K}|K\,] = [\, C_K, \tilde{K}|K\,]$ dicht in $G(\tilde{K}|K)$ liegt. In der exakten Sequenz

$$1 \to C_K^0 \to C_K \xrightarrow{\mathfrak{N}} \mathbb{R}_+^* \to 1$$

(vgl. § 1) ist die Gruppe C_K^0 nach (1.6) kompakt, und man erhält eine Spaltung, wenn man $\mathbb{R}_+^*$ mit der Gruppe der positiven reellen Zahlen in irgendeiner unendlichen Komplettierung $K_\mathfrak{p}$ identifiziert, d.h. $C_K = C_K^0 \times \mathbb{R}_+^*$. Nun ist $[\,\mathbb{R}_+^*, \tilde{K}|K\,] = 1$, denn wenn $x \in \mathbb{R}_+^*$, so ist $[\,x, \tilde{K}|K\,]\big|_L = [\,x, L|K\,] = 1$ für jede endliche Teilerweiterung $L|K$ von $\tilde{K}|K$, weil wir ja stets $x = y^n$ mit $y \in \mathbb{R}_+^*$ und $n = [\,L : K\,]$ schreiben können. Daher ist $[\,C_K, \tilde{K}|K\,] = [\,C_K^0, \tilde{K}|K\,]$ eine abgeschlossene dichte Untergruppe von $G(\tilde{K}|K)$ und somit gleich $G(\tilde{K}|K)$, womit die Surjektivität von $v_K = d_K \circ [\quad, \tilde{K}|K\,]$ bewiesen ist.

In der Definition Kap. IV, (4.6) einer henselschen Bewertung ist die Bedingung (i) wegen $v_K(C_K) = \widehat{\mathbb{Z}}$ erfüllt, und die Bedingung (ii) folgt aus (5.2), da für jede endliche Erweiterung $L|K$ die Gleichung

$$\begin{aligned} v_K(N_{L|K}C_L) &= v_K(N_{L|K}I_L) = d_K[\,N_{L|K}I_L, \tilde{K}|K\,] \\ &= f_{L|K}d_L[\,I_L, \tilde{L}|L\,] = f_{L|K}v_L(C_L) = f_{L|K}\widehat{\mathbb{Z}} \end{aligned}$$

gilt. □

Angesichts der Tatsache, daß die Idelklassengruppe C_K dem Klassenkörperaxiom genügt, liegt in dem Paar

$$(d_\mathbb{Q} : G_\mathbb{Q} \to \widehat{\mathbb{Z}},\; v_\mathbb{Q} : C_\mathbb{Q} \to \widehat{\mathbb{Z}})$$

eine Klassenkörpertheorie vor, die „globale Klassenkörpertheorie“. Der oben definierte Homomorphismus $v_K = d_K \circ [\quad, \tilde{K}|K\,] : C_K \to \widehat{\mathbb{Z}}$ für eine endliche Erweiterung $K|\mathbb{Q}$ genügt der Formel

$$v_K = \frac{1}{f_K} d_\mathbb{Q} \circ [\quad, \tilde{\mathbb{Q}}|\mathbb{Q}\,] \circ N_{K|\mathbb{Q}} = \frac{1}{f_K} v_\mathbb{Q} \circ N_{K|\mathbb{Q}}$$

und ist daher genau derjenige Homomorphismus, der im Sinne der abstrakten Theorie in Kap. IV, (4.7) induziert wird.

Als Hauptsatz der globalen Klassenkörpertheorie erhalten wir jetzt das **Artinsche Reziprozitätsgesetz:**

(5.5) Theorem. *Für jede galoissche Erweiterung $L|K$ endlicher algebraischer Zahlkörper haben wir einen kanonischen Isomorphismus*

$$r_{L|K} : G(L|K)^{ab} \xrightarrow{\sim} C_K/N_{L|K}C_L\,.$$

Die zu $r_{L|K}$ inverse Abbildung liefert den surjektiven Homomorphismus

$$(\quad, L|K) : C_K \to G(L|K)^{ab}$$

mit dem Kern $N_{L|K}C_L$, den wir das **globale Normrestsymbol** nennen. Wir sehen $(\quad, L|K)$ auch als einen Homomorphismus $I_K \to G(L|K)^{ab}$ an.

Für jede Primstelle $\mathfrak{p}$ von K haben wir einerseits die Einbettung $G(L_\mathfrak{p}|K_\mathfrak{p}) \hookrightarrow G(L|K)$ und andererseits die kanonische Injektion

$$\langle\quad\rangle : K_\mathfrak{p}^* \to C_K\,,$$

die jedem $a_\mathfrak{p} \in K_\mathfrak{p}^*$ die Klasse des Idels

$$\langle a_\mathfrak{p}\rangle = (\ldots, 1, 1, 1, a_\mathfrak{p}, 1, 1, 1, \ldots)$$

zuordnet. Durch diese Homomorphismen drückt sich die Verträglichkeit der lokalen Klassenkörpertheorie mit der globalen Klassenkörpertheorie wie folgt aus.

(5.6) Satz. *Ist $L|K$ eine abelsche Erweiterung und $\mathfrak{p}$ eine Primstelle von K, so ist das Diagramm*

$$\begin{array}{ccc} K_\mathfrak{p}^* & \xrightarrow{(\quad,L_\mathfrak{p}|K_\mathfrak{p})} & G(L_\mathfrak{p}|K_\mathfrak{p}) \\ {\scriptstyle\langle\ \rangle}\big\downarrow & & \big\downarrow \\ C_K & \xrightarrow{(\quad,L|K)} & G(L|K) \end{array}$$

kommutativ.

Beweis: Wir zeigen zuerst, daß der Satz richtig ist, wenn $L|K$ eine Teilerweiterung von $\tilde{K}|K$ ist oder wenn $L = K(i)$, $i = \sqrt{-1}$, und $\mathfrak{p}|\infty$. In der Tat, die beiden Abbildungen $[\quad, \tilde{K}|K]$, $(\quad, \tilde{K}|K) : I_K \to G(\tilde{K}|K)$ stimmen überein, weil nach Kap. IV, (6.5)

$$d_K \circ (\quad, \tilde{K}|K) = v_K = d_K \circ [\quad, \tilde{K}|K]\,.$$

Ist also $L|K$ eine Teilerweiterung von $\tilde{K}|K$ und $\alpha = (\alpha_\mathfrak{p}) \in I_K$, so ist

$$(\alpha, L|K) = [\,\alpha, L|K\,] = \prod_\mathfrak{p}(\alpha_\mathfrak{p}, L_\mathfrak{p}|K_\mathfrak{p})\,.$$

Insbesondere gilt für $a_\mathfrak{p} \in K_\mathfrak{p}^*$ die Gleichung

$$(\langle a_\mathfrak{p}\rangle, L|K) = (a_\mathfrak{p}, L_\mathfrak{p}|K_\mathfrak{p})\,,$$

welche zeigt, daß das Diagramm für die endlichen Teilerweiterungen von $\tilde{K}|K$ kommutativ ist.

Sei andererseits $L = K(i)$, $\mathfrak{p}|\infty$, und $L_\mathfrak{p} \neq K_\mathfrak{p}$. Dann ist $K_\mathfrak{p}^* = \mathbb{R}^*$, $\mathbb{R}_+^*$ ist der Kern von $(\quad, L_\mathfrak{p}|K_\mathfrak{p})$, und $(-1, L_\mathfrak{p}|K_\mathfrak{p})$ ist die komplexe Konjugation in $G(L_{\mathfrak{p}}|K_{\mathfrak{p}}) = G(\mathbb{C}\,|\,\mathbb{R})$. Wir haben daher nur zu zeigen, daß $(\langle -1\rangle, L|K) \neq 1$ ist. Wäre nun $(\langle -1\rangle, L|K) = 1$, so wäre die Klasse von $\langle -1\rangle$ Norm einer Klasse von C_L, d.h. $\langle -1\rangle a = N_{L|K}(\alpha)$ mit einem $a \in K^*$ und einem Idel $\alpha \in I_L$. Dies bedeutet, daß $a = N_{L_{\mathfrak{q}}|K_{\mathfrak{q}}}(\alpha_{\mathfrak{q}})$ für $\mathfrak{q} \neq \mathfrak{p}$ und $-a = N_{L_{\mathfrak{p}}|K_{\mathfrak{p}}}(\alpha_{\mathfrak{p}})$, d.h. $(a, L_{\mathfrak{q}}|K_{\mathfrak{q}}) = 1$ für $\mathfrak{q} \neq \mathfrak{p}$ und $(-a, L_{\mathfrak{p}}|K_{\mathfrak{p}}) = 1$. Nach (5.3) haben wir $1 = [\,a, L|K\,] = \prod_{\mathfrak{q}}(a, L_{\mathfrak{q}}|K_{\mathfrak{q}}) = (a, L_{\mathfrak{p}}|K_{\mathfrak{p}})$, so daß $(-1, L_{\mathfrak{p}}|K_{\mathfrak{p}}) = 1$, also $-1 \in N_{L_{\mathfrak{p}}|K_{\mathfrak{p}}}(L_{\mathfrak{p}}^*) = N_{\mathbb{C}\,|\,\mathbb{R}}\mathbb{C}^* = \mathbb{R}_+^*$, Widerspruch.

Wir führen den allgemeinen Fall auf diese Spezialfälle zurück, indem wir folgendermaßen vorgehen. Sei $L'|K'$ eine abelsche Erweiterung, so daß $K \subseteq K'$, $L \subseteq L'$. Wir betrachten dann das Diagramm

$$\begin{array}{ccccccc}
 & & G(L'_{\mathfrak{p}}|K'_{\mathfrak{p}}) & \longrightarrow & & & K'^*_{\mathfrak{p}}/N_{L'_{\mathfrak{p}}|K'_{\mathfrak{p}}}L'^*_{\mathfrak{p}} \\
 & \swarrow & \vert & & & \swarrow & \\
G(L_{\mathfrak{p}}|K_{\mathfrak{p}}) & & \longrightarrow & & K_{\mathfrak{p}}^*/N_{L_{\mathfrak{p}}|K_{\mathfrak{p}}}L_{\mathfrak{p}}^* & & \downarrow \\
\downarrow & & \downarrow & & \vert & & \\
 & & G(L'|K') & \longrightarrow & & & C_{K'}/N_{L'|K'}C_{L'} \\
 & \swarrow & & & \downarrow & \swarrow & \\
G(L|K) & & \longrightarrow & & C_K/N_{L|K}C_L\,, & &
\end{array}$$

wobei $L_{\mathfrak{p}} = K_{\mathfrak{p}}L$, $K'_{\mathfrak{p}} = K_{\mathfrak{p}}K'$, $L'_{\mathfrak{p}} = K_{\mathfrak{p}}L'$. In diesem Diagramm sind Boden und Deckel nach Kap. IV, (6.4) kommutativ und die Seitendiagramme aus trivialen Gründen. Wenn nun $L'|K'$ eine der speziellen Erweiterungen ist, für die wir den Satz schon bewiesen haben, so ist auch das hintere Diagramm kommutativ und damit das vordere auf allen Elementen von $G(L_{\mathfrak{p}}|K_{\mathfrak{p}})$, die im Bild von $G(L'_{\mathfrak{p}}|K'_{\mathfrak{p}}) \to G(L_{\mathfrak{p}}|K_{\mathfrak{p}})$ liegen. Hieraus erhellt, daß es nur darauf ankommt, zu jedem $\sigma \in G(L_{\mathfrak{p}}|K_{\mathfrak{p}})$ eine der speziellen Erweiterungen $L'|K'$ zu finden, derart daß σ im Bild von $G(L'_{\mathfrak{p}}|K'_{\mathfrak{p}})$ liegt. Es genügt sogar, dies nur für alle σ von Primzahlpotenzordnung einzurichten, weil diese die Gruppe erzeugen. Durch Übergang zum Fixkörper von σ dürfen wir überdies annehmen, daß $G(L|K)$ von σ erzeugt wird.

Im Falle $\mathfrak{p}|\infty$ und $L_{\mathfrak{p}} \neq K_{\mathfrak{p}}$, d.h. $K_{\mathfrak{p}} = \mathbb{R}$, $L_{\mathfrak{p}} = \mathbb{C}$, setzen wir $L' = L(i) \subseteq \mathbb{C}$ und wählen für K' den Fixkörper der Einschränkung der komplexen Konjugation auf L'. Dann ist $L' = K'(i)$ und $K'_{\mathfrak{p}} = \mathbb{R}$, $L'_{\mathfrak{p}} = \mathbb{C}$, so daß die Abbildung $G(L'_{\mathfrak{p}}|K'_{\mathfrak{p}}) \to G(L_{\mathfrak{p}}|K_{\mathfrak{p}})$ surjektiv ist.

Im Falle $\mathfrak{p} \nmid \infty$ finden wir die Erweiterung $L'|K'$ wie folgt. Sei σ von p-Potenzordnung. Wir bezeichnen mit $\widehat{K}|K$ bzw. $\widehat{L}|L$ die in $\tilde{K}|K$ bzw. $\tilde{L}|L$ gelegene $\mathbb{Z}_p$-Erweiterung und betrachten das Körperdiagramm

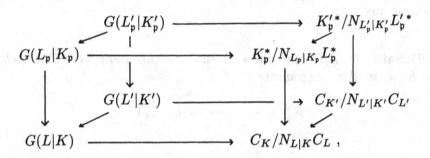

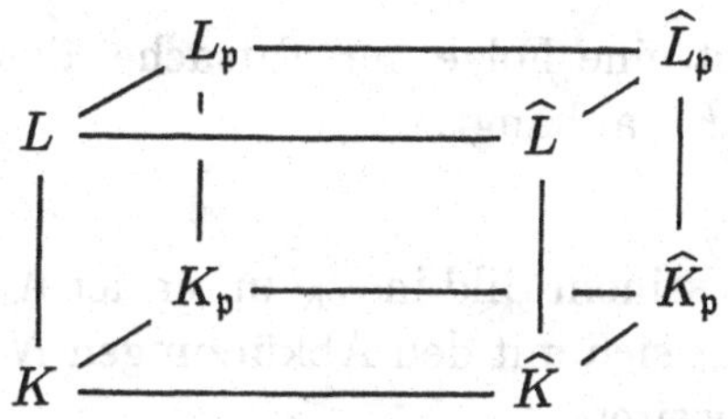

mit den Lokalisierungen $\widehat{K}_\mathfrak{p} = K_\mathfrak{p}\widehat{K}$, $\widehat{L}_\mathfrak{p} = L_\mathfrak{p}\widehat{L}$ (alle Körper werden in einem gemeinsamen Oberkörper gesehen). Wir können nun $\sigma \in G(L_\mathfrak{p}|K_\mathfrak{p}) = G(L|K)$ zu einem Automorphismus $\hat{\sigma}$ von $\widehat{L}_\mathfrak{p}$ hochheben, derart daß

(1) $\hat{\sigma} \in G(\widehat{L}_\mathfrak{p}|K_\mathfrak{p})$,
(2) $\hat{\sigma}|_{\widehat{K}} = \varphi^n_{\widehat{K}|K}$ mit einem $n \in \mathbb{N}$.

In der Tat, wegen $\widehat{K}_\mathfrak{p} = K_\mathfrak{p}\widehat{K} \neq K_\mathfrak{p}$ ist die Gruppe $G(\widehat{K}_\mathfrak{p}|K_\mathfrak{p}) \neq 1$ und somit, aufgefaßt als Untergruppe von $G(\widehat{K}|K) \cong \mathbb{Z}_p$, von endlichem Index. Sie wird also erzeugt von einer natürlichen Potenz $\psi = \varphi^k_{\widehat{K}|K}$ des Frobenius $\varphi_{\widehat{K}|K} \in G(\widehat{K}|K)$. Wie im Beweis zu Kap. IV, (4.4) kann man daher σ zu einem $\hat{\sigma} \in G(\widehat{L}_\mathfrak{p}|K_\mathfrak{p})$ hochheben, derart daß $\hat{\sigma}|_{\widehat{K}_\mathfrak{p}} = \psi^m$, $m \in \mathbb{N}$, also $\hat{\sigma}|_{\widehat{K}} = \varphi^{km}_{\widehat{K}|K}$.

Wir bilden jetzt den Fixkörper K' von $\hat{\sigma}|_{\widehat{L}}$ und die Erweiterung $L' = K'L$. Wie in Kap. IV, (4.5) die Bedingungen (ii) und (iii) folgt dann $[K' : K] < \infty$ und $\widehat{K}' = \widehat{L}$. $L'|K'$ ist daher eine Teilerweiterung von $\widehat{K}'|K'$, und σ ist das Bild von $\hat{\sigma}|_{L'_\mathfrak{p}}$ unter $G(L'_\mathfrak{p}|K'_\mathfrak{p}) \to G(L_\mathfrak{p}|K_\mathfrak{p})$. Damit ist alles bewiesen. □

(5.7) Korollar. *Ist $L|K$ eine abelsche Erweiterung und $\alpha = (\alpha_\mathfrak{p}) \in I_K$, so gilt*

$$(\alpha, L|K) = \prod_\mathfrak{p} (\alpha_\mathfrak{p}, L_\mathfrak{p}|K_\mathfrak{p}).$$

Insbesondere gilt für ein Hauptidel $a \in K^*$ die Produktformel

$$\prod_\mathfrak{p} (a, L_\mathfrak{p}|K_\mathfrak{p}) = 1.$$

Beweis: Da I_K topologisch von den Idelen der Form $\alpha = \langle a_\mathfrak{p} \rangle$, $a_\mathfrak{p} \in K^*_\mathfrak{p}$, erzeugt wird, genügt es, die erste Formel für diese Idele zu beweisen. Dies jedoch ist direkt die Aussage von (5.6):

$$(\alpha, L|K) = (\langle a_\mathfrak{p} \rangle, L|K) = (a_\mathfrak{p}, L_\mathfrak{p}|K_\mathfrak{p}) = \prod_\mathfrak{q} (\alpha_\mathfrak{q}, L_\mathfrak{q}|K_\mathfrak{q}).$$

Die Produktformel ist eine Folge der Tatsache, daß $(\alpha, L|K)$ nur von der Idelklasse $\alpha \bmod K^*$ abhängt. □

Wenn wir $K_\mathfrak{p}^*$ mit seinem Bild in C_K unter der Abbildung $a_\mathfrak{p} \mapsto \langle a_\mathfrak{p}\rangle$ identifizieren, so ergibt sich mit den Abkürzungen $N = N_{L|K}$ und $N_\mathfrak{p} = N_{L_\mathfrak{p}|K_\mathfrak{p}}$ das folgende weitere

(5.8) Korollar. *Für jede endliche abelsche Erweiterung gilt*

$$NC_L \cap K_\mathfrak{p}^* = N_\mathfrak{p} L_\mathfrak{p}^* .$$

Beweis: Für $x_\mathfrak{p} \in N_\mathfrak{p} L_\mathfrak{p}^*$ ist mit (5.6) $(\langle x_\mathfrak{p}\rangle, L|K) = (x_\mathfrak{p}, L_\mathfrak{p}|K_\mathfrak{p}) = 1$, so daß die Klasse von $\langle x_\mathfrak{p}\rangle$ in NC_L enthalten ist. Daher gilt $N_\mathfrak{p} L_\mathfrak{p}^* \subseteq NC_L$. Sei umgekehrt $\bar{\alpha} \in NC_L \cap K_\mathfrak{p}^*$. Dann wird $\bar{\alpha}$ einerseits durch ein Normenidel $\alpha = N\beta$, $\beta \in I_L$, repräsentiert und andererseits durch ein Idel $\langle x_\mathfrak{p}\rangle$, $x_\mathfrak{p} \in K_\mathfrak{p}^*$, so daß $\langle x_\mathfrak{p}\rangle a = N\beta$ mit $a \in K^*$. Der Übergang zu den Komponenten zeigt, daß a eine Norm von $L_\mathfrak{q}|K_\mathfrak{q}$ für jedes $\mathfrak{q} \neq \mathfrak{p}$ ist, und die Produktformel (5.7) zeigt, daß a auch eine Norm von $L_\mathfrak{p}|K_\mathfrak{p}$ ist. Daher ist $\langle x_\mathfrak{p}\rangle \in N_\mathfrak{p} L_\mathfrak{p}^*$, und dies beweist die Inklusion $NC_L \cap K^* \subseteq N_\mathfrak{p} L_\mathfrak{p}^*$. □

Aufgabe 1. Ist D_K die Zusammenhangskomponente des Einselementes von C_K und $K^{ab}|K$ die maximale abelsche Erweiterung von K, so ist $C_K/D_K \cong G(K^{ab}|K)$.

Aufgabe 2. Für jede Primstelle $\mathfrak{p}$ von K gilt $K_\mathfrak{p}^{ab} = K^{ab} K_\mathfrak{p}$.

Hinweis: Verwende (5.6) und (5.8).

Aufgabe 3. Sei p eine Primzahl und $M_p|K$ die maximale abelsche p-Erweiterung, die außerhalb $\{\mathfrak{p}|p\}$ unverzweigt ist. Ferner sei $H|K$ die maximale unverzweigte Teilerweiterung von $M_p|K$, in der die unendlichen Primstellen voll zerlegt sind. Dann hat man eine exakte Sequenz

$$1 \to G(M_p|H) \to G(M_p|K) \to Cl_K(p) \to 1 ,$$

wobei $Cl_K(p)$ die p-Sylowgruppe der Idealklassengruppe Cl_K ist, und einen kanonischen Isomorphismus

$$G(M_p|H) \cong \prod_{\mathfrak{p}|p} U_\mathfrak{p}^{(1)} / (\prod_{\mathfrak{p}|p} U_\mathfrak{p}^{(1)} \cap \overline{E}) ,$$

wobei $\overline{E}$ der Abschluß der (diagonal eingebetteten) Einheitengruppe $E = \mathcal{O}_K^*$ in $\prod_{\mathfrak{p}|p} U_\mathfrak{p}$ ist.

Aufgabe 4. Die Gruppe $\overline{E}(p) := \overline{E} \cap \prod_{\mathfrak{p}|p} U_{\mathfrak{p}}^{(1)}$ ist ein $\mathbb{Z}_p$-Modul vom Rang $r_p(E) := \mathrm{rg}_{\mathbb{Z}_p}(\overline{E}(p)) = [K:\mathbb{Q}] - \mathrm{rg}_{\mathbb{Z}_p} G(M_p|K)$. $r_p(E)$ heißt der ***p*-adische Einheitenrang.**

Problem: Über den p-adischen Einheitenrang hat man die berühmte **Leopoldt-Vermutung**:

$$r_p(E) = r + s - 1\,,$$

wobei r bzw. s die Anzahl der reellen bzw. komplexen Primstellen ist; mit anderen Worten

$$\mathrm{rg}_{\mathbb{Z}_p} G(M_p|K) = s + 1\,.$$

Die Leopoldt-Vermutung wurde von dem amerikanischen Mathematiker *Armand Brumer* [22] für abelsche Zahlkörper $K|\mathbb{Q}$ bewiesen. Es gibt jedoch bis heute keinen Beweis im allgemeinen Fall.

§ 6. Globale Klassenkörper

Ähnlich wie in der lokalen Klassenkörpertheorie erhält man durch das Reziprozitätsgesetz auch in der globalen Klassenkörpertheorie eine vollständige Klassifikation der abelschen Erweiterungen eines endlichen algebraischen Zahlkörpers K. Man hat dazu die Idelklassengruppe C_K als topologische Gruppe anzusehen, und zwar versehen mit der natürlichen Topologie, die ihr durch die Bewertungen der Komplettierungen $K_{\mathfrak{p}}$ aufgeprägt wird (vgl. § 1).

(6.1) Theorem. *Die Abbildung*

$$L \mapsto \mathcal{N}_L = N_{L|K} C_L$$

ist eine 1-1-Korrespondenz zwischen den endlichen abelschen Erweiterungen $L|K$ und den abgeschlossenen Untergruppen von endlichem Index in C_K. Darüber hinaus gilt

$$L_1 \subseteq L_2 \Longleftrightarrow \mathcal{N}_{L_1} \supseteq \mathcal{N}_{L_2}\,, \quad \mathcal{N}_{L_1 L_2} = \mathcal{N}_{L_1} \cap \mathcal{N}_{L_2}\,, \quad \mathcal{N}_{L_1 \cap L_2} = \mathcal{N}_{L_1} \mathcal{N}_{L_2}\,.$$

Der zur Untergruppe $\mathcal{N}$ von C_K gehörige Körper $L|K$ heißt der **Klassenkörper** *zu $\mathcal{N}$. Für ihn ist*

$$G(L|K) \cong C_K/\mathcal{N}\,.$$

Beweis: Aufgrund von Kap. IV, (6.7) haben wir nur zu zeigen, daß die Untergruppen $\mathcal{N}$ von C_K, welche offen in der Normtopologie sind, genau die in der natürlichen Topologie abgeschlossenen Untergruppen von endlichem Index sind.

Wenn nun die Untergruppe $\mathcal{N}$ in der Normtopologie offen ist, so enthält sie eine Normengruppe $N_{L|K}C_L$ und ist daher von endlichem Index, weil nach (5.5) $(C_K : N_{L|K}C_L) = \#G(L|K)^{ab}$. Zum Nachweis, daß $\mathcal{N}$ abgeschlossen ist, genügt es, die Abgeschlossenheit von $N_{L|K}C_L$ zu beweisen. Wir wählen dazu eine unendliche Primstelle $\mathfrak{p}$ von K und bezeichnen mit Γ_K das Bild der Untergruppe der positiven reellen Zahlen in $K_\mathfrak{p}$ unter der Abbildung $\langle\quad\rangle : K_\mathfrak{p}^* \to C_K$. Dann ist Γ_K eine Repräsentantengruppe für den Homomorphismus $\mathfrak{N} : C_K \to \mathbb{R}_+^*$, der den Kern C_K^0 hat (vgl. § 1), d.h. $C_K = C_K^0 \times \Gamma_K$. Γ_K ist gleichermaßen eine Repräsentantengruppe für den Homomorphismus $\mathfrak{N} : C_L \to \mathbb{R}_+^*$, so daß wir

$$N_{L|K}C_L = N_{L|K}C_L^0 \times N_{L|K}\Gamma_K = N_{L|K}C_L^0 \times \Gamma_K^n = N_{L|K}C_L^0 \times \Gamma_K$$

erhalten. Die Normenabbildung ist stetig, C_L^0 ist nach (1.6) kompakt, so daß $N_{L|K}C_L^0$ abgeschlossen ist. Da offensichtlich auch Γ_K abgeschlossen in C_K ist, so erhalten wir die Abgeschlossenheit von $N_{L|K}C_L$.

Sei umgekehrt $\mathcal{N}$ eine abgeschlossene Untergruppe von C_K von endlichem Index. Wir haben zu zeigen, daß $\mathcal{N}$ offen in der Normtopologie ist, d.h. eine Normengruppe $N_{L|K}C_L$ enthält. Wir dürfen dazu annehmen, daß der Index n eine Primzahlpotenz ist. Denn wenn $n = p_1^{\nu_1} \dots p_r^{\nu_r}$ und $\mathcal{N}_i \subseteq C_K$ die $\mathcal{N}$ enthaltende Gruppe vom Index $p_i^{\nu_i}$ ist, so ist $\mathcal{N} = \bigcap_{i=1}^r \mathcal{N}_i$, und wenn die $\mathcal{N}_i$ offen sind in der Normtopologie, so ist es auch $\mathcal{N}$.

Sei jetzt J das Urbild von $\mathcal{N}$ unter der Projektion $I_K \to C_K$. Dann liegt J offen in I_K, da $\mathcal{N}$ offen ist in C_K (bzgl. der natürlichen Topologie). Daher enthält J eine Gruppe

$$U_K^S = \prod_{\mathfrak{p}\in S} \{1\} \times \prod_{\mathfrak{p}\notin S} U_\mathfrak{p}\,,$$

wobei S eine genügend große endliche Primstellenmenge von K ist, die die unendlichen und die in n aufgehenden Primstellen enthält und der Bedingung $I_K = I_K^S K^*$ genügt. Wegen $(I_K : J) = n$ enthält J auch die Gruppe $\prod_{\mathfrak{p}\in S} K_\mathfrak{p}^{*n} \times \prod_{\mathfrak{p}\notin S}\{1\}$ und damit die Gruppe

$$I_K(S) = \prod_{\mathfrak{p}\in S} K_\mathfrak{p}^{*n} \times \prod_{\mathfrak{p}\notin S} U_\mathfrak{p}\,.$$

Es genügt daher zu zeigen, daß $C_K(S) = I_K(S)K^*/K^* \subseteq \mathcal{N}$ eine Normengruppe enthält. Wenn die n-ten Einheitswurzeln in K liegen, so ist $C_K(S) = N_{L|K}C_L$ mit $L = K(\sqrt[n]{K^S})$ nach der Bemerkung zu (4.2). Liegen sie nicht in K, so adjungieren wir sie und erhalten eine Erweiterung $K'|K$. Sei S' die Menge der über S liegenden Primstellen von K'. War S genügend groß gewählt, so ist $I_{K'} = I_{K'}^{S'} K'^*$ und $C_{K'}(S') = N_{L'|K'}C_{L'}$

mit $L' = K'(\sqrt[n]{K'^{S'}})$ nach dem obigen Argument. Unter Benutzung von Kap. V, (1.5) ergibt sich andererseits $N_{K'|K}(I_{K'}(S')) \subseteq I_K(S)$, also

$$N_{L'|K}C_{L'} = N_{K'|K}(N_{L'|K'}C_{L'}) = N_{K'|K}(C_{K'}(S')) \subseteq C_K(S).$$

Damit ist alles bewiesen. □

Das obige Theorem wird der „Existenzsatz" der globalen Klassenkörpertheorie genannt, weil seine Hauptaussage darin besteht, daß zu jeder abgeschlossenen Untergruppe $\mathcal{N}$ von endlichem Index in C_K eine abelsche Erweiterung $L|K$ mit $N_{L|K}C_L = \mathcal{N}$ existiert, der Klassenkörper zu $\mathcal{N}$. Mit dem Existenzsatz erhält man einen klaren Überblick über die abelschen Erweiterungen von K, wenn man die zu den **Moduln** $\mathfrak{m} = \prod_{\mathfrak{p}\nmid\infty} \mathfrak{p}^{n_\mathfrak{p}}$ gebildeten *Kongruenzuntergruppen* $C_K^\mathfrak{m}$ von C_K heranzieht (siehe (1.7)). Sie sind nach (1.8) abgeschlossen und von endlichem Index und geben Anlaß zu der folgenden Definition.

(6.2) Definition. *Der Klassenkörper $K^\mathfrak{m}|K$ zur Kongruenzuntergruppe $C_K^\mathfrak{m}$ heißt der* **Strahlklassenkörper** mod $\mathfrak{m}$.

Die Galoisgruppe des Strahlklassenkörpers ist kanonisch isomorph zur Strahlklassengruppe mod $\mathfrak{m}$:

$$G(K^\mathfrak{m}|K) \cong C_K/C_K^\mathfrak{m}.$$

Es gilt

$$\mathfrak{m}|\mathfrak{m}' \Rightarrow K^\mathfrak{m} \subseteq K^{\mathfrak{m}'},$$

weil offensichtlich $C_K^\mathfrak{m} \supseteq C_K^{\mathfrak{m}'}$. Da die abgeschlossenen Untergruppen von endlichem Index in C_K nach (1.8) genau diejenigen Untergruppen sind, die eine Kongruenzuntergruppe $C_K^\mathfrak{m}$ enthalten, so erhalten wir aus (6.1) das

(6.3) Korollar. *Jede endliche abelsche Erweiterung $L|K$ ist in einem Strahlklassenkörper $K^\mathfrak{m}|K$ enthalten.*

(6.4) Definition. *Sei $L|K$ eine endliche abelsche Erweiterung, und sei $\mathcal{N}_L = N_{L|K}C_L$. Der* **Führer** $\mathfrak{f}$ *von $L|K$ (oder von $\mathcal{N}_L$) ist der ggT aller Moduln $\mathfrak{m}$, für die $L \subseteq K^\mathfrak{m}$ (d.h. $C_K^\mathfrak{m} \subseteq \mathcal{N}_L$).*

$K^{\mathfrak{f}}|K$ ist also der kleinste Strahlklassenkörper, der $L|K$ enthält. Es trifft aber i.a. nicht zu, daß $\mathfrak{m}$ der Führer von $K^{\mathfrak{m}}|K$ ist. In Kap. V, (1.6) haben wir für eine endliche Primstelle $\mathfrak{p}$ den Führer $\mathfrak{f}_{\mathfrak{p}}$ der $\mathfrak{p}$-adischen Erweiterung $L_{\mathfrak{p}}|K_{\mathfrak{p}}$ definiert, und zwar als die kleinste Potenz $\mathfrak{f}_{\mathfrak{p}} = \mathfrak{p}^n$, derart daß $U_K^{(n)} \subseteq N_{L_{\mathfrak{p}}|K_{\mathfrak{p}}} L_{\mathfrak{p}}^*$ ist. Für eine unendliche Primstelle $\mathfrak{p}$ setzen wir $\mathfrak{f}_{\mathfrak{p}} = 1$. Wir sehen $\mathfrak{f}$ als das vollständige Ideal $\mathfrak{f}\prod_{\mathfrak{p}|\infty} \mathfrak{p}^0$ an und erhalten den

(6.5) Satz. *Ist $\mathfrak{f}$ der Führer der abelschen Erweiterung $L|K$ und $\mathfrak{f}_{\mathfrak{p}}$ der Führer der lokalen Erweiterung $L_{\mathfrak{p}}|K_{\mathfrak{p}}$, so gilt*

$$\mathfrak{f} = \prod_{\mathfrak{p}} \mathfrak{f}_{\mathfrak{p}} .$$

Beweis: Sei $\mathcal{N} = N_{L|K} C_L$ und $\mathfrak{m} = \prod_{\mathfrak{p}} \mathfrak{p}^{n_{\mathfrak{p}}}$ ein Modul ($n_{\mathfrak{p}} = 0$ für $\mathfrak{p}|\infty$). Es gilt dann

$$C_K^{\mathfrak{m}} \subseteq \mathcal{N} \iff \mathfrak{f}|\mathfrak{m} \quad \text{und} \quad \prod_{\mathfrak{p}} \mathfrak{f}_{\mathfrak{p}}|\mathfrak{m} \iff \mathfrak{f}_{\mathfrak{p}}|\mathfrak{p}^{n_{\mathfrak{p}}} \quad \text{für alle } \mathfrak{p} .$$

Zum Beweis von $\mathfrak{f} = \prod_{\mathfrak{p}} f_{\mathfrak{p}}$ ist daher die Äquivalenz

$$C_K^{\mathfrak{m}} \subseteq \mathcal{N} \iff \mathfrak{f}_{\mathfrak{p}}|\mathfrak{p}^{n_{\mathfrak{p}}} \quad \text{für alle } \mathfrak{p}$$

zu zeigen. Sie folgt aus der Gleichheit $\mathcal{N} \cap K_{\mathfrak{p}}^* = N_{\mathfrak{p}} L_{\mathfrak{p}}^*$ (vgl. (5.8)):

$$\begin{aligned} C_K^{\mathfrak{m}} \subseteq \mathcal{N} &\iff (\alpha \in I_K^{\mathfrak{m}} \Rightarrow \bar{\alpha} \in \mathcal{N}) \quad \text{für } \alpha \in I_K \\ &\iff (\alpha_{\mathfrak{p}} \equiv 1 \bmod \mathfrak{p}^{n_{\mathfrak{p}}} \Rightarrow \langle \alpha_{\mathfrak{p}} \rangle \in \mathcal{N} \cap K_{\mathfrak{p}}^* = N_{\mathfrak{p}} L_{\mathfrak{p}}^*) \quad \text{für alle } \mathfrak{p} \\ &\iff (\alpha_{\mathfrak{p}} \in U_{\mathfrak{p}}^{(n_{\mathfrak{p}})} \Rightarrow \alpha_{\mathfrak{p}} \in N_{\mathfrak{p}} L_{\mathfrak{p}}^*) \iff U_{\mathfrak{p}}^{(n_{\mathfrak{p}})} \subseteq N_{\mathfrak{p}} L_{\mathfrak{p}}^* \iff \mathfrak{f}_{\mathfrak{p}}|\mathfrak{p}^{n_{\mathfrak{p}}} . \end{aligned}$$

□

Nach Kap. V, (1.7) ist die lokale Erweiterung $L_{\mathfrak{p}}|K_{\mathfrak{p}}$ für eine endliche Primstelle $\mathfrak{p}$ genau dann verzweigt, wenn ihr Führer $\mathfrak{f}_{\mathfrak{p}} \neq 1$ ist. Dies bleibt für eine unendliche Primstelle $\mathfrak{p}$ richtig, wenn wir die Erweiterung $L_{\mathfrak{p}}|K_{\mathfrak{p}}$ wie in Kap. III *unverzweigt* nennen. Aus (6.5) ergibt sich das

(6.6) Korollar. *Sei $L|K$ eine endliche abelsche Erweiterung und $\mathfrak{f}$ ihr Führer. Dann gilt:*

$$\mathfrak{p} \textit{ ist verzweigt in } L \iff \mathfrak{p}|\mathfrak{f} .$$

Im Falle des Grundkörpers $\mathbb{Q}$ erweisen sich die Strahlklassenkörper als die wohlvertrauten Kreisteilungskörper:

(6.7) Satz. *Sei m eine natürliche Zahl und $\mathfrak{m} = (m)$. Dann ist der Strahlklassenkörper* $\bmod \mathfrak{m}$ *von $\mathbb{Q}$ der Körper*

$$\mathbb{Q}^{\mathfrak{m}} = \mathbb{Q}(\mu_m)$$

der m-ten Einheitswurzeln.

Beweis: Sei $m = \prod_{p \neq p_\infty} p^{n_p}$. Dann ist $I_{\mathbb{Q}}^{\mathfrak{m}} = \prod_{p \neq p_\infty} U_p^{(n_p)} \times \mathbb{R}_+^*$. Sei $m = m'p^{n_p}$. Dann ist $U_p^{(n_p)}$ jedenfalls in der Normengruppe der unverzweigten Erweiterung $\mathbb{Q}_p(\mu_{m'})|\mathbb{Q}_p$ enthalten, aber auch in der Normengruppe von $\mathbb{Q}_p(\mu_{p^{n_p}})|\mathbb{Q}_p$ nach Kap. V, (1.8). Dies bedeutet nach § 3, daß jedes Idel in $I_{\mathbb{Q}}^{\mathfrak{m}}$ die Norm eines Idels von $\mathbb{Q}(\mu_m)$ ist, so daß $C_{\mathbb{Q}}^{\mathfrak{m}} \subseteq NC_{\mathbb{Q}(\mu_m)}$. Andererseits ist $C_{\mathbb{Q}}/C_{\mathbb{Q}}^{\mathfrak{m}} \cong (\mathbb{Z}/m\mathbb{Z})^*$ nach (1.10) und daher

$$(C_{\mathbb{Q}} : C_{\mathbb{Q}}^{\mathfrak{m}}) = [\mathbb{Q}(\mu_m) : \mathbb{Q}] = (C_{\mathbb{Q}} : NC_{\mathbb{Q}(\mu_m)}),$$

also $C_{\mathbb{Q}}^{\mathfrak{m}} = NC_{\mathbb{Q}(\mu_m)}$, und dies beweist die Behauptung. □

Nach diesem Satz lassen sich die allgemeinen Strahlklassenkörper $K^{\mathfrak{m}}|K$ als die Analoga der Kreisteilungskörper $\mathbb{Q}(\mu_m)|\mathbb{Q}$ ansehen. Die eminent wichtige Rolle der letzteren können sie freilich nicht übernehmen, denn man weiß lediglich von ihrer Existenz, nicht aber, wie man sie erzeugen kann. Anders liegen die Dinge im Falle der lokalen Körper. Dort sind die Analoga der Strahlklassenkörper die Lubin-Tate-Erweiterungen, die durch die Teilungspunkte formaler Gruppen erzeugt werden, eine Tatsache mit großer Auswirkung (vgl. Kap. V, § 5). Diese lokale Entdeckung hat allerdings ihren Ursprung im Problem der globalen Klassenkörper-Erzeugung gehabt, auf das wir am Schluß dieses Paragraphen eingehen wollen.

Wir merken an, daß der obige Satz einen weiteren Beweis für den Satz von Kronecker-Weber liefert (vgl. Kap. V, (1.10)), nach dem jede endliche abelsche Erweiterung $L|\mathbb{Q}$ in einem Körper $\mathbb{Q}(\mu_m)|\mathbb{Q}$ liegt, weil die Normengruppe $N_{L|\mathbb{Q}}C_L$ nach (1.8) in einer Kongruenzuntergruppe $C_{\mathbb{Q}}^{\mathfrak{m}}$, $\mathfrak{m} = (m)$, enthalten ist, also $L \subseteq \mathbb{Q}(\mu_m)$.

Unter allen abelschen Erweiterungen von K nimmt der Strahlklassenkörper mod 1 eine Sonderstellung ein. Er heißt der **große Hilbertsche Klassenkörper** und hat die Galoisgruppe

$$G(K^1|K) \cong Cl_K^1 .$$

Die Gruppe Cl_K^1 ist mit der gewöhnlichen Idealklassengruppe nach (1.11) durch die exakte Sequenz

$$1 \to \mathcal{O}^*/\mathcal{O}_+^* \to \prod_{\mathfrak{p}\ \mathrm{reell}} \mathbb{R}^*/\mathbb{R}_+^* \to Cl_K^1 \to Cl_K \to 1$$

verbunden. Der große Hilbertsche Klassenkörper hat den Führer $\mathfrak{f} = 1$ und läßt somit aufgrund von (6.6) die folgende Charakterisierung zu.

(6.8) Satz. *Der große Hilbertsche Klassenkörper ist die maximale unverzweigte abelsche Erweiterung von K.*

Da die unendlichen Primstellen stets unverzweigt sind, so bedeutet dies, daß alle Primideale unverzweigt sind. Unter dem **Hilbertschen Klassenkörper** schlechthin oder dem „kleinen Hilbertschen Klassenkörper" versteht man die maximale unverzweigte abelsche Erweiterung $H|K$, in der alle unendlichen Primstellen voll zerlegt sind, d.h. also die reellen Primstellen reell bleiben. Über ihn haben wir den

(6.9) Satz. *Die Galoisgruppe des kleinen Hilbertschen Klassenkörpers $H|K$ ist kanonisch isomorph zur Idealklassengruppe:*

$$G(H|K) \cong Cl_K .$$

Insbesondere ist der Grad $[H : K]$ die Klassenzahl h_K von K.

Beweis: Wir betrachten den großen Hilbertschen Klassenkörper $K^1|K$ und für jede unendliche Primstelle $\mathfrak{p}$ das nach (5.6) kommutative Diagramm

$$\begin{array}{ccc} K_{\mathfrak{p}}^* & \xrightarrow{(\ ,K_{\mathfrak{p}}^1|K_{\mathfrak{p}})} & G(K_{\mathfrak{p}}^1|K_{\mathfrak{p}}) \\ {\scriptstyle \langle\ \rangle}\downarrow & & \downarrow \\ I_K/I_K^1K^* & \xrightarrow{(\ ,K^1|K)} & G(K^1|K)\,. \end{array}$$

Der kleine Hilbertsche Klassenkörper $H|K$ ist der Fixkörper der durch alle $G(K_{\mathfrak{p}}^1|K_{\mathfrak{p}})$, $\mathfrak{p}|\infty$, erzeugten Untergruppe G_∞. Diese ist unter $(\ ,K^1|K)$ das Bild von

$$(\prod_{\mathfrak{p}|\infty} K_{\mathfrak{p}}^*)I_K^1K^*/I_K^1K^* = I_K^{S_\infty}K^*/I_K^1K^*,$$

wobei $I_K^{S_\infty} = \prod_{\mathfrak{p}|\infty} K_{\mathfrak{p}}^* \times \prod_{\mathfrak{p}\nmid\infty} U_{\mathfrak{p}}$. Daher ist mit (1.3)

$$G(H|K) = G(K^1|K)/G_\infty \cong I_K/I_K^{S_\infty}K^* \cong Cl_K . \qquad \square$$

Bemerkung: Der kleine Hilbertsche Klassenkörper ist in der hier dargelegten Theorie i.a. kein Strahlklassenkörper, wohl aber in manchen anderen Lehrbüchern, in denen Strahlklassengruppen und -körper anders definiert werden (vgl. etwa [107]). Man gelangt zu dieser anderen Theorie, wenn man sämtliche Zahlkörper mit der Minkowski-Metrik

$$\langle x,y\rangle_K = \sum_\tau \alpha_\tau x_\tau \bar{y}_\tau \qquad (\tau \in \operatorname{Hom}(K,\mathbb{C}))\,,$$

$\alpha_\tau = 1$ wenn $\tau = \bar{\tau}$, $\alpha_\tau = \frac{1}{2}$ wenn $\tau \neq \bar{\tau}$, ausstattet. Die Strahlklassengruppen werden zu jedem *vollständigen* Modul

$$\mathfrak{m} = \prod_{\mathfrak{p}} \mathfrak{p}^{n_\mathfrak{p}}$$

gebildet, wobei $n_\mathfrak{p} \in \mathbb{Z}$, $n_\mathfrak{p} \geq 0$, und $n_\mathfrak{p} = 0$ oder $= 1$ sein kann falls $\mathfrak{p}|\infty$. Die zum metrisierten Zahlkörper $(K, \langle\ ,\ \rangle_K)$ gehörigen Gruppen $U_\mathfrak{p}^{(n_\mathfrak{p})}$ werden definiert durch

$$U_\mathfrak{p}^{(n_\mathfrak{p})} = \begin{cases} 1+\mathfrak{p}^{n_\mathfrak{p}}\,, & \text{für } n_\mathfrak{p} > 0, \text{ und } U_\mathfrak{p} \text{ für } n_\mathfrak{p} = 0, \text{ falls } \mathfrak{p} \nmid \infty, \\ \mathbb{R}^*, & \text{wenn } \mathfrak{p} \text{ reell und } n_\mathfrak{p} = 0 \text{ ist}, \\ \mathbb{R}_+^*, & \text{wenn } \mathfrak{p} \text{ reell und } n_\mathfrak{p} = 1 \text{ ist}, \\ \mathbb{C}^* = K_\mathfrak{p}^*\,, & \text{wenn } \mathfrak{p} \text{ komplex ist}. \end{cases}$$

Die *Kongruenzuntergruppe* mod $\mathfrak{m}$ von $(K, \langle\ ,\ \rangle_K)$ ist dann die mit der Gruppe

$$I_K^\mathfrak{m} = \prod_\mathfrak{p} U_\mathfrak{p}^{(n_\mathfrak{p})}$$

gebildete Untergruppe $C_K^\mathfrak{m} = I_K^\mathfrak{m} K^*/K^*$ von C_K und die Faktorgruppe $C_K/C_K^\mathfrak{m}$ die *Strahlklassengruppe* mod $\mathfrak{m}$. Der *Strahlklassenkörper* mod $\mathfrak{m}$ von $(K, \langle\ ,\ \rangle_K)$ ist wieder der zur Gruppe $C_K^\mathfrak{m} \subseteq C_K$ gehörige Klassenkörper von K. Wie in Kap. III, § 3 erläutert, müssen die unendlichen Primstellen $\mathfrak{p}$ in einer Erweiterung $L|K$ als *verzweigt* erklärt werden, wenn $L_\mathfrak{p} \neq K_\mathfrak{p}$. Dementsprechend ist der *Führer* einer abelschen Erweiterung $L|K$, also der ggT aller Moduln $\mathfrak{m} = \prod_\mathfrak{p} \mathfrak{p}^{n_\mathfrak{p}}$ mit $C_K^\mathfrak{m} \subseteq N_{L|K} C_L$, das vollständige Ideal

$$\mathfrak{f} = \prod_\mathfrak{p} \mathfrak{f}_\mathfrak{p}\,,$$

wobei für eine unendliche Primstelle $\mathfrak{p}$ nunmehr $\mathfrak{f}_\mathfrak{p} = \mathfrak{p}^{n_\mathfrak{p}}$ ist mit $n_\mathfrak{p} = 0$, falls $L_\mathfrak{p} = K_\mathfrak{p}$, und $n_\mathfrak{p} = 1$, falls $L_\mathfrak{p} \neq K_\mathfrak{p}$. Das Korollar (6.6) bleibt dabei erhalten: Eine Primstelle $\mathfrak{p}$ ist genau dann in L verzweigt, wenn $\mathfrak{p}$ im Führer $\mathfrak{f}$ auftritt.

Für die Strahlklassenkörper ergeben sich gegenüber der oben entwickelten Theorie die folgenden Veränderungen. Der Strahlklassenkörper mod 1 ist der *kleine* Hilbertsche Klassenkörper. Er ist nunmehr die maximale abelsche, an *allen* Primstellen unverzweigte Erweiterung von K. Der große Hilbertsche Klassenkörper ist der Strahlklassenkörper zum Modul $\mathfrak{m} = \prod_{\mathfrak{p}|\infty} \mathfrak{p}$. Im Falle des Grundkörpers $\mathbb{Q}$ ist der Körper $\mathbb{Q}(\zeta)$ der m-ten Einheitswurzeln der Strahlklassenkörper mod mp_∞, p_∞ die unendliche Primstelle. Der Strahlklassenkörper zum Modul m wird die maximale reelle Teilerweiterung $\mathbb{Q}(\zeta + \zeta^{-1})$, die vorher kein Strahlklassenkörper gewesen war. Dies ist die in den erwähnten Lehrbüchern zu findende Theorie. Sie ist also den Zahlkörpern mit der Minkowski-Metrik zuzuschreiben. Die in diesem Buch abgehandelte Theorie der Strahlklassenkörper wird dagegen durch die schon in Kap. I, § 5 festgelegte Wahl der Standard-Metrik $\langle x, y\rangle = \sum_\tau x_\tau \bar{y}_\tau$ auf $K_{\mathbb{R}}$ erzwungen. Sie ist mit der in Kap. III dargestellten Riemann-Roch-Theorie verträglich und hat den Vorzug, einfacher zu sein.

Über dem Körper $\mathbb{Q}$ läßt sich der Strahlklassenkörper mod (m) nach (6.7) durch die m-ten Einheitswurzeln erzeugen, also durch spezielle Werte der Exponentialfunktion $e^{2\pi i z}$. Die hierdurch aufkommende Frage, ob man die abelschen Erweiterungen eines beliebigen Zahlkörpers in ähnlich konkreter Weise durch spezielle Werte analytischer Funktionen in die Hand bekommt, ist der historische Ausgangspunkt für den Begriff des Klassenkörpers gewesen. Eine vollständig befriedigende Antwort hierauf hat sich jedoch nur im Fall eines imaginär quadratischen Körpers K ergeben. Die auf diesen Fall bezogenen Ergebnisse werden unter dem Namen **Kroneckerscher Jugendtraum** geführt. Sie sollen im folgenden kurz geschildert werden. Für die Beweise, die eine eingehende Vertrautheit mit der Theorie der *elliptischen Kurven* voraussetzen, müssen wir auf [96] und [28] verweisen.

Eine elliptische Kurve ist durch die Faktorgruppe $E = \mathbb{C}/\Gamma$ von $\mathbb{C}$ nach einem vollständigen Gitter $\Gamma = \mathbb{Z}\omega_1 + \mathbb{Z}\omega_2$ in $\mathbb{C}$ gegeben. Dies ist ein Torus, der die Struktur einer algebraischen Kurve durch die **Weierstraßsche $\wp$-Funktion**

$$\wp(z) = \wp_\Gamma(z) = \frac{1}{z^2} + \sum_{\omega \in \Gamma'} \Big[\frac{1}{(z-\omega)^2} - \frac{1}{\omega^2}\Big]$$

erhält, wobei $\Gamma' = \Gamma \smallsetminus \{0\}$. $\wp(z)$ ist eine meromorphe, doppelt-periodische Funktion, d.h.

$$\wp(z+\omega) = \wp(z) \quad \text{für alle} \quad \omega \in \Gamma\,,$$

und genügt zusammen mit ihrer Ableitung $\wp'(z)$ einer Identität

$$\wp'(z)^2 = 4\wp(z)^3 - g_2\wp(z) - g_3\,.$$

Die Konstanten g_2, g_3 hängen nur vom Gitter Γ ab und sind durch $g_2 = g_2(\Gamma) = 60 \sum_{\omega \neq 0} \frac{1}{\omega^4}$, $g_3 = g_3(\Gamma) = 140 \sum_{\omega \neq 0} \frac{1}{\omega^6}$ gegeben. $\wp$ und $\wp'$ können also als Funktionen auf $\mathbb{C}/\Gamma$ aufgefaßt werden. Nimmt man die endliche Menge $S \subseteq \mathbb{C}/\Gamma$ der Polstellen heraus, so erhält man eine Bijektion

$$\mathbb{C}/\Gamma \setminus S \xrightarrow{\sim} \{(x,y) \in \mathbb{C}^2 \mid y^2 = 4x^3 - g_2 x - g_3\}, \quad z \mapsto (\wp(z), \wp'(z)),$$

auf die durch die Gleichung $y^2 = 4x^3 - g_2 x - g_3$ gegebene affine algebraische Kurve im $\mathbb{C}^2$. Dies gibt dem Torus $\Gamma/\mathbb{C}$ die Struktur einer algebraischen Kurve E über $\mathbb{C}$ vom Geschlecht 1. Eine wichtige Rolle spielt die ***j*-Invariante**

$$j(E) = j(\Gamma) = \frac{2^6 3^3 g_2^3}{\Delta} \quad \text{mit} \quad \Delta = g_2^3 - 27 g_3^2,$$

die die elliptische Kurve E bis auf Isomorphie festlegt. Schreibt man die Erzeugenden ω_1, ω_2 von Γ in der Reihenfolge, so daß $\tau = \omega_1/\omega_2$ in der oberen Halbebene $\mathbb{H}$ liegt, so wird $j(E)$ der Wert $j(\tau)$ einer **Modulfunktion**, d.h. einer holomorphen Funktion j auf $\mathbb{H}$, die unter der Substitution $\tau \mapsto \dfrac{a\tau + b}{c\tau + d}$ für jede Matrix $\begin{pmatrix} a & b \\ c & d \end{pmatrix} \in SL_2(\mathbb{Z})$ invariant ist.

Sei nun $K \subseteq \mathbb{C}$ ein imaginär quadratischer Zahlkörper. Dann bildet insbesondere der Ring $\mathcal{O}_K$ der ganzen Zahlen ein Gitter in $\mathbb{C}$ und allgemeiner jedes Ideal $\mathfrak{a}$ von $\mathcal{O}_K$. Die so entstehenden Tori $\mathbb{C}/\mathfrak{a}$ sind elliptische Kurven mit *komplexer Multiplikation.* Darunter versteht man folgendes. Ein Endomorphismus einer elliptischen Kurve $E = \mathbb{C}/\Gamma$ ist durch Multiplikation mit einer komplexen Zahl z gegeben, derart daß $z\Gamma \subseteq \Gamma$. In aller Regel ist $End(E) = \mathbb{Z}$. Ist dies nicht der Fall, so muß notwendigerweise $End(E) \otimes \mathbb{Q}$ ein imaginär quadratischer Zahlkörper K sein, und man spricht von einer elliptischen Kurve mit komplexer Multiplikation. Hierzu gehören offenbar die Kurven $\mathbb{C}/\mathfrak{a}$.

Für die Klassenkörpertheorie haben diese analytischen Erörterungen nun die folgenden Auswirkungen.

(6.10) Theorem. *Sei K ein imaginär quadratischer Zahlkörper und $\mathfrak{a}$ ein Ideal von $\mathcal{O}_K$. Dann gilt:*

(i) Die j-Invariante $j(\mathfrak{a})$ von $\mathbb{C}/\mathfrak{a}$ ist eine ganze algebraische Zahl, die nur von der Idealklasse $\mathfrak{K}$ von $\mathfrak{a}$ abhängt und daher auch mit $j(\mathfrak{K})$ bezeichnet werden möge.

(ii) Jedes $j(\mathfrak{a})$ erzeugt den Hilbertschen Klassenkörper über K.

(iii) Sind $\mathfrak{a}_1, \ldots, \mathfrak{a}_h$ *Repräsentanten der Idealklassengruppe* Cl_K*, so sind die Zahlen* $j(\mathfrak{a}_i)$ *zueinander konjugiert über* K.

(iv) Für fast alle Primideale $\mathfrak{p}$ *von* K *gilt*

$$\varphi_{\mathfrak{p}} j(\mathfrak{a}) = j(\mathfrak{p}^{-1}\mathfrak{a}),$$

wobei $\varphi_{\mathfrak{p}} \in G(K(j(\mathfrak{a}))|K)$ *der Frobeniusautomorphismus eines Primideals* $\mathfrak{P}$ *von* $K(j(\mathfrak{a}))$ *über* $\mathfrak{p}$ *ist.*

Um über den Hilbertschen Klassenkörper, also den Strahlklassenkörper mod 1 hinaus (für den total imaginären Körper K gibt es natürlich keinen Unterschied zwischen großem und kleinem Hilbertschen Klassenkörper) auch die Strahlklassenkörper nach einem beliebigen Modul $\mathfrak{m} \neq 1$ zu erzeugen, bilden wir zu jedem Gitter $\Gamma \subseteq \mathbb{C}$ die **Weber-Funktion**

$$\tau_\Gamma(z) = \begin{cases} -2^7 3^5 \frac{g_2 g_3}{\Delta}\, \wp_\Gamma(z), & \text{falls } g_2 g_3 \neq 0, \\ -2^9 3^6 \frac{g_3}{\Delta}\, \wp_\Gamma^3(z), & \text{falls } g_2 = 0, \\ 2^8 3^4 \frac{g_2^2}{\Delta}\, \wp_\Gamma^2(z), & \text{falls } g_3 = 0. \end{cases}$$

Sei $\mathfrak{K} \in Cl_K$ eine festgewählte Idealklasse. Wir bezeichnen mit $\mathfrak{K}^*$ die Klassen in der Strahlklassengruppe $Cl_K^{\mathfrak{m}} = J_K^{\mathfrak{m}}/P_K^{\mathfrak{m}}$, die unter dem Homomorphismus

$$Cl_K^{\mathfrak{m}} \to Cl_K$$

auf die Idealklasse $(\mathfrak{m})\mathfrak{K}^{-1}$ abgebildet werden. Sei $\mathfrak{a}$ ein Ideal in $\mathfrak{K}$ und $\mathfrak{b}$ ein ganzes Ideal in $\mathfrak{K}^*$. Dann ist $\mathfrak{a}\mathfrak{b}\mathfrak{m}^{-1} = (a)$ ein Hauptideal. Der Funktionswert $\tau_{\mathfrak{a}}(a)$ hängt lediglich von der Klasse $\mathfrak{K}^*$ ab, nicht aber von der Wahl von $\mathfrak{a}$, $\mathfrak{b}$ und a und soll mit

$$\tau(\mathfrak{K}^*) = \tau_{\mathfrak{a}}(a)$$

bezeichnet werden. Mit diesen Verabredungen haben wir dann das

(6.11) Theorem. *(i) Die Invarianten* $\tau(\mathfrak{K}_1^*), \tau(\mathfrak{K}_2^*), \ldots$ *zu einer festen Idealklasse* $\mathfrak{K}$ *sind verschiedene, über dem Hilbertschen Klassenkörper* $K^1 = K(j(\mathfrak{K}))$ *konjugierte algebraische Zahlen.*

(ii) Für ein beliebiges $\mathfrak{K}^*$ *ist der Körper* $K(j(\mathfrak{K}), \tau(\mathfrak{K}^*))$ *der Strahlklassenkörper* mod $\mathfrak{m}$ *über* K:

$$K^{\mathfrak{m}} = K(j(\mathfrak{K}), \tau(\mathfrak{K}^*)).$$

Aufgabe 1. Sei $K^1|K$ der große und $H|K$ der kleine Hilbertsche Klassenkörper. Dann ist $G(K^1|H) \cong (\mathbb{Z}/2\mathbb{Z})^{r-t}$, wobei r die Anzahl der reellen Primstellen ist und $2^t = (\mathfrak{o}^* : \mathfrak{o}_+^*)$.

Aufgabe 2. Sei $d > 0$ quadratfrei und $K = \mathbb{Q}(\sqrt{d})$. Sei ε eine total positive Grundeinheit von K. Dann gilt $[K^1 : H] = 1$ oder $= 2$, je nachdem $N_{K|\mathbb{Q}}(\varepsilon) = -1$ oder $= 1$ ist.

Aufgabe 3. Die Gruppe $(C_K)^n = (I_K)^n K^*/K^*$ ist der Durchschnitt der Normengruppen $N_{L|K} C_L$ aller abelschen Erweiterungen $L|K$ vom Exponenten n.

Aufgabe 4. (i) Für einen Zahlkörper K liefert die lokale Tate-Dualität (vgl. Kap. V, § 1, Aufgabe 2) eine nicht-ausgeartete Paarung

$$(*) \qquad \prod_{\mathfrak{p}} H^1(K_{\mathfrak{p}}, \mathbb{Z}/n\mathbb{Z}) \times \prod_{\mathfrak{p}} H^1(K_{\mathfrak{p}}, \mu_n) \to \mathbb{Z}/n\mathbb{Z}$$

lokal kompakter Gruppen, wobei die eingeschränkten Produkte auf die Untergruppen $H_{nr}^1(K_{\mathfrak{p}}, \mathbb{Z}/n\mathbb{Z})$ bzw. $H_{nr}^1(K_{\mathfrak{p}}, \mu_n)$ bezogen sind. Sie ist für $\chi = (\chi_{\mathfrak{p}})$ aus dem ersten und für $\alpha = (\alpha_{\mathfrak{p}})$ aus dem zweiten Produkt durch

$$(\chi, \alpha) = \sum_{\mathfrak{p}} \chi_{\mathfrak{p}}(\alpha_{\mathfrak{p}}, \overline{K}_{\mathfrak{p}}|K_{\mathfrak{p}})$$

gegeben.

(ii) Ist $L|K$ eine endliche Erweiterung, so hat man ein kommutatives Diagramm

$$
\begin{array}{ccccc}
\prod_{\mathfrak{P}} H^1(L_{\mathfrak{P}}, \mathbb{Z}/n\mathbb{Z}) & \times & \prod_{\mathfrak{P}} H^1(L_{\mathfrak{P}}, \mu_n) & \to & \mathbb{Z}/n\mathbb{Z} \\
\uparrow & & \downarrow{\scriptstyle N_{L|K}} & & \| \\
\prod_{\mathfrak{p}} H^1(K_{\mathfrak{p}}, \mathbb{Z}/n\mathbb{Z}) & \times & \prod_{\mathfrak{p}} H^1(K_{\mathfrak{p}}, \mu_n) & \to & \mathbb{Z}/n\mathbb{Z} \, .
\end{array}
$$

(iii) Die Bilder von

$$H^1(K, \mathbb{Z}/n\mathbb{Z}) \to \prod_{\mathfrak{p}} H^1(K_{\mathfrak{p}}, \mathbb{Z}/n\mathbb{Z})$$

und

$$H^1(K, \mu_n) \to \prod_{\mathfrak{p}} H^1(K_{\mathfrak{p}}, \mu_n)$$

sind gegenseitige orthogonale Komplemente bzgl. der Paarung $(*)$.

Hinweis zu (iii): Der Kokern der zweiten Abbildung ist $C_K/(C_K)^n$ und $H^1(K, \mathbb{Z}/n\mathbb{Z}) = \mathrm{Hom}(G(L|K), \mathbb{Z}/n\mathbb{Z})$, wobei $L|K$ die maximale abelsche Erweiterung vom Exponenten n ist.

Aufgabe 5 (Globale Tate-Dualität). Zeige, daß sich die Aussagen von Aufgabe 4 auf einen beliebigen endlichen G_K-Modul A anstelle von $\mathbb{Z}/n\mathbb{Z}$ und $A' = \mathrm{Hom}(A, \overline{K}^*)$ anstelle von μ_n fortsetzen.

Hinweis: Benutze die Aufgaben 4–8 von Kap. IV, § 3 und die Aufgabe 4 von Kap. V, § 1.

Aufgabe 6. Ist S eine endliche Primstellenmenge von K, so ist die Abbildung

$$H^1(K,\mathbb{Z}/n\mathbb{Z}) \to \prod_{\mathfrak{p}\in S} H^1(K_\mathfrak{p},\mathbb{Z}/n\mathbb{Z})$$

genau dann surjektiv, wenn die Abbildung

$$H^1(K,\mu_n) \to \prod_{\mathfrak{p}\notin S} H^1(K_\mathfrak{p},\mu_n)$$

injektiv ist. Dies ist insbesondere dann der Fall, wenn entweder die Erweiterung $K(\mu_{2^\nu})|K$ zyklisch ist, $n = 2^\nu m$, $(m,2) = 1$, oder wenn S nicht alle in $K(\mu_{2^\nu})$ unzerlegten Primstellen $\mathfrak{p}|2$ enthält (vgl. § 1, Aufgabe 2).

Aufgabe 7 (Satz von *Grunwald*). Ist die letzte Bedingung von Aufgabe 6 für das Tripel (K,n,S) erfüllt, so gibt es zu vorgegebenen zyklischen Erweiterungen $L_\mathfrak{p}|K_\mathfrak{p}$ für $\mathfrak{p} \in S$ stets eine zyklische Erweiterung $L|K$, die $L_\mathfrak{p}|K_\mathfrak{p}$ für $\mathfrak{p} \in S$ als Komplettierung hat und die Gradgleichheit

$$[L:K] = \text{kgV}\{[L_\mathfrak{p}:K_\mathfrak{p}]\}$$

erfüllt (vgl. hierzu [10], chap. X, § 2).

Anmerkung: Sei G eine endliche Gruppe von einer zu $\#\mu(K)$ teilerfremden Ordnung, S eine endliche Primstellenmenge und $L_\mathfrak{p}|K_\mathfrak{p}$, $\mathfrak{p} \in S$, vorgegebene galoissche Erweiterungen, deren Galoisgruppen $G_\mathfrak{p}$ in G einbettbar sind. Dann gibt es eine galoissche Erweiterung $L|K$, die einerseits eine zu G isomorphe Galoisgruppe besitzt und andererseits die vorgegebenen Erweiterungen $L_\mathfrak{p}|K_\mathfrak{p}$ als Komplettierungen (vgl. [109]).

§ 7. Die idealtheoretische Fassung der Klassenkörpertheorie

Die Klassenkörpertheorie hat ihre ideltheoretische Formulierung erst nach ihrer idealtheoretischen Vollendung gefunden. Sie war von Anfang an von der Suche nach einer Klassifikation der abelschen Erweiterungen eines Zahlkörpers K bestimmt, jedoch stand ihr dafür anstelle der Idelklassengruppe C_K zunächst nur die Idealklassengruppe Cl_K mit ihren Untergruppen zur Verfügung. Nach den Einsichten, die wir im vorigen Abschnitt gewonnen haben, bedeutet dies die Einschränkung auf die im Hilbertschen Klassenkörper gelegenen, also *unverzweigten* abelschen Erweiterungen von K. Für den Grundkörper $\mathbb{Q}$ ist diese Einschränkung natürlich radikal, denn er besitzt nach dem Satz von Minkowski überhaupt keine unverzweigten Erweiterungen. Über $\mathbb{Q}$ treten uns andererseits in ganz unmittelbarer Weise die Kreisteilungskörper $\mathbb{Q}(\mu_m)|\mathbb{Q}$ mit ihren wohlvertrauten Isomorphismen $G(\mathbb{Q}(\mu_m)|\mathbb{Q}) \cong (\mathbb{Z}/m\mathbb{Z})^*$ entgegen. *Heinrich Weber* erkannte nun, wie schon erwähnt, daß die Gruppen Cl_K und $(\mathbb{Z}/m\mathbb{Z})^*$ (cum grano salis) lediglich Abbilder eines gemeinsamen Oberbegriffs waren, nämlich dem der Strahlklassengruppe, die er in idealtheoretischer Weise als die Faktorgruppe

$$Cl_K^{\mathfrak{m}} = J_K^{\mathfrak{m}}/P_K^{\mathfrak{m}}$$

der zu einem gegebenen Modul $\mathfrak{m}$ teilerfremden Ideale nach den Hauptidealen (α) mit $\alpha \equiv 1 \bmod \mathfrak{m}$ und α total positiv definierte. Er vermutete, daß diese Gruppe $Cl_K^{\mathfrak{m}}$ mit ihren Untergruppen für die Teilerweiterungen eines zunächst nur postulierten „Strahlklassenkörpers" $K^{\mathfrak{m}}|K$ das gleiche leisten würde, wie die Idealklassengruppe Cl_K mit ihren Untergruppen für die im Hilbertschen Klassenkörper gelegenen Körper. Überdies stellte er die Hypothese auf, daß auf diese Weise jede abelsche Erweiterung von einem solchen Strahlklassenkörper eingefangen werden müßte, ganz nach dem Vorbild des Grundkörpers $\mathbb{Q}$, wo die abelschen Erweiterungen nach dem Kronecker-Weberschen Satz von den Kreisteilungskörpern $\mathbb{Q}(\mu_m)|\mathbb{Q}$ aufgenommen werden. Nach den bahnbrechenden Arbeiten des österreichischen Mathematikers *Philipp Furtwängler* [44] wurden diese Vermutungen von dem japanischen Zahlentheoretiker *Teiji Takagi* (1875–1960) bestätigt und von *Emil Artin* (1898–1962) in eine endgültige, kanonische Form gebracht.

Die von *Chevalley* eingeführte ideltheoretische Sprechweise brachte nun die Vereinfachung, daß die Idelklassengruppe C_K für alle abelschen Erweiterungen $L|K$ auf einmal zuständig war, ohne daß für jede solche Erweiterung die Wahl eines Moduls $\mathfrak{m}$ nötig war, in dessen Strahlklassenkörper $K^{\mathfrak{m}}|K$ sie einer klassenkörpertheoretischen Interpretation zugänglich wurde. Zu der klassischen Auffassung gelangt man von der ideltheoretischen dadurch zurück, daß man in C_K die Kongruenzuntergruppen $C_K^{\mathfrak{m}}$ betrachtet, durch die die Strahlklassenkörper $K^{\mathfrak{m}}|K$ definiert werden. Ihre Teilkörper entsprechen nach der neuen Auffassung den Gruppen zwischen $C_K^{\mathfrak{m}}$ und C_K, also wegen der Isomorphie

$$C_K/C_K^{\mathfrak{m}} \cong Cl_K^{\mathfrak{m}}$$

den Untergruppen der Strahlklassengruppe $Cl_K^{\mathfrak{m}}$.

Wir wollen im folgenden die klassische, idealtheoretische Fassung der globalen Klassenkörpertheorie aus der ideltheoretischen herleiten. Dies ist nicht nur ein historisches Gebot, sondern eine sachliche Notwendigkeit, die sich im Hinblick auf viele Anwendungen aus der elementareren und direkt zugänglichen Natur der Idealgruppen aufdrängt.

Sei $L|K$ eine abelsche Erweiterung, $\mathfrak{p}$ ein unverzweigtes Primideal von K und $\mathfrak{P}$ ein über $\mathfrak{p}$ gelegenes Primideal von L. Die Zerlegungsgruppe $G(L_{\mathfrak{P}}|K_{\mathfrak{p}}) \subseteq G(L|K)$ wird dann durch den klassischen **Frobeniusautomorphismus**

$$\varphi_{\mathfrak{p}} = (\pi_{\mathfrak{p}}, L_{\mathfrak{P}}|K_{\mathfrak{p}})$$

erzeugt, wobei $\pi_{\mathfrak{p}}$ ein Primelement von $K_{\mathfrak{p}}$ ist. Als Automorphismus von L ist $\varphi_{\mathfrak{p}}$ offenbar durch die Kongruenz

$$\varphi_{\mathfrak{p}} a \equiv a^q \bmod \mathfrak{P} \quad \text{für alle} \quad a \in \mathcal{O}_L$$

festgelegt, wobei q die Anzahl der Elemente im Restklassenkörper von $\mathfrak{p}$ ist. Wir setzen

$$\varphi_{\mathfrak{p}} =: \left(\frac{L|K}{\mathfrak{p}}\right).$$

Sei nun $\mathfrak{m}$ ein Modul von K, derart daß L im Strahlklassenkörper mod $\mathfrak{m}$ liegt. Ein solcher Modul wird ein **Erklärungsmodul** für L genannt. Da nach (6.6) jedes Primideal $\mathfrak{p} \nmid \mathfrak{m}$ in L unverzweigt ist, erhalten wir einen kanonischen Homomorphismus

$$\left(\frac{L|K}{\quad}\right) : J_K^{\mathfrak{m}} \to G(L|K)$$

der Gruppe $J_K^{\mathfrak{m}}$ aller zu $\mathfrak{m}$ teilerfremden Ideale von K, indem wir für ein Ideal $\mathfrak{a} = \prod_{\mathfrak{p}} \mathfrak{p}^{\nu_{\mathfrak{p}}}$

$$\left(\frac{L|K}{\mathfrak{a}}\right) = \prod_{\mathfrak{p}} \left(\frac{L|K}{\mathfrak{p}}\right)^{\nu_{\mathfrak{p}}}$$

setzen. $\left(\frac{L|K}{\mathfrak{a}}\right)$ wird das **Artinsymbol** genannt. Ist $\mathfrak{p} \in J_K^{\mathfrak{m}}$ ein Primideal und $\pi_{\mathfrak{p}}$ ein Primelement von $K_{\mathfrak{p}}$, so ist offenbar

$$\left(\frac{L|K}{\mathfrak{p}}\right) = (\langle \pi_{\mathfrak{p}} \rangle, L|K),$$

wenn $\langle \pi_{\mathfrak{p}} \rangle \in C_K$ die Klasse des Idels $(\dots, 1, 1, \pi_{\mathfrak{p}}, 1, 1, \dots)$ bedeutet.

Die Beziehung zwischen der ideltheoretischen und der idealtheoretischen Formulierung des Artinschen Reziprozitätsgesetzes wird nun durch das folgende Theorem hergestellt.

(7.1) Theorem. *Sei $L|K$ eine abelsche Erweiterung und $\mathfrak{m}$ ein Erklärungsmodul derselben. Dann induziert das Artinsymbol einen surjektiven Homomorphismus*

$$\left(\frac{L|K}{\quad}\right) : Cl_K^{\mathfrak{m}} \to G(L|K)$$

mit dem Kern $H^{\mathfrak{m}}/P_K^{\mathfrak{m}}$, wobei $H^{\mathfrak{m}} = (N_{L|K}J_L^{\mathfrak{m}})P_K^{\mathfrak{m}}$ ist, und wir haben ein exaktes kommutatives Diagramm

$$\begin{array}{ccccccccc}
1 & \longrightarrow & N_{L|K}C_L & \longrightarrow & C_K & \xrightarrow{(\ ,L|K)} & G(L|K) & \longrightarrow & 1 \\
 & & \downarrow & & \downarrow & & \downarrow{\scriptstyle \mathrm{id}} & & \\
1 & \longrightarrow & H^{\mathfrak{m}}/P_K^{\mathfrak{m}} & \longrightarrow & Cl_K^{\mathfrak{m}} & \xrightarrow{\left(\frac{L|K}{\ }\right)} & G(L|K) & \longrightarrow & 1\,.
\end{array}$$

Beweis: In § 1 haben wir den Isomorphismus $(\quad) : C_K/C_K^{\mathfrak{m}} \to Cl_K^{\mathfrak{m}} = J_K^{\mathfrak{m}}/P_K^{\mathfrak{m}}$ dadurch erhalten, daß wir einem Idel $\alpha = (\alpha_{\mathfrak{p}})$ das Ideal $(\alpha) = \prod_{\mathfrak{p}\nmid\infty} \mathfrak{p}^{v_{\mathfrak{p}}(\alpha_{\mathfrak{p}})}$ zugeordnet haben. Er liefert ein kommutatives Diagramm

$$\begin{array}{ccc}
C_K/C_K^{\mathfrak{m}} & \xrightarrow{(\ ,L|K)} & G(L|K) \\
{\scriptstyle (\ )}\downarrow & & \downarrow{\scriptstyle \mathrm{id}} \\
Cl_K^{\mathfrak{m}} & \xrightarrow{f} & G(L|K)\,,
\end{array}$$

und wir zeigen, daß f durch das Artinsymbol gegeben ist.

Sei $\mathfrak{p}$ ein nicht in $\mathfrak{m}$ aufgehendes Primideal, $\pi_{\mathfrak{p}}$ ein Primelement von $K_{\mathfrak{p}}$ und $c \in C_K/C_K^{\mathfrak{m}}$ die Klasse des Idels $\langle\pi_{\mathfrak{p}}\rangle = (\dots,1,1,\pi_{\mathfrak{p}},1,1,\dots)$. Dann ist $(c) = \mathfrak{p} \bmod P_K^{\mathfrak{m}}$ und

$$f((c)) = (c, L|K) = (\langle\pi_{\mathfrak{p}}\rangle, L|K) = \left(\frac{L|K}{\mathfrak{p}}\right).$$

Dies zeigt, daß $f : J_K^{\mathfrak{m}}/P_K^{\mathfrak{m}} \to G(L|K)$ durch das Artinsymbol $\left(\frac{L|K}{\ }\right) : J_K^{\mathfrak{m}} \to G(L|K)$ induziert wird und surjektiv ist.

Es bleibt zu zeigen, daß das Bild von $N_{L|K}C_L$ unter der Abbildung $(\quad) : C_K \to J_K^{\mathfrak{m}}/P_K^{\mathfrak{m}}$ die Gruppe $H^{\mathfrak{m}}/P_K^{\mathfrak{m}}$ ist. Wir fassen den Modul $\mathfrak{m} = \prod_{\mathfrak{p}\nmid\infty} \mathfrak{p}^{n_{\mathfrak{p}}}$ als Modul von L auf, indem wir für jedes Primideal $\mathfrak{p}$ von K das Produkt $\mathfrak{p} = \prod_{\mathfrak{P}|\mathfrak{p}} \mathfrak{P}^{e_{\mathfrak{P}|\mathfrak{p}}}$ einsetzen. Wie im Beweis zu (1.9) wird dann $C_L = I_L^{(\mathfrak{m})}L^*/L^*$, wobei $I_L^{(\mathfrak{m})} = \{\alpha \in I_L \mid \alpha_{\mathfrak{P}} \in U_{\mathfrak{P}}^{(e_{\mathfrak{P}|\mathfrak{p}}n_{\mathfrak{p}})}$ für $\mathfrak{P}|\mathfrak{m}\infty\}$. Die Elemente von

$$N_{L|K}C_L = N_{L|K}(I_L^{(\mathfrak{m})})K^*/K^*$$

sind die Klassen der Normenidele $N_{L|K}(\alpha)$, $\alpha \in I_L^{(\mathfrak{m})}$. Wegen

$$N_{L|K}(\alpha)_{\mathfrak{p}} = \prod_{\mathfrak{P}|\mathfrak{p}} N_{L_{\mathfrak{P}}|K_{\mathfrak{p}}}(\alpha_{\mathfrak{P}})$$

(vgl. (2.2)) und $v_\mathfrak{p}(N_{L_\mathfrak{P}|K_\mathfrak{p}}(\alpha_\mathfrak{P})) = f_{\mathfrak{P}|\mathfrak{p}} v_\mathfrak{P}(\alpha_\mathfrak{P})$ (vgl. Kap. III, (1.2)) wird das Idel $N_{L|K}(\alpha)$ durch $(\quad)$ auf das Ideal

$$(N_{L|K}(\alpha)) = \prod_{\mathfrak{p}\nmid\infty} \prod_{\mathfrak{P}|\mathfrak{p}} \mathfrak{p}^{f_{\mathfrak{P}|\mathfrak{p}} v_\mathfrak{P}(\alpha_\mathfrak{P})} = N_{L|K}\Big(\prod_{\mathfrak{P}\nmid\infty} \mathfrak{P}^{v_\mathfrak{P}(\alpha_\mathfrak{P})}\Big)$$

abgebildet. Daher ist das Bild von $N_{L|K}C_L$ unter dem Homomorphismus $(\quad) : C_K \to J_K^\mathfrak{m}/P_K^\mathfrak{m}$ gerade die Gruppe $(N_{L|K}J_L^\mathfrak{m})P_K^\mathfrak{m}/P_K^\mathfrak{m}$, q.e.d. □

(7.2) Korollar. *Das Artinsymbol* $\left(\frac{L|K}{\mathfrak{a}}\right)$, $\mathfrak{a} \in J_K^\mathfrak{m}$, *hängt nur von der Klasse* $\mathfrak{a} \bmod P_K^\mathfrak{m}$ *ab und liefert einen Isomorphismus*

$$\left(\frac{L|K}{\quad}\right) : J_K^\mathfrak{m}/H^\mathfrak{m} \xrightarrow{\sim} G(L|K)\,.$$

Die Gruppe $H^\mathfrak{m} = (N_{L|K}J_L^\mathfrak{m})P_K^\mathfrak{m}$ wird die „mod $\mathfrak{m}$ *erklärte Idealgruppe*“ genannt, die zur Erweiterung $L|K$ gehört. Aus dem Existenzsatz (6.1) folgt, daß die Zuordnung $L \mapsto H^\mathfrak{m}$ eine 1-1-Korrespondenz ist zwischen den Teilerweiterungen des Strahlklassenkörpers $\bmod \mathfrak{m}$ und den $P_K^\mathfrak{m}$ enthaltenden Untergruppen von $J_K^\mathfrak{m}$.

Als wichtigste Konsequenz erhalten wir aus dem Theorem (7.1) genauen Aufschluß über die Art der Zerlegung eines unverzweigten Primideals $\mathfrak{p}$ in einer abelschen Erweiterung $L|K$. Sie läßt sich direkt von der Idealgruppe $H^\mathfrak{m} \subseteq J_K^\mathfrak{m}$ ablesen, die den Körper L als Klassenkörper festlegt.

(7.3) Theorem (Primzerlegungsgesetz). *Sei $L|K$ eine abelsche Erweiterung vom Grad n und $\mathfrak{p}$ ein unverzweigtes Primideal. Sei $\mathfrak{m}$ ein durch $\mathfrak{p}$ nicht teilbarer Erklärungsmodul für $L|K$ (etwa der Führer) und $H^\mathfrak{m}$ die zugehörige Idealgruppe.*

Ist dann f die Ordnung von $\mathfrak{p}$ mod $H^\mathfrak{m}$ in der Klassengruppe $J_K^\mathfrak{m}/H^\mathfrak{m}$, d.h. die kleinste Zahl, so daß

$$\mathfrak{p}^f \in H^\mathfrak{m}\,,$$

so zerfällt $\mathfrak{p}$ in L in ein Produkt

$$\mathfrak{p} = \mathfrak{P}_1 \cdot \ldots \cdot \mathfrak{P}_r$$

von $r = n/f$ verschiedenen Primidealen vom Grad f über $\mathfrak{p}$.

Beweis: Sei $\mathfrak{p} = \mathfrak{P}_1 \cdot \ldots \cdot \mathfrak{P}_r$ die Primzerlegung von $\mathfrak{p}$ in L. Da $\mathfrak{p}$ unverzweigt ist, sind die $\mathfrak{P}_i$ alle verschieden von einem gleichen Grad f.

Dieser Grad ist die Ordnung der Zerlegungsgruppe von $\mathfrak{P}_i$ über K, also die Ordnung des Frobeniusautomorphismus $\varphi_\mathfrak{p} = \left(\frac{L|K}{\mathfrak{p}}\right)$. Wegen der Isomorphie $J_K^\mathfrak{m}/H^\mathfrak{m} \cong G(L|K)$ ist dies gleichzeitig die Ordnung von $\mathfrak{p} \bmod H^\mathfrak{m}$ in $J_K^\mathfrak{m}/H^\mathfrak{m}$. Damit ist alles gezeigt. □

Das Theorem zeigt insbesondere, daß die voll zerlegten Primideale gerade die in der Idealgruppe $H^\mathfrak{f}$ gelegenen Primideale sind, wenn $\mathfrak{f}$ der Führer von $L|K$ ist.

Wir heben zwei Spezialfälle hervor. Im Falle des Grundkörpers $K = \mathbb{Q}$ und des Kreisteilungskörpers $\mathbb{Q}(\mu_m)|\mathbb{Q}$ ist der Führer der Modul $\mathfrak{m} = (m)$, und die zu $\mathbb{Q}(\mu_m)$ gehörige Idealgruppe in $J_\mathbb{Q}^\mathfrak{m}$ ist die Gruppe $P_\mathbb{Q}^\mathfrak{m}$. Wegen $J_\mathbb{Q}^\mathfrak{m}/P_\mathbb{Q}^\mathfrak{m} \cong (\mathbb{Z}/m\mathbb{Z})^*$ (vgl. (1.10)) erhalten wir für die Zerlegung der Primzahlen $p \nmid m$ das schon in Kap. I, (10.5) gewonnene Gesetz, also insbesondere die Tatsache, daß die voll zerlegten Primzahlen durch die Kongruenz

$$p \equiv 1 \bmod m$$

charakterisiert sind.

Im Falle des Hilbertschen Klassenkörpers $L|K$, d.h. des im Strahlklassenkörper mod 1 gelegenen Körpers, in dem die unendlichen Primstellen voll zerlegt sind, ist die zugehörige Idealgruppe $H \subseteq J_K^1 = J_K$ die Gruppe P_K der Hauptideale (vgl. (6.9)). Wir erhalten daher das durch seine Einfachheit bestechende

(7.4) Korollar. *Die Primideale von K, die voll zerlegt sind im Hilbertschen Klassenkörper, sind gerade die Primhauptideale.*

Man entnimmt dem Korollar (7.2) die Tatsache, daß der Hilbertsche Klassenkörper durch diese Eigenschaft charakterisiert ist. Wir werden im nächsten Kapitel sehen, daß sich dieser Sachverhalt auf jede galoissche (also nicht notwendig abelsche) Erweiterung $L|K$ fortsetzt: Sie ist vollständig bestimmt durch die Menge $P(L|K)$ der in ihr voll zerlegten Primideale.

Eine weitere höchst bemerkenswerte Eigenschaft des Hilbertschen Klassenkörpers wird durch das folgende Theorem zum Ausdruck gebracht, das den Namen **Hauptidealsatz** trägt.

(7.5) Theorem. *Im Hilbertschen Klassenkörper wird jedes Ideal $\mathfrak{a}$ von K ein Hauptideal.*

Beweis: Sei $K_1|K$ der Hilbertsche Klassenkörper von K und $K_2|K_1$ der Hilbertsche Klassenkörper von K_1. Wir haben zu zeigen, daß der kanonische Homomorphismus

$$J_K/P_K \to J_{K_1}/P_{K_1}$$

trivial ist. Nach Kap. IV, (5.9) haben wir ein kommutatives Diagramm

$$\begin{array}{ccccc} J_{K_1}/P_{K_1} & \cong & C_{K_1}/N_{K_2|K_1}C_{K_2} & \cong & G(K_2|K_1) \\ \uparrow & & \uparrow{\scriptstyle i} & & \uparrow{\scriptstyle \mathrm{Ver}} \\ J_K/P_K & \cong & C_K/N_{K_1|K}C_{K_1} & \cong & G(K_1|K)\,, \end{array}$$

wobei i durch die Inklusion $C_K \subseteq C_{K_1}$ induziert wird. Es genügt daher zu zeigen, daß die Verlagerung

$$\mathrm{Ver}: G(K_1|K) \to G(K_2|K_1)$$

der triviale Homomorphismus ist. Da $K_1|K$ die maximale unverzweigte abelsche Erweiterung von K ist, in der die unendlichen Primstellen voll zerlegt sind, also die maximale abelsche Teilerweiterung von $K_2|K$, so ist $G(K_2|K_1)$ die Kommutatorgruppe von $G(K_2|K)$. Der Beweis des Hauptidealsatzes ist damit auf das folgende, rein gruppentheoretische Resultat zurückgeführt.

(7.6) Theorem. *Sei G eine endlich erzeugte Gruppe, G' ihre Kommutatorgruppe und G'' die Kommutatorgruppe von G'. Dann ist die Verlagerung*

$$\mathrm{Ver}: G/G' \to G'/G''$$

der triviale Homomorphismus.

Für dieses Theorem geben wir einen Beweis, der auf Ernst Witt [141] zurückgeht. Im Gruppenring $\mathbb{Z}[G] = \{\sum_{\sigma\in G} n_\sigma\sigma \mid n_\sigma \in \mathbb{Z}\}$ betrachten wir das **Augmentationsideal** I_G, das als der Kern des Ringhomomorphismus

$$\mathbb{Z}[G] \to \mathbb{Z}\,, \quad \sum_\sigma n_\sigma\sigma \mapsto \sum_\sigma n_\sigma\,,$$

definiert ist. Für jede Untergruppe H von G haben wir $I_H \subseteq I_G$, und es ist $\{\tau - 1 \mid \tau \in H, \tau \neq 1\}$ eine $\mathbb{Z}$-Basis von I_H. Wir beweisen zunächst das folgende Lemma, das von einem eigenständigen Interesse ist, indem es eine additive Interpretation der Verlagerung liefert.

(7.7) Lemma. *Für jede Untergruppe H von endlichem Index in G haben wir ein kommutatives Diagramm*

$$\begin{array}{ccc} G/G' & \xrightarrow{\text{Ver}} & H/H' \\ \delta\downarrow\cong & & \delta\downarrow\cong \\ I_G/I_G^2 & \xrightarrow{S} & (I_H+I_GI_H)/I_GI_H\,, \end{array}$$

in dem die Homomorphismen δ durch $\sigma \mapsto \delta\sigma = \sigma - 1$ induziert werden und der Homomorphismus S durch

$$S(x \bmod I_G^2) = x\sum_{\rho\in R}\rho \bmod I_GI_H$$

gegeben ist mit einem Linksrepräsentantensystem $R \ni 1$ von G/H.

Beweis: Wir zeigen zuerst, daß der durch $\tau \mapsto \delta\tau = \tau - 1$ induzierte Homomorphismus

$$(*) \qquad H/H' \xrightarrow{\delta} (I_H + I_GI_H)/I_GI_H$$

ein Inverses besitzt. Die Elemente $\rho\delta\tau$, $\tau\in H$, $\tau\neq 1$, $\rho\in R$, bilden eine $\mathbb{Z}$-Basis von $I_H+I_GI_H$. In der Tat, aus

$$\rho\delta\tau = \delta\tau + \delta\rho\delta\tau$$

folgt, daß sie $I_H + I_GI_H$ erzeugen, und wenn

$$0 = \sum_{\rho,\tau} n_{\rho,\tau}\rho\delta\tau = \sum_{\rho,\tau} n_{\rho,\tau}(\rho\tau-\rho) = \sum_{\rho,\tau} n_{\rho,\tau}\rho\tau - \sum_{\rho}\Big(\sum_{\tau} n_{\rho,\tau}\Big)\rho\,,$$

so folgt $n_{\rho,\tau}=0$, da die $\rho\tau$, ρ paarweise verschieden sind. Bilden wir jetzt $\rho\delta\tau$ auf $\tau \bmod H'$ ab, so erhalten wir einen surjektiven Homomorphismus

$$I_H + I_GI_H \to H/H'\,.$$

Er bildet $\delta(\rho\tau')\delta\tau \in I_GI_H$ wegen $\delta(\rho\tau')\delta\tau = \rho\delta(\tau'\tau) - \rho\delta\tau' - \delta\tau$ auf $\tau'\tau\tau'^{-1}\tau^{-1} \equiv 1 \bmod H'$ ab und induziert damit einen zu $(*)$ inversen Homomorphismus. Im Falle $H = G$ erhalten wir insbesondere den Isomorphismus $G/G' \xrightarrow{\delta} I_G/I_G^2$.

Die Verlagerung wird nun durch

$$\text{Ver}(\sigma \bmod G') = \prod_{\rho\in R}\sigma_\rho \bmod H'$$

erhalten, wobei $\sigma_\rho \in H$ durch $\sigma\rho = \rho'\sigma_\rho$, $\rho'\in R$, definiert ist. Daher induziert Ver den Homomorphismus

$$S : I_G/I_G^2 \to (I_H + I_GI_H)/I_GI_H\,,$$

der durch $S(\delta\sigma \bmod I_G^2) = \sum_{\rho\in R} \delta\sigma_\rho \bmod I_G I_H$ gegeben ist. Aus $\sigma\rho = \rho'\sigma_\rho$ ergibt sich die Identität

$$\delta\rho + (\delta\sigma)\rho = \delta\sigma_\rho + \delta\rho' + \delta\rho'\delta\sigma_\rho \,.$$

Da mit ρ auch ρ' die Menge R durchläuft, so erhalten wir wie behauptet

$$S(\delta\rho \bmod I_G^2) \equiv \sum_{\rho\in R} \delta\sigma_\rho \equiv \sum_{\rho\in R} (\delta\sigma)\rho \equiv \delta\sigma \sum_{\rho\in R} \rho \bmod I_G I_H \,. \qquad \square$$

Beweis von Theorem (7.6): Indem wir G durch G/G'' ersetzen, dürfen wir annehmen, daß $G'' = \{1\}$, d.h. daß G' abelsch ist. Sei $R \ni 1$ ein Linksrepräsentantensystem von G/G', und seien $\sigma_1, \dots, \sigma_n$ Erzeugende von G. Bilden wir $e_i = (0, \dots, 0, 1, 0, \dots, 0) \in \mathbb{Z}^n$ auf σ_i ab, so erhalten wir eine exakte Sequenz

$$0 \to \mathbb{Z}^n \xrightarrow{f} \mathbb{Z}^n \to G/G' \to 1 \,,$$

wobei f durch eine $n \times n$-Matrix (m_{ik}) mit $\det(m_{ik}) = (G : G')$ gegeben ist. Es gilt somit

$$\prod_{i=1}^{n} \sigma_i^{m_{ik}} \tau_k = 1 \quad \text{mit} \quad \tau_k \in G' \,.$$

Aus den Formeln $\delta(xy) = \delta x + \delta y + \delta x \delta y$, $\delta(x^{-1}) = -(\delta x)x^{-1}$ finden wir durch Iteration

$$\delta\Big(\prod_{i=1}^{n} \sigma_i^{m_{ik}} \tau_k\Big) = \sum_{i=1}^{n} (\delta\sigma_i)\mu_{ik} = 0$$

mit $\mu_{ik} \equiv m_{ik} \bmod I_G$, weil die τ_k Produkte von Kommutatoren der σ_i und σ_i^{-1} sind. Wir betrachten (μ_{ik}) als Matrix über dem kommutativen Ring

$$\mathbb{Z}[G/G'] \cong \mathbb{Z}[G]/\mathbb{Z}[G]I_{G'}$$

und können dann von der Determinante $\mu = \det(\mu_{ik}) \in \mathbb{Z}[G/G']$ sprechen. Sei (λ_{kj}) die zu (μ_{ik}) adjungierte Matrix. Dann ist

$$(\delta\sigma_j)\mu = \sum_{i,k} (\delta\sigma_i)\mu_{ik}\lambda_{kj} \equiv 0 \bmod I_G \mathbb{Z}[G]I_{G'} \,,$$

also $(\delta\sigma)\mu \equiv 0 \bmod I_G\mathbb{Z}[G]I_{G'} = I_G I_{G'}$ für alle σ. Hieraus folgt

$$\mu \equiv \sum_{\rho\in R} \rho \bmod \mathbb{Z}[G]I_{G'} .$$

Setzen wir nämlich $\mu = \sum_{\rho\in R} n_\rho \bar\rho$, $\bar\rho = \rho \bmod G'$, so wird für alle $\bar\sigma \in G/G'$

$$\bar\sigma\mu = \sum_\rho n_\rho \bar\sigma\bar\rho = \sum_\rho n_\rho \bar\rho \,.$$

Hieraus folgt die Gleichheit aller n_ρ, also $\mu \equiv m \sum_{\rho \in R} \rho \bmod \mathbb{Z}[G] I_{G'}$, und da

$$\mu \equiv \det(m_{ik}) \equiv (G : G') \equiv m(G : G') \bmod I_G$$

ist, so haben wir sogar $m = 1$. Wenden wir nun das Lemma (7.7) an, so sehen wir, daß die Verlagerung der triviale Homomorphismus ist, weil

$$S(\delta\sigma \bmod I_G^2) \equiv \delta\sigma \sum_{\rho \in R} \rho \equiv (\delta\sigma)\mu \equiv 0 \bmod I_G I_{G'} . \qquad \square$$

Ein dem Hauptidealsatz sehr verwandtes und zuerst von *PHILIPP FURTWÄNGLER* aufgeworfenes Problem ist das **Klassenkörperturmproblem**. Es besteht in der Frage, ob der Klassenkörperturm

$$K = K_0 \subseteq K_1 \subseteq K_2 \subseteq K_3 \subseteq \ldots ,$$

in dem K_{i+1} der Hilbertsche Klassenkörper von K_i ist, nach endlich vielen Schritten abbricht. Eine positive Antwort hätte zur Folge, daß der letzte Körper die Klassenzahl 1 hat, so daß in ihm nicht nur die Ideale von K, sondern überhaupt alle Ideale zu Hauptidealen werden. Diese Aussicht mußte natürlich das größte Interesse hervorrufen. Jedoch hat das Problem einer Lösung lange widerstanden, bis es schließlich von den russischen Mathematikern *E.S. GOLOD* und *I.R. ŠAFAREVIČ* im Jahre 1964 negativ entschieden wurde (vgl. [48], [24]).

Aufgabe 1. Das Zerlegungsgesetz für die in einer abelschen Erweiterung $L|K$ *verzweigten* Primideale $\mathfrak{p}$ läßt sich wie folgt aussprechen. Sei $\mathfrak{f}$ der Führer von $L|K$, $H^{\mathfrak{f}} \subseteq J_K^{\mathfrak{f}}$ die Idealgruppe zu L und $H_{\mathfrak{p}}$ die kleinste $H^{\mathfrak{f}}$ enthaltende Idealgruppe von zu $\mathfrak{p}$ teilerfremdem Führer.

Ist dann $e = (H_{\mathfrak{p}} : H^{\mathfrak{f}})$ und $\mathfrak{p}^f$ die früheste in $H_{\mathfrak{p}}$ enthaltene Potenz von $\mathfrak{p}$, so ist

$$\mathfrak{p} = (\mathfrak{P}_1 \cdots \mathfrak{P}_r)^e ,$$

wobei die $\mathfrak{P}_i$ vom Grad f über K sind und $r = \frac{n}{ef}$, $n = [L : K]$.

Hinweis: Der Klassenkörper zu $H_{\mathfrak{p}}$ ist der Trägheitskörper über $\mathfrak{p}$.

Die folgenden Aufgaben 2 - 6 betreffen ein nicht-abelsches Beispiel von *E. ARTIN*.

Aufgabe 2. Das Polynom $f(X) = X^5 - X + 1$ ist irreduzibel. Die Diskriminante einer Wurzel α (d.h. die Diskriminante von $\mathbb{Z}[\alpha]$) ist $d = 19 \cdot 151$.

Hinweis: Die Diskriminante einer Wurzel von $X^5 + aX + b$ ist $5^5 b^4 + 2^8 a^5$.

Aufgabe 3. Sei $k = \mathbb{Q}(\alpha)$. Dann ist $\mathbb{Z}[\alpha]$ der Ring $\mathcal{O}_k$ der ganzen Zahlen von k.

Hinweis: Die Diskriminante von $\mathbb{Z}[\alpha]$ ist gleich der Diskriminante von $\mathcal{O}_k$, weil sie sich einerseits von jener nur um ein Quadrat unterscheidet, andererseits aber quadratfrei ist. Die Übergangsmatrix von $1, \alpha, \ldots, \alpha^{n-1}$ zu einer Ganzheitsbasis $\omega_1, \ldots, \omega_n$ von $\mathcal{O}_k$ ist daher über $\mathbb{Z}$ invertierbar.

Aufgabe 4. Der Zerfällungskörper $K|\mathbb{Q}$ von $f(X)$ hat die symmetrische Gruppe $\mathfrak{S}_5$ als Galoisgruppe, also den Grad 120.

Aufgabe 5. K hat die Klassenzahl 1.

Hinweis: Zeige mit Hilfe von Kap. I, § 6, Aufgabe 3, daß jede Idealklasse von K ein Ideal $\mathfrak{a}$ enthält mit $\mathfrak{N}(\mathfrak{a}) < 4$. Wenn $\mathfrak{N}(\mathfrak{a}) \neq 1$, so muß $\mathfrak{a}$ ein Primideal $\mathfrak{p}$ mit $\mathfrak{N}(\mathfrak{p}) = 2$ oder 3 sein, also $\mathcal{O}_k/\mathfrak{p} = \mathbb{Z}/2\mathbb{Z}$ oder $= \mathbb{Z}/3\mathbb{Z}$, so daß f eine Wurzel mod 2 oder 3 hat, was nicht der Fall ist.

Aufgabe 6. Zeige, daß $K \mid \mathbb{Q}(\sqrt{19 \cdot 151})$ eine (nicht-abelsche!) unverzweigte Erweiterung ist.

Aufgabe 7. Zu jeder galoisschen Erweiterung $L|K$ endlicher algebraischer Zahlkörper gibt es unendlich viele endliche Erweiterungen K' mit $L \cap K' = K$, so daß $LK'|K'$ unverzweigt ist.

Hinweis: Sei S die Menge der in $L|K$ verzweigten Primstellen und sei $L_\mathfrak{p} = K_\mathfrak{p}(\alpha_\mathfrak{p})$. Wähle mit dem Approximationssatz eine algebraische Zahl α, welche nach Einbettung in $\overline{K}_\mathfrak{p}$ nahe bei $\alpha_\mathfrak{p}$ liegt für jedes $\mathfrak{p} \in S$. Dann ist $K_\mathfrak{p}(\alpha_\mathfrak{p}) \subseteq K_\mathfrak{p}(\alpha)$ nach dem Krasnerschen Lemma, Kap. II, § 6, Aufgabe 2. Setze $K' = K(\alpha)$ und zeige, daß $LK'|K'$ unverzweigt ist. Zum Beweis, daß man α so wählen kann, daß $L \cap K' = K$ ist, benutze (3.7) und die Tatsache, daß $G(L|K)$ durch Elemente von Primzahlpotenzordnung erzeugt wird.

§ 8. Das Reziprozitätsgesetz der Potenzreste

Durch die Klassenkörpertheorie erfährt das Gaußsche Reziprozitätsgesetz seine allgemeinste und endgültige Fassung. Sei n eine natürliche Zahl ≥ 2 und K ein Zahlkörper, der die Gruppe μ_n der n-ten Einheitswurzeln enthält. Wir haben in Kap. V, § 3 für jede Primstelle $\mathfrak{p}$ von K das n-te Hilbertsymbol

$$\left(\frac{\ ,\ }{\mathfrak{p}}\right) : K_\mathfrak{p}^* \times K_\mathfrak{p}^* \;\to\; \mu_n$$

eingeführt. Es ist über das Normrestsymbol durch

$$(a, K_\mathfrak{p}(\sqrt[n]{b})|K_\mathfrak{p})\sqrt[n]{b} = \left(\frac{a,b}{\mathfrak{p}}\right)\sqrt[n]{b}$$

gegeben. Diese Symbole fügen sich zur folgenden *Produktformel* zusammen.

(8.1) Theorem. Für $a, b \in K^*$ gilt

$$\prod_{\mathfrak{p}} \left(\frac{a,b}{\mathfrak{p}}\right) = 1 \,.$$

Beweis: Durch (5.7) erhalten wir

$$\Big[\prod_{\mathfrak{p}} \left(\frac{a,b}{\mathfrak{p}}\right)\Big] \sqrt[n]{b} = \big[\prod_{\mathfrak{p}} (a, K_{\mathfrak{p}}(\sqrt[n]{b})|K_{\mathfrak{p}})\big] \sqrt[n]{b} = (a, K(\sqrt[n]{b})|K) \sqrt[n]{b} = \sqrt[n]{b} \,,$$

und damit das Theorem. □

Mit dem Hilbertsymbol haben wir in Kap. V, § 3 das n-te Potenzrestsymbol

$$\left(\frac{a}{\mathfrak{p}}\right) = \left(\frac{\pi, a}{\mathfrak{p}}\right)$$

definiert, wobei $\mathfrak{p}$ ein nicht in n aufgehendes Primideal von K ist, $a \in U_{\mathfrak{p}}$ und π ein Primelement von $K_{\mathfrak{p}}$. Wir haben gesehen, daß diese Definition nicht von der Wahl des Primelementes π abhängt und daß

$$\left(\frac{a}{\mathfrak{p}}\right) = 1 \quad \Longleftrightarrow \quad a \equiv \alpha^n \operatorname{mod} \mathfrak{p}$$

gilt, und allgemeiner

$$\left(\frac{a}{\mathfrak{p}}\right) \equiv a^{(q-1)/n} \operatorname{mod} \mathfrak{p} \,, \quad q = \mathfrak{N}(\mathfrak{p}) \,.$$

(8.2) Definiton. *Für jedes zu n prime Ideal $\mathfrak{b} = \prod_{\mathfrak{p} \nmid n} \mathfrak{p}^{\nu_{\mathfrak{p}}}$ und jede zu $\mathfrak{b}$ teilerfremde Zahl a definieren wir das **n-te Potenzrestsymbol** durch*

$$\left(\frac{a}{\mathfrak{b}}\right) = \prod_{\mathfrak{p} \nmid n} \left(\frac{a}{\mathfrak{p}}\right)^{\nu_{\mathfrak{p}}} \,.$$

Dabei soll $\left(\frac{a}{\mathfrak{p}}\right)^{\nu_{\mathfrak{p}}} = 1$ bedeuten, wenn $\nu_{\mathfrak{p}} = 0$.

Das Potenzrestsymbol $\left(\frac{a}{\mathfrak{b}}\right)$ ist offensichtlich in beiden Argumenten multiplikativ. Ist $\mathfrak{b}$ ein Hauptideal (b), so schreiben wir kurz $\left(\frac{a}{\mathfrak{b}}\right) = \left(\frac{a}{b}\right)$. Wir beweisen jetzt das **allgemeine Reziprozitätsgesetz der n-ten Potenzreste.**

(8.3) Theorem. *Sind $a, b \in K^*$ zueinander und zu n prime Zahlen, so gilt*

$$\left(\frac{a}{b}\right)\left(\frac{b}{a}\right)^{-1} = \prod_{\mathfrak{p}|n\infty}\left(\frac{a,b}{\mathfrak{p}}\right).$$

Beweis: Ist $\mathfrak{p}$ prim zu $bn\infty$, so haben wir

$$\left(\frac{b}{\mathfrak{p}}\right)^{v_\mathfrak{p}(a)} = \left(\frac{\pi,b}{\mathfrak{p}}\right)^{v_\mathfrak{p}(a)} = \left(\frac{a,b}{\mathfrak{p}}\right),$$

wobei π ein Primelement von $K_\mathfrak{p}$ ist, denn wenn $a = u\pi^{v_\mathfrak{p}(a)}$ gesetzt ist, so ist $(\frac{u,b}{\mathfrak{p}}) = 1$ wegen $u, b \in U_\mathfrak{p}$. Aus dem gleichen Grund ist

$$\left(\frac{a,b}{\mathfrak{p}}\right) = 1 \quad \text{für } \mathfrak{p} \text{ prim zu } abn\infty\,.$$

Aus (8.1) folgt jetzt

$$\left(\frac{a}{b}\right)\left(\frac{b}{a}\right)^{-1} = \prod_{\mathfrak{p}|(b)}\left(\frac{a}{\mathfrak{p}}\right)^{v_\mathfrak{p}(b)}\prod_{\mathfrak{p}|(a)}\left(\frac{b}{\mathfrak{p}}\right)^{-v_\mathfrak{p}(a)} = \prod_{\mathfrak{p}|(b)}\left(\frac{b,a}{\mathfrak{p}}\right)\prod_{\mathfrak{p}|(a)}\left(\frac{a,b}{\mathfrak{p}}\right)^{-1}$$
$$= \prod_{\mathfrak{p}|(ab)}\left(\frac{b,a}{\mathfrak{p}}\right) = \prod_{\mathfrak{p}\nmid n\infty}\left(\frac{b,a}{\mathfrak{p}}\right) = \prod_{\mathfrak{p}|n\infty}\left(\frac{a,b}{\mathfrak{p}}\right).$$

Hier soll $\mathfrak{p}\,|\,(b)$ bedeuten, daß $\mathfrak{p}$ in der Primzerlegung von (b) vorkommt.□

Das Gaußsche Reziprozitätsgesetz, das wir in Kap. I, (8.6) für zwei ungerade Primzahlen p, l auf elementare Weise mit Hilfe der Gaußschen Summen bewiesen haben, ist hierin als Spezialfall enthalten. Setzen wir nämlich im Fall $K = \mathbb{Q}$, $n = 2$ in die Formel (8.3) die explizite Beschreibung Kap. V, (3.6) des Hilbertsymbols $(\frac{a,b}{p})$ für $p = 2$ und $p = \infty$ ein, so ergibt sich allgemeiner als in Kap. I, (8.6) das folgende Theorem.

(8.4) Gaußsches Reziprozitätsgesetz: *Sei $K = \mathbb{Q}$, $n = 2$, und seien a und b zueinander teilerfremde, ungerade ganze Zahlen. Dann ist*

$$\left(\frac{a}{b}\right)\left(\frac{b}{a}\right) = (-1)^{\frac{a-1}{2}\frac{b-1}{2}}(-1)^{\frac{\operatorname{sgn} a-1}{2}\frac{\operatorname{sgn} b-1}{2}},$$

und wir haben die beiden „Ergänzungssätze“

$$\left(\frac{-1}{b}\right) = (-1)^{\frac{b-1}{2}}, \quad \left(\frac{2}{b}\right) = (-1)^{\frac{b^2-1}{8}}.$$

Für die letzte Gleichung benötigt man erneut die Produktformel:

$$\left(\frac{2}{b}\right) = \prod_{p \neq 2,\infty} \left(\frac{p,2}{p}\right)^{v_p(b)} = \prod_{p \neq 2,\infty} \left(\frac{b,2}{p}\right) = \left(\frac{2,b}{2}\right)\left(\frac{2,b}{\infty}\right) = (-1)^{\frac{b^2-1}{2}}.$$

Das Symbol $\left(\frac{a}{b}\right)$ heißt das **Jacobi-Symbol** oder das **quadratische Restsymbol.**

In der obigen Form ermöglicht das Reziprozitätsgesetz durch fortgesetzte Anwendung sehr einfach die Berechnung des quadratischen Restsymbols $(\frac{a}{b})$, wie das folgende Beispiel zeigt:

$$\left(\frac{40077}{65537}\right) = \left(\frac{65537}{40077}\right) = \left(\frac{25460}{40077}\right) = \left(\frac{2^2}{40077}\right)\left(\frac{6365}{40077}\right) = \left(\frac{40077}{6365}\right) =$$
$$\left(\frac{1887}{6365}\right) = \left(\frac{6365}{1887}\right) = \left(\frac{704}{1887}\right) = \left(\frac{4^3}{1887}\right)\left(\frac{11}{1887}\right) = -\left(\frac{1887}{11}\right) =$$
$$-\left(\frac{6}{11}\right) = -\left(\frac{2}{11}\right)\left(\frac{3}{11}\right) = \left(\frac{3}{11}\right) = -\left(\frac{11}{3}\right) = -\left(\frac{2}{3}\right) = 1.$$

Die Klassenkörpertheorie hat ihren Ausgang vom Gaußschen Reziprozitätsgesetz genommen. Die Suche nach einem ähnlichen Gesetz für die n-ten Potenzreste hat die Zahlentheorie für eine lange Zeit beherrscht und ihre umfassende Antwort schließlich im Artinschen Reziprozitätsgesetz gefunden. Das obige Reziprozitätsgesetz (8.3) der Potenzreste erscheint nunmehr als einfache und spezielle Konsequenz des Artinschen. Zur endgültigen Antwort des ursprünglichen Problems fehlte ihr jedoch noch die explizite Berechnung der Hilbertsymbole $(\frac{a,b}{\mathfrak{p}})$ für $\mathfrak{p} | n\infty$. Diese wurde in letzter Vollständigkeit erst in den sechziger Jahren unseres Jahrhunderts von dem Mathematiker *Helmut Brückner* gegeben (vgl. Kap. V, (3.7)).

Kapitel VII
Zetafunktionen und L-Reihen

§ 1. Die Riemannsche Zetafunktion

Eine der erstaunlichsten Erscheinungen der Zahlentheorie besteht darin, daß viele der tiefliegenden arithmetischen Gesetzmäßigkeiten eines Zahlkörpers in einer einzigen analytischen Funktion verborgen liegen, seiner **Zetafunktion**. Sie ist sehr einfach gebildet, jedoch schwierig durch ihre Eigenart, sich der Preisgabe ihrer Geheimnisse zu widersetzen. Gewinnt man ihr aber eine der gehüteten Wahrheiten ab, so darf man stets auf die Offenbarung überraschender und bedeutsamer Zusammenhänge gefaßt sein. Aus diesem Grund haben sich die Zetafunktionen mit ihren Verallgemeinerungen, den L-Reihen, in einem immer wachsenden Maße in den Vordergrund arithmetischen Interesses geschoben und stehen heute mehr noch als zuvor im Zentrum der zahlentheoretischen Forschung. Der grundlegende Prototyp einer solchen Funktion ist die **Riemannsche Zetafunktion**

$$\zeta(s) = \sum_{n=1}^{\infty} \frac{1}{n^s},$$

in der s eine komplexe Variable ist. Dieser wichtigen Funktion wollen wir uns zunächst zuwenden.

(1.1) Satz. *Die Reihe $\zeta(s) = \sum_{n=1}^{\infty} \frac{1}{n^s}$ ist im Bereich $Re(s) \geq 1+\delta$ für jedes $\delta > 0$ absolut und gleichmäßig konvergent, stellt also in der Halbebene $Re(s) > 1$ eine analytische Funktion dar. Es gilt die* **Euler-Identität**

$$\zeta(s) = \prod_p \frac{1}{1-p^{-s}},$$

in der p die Primzahlen durchläuft.

Beweis: Für $\mathrm{Re}(s) = \sigma \geq 1+\delta$ besitzt die Reihe $\sum_{n=1}^{\infty} |1/n^s| = \sum_{n=1}^{\infty} 1/n^{\sigma}$ die konvergente Majorante $\sum_{n=1}^{\infty} 1/n^{1+\delta}$, d.h. $\zeta(s)$ ist in diesem Bereich absolut und gleichmäßig konvergent. Zum Beweis der Euler-Identität erinnern wir daran, daß ein mit komplexen Zahlen a_n gebildetes unendliches Produkt $\prod_{n=1}^{\infty} a_n$ konvergent heißt, wenn die Folge der Partialprodukte $P_n = a_1 \dots a_n$ einen von Null verschiedenen Grenzwert hat. Dies ist genau dann der Fall, wenn die Reihe $\sum_{n=1}^{\infty} \log a_n$ konvergent ist, wobei log den Hauptzweig des Logarithmus bedeutet (vgl. [2], chap. 5, 2.2). Das Produkt heißt absolut konvergent, wenn die Reihe absolut konvergent ist. In diesem Fall konvergiert das Produkt sogar nach jeder Umordnung der Glieder a_n gegen den gleichen Grenzwert.

Wir logarithmieren nun formal das Produkt

$$E(s) = \prod_p \frac{1}{1-p^{-s}}$$

und erhalten die Reihe

$$\log E(s) = \sum_p \sum_{n=1}^{\infty} \frac{1}{np^{ns}}.$$

Diese ist für $\mathrm{Re}(s) = \sigma \geq 1+\delta$ absolut konvergent, denn sie besitzt wegen $|p^{ns}| = p^{n\sigma} \geq p^{(1+\delta)n}$ die konvergente Majorante

$$\sum_p \sum_{n=1}^{\infty} \Big(\frac{1}{p^{1+\delta}}\Big)^n = \sum_p \frac{1}{p^{1+\delta}-1} \leq 2 \sum_p \frac{1}{p^{1+\delta}}.$$

Hieraus folgt die absolute Konvergenz des Produktes

$$E(s) = \prod_p \frac{1}{1-p^{-s}} = \exp\Big(\sum_p \Big(\sum_{n=1}^{\infty} \frac{1}{np^{ns}}\Big)\Big).$$

In diesem Produkt multiplizieren wir jetzt die Faktoren

$$\frac{1}{1-p^{-s}} = 1 + \frac{1}{p^s} + \frac{1}{p^{2s}} + \cdots$$

für alle Primzahlen $p_1, \dots, p_r \leq N$ aus und erhalten die Gleichung

$$(*) \qquad \prod_{p\leq N} \frac{1}{1-p^{-s}} = \sum_{\nu_1,\dots,\nu_r=0}^{\infty} \frac{1}{(p_1^{\nu_1} \cdots p_r^{\nu_r})^s} = \sum_n{}' \frac{1}{n^s},$$

wobei $\sum'$ die Summe über alle natürlichen Zahlen ist, welche nur durch Primzahlen $p \leq N$ teilbar sind. Da der Summe $\sum'$ insbesondere die Summanden mit $n \leq N$ angehören, so können wir auch schreiben

$$\prod_{p\leq N} \frac{1}{1-p^{-s}} = \sum_{n\leq N} \frac{1}{n^s} + \sum_{n>N}{}' \frac{1}{n^s}.$$

Vergleichen wir nun in $(*)$ die Summe $\sum'$ mit der Reihe $\zeta(s)$, so wird

$$\Big|\prod_{p\leq N} \frac{1}{1-p^{-s}} - \zeta(s)\Big| \leq \Big|\sum_{\substack{n>N \\ p_i \nmid n}} \frac{1}{n^s}\Big| \leq \sum_{n>N} \frac{1}{n^{1+\delta}},$$

wo die rechte Seite als Rest einer konvergenten Reihe für $N \to \infty$ gegen Null strebt. Damit ist die Euler-Identität bewiesen. □

Die Euler-Identität drückt das Gesetz von der eindeutigen Primzerlegung der natürlichen Zahlen durch eine einzige Gleichung aus und zeigt schon allein dadurch die zahlentheoretische Bedeutung der Zetafunktion. Dies weist uns die Aufgabe zu, ihre Eigenschaften genauer zu studieren. Sie ist zunächst nur auf der Halbebene $\mathrm{Re}(s) > 1$ definiert, besitzt jedoch eine analytische Fortsetzung auf die ganze in $s = 1$ gelochte komplexe Zahlenebene und genügt einer Funktionalgleichung, die das Argument s auf das Argument $1 - s$ bezieht. Diese besonders wichtige Tatsache wollen wir als nächstes beweisen. Der Beweis beruht auf einer **Integraldarstellung** der Zetafunktion $\zeta(s)$, die aus der bekannten **Gamma-Funktion** entsteht. Diese ist für $\mathrm{Re}(s) > 0$ durch das absolut konvergente Integral

$$\Gamma(s) = \int_0^\infty e^{-y} y^s \frac{dy}{y}$$

definiert und genügt den folgenden Regeln (vgl. [34], vol. I, chap. I).

(1.2) Satz. *(i) Die Gamma-Funktion ist analytisch und besitzt eine meromorphe Fortsetzung auf ganz* $\mathbb{C}$.

(ii) Sie ist nirgendwo Null und hat einfache Pole bei $s = -n$, $n = 0, 1, 2, \ldots$, *mit den Residuen* $(-1)^n/n!$. *Sonst hat sie keine Pole.*

(iii) Sie genügt den Funktionalgleichungen

1) $\Gamma(s+1) = s\Gamma(s)$,

2) $\Gamma(s)\Gamma(1-s) = \dfrac{\pi}{\sin \pi s}$,

3) $\Gamma(s)\Gamma(s+\frac{1}{2}) = \dfrac{2\sqrt{\pi}}{2^{2s}}\Gamma(2s)$
(**Legendresche Verdopplungsformel**).

(iv) Sie hat die Werte $\Gamma(1/2) = \sqrt{\pi}$, $\Gamma(1) = 1$, $\Gamma(k+1) = k!$, $k = 0, 1, 2, \ldots$.

Die Beziehung der Gamma-Funktion zur Zetafunktion entsteht durch die Substitution $y \mapsto \pi n^2 y$, die die Gleichung

$$\pi^{-s}\Gamma(s)\frac{1}{n^{2s}} = \int_0^\infty e^{-\pi n^2 y} y^s \frac{dy}{y}$$

liefert. Wir summieren über alle $n \in \mathbb{N}$ und erhalten

$$\pi^{-s}\Gamma(s)\zeta(2s) = \int_0^\infty \sum_{n=1}^\infty e^{-\pi n^2 y} y^s \frac{dy}{y}.$$

Man beachte, daß die vorgenommene Vertauschung von Summe und Integral wegen

$$\sum_{n=1}^\infty \int_0^\infty |e^{-\pi n^2 y} y^s| \frac{dy}{y} = \sum_{n=1}^\infty \int_0^\infty e^{-\pi n^2 y} y^{\mathrm{Re}(s)} \frac{dy}{y}$$
$$= \pi^{-\mathrm{Re}(s)}\Gamma(\mathrm{Re}(s))\zeta(2\,\mathrm{Re}(s)) < \infty$$

erlaubt ist. Die unter dem Integral stehende Reihe

$$g(y) = \sum_{n=1}^\infty e^{-\pi n^2 y}$$

geht nun aus der klassischen **Jacobischen Theta-Reihe**

$$\theta(z) = \sum_{n \in \mathbb{Z}} e^{\pi i n^2 z} = 1 + 2\sum_{n=1}^\infty e^{\pi i n^2 z}$$

hervor, d.h. es ist $g(y) = \frac{1}{2}(\theta(iy) - 1)$. Die Funktion

$$Z(s) = \pi^{-s/2}\Gamma(s/2)\zeta(s)$$

nennen wir die **vollständige Zetafunktion** und erhalten den

(1.3) Satz. *Die vollständige Zetafunktion $Z(s)$ besitzt die Integraldarstellung*

$$Z(s) = \frac{1}{2}\int_0^\infty (\theta(iy) - 1) y^{s/2} \frac{dy}{y}.$$

Der Beweis der Funktionalgleichung für die Funktion $Z(s)$ beruht nun auf dem folgenden allgemeinen Prinzip. Für eine stetige Funktion $f : \mathbb{R}_+^* \to \mathbb{C}$ auf der Gruppe $\mathbb{R}_+^*$ der positiven reellen Zahlen definieren wir die **Mellin-Transformierte** als das uneigentliche Integral

$$L(f, s) = \int_0^\infty (f(y) - f(\infty)) y^s \frac{dy}{y},$$

vorausgesetzt, der Limes $f(\infty) = \lim_{y\to\infty} f(y)$ und das Integral existieren. Von großer Bedeutung, auch für das Weitere, ist nun das folgende Theorem, das wir später häufig als das **Mellin-Prinzip** zitieren werden.

(1.4) Theorem. *Seien $f, g : \mathbb{R}_+^* \to \mathbb{C}$ stetige Funktionen, so daß*

$$f(y) = a_0 + O(e^{-cy^\alpha}), \quad g(y) = b_0 + O(e^{-cy^\alpha})$$

für $y \to \infty$ mit positiven Konstanten c, α. Wenn diese Funktionen der Gleichung

$$f\Big(\frac{1}{y}\Big) = Cy^k g(y)$$

genügen mit einer reellen Zahl $k > 0$ und einer komplexen Zahl $C \neq 0$, so gilt:

(i) Die Integrale $L(f,s)$ und $L(g,s)$ sind absolut und gleichmäßig konvergent, wenn s in einem beliebigen kompakten Teilbereich von $\{s \in \mathbb{C} \mid Re(s) > k\}$ variiert, sind also holomorphe Funktionen auf $\{s \in \mathbb{C} \mid Re(s) > k\}$. Sie besitzen holomorphe Fortsetzungen auf $\mathbb{C} \smallsetminus \{0, k\}$.

(ii) Sie haben einfache Pole bei $s = 0$ und $s = k$ mit den Residuen

$$Res_{s=0}L(f,s) = -a_0\,, \quad Res_{s=k}L(f,s) = Cb_0\,, \quad \text{bzw.}$$
$$Res_{s=0}L(g,s) = -b_0\,, \quad Res_{s=k}L(g,s) = C^{-1}a_0\,.$$

(iii) Sie genügen der Funktionalgleichung

$$L(f,s) = CL(g, k-s)\,.$$

Anmerkung 1: Die Symbolik $\varphi(y) = O(\psi(y))$ bedeutet bekanntlich, daß $\varphi(y) = c(y)\psi(y)$ ist mit einer Funktion $c(y)$, die für den betrachteten Grenzübergang, hier also $y \to \infty$, beschränkt bleibt.

Anmerkung 2: Die Bedingung (ii) ist so zu verstehen, daß kein Pol vorliegt, wenn $a_0 = 0$ bzw. $b_0 = 0$, wohl aber, und zwar ein einfacher, wenn $a_0 \neq 0$ bzw. $b_0 \neq 0$.

Beweis: Wenn s in einem Kompaktum von $\mathbb{C}$ variiert, so ist die Funktion $e^{-cy^\alpha}y^\sigma$, $\sigma = \operatorname{Re}(s)$, für $y \geq 1$ durch eine von σ unabhängige Konstante beschränkt. Aus $f(y) = a_0 + O(e^{-cy^\alpha})$ folgt daher für den Integranden des Mellin-Integrals $L(f,s)$

$$|(f(y) - a_0)y^{s-1}| \leq Be^{-cy^\alpha}y^{\sigma+1}y^{-2} \leq B'\,\frac{1}{y^2}$$

für alle $y \geq 1$ mit Konstanten B, B'. Das Integral $\int_1^\infty (f(y) - a_0)y^{s-1}dy$ hat daher die von s unabhängige konvergente Majorante $\int_1^\infty \frac{B'}{y^2}\,dy$ und ist damit für alle s in dem Kompaktum absolut und gleichmäßig konvergent. Das gleiche gilt für $\int_1^\infty (g(y)-b_0)y^{s-1}dy$.

Sei jetzt $\operatorname{Re}(s) > k$. Wir teilen den Integrationsbereich $(0,\infty)$ in $(0,1]$ und $(1,\infty)$ auf und schreiben

$$L(f,s) = \int_1^\infty (f(y)-a_0)y^s\,\frac{dy}{y} + \int_0^1 (f(y)-a_0)y^s\,\frac{dy}{y}\,.$$

Für das zweite Integral ergibt sich mit der Substitution $y \mapsto 1/y$ und der Gleichung $f(1/y) = Cy^k g(y)$:

$$\begin{aligned}\int_0^1 (f(y)-a_0)y^s\,\frac{dy}{y} &= -a_0\frac{y^s}{s}\Big|_0^1 + \int_1^\infty f\Big(\frac{1}{y}\Big)y^{-s}\,\frac{dy}{y}\\ &= -\frac{a_0}{s} + C\int_1^\infty (g(y)-b_0)y^{k-s-1}dy - \frac{Cb_0}{k-s}\,.\end{aligned}$$

Es ist für $\operatorname{Re}(s) > k$ nach dem obigen Ergebnis ebenfalls absolut und gleichmäßig konvergent. Wir erhalten also

$$L(f,s) = -\frac{a_0}{s} + \frac{Cb_0}{s-k} + F(s)$$

mit

$$F(s) = \int_1^\infty [\,(f(y)-a_0)y^s + C(g(y)-b_0)y^{k-s}\,]\frac{dy}{y}\,.$$

Durch Vertauschung von f und g ergibt sich wegen $g(1/y) = C^{-1}y^k f(y)$:

$$L(g,s) = -\frac{b_0}{s} + \frac{C^{-1}a_0}{s-k} + G(s)$$

mit

$$G(s) = \int_1^\infty [\,(g(y)-b_0)y^s + C^{-1}(f(y)-a_0)y^{k-s}\,]\frac{dy}{y}\,.$$

Die Integrale $F(s)$ und $G(s)$ sind, wie oben gesehen, auf der ganzen komplexen Ebene absolut und lokal gleichmäßig konvergent, stellen also holomorphe Funktionen dar, und es gilt offensichtlich $F(s) = CG(k-s)$. Damit sind $L(f,s)$ und $L(g,s)$ auf ganz $\mathbb{C} \smallsetminus \{0,k\}$ fortgesetzt, wir haben $L(f,s) = CL(g,k-s)$, und das Theorem ist bewiesen. □

Dieses Ergebnis läßt sich nun auf die Integraldarstellung (1.3) der Funktion $Z(s)$ anwenden. Die Jacobische Theta-Funktion $\theta(z)$ besitzt nämlich als charakteristisches Merkmal die folgende Eigenschaft.

(1.5) Satz. *Die Reihe*

$$\theta(z) = \sum_{n\in\mathbb{Z}} e^{\pi i n^2 z}$$

ist im Bereich $\{z \in \mathbb{C} \mid \mathrm{Im}(z) \geq \delta\}$ *für jedes* $\delta > 0$ *absolut und gleichmäßig konvergent, stellt also in der oberen Halbebene* $\mathbb{H} = \{z \in \mathbb{C} \mid \mathrm{Im}(z) > 0\}$ *eine analytische Funktion dar, und genügt der Transformationsformel*

$$\theta(-1/z) = \sqrt{z/i}\,\theta(z)\,.$$

Diesen Satz werden wir in § 3 in einer viel größeren Allgemeinheit beweisen (vgl. (3.6)) und nehmen ihn hier als etwas Gegebenes hin. Man beachte, daß mit z auch $-1/z$ in $\mathbb{H}$ liegt. Die Wurzel $\sqrt{z/i}$ wird als die holomorphe Funktion

$$h(z) = e^{\frac{1}{2}\log z/i}$$

verstanden, wobei mit log der Hauptzweig des Logarithmus gemeint ist. Sie ist eindeutig durch die Bedingungen

$$h(z)^2 = z/i \quad \text{und } h(iy) = \sqrt{y} > 0 \text{ für } y \in \mathbb{R}_+^*$$

bestimmt.

(1.6) Theorem. *Die vollständige Zetafunktion*

$$Z(s) = \pi^{-s/2}\Gamma(s/2)\zeta(s)$$

besitzt eine analytische Fortsetzung auf $\mathbb{C} - \{0,1\}$, *hat einfache Pole bei* $s = 0$ *und* $s = 1$ *mit den Residuen* -1 *bzw.* 1 *und genügt der Funktionalgleichung*

$$Z(s) = Z(1-s)\,.$$

Beweis: Nach (1.3) ist

$$Z(2s) = \frac{1}{2}\int_0^\infty (\theta(iy) - 1)y^s\,\frac{dy}{y}\,,$$

d.h. $Z(2s)$ ist die Mellin-Transformierte

$$Z(2s) = L(f,s)$$

der Funktion $f(y) = \frac{1}{2}\theta(iy)$. Wegen

$$\theta(iy) = 1 + 2e^{-\pi y}\Big(1 + \sum_{n=2}^{\infty} e^{-\pi(n^2-1)y}\Big)$$

ist $f(y) = \frac{1}{2} + O(e^{-\pi y})$. Aus (1.5) folgt die Transformationsformel

$$f(1/y) = \frac{1}{2}\theta(-1/iy) = \frac{1}{2}y^{1/2}\theta(iy) = y^{1/2}f(y)\,.$$

Nach (1.4) hat $L(f,s)$ eine holomorphe Fortsetzung auf $\mathbb{C} \setminus \{0,1/2\}$ und einfache Pole bei $s = 0, 1/2$ mit den Residuen $-1/2$ bzw. $1/2$ und genügt der Funktionalgleichung

$$L(f,s) = L\Big(f, \frac{1}{2} - s\Big)\,.$$

Dementsprechend hat $Z(s) = L(f, s/2)$ eine holomorphe Fortsetzung auf $\mathbb{C} \setminus \{0,1\}$ und einfache Pole bei $s = 0,1$ mit den Residuen -1 bzw. 1 und genügt der Funktionalgleichung

$$Z(s) = L\Big(f, \frac{s}{2}\Big) = L\Big(f, \frac{1}{2} - \frac{s}{2}\Big) = Z(1-s)\,. \qquad \square$$

Für die Riemannsche Zetafunktion selbst ergibt das Theorem das

(1.7) Korollar. *Die Riemannsche Zetafunktion $\zeta(s)$ besitzt eine analytische Fortsetzung auf $\mathbb{C} - \{1\}$, hat einen einfachen Pol bei $s = 1$ mit dem Residuum 1 und genügt der Funktionalgleichung*

$$\zeta(1-s) = 2(2\pi)^{-s}\Gamma(s)\cos\Big(\frac{\pi s}{2}\Big)\zeta(s)\,.$$

Beweis: $Z(s) = \pi^{-s/2}\Gamma(s/2)\zeta(s)$ hat einen einfachen Pol bei $s = 0$, $\Gamma(s/2)$ aber auch, d.h. $\zeta(s)$ hat keinen Pol. Bei $s = 1$ hat $Z(s)$ einen einfachen Pol, also auch $\zeta(s)$, weil $\Gamma(1/2) = \sqrt{\pi}$. Für das Residuum erhält man

$$\mathrm{Res}_{s=1}\zeta(s) = \pi^{1/2}\Gamma(1/2)^{-1}\mathrm{Res}_{s=1}Z(s) = 1\,.$$

Die Gleichung $Z(1-s) = Z(s)$ schreibt sich

$$(*) \qquad \zeta(1-s) = \pi^{\frac{1}{2}-s}\,\frac{\Gamma(\frac{s}{2})}{\Gamma(\frac{1-s}{2})}\,\zeta(s)\,.$$

Setzt man in den Formeln (1.2), (iii), 2) und 3) $(1-s)/2$ bzw. $s/2$ ein, so wird

$$\Gamma\Big(\frac{s}{2}\Big)\Gamma\Big(\frac{1+s}{2}\Big) = \frac{2\sqrt{\pi}}{2^s}\Gamma(s),$$

$$\Gamma\Big(\frac{1-s}{2}\Big)\Gamma\Big(\frac{1+s}{2}\Big) = \frac{\pi}{\cos(\pi s/2)},$$

und durch Bildung der Quotienten

$$\Gamma\Big(\frac{s}{2}\Big)/\Gamma\Big(\frac{1-s}{2}\Big) = \frac{2}{2^s\sqrt{\pi}}\cos\frac{\pi s}{2}\,\Gamma(s).$$

Dies in $(*)$ eingesetzt, liefert die behauptete Funktionalgleichung. □

Irgendwann am Anfang des Mathematikstudiums wird man von der merkwürdigen Formel

$$\sum_{n=1}^{\infty}\frac{1}{n^2} = \frac{1}{6}\pi^2$$

überrascht. Sie wird gefolgt von den Formeln

$$\sum_{n=1}^{\infty}\frac{1}{n^4} = \frac{1}{90}\pi^4, \quad \sum_{n=1}^{\infty}\frac{1}{n^6} = \frac{1}{945}\pi^6, \text{ etc.}$$

Es handelt sich um die explizite Bestimmung der Werte der Riemannschen Zetafunktion an den Stellen $s = 2k$, $k \in \mathbb{N}$. Das Phänomen erklärt sich über die Funktionalgleichung durch die Tatsache, daß die Werte der Zetafunktion an den *negativen* ungeraden ganzen Stellen durch die **Bernoulli-Zahlen** gegeben sind. Diese entstehen aus der Funktion

$$F(t) = \frac{te^t}{e^t - 1}$$

und werden durch die Reihenentwicklung

$$F(t) = \sum_{k=0}^{\infty} B_k \frac{t^k}{k!}$$

definiert. Sie erhalten durch ihre Beziehung zur Zetafunktion eine besonders wichtige arithmetische Bedeutung. Die ersten Bernoullischen Zahlen lauten

$$B_0 = 1,\ B_1 = \frac{1}{2},\ B_2 = \frac{1}{6},\ B_3 = 0,\ B_4 = -\frac{1}{30},\ B_5 = 0,\ B_6 = \frac{1}{42}.$$

Allgemein gilt $B_{2\nu+1} = 0$ für $\nu \geq 1$ wegen $F(-t) = F(t) - t$. In der klassischen Literatur wird meist die Funktion $\frac{t}{e^t-1}$ zur Definition der Bernoulli-Zahlen hergenommen. Wegen $F(t) = \frac{t}{e^t-1} + t$ erfahren sie dabei keine Veränderung bis auf B_1, wo $-\frac{1}{2}$ anstelle von $\frac{1}{2}$ tritt. Die obige Definition ist aber die natürlichere und weitertragende. Wir beweisen jetzt das folgende bemerkenswerte

(1.8) Theorem. *Für jedes ganze $k > 0$ gilt*

$$\zeta(1-k) = -\frac{B_k}{k}.$$

Dem Beweis schicken wir ein funktionentheoretisches Lemma voraus. Für $\varepsilon > 0$ und $a \in [\varepsilon, \infty]$ betrachten wir den Weg

$$C_{\varepsilon,a} = (a, \varepsilon] + K_\varepsilon + [\varepsilon, a),$$

der die Halbgerade von a nach ε durchläuft, dann die Kreislinie $K_\varepsilon = \{z \mid |z| = \varepsilon\}$ im negativen Sinne und schließlich die Halbgerade von ε nach a:

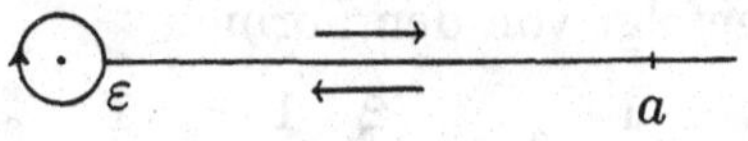

(1.9) Lemma. *Sei U eine offene Teilmenge von $\mathbb{C}$, die den Weg $C_{\varepsilon,a}$ samt dem Inneren von K_ε enthält. Sei $G(z)$ eine holomorphe Funktion auf $U - \{0\}$ mit einem Pol der Ordnung m bei 0, und sei $G(t)t^{ns-1}$ ($n \in \mathbb{N}$) für $\mathrm{Re}(s) > \frac{m}{n}$ über $(0, a)$ integrierbar. Dann gilt*

$$\int_{C_{\varepsilon,a}} G(z)z^{ns-1}dz = (e^{2\pi ins} - 1)\int_0^a G(t)t^{ns-1}dt.$$

Beweis: Die Integration findet in Wahrheit nicht in der komplexen Ebene, sondern in der universellen Überlagerung

$$X = \{(x, \alpha) \in \mathbb{C}^* \times \mathbb{R} \mid \arg x \equiv \alpha \bmod 2\pi\}$$

von $\mathbb{C}^*$ statt. z und z^{s-1} sind holomorphe Funktionen auf X, nämlich

$$z(x, \alpha) = x, \quad z^{s-1}(x, \alpha) = e^{(s-1)(\log|x| + i\alpha)},$$

und $C_{\varepsilon,a}$ ist der Weg

$$C_{\varepsilon,a} = I^-_{\varepsilon,a} + K_\varepsilon + I^+_{\varepsilon,a}$$

mit $I_{\varepsilon,a}^- = (a,\varepsilon] \times \{0\}$, $K_\varepsilon = \{\varepsilon e^{-it} \mid t \in [0,2\pi]\}$, $I_{\varepsilon,a}^+ = [\varepsilon,a) \times \{2\pi\}$ in X. Wir haben nun

$$\int_{I_{\varepsilon,a}^-} G(z) z^{ns-1} dz = -\int_\varepsilon^a G(t) t^{ns-1} dt\,,$$

$$\int_{I_{\varepsilon,a}^+} G(z) z^{ns-1} dz = e^{2\pi i n s} \int_\varepsilon^a G(t) t^{ns-1} dt\,,$$

$$\int_{K_\varepsilon} G(z) z^{ns-1} dz = -i \int_0^{2\pi} G(\varepsilon e^{-it}) \varepsilon^{ns-1} e^{-it(ns-1)} \varepsilon e^{-it} dt$$

$$= -i \int_0^{2\pi} \varepsilon^{ns} G(\varepsilon e^{-it}) e^{-itns} dt\,.$$

Wegen $\mathrm{Re}(s) > \frac{m}{n}$, also $\mathrm{Re}(ns-m) > 0$, geht das letzte Integral $I(\varepsilon)$ gegen Null für $\varepsilon \to 0$, weil $\lim\limits_{\varepsilon\to 0} \varepsilon^{ns} G(\varepsilon e^{-it}) = 0$ ist. Es ergibt sich

$$\int_{C_{\varepsilon,a}} G(z) z^{ns-1} dz = (e^{2\pi i n s} - 1) \int_\varepsilon^a G(t) t^{ns-1} dt + I(\varepsilon)\,,$$

und da das linke Integral von ε unabhängig ist, so folgt das Lemma durch den Grenzübergang $\varepsilon \to 0$. □

Beweis von (1.8): In der komplexen Variablen z ist

$$F(z) = \frac{z e^z}{e^z - 1} = \sum_{k=0}^\infty B_k \frac{z^k}{k!}$$

eine meromorphe Funktion mit Polen nur bei $z = 2\pi i\nu$, $\nu \in \mathbb{Z}$, $\nu \neq 0$. B_k/k ist das Residuum von $(k-1)!\, F(z) z^{-k-1}$ bei 0, und die Behauptung läuft auf

$$\mathrm{Res}_{z=0} F(z) z^{-k-1} = \frac{1}{2\pi i} \int_{|z|=\varepsilon} F(z) z^{-k-1} dz = -\frac{\zeta(1-k)}{(k-1)!}$$

mit $0 < \varepsilon < 2\pi$ hinaus, wobei die Kreislinie $|z| = \varepsilon$ positiv durchlaufen wird. Wir können diese durch den Weg $-C_\varepsilon = (-\infty,-\varepsilon] + K_\varepsilon + [-\varepsilon,-\infty)$ ersetzen, der die Halbgerade von $-\infty$ nach $-\varepsilon$ durchläuft, dann die Kreislinie $K_\varepsilon = \{z \mid |z| = \varepsilon\}$ im *positiven* Sinne von $-\varepsilon$ nach

$-\varepsilon$ und schließlich die Halbgerade von $-\varepsilon$ nach $-\infty$, denn die Integrale über $(-\infty, -\varepsilon]$ und $[-\varepsilon, -\infty)$ heben sich auf. Wir betrachten nun auf $\mathbb{C}$ die Funktion

$$H(s) = \int\limits_{-C_\varepsilon} F(z) z^{s-1} \frac{dz}{z}.$$

Hier heben sich die Integrale über $(-\infty, -\varepsilon]$ und $[-\varepsilon, -\infty)$ nicht mehr auf, denn die Funktion z^{s-1} ist mehrdeutig. Die Integration findet wie bei (1.9) in der universellen Überlagerung $X = \{(x, \alpha) \in \mathbb{C}^* \times \mathbb{R} \mid \arg x \equiv \alpha \bmod 2\pi\}$ von $\mathbb{C}^*$ statt, und es sind z, z^{s-1} die holomorphen Funktionen $z(x,\alpha) = x$, $z^{s-1}(x,\alpha) = e^{(s-1)(\log|x| + i\alpha)}$. Das Integral ist für alle $s \in \mathbb{C}$ absolut und lokal gleichmäßig konvergent, ist also eine holomorphe Funktion auf $\mathbb{C}$, und es gilt

$$\operatorname{Res}_{z=0} F(z) z^{-k-1} = \frac{1}{2\pi i} H(1-k).$$

Wir nehmen nun die Substitution $z \mapsto -z$ vor, genauer die biholomorphe Transformation

$$\varphi : X \to X, \quad (x,\alpha) \mapsto (-x, \alpha - \pi).$$

Wegen $z \circ \varphi = -z$ und

$$\begin{aligned}(z^{s-1} \circ \varphi)(x,\alpha) &= z^{s-1}(-x, \alpha-\pi) = e^{(s-1)(\log|x| + i\alpha - i\pi)} \\ &= -e^{-i\pi s} z^{s-1}(x,\alpha)\end{aligned}$$

erhalten wir

$$H(s) = -e^{-i\pi s} \int\limits_{C_\varepsilon} F(-z) z^{s-1} \frac{dz}{z},$$

wobei der Weg $C_\varepsilon = \varphi^{-1} \circ (-C_\varepsilon)$ die Halbgerade von ∞ nach ε, dann die Kreislinie K_ε im *negativen* Sinne von ε nach ε und schließlich die Halbgerade von ε nach ∞ durchläuft. Die Funktion

$$G(z) = F(-z) z^{-1} = \frac{e^{-z}}{1-e^{-z}} = \frac{1}{1-e^{-z}} - 1 = \sum_{n=1}^{\infty} e^{-nz}$$

hat bei $z = 0$ einen einfachen Pol, so daß für $\operatorname{Re}(s) > 1$ nach (1.9)

$$\begin{aligned}H(s) &= -e^{-\pi i s} \int\limits_{C_\varepsilon} G(z) z^{s-1} dz \\ &= -(e^{\pi i s} - e^{-\pi i s}) \int_0^\infty G(t) t^s \frac{dt}{t} = -2i \sin \pi s \int_0^\infty G(t) t^s \frac{dt}{t}.\end{aligned}$$

Das rechte Integral wird nun mit der Zetafunktion in Zusammenhang gebracht. In dem Gamma-Integral

$$\Gamma(s) = \int_0^\infty e^{-t} t^s \frac{dt}{t}$$

substituieren wir $t \mapsto nt$ und erhalten

$$\Gamma(s)\frac{1}{n^s} = \int_0^\infty e^{-nt} t^s \frac{dt}{t}.$$

Dies über alle $n \in \mathbb{N}$ summiert, ergibt

$$\Gamma(s)\zeta(s) = \int_0^\infty G(t) t^s \frac{dt}{t}.$$

Die Vertauschung von Summe und Integral rechtfertigt sich wieder durch

$$\sum_{n=1}^\infty \int_0^\infty |e^{-nt} t^s| \frac{dt}{t} < \infty.$$

Damit und mit (1.2), 2) wird

$$H(s) = -2i \sin \pi s \Gamma(s)\zeta(s) = -\frac{2\pi i}{\Gamma(1-s)}\zeta(s).$$

Weil beide Seiten holomorph auf ganz $\mathbb{C}$ sind, gilt dies für alle $s \in \mathbb{C}$. Setzen wir $s = 1 - k$ ein, so wird wegen $\Gamma(k) = (k-1)!$

$$\mathrm{Res}_{z=0} F(z) z^{-k-1} = \frac{1}{2\pi i} H(1-k) = -\frac{\zeta(1-k)}{(k-1)!}, \quad \text{q.e.d.} \qquad \square$$

Wenden wir die Funktionalgleichung (1.7) für $\zeta(s)$ an, so erhalten wir unter Beachtung von $\Gamma(2k) = (2k-1)!$ aus dem soeben bewiesenen Theorem das folgende, auf Euler zurückgehende Resultat.

(1.10) Korollar. *Für die Werte von $\zeta(s)$ an den positiven geraden Stellen $s = 2k$, $k = 1, 2, 3, \ldots$, hat man*

$$\zeta(2k) = (-1)^{k-1} \frac{(2\pi)^{2k}}{2(2k)!} B_{2k}.$$

Über die Werte $\zeta(2k-1)$, $k>1$, an den ungeraden positiven ganzen Stellen hat man erst in jüngerer Zeit einen Aufschluß gefunden. Überraschenderweise spielen hierbei die höheren K-Gruppen $K_i(\mathbb{Z})$ der algebraischen K-Theorie eine Hauptrolle. Für diese hat man einen geheimnisvollen kanonischen Isomorphismus

$$r: K_{4k-1}(\mathbb{Z}) \underset{\mathbb{Z}}{\otimes} \mathbb{R} \xrightarrow{\cong} \mathbb{R}.$$

Das Bild R_{2k} eines von Null verschiedenen Elementes in $K_{4k-1}(\mathbb{Z}) \otimes_{\mathbb{Z}} \mathbb{Q}$ heißt der $2k$-te **Regulator**. Er ist bis auf einen rationalen Faktor bestimmt, ist also ein Element von $\mathbb{R}^*/\mathbb{Q}^*$, und es gilt

$$\zeta(2k-1) \equiv R_{2k} \bmod \mathbb{Q}^*.$$

Diese Entdeckung des schweizerischen Mathematikers *Armand Borel* hat auf die weitere zahlentheoretische Forschung eine große Auswirkung gehabt und hat zu tiefen Einblicken in die arithmetische Natur von Zetafunktionen und L-Reihen der allgemeinsten Art geführt, die in der allumfassenden **Beilinson-Vermutung** vereinigt wurden (vgl. hierzu [117]). Inzwischen haben die Mathematiker *Spencer Bloch* und *Kazuya Kato* eine vollständige Beschreibung der Zetawerte $\zeta(2k-1)$ (also nicht nur $\bmod \mathbb{Q}^*$) durch eine neue Theorie von *Tamagawa-Maßen* gefunden.

Eine besondere Aufmerksamkeit kommt den **Nullstellen** der Riemannschen Zetafunktion zu. Die Euler-Identität (1.1) zeigt, daß $\zeta(s) \neq 0$ ist für $\mathrm{Re}(s) > 1$. Die Gamma-Funktion $\Gamma(s)$ ist nirgendwo 0 und hat einfache Pole bei $s = 0, -1, -2, \ldots$ Die Funktionalgleichung $Z(s) = Z(1-s)$, d.h.

$$\pi^{-s/2}\Gamma(s/2)\zeta(s) = \pi^{(s-1)/2}\Gamma((1-s)/2)\zeta(1-s),$$

zeigt daher, daß $\zeta(s)$ im Bereich $\mathrm{Re}(s) < 0$ nur die Pole von $\Gamma(s/2)$ als Nullstellen hat, also nur die Argumente $s = -2, -4, -6, \ldots$ Diese heißen die *trivialen Nullstellen* von $\zeta(s)$. Die anderen Nullstellen müssen wegen $\zeta(s) \neq 0$ für $\mathrm{Re}(s) > 1$ sämtlich im **kritischen Streifen** $0 \le \mathrm{Re}(s) \le 1$ liegen. Über sie besteht die berühmte, noch immer unbewiesene

Riemannsche Vermutung: Die nicht-trivialen Nullstellen von $\zeta(s)$ liegen auf der Geraden $\mathrm{Re}(s) = \frac{1}{2}$.

Man hat diese Vermutung für 150 Millionen Nullstellen verifiziert. Sie hat eine unmittelbare Auswirkung auf die Frage nach der Verteilung der Primzahlen über alle natürlichen Zahlen. Die Verteilungsfunktion

$$\pi(x) = \#\{p \text{ Primzahl } \leq x\}$$

läßt sich nach *Riemann* als die Reihe

$$\pi(x) = R(x) - \sum_{\rho} R(x^{\rho})$$

darstellen, wobei ρ die sämtlichen Nullstellen von $\zeta(s)$ durchläuft und $R(x)$ die Funktion

$$R(x) = 1 + \sum_{n=1}^{\infty} \frac{1}{n\zeta(n+1)} \frac{(\log x)^n}{n!}$$

ist. Die Funktion $\pi(x)$ ist im Kleinen eine Treppenfunktion von hochgradiger Unregelmäßigkeit. Im Großen jedoch zeigt sie durch eine verblüffende Glätte eines der größten Mysterien auf, die die Mathematik bietet:

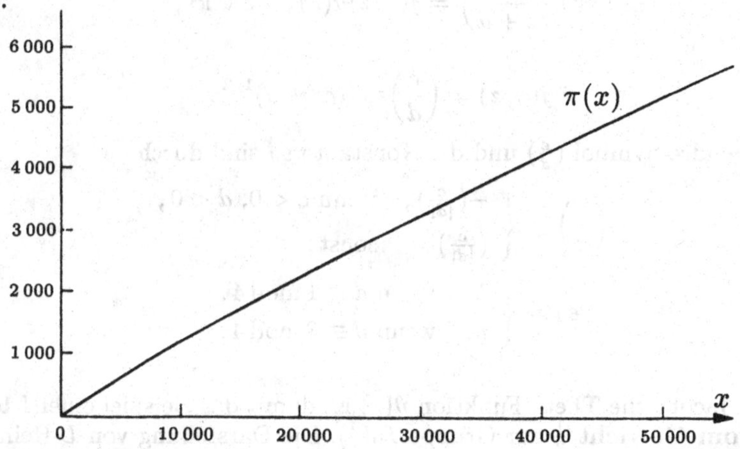

Dem Leser sei hierzu unbedingt die Lektüre des Aufsatzes [142] von *Don Zagier* angeraten.

Aufgabe 1. Seien a, b positive reelle Zahlen. Dann gilt für die Mellin-Transformierten der Funktionen $f(y)$ und $g(y) = f(ay^b)$:

$$L(f, s/b) = ba^{s/b} L(g, s).$$

Aufgabe 2. Die **Bernoulli-Polynome** $B_k(x)$ definieren wir durch

$$\frac{te^{(1+x)t}}{e^t - 1} = F(t)e^{xt} = \sum_{k=0}^{\infty} B_k(x) \frac{t^k}{k!},$$

so daß also $B_k = B_k(0)$. Zeige, daß

$$B_m(x) = \sum_{k=0}^{m} \binom{m}{k} B_k x^{m-k}.$$

Aufgabe 3. $B_k(x) - B_k(x-1) = kx^{k-1}$.

Aufgabe 4. Für die Potenzsumme

$$s_k(n) = 1^k + 2^k + 3^k + \cdots + n^k$$

gilt

$$s_k(n) = \frac{1}{k+1}(B_{k+1}(n) - B_{k+1}(0)).$$

Aufgabe 5. Sei $\vartheta(z) = \theta(2z) = \sum_{n\in\mathbb{Z}} e^{2\pi i n^2 z}$. Dann gilt für alle Matrizen $\gamma = \begin{pmatrix} a & b \\ c & d \end{pmatrix}$ aus der Gruppe

$$\Gamma_0(4) = \{\begin{pmatrix} a & b \\ c & d \end{pmatrix} \in SL_2(\mathbb{Z}) \mid c \equiv 0 \bmod 4\}$$

die Formel

$$\vartheta\Big(\frac{az+b}{cz+d}\Big) = j(\gamma, z)\vartheta(z), \quad z \in \mathbb{H},$$

mit

$$j(\gamma, z) = \Big(\frac{c}{d}\Big)\varepsilon_d^{-1}(cz+d)^{1/2}.$$

Das Legendre-Symbol $(\frac{c}{d})$ und die Konstante ε_d sind durch

$$\Big(\frac{c}{d}\Big) = \begin{cases} -(\frac{c}{|d|}), & \text{wenn } c < 0,\ d < 0, \\ (\frac{c}{|d|}) & \text{sonst}, \end{cases}$$

$$\varepsilon_d = \begin{cases} 1, & \text{wenn } d \equiv 1 \bmod 4, \\ i, & \text{wenn } d \equiv 3 \bmod 4, \end{cases}$$

definiert.

Die Jacobische Theta-Funktion $\vartheta(z)$ ist damit das Beispiel einer **Modulform vom Gewicht $\frac{1}{2}$** zur Gruppe $\Gamma_0(4)$. Die Darstellung von L-Reihen als Mellin-Transformierte von Modulformen, wie wir sie für die Riemannsche Zetafunktion eingeführt haben, ist eines der tragenden und richtungsweisenden Prinzipien der heutigen zahlentheoretischen Forschung (vgl. [106]).

§ 2. Die Dirichletschen L-Reihen

Der Riemannschen Zetafunktion stehen als unmittelbare Verwandte die Dirichletschen L-Reihen zur Seite, die wie folgt definiert werden. Sei m eine natürliche Zahl. Unter einem **Dirichlet-Charakter** mod m versteht man einen Charakter

$$\chi : (\mathbb{Z}/m\mathbb{Z})^* \to S^1 = \{z \in \mathbb{C} \mid |z| = 1\}.$$

Er heißt **primitiv**, wenn er nicht schon als Kompositum

$$(\mathbb{Z}/m\mathbb{Z})^* \to (\mathbb{Z}/m'\mathbb{Z})^* \xrightarrow{\chi'} S^1$$

aus einem Dirichlet-Charakter $\chi' \bmod m'$ für einen echten Teiler $m'|m$ entsteht. Im allgemeinen heißt der ggT aller solchen Teiler der **Führer** f von χ. χ wird also stets durch einen primitiven Charakter $\chi' \bmod f$ induziert. Aus χ bilden wir die multiplikative Funktion $\chi : \mathbb{Z} \to \mathbb{C}$, die durch

$$\chi(n) = \begin{cases} \chi(n \bmod m) & \text{für } (n,m) = 1 \\ 0 & \text{für } (n,m) \neq 1 \end{cases}$$

definiert ist. Der *triviale Charakter* $\chi^0 \bmod m$, $\chi^0(n) = 1$ für $(n,m) = 1$, $\chi^0(n) = 0$ für $(n,m) \neq 1$, spielt eine Sonderrolle. Mit dem trivialen Charakter mod 1, den wir mit $\chi = \mathbf{1}$ bezeichnen, sind alle Ausführungen des vorigen Paragraphen eingeschlossen. Dieser Charakter wird auch der **Hauptcharakter** genannt. Zum Dirichlet-Charakter χ bilden wir die **Dirichletsche L-Reihe**

$$L(\chi, s) = \sum_{n=1}^{\infty} \frac{\chi(n)}{n^s},$$

wobei s eine komplexe Variable mit $\mathrm{Re}(s) > 1$ ist. Für den Hauptcharakter $\chi = \mathbf{1}$ erhalten wir insbesondere die Riemannsche Zetafunktion $\zeta(s)$. Die Resultate, die wir für diese im vorigen Paragraphen erhalten haben, lassen sich sämtlich mit den gleichen Methoden auf die L-Reihe $L(\chi, s)$ übertragen. Dies soll in diesem Abschnitt unsere Aufgabe sein.

(2.1) Satz. *Die Reihe $L(\chi, s)$ ist im Bereich $Re(s) \geq 1 + \delta$ für jedes $\delta > 0$ absolut und gleichmäßig konvergent, stellt also in der Halbebene $Re(s) > 1$ eine analytische Funktion dar. Es gilt die* **Euler-Identität**

$$L(\chi, s) = \prod_p \frac{1}{1 - \chi(p)p^{-s}}.$$

Der Beweis ist wegen der Multiplikativität von χ und wegen $|\chi(n)| \leq 1$ wörtlich derselbe wie für die Riemannsche Zetafunktion. Da er überdies in § 8 noch einmal in einer allgemeineren Situation geführt wird (vgl. (8.1)), darf er hier entfallen.

Wie die Riemannsche Zetafunktion besitzen auch die Dirichletschen L-Reihen eine analytische Fortsetzung auf die ganze (in $s = 1$ gelochte, falls $\chi = \chi^0$) komplexe Zahlenebene und genügen einer Funktionalgleichung, die das Argument s auf das Argument $1-s$ bezieht. Diese besonders wichtige Eigenschaft ist exemplarisch für eine große Klasse weiterer L-Reihen, nämlich der *Heckeschen L-Reihen*, deren Behandlung ein wesentliches Anliegen dieses Kapitels ist. Um für das Kommende eine Orientierung zu geben, soll der Beweis der Funktionalgleichung für den speziellen Fall der obigen L-Reihen $L(\chi, s)$ hier gesondert geführt werden und wird einem sorgfältigen, auf den vorigen Paragraphen zurückblickenden Studium empfohlen.

Der Beweis beruht wieder auf einer Integraldarstellung der Funktion $L(\chi, s)$, die sie als Mellin-Transformierte einer Theta-Reihe erscheinen läßt. Wir müssen jedoch jetzt zwischen den *geraden* und *ungeraden* Dirichlet-Charakteren $\chi \bmod m$ unterscheiden, ein Umstand, der bei größer werdender Allgemeinheit eine wachsende Bedeutung erfährt. Wir definieren den **Exponenten** $p \in \{0,1\}$ von χ durch

$$\chi(-1) = (-1)^p \chi(1).$$

Dann ist durch

$$\chi((n)) = \chi(n)\left(\frac{n}{|n|}\right)^p$$

eine multiplikative Funktion auf der Halbgruppe aller zu m teilerfremden Ideale (n) wohldefiniert. Diese heißt ein *Größencharakter* mod m. Diese Größencharaktere sind einer weitreichenden Verallgemeinerung fähig und werden bei der Betrachtung höherer algebraischer Zahlkörper die Hauptrolle spielen (vgl. § 7).

Wir betrachten nun das Gamma-Integral

$$\Gamma(\chi, s) = \Gamma\Big(\frac{s+p}{2}\Big) = \int_0^\infty e^{-y} y^{(s+p)/2} \frac{dy}{y}.$$

Substituieren wir $y \mapsto \pi n^2 y/m$, so ergibt sich

$$\Big(\frac{m}{\pi}\Big)^{\frac{s+p}{2}} \Gamma(\chi, s)\frac{1}{n^s} = \int_0^\infty n^p e^{-\pi n^2 y/m} y^{(s+p)/2} \frac{dy}{y}.$$

Dies multiplizieren wir mit $\chi(n)$, summieren über alle $n \in \mathbb{N}$ und erhalten

$$(*) \qquad \Big(\frac{m}{\pi}\Big)^{\frac{s+p}{2}} \Gamma(\chi, s) L(\chi, s) = \int_0^\infty \sum_{n=1}^\infty \chi(n) n^p e^{-\pi n^2 y/m} y^{(s+p)/2} \frac{dy}{y}.$$

Die vorgenommene Vertauschung von Summe und Integral rechtfertigt sich wieder durch

$$\sum_{n=1}^\infty \int_0^\infty |\chi(n) n^p e^{-\pi n^2 y/m} y^{(s+p)/2}| \frac{dy}{y}$$
$$\leq \Big(\frac{m}{\pi}\Big)^{(\mathrm{Re}(s)+p)/2} \Gamma\Big(\frac{\mathrm{Re}(s)+p}{2}\Big) \zeta(\mathrm{Re}(s)) < \infty.$$

Die unter dem Integral $(*)$ stehende Reihe

$$g(y) = \sum_{n=1}^{\infty} \chi(n) n^p e^{-\pi n^2 y/m}$$

geht nun aus der Theta-Reihe

$$\theta(\chi, z) = \sum_{n \in \mathbb{Z}} \chi(n) n^p e^{\pi i n^2 z/m}$$

hervor, in der $0^0 = 1$ sein soll im Falle $n = 0$, $p = 0$. Wegen $\chi(n)n^p = \chi(-n)(-n)^p$ wird nämlich

$$\theta(\chi, z) = \chi(0) + 2 \sum_{n=1}^{\infty} \chi(n) n^p e^{\pi i n^2 z/m},$$

also $g(y) = \frac{1}{2}(\theta(\chi, iy) - \chi(0))$ mit $\chi(0) = 1$, falls χ der triviale Charakter **1** ist, und $\chi(0) = 0$ sonst. Im Falle $m = 1$ handelt es sich um die Jacobische Theta-Funktion

$$\theta(z) = \sum_{n \in \mathbb{Z}} e^{\pi i n^2 z},$$

die nach §1 zur Riemannschen Zetafunktion gehört. Wir sehen den Faktor

$$L_\infty(\chi, s) = \left(\frac{m}{\pi}\right)^{s/2} \Gamma(\chi, s)$$

in $(*)$ als den „Eulerfaktor" an der unendlichen Primstelle an, der sich zu den Eulerfaktoren $L_p(s) = 1/(1-\chi(p)p^{-s})$ in der Produktdarstellung (2.1) von $L(\chi, s)$ hinzugesellt, und definieren die **vollständige L-Reihe** zum Charakter χ durch

$$\Lambda(\chi, s) = L_\infty(\chi, s) L(\chi, s), \quad \operatorname{Re}(s) > 1.$$

Für diese Funktion erhalten wir aus $(*)$ den

(2.2) Satz. *Die Funktion $\Lambda(\chi, s)$ besitzt die Integraldarstellung*

$$\Lambda(\chi, s) = \frac{c(\chi)}{2} \int_0^\infty (\theta(\chi, iy) - \chi(0)) y^{(s+p)/2} \frac{dy}{y}$$

mit $c(\chi) = (\frac{\pi}{m})^{p/2}$.

Es sei der Umstand hervorgehoben, daß bei der L-Reihe nur über die natürlichen Zahlen n summiert wird, bei der Theta-Reihe dagegen über *alle* ganzen Zahlen. Aus diesem Grund wurde der Faktor n^p hinzugenommen, um die L-Reihe mit der Theta-Reihe zusammenzubringen.

Auf die obige Integraldarstellung wollen wir das Mellin-Prinzip anwenden und müssen dazu zeigen, daß die Theta-Reihe $\theta(\chi, iy)$ einer im Theorem (1.4) vorausgesetzten Transformationsformel genügt. Dazu benützen wir den folgenden

(2.3) Satz. *Seien a, b, μ reelle Zahlen, $\mu > 0$. Dann ist die Reihe*

$$\theta_\mu(a,b,z) = \sum_{g\in\mu\mathbb{Z}} e^{\pi i(a+g)^2 z + 2\pi i b g}$$

im Bereich Im $z \geq \delta$ *für jedes $\delta > 0$ absolut und gleichmäßig konvergent, und es gilt für $z \in \mathbb{H}$ die Transformationsformel*

$$\theta_\mu(a,b,-1/z) = e^{-2\pi i a b}\,\frac{\sqrt{z/i}}{\mu}\,\theta_{1/\mu}(-b,a,z)\,.$$

Diesen Satz werden wir in § 3 in einer viel größeren Allgemeinheit beweisen (vgl. (3.6)) und nehmen ihn hier als etwas Gegebenes hin. Die Reihe $\theta_\mu(a,b,z)$ ist, wie ebenfalls in § 3 gezeigt wird, in den Variablen a, b lokal gleichmäßig konvergent, und wir erhalten durch p-maliges Differenzieren ($p = 0, 1$) nach der Variablen a die Funktion

$$\theta_\mu^p(a,b,z) = \sum_{g\in\mu\mathbb{Z}} (a+g)^p e^{\pi i(a+g)^2 z + 2\pi i b g}\,.$$

Genauer ist offenbar

$$\frac{d^p}{da^p}\,\theta_\mu(a,b,z) = (2\pi i)^p z^p \theta_\mu^p(a,b,z)$$

und

$$\frac{d^p}{da^p}\,e^{-2\pi i a b}\theta_{1/\mu}(-b,a,z) = (2\pi i)^p e^{-2\pi i a b}\theta_{1/\mu}^p(-b,a,z)\,.$$

Wenden wir die Differentiation d^p/da^p auf die Transformationsformel (2.3) an, so erhalten wir das

(2.4) Korollar. *Für $a, b, \mu \in \mathbb{R}$, $\mu > 0$, gilt die Transformationsformel*

$$\theta_\mu^p(a,b,-1/z) = [\,i^p e^{2\pi i a b}\mu\,]^{-1}(z/i)^{p+\frac{1}{2}}\,\theta_{1/\mu}^p(-b,a,z)\,.$$

Aus diesem Korollar ergibt sich die gewünschte Transformationsformel für die Theta-Reihe $\theta(\chi, a)$, wenn wir die *Gaußschen Summen* heranziehen, die wie folgt definiert sind.

(2.5) Definition. *Die* **Gaußsche Summe** $\tau(\chi, n)$ *zum Dirichlet-Charakter* $\chi \bmod m$ *ist für* $n \in \mathbb{Z}$ *als die komplexe Zahl*

$$\tau(\chi, n) = \sum_{\nu=0}^{m-1} \chi(\nu) e^{2\pi i \nu n/m}$$

erklärt. Insbesondere wird $\tau(\chi) = \tau(\chi, 1)$ *gesetzt.*

(2.6) Satz. *Für einen primitiven Dirichlet-Charakter* $\chi \bmod m$ *gilt*

$$\tau(\chi, n) = \overline{\chi}(n)\tau(\chi) \quad \textit{und} \quad |\tau(\chi)| = \sqrt{m}\,.$$

Beweis: Die erste Gleichung folgt im Falle $(n, m) = 1$ aus $\chi(\nu n) = \chi(n)\chi(\nu)$. Im Falle $d = (n, m) \neq 1$ sind beide Seiten Null. In der Tat, da χ primitiv ist, können wir dann ein $a \equiv 1 \bmod m/d$ wählen mit $a \not\equiv 1 \bmod m$ und $\chi(a) \neq 1$. Multiplizieren wir $\tau(\chi, n)$ mit $\chi(a)$ und beachten wir, daß $e^{2\pi i \nu a n/m} = e^{2\pi i \nu n/m}$, so kommt $\chi(a)\tau(\chi, n) = \tau(\chi, n)$, also $\tau(\chi, n) = 0$ heraus. Es gilt nun weiter

$$\begin{aligned}|\tau(\chi)|^2 = \tau(\chi)\overline{\tau(\chi)} &= \tau(\chi) \sum_{\nu=0}^{m-1} \overline{\chi}(\nu) e^{-2\pi i \nu/m} = \sum_{\nu=0}^{m-1} \tau(\chi, \nu) e^{-2\pi i \nu/m} \\ &= \sum_{\nu=0}^{m-1} \sum_{\mu=0}^{m-1} \chi(\mu) e^{2\pi i \nu\mu/m} e^{-2\pi i \nu/m} = \sum_{\mu=0}^{m-1} \chi(\mu) \sum_{\nu=0}^{m-1} e^{2\pi i \nu(\mu-1)/m}\,.\end{aligned}$$

Die letzte Summe ist gleich m für $\mu = 1$. Für $\mu \neq 1$ verschwindet sie, denn dann ist $\xi = e^{2\pi i(\mu-1)/m}$ eine m-te Einheitswurzel $\neq 1$, also Nullstelle von

$$\frac{X^m - 1}{X - 1} = X^{m-1} + \cdots + X + 1\,.$$

Daher ist $|\tau(\chi)|^2 = m\chi(1) = m$. □

Für die Theta-Reihe $\theta(\chi, z)$ ergibt sich jetzt das folgende Resultat.

(2.7) Satz. *Ist* χ *ein primitiver Dirichlet-Charakter* $\bmod m$, *so gilt die Transformationsformel*

$$\theta(\chi, -1/z) = \frac{\tau(\chi)}{i^p \sqrt{m}} (z/i)^{p+\frac{1}{2}} \theta(\overline{\chi}, z)\,,$$

wobei $\overline{\chi}$ *der zu* χ *konjugierte, also inverse Charakter ist.*

Beweis: Wir zerlegen die Reihe $\theta(\chi, z)$ nach den Klassen $a \bmod m$, $a = 0, 1, \ldots, m-1$, und erhalten

$$\theta(\chi, z) = \sum_{n \in \mathbb{Z}} \chi(n) n^p e^{\pi i n^2 z/m} = \sum_{a=0}^{m-1} \chi(a) \sum_{g \in m\mathbb{Z}} (a+g)^p e^{\pi i (a+g)^2 z/m},$$

also

$$\theta(\chi, z) = \sum_{a=0}^{m-1} \chi(a) \theta_m^p(a, 0, z/m).$$

Nach (2.4) gilt

$$\theta_m^p(a, 0, -1/mz) = \frac{1}{i^p m} (mz/i)^{p+\frac{1}{2}} \theta_{1/m}^p(0, a, mz),$$

und es ist

$$\theta_{1/m}^p(0, a, mz) = \sum_{g \in \frac{1}{m}\mathbb{Z}} g^p e^{\pi i g^2 mz + 2\pi i a g} = \frac{1}{m^p} \sum_{n \in \mathbb{Z}} e^{2\pi i a n/m} n^p e^{\pi i n^2 z/m}.$$

Dies mit $\chi(a)$ multipliziert und sodann über a summiert, ergibt unter Beachtung von $\tau(\chi, n) = \overline{\chi}(n)\tau(\chi)$:

$$\begin{aligned}
\theta(\chi, -1/z) &= \frac{1}{i^p m} (mz/i)^{p+\frac{1}{2}} \sum_{a=0}^{m-1} \chi(a) \theta_{1/m}^p(0, a, mz) \\
&= \frac{1}{i^p m^{p+1}} (mz/i)^{p+\frac{1}{2}} \sum_{n \in \mathbb{Z}} \Big(\sum_{a=0}^{m-1} \chi(a) e^{2\pi i a n/m} \Big) n^p e^{\pi i n^2 z/m} \\
&= \frac{1}{i^p \sqrt{m}} (z/i)^{p+\frac{1}{2}} \tau(\chi) \sum_{n \in \mathbb{Z}} \overline{\chi}(n) n^p e^{\pi i n^2 z/m} \\
&= \frac{\tau(\chi)}{i^p \sqrt{m}} (z/i)^{p+\frac{1}{2}} \theta(\overline{\chi}, z).
\end{aligned}$$

□

Es folgt nun ohne weiteres die analytische Fortsetzung und die Funktionalgleichung für die Funktion $\Lambda(\chi, s)$. Wir dürfen uns dabei auf den Fall eines *primitiven* Charakters $\bmod m$ beschränken. χ wird stets durch einen primitiven Charakter $\chi' \bmod f$ induziert, f der Führer von χ (vgl. S. 455), und es gilt offenbar

$$L(\chi, s) = \prod_{\substack{p|m \\ p\nmid f}} (1 - \chi(p) p^{-s}) L(\chi', s),$$

so daß die analytische Fortsetzung und die Funktionalgleichung von $\Lambda(\chi, s)$ aus der von $\Lambda(\chi', s)$ folgt. Ferner schließen wir den Fall $m = 1$ aus (ohne Not und nur der Bequemlichkeit halber), also den in § 1 erledigten Fall der Riemannschen Zetafunktion, weil er ein anderes Polverhalten aufweist.

(2.8) Theorem. *Für einen nicht-trivialen primitiven Dirichlet-Charakter χ besitzt die vollständige L-Reihe $\Lambda(\chi, s)$ eine analytische Fortsetzung auf die* **ganze** *komplexe Zahlenebene $\mathbb{C}$ und genügt der Funktionalgleichung*

$$\Lambda(\chi, s) = W(\chi)\Lambda(\overline{\chi}, 1-s)$$

mit dem Faktor $W(\chi) = \dfrac{\tau(\chi)}{i^p\sqrt{m}}$. Dieser hat den Betrag 1.

Beweis: Sei $f(y) = \frac{c(\chi)}{2}\theta(\chi, iy)$ und $g(y) = \frac{c(\chi)}{2}\theta(\overline{\chi}, iy)$, $c(\chi) = (\frac{\pi}{m})^{p/2}$. Es ist $\chi(0) = \overline{\chi}(0) = 0$, also

$$\theta(\chi, iy) = 2\sum_{n=1}^{\infty} \chi(n) n^p e^{-\pi n^2 y/m}$$

und daher $f(y) = O(e^{-\pi y/m})$ und ebenso $g(y) = O(e^{-\pi y/m})$. Nach (2.2) ist

$$\Lambda(\chi, s) = \frac{c(\chi)}{2}\int_0^{\infty} \theta(\chi, iy) y^{\frac{s+p}{2}} \frac{dy}{y}.$$

Wir erhalten daher $\Lambda(\chi, s)$ und gleichermaßen $\Lambda(\overline{\chi}, s)$ als die Mellin-Transformierten

$$\Lambda(\chi, s) = L(f, s') \quad \text{und} \quad \Lambda(\overline{\chi}, s) = L(g, s')$$

der Funktionen $f(y)$ und $g(y)$ an der Stelle $s' = \frac{s+p}{2}$. Die Transformationsformel (2.7) liefert

$$f\Big(\frac{1}{y}\Big) = \frac{c(\chi)}{2}\theta(\chi, -1/iy) = \frac{c(\chi)\tau(\chi)}{2i^p\sqrt{m}} y^{p+\frac{1}{2}}\theta(\overline{\chi}, iy) = \frac{\tau(\chi)}{i^p\sqrt{m}} y^{p+\frac{1}{2}} g(y).$$

Das Theorem (1.4) besagt daher, daß $\Lambda(\chi, s)$ eine analytische Fortsetzung auf ganz $\mathbb{C}$ besitzt und daß die Gleichung

$$\begin{aligned}\Lambda(\chi, s) &= L(f, \tfrac{s+p}{2}) = W(\chi)L(g, p + \tfrac{1}{2} - \tfrac{s+p}{2}) = W(\chi)L(g, \tfrac{1-s+p}{2}) \\ &= W(\chi)\Lambda(\overline{\chi}, 1-s)\end{aligned}$$

mit $W(\chi) = \frac{\tau(\chi)}{i^p\sqrt{m}}$ gilt. Wegen (2.6) ist $|W(\chi)| = 1$. □

Das Werteverhalten der Riemannschen Zetafunktion an den ganzzahligen Stellen setzt sich bei den Dirichletschen L-Reihen $L(\chi, s)$ fort, wenn man für einen nicht-trivialen primitiven Dirichlet-Charakter $\chi \bmod m$ die **verallgemeinerten Bernoulli-Zahlen** $B_{k,\chi}$ durch die Formel

$$F_\chi(t) = \sum_{a=1}^{m} \chi(a) \frac{te^{at}}{e^{mt}-1} = \sum_{k=0}^{\infty} B_{k,\chi} \frac{t^k}{k!}$$

definiert. Sie sind algebraische Zahlen und liegen im Körper $\mathbb{Q}(\chi)$, der durch die Werte von χ erzeugt wird. Wegen

$$F_\chi(-t) = \sum_{a=1}^{m} \chi(-1)\chi(m-a) \frac{te^{(m-a)t}}{e^{mt}-1} = \chi(-1)F_\chi(t)$$

gilt $(-1)^k B_{k,\chi} = \chi(-1)B_{k,\chi}$, also

$$B_{k,\chi} = 0 \quad \text{für} \quad k \not\equiv p \bmod 2\,,$$

wenn $p \in \{0,1\}$ durch $\chi(-1) = (-1)^p\chi(1)$ definiert ist.

(2.9) Theorem. *Für jede ganze Zahl $k \geq 1$ gilt*

$$L(\chi, 1-k) = -\frac{B_{k,\chi}}{k}\,.$$

Beweis: Der Beweis ist der gleiche wie der für die Riemannsche Zetafunktion (vgl. (1.8)): Die meromorphe Funktion

$$F_\chi(z) = \sum_{a=1}^{m} \chi(a) \frac{ze^{az}}{e^{mz}-1} = \sum_{k=0}^{\infty} B_{k,\chi} \frac{z^k}{k!}$$

hat Pole höchstens bei $z = \frac{2\pi i\nu}{m}$, $\nu \in \mathbb{Z}$. Die Behauptung läuft auf den Nachweis von

(1) $$-\frac{L(\chi, 1-k)}{\Gamma(k)} = \text{Residuum von } F_\chi(z)z^{-k-1} \text{ bei } z = 0$$

hinaus. Multiplizieren wir die Gleichung

$$\Gamma(s)\frac{1}{n^s} = \int_0^\infty e^{-nt}t^s \frac{dt}{t}$$

mit $\chi(n)$ und summieren über alle n, so ergibt sich

(2) $$\Gamma(s)L(\chi, s) = \int_0^\infty G_\chi(t)t^s \frac{dt}{t}$$

mit der Funktion

(3) $$G_\chi(z) = \sum_{n=1}^{\infty} \chi(n)e^{-nz} = \sum_{a=1}^{m} \chi(a)\frac{e^{-az}}{1-e^{-mz}} = F_\chi(-z)z^{-1}\,.$$

Aus den Gleichungen (2) und (3) ergibt sich in wörtlich der gleichen Weise wie bei (1.8) die Gleichung (1). □

Man entnimmt dem Theorem sofort, daß

$$L(\chi, 1-k) = 0 \quad \text{für} \quad k \not\equiv p \bmod 2,$$

$p \in \{0,1\}$, $\chi(-1) = (-1)^p \chi(1)$, vorausgesetzt χ ist nicht der Hauptcharakter **1**. Aus der Funktionalgleichung (2.8) ergibt sich für $k \geq 1$ wegen $L(\chi, k) \neq 0$, daß

$$L(\chi, 1-k) = -\frac{B_{k,\chi}}{k} \neq 0 \quad \text{für} \quad k \equiv p \bmod 2.$$

Überdies liefert die Funktionalgleichung das

(2.10) Korollar. *Für $k \equiv p \bmod 2$, $k \geq 1$ gilt*

$$L(\chi, k) = (-1)^{1+(k-p)/2} \frac{\tau(\chi)}{2i^p} \left(\frac{2\pi}{m}\right)^k \frac{B_{k,\bar{\chi}}}{k!}.$$

Für die Werte $L(\chi, k)$ an den ganzen positiven Stellen $k \not\equiv p \bmod 2$ gilt Ähnliches wie das in § 1 für die Riemannsche Zetafunktion an den Stellen $2k$ Gesagte. Bis auf unbekannte algebraische Faktoren sind diese Werte gewisse „Regulatoren", welche sich durch kanonische Abbildungen der höheren K-Gruppen in den Minkowski-Raum ergeben. Dieses tiefliegende Resultat des russischen Mathematikers *A.A.* B*EILINSON* findet man ausführlich in [110] dargestellt.

Aufgabe 1. Sei $F_\chi(t,x) = \sum_{a=1}^m \chi(a) \dfrac{te^{(a+x)t}}{e^{mt}-1}$. Die **Bernoulli-Polynome** $B_{k,\chi}(x)$ zum Dirichlet-Charakter χ werden durch

$$F_\chi(t,x) = \sum_{k=0}^\infty B_{k,\chi}(x) \frac{t^k}{k!}$$

definiert, so daß $B_{k,\chi}(0) = B_{k,\chi}$. Zeige, daß

$$B_{k,\chi}(x) = \sum_{i=0}^k \binom{k}{i} B_{i,\chi} x^{k-i}.$$

Aufgabe 2. $B_{k,\chi}(x) - B_{k,\chi}(x-m) = k \sum_{a=1}^m \chi(a)(a+x-m)^{k-1}$, $k \geq 0$.

Aufgabe 3. Für die Zahlen $S_{k,\chi}(\nu) = \sum_{a=1}^\nu \chi(a) a^k$, $k \geq 0$, gilt

$$S_{k,\chi}(\nu m) = \frac{1}{k+1}\left(B_{k+1,\chi}(\nu m) - B_{k+1,\chi}(0)\right).$$

Aufgabe 4. Für einen primitiven ungeraden Charakter χ gilt

$$\sum_{a=1}^m \chi(a) a \neq 0.$$

§ 3. Theta-Reihen

Die Riemannsche Zetafunktion und die Dirichletschen L-Reihen sind dem Körper $\mathbb{Q}$ zugeschrieben. Sie besitzen Analoga für einen beliebigen Zahlkörper K, und es übertragen sich die in § 1 und 2 gewonnenen Ergebnisse in gleicher Weise und mit den gleichen Methoden auf diese Verallgemeinerungen. Insbesondere läßt sich das Mellin-Prinzip wieder anwenden, nach dem die in Frage stehenden L-Reihen als Integrale über Theta-Reihen aufgefaßt werden. Es werden aber nun höherdimensionale Theta-Reihen benötigt, die auf einem höherdimensionalen Analogon der oberen Halbebene $\mathbb{H}$ leben. Diese haben zunächst mit Zahlkörpern nichts zu tun und sollen ganz allgemein eingeführt werden.

Die vertrauten Dinge $\mathbb{C}$, $\mathbb{R}$, $\mathbb{R}_+^*$, $\mathbb{H}$, $|\ |$, log finden ihre höherdimensionalen Analoga wie folgt. Sei X eine endliche $G(\mathbb{C}\,|\,\mathbb{R})$-Menge, also eine endliche Menge mit einer Involution $\tau \mapsto \bar{\tau}$ $(\tau \in X)$, und sei $n = \#X$. Wir betrachten die n-dimensionale $\mathbb{C}$-Algebra

$$\mathbf{C} = \prod_{\tau \in X} \mathbb{C}$$

aller Tupel $z = (z_\tau)_{\tau \in X}$, $z_\tau \in \mathbb{C}$, mit komponentenweiser Addition und Multiplikation. Ist $z = (z_\tau) \in \mathbf{C}$, so wird das Element $\bar{z} \in \mathbf{C}$ durch die Komponenten

$$(\bar{z})_\tau = \bar{z}_{\bar{\tau}}$$

festgelegt. Die Involution $z \mapsto \bar{z}$ nennen wir die **Konjugation** auf $\mathbf{C}$. Daneben haben wir die Involutionen $z \mapsto z^*$ und $z \mapsto {}^*z$, die durch

$$z_\tau^* = z_{\bar{\tau}} \quad \text{bzw.} \quad {}^*z_\tau = \bar{z}_\tau$$

gegeben sind. Offenbar ist $\bar{z} = {}^*z^*$. Die Menge

$$\mathbf{R} = [\prod_\tau \mathbb{C}\,]^+ = \{z \in \mathbf{C} \mid z = \bar{z}\}$$

bildet eine n-dimensionale kommutative $\mathbb{R}$-Algebra, und es ist $\mathbf{C} = \mathbf{R} \otimes_{\mathbb{R}} \mathbb{C}$.

Wenn K ein Zahlkörper vom Grade n ist und $X = \operatorname{Hom}(K, \mathbb{C})$, so ist $\mathbf{R}$ der in Kap. I, § 5 eingeführte **Minkowski-Raum** $K_{\mathbb{R}}$ $(\cong K \otimes_{\mathbb{Q}} \mathbb{R})$. Auf ihn werden sich die zahlentheoretischen Anwendungen beziehen. Zunächst aber bleibt die Zahlentheorie unberücksichtigt.

Für die additive bzw. multiplikative Gruppe $\mathbf{C}$ bzw. $\mathbf{C}^*$ haben wir den Homomorphismus

$$Tr : \mathbf{C} \to \mathbb{C}\,, \quad Tr(z) = \sum_\tau z_\tau \quad \text{bzw.}$$

$$N : \mathbf{C}^* \to \mathbb{C}^*,\ N(z) = \prod_\tau z_\tau\,.$$

$Tr\,(z)$ bzw. $N(z)$ ist die Spur bzw. Determinante des Endomorphismus $\mathbf{C} \to \mathbf{C}$, $x \mapsto zx$. Ferner haben wir auf $\mathbf{C}$ das hermitesche Skalarprodukt

$$\langle x, y \rangle = \sum_\tau x_\tau \bar{y}_\tau = Tr\,(x\,^*y)\,.$$

Dieses ist unter der Konjugation invariant, $\overline{\langle x, y\rangle} = \langle \bar{x}, \bar{y}\rangle$, und liefert durch Einschränkung ein Skalarprodukt $\langle\ ,\ \rangle$, also eine euklidische Metrik auf dem $\mathbb{R}$-Vektorraum $\mathbf{R}$. Ist $z \in \mathbf{C}$, so ist $^*z$ das adjungierte Element bzgl. $\langle\ ,\ \rangle$, d.h.

$$\langle xz, y \rangle = \langle x, {}^*zy \rangle\,.$$

In $\mathbf{R}$ betrachten wir den Unterraum

$$\mathbf{R}_\pm = \{x \in \mathbf{R} \mid x = x^*\} = [\prod_\tau \mathbb{R}]^+\,.$$

Für die Komponenten von $x = (x_\tau) \in \mathbf{R}_\pm$ gilt also $x_{\bar\tau} = x_\tau \in \mathbb{R}$. Ist $\delta \in \mathbb{R}$, so soll $x > \delta$ einfach $x_\tau > \delta$ für alle τ bedeuten. Eine besonders wichtige Rolle wird die multiplikative Gruppe

$$\mathbf{R}_+^* = \{x \in \mathbf{R}_\pm \mid x > 0\} = [\prod_\tau \mathbb{R}_+^*]^+$$

spielen. Sie besteht aus den Tupeln $x = (x_\tau)$ positiver reeller Zahlen x_τ mit $x_{\bar\tau} = x_\tau$, und wir haben für sie die beiden Homomorphismen

$$\begin{aligned} |\ \ | : \mathbf{R}^* &\to \mathbf{R}_+^*\,, & x = (x_\tau) &\mapsto |x| = (|x_\tau|)\,,\\ \log : \mathbf{R}_+^* &\xrightarrow{\ \sim\ } \mathbf{R}_\pm\,, & x = (x_\tau) &\mapsto \log x = (\log x_\tau)\,. \end{aligned}$$

Wir definieren schließlich den **oberen Halbraum** zur $G(\mathbb{C}\,|\,\mathbb{R})$-Menge X durch

$$\mathbf{H} = \mathbf{R}_\pm + i\mathbf{R}_+^*\,.$$

Setzt man $\operatorname{Re}(z) = \frac{1}{2}(z + \bar{z})$, $\operatorname{Im}(z) = \frac{1}{2i}(z - \bar{z})$, so kann man auch

$$\mathbf{H} = \{z \in \mathbf{C} \mid z = z^*,\ \operatorname{Im}(z) > 0\}$$

schreiben. Mit z liegt auch $-1/z$ in $\mathbf{H}$, denn es ist $z\bar{z} \in \mathbf{R}_+^*$, und aus $\operatorname{Im}(z) > 0$ folgt $\operatorname{Im}(-1/z) > 0$ wegen $z\bar{z}\operatorname{Im}(-1/z) = -\operatorname{Im}(z^{-1}z\bar{z}) = \operatorname{Im}(z) > 0$.

Für zwei Tupel $z = (z_\tau)$, $p = (p_\tau) \in \mathbf{C}$ ist die Potenz

$$z^p = (z_\tau^{p_\tau}) \in \mathbf{C}$$

durch

$$z_\tau^{p_\tau} = e^{p_\tau \log z_\tau}$$

mit dem Hauptzweig des Logarithmus wohldefiniert, wenn sich die z_τ sämtlich in der durch die negative reelle Achse geschlitzten Ebene bewegen. Das Bild

$$\begin{array}{llll} \mathbb{H} \subseteq \mathbb{C} \supseteq \mathbb{R} = \mathbb{R} \supseteq \mathbb{R}_+^*, & |\ |: \mathbb{R}^* \to \mathbb{R}_+^*, & \log: \mathbb{R}_+^* \xrightarrow{\sim} \mathbb{R}, \\ \mathbf{H} \subseteq \mathbf{C} \supseteq \mathbf{R} \supseteq \mathbf{R}_\pm \supseteq \mathbf{R}_+^*, & |\ |: \mathbf{R}^* \to \mathbf{R}_+^*, & \log: \mathbf{R}_+^* \xrightarrow{\sim} \mathbf{R}_\pm \end{array}$$

zeigt die Analogie der eingeführten Begriffe zu den vertrauten im Fall $n = 1$. Dem Leser sei empfohlen, sich diese Begriffe gut zu merken, denn sie werden in allem was folgt fortwährend und ohne Rückverweis verwendet werden. Dies schließt auch die Bildungen

$$\bar{z},\ z^*,\ {}^*z,\ Tr,\ N,\ \langle\ ,\ \rangle,\ x > \delta,\ z^p$$

ein.

Die in Aussicht genommenen Funktionalgleichungen gründen sich auf eine allgemeine Formel der Funktionalanalysis, der *Poissonschen Summenformel.* Diese soll zuerst bewiesen werden. Unter einer **Schwarzschen** (oder *rasch abfallenden*) **Funktion** auf dem euklidischen Vektorraum $\mathbf{R}$ versteht man eine C^∞-Funktion $f : \mathbf{R} \to \mathbb{C}$, die nach Multiplikation mit einer beliebigen Potenz $\| x \|^m$, $m \geq 0$, für $x \to \infty$ gegen Null geht, und deren sämtliche Ableitungen dasselbe Verhalten aufweisen. Für jede Schwarzsche Funktion f bildet man die **Fourier-Transformierte**

$$\hat{f}(y) = \int_{\mathbf{R}} f(x) e^{-2\pi i \langle x,y \rangle} dx\,,$$

wobei dx das zu $\langle\ ,\ \rangle$ gehörige Haarsche Maß auf $\mathbf{R}$ bedeutet, das dem Würfel, der durch eine Orthonormalbasis aufgespannt wird, den Inhalt 1 beimißt – anders ausgedrückt, das selbstdual bzgl. $\langle\ ,\ \rangle$ ist. Das uneigentliche Integral konvergiert absolut und gleichmäßig und liefert wieder eine Schwarzsche Funktion $\hat{f}$. Dies ist mit Mitteln der elementaren Analysis leicht zu beweisen, und es sei hierzu auf [98], chap. XIV verwiesen. Der Prototyp einer Schwarzschen Funktion ist die Funktion

$$h(x) = e^{-\pi \langle x,x \rangle}\,.$$

Alle Funktionalgleichungen, die wir beweisen werden, haben ihren letzten Grund in der Besonderheit dieser Funktion, ihre eigene Fourier-Transformierte zu sein:

(3.1) Satz. *(i) Die Funktion $h(x) = e^{-\pi \langle x,x \rangle}$ ist ihre eigene Fourier-Transformierte.*

(ii) Ist f eine beliebige Schwarzsche Funktion und A eine lineare Transformation von $\mathbf{R}$, so hat die Funktion $f_A(x) = f(Ax)$ die Fourier-Transformierte

$$\hat{f}_A(y) = \frac{1}{|\det A|}\,\hat{f}({}^tA^{-1}y),$$

wobei ${}^tA$ die zu A adjungierte Transformation ist.

Beweis: (i) Wir identifizieren den euklidischen Vektorraum $\mathbf{R}$ mit $\mathbb{R}^n$ durch eine Isometrie. Dann geht das Haarsche Maß dx in das Lebesgue-Maß $dx_1 \ldots dx_n$ über. Wegen $h(x) = \prod_{i=1}^n e^{-\pi x_i^2}$ ist $\hat{h} = \prod_{i=1}^n (e^{-\pi x_i^2})\hat{}$, so daß wir $n = 1$ annehmen dürfen. Wir differenzieren

$$\hat{h}(y) = \int_{-\infty}^{\infty} h(x) e^{-2\pi i x y}\,dx$$

unter dem Integral nach y und finden durch partielle Integration

$$\frac{d}{dy}\,\hat{h}(y) = -2\pi i \int_{-\infty}^{\infty} x h(x) e^{-2\pi i x y}\,dx = -2\pi y \hat{h}(y)\,.$$

Hieraus folgt $\hat{h}(y) = Ce^{-\pi y^2}$ mit einer Konstanten C. Setzt man $y = 0$, so ergibt sich $C = 1$, weil bekanntlich $\int e^{-\pi x^2}dx = 1$ ist.

(ii) Für die Fourier-Transformierte von $f_A(x)$ liefert die Substitution $x \mapsto Ax$:

$$\begin{aligned}\hat{f}_A(y) &= \int f(Ax) e^{-2\pi i \langle x,y\rangle}\,dx = \int f(x) e^{-2\pi i \langle A^{-1}x, y\rangle} |\det A|^{-1} dx \\ &= \frac{1}{|\det A|} \int f(x) e^{-2\pi i \langle x, {}^tA^{-1}y\rangle}\,dx = \frac{1}{|\det A|}\hat{f}({}^tA^{-1}y)\,. \qquad \square\end{aligned}$$

Aus diesem Satz fließt nun die für das Weitere entscheidende

(3.2) Poissonsche Summenformel: *Sei Γ ein vollständiges Gitter von $\mathbf{R}$ und*

$$\Gamma' = \{g' \in \mathbf{R} \mid \langle g, g'\rangle \in \mathbb{Z} \quad \text{für alle} \quad g \in \Gamma\}$$

das zu Γ duale Gitter. Dann gilt für jede Schwarzsche Funktion f:

$$\sum_{g\in\Gamma} f(g) = \frac{1}{\mathrm{vol}(\Gamma)} \sum_{g'\in\Gamma'} \hat{f}(g')\,,$$

wobei $\mathrm{vol}(\Gamma)$ *das Grundmaschen-Volumen von Γ ist.*

Beweis: Wie oben identifizieren wir $\mathbf{R}$ mit dem euklidischen Vektorraum $\mathbb{R}^n$ durch eine Isometrie. Sie überführt das Maß dx in das Lebesgue-Maß $dx_1 \dots dx_n$. Sei A eine invertierbare $n \times n$-Matrix, die das Gitter $\mathbb{Z}^n$ auf das Gitter Γ abbildet, $\Gamma = A\,\mathbb{Z}^n$, so daß also $\mathrm{vol}(\Gamma) = |\det A|$. Das Gitter $\mathbb{Z}^n$ ist zu sich selbst dual, und es wird $\Gamma' = A^*\,\mathbb{Z}^n$ mit $A^* = {}^tA^{-1}$, weil

$$g' \in \Gamma' \iff {}^t(A\mathbf{n})g' = {}^t\mathbf{n}\,{}^tAg' \in \mathbb{Z} \quad \text{für alle } \mathbf{n} \in \mathbb{Z}^n$$
$$\iff {}^tAg' \in \mathbb{Z}^n \iff g' \in {}^tA^{-1}\,\mathbb{Z}^n\,.$$

Setzen wir die Gleichungen

$$\Gamma = A\,\mathbb{Z}^n,\ \Gamma' = A^*\,\mathbb{Z}^n,\ f_A(x) = f(Ax),\ \hat{f}_A(y) = \frac{1}{\mathrm{vol}(\Gamma)}\,\hat{f}(A^*y)$$

in die zu beweisende Gleichung ein, so geht sie über in

$$\sum_{\mathbf{n}\in\mathbb{Z}^n} f_A(\mathbf{n}) = \sum_{\mathbf{n}\in\mathbb{Z}^n} \hat{f}_A(\mathbf{n})\,.$$

Um nun dies zu beweisen, schreiben wir f anstelle von f_A und bilden die Reihe

$$g(x) = \sum_{\mathbf{k}\in\mathbb{Z}^n} f(x+\mathbf{k})\,.$$

Sie ist absolut und lokal gleichmäßig konvergent. Denn da f eine Schwarzsche Funktion ist, so ist, wenn x in einem kompakten Bereich variiert,

$$|f(x+\mathbf{k})|\ \|\,\mathbf{k}\,\|^{n+1} \le C$$

für fast alle $\mathbf{k} \in \mathbb{Z}^n$, so daß $g(x)$ durch ein konstantes Vielfaches der konvergenten Reihe $\sum_{\mathbf{k}\neq 0} \dfrac{1}{\|\,\mathbf{k}\,\|^{n+1}}$ majorisiert wird. Dieses Argument trifft auch auf alle partiellen Ableitungen von f zu, so daß $g(x)$ eine C^∞-Funktion ist. Sie ist offensichtlich periodisch,

$$g(x+\mathbf{n}) = g(x) \quad \text{für alle} \quad \mathbf{n} \in \mathbb{Z}^n\,,$$

und besitzt somit eine Fourierentwicklung

$$g(x) = \sum_{\mathbf{n}\in\mathbb{Z}^n} a_{\mathbf{n}} e^{2\pi i\,{}^t\mathbf{n}x}\,,$$

für deren Fourierkoeffizienten man bekanntlich die Darstellung

$$a_{\mathbf{n}} = \int_0^1 \cdots \int_0^1 g(x) e^{-2\pi i\,{}^t\mathbf{n}x}\,dx_1 \dots dx_n$$

hat. Vertauschung von Summe und Integral ergibt

$$a_{\mathbf{n}} = \int_0^1 \cdots \int_0^1 g(x) e^{-2\pi i\, {}^t\mathbf{n}x} dx = \sum_{\mathbf{k}\in\mathbb{Z}^n} \int_0^1 \cdots \int_0^1 f(x+\mathbf{k}) e^{-2\pi i\, {}^t\mathbf{n}x} dx$$
$$= \hat{f}(\mathbf{n}) .$$

Hiermit folgt

$$\sum_{\mathbf{n}\in\mathbb{Z}^n} f(\mathbf{n}) = g(0) = \sum_{\mathbf{n}\in\mathbb{Z}^n} a_{\mathbf{n}} = \sum_{\mathbf{n}\in\mathbb{Z}^n} \hat{f}(\mathbf{n}), \qquad \text{q.e.d.} \qquad \square$$

Wir wenden die Poissonsche Summenformel auf die Funktionen

$$f_p(a,b,x) = N((x+a)^p) e^{-\pi\langle a+x, a+x\rangle + 2\pi i \langle b,x\rangle}$$

an mit Parametern $a, b \in \mathbf{R}$ und einem Tupel $p = (p_\tau)$ ganzer nicht-negativer Zahlen, derart daß $p_\tau \in \{0,1\}$, falls $\tau = \bar{\tau}$, und $p_\tau p_{\bar{\tau}} = 0$ ist, falls $\tau \neq \bar{\tau}$. Ein solches Element $p \in \prod_\tau \mathbb{Z}$ werden wir fortan **zulässig** nennen.

(3.3) Satz. *Die Funktion $f(x) = f_p(a,b,x)$ ist eine Schwarzsche Funktion auf* $\mathbf{R}$ *mit der Fourier-Transformierten*

$$\hat{f}(y) = [\, i^{Tr(p)} e^{2\pi i \langle a,b\rangle}\,]^{-1} f_p(-b,a,y) .$$

Beweis: Es ist klar, daß $f_p(a,b,x)$ eine Schwarzsche Funktion ist, da $|f_p(a,b,x)| = |P(x)| e^{-\pi\langle a+x,a+x\rangle}$ mit einem Polynom $P(x)$.

Sei $p = 0$. Nach (3.1) ist die Funktion $h(x) = e^{-\pi\langle x,x\rangle}$ ihre eigene Fourier-Transformierte und

$$f(x) = f_0(a,b,x) = h(a+x) e^{2\pi i\langle b,x\rangle} .$$

Wir erhalten daher

$$\begin{aligned}
\hat{f}(y) &= \int_{\mathbf{R}} h(a+x) e^{2\pi i\langle b,x\rangle} e^{-2\pi i\langle x,y\rangle} dx \\
&= \int_{\mathbf{R}} h(x) e^{-2\pi i\langle y-b, x-a\rangle} dx \\
&= e^{2\pi i\langle y-b,a\rangle} \hat{h}(y-b) \\
&= e^{-2\pi i\langle a,b\rangle} e^{-\pi\langle y-b,y-b\rangle + 2\pi i\langle y,a\rangle} \\
&= e^{-2\pi i\langle a,b\rangle} f_0(-b,a,y) .
\end{aligned}$$

Für ein beliebiges zulässiges p erhalten wir die Formel durch p-maliges Differenzieren der Formel

$$(*) \qquad \hat{f}_0(a,b,y) = e^{-2\pi i\langle a,b\rangle} f_0(-b,a,y)$$

nach der Variablen a. Nun sind die Funktionen weder analytisch in den einzelnen Komponenten a_τ von a, noch sind diese unabhängig von einander, nämlich dann nicht, wenn es ein Paar $\tau \neq \bar{\tau}$ gibt. Wir verfahren daher wie folgt. Es durchlaufe ρ die Elemente von X mit $\rho = \bar{\rho}$ und σ ein Repräsentantensystem der Konjugationsklassen $\{\tau, \bar{\tau}\}$ mit $\tau \neq \bar{\tau}$. Wegen $p_\tau p_{\bar{\tau}} = 0$ können wir σ so wählen, daß $p_{\bar{\sigma}} = 0$. Dann ist

$$\langle a+x, a+x\rangle = \sum_\rho (a_\rho + x_\rho)^2 + 2\sum_\sigma (a_\sigma + x_\sigma)(a_{\bar{\sigma}} + x_{\bar{\sigma}}).$$

Wir differenzieren jetzt beide Seiten von $(*)$ p_ρ-mal nach der reellen Variablen a_ρ für alle ρ und wenden p_σ-mal den Differentialoperator

$$\frac{\partial}{\partial a_{\bar{\sigma}}} = \frac{1}{2}\Big(\frac{\partial}{\partial \xi_{\bar{\sigma}}} - i\frac{\partial}{\partial \eta_{\bar{\sigma}}}\Big)$$

an für alle σ, wobei wir $a_{\bar{\sigma}} = \xi_{\bar{\sigma}} + i\eta_{\bar{\sigma}}$ als Funktion in den reellen Variablen $\xi_{\bar{\sigma}}$, $\eta_{\bar{\sigma}}$ auffassen (Wirtinger-Kalkül). Auf der linken Seite

$$\hat{f}_0(a,b,y) = \int e^{-\pi\langle a+x,a+x\rangle + 2\pi i\langle b,x\rangle} e^{-2\pi i\langle x,y\rangle} dx$$

können wir die Differentiation unter das Integral ziehen und erhalten unter Beachtung von $p_{\bar{\sigma}} = 0$ und $\frac{\partial}{\partial a_{\bar{\sigma}}}((a_\sigma + x_\sigma)(a_{\bar{\sigma}} + x_{\bar{\sigma}})) = (a_\sigma + x_\sigma)$

$$\begin{aligned}
&\int \prod_\rho (-2\pi(a_\rho + x_\rho))^{p_\rho} \prod_\sigma (-2\pi(a_\sigma + x_\sigma))^{p_\sigma} e^{-\pi\langle a+x,a+x\rangle + 2\pi i\langle b,x\rangle - 2\pi i\langle x,y\rangle} dx \\
&= N((-2\pi)^p) \int N((a+x)^p) e^{-\pi\langle a+x,a+x\rangle + 2\pi i\langle b,x\rangle} e^{-2\pi i\langle x,y\rangle} dx \\
&= N((-2\pi)^p)\hat{f}_p(a,b,y).
\end{aligned}$$

Aus der rechten Seite von $(*)$,

$$e^{-2\pi i\langle a,b\rangle - \pi\langle -b+y,-b+y\rangle + 2\pi i\langle a,y\rangle} = e^{2\pi i\langle a,-b+y\rangle - \pi\langle -b+y,-b+y\rangle},$$

wird unter Beachtung von

$$\langle a, -b+y\rangle = \sum_\rho a_\rho(-b_\rho + y_\rho) + \sum_\sigma (a_\sigma(-b_{\bar{\sigma}} + y_{\bar{\sigma}}) + a_{\bar{\sigma}}(-b_\sigma + y_\sigma))$$

und $p_{\bar{\sigma}} = 0$ dementsprechend

$$\begin{aligned}
&N((2\pi i)^p) N((-b+y)^p) e^{-2\pi i\langle a,b\rangle} f_0(-b,a,y) \\
&= N((2\pi i)^p) e^{-2\pi i\langle a,b\rangle} f_p(-b,a,y),
\end{aligned}$$

so daß
$$\hat{f}_p(a,b,y) = N(i^{-p})e^{-2\pi i\langle a,b\rangle} f_p(-b,a,y)\,. \qquad \square$$

Auf dem oberen Halbraum
$$\mathbf{H} = \{z \in \mathbf{C} \mid z = z^*, \operatorname{Im} z > 0\} = \mathbf{R}_\pm + i\mathbf{R}_+^*$$
lassen wir nunmehr unsere allgemeinen Theta-Reihen leben:

(3.4) Definition. *Zu jedem vollständigen Gitter Γ von* **R** *definieren wir die* **Theta-Reihe**
$$\theta_\Gamma(z) = \sum_{g\in\Gamma} e^{\pi i\langle gz,g\rangle}\,, \quad z \in \mathbf{H}\,.$$
Allgemeiner setzen wir für $a, b \in \mathbf{R}$ und jedes zulässige $p \in \prod_\tau \mathbb{Z}$
$$\theta_\Gamma^p(a,b,z) = \sum_{g\in\Gamma} N((a+g)^p)e^{\pi i\langle (a+g)z,a+g\rangle + 2\pi i\langle b,g\rangle}\,.$$

(3.5) Satz. *Die Reihe $\theta_\Gamma^p(a,b,z)$ konvergiert absolut und gleichmäßig in jedem kompakten Teilbereich von* $\mathbf{R}\times\mathbf{R}\times\mathbf{H}$.

Beweis: Sei $\delta \in \mathbb{R}$, $\delta > 0$. Für alle $z \in \mathbf{H}$ mit $\operatorname{Im} z \geq \delta$ gilt
$$|N((a+g)^p)e^{\pi i\langle (a+g)z,a+g\rangle + 2\pi i\langle b,g\rangle}| \;\leq\; |(N(a+g)^p)|e^{-\pi\delta\langle a+g,a+g\rangle}\,.$$
Sei
$$f_g(a) = N((a+g)^p)e^{-\pi\delta\langle a+g,a+g\rangle} \qquad (a \in \mathbf{R},\ g \in \Gamma)\,.$$
Für $\mathbf{K} \subseteq \mathbf{R}$ kompakt setze $|f_g|_\mathbf{K} = \sup_{x\in\mathbf{K}} |f_g(x)|$. Zu zeigen ist
$$\sum_{g\in\Gamma} |f_g|_\mathbf{K} < \infty\,.$$
Sei $g_1,\ldots,g_n$ eine $\mathbb{Z}$-Basis von Γ, und für $g = \sum_{i=1}^n m_i g_i \in \Gamma$ sei $\mu_g = \max_i |m_i|$. Ferner werde $\| x \| = \sqrt{\langle x,x\rangle}$ gesetzt. Falls $\| g \| \geq 4 \sup_{x\in\mathbf{K}} \| x \|$ ist, so gilt für alle $a \in \mathbf{K}$:
$$\begin{aligned}\langle a+g,a+g\rangle &\geq (\| a \| - \| g \|)^2 \geq \| g \|^2 - 2\| a \|\| g \| \\ &\geq \frac{1}{2}\| g \|^2 \geq \frac{1}{2}\varepsilon\sum_{i=1}^n m_i^2 \geq \frac{1}{2}\varepsilon n\mu_g^2\,,\end{aligned}$$

wobei $\varepsilon = \inf_{\Sigma y_i^2 = 1} \sum_{i,j=1}^n \langle g_i, g_j \rangle y_i y_j$ der kleinste Eigenwert der Matrix $(\langle g_i, g_j \rangle)$ ist.

$N((a + \sum m_i g_i)^p)$ ist ein Polynom q-ten Grades in den m_i, ($q = Tr(p)$), dessen Koffizienten stetige Funktionen von a sind. Es folgt

$$|N(a + g)^p| \leq \mu_g^{q+1} \quad \text{für alle} \quad a \in \mathbf{K},$$

falls nur μ_g genügend groß ist. Daher gibt es eine Teilmenge $\Gamma' \subseteq \Gamma$ mit endlichem Komplement, derart daß

$$\sum_{g \in \Gamma'} |f_g|_{\mathbf{K}} \leq \sum_{\mu=0}^{\infty} P(\mu) \mu^{q+1} e^{-\frac{\pi}{2} \delta \varepsilon n \mu^2},$$

wo $P(\mu) = \#\{\mathbf{m} \in \mathbb{Z}^n \mid \max_i |m_i| = \mu\} = 2^n(\mu^n - (\mu - 1)^n)$. Die rechte Reihe ist aber offensichtlich konvergent. $\qquad\square$

Durch die Poissonsche Summenformel erhalten wir die allgemeine

(3.6) Theta-Transformationsformel. *Es gilt*

$$\theta_\Gamma^p(a, b, -1/z) = [i^{Tr(p)} e^{2\pi i \langle a, b \rangle} \mathrm{vol}(\Gamma)]^{-1} N((z/i)^{p+\frac{1}{2}}) \theta_{\Gamma'}^p(-b, a, z).$$

Insbesondere gilt für die Funktion $\theta_\Gamma(z) = \theta_\Gamma^0(0, 0, z)$:

$$\theta_\Gamma(-1/z) = \frac{\sqrt{N(z/i)}}{\mathrm{vol}(\Gamma)} \theta_{\Gamma'}(z).$$

Beweis: Da beide Seiten der Transformationsformel aufgrund von (3.5) holomorph in z sind, genügt es, sie für $z = iy$, $y \in \mathbf{R}_+^*$, zu beweisen. Wir setzen $t = y^{-1/2}$, so daß

$$z = i\frac{1}{t^2} \quad \text{und} \quad -1/z = it^2.$$

Unter Beachtung von $t = t^* =^* t$, also $\langle \xi t, \eta \rangle = \langle \xi, {}^* t \eta \rangle = \langle \xi, t \eta \rangle$, erhalten wir dann

$$\theta_\Gamma^p(a, b, -1/z) = N(t^{-p}) \sum_{g \in \Gamma} N((ta + tg)^p) e^{-\pi \langle ta+tg, ta+tg \rangle + 2\pi i \langle t^{-1} b, tg \rangle}.$$

Sei $\alpha = ta$, $\beta = t^{-1} b$. Wir betrachten die Funktion

$$f_p(\alpha, \beta, x) = N((\alpha + x)^p) e^{-\pi \langle \alpha+x, \alpha+x \rangle + 2\pi i \langle \beta, x \rangle}$$

und setzen

$$\varphi_t(\alpha, \beta, x) = f_p(\alpha, \beta, tx).$$

Damit wird

(1) $$\theta_\Gamma^p(a,b,-1/z) = N(t^{-p}) \sum_{g\in\Gamma} \varphi_t(\alpha,\beta,g)$$

und wegen $z = i\frac{1}{t^2}$ entsprechend

(2) $$\theta_{\Gamma'}^p(-b,a,z) = N(t^p) \sum_{g'\in\Gamma'} \varphi_{t^{-1}}(-\beta,\alpha,g')\,.$$

Nun wenden wir die Poissonsche Summenformel

(3) $$\sum_{g\in\Gamma} f(g) = \frac{1}{\operatorname{vol}(\Gamma)} \sum_{g'\in\Gamma'} \hat f(g')$$

auf die Funktion

$$f(x) = \varphi_t(\alpha,\beta,x) = f_p(\alpha,\beta,tx)$$

an. Ihre Fourier-Transformierte berechnet sich wie folgt. Sei $h(x) = f_p(\alpha,\beta,x)$, so daß $f(x) = h(tx) = h_t(x)$. Die Transformation $A : x \mapsto tx$ von $\mathbf{R}$ ist selbstadjungiert und hat die Determinante $N(t)$. Daher ist nach (3.1), (ii)

$$\hat f(y) = \frac{1}{N(t)} \hat h(t^{-1}y)\,.$$

Die Fourier-Transformierte $\hat h$ haben wir in (3.3) berechnet und erhalten damit

$$\begin{aligned}\hat f(y) &= [\,N(i^p)N(t)e^{2\pi i\langle a,b\rangle}\,]^{-1} f_p(-\beta,\alpha,t^{-1}y)\\ &= [\,N(i^p)N(t)e^{2\pi i\langle a,b\rangle}\,]^{-1} \varphi_{t^{-1}}(-\beta,\alpha,y)\,.\end{aligned}$$

Dies in (3) eingesetzt und mit $N(t^{-p})$ multipliziert, ergibt wegen (1) und (2)

$$\theta_\Gamma^p(a,b,-1/z) = [\,N(i^p t^{2p+1})e^{2\pi i\langle a,b\rangle}\operatorname{vol}(\Gamma)\,]^{-1}\theta_{\Gamma'}^p(-b,a,z)\,.$$

Wegen $t = (z/i)^{-1/2}$, also $(t^{2p+1})^{-1} = (z/i)^{p+\frac12}$, ist dies die gewünschte Transformationsformel. □

Für $n = 1$ ergibt sich der Satz (2.3), den wir dort ohne Beweis für die Funktionalgleichung der Dirichletschen L-Reihen (und der Riemannschen Zetafunktion) herangezogen haben.

§ 4. Die höherdimensionale Gamma-Funktion

Der Übergang von den Theta-Reihen zu den L-Reihen in § 1 und § 2 wurde durch die Gamma-Funktion

$$\Gamma(s) = \int_0^\infty e^{-y} y^s \frac{dy}{y}$$

hergestellt. Um diesen Prozeß zu verallgemeinern, führen wir jetzt, die Bezeichnungen des vorigen Paragraphen beibehaltend, für jede endliche $G(\mathbb{C}\,|\,\mathbb{R})$-Menge X eine höherdimensionale Gamma-Funktion ein. Wir legen zunächst auf der multiplikativen Gruppe $\mathbf{R}_+^*$ wie folgt ein Haarsches Maß fest.

Seien $\mathfrak{p} = \{\tau, \bar{\tau}\}$ die Konjugationsklassen von X. Wir nennen $\mathfrak{p}$ reell oder komplex, je nachdem $\#\mathfrak{p} = 1$ oder $\#\mathfrak{p} = 2$. Es ist dann

$$\mathbf{R}_+^* = \prod_{\mathfrak{p}} \mathbf{R}_{+\mathfrak{p}}^*,$$

wobei

$$\mathbf{R}_{+\mathfrak{p}}^* = \mathbb{R}_+^* \quad \text{bzw.} \quad \mathbf{R}_{+\mathfrak{p}}^* = [\,\mathbb{R}_+^* \times \mathbb{R}_+^*\,]^+ = \{(y,y) \mid y \in \mathbb{R}_+^*\}.$$

Wir definieren die Isomorphismen

$$\mathbf{R}_{+\mathfrak{p}}^* \xrightarrow{\sim} \mathbb{R}_+^*$$

durch $y \mapsto y$ bzw. $(y,y) \mapsto y^2$ und erhalten einen Isomorphismus

$$\varphi : \mathbf{R}_+^* \xrightarrow{\sim} \prod_{\mathfrak{p}} \mathbb{R}_+^*.$$

Wir bezeichnen nun mit $\dfrac{dy}{y}$ das Haarsche Maß auf $\mathbf{R}_+^*$, welches dem Produkt-Maß

$$\prod_{\mathfrak{p}} \frac{dt}{t}$$

entspricht, wobei $\dfrac{dt}{t}$ das gewöhnliche Haarsche Maß auf $\mathbb{R}_+^*$ ist. Das so festgelegte Haarsche Maß nennen wir das **kanonische Maß** auf $\mathbf{R}_+^*$. Unter dem Logarithmus

$$\log : \mathbf{R}_+^* \xrightarrow{\sim} \mathbf{R}_\pm$$

geht es in das Haarsche Maß dx von $\mathbf{R}_\pm$ über, welches unter dem Isomorphismus

$$\mathbf{R}_\pm = \prod_{\mathfrak{p}} \mathbf{R}_{\pm\mathfrak{p}} \xrightarrow{\varphi} \prod_{\mathfrak{p}} \mathbb{R},$$

$x_\mathfrak{p} \mapsto x_\mathfrak{p}$ bzw. $(x_\mathfrak{p}, x_\mathfrak{p}) \mapsto 2x_\mathfrak{p}$, dem Lebesgue-Maß auf $\prod_\mathfrak{p} \mathbb{R}$ entspricht.

(4.1) Definition. *Für* $\mathbf{s} = (s_\tau) \in \mathbf{C}$ *mit* $\operatorname{Re}(s_\tau) > 0$ *definieren wir die* **Gamma-Funktion** *zur* $G(\mathbb{C}\,|\,\mathbb{R})$*-Menge* X *durch*

$$\Gamma_X(\mathbf{s}) = \int\limits_{\mathbf{R}_+^*} N(e^{-y} y^{\mathbf{s}})\,\frac{dy}{y}\,.$$

Der Integrand ist nach den Verabredungen auf S. 465 wohldefiniert, und die Konvergenz des Integrals ergibt sich durch die folgende Zurückführung auf die gewöhnliche Gamma-Funktion.

(4.2) Satz. *Zerlegt man die* $G(\mathbb{C}\,|\,\mathbb{R})$*-Menge* X *in ihre Konjugationsklassen* $\mathfrak{p}$*, so wird*

$$\Gamma_X(\mathbf{s}) = \prod_{\mathfrak{p}} \Gamma_{\mathfrak{p}}(\mathbf{s}_{\mathfrak{p}})\,,$$

wobei $\mathbf{s}_{\mathfrak{p}} = s_\tau$ *für* $\mathfrak{p} = \{\tau\}$ *bzw.* $\mathbf{s}_{\mathfrak{p}} = (s_\tau, s_{\bar\tau})$ *für* $\mathfrak{p} = \{\tau, \bar\tau\}$, $\tau \neq \bar\tau$. *Die Faktoren sind explizit durch*

$$\Gamma_{\mathfrak{p}}(\mathbf{s}_{\mathfrak{p}}) = \begin{cases} \Gamma(\mathbf{s}_{\mathfrak{p}})\,, & \text{falls } \mathfrak{p} \text{ reell},\\ 2^{1-Tr(\mathbf{s}_{\mathfrak{p}})}\Gamma(Tr(\mathbf{s}_{\mathfrak{p}}))\,, & \text{falls } \mathfrak{p} \text{ komplex}, \end{cases}$$

gegeben, $Tr(\mathbf{s}_{\mathfrak{p}}) = s_\tau + s_{\bar\tau}$.

Beweis: Die erste Aussage ist klar wegen der Produktzerlegung

$$\Big(\mathbf{R}_+^*, \frac{dy}{y}\Big) = \Big(\prod_{\mathfrak{p}} \mathbf{R}_{+\mathfrak{p}}^*, \prod_{\mathfrak{p}} \frac{dy_{\mathfrak{p}}}{y_{\mathfrak{p}}}\Big)\,.$$

Die zweite bezieht sich auf eine $G(\mathbb{C}\,|\,\mathbb{R})$-Menge X mit nur einer Konjugationsklasse. Wenn $\#X = 1$, so ist trivialerweise $\Gamma_X(\mathbf{s}) = \Gamma(s)$. Sei also $X = \{\tau, \bar\tau\}$, $\tau \neq \bar\tau$. Mit der Abbildung

$$\psi : \mathbb{R}_+^* \to \mathbf{R}_+^*\,, \quad t \mapsto (\sqrt{t}, \sqrt{t})\,,$$

wird dann

$$\begin{aligned}\int\limits_{\mathbf{R}_+^*} N(e^{-y} y^{\mathbf{s}})\frac{dy}{y} &= \int\limits_{\mathbb{R}_+^*} N(e^{-(\sqrt{t},\sqrt{t})}(\sqrt{t},\sqrt{t})^{(s_\tau, s_{\bar\tau})})\frac{dt}{t}\\ &= \int\limits_0^\infty e^{-2\sqrt{t}}\sqrt{t}^{Tr(\mathbf{s})}\frac{dt}{t}\,,\end{aligned}$$

und die Substitution $t \mapsto (t/2)^2$ ergibt wegen $d(t/2)^2/(t/2)^2 = 2dt/t$

$$\int_{\mathbf{R}_+^*} N(e^{-y}y^{\mathbf{s}})\frac{dy}{y} = 2^{1-Tr(\mathbf{s})}\Gamma(Tr(\mathbf{s}))\,. \qquad \square$$

Man sieht an dem Satz, daß das Gamma-Integral $\Gamma(\mathbf{s})$ für $\mathbf{s} = (s_\tau)$ mit $\operatorname{Re}(s_\tau) > 0$ konvergent ist und eine analytische Fortsetzung auf ganz $\mathbf{C}$ besitzt mit Ausnahme von Polen an den Stellen, die in evidenter Weise von der gewöhnlichen Gamma-Funktion $\Gamma(s)$ diktiert werden.

Wir nennen die Funktion

$$L_X(\mathbf{s}) = N(\pi^{-\mathbf{s}/2})\Gamma_X(\mathbf{s}/2)$$

die ***L*-Funktion** der $G(\mathbb{C}\,|\,\mathbb{R})$-Menge X. Zerlegt man X in die Konjugationsklassen $\mathfrak{p}$, so erhält man

$$L_X(\mathbf{s}) = \prod_{\mathfrak{p}} L_{\mathfrak{p}}(\mathbf{s}_{\mathfrak{p}})\,,$$

wobei wieder $\mathbf{s}_{\mathfrak{p}} = s_\tau$ für $\mathfrak{p} = \{\tau\}$ und $\mathbf{s}_{\mathfrak{p}} = (s_\tau, s_{\bar\tau})$ für $\mathfrak{p} = \{\tau, \bar\tau\}$, $\tau \neq \bar\tau$, bedeutet. Die Faktoren $L_{\mathfrak{p}}(\mathbf{s}_{\mathfrak{p}})$ sind nach (4.2) explizit durch

$$L_{\mathfrak{p}}(\mathbf{s}_{\mathfrak{p}}) = \begin{cases} \pi^{-\mathbf{s}_{\mathfrak{p}}/2}\Gamma(\mathbf{s}_{\mathfrak{p}}/2)\,, & \text{falls } \mathfrak{p} \text{ reell}\,,\\ 2(2\pi)^{-Tr(\mathbf{s}_{\mathfrak{p}})/2}\Gamma(Tr(\mathbf{s}_{\mathfrak{p}})/2)\,, & \text{falls } \mathfrak{p} \text{ komplex}\,, \end{cases}$$

gegeben.

Für eine einzelne komplexe Variable $s \in \mathbb{C}$ setzen wir

$$\Gamma_X(s) = \Gamma_X(s\mathbf{1})\,,$$

wobei $\mathbf{1} = (1, \ldots, 1)$ das Einselement von $\mathbf{C}$ ist. Bezeichnet r_1 bzw. r_2 die Anzahl der reellen bzw. komplexen Konjugationsklassen von X, so gilt

$$\Gamma_X(s) = 2^{(1-2s)r_2}\Gamma(s)^{r_1}\Gamma(2s)^{r_2}\,.$$

Ebenso setzen wir

$$L_X(s) = L_X(s\mathbf{1}) = \pi^{-ns/2}\Gamma_X(s/2)\,, \quad n = \#X\,,$$

und insbesondere

$$\begin{aligned} L_{\mathbb{R}}(s) &= L_X(s) = \pi^{-s/2}\Gamma(s/2)\,, && \text{falls} \quad X = \{\tau\}\,,\\ L_{\mathbb{C}}(s) &= L_X(s) = 2(2\pi)^{-s}\Gamma(s)\,, && \text{falls} \quad X = \{\tau, \bar\tau\},\ \tau \neq \bar\tau\,. \end{aligned}$$

Es gilt dann für eine beliebige $G(\mathbb{C}\,|\,\mathbb{R})$-Menge X:

$$L_X(s) = L_{\mathbb{R}}(s)^{r_1} L_{\mathbb{C}}(s)^{r_2}\,.$$

Mit diesen Bezeichnungen folgt aus (1.2) der

(4.3) Satz. *(i)* $L_{\mathbb{R}}(1) = 1$, $L_{\mathbb{C}}(1) = \frac{1}{\pi}$.

(ii) $L_{\mathbb{R}}(s+2) = \frac{s}{2\pi} L_{\mathbb{R}}(s)$, $L_{\mathbb{C}}(s+1) = \frac{s}{2\pi} L_{\mathbb{C}}(s)$.

(iii) $L_{\mathbb{R}}(1-s)L_{\mathbb{R}}(1+s) = \dfrac{1}{\cos \pi s/2}$, $\quad L_{\mathbb{C}}(s)L_{\mathbb{C}}(1-s) = \dfrac{2}{\sin \pi s}$.

(iv) $L_{\mathbb{R}}(s)L_{\mathbb{R}}(s+1) = L_{\mathbb{C}}(s)$
(**Legendresche Verdopplungsformel**).

Für die L-Funktion $L_X(s)$ erhalten wir hieraus die folgende Funktionalgleichung:

(4.4) Satz. $L_X(s) = A(s)L_X(1-s)$ *mit dem Faktor*

$$A(s) = (\cos \pi s/2)^{r_1+r_2}(\sin \pi s/2)^{r_2} L_{\mathbb{C}}(s)^n .$$

Beweis: Wir haben einerseits

$$\frac{L_{\mathbb{R}}(s)}{L_{\mathbb{R}}(1-s)} = \frac{L_{\mathbb{R}}(s)L_{\mathbb{R}}(1+s)}{L_{\mathbb{R}}(1-s)L_{\mathbb{R}}(1+s)} = \cos \pi s/2 \; L_{\mathbb{C}}(s)$$

und andererseits

$$\frac{L_{\mathbb{C}}(s)}{L_{\mathbb{C}}(1-s)} = \frac{L_{\mathbb{C}}(s)^2}{L_{\mathbb{C}}(1-s)L_{\mathbb{C}}(s)} = \frac{1}{2}\sin \pi s \, L_{\mathbb{C}}(s)^2$$
$$= \cos \pi s/2 \; \sin \pi s/2 \; L_{\mathbb{C}}(s)^2 .$$

Daher folgt der Satz aus $L_X(s) = L_{\mathbb{R}}(s)^{r_1} L_{\mathbb{C}}(s)^{r_2}$. □

Hiermit sind die rein funktionentheoretischen Vorbereitungen abgeschlossen. Sie sollen nun auf die Zahlentheorie angewendet werden.

§ 5. Die Dedekindsche Zetafunktion

Die Riemannsche Zetafunktion $\zeta(s) = \sum_{k=1}^{\infty} \frac{1}{k^s}$ ist dem Körper $\mathbb{Q}$ der rationalen Zahlen zugeordnet. Sie erfährt für einen beliebigen Zahlkörper K vom Grad $n = [K : \mathbb{Q}]$ die folgende Verallgemeinerung.

(5.1) Definition. *Die* **Dedekindsche Zetafunktion** *des Zahlkörpers K ist durch die Reihe*

$$\zeta_K(s) = \sum_{\mathfrak{a}} \frac{1}{\mathfrak{N}(\mathfrak{a})^s}$$

definiert, wobei $\mathfrak{a}$ die ganzen Ideale von K durchläuft und $\mathfrak{N}(\mathfrak{a})$ ihre Absolutnorm bedeutet.

(5.2) Satz. *Die Reihe $\zeta_K(s)$ ist absolut und gleichmäßig konvergent im Bereich $Re(s) \geq 1 + \delta$ für jedes $\delta > 0$, und es gilt*

$$\zeta_K(s) = \prod_{\mathfrak{p}} \frac{1}{1 - \mathfrak{N}(\mathfrak{p})^{-s}},$$

wobei $\mathfrak{p}$ die Primideale von K durchläuft.

Der Beweis vollzieht sich aufgrund der Multiplikativität der Absolutnorm $\mathfrak{N}(\mathfrak{a})$ in gleicher Weise wie bei der Riemannschen Zetafunktion (vgl. (1.1)). Wir stellen ihn zurück, weil er gleichermaßen für die *Heckeschen L-Reihen* zutrifft, die wir in § 8 als Verallgemeinerungen der Dirichletschen L-Reihen und der Dedekindschen Zetafunktion einführen werden.

Ebenso wie die Riemannsche Zetafunktion besitzt auch die Dedekindsche Zetafunktion eine analytische Fortsetzung auf die ganze in 1 gelochte komplexe Zahlenebene und genügt einer Funktionalgleichung, die das Argument s auf $1-s$ bezieht. Dem Beweis dieser Tatsache wenden wir uns jetzt zu. Er stellt eine höherdimensionale Verallgemeinerung des in § 1 für die Riemannsche Zetafunktion geführten Beweises dar.

Zunächst wird die Reihe $\zeta_K(s)$ nach den Klassen $\mathfrak{K}$ der gewöhnlichen Idealklassengruppe $Cl_K = J/P$ von K in die **partiellen Zetafunktionen**

$$\zeta(\mathfrak{K}, s) = \sum_{\substack{\mathfrak{a} \in \mathfrak{K} \\ \text{ganz}}} \frac{1}{\mathfrak{N}(\mathfrak{a})^s}$$

aufgeteilt, so daß also

$$\zeta_K(s) = \sum_{\mathfrak{K}} \zeta(\mathfrak{K}, s).$$

Die Funktionalgleichung wird nun für die einzelnen Funktionen $\zeta(\mathfrak{K}, s)$ bewiesen. Die ganzen Ideale in $\mathfrak{K}$ werden wie folgt beschrieben. Ist $\mathfrak{a}$ ein gebrochenes Ideal, so operiert die Einheitengruppe $\mathcal{O}^*$ von $\mathcal{O}$ auf der Menge $\mathfrak{a}^* = \mathfrak{a} \smallsetminus \{0\}$, und wir bezeichnen mit $\mathfrak{a}^*/\mathcal{O}^*$ die Menge der Bahnen, also die Menge der Klassen von Null verschiedener assoziierter Elemente in $\mathfrak{a}$.

(5.3) Lemma. *Sei $\mathfrak{a}$ ein ganzes Ideal von K und $\mathfrak{K}$ die Idealklasse von $\mathfrak{a}^{-1}$. Dann haben wir eine Bijektion*

$$\mathfrak{a}^*/\mathcal{O}^* \xrightarrow{\sim} \{\mathfrak{b} \in \mathfrak{K} \mid \mathfrak{b} \text{ ganz}\}, \quad \bar{a} \mapsto \mathfrak{b} = a\mathfrak{a}^{-1}.$$

Beweis: Ist $a \in \mathfrak{a}^*$, so ist $a\mathfrak{a}^{-1} = (a)\mathfrak{a}^{-1}$ ein ganzes Ideal in $\mathfrak{K}$, und wenn $a\mathfrak{a}^{-1} = b\mathfrak{a}^{-1}$, so ist $(a) = (b)$, also $ab^{-1} \in \mathcal{O}^*$. Dies zeigt die Injektivität der Abbildung. Sie ist auch surjektiv, denn für jedes ganze $\mathfrak{b} \in \mathfrak{K}$ gilt $\mathfrak{b} = a\mathfrak{a}^{-1}$ mit $a \in \mathfrak{a}\mathfrak{b} \subseteq \mathfrak{a}$. □

Zur $G(\mathbb{C}\,|\,\mathbb{R})$-Menge $X = \mathrm{Hom}(K, \mathbb{C})$ gehört der Minkowski-Raum

$$K_{\mathbb{R}} = \mathbf{R} = [\prod_{\tau} \mathbb{C}]^+.$$

In diesen denken wir uns den Körper K eingebettet. Für $a \in K^*$ ist dann

$$\mathfrak{N}((a)) = |N_{K|\mathbb{Q}}(a)| = |N(a)|,$$

wobei N die Norm auf $\mathbf{R}^*$ bedeutet (vgl. Kap. I, § 5). Das Lemma liefert daher den

(5.4) Satz. $\zeta(\mathfrak{K}, s) = \mathfrak{N}(\mathfrak{a})^s \sum\limits_{\bar{a} \in \mathfrak{a}^*/\mathcal{O}^*} \dfrac{1}{|N(\bar{a})|^s}.$

Das Ideal $\mathfrak{a}$ bildet nach Kap. I, (5.2) ein vollständiges Gitter in $\mathbf{R}$ mit dem Grundmaschen-Inhalt

$$\mathrm{vol}(\mathfrak{a}) = \sqrt{d_{\mathfrak{a}}}\,,$$

wobei $d_{\mathfrak{a}} = \mathfrak{N}(\mathfrak{a})^2 |d_K|$ der Betrag der Diskriminante von $\mathfrak{a}$ ist und d_K die Diskriminante von K. Der Reihe $\zeta(\mathfrak{K}, s)$ stellen wir die Theta-Reihe

$$\theta(\mathfrak{a}, z) = \theta_{\mathfrak{a}}(z/d_{\mathfrak{a}}^{1/n}) = \sum_{a \in \mathfrak{a}} e^{\pi i \langle az/d_{\mathfrak{a}}^{1/n}, a\rangle}$$

entgegen. Ihre Beziehung zu $\zeta(\mathfrak{K}, s)$ wird durch das zur $G(\mathbb{C}\,|\,\mathbb{R})$-Menge $X = \mathrm{Hom}(K, \mathbb{C})$ gehörige Gamma-Integral

$$\Gamma_K(s) = \Gamma_X(s) = \int\limits_{\mathbf{R}_+^*} N(e^{-y} y^s)\, \frac{dy}{y}$$

hergestellt mit $s \in \mathbb{C}$, $\mathrm{Re}(s) > 0$ (vgl. (4.1)). In diesem nehmen wir die Substitution

$$y \mapsto \pi |a|^2 y / d_{\mathfrak{a}}^{1/n}$$

vor, wobei $|\ \ |$ die Abbildung $\mathbf{R}^* \to \mathbf{R}_+^*$, $(x_\tau) \mapsto (|x_\tau|)$, bedeutet. Wir erhalten dann

$$|d_K|^s \pi^{-ns} \Gamma_K(s) \frac{\mathfrak{N}(\mathfrak{a})^{2s}}{|N(a)|^{2s}} = \int_{\mathbf{R}_+^*} e^{-\pi \langle ay/d_{\mathfrak{a}}^{1/n}, a\rangle} N(y)^s \frac{dy}{y}.$$

Dies über ein volles Repräsentantensystem $\mathfrak{R}$ von $\mathfrak{a}^*/\mathcal{O}^*$ summiert, ergibt

$$|d_K|^s \pi^{-ns} \Gamma_K(s) \zeta(\mathfrak{K}, 2s) = \int_{\mathbf{R}_+^*} g(y) N(y)^s \frac{dy}{y}$$

mit der Reihe

$$g(y) = \sum_{a \in \mathfrak{R}} e^{-\pi \langle ay/d_{\mathfrak{a}}^{1/n}, a\rangle}.$$

Die Vertauschung von Summe und Integral ist aus dem gleichen Grund wie bei der Riemannschen Zetafunktion erlaubt (vgl. S. 442). Wir sehen die Funktion

$$Z_\infty(s) = |d_K|^{s/2} \pi^{-ns/2} \Gamma_K(s/2) = |d_K|^{s/2} L_X(s)$$

als den „unendlichen Eulerfaktor" der Zetafunktion $\zeta(\mathfrak{K}, s)$ an (vgl. § 4, S. 476) und setzen

$$Z(\mathfrak{K}, s) = Z_\infty(s) \zeta(\mathfrak{K}, s).$$

Dem Wunsche, diese Funktion als ein Integral über die Theta-Reihe $\theta(\mathfrak{a}, s)$ zu sehen, steht der Umstand entgegen, daß in der Theta-Reihe über *alle* $a \in \mathfrak{a}$ summiert wird, in der Reihe $g(y)$ aber nur über ein Repräsentantensystem von $\mathfrak{a}^*/\mathcal{O}^*$. Diese Schwierigkeit, deren Spur sich schon bei der Riemannschen Zetafunktion zeigt, wird hier wie folgt überwunden.

Das Bild $|\mathcal{O}^*|$ der Einheitengruppe $\mathcal{O}^*$ unter der Abbildung $|\ \ |$: $\mathbf{R}^* \to \mathbf{R}_+^*$ liegt in der **Norm-Eins-Fläche**

$$\mathbf{S} = \{x \in \mathbf{R}_+^* \mid N(x) = 1\}.$$

Schreiben wir jedes $y \in \mathbf{R}_+^*$ in der Form

$$y = x t^{1/n}, \quad x = \frac{y}{N(y)^{1/n}}, \quad t = N(y),$$

so erhalten wir eine direkte Zerlegung

$$\mathbf{R}_+^* = \mathbf{S} \times \mathbb{R}_+^*.$$

Es bezeichne nun d^*x das eindeutig bestimmte Haarsche Maß auf der multiplikativen Gruppe $\mathbf{S}$, so daß das kanonische Haarsche Maß dy/y auf $\mathbf{R}_+^*$ das Produkt-Maß

$$\frac{dy}{y} = d^*x \times \frac{dt}{t}$$

wird. Eine explizite Beschreibung von d^*x ist unnötig.

Für die Aktion der Gruppe $|\mathcal{O}^*|^2 = \{|\varepsilon|^2 \mid \varepsilon \in \mathcal{O}^*\}$ auf $\mathbf{S}$ wählen wir jetzt wie folgt einen Fundamentalbereich F. Unter der Logarithmenabbildung

$$\log : \mathbf{R}_+^* \to \mathbf{R}_\pm\,, \quad (x_\tau) \mapsto (\log x_\tau)\,,$$

geht die Norm-Eins-Fläche $\mathbf{S}$ in den **Spur-Null-Raum** $H = \{x \in \mathbf{R}_\pm \mid Tr\,(x) = 0\}$ über und die Gruppe $|\mathcal{O}^*|$ in ein vollständiges Gitter G von H (Dirichletscher Einheitensatz). Für F wählen wir das Urbild einer beliebigen Grundmasche des Gitters $2G$. Bei jeder solchen Wahl gilt der

(5.5) Satz. *Die Funktion $Z(\mathfrak{K}, 2s)$ ist die Mellin-Transformierte*

$$Z(\mathfrak{K}, 2s) = L(f, s)$$

der Funktion

$$f(t) = f_F(\mathfrak{a}, t) = \frac{1}{w} \int\limits_F \theta(\mathfrak{a}, ixt^{1/n})d^*x\,,$$

wobei $w = \#\mu(K)$ die Anzahl der Einheitswurzeln in K ist.

Beweis: Durch die Zerlegung $\mathbf{R}_+^* = \mathbf{S} \times \mathbb{R}_+^*$ ergibt sich mit der Abkürzung $t' = (t/d_\mathfrak{a})^{1/n}$:

$$Z(\mathfrak{K}, 2s) = \int\limits_0^\infty \int\limits_{\mathbf{S}} \sum_{a \in \mathfrak{R}} e^{-\pi\langle axt', a\rangle} d^*x t^s \frac{dt}{t}\,.$$

Der Fundamentalbereich F zerlegt die Norm-Eins-Fläche $\mathbf{S}$ in die disjunkte Vereinigung

$$\mathbf{S} = \bigcup_{\eta \in |\mathcal{O}^*|} \eta^2 F\,.$$

Die Transformation $x \mapsto \eta^2 x$ von $\mathbf{S}$ läßt das Haarsche Maß d^*x invariant und bildet F in $\eta^2 F$ ab, so daß

$$\begin{aligned}\int\limits_{\mathbf{S}} \sum_{a\in\mathfrak{R}} e^{-\pi\langle axt',a\rangle} d^*x &= \sum_{\eta\in|\mathcal{O}^*|} \int\limits_{\eta^2 F} \sum_{a\in\mathfrak{R}} e^{-\pi\langle axt',a\rangle} d^*x \\ &= \frac{1}{w}\int\limits_{F} \sum_{\varepsilon\in\mathcal{O}^*}\sum_{a\in\mathfrak{R}} e^{-\pi\langle a\varepsilon xt',a\varepsilon\rangle} d^*x \\ &= \frac{1}{w}\int\limits_{F} (\theta(\mathfrak{a}, ixt^{1/n}) - 1) d^*x = f(t) - f(\infty).\end{aligned}$$

Dabei beachte man, daß durch die Anzahl $w = \#\mu(K)$ dividiert werden muß, weil $\mu(K)$ der Kern von $\mathcal{O}^* \to |\mathcal{O}^*|$ ist (vgl. Kap. I, (7.1)), so daß $\sum_{|\varepsilon|} = \frac{1}{w}\sum_{\varepsilon}$, weiter, daß $a\varepsilon$ die Menge $\mathfrak{a}^* = \mathfrak{a} - \{0\}$ genau einmal durchläuft, und schließlich, daß $f(\infty) = \frac{1}{w}\int_F d^*x$ ist wegen $\theta(\mathfrak{a}, ix\infty) = 1$. Mit diesem Resultat folgt in der Tat

$$Z(\mathfrak{K}, 2s) = \int\limits_0^\infty (f(t) - f(\infty)) t^s \frac{dt}{t} = L(f, s). \qquad \square$$

Durch diesen Satz ergibt sich die Funktionalgleichung für die Funktion $Z(\mathfrak{K}, s)$ über das Mellin-Prinzip aus einer entsprechenden Transformationsformel für die Funktion $f_F(\mathfrak{a}, t)$, die sich ihrerseits aus der allgemeinen Theta-Transformationsformel (3.6) herleitet. Zu ihrer genauen Bestimmung müssen wir das Volumen $\mathrm{vol}(F)$ des Fundamentalbereiches F bzgl. d^*x und das zu $\mathfrak{a}$ duale Gitter in $\mathbf{R}$ berechnen. Dies geschieht durch die folgenden beiden Lemmata.

(5.6) Lemma. *Der Fundamentalbereich F von $\mathbf{S}$ besitzt bzgl. d^*x den Inhalt*

$$\mathrm{vol}(F) = 2^{r-1}R,$$

wobei r die Anzahl der unendlichen Primstellen ist und R der **Regulator** *von K (vgl. Kap. I, (7.5)).*

Beweis: Das kanonische Maß dy/y auf $\mathbf{R}_+^*$ geht bei dem Isomorphismus

$$\alpha : \mathbf{S} \times \mathbb{R}_+^* \to \mathbf{R}_+^*, \quad (x,t) \mapsto xt^{1/n},$$

in das Produkt-Maß $d^*x \times dt/t$ über. Da $I = \{t \in \mathbb{R}_+^* \mid 1 \le t \le e\}$ bzgl. dt/t das Maß 1 hat, so ist $\mathrm{vol}(F)$ das Volumen von $F \times I$ bzgl. $d^*x \times dt/t$, also das Volumen von $\alpha(F \times I)$ bzgl. dy/y. Unter dem Kompositum ψ der Isomorphismen

$$\mathbf{R}_+^* \xrightarrow{\log} \mathbf{R}_\pm \xrightarrow{\varphi} \prod_{\mathfrak{p}|\infty} \mathbb{R} = \mathbb{R}^r$$

(vgl. § 4, S. 474) geht dy/y in das Lebesgue-Maß von $\mathbb{R}^r$ über,

$$\operatorname{vol}(F) = \operatorname{vol}_{\mathbb{R}^r}(\psi\alpha(F \times I)) .$$

Wir berechnen das Bild $\psi\alpha(F \times I)$. Sei $\mathbf{1} = (1, \dots, 1) \in \mathbf{S}$. Dann ist

$$\psi\alpha((\mathbf{1}, t)) = \mathfrak{e} \log t^{1/n} = \frac{1}{n} \mathfrak{e} \log t$$

mit dem Vektor $\mathfrak{e} = (e_{\mathfrak{p}_1}, \dots, e_{\mathfrak{p}_r}) \in \mathbb{R}^r$, $e_{\mathfrak{p}_i} = 1$ bzw. $= 2$, je nachdem $\mathfrak{p}_i$ reell oder komplex ist. Nach Definition von F ist ferner

$$\psi\alpha(F \times \{1\}) = 2\Phi ,$$

wobei Φ eine Grundmasche des Einheitengitters G im Spur-Null-Raum $H = \{(x_i) \in \mathbb{R}^r \mid \sum x_i = 0\}$ ist. Damit haben wir

$$\psi\alpha(F \times I) = 2\Phi + [0, \frac{1}{n}]\mathfrak{e} .$$

Dies ist ein Parallelepiped, welches von den Vektoren $2\mathfrak{e}_1, \dots, 2\mathfrak{e}_{r-1}, \frac{1}{n}\mathfrak{e}$ aufgespannt wird, wenn $\mathfrak{e}_1, \dots, \mathfrak{e}_{r-1}$ die Grundmasche Φ aufspannen. Sein Volumen ist das $\frac{1}{n}2^{r-1}$-fache des Betrags der Determinante

$$\det \begin{pmatrix} \mathfrak{e}_{11} & \cdots & \mathfrak{e}_{r-1,1} & e_{\mathfrak{p}_1} \\ \vdots & & \vdots & \vdots \\ \mathfrak{e}_{1r} & \cdots & \mathfrak{e}_{r-1,r} & e_{\mathfrak{p}_r} \end{pmatrix} .$$

Addieren wir die ersten $r-1$ Zeilen zur letzten, so werden die Komponenten der unteren Zeile Null bis auf die letzte, welche $n = \sum e_{\mathfrak{p}_i}$ ist. Die über diesen Nullen stehende Matrix hat definitionsgemäß den Regulator R als Determinantenbetrag. Daher wird in der Tat

$$\operatorname{vol}(F) = 2^{r-1} R . \qquad \square$$

(5.7) Lemma. *Das zum Gitter $\Gamma = \mathfrak{a}$ duale Gitter Γ' in* $\mathbf{R}$ *ist durch*

$$^*\Gamma' = (\mathfrak{a}\mathfrak{d})^{-1}$$

gegeben, wobei der Stern die Involution $(x_\tau) \mapsto (\bar{x}_\tau)$ auf $K_{\mathbb{R}}$ und $\mathfrak{d}$ das Differentenideal von $K|\mathbb{Q}$ bedeutet.

Beweis: Wegen $\langle x,y\rangle = Tr\,({}^*xy)$ ist

$${}^*\Gamma' = \{{}^*g \in \mathbf{R} \,|\, \langle g,a\rangle \in \mathbb{Z} \quad \text{für alle} \quad a \in \mathfrak{a}\} = \{x \in \mathbf{R} \,|\, Tr\,(x\mathfrak{a}) \subseteq \mathbb{Z}\}\,.$$

Aus $Tr\,(x\mathfrak{a}) \subseteq \mathbb{Z}$ folgt automatisch $x \in K$, denn wenn $a_1,\dots,a_n$ eine $\mathbb{Z}$-Basis von $\mathfrak{a}$ ist und $x = x_1a_1 + \cdots + x_na_n$, $x_i \in \mathbb{R}$, so ist $Tr\,(xa_j) = \sum_i x_i Tr\,(a_ia_j) = n_j \in \mathbb{Z}$ ein lineares Gleichungssystem mit Koeffizienten $Tr\,(a_ia_j) = Tr_{K|\mathbb{Q}}(a_ia_j) \in \mathbb{Q}$, so daß alle $x_i \in \mathbb{Q}$, also $x \in K$. Daher wird

$${}^*\Gamma' = \{x \in K \,|\, Tr\,(x\mathfrak{a}) \subseteq \mathbb{Z}\}\,.$$

Nach Definition ist $\mathfrak{d}^{-1} = \{x \in K \,|\, Tr_{K|\mathbb{Q}}(x\mathcal{O}) \subseteq \mathbb{Z}\}$, und es folgt $x \in^* \Gamma' \iff Tr_{K|\mathbb{Q}}(xa\mathcal{O}) \subseteq \mathbb{Z}$ für alle $a \in \mathfrak{a} \iff x\mathfrak{a} \subseteq \mathfrak{d}^{-1} \iff x \in (\mathfrak{a}\mathfrak{d})^{-1}$. □

(5.8) Satz. *Die Funktionen $f_F(\mathfrak{a},t)$ genügen der Transformationsformel*

$$f_F\Big(\mathfrak{a},\frac{1}{t}\Big) = t^{1/2} f_{F^{-1}}((\mathfrak{a}\mathfrak{d})^{-1},t)\,,$$

und es gilt

$$f_F(\mathfrak{a},t) = \frac{2^{r-1}}{w}\,R + O(e^{-ct^{1/n}}) \qquad \text{für } t \to \infty,\ c > 0\,.$$

Beweis: Wir benutzen die Formel (3.6)

$$\theta_\Gamma(-1/z) = \frac{\sqrt{N(z/i)}}{\operatorname{vol}(\Gamma)}\,\theta_{\Gamma'}(z)$$

für das Gitter $\Gamma = \mathfrak{a}$ von $\mathbf{R}$ mit dem Grundmaschen-Inhalt $\operatorname{vol}(\Gamma) = \mathfrak{N}(\mathfrak{a})|d_K|^{1/2}$. Das zu Γ duale Gitter Γ' ist nach (5.7) durch ${}^*\Gamma' = (\mathfrak{a}\mathfrak{d})^{-1}$ gegeben. Wegen $\langle {}^*gz, {}^*g\rangle = \langle gz,g\rangle$ ist $\theta_{\Gamma'}(z) = \theta_{{}^*\Gamma'}(z)$. Ferner gilt

$$d_{(\mathfrak{a}\mathfrak{d})^{-1}} = \mathfrak{N}(\mathfrak{a})^{-2}\mathfrak{N}(\mathfrak{d})^{-2}|d_K| = 1/(\mathfrak{N}(\mathfrak{a})^2|d_K|) = 1/d_{\mathfrak{a}}\,.$$

Die Transformation $x \mapsto x^{-1}$ der multiplikativen Gruppe $\mathbf{S}$ läßt das Haarsche Maß d^*x invariant (ebenso wie $x \mapsto -x$ ein Haarsches Maß auf $\mathbb{R}^n$) und bildet den Fundamentalbereich F auf den Fundamentalbereich F^{-1} ab, dessen Bild $\log(F^{-1})$ ebenfalls eine Grundmasche des Gitters $2\log|\mathcal{O}^*|$ ist. Unter Beachtung von $N(x(td_{\mathfrak{a}})^{1/n}) = td_{\mathfrak{a}}$ für $x \in \mathbf{S}$ erhalten wir

$$\begin{aligned} f_F\Big(\mathfrak{a}, \frac{1}{t}\Big) &= \frac{1}{w} \int\limits_F \theta_{\mathfrak{a}}(ix/\sqrt[n]{td_{\mathfrak{a}}})d^*x \\ &= \frac{1}{w} \int\limits_{F^{-1}} \theta_{\mathfrak{a}}(-1/ix\sqrt[n]{td_{\mathfrak{a}}})d^*x \\ &= \frac{1}{w}\frac{(td_{\mathfrak{a}})^{1/2}}{\mathrm{vol}(\mathfrak{a})} \int\limits_{F^{-1}} \theta_{(\mathfrak{a}\mathfrak{d})^{-1}}(ix\sqrt[n]{td_{\mathfrak{a}}})d^*x \\ &= \frac{t^{1/2}}{w} \int\limits_{F^{-1}} \theta_{(\mathfrak{a}\mathfrak{d})^{-1}}(ix\sqrt[n]{t/d_{(\mathfrak{a}\mathfrak{d})^{-1}}})d^*x \\ &= t^{1/2} f_{F^{-1}}((\mathfrak{a}\mathfrak{d})^{-1}, t)\,. \end{aligned}$$

Damit ist die erste Formel gezeigt. Zum Beweis der zweiten schreiben wir

$$f_F(\mathfrak{a}, t) = \frac{1}{w}\int\limits_F d^*x + \frac{1}{w}\int\limits_F (\theta(\mathfrak{a}, ixt^{1/n}) - 1)d^*x = \frac{\mathrm{vol}(F)}{w} + r(t)\,.$$

Für die Funktion $r(t)$ gilt $r(t) = O(e^{-ct^{1/n}})$, $c > 0$, $t \to \infty$. Die Summanden von $\theta(\mathfrak{a}, ixt^{1/n}) - 1$ haben nämlich die Gestalt

$$e^{-\pi\langle ax,a\rangle\sqrt[n]{t'}}, \quad a \in \mathfrak{a},\ a \neq 0,\ t' = t/d_{\mathfrak{a}}\,.$$

Der Punkt $x = (x_\tau)$ variiert in dem kompakten Abschluß $\overline{F} \subseteq [\prod_\tau \mathbb{R}_+^*]^+$ von F, so daß $x_\tau \geq \delta > 0$ für alle τ, d.h.

$$\langle ax, a\rangle = \sum_\tau |\tau a|^2 x_\tau \geq \delta\langle a, a\rangle$$

und damit

$$r(t) \leq \frac{\mathrm{vol}(F)}{w}(\theta_{\mathfrak{a}}(i\delta\sqrt[n]{t'}) - 1)\,.$$

Wenn $m = \min\{\langle a, a\rangle \mid a \in \mathfrak{a},\ a \neq 0\}$ und $M = \#\{a \in \mathfrak{a} \mid \langle a, a\rangle = m\}$ ist, so wird

$$\theta_{\mathfrak{a}}(i\delta\sqrt[n]{t'}) - 1 = e^{-\pi\delta m\sqrt[n]{t'}}(M + \sum_{\langle a,a\rangle > m} e^{-\pi\delta(\langle a,a\rangle - m)\sqrt[n]{t'}}) = O(e^{-ct^{1/n}})$$

mit $c = \pi\delta m/d_{\mathfrak{a}}^{1/n}$. Wie behauptet ist also

$$f_F(\mathfrak{a}, t) = \frac{\mathrm{vol}(F)}{w} + O(e^{-ct^{1/n}}) = \frac{2^{r-1}}{w}R + O(e^{-ct^{1/n}})\,. \qquad \square$$

Dieser letzte Satz erlaubt nun die Anwendung des Mellin-Prinzips (1.4) auf die Funktionen $f_F(\mathfrak{a}, t)$. Es liefert für die partiellen Zetafunktionen

$$\zeta(\mathfrak{K}, s) = \sum_{\substack{\mathfrak{b} \in \mathfrak{K} \\ \text{ganz}}} \frac{1}{\mathfrak{N}(\mathfrak{b})^s}$$

das folgende Resultat, in dem die Bezeichnungen d_K, R, w und r für die Diskriminante, den Regulator, die Anzahl der Einheitswurzeln und die Anzahl der unendlichen Primstellen beibehalten sind.

(5.9) Theorem. *Die Funktion*

$$Z(\mathfrak{K}, s) = Z_\infty(s)\zeta(\mathfrak{K}, s), \quad \operatorname{Re}(s) > 1,$$

$Z_\infty(s) = |d_K|^{s/2}\pi^{-ns/2}\Gamma_K(s/2)$, *besitzt eine analytische Fortsetzung auf* $\mathbb{C} - \{0, 1\}$ *und genügt der Funktionalgleichung*

$$Z(\mathfrak{K}, s) = Z(\mathfrak{K}', 1 - s),$$

wobei die Idealklassen $\mathfrak{K}$ *und* $\mathfrak{K}'$ *durch* $\mathfrak{K}\mathfrak{K}' = [\,\mathfrak{d}\,]$ *zusammenhängen. Sie besitzt einfache Pole bei* $s = 0$ *und* $s = 1$ *mit den Residuen*

$$-\frac{2^r}{w} R \quad \text{bzw.} \quad \frac{2^r}{w} R.$$

Beweis: Sei $f(t) = f_F(\mathfrak{a}, t)$ und $g(t) = f_{F^{-1}}((\mathfrak{a}\mathfrak{d})^{-1}, t)$. Dann ist nach (5.8)

$$f\Big(\frac{1}{t}\Big) = t^{1/2} g(t)$$

und

$$f(t) = a_0 + O(e^{-ct^{1/n}}), \quad g(t) = a_0 + O(e^{-ct^{1/n}}),$$

mit $a_0 = \dfrac{2^{r-1}}{w} R$. Der Satz (1.4) sichert daher für die Mellin-Transformierten von f und g die analytische Fortsetzung, die Funktionalgleichung

$$L(f, s) = L\Big(g, \frac{1}{2} - s\Big)$$

und die einfachen Pole von $L(f, s)$ bei $s = 0$ und $s = \dfrac{1}{2}$ mit den Residuen $-a_0$ bzw. a_0. Daher besitzt

$$Z(\mathfrak{K}, s) = L\Big(f, \frac{s}{2}\Big)$$

eine analytische Fortsetzung auf $\mathbb{C} - \{0, 1\}$ mit einfachen Polen bei $s = 0$ und $s = 1$ und den Residuen

$$-2a_0 = -\frac{2^r}{w} R \quad \text{bzw.} \quad 2a_0 = \frac{2^r}{w} R$$

und genügt der Funktionalgleichung

$$Z(\mathfrak{K},s) = L\Big(f,\frac{s}{2}\Big) = L\Big(g,\frac{1-s}{2}\Big) = Z(\mathfrak{K}',1-s). \qquad \square$$

Aus diesem Theorem über die partiellen Zetafunktionen folgt sofort ein analoges Resultat über die **vollständige Zetafunktion** des Zahlkörpers K,

$$Z_K(s) = Z_\infty(s)\zeta_K(s) = \sum_{\mathfrak{K}} Z(\mathfrak{K},s).$$

(5.10) Korollar. *Die vollständige Zetafunktion $Z_K(s)$ besitzt eine analytische Fortsetzung auf $\mathbb{C} - \{0,1\}$ und genügt der Funktionalgleichung*

$$Z_K(s) = Z_K(1-s).$$

Sie besitzt einfache Pole bei $s=0$ und $s=1$ mit den Residuen

$$-\frac{2^r hR}{w} \quad \text{bzw.} \quad \frac{2^r hR}{w},$$

wobei h die Klassenzahl von K ist.

Das letzte Resultat besitzt die folgende direkte Verallgemeinerung. Zu jedem Charakter

$$\chi : J/P \to S^1$$

der Idealklassengruppe kann man die Zetafunktion

$$Z(\chi,s) = Z_\infty(s)\zeta(\chi,s)$$

bilden, wobei

$$\zeta(\chi,s) = \sum_{\mathfrak{a} \text{ ganz}} \frac{\chi(\mathfrak{a})}{\mathfrak{N}(\mathfrak{a})^s}$$

ist und $\chi(\mathfrak{a})$ den Wert $\chi(\mathfrak{K})$ der Klasse $\mathfrak{K} = [\mathfrak{a}]$ von $\mathfrak{a}$ bedeutet. Dann ist offenbar

$$Z(\chi,s) = \sum_{\mathfrak{K}} \chi(\mathfrak{K}) Z(\mathfrak{K},s),$$

und man erhält wegen $\mathfrak{K}' = \mathfrak{K}^{-1}[\mathfrak{d}]$ aus (5.9) die Funktionalgleichung

$$Z(\chi,s) = \chi(\mathfrak{d}) Z(\overline{\chi},1-s).$$

Wenn $\chi \neq \mathbf{1}$ ist, so ist $Z(\chi,s)$ holomorph auf ganz $\mathbb{C}$, weil $\sum_{\mathfrak{K}} \chi(\mathfrak{K}) = 0$.

Wir ziehen nunmehr die Konsequenzen für die ursprüngliche Dedekindsche Zetafunktion

$$\zeta_K(s) = \sum_{\mathfrak{a}} \frac{1}{\mathfrak{N}(\mathfrak{a})^s}, \quad \operatorname{Re}(s) > 1 .$$

Der unendliche Eulerfaktor $Z_\infty(s)$ ist nach § 4 explizit durch

$$Z_\infty(s) = |d_K|^{s/2} L_X(s) = |d_K|^{s/2} L_{\mathbb{R}}(s)^{r_1} L_{\mathbb{C}}(s)^{r_2}$$

gegeben, wobei r_1 und r_2 die Anzahl der reellen bzw. komplexen Primstellen bedeutet. Nach (4.3), (i) ist $Z_\infty(1) = |d_K|^{1/2}/\pi^{r_2}$. Wegen

$$\zeta_K(s) = Z_\infty(s)^{-1} Z_K(s) = |d_K|^{-s/2} L_X(s)^{-1} Z_K(s)$$

erhalten wir mit (4.4) das

(5.11) Korollar. *(i) Die Dedekindsche Zetafunktion $\zeta_K(s)$ hat eine analytische Fortsetzung auf $\mathbb{C} - \{1\}$.*

(ii) Sie hat in $s = 1$ einen einfachen Pol mit dem Residuum

$$\kappa = \frac{2^{r_1}(2\pi)^{r_2}}{w|d_K|^{1/2}} hR = hR/e^g .$$

Darin ist h die Klassenzahl und

$$g = \log \frac{w|d_K|^{1/2}}{2^{r_1}(2\pi)^{r_2}}$$

das **Geschlecht** *des Zahlkörpers K (vgl. Kap. III, (3.5)).*

(iii) Sie genügt der Funktionalgleichung

$$\zeta_K(1-s) = A(s)\zeta_K(s)$$

mit dem Faktor

$$A(s) = |d_K|^{s-\frac{1}{2}} \left(\cos \frac{\pi s}{2}\right)^{r_1+r_2} \left(\sin \frac{\pi s}{2}\right)^{r_2} L_{\mathbb{C}}(s)^n .$$

Der Beweis der analytischen Fortsetzbarkeit und der Funktionalgleichung der Dedekindschen Zetafunktion wurde zuerst von dem Mathematiker *Erich Hecke* (1887–1947) geführt, und zwar nach denjenigen Prinzipien, die wir hier, freilich in etwas anderer Form, dargelegt haben. Auch die in den folgenden § § 6–8 entwickelte Theorie geht vom Inhaltlichen her ebenfalls auf *Hecke* zurück.

Die Formel für das Residuum

$$\operatorname{Res}_{s=1}\zeta_K(s) = \frac{2^{r_1}(2\pi)^{r_2}}{w|d_K|^{1/2}} hR$$

ist im ständigen Sprachgebrauch als die **Klassenzahlformel** bekannt. Sie erlaubt es, die Klassenzahl h des Körpers K zu berechnen, wenn in ihm das Primzerlegungsgesetz hinreichend bekannt ist, um uns die Zetafunktion über das Eulerprodukt zur Berechnung in die Hand zu legen.

Höchst bemerkenswert ist die folgende Anwendung des Korollars (5.11) auf die Dirichletschen L-Reihen $L(\chi, s)$ (vgl. § 2), die sich durch die Betrachtung der Dedekindschen Zetafunktion $\zeta_K(s)$ für den Körper $K = \mathbb{Q}(\mu_m)$ der m-ten Einheitswurzeln ergibt. Sie gründet sich auf den

(5.12) Satz. *Ist $K = \mathbb{Q}(\mu_m)$ der Körper der m-ten Einheitswurzeln, so gilt*

$$\zeta_K(s) = G(s) \prod_{\chi} L(\chi, s),$$

wobei χ alle Dirichlet-Charaktere $\bmod m$ *durchläuft und*

$$G(s) = \prod_{\mathfrak{p}|m} (1 - \mathfrak{N}(\mathfrak{p})^{-s})^{-1}$$

ist.

Beweis: Der Beweis beruht auf dem Zerlegungsgesetz der Primzahlen p im Körper K. Sei $p = (\mathfrak{p}_1 \dots \mathfrak{p}_r)^e$ die Zerlegung der Primzahl p in K, und sei f der Grad der $\mathfrak{p}_i$, d.h. $\mathfrak{N}(\mathfrak{p}_i) = p^f$. Dann enthält $\zeta_K(s)$ den Faktor

$$\prod_{\mathfrak{p}|p} (1 - \mathfrak{N}(\mathfrak{p})^{-s})^{-1} = (1 - p^{-fs})^{-r}.$$

Andererseits liefern die L-Reihen den Faktor $\prod_\chi (1 - \chi(p)p^{-s})^{-1}$. Für $p|m$ ist dieser $= 1$. Sei $p \nmid m$. Nach Kap. I, (10.3) ist f die Ordnung von $p \bmod m$ in $(\mathbb{Z}/m\mathbb{Z})^*$ und $e = 1$. Wegen $efr = \varphi(m)$ ist $r = \varphi(m)/f$ der Index der von p erzeugten Untergruppe G_p in $G = (\mathbb{Z}/m\mathbb{Z})^*$. Die Zuordnung $\chi \mapsto \chi(p)$ liefert einen Isomorphismus $\widehat{G}_p \cong \mu_f$ und die exakte Sequenz

$$1 \to \widehat{G/G_p} \to \widehat{G} \to \mu_f \to 1,$$

wobei $\widehat{\ }$ die Charaktergruppen andeutet. Im Urbild von $\chi(p)$ liegen demnach $r = \#(\widehat{G/G_p}) = (G : G_p)$ Elemente. Es folgt

$$\begin{aligned}\prod_{\chi} (1 - \chi(p)p^{-s})^{-1} &= \prod_{\zeta \in \mu_f} (1 - \zeta p^{-s})^{-r} = (1 - p^{-fs})^{-r} \\ &= \prod_{\mathfrak{p}|p} (1 - \mathfrak{N}(\mathfrak{p})^{-s})^{-1}.\end{aligned}$$

Nehmen wir schließlich das Produkt über alle p, so ergibt sich $\zeta_K(s) = G(s)\prod_\chi L(\chi, s)$. □

Für den trivialen Charakter $\chi^0 \bmod m$ haben wir $L(\chi^0, s) = \prod_{p|m}(1-p^{-s})\zeta(s)$, so daß

$$\zeta_K(s) = G(s) \prod_{p|m}(1-p^{-s})\zeta(s) \prod_{\chi\neq\chi^0} L(\chi, s)\,.$$

Da $\zeta(s)$ und $\zeta_K(s)$ beide bei $s=1$ einen einfachen Pol haben, folgt der

(5.13) Satz. *Für jeden nicht-trivialen Dirichlet-Charakter χ ist*

$$L(\chi, 1) \neq 0\,.$$

So unscheinbar dieses Resultat aussehen mag, es liegt keineswegs an der Oberfläche und hat als konkrete Konsequenz den

(5.14) Dirichletschen Primzahlsatz. *In jeder* **arithmetischen Progression**

$$a,\ a\pm m,\ a\pm 2m,\ a\pm 3m, \ldots,\ \text{mit } (a,m)=1\,,$$

also in jeder Klasse $a \bmod m$ liegen unendlich viele Primzahlen.

Beweis: Sei χ ein Dirichlet-Charakter $\bmod m$. Dann gilt für $\mathrm{Re}(s) > 1$

$$\log L(\chi, s) = -\sum_p \log(1-\chi(p)p^{-s}) = \sum_p \sum_{m=1}^\infty \frac{\chi(p^m)}{mp^{ms}} = \sum_p \frac{\chi(p)}{p^s} + g_\chi(s)\,,$$

wobei $g_\chi(s)$ holomorph ist für $\mathrm{Re}(s) > \frac{1}{2}$, wie eine triviale Abschätzung zeigt. Dies mit $\chi(a^{-1})$ multipliziert und über alle Charaktere $\bmod m$ summiert, ergibt

$$\begin{aligned}\sum_\chi \chi(a^{-1}) \log L(\chi, s) &= \sum_\chi \sum_p \frac{\chi(a^{-1}p)}{p^s} + g(s)\\ &= \sum_{b=1}^m \sum_\chi \chi(a^{-1}b) \sum_{p\equiv b(m)} \frac{1}{p^s} + g(s)\\ &= \sum_{p\equiv a(m)} \frac{\varphi(m)}{p^s} + g(s)\,,\end{aligned}$$

wenn man beachtet, daß

$$\sum_{\chi} \chi(a^{-1}b) = \begin{cases} 0 & \text{, wenn } a \neq b\,, \\ \varphi(m) = \#(\mathbb{Z}/m\mathbb{Z})^* & \text{, wenn } a = b\,. \end{cases}$$

Bei dem Grenzübergang $s \to 1$ (s reell > 1) bleibt $\log L(\chi, s)$ für $\chi \neq \chi^0$ beschränkt wegen $L(\chi, 1) \neq 0$, während $\log L(\chi^0, s) = \sum_{p|m} \log(1 - p^{-s}) + \log \zeta(s)$ gegen ∞ geht, weil $\zeta(s)$ einen Pol hat. Die linke Seite der obigen Gleichung geht also gegen ∞, und weil $g(s)$ holomorph ist in $s = 1$, so wird

$$\lim_{s\to 1} \sum_{p \equiv a(m)} \frac{\varphi(m)}{p^s} = \infty\,.$$

Die Summe kann somit nicht nur endlich viele Summanden haben, und der Satz ist bewiesen. □

Für $a = 1$ kann man den Dirichletschen Primzahlsatz auch auf eine rein algebraische Weise beweisen (vgl. Kap. I, § 10, Aufgabe 1). Die Suche nach einem Beweis auch im allgemeinen Fall führte Dirichlet zur Betrachtung der L-Reihen $L(\chi, s)$. Durch diese analytische Methode erlangt man schärfere Resultate über die Verteilung der Primzahlen auf die Klassen $a \bmod m$. Wir kommen hierauf in allgemeinerem Rahmen in § 13 zurück.

§ 6. Hecke-Charaktere

Sei $\mathfrak{m}$ ein ganzes Ideal des Zahlkörpers K und $J^{\mathfrak{m}}$ die Gruppe der zu $\mathfrak{m}$ teilerfremden Ideale von K. Zu jedem Charakter

$$\chi : J^{\mathfrak{m}} \to S^1 = \{z \in \mathbb{C} \mid |z| = 1\}$$

kann man als gemeinsame Verallgemeinerung der Dirichletschen L-Reihen und der Dedekindschen Zetafunktion die L-Reihe

$$L(\chi, s) = \sum_{\mathfrak{a}} \frac{\chi(\mathfrak{a})}{\mathfrak{N}(\mathfrak{a})^s}$$

bilden. Dabei durchläuft $\mathfrak{a}$ die ganzen Ideale von K, und es ist $\chi(\mathfrak{a}) = 0$ gesetzt, wenn $(\mathfrak{a}, \mathfrak{m}) \neq 1$. Die Suche nach der größten Klasse von Charakteren χ, für die eine Funktionalgleichung der zugehörigen L-Reihe bewiesen werden kann, führte HECKE auf die *Größencharaktere*, die wir wie folgt definieren.

(6.1) Definition. *Ein* **Größencharakter** $\bmod \mathfrak{m}$ *ist ein Charakter* $\chi : J^{\mathfrak{m}} \to S^1$, *zu dem es ein Paar von Charakteren*

$$\chi_{\mathfrak{f}} : (\mathcal{O}/\mathfrak{m})^* \to S^1\,, \quad \chi_\infty : \mathbf{R}^* \to S^1$$

gibt, so daß

$$\chi((a)) = \chi_{\mathfrak{f}}(a)\chi_\infty(a)$$

für jede ganze, zu $\mathfrak{m}$ *teilerfremde Zahl* $a \in \mathcal{O}$.

Ein Charakter χ von $J^{\mathfrak{m}}$ ist schon dann ein Größencharakter mod $\mathfrak{m}$, wenn es einen Charakter χ_∞ von $\mathbf{R}^*$ gibt, so daß

$$\chi((a)) = \chi_\infty(a)$$

für alle $a \in \mathcal{O}$ mit $a \equiv 1 \bmod \mathfrak{m}$. Denn dann ist durch $\chi_{\mathfrak{f}}(a) = \chi((a))\chi_\infty(a)^{-1}$ ein Charakter $\chi_{\mathfrak{f}}$ von $(\mathcal{O}/\mathfrak{m})^*$ bestimmt mit

$$\chi((a)) = \chi_{\mathfrak{f}}(a)\chi_\infty(a)$$

für alle zu $\mathfrak{m}$ teilerfremden Zahlen $a \in \mathcal{O}$. Diese letzte Gleichung hebt hervor, daß die Einschränkung eines Größencharakters auf die Hauptideale in einen endlichen und einen unendlichen Teil zerfällt. Sie setzt sich von

$$\mathcal{O}^{(\mathfrak{m})} = \{a \in \mathcal{O} \mid (a, \mathfrak{m}) = 1\}$$

eindeutig auf die Gruppe

$$K^{(\mathfrak{m})} = \{a \in K^* \mid (a, \mathfrak{m}) = 1\}$$

aller zu $\mathfrak{m}$ teilerfremden gebrochenen Zahlen fort, weil jedes $a \in K^{(\mathfrak{m})}$ eine wohlbestimmte Klasse in $(\mathcal{O}/\mathfrak{m})^*$ festlegt. Der Charakter χ_∞ und damit auch der Charakter $\chi_{\mathfrak{f}}$ ist durch den Größencharakter χ eindeutig bestimmt, weil die Gruppe

$$K^{\mathfrak{m}} = \{a \in K^{(\mathfrak{m})} \mid a \equiv 1 \bmod \mathfrak{m}\}$$

nach dem Approximationssatz dicht in $\mathbf{R}^*$ liegt und $\chi_\infty(a) = \chi((a))$ für $a \in K^{\mathfrak{m}}$ gilt. Die Kongruenz $a \equiv 1 \bmod \mathfrak{m}$, daran sei erinnert, bedeutet, daß $a = b/c$ ist mit zwei ganzen, zu $\mathfrak{m}$ teilerfremden Zahlen b, c, so daß $b \equiv c \bmod \mathfrak{m}$ oder, gleichbedeutend damit, daß $a \in U_{\mathfrak{p}}^{(n_{\mathfrak{p}})} \subseteq K_{\mathfrak{p}}$ für $\mathfrak{p} | \mathfrak{m}$, wenn $\mathfrak{m} = \prod_{\mathfrak{p}} \mathfrak{p}^{n_{\mathfrak{p}}}$.

Der Charakter χ_∞ faktorisiert automatisch über $\mathbf{R}^*/\mathcal{O}^{\mathfrak{m}}$, wobei

$$\mathcal{O}^{\mathfrak{m}} = \{\varepsilon \in \mathcal{O}^* \mid \varepsilon \equiv 1 \bmod \mathfrak{m}\}\,,$$

denn für $\varepsilon \in \mathcal{O}^{\mathfrak{m}}$ ist ja $\chi_{\mathfrak{f}}(\varepsilon) = 1$, also $\chi_\infty(\varepsilon) = \chi_{\mathfrak{f}}(\varepsilon)\chi_\infty(\varepsilon) = \chi((\varepsilon)) = 1$. Die beiden zum Größencharakter χ gehörigen Charaktere $\chi_{\mathfrak{f}}$ und χ_∞ von $(\mathcal{O}/\mathfrak{m})^*$ bzw. $\mathbf{R}^*/\mathcal{O}^{\mathfrak{m}}$ genügen der Relation

$$\chi_{\mathfrak{f}}(\varepsilon)\chi_\infty(\varepsilon) = 1 \quad \text{für alle } \varepsilon \in \mathcal{O}^*,$$

und man kann zeigen, daß jedes solche Charakterpaar $(\chi_{\mathfrak{f}}, \chi_\infty)$ zu einem Größencharakter χ gehört (Aufgabe 5).

Will man die Größencharaktere von einem begrifflichen Standpunkt verstehen, so wird man auf die **Idele** geführt. Sie entstehen nämlich sämtlich aus den Charakteren der **Idelklassengruppe** des Zahlkörpers K. Wir werden von dieser abstrakteren Interpretation im weiteren keinen Gebrauch machen, erläutern sie aber am Schluß dieses Paragraphen.

(6.2) Satz. *Sei χ ein Größencharakter* $\bmod \mathfrak{m}$ *und* $\mathfrak{m}'$ *ein Teiler von* $\mathfrak{m}$. *Dann sind die folgenden Bedingungen äquivalent.*

(i) χ *ist die Einschränkung eines Größencharakters* $\chi' : J^{\mathfrak{m}'} \to S^1 \bmod \mathfrak{m}'$.

(ii) $\chi_{\mathfrak{f}}$ *faktorisiert über* $(\mathcal{O}/\mathfrak{m}')^*$.

Beweis: (i) $\Rightarrow$ (ii). Sei χ die Einschränkung des Größencharakters $\chi' : J^{\mathfrak{m}'} \to S^1$ und $\chi'_{\mathfrak{f}}$, χ'_∞ das zu χ' gehörige Charakterpaar. Sei $\tilde{\chi}_{\mathfrak{f}}$ bzw. $\tilde{\chi}_\infty$ das Kompositum von

$$(\mathcal{O}/\mathfrak{m})^* \to (\mathcal{O}/\mathfrak{m}')^* \xrightarrow{\chi'_{\mathfrak{f}}} S^1 \quad \text{bzw.} \quad \mathbf{R}^*/\mathcal{O}^{\mathfrak{m}} \to \mathbf{R}^*/\mathcal{O}^{\mathfrak{m}'} \xrightarrow{\chi'_\infty} S^1 .$$

Für $a \in \mathcal{O}^{(\mathfrak{m})} \subseteq \mathcal{O}^{(\mathfrak{m}')}$ gilt dann

$$\chi((a)) = \chi'((a)) = \chi'_{\mathfrak{f}}(a)\chi'_\infty(a) = \tilde{\chi}_{\mathfrak{f}}(a)\tilde{\chi}_\infty(a) ,$$

also $\chi_{\mathfrak{f}} = \tilde{\chi}_{\mathfrak{f}}$ und $\chi_\infty = \tilde{\chi}_\infty$, weil $\chi_{\mathfrak{f}}$ und χ_∞ eindeutig durch χ bestimmt sind. Daher faktorisiert $\chi_{\mathfrak{f}}$ über $(\mathcal{O}/\mathfrak{m}')^*$ (und χ_∞ über $\mathbf{R}^*/\mathcal{O}^{\mathfrak{m}'}$).

(ii) $\Rightarrow$ (i). Sei $\chi_{\mathfrak{f}}$ das Kompositum von $(\mathcal{O}/\mathfrak{m})^* \to (\mathcal{O}/\mathfrak{m}')^* \xrightarrow{\chi'_{\mathfrak{f}}} S^1$. In jeder Klasse $\mathfrak{a}' \bmod P^{\mathfrak{m}'} \in J^{\mathfrak{m}'}/P^{\mathfrak{m}'}$ liegt ein zu $\mathfrak{m}$ teilerfremdes Ideal $\mathfrak{a} \in J^{\mathfrak{m}}$, d.h. $\mathfrak{a}' = \mathfrak{a}a$ mit $(a) \in P^{\mathfrak{m}'}$. Wir setzen

$$\chi'(\mathfrak{a}') = \chi(\mathfrak{a})\chi'_{\mathfrak{f}}(a)\chi_\infty(a) .$$

Diese Definition hängt nicht von der Wahl des Ideals $\mathfrak{a} \in J^{\mathfrak{m}}$ ab, denn wenn $\mathfrak{a}' = \mathfrak{a}_1 a_1$, $\mathfrak{a}_1 \in J^{\mathfrak{m}}$, $(a_1) \in P^{\mathfrak{m}'}$, so ist $(aa_1^{-1}) \in J^{\mathfrak{m}}$ und

$$\begin{aligned}\chi(\mathfrak{a})\chi'_{\mathfrak{f}}(a)\chi_\infty(a) &= \chi(\mathfrak{a}_1)\chi((aa_1^{-1}))\chi_{\mathfrak{f}}(a^{-1}a_1)\chi_\infty(a^{-1}a_1)\chi'_{\mathfrak{f}}(a)\chi_\infty(a) \\ &= \chi(\mathfrak{a}_1)\chi'_{\mathfrak{f}}(a_1)\chi_\infty(a_1) .\end{aligned}$$

Die Einschränkung des Charakters χ' von $J^{\mathfrak{m}'}$ auf $J^{\mathfrak{m}}$ ist der Größencharakter χ von $J^{\mathfrak{m}}$, und wenn (a') ein zu $\mathfrak{m}'$ teilerfremdes Hauptideal ist und $a' = ab$, $(a) \in J^{\mathfrak{m}}$, $(b) \in P^{\mathfrak{m}'}$, so wird

$$\begin{aligned}\chi'((a')) &= \chi((a))\chi'((b)) = \chi((a))\chi'_{\mathfrak{f}}(b)\chi_\infty(b) = \chi_{\mathfrak{f}}(a)\chi_\infty(a)\chi'_{\mathfrak{f}}(b)\chi_\infty(b) \\ &= \chi'_{\mathfrak{f}}(ab)\chi_\infty(ab) = \chi'_{\mathfrak{f}}(a')\chi_\infty(a') .\end{aligned}$$

Daher ist χ' ein Größencharakter $\bmod \mathfrak{m}'$ mit dem zugehörigen Charakterpaar $\chi'_{\mathfrak{f}}, \chi_\infty$. □

Wir nennen den Größencharakter $\chi \bmod \mathfrak{m}$ **primitiv**, wenn er nicht die Einschränkung eines Größencharakters $\chi' \bmod \mathfrak{m}'$ für einen echten Teiler $\mathfrak{m}'|\mathfrak{m}$ ist. Dies ist nach (6.2) genau dann der Fall, wenn der Charakter $\chi_{\mathfrak{f}}$ von $(\mathcal{O}/\mathfrak{m})^*$ primitiv ist, d.h. nicht über $(\mathcal{O}/\mathfrak{m}')^*$ für einen echten Teiler $\mathfrak{m}'|\mathfrak{m}$ faktorisiert. Der **Führer** von χ ist der kleinste Teiler $\mathfrak{f}$ von $\mathfrak{m}$, so daß χ die Einschränkung eines Größencharakters $\bmod \mathfrak{f}$ ist. $\mathfrak{f}$ ist nach (6.2) der Führer von $\chi_{\mathfrak{f}}$, d.h. der kleinste Teiler von $\mathfrak{m}$, so daß $\chi_{\mathfrak{f}}$ über $(\mathcal{O}/\mathfrak{f})^*$ faktorisiert.

Wir betrachten als nächstes genauer den Charakter $\chi_{\mathfrak{f}}$ und danach den Charakter χ_∞.

(6.3) Definition. *Sei $\chi_{\mathfrak{f}}$ ein Charakter von $(\mathcal{O}/\mathfrak{m})^*$ und $y \in \mathfrak{m}^{-1}\mathfrak{d}^{-1}$, wobei $\mathfrak{d}$ die Differente von $K|\mathbb{Q}$ bedeutet. Dann definieren wir die* **Gaußsche Summe** *zu $\chi_{\mathfrak{f}}$ durch*

$$\tau_{\mathfrak{m}}(\chi_{\mathfrak{f}}, y) = \sum_{\substack{x \bmod \mathfrak{m} \\ (x,\mathfrak{m})=1}} \chi_{\mathfrak{f}}(x) e^{2\pi i \, Tr\,(xy)} ,$$

wobei x ein Repräsentantensystem von $(\mathcal{O}/\mathfrak{m})^*$ durchläuft.

Die Gaußsche Summe hängt nicht von der Wahl der Repräsentanten x ab, denn wenn $x' \equiv x \bmod \mathfrak{m}$, so ist $x'y - xy \in \mathfrak{m}\mathfrak{m}^{-1}\mathfrak{d}^{-1} = \mathfrak{d}^{-1} = \{a \in K \mid Tr\,(a) \in \mathbb{Z}\}$, also

$$Tr\,(x'y) \equiv Tr\,(xy) \bmod \mathbb{Z}$$

und somit $e^{2\pi i \, Tr\,(x'y)} = e^{2\pi i \, Tr\,(xy)}$. Ebenso sieht man, daß $\tau_{\mathfrak{m}}(\chi_{\mathfrak{f}}, y)$ nur von der Klasse $y + \mathfrak{d}^{-1}$ abhängt, also eine Funktion auf dem $\mathcal{O}/\mathfrak{m}$-Modul $\mathfrak{m}^{-1}\mathfrak{d}^{-1}/\mathfrak{d}^{-1}$ ist. Im Falle $K = \mathbb{Q}$, $\mathfrak{m} = (m)$ ist die Beziehung zur Gaußschen Summe, die wir in (2.5) eingeführt haben, durch $\tau(\chi_{\mathfrak{f}}, n) = \tau_{\mathfrak{m}}(\chi_{\mathfrak{f}}, \frac{n}{m})$ gegeben. Zu den Heckeschen Größencharakteren werden wir Theta-Reihen und L-Reihen bilden und Funktionalgleichungen für sie beweisen. Eine wesentliche Rolle werden dabei die folgenden Eigenschaften der Gaußschen Summe spielen.

(6.4) Theorem. *Sei $\chi_{\mathfrak{f}}$ ein primitiver Charakter von $(\mathcal{O}/\mathfrak{m})^*$, $y \in \mathfrak{m}^{-1}\mathfrak{d}^{-1}$ und $a \in \mathcal{O}$. Dann gilt*

$$\tau_{\mathfrak{m}}(\chi_{\mathfrak{f}}, ay) = \begin{cases} \overline{\chi}_{\mathfrak{f}}(a)\tau_{\mathfrak{m}}(\chi_{\mathfrak{f}}, y) , & \textit{falls } (a,\mathfrak{m}) = 1 , \\ 0 , & \textit{falls } (a,\mathfrak{m}) \neq 1 , \end{cases}$$

und überdies

$$|\tau_{\mathfrak{m}}(\chi_{\mathfrak{f}}, y)| = \sqrt{\mathfrak{N}(\mathfrak{m})}\,, \quad \textit{falls } (y\mathfrak{m}\mathfrak{d}, \mathfrak{m}) = 1\,.$$

Der schwierigste Teil des Theorems liegt in der letzten Behauptung. Wir treffen für ihren Nachweis die folgenden Vorbereitungen. Für die ganzen Ideale $\mathfrak{a} = \mathfrak{p}_1^{\nu_1} \ldots \mathfrak{p}_r^{\nu_r}$, $\nu_i \geq 1$, betrachten wir die **Möbiusfunktion**

$$\mu(\mathfrak{a}) = \begin{cases} 1, & \text{wenn } r = 0, \text{ d.h. } \mathfrak{a} = (1)\,, \\ (-1)^r\,, & \text{wenn } \nu_1 = \cdots = \nu_r = 1\,, \\ 0 & \text{sonst.} \end{cases}$$

Über diese Funktion hat man den

(6.5) Satz. *Wenn* $\mathfrak{a} \neq 1$, *so ist* $\sum\limits_{\mathfrak{b}|\mathfrak{a}} \mu(\mathfrak{b}) = 0$.

Beweis: Wenn $\mathfrak{a} = \mathfrak{p}_1^{\nu_1} \ldots \mathfrak{p}_r^{\nu_r}$, $\nu_i \geq 1$, so ist

$$\begin{aligned} \sum_{\mathfrak{b}|\mathfrak{a}} \mu(\mathfrak{b}) &= \mu(1) + \sum_i \mu(\mathfrak{p}_i) + \sum_{i_1<i_2} \mu(\mathfrak{p}_{i_1}\mathfrak{p}_{i_2}) + \cdots + \mu(\mathfrak{p}_1 \ldots \mathfrak{p}_r) \\ &= 1 + \tbinom{r}{1}(-1) + \tbinom{r}{2}(-1)^2 + \cdots + \tbinom{r}{r}(-1)^r = (1 + (-1))^r = 0\,. \end{aligned}$$

□

Wir betrachten nun für $y \in \mathfrak{m}^{-1}\mathfrak{d}^{-1}$ und jeden ganzen Teiler $\mathfrak{a}$ von $\mathfrak{m}$ die Summen

$$T_{\mathfrak{a}}(y) = \sum_{\substack{x \bmod \mathfrak{m} \\ (x,\mathfrak{m})=\mathfrak{a}}} e^{2\pi i\, Tr\,(xy)} \quad \text{und} \quad S_{\mathfrak{a}}(y) = \sum_{\substack{x \bmod \mathfrak{m} \\ \mathfrak{a}|x}} e^{2\pi i\, Tr\,(xy)}\,.$$

Diese Summen hängen nicht von der Wahl der Repräsentanten x ab, denn wenn $x' \equiv x \bmod \mathfrak{m}$, so ist $(x' - x)y \in \mathfrak{d}^{-1}$, also $Tr\,(x'y) \equiv Tr\,(xy) \bmod \mathbb{Z}$. Wir haben über sie das

(6.6) Lemma. *Es gilt*

$$T_1(y) = \sum_{\mathfrak{a}|\mathfrak{m}} \mu(\mathfrak{a}) S_{\mathfrak{a}}(y)$$

und für jeden Teiler $\mathfrak{a}|\mathfrak{m}$

$$S_{\mathfrak{a}}(y) = \begin{cases} \mathfrak{N}(\frac{\mathfrak{m}}{\mathfrak{a}}), & \textit{falls } y \in \mathfrak{a}^{-1}\mathfrak{d}^{-1}\,, \\ 0\,, & \textit{falls } y \notin \mathfrak{a}^{-1}\mathfrak{d}^{-1}\,. \end{cases}$$

Beweis: Wegen (6.5) ist

$$\sum_{\mathfrak{a}|\mathfrak{m}} \mu(\mathfrak{a}) S_{\mathfrak{a}}(y) = \sum_{\mathfrak{a}|\mathfrak{m}} \mu(\mathfrak{a}) \sum_{\substack{\mathfrak{b} \\ \mathfrak{a}|\mathfrak{b}|\mathfrak{m}}} T_{\mathfrak{b}}(y) = \sum_{\mathfrak{b}|\mathfrak{m}} T_{\mathfrak{b}}(y) \sum_{\mathfrak{a}|\mathfrak{b}} \mu(\mathfrak{a}) = T_1(y) .$$

Ist $y \in \mathfrak{a}^{-1}\mathfrak{d}^{-1}$ und $\mathfrak{a}|x$, so ist $xy \in \mathfrak{d}^{-1}$, also $Tr\,(xy) \in \mathbb{Z}$, d.h. alle Summanden in $S_{\mathfrak{a}}$ sind 1 und ihre Anzahl ist $\#(\mathfrak{a}/\mathfrak{m}) = \mathfrak{N}(\frac{\mathfrak{m}}{\mathfrak{a}})$. Ist dagegen $y \notin \mathfrak{a}^{-1}\mathfrak{d}^{-1}$, so finden wir in $\mathfrak{a}/\mathfrak{m}$ eine Klasse $z \bmod \mathfrak{m}$ mit $zy \notin \mathfrak{d}^{-1}$, d.h. $Tr\,(zy) \notin \mathbb{Z}$, also $e^{2\pi i\, Tr\,(zy)} \neq 1$, und es wird

$$e^{2\pi i\, Tr\,(zy)} S_{\mathfrak{a}}(y) = \sum_{\substack{x \bmod \mathfrak{m} \\ \mathfrak{a}|x}} e^{2\pi i\, Tr\,((x+z)y)} = S_{\mathfrak{a}}(y) ,$$

weil mit x auch $x+z$ die Klassen von $\mathfrak{a}/\mathfrak{m}$ durchläuft, so daß in der Tat $S_{\mathfrak{a}}(y) = 0$ ist. □

Beweis des Theorems (6.4): Sei $a \in \mathcal{O}$, $(a, \mathfrak{m}) = 1$. Mit x durchläuft dann auch xa ein Repräsentantensystem von $(\mathcal{O}/\mathfrak{m})^*$, und wir erhalten

$$\begin{aligned} \tau_{\mathfrak{m}}(\chi_{\mathfrak{f}}, ay) &= \sum_{\substack{x \bmod \mathfrak{m} \\ (x,\mathfrak{m})=1}} \chi_{\mathfrak{f}}(x) e^{2\pi i\, Tr\,(xay)} \\ &= \overline{\chi}_{\mathfrak{f}}(a) \sum_{\substack{x \bmod \mathfrak{m} \\ (x,\mathfrak{m})=1}} \chi_{\mathfrak{f}}(xa) e^{2\pi i\, Tr\,(xay)} \\ &= \overline{\chi}_{\mathfrak{f}}(a) \tau_{\mathfrak{m}}(\chi_{\mathfrak{f}}, y) . \end{aligned}$$

Sei $(a, \mathfrak{m}) = \mathfrak{m}_1 \neq 1$. Wegen der Primitivität von $\chi_{\mathfrak{f}}$ finden wir eine Klasse $b \bmod \mathfrak{m} \in (\mathcal{O}/\mathfrak{m})^*$, so daß

$$\chi_{\mathfrak{f}}(b) \neq 1 \quad \text{und} \quad b \equiv 1 \bmod \frac{\mathfrak{m}}{\mathfrak{m}_1} .$$

Es folgt $ab \equiv a \bmod \mathfrak{m}$, also $aby - ay \in \mathfrak{d}^{-1}$ und nach dem soeben Bewiesenen

$$\overline{\chi}_{\mathfrak{f}}(b) \tau_{\mathfrak{m}}(\chi_{\mathfrak{f}}, ay) = \tau_{\mathfrak{m}}(\chi_{\mathfrak{f}}, bay) = \tau_{\mathfrak{m}}(\chi_{\mathfrak{f}}, ay) ,$$

so daß wegen $\overline{\chi}_{\mathfrak{f}}(b) \neq 1$ in der Tat $\tau_{\mathfrak{m}}(\chi_{\mathfrak{f}}, ay) = 0$ gilt.

Für den Betrag der Gaußschen Summe haben wir mit (6.6)

$$\begin{aligned}
|\tau_{\mathfrak{m}}(\chi_{\mathfrak{f}},y)|^2 &= \tau_{\mathfrak{m}}(\chi_{\mathfrak{f}},y)\overline{\tau_{\mathfrak{m}}(\chi_{\mathfrak{f}},y)} \\
&= \sum_{\substack{x \bmod \mathfrak{m}\\(x,\mathfrak{m})=1}} \tau_{\mathfrak{m}}(\chi_{\mathfrak{f}},y)\overline{\chi}_{\mathfrak{f}}(x)e^{-2\pi i\,Tr\,(xy)} \\
&= \sum_{\substack{x \bmod \mathfrak{m}\\(x,\mathfrak{m})=1}} \tau_{\mathfrak{m}}(\chi_{\mathfrak{f}},xy)e^{-2\pi i\,Tr\,(xy)} \\
&= \sum_{\substack{z \bmod \mathfrak{m}\\(z,\mathfrak{m})=1}} \sum_{\substack{x \bmod \mathfrak{m}\\(x,\mathfrak{m})=1}} \chi_{\mathfrak{f}}(z)e^{2\pi i\,Tr\,(xy(z-1))} \\
&= \sum_{\substack{z \bmod \mathfrak{m}\\(z,\mathfrak{m})=1}} \chi_{\mathfrak{f}}(z)T_1(y(z-1)) \\
&= \sum_{\substack{z \bmod \mathfrak{m}\\(z,\mathfrak{m})=1}} \chi_{\mathfrak{f}}(z)\sum_{\mathfrak{a}|\mathfrak{m}} \mu(\mathfrak{a})S_{\mathfrak{a}}(y(z-1))\,.
\end{aligned}$$

Wir benutzen jetzt die Bedingung $(y\mathfrak{m}\mathfrak{d},\mathfrak{m}) = 1$. Sie impliziert

$$y(z-1) \in \mathfrak{a}^{-1}\mathfrak{d}^{-1} \iff z \equiv 1 \bmod \frac{\mathfrak{m}}{\mathfrak{a}}\,.$$

Ist nämlich $z-1 \in \mathfrak{a}^{-1}\mathfrak{m}$, so ist $y(z-1) \in \mathfrak{m}^{-1}\mathfrak{d}^{-1}\mathfrak{a}^{-1}\mathfrak{m} = \mathfrak{a}^{-1}\mathfrak{d}^{-1}$. Ist aber $z \not\equiv 1 \bmod \frac{\mathfrak{m}}{\mathfrak{a}}$, also $\frac{\mathfrak{m}}{\mathfrak{a}} \nmid (z-1)$, so ist $v_{\mathfrak{p}}(z-1) < v_{\mathfrak{p}}(\frac{\mathfrak{m}}{\mathfrak{a}})$ für einen Primteiler $\mathfrak{p}$ von $\frac{\mathfrak{m}}{\mathfrak{a}}$. Wegen $(y\mathfrak{m}\mathfrak{d},\mathfrak{m}) = 1$ ist $v_{\mathfrak{p}}(y\mathfrak{m}\mathfrak{d}) = 0$, also $v_{\mathfrak{p}}(y) = -v_{\mathfrak{p}}(\mathfrak{m}) - v_{\mathfrak{p}}(\mathfrak{d})$ und

$$v_{\mathfrak{p}}(y(z-1)) < v_{\mathfrak{p}}(\mathfrak{m}) - v_{\mathfrak{p}}(\mathfrak{a}) + v_{\mathfrak{p}}(y) = -v_{\mathfrak{p}}(\mathfrak{a}) - v_{\mathfrak{p}}(\mathfrak{d}) = v_{\mathfrak{p}}(\mathfrak{a}^{-1}\mathfrak{d}^{-1})\,,$$

und daher $y(z-1) \notin \mathfrak{a}^{-1}\mathfrak{d}^{-1}$. Hiermit und mit (6.6) erhalten wir

$$|\tau_{\mathfrak{m}}(\chi_{\mathfrak{f}},y)|^2 = \sum_{\mathfrak{a}|\mathfrak{m}} \mu(\mathfrak{a})\mathfrak{N}\Big(\frac{\mathfrak{m}}{\mathfrak{a}}\Big) \sum_{\substack{z \bmod \mathfrak{m}\\ z\equiv 1 \bmod \mathfrak{m}/\mathfrak{a}}} \chi_{\mathfrak{f}}(z)\,.$$

Für $\mathfrak{a} \neq 1$ verschwindet die letzte Charaktersumme, weil $\chi_{\mathfrak{f}}$ primititv ist, also auf der Untergruppe der $z \bmod \mathfrak{m} \in (\mathcal{O}/\mathfrak{m})^*$ mit $z \equiv 1 \bmod \mathfrak{m}/\mathfrak{a}$ nicht verschwindet: Sie reproduziert sich durch Multiplikation mit einem Charakterwert $\chi_{\mathfrak{f}}(x) \neq 1$. Es ist also in der Tat $|\tau_{\mathfrak{m}}(\chi_{\mathfrak{f}},y)|^2 = \mathfrak{N}(\mathfrak{m})$. Damit ist das Theorem in allen Teilen bewiesen. □

Nach den Charakteren $\chi_{\mathfrak{f}}$ von $(\mathcal{O}/\mathfrak{m})^*$ wenden wir uns jetzt den Charakteren χ_∞ von $\mathbf{R}^*$ zu. Sie bestimmen sich explizit wie folgt.

(6.7) Satz. *Die Charaktere λ von $\mathbf{R}^*$, also die stetigen Homomorphismen*

$$\lambda : \mathbf{R}^* \to S^1$$

sind explizit durch

$$\lambda(x) = N(x^p\,|x|^{-p+iq})$$

gegeben mit einem zulässigen $p \in \prod_\tau \mathbb{Z}$ *(vgl. § 3, S. 469) und einem* $q \in \mathbf{R}_\pm$. p *und* q *sind durch* λ *eindeutig bestimmt.*

Beweis: Für jedes $x \in \mathbf{R}^*$ können wir $x = \frac{x}{|x|}\,|x|$ schreiben und erhalten eine Zerlegung

$$\mathbf{R}^* = \mathbf{U} \times \mathbf{R}_+^*\,,$$

wobei $\mathbf{U} = \{x \in \mathbf{R}^* \mid |x| = 1\}$ ist. Es genügt also, die Charaktere von $\mathbf{U}$ und $\mathbf{R}_+^*$ getrennt zu bestimmen. Für die Elemente $\tau \in \mathrm{Hom}(K, \mathbb{C})$ schreiben wir $\rho = \tau$, wenn $\tau = \bar{\tau}$, und wählen aus jedem Paar $\{\tau, \bar{\tau}\}$ mit $\tau \neq \bar{\tau}$ ein Element σ aus. Dann ist

$$\mathbf{U} = [\prod_\tau S^1\,]^+ = \prod_\rho \{\pm 1\} \times \prod_\sigma [\,S^1 \times S^1\,]^+\,,$$

und $S^1 \to [\,S^1 \times S^1\,]^+$, $x_\sigma \mapsto (x_\sigma, \bar{x}_\sigma)$, ist ein topologischer Isomorphismus. Die Charaktere von $\{\pm 1\}$ werden in eineindeutiger Weise durch Potenzierung mit einem $p_\rho \in \{0, 1\}$ gegeben und die Charaktere von S^1 in eineindeutiger Weise durch $x_\sigma \mapsto x_\sigma^k$, $k \in \mathbb{Z}$. Über die Zuordnung $k \mapsto (k, 0)$ bzw. $(0, -k)$, je nachdem $k \geq 0$ oder $k \leq 0$, erhalten wir die Charaktere von $[\,S^1 \times S^1\,]^+$ eineindeutig durch die Paare $(p_\tau, p_{\bar{\tau}})$ mit $p_\tau, p_{\bar{\tau}} \geq 0$ und $p_\tau p_{\bar{\tau}} = 0$. Die Charaktere von $\mathbf{U}$ sind daher durch

$$\lambda(x) = N(x^p)$$

gegeben mit einem eindeutig bestimmten zulässigen $p \in \prod_\tau \mathbb{Z}$.

Die Charaktere von $\mathbf{R}_+^*$ erhalten wir über den topologischen Isomorphismus

$$\log : \mathbf{R}_+^* \to \mathbf{R}_\pm\,.$$

Schreiben wir wie oben

$$\mathbf{R}_\pm = \prod_\rho \mathbb{R} \times \prod_\sigma [\,\mathbb{R} \times \mathbb{R}\,]^+$$

und beachten wir die Isomorphie $[\,\mathbb{R} \times \mathbb{R}\,]^+ \xrightarrow{\sim} \mathbb{R}$, $(x_\sigma, x_\sigma) \mapsto 2x_\sigma$, so sehen wir, daß ein Charakter von $\mathbf{R}_\pm$ in eineindeutiger Weise durch ein System (q_ρ, q_σ) vermöge

$$x \mapsto \prod_\rho e^{iq_\rho x_\rho} \prod_\sigma e^{2iq_\sigma x_\sigma}$$

gegeben ist, also durch ein Element $q \in \mathbf{R}_\pm$ vermöge $x \mapsto N(e^{iqx})$. Über den Isomorphismus log erhalten wir somit einen Charakter λ von $\mathbf{R}_+^*$ durch $y \mapsto N(e^{iq\log y}) = N(y^{iq})$ mit eindeutig bestimmtem $q \in \mathbf{R}_\pm$.

Aufgrund der Zerlegung $x = \frac{x}{|x|}\,|x|$ ergeben sich somit die Charaktere λ von $\mathbf{R}^*$ durch

$$\lambda(x) = N\Big(\Big(\frac{x}{|x|}\Big)^p\,|x|^{iq}\Big) = N(x^p|x|^{-p+iq})\,. \qquad \square$$

Wenn der zum Größencharakter $\chi : J^{\mathfrak{m}} \to S^1$ gehörige Charakter χ_∞ durch

$$\chi_\infty(x) = N(x^p|x|^{-p+iq})$$

gegeben ist, so sagen wir, χ ist **vom Typ** (p,q), und nennen $p - iq$ den **Exponenten** von χ. Da χ_∞ über $\mathbf{R}^*/\mathcal{O}^{\mathfrak{m}}$ faktorisiert, kommen nicht sämtliche Exponenten vor (vgl. Aufgabe 3).

Unter die Größencharaktere lassen sich insbesondere die verallgemeinerten *Dirichlet-Charaktere* einordnen, die wie folgt definiert sind. Zum **Modul**

$$\mathfrak{m} = \prod_{\mathfrak{p}\nmid\infty} \mathfrak{p}^{n_\mathfrak{p}}$$

bilden wir die **Strahlklassengruppe** $J^{\mathfrak{m}}/P^{\mathfrak{m}} \bmod \mathfrak{m}$ (vgl. Kap. VI, § 1). Dabei ist $J^{\mathfrak{m}}$ die Gruppe aller zu $\mathfrak{m}$ teilerfremden Ideale und $P^{\mathfrak{m}}$ die Gruppe der gebrochenen Hauptideale (a) mit

$$a \equiv 1 \bmod \mathfrak{m} \quad \text{und } a \text{ total positiv.}$$

Letzteres bedeutet $\tau a > 0$ für jede reelle Einbettung $\tau : K \to \mathbb{R}$.

(6.8) Definition. *Ein* **Dirichlet-Charakter** $\bmod \mathfrak{m}$ *ist ein Charakter*

$$\chi : J^{\mathfrak{m}}/P^{\mathfrak{m}} \to S^1$$

der Strahlklassengruppe $\bmod \mathfrak{m}$, *also ein Charakter* $\chi : J^{\mathfrak{m}} \to S^1$ *mit* $\chi(P^{\mathfrak{m}}) = 1$.

Der **Führer** eines Dirichlet-Charakters $\chi \bmod \mathfrak{m}$ ist als der kleinste in $\mathfrak{m}$ aufgehende Modul $\mathfrak{f}$ erklärt, so daß χ über $J^{\mathfrak{f}}/P^{\mathfrak{f}}$ faktorisiert.

(6.9) Satz. *Die Dirichlet-Charaktere* $\chi \bmod \mathfrak{m}$ *sind gerade die Größencharaktere* $\bmod \mathfrak{m}$ *vom Typ* $(p,0)$, $p = (p_\tau)$, *so daß* $p_\tau = 0$ *für alle komplexen* τ. *Es gilt also*

$$\chi((a)) = \chi_{\mathfrak{f}}(a) N\Big(\Big(\frac{a}{|a|}\Big)^p\Big)$$

mit einem Charakter $\chi_{\mathfrak{f}}$ *von* $(\mathcal{O}/\mathfrak{m})^*$. *Der Führer des Dirichlet-Charakters ist gleichzeitig der Führer des zugehörigen Größencharakters.*

Beweis: Sei χ ein Größencharakter $\bmod \mathfrak{m}$ mit den zugehörigen Charakteren $\chi_\mathfrak{f}$, χ_∞ von $(\mathcal{O}/\mathfrak{m})^*$, $\mathbf{R}^*/\mathcal{O}^\mathfrak{m}$, so daß χ_∞ vom Typ $(p,0)$ ist mit $p_\tau = 0$ für τ komplex. Für total positives $a \in \mathcal{O}$ mit $a \equiv 1 \bmod \mathfrak{m}$ gilt dann offensichtlich $\chi_\mathfrak{f}(a) = 1$ und $\chi_\infty(a) = 1$, mithin $\chi((a)) = \chi_\mathfrak{f}(a)\chi_\infty(a) = 1$. Daher faktorisiert χ über $J^\mathfrak{m}/P^\mathfrak{m}$, ist also ein Dirichlet-Charakter $\bmod \mathfrak{m}$.

Sei umgekehrt χ ein Dirichlet-Charakter $\bmod \mathfrak{m}$, also ein Charakter von $J^\mathfrak{m}$ mit $\chi(P^\mathfrak{m}) = 1$. Sei $K^\mathfrak{m} = \{a \in K^* \mid a \equiv 1 \bmod \mathfrak{m}\}$, $K_+^\mathfrak{m} = \{a \in K^\mathfrak{m} \mid a \text{ total positiv}\}$ und $\mathbf{R}^*_{(+)} = \{(x_\tau) \in \mathbf{R}^* \mid x_\tau > 0 \text{ für } \tau \text{ reell}\}$. Dann haben wir einen Isomorphismus

$$K^\mathfrak{m}/K_+^\mathfrak{m} \to \mathbf{R}^*/\mathbf{R}^*_{(+)} \cong \prod_{\mathfrak{p} \text{ reell}} \{\pm 1\}.$$

Das Kompositum von

$$K^\mathfrak{m}/K_+^\mathfrak{m} \xrightarrow{(\ )} J^\mathfrak{m}/P^\mathfrak{m} \xrightarrow{\chi} S^1$$

wird also ein Charakter von $\mathbf{R}^*/\mathbf{R}^*_{(+)}$. Dieser wird induziert durch einen Charakter χ_∞ von $\mathbf{R}^*$, der wegen $\chi_\infty(\mathbf{R}^*_{(+)}) = 1$ von der Form $\chi_\infty(x) = N((\frac{x}{|x|})^p)$ ist mit $p = (p_\tau)$, $p_\tau \in \{0,1\}$ für τ reell und $p_\tau = 0$ für τ komplex. Es gilt $\chi((a)) = \chi_\infty(a)$ für $a \in K^\mathfrak{m}$, und wir erhalten durch

$$\chi_\mathfrak{f}(a) = \chi((a))\chi_\infty(a)^{-1}$$

einen Charakter von $(\mathcal{O}/\mathfrak{m})^*$. χ ist daher in der Tat ein Größencharakter der behaupteten Art.

Sei $\mathfrak{f}$ der Führer des Dirichlet-Charakters $\chi \bmod \mathfrak{m}$ und $\mathfrak{f}'$ der Führer des zugehörigen Größencharakters $\bmod \mathfrak{m}$. Dann wird $\chi : J^\mathfrak{m}/P^\mathfrak{m} \to S^1$ durch einen Charakter $\chi' : J^\mathfrak{f}/P^\mathfrak{f} \to S^1$ induziert, so daß der Größencharakter $\chi : J^\mathfrak{m} \to S^1 \bmod \mathfrak{m}$ die Einschränkung des Größencharakters $\chi' : J^\mathfrak{f} \to S^1$ ist. Daher gilt $\mathfrak{f}' | \mathfrak{f}$. Andererseits ist der Größencharakter $\chi : J^\mathfrak{m} \to S^1$ die Einschränkung eines Größencharakters $\chi'' : J^{\mathfrak{f}'} \to S^1$, so daß $\chi_\mathfrak{f}$ das Kompositum von $(\mathcal{O}/\mathfrak{m})^* \to (\mathcal{O}/\mathfrak{f}')^* \xrightarrow{\chi''_\mathfrak{f}} S^1$ ist (vgl. (6.2)). Nach dem obigen liefert χ'' einen Charakter $J^{\mathfrak{f}'}/P^{\mathfrak{f}'} \to S^1$, so daß der Dirichlet-Charakter $\chi : J^\mathfrak{m}/P^\mathfrak{m} \to S^1$ über $J^{\mathfrak{f}'}/P^{\mathfrak{f}'}$ faktorisiert. Daher ist $\mathfrak{f} | \mathfrak{f}'$, d.h. $\mathfrak{f} = \mathfrak{f}'$. □

(6.10) Korollar. *Die Charaktere der Idealklassengruppe $Cl_K = J/P$, also die Charaktere $\chi : J \to S^1$ mit $\chi(P) = 1$, sind gerade die Größencharaktere $\chi \bmod 1$ mit $\chi_\infty = 1$.*

Beweis: Für $\mathfrak{m} = 1$ ist $(\mathcal{O}/\mathfrak{m})^* = \{1\}$. Ein Charakter χ von J/P ist ein Größencharakter $\bmod 1$. Der zugehörige Charakter $\chi_\mathfrak{f}$ ist trivial, so daß $\chi_\infty(a) = \chi_\mathfrak{f}(a)^{-1}\chi((a)) = 1$, und damit $\chi_\infty = 1$, weil K^* dicht in $\mathbf{R}^*$ liegt. Ist umgekehrt χ ein Größencharakter mod 1 mit $\chi_\infty = 1$, so ist

$$\chi((a)) = \chi_\mathfrak{f}(a)\chi_\infty(a) = \chi_\mathfrak{f}(a) = 1$$

für $a \in K^*$. Somit ist $\chi(P) = 1$, und χ ist ein Charakter der Idealklassengruppe. □

Wir wollen zum Schluß die Beziehung der Größencharaktere zu den Charakteren der Idelklassengruppe studieren.

(6.11) Definition. *Ein* **Hecke-Charakter** *ist ein Charakter der Idelklassengruppe $C = I/K^*$ des Zahlkörpers K, also ein stetiger Homomorphismus*

$$\chi : I \to S^1$$

der Idelgruppe $I = \prod_\mathfrak{p} K_\mathfrak{p}^*$ mit $\chi(K^*) = 1$.

Um die Hecke-Charaktere genauer in die Hand zu bekommen, betrachten wir ein ganzes Ideal $\mathfrak{m} = \prod_\mathfrak{p} \mathfrak{p}^{n_\mathfrak{p}}$ von K, d.h. $n_\mathfrak{p} \geq 0$ und $n_\mathfrak{p} = 0$ für $\mathfrak{p}|\infty$. Zu diesem Ideal bilden wir in I die *Untergruppe*

$$\overline{I}^\mathfrak{m} = I_\mathfrak{f}^\mathfrak{m} \times I_\infty \quad \text{mit} \quad I_\mathfrak{f}^\mathfrak{m} = \prod_{\mathfrak{p}\nmid\infty} U_\mathfrak{p}^{(n_\mathfrak{p})}, \quad I_\infty = \prod_{\mathfrak{p}|\infty} K_\mathfrak{p}^* .$$

Für $\mathfrak{p} \nmid \infty$ ist $U_\mathfrak{p}^{(n)}$ die Einheitengruppe $U_\mathfrak{p}$ für $n = 0$ und die n-te Einseinheitengruppe für $n \geq 1$. Wir interpretieren I_∞ als die multiplikative Gruppe $\mathbf{R}^*$ der $\mathbb{R}$-Algebra $\mathbf{R} = K \otimes_\mathbb{Q} \mathbb{R} = \prod_{\mathfrak{p}|\infty} K_\mathfrak{p}$. Man beachte, daß $\overline{I}^\mathfrak{m}$ geringfügig von der in Kap. VI, § 1 definierten Kongruenzuntergruppe $I^\mathfrak{m} = \prod_\mathfrak{p} U_\mathfrak{p}^{(n_\mathfrak{p})}$ abweicht, wo anstelle des Faktors $K_\mathfrak{p}^*$ für reelles $\mathfrak{p}$ der Faktor $U_\mathfrak{p}^{(0)} = \mathbb{R}_+^*$ tritt. Dementsprechend ist $I/\overline{I}^\mathfrak{m} K^*$ nicht die Strahlklassengruppe $J^\mathfrak{m}/P^\mathfrak{m}$ mod $\mathfrak{m}$, sondern isomorph zur Faktorgruppe $J^\mathfrak{m}/\overline{P}^\mathfrak{m}$ nach der Gruppe $\overline{P}^\mathfrak{m}$ aller Hauptideale (a) mit $a \equiv 1 \bmod \mathfrak{m}$, was man genauso sieht wie Kap. VI, (1.9). $J^\mathfrak{m}/\overline{P}^\mathfrak{m}$ möge die *kleine Strahlklassengruppe* heißen.

Wir nennen $\mathfrak{m}$ einen **Erklärungsmodul** des Hecke-Charakters χ, wenn

$$\chi(I_\mathfrak{f}^\mathfrak{m}) = 1 .$$

Jeder Hecke-Charakter besitzt einen Erklärungsmodul, denn das Bild von $\chi : \prod_{\mathfrak{p}\nmid\infty} U_\mathfrak{p} \to S^1$ ist eine kompakte und total unzusammenhängende Untergruppe von S^1, also endlich, so daß der Kern eine Untergruppe der Form $\prod_{\mathfrak{p}\nmid\infty} U_{\mathfrak{p}}^{(n_{\mathfrak{p}})}$ mit $n_{\mathfrak{p}} = 0$ für fast alle $\mathfrak{p}$ enthalten muß. Sie läßt das Ideal $\mathfrak{m} = \prod_{\mathfrak{p}\nmid\infty} \mathfrak{p}^{n_{\mathfrak{p}}}$ als Erklärungsmodul zu.

Wegen $\chi(I_{\mathrm{f}}^{\mathfrak{m}}) = 1$ induziert der Charakter $\chi : C = I/K^* \to S^1$ einen Charakter

$$\chi : C(\mathfrak{m}) \to S^1$$

der Gruppe

$$C(\mathfrak{m}) = I/I_{\mathrm{f}}^{\mathfrak{m}} K^* .$$

Er faktorisiert aber i.a. nicht über die kleine Strahlklassengruppe $I/\overline{I}^{\mathfrak{m}} K^* \cong J^{\mathfrak{m}}/\overline{P}^{\mathfrak{m}}$ (vgl. Kap. VI, (1.7), (1.9)), die mit $C(\mathfrak{m})$ wie folgt zusammenhängt.

(6.12) Satz. *Es besteht eine exakte Sequenz*

$$1 \to \mathbf{R}^*/\mathcal{O}^{\mathfrak{m}} \to C(\mathfrak{m}) \to J^{\mathfrak{m}}/\overline{P}^{\mathfrak{m}} \to 1 .$$

Beweis: Die Aussage folgt unmittelbar aus den beiden exakten Sequenzen

$$1 \to \overline{I}^{\mathfrak{m}} K^*/I_{\mathrm{f}}^{\mathfrak{m}} K^* \to I/I_{\mathrm{f}}^{\mathfrak{m}} K^* \to I/\overline{I}^{\mathfrak{m}} K^* \to 1 ,$$

$$1 \to \overline{I}^{\mathfrak{m}} \cap K^*/I_{\mathrm{f}}^{\mathfrak{m}} \cap K^* \to \overline{I}^{\mathfrak{m}}/I_{\mathrm{f}}^{\mathfrak{m}} \to \overline{I}^{\mathfrak{m}} K^*/I_{\mathrm{f}}^{\mathfrak{m}} K^* \to 1 .$$

In der zweiten ist $\overline{I}^{\mathfrak{m}} \cap K^* = \mathcal{O}^{\mathfrak{m}}$, $I_{\mathrm{f}}^{\mathfrak{m}} \cap K^* = 1$ und $\overline{I}^{\mathfrak{m}}/I_{\mathrm{f}}^{\mathfrak{m}} = I_\infty = \mathbf{R}^*$, so daß $\overline{I}^{\mathfrak{m}} K^*/I_{\mathrm{f}}^{\mathfrak{m}} K^* = \mathbf{R}^*/\mathcal{O}^{\mathfrak{m}}$ ist. □

Aus einem Hecke-Charakter χ mit dem Erklärungsmodul $\mathfrak{m}$ entsteht nun ein Größencharakter $\bmod \mathfrak{m}$ wie folgt. Für jedes $\mathfrak{p} \nmid \infty$ wählen wir ein festes Primelement $\pi_{\mathfrak{p}}$ von $K_{\mathfrak{p}}$ und erhalten einen Homomorphismus

$$c : J^{\mathfrak{m}} \to C(\mathfrak{m}) ,$$

der jedem Primideal $\mathfrak{p} \nmid \mathfrak{m}$ die Klasse des Idels $\langle \pi_{\mathfrak{p}} \rangle = (\dots, 1, 1, \pi_{\mathfrak{p}}, 1, 1, \dots)$ zuordnet. Diese Zuordnung hängt nicht von der Wahl der Primelemente ab, weil die Idele $\langle u_{\mathfrak{p}} \rangle$, $u_{\mathfrak{p}} \in U_{\mathfrak{p}}$, für $\mathfrak{p} \nmid \mathfrak{m}$ in $I_{\mathrm{f}}^{\mathfrak{m}}$ liegen. Die Bildung des Kompositums

$$J^{\mathfrak{m}} \xrightarrow{c} C(\mathfrak{m}) \xrightarrow{\chi} S^1$$

liefert eine 1-1-Korrespondenz zwischen den Hecke-Charakteren zum Erklärungsmodul $\mathfrak{m}$ und den Größencharakteren $\bmod \mathfrak{m}$. Dies beruht auf dem folgenden

(6.13) Satz. *Es besteht eine kanonische exakte Sequenz*

$$1 \to K^{(\mathfrak{m})}/\mathcal{O}^{\mathfrak{m}} \xrightarrow{\delta} J^{\mathfrak{m}} \times (\mathcal{O}/\mathfrak{m})^* \times \mathbf{R}^*/\mathcal{O}^{\mathfrak{m}} \xrightarrow{f} C(\mathfrak{m}) \to 1,$$

wobei δ durch

$$\delta(a) = ((a)^{-1},\ a \bmod \mathfrak{m},\ a \bmod \mathcal{O}^{\mathfrak{m}})$$

gegeben ist.

Beweis: Für jedes $a \in K^{(\mathfrak{m})}$ sei $\hat{a} \in I$ das Idel mit den Komponenten $\hat{a}_\mathfrak{p} = a$ für $\mathfrak{p} \nmid \mathfrak{m}\infty$ und $\hat{a}_\mathfrak{p} = 1$ für $\mathfrak{p}|\mathfrak{m}\infty$. Dann ist offenbar

$$c((a)) = \hat{a} \bmod I_\mathfrak{f}^\mathfrak{m} K^*.$$

Wir zerlegen das Hauptidel a gemäß $I = I_\mathfrak{f} \times I_\infty$ in das Produkt $a = a_\mathfrak{f} a_\infty$ und definieren die Homomorphismen

$$\varphi : (\mathcal{O}/\mathfrak{m})^* \to C(\mathfrak{m}), \quad \psi : \mathbf{R}^*/\mathcal{O}^{\mathfrak{m}} \to C(\mathfrak{m})$$

durch

$$\varphi(a) = \hat{a} a_\infty \bmod I_\mathfrak{f}^\mathfrak{m} K^*, \quad \psi(b) = b^{-1} \bmod I_\mathfrak{f}^\mathfrak{m} K^*,$$

wobei wir jedes $b \in \mathbf{R}^* = I_\infty$ als Idel in I auffassen. Für $a \in \mathcal{O}$, $a \equiv 1 \bmod \mathfrak{m}$, ist $a_\mathfrak{f}\hat{a}^{-1} \in I_\mathfrak{f}^\mathfrak{m} \subseteq I$, so daß in $C(\mathfrak{m})$ die Gleichung $\varphi(a) = [\,\hat{a}a_\infty\,] = [\,a_\mathfrak{f}a_\infty\,] = [\,a\,] = 1$ gilt, wenn $[\ ]$ die Klassenbildung bedeutet. Daher ist φ wohldefiniert. Für jedes $\varepsilon \in \mathcal{O}^{\mathfrak{m}}$ ist $\varepsilon_\mathfrak{f} \in I_\mathfrak{f}^\mathfrak{m}$, so daß $[\,\varepsilon_\infty\,] = [\,\varepsilon_\infty\varepsilon_\mathfrak{f}\,] = [\,\varepsilon\,] = 1$ in $C(\mathfrak{m})$ gilt, also $\psi(\varepsilon_\infty) = 1$. Daher ist ψ wohldefiniert. Wir definieren nun den Homomorphismus

$$f : J^{\mathfrak{m}} \times (\mathcal{O}/\mathfrak{m})^* \times \mathbf{R}^*/\mathcal{O}^{\mathfrak{m}} \to C(\mathfrak{m})$$

durch

$$f((\mathfrak{a}, a \bmod \mathfrak{m},\ b \bmod \mathcal{O}^{\mathfrak{m}})) = c(\mathfrak{a})\varphi(a)\psi(b)$$

und zeigen die Exaktheit der hierdurch entstehenden Sequenz. Der Homomorphismus δ ist offensichtlich injektiv. Für $a \in K^{(\mathfrak{m})}$ ist

$$f(\delta(a)) = c((a))^{-1}\varphi(a)\psi(a) = \hat{a}^{-1}\hat{a}a_\infty a_\infty^{-1} \bmod I_\mathfrak{f}^\mathfrak{m} K^* = 1,$$

also $f \circ \delta = 1$. Sei umgekehrt

$$f((\mathfrak{a}, a \bmod \mathfrak{m},\ b \bmod \mathcal{O}^{\mathfrak{m}})) = c(\mathfrak{a})\varphi(a)\psi(b) = 1,$$

und sei $\mathfrak{a} = \prod_{\mathfrak{p}\nmid\mathfrak{m}\infty} \mathfrak{p}^{\nu_\mathfrak{p}}$. Dann ist

$$c(\mathfrak{a}) = \gamma \bmod I_\mathfrak{f}^\mathfrak{m} K^*$$

mit einem Idel γ, das die Komponenten $\gamma_\mathfrak{p} = \pi_\mathfrak{p}^{\nu_\mathfrak{p}}$ für $\mathfrak{p} \nmid \mathfrak{m}\infty$ und $\gamma_\mathfrak{p} = 1$ für $\mathfrak{p}|\mathfrak{m}\infty$ hat. Es ergibt sich eine Gleichung

$$\gamma\hat{a}a_\infty b^{-1} = \xi x \quad \text{mit} \quad \xi \in I_\mathfrak{f}^\mathfrak{m} \quad \text{und} \quad x \in K^*.$$

Für $\mathfrak{p} \nmid \mathfrak{m}\infty$ ist $(\gamma\hat{a}a_\infty b^{-1})_\mathfrak{p} = \pi_\mathfrak{p}^{\nu_\mathfrak{p}} a = \xi_\mathfrak{p} x$ in $K_\mathfrak{p}$, also $\nu_\mathfrak{p} = v_\mathfrak{p}(a^{-1}x)$. Für $\mathfrak{p}|\mathfrak{m}$ ist $(\gamma\hat{a}a_\infty b^{-1})_\mathfrak{p} = 1 = \xi_\mathfrak{p} x$, also $x \in U_\mathfrak{p}^{(n_\mathfrak{p})}$ und ebenfalls $0 = \nu_\mathfrak{p} = v_\mathfrak{p}(a^{-1}x)$, weil a zu $\mathfrak{m}$ teilerfremd ist. Daher ist

$$\mathfrak{a} = (ax^{-1}).$$

Wegen $x \in U_\mathfrak{p}^{(n_\mathfrak{p})}$ ist $x \equiv 1 \bmod \mathfrak{m}$, also

$$\varphi(ax^{-1}) = \varphi(a).$$

Für $\mathfrak{p}|\infty$ ist schließlich $(\gamma\hat{a}a_\infty b^{-1})_\mathfrak{p} = ab_\mathfrak{p}^{-1} = x$ in $K_\mathfrak{p}$, also $b = a_\infty x^{-1}$ und somit

$$\psi(ax^{-1}) = \psi(b).$$

Daher ist

$$(\mathfrak{a}, a \bmod \mathfrak{m}, b \bmod \mathcal{O}^\mathfrak{m}) = ((ax^{-1}),\ ax^{-1} \bmod \mathfrak{m},\ ax^{-1} \bmod \mathcal{O}^\mathfrak{m}),$$

und dies zeigt die Exaktheit unserer Sequenz in der Mitte.

Die Surjektivität von f ergibt sich wie folgt. Sei $\alpha \bmod I_\mathfrak{f}^\mathfrak{m} K^*$ eine Klasse in $C(\mathfrak{m})$. Nach dem Approximationssatz können wir das repräsentierende Idel α durch Multiplikation mit einem geeigneten $x \in K^*$ so abändern, daß $\alpha_\mathfrak{p} \in U_\mathfrak{p}^{(n_\mathfrak{p})}$ für $\mathfrak{p}|\mathfrak{m}$. Sei $\mathfrak{a} = \prod_{\mathfrak{p}\nmid\mathfrak{m}\infty} \mathfrak{p}^{v_\mathfrak{p}(\alpha_\mathfrak{p})}$. Dann ist

$$c(\mathfrak{a}) = \gamma \bmod I_\mathfrak{p}^\mathfrak{m} K^*,$$

wobei das Idel γ die Komponenten $\gamma_\mathfrak{p} = \pi_\mathfrak{p}^{v_\mathfrak{p}(\alpha_\mathfrak{p})} = \varepsilon_\mathfrak{p}\alpha_\mathfrak{p}$, $\varepsilon_\mathfrak{p} \in U_\mathfrak{p}$, für $\mathfrak{p} \nmid \mathfrak{m}\infty$ und $\gamma_\mathfrak{p} = 1$ für $\mathfrak{p}|\mathfrak{m}\infty$ hat. Damit ist $\gamma\alpha^{-1}\alpha_\infty \in I_\mathfrak{f}^\mathfrak{m}$, und wenn wir $b = \alpha_\infty^{-1}$ setzen, so ist $f((\mathfrak{a},\ 1 \bmod \mathfrak{m},\ b \bmod \mathcal{O}^\mathfrak{m})) = \gamma b^{-1} \equiv \gamma\alpha_\infty \equiv \alpha \bmod I_\mathfrak{f}^\mathfrak{m} K^*$. □

Nach dem letzten Satz entsprechen die Charaktere von $C(\mathfrak{m})$ umkehrbar eindeutig den Charakteren von $J^\mathfrak{m} \times (\mathcal{O}/\mathfrak{m})^* \times \mathbf{R}^*/\mathcal{O}^\mathfrak{m}$, die auf $\delta(K^{(\mathfrak{m})}/\mathcal{O}^\mathfrak{m})$ verschwinden, also den Tripeln χ, $\chi_\mathfrak{f}$, χ_∞ von Charakteren von $J^\mathfrak{m}$ bzw. $(\mathcal{O}/\mathfrak{m})^*$ bzw. $\mathbf{R}^*/\mathcal{O}^\mathfrak{m}$, so daß

$$\chi((a))^{-1}\chi_\mathfrak{f}(a \bmod \mathfrak{m})\chi_\infty(a \bmod \mathcal{O}^\mathfrak{m}) = 1$$

für $a \in K^{(\mathfrak{m})}$. Damit ist χ ein Größencharakter $\bmod\, \mathfrak{m}$, und da $\chi_\mathfrak{f}$ und χ_∞ durch χ eindeutig festgelegt sind, erhalten wir das

(6.14) Korollar. *Die Zuordnung $\chi \mapsto \chi \circ c$ ist eine 1-1-Korrespondenz zwischen den Charakteren χ von $C(\mathfrak{m})$, also den Hecke-Charakteren mit dem Erklärungsmodul $\mathfrak{m}$, und den Größencharakteren* $\bmod\, \mathfrak{m}$.

Aufgabe 1. Sei $\mathfrak{m} = \prod_{i=1}^r \mathfrak{m}_i$ eine Zerlegung von $\mathfrak{m}$ in paarweise teilerfremde ganze Ideale. Dann hat man Zerlegungen

$$(\mathcal{O}/\mathfrak{m})^* \cong \prod_{i=1}^r (\mathcal{O}/\mathfrak{m}_i)^*$$

und

$$\mathfrak{m}^{-1}\mathfrak{d}^{-1}/\mathfrak{d}^{-1} \cong \bigoplus_{i=1}^r \mathfrak{m}_i^{-1}\mathfrak{d}^{-1}/\mathfrak{d}^{-1}.$$

Sei $\chi_\mathfrak{f}$ ein Charakter von $(\mathcal{O}/\mathfrak{m})^*$ und $\chi_{\mathfrak{f}i}$ die durch $\chi_\mathfrak{f}$ bestimmten Charaktere von $(\mathcal{O}/\mathfrak{m}_i)^*$. Ist $y \in \mathfrak{m}^{-1}\mathfrak{d}^{-1}/\mathfrak{d}^{-1}$ und sind $y_i \in \mathfrak{m}_i^{-1}\mathfrak{d}^{-1}/\mathfrak{d}^{-1}$ die Komponenten von y bzgl. der obigen Zerlegung, so gilt

$$\tau_\mathfrak{m}(\chi_\mathfrak{f}, y) = \prod_{i=1}^r \tau_{\mathfrak{m}_i}(\chi_{\mathfrak{f}i}, y_i).$$

Aufgabe 2. Beweise die **Möbiussche Umkehrformel**: Sei $f(\mathfrak{a})$ eine beliebige Funktion der ganzen Ideale $\mathfrak{a}$ mit Werten in einer additiven abelschen Gruppe, und sei

$$g(\mathfrak{a}) = \sum_{\mathfrak{b}|\mathfrak{a}} f(\mathfrak{b}).$$

Dann ist

$$f(\mathfrak{a}) = \sum_{\mathfrak{b}|\mathfrak{a}} \mu\left(\frac{\mathfrak{a}}{\mathfrak{b}}\right) g(\mathfrak{b}).$$

Aufgabe 3. Welche von den Charakteren $\lambda(x) = N(x^p|x|^{-p+iq})$ von $\mathbf{R}^*$ sind Charaktere von $\mathbf{R}^*/\mathcal{O}^\mathfrak{m}$?

Aufgabe 4. Die Charaktere der „kleinen Strahlklassengruppe" $J^\mathfrak{m}/\overline{P}^\mathfrak{m}$ mod $\mathfrak{m}$ sind die Größencharaktere mod $\mathfrak{m}$ mit $\chi_\infty = 1$.

Aufgabe 5. Zeige, daß jedes Charakterpaar $\chi_\mathfrak{f} : (\mathcal{O}/\mathfrak{m})^* \to S^1$ und $\chi_\infty : \mathbf{R}^*/\mathcal{O}^\mathfrak{m} \to S^1$ mit

$$\chi_\mathfrak{f}(\varepsilon)\chi_\infty(\varepsilon) = 1 \quad \text{für alle} \quad \varepsilon \in \mathcal{O}^*$$

zu einem Größencharakter mod $\mathfrak{m}$ gehört.

Aufgabe 6. Zeige, daß der Homomorphismus $c : J^\mathfrak{m} \to C(\mathfrak{m})$ injektiv ist.

§ 7. Theta-Reihen algebraischer Zahlkörper

Die Gruppe P der gebrochenen Hauptideale (a) wird durch die Zahlen $a \in K^*$ definiert und wir haben für sie die exakte Sequenz

$$1 \to \mathcal{O}^* \to K^* \to P \to 1.$$

Für die Bildung der benötigten Theta-Reihen erweitern wir nun K^* zu einer Gruppe $\widehat{K}^*$, deren Elemente *alle* gebrochenen Ideale $\mathfrak{a} \in J$ darstellen.

(7.1) Satz. *Es gibt ein kommutatives exaktes Diagramm*

$$\begin{array}{ccccccccc} 1 & \longrightarrow & o^* & \longrightarrow & K^* & \xrightarrow{(\ )} & P & \longrightarrow & 1 \\ & & \| & & \downarrow & & \downarrow & & \\ 1 & \longrightarrow & o^* & \longrightarrow & \widehat{K}^* & \xrightarrow{(\ )} & J & \longrightarrow & 1 \end{array}$$

mit einer K^* enthaltenden Untergruppe $\widehat{K}^* \subseteq \mathbf{C}^*$, so daß $|a| \in \mathbf{R}_+^*$ und

$$\mathfrak{N}((a)) = |N(a)|$$

für alle $a \in \widehat{K}^*$.

Beweis: Wir denken uns die Idealklassengruppe J/P durch eine Basis $[\mathfrak{b}_1], \ldots, [\mathfrak{b}_r]$ dargestellt und aus jeder Basisklasse ein Ideal $\mathfrak{b}_1, \ldots, \mathfrak{b}_r$ ausgewählt. Dann läßt sich jedes gebrochene Ideal $\mathfrak{a} \in J$ in der Form

$$\mathfrak{a} = a\mathfrak{b}_1^{\nu_1} \ldots \mathfrak{b}_r^{\nu_r}$$

darstellen, wobei $a \in K^*$ bis auf eine Einheit $\varepsilon \in o^*$, und die Exponenten $\nu_i \bmod h_i$ eindeutig bestimmt sind, wenn h_i die Ordnung von $[\mathfrak{b}_i]$ in J/P bedeutet. Sei $\mathfrak{b}_i^{h_i} = (b_i)$. Für jedes $\tau \in \mathrm{Hom}(K, \mathbb{C})$ wählen wir eine feste Wurzel

$$\hat{b}_{i\tau} = \sqrt[h_i]{\tau b_i}$$

in $\mathbb{C}$, derart daß $\hat{b}_{i\bar{\tau}} = \bar{\hat{b}}_{i\tau}$, wenn τ komplex ist. Wir definieren $\widehat{K}^*$ als die durch K^* und die Elemente $\hat{b}_i = (\hat{b}_{i\tau}) \in \mathbf{C}^*$ erzeugte Untergruppe von $\mathbf{C}^*$. Jede Klasse $[\mathfrak{b}] \in J/P$ enthält ein eindeutig bestimmtes Ideal der Form

$$\mathfrak{b} = \mathfrak{b}_1^{\nu_1} \ldots \mathfrak{b}_r^{\nu_r} \quad \text{mit} \quad 0 \le \nu_i < h_i\,,$$

und wir betrachten die Abbildung

$$f : J/P \to \widehat{K}^*/K^*\,, \quad f([\mathfrak{b}]) = \hat{b}_1^{\nu_1} \ldots \hat{b}_r^{\nu_r} \bmod K^*\,.$$

Diese ist ein Homomorphismus, denn wenn $\mathfrak{b} = \mathfrak{b}_1^{\nu_1} \ldots \mathfrak{b}_r^{\nu_r}$ und $\mathfrak{b}' = \mathfrak{b}_1^{\nu_1'} \ldots \mathfrak{b}_r^{\nu_r'}$ ist und $\nu_i + \nu_i' = \mu_i + \lambda_i h_i$, $0 \le \mu_i < h_i$, so ist $\mathfrak{b}_1^{\mu_1} \ldots \mathfrak{b}_r^{\mu_r}$ das zur Klasse $[\mathfrak{b}][\mathfrak{b}']$ gehörige Ideal und

$$\begin{aligned} f([\mathfrak{b}][\mathfrak{b}']) &= \hat{b}_1^{\mu_1} \ldots \hat{b}_r^{\mu_r} \equiv \hat{b}_1^{\mu_1} \ldots \hat{b}_r^{\mu_r} b_1^{\lambda_1} \ldots b_r^{\lambda_r} \\ &\equiv (\hat{b}_1^{\nu_1} \ldots \hat{b}_r^{\nu_r})(\hat{b}_1^{\nu_1'} \ldots \hat{b}_r^{\nu_r'}) \bmod K^* = f([\mathfrak{b}])f([\mathfrak{b}'])\,. \end{aligned}$$

f ist offensichtlich surjektiv. Zum Beweis der Injektivität sei $\hat{b}_1^{\nu_1} \ldots \hat{b}_r^{\nu_r} = a \in K^*$ und $h = h_1 \ldots h_r$ die Klassenzahl von K. Für das Ideal $\mathfrak{a} = a^{-1}\mathfrak{b}_1^{\nu_1} \ldots \mathfrak{b}_r^{\nu_r} \in J$ gilt dann $\mathfrak{a}^h = a^{-h}(b_1^{\nu_1 h/h_1} \ldots b_r^{\nu_r h/h_r}) =$

$a^{-h}(\hat{b}_1^{\nu_1}\dots\hat{b}_r^{\nu_r})^h = (1)$. Da J torsionsfrei ist, folgt $\mathfrak{a} = (1)$, also $\mathfrak{b}_1^{\nu_1}\dots\mathfrak{b}_r^{\nu_r} = (a) \in P$. Hieraus folgt, daß jedes Element $\hat{a} \in \widehat{K}^*$ eine eindeutige Darstellung

$$\hat{a} = a\hat{b}_1^{\nu_1}\dots\hat{b}_r^{\nu_r}\,, \quad 0 \le \nu_i < h_i, \quad a \in K^*\,,$$

hat. Wir definieren die Abbildung

$$(\ ) : \widehat{K}^* \to J$$

durch

$$\hat{a} = a\hat{b}_1^{\nu_1}\dots\hat{b}_r^{\nu_r} \mapsto (\hat{a}) = a\mathfrak{b}_1^{\nu_1}\dots\mathfrak{b}_r^{\nu_r}\,.$$

Mit dem gleichen Schluß wie oben sieht man, daß dies ein Homomorphismus ist. Er ist surjektiv und hat offensichtlich den Kern $\mathcal{O}^*$. Schließlich gilt $|\hat{b}_i| = (|\hat{b}_{i\tau}|) \in \mathbf{R}_+^*$ und

$$\mathfrak{N}((\hat{b}_i))^{h_i} = \mathfrak{N}(\mathfrak{b}_i^{h_i}) = |N(b_i)| = |\prod_\tau \tau b_i| = |\prod_\tau \hat{b}_{i\tau}^{h_i}| = |N(\hat{b}_i)|^{h_i}\,,$$

also $\mathfrak{N}((\hat{b}_i)) = |N(\hat{b}_i)|$, und damit $|a| \in \mathbf{R}_+^*$, $\mathfrak{N}((a)) = |N(a)|$ für alle $a \in \widehat{K}^*$. □

Die Elemente a von $\widehat{K}^*$ tragen den vergessenen Namen **ideale Zahlen** und sollen auch hier so genannt werden. Das Diagramm (7.1) impliziert einen Isomorphismus

$$\widehat{K}^*/K^* \cong J/P\,.$$

Für $a, b \in \widehat{K}^*$ schreiben wir $a \sim b$, wenn a und b in der gleichen Klasse liegen, d.h. wenn $ab^{-1} \in K^*$. Wir nennen a eine **ganze** ideale Zahl, wenn (a) ein ganzes Ideal ist, und bezeichnen mit $\widehat{\mathcal{O}}$ die Halbgruppe aller ganzen idealen Zahlen. Ferner schreiben wir $a|b$, wenn $\frac{b}{a} \in \widehat{\mathcal{O}}$, und haben zu jedem Paar $a, b \in \widehat{K}^*$ den Begriff des $\mathrm{ggT}(a,b) \in \widehat{K}^*$ (der uns in K^* allein versagt ist). Es ist die bis auf eine Einheit wohl bestimmte ideale Zahl d, derart daß das Ideal (d) der ggT der Ideale $(a), (b)$ ist. Man beachte, daß die idealen Zahlen nicht kanonisch definiert sind. Sie haben sich daher in der Zahlentheorie nicht allgemein durchsetzen können. (Sie werden eingeführt in [46], [65].)

Wir bilden jetzt ein erweitertes Analogon der primen Restgruppen $(\mathbb{Z}/m\mathbb{Z})^*$. Für drei ideale Zahlen a, b, m soll die Kongruenz

$$a \equiv b \bmod m$$

bedeuten, daß $a \sim b$ und $\frac{a-b}{m} \in \widehat{\mathcal{O}} \cup \{0\}$. Wenn $\mathfrak{m} = (m)$, so schreiben wir hierfür auch $a \equiv b \bmod \mathfrak{m}$. Sei $\mathfrak{m}$ ein ganzes Ideal. Die Halbgruppe $\widehat{\mathcal{O}}^{(\mathfrak{m})}$

der ganzen, zu $\mathfrak{m}$ teilerfremden idealen Zahlen wird durch die Äquivalenzrelation $\equiv$ in Klassen zerlegt, die wir mit $a \bmod \mathfrak{m}$ bezeichnen. Sie sind explizit wie folgt gegeben.

(7.2) Lemma. *Für jedes* $a \in \widehat{\mathcal{O}}^{(\mathfrak{m})}$ *ist*

$$a \bmod \mathfrak{m} = a + a(a^{-1})\mathfrak{m} \,.$$

Beweis: Sei $b \in a \bmod \mathfrak{m}$, $b \neq a$, also $b = a\alpha$ mit einem $\alpha \in K^*$, $\alpha \neq 1$, und $b - a = cm$, $c \in \widehat{\mathcal{O}}$. Dann ist

$$a^{-1}(b-a) = \alpha - 1 \in (\alpha - 1) = (a^{-1})(c)(m) \subseteq (a^{-1})\mathfrak{m}\,,$$

also $b \in a + a(a^{-1})\mathfrak{m}$. Sei umgekehrt $b \in a + a(a^{-1})\mathfrak{m}$, $b \neq a$, also $b/a = \alpha \in 1 + (a^{-1})\mathfrak{m}$. Dann ist $b \sim a$ und $(b - a) = (a)(\alpha - 1) \subseteq (a)(a^{-1})\mathfrak{m} = (m)$, d.h. $m | b - a$ und somit $b \equiv a \bmod \mathfrak{m}$. □

Wir betrachten jetzt die Menge

$$(\widehat{\mathcal{O}}/\mathfrak{m})^* := \{a \bmod \mathfrak{m} \mid a \in \widehat{\mathcal{O}}^{(\mathfrak{m})}\}$$

der Äquivalenzklassen in der Halbgruppe $\hat{\mathcal{O}}^{(\mathfrak{m})}$ der ganzen, zu $\mathfrak{m}$ teilerfremden idealen Zahlen.

(7.3) Satz. $(\widehat{\mathcal{O}}/\mathfrak{m})^*$ *ist eine abelsche Gruppe, und wir haben eine kanonische exakte Sequenz*

$$1 \to (\mathcal{O}/\mathfrak{m})^* \to (\widehat{\mathcal{O}}/\mathfrak{m})^* \to J/P \to 1\,.$$

Beweis: Für $a, b \in \widehat{\mathcal{O}}^{(\mathfrak{m})}$ hängt die Klasse $ab \bmod \mathfrak{m}$ nur von den Klassen $a \bmod \mathfrak{m}$, $b \bmod \mathfrak{m}$ ab, so daß wir in $(\widehat{\mathcal{O}}/\mathfrak{m})^*$ ein wohldefiniertes Produkt haben. Jede Klasse $a \bmod \mathfrak{m}$ besitzt ein Inverses, denn wegen $(a) + \mathfrak{m} = \mathcal{O}$ können wir $1 = \alpha + \mu$, $0 \neq \alpha \in (a)$, $\mu \in \mathfrak{m}$ schreiben. Es folgt $a | \alpha$, also $\alpha = ax$, $x \in \widehat{\mathcal{O}}^{(\mathfrak{m})}$, und wegen $1 \in \alpha(1 + \alpha^{-1}\mathfrak{m}) = \alpha \bmod \mathfrak{m}$ ist $ax \bmod \mathfrak{m}$ die Einsklasse, d.h. $x \bmod \mathfrak{m}$ ist das Inverse von $a \bmod \mathfrak{m}$.

In der Sequenz wird der rechte Pfeil durch $a \mapsto (a)$ induziert und ist surjektiv, weil jede Klasse von J/P ein zu $\mathfrak{m}$ teilerfremdes ganzes Ideal enthält. Wenn die Klasse $a \bmod \mathfrak{m} = a(1 + (a)^{-1}\mathfrak{m})$ auf Eins abgebildet wird, so ist $(a) \in P$, also $a \in \mathcal{O}$, $(a, \mathfrak{m}) = 1$. Daher ist $a \bmod \mathfrak{m} = a + \mathfrak{m}$ eine Einheit in $\mathcal{O}/\mathfrak{m}$. Die Injektivität des linken Pfeils ist völlig trivial, d.h. die Exaktheit ist bewiesen. □

Für eine Idealklasse $\mathfrak{K} \in J/P$ sei im folgenden $\mathfrak{K}' \in J/P$ die durch

$$\mathfrak{K}\mathfrak{K}' = [\mathfrak{m}\mathfrak{d}]$$

definierte Klasse, wobei $\mathfrak{d}$ die Differente von $K|\mathbb{Q}$ ist. Sei $\mathfrak{m} = (m)$ und $\mathfrak{d} = (d)$ mit festen idealen Zahlen m, d. Für $\mathfrak{m} = \mathcal{O}$ sei $m = 1$. Wir betrachten einen Charakter

$$\chi : (\widehat{\mathcal{O}}/\mathfrak{m})^* \to \mathbb{C}^*$$

und setzen $\chi(a) = 0$ für $a \in \mathcal{O}$ mit $(a, \mathfrak{m}) \neq 1$. In den Anwendungen wird χ von einem Größencharakter $\bmod\, \mathfrak{m}$ herkommen, jedoch wird für die Abhandlung der Theta-Reihen von dieser Herkunft kein Gebrauch gemacht.

(7.4) Definition. *Sei $a \in \widehat{\mathcal{O}}$ eine ganze ideale Zahl und $\mathfrak{K}$ die Klasse von (a). Dann definieren wir die* **Gaußsche Summe**

$$\tau(\chi, a) = \sum_{\hat{x} \bmod \mathfrak{m}} \chi(\hat{x}) e^{2\pi i\, Tr(\hat{x}a/md)},$$

wobei $\hat{x} \bmod \mathfrak{m}$ die Klassen von $(\widehat{\mathcal{O}}/\mathfrak{m})^*$ durchläuft, die auf die Klasse $\mathfrak{K}'$ abgebildet werden. Insbesondere setzen wir $\tau(\chi) = \tau(\chi, 1)$.

Die Gaußsche Summe $\tau(\chi, a)$ läßt sich sofort auf die in § 6 betrachtete

$$\tau_{\mathfrak{m}}(\chi, y) = \sum_{\substack{x \bmod \mathfrak{m} \\ (x, \mathfrak{m}) = 1}} \chi(x) e^{2\pi i\, Tr(xy)}$$

zurückführen. Es ist nämlich einerseits

$$y = \hat{x}a/md \in \mathfrak{m}^{-1}\mathfrak{d}^{-1},$$

denn die Klasse des Ideals $(y) = (a)(\hat{x})(m)^{-1}(d)^{-1}$ ist die Hauptklasse $\mathfrak{K}\mathfrak{K}'\mathfrak{m}^{-1}\mathfrak{d}^{-1}$, so daß $y \in K^*$, und es ist

$$y \in (y) = (a\hat{x})\mathfrak{m}^{-1}\mathfrak{d}^{-1} \subseteq \mathfrak{m}^{-1}\mathfrak{d}^{-1},$$

weil a und $\hat{x}$ ganz sind. Ist andererseits $\hat{x} \bmod \mathfrak{m}$ eine feste auf $\mathfrak{K}'$ abgebildete Klasse von $(\widehat{\mathcal{O}}/\mathfrak{m})^*$, so erhält man wegen (7.3) die anderen durch $\hat{x}x \bmod \mathfrak{m}$, wobei $x \bmod \mathfrak{m}$ die Klassen von $(\mathcal{O}/\mathfrak{m})^*$ durchläuft. Daher ist

$$\tau(\chi, a) = \chi(\hat{x})\tau_{\mathfrak{m}}(\chi, y)$$

und insbesondere

$$\tau(\chi) = \chi(\hat{x})\tau_{\mathfrak{m}}(\chi, y)$$

mit $y = \hat{x}/md$, für das $(y\mathfrak{m}\mathfrak{d}, \mathfrak{m}) = 1$ gilt wegen $y\mathfrak{m}\mathfrak{d} = (\hat{x})$ und $((\hat{x}), \mathfrak{m}) = 1$. Es folgt, daß $\tau(\chi, a)$ nicht von der Wahl der Repräsentanten $\hat{x}$ abhängt, und das Theorem (6.4) liefert sofort den

(7.5) Satz. *Für einen primitiven Charakter* χ *von* $(\widehat{\mathcal{O}}/\mathfrak{m})^*$ *gilt*

$$\tau(\chi, a) = \overline{\chi}(a)\tau(\chi)$$

und $|\tau(\chi)| = \sqrt{\mathfrak{N}(\mathfrak{m})}$.

Die in § 2 für die Dirichletschen L-Reihen benutzten Theta-Reihen $\theta(\chi, z)$ sind dem Körper $\mathbb{Q}$ zugeordnet und sollen jetzt ihre Analoga über einem beliebigen Zahlkörper K erhalten. Zu einem zulässigen Element $p \in \prod_\tau \mathbb{Z}$ (vgl. § 3, S. 469) und einem Charakter χ von $(\widehat{\mathcal{O}}/\mathfrak{m})^*$ bilden wir die **Heckesche Theta-Reihe**

$$\theta^p(\chi, z) = \sum_{a \in \widehat{\mathcal{O}} \cup \{0\}} \chi(a) N(a^p) e^{\pi i \langle az/|md|, a\rangle},$$

wobei m, d feste ideale Zahlen sind mit $(m) = \mathfrak{m}$ und $(d) = \mathfrak{d}$. Wir wählen $m = 1$, wenn $\mathfrak{m} = 1$. Der Fall $\mathfrak{m} = 1$, $p = 0$ spielt eine Sonderrolle, weil in ihm der konstante Term in der Theta-Reihe $\chi(0)N(0^p) = 1$ ist, sonst aber 0.

Wir zerlegen die Theta-Reihe nach den Idealklassen $\mathfrak{K} \in J/P$ in die **partiellen Heckeschen Theta-Reihen**

$$\theta^p(\mathfrak{K}, \chi, z) = \sum_{a \in (\widehat{\mathfrak{K}} \cap \widehat{\mathcal{O}}) \cup \{0\}} \chi(a) N(a^p) e^{\pi i \langle az/|md|, a\rangle},$$

wobei a alle ganzen idealen Zahlen der Klasse $\widehat{\mathfrak{K}} \in \widehat{K}^*/K^*$ durchläuft, die unter dem Isomorphismus $\widehat{K}^*/K^* \cong J/P$ der Idealklasse $\mathfrak{K}$ entspricht. Für diese partiellen Theta-Reihen wollen wir eine Transformationsformel herleiten und zerlegen sie zu diesem Zweck weiter in Theta-Reihen, für die die allgemeine Transformationsformel (3.6) zur Verfügung steht.

Sei $\mathfrak{a}$ ein ganzes, zu $\mathfrak{m}$ teilerfremdes Ideal in der Klasse $\mathfrak{K}$ und $a \in \widehat{\mathcal{O}}^{(\mathfrak{m})}$ eine ideale Zahl mit $(a) = \mathfrak{a}$.

(7.6) Lemma. *Sei* $\mathfrak{m} \neq 1$ *oder* $p \neq 0$. *Durchläuft* $x \bmod \mathfrak{m}$ *die Klassen von* $(\mathcal{O}/\mathfrak{m})^*$, *so gilt*

$$\theta^p(\mathfrak{K}, \chi, z) = \chi(a)N(a^p) \sum_{x \bmod \mathfrak{m}} \chi(x)\theta^p_\Gamma(x, 0, z|a^2/md|),$$

wobei Γ *das Gitter* $\mathfrak{m}/\mathfrak{a} \subseteq \mathbf{R}$ *ist und*

$$\theta^p_\Gamma(x, 0, z) = \sum_{g \in \Gamma} N((x+g)^p) e^{\pi i \langle (x+g)z, x+g\rangle}.$$

Beweis: Bei der Theta-Reihe $\theta^p(\mathfrak{K}, \chi, z)$ muß nur über die Elemente von $\widehat{\mathfrak{K}} \cap \mathcal{O}^{(\mathfrak{m})}$ summiert werden, weil χ auf den anderen Null ist. Jede

Klasse $\hat{x} \bmod \mathfrak{m} \in (\widehat{\mathcal{O}}/\mathfrak{m})^*$ ist entweder disjunkt zu $\widehat{\mathfrak{K}}$ oder liegt ganz in $\widehat{\mathfrak{K}}$. Wegen der exakten Sequenz (7.3)

$$1 \to (\mathcal{O}/\mathfrak{m})^* \to (\widehat{\mathcal{O}}/\mathfrak{m})^* \to J/P \to 1$$

sind

$$ax \bmod \mathfrak{m} = a(x + \mathfrak{a}^{-1}\mathfrak{m})$$

die verschiedenen Restklassen von $(\widehat{\mathcal{O}}/\mathfrak{m})^*$, welche in $\widehat{\mathfrak{K}}$ liegen. Daher wird

$$\begin{aligned}\theta^p(\mathfrak{K}, \chi, z) &= \sum_{x \bmod \mathfrak{m}} \sum_{g \in \Gamma} \chi(ax) N((ax + ag)^p) e^{\pi i \langle a(x+g)z/|md|, a(x+g)\rangle} \\ &= \chi(a) N(a^p) \sum_{x \bmod \mathfrak{m}} \chi(x) \sum_{g \in \Gamma} N((x+g)^p) e^{\pi i \langle (x+g)z|a^2/md|, x+g\rangle} \\ &= \chi(a) N(a^p) \sum_{x \bmod \mathfrak{m}} \chi(x) \theta^p_\Gamma(x, 0, z|a^2/md|)\,. \qquad \square\end{aligned}$$

Für ein zulässiges Element $p = (p_\tau)$ bedeutet im folgenden $\overline{p}$ das zulässige Element mit den Komponenten $\overline{p}_\tau = p_{\overline{\tau}}$. Mit der Transformationsformel (3.6) für die Reihen θ^p_Γ und dem Satz (7.5) über die Gaußschen Summen ergibt sich nunmehr das

(7.7) Theorem. *Für einen primitiven Charakter χ von $(\widehat{\mathcal{O}}/\mathfrak{m})^*$ gilt die Transformationsformel*

$$\theta^p(\mathfrak{K}, \chi, -1/z) = W(\chi, \overline{p}) N((z/i)^{p+\frac{1}{2}}) \theta^{\overline{p}}(\mathfrak{K}', \overline{\chi}, z)$$

mit dem konstanten Faktor

$$W(\chi, \overline{p}) = \Big[i^{Tr(\overline{p})} N\Big(\Big(\frac{md}{|md|}\Big)^{\overline{p}}\Big)\Big]^{-1} \frac{\tau(\chi)}{\sqrt{\mathfrak{N}(\mathfrak{m})}}\,.$$

Dieser hat den Betrag $|W(\chi, \overline{p})| = 1$.

Beweis: Das zum Gitter $\Gamma = \mathfrak{m}/\mathfrak{a} \subseteq \mathbf{R}$ duale Gitter Γ' ist nach (5.7) durch $^*\Gamma' = \mathfrak{a}/\mathfrak{m}\mathfrak{d}$ gegeben. (Der Stern bedeutet wie in § 4 die Adjunktion bzgl. $\langle\ ,\ \rangle$, d.h. $\langle x, \alpha y\rangle = \langle {}^*\alpha x, y\rangle$.) Das Grundmaschenvolumen von Γ ist nach Kap. I, (5.2)

$$\mathrm{vol}(\Gamma) = \mathfrak{N}(\mathfrak{m}/\mathfrak{a})\sqrt{|d_K|} = N(|m/a|) N(|d|)^{1/2}\,.$$

Nach (3.6) ist nun

$$(1) \qquad \theta^p_\Gamma(x, 0, -1/|md/a^2|z) = A(z)\theta^p_{\Gamma'}(0, x, z|md/a^2|)$$

mit dem Faktor

$$A(z) = [i^{Tr(p)} N(|m/a|) N(|d|)^{1/2}]^{-1} N((|md/a^2|z/i)^{p+\frac{1}{2}})$$
$$= [i^{Tr(p)} \sqrt{\mathfrak{N}(\mathfrak{m})}]^{-1} N(|md/a^2|^p) N((z/i)^{p+\frac{1}{2}})$$

und der Reihe

(2) $$\theta^p_{\Gamma'}(0, x, z|md/a^2|) = \sum_{g' \in \Gamma'} N(g'^p) e^{2\pi i \langle x, g' \rangle} e^{\pi i \langle g' z|md/a^2|, g' \rangle} .$$

Schreiben wir $g' = \dfrac{{}^*g}{{}^*(md/a)}$, so wird mit den in § 3 aufgestellten Rechenregeln

$$\langle x, g' \rangle = Tr(axg/md) ,$$
$$\langle g'|md/a^2|z, g' \rangle = \langle {}^*gz|md/a^2|/|md/a|^2, {}^*g \rangle = \langle gz/|md|, g \rangle$$

und $N(({}^*g)^p) = N(g^{\bar{p}})$. Wenn g' das Gitter Γ' durchläuft, durchläuft g die Menge

$$(md/a)\, {}^*\Gamma' = (md/a)\mathfrak{a}(\mathfrak{m}\mathfrak{d})^{-1} = (\widehat{\mathfrak{K}}' \cap \widehat{\mathfrak{o}}) \cup \{0\} .$$

Alles das in (2) eingesetzt, hat

(3) $$\theta^p_{\Gamma'}(0, x, z|md/a^2|) = N\left(\left(\frac{a}{md}\right)^{\bar{p}}\right) \sum_{g \in (\widehat{\mathfrak{K}}' \cap \widehat{\mathfrak{o}}) \cup \{0\}} N(g^{\bar{p}}) e^{2\pi i\, Tr(axg/md)} e^{\pi i \langle gz/|md|, g \rangle}$$

zur Folge. Wir betrachten nun zunächst den Sonderfall $\mathfrak{m} = 1$, $p = 0$ (der i.w. schon in § 5 abgehandelt wurde). Dann ist $(\widehat{\mathfrak{K}} \cap \widehat{\mathfrak{o}}) \cup \{0\} = \{ag \mid g \in K, (ag) \subseteq \mathcal{O}\} = a\mathfrak{a}^{-1} = a\Gamma$. Es ergibt sich

$$\theta^p(\mathfrak{K}, \chi, z) = \sum_{g \in \Gamma} e^{\pi i \langle agz/|d|, ag \rangle} = \sum_{g \in \Gamma} e^{\pi i \langle gz|a^2/d|, g \rangle} = \theta_\Gamma(z|a^2/d|)$$
$$\theta^{\bar{p}}(\mathfrak{K}', \bar{\chi}, z) = \sum_{g \in (\widehat{\mathfrak{K}}' \cap \widehat{\mathfrak{o}}) \cup \{0\}} e^{\pi i \langle gz/|d|, g \rangle} = \theta_{\Gamma'}(z|d/a^2|).$$

Aus (1) wird daher die Gleichung

$$\theta^p(\mathfrak{K}, \chi, -1/z) = N(z/i)^{\frac{1}{2}} \theta^{\bar{p}}(\mathfrak{K}', \bar{\chi}, z).$$

Sei nunmehr $\mathfrak{m} \neq 1$ oder $p \neq 0$. Dann ist $\chi(0)N(0^{\bar{p}}) = 0$. Setzen wir (3) in (1) und (1) in die Formel (7.6) mit $-1/z$ anstelle von z ein, so erhalten wir

$$\theta^p(\mathfrak{K}, \chi, -1/z) = N(a^p) \sum_{x \bmod \mathfrak{m}} \chi(ax) \theta^p_\Gamma(x, 0, -1/z|md/a^2|)$$
$$= B(z) \sum_{g \in \widehat{\mathfrak{K}}' \cap \widehat{\mathfrak{o}}} N(g^{\bar{p}}) \Bigg(\sum_{x \bmod \mathfrak{m}} \chi(ax) e^{2\pi i\, Tr(axg/md)} \Bigg) e^{\pi i \langle gz/|md|, g \rangle}$$

mit dem Faktor

$$B(z) = A(z)\frac{N(a^p)}{N((md/a)^{\bar{p}})}.$$

Betrachten wir die in Klammern gesetzte Summe! Wenn x ein Repräsentantensystem von $(\mathcal{O}/\mathfrak{m})^*$ durchläuft, so durchläuft ax ein Repräsentantensystem derjenigen Klassen von $(\widehat{\mathcal{O}}/\mathfrak{m})^*$, die unter $(\widehat{\mathcal{O}}/\mathfrak{m})^* \to J/P$ auf die Klasse $\mathfrak{K}$ abgebildet werden. Weiterhin ist (g) ein ganzes Ideal der Klasse $\mathfrak{K}'$, und da $\mathfrak{K}'$ zu $\mathfrak{K}$ in demselben Verhältnis $\mathfrak{K}'\mathfrak{K} = [\mathfrak{m}\mathfrak{d}]$ steht wie $\mathfrak{K}$ zu $\mathfrak{K}'$, so erkennen wir in der fraglichen Summe die *Gaußsche Summe*

$$\tau(\chi, g) = \sum_{x \bmod \mathfrak{m}} \chi(ax) e^{2\pi i\, Tr(axg/md)}.$$

Setzen wir nun das Resultat (7.5) ein,

$$\tau(\chi, g) = \overline{\chi}(g)\tau(\chi),$$

so ergibt sich schließlich

$$\theta^p(\mathfrak{K}, \chi, -1/z) = W(\chi, \bar{p}) N((z/i)^{p+\frac{1}{2}}) \theta^{\bar{p}}(\mathfrak{K}', \overline{\chi}, z) \tag{4}$$

mit dem Faktor

$$\begin{aligned} W(\chi, \bar{p}) &= [i^{Tr(p)}\sqrt{\mathfrak{N}(\mathfrak{m})}]^{-1} N(|md/a^2|^p) \frac{N(a^p)\tau(\chi)}{N((md/a)^{\bar{p}})} \\ &= \frac{\tau(\chi)}{i^{Tr(p)}\sqrt{\mathfrak{N}(\mathfrak{m})}} N\Big(\Big(\frac{|md|}{md}\Big)^{\bar{p}}\Big) N\Big(\frac{a^p\, {}^*a^p}{|a|^{2p}}\Big) \\ &= \frac{\tau(\chi)}{\sqrt{\mathfrak{N}(\mathfrak{m})}} \Big[i^{Tr(\bar{p})} N\Big(\Big(\frac{md}{|md|}\Big)^{\bar{p}}\Big)\Big]^{-1}, \end{aligned}$$

wobei zu beachten ist, daß $Tr(p) = Tr(\bar{p})$, $a^{\bar{p}} = {}^*a^p$, $a\,{}^*a = |a|^2$ und $|md|^p = ({}^*|md|)^p = |md|^{\bar{p}}$ wegen $|md| \in \mathbf{R}_+^*$. Wegen $|\tau(\chi)| = \sqrt{\mathfrak{N}(\mathfrak{m})}$ ist $|W(\chi, \bar{p})| = 1$. □

Ist $\mathfrak{m} \neq 1$ oder $p \neq 0$, so haben wir für die spezielle Theta-Reihe

$$\theta^p(\chi, z) = \sum_{a \in \widehat{\mathcal{O}}} \chi(a) N(a^p) e^{\pi i \langle az/|md|, a\rangle} = \sum_{\mathfrak{K}} \theta^p(\mathfrak{K}, \chi, z)$$

und es ergibt sich (7.7) das

(7.8) Korollar. $\theta^p(\chi, -1/z) = W(\chi, \bar{p}) N((z/i)^{p+\frac{1}{2}}) \theta^{\bar{p}}(\overline{\chi}, z)$.

Dem Leser sei empfohlen, sich nach dem Studium des obigen Beweises einem Augenblick der Besinnung zu überlassen, sich rückblickend vor

Augen zu führen, auf welch eigenartige Weise fast alle der arithmetischen Gesetzmäßigkeiten des Zahlkörpers K herangezogen werden, wie sie die Theta-Reihe zunächst auseinandernehmen, wie sodann die analytischen Transformationsgesetze die einzelnen Teile durcheinander bringen, und wie sich diese danach wieder geordnet zusammenfügen. Er möge nach diesem Rückblick die Einfachheit der Thetaformel bewundern, in der sie die Arithmetik des Zahlkörpers eingefangen hat.

Ein wichtiges Grundgesetz der Zahlentheorie ist an der Formel jedoch nicht beteiligt, nämlich der **Dirichletsche Einheitensatz**. Dieser übernimmt nun eine entscheidende Rolle beim Übergang von den Theta-Reihen zu den L-Reihen, dem wir uns jetzt zuwenden.

Aufgabe 1. Definiere ideale Primzahlen und zeige, daß in $\widehat{K}^*$ die eindeutige Primzerlegung stattfindet.

Aufgabe 2. Sei $\widehat{\mathcal{O}}$ die Halbgruppe aller ganzen idealen Zahlen. Ist $d = (a, b)$ der ggT von a, b, so gibt es Elemente $x, y \in \widehat{\mathcal{O}} \cup \{0\}$ mit

$$d = xa + yb\,.$$

Überdies ist $x \sim d/a$ bzw. $y \sim d/b$, es sei denn $x = 0$ bzw. $y = 0$. Dabei hat $\alpha \sim \beta$ die Bedeutung $\alpha\beta^{-1} \in K^*$.

Aufgabe 3. Die Kongruenz $ax \equiv b \bmod m$ ist in $\widehat{\mathcal{O}}$ genau dann mit ganzem x lösbar, wenn $(a, m)|b$. Sie ist $\bmod m$ eindeutig lösbar, wenn $(a, m) = 1$.

Aufgabe 4. Ein System endlich vieler Kongruenzen mit paarweise teilerfremden Moduln ist simultan lösbar, wenn jede Kongruenz einzeln so lösbar ist, daß die Einzellösungen äquivalent (bzgl. $\sim$) sind.

Aufgabe 5. Sind $a, m \in \widehat{\mathcal{O}}$, so gibt es in jeder primen Restklasse $\bmod m$ eine zu a teilerfremde ganze ideale Zahl.

Aufgabe 6. Für die Faktorgruppe $J^{\mathfrak{m}}/\overline{P}^{\mathfrak{m}}$ nach der Gruppe $\overline{P}^{\mathfrak{m}}$ aller Hauptideale (a) mit $a \equiv 1 \bmod \mathfrak{m}$ besteht die exakte Sequenz

$$1 \to \mathcal{O}^*/\mathcal{O}^{\mathfrak{m}} \to (\widehat{\mathcal{O}}/\mathfrak{m})^* \to J^{\mathfrak{m}}/\overline{P}^{\mathfrak{m}} \to 1$$

mit $\mathcal{O}^{\mathfrak{m}} = \{\varepsilon \in \mathcal{O}^* \mid \varepsilon \equiv 1 \bmod \mathfrak{m}\}$.

Aufgabe 7. Sei $\widehat{K}^{(\mathfrak{m})}$ das Urbild von $J^{\mathfrak{m}}$ unter $\widehat{K}^* \to J$ und $K^{\mathfrak{m}} = \{a \in K^* \mid a \equiv 1 \bmod \mathfrak{m}\}$. Dann ist $(\widehat{\mathcal{O}}/\mathfrak{m})^* = \widehat{K}^{(\mathfrak{m})}/K^{\mathfrak{m}}$.

§ 8. Heckesche L-Reihen

Sei wieder $\mathfrak{m}$ ein ganzes Ideal des Zahlkörpers K und

$$\chi : J^{\mathfrak{m}} \to S^1$$

ein Charakter der Gruppe der zu $\mathfrak{m}$ teilerfremden Ideale. Zu diesem Charakter bilden wir die L-Reihe

$$L(\chi, s) = \sum_{\mathfrak{a}} \frac{\chi(\mathfrak{a})}{\mathfrak{N}(\mathfrak{a})^s},$$

wobei $\mathfrak{a}$ die ganzen Ideale von K durchläuft und $\chi(\mathfrak{a}) = 0$ gesetzt ist, wenn $(\mathfrak{a}, \mathfrak{m}) \neq 1$. Dann gilt ganz allgemein der

(8.1) Satz. *Die L-Reihe $L(\chi, s)$ ist absolut und gleichmäßig konvergent im Bereich* $\mathrm{Re}\,(s) \geq 1 + \delta$ *für $\delta > 0$, und es gilt*

$$L(\chi, s) = \prod_{\mathfrak{p}} \frac{1}{1 - \chi(\mathfrak{p})\mathfrak{N}(\mathfrak{p})^{-s}},$$

wobei $\mathfrak{p}$ die Primideale von K durchläuft.

Beweis: Wenn wir das Produkt

$$E(s) = \prod_{\mathfrak{p}} \frac{1}{1 - \chi(\mathfrak{p})\mathfrak{N}(\mathfrak{p})^{-s}}$$

formal logarithmieren, so erhalten wir die Reihe

$$\log E(s) = \sum_{\mathfrak{p}} \sum_{n=1}^{\infty} \frac{\chi(\mathfrak{p})^n}{n\mathfrak{N}(\mathfrak{p})^{ns}}.$$

Diese ist für $\mathrm{Re}\,(s) = \sigma \geq 1 + \delta$ absolut und gleichmäßig konvergent, denn sie besitzt, wegen $|\chi(\mathfrak{p})| \leq 1$ und $|\mathfrak{N}(\mathfrak{p})^s| = |\mathfrak{N}(\mathfrak{p})|^\sigma \geq p^{f_{\mathfrak{p}}(1+\delta)} \geq p^{1+\delta}$ und $\#\{\mathfrak{p}|p\} \leq d = [K : \mathbb{Q}]$, die von s unabhängige konvergente Majorante

$$\sum_{p,n} \frac{d}{np^{n(1+\delta)}} = d \log \zeta(1 + \delta).$$

Hieraus folgt die absolute und gleichmäßige Konvergenz des Produktes

$$E(s) = \prod_{\mathfrak{p}} \frac{1}{1 - \chi(\mathfrak{p})\mathfrak{N}(\mathfrak{p})^{-s}} = \exp\Big(\sum_{\mathfrak{p}} \Big(\sum_{n=1}^{\infty} \frac{\chi(\mathfrak{p})^n}{n\mathfrak{N}(\mathfrak{p})^s}\Big)\Big)$$

für $\operatorname{Re}(s) \geq 1+\delta$. In diesem Produkt multiplizieren wir jetzt die Faktoren

$$\frac{1}{1-\chi(\mathfrak{p})\mathfrak{N}(\mathfrak{p})^{-s}} = 1 + \frac{\chi(\mathfrak{p})}{\mathfrak{N}(\mathfrak{p})^s} + \frac{\chi(\mathfrak{p})^2}{\mathfrak{N}(\mathfrak{p})^{2s}} + \cdots$$

für alle Primideale $\mathfrak{p}_1, \ldots, \mathfrak{p}_r$ mit $\mathfrak{N}(\mathfrak{p}_i) \leq N$ aus und erhalten die Gleichung

$$\begin{aligned}\prod_{i=1}^{r} \frac{1}{1-\chi(\mathfrak{p}_i)\mathfrak{N}(\mathfrak{p}_i)^{-s}} &= \sum_{\nu_1,\ldots,\nu_r=0}^{\infty} \frac{\chi(\mathfrak{p}_1)^{\nu_1}\cdots\chi(\mathfrak{p}_r)^{\nu_r}}{(\mathfrak{N}(\mathfrak{p}_1)^{\nu_1}\cdots\mathfrak{N}(\mathfrak{p}_r)^{\nu_r})^s} \\ (*) \qquad &= \sum_{\mathfrak{a}}{}' \frac{\chi(\mathfrak{a})}{\mathfrak{N}(\mathfrak{a})^s},\end{aligned}$$

wobei $\sum'$ die Summe über alle ganzen Ideale $\mathfrak{a}$ ist, welche nur durch die Primideale $\mathfrak{p}_1, \ldots, \mathfrak{p}_r$ teilbar sind. Da der Summe $\sum'$ insbesondere die Summanden mit $\mathfrak{N}(\mathfrak{a}) \leq N$ angehören, können wir auch schreiben

$$\prod_{i=1}^{r} \frac{1}{1-\chi(\mathfrak{p}_i)\mathfrak{N}(\mathfrak{p}_i)^{-s}} = \sum_{\mathfrak{N}(\mathfrak{a})\leq N} \frac{\chi(\mathfrak{a})}{\mathfrak{N}(\mathfrak{a})^s} + \sum_{\mathfrak{N}(\mathfrak{a})>N}{}' \frac{\chi(\mathfrak{a})}{\mathfrak{N}(\mathfrak{a})^s}.$$

Vergleichen wir nun in $(*)$ die Summe $\sum'$ mit der Reihe $L(\chi, s)$, so wird

$$\begin{aligned}\Big|\prod_{i=1}^{r} \frac{1}{1-\chi(\mathfrak{p}_i)\mathfrak{N}(\mathfrak{p}_i)^{-s}} - L(\chi,s)\Big| &\leq \Big|\sum_{\substack{\mathfrak{N}(\mathfrak{a})>N \\ \mathfrak{p}_i \nmid \mathfrak{a}}} \frac{\chi(\mathfrak{a})}{\mathfrak{N}(\mathfrak{a})^s}\Big| \\ &\leq \sum_{\mathfrak{N}(\mathfrak{a})>N} \frac{1}{\mathfrak{N}(\mathfrak{a})^{1+\delta}}.\end{aligned}$$

Die rechte Reihe geht für $N \to \infty$ gegen Null, denn sie ist der Rest einer Reihe, die konvergent ist, weil die Folge $\big(\sum_{\mathfrak{N}(\mathfrak{a})\leq N} \frac{1}{\mathfrak{N}(\mathfrak{a})^{1+\delta}}\big)_{N\in\mathbb{N}}$ monoton wachsend und nach oben beschränkt ist. Wir haben nämlich mit den vorherigen Bezeichnungen

$$\begin{aligned}\sum_{\mathfrak{N}(\mathfrak{a})\leq N} \frac{1}{\mathfrak{N}(\mathfrak{a})^{1+\delta}} &\leq \sum_{\mathfrak{a}}{}' \frac{1}{\mathfrak{N}(\mathfrak{a})^{1+\delta}} \\ &= \prod_{i=1}^{r} (1-\mathfrak{N}(\mathfrak{p}_i)^{-(1+\delta)})^{-1} \\ &= \log\Big(\sum_{i=1}^{r}\sum_{n=1}^{\infty} \frac{1}{n\mathfrak{N}(\mathfrak{p}_i)^{(1+\delta)n}}\Big) \\ &\leq \log\Big(\sum_{\mathfrak{p}}\sum_{n=1}^{\infty} \frac{1}{n\mathfrak{N}(\mathfrak{p})^{(1+\delta)n}}\Big) \\ &\leq \log\Big(\sum_{p,n} d\,\frac{1}{np^{n(1+\delta)}}\Big) = \log(d\zeta(1+\delta)).\end{aligned}$$

□

Wir wenden uns jetzt der analytischen Fortsetzung und der Einrichtung einer Funktionalgleichung für die L-Reihe $L(\chi, s)$ zu, die zu einem **Größencharakter** $\chi \bmod \mathfrak{m}$ gehört, also einem Charakter

$$\chi : J^{\mathfrak{m}} \to S^1 ,$$

so daß

$$(*) \qquad \chi((a)) = \chi_{\mathrm{f}}(a)\chi_{\infty}(a)$$

für alle zu $\mathfrak{m}$ teilerfremden ganzen Zahlen $a \in \mathcal{O}$, mit zwei Charakteren

$$\chi_{\mathrm{f}} : (\mathcal{O}/\mathfrak{m})^* \to S^1 \quad \text{und} \quad \chi_{\infty} : \mathbf{R}^* \to S^1 .$$

Der Charakter χ_{f} setzt sich in eindeutiger Weise zu einem Charakter

$$\chi_{\mathrm{f}} : (\widehat{\mathcal{O}}/\mathfrak{m})^* \to S^1$$

fort, derart daß die Gleichung $(*)$ für alle ganzen, zu $\mathfrak{m}$ teilerfremden idealen Zahlen $a \in \widehat{\mathcal{O}}^{(\mathfrak{m})}$ gilt. Die Einschränkung der Funktion $\chi_{\mathrm{f}}(a) := \chi((a))\chi_{\infty}(a)^{-1}$ von $\widehat{\mathcal{O}}^{(\mathfrak{m})}$ auf $\mathcal{O}^{(\mathfrak{m})}$ ist nämlich durch den ursprünglichen Charakter χ_{f} von $(\mathcal{O}/\mathfrak{m})^*$ gegeben, ist also insbesondere trivial auf $1+\mathfrak{m}$ und liefert daher einen Charakter von $(\widehat{\mathcal{O}}/\mathfrak{m})^*$.

Die L-Reihe zu einem Größencharakter von $J^{\mathfrak{m}}$ heißt **Heckesche L-Reihe**. Wenn χ ein (verallgemeinerter) Dirichlet-Charakter $\bmod\, \mathfrak{m}$ ist, also ein Charakter der Strahlklassengruppe $J^{\mathfrak{m}}/P^{\mathfrak{m}}$, so sprechen wir von einer (verallgemeinerten) **Dirichletschen L-Reihe**. Der Beweis der Funktionalgleichung der Heckeschen L-Reihen vollzieht sich aufgrund der Theta-Transformationsformel (7.7) genau wie bei der Dedekindschen Zetafunktion.

Wir zerlegen die Heckesche L-Reihe nach den Klassen $\mathfrak{K}$ der Idealklassengruppe J/P in die Summe

$$L(\chi, s) = \sum_{\mathfrak{K}} L(\mathfrak{K}, \chi, s)$$

der **partiellen L-Reihen**

$$L(\mathfrak{K}, \chi, s) = \sum_{\substack{\mathfrak{a} \in \mathfrak{K} \\ \text{ganz}}} \frac{\chi(\mathfrak{a})}{\mathfrak{N}(\mathfrak{a})^s}$$

und leiten eine Funktionalgleichung für diese her. Für die Funktionalgleichung der L-Reihe $L(\chi, s)$ ist diese Zerlegung nicht nötig. Man kann diese auch in direkter Weise mit der Transformationsformel (7.8) herleiten, weil uns die Darstellung aller Ideale $\mathfrak{a}$ durch die idealen Zahlen zur Verfügung steht (was bei der Dedekindschen Zetafunktion noch nicht der Fall war). Wir ziehen es aber vor, das feinere Resultat für die partiellen L-Reihen zu gewinnen.

Nach (7.1) haben wir eine bijektive Abbildung

$$(\widehat{\mathfrak{K}} \cap \widehat{\mathfrak{o}})/\mathcal{O}^* \xrightarrow{\sim} \{\mathfrak{a} \in \mathfrak{K} \mid \mathfrak{a} \text{ ganz}\}, \quad a \mapsto (a),$$

wobei $\widehat{\mathfrak{K}} \in \widehat{K}^*/K^*$ der Klasse $\mathfrak{K} \in J/P$ entspricht unter dem Isomorphismus $\widehat{K}^*/K^* \cong J/P$. Daher ist

$$L(\mathfrak{K}, \chi, s) = \sum_{a \in \mathfrak{R}} \frac{\chi((a))}{|N(a)|^s},$$

wobei $\mathfrak{R}$ ein Repräsentantensystem von $(\widehat{\mathfrak{K}} \cap \widehat{\mathfrak{o}})/\mathcal{O}^*$ ist. Wir wollen diese Funktion als Mellin-Transformierte darstellen und ziehen dazu die in § 4 eingeführte L-Funktion

$$L_X(\mathbf{s}) = N(\pi^{-\mathbf{s}/2})\Gamma_X(\mathbf{s}/2) = N(\pi^{-\mathbf{s}/2}) \int_{\mathbf{R}_+^*} N(e^{-y}y^{\mathbf{s}/2}) \frac{dy}{y}$$

heran, die zur $G(\mathbb{C} \mid \mathbb{R})$-Menge $X = \mathrm{Hom}(K, \mathbb{C})$ gebildet ist. Der zu χ gehörige Charakter χ_∞ von $\mathbf{R}^*$ ist nach (6.7) durch

$$\chi_\infty(x) = N(x^p|x|^{-p+iq})$$

gegeben mit einem zulässigen $p \in \prod_\tau \mathbb{Z}$ und einem $q \in \mathbf{R}_\pm$. Wir setzen $\mathbf{s} = s\mathbf{1} + p - iq$, wobei $s \in \mathbb{C}$ eine einzelne komplexe Variable ist, und

$$L_\infty(\chi, s) = L_X(\mathbf{s}) = L_X(s\mathbf{1} + p - iq).$$

In dem Integral

$$\Gamma_X(\mathbf{s}/2) = \int_{\mathbf{R}_+^*} N(e^{-y}y^{\mathbf{s}/2}) \frac{dy}{y}$$

nehmen wir die Substitution

$$y \mapsto \pi|a|^2 y/|md| \quad (a \in \mathfrak{R})$$

vor, wobei $m, d \in \widehat{\mathfrak{o}}$ feste ideale Zahlen sind, so daß $(m) = \mathfrak{m}$ ist und $(d) = \mathfrak{d}$ die Differente von $K|\mathbb{Q}$. Wir erhalten dann

$$\Gamma_X(\mathbf{s}/2) = N\Big(\Big(\frac{\pi}{|md|}\Big)^{\mathbf{s}/2}\Big) N(|a|^{\mathbf{s}}) \int_{\mathbf{R}_+^*} e^{-\pi\langle ay/|md|, a\rangle} N(y^{\mathbf{s}/2}) \frac{dy}{y}$$

und wegen $N(|md|^{\mathbf{1}s/2}) = (|d_K|\mathfrak{N}(\mathfrak{m}))^{s/2}$

$$(|d_K|\mathfrak{N}(\mathfrak{m}))^{s/2} L_\infty(\chi, s) \frac{1}{N(|a|^{\mathbf{s}})} = c(\chi) \int_{\mathbf{R}_+^*} e^{-\pi\langle ay/|md|, a\rangle} N(y^{\mathbf{s}/2}) \frac{dy}{y}$$

mit $c(\chi) = N(|md|^{-p+iq})^{1/2}$. Dies mit $\chi_{\mathfrak{f}}(a)N(a^p)$ multipliziert und über $a \in \mathfrak{R}$ summiert, ergibt unter Beachtung von

$$\frac{\chi_{\mathfrak{f}}(a)N(a^p)}{N(|a|^s)} = \frac{\chi_{\mathfrak{f}}(a)N(a^p|a|^{-p+iq})}{N(|a|^s)} = \frac{\chi((a))}{|N(a)|^s}$$

die Gleichung

$$(|d_K|\mathfrak{N}(\mathfrak{m}))^{s/2}L_\infty(\chi,s)L(\mathfrak{K},\chi,s) = c(\chi)\int\limits_{\mathbf{R}_+^*} g(y)N(y^{s/2})\frac{dy}{y}$$

mit der Reihe

$$g(y) = \sum_{a\in\mathfrak{R}} \chi_{\mathfrak{f}}(a)N(a^p)e^{-\pi\langle ay/|md|,a\rangle}\,.$$

Wir betrachten nun die vervollständigte L-Reihe

$$\Lambda(\mathfrak{K},\chi,s) = (|d_K|\mathfrak{N}(\mathfrak{m}))^{s/2}L_\infty(\chi,s)L(\mathfrak{K},\chi,s)\,.$$

Dann ist

$$\Lambda(\mathfrak{K},\chi,s) = c(\chi)\int\limits_{\mathbf{R}_+^*} g(y)N(y^{s/2})\frac{dy}{y}\,.$$

Diese Funktion wollen wir nun als ein Integral über die Reihe

$$\theta(\mathfrak{K},\chi,z) := \theta^p(\mathfrak{K},\chi_{\mathfrak{f}},z) = \varepsilon(\chi) + \sum_{a\in\widehat{\mathfrak{K}}\cap\widehat{o}} \chi_{\mathfrak{f}}(a)N(a^p)e^{\pi i\langle az/|md|,a\rangle}$$

darstellen, bei der nicht nur – wie bei $g(y)$ – über ein Repräsentanten-system $\mathfrak{R}$ von $(\widehat{\mathfrak{K}}\cap\widehat{o})/o^*$, sondern über alle $a\in\widehat{\mathfrak{K}}\cap\widehat{o}$ summiert wird. Dabei ist $\varepsilon(\chi) = 1$, wenn $\mathfrak{m} = 1$ und $p = 0$, und $\varepsilon(\chi) = 0$ sonst. Dies wird in der gleichen Weise bewirkt wie bei der Dedekindschen Zetafunktion (vgl. (5.5)). Genau wie dort nehmen wir vermöge

$$y = xt^{1/n}\,,\quad x = \frac{y}{N(y)^{1/n}}\,,\quad t = N(y),$$

$n = [K:\mathbb{Q}]$, die Zerlegung

$$\mathbf{R}_+^* = \mathbf{S}\times\mathbb{R}_+^*\,,\quad \frac{dy}{y} = d^*x\times\frac{dt}{t}$$

vor, so daß unter Beachtung von

$$N(y^{s/2}) = N(x^{s/2})N(t^{s/2n}) = N(x^{(p-iq)/2})t^{\frac{1}{2}(s+Tr\,(p-iq)/n)}$$

die Gleichung

$$(*)\qquad \Lambda(\mathfrak{K},\chi,s) = c(\chi)\int\limits_0^\infty\int\limits_{\mathbf{S}} N(x^{(p-iq)/2})g(xt^{1/n})d^*x\,t^{s'}\,\frac{dt}{t}$$

entsteht mit $s' = \frac{1}{2}(s+Tr\,(p-iq)/n)$. Die unter dem zweiten Integral stehende Funktion bezeichnen wir mit

$$g_{\mathfrak{R}}(x,t) = N(x^{(p-iq)/2}) \sum_{a\in\mathfrak{R}} \chi_{\mathfrak{f}}(a) N(a^p) e^{-\pi\langle axt^{1/n}/|md|,a\rangle}\,.$$

Aus ihr baut sich die Theta-Reihe $\theta(\mathfrak{K},\chi,ixt^{1/n})$ wie folgt auf.

(8.2) Lemma. $N(x^{(p-iq)/2})(\theta(\mathfrak{K},\chi,ixt^{1/n}) - \varepsilon(\chi)) = \sum_{\varepsilon\in\mathcal{O}^*} g_{\mathfrak{R}}(|\varepsilon|^2 x,t)$.

Beweis: Für jede Einheit $\varepsilon \in \mathcal{O}^*$ ist $\chi_\infty(\varepsilon)\chi_{\mathfrak{f}}(\varepsilon) = \chi((\varepsilon)) = 1$, so daß

$$N(|\varepsilon|^{p-iq}) = \overline{\chi}_\infty(\varepsilon) N(\varepsilon^p) = \chi_{\mathfrak{f}}(\varepsilon) N(\varepsilon^p)\,.$$

Wir setzen zur Abkürzung $\xi = xt^{1/n}/|md|$ und erhalten

$$g_{\mathfrak{R}}(|\varepsilon|^2 x,t) = N(x^{(p-iq)/2}) \sum_{a\in\mathfrak{R}} \chi_{\mathfrak{f}}(\varepsilon a) N((\varepsilon a)^p) e^{-\pi\langle \varepsilon a\xi,\varepsilon a\rangle} = g_{\varepsilon\mathfrak{R}}(x,t)\,.$$

Wegen $\widehat{\mathfrak{K}} \cap \widehat{\mathcal{O}} = \dot{\bigcup}_{\varepsilon\in\mathcal{O}^*} \varepsilon\mathfrak{R}$ wird daher

$$\begin{aligned}
&N(x^{(p-iq)/2})(\theta(\mathfrak{K},\chi,ixt^{1/n}) - \varepsilon(\chi)) = \\
&\sum_{\varepsilon\in\mathcal{O}^*} \sum_{a\in\varepsilon\mathfrak{R}} N(x^{(p-iq)/2}) \chi_{\mathfrak{f}}(\varepsilon a) N((\varepsilon a)^p) e^{-\pi\langle\varepsilon a\xi,\varepsilon a\rangle} = \\
&\sum_{\varepsilon\in\mathcal{O}^*} g_{\varepsilon\mathfrak{R}}(x,t) = \sum_{\varepsilon\in\mathcal{O}^*} g_{\mathfrak{R}}(|\varepsilon|^2 x,t)\,.
\end{aligned}$$ □

Aus diesem Lemma gewinnen wir jetzt die angestrebte Integraldarstellung der Funktion $\Lambda(\mathfrak{K},\chi,s)$. Wir wählen wie in § 5 für die Aktion der Gruppe $|\mathcal{O}^*|^2$ einen Fundamentalbereich F von $\mathbf{S}$, der unter $\log : \mathbf{R}_+^* \xrightarrow{\sim} \mathbf{R}_\pm$ auf eine Grundmasche des Gitters $2\log|\mathcal{O}^*|$ abgebildet wird, so daß also

$$\mathbf{S} = \dot{\bigcup}_{\eta\in|\mathcal{O}^*|} \eta^2 F\,.$$

(8.3) Satz. *Die Funktion*

$$\Lambda(\mathfrak{K},\chi,s) = (|d_K|\mathfrak{N}(\mathfrak{m}))^{s/2} L_\infty(\chi,s) L(\mathfrak{K},\chi,s)$$

ist die Mellin-Transformierte

$$\Lambda(\mathfrak{K},\chi,s) = L(f,s')$$

der Funktion

$$f(t) = f_F(\mathfrak{K},\chi,t) = \frac{c(\chi)}{w} \int_F N(x^{(p-iq)/2}) \theta(\mathfrak{K},\chi,ixt^{1/n}) d^*x$$

an der Stelle $s' = \frac{1}{2}(s + Tr\,(p-iq)/n)$. *Darin ist* $n = [K:\mathbb{Q}]$, $c(\chi) = N(|md|^{-p+iq})^{1/2}$ *und* w *die Anzahl der Einheitswurzeln in* K.

Beweis: Es ist

$$f(\infty) = \frac{c(\chi)\varepsilon(\chi)}{w} \int_F N(x^{(p-iq)/2}) d^*x.$$

Wir haben oben gezeigt, daß

$$(*) \qquad \Lambda(\mathfrak{K}, \chi, s) = \int_0^\infty f_0(t) t^{s'} \frac{dt}{t} = L(f, s')$$

mit der Funktion

$$f_0(t) = c(\chi) \int_{\mathbf{S}} g_{\mathfrak{N}}(x, t) d^*x .$$

Wegen $\mathbf{S} = \dot\bigcup_{\eta \in |\mathcal{O}^*|} \eta^2 F$ ist

$$f_0(t) = c(\chi) \sum_{\eta \in |\mathcal{O}^*|} \int_{\eta^2 F} g_{\mathfrak{N}}(x, t) d^*x .$$

In jedem der rechts stehenden Integrale nehmen wir die Transformation $F \to \eta^2 F$, $x \mapsto \eta^2 x$, vor und erhalten

$$f_0(t) = c(\chi) \int_F \sum_{\eta \in |\mathcal{O}^*|} g_{\mathfrak{N}}(\eta^2 x, t) d^*x .$$

Die Vertauschung von Summe und Integral rechtfertigt sich in gleicher Weise wie bei den Dirichletschen L-Reihen in § 2, S. 456. Wegen der exakten Sequenz

$$1 \to \mu(K) \to \mathcal{O}^* \to |\mathcal{O}^*| \to 1$$

($\mu(K)$ die Gruppe der Einheitswurzeln in K) ist $\#\{\varepsilon \in \mathcal{O}^* \mid |\varepsilon| = \eta\} = w$, so daß

$$\sum_{|\varepsilon| = \eta} g_{\mathfrak{N}}(|\varepsilon|^2 x, t) = w g_{\mathfrak{N}}(\eta^2 x, t) .$$

Mit (8.2) wird daher

$$\begin{aligned} f_0(t) &= \frac{c(\chi)}{w} \int_F \sum_{\varepsilon \in \mathcal{O}^*} g_{\mathfrak{N}}(|\varepsilon|^2 x, t) d^*x \\ &= \frac{c(\chi)}{w} \int_F N(x^{(p-iq)/2}) (\theta(\mathfrak{K}, \chi, ixt^{1/n}) - \varepsilon(\chi)) d^*x = f(t) - f(\infty) . \end{aligned}$$

Dies zusammen mit $(*)$ ergibt die Behauptung des Satzes. □

Die Transformationsformel (7.7) für die Theta-Reihe $\theta(\mathfrak{K},\chi,z) = \theta^p(\mathfrak{K},\chi_\mathfrak{f},z)$ sichert jetzt, daß die Funktionen $f(t) = f_F(\mathfrak{K},\chi,t)$ den Voraussetzungen des Mellin-Prinzips genügen.

(8.4) Satz. *Es gilt* $f_F(\mathfrak{K},\chi,t) = a_0 + O(e^{-ct^{1/n}})$ *mit* $c > 0$ *und*

$$a_0 = \frac{N(|d|^{iq/2})}{w} \int\limits_F N(x^{-iq/2})d^*x,$$

falls $\mathfrak{m} = 1$ *und* $p = 0$, *und* $a_0 = 0$ *sonst. Ferner gilt*

$$f_F(\mathfrak{K},\chi,\frac{1}{t}) = W(\chi)t^{\frac{1}{2}+Tr\,(p)/n} f_{F^{-1}}(\mathfrak{K}',\overline{\chi},t)$$

mit $\mathfrak{K}\mathfrak{K}' = [\,\mathfrak{m}\mathfrak{d}\,]$ *und dem konstanten Faktor*

$$W(\chi) = \Big[i^{Tr\,(\overline{p})} N\Big(\Big(\frac{md}{|md|}\Big)^{\overline{p}}\Big)\Big]^{-1} \frac{\tau(\chi_\mathfrak{f})}{\sqrt{\mathfrak{N}(\mathfrak{m})}}\,.$$

Beweis: Die erste Behauptung folgt genauso wie im Beweis zu (5.8). Zur zweiten ziehen wir die Formel (7.7) heran. Danach ist

$$\begin{aligned}\theta(\mathfrak{K},\chi,-1/z) = \theta^p(\mathfrak{K},\chi_\mathfrak{f},-1/z) &= W(\chi)N((z/i)^{p+\frac{1}{2}})\theta^{\overline{p}}(\mathfrak{K}',\overline{\chi}_\mathfrak{f},z)\\ &= W(\chi)N((z/i)^{p+\frac{1}{2}})\theta(\mathfrak{K}',\overline{\chi},z)\,,\end{aligned}$$

weil $\overline{\chi}_\infty(x) = \overline{N(x^p|x|^{-p+iq})} = N((^*x)^p|x|^{-p-iq}) = N(x^{\overline{p}}|x|^{-\overline{p}-iq})$. Unter Beachtung der Tatsache, daß die Transformation $x \mapsto x^{-1}$ das Haarsche Maß d^*x invariant läßt und den Fundamentalbereich F in den Fundamentalbereich F^{-1} überführt, ergibt sich mit ihr für $z = ixt^{1/n}$:

$$\begin{aligned}f_F(\mathfrak{K},\chi,\frac{1}{t}) &= \frac{c(\chi)}{w}\int\limits_F N(x^{(p-iq)/2})\theta(\mathfrak{K},\chi,ix/t^{1/n})d^*x\\
&= \frac{c(\chi)}{w}\int\limits_{F^{-1}} N(x^{-(p-iq)/2})\theta(\mathfrak{K},\chi,-1/ixt^{1/n})d^*x\\
&= \frac{c(\chi)W(\chi)}{w}\int\limits_{F^{-1}} N(x^{-\frac{p-iq}{2}+p+\frac{1}{2}})N(t^{(p+\frac{1}{2})/n})\theta(\mathfrak{K}',\overline{\chi},ixt^{1/n})d^*x\\
&= \frac{c(\chi)W(\chi)}{w}\int\limits_{F^{-1}} N(x^{(\overline{p}+iq)/2})t^{1/2+Tr\,(p)/n}\theta(\mathfrak{K}',\overline{\chi},ixt^{1/n})d^*x\\
&= W(\chi)t^{\frac{1}{2}+Tr\,(p)/n}f_{F^{-1}}(\mathfrak{K}',\overline{\chi},t)\,.\end{aligned}$$

Bei dieser Rechnung haben wir benutzt, daß $N(x^{1/2}) = N(x)^{1/2} = 1$ und $N(x^p) = N((^*x)^p) = N(x^{\overline{p}})$ ist und daß der zu χ_∞ konjugiert komplexe Charakter $\overline{\chi}_\infty$ durch

$$\overline{\chi}_\infty(x) = N(x^{\overline{p}}|x|^{-\overline{p}-iq})$$

gegeben ist. □

Mit diesem Satz erhalten wir nun endlich aus (1.4) unser Hauptresultat. Wir dürfen annehmen, daß χ ein primitiver Größencharakter mod $\mathfrak{m}$ ist, d.h. daß der zugehörige Charakter $\chi_\mathfrak{f}$ von $(\mathcal{O}/\mathfrak{m})^*$ primitiv ist (vgl. § 6, S. 494). Die L-Reihe zu einem beliebigen Charakter unterscheidet sich von der L-Reihe eines zugehörigen primitiven nur um endlich viele Eulerfaktoren, so daß analytische Fortsetzung und Funktionalgleichung der einen aus der der anderen folgt.

(8.5) Theorem. *Sei χ ein primitiver Größencharakter* mod $\mathfrak{m}$. *Dann besitzt die Funktion*

$$\Lambda(\mathfrak{K}, \chi, s) = (|d_K|\mathfrak{N}(\mathfrak{m}))^{s/2} L_\infty(\chi, s) L(\mathfrak{K}, \chi, s), \quad \mathrm{Re}(s) > 1,$$

eine meromorphe Fortsetzung auf die komplexe Zahlenebene $\mathbb{C}$ und genügt der Funktionalgleichung

$$\Lambda(\mathfrak{K}, \chi, s) = W(\chi)\Lambda(\mathfrak{K}', \overline{\chi}, 1-s)$$

mit $\mathfrak{K}\mathfrak{K}' = [\,\mathfrak{m}\mathfrak{d}\,]$ und dem konstanten Faktor

$$W(\chi) = \Big[i^{Tr\,(\overline{p})} N\Big(\Big(\frac{md}{|md|}\Big)^{\overline{p}}\Big)\Big]^{-1} \frac{\tau(\chi_\mathfrak{f})}{\sqrt{\mathfrak{N}(\mathfrak{m})}}.$$

Dieser hat den Betrag $|W(\chi)| = 1$.

$\Lambda(\mathfrak{K}, \chi, s)$ ist holomorph bis auf Pole höchstens erster Ordnung bei $s = Tr(-p+iq)/n$ und $s = 1 + Tr(p+iq)/n$. Im Fall $\mathfrak{m} \neq 1$ oder $p \neq 0$ ist $\Lambda(\mathfrak{K}, \chi, s)$ holomorph auf ganz $\mathbb{C}$.

Beweis: Sei $f(t) = f_F(\mathfrak{K}, \chi, t)$ und $g(t) = f_{F^{-1}}(\mathfrak{K}', \overline{\chi}, t)$. Aus $f(t) = a_0 + O(e^{-ct^{1/n}})$, $g(t) = b_0 + O(e^{-ct^{1/n}})$ und

$$f\Big(\frac{1}{t}\Big) = W(\chi) t^{\frac{1}{2}+Tr\,(p)/n} g(t)$$

folgt aufgrund von (1.4) die meromorphe Fortsetzbarkeit der Mellin-Transformierten $L(f,s)$ und $L(g,s)$ und mit (8.3)

$$\begin{aligned}\Lambda(\mathfrak{K},\chi,s) &= L\Big(f,\frac{1}{2}(s+Tr\,(p-iq)/n)\Big)\\ &= W(\chi)L\Big(g,\frac{1}{2}+Tr\,(p)/n-\frac{1}{2}(s+Tr(p-iq)/n)\Big)\\ &= W(\chi)L\Big(g,\frac{1}{2}(1-s+Tr(\overline{p}+iq)/n)\Big)\\ &= W(\chi)\Lambda(\mathfrak{K}',\overline{\chi},1-s)\,,\end{aligned}$$

wobei wieder zu beachten ist, daß $\overline{\chi}_\infty(x) = N(x^{\overline{p}}|x|^{-\overline{p}-iq})$.

Nach (1.4) hat $L(f,s)$ im Fall $a_0 \neq 0$ einen einfachen Pol bei $s=0$ und $s = \frac{1}{2}+Tr(p)/n$, d.h. $\Lambda(\mathfrak{K},\chi,s) = L(f,\frac{1}{2}(s+Tr(p-iq)/n)$ hat einen einfachen Pol bei $s = Tr(-p+iq)/n$ und $s = 1+Tr(p+iq)/n$. Ist $\mathfrak{m} \neq 1$ oder $p \neq 0$, so ist $a_0 = 0$, d.h. $\Lambda(\mathfrak{K},\chi,s)$ ist holomorph auf ganz $\mathbb{C}$. □

Für die **vollständige Heckesche L-Reihe**

$$\Lambda(\chi,s) = (|d_K|\mathfrak{N}(\mathfrak{m}))^{s/2}L_\infty(\chi,s)L(\chi,s) = \sum_{\mathfrak{K}}\Lambda(\mathfrak{K},\chi,s)$$

ergibt sich aus dem Theorem sofort das

(8.6) Korollar. *Die L-Reihe $\Lambda(\chi,s)$ besitzt eine holomorphe Fortsetzung auf*

$$\mathbb{C} \smallsetminus \{Tr(-p+iq)/n, 1+Tr(p+iq)/n\}$$

und genügt der Funktionalgleichung

$$\Lambda(\chi,s) = W(\chi)\Lambda(\overline{\chi},1-s).$$

Sie ist holomorph auf ganz $\mathbb{C}$, wenn $\mathfrak{m}\neq 1$ oder $p\neq 0$.

Bemerkung 1: Für einen *Dirichlet-Charakter* $\chi \bmod \mathfrak{m}$ kann man die Funktionalgleichung auch ohne die Verwendung der idealen Zahlen beweisen, indem man die Strahlklassengruppe $J^\mathfrak{m}/P^\mathfrak{m}$ nach ihren Klassen $\mathfrak{K}$ aufteilt und genauso verfährt wie bei der Dedekindschen Zetafunktion. Man verwende dabei die von HASSE in [52] behandelten Gaußschen Summen. Umgekehrt kann man die Funktionalgleichung der Dedekindschen Zetafunktion unter Verwendung der idealen Zahlen nach dem obigen Vorbild beweisen, ohne die Aufteilung der Idealgruppe in ihre Klassen vornehmen zu müssen.

Bemerkung 2: Zu den soeben bewiesenen Resultaten gibt es noch einen wichtigen anderen Zugang. Er geht von einem Charakter der Idelklassengruppe aus und von der Darstellung (8.1) der zugehörigen L-Reihe als Eulerprodukt. Der Beweis der Funktionalgleichung basiert auf dem Lokal-Global-Prinzip der algebraischen Zahlentheorie und auf der Fourieranalysis der $\mathfrak{p}$-adischen Zahlkörper und der Idelklassengruppe. Diese Theorie wurde von dem amerikanischen Mathematiker *John Tate* entwickelt und ist unter dem Namen **Tate's Thesis** bekannt. Obwohl sie dem Anliegen dieses Buches nach moderner Begrifflichkeit entgegenkommt, wurde sie dennoch nicht aufgenommen. Der Grund hierfür liegt in der an Klarheit und Kürze nicht zu übertreffenden Darstellung der Tateschen Originalarbeit [24], die in der Wiedergabe von *Serge Lang* [94] eine illustrative Ergänzung gefunden hat.

Anstatt einer müßigen Abschrift also dieser Darstellungen haben wir es vorgezogen, die ursprüngliche, nur schwer zu verstehende Heckesche Beweisführung auf eine konzeptionelle Grundlage zu stellen und ihr eine zeitgemäße Faßbarkeit zu geben. Es zeigt sich, daß der Heckesche Zugang durchaus eine eigenständige Bedeutung behalten hat und gegenüber der Tateschen Theorie sogar mit manchem Vorteil aufwarten kann. Für die Funktionalgleichung der Riemannschen Zetafunktion und der Dirichletschen L-Reihen etwa, die mit der hier verwendeten Methode auf Anfänger-Niveau bewiesen werden kann, wäre die Entwicklung der Tateschen Theorie mit ihrem p-adischen Aufwand nicht angemessen und hypertroph. Auch vermag die Heckesche Vorgehensweise die feineren Resultate über die *partiellen* L-Reihen hervorzubringen, und es muß überdies in der Theorie der Theta-Reihen allein schon ein wichtiger arithmetischer Sinn gesehen werden. Wir haben den Beweis der analytischen Fortsetzbarkeit und der Funktionalgleichung der L-Reihen aus didaktischen Gründen gleich viermal geführt, für die Riemannsche Zetafunktion, für die Dirichletschen L-Reihen, für die Dedekindsche Zetafunktion und schließlich für die allgemeinen Heckeschen L-Reihen. Dies erklärt die Zahl der bisher verwendeten Seiten. Eine direkte Behandlung gleich des allgemeinen Falles würde eine Kürze bringen, die der der Tateschen Thesis kaum nachstünde. Gleichwohl muß hervorgehoben werden, daß letztere durch weitreichende Verallgemeinerungen eine tragende Bedeutung für die Zahlentheorie gewonnen hat.

§ 9. Werte Dirichletscher L-Reihen an ganzzahligen Stellen

Die in § 1 und § 2 gewonnenen Ergebnisse über die Werte $\zeta(1-k)$ und $L(\chi, 1-k)$ der Riemannschen Zetafunktion und der Dirichletschen L-Reihen sollen jetzt auf die verallgemeinerten Dirichletschen L-Reihen über einem total reellen Zahlkörper ausgedehnt werden. Wir folgen dabei einer Methode, die der (früh auf tragische Weise ums Leben gekommene) japanische Mathematiker TAKURO SHINTANI ersonnen hat (vgl. [127], [128]).

Wir beweisen zuerst einen neuartigen Einheitensatz, für den wir die folgenden Begriffsbildungen aus der linearen Algebra benötigen. Sei V ein n-dimensionaler $\mathbb{R}$-Vektorraum, k ein Teilkörper von $\mathbb{R}$ und V_k eine fest gegebene k-Struktur von V, d.h. ein k-Unterraum, so daß $V = V_k \otimes_k \mathbb{R}$. Unter einem (offenen) **k-rationalen simplizialen Kegel** der Dimension d verstehen wir eine Teilmenge der Form

$$C(v_1, \dots, v_d) = \{t_1 v_1 + \cdots + t_d v_d \mid t_l \in \mathbb{R}_+^*\}$$

mit linear unabhängigen Vektoren $v_1, \dots, v_d$ aus V_k. Eine endliche disjunkte Vereinigung k-rationaler simplizialer Kegel heiße ein k-rationaler **polyedrischer Kegel**. Wir nennen eine Linearform L auf V *k-rational*, wenn ihre Koeffizienten bzgl. einer k-Basis von V_k in k liegen.

(9.1) Lemma. *Jede nicht leere und von $\{0\}$ verschiedene Teilmenge der Form*

$$P = \{x \in V \mid L_i(x) \geq 0\,, \quad 0 < i \leq l\,, \quad M_j(x) > 0, \quad 0 < j \leq m\}$$

mit von Null verschiedenen k-rationalen Linearformen L_i, M_j ($l = 0$ bzw. $m = 0$ ist zugelassen) ist die disjunkte Vereinigung endlich vieler k-rationaler Kegel und eventuell dem Nullpunkt.

Beweis: Sei zuerst $P = \{x \in V \mid L_i(x) \geq 0,\ i = 1, \dots, l\}$ mit k-rationalen Linearformen $L_1, \dots, L_l \neq 0$. Für $n = 1$ und $n = 2$ ist das Lemma evident. Wir nehmen an, es ist bewiesen für alle $\mathbb{R}$-Vektorräume von einer Dimension kleiner als n. Wenn P keinen inneren Punkt hat, so muß es unter den $L_1, \dots, L_l$ eine Linearform L geben, so daß P in der Hyperebene $L = 0$ liegt. In diesem Fall folgt das Lemma aus der Induktionsannahme. Sei nun $u \in P$ ein innerer Punkt, d.h. $L_1(u) > 0, \dots, L_l(u) > 0$. Da V_k dicht in V liegt, dürfen wir $u \in V_k$

annehmen. Für jedes $i = 1, \dots, l$ sei $\partial_i P = \{x \in P \mid L_i(x) = 0\}$. Wenn $\partial_i P \neq \{0\}$, so ist $\partial_i P \smallsetminus \{0\}$ nach Induktionsannahme eine disjunkte Vereinigung endlich vieler k-rationaler simplizialer Kegel von einer Dimension $< n$. Wenn ein simplizialer Kegel in $\partial_i P$ einen nicht-leeren Durchschnitt mit einem $\partial_j P$ hat, so liegt er offenbar in $\partial_i P \cap \partial_j P$. Daher ist $\partial_1 P \cup \dots \cup \partial_l P \smallsetminus \{0\}$ eine disjunkte Vereinigung k-rationaler simplizialer Kegel von einer Dimension $< n$, also

$$\partial_1 P \cup \dots \cup \partial_l P \smallsetminus \{0\} = \dot{\bigcup_{j \in J}} C_j \,,$$

wobei $C_j = C(v_1, \dots, v_{d_j})$, $v_1, \dots, v_{d_j} \in V_k$, $d_j < n$. Für jedes $j \in J$ setzen wir $C_j(u) = C(v_1, \dots, v_{d_j}, u)$. Dies ist ein $(d_j + 1)$-dimensionaler k-rationaler simplizialer Kegel. Wir behaupten, daß

$$P \smallsetminus \{0\} = \dot{\bigcup_{j \in J}} C_j \,\dot{\cup}\, \dot{\bigcup_{j \in J}} C_j(u) \,\dot{\cup}\, \mathbb{R}_+^* u \,.$$

In der Tat, wenn der Punkt $x \in P \smallsetminus \{0\}$ auf dem Rand von P liegt, so liegt er in einem $\partial_i P$, also in $\bigcup_{j \in J} C_j$. Liegt aber x im Innern von P, so sind alle $L_i(x) > 0$. Wenn x ein skalares Vielfaches von u ist, so ist $x \in \mathbb{R}_+^* u$. Sei dies nicht der Fall, und sei s das Minimum der Zahlen $L_1(x)/L_1(u), \dots, L_l(x)/L_l(u)$. Dann ist $s > 0$ und $x - su$ liegt auf dem Rand von P. Wegen $x - su \neq 0$ gibt es ein eindeutig bestimmtes $j \in J$, so daß $x - su \in C_j$, also ein eindeutig bestimmtes $j \in J$, so daß $x \in C_j(u)$. Damit ist die Behauptung bewiesen.

Sei jetzt

$$P = \{x \in V \mid L_i(x) \geq 0,\ 0 < i \leq l,\ M_j(x) > 0,\ j = 1, \dots, m\}\,.$$

Dann ist

$$\overline{P} = \{x \in V \mid L_i(x) \geq 0,\ M_j(x) \geq 0\}$$

eine disjunkte Vereinigung endlich vieler k-rationaler simplizialer Kegel und $\{0\}$. Für jedes $j = 1, \dots, m$ sei $\partial_j \overline{P} = \{x \in \overline{P} \mid M_j(x) = 0\}$. Wenn ein simplizialer Kegel in $\overline{P}$ nicht-leeren Durchschnitt mit $\partial_j \overline{P}$ hat, so liegt er in $\partial_j \overline{P}$. Wegen $P = \overline{P} \smallsetminus \bigcup_{j=1}^m \partial_j \overline{P}$ ist daher mit $\overline{P} \smallsetminus \{0\}$ auch P eine disjunkte Vereinigung endlich vieler k-rationaler simplizialer Kegel. □

(9.2) Korollar. *Sind C und C' k-rationale polyedrische Kegel, so ist auch $C \smallsetminus C'$ ein k-rationaler polyedrischer Kegel.*

Beweis: Wir dürfen o.B.d.A. annehmen, daß C und C' k-rationale Kegel sind. Sei d die Dimension von C'. Dann gibt es n k-rationale Linearformen $L_1, \dots, L_{n-d}, M_1, \dots, M_d$, so daß

$$C' = \{x \in V | L_1(x) = \cdots = L_{n-d}(x) = 0, \quad M_1(x) > 0, \ldots, M_d(x) > 0\}.$$

Setzen wir für jedes $i = 1, \ldots, n-d$

$$C_i^{\pm} = \{x \in C \mid L_1(x) = \cdots = L_{i-1}(x) = 0, \quad \pm L_i(x) > 0\}$$

und für jedes $j = 1, \ldots, d$

$$C_j = \left\{ x \in C \;\middle|\; \begin{array}{l} L_1(x) = \cdots = L_{n-d}(x) = 0\,, \\ M_1(x) > 0, \ldots, M_{j-1}(x) > 0,\, M_j(x) \le 0 \end{array} \right\}$$

so wird, wie man in direkter Weise nachprüft, $C \smallsetminus C'$ die disjunkte Vereinigung der Mengen $C_1^+, \ldots, C_{n-d}^+, C_1^-, \ldots, C_{n-d}^-, C_1, \ldots, C_d$. Diese sind, soweit sie nicht leer sind, nach (9.1) k-rationale polyedrische Kegel, also auch $C \smallsetminus C'$. □

Wenn den Grundlagen der algebraischen Zahlentheorie eine neue substantielle Erkenntnis hinzugefügt wird, so ist dies ein ebenso seltenes wie besonderes Ereignis. Als ein solches ist das folgende im Jahre 1979 von *Shintani* bewiesene Theorem anzusehen. Sei K ein Zahlkörper vom Grade $n = [K : \mathbb{Q}]$, $\mathbf{R} = [\prod_\tau \mathbb{C}\,]^+$ der zugehörige Minkowski-Raum ($\tau \in \mathrm{Hom}(K, \mathbb{C}\,)$), und sei

$$\mathbf{R}_{(+)}^* = \{(x_\tau) \in \mathbf{R}^* | x_\tau > 0 \quad \text{für alle reellen } \tau\}.$$

(Man beachte, daß $\mathbf{R}_{(+)}^* = \mathbf{R}_+^*$ nur im Fall gilt, daß K total reell ist.) Der Körper K ist wegen $\mathbf{R} = K \otimes_{\mathbb{Q}} \mathbb{R}$ eine $\mathbb{Q}$-Struktur von $\mathbf{R}$. Die Gruppe

$$\mathcal{O}_+^* = \mathcal{O}^* \cap \mathbf{R}_{(+)}^*$$

der total positiven Einheiten operiert auf $\mathbf{R}_{(+)}^*$ durch Multiplikation, und wir zeigen, daß diese Operation einen $\mathbb{Q}$-rationalen polyedrischen Kegel als Fundamentalbereich besitzt:

(9.3) Shintanischer Einheitensatz. *Ist E eine Untergruppe von endlichem Index in $\mathcal{O}_+^*$, so gibt es einen $\mathbb{Q}$-rationalen polyedrischen Kegel P, so daß*

$$\mathbf{R}_{(+)}^* = \dot{\bigcup_{\varepsilon \in E}} \varepsilon P \qquad \textit{(disjunkte Vereinigung).}$$

Beweis: Wir betrachten in $\mathbf{R}_{(+)}^*$ die Norm-Eins-Fläche

$$S = \{x \in \mathbf{R}_{(+)}^* \mid |N(x)| = 1\}.$$

Jedes $x \in \mathbf{R}^*_{(+)}$ ist in eindeutiger Weise als Produkt eines Elementes von S und eines positiven Skalars darstellbar, nämlich $x = |N(x)|^{1/n}(x/|N(x)|^{1/n})$. Nach dem Dirichletschen Einheitensatz wird E (als Untergruppe von endlichem Index in $\mathcal{O}^*$) unter der Abbildung

$$l : S \to [\prod_\tau \mathbb{R}]^+, \quad (x_\tau) \mapsto (\log |x_\tau|),$$

auf ein vollständiges Gitter Γ des Spur-Null-Raumes $H = \{x \in [\prod_\tau \mathbb{R}]^+ \mid Tr(x) = 0\}$ abgebildet. Sei Φ eine Grundmasche von Γ, $\overline{\Phi}$ der Abschluß von Φ in H und $F = l^{-1}(\overline{\Phi})$. Mit $\overline{\Phi}$ ist auch F beschränkt und abgeschlossen, also kompakt, und es gilt

(1) $$S = \bigcup_{\varepsilon \in E} \varepsilon F.$$

Sei $x \in F$ und $U_\delta(x) = \{y \in \mathbf{R} |\ \| x - y \| < \delta\} \subseteq \mathbf{R}^*_{(+)}$, $\delta > 0$. Es gibt dann offenbar eine Basis $v_1, \ldots, v_n \in U_\delta(x)$ von $\mathbf{R}$, so daß $x = t_1 v_1 + \cdots + t_n v_n$ mit $t_i > 0$. Da K nach dem Approximationssatz dicht in $\mathbf{R}$ liegt, können wir die v_i sogar in $K \cap U_\delta(x)$ wählen. Dann ist $C_\delta = C(v_1, \ldots, v_n)$ ein $\mathbb{Q}$-rationaler simplizialer Kegel in $\mathbf{R}^*_{(+)}$ mit $x \in C_\delta$, und jedes $y \in C_\delta$ ist von der Form $y = \lambda z$ mit $\lambda \in \mathbb{R}^*_+$ und $z \in U_\delta(x)$. Wir können jetzt δ so klein wählen, daß

$$C_\delta \cap \varepsilon C_\delta = \emptyset \quad \text{für alle } \varepsilon \in E,\ \varepsilon \neq 1.$$

Sonst nämlich gäbe es Folgen $\lambda_\nu z_\nu, \lambda'_\nu z'_\nu \in C_{1/\nu}$, $\lambda_\nu, \lambda'_\nu \in \mathbb{R}^*_+$, $z_\nu, z'_\nu \in U_{1/\nu}(x)$, und $\varepsilon_\nu \in E$, $\varepsilon_\nu \neq 1$, so daß $\lambda_\nu z_\nu = \varepsilon_\nu \lambda'_\nu z'_\nu$, also $\rho_\nu z_\nu = \varepsilon_\nu z'_\nu$, $\rho_\nu = \lambda_\nu / \lambda'_\nu$. z_ν und z'_ν konvergieren gegen x, so daß ρ_ν gegen 1 konvergiert wegen $\rho_\nu^n N(z_\nu) = N(z'_\nu)$, d.h. $x = (\lim \varepsilon_\nu)x$, also $\lim \varepsilon_\nu = 1$, und dies ist unmöglich, da E diskret in $\mathbf{R}$ ist.

Da F kompakt ist, finden wir somit endlich viele $\mathbb{Q}$-rationale Kegel $C_1, \ldots, C_m$ in $\mathbf{R}^*_{(+)}$, so daß

(2) $$F = \bigcup_{i=1}^{m} (C_i \cap F)$$

und $C_i \cap \varepsilon C_i = \emptyset$ für alle $\varepsilon \in E$, $\varepsilon \neq 1$, und alle $i = 1, \ldots, m$. Aus (1) und (2) folgt

$$\mathbf{R}^*_{(+)} = \bigcup_{i=1}^{m} \bigcup_{\varepsilon \in E} \varepsilon C_i.$$

Um aus dieser Vereinigung eine disjunkte Vereinigung herzustellen, setzen wir $C_1^{(1)} = C_1$ und

$$C_i^{(1)} = C_i \setminus \bigcup_{\varepsilon \in E} \varepsilon C_1, \quad i = 2, \ldots, m.$$

εC_1 und C_i sind disjunkt für fast alle $\varepsilon \in E$. Nach (9.2) ist daher $C_i^{(1)}$ ein $\mathbb{Q}$-rationaler polyedrischer Kegel. Unter Beachtung von $C_i \cap \varepsilon C_i = \emptyset$ für $\varepsilon \in E$, $\varepsilon \neq 1$, erhalten wir

$$\mathbf{R}^*_{(+)} = \bigcup_{i=1}^{m} \bigcup_{\varepsilon \in E} \varepsilon C_i^{(1)}$$

und $\varepsilon C_1^{(1)} \cap C_i^{(1)} = \emptyset$ für alle $\varepsilon \in E$ und $i = 2, \dots, m$.

Wir nehmen jetzt induktiv an, daß wir ein endliches System $\mathbb{Q}$-rationaler polyedrischer Kegel $C_1^{(\nu)}, \dots, C_m^{(\nu)}$, $\nu = 1, \dots, m-2$, gefunden haben mit den folgenden Eigenschaften:

(i) $C_i^{(\nu)} \subseteq C_i$,

(ii) $\mathbf{R}^*_{(+)} = \bigcup\limits_{i=1}^{m} \bigcup\limits_{\varepsilon \in E} \varepsilon C_i^{(\nu)}$,

(iii) $\varepsilon C_i^{(\nu)} \cap C_j = \emptyset$ für alle $\varepsilon \in E$, falls $i \leq \nu$ und $i \neq j$.

Wir setzen $C_i^{(\nu+1)} = C_i^{(\nu)}$ für $i \leq \nu + 1$ und

$$C_i^{(\nu+1)} = C_i^{(\nu)} \smallsetminus \bigcup_{\varepsilon \in E} \varepsilon C_{\nu+1}^{(\nu)} \quad \text{für} \quad i \geq \nu + 2\,.$$

Dann ist $C_1^{(\nu+1)}, \dots, C_m^{(\nu+1)}$ ein endliches System $\mathbb{Q}$-rationaler polyedrischer Kegel, das die Eigenschaften (i), (ii), (iii) mit $\nu + 1$ anstelle von ν besitzt. Es folgt nun, daß $C_1^{(m-1)}, \dots, C_m^{(m-1)}$ ein System $\mathbb{Q}$-rationaler polyedrischer Kegel ist mit

$$\mathbf{R}^*_{(+)} = \dot{\bigcup_{i=1}^{m}} \dot{\bigcup_{\varepsilon \in E}} \varepsilon C_i^{(m-1)} \quad \text{(disjunkte Vereinigung).} \qquad \square$$

Auf den Shintanischen Einheitensatz gründet sich die nunmehr folgende Beschreibung der Dirichletschen L-Reihen. Sei $\mathfrak{m}$ ein ganzes Ideal, $J^{\mathfrak{m}}/P^{\mathfrak{m}}$ die Strahlklassengruppe $\bmod \mathfrak{m}$, $\chi : J^{\mathfrak{m}}/P^{\mathfrak{m}} \to \mathbb{C}^*$ ein Dirichlet-Charakter $\bmod \mathfrak{m}$ und

$$L(\chi, s) = \sum_{\mathfrak{a}} \frac{\chi(\mathfrak{a})}{\mathfrak{N}(\mathfrak{a})^s}$$

die zugehörige Dirichletsche L-Reihe. Durchläuft $\mathfrak{K}$ die Klassen von $J^{\mathfrak{m}}/P^{\mathfrak{m}}$, so ist

$$L(\chi, s) = \sum_{\mathfrak{K}} \chi(\mathfrak{K}) \zeta(\mathfrak{K}, s)$$

mit den partiellen Zetafunktionen

$$\zeta(\mathfrak{K}, s) = \sum_{\substack{\mathfrak{a} \in \mathfrak{K} \\ \mathfrak{a} \text{ ganz}}} \frac{1}{\mathfrak{N}(\mathfrak{a})^s}\,.$$

Sei $\mathfrak{K}$ eine feste Klasse und $\mathfrak{a}$ ein ganzes Ideal in $\mathfrak{K}$. Ferner sei $(1+\mathfrak{a}^{-1}\mathfrak{m})_+ = (1+\mathfrak{a}^{-1}\mathfrak{m})\cap\mathbf{R}^*_{(+)}$ die Menge der total positiven Elemente in $1+\mathfrak{a}^{-1}\mathfrak{m}$. Die Gruppe

$$E = \mathcal{O}^{\mathfrak{m}}_+ = \{\varepsilon \in \mathcal{O}^* \mid \varepsilon \equiv 1 \bmod \mathfrak{m}\,,\ \varepsilon \in \mathbf{R}^*_{(+)}\}$$

operiert auf $(1+\mathfrak{a}^{-1}\mathfrak{m})_+$, und es gilt das

(9.4) Lemma. *Wir haben eine Bijektion*

$$(1+\mathfrak{a}^{-1}\mathfrak{m})_+/E \xrightarrow{\sim} \mathfrak{K}_{\mathrm{ganz}}\,, \quad \overline{a} \mapsto a\mathfrak{a}\,,$$

auf die Menge $\mathfrak{K}_{\mathrm{ganz}}$ der ganzen Ideale in $\mathfrak{K}$.

Beweis: Sei $a \in (1+\mathfrak{a}^{-1}\mathfrak{m})_+$. Dann ist $(a-1)\mathfrak{a} \subseteq \mathfrak{m}$, und da $\mathfrak{a}$ und $\mathfrak{m}$ teilerfremd sind, folgt $a-1 \in \mathfrak{m}$, d.h. $(a) \in P^{(\mathfrak{m})}$, so daß $a\mathfrak{a}$ in $\mathfrak{K}$ liegt. Überdies ist $a\mathfrak{a} \subseteq \mathfrak{a}(1+\mathfrak{a}^{-1}\mathfrak{m}) = \mathfrak{a}+\mathfrak{m} = \mathcal{O}$, d.h. $a\mathfrak{a}$ ist ganz. Wir erhalten also durch $a \mapsto a\mathfrak{a}$ eine Abbildung

$$(1+\mathfrak{a}^{-1}\mathfrak{m})_+ \to \mathfrak{K}_{\mathrm{ganz}}\,.$$

Diese ist surjektiv, denn wenn $a\mathfrak{a}$, $a \in P^{\mathfrak{m}}$, ein ganzes Ideal in $\mathfrak{K}$ ist, so ist $(a-1)\mathfrak{a} \subseteq \mathfrak{m}\mathfrak{a} \subseteq \mathfrak{m}$, also $a \in 1+\mathfrak{a}^{-1}\mathfrak{m}$ und überdies $a \in \mathbf{R}^*_{(+)}$, also $a \in (1+\mathfrak{a}^{-1}\mathfrak{m})_+$. Für $a,b \in (1+\mathfrak{a}^{-1}\mathfrak{m})_+$ gilt $a\mathfrak{a} = b\mathfrak{a}$ genau dann, wenn $(a) = (b)$, also $a = b\varepsilon$ mit $\varepsilon \in \mathcal{O}^*$. Aus $\varepsilon \in (1+\mathfrak{a}^{-1}\mathfrak{m})_+$ folgt $\varepsilon \in E$, d.h. a und b haben genau dann das gleiche Bild, wenn sie in der gleichen Klasse unter der Aktion von E liegen. □

Aus dem Lemma ergibt sich für die partielle Zetafunktion $\zeta(\mathfrak{K},s)$ die Darstellung

$$\zeta(\mathfrak{K},s) = \frac{1}{\mathfrak{N}(\mathfrak{a})^s} \sum_{a\in\mathfrak{R}} \frac{1}{|N(a)|^s}\,,$$

wobei $\mathfrak{R}$ ein Repräsentantensystem von $(1+\mathfrak{a}^{-1}\mathfrak{m})_+/E$ durchläuft. Auf diese Darstellung wenden wir nun weiter den Shintanischen Einheitensatz an. Sei

$$\mathbf{R}^*_{(+)} = \dot{\bigcup_{i=1}^{m}} \dot{\bigcup_{\varepsilon\in E}} \varepsilon C_i$$

eine disjunkte Zerlegung von $\mathbf{R}^*_{(+)}$ durch endlich viele $\mathbb{Q}$-rationale simpliziale Kegel C_i. Für jedes $i = 1,\dots,m$ sei $v_{i1},\dots,v_{id_i}$ ein linear unabhängiges Erzeugendensystem von C_i. Nach Multiplikation mit einer passenden total positiven ganzen Zahl dürfen wir annehmen, daß alle v_{il} in $\mathfrak{m}$ liegen. Sei

$$C_i^1 = \{t_1v_{i1} + \cdots + t_{d_i}v_{id_i} \mid 0 < t_l \le 1\}$$

und

$$R(\mathfrak{K}, C_i) = (1 + \mathfrak{a}^{-1}\mathfrak{m})_+ \cap C_i^1 .$$

Dann erhalten wir den

(9.5) Satz. *Die Mengen $R(\mathfrak{K}, C_i)$ sind endlich, und es gilt*

$$\zeta(\mathfrak{K}, s) = \frac{1}{\mathfrak{N}(\mathfrak{a})^s} \sum_{i=1}^{m} \sum_{x \in R(\mathfrak{K}, C_i)} \zeta(C_i, x, s)$$

mit den Zetafunktionen

$$\zeta(C_i, x, s) = \sum_{\mathbf{z}} |N(x + z_1 v_{i1} + \cdots + z_{d_i} v_{id_i})|^{-s} ,$$

wobei $\mathbf{z} = (z_1, \ldots, z_{d_i})$ alle d_i-Tupel nicht-negativer ganzer Zahlen durchläuft.

Beweis: $R(\mathfrak{K}, C_i)$ ist eine beschränkte Teilmenge des um 1 verschobenen Gitters $\mathfrak{a}^{-1}\mathfrak{m}$ in $\mathbf{R}$ und ist daher endlich. Da $C_i \subseteq \mathbf{R}^*_{(+)}$ der simpliziale Kegel mit den Erzeugenden $v_{i1}, \ldots, v_{id_i} \in \mathfrak{m}$ ist, so hat jedes $a \in (1 + \mathfrak{a}^{-1}\mathfrak{m}) \cap C_i$ eine eindeutige Darstellung

$$a = \sum_{l=1}^{d_i} y_l v_{il}$$

mit rationalen Zahlen $y_l > 0$. Setzen wir

$$y_l = x_l + z_l , \quad 0 < x_l \leq 1 , \quad 0 \leq z_l \in \mathbb{Z} ,$$

so ist $\sum x_l v_{il} \in 1 + \mathfrak{a}^{-1}\mathfrak{m}$ wegen $\sum z_l v_{il} \in \mathfrak{m} \subseteq \mathfrak{a}^{-1}\mathfrak{m}$, d.h. jedes $a \in (1 + \mathfrak{a}^{-1}\mathfrak{m}) \cap C_i$ hat eine eindeutige Darstellung

$$a = x + \sum_{l=1}^{d_i} z_l v_{il}$$

mit $x = \sum x_l v_{il} \in R(\mathfrak{K}, C_i)$. Wegen

$$(1 + \mathfrak{a}^{-1}\mathfrak{m})_+ = \dot{\bigcup_{i=1}^{m}} \dot{\bigcup_{\varepsilon \in E}} (1 + \mathfrak{a}^{-1}\mathfrak{m}) \cap \varepsilon C_i$$

durchläuft $a = x + \sum z_l v_{il}$ ein Repräsentantensystem $\mathfrak{R}$ von $(1 + \mathfrak{a}^{-1}\mathfrak{m})_+/E$, wenn i die Zahlen $1, \ldots, m$ durchläuft, x die Elemente von $R(\mathfrak{K}, C_i)$ und $\mathbf{z} = (z_1, \ldots, z_{d_i})$ die ganzzahligen Tupel mit $z_l \geq 0$. Daher ist in der Tat

$$\zeta(\mathfrak{K}, s) = \frac{1}{\mathfrak{N}(\mathfrak{a})^s} \sum_{i=1}^{m} \sum_{x \in R(\mathfrak{K}, C_i)} \zeta(C_i, x, s) . \qquad \square$$

(9.6) Korollar. *Für die Dirichletsche L-Reihe zum Dirichlet-Charakter $\chi : J^{\mathfrak{m}}/P^{\mathfrak{m}} \to \mathbb{C}^*$ haben wir die Zerlegung*

$$L(\chi, s) = \sum_{\mathfrak{K}} \frac{\chi(\mathfrak{a})}{\mathfrak{N}(\mathfrak{a})^s} \sum_{i=1}^{m} \sum_{x \in R(\mathfrak{K}, C_i)} \zeta(C_i, x, s),$$

wobei $\mathfrak{K}$ die Klassen von $J^{\mathfrak{m}}/P^{\mathfrak{m}}$ durchläuft und $\mathfrak{a}$ jeweils ein ganzes Ideal in $\mathfrak{K}$ ist.

Die Beziehung zwischen Zetafunktionen und Bernoullischen Zahlen beruht auf einem rein analytischen, von der Zahlentheorie losgelösten Sachverhalt. Diesen wollen wir jetzt beschreiben.

Sei A eine reelle $r \times n$-Matrix, $r \le n$, mit *positiven* Eingängen a_{ji}, $1 \le j \le r$, $1 \le i \le n$. Mit dieser Matrix bilden wir die Linearformen

$$L_j(t_1, \ldots, t_n) = \sum_{i=1}^{n} a_{ji} t_i \quad \text{und} \quad L_i^*(z_1, \ldots, z_r) = \sum_{j=1}^{r} a_{ji} z_j .$$

Für ein r-Tupel $x = (x_1, \ldots, x_r)$ *positiver* reeller Zahlen bilden wir die folgende Reihe

$$\zeta(A, x, s) = \sum_{z_1, \ldots, z_r = 0}^{\infty} \prod_{i=1}^{n} L_i^*(z + x)^{-s} .$$

Andererseits definieren wir verallgemeinerte **Bernoulli-Polynome** $B_k(A, x)$ durch

$$B_k(A, x) = \frac{1}{n} \sum_{i=1}^{n} B_k(A, x)^{(i)} ,$$

wobei $B_k(A, x)^{(i)}/(k!)^n$ der Koeffizient von

$$u^{(k-1)n}(t_1 \ldots t_{i-1} t_{i+1} \ldots t_n)^{k-1}$$

in der Laurent-Entwicklung um 0 der Funktion

$$\prod_{j=1}^{r} \frac{\exp(u x_j L_j(t))}{\exp(u L_j(t)) - 1} \Bigg|_{t_i = 1}$$

in den Variablen $u, t_1, \ldots, t_{i-1}, t_{i+1}, \ldots, t_n$ ist. Für $r = n = 1$ und $A = a$ ist $B_k(a, x) = a^{k-1} B_k(x)$ mit dem üblichen Bernoulli-Polynom $B_k(x)$ (vgl. § 1, Aufgabe 2). Man überzeugt sich mühelos von der Gleichheit

$$B_k(A, 1 - x) = (-1)^{n(k-1)+r} B_k(A, x) ,$$

wobei $1 - x = (1 - x_1, \ldots, 1 - x_r)$ bedeutet.

(9.7) Satz. *Die Reihe $\zeta(A, x, s)$ ist absolut konvergent für $\mathrm{Re}(s) > r/n$ und besitzt eine meromorphe Fortsetzung auf die ganze komplexe*

Zahlenebene. Ihre Werte an den Stellen $s = 1-k$, $k = 1,2,\ldots$, sind durch

$$\zeta(A,x,1-k) = (-1)^r \frac{B_k(A,x)}{k^n}$$

gegeben.

Beweis: Die absolute Konvergenz für $\mathrm{Re}\,(s) > r/n$ wird in der gleichen Weise auf die Konvergenz einer Reihe $\sum_{n=1}^\infty \frac{1}{n^{1+\delta}}$ zurückgeführt, die wir wiederholt angewandt haben, und sei dem Leser überlassen. Im übrigen verläuft der Beweis ähnlich wie der für (1.8). In der Gamma-Funktion

$$\Gamma(s)^n = \int_0^\infty \cdots \int_0^\infty \prod_{i=1}^n e^{-t_i}(t_1\ldots t_n)^{s-1}dt_1\ldots dt_n$$

nehmen wir die Substitutionen

$$t_i \mapsto L_i^*(z+x)t_i$$

vor und erhalten

$$\begin{aligned}&\Gamma(s)^n \prod_{i=1}^n L_i^*(z+x)^{-s}\\ &= \int_0^\infty \cdots \int_0^\infty \exp\left[-\sum_{i=1}^n t_i L_i^*(z+x)\right](t_1\ldots t_n)^{s-1}dt_1\ldots dt_n\,.\end{aligned}$$

Dies über alle $z = (z_1,\ldots,z_r)$, $z_i \in \mathbb{Z}$, $z_i \geq 0$, summiert ergibt unter Beachtung von

$$\sum_{i=1}^n t_i L_i^*(z+x) = \sum_{j=1}^r (z_j + x_j)L_j(t)$$

die Gleichung

$$\Gamma(s)^n \zeta(A,x,s) = \int_0^\infty \cdots \int_0^\infty g(t)(t_1\ldots t_n)^{s-1}dt_1\ldots dt_n$$

mit der Funktion

$$g(t) = g(t_1,\ldots,t_n) = \prod_{j=1}^r \frac{\exp((1-x_j)L_j(t))}{\exp(L_j(t))-1}\,.$$

Wir teilen jetzt den Raum $\mathbb{R}^n$ in die Teilmengen

$$D_i = \{t \in \mathbb{R}^n \mid 0 \leq t_l \leq t_i,\ l = 1,\ldots,i-1,i+1,\ldots,n\}$$

auf, $i = 1, \dots, n$, und erhalten

$$(1) \qquad \zeta(A, x, s) = \Gamma(s)^{-n} \sum_{i=1}^{n} \int_{D_i} g(t)(t_1 \dots t_n)^{s-1} dt_1 \dots dt_n .$$

In D_i nehmen wir die Variablen-Transformation

$$t = uy = u(y_1, \dots, y_n)$$

vor, wobei $0 < u$, $0 \le y_l \le 1$ für $l \ne i$ und $y_i = 1$. Dann ergibt sich

$$\Gamma(s)^{-n} \int_{D_i} g(t)(t_1 \dots t_n)^{s-1} dt_1 \dots dt_n$$

$$= \Gamma(s)^{-n} \int_0^\infty \left[\int_0^1 \cdots \int_0^1 g(uy)(\prod_{l \ne i} y_l)^{s-1} \prod_{l \ne i} dy_l \right] u^{ns-1} du .$$

Für $0 < \varepsilon < 1$ bezeichne jetzt $I_\varepsilon(1)$ bzw. $I_\varepsilon(+\infty)$ den Weg in $\mathbb{C}$, der aus dem Intervall $[1, \varepsilon]$ bzw. $[+\infty, \varepsilon]$, gefolgt vom positiv durchlaufenen Kreis um 0 vom Radius ε und vom Intervall $[\varepsilon, 1]$ bzw. $[\varepsilon, +\infty]$ besteht. Für genügend kleines ε wird die rechte Seite der letzten Gleichung nach (1.9)

$$(2) \qquad A(s) \int_{I_\varepsilon(+\infty)} \int_{I_\varepsilon(1)^{n-1}} \left[g(uy) u^{ns-1} (\prod_{l \ne i} y_l)^{s-1} \prod_{l \ne i} dy_l \right] du ,$$

mit dem Faktor

$$A(s) = \frac{\Gamma(s)^{-n}}{(e^{2\pi i n s} - 1)(e^{2\pi i s} - 1)^{n-1}}$$

wobei man beachte, daß die Linearformen $L_1, \dots, L_r$ positive Koeffizienten haben. Man überzeugt sich leicht davon, daß der obige Ausdruck eine auf ganz $\mathbb{C}$ meromorphe Funktion in der Variablen s ist. Für den Faktor $A(s)$ folgt aus (1.2)

$$A(s) = \frac{1}{(2\pi i)^n} \frac{\Gamma(1-s)^n}{(e^{2\pi i n s} - 1)(e^{2\pi i s} - 1)^{-1} e^{n\pi i s}} .$$

Jetzt setzen wir $s = 1 - k$ ein. Die Funktion $e^{n\pi i s}(e^{2\pi i n s} - 1)/(e^{2\pi i s} - 1)$ hat an der Stelle $s = 1 - k$ den Wert $(-1)^{n(k-1)} n$, so daß der Ausdruck (2) übergeht in

$$(-1)^{n(k-1)} \frac{\Gamma(k)^n}{n} \cdot \frac{1}{(2\pi i)^n} \int_{K_\varepsilon} \int_{K_\varepsilon^{n-1}} \left[g(uy) u^{n(1-k)-1} (\prod_{l \ne i} y_l)^{-k} \prod_{l \ne i} dy_l \right] du ,$$

wobei K_ε die positiv durchlaufene Kreislinie vom Radius ε ist, und zu beachten ist, daß sich in (2) für $s = 1 - k$ die Integrale über $(\infty, \varepsilon]$

und $[\varepsilon, \infty)$ bzw. $[1, \varepsilon]$ und $[\varepsilon, 1]$ aufheben. Dieser Wert ist offenbar das $\big((-1)^{n(k-1)}\Gamma(k)^n/n\big)$-fache des Koeffizienten von $u^{n(k-1)}(\prod_{l\neq i} y_l)^{k-1}$ in der Laurententwicklung der Funktion

$$g(uy_1, \ldots, uy_{i-1}, u, uy_{i+1}, \ldots, uy_n) = \prod_{j=1}^{r} \frac{\exp(u(1-x_j)L_j(y))}{\exp(uL_j(y)) - 1}\bigg|_{y_i=1},$$

welche holomorph in $u, t_1, \ldots, t_{i-1}, t_{i+1}, \ldots, t_n$ in dem direkten Produkt von n Kopien der punktierten Kreisscheibe vom Radius ε ist. Daher ist der Wert von (2) bei $s = 1-k$ gleich $(-1)^{n(k-1)}k^{-n}B_k(A, 1-x)^{(i)}/n$. Dies in (1) eingesetzt ergibt

$$\begin{aligned}\zeta(A, x, 1-k) &= (-1)^{n(k-1)}k^{-n}\frac{1}{n}\sum_{i=1}^{n} B_k(A, 1-x)^{(i)}\\ &= (-1)^{n(k-1)}\,\frac{B_k(A, 1-x)}{k^n}.\end{aligned}$$

Mit der oben erwähnten Gleichung $B_k(A, 1-x) = (-1)^{n(k-1)+r}B_k(A, x)$ erhalten wir hieraus das behauptete Resultat. □

Aus den Sätzen (9.5) und (9.6) folgt nun unser Hauptresultat über die Werte der Dirichletschen L-Reihen $L(\chi, s)$ an den ganzzahligen Stellen $s = 1-k$, $k = 1, 2, \ldots$ Ist K nicht total-reell, so sind diese Werte sämtlich Null (es sei denn, χ ist der triviale Charakter, für den $s = 0$ keine Nullstelle ist). Dies liest man mühelos an der Funktionalgleichung (8.6) und (5.11) ab.

Sei also K ein total-reeller Zahlkörper vom Grade n. Nach Durchnumerierung der Einbettungen $\tau : K \to \mathbb{R}$ identifiziert sich der Minkowski-Raum $\mathbf{R}$ mit dem $\mathbb{R}^n$ und $\mathbf{R}^*_{(+)} = \mathbf{R}^n_+$ mit der Menge $\mathbb{R}^n_+$ der Vektoren $(x_1, \ldots, x_n)$ mit positiven Koeffizienten x_i. Zum $\mathbb{Q}$-rationalen simplizialen Kegel $C_i \subseteq \mathbb{R}^n_+$ mit den Erzeugenden $v_{i1}, \ldots, v_{id_i}$ betrachten wir wieder die Zetafunktionen

$$\zeta(C_i, x, s) = \sum_{\mathbf{z}} |N(x + z_1 v_{i1} + \cdots + z_{d_i} v_{id_i}|^{-s}.$$

Ist

$$v_{ij} = (a_{j1}^{(i)}, \ldots, a_{jn}^{(i)}), \quad j = 1, \ldots, d_i,$$

so ist $A_i = (a_{jk}^{(i)})$ eine $(d_i \times n)$-Matrix mit positiven Eingängen, und die k-te Komponente von $z_1 v_{i1} + \cdots + z_{d_i} v_{id_i}$ wird

$$L_k^*(z_1, \ldots, z_{d_i}) = \sum_{j=1}^{d_i} a_{jk}^{(i)} z_j.$$

Für $x \in \mathbb{R}^*_+$ wird daher

$$\zeta(C_i, x, s) = \sum_{\mathbf{z}} \prod_{k=1}^{n} L_k^*(z_1, \ldots, z_{d_i})^{-s} = \zeta(A_i, x, s)\,,$$

und wir erhalten mit (9.5) und (9.6) durch Einsetzen von $s = 1 - k$ das

(9.8) Theorem. *Die Werte der partiellen Zetafunktion $\zeta(\mathfrak{K}, s)$ an den ganzzahligen Stellen $s = 1 - k$, $k = 1, 2, 3, \ldots$, sind durch*

$$\zeta(\mathfrak{K}, 1-k) = \mathfrak{N}(\mathfrak{a})^{k-1} \sum_{i=1}^{m} \Big[(-1)^{d_i} \sum_{x \in R(\mathfrak{K}, C_i)} \frac{B_k(A_i, x)}{k^n}\Big]$$

gegeben und die Werte der Dirichletschen L-Reihe $L(\chi, s)$ durch

$$L(\chi, 1-k) = \sum_{\mathfrak{K}} \chi(\mathfrak{a})\mathfrak{N}(\mathfrak{a})^{k-1} \sum_{i=1}^{m} \Big[(-1)^{d_i} \sum_{x \in R(\mathfrak{K}, C_i)} \frac{B_k(A_i, x)}{k^n}\Big].$$

Dabei ist $\mathfrak{a}$ ein ganzes Ideal in der Klasse $\mathfrak{K}$ von $J^{\mathfrak{m}}/P^{\mathfrak{m}}$.

In dieses Ergebnis über die Dirichletschen L-Reihen $L(\chi, s)$ ist die Dedekindsche Zetafunktion $\zeta_K(s)$ mit einbezogen. Man entnimmt dem Theorem, daß die Werte $L(\chi, 1-k)$, $k \geq 1$, algebraische Zahlen sind, die sämtlich in dem Kreiskörper $\mathbb{Q}(\chi_{\mathfrak{f}})$ liegen, der durch die Werte des Charakters $\chi_{\mathfrak{f}}$ erzeugt wird. Die Werte $\zeta_K(1-k)$ sind sogar *rationale* Zahlen. Aus der Funktionalgleichung (5.11),

$$\zeta_K(1-s) = |d_K|^{s-1/2} \Big(\cos \frac{\pi s}{2}\Big)^{r_1+r_2} \Big(\sin \frac{\pi s}{2}\Big)^{r_2} \Gamma_{\mathbb{C}}(s)^n \zeta_K(s)\,,$$

folgt, daß $\zeta_K(1-k) = 0$ ist für *ungerades* $k > 1$ und $\neq 0$ für *gerades* $k > 1$. Wenn der Zahlkörper K nicht total reell ist, gilt sogar $\zeta_K(s) = 0$ für *alle* $s = -1, -2, -3, \ldots$

(9.9) Korollar (Siegel-Klingen). *Die Werte der partiellen Zetafunktion $\zeta(\mathfrak{K}, s)$ an den Stellen $s = 0, -1, -2, \ldots$ sind rationale Zahlen.*

Beweis: Seien $a_1, \ldots, a_r$ von Null verschiedene Zahlen aus K und A die $(r \times n)$-Matrix (a_{ji}), wobei a_{ji} die i-te Komponente von a_j ist nach der Identifizierung $\mathbf{R} = \mathbb{R}^n$, die sich aus einer Durchnumerierung der Einbettungen $\tau : K \to \mathbb{R}$ ergibt. Es genügt zu zeigen, daß $B_k(A, x)$ für jedes r-Tupel rationaler Zahlen $x = (x_1, \ldots, x_r)$ eine rationale Zahl ist. Sei dazu $L|\mathbb{Q}$ die normale Hülle von $K|\mathbb{Q}$ und $\sigma \in G(L|\mathbb{Q})$. Dann induziert σ eine Permutation der Indizes $\{1, 2, \ldots, n\}$, so daß

$$\sigma a_{ji} = a_{j\sigma(i)}, \quad (1 \leq j \leq r,\ i = 1, \ldots, n)\,.$$

Nun war $B_k(A,x) = \frac{1}{n}\sum_{i=1}^n B_k(A,x)^{(i)}$, wobei $B_k(A,x)^{(i)}$ der Koeffizient von $u^{n(k-1)+r}(t_1,\ldots,t_{i-1},t_{i+1},\ldots,t_n)^{k-1}$ in der Taylor-Entwicklung der Funktion

$$u^r \prod_{j=1}^{r} \frac{\exp(x_j u L_j(t))}{\exp(uL_j(t)-1)}\bigg|_{t_i=1}$$

ist, mit $L_j(t) = a_{j1}t_1 + \cdots + a_{jn}t_n$. Hieraus erhellt, daß $B_k(A,x)^{(i)}$ in L liegt und daß $\sigma B_k(A,x)^{(i)} = B_k(A,x)^{(\sigma(i))}$. Daher ist $B_k(A,x)$ invariant unter der Aktion der Galoisgruppe $G(L|\mathbb{Q})$, liegt also in $\mathbb{Q}$. □

Die Frage nach den Werten von L-Reihen an den ganzzahligen Stellen hat in letzter Zeit ein wachsendes Interesse erfahren. Ähnlich wie bei der Klassenzahlformel für die Dedekindsche Zetafunktion an der Stelle $s = 0$ zeichnet sich in ihnen ein tiefliegendes arithmetisches Gesetz ab, welches sich auf eine überaus weitgefaßte Klasse von L-Reihen zu erstrecken scheint, den L-Reihen zu „Motiven". Nach einer Vermutung des amerikanischen Mathematikers *Stephen Lichtenbaum* läßt sich die Bedeutung dieser L-Werte durch eine frappierend einfache geometrische Interpretation erklären. Sie erscheinen nach der **Lichtenbaum-Vermutung** als Eulercharakteristiken in der Etalkohomologie (vgl. [99], [12]). Der Beweis dieser Vermutung ist ein großes , wenngleich fernes Ziel der Zahlentheorie, für dessen Erreichung die Einblicke in das Wesen der L-Reihen wichtig werden können, die wir auf dem hier eingeschlagenen Wege gewonnen haben.

Schließlich sei erwähnt, daß die französischen Mathematiker *Daniel Barsky* und *Pierette Cassou-Noguès* das *Shintani*sche Ergebnis dazu benutzt haben, die Existenz von *p-adischen L-Reihen* nachzuweisen, die in der schon mehrfach erwähnten *Iwasawa-Theorie* eine Hauptrolle spielen. Die *p-adische Zetafunktion* eines total-reellen Zahlkörpers K ist eine stetige Funktion

$$\zeta_p : \mathbb{Z}_p - \{1\} \to \mathbb{Q}_p\,,$$

die mit der gewöhnlichen Dedekindschen Zetafunktion $\zeta_K(s)$ durch

$$\zeta_p(-n) = \zeta_K(-n)\prod_{\mathfrak{p}|p}(1-\mathfrak{N}(\mathfrak{p})^n)$$

für alle $n \in \mathbb{N}$ mit $-n \equiv 1 \bmod d$ zusammenhängt, wobei $d = [K(\mu_p) : K]$ den Grad des Körpers $K(\mu_p)$ der p-ten Einheitswurzeln über K bedeutet. Die p-adische Zetafunktion ist hierdurch eindeutig bestimmt. Ihre Existenz beruht darauf, daß die rationalen Werte $\zeta_K(-n)$ strengen Kongruenzen bzgl. p genügen.

§ 10. Artinsche L-Reihen

Bis hierher waren alle betrachteten L-Reihen einem einzelnen Zahlkörper K zugeordnet. Mit den *Artinschen L-Reihen* zieht nun ein neuer Typus von L-Reihen ein, der aus den Darstellungen der Galoisgruppe $G(L|K)$ einer galoisschen Erweiterung $L|K$ erwächst. Diese neuen L-Reihen stehen mit den alten in einer engen, auf dem Hauptsatz der Klassenkörpertheorie beruhenden Beziehung, durch die sie als eine weitreichende Verallgemeinerung der alten angesehen werden können. Wir erläutern dies am Beispiel einer Dirichletschen L-Reihe

$$L(\chi, s) = \sum_{n=1}^{\infty} \frac{\chi(n)}{n^s} = \prod_p \frac{1}{1-\chi(p)p^{-s}}$$

zu einem Dirichlet-Charakter

$$\chi : (\mathbb{Z}/m\mathbb{Z})^* \to \mathbb{C}^* .$$

Sei $G = G(\mathbb{Q}(\mu_m)|\mathbb{Q})$ die Galoisgruppe des Körpers $\mathbb{Q}(\mu_m)$ der m-ten Einheitswurzeln. Der Hauptsatz der Klassenkörpertheorie besteht in diesem Fall einfach aus der vertrauten Isomorphie

$$(\mathbb{Z}/m\mathbb{Z})^* \xrightarrow{\sim} G ,$$

die der Restklasse $p \bmod m$ einer Primzahl $p \nmid m$ den *Frobenius-Automorphismus* φ_p zuordnet, welcher durch

$$\varphi_p \zeta = \zeta^p \quad \text{für} \quad \zeta \in \mu_m$$

festgelegt ist. Über diesen Isomorphismus können wir χ als einen Charakter der Galoisgruppe G auffassen, oder anders ausgedrückt, als eine eindimensionale *Darstellung* von G, d.h. einen Homomorphismus

$$\chi : G \to GL_1(\mathbb{C}) .$$

Durch diese Interpretation stellt sich die Dirichletsche L-Reihe in dem rein galoistheoretischen Gewand

$$L(\chi, s) = \prod_{p \nmid m} \frac{1}{1-\chi(\varphi_p)p^{-s}}$$

vor und erlaubt die folgende Verallgemeinerung.

Sei $L|K$ eine galoissche Erweiterung endlich-algebraischer Zahlkörper mit der Galoisgruppe $G = G(L|K)$. Eine **Darstellung** von G ist eine Operation von G auf einem endlich dimensionalen $\mathbb{C}$-Vektorraum V, also ein Homomorphismus

$$\rho : G \to GL(V) = \operatorname{Aut}_{\mathbb{C}}(V) .$$

Wir bezeichnen die Operation von $\sigma \in G$ auf $v \in V$ kurz mit σv anstelle von $\rho(\sigma)v$. Sei $\mathfrak{p}$ ein Primideal von K und $\mathfrak{P}|\mathfrak{p}$ ein über $\mathfrak{p}$ gelegenes Primideal von L. Sei $G_\mathfrak{P}$ die Zerlegungsgruppe und $I_\mathfrak{P}$ die Trägheitsgruppe von $\mathfrak{P}$ über $\mathfrak{p}$. Dann haben wir einen kanonischen Isomorphismus

$$G_\mathfrak{P}/I_\mathfrak{P} \xrightarrow{\sim} G(\kappa(\mathfrak{P})|\kappa(\mathfrak{p}))$$

auf die Galoisgruppe der Restkörpererweiterung $\kappa(\mathfrak{P})|\kappa(\mathfrak{p})$ (vgl. Kap. I, (9.5)). Die Faktorgruppe $G_\mathfrak{P}/I_\mathfrak{P}$ wird daher durch den **Frobenius-Automorphismus** $\varphi_\mathfrak{P}$ erzeugt, dessen Bild in $G(\kappa(\mathfrak{P})|\kappa(\mathfrak{p}))$ der Potenzierung $x \mapsto x^q$ mit $q = \mathfrak{N}(\mathfrak{p})$ entspricht. $\varphi_\mathfrak{P}$ ist ein Endomorphismus des Fixmoduls $V^{I_\mathfrak{P}}$. Das **charakteristische Polynom**

$$\det(1 - \varphi_\mathfrak{P} t;\ V^{I_\mathfrak{P}})$$

hängt nur vom Primideal $\mathfrak{p}$ ab, nicht aber von der Wahl des Primideals $\mathfrak{P}$ über $\mathfrak{p}$. Eine andere Wahl $\mathfrak{P}'|\mathfrak{p}$ liefert nämlich einen zu $\varphi_\mathfrak{P}$ konjugierten Endomorphismus, da die Zerlegungsgruppen $G_\mathfrak{P}$ und $G_{\mathfrak{P}'}$, die Trägheitsgruppen $I_\mathfrak{P}$ und $I_{\mathfrak{P}'}$ und die Frobenius-Automorphismen $\varphi_\mathfrak{P}$ und $\varphi_{\mathfrak{P}'}$ simultan konjugiert sind. Wir gelangen daher zu der folgenden

(10.1) Definition. *Sei $L|K$ eine galoissche Erweiterung algebraischer Zahlkörper und (ρ, V) eine Darstellung ihrer Galoisgruppe G. Dann wird die* **Artinsche L-Reihe** *zu ρ durch*

$$\mathcal{L}(L|K,\rho,s) = \prod_{\mathfrak{p}} \frac{1}{\det(1 - \varphi_\mathfrak{P}\mathfrak{N}(\mathfrak{p})^{-s};\ V^{I_\mathfrak{P}})}$$

definiert, wobei $\mathfrak{p}$ alle Primideale von K durchläuft.

Die Artinsche L-Reihe konvergiert absolut und gleichmäßig in der Halbebene $\mathrm{Re}(s) \geq 1 + \delta$ für jedes $\delta > 0$, stellt also in der Halbebene $\mathrm{Re}(s) > 1$ eine analytische Funktion dar. Dies folgt in der gleichen Weise wie bei den Heckeschen L-Reihen (vgl. (8.1)), wenn man beachtet, daß in der Faktorzerlegung

$$\det(1 - \varphi_\mathfrak{P}\mathfrak{N}(\mathfrak{p})^{-s};\ V^{I_\mathfrak{P}}) = \prod_{i=1}^{d} (1 - \varepsilon_i \mathfrak{N}(\mathfrak{p})^{-s})$$

die ε_i Einheitswurzeln sind, weil der Endomorphismus $\varphi_\mathfrak{P}$ von $V^{I_\mathfrak{P}}$ eine endliche Ordnung hat.

Für die triviale Darstellung $(\rho, \mathbb{C})$, $\rho(\sigma) \equiv 1$, ist die Artinsche L-Reihe offenbar die Dedekindsche Zetafunktion $\zeta_K(s)$. Eine der Entwicklung

$$\zeta_K(s) = \sum_{\mathfrak{a}} \frac{1}{\mathfrak{N}(\mathfrak{a})^s}$$

entsprechende additive Darstellung hat man für die allgemeinen Artinschen L-Reihen nicht. Sie weisen aber beim Wechsel der Erweiterungen $L|K$ und der Darstellungen ρ ein sehr regelmäßiges Verhalten auf, aus dem sich viele ihrer vorzüglichen Eigenschaften herleiten lassen. Wir stellen für diese Erörterungen zunächst die grundlegenden Tatsachen aus der Darstellungstheorie der endlichen Gruppen zusammen, für deren Beweise wir auf [125] verweisen.

Der **Grad** einer Darstellung (ρ, V) der endlichen Gruppe G ist die Dimension von V. Die Darstellung heißt **irreduzibel**, wenn der G-Modul V keinen echten G-invarianten Unterraum besitzt. Eine irreduzible Darstellung einer *abelschen* Gruppe ist einfach ein Charakter

$$\rho : G \to \mathbb{C}^* = GL_1(\mathbb{C}) .$$

Zwei Darstellungen (ρ, V) und (ρ', V') heißen **äquivalent**, wenn die G-Moduln V und V' isomorph sind. Jede Darstellung (ρ, V) zerfällt in eine direkte Summe

$$V = V_1 \oplus \cdots \oplus V_s$$

irreduzibler Darstellungen. Wenn eine irreduzible Darstellung (ρ_α, V_α) zu genau r_α Darstellungen in dieser Zerlegung äquivalent ist, so nennt man r_α die **Multiplizität** von ρ_α in ρ und schreibt

$$\rho \sim \sum_\alpha r_\alpha \rho_\alpha ,$$

wobei ρ_α die nicht-äquivalenten irreduziblen Darstellungen von G durchläuft.

Der **Charakter** einer Darstellung (ρ, V) ist die Funktion

$$\chi_\rho : G \to \mathbb{C} , \quad \chi_\rho(\sigma) = \operatorname{Spur} \rho(\sigma) .$$

Es gilt $\chi_\rho(1) = \dim V = \operatorname{Grad}(\rho)$ und $\chi_\rho(\sigma\tau\sigma^{-1}) = \chi_\rho(\tau)$ für alle $\sigma, \tau \in G$. Allgemein nennt man eine Funktion $f : G \to \mathbb{C}$ mit der Eigenschaft $f(\sigma\tau\sigma^{-1}) = f(\tau)$ eine **zentrale** Funktion (oder **Klassenfunktion**). Die besondere Bedeutung der Charaktere liegt in der folgenden Tatsache:

Zwei Darstellungen sind genau dann äquivalent, wenn ihre Charaktere gleich sind. Wenn $\rho \sim \sum_\alpha r_\alpha \rho_\alpha$, so gilt

$$\chi_\rho = \sum_\alpha r_\alpha \chi_{\rho_\alpha} .$$

Der Charakter der *trivialen Darstellung* $\rho : G \to GL(V)$, $\dim V = 1$, $\rho(\sigma) = 1$ für alle $\sigma \in G$, ist die konstante Funktion mit dem Wert 1 und wird mit $\mathbf{1}_G$ oder einfach $\mathbf{1}$ bezeichnet. Die *reguläre Darstellung* ist durch den G-Modul

$$V = \mathbb{C}[G] = \{\sum_{\tau \in G} x_\tau \tau \mid x_\tau \in \mathbb{C}\}$$

gegeben, auf dem $\sigma \in G$ durch Multiplikation von links operiert. Sie zerfällt in die direkte Summe der trivialen Darstellung $V_0 = \mathbb{C} \sum_{\sigma \in G} \sigma$ und der *Augmentations-Darstellung* $\{\sum_{\sigma \in G} x_\sigma \sigma \mid \sum_\sigma x_\sigma = 0\}$. Der Charakter zur regulären bzw. zur Augmentations-Darstellung wird mit r_G bzw. u_G bezeichnet. Es gilt also $r_G = u_G + \mathbf{1}_G$, und explizit: $r_G(\sigma) = 0$ für $\sigma \neq 1$, $r_G(1) = g = \#G$.

Ein Charakter χ heißt *irreduzibel*, wenn er zu einer irreduziblen Darstellung gehört. Jede zentrale Funktion φ läßt sich in eindeutiger Weise als Linearkombination

$$\varphi = \sum c_\chi \chi, \quad c_\chi \in \mathbb{C},$$

von irreduziblen Charakteren schreiben. φ ist genau dann der Charakter einer Darstellung von G, wenn die c_χ ganze Zahlen ≥ 0 sind. Für den Charakter r_G der regulären Darstellung z.B. gilt

$$r_G = \sum \chi(1)\chi,$$

wobei χ alle irreduziblen Charaktere von G durchläuft. Für je zwei zentrale Funktionen φ und ψ von G setzen wir

$$(\varphi, \psi) = \frac{1}{g} \sum_{\sigma \in G} \varphi(\sigma)\overline{\psi}(\sigma), \quad g = \#G,$$

wobei $\overline{\psi}$ die zu ψ komplex konjugierte Funktion ist. Dann gilt für zwei irreduzible Charaktere χ und χ':

$$(\chi, \chi') = \begin{cases} 1 & \text{falls } \chi = \chi', \\ 0 & \text{falls } \chi \neq \chi'. \end{cases}$$

Mit anderen Worten ist $(\ ,\ )$ ein hermitesches Skalarprodukt auf dem Raum aller zentralen Funktionen auf G, und die irreduziblen Charaktere bilden eine Orthonormalbasis desselben.

Für die Darstellungen selbst hat dieses Skalarprodukt die folgende Bedeutung. Sei

$$V = V_1 \oplus \cdots \oplus V_r$$

die Zerlegung einer Darstellung V mit dem Charakter χ in die direkte Summe irreduzibler Darstellungen V_i. Ist dann V' eine irreduzible Darstellung mit dem Charakter χ', so ist (χ, χ') die Anzahl der zu V' isomorphen V_i. Denn wenn χ_i der Charakter von V_i ist, so ist $\chi = \chi_1 + \cdots + \chi_r$, also

$$(\chi, \chi') = (\chi_1, \chi') + \cdots + (\chi_r, \chi'),$$

und es ist $(\chi_i, \chi') = 1$ oder 0, je nachdem V_i isomorph zu V' ist oder nicht. Wenden wir dies auf die triviale Darstellung $V' = \mathbb{C}$ an, so erhalten wir insbesondere

$$\dim V^G = \frac{1}{g} \sum_{\sigma \in G} \chi(\sigma), \; g = \#G .$$

Sei jetzt $h : H \to G$ ein Homomorphismus endlicher Gruppen. Ist φ eine zentrale Funktion auf G, so ist $h^*(\varphi) = \varphi \circ h$ eine zentrale Funktion auf H. Umgekehrt hat man den folgenden Satz.

(10.2) Frobenius-Reziprozität. *Zu jeder zentralen Funktion ψ auf H gibt es genau eine zentrale Funktion $h_*(\psi)$ auf G, derart daß*

$$(\varphi, h_*(\psi)) = (h^*(\varphi), \psi)$$

für jede zentrale Funktion φ auf G.

Wir wenden dies vornehmlich auf die folgenden beiden Spezialfälle an.

a) *H ist eine Untergruppe von G und h die Inklusion.*

Wir schreiben dann $\varphi|H$ oder einfach φ anstelle von $h^*(\varphi)$ und ψ_* anstelle von $h_*(\psi)$ (die **induzierte Funktion**). Ist φ der Charakter einer Darstellung (ρ, V) von G, so ist $\varphi|H$ der Charakter der Darstellung $(\rho|H, V)$. Ist ψ der Charakter einer Darstellung (ρ, V) von H, so ist ψ_* der Charakter der Darstellung $(\mathrm{ind}(\rho), \mathrm{Ind}_G^H(V))$ mit dem **induzierten** G-Modul

$$\mathrm{Ind}_G^H(V) = \{f : G \to V \mid f(\tau x) = \tau f(x) \quad \text{für alle} \quad \tau \in H\},$$

auf dem $\sigma \in G$ durch $(\sigma f)(x) = f(x\sigma)$ operiert (vgl. Kap. IV, § 7). Es gilt

$$\psi_*(\sigma) = \sum_{\tau} \psi(\tau\sigma\tau^{-1}),$$

wobei τ ein Rechtsrepräsentantensystem von G/H durchläuft und $\psi(\tau\sigma\tau^{-1}) = 0$ gesetzt ist, wenn $\tau\sigma\tau^{-1} \notin H$.

b) *G ist eine Faktorgruppe H/N von H und h die Projektion.*

Wir schreiben dann φ anstelle von $h^*(\varphi)$ und $\psi_\natural$ anstelle von $h_*(\psi)$. Es gilt

$$\psi_\natural(\sigma) = \frac{1}{\#N} \sum_{\tau \mapsto \sigma} \psi(\tau) .$$

Ist φ der Charakter einer Darstellung (ρ, V) von G, so ist $h^*(\varphi)$ der Charakter der Darstellung $(\rho \circ h, V)$.

Wichtig ist der folgende

(10.3) Satz von Brauer. *Jeder Charakter χ einer endlichen Gruppe G ist eine $\mathbb{Z}$-lineare Kombination induzierter Charaktere χ_{i*} von Charakteren χ_i vom Grade 1 von Untergruppen H_i von G.*

Wir merken an, daß ein Charakter vom Grad 1 einer Gruppe H einfach ein Homomorphismus $\chi : H \to \mathbb{C}^*$ ist.

Nach diesem kurzen Überblick über die Darstellungstheorie der endlichen Gruppen wenden wir uns nunmehr wieder den Artinschen L-Reihen zu. Da zwei Darstellungen (ρ, V) und (ρ', V') genau dann äquivalent sind, wenn ihre Charaktere χ und χ' dieselben sind, schreiben wir fortan

$$\mathcal{L}(L|K, \chi, s) = \prod_{\mathfrak{p}} \frac{1}{\det(1 - \rho(\varphi_{\mathfrak{P}})\mathfrak{N}(\mathfrak{p})^{-s}; V^{I_{\mathfrak{P}}})}$$

anstelle von $\mathcal{L}(L|K, \rho, s)$. Diese L-Reihen weisen das folgende funktorielle Verhalten auf.

(10.4) Satz. *(i) Für den Hauptcharakter $\chi = \mathbf{1}$ ist*

$$\mathcal{L}(L|K, \mathbf{1}, s) = \zeta_K(s)\,.$$

(ii) Sind χ, χ' zwei Charaktere von $G(L|K)$, so ist

$$\mathcal{L}(L|K, \chi + \chi', s) = \mathcal{L}(L|K, \chi, s)\mathcal{L}(L|K, \chi', s)\,.$$

(iii) Für eine größere galoissche Erweiterung $L'|K$, $L' \supseteq L \supseteq K$, und einen Charakter χ von $G(L|K)$ gilt

$$\mathcal{L}(L'|K, \chi, s) = \mathcal{L}(L|K, \chi, s)\,.$$

(iv) Ist M ein Zwischenkörper, $L \supseteq M \supseteq K$ und χ ein Charakter von $G(L|M)$, so gilt

$$\mathcal{L}(L|M, \chi, s) = \mathcal{L}(L|K, \chi_*, s)\,.$$

Beweis: (i) haben wir schon anfangs angemerkt. (ii) Sind (ρ, V), (ρ', V') Darstellungen von $G(L|K)$ mit den Charakteren χ, χ', so ist die direkte Summe $(\rho \oplus \rho', V \oplus V')$ eine Darstellung mit dem Charakter $\chi + \chi'$ und

$$\det(1 - \varphi_{\mathfrak{P}}t; (V \oplus V')^{I_{\mathfrak{P}}}) = \det(1 - \varphi_{\mathfrak{P}}t; V^{I_{\mathfrak{P}}}) \det(1 - \varphi_{\mathfrak{P}}t; V'^{I_{\mathfrak{P}}})\,.$$

Hieraus folgt (ii).

(iii) Seien $\mathfrak{P}'|\mathfrak{P}|\mathfrak{p}$ übereinander liegende Primideale von $L'|L|K$. Sei χ der Charakter, der zum $G(L|K)$-Modul V gehört. $G(L'|K)$ operiert auf V über die Projektion $G(L'|K) \to G(L|K)$. Diese induziert surjektive Homomorphismen

$$G_{\mathfrak{P}'} \to G_{\mathfrak{P}},\ I_{\mathfrak{P}'} \to I_{\mathfrak{P}},\ G_{\mathfrak{P}'}/I_{\mathfrak{P}'} \to G_{\mathfrak{P}}/I_{\mathfrak{P}}$$

der Zerlegungs- und Trägheitsgruppen. Der letzte bildet den Frobenius-Automorphismus $\varphi_{\mathfrak{P}'}$ auf den Frobenius-Automorphismus $\varphi_{\mathfrak{P}}$ ab, so daß $(\varphi_{\mathfrak{P}'}, V^{I_{\mathfrak{P}'}}) = (\varphi_{\mathfrak{P}}, V^{I_{\mathfrak{P}}})$, d.h.

$$\det(1 - \varphi_{\mathfrak{P}'}t; V^{I_{\mathfrak{P}'}}) = \det(1 - \varphi_{\mathfrak{P}}t, V^{I_{\mathfrak{P}}}).$$

Hieraus folgt (iii).

(iv) Sei $G = G(L|K)$ und $H = G(L|M)$. Sei $\mathfrak{p}$ ein Primideal von K, $\mathfrak{q}_1, \dots, \mathfrak{q}_r$ die verschiedenen Primideale von M über $\mathfrak{p}$ und $\mathfrak{P}_i$ ein Primideal von L über $\mathfrak{q}_i$, $i = 1, \dots, r$. Sei G_i und I_i die Zerlegungs- und die Trägheitsgruppe von $\mathfrak{P}_i$ über $\mathfrak{p}$. Dann ist $H_i = G_i \cap H$ und $I_i' = I_i \cap H$ die Zerlegungs- und die Trägheitsgruppe von $\mathfrak{P}_i$ über $\mathfrak{q}_i$. Der Grad von $\mathfrak{q}_i$ über $\mathfrak{p}$ ist $f_i = (G_i : H_i I_i)$, d.h.

$$\mathfrak{N}(\mathfrak{q}_i) = \mathfrak{N}(\mathfrak{p})^{f_i}.$$

Wir wählen Elemente $\tau_i \in G$, so daß $\mathfrak{P}_i = \mathfrak{P}_1^{\tau_i}$. Dann ist $G_i = \tau_i^{-1} G_1 \tau_i$ und $I_i = \tau_i^{-1} I_1 \tau_i$. Sei $\varphi \in G_1$ ein Element, das auf den Frobenius $\varphi_{\mathfrak{P}_1} \in G_1/I_1$ abgebildet wird. Dann wird $\varphi_i = \tau_i^{-1} \varphi \tau_i \in G_i$ auf den Frobenius $\varphi_{\mathfrak{P}_i} \in G_i/I_i$ abgebildet, und das Bild von $\varphi_i^{f_i}$ in H_i/I_i' ist der Frobenius von $\mathfrak{P}_i$ über $\mathfrak{q}_i$.

Sei nun $\rho : H \to GL(W)$ eine Darstellung von H mit dem Charakter χ. Dann ist χ_* der Charakter der induzierten Darstellung $\operatorname{ind}(\rho) : G \to GL(V)$, $V = \operatorname{Ind}_G^H(W)$. Wir müssen offenbar zeigen, daß

$$\det(1 - \varphi t; V^{I_1}) = \prod_{i=1}^{r} \det(1 - \varphi_i^{f_i} t^{f_i}; W^{I_i'}).$$

Wir reduzieren das Problem auf den Fall $G_1 = G$, d.h. $r = 1$. Durch Konjugation mit τ_i erhalten wir

$$\det(1 - \varphi_i^{f_i} t^{f_i}; W^{I_i'}) = \det(1 - \varphi^{f_i} t^{f_i}; (\tau_i W)^{I_1 \cap \tau_i H \tau_i^{-1}})$$

und $f_i = (G_1 : (G_1 \cap \tau_i H \tau_i^{-1}) I_1)$. Für jedes i wählen wir ein Linksrepräsentantensystem σ_{ij} von $G_1 \bmod G_1 \cap \tau_i H \tau_i^{-1}$. Man prüft sofort nach, daß dann $\{\sigma_{ij}\tau_i\}$ ein Linksrepräsentantensystem von $G \bmod H$ ist. Daher haben wir (vgl. Kap. IV, § 5, S. 313)

$$V = \bigoplus_{i,j} \sigma_{ij} \tau_i W.$$

Setzen wir $V_i = \bigoplus_j \sigma_{ij}\tau_i W$, so erhalten wir eine Zerlegung $V = \bigoplus_i V_i$ von V als G_1-Modul, so daß

$$\det(1-\varphi t; V^{I_1}) = \prod_{i=1}^{r} \det(1-\varphi t; V_i^{I_1}) .$$

Daher genügt es zu zeigen, daß

$$\det(1-\varphi t; V_i^{I_1}) = \det(1-\varphi^{f_i} t^{f_i}; (\tau_i W)^{I_1 \cap \tau_i H \tau_i^{-1}}) .$$

Wir vereinfachen die Bezeichnungen und ersetzen G_1 durch G, I_1 durch I, $G_1 \cap \tau_i H \tau_i^{-1}$ durch H, f_i durch $f = (G : HI)$, V_i durch V und $\tau_i W$ durch W. Dann ist wieder $V = \operatorname{Ind}_G^H(W)$, d.h. wir sind auf den Fall $r = 1$, $G_1 = G$ zurückgeführt.

Wir dürfen weiter annehmen, daß $I = 1$ ist. Setzen wir nämlich $\overline{G} = G/I$, $\overline{H} = H/I \cap H$, so ist $V^I = \operatorname{Ind}_{\overline{G}}^{\overline{H}}(W^{I\cap H})$. In der Tat, eine Funktion $f : G \to W$ in V ist genau dann invariant unter I, wenn $f(x\tau) = f(x)$ für alle $\tau \in I$, d.h. wenn sie konstant ist auf den Rechts- und daher auch auf den Linksnebenklassen von $G \bmod I$, d.h. wenn sie eine Funktion auf $\overline{G}$ ist. Sie hat dann automatisch Werte in $W^{I\cap H}$ wegen $\tau f(x) = f(\tau x) = f(x)$ für $\tau \in I \cap H$.

Sei also $I = 1$. Dann wird G durch φ erzeugt, $f = (G : H)$ und daher

$$V = \bigoplus_{i=0}^{f-1} \varphi^i W .$$

Sei A die Matrix von φ^f bzgl. einer Basis $w_1, \dots, w_d$ von W. Bedeutet E die $(d \times d)$-Einheitsmatrix, so ist

$$\begin{pmatrix} 0 & E & \cdots & 0 \\ & & & \\ 0 & 0 & \cdots & E \\ A & 0 & \cdots & 0 \end{pmatrix}$$

die Matrix von φ bzgl. der Basis $\{\varphi^i w_j\}$ von V. Hiermit erhalten wir das gewünschte Resultat

$$\det(1-\varphi t; V) = \det \begin{pmatrix} E & -tE & \cdots & 0 \\ & & & \\ 0 & 0 & \cdots & -tE \\ -tA & 0 & \cdots & E \end{pmatrix} = \det(1-\varphi^f t^f; W) .$$

Die letzte Gleichung wird dadurch erhalten, daß man die erste Spalte mit t multipliziert und zur zweiten addiert, sodann die zweite mit t multipliziert und zur dritten addiert usw. □

Der durch den trivialen Charakter $\mathbf{1}$ der Untergruppe $\{1\} \subseteq G(L|K)$ induzierte Charakter $\mathbf{1}_*$ ist der Charakter $r_G = \sum_\chi \chi(1)\chi$ der regulären Darstellung von $G(L|K)$. Wir erhalten daher aus (10.4) das

(10.5) Korollar. *Es gilt*

$$\zeta_L(s) = \zeta_K(s) \prod_{\chi \neq \mathbf{1}} \mathcal{L}(L|K,\chi,s)^{\chi(1)},$$

wobei χ die nicht-trivialen irreduziblen Charaktere von $G(L|K)$ durchläuft.

Der Ausgangspunkt der Artinschen Untersuchungen über die L-Reihen war die Frage gewesen, ob der Quotient $\zeta_L(s)/\zeta_K(s)$ für eine galoissche Erweiterung $L|K$ eine ganze Funktion ist, d.h. eine auf der ganzen komplexen Zahlenebene holomorphe Funktion. Das Korollar (10.5) zeigt, daß dies folgen würde aus der berühmten

Artinschen Vermutung: Für jeden irreduziblen Charakter $\chi \neq \mathbf{1}$ ist die Artinsche L-Reihe $\mathcal{L}(L|K,\chi,s)$ eine **ganze** Funktion.

Wir werden sogleich sehen, daß diese Vermutung für *abelsche* Erweiterungen zutrifft. Im allgemeinen ist sie unbewiesen und stellt wegen ihrer gewichtigen Konsequenzen eine der großen Herausforderungen der Zahlentheorie dar.

Wir wollen nun als nächstes zeigen, daß die Artinschen L-Reihen im Falle von *abelschen* Erweiterungen $L|K$ mit Heckeschen L-Reihen, genauer mit verallgemeinerten Dirichletschen L-Reihen identisch sind. Dies bedeutet, daß sich die Eigenschaften der Hecke-Reihen, insbesondere die Funktionalgleichung derselben, auf die Artinschen Reihen im abelschen Fall übertragen. Sie können dann aufgrund der Funktorialität (10.4) auf den nicht-abelschen Fall ausgedehnt werden.

Die Verbindung zwischen den Artinschen und den Heckeschen L-Reihen wird durch die Klassenkörpertheorie geschaffen. Sei $L|K$ eine abelsche Erweiterung und $\mathfrak{f}$ der **Führer** von $L|K$, d.h. der kleinste Modul

$$\mathfrak{f} = \prod_{\mathfrak{p} \nmid \infty} \mathfrak{p}^{n_\mathfrak{p}},$$

so daß $L|K$ im Strahlklassenkörper $K^\mathfrak{f}|K$ liegt (vgl. Kap. VI, (6.2)). Durch das **Artin-Symbol** $\left(\frac{L|K}{\mathfrak{a}}\right)$ erhalten wir dann einen surjektiven Homomorphismus

$$J^{\mathfrak f}/P^{\mathfrak f} \to G(L|K), \quad \mathfrak a \bmod P^{\mathfrak f} \mapsto \left(\frac{L|K}{\mathfrak a}\right),$$

der **Strahlklassengruppe** $J^{\mathfrak f}/P^{\mathfrak f}$. Dabei ist $J^{\mathfrak f}$ die Gruppe der zu $\mathfrak f$ teilerfremden gebrochenen Ideale und $P^{\mathfrak f}$ die Gruppe der Hauptideale (a) mit $a \equiv 1 \bmod \mathfrak f$ und a positiv in $K_{\mathfrak p} = \mathbb{R}$, wenn $\mathfrak p$ reell ist.

Sei jetzt χ ein *irreduzibler* Charakter der abelschen Gruppe $G(L|K)$, d.h. ein Homomorphismus

$$\chi : G(L|K) \to \mathbb{C}^* .$$

Das Kompositum mit dem Artin-Symbol $\left(\frac{L|K}{}\right)$ ist ein Charakter der Strahlklassengruppe $J^{\mathfrak f}/P^{\mathfrak f}$, also ein Dirichlet-Charakter $\bmod \mathfrak f$. Er induziert einen Charakter auf $J^{\mathfrak f}$, der mit

$$\tilde\chi : J^{\mathfrak f} \to \mathbb{C}^*$$

bezeichnet werde. Dieser Idealcharakter ist nun nach (6.9) ein **Größencharakter** $\bmod \mathfrak f$ vom Typ $(p, 0)$, und es gilt das

(10.6) Theorem. *Sei $L|K$ eine abelsche Erweiterung, $\mathfrak f$ der Führer von $L|K$, $\chi \neq 1$ ein irreduzibler Charakter von $G(L|K)$ und $\tilde\chi$ der zugehörige Größencharakter* $\bmod \mathfrak f$.

Dann besteht zwischen der Artinschen L-Reihe zum Charakter χ und der Heckeschen L-Reihe zum Größencharakter $\tilde\chi$ die Gleichheit

$$\mathcal{L}(L|K, \chi, s) = \prod_{\mathfrak p \in S} \frac{1}{1 - \chi(\varphi_{\mathfrak P})\mathfrak N(\mathfrak p)^{-s}} L(\tilde\chi, s),$$

wobei $S = \{\mathfrak p \mid \mathfrak f \mid \chi(I_{\mathfrak P}) = 1\}$.

Beweis: Die zum Charakter χ gehörige Darstellung von $G(L|K)$ ist durch den 1-dimensionalen Vektorraum $V = \mathbb{C}$ gegeben, auf dem $G(L|K)$ durch Multiplikation mit χ operiert, d.h. $\sigma v = \chi(\sigma)v$. Da $\mathfrak f$ der Führer von $L|K$ ist, so gilt nach Kap. VI, (6.6)

$$\mathfrak p | \mathfrak f \iff \mathfrak p \text{ ist verzweigt} \iff I_{\mathfrak P} \neq 1 .$$

Wenn $\chi(I_{\mathfrak P}) \neq 1$, so ist $V^{I_{\mathfrak P}} = \{0\}$, und der zugehörige Eulerfaktor tritt in der Artinschen L-Reihe nicht auf. Wenn dagegen $\chi(I_{\mathfrak P}) = 1$, so ist $V^{I_{\mathfrak P}} = \mathbb{C}$, also

$$\det(1 - \varphi_{\mathfrak P}\mathfrak N(\mathfrak p)^{-s}; V^{I_{\mathfrak P}}) = 1 - \chi(\varphi_{\mathfrak P})\mathfrak N(\mathfrak p)^{-s} .$$

Wir haben somit

$$\mathcal{L}(L|K, \chi, s) = \prod_{\mathfrak p \nmid \mathfrak f} \frac{1}{1 - \chi(\varphi_{\mathfrak P})\mathfrak N(\mathfrak p)^{-s}} \prod_{\mathfrak p \in S} \frac{1}{1 - \chi(\varphi_{\mathfrak P})\mathfrak N(\mathfrak p)^{-s}}$$

und

$$L(\tilde{\chi}, s) = \prod_{\mathfrak{p} \nmid \mathfrak{f}} \frac{1}{1 - \tilde{\chi}(\mathfrak{p}) \mathfrak{N}(\mathfrak{p})^{-s}} .$$

Für $\mathfrak{p} \nmid \mathfrak{f}$ gilt $\left(\frac{L|K}{\mathfrak{p}}\right) = \varphi_{\mathfrak{P}}$, also $\tilde{\chi}(\mathfrak{p}) = \chi(\varphi_{\mathfrak{P}})$. Dies zeigt die Behauptung. □

Bemerkung: Wenn der Charakter $\chi : G(L|K) \to \mathbb{C}^*$ *injektiv* ist, so ist $S = \emptyset$, und man hat die volle Gleichheit

$$\mathcal{L}(L|K, \chi, s) = L(\tilde{\chi}, s) .$$

In diesem Fall ist $\tilde{\chi}$ ein *primitiver* Größencharakter mod $\mathfrak{f}$.

Ist dagegen χ der triviale Charakter $\mathbf{1}_G$, so ist $\tilde{\chi}$ der triviale Dirichlet-Charakter mod $\mathfrak{f}$, und man hat

$$\zeta_K(s) = \prod_{\mathfrak{p} | \mathfrak{f}} \frac{1}{1 - \mathfrak{N}(\mathfrak{p})^{-s}} L(\tilde{\chi}, s) .$$

Aus dem Theorem folgt, daß die **Artinsche Vermutung** für alle Artinschen L-Reihen $\mathcal{L}(L|K, \chi, s)$ zutrifft, die zu den nichttrivialen, irreduziblen Charakteren χ *abelscher* Galoisgruppen $G(L|K)$ gehören. Ist nämlich L_χ der Fixkörper des Kerns von χ und $\tilde{\chi}$ der zu $\chi : G(L_\chi|K) \hookrightarrow \mathbb{C}^*$ gehörige Größencharakter, so ist nach der obigen Bemerkung $\mathcal{L}(L|K, \chi, s) = \mathcal{L}(L_\chi|K, \chi, s) = L(\tilde{\chi}, s)$, so daß die Holomorphie von $\mathcal{L}(L|K, \chi, s)$ auf ganz $\mathbb{C}$ aus der von $L(\tilde{\chi}, s)$ folgt, die wir in (8.5) bewiesen haben. Hiermit ist gleichzeitig die Artinsche Vermutung für jede auflösbare Erweiterung $L|K$ bewiesen.

Wir setzen uns nun das Ziel, eine Funktionalgleichung für die Artinschen L-Reihen zu beweisen. Dafür bildet das obige Theorem und die schon bewiesene Funktionalgleichung der Heckeschen L-Reihen die Grundlage. Wir müssen aber die Artinsche L-Reihe durch die richtigen „Eulerfaktoren" an den unendlichen Primstellen vervollständigen. Die Suche nach diesen Eulerfaktoren orientiert sich am Fall der Heckeschen L-Reihen, erfordert aber eine zusätzliche galoistheoretische Ergänzung, die wir im folgenden Paragraphen abhandeln.

§ 11. Der Artin-Führer

Die Diskriminante $\mathfrak{d} = \mathfrak{d}_{L|K}$ einer galoisschen Erweiterung $L|K$ algebraischer Zahlkörper besitzt eine gruppentheoretisch begründete Feinstruktur, die sich in einer Produktzerlegung

$$\mathfrak{d} = \prod \mathfrak{f}(\chi)^{\chi(1)}$$

ausdrückt, in der χ die irreduziblen Charaktere der Galoisgruppe $G = G(L|K)$ durchläuft. Die Ideale $\mathfrak{f}(\chi)$ sind durch

$$\mathfrak{f}(\chi) = \prod_{\mathfrak{p}\nmid\infty} \mathfrak{p}^{f_\mathfrak{p}(\chi)}$$

gegeben mit

$$f_\mathfrak{p}(\chi) = \sum_{i\geq 0} \frac{g_i}{g_0} \operatorname{codim} V^{G_i},$$

wobei V eine Darstellung mit dem Charakter χ ist, G_i die i-te Verzweigungsgruppe von $L_\mathfrak{P}|K_\mathfrak{p}$ und g_i ihre Ordnung. Diese Entdeckung geht auf *Emil Artin* und *Helmut Hasse* zurück. Die Ideale $\mathfrak{f}(\chi)$ heißen **Artin-Führer** und spielen eine wichtige Rolle bei der Funktionalgleichung der Artinschen L-Reihen, die wir im nächsten Paragraphen beweisen wollen. Wir stellen hier ihre dafür notwendigen Eigenschaften zusammen und folgen dabei i.w. der von *J.-P. Serre* in [122] gegebenen Darstellung.

Wir betrachten zunächst eine galoissche Erweiterung $L|K$ **lokaler Körper** mit der Galoisgruppe $G = G(L|K)$. Sei $f = f_{L|K} = [\lambda : \kappa]$ der Trägheitsgrad von $L|K$. In Kap. II, § 10 haben wir für jedes $\sigma \in G$

$$i_G(\sigma) = v_L(\sigma x - x)$$

gesetzt, wobei x ein Element mit $\mathcal{O}_L = \mathcal{O}_K[x]$ ist und v_L die normierte Bewertung von L. Damit erhält man die i-te Verzweigungsgruppe durch

$$G_i = \{\sigma \in G \mid i_G(\sigma) \geq i+1\}.$$

Es gilt $i_G(\tau\sigma\tau^{-1}) = i_G(\sigma)$ und $i_H(\sigma) = i_G(\sigma)$ für jede Untergruppe $H \subseteq G$. Ist $L|K$ unverzweigt, so ist $i_G(\sigma) = 0$ für alle $\sigma \in G$, $\sigma \neq 1$. Wir setzen

$$a_G(\sigma) = \begin{cases} -f i_G(\sigma) & \text{für } \sigma \neq 1, \\ f \sum_{\tau\neq 1} i_G(\tau) & \text{für } \sigma = 1. \end{cases}$$

a_G ist eine zentrale Funktion auf G, und es gilt

$$(a_G, \mathbf{1}_G) = \frac{1}{\#G} \sum_{\sigma\in G} a_G(\sigma) = 0.$$

Wir können daher

$$a_G = \sum_\chi f(\chi)\chi, \quad f(\chi) \in \mathbb{C},$$

schreiben, wobei χ die irreduziblen Charaktere von G durchläuft. Unser Hauptproblem liegt in dem Nachweis, daß die Koeffizienten $f(\chi)$ ganze Zahlen ≥ 0 sind. Ist dies bewiesen, so können wir das Ideal $\mathfrak{f}_\mathfrak{p}(\chi) = \mathfrak{p}^{f(\chi)}$ bilden, welches der $\mathfrak{p}$-Bestandteil des oben erwähnten globalen Artin-Führers werden wird. Über die Funktion a_G beweisen wir zuerst mit den Bezeichnungen des vorigen Paragraphen den folgenden

(11.1) Satz. *(i) Ist H ein Normalteiler von G, so gilt*

$$a_{G/H} = (a_G)_\natural .$$

(ii) Ist H eine beliebige Untergruppe von G und K' der Fixkörper mit der Diskriminante $\mathfrak{d}_{K'|K} = \mathfrak{p}^\nu$, so gilt

$$a_G|H = \nu r_H + f_{K'|K} a_H .$$

(iii) Sei G_i die i-te Verzweigungsgruppe von G, u_i der Augmentationscharakter von G_i und $(u_i)_*$ der durch u_i induzierte Charakter von G. Dann gilt

$$a_G = \sum_{i=0}^{\infty} \frac{1}{(G_0 : G_i)} (u_i)_* .$$

Beweis: (i) folgt direkt aus Kap. II, (10.5).
(ii) Sei $\sigma \in H$, $\sigma \neq 1$. Dann ist

$$a_G(\sigma) = -f_{L|K} i_G(\sigma), \quad a_H(\sigma) = -f_{L|K'} i_H(\sigma), \quad r_H(\sigma) = 0,$$

also wegen $i_G(\sigma) = i_H(\sigma)$ und $f_{L|K} = f_{L|K'} f_{K'|K}$,

$$a_G(\sigma) = \nu r_H(\sigma) + f_{K'|K} a_H(\sigma) .$$

Sei jetzt $\sigma = 1$, und sei $\mathfrak{D}_{L|K}$ die *Differente* von $L|K$. Sei $\mathcal{O}_L = \mathcal{O}_K[x]$ und $g(X)$ das Minimalpolynom von x über K. Nach Kap. III, (2.4) wird dann $\mathfrak{D}_{L|K}$ durch $g'(x) = \prod_{\sigma \neq 1} (\sigma x - x)$ erzeugt, so daß

$$v_L(\mathfrak{D}_{L|K}) = v_L(g'(x)) = \sum_{\sigma \neq 1} i_G(\sigma) = \frac{1}{f_{L|K}} a_G(1) .$$

Nach Kap. III, (2.9) ist andererseits $\mathfrak{d}_{L|K} = N_{L|K}(\mathfrak{D}_{L|K})$, so daß wegen $v_K \circ N_{L|K} = f_{L|K} v_K$ die Gleichung

$$a_G(1) = f_{L|K} v_L(\mathfrak{D}_{L|K}) = v_K(\mathfrak{d}_{L|K})$$

gilt und genauso $a_H(1) = v_{K'}(\mathfrak{d}_{L|K'})$. Nach Kap. III, (2.10) ist weiter

$$\mathfrak{d}_{L|K} = (\mathfrak{d}_{K'|K})^{[L:K']} N_{K'|K}(\mathfrak{d}_{L|K'}) .$$

Daher folgt wegen $r_H(1) = [L : K']$ und $\nu = v_K(\mathfrak{d}_{K'|K})$ die Formel

$$a_G(1) = [L : K']v_K(\mathfrak{d}_{K'|K}) + f_{K'|K}v_{K'}(\mathfrak{d}_{L|K'}) = \nu r_H(1) + f_{K'|K}a_H(1) .$$

(iii) Sei $g_i = \#G_i$, $g = \#G$. Da G_i invariant in G ist, so gilt $(u_i)_*(\sigma) = 0$, wenn $\sigma \notin G_i$, $(u_i)_*(\sigma) = -g/g_i = -f \cdot g_0/g_i$, wenn $\sigma \in G_i$, $\sigma \neq 1$, und $\sum_{\sigma\in G}(u_i)_*(\sigma) = 0$. Für $\sigma \in G_k \setminus G_{k+1}$ ist daher

$$a_G(\sigma) = -f(k+1) = \sum \frac{1}{(G_0 : G_i)}(u_i)_*(\sigma) .$$

Hieraus folgt auch die Gleichheit für $\sigma = 1$, weil beide Seiten orthogonal zu $\mathbf{1}_G$ sind. □

Für die Koeffizienten $f(\chi)$ in der Linearkombination

$$a_G = \sum f(\chi)\chi$$

hat man unter Beachtung von $a_G(\sigma^{-1}) = a_G(\sigma)$

$$f(\chi) = (a_G, \chi) = \frac{1}{g}\sum_{\sigma\in G} a_G(\sigma)\chi(\sigma^{-1}) = \frac{1}{g}\sum_{\sigma\in G} a_G(\sigma^{-1})\chi(\sigma) = (\chi, a_G) ,$$

$g = \#G$. Für eine beliebige zentrale Funktion φ von G setzen wir

$$f(\varphi) = (\varphi, a_G)$$

und

$$\varphi(G_i) = \frac{1}{g_i}\sum_{\sigma\in G_i}\varphi(\sigma) , \quad g_i = \#G_i .$$

(11.2) Satz. *(i) Ist φ eine zentrale Funktion auf der Faktorgruppe G/H und φ' die zugehörige zentrale Funktion auf G, so gilt*

$$f(\varphi) = f(\varphi') .$$

(ii) Ist φ eine zentrale Funktion auf der Untergruppe H von G und φ_* die induzierte zentrale Funktion φ auf G, so gilt

$$f(\varphi_*) = v_K(\mathfrak{d}_{K'|K})\varphi(1) + f_{K'|K} f(\varphi) .$$

(iii) Für eine zentrale Funktion φ auf G gilt

$$f(\varphi) = \sum_{i\geq 0}\frac{g_i}{g_0}(\varphi(1) - \varphi(G_i)) .$$

Beweis: (i) $f(\varphi) = (\varphi, a_{G/H}) = (\varphi, (a_G)_\natural) = (\varphi', a_G) = f(\varphi')$.
(ii) $f(\varphi_*) = (\varphi_*, a_G) = (\varphi, a_G|H) = \nu(\varphi, r_H) + f_{K'|K}(\varphi, a_H) = \nu\varphi(1) + f_{K'|K} f(\varphi)$ mit $\nu = v_K(\mathfrak{d}_{K'|K})$.
(iii) Es gilt $(\varphi, (u_i)_*) = (\varphi|G_i, u_i) = \varphi(1) - \varphi(G_i)$, so daß die Formel aus (11.1), (iii) folgt. □

Ist χ der Charakter einer Darstellung (ρ, V) von G, so ist $\chi(1) = \dim V$ und $\chi(G_i) = \dim V^{G_i}$, also

$$f(\chi) = \sum_{i\geq 0} \frac{g_i}{g_0} \operatorname{codim} V^{G_i}.$$

Wir betrachten nun die in Kap. II, § 10 eingeführte Funktion

$$\eta_{L|K}(s) = \int_0^s \frac{dx}{(G_0 : G_x)}.$$

Für die ganzen Zahlen $m \geq -1$ ist sie durch $\eta_{L|K}(-1) = -1$, $\eta_{L|K}(0) = 0$ und

$$\eta_{L|K}(m) = \sum_{i=1}^{m} \frac{g_i}{g_0} \quad \text{für } m \geq 1$$

gegeben. Mit dem Satz von *Hasse-Arf* (vgl. Kap. V, (6.3)) erhalten wir jetzt die folgende Ganzheitsaussage für die Zahl $f(\chi)$ im Falle eines Charakters χ vom Grade 1.

(11.3) Satz. *Sei χ ein Charakter von G vom Grade 1. Sei j die größte ganze Zahl, derart daß $\chi|G_j \neq \mathbf{1}_{G_j}$ (im Falle $\chi = \mathbf{1}_G$ sei $j = -1$). Dann ist*

$$f(\chi) = \eta_{L|K}(j) + 1,$$

und dies ist eine ganze Zahl ≥ 0.

Beweis: Wenn $i \leq j$, so ist $\chi(G_i) = 0$, also $\chi(1) - \chi(G_i) = 1$. Wenn $i > j$, so ist $\chi(G_i) = 1$, also $\chi(1) - \chi(G_i) = 0$. Aus (11.2), (iii) folgt daher

$$f(\chi) = \sum_{i=0}^{j} \frac{g_i}{g_0} = \eta_{L|K}(j) + 1,$$

falls $j \geq 0$. Im Fall $j = -1$ ist $\chi(1) - \chi(G_i) = 0$ für alle $i \geq 0$, also nach (11.2) (iii) $f(\chi) = 0 = \eta_{L|K}(-1) + 1$.

Sei H der Kern von χ und L' der Fixkörper von H. Nach dem Herbrandschen Satz Kap. II, (10.7) ist

$$G_j(L|K)H/H = G_{j'}(L'|K) \quad \text{mit} \quad j' = \eta_{L|L'}(j)\,.$$

In der oberen Numerierung der Verzweigungsgruppen bedeutet dies

$$G^t(L|K)H/H = G^t(L'|K)$$

mit $t = \eta_{L|K}(j) = \eta_{L'|K}(\eta_{L|L'}(j)) = \eta_{L'|K}(j')$ (vgl. Kap. II, (10.8)). Nun ist aber $\chi(G_j(L|K)H/H) \neq 1$ und $\chi(G_{j+\delta}(L|K)H/H) = \chi(G_{j+1}(L|K)H/H) = 1$ für alle $\delta > 0$, insbesondere also $G_j(L|K)H/H \neq G_{j+\delta}(L|K)H/H$ für alle $\delta > 0$. Da $\eta_{L|K}(s)$ stetig und streng monoton wachsend ist, folgt hieraus

$$G^t(L'|K) = G^t(L|K)H/H \neq G^{t+\varepsilon}(L|K)H/H = G^{t+\varepsilon}(L'|K)$$

für alle $\varepsilon > 0$, d.h. t ist ein *Sprung* in der Verzweigungsfiltrierung von $L'|K$. Die Erweiterung $L'|K$ ist abelsch und daher $t = \eta_{L|K}(j)$ ganz nach dem Satz von HASSE-ARF. □

Sei nun χ ein beliebiger Charakter der Galoisgruppe $G = G(L|K)$. Nach dem Brauerschen Satz (10.3) gilt dann

$$\chi = \sum n_i \chi_{i*}\,, \quad n_i \in \mathbb{Z}\,,$$

wobei χ_{i*} der induzierte Charakter eines Charakters χ_i vom Grade 1 einer Untergruppe H_i ist. Wegen (11.2), (ii) haben wir

$$f(\chi) = \sum n_i f(\chi_{i*}) = \sum n_i (v_K(\mathfrak{d}_{K_i|K})\chi_i(1) + f_{K_i|K} f(\chi_i))\,,$$

K_i der Fixkörper von H_i. Daher ist $f(\chi)$ eine ganze rationale Zahl. Andererseits folgt aus (11.1), (iii), daß $g_0 a_G$ der Charakter einer Darstellung von G ist, so daß $g_0 f(\chi) = (\chi, g_0 a_G) \geq 0$ ist. Wir haben damit das

(11.4) Theorem. *Ist χ ein Charakter der Galoisgruppe $G = G(L|K)$, so ist $f(\chi)$ eine ganze Zahl ≥ 0.*

(11.5) Definition. *Wir erklären den (lokalen)* **Artin-Führer** *zum Charakter χ von $G = G(L|K)$ als das Ideal*

$$\mathfrak{f}_{\mathfrak{p}}(\chi) = \mathfrak{p}^{f(\chi)}\,.$$

Für eine *abelsche* Erweiterung $L|K$ lokaler Körper haben wir in Kap. V, (1.6) den **Führer** als die kleinste $\mathfrak{p}$-Potenz $\mathfrak{f} = \mathfrak{p}^n$ definiert, derart daß die n-te Einseinheitengruppe $U_K^{(n)}$ in der Normengruppe $N_{L|K}L^*$ liegt. Letztere ist der Kern des Normrestsymbols

$$(\quad, L|K) : K^* \to G(L|K),$$

welches $U_K^{(i)}$ nach V, (6.2) auf die Verzweigungsgruppe $G^i(L|K) = G_j(L|K)$, $i = \eta_{L|K}(j)$, abbildet. Der Führer $\mathfrak{f} = \mathfrak{p}^n$ ist daher durch die kleinste ganze Zahl $n \geq 0$ gegeben, so daß $G^n(L|K) = 1$. Aus (11.3) erhalten wir damit das folgende Resultat.

(11.6) Satz. *Sei $L|K$ eine galoissche Erweiterung lokaler Körper, χ ein Charakter von $G(L|K)$ vom Grade 1, L_χ der Fixkörper des Kerns von χ und $\mathfrak{f}$ der Führer von $L_\chi|K$. Dann gilt*

$$\mathfrak{f} = \mathfrak{f}_\mathfrak{p}(\chi).$$

Beweis: Nach (11.3) ist $f(\chi) = \eta_{L|K}(j)+1$, wo j die größte ganze Zahl mit $G_j(L|K) \not\subseteq G(L|L_\chi) =: H$ ist. Sei $t = \eta_{L|K}(j)$. Dann ist

$$G^t(L_\chi|K) = G^t(L|K)H/H = G_j(L|K)H/H$$

und $G^{t+\varepsilon}(L_\chi|K) \subseteq G_{j+1}(L|K)H/H = 1$ für alle $\varepsilon > 0$. Folglich ist t die größte Zahl, derart daß $G^t(L_\chi|K) \neq 1$. Nach dem Satz von Hasse-Arf ist t ganz, und es folgt: $f(\chi) = t+1$ ist die kleinste ganze Zahl mit $G^{f(\chi)}(L_\chi|K) = 1$, d.h. $f(\chi) = n$. □

Wir verlassen nun den Fall der lokalen Körper und nehmen an, daß $L|K$ eine galoissche Erweiterung **globaler** Körper ist. Sei $\mathfrak{p}$ ein Primideal von K, $\mathfrak{P}|\mathfrak{p}$ ein darüberliegendes Primideal von L, $L_\mathfrak{P}|K_\mathfrak{p}$ die Komplettierung von $L|K$ und $G_\mathfrak{P} = G(L_\mathfrak{P}|K_\mathfrak{p})$ die Zerlegungsgruppe von $\mathfrak{P}$ über K. Wir bezeichnen die Funktion $a_{G_\mathfrak{P}}$ auf $G_\mathfrak{P}$ mit $a_\mathfrak{P}$ und setzen sie durch Null auf $G = G(L|K)$ fort. Die zentrale Funktion

$$a_\mathfrak{p} = \sum_{\mathfrak{P}|\mathfrak{p}} a_\mathfrak{P}$$

erweist sich sofort als die durch $a_\mathfrak{P}|G_\mathfrak{P}$ induzierte Funktion $(a_\mathfrak{P})_*$ und ist somit der Charakter einer Darstellung von G. Ist nun χ ein Charakter von G, so setzen wir

$$f(\chi, \mathfrak{p}) = (\chi, a_\mathfrak{p}) = f(\chi|G_\mathfrak{P}).$$

Dann ist $\mathfrak{f}_{\mathfrak{p}}(\chi) = \mathfrak{p}^{f(\chi,\mathfrak{p})}$ der Artin-Führer der Einschränkung von χ auf $G_{\mathfrak{P}} = G(L_{\mathfrak{P}}|K_{\mathfrak{p}})$. Insbesondere ist $\mathfrak{f}_{\mathfrak{p}}(\chi) = 1$, wenn $\mathfrak{p}$ unverzweigt ist. Wir erklären den (globalen) **Artin-Führer** von χ durch das Produkt

$$\mathfrak{f}(\chi) = \prod_{\mathfrak{p}\nmid\infty} \mathfrak{f}_{\mathfrak{p}}(\chi)\,.$$

Wenn es darauf ankommt, schreiben wir auch $\mathfrak{f}(L|K,\chi)$ anstelle von $\mathfrak{f}(\chi)$. Die Eigenschaften (11.2) für die Zahlen $f(\chi,\mathfrak{p})$ übertragen sich nun unmittelbar auf den Artin-Führer $\mathfrak{f}(\chi)$, und wir erhalten den

(11.7) Satz. *(i)* $\mathfrak{f}(\chi+\chi') = \mathfrak{f}(\chi)\mathfrak{f}(\chi')$, $\mathfrak{f}(\mathbf{1}) = (1)$.

(ii) Ist $L'|K$ eine galoissche Teilerweiterung von $L|K$ und χ ein Charakter von $G(L'|K)$, so gilt

$$\mathfrak{f}(L|K,\chi) = \mathfrak{f}(L'|K,\chi)\,.$$

(iii) Ist H eine Untergruppe von G mit dem Fixkörper K' und χ ein Charakter von H, so gilt

$$\mathfrak{f}(L|K,\chi_*) = \mathfrak{d}_{K'|K}^{\chi(1)} N_{K'|K}(\mathfrak{f}(L|K',\chi))\,.$$

Beweis: (i) und (ii) sind trivial. Zum Beweis von (iii) wählen wir ein festes Primideal $\mathfrak{P}$ von L, setzen

$$G = G(L|K)\,,\quad H = G(L|K')\,,\quad G_{\mathfrak{P}} = G(L_{\mathfrak{P}}|K_{\mathfrak{p}})\,,$$

wobei $\mathfrak{p} = \mathfrak{P}\cap K$, und betrachten die Doppelmodulzerlegung

$$G = \dot{\bigcup_{\tau}}\, G_{\mathfrak{P}}\tau H\,.$$

Dann liefert die Darstellungstheorie für den Charakter χ von H die Formel

$$(*)\qquad \chi_*|G_{\mathfrak{P}} = \sum_{\tau} \chi_*^{\tau}\,,$$

wobei χ^{τ} der Charakter $\chi^{\tau}(\sigma) = \chi(\tau^{-1}\sigma\tau)$ von $G_{\mathfrak{P}}\cap\tau H\tau^{-1}$ ist und χ_*^{τ} der durch χ^{τ} induzierte Charakter von $G_{\mathfrak{P}}$ (vgl. [119], chap. 7, Prop. 22). Ferner sind $\mathfrak{P}'_{\tau} = \mathfrak{P}^{\tau}\cap K'$ die verschiedenen über $\mathfrak{p}$ gelegenen Primideale von K' (vgl. Kap. I, § 9, S. 58), und es ist

$$G_{\mathfrak{P}^{\tau}} = \tau^{-1}G_{\mathfrak{P}}\tau = G(L_{\mathfrak{P}^{\tau}}|K_{\mathfrak{p}}),\ H_{\mathfrak{P}^{\tau}} = G_{\mathfrak{P}^{\tau}}\cap H = G(L_{\mathfrak{P}^{\tau}}|K'_{\mathfrak{P}'_{\tau}})\,.$$

Sei nun $\mathfrak{d}_{\mathfrak{P}'_{\tau}} = \mathfrak{p}^{\nu_{\mathfrak{P}'_{\tau}}}$ das Diskriminantenideal von $K'_{\mathfrak{P}'_{\tau}}|K_{\mathfrak{p}}$ und $f_{\mathfrak{P}'_{\tau}}$ der Grad von $\mathfrak{P}'_{\tau}$ über K, so daß $N_{K'|K}(\mathfrak{P}'_{\tau}) = \mathfrak{p}^{f_{\mathfrak{P}'_{\tau}}}$. Wegen

$$\mathfrak{f}_{\mathfrak{p}}(L|K,\chi_*) = \mathfrak{p}^{f(\chi_*|G_{\mathfrak{P}})}\quad\text{und}\quad \mathfrak{f}_{\mathfrak{P}'_{\tau}}(L|K',\chi) = \mathfrak{P}'^{\,f(\chi|H_{\mathfrak{P}^{\tau}})}_{\tau}$$

haben wir zu zeigen, daß

$$f(\chi_*|G_{\mathfrak{P}}) = \sum_{\tau} \nu_{\mathfrak{P}'_\tau} \chi(1) + f_{\mathfrak{P}'_\tau} f(\chi|H_{\mathfrak{P}^\tau}),$$

also wegen (11.2) (ii)

$$(**) \qquad f(\chi_*|G_{\mathfrak{P}}) = \sum_{\tau} f((\chi|H_{\mathfrak{P}^\tau})_*).$$

Nun ist $H_{\mathfrak{P}^\tau} = \tau^{-1}(G_{\mathfrak{P}} \cap \tau H \tau^{-1})\tau$ und es geht $\chi|H_{\mathfrak{P}^\tau}$ bzw. $(\chi|H_{\mathfrak{P}^\tau})_*$ durch die Konjugation $\sigma \mapsto \tau\sigma\tau^{-1}$ aus χ^τ bzw. χ_*^τ hervor. Daher ist $f((\chi|H_{\mathfrak{P}^\tau})_*) = f(\chi_*^\tau)$, und es folgt $(**)$ aus $(*)$. □

Wir wenden (iii) auf den Fall $\chi = \mathbf{1}_H$ an und bezeichnen den induzierten Charakter χ_* mit $s_{G/H}$. Wegen $\mathfrak{f}(\chi) = 1$ erhalten wir das

(11.8) Korollar. $\mathfrak{d}_{K'|K} = \mathfrak{f}(L|K, s_{G/H})$.

Ist insbesondere $H = \{1\}$, so ist $s_{G/H}$ der Charakter r_G der regulären Darstellung. Seine Zerlegung in irreduzible Charaktere χ ist durch

$$r_G = \sum_{\chi} \chi(1)\chi$$

gegeben. Wir erhalten daher die

(11.9) Führer-Diskriminanten-Formel. *Für eine beliebige galoissche Erweiterung $L|K$ globaler Körper gilt*

$$\mathfrak{d}_{L|K} = \prod_{\chi} \mathfrak{f}(\chi)^{\chi(1)},$$

wobei χ die irreduziblen Charaktere von $G(L|K)$ durchläuft.

Für eine *abelsche* Erweiterung $L|K$ globaler Körper haben wir den Führer $\mathfrak{f}$ in VI, (6.4) erklärt. Er ist nach Kap. VI, (6.5) das Produkt

$$\mathfrak{f} = \prod_{\mathfrak{p}} \mathfrak{f}_{\mathfrak{p}}$$

der Führer $\mathfrak{f}_{\mathfrak{p}}$ der lokalen Erweiterungen $L_{\mathfrak{P}}|K_{\mathfrak{p}}$. Aus (11.6) geht nun der folgende Satz hervor.

(11.10) Satz. *Sei $L|K$ eine galoissche Erweiterung globaler Körper, χ ein Charakter von $G(L|K)$ vom Grade 1, L_χ der Fixkörper des Kerns* *von χ und $\mathfrak{f}$ der Führer von $L_\chi|K$. Dann gilt*

$$\mathfrak{f} = \mathfrak{f}(\chi)\,.$$

Sei jetzt $L|K$ eine galoissche Erweiterung algebraischer Zahlkörper. Wir bilden dann das Ideal

$$\mathfrak{c}(L|K,\chi) = \mathfrak{d}_{K|\mathbb{Q}}^{\chi(1)} N_{K|\mathbb{Q}}(\mathfrak{f}(L|K,\chi))$$

von $\mathbb{Z}$. Das positive Erzeugende dieses Ideals ist die Zahl

$$c(L|K,\chi) = |d_K|^{\chi(1)}\mathfrak{N}(\mathfrak{f}(L|K,\chi))\,.$$

Wenden wir (11.7) an, so erhalten wir unter Berücksichtigung des Transitivitätsgesetzes Kap. III, (2.10) der Diskriminante den

(11.11) Satz. *(i)* $c(L|K,\chi+\chi') = c(L|K,\chi)c(L|K,\chi')$, $c(L|K,\mathbf{1}) = |d_K|$,

(ii) $c(L|K,\chi) = c(L'|K,\chi)$,

(iii) $c(L|K,\chi_*) = c(L|K',\chi)$,

wobei die Bezeichnungen die gleichen sind wie in (11.7).

§ 12. Die Funktionalgleichung der Artinschen L-Reihen

Die Artinsche L-Reihe

$$\mathcal{L}(L|K,\chi,s) = \prod_{\mathfrak{p}\nmid\infty} \frac{1}{\det(1-\varphi_\mathfrak{P}\mathfrak{N}(\mathfrak{p})^{-s}; V^{I_\mathfrak{P}})}$$

zum Charakter χ von $G = G(L|K)$ muß zunächst durch die richtigen Gamma-Faktoren ergänzt werden. Für jede unendliche Primstelle $\mathfrak{p}$ von K setzen wir

$$\mathcal{L}_\mathfrak{p}(L|K,\chi,s) = \begin{cases} L_\mathbb{C}(s)^{\chi(1)} & \text{, wenn } \mathfrak{p} \text{ komplex,} \\ L_\mathbb{R}(s)^{n^+}L_\mathbb{R}(s+1)^{n^-} & \text{, wenn } \mathfrak{p} \text{ reell.} \end{cases}$$

mit den Exponenten $n^+ = \frac{\chi(1)+\chi(\varphi_\mathfrak{P})}{2}$, $n^- = \frac{\chi(1)-\chi(\varphi_\mathfrak{P})}{2}$. Dabei ist $\varphi_\mathfrak{P}$ das erzeugende Element von $G(L_\mathfrak{P}|K_\mathfrak{p})$, und

$$L_\mathbb{R}(s) = \pi^{-s/2}\Gamma(s/2),\quad L_\mathbb{C}(s) = 2(2\pi)^{-s}\Gamma(s)$$

(vgl. § 4). Die Exponenten n^+, n^- in $\mathcal{L}_{\mathfrak{p}}(L|K,\chi,s)$ für reelles $\mathfrak{p}$ haben die folgende Bedeutung. Durch die Involution $\varphi_{\mathfrak{P}}$ auf V erhalten wir eine Zerlegung $V = V^+ \oplus V^-$ in die Eigenräume

$$V^+ = \{x \in V \mid \varphi_{\mathfrak{P}} x = x\}, \quad V^- = \{x \in V \mid \varphi_{\mathfrak{P}} x = -x\},$$

und es folgt aus der Bemerkung in § 10, S. 543

$$\dim V^+ = \frac{1}{2}(\chi(1) + \chi(\varphi_{\mathfrak{P}})), \quad \dim V^- = \frac{1}{2}(\chi(1) - \chi(\varphi_{\mathfrak{P}})).$$

Die Funktionen $\mathcal{L}_{\mathfrak{p}}(L|K,\chi,s)$ weisen beim Wechsel der Körper und Charaktere die gleichen Eigenschaften auf wie die L-Reihen und die Artin-Führer.

(12.1) Satz. *(i)* $\mathcal{L}_{\mathfrak{p}}(L|K,\chi+\chi',s) = \mathcal{L}_{\mathfrak{p}}(L|K,\chi,s)\mathcal{L}_{\mathfrak{p}}(L|K,\chi',s)$.

(ii) Ist $L'|K$ eine galoissche Teilerweiterung von $L|K$ und χ ein Charakter von $G(L'|K)$, so gilt

$$\mathcal{L}_{\mathfrak{p}}(L|K,\chi,s) = \mathcal{L}_{\mathfrak{p}}(L'|K,\chi,s).$$

(iii) Ist K' ein Zwischenkörper von $L|K$ und χ ein Charakter von $G(L|K')$, so gilt

$$\mathcal{L}_{\mathfrak{p}}(L|K,\chi_*,s) = \prod_{\mathfrak{q}|\mathfrak{p}} \mathcal{L}_{\mathfrak{q}}(L|K',\chi,s),$$

wobei $\mathfrak{q}$ die über $\mathfrak{p}$ liegenden Primstellen von K' durchläuft.

Beweis: (i) ist trivial.
(ii) Sind $\mathfrak{P}|\mathfrak{P}'|\mathfrak{p}$ übereinanderliegende Primstellen von $L \supseteq L' \supseteq K$, so wird $\varphi_{\mathfrak{P}}$ unter $G(L|K) \to G(L'|K)$ auf $\varphi_{\mathfrak{P}'}$ abgebildet, so daß $\chi(\varphi_{\mathfrak{P}}) = \chi(\varphi_{\mathfrak{P}'})$ ist.
(iii) Ist $\mathfrak{p}$ komplex, so gibt es genau $m = [K' : K]$ Primstellen $\mathfrak{q}$ über $\mathfrak{p}$. Diese sind ebenfalls komplex, und die Behauptung folgt aus $\chi_*(1) = m\chi(1)$.
Sei $\mathfrak{p}$ reell. Sei $G = G(L|K)$, $H = G(L|K')$, und sei $H\backslash G/G_{\mathfrak{P}}$ die Menge der Doppelnebenklassen $H\tau G_{\mathfrak{P}}$, wo $\mathfrak{P}$ eine feste Primstelle von L über $\mathfrak{p}$ ist. Dann haben wir eine Bijektion

$$H\backslash G/G_{\mathfrak{P}} \to \{\mathfrak{q} \text{ Primstelle von } K' \text{ über } \mathfrak{p}\}, \quad H\tau G_{\mathfrak{P}} \mapsto \mathfrak{q}_\tau = \tau\mathfrak{P}|_{K'}$$

(vgl. Kap. I, § 9, S. 58). $\mathfrak{q}_\tau$ ist genau dann reell, wenn $\varphi_{\tau\mathfrak{P}} = \tau\varphi_{\mathfrak{P}}\tau^{-1} \in H$, d.h. $G_{\tau\mathfrak{P}} = \tau G_{\mathfrak{P}}\tau^{-1} \subseteq H$. Letzteres ist genau dann der Fall, wenn die Doppelnebenklasse $H\tau G_{\mathfrak{P}}$ aus nur einer Nebenklasse mod H besteht:

$$H\tau G_{\mathfrak{P}} = (H\tau G_{\mathfrak{P}}\tau^{-1})\tau = H\tau.$$

Wir erhalten also die reellen Primstellen unter den $\mathfrak{q}_\tau$, wenn wir τ ein Repräsentantensystem der Nebenklassen $H\tau$ von $H\backslash G$ durchlaufen lassen, so daß $\tau\varphi_{\mathfrak{P}}\tau^{-1} \in H$. Für ein solches System ist aber

$$\chi_*(\varphi_{\mathfrak{P}}) = \sum_\tau \chi(\tau\varphi_{\mathfrak{P}}\tau^{-1}) = \sum_\tau \chi(\varphi_{\tau\mathfrak{P}}).$$

Setzen wir $\mathfrak{Q} = \tau\mathfrak{P}$, so durchläuft $\mathfrak{q} = \mathfrak{Q}|_{K'}$ die reellen Primstellen von K' über $\mathfrak{p}$, d.h.

$$\chi_*(\varphi_{\mathfrak{P}}) = \sum_{\substack{\mathfrak{q}|\mathfrak{p} \\ \text{reell}}} \chi(\varphi_{\mathfrak{Q}}).$$

Dagegen ist

$$\chi_*(1) = \sum_{\mathfrak{q}\text{ komplex}} 2\chi(1) + \sum_{\mathfrak{q}\text{ reell}} \chi(1).$$

Mit der Legendreschen Verdopplungsformel $L_{\mathbb{R}}(s)L_{\mathbb{R}}(s+1) = L_{\mathbb{C}}(s)$ (vgl. (4.3)) folgt hieraus

$$\mathcal{L}_{\mathfrak{p}}(L|K,\chi_*,s) =$$

$$\prod_{\mathfrak{q}\text{ komplex}} L_{\mathbb{C}}(s)^{\chi(1)} \prod_{\mathfrak{q}\text{ reell}} L_{\mathbb{R}}(s)^{\frac{\chi(1)+\chi(\varphi_{\mathfrak{Q}})}{2}} \prod_{\mathfrak{q}\text{ reell}} L_{\mathbb{R}}(s+1)^{\frac{\chi(1)-\chi(\varphi_{\mathfrak{Q}})}{2}} =$$

$$= \prod_{\mathfrak{q}|\mathfrak{p}} \mathcal{L}_{\mathfrak{q}}(L|K',\chi,s). \qquad \square$$

Wir setzen endlich

$$\mathcal{L}_\infty(L|K,\chi,s) = \prod_{\mathfrak{p}|\infty} \mathcal{L}_{\mathfrak{p}}(L|K,\chi,s)$$

und erhalten aus dem obigen Satz sofort die Gleichungen

$$\mathcal{L}_\infty(L|K,\chi+\chi',s) = \mathcal{L}_\infty(L|K,\chi,s)\mathcal{L}_\infty(L|K,\chi',s),$$
$$\mathcal{L}_\infty(L|K,\chi,s) = \mathcal{L}_\infty(L'|K,\chi,s),$$
$$\mathcal{L}_\infty(L|K,\chi_*,s) = \mathcal{L}_\infty(L|K',\chi,s).$$

(12.2) Definition. *Die* **vollständige Artinsche L-Reihe** *zum Charakter χ von $G(L|K)$ wird durch*

$$\Lambda(L|K,\chi,s) = c(L|K,\chi)^{s/2}\mathcal{L}_\infty(L|K,\chi,s)\mathcal{L}(L|K,\chi,s)$$

definiert, wobei

$$c(L|K,\chi) = |d_K|^{\chi(1)}\mathfrak{N}(\mathfrak{f}(L|K,\chi)).$$

Das Verhalten der Faktoren $c(L|K,\chi)$, $\mathcal{L}_\infty(L|K,\chi,s)$, $\mathcal{L}(L|K,\chi,s)$ auf der rechten Seite, das wir in (10.4), (11.11) und oben festgestellt haben, überträgt sich auf die Funktion $\Lambda(L|K,\chi,s)$, d.h. es gilt der

(12.3) Satz. *(i)* $\Lambda(L|K,\chi+\chi',s) = \Lambda(L|K,\chi,s)\Lambda(L|K,\chi',s)$.

(ii) Ist $L'|K$ eine galoissche Teilerweiterung von $L|K$ und χ ein Charakter von $G(L'|K)$, so gilt

$$\Lambda(L|K,\chi,s) = \Lambda(L'|K,\chi,s)\,.$$

(iii) Ist K' ein Zwischenkörper von $L|K$ und χ ein Charakter von $G(L|K')$, so gilt

$$\Lambda(L|K,\chi_*,s) = \Lambda(L|K',\chi,s)\,.$$

Für einen Charakter χ vom Grade 1 identifiziert sich die vollständige Artinsche L-Reihe $\Lambda(L|K,\chi,s)$ mit einer vollständigen Heckeschen L-Reihe. Sei dazu $L_\chi|K$ der Fixkörper des Kerns von χ und $\mathfrak{f} = \prod_\mathfrak{p} \mathfrak{p}^{n_\mathfrak{p}}$ der Führer von $L_\chi|K$. Nach (11.10) ist dann

$$\mathfrak{f} = \mathfrak{f}(\chi)\,.$$

Über das Artin-Symbol

$$J^\mathfrak{f}/P^\mathfrak{f} \to G(L_\chi|K), \quad \mathfrak{a} \mapsto \left(\frac{L_\chi|K}{\mathfrak{a}}\right),$$

wird χ ein Dirichlet-Charakter mit dem Führer $\mathfrak{f}$, also nach (6.9) ein primitiver Größencharakter $\bmod\,\mathfrak{f}(\chi)$ mit dem Exponenten $p = (p_\tau)$, so daß $p_\tau = 0$ für komplexes τ. Diesen Größencharakter bezeichnen wir mit $\tilde{\chi}$.

Wir setzen $p_\mathfrak{p} = p_\tau$, wenn $\mathfrak{p}$ die zur Einbettung $\tau : K \to \mathbb{C}$ gehörige Primstelle ist. Die Zahlen $p_\mathfrak{p}$ haben die folgende galoistheoretische Bedeutung.

(12.4) Lemma. *Für jede reelle Primstelle $\mathfrak{p}$ von K ist*

$$p_\mathfrak{p} = [\,L_{\chi\mathfrak{P}} : K_\mathfrak{p}\,] - 1\,.$$

Beweis: Wir betrachten den Isomorphismus

$$I/I^\mathfrak{f}K^* \xrightarrow{\sim} J^\mathfrak{f}/P^\mathfrak{f}\,,$$

wobei $I^\mathfrak{f} = \prod_\mathfrak{p} U_\mathfrak{p}^{(n_\mathfrak{p})}$ die Kongruenzuntergruppe $\bmod\,\mathfrak{f}$ der Idelgrupe $I = \prod_\mathfrak{p} K_\mathfrak{p}^*$ ist (vgl. Kap. VI, (1.9)), und das Kompositum

$$I/I^\mathfrak{f}K^* \to J^\mathfrak{f}/P^\mathfrak{f} \to G(L_\chi|K) \xrightarrow{\chi} \mathbb{C}^*\,.$$

Sei $\mathfrak{p}$ eine reelle Primstelle von K und $\alpha \in I$ das Idel mit den Komponenten $\alpha_\mathfrak{p} = -1$ und $\alpha_\mathfrak{q} = 1$ für alle von $\mathfrak{p}$ verschiedenen Primstellen $\mathfrak{q}$.

Nach Kap. VI, (5.6) ist das Bild $\varphi_{\mathfrak{P}} = (\alpha, L_\chi|K) = (-1, L_{\chi\mathfrak{P}}|K_\mathfrak{p})$ in $G(L_\chi|K)$ ein Erzeugendes der Zerlegungsgruppe $G_\mathfrak{p} = G(L_{\chi\mathfrak{P}}|K_\mathfrak{p})$. Nach dem Approximationssatz können wir ein $a \in K^*$ mit $a \equiv 1 \bmod \mathfrak{f}$ wählen, so daß $a < 0$ in $K_\mathfrak{p}$ ist und $a > 0$ in $K_\mathfrak{q}$ für alle reellen Primstellen $\mathfrak{q} \neq \mathfrak{p}$. Dann ist

$$\beta = \alpha a \in I^{(\mathfrak{f})} = \{x \in I \mid x_\mathfrak{p} \in U_\mathfrak{p}^{(n_\mathfrak{p})} \quad \text{für} \quad \mathfrak{p}|\mathfrak{f}\infty\}, \quad \text{wenn } \mathfrak{f} = \textstyle\prod_\mathfrak{p} \mathfrak{p}^{n_\mathfrak{p}}.$$

Wie im Beweis von Kap. VI, (1.9) erläutert, ist das Bild von $\alpha \bmod I^\mathfrak{f} K^*$ in $J^\mathfrak{f}/P^\mathfrak{f}$ die Klasse von $(\beta) = (a)$, welche somit auf $\varphi_\mathfrak{P}$ abgebildet wird. Wir haben daher

$$\chi((a)) = \chi_\mathfrak{f}(a)\chi_\infty(a) = \chi(\varphi_\mathfrak{P}).$$

Wegen $a \equiv 1 \bmod \mathfrak{f}$ ist $\chi_\mathfrak{f}(a) = 1$ und $\chi_\infty(a) = N\big((\frac{a}{|a|})^p\big) = \big(\frac{a}{|a|_\mathfrak{p}}\big)^{p_\mathfrak{p}} = (-1)^{p_\mathfrak{p}}$, d.h. $\chi(\varphi_\mathfrak{P}) = (-1)^{p_\mathfrak{p}}$, also $\varphi_\mathfrak{P} = 1$ für $p_\mathfrak{p} = 0$ und $\varphi_\mathfrak{P} \neq 1$ für $p_\mathfrak{p} = 1$. Dies aber ist die Aussage des Lemmas. □

(12.5) Satz. *Die vollständige Artinsche L-Reihe zum Charakter χ vom Grade 1 und die vollständige Heckesche L-Reihe zum Größencharakter $\tilde{\chi}$ sind identisch:*

$$\Lambda(L|K, \chi, s) = \Lambda(\tilde{\chi}, s).$$

Beweis: Die vollständige Heckesche L-Reihe ist nach § 8 durch

$$\Lambda(\tilde{\chi}, s) = (|d_K|\mathfrak{N}(\mathfrak{f}(\tilde{\chi}))^{s/2} L_\infty(\tilde{\chi}, s) L(\tilde{\chi}, s)$$

gegeben mit

$$L_\infty(\tilde{\chi}, s) = L_X(\mathbf{s})$$

und $\mathbf{s} = s\mathbf{1} + p$, wobei

$$L_X(\mathbf{s}) = \prod_{\mathfrak{p}|\infty} L_\mathfrak{p}(\mathbf{s}_\mathfrak{p})$$

die in § 4 definierte L-Funktion der $G(\mathbb{C}\,|\,\mathbb{R})$-Menge $X = \operatorname{Hom}(K, \mathbb{C})$ ist. Die Faktoren $L_\mathfrak{p}(\mathbf{s}_\mathfrak{p})$ sind explizit durch

$$(*) \qquad L_\mathfrak{p}(\mathbf{s}_\mathfrak{p}) = \begin{cases} L_\mathbb{C}(s) & \text{, falls } \mathfrak{p} \text{ komplex,} \\ L_\mathbb{R}(s + p_\mathfrak{p}) & \text{, falls } \mathfrak{p} \text{ reell,} \end{cases}$$

gegeben (vgl. S. 475). Andererseits ist

$$\Lambda(L|K, \chi, s) = c(L|K, \chi)^{s/2} \mathcal{L}_\infty(L|K, \chi, s) \mathcal{L}(L|K, \chi, s)$$

mit

$$c(L|K, \chi) = |d_K|\mathfrak{N}(\mathfrak{f}(L|K, \chi))$$

und

$$\mathcal{L}_\infty(L|K,\chi,s) = \prod_{\mathfrak{p}|\infty} \mathcal{L}_\mathfrak{p}(L|K,\chi,s)\,.$$

Sei L_χ der Fixkörper des Kerns von χ. Nach (11.11) (ii) und der dem Lemma (12.4) vorangehenden Bemerkung ist

$$c(L|K,\chi) = c(L_\chi|K,\chi) = |d_K|\mathfrak{N}(\mathfrak{f}(\tilde{\chi}))\,,$$

und nach (10.4) (ii) und (10.6) und der daran anschließenden Bemerkung

$$\mathcal{L}(L|K,\chi,s) = \mathcal{L}(L_\chi|K,\chi,s) = L(\tilde{\chi},s)\,.$$

Es bleibt also

$$\mathcal{L}_\mathfrak{p}(L|K,\chi,s) = L_\mathfrak{p}(\mathbf{s}_\mathfrak{p})$$

für $\mathfrak{p}|\infty$ und $\mathbf{s} = s\mathbf{1} + p$ zu zeigen. Wir haben zunächst $\mathcal{L}_\mathfrak{p}(L|K,\chi,s) = \mathcal{L}_\mathfrak{p}(L_\chi|K,\chi,s)$ (vgl. S. 560). Sei $\varphi_\mathfrak{P}$ das erzeugende Element von $G(L_{\chi\mathfrak{P}}|K_\mathfrak{p})$. Da χ injektiv auf $G(L_\chi|K)$ ist, so ist $\chi(\varphi_\mathfrak{P}) = -1$, falls $\varphi_\mathfrak{P} \neq 1$, und $\chi(\varphi_\mathfrak{P}) = 1$, falls $\varphi_\mathfrak{P} = 1$. Mit (12.4) wird

$$\mathcal{L}_\mathfrak{p}(L_\chi|K,\chi,s) = \begin{cases} L_\mathbb{C}(s)\,, & \text{für } \mathfrak{p} \text{ komplex,} \\ L_\mathbb{R}(s)\,, & \text{für } \mathfrak{p} \text{ reell und } \mathfrak{P} \text{ reell, d.h. } p_\mathfrak{p} = 0, \\ L_\mathbb{R}(s+1)\,, & \text{für } \mathfrak{p} \text{ reell und } \mathfrak{P} \text{ komplex, d.h. } p_\mathfrak{p} = 1, \end{cases}$$

also mit $(*)$ in der Tat $\mathcal{L}_\mathfrak{p}(L|K,\chi,s) = L_\mathfrak{p}(\mathbf{s}_\mathfrak{p})$. □

Aufgrund der beiden Sätze (12.3) und (12.5) folgt nun die Funktionalgleichung für die Artinschen L-Reihen mit dem Brauerschen Satz (10.3) rein formal aus der schon bewiesenen Funktionalgleichung für die Heckeschen L-Reihen.

(12.6) Theorem. *Die Artinsche L-Reihe $\Lambda(L|K,\chi,s)$ besitzt eine meromorphe Fortsetzung auf $\mathbb{C}$ und genügt der Funktionalgleichung*

$$\Lambda(L|K,\chi,s) = W(\chi)\Lambda(L|K,\overline{\chi},1-s)$$

mit einer Konstanten $W(\chi)$ vom Betrage 1.

Beweis: Nach dem Brauerschen Satz ist der Charakter χ eine ganzzahlige Linearkombination

$$\chi = \sum n_i \chi_{i*}\,,$$

wobei die χ_{i*} durch Charaktere χ_i vom Grade 1 auf Untergruppen $H_i = G(L|K_i)$ induziert werden. Aus den Sätzen (12.3) und (12.5) folgt

$$\begin{aligned} \Lambda(L|K,\chi,s) &= \prod_i \Lambda(L|K,\chi_{i*},s)^{n_i} \\ &= \prod_i \Lambda(L|K_i,\chi_i,s)^{n_i} \\ &= \prod_i \Lambda(\tilde{\chi}_i,s)^{n_i}, \end{aligned}$$

wobei $\tilde{\chi}_i$ der zu χ_i gehörige Größencharakter von K_i ist. Die Heckeschen L-Reihen $\Lambda(\tilde{\chi}_i,s)$ besitzen nach (8.6) meromorphe Fortsetzungen auf $\mathbb{C}$ und genügen der Funktionalgleichung

$$\Lambda(\tilde{\chi}_i,s) = W(\tilde{\chi}_i)\Lambda(\overline{\tilde{\chi}}_i,1-s).$$

Daher genügt $\Lambda(L|K,\chi,s)$ der Funktionalgleichung

$$\Lambda(L|K,\chi,s) = W(\chi)\prod_i \Lambda(\overline{\tilde{\chi}}_i,1-s) = W(\chi)\Lambda(L|K,\overline{\chi},1-s),$$

wobei $W(\chi) = \prod_i W(\tilde{\chi}_i)$ vom Betrag 1 ist. □

Man kann der Funktionalgleichung für die Artinschen L-Reihen noch die folgende, explizite Gestalt geben, die man aus (12.6) und (4.3) leicht herleitet:

$$\mathcal{L}(L|K,\chi,1-s) = A(\chi,s)\mathcal{L}(L|K,\overline{\chi},s)$$

mit dem Faktor

$$\begin{aligned} A(\chi,s) = W(\chi)\left[|d_K|^{\chi(1)}\mathfrak{N}(\mathfrak{f}(L|K,\chi))\right]^{s-\frac{1}{2}} \\ \times(\cos\pi s/2)^{n^+}(\sin\pi s/2)^{n^-}\Gamma_{\mathbb{C}}(s)^{n\chi(1)} \end{aligned}$$

und den Exponenten

$$n^+ = \frac{n}{2}\chi(1) + \sum_{\mathfrak{p}}\frac{1}{2}\chi(\varphi_{\mathfrak{P}}, \quad n^- = \frac{n}{2}\chi(1) - \sum_{\mathfrak{p}}\frac{1}{2}\chi(\varphi_{\mathfrak{P}}).$$

Dabei durchläuft $\mathfrak{p}$ in den Summen die reellen Primstellen von K. Hieraus erhält man sofort die Nullstellen der Funktion $\mathcal{L}(L|K,\chi,s)$ in der Halbebene $\mathrm{Re}(s) \le 0$. Es sind (wenn χ nicht der Hauptcharakter ist) die folgenden:

In $s = 0,-2,-4,\dots$ Nullstellen der Ordnung $\frac{n}{2}\chi(1) + \sum\limits_{\mathfrak{p}\text{ reell}} \frac{1}{2}\chi(\varphi_{\mathfrak{P}})$,

in $s = -1,-3,-5,\dots$ Nullstellen der Ordnung $\frac{n}{2}\chi(1) - \sum\limits_{\mathfrak{p}\text{ reell}} \frac{1}{2}\chi(\varphi_{\mathfrak{P}})$.

Bemerkung: Für den Beweis der Funktionalgleichung der vollständigen Artinschen L-Reihen haben wir wesentlich benützt, daß sich die aus

Gamma-Funktionen zusammengesetzten „Eulerfaktoren" $\mathcal{L}_\mathfrak{p}(L|K,\chi,s)$ an den unendlichen Primstellen $\mathfrak{p}$ beim Wechsel der Körper und Charaktere in gleicher Weise verhalten wie die Eulerfaktoren

$$\mathcal{L}_\mathfrak{p}(L|K,\chi,s) = \det(1-\varphi_\mathfrak{P}\mathfrak{N}(\mathfrak{P})^{-s}; V^{I_\mathfrak{P}})^{-1}$$

an den endlichen Primstellen. Dieses gleichartige Verhalten steht in einem eigenartigen Gegensatz zu der extremen Unterschiedlichkeit, in der die Eulerfaktoren für $\mathfrak{p}|\infty$ und $\mathfrak{p}\nmid\infty$ gebildet werden. Hier hat nun kürzlich der Mathematiker *Christopher Deninger* eine außerordentlich interessante Entdeckung gemacht (vgl. [26], [27]). Er zeigt, daß sich die Eulerfaktoren für alle Primstellen $\mathfrak{p}$ in völlig gleicher Weise in einer Form

$$\mathcal{L}_\mathfrak{p}(L|K,\chi,s) = \det{}_\infty\Big(\frac{\log\mathfrak{N}(\mathfrak{p})}{2\pi i}(s\,id-\Theta_\mathfrak{p});\ H(X_\mathfrak{p}/\mathbb{L}_\mathfrak{p})\Big)^{-1}$$

darstellen lassen. Dabei ist $H(X_\mathfrak{p}/\mathbb{L}_\mathfrak{p})$ ein kanonisch gebildeter *unendlich dimensionaler* $\mathbb{C}$-Vektorraum, $\Theta_\mathfrak{p}$ ein gewisser linearer „Frobenius"-Operator auf demselben und $\det_\infty$ eine „regularisierte Determinante", die den gewöhnlichen Determinantenbegriff für endlich dimensionale Vektorräume auf den unendlich dimensionalen Fall fortsetzt. Die hierauf gegründete Theorie ist von der größten Allgemeinheit und reicht weit über die Artinschen L-Reihen hinaus. Sie deutet auf eine vollständige Analogie zur Theorie der L-Reihen von algebraischen Varietäten über endlichen Körpern hin. Die schlagenden Erfolge, die die geometrische Interpretation und Behandlungsweise der L-Reihen in diesem Analogfall gezeitigt haben, weisen der *Deninger*schen Theorie eine besondere aktuelle Bedeutung zu.

§ 13. Dichtigkeitssätze

Der **Dirichletsche Primzahlsatz** (5.14) besagt, daß in jeder *arithmetischen Progression*

$$a,\ a\pm m,\ a\pm 2m,\ a\pm 3m, \dots,$$

$a,m\in\mathbb{N}$, $(a,m)=1$, unendlich viele Primzahlen vorkommen. Mit Hilfe der L-Reihen leiten wir nun eine weitreichende Verallgemeinerung und Verschärfung dieses Satzes her.

(13.1) Definition. *Sei M eine Menge von Primidealen von K. Wir nennen dann den Limes*

$$d(M) = \lim_{s \to 1+0} \frac{\sum\limits_{\mathfrak{p} \in M} \mathfrak{N}(\mathfrak{p})^{-s}}{\sum\limits_{\mathfrak{p}} \mathfrak{N}(\mathfrak{p})^{-s}}$$

die **Dirichlet-Dichtigkeit** *von* M, *vorausgesetzt, er existiert.*

Aus der Produktdarstellung

$$\zeta_K(s) = \prod_{\mathfrak{p}} \frac{1}{1 - \mathfrak{N}(\mathfrak{p})^{-s}}, \quad \mathrm{Re}(s) > 1,$$

erhalten wir wie in § 8, S. 515

$$\log \zeta_K(s) = \sum_{\mathfrak{p},m} \frac{1}{m\mathfrak{N}(\mathfrak{p})^{ms}} = \sum_{\mathfrak{p}} \frac{1}{\mathfrak{N}(\mathfrak{p})^s} + \sum_{\mathfrak{p},m \geq 2} \frac{1}{m\mathfrak{N}(\mathfrak{p})^{ms}}.$$

Die letzte Summe stellt offensichtlich eine analytische Funktion in $s = 1$ dar. Wir schreiben $f(s) \sim g(s)$, wenn $f(s) - g(s)$ eine bei $s = 1$ analytische Funktion ist. Dann haben wir

$$\log \zeta_K(s) \sim \sum_{\mathfrak{p}} \frac{1}{\mathfrak{N}(\mathfrak{p})^s} \sim \sum_{\mathrm{Grad}(\mathfrak{p})=1} \frac{1}{\mathfrak{N}(\mathfrak{p})^s},$$

weil die über alle $\mathfrak{p}$ vom Grad ≥ 2 genommene Summe $\sum_{\mathrm{Grad}(\mathfrak{p}) \geq 2} \mathfrak{N}(\mathfrak{p})^{-s}$ analytisch in $s = 1$ ist. Nach (5.11), (ii) ist weiterhin $\zeta_K(s) \sim \frac{1}{s-1}$, also

$$\sum_{\mathfrak{p}} \frac{1}{\mathfrak{N}(\mathfrak{p})^s} \sim \log \frac{1}{s-1}.$$

Wir können die Dirichletsche Dichtigkeit daher auch in der Form

$$d(M) = \lim_{s \to 1+0} \frac{\sum_{\mathfrak{p} \in M} \mathfrak{N}(\mathfrak{p})^{-s}}{\log \frac{1}{s-1}}$$

schreiben. Wegen der Konvergenz der Summe $\sum \mathfrak{N}(\mathfrak{p})^{-s}$ über alle Primideale vom Grade > 1 hängt die Definition der Dirichletschen Dichtigkeit nur von den Primidealen vom ersten Grad in M ab. Das Weglassen oder Hinzufügen endlich vieler Primideale ändert ebenfalls nichts an der Existenz und dem Wert der Dirichletschen Dichtigkeit. Man betrachtet oft auch die **natürliche Dichtigkeit**

$$\delta(M) = \lim_{x \to \infty} \frac{\#\{\mathfrak{p} \in M \mid \mathfrak{N}(\mathfrak{p}) \leq x\}}{\#\{\mathfrak{p} \mid \mathfrak{N}(\mathfrak{p}) \leq x\}}.$$

Es ist nicht schwer zu zeigen, daß aus der Existenz von $\delta(M)$ die Existenz von $d(M)$ folgt und daß $\delta(M) = d(M)$ ist. Das Umgekehrte trifft nicht immer zu (vgl. [123], S. 26). Mit den Bezeichnungen von Kap. VI, § 1 und § 7 beweisen wir den allgemeinen **Dirichletschen Dichtigkeitssatz.**

(13.2) Theorem. *Sei* $\mathfrak{m}$ *ein Modul von* K *und* $H^{\mathfrak{m}}$ *eine Idealgruppe mit* $J^{\mathfrak{m}} \supseteq H^{\mathfrak{m}} \supseteq P^{\mathfrak{m}}$ *vom Index* $h_{\mathfrak{m}} = (J^{\mathfrak{m}} : H^{\mathfrak{m}})$.

Für jede Klasse $\mathfrak{K} \in J^{\mathfrak{m}}/H^{\mathfrak{m}}$ *hat die Menge* $P(\mathfrak{K})$ *der in* $\mathfrak{K}$ *gelegenen Primideale die Dichtigkeit*

$$d(P(\mathfrak{K})) = \frac{1}{h_{\mathfrak{m}}}.$$

Für den Beweis benötigen wir das folgende

(13.3) Lemma. *Sei* χ *ein nicht-trivialer (irreduzibler) Charakter von* $J^{\mathfrak{m}}/P^{\mathfrak{m}}$ *(d.h. ein Charakter vom Grade 1). Für die Heckesche L-Reihe*

$$L(\chi, s) = \prod_{\mathfrak{p}} \frac{1}{1 - \chi(\mathfrak{p})\mathfrak{N}(\mathfrak{p})^{-s}}$$

($\chi(\mathfrak{p}) = 0$ *für* $\mathfrak{p}|\mathfrak{m}$) *gilt dann*

$$L(\chi, 1) \neq 0.$$

Beweis: Nach (8.5) und der Bemerkung nach (5.10) (für den Fall $\mathfrak{m} = 1$) hat $L(\chi, s)$ keinen Pol bei $s = 1$. Sei $L|K$ der Strahlklassenkörper $\bmod \mathfrak{m}$, so daß $G(L|K) \cong J^{\mathfrak{m}}/P^{\mathfrak{m}}$. Interpretieren wir χ als einen Charakter der Galoisgruppe $G(L|K)$, so stimmt $L(\chi, s)$ nach (10.6) bis auf endlich viele Eulerfaktoren mit der Artinschen L-Reihe $\mathcal{L}(L|K, \chi, s)$ überein, welche ebenso wie $L(\chi, s)$ bei $s = 1$ keinen Pol hat. Wir haben also nur $\mathcal{L}(L|K, \chi, 1) \neq 0$ zu zeigen. Nach (10.5) gilt nun

$$\zeta_L(s) = \zeta_K(s) \prod_{\chi \neq 1} \mathcal{L}(L|K, \chi, s)^{\chi(1)},$$

wobei χ die nicht-trivialen irreduziblen Charaktere von $G(L|K)$ durchläuft. Nach (5.11) hat sowohl $\zeta_K(s)$ als auch $\zeta_L(s)$ bei $s = 1$ einen einfachen Pol, d.h. das Produkt hat keine Nullstelle bei $s = 1$. Da kein Faktor einen Pol hat, so ist $\mathcal{L}(L|K, \chi, 1) \neq 0$. □

Beweis von (13.2): Genau wie oben für die Dedekindsche Zetafunktion erhalten wir für die Dirichletsche L-Reihe

$$\log L(\chi,s) \sim \sum_{\mathfrak{p}} \frac{\chi(\mathfrak{p})}{\mathfrak{N}(\mathfrak{p})^s} = \sum_{\mathfrak{K}'\in J^{\mathfrak{m}}/P^{\mathfrak{m}}} \chi(\mathfrak{K}') \sum_{\mathfrak{p}\in\mathfrak{K}'} \frac{1}{\mathfrak{N}(\mathfrak{p})^s}\,.$$

Dies mit $\chi(\mathfrak{K}^{-1})$ multipliziert und über alle (irreduziblen) χ summiert ergibt

$$\log\zeta_K(s) + \sum_{\chi\neq 1} \chi(\mathfrak{K}^{-1}) \log L(\chi,s) \;\sim \sum_{\mathfrak{K}'\in J^{\mathfrak{m}}/P^{\mathfrak{m}}} \;\sum_{\chi} \chi(\mathfrak{K}'\mathfrak{K}^{-1}) \sum_{\mathfrak{p}\in\mathfrak{K}'} \frac{1}{\mathfrak{N}(\mathfrak{p})^s}\,.$$

Wegen $L(\chi,1)\neq 0$ ist $\log L(\chi,s)$ analytisch bei $s=1$. Nun ist aber

$$\sum_{\chi} \chi(\mathfrak{K}'\mathfrak{K}^{-1}) = \begin{cases} 0 & \text{, wenn } \mathfrak{K}'\neq\mathfrak{K}\,, \\ h_{\mathfrak{m}} & \text{, wenn } \mathfrak{K}'=\mathfrak{K}\,. \end{cases}$$

Damit erhalten wir

$$\log\frac{1}{s-1} \sim \log\zeta_K(s) \sim h_{\mathfrak{m}} \sum_{\mathfrak{p}\in\mathfrak{K}} \frac{1}{\mathfrak{N}(\mathfrak{p})^s}\,,$$

und das Theorem ist bewiesen. □

Das Theorem zeigt insbesondere, daß die Dichtigkeit der Primideale in einer Klasse von $J^{\mathfrak{m}}/H^{\mathfrak{m}}$ für jede Klasse die gleiche ist, d.h. die Primideale sind **gleichverteilt** über die Klassen. Im Falle $K=\mathbb{Q}$, $\mathfrak{m}=(m)$ und $H^{\mathfrak{m}}=P^{\mathfrak{m}}$ ist $J^{\mathfrak{m}}/P^{\mathfrak{m}} \cong (\mathbb{Z}/m\mathbb{Z})^*$ (vgl. Kap. VI, (1.10)), und wir erhalten den zu Anfang erwähnten klassischen Dirichletschen Primzahlsatz in einer verschärften Form, die besagt, daß die Primzahlen in einer arithmetischen Progression, d.h. in einer Klasse $a \bmod m$, $(a,m)=1$, die Dichtigkeit $\frac{1}{\varphi(m)} = 1/\#(\mathbb{Z}/m\mathbb{Z})^*$ haben.

Wenn man die Primideale $\mathfrak{p}$ einer Klasse von $J^{\mathfrak{m}}/P^{\mathfrak{m}}$ über den klassenkörpertheoretischen Isomorphismus $J^{\mathfrak{m}}/P^{\mathfrak{m}} \cong G(L|K)$ mit den Frobenius-Automorphismen $\varphi_{\mathfrak{p}} = \left(\frac{L|K}{\mathfrak{p}}\right)$ in Beziehung setzt, so erhält man eine galoistheoretische Interpretation des Dirichletschen Dichtigkeitssatzes. Wir leiten nun einen weitergehenden Dichtigkeitssatz her, der seine besondere Bedeutung dadurch gewinnt, daß er eine beliebige galoissche (nicht notwendig abelsche) Erweiterung betrifft. Für jedes $\sigma\in G(L|K)$ betrachten wir die Menge

$$P_{L|K}(\sigma)$$

aller unverzweigten Primideale $\mathfrak{p}$ von K, so daß es ein Primideal $\mathfrak{P}|\mathfrak{p}$ von L gibt mit

$$\sigma = \left(\frac{L|K}{\mathfrak{P}}\right),$$

wobei $\left(\frac{L|K}{\mathfrak{P}}\right)$ der Frobenius-Automorphismus $\varphi_{\mathfrak{P}}$ von $\mathfrak{P}$ über K ist. Es ist klar, daß diese Menge nur von der Konjugationsklasse

$$\langle\sigma\rangle = \{\tau\sigma\tau^{-1} \mid \tau \in G(L|K)\}$$

von σ abhängt und daß $P_{L|K}(\sigma) \cap P_{L|K}(\tau) = \emptyset$ ist, wenn $\langle\sigma\rangle \neq \langle\tau\rangle$. Welches ist die Dichtigkeit der Menge $P_{L|K}(\sigma)$? Die Antwort auf diese Frage wird durch den **Čebotarevschen Dichtigkeitssatz** gegeben.

(13.4) Theorem. *Sei $L|K$ eine galoissche Erweiterung mit der Gruppe G. Für jedes $\sigma \in G$ hat dann die Menge $P_{L|K}(\sigma)$ eine Dichtigkeit, und diese ist durch*

$$d(P_{L|K}(\sigma)) = \frac{\#\langle\sigma\rangle}{\#G}$$

gegeben.

Beweis: Wir nehmen zunächst an, daß G durch σ erzeugt wird. Sei $\mathfrak{m}$ der Führer von $L|K$. Dann ist $L|K$ der Klassenkörper einer Idealgruppe $H^{\mathfrak{m}}$, $J^{\mathfrak{m}} \supseteq H^{\mathfrak{m}} \supseteq P^{\mathfrak{m}}$. Sei $\mathfrak{K} \in J^{\mathfrak{m}}/H^{\mathfrak{m}}$ die Klasse, die dem Element σ entspricht unter dem Isomorphismus

$$J^{\mathfrak{m}}/H^{\mathfrak{m}} \xrightarrow{\sim} G\,, \quad \mathfrak{p} \mapsto \left(\frac{L|K}{\mathfrak{p}}\right).$$

Dann besteht $P_{L|K}(\sigma)$ genau aus den Primidealen $\mathfrak{p}$, die in der Klasse $\mathfrak{K}$ liegen. Nach dem Dirichletschen Dichtigkeitssatz (13.2) hat $P_{L|K}(\sigma)$ daher die Dichtigkeit

$$d(P_{L|K}(\sigma)) = \frac{1}{h_{\mathfrak{m}}} = \frac{1}{\#G} = \frac{\#\langle\sigma\rangle}{\#G}\,.$$

Im allgemeinen Fall sei Σ der Fixkörper von σ. Ist f die Ordnung von σ, so gilt, wie soeben gesehen, $d(P_{L|\Sigma}(\sigma)) = \frac{1}{f}$. Sei $\overline{P}(\sigma)$ die Menge der Primideale $\mathfrak{P}$ von L mit $\mathfrak{P}|\mathfrak{p} \in P_{L|K}(\sigma)$ und $\left(\frac{L|K}{\mathfrak{P}}\right) = \sigma$. Dann ist $\overline{P}(\sigma)$ bijektiv auf die Menge $P'_{L|\Sigma}(\sigma)$ derjenigen Primideale $\mathfrak{q}$ in $P_{L|\Sigma}(\sigma)$ bezogen mit $\Sigma_{\mathfrak{q}} = K_{\mathfrak{p}}$, $\mathfrak{q}|\mathfrak{p}$. Da die anderen Primideale in $P_{L|\Sigma}(\sigma)$ entweder verzweigt sind über $\mathbb{Q}$ oder einen Grad > 1 über $\mathbb{Q}$ haben, dürfen wir sie weglassen und erhalten

$$d(P'_{L|\Sigma}(\sigma)) = d(P_{L|\Sigma}(\sigma)) = \frac{1}{f}\,.$$

Wir betrachten jetzt die surjektive Abbildung

$$\rho : P'_{L|\Sigma}(\sigma) \to P_{L|K}(\sigma)\,, \quad \mathfrak{q} \mapsto \mathfrak{q} \cap K\,.$$

Wegen $P'_{L|\Sigma}(\sigma) \cong \overline{P}(\sigma)$ erhalten wir für jedes $\mathfrak{p} \in P_{L|K}(\sigma)$

$$\rho^{-1}(\mathfrak{p}) \cong \{\mathfrak{P} \in \overline{P}(\sigma) \mid \mathfrak{P}|\mathfrak{p}\} \cong Z(\sigma)/(\sigma)\,,$$

wobei $Z(\sigma) = \{\tau \in G \mid \tau\sigma = \sigma\tau\}$ der Zentralisator von σ ist. Damit ergibt sich

$$d(P_{L|K}(\sigma)) = \frac{1}{(Z(\sigma):(\sigma))} d(P'_{L|\Sigma}(\sigma)) = \frac{f}{\#Z(\sigma)} \frac{1}{f} = \frac{\#\langle\sigma\rangle}{\#G}. \qquad \square$$

Der Čebotarevsche Dichtigkeitssatz hat eine ganze Reihe überraschender Konsequenzen, die wir nun herleiten wollen. Sind S und T irgend zwei Primstellenmengen, so soll

$$S \mathrel{\dot{\subseteq}} T$$

bedeuten, daß S in T enthalten ist bis auf endlich viele Elemente, und wir schreiben $S \doteq T$, wenn $S \mathrel{\dot{\subseteq}} T$ und $T \mathrel{\dot{\subseteq}} S$.

Sei $L|K$ eine endliche Erweiterung algebraischer Zahlkörper. Wir bezeichnen mit $P(L|K)$ die Menge aller unverzweigten Primideale $\mathfrak{p}$ von K, die in L einen Primteiler $\mathfrak{P}$ vom Grade 1 über K besitzen. Ist also $L|K$ galoissch, so ist $P(L|K)$ die Menge aller in L vollzerlegten Primideale von K.

(13.5) Lemma. *Sei $N|K$ eine L enthaltende galoissche Erweiterung und $G = G(N|K)$, $H = G(N|L)$. Dann gilt*

$$P(L|K) \doteq \dot{\bigcup_{\langle\sigma\rangle \cap H \neq \emptyset}} P_{N|K}(\sigma) \quad \textit{(disjunkte Vereinigung)}.$$

Beweis: Ein in N unverzweigtes Primideal $\mathfrak{p}$ von K liegt genau dann in $P(L|K)$, wenn in der Konjugationsklasse $\langle\sigma\rangle$ von $\sigma = \left(\frac{N|K}{\mathfrak{P}}\right)$ für irgendein Primideal $\mathfrak{P}|\mathfrak{p}$ von N ein Element aus H liegt, d.h. genau dann, wenn $\mathfrak{p} \in P_{N|K}(\sigma)$ für ein $\sigma \in G$ mit $\langle\sigma\rangle \cap H \neq \emptyset$. $\square$

(13.6) Korollar. *Ist $L|K$ eine Erweiterung vom Grade n, so besitzt die Menge $P(L|K)$ eine Dichtigkeit $d(P(L|K)) \geq \frac{1}{n}$. Darüber hinaus gilt*

$$d(P(L|K)) = \frac{1}{n} \iff L|K \quad \textit{ist galoissch}.$$

Beweis: Sei $N|K$ eine L enthaltende galoissche Erweiterung, und sei $G = G(N|K)$ und $H = G(N|L)$. Nach (13.5) ist

$$P(L|K) = \dot{\bigcup_{\langle\sigma\rangle \cap H \neq \emptyset}} P_{N|K}(\sigma).$$

Der Čebotarevsche Dichtigkeitssatz (13.4) liefert dann

$$d(P(L|K)) = \sum_{\langle\sigma\rangle\cap H\neq\emptyset} \frac{\#\langle\sigma\rangle}{\#G} = \frac{1}{\#G}\#\Big(\dot{\bigcup_{\langle\sigma\rangle\cap H\neq\emptyset}} \langle\sigma\rangle\Big).$$

Wegen $H \subseteq \dot{\bigcup}_{\langle\sigma\rangle\cap H\neq\emptyset} \langle\sigma\rangle$ folgt

$$d(P(L|K)) \geq \frac{\#H}{\#G} = \frac{1}{n}.$$

$L|K$ ist genau dann galoissch, wenn H ein Normalteiler von G ist, und dies ist genau dann der Fall, wenn $\langle\sigma\rangle \subseteq H$, wann immer $\langle\sigma\rangle \cap H \neq \emptyset$, also genau dann, wenn $H = \dot{\bigcup}_{\langle\sigma\rangle\cap H\neq\emptyset} \langle\sigma\rangle$. Hieraus folgt die zweite Behauptung. □

(13.7) Korollar. *Sind in der endlichen Erweiterung $L|K$ fast alle Primideale voll zerlegt, so ist $L = K$.*

Beweis: Sei $N|K$ die normale Hülle von $L|K$, d.h. die kleinste galoissche Erweiterung, die L enthält. Ein Primideal $\mathfrak{p}$ von K ist in L voll zerlegt genau dann, wenn es in $N|K$ voll zerlegt ist (vgl. Kap. I, § 9, Aufgabe 4). Unter der gemachten Annahme ist daher

$$1 = d(P(L|K)) = d(P(N|K)) = \frac{1}{[N:K]},$$

also $[N:K] = 1$ und $N = L = K$. □

(13.8) Korollar. *Eine Erweiterung $L|K$ ist genau dann galoissch, wenn jedes Primideal in $P(L|K)$ voll zerlegt ist in L.*

Beweis: Sei wieder $N|K$ die normale Hülle von $L|K$. Dann besteht $P(N|K)$ aus genau denjenigen Primidealen, welche voll zerlegt sind in L. Ist also $P(N|K) = P(L|K)$, so ist nach (13.6)

$$\frac{1}{[N:K]} = d(P(N|K)) = d(P(L|K)) \geq \frac{1}{[L:K]},$$

d.h. $[N:K] \leq [L:K]$, so daß $L = N$ galoissch ist. Das Umgekehrte ist trivial. □

(13.9) Satz (*M. Bauer*). *Ist $L|K$ galoissch und $M|K$ eine beliebige endliche Erweiterung, so gilt*

$$P(L|K) \dot{\supseteq} P(M|K) \iff L \subseteq M\,.$$

Beweis: Aus $L \subseteq M$ folgt trivialerweise $P(M|K) \subseteq P(L|K)$. Sei also umgekehrt $P(L|K) \dot{\supseteq} P(M|K)$. Sei $N|K$ eine galoissche Erweiterung, die L und M enthält, und sei $G = G(N|K)$, $H = G(N|L)$, $H' = G(N|M)$. Dann ist

$$P(M|K) \doteq \dot{\bigcup_{\langle\sigma\rangle\cap H'\neq\emptyset}} P_{N|K}(\sigma) \dot{\subseteq} P(L|K) \doteq \dot{\bigcup_{\langle\sigma\rangle\cap H\neq\emptyset}} P_{N|K}(\sigma)\,.$$

Sei $\sigma \in H'$. Da $P_{N|K}(\sigma)$ nach (13.4) unendlich ist, so muß es ein $\mathfrak{p} \in P_{N|K}(\sigma)$ geben, so daß $\mathfrak{p} \in P_{N|K}(\tau)$ für ein passendes $\tau \in G$ mit $\langle\tau\rangle \cap H \neq \emptyset$. Dann aber ist σ zu τ konjugiert, und da H ein Normalteiler in G ist, so haben wir $\langle\sigma\rangle = \langle\tau\rangle \subseteq H$. Es gilt also $H' \subseteq H$ und daher $L \subseteq M$. □

(13.10) Korollar. *Eine galoissche Erweiterung $L|K$ ist eindeutig bestimmt durch die Menge $P(L|K)$ der vollzerlegten Primideale.*

Dieses schöne Resultat ist eine erste Antwort auf ein von *Leopold Kronecker* (1821–1891) aufgestelltes Programm, die Erweiterungen von K mit all ihren algebraischen und arithmetischen Gesetzmäßigkeiten allein durch Primidealmengen zu charakterisieren, „*in ähnlicher Weise, wie nach dem Cauchyschen Satze eine Funktion durch ihre Randwerte bestimmt ist*“. Das Resultat wirft die Frage auf, wie man die Primidealmengen $P(L|K)$ allein in Begriffen des Grundkörpers K charakterisieren kann. Für die abelschen Erweiterungen gibt die Klassenkörpertheorie eine bündige Antwort darauf, indem sie $P(L|K)$ als die Menge der Primideale erkennt, die in einer Idealgruppe $H^{\mathfrak{m}}$ liegen mit einem Erklärungsmodul $\mathfrak{m}$ (vgl. Kap. VI, (7.3)). Ist z.B. $L|K$ der Hilbertsche Klassenkörper, so besteht $P(L|K)$ genau aus den Primidealen, welche Hauptideale sind. Ist dagegen etwa $K = \mathbb{Q}$ und $L = \mathbb{Q}(\mu_m)$, so besteht $P(L|K)$ aus genau allen Primzahlen $p \equiv 1 \bmod m$.

Im Falle der nicht-abelschen Erweiterungen $L|K$ ist eine Charakterisierung der Mengen $P(L|K)$ weitgehend unbekannt. Jedoch ist das Problem ein Teil eines viel weitergehenden Programms geworden, das unter dem Namen „Langlands-Philosophie“ läuft und sich heute in einer stürmischen Entwicklung befindet. Für eine Einführung in diese Gedankenwelt sei der interessierte Leser auf [106] verwiesen.

Literaturverzeichnis

Adleman, L.M., Heath-Brown, D.R.

[1] The first case of Fermat's last theorem. Invent. math. **79** (1985) 409–416

Ahlfors, L.V.

[2] Complex Analysis. McGraw-Hill, New York 1966

Apostol, T.M.

[3] Introduction to Analytic Number Theory. Springer, New York Heidelberg Berlin 1976

Artin, E.

[4] Beweis des allgemeinen Reziprozitätsgesetzes. Collected Papers, Nr. 5. Addison-Wesley 1965

[5] Collected Papers. Addison-Wesley 1965

[6] Die gruppentheoretische Struktur der Diskriminanten algebraischer Zahlkörper. Collected Papers, Nr. 9. Addison-Wesley 1965

[7] Idealklassen in Oberkörpern und allgemeines Reziprozitätsgesetz. In: Collected Papers, Nr. 7. Addison-Wesley 1965

[8] Über eine neue Art von L-Reihen. In: Collected Papers, Nr. 3. Addison-Wesley 1965

Artin, E., Hasse, H.

[9] Die beiden Ergänzungssätze zum Reziprozitätsgesetz der l^n-ten Potenzreste im Körper der l^n-ten Einheitswurzeln. Collected Papers, Nr. 6. Addison-Wesley 1965

Artin, E., Tate, J.

[10] Class Field Theory. Benjamin, New York Amsterdam 1967

Artin, E., Whaples, G.

[11] Axiomatic characterization of fields by the product formula for valuations. Bull. Amer. Math. Soc. **51** (1945) 469–492

Bayer, P., Neukirch, J.

[12] On values of zeta functions and l-adic Euler characteristics. Invent. math. **50** (1978) 35–64

Bloch, S.

[13] Algebraic cycles and higher K-theory. Adv. Math. **61** (1986) 267–304

Borevicz, S.I., Šafarevič, I.R.

[14] Zahlentheorie. Birkhäuser, Basel Stuttgart 1966

Bourbaki, N.

[15] Algèbre. Hermann, Paris 1970

[16] Algèbre commutative. Hermann, Paris 1965

[17] Espaces vectoriels topologiques. Hermann, Paris 1966

[18] Topologie générale. Hermann, Paris 1961

Brückner, H.
[19] Eine explizite Formel zum Reziprozitätsgesetz für Primzahlexponenten p. In: Hasse, Roquette, Algebraische Zahlentheorie. Bericht einer Tagung des Math. Inst. Oberwolfach 1964. Bibliographisches Institut, Mannheim 1966
[20] Explizites Reziprozitätsgesetz und Anwendungen. Vorlesungen aus dem Fachbereich Mathematik der Universität Essen, Heft 2, 1979
[21] Hilbertsymbole zum Exponenten p^n und Pfaffsche Formen. Manuscript Hamburg 1979

Brumer, A.
[22] On the units of algebraic number fields. Mathematika **14** (1967) 121–124

Cartan, H., Eilenberg, S.
[23] Homological Algebra. Princeton University Press, Princeton, N.J. 1956

Cassels, J.W.S., Fröhlich, A.
[24] Algebraic Number Theory. Thompson, Washington, D.C. 1967

Chevalley, C.
[25] Class Field Theory. Universität Nagoya 1954

Deninger, C.
[26] Local L-factors of motives and regularized determinants. Erscheint demnächst
[27] On the Γ-factors attached to motives. Erscheint in Invent. math.

Deuring, M.
[28] Algebraische Begründung der komplexen Multiplikation. Abh. Math. Sem. Univ. Hamburg **16** (1949) 32–47
[29] Die Klassenkörper der komplexen Multiplikation. Enz. Math. Wiss. Band I_2, Heft 10, Teil II
[30] Über den Tschebotareffschen Dichtigkeitssatz. Math. Ann. **110** (1935) 414–415

Dieudonné, J.
[31] Geschichte der Mathematik 1700-1900. Vieweg, Braunschweig Wiesbaden 1985

Dress, A.
[32] Contributions to the theory of induced representations. Lecture Notes in Mathematics, vol. 342. Springer, Berlin Heidelberg New York 1973

Dwork, B.
[33] Norm residue symbol in local number fields. Abh. Math. Sem. Univ. Hamburg **22** (1958) 180–190

Erdélyi, A. (Editor)
[34] Higher Transcendental Functions, vol. I. McGraw-Hill, New York Toronto London 1953

Faltings, G.
[35] Endlichkeitssätze für abelsche Varietäten über Zahlkörpern. Invent. math. **73** (1983) 349–366

Fesenko, I.
[36] The Method of Neukirch and Applications in Higher Local Class Field Theory. Erscheint demnächst

[37] On class field theory of multidimensional local fields of positive characteristic. Erscheint demnächst

[38] Class field theory of multidimensional local fields of characteristic zero with the residue field of positive characteristic. Erscheint demnächst

Fontaine, J.M.

[39] Il n'y a pas de variété abélienne sur $\mathbb{Z}$. Invent. math. **81** (1985) 515–538

Forster, O.

[40] Riemannsche Flächen. Springer, Berlin Heidelberg New York 1977

Freitag, E.

[41] Siegelsche Modulfunktionen. Springer, Berlin Heidelberg New York 1983

Fröhlich, A. (Herausgeber)

[42] Algebraic Number Fields (L-functions and Galois properties). Academic Press, London New York San Francisco 1977

Fröhlich, A.

[43] Formal Groups. Lecture Notes in Mathematics, vol. 74. Springer, Berlin Heidelberg New York 1968

Furtwängler, Ph.

[44] Allgemeiner Existenzbeweis für den Klassenkörper eines beliebigen algebraischen Zahlkörpers. Math. Ann. **63** (1907) 1–37

[45] Beweis des Hauptidealsatzes für die Klassenkörper algebraischer Zahlkörper. Hamb. Abh. **7** (1930) 14–36

[46] Punktgitter und Idealtheorie. Math. Ann. **82** (1921) 256–279

Goldstein, L.J.

[47] Analytic Number Theory. Prentice-Hall Inc., New Jersey 1971

Golod, E.S., Šafarevič, I.R.

[48] Über Klassenkörpertürme (russisch). Izv. Akad. Nauk. SSSR **28** (1964) 261–272. [Engl. Übersetzung in: AMS Translations (2) **48**, 91–102]

Grothendieck, A. et al.

[49] Théorie des Intersections et Théorème de Riemann-Roch. SGA 6, Lecture Notes in Mathematics, vol. 225. Springer, Berlin Heidelberg New York 1971

Haberland, K.

[50] Galois Cohomology of Algebraic Number Fields. VEB Deutscher Verlag der Wissenschaften, Berlin 1978

Hartshorne, R.

[51] Algebraic Geometry. Springer, New York Heidelberg Berlin 1977

Hasse, H.

[52] Allgemeine Theorie der Gaußschen Summen in algebraischen Zahlkörpern. Abh. d. Akad. Wiss. Math.-Naturwiss. Klasse **1** (1951) 4–23

[53] Bericht über neuere Untersuchungen und Probleme aus der Theorie der algebraischen Zahlkörper. Physica, Würzburg Wien 1970

[54] Die Struktur der R. Brauerschen Algebrenklassengruppe über einem algebraischen Zahlkörper. Math. Ann. **107** (1933) 731–760

[55] Führer, Diskriminante und Verzweigungskörper abelscher Zahlkörper. J. Reine Angew. Math. **162** (1930) 169–184

[56] History of Class Field Theory. In: Cassels-Fröhlich, Algebraic Number Theory. Thompson, Washington, D.C. 1967

[57] Mathematische Abhandlungen. De Gruyter, Berlin New York 1975

[58] Über die Klassenzahl abelscher Zahlkörper. Akademie-Verlag, Berlin 1952

[59] Vorlesungen über Zahlentheorie. Springer, Berlin Heidelberg New York 1964

[60] Zahlentheorie. Akademie-Verlag, Berlin 1963

[61] Zur Arbeit von I.R. Šafarevič über das allgemeine Reziprozitätsgesetz. Math. Nachr. **5** (1951) 301–327

Hazewinkel, M.

[62] Formal groups and applications. Academic Press, New York San Francisco London 1978

[63] Local class field theory is easy. Adv. Math. **18** (1975) 148–181

Hecke, E.

[64] Eine neue Art von Zetafunktionen und ihre Beziehungen zur Verteilung der Primzahlen. Erste Mitteilung. Mathematische Werke Nr. 12, 215–234. Vandenhoeck & Ruprecht, Göttingen 1970.

[65] Eine neue Art von Zetafunktionen und ihre Beziehungen zur Verteilung der Primzahlen. Zweite Mitteilung. Mathematische Werke Nr. 14, 249–289. Vandenhoeck & Ruprecht, Göttingen 1970

[66] Mathematische Werke. Vandenhoeck & Ruprecht, Göttingen 1970

[67] Über die Zetafunktion beliebiger algebraischer Zahlkörper. Mathematische Werke Nr. 7, 159–171. Vandenhoeck & Ruprecht, Göttingen 1970

[68] Vorlesungen über die Theorie der algebraischen Zahlen. Zweite Auflage. Chelsea, New York 1970

Henniart, G.

[69] Lois de réciprocité explicites. Séminaire de Théorie des Nombres, Paris 1979-80. Birkhäuser, Boston Basel Stuttgart 1981, pp. 135–149

Hensel, K.

[70] Theorie der algebraischen Zahlen. Teubner, Leipzig Berlin 1908

Herrmann, O.

[71] Über Hilbertsche Modulfunktionen und die Dirichletschen Reihen mit Eulerscher Produktentwicklung. Math. Ann. **127** (1954) 357–400

Hilbert, D.

[72] Die Theorie der algebraischen Zahlkörper („Zahlbericht"). Jahresber. der D. Math.-Vereinigung **4** (Berlin 1897) 175–535

Holzer, L.

[73] Klassenkörpertheorie. Teubner, Leipzig 1966

Hübschke, E.

[74] Arakelovtheorie für Zahlkörper. Regensburger Trichter 20, Fakultät für Mathematik der Universität Regensburg 1987

Huppert, B.

[75] Endliche Gruppen I. Springer, Berlin Heidelberg New York 1967

Ireland, K., Rosen, M.
[76] A Classical Introduction to Modern Number Theory. Springer, New York Heidelberg Berlin 1981
Iwasawa, K.
[77] A class number formula for cyclotomic fields. Ann. Math. **76** (1962) 171–179
[78] Lectures on p-adic L-Functions. Ann. Math. Studies 74, Princeton University Press 1972
[79] Local Class Field Theory. Oxford University Press, New York; Clarendon Press, Oxford 1986
[80] On explicit formulas for the norm residue formula. J. Math. Soc. Japan **20** (1968)
Janusz, G.J.
[81] Algebraic Number Fields. Academic Press, New York London 1973
Kaplansky, I.
[82] Commutative Rings. The University of Chicago Press 1970
Kato, K.
[83] A generalization of local class field theory by using K-groups I. J. Fac. Sci. Univ. of Tokyo, Sec. IA **26** (1979) 303–376
Kawada, Y.
[84] Class formations. Proc. Symp. Pure Math. **20** (1969) 96–114
Klingen, H.
[85] Über die Werte der Dedekindschen Zetafunktion. Math. Ann. **145** (1962) 265–272
Koch, H.
[86] Galoissche Theorie der p-Erweiterungen. VEB Deutscher Verlag der Wissenschaften, Berlin 1970
Koch, H., Pieper, H.
[87] Zahlentheorie (Ausgewählte Methoden und Ergebnisse). VEB Deutscher Verlag der Wissenschaften, Berlin 1976
Kölcze, P.
[88] $[\frac{x,a}{\mathfrak{p}})$; ein Analogon zum Hilbertsymbol für algebraische Funktionen und Witt-Vektoren solcher Funktionen. Diplomarbeit, Regensburg 1990
Krull, W.
[89] Galoissche Theorie der unendlichen algebraischen Erweiterungen. Math. Ann. **100** (1928) 687–698
Kunz, E.
[90] Introduction to Commutative Algebra and Algebraic Geometry. Birkhäuser, Boston Basel Stuttgart 1985
[91] Kähler Differentials. Vieweg Advanced Lectures in Math., Braunschweig Wiesbaden 1986
Landau, E.
[92] Einführung in die elementare und analytische Theorie der algebraischen Zahlen und der Ideale. Chelsea, New York 1949
Lang, S.
[93] Algebra. Addison-Wesley 1971
[94] Algebraic Number Theory. Addison-Wesley 1970

[95] Cyclotomic Fields. Springer, Berlin Heidelberg New York 1978

[96] Elliptic Functions (Second Edition). Springer, New York 1987

[97] Introduction to Modular Forms. Springer, Berlin Heidelberg New York 1976

[98] Real Analysis. Addison-Wesley 1968

Lichtenbaum, S.

[99] Values of zeta-functions at non-negative integers. Lecture Notes in Mathematics, vol. 1068. Springer, Berlin Heidelberg New York 1984, pp. 127–138

Lubin, J., Tate, J.

[100] Formal Complex Multiplication in Local Fields. Ann. Math. **81** (1965) 380–387

Matsumura, H.

[101] Commutative ring theory. Cambridge University Press 1980

Meschkowski, H.

[102] Mathematiker-Lexikon. Bibliographisches Institut, Mannheim 1968

Milne, J.S.

[103] Étale Cohomology. Princeton University Press, Princeton, New Jersey 1980

Mumford, D.

[104] The Red Book of Varieties and Schemes. Lecture Notes in Mathematics, vol. 1358. Springer, Berlin Heidelberg New York 1988

Narkiewicz, W.

[105] Elementary and Analytic Theory of Algebraic Numbers. Polish Scientific Publishers, Warszawa 1974

Neukirch, J.

[106] Algebraische Zahlentheorie. In: Ein Jahrhundert Mathematik. Festschrift zum Jubiläum der DMV. Vieweg, Braunschweig 1990

[107] Class Field Theory. Springer, Berlin Heidelberg New York Tokyo 1986

[108] Klassenkörpertheorie. Bibliographisches Institut, Mannheim 1969

[109] On Solvable Number Fields. Invent. math. **53** (1979) 135–164

[110] The Beilinson Conjecture for Algebraic Number Fields. In: Beilinson's Conjectures on Special Values of L-Functions. M. Rapoport, N. Schappacher, P. Schneider (Editors). Perspectives in Mathematics, vol. 4. Academic Press, Boston 1987

Odlyzko, A.M.

[111] On Conductors and Discriminants. In: A. Fröhlich, Algebraic Number Fields. Academic Press, London New York San Francisco 1977

Ogg, A.

[112] Modular Forms and Dirichlet Series. Benjamin, New York Amsterdam 1969

O'Meara, O.T.

[113] Introduction to quadratic forms. Springer, Berlin Göttingen Heidelberg 1963

Patterson, S.J.

[114] *Erich Hecke* und die Rolle der *L*-Reihen in der Zahlentheorie. In: Ein Jahrhundert Mathematik. Festschrift zum Jubiläum der DMV. Vieweg, Braunschweig Wiesbaden 1990, pp. 629–655

Poitou, G.

[115] Cohomologie Galoisienne des Modules Finis. Dunod, Paris 1967

Rapoport, M.

[116] Comparison of the Regulators of Beilinson and of Borel. In: Beilinson's Conjectures on Special Values of *L*-Functions (Rapoport, Schappacher, Schneider (Editors)). Perspectives in Mathematics, vol. 4. Academic Press, Boston 1987

Rapoport, M., Schappacher, N., Schneider, P. (Editors)

[117] Beilinson's Conjectures on Special Values of *L*-Functions. Perspectives in Mathematics, vol. 4. Academic Press, Boston 1987

Ribenboim, P.

[118] 13 Lectures on Fermat's Last Theorem. Springer, Berlin Heidelberg New York 1979

Scharlau, W., Opolka, H.

[119] From Fermat to Minkowski. Springer, Berlin Heidelberg New York Tokyo 1984

Schilling, O.F.G.

[120] The Theory of Valuations. Am. Math. Soc., Providence, Rhode Island 1950

Serre, J.-P.

[121] Cohomologie Galoisienne. Lecture Notes in Mathematics, vol. 5. Springer, Berlin Heidelberg New York 1964

[122] Corps locaux. Hermann, Paris 1968

[123] Cours d'arithmétique. Presses universitaires de France, Dunod, Paris 1967

[124] Groupes algébriques et corps de classes. Hermann, Paris 1959

[125] Représentations linéaires des groupes finis, 2nd ed. Hermann, Paris 1971

Shimura, G.

[126] A reciprocity law in non-solvable extensions. J. Reine Angew. Math. **221** (1966) 209–220

Shintani, T.

[127] A remark on zeta functions of algebraic number fields. In: Automorphic Forms, Representation Theory and Arithmetic. Bombay Colloquium 1979. Springer, Berlin Heidelberg New York 1981

[128] On evaluation of zeta functions of totally real algebraic number fields at non-positive integers. J. of Fac. of Sc. Univ. Tokyo S.IA, vol. 23, 393–417, 1976

Siegel, C.L.

[129] Berechnung von Zetafunktionen an ganzzahligen Stellen. Nachr. Akad. Wiss. Göttingen 1969, pp. 87–102

Takagi, T.
[130] Über das Reziprozitätsgesetz in einem beliebigen algebraischen Zahlkörper. J. Coll. Sci. Univ. Tokyo 44, **5** (1922) 1–50
[131] Über eine Theorie des relativ-abelschen Zahlkörpers. J. Coll. Sci. Univ. Tokyo 41, **9** (1920) 1–33

Tamme, G.
[132] Einführung in die étale Kohomologie. Regensburger Trichter 17, Fakultät für Mathematik der Universität Regensburg 1979
[133] The Theorem of Riemann-Roch. In: Rapoport, Schappacher, Schneider, Beilinson's Conjectures on Special Values of L-Functions. Perspectives in Mathematics, vol. 4. Academic Press, Boston 1988

Tate, J.
[134] Fourier analysis in number fields and Hecke's zeta-functions. Thesis, Princeton 1950 (Wiedergegeben in Cassels, J.W.S., Fröhlich, A. [24])

Vostokov, S.
[135] Explicit form of the reciprocity law. Izv. Akad. Nauk. SSSR. Ser. Math. **42** (1978). [Englische Übersetzung in: Math. USSR Izvestija **13** (1979)]

Washington, L.C.
[136] Introduction to Cyclotomic Fields. Springer, Berlin Heidelberg New York 1982

Weil, A.
[137] Basic Number Theory. Springer, Berlin Heidelberg New York 1967
[138] Sur l'analogie entre les corps de nombres algébriques et les corps de fonctions algébriques. Oeuvres Scientifiques, vol. I, 1939a. Springer, Berlin Heidelberg New York 1979

Weiss, E.
[139] Algebraic Number Theory. McGraw-Hill, New York 1963

Weyl, H.
[140] Algebraische Zahlentheorie. Bibliographisches Institut, Mannheim 1966

Witt, E.
[141] Verlagerung von Gruppen und Hauptidealsatz. Proc. Int. Congr. of Math. Amsterdam 1954, Ser. II, vol. 2, 71–73

Zagier, D.
[142] Die ersten 50 Millionen Primzahlen. In: Mathematische Miniaturen 1. Birkhäuser, Basel Boston Stuttgart 1981

Zariski, O., Samuel, P.
[143] Commutative Algebra I, II. Van Nostrand, Princeton, New Jersey 1960

Sachverzeichnis